上海理工大学资助出版

数学化的场论：球面世界的哲学

（第二版）

第二卷

任　伟　王　梅　著

科　学　出　版　社
北　京

内 容 简 介

本书是作者多年研究成果的总结，也是研究过程的报道和研究方法的展现。仅就篇幅而论，自然科学内容居多；但就内在精神而论，本书可作为一本哲学书来读。本书将电磁场理论的核心概念用于研究人类，用数学化的场（而不是实证意义上的场）穿透主体间性的哲学难题，引导读者进入球面世界的哲学。旨在让读者成为哲学的人而不是科技的某种人。作者对每章的简要点评远比每章的知识本身重要。

本书可供电磁理论、人类思想史、哲学、语言学、宇宙学、数学物理、微波遥感、微波声学等专业的科技人员、研究生、本科生阅读和参考。

图书在版编目(CIP)数据

数学化的场论：球面世界的哲学. 第二卷/任伟，王梅著. —2 版. —北京：科学出版社，2017. 6

ISBN 978-7-03-053147-6

Ⅰ. ①数… Ⅱ. ①任… ②王… Ⅲ. ①电磁场-场论 Ⅳ. ①O441. 4

中国版本图书馆 CIP 数据核字(2017)第 128101 号

责任编辑：余 丁 / 责任校对：郭瑞芝
责任印制：张 倩 / 封面设计：蓝 正

科学出版社 出版
北京东黄城根北街 16 号
邮政编码：100717
http://www.sciencep.com
北京通州皇家印刷厂印刷
科学出版社发行 各地新华书店经销
*
2013 年 8 月科学出版社第一版
2017 年 6 月第 二 版 开本：787×1092 1/16
2017 年 6 月第二次印刷 印张：28 1/2
字数：645 000

定价：168.00 元

怀着敬意与感激谨将此书献给我们的父亲和母亲

作者学术成果

数学上

创立有界均匀各向异性介质的波函数理论；

创立无界均匀各向异性介质的并矢格林函数理论；

揭示哲学上意志论的数学结构；

证明时间的奔腾向前与时间的永恒轮回的定量关系，解答不同时强制同时何以可能的问题。

哲学上

完成对费尔巴哈、黑格尔在辩证法上的超越，用二维数字信号处理的方法给出辩证法的当代定型；

回答海德格尔“为什么在者在而无却不在?”的提问，完备了笛卡儿和康德没有完成的二元论哲学；

建立既与物理学不矛盾又与经济学一致的价值论；

用数学化的场结合物理学上的多重散射理论解决主体间性难题；

用完备二元论统一了本体论和认识论。

物理学上

建立作者的时空相对论，完成对牛顿和爱因斯坦的否定之否定；

给出相对论性量子力学狄拉克方程解的诠释；

开启电磁场和引力场统一场论的规范场路径；

在牛顿用向径，黎曼和爱因斯坦用速度构造力学体系的基础上，用加速度作为出发点构建力学体系，因此库仑定律和牛顿万有引力定律可以统一为匀加速运动；

发现第四守恒定律并给出惯性系的自恰定义和根源。

宇宙学上

将量子力学中量子化概念用于天体运动研究；

给出太阳系的五个自旋不同的方程；

探索光的加速度，在常识理解的零加速度的基础上，提出光的加速度为光速的平方的算符理解和光的加速度在数值上等于光速的对偶空间理解。

电磁学上

通过电偶极子的考察建立空间相对论和时间相对论；

通过对高斯定理的 30 年研究，打通了量子力学、电动力学、相对论和规范场论；

开创时域压电学研究；

证明地球引力场中电磁场的三个矢量位分量和一个标量位分量等于作者的统一场论中的二个电磁位加二个引力位，俗称 3＋1＝2＋2 的问题，以此为基础，研究宇宙微波背景辐射下的有源电磁场理论。

语言学上

发现语言与言语有与 Maxwell 方程中电场和磁场相似的时变规律；

用意义和音响形象重写二元论的意识哲学；

通过对语言中句段关系和联想关系的研究，开启哲学的纤维丛时代，并推动能指和所指代表的泛函分析时代和分析哲学代表的函数论时代；

提出语言学的实践论，用无声的话语作为完备二元语言学实践论的第四个元素。

思想上

第一次定义了绝对静止（＝绝对运动）；

在哥白尼原著中找到自旋的思想萌芽，通过现象学提纯实现了自旋的哥白尼革命；

在宠加莱猜想的物理对应研究中，提出时空并不代表宇宙的思想；

用分析力学上的 Hamilton-Jacobi 体系重审一切科学与哲学，揭示了世界的显隐运作，完成生存论存在论的信息化重铸。

任伟夫妻和马君岭夫妻 2009 年于加拿大

任伟一家 2012 年于加拿大

任伟夫妻 2015 年于加拿大

王梅母女于四川省眉山市

余子勤、任伟、李志刚于四川省仁寿一中

作 者 手 迹

如果我是哲学家，
我将带着使命：
追问人生意义，
关注人类命运，
反思现实社会，
构建理想乐园。
那将注定此生负重前行，
我知道那是多么曲折而漫长。

如果我不是哲学家，
而只是拥有善良而敏感的心灵，
我将不用追思事物本质，
更不用赋予生活另外的意义，
而是简单、透彻、快乐的迎接生活的给予。
无论是幸福或艰难，
只要是真实的，我将全部接受。
那该多好！

——王梅

第二版前言

本书第二版的第一卷至第三卷是任伟和王梅共同策划、共同起草、共同修改、共同校对、共同定稿的。在三卷手稿即将交付出版之际，我们享受着艺术性的愉悦和发自内心的幸福。第二版计划共七卷，其余四卷将在后期出版，第一卷至第三卷采用相同的前言和导论。

正如第一版第十章指出的，我在写下"数学化的场论：球面世界的哲学"这一标题的时候，并不知道宇宙的形状是四维空间中三维球面；同样，即使在第一版出版之后，我也不知道电磁场理论本身还有待进一步数学化。难道这不令人感到惊奇（西方哲学家有言：哲学始于惊奇）和神秘吗?！特别是 2015 年春节，我回到仁寿一中拜访高中物理老师李志刚先生和余子勤校长。李老师已九十高龄，还坚持一定要看我写的第二版，当时我认为第二版的面世至少是十年以后的事。如有神助，第二版前三卷居然能在 2016 年年底完成，显然这只有我自己的努力是不可能的。一切的荣耀都来自于大自然而归于大自然。

2016 年暑假，我在科学研究遇到瓶颈之际，终于苦尽甘来，发现了自旋为 2 的电磁场的数学结构，两周以后又进一步发现了对自旋为 2 的电磁场进行量子化的方法。尽管这些优雅而简洁的工作留待第二版的第四卷至第七卷中才能展现，我仍然在无比敬畏大自然的必然性（也就是斯宾诺莎的神）的同时感到自己是多么的幸运。感谢哺育我的祖国和人民，感谢养育和教育我的父母，感谢我的爱人对写作本书的支持。感谢方华书记和吴信宝书记对我的理解、鼓励、支持和帮助。感谢尧军和张萌同学对我的友谊，感谢马兴启兄弟般的情谊。

本书第一版由于篇幅的限制，只是提纲式地呈现了初步的哲学探讨，为此我感到深深的遗憾。在第一版大量的自然科学研究基础上，第二版增加了十章哲学内容，这就较为详尽地阐释了我建构的哲学体系；展示了我多年来在哲学方面的沉思以及与前人哲学思想的关联和创新。第二版第一卷中自然科学方面的内容主要来自我的博士论文及博士后工作总结；第二卷中自然科学方面的主要内容是有关格林函数及时域压电学方面的研究工作；第三卷中自然科学方面的主要内容是我创立的均匀各向异性介质波函数理论。各卷均有哲学内容渗透，这样分卷的好处是便于读者阅读和理解。第二版的出版初步形成了任伟哲学的雏形，旨在让更多学理工科的人能从中寻找到自然科学与哲学的切入点，并将哲学的思维方式和更哲学的视野用于自然科学的研究和学习。同时，哲学既来源于生活又投入生活，但愿每个人在哲学光芒的照耀下能拥有更美好和更有意义的人生。很多写得好的篇章和段落使我感到欣慰，所喜的是第二版是我谱写的自然科学和哲学的交响乐，二者在时间哲学中欢快地奏鸣时间与电磁场理论的神曲。但也确实有些章节还待今后机缘进一步完善和补充，因与上海理工大学的工作合同要求必须在 2016 年年底前交稿而不可能现在进一步锤炼，恳请读者谅解。第一版中的一些明显错误已在第二版中更正。

第二版前三卷由上海理工大学资助出版。特别感谢刘平副校长、庄松林院士，以及张大伟、杨永才、陈海瑾、朱莉、张学典、卢莎、刘伟、邵晶婉、孟德华、潘涛等领导对本人科研工作的支持和帮助。感谢曹宏明、毕聪、郭东升、张志勇、郭旗、潘锦、王清源、佘卫龙、覃新川、彭润玲、朱灿等朋友的鼓励。

人生是欢乐的涌泉，偶尔也有深沉的悲痛。但痛苦是欢乐的源泉，我们又何必因痛苦而悲伤。让我们带着历史理性的使命感和责任感，以斯宾诺莎为榜样，诗性地栖居在大地上。

限于作者的学识和水平，书中不足之处在所难免，欢迎读者批评指正。

作　者

2016 年 10 月 9 日于四川眉山

第一版前言

本书是作者主持的两个国家自然科学基金项目(编号 60471011,60872091)的成果总结,受到国家自然科学基金的支持和杭州电子科技大学的资助。在此特别感谢杭州电子科技大学历届各级领导方华、叶明、薛安克、费君清、孙玲玲、朱泽飞、郭林松、余建森、吕金海、陈光亭、邵根富、田野、严义、刘敬彪、鲁剑伟、黄良、胡建萍、官伯然和秦会斌等的指导和帮助。

本书第九章和第十章较好地反映了作者的研究兴趣和研究现状。书中有少量内容的重复主要是为了研究型章节的相对独立性(self-contained),也可以说是为了每章的自足性。重复并不是完全无用的,至少容易加深读者对有关内容的理解和掌握,正好比一首歌曲往往有些不同时的重复,交响乐更有同时的重复,而且,有的读者只是选择性地看书中某一章甚至某一节,自足性就十分重要。所以,我没有刻意避免重复。

第一章,传输线的函数变换解,是博士论文的工作,师从林为干院士,体现了很好的师传。林为干院士在保角变换方面做了很多研究工作,我在他那里学保角变换的确是事半功倍的。

第二章,导电柱体的低频散射是对林为干院士和潘威炎老师早年工作的改进,方法还是保角变换。

第三章,椭圆直波导理论也是林为干院士擅长的领域,对我来说则是完成了几何各向异性区域内波动方程的数学结构的认识,为我日后的突破性原创工作奠定了思想基础。

第四章,条带散射研究。林为干院士在我一上博士时就叫我关注时域微波的问题。当时人年轻,有点不听老人言,一切以自己的兴趣为转移,在快毕业的时候勉强开始了一点工作,没法写进博士论文。但是听了一些有用的课,如聂在平、阮颖铮老师的几何绕射理论和复射线理论。还听了冯志超老师的光学原理,卢亚雄老师的激光原理,谢汉德老师的高等量子力学。博士期间通读了吴大猷的《理论物理》(七卷集),基本框架能够背诵,为我日后的物理学研究打下了良好的基础。在此,特别感谢我妈妈从小给我思想的自由。一个人的博士经历无疑是重要的,本科学习也很重要。要特别感谢本科阶段的杨义先、张连文、张志勇、杨耀武和向中贵同学,以及成孝予、赵家升、冯潮清、何云娇和任丽君老师。

博士毕业以后,出国前,应用已故华罗庚教授在《数论导引》前言中介绍的方法(从这里可看出本科数学教育的痕迹),系统地研究已故的美国麻省理工学院教授 J. A. Kong 及其学生的工作,这是第五～七章的工作,对我的学术水平有很大提升。直接的好处是 1994 年 Vasu. V. Varadan 教授邀请我到美国宾夕法尼亚州州立大学访问。Vasu. V. Varadan 教授对我当时的工作充分肯定,认为是与国际研究潮流齐头并进的。我从 Vasu. V. Varadan 教授那里学到了研究物理的方法,她告诉我 Maxwell 方程不要了,我们另搞一套。她是美国芝加哥大学物理学博士,芝加哥大学数学系 V. Twersky 的学生,对原创性研究的选题有敏锐的目光。Vasu. V. Varadan 教授对我的鼓励和指导直接造就了

第八～十章的成果。可以说是 Vasu. V. Varadan 教授塑造了我的物理学研究风格(按照玻尔的话说,卢瑟福是他的第二位父亲,依此类推,Vasu. V. Varadan 教授是我的第二位母亲)。整个第八～十章是物理学、数学、哲学思想的交响曲。

① 根据康德内外感知学说的启示,用旋转的车轮测量耦合着的时间和空间,实现了狭义相对论四维时空的三维描述;提出并证明了任伟定理;根据任伟定理,引力质量＝惯性质量,狭义相对论为广义相对论奠基;完成在时空观上对牛顿的绝对时空和爱因斯坦的相对时空的否定之否定,创立了作者的空间相对论和时空相对论;在人类思想历史上第一次用等式“绝对静止＝绝对运动”定义了绝对静止;发现继能量守恒、动量守恒和角动量守恒定律之后的第四守恒定律,对应于时空的第四种对称性。从而将物理学的出发点从匀速直线运动改变为匀转速运动,实现整个物理学的重新理解。

② 通过对高斯定理的研究,在坚持无源 Maxwell 方程正确性的前提下,发现了有源 Maxwell 方程的新的物理意义,实现了量子力学、相对论、规范场和电磁场与引力场的统一场论的贯通。给出量子力学相对论性狄拉克方程解的作者诠释。

③ 创立有界均匀各向异性介质的波函数理论和无界均匀各向异性介质的并矢格林函数理论。问题由作者提出,方法是原创的,结果是新颖的,在经典物理学各个领域都有应用。特别是否定了文献上求解无界均匀各向异性介质并矢格林函数的傅里叶变换法、Radon 变换法和平面波展开法。

④ 完成对费尔巴哈、黑格尔在辩证法上的超越,用二维数字信号处理的方法给出辩证法的当代定型。

⑤ 回答海德格尔“为什么在者在而无却不在?”的提问,完备了笛卡儿和康德没有完成的二元论哲学。

⑥ 完成对自旋解释的哥白尼革命,写出太阳系的五个不同自旋的方程。将量子力学中的核心量子化概念用于研究天体运动。

⑦ 改变了人类关于宇宙就是时空的思想,用基于绝对时空(时间有先后)的封闭体系的自然哲学补充目前基于广义相对论(不同时可强制同时)的开放体系的(耗散结构的)宇宙论。

只对作者最近工作感兴趣的读者阅读第九章和第十章即可。第九章是数学化的场论,第十章是球面世界的哲学,与本书副书名相吻合。

第十一章则进一步以本书特有的平面波主线介绍弹性波基础,这些知识对电磁学专业的读者也是有用的,因为材料的研究和学科的交叉使得不了解这些知识就难以进行一些前沿的研究课题。

第十二章深入探讨声电耦合场问题,提出声电耦合场的初边值问题,将一种电磁场中常用时域数值计算方法引入到声场。据我的导师 Smith 教授说,2002 年他在德国超声年会上的演讲引起包括美国国防部、美国海军实验室在内的世界各地研究团体的强烈反响,带去的 30 多份论文预印本被一抢而空,会后还有很多来信来电索取。目前杭州电子科技大学在这一方面的研究领先于 Smith 教授在加拿大的工作,也领先于其他研究小组。

第十三章以大量篇幅详细讨论波函数理论,也就是无源波动方程的解,第十四章研究有源情况下波动方程的解。这两章是作者在专著《电磁散射理论》中撰写的两章内容的更新。这部分可作为博士研究生的教材。

第十五～二十一章的内容是两个国家自然科学基金资助课题的阶段性成果小结。我指导的研究生焦志伟、徐广成、潘伟良、杜铁钧、董志龙、王丹、姚军烈、郑洲官、朱合、肖刘琴、刘松柏和刘宁做了大量的协助工作，这部分内容可作为相关学科的教材。

这次成书，限于作者学识水平，虽然数易书稿，仍然不很满意，特别是哲学方面的研究，遵照母命压缩到第八章，甚为遗憾。这些年实际做的工作是第八章的十倍以上。哲学研究成果只能按照妻子的建议将来出下一本著作时去体现了。

书中内容难免有不妥之处，恳请读者批评指正。

作　者

2012年于杭州电子科技大学

目　　录

导　　论

本书第二版前三卷手稿完成之后，我感到很有必要对任伟哲学体系进行更加清楚明白的介绍，所以标题“导论”也完全可以改为任伟哲学导论。在这种意义上，导论也可以理解为第二版的第一卷到第三卷的后记，因此这三卷只有第一版后记而没有第二版后记。将来出版的第四卷到第七卷将同样用这篇导论和第二版前言，但也许会有第二版后记对后续各卷做出补充说明。导论至少主观上要达到以下四重目的。

首先，对本书编排方式的合法性做出说明，因为马克思说只有唯一的一门历史科学，人的科学为自然科学奠基，自然科学也为人的科学奠基，人的科学与自然科学相互关联。这对学理工科的人理解为什么在场论著作中要包括人的科学至关重要。

其次，试图通过电磁场与电磁波的数学化，紧扣本书标题“数学化的场论”展开讨论，也就是对哲学有什么用做出实质性的回答。因为科学上重大的突破，比如电磁场与电磁波的进一步数学化就离不开哲学，特别是离不开时间哲学的创立和电荷是什么的解答，这些内容也是紧扣本书标题“球面世界的哲学”的。

再次，试图利用导论，对任伟哲学体系中的一些关键概念、方法做出比前三卷正文中更为清楚明白的说明，进一步厘清任伟哲学的独特性、独创性，以及与哲学史上其他哲学的区别和联系。

最后，借用导论对科学研究和哲学研究做出了适当的展望和预言，导论中呈现了前三卷中没有提及的一些内容和问题，某种意义上也为本书第四卷到第七卷的大致内容做出预告。可能会包括美学一卷、心意场理论一卷、电磁场理论基础一卷、电磁场理论一卷。也可能因将来的机缘而改变，比如心意场理论一卷不写，而写成电磁场理论三卷，分别作为本科生、研究生、博士生的课外读物。总之第四卷到第七卷尚在筹划中。

导论分为九小节，外加统一标注的参考文献，与正文每章的体例相同，但写法（内容上）还是与正文的每章不同。导论有的小节很详细，有的小节则很简洁，与正文还是大有区别，我认为这种写法作为导论是合适的。

（一）作者时间哲学的创立

时间的哲学思考是历史上很多伟大哲学家的中心论题，柏拉图、亚里士多德、普罗提诺、奥古斯汀、康德、黑格尔、胡塞尔、海德格尔、尼采、闵可夫斯基、柏格森等都提出过他们对时间的哲学理解和哲学解释。时间是一个熟知而非真知的概念。科学上，牛顿的绝对时空观和爱因斯坦的相对时空观比较有名。按我们的理解，牛顿的绝对时空中的时间是奔腾向前的，适合用$\frac{\partial E}{\partial t}=0$（这里 E 为能量，t 为时间，$\frac{\partial}{\partial t}$代表时间算符）的封闭系统（整个宇宙，天外无天的自然），而爱因斯坦的相对时空中的时间则是永恒轮回的，不同时强制同时的，适用于生物和社会这样的耗散结构，$\frac{\partial E}{\partial t}\neq 0$（天外有天）。然而以前的科学家和哲学家都没有完成时间和空间的真正打通，特别是对奔腾向前的时间不能提出约束条件，是本书作者首先给出了时间算符必须满足的偏微分方程，从而束缚了奔腾向前的时间这匹野马。闵可夫斯基知道了时间和空间的耦合，我们在更高水平上澄明了时间与空间如何耦合。作者为这三种时空（牛顿的绝对时空、爱因斯坦的相对时空、黑格尔的概念辩证运动时空）找到了现实的数学的对应，实现了在时空观上对牛顿、爱因斯坦、黑格尔的超越。细节已在本书前三卷中多方面展开。

由于光速不变，路程等于速度乘以时间，终于实现将空间的真理表达成时间的真理，也就是时间算符应该满足的偏微分方程。如果将时空耦合在一起考虑也是可以的（当然要更复杂一些），因为四维时空中没有五形式、六形式，而只有四形式及其以下各种微分形式。

关于时间的哲学思想，不同于最近一百年来物理学、数学主流社会的思想，与超弦、弦论等当前流行的各种学说（如文小刚的理论）大不一样。作者对时间的理解基于作者对自旋的独特的经典解释（见第二卷第九章），很有原创性。

简单点说，既然对扑克牌可以言及自旋为1和自旋为2，当然对宇宙微波背景辐射也可以言及自旋为2。由自旋分析可以发现时间的真理。时间的当前测量有两种方式，一种是基于电磁相互作用的圆周运动，另一种是基于引力相互作用的单摆运动，两种运动将给出同一种客观时间，就可实现电磁场与引力场的打通。这在德布罗意的博士论文中有较深入的研究。

(二)作者对电荷是什么的解答

电荷是什么？这是电磁学中所有问题的问题。一打开电灯的开关，就会有电，可见电荷肯定与物质的运动有关。几千年前，人类就发现了磁铁，磁的发现在电的发现之前。比如磁铁有南极和北极，因而人类发明了指南针，但指南针的内在机理是人类思想上没有真正解决的问题（磁的本质），因而电荷的本质是物理学上至今悬而未决的问题。

有的教科书上说，电荷的存在是物理上的经验事实，至于电荷是什么在科学上就不再追问了，电磁学就从电荷，特别是从电荷的库仑定律讲起。我们生活在一个坚持唯物主义的国度，怎么能够西方人叫我们不再追问电荷是什么，我们就不追问了呢？本书致力于澄明电荷的真理，为什么电荷是量子化的，为什么有正电荷，也有负电荷，有同时存在的磁北极和磁南极，因而也就有电中性的物体。相反对于质量而言，为什么有正质量定理，因而质量为什么恒为正，而不可能为负，特别是质量不可能为零。因此物理学上所谓光子静止质量为零的概念是不合适的，以前有许多人和许多书都认为光子的动质量不为零而光子的静质量为零，似乎振振有词，这是一个科学上的悖论，必须从科学理论中清除出去。我的结论是光子是有质量不带电的粒子，而光波是有质量电中性的场，光子和光波都以光速运动，不存在静止质量为零的光子或光波。光总是以光速传播，无论光在光子状态还是在光波状态。作为电磁场理论专业的博士，我对能回答电荷是什么感到欣慰。到目前为止，全世界的电磁场理论专家和理论物理学家都只知道电荷的经验事实，不知道电荷的本质。按希腊哲学传统，也就是现代科学（从希腊哲学分化出来）传统，电荷的本质＝电荷是什么＝电荷的数学表达式。本书将回答电荷是什么？我们得到的电荷表达式可解释为什么电子的自旋为（必须是）1/2，光子的自旋为（必须是）1，特别是黑洞为什么有电荷。在电磁场与引力场的统一场论上迈出了坚实的一步。以前是 3+1=2+2,现在是 4+1=5,是以前工作的深化(不同,扬弃)。本书第一版没有写出(更确切一点是,已推导出方程,但没打算公开在书中发表,放一放再说)太阳系的 5 个方程是明智的,因为 4 维空间的张量描写是现代物理学的主流,而 4 与 5 的矛盾当时还没有解决。本书第二版将展示如何解决 4 与 5 的矛盾的过程。

电荷=什么,这是 H. Weyl、A. Einstein、C. N. Yang 等提倡对称性决定方程本身以来成功应用的典范之一。第一版第八章附录中有思想的种子。自 1959 年 AB 效应发表以来,人们认为麦克斯韦方程由四个分量位函数导出规范场,也就是说麦克斯韦方程成为现象,规范场才是本质。但光子的质量既为零又不为零是一个矛盾(相对论与量子力学的矛盾);宏观电磁场只需两个位函数,两个多余的位函数没有宏观意义。量子场论上也是不可测量的,且导致负度规。下一步(第四卷到第七卷),作者将论证电磁场与引力场将由五个规范位函数导出。同时解决光子的质量既为零又不为零的矛盾。两个电磁位给出电磁场,三个引力位给出三维空间。这里空间不是现成的,而是由运动着的物质生成的,空间不空(请见本书第一版的"绝对静止=绝对运动")。电磁场与引力场的耦合在三维空间同时发生。电磁场本应叫电质(电磁质量电荷)场,麦克斯韦方程刻画了电磁现象,本书的电磁质量电荷场才能反映电磁现象的本质。这将是唯物主义的伟大胜利,因此这也是一个哲学的高潮。自然界四种相互作用都是规范场。英国哲学家、诺贝尔文学奖获得者罗素早就有与作者相似的目光,但他只是个哲学家,并不真懂电磁学。本书第一版中提到的上海交通大学杨本洛的研究在正确的方向上,可惜他只在颠覆上,作者的工作才在建构上。

通过这一例子,认真的读者会知道在原创的和纯粹的科学著作中,哲学能够且必须占有一席之地。因为科学的根在哲学。正如本书第一版对自旋之谜的解答中所展示的,哥白尼是用哲学(神性)的目光才发现了地球围绕太阳转,作者也是用现象学的目光才发现地球围绕太阳转的自旋为 2。实现了自旋解释的哥白尼革命,因此改变了全世界物理学家的思想。本书的哲学内容绝不是可有可无的,事实上,本书的哲学体系有很强的针对性:以理工科出身的人为主要读者。也就是首先要成为人,然后再做某种人。现在很多理工科学生尽管学了不少科技知识,但人文修养确实有待提高,希望搞理工科的人不会再认为哲学与自己的工作和人生无关。伟大领袖毛主席(不必改动,这是对毛泽东时代的回忆)说:"我们这个民族有数千年的历史,有它的特点,有它的许多珍贵品……今天的中国是历史的中国的一个发展,我们是马克思主义的历史主义者,我们不应当割断历史,从孔夫子到孙中山,我们应当给以总结,承继这一份珍贵的遗产。"[1]534

伟大的孙中山先生说:"我们今天要恢复民族精神不但要唤醒固有的道德,就是固有的知识也应该唤醒他。中国有什么固有的知识呢?就人生对于国家的观念,中国古时候有很好的政治哲学。我们以为欧美的国家,近来进步很快,但是说到他们的文化,还不如我们的完全。中国有一段最有系统的政治哲学,在外国的大政治家还没有见到,还没有说得那样清楚的,就是大学所说的'格物、致知、诚意、正心、修身、齐家、治国、平天下'那段话。把一个人从内发扬到外,由一个人的内部做起,推到平天下止。像这样精致开展的理论,无论外国什么政治家都没有见到,都没有说出,这就是我们政治哲学中的宝贝,是应该要保存的。这种正心、诚意、修身、齐家的道理,本属于道德的范围,今天要把他放在知识范围内讲,才是适当。我们祖宗对于这些道德上的功夫,从前虽然是做过了,但是自失了民族精神之后，这些知识的精神，当然也失去了。所以普通人读书，虽然常用那一段口头禅，但是多是习而不察，不求甚解，莫名其妙的。”[2]411 按照西方哲学的行话，孙中山先生的意思是：大学的格物、致知、诚意、正心、修身、齐家、治国、平天下还是一段熟知而非真知的话，很有必要用西方的知识论哲学来重写，才是适当。本书用了较多的篇幅，多次习而察知，力求甚解。

任伟哲学是数学化的场论，不是实证的，但又是可实证的，不是可知的，又是可知的，不是可说的，又是可说的，见本书第一版后记作者母亲关于数学化的场的提问[3]，旨在改变哲学的研究对象和研究方法。将哲学的时尚——生活世界（如哈贝马斯的哲学）数学化为场以表达自然和社会的无限复杂性并穿透主体间性的哲学难题。本书第一版与第二版在这一中心思想上是一致的。主要涉及社会化历史性的场（历史唯物主义，第一版）和世界化时间性的场（辩证唯物主义，第二版）。相当于宏观经济学与微观经济学。正如本书第一版已指出的，作者在康德与黑格尔之间打了个活结，即不是实证的，但又是可实证的，不是可知的，又是可知的，不是可说的，又是可说的，中庸，具体问题具体分析。用语言学的术语，场变成一种能指以兼容并接纳各个哲学家的哲学中的所指。用程序设计的语言，任伟哲学中的场是一个地址，可存放不同的数据。第二版形式上是将中国古代的四书简化为大学一书，用认识论与本体论统一的方式重写，用中庸＝至善打通四书。小的方面突出了——珍爱家庭。总体定位是——这是七本有中国情调的哲学和科学著作，也是作者的七本自选集。

作者对科学与哲学问题的探索，强烈地依赖于作者的电磁场理论功底。同时作者的电磁场与引力场研究也深深植根于中华民族的哲学传统，特别是气一元论的传统。经过张载、王廷相、王夫之等先哲的研究，气本体论达到了相当深入的层次。本书展示的正是气本体论的改进和应用。经过作者的研究，阴阳不测之谓神体现的是海森堡的测不准关系式，与康德哲学中的两种自由（必然性）正好吻合上。本书第一版论证了共时态的辩证法建构，第二版将论证历时态的辩证法建构。实现了对一阴一阳之谓道和阴阳不测之谓神的同时理解和同时应用。从根本上回应了新康德主义的代表人物纳托普对现象学的挑战。协调了时间的奔腾向前（海德格尔的存在论）与时间的永恒轮回（胡塞尔的认识论）的矛盾，用的是从真空中的麦克斯韦方程到介质中的麦克斯韦方程的办法。也就是在整体奔腾向前的存在哲学中自洽地包括永恒轮回的具体概念。因此，作者本来预计 2025 年完成的哲学体系因找到了好的研究途径和表现形式，在 2016 年年底就得以完成其雏形。

(三)真空中的时谐平面电磁波研究

本书第一版中，作者通过地球绕太阳自转、公转和四季变化的研究给出了自旋为 2、1、1/2 的粒子运动的经典物理学解释，从而为用经典物理学而不是量子物理学研究平面电磁波的自旋开辟了道路。通过对时谐平面电磁波在两个周期内电磁源、电磁位、电磁场、电磁张量的时空变化研究，得到自旋为－1、0、＋1 和自旋为－2、－1、0、1、2 的平面电磁波解。此项研究是在粒子自旋已知的经验事实的基础上在粒子的内禀空间进行的经典分析，其基础是一百多年以前已证明的麦克斯韦方程在保角变换下的不变性。麦克斯韦方程的这种尺度不变性与量子力学无关，因而可将经典麦克斯韦方程用于内禀空间，这一空间尺度比量子力学小两个数量级左右，但远远大于弦论、超弦等理论所考虑的空间尺度。此研究将深化人们对电磁场波粒二象性和自旋的理解和解释。

宇宙微波背景辐射现在已写入大学教科书中[4]，对宇宙微波背景辐射的研究工作曾分别获得1978年和2006年的诺贝尔物理学奖。宇宙微波背景辐射可以看成电磁学真空的物理实在，无论是基于大爆炸理论（不同时可强制同时[3]），还是牛顿的绝对时空[5]（时间有先有后[2]）。牛顿的绝对时空之所以能够复活是"由于对宇宙背景辐射的精密测量与了解，我们今天已经可以把它用作理想的参考系。比如，太阳相对它的速度是369±2公里/秒。"[4]国内还出版了一些有助于理解宇宙微波背景辐射的专著[6-8]。

时间问题是几千年来很多哲学家的论题。柏拉图、亚里士多德、普罗提诺、奥古斯汀、康德、黑格尔、柏格森、胡塞尔、海德格尔、皮亚杰等都对时间问题有独特的理解和解释。特别是皮亚杰在其论著《结构主义》中引入四阶群讨论时间相关问题。从物理学上研究时空的代表是牛顿和爱因斯坦。但所有上述哲学家和数学家、物理学家都没有找到时间算符应满足的约束条件。国内关于时间空间的科学论著也不少[3,6-20]。众所周知，电磁场理论的基础是真空中的麦克斯韦方程组，现在真空有了比麦克斯韦的时代更为丰富的含义。在本书第一版的第九章中，作者已打通绝对空间、绝对时间和相对时空。特别对电磁源而言，是一种空间表象的公式体系。在本书第一版的第十章中，作者通过对麦克斯韦方程组有关方程求时间的一阶导数，开启了对电磁源的时间表象的新道路。一个自然的追问是能否再求二阶导数、三阶导数、n阶导数、无穷阶导数（初步的结论是八阶以上导数就没有新的东西出现了），所以探讨时间与麦克斯韦方程组成为水到渠成之事了。而打通电磁源的空间表象和时间表象，成为真空中的时谐平面电磁波研究的中心论题。时谐平面电磁波的引入使得微分算符代数化，为进一步用群论研究问题提供了可能，同时使得自旋的分析简化为平面波本征波矢的自旋分析。

王正行写道[4]149，矢量位和标量位是描述电磁场的基本量，场强是电磁场在经典或宏观极限的观察量[11,12]。电磁场理论可以从理论物理[13]、大学物理[14]、光子学[15]、哲学[16]、电动力学[17]等各方面来理解，我们的研究限于文献[17]第1.8节对偶场也就是电磁对偶性[13]的深化，此研究只包括在通常意义上电中性的真空中的电磁场，不包括具有非零质量带电粒子产生的电磁场。重点又在电偶极子（电中性）产生的电磁场，也就是探讨无源麦克斯韦方程的有源性。众多电动力学书籍中特别引用文献[17]的原因是该文献第311页上例4的结论"荷质比相同的不同带电粒子组成的体系不会有偶极辐射"曾经对研究工作有重要推动作用。

在本书第一版中作者已从概念上完成了牛顿和爱因斯坦在时空观上的否定之否定，我们将在哲学家黑格尔时间的真理是空间的论断的启发下，导出时间算符必须满足的微分方程，从而在时间问题上做出实质性的数学化的贡献。时间算符所必须满足的微分方程的获得，从数学上说，就是给出了将牛顿绝对时空与爱因斯坦的相对时空应该满足的约束条件。从伽利略认为大自然是用数学写成的一本书以来，没有好的数学很难研究现代物理。从学术史的意义上，作者得益于最近一百年数学物理的发展，特别是吴大峻和杨振宁将纤维丛和规范场打通。同时，这一结果的获得还使我们独立于宇宙微波背景辐射得出了电中性电偶极子中电荷用电磁质量表达的方程。这一方程与基于宇宙微波背景辐射得到的方程完全一样。换句话说，从研究宇宙微波背景辐射开始是作者真实的研究历史轨迹。后来发现没有宇宙微波背景的经验事实照样可以导出真空中电荷与电磁质量的数学关系式。只是基于宇宙微波背景辐射的推导，数学上简单得多，而物理上复杂一些；基于时间的几何化推导，数学上很高深，而物理上相对简单。

2015 年，Chanyal 在美国《Journal of Mathematical Physics》上发表了 18 页长文，致力于在有源麦克斯韦方程的框架下，将引力场与电磁场在某种意义上统一起来[21]。但是引力场的自旋没有被讨论。我们利用本书第一版中提出的一系列思路和手段解决 Chanyal 想要解决的问题，将以如下几项研究为基础并向前发展。

① Carlos. R. Pavia 领导的课题组分别于 2014 年和 2012 年发表在《IEEE Transactions on Antennas and Propagation》上的论文，特别是关于 Minkowskisan 各向同性媒质的物理意义的解释[22]。

② Nikitin 关于麦克斯韦方程与对称性（英文专著）、轴子（axion）电动力学（美国《物理学评论》D 辑，2012 年）和任意自旋的 Laplace-Runge-Lenz 矢量研究[23]。

③ Lang 和 Raab 发表在美国《Journal of Mathematical Physics》上的论文[24]，他们通过组成关系的研究暗示出麦克斯韦方程组有接受自旋为 2 的部分场（引力场）的可能性[3,15]。我们将在真空中时谐平面波的特殊情况下构造出自旋为 2 的引力子解。

④ Ivan Ferrandz-Corbato 等发表在美国《Physical Review Letters》上的论文，彻底打通了电磁对偶性和手征守恒性[25]，将十分有助于对电磁源的理解。

⑤ 对于不修改麦克斯韦方程就能统一无源情况下的电磁场和引力场做出鉴定性研究后，我们还将吸收 Fedorov 发表在《Physical Review E》上的论文的思想[26]，保留修改麦克斯韦方程以对自旋为 2 的引力场进行量子化的可能性。关键性方程[3,15]是 6＝2×3，3＝2＋1。这一问题不是本书前三卷的研究内容，但是可作为研究前景，将在本书第四卷到第七卷中展现。

采用本书第一版中提出的由电偶极子（无总电荷）作为出发点的方法，也就是更加深入地研究无源麦克斯韦方程的有源性[27]。在哲学上吸收了郭像、张载、王夫之、熊十力等中国哲学家关于宇宙本体对立统一规律的研究，并充分利用麦克斯韦方程在保角变换（一种特殊的尺度不变性）下的不变性，在真空中将牛顿万有引力定律与库仑定律统一起来[28]。核心在于将库仑定律理解为同号电荷的库仑定律与异号电荷的库仑定律。再参考用一个实函数取代两个或四个旋量函数的思想[29]。与量子场论和粒子物理基于高能物理做实验的研究传统不同，利用一百年前就已证明的麦克斯韦方程在保角变换下的不变性[28]；在宇宙微波背景辐射这种特殊情况下，统一牛顿万有引力定律和库仑定律（以基于本书第一版独创的自旋解释为出发点），虽然空间尺度比当前量子力学还小两个数量级左右，但比理论物理中基于弦论和超弦的空间尺度大得多[18]。思路和手段都是经典的，属于电磁场理论学科。

最近英国剑桥大学还发表有关用具体对称破缺理解和解释电磁辐射的应用性很强的文章[27]。我们的工作得益于吴大峻、杨振宁的先驱性工作[30,31]，也得益于关于电磁对偶性的综述[32]。我们关于电磁场方程、电磁源和电磁位函数的研究除了在微波理论与技术[22]和天线与电波传播[22,27]有应用外，还在凝聚态物理[33]、光电子技术[34]、复杂人工介质[35]等诸多领域都能找到重要应用。

作为一个在二十世纪七十年代国内大学学数学的人，作者早已熟知陈景润通过长期努力攻克哥德巴赫猜想的事迹；关注怀尔斯不发表论文，用十年时间证明费尔马大定理的壮举；特别吸取了佩雷尔曼花十多年时间证明庞加莱猜想的成功经验。作者在大学学普通物理的时候就对高斯定理产生了惊奇(西方哲学家有言：哲学始于惊奇)，因而产生了所谓关于高斯定理的三十年沉思。通过二十多年的连续研究，作者逐渐澄明这是一条通向时间的真理的道路。在杭州电子科技大学的十年，作者一直坚持了真空中时谐平面电磁波的研究，包括到浙江大学旁听代数拓扑和微分流形课程，其成果完全发表在本书第一版中[3]。根据佩雷尔曼的经验，在研究工作出现难以克服的瓶颈的时候就再一次进修数学。2012 年至 2015 年作者驻留加拿大，到多伦多大学旁听了多门数学和物理课程。好在作者有对高斯定理的三十年沉思，有对狄拉克方程的独特理解[5]，有本书第一版第八章到第十章和后记中提到的时间与电磁场理论的准备性研究；同时钻研中国古代哲学、狄拉克全集和麦克斯韦的原始论文，寻找思想来源，完成了数学和哲学水平的双重提升；和美国普林斯顿大学数学博士、加拿大维多利亚大学教授马君岭进行了多次讨论并得到鼓励和激励，最终完成了多于五个真空中的时谐平面电磁波引理的证明，走的是佩雷尔曼证明庞加莱猜想的道路[3]。

(四)电磁场与电磁波的数学化

电磁场与电磁波还需要进一步数学化，可能出乎广大读者的预料，其实也出于作者的想象力。但是从 1994 年到美国开始(如果更早还可追踪到大学时代学习普通物理的高斯定理时)，作者就花了很大力气进行相关研究。本书第一版记叙了作者对高斯定理的三十年沉思，第二版不同的地方在于融入了广义相对论的元素，首先是将电磁场的矢量源变成与广义相对论一样的张量源。电磁场八个未知量八个解，分别有自旋为 1 的电磁波解两个，自旋为零的电磁波解一个和自旋为 2 的引力波解两个，自旋为 1 的引力波解两个和自旋为零的引力波解 1 个，难就难在自旋为零的引力波解，这是一个由于电磁波有能量，因而有质量($E=mc^2$)，由质量激发的场。也就是说引力场与电磁场的耦合就在这里(自旋为零)。这一解分别对应于电中性和电荷为零(不带电)两种状况。因此电磁场与电磁波的源除了通常理解的电流源和电荷外，还有电磁质量(能量)源，而这一电荷质量对偶性引起的质量将激发出引力场。这是可以用数学上循环群来分析和解答的问题。明白了引力场与电磁场的物理机制，就可以写出系统的拉格朗日函数，并按正则量子化的办法，仿照电磁学上对电磁波进行量子化的方法进行量子化。用平面波解很容易核实各种本征平面波的自旋，基于正确的平面波解也就很容易量子化。

有人认为作者把一些普通工程电磁现象、普通物理效应(及其普通数学方法)理解得过于“神秘化”，希望借助其解决一些基本物理问题(如电荷、时间与电磁场的本质及其他相关问题)。并且认为这种研究手法无异于缘木求鱼(通俗地说，好比是用初等数学研究高等数学的本质，是不可能产生积极效果的)。按照一般传统，近代物理对该类基本问题采取还原论与呈展论思想手法。前者代表如用规范场论、弱电统一理论、SU(5)/SD(10)大统一理论、超对称论、弦论等来研究时空、电荷与场的本质；后者代表如理论物理学家文小刚将时空晶格化，用类似固体物理中产生声子场方程的手法来演绎出电磁、光子场方程。即使不论上述近代物理手法是否最终正确，将此与作者的思想作横向比较，作者的思路和手法也过于陈旧落后，也缺少特别的新意。

对于以上评论，作者试图做出回答如下：正电荷、负电荷、磁铁的南极、磁铁的北极、电荷与电磁质量的关系，确实是很神秘的问题，很少有人能说得清楚，有人干脆说电荷是一个电磁学上的元问题，不能进一步追问。作者认为在自然科学研究上无禁区，没有什么不能进一步追问的问题，只是追问的方法需要融入哲学的方法，在某些问题上自然科学的方法可能苍白无力。作者成功地用初等的方法、小学四年级以下的数学解决了爱因斯坦终身以及全世界物理学家一百多年没有澄明的刚尺和原时的不变性问题。1905年爱因斯坦相对论涉及的数学仅仅相当于现在大学本科水平，所以成功地解决电学问题不是依赖于数学上而是物理上的洞察力。这是 Smythe 在其著作《静电学和电动力学》前言中的话。麦克斯韦方程本身产生于规范场论、弱电统一理论、超对称论、弦论之前，麦克斯韦没有用到这些高深的数学、物理理论就写出了麦克斯韦方程。作者认为，麦克斯韦方程的本质既可以用现代数学工具、现代物理理论来研究，也完全可以用麦克斯韦时代的数学工具来研究。某种意义上，现代数学、物理方法沉醉于高深与时尚，丢掉了物理学最重要的本质，大自然具有相当的质朴性，并不是数学用得越多越好，越深越好。经典物理学的问题，用经典应用数学就基本够用，而我们还涉及了现代数学，如群论。中国既有缘木求鱼的成语，同样又有杀鸡焉用牛刀的说法。我们的理论基于本书第一版对自旋的经典解释，将量子力学已经抛弃的轨道概念，重新用时谐电磁场的空间变化来研究。而当前量子力学是把这一空间区域当作一个点来处理的，作者是用老方法研究新问题，是有新意的。这一空间尺度既远远小于经典电磁场理论的尺度，又远远大于弦论、超弦的尺度。而由麦克斯韦方程的尺度不变性，这一特殊尺度上是可以发现电磁学的规律和本质的，特别是电磁源的规律和本质的。由于宇宙微波背景辐射的真实存在，我们的方法还具有尺度无关性，这是对本书第一版高斯定理的三十年沉思的深化。高斯定理的积分形式适用于任意曲面，特别适用于不同半径的球面，因而电磁学定律具有尺度不变性。我们的尺度是用两个波长来标示的，而波长本身又是可变的。这是在大数学家 Weyl 提出规范场论后找到的正确的尺度不变性，作为相位不变性的补充。偶极矩和电磁质量(因而电磁能量)都具有某种尺度不变性，这可能是电磁场与引力场长期不能统一的根本原因。过去一百年人类只在相位不变性上做文章，而对尺度不变性有所忽视。物理学就是几句话(见本书第一版后记)，我们希望这几句话能够引导物理学研究的新潮流。量子物理中的纠缠态在经典物理中有类似现象，这是作者对波粒二象性的本质解释。库仑定律和万有引力定律在宇宙本体中存在与绝对距离无关的形式，这是作者的发现。电磁场在具有相位不变性的同时还具有尺度不变性的根本原因是电磁场具有两个独立的不变量。如果将这两个不变量的线性函数写成复数形式，则显然电磁场既具有相位不变性又具有尺度不变性。相位不变性是局域特性，尺度不变性与整个宇宙有关。仅就方法而论，也是有创新的，将广义相对论上通过平面波研究自旋的方法用到电磁学上来，特别是研究自磁为 2 的电磁场是一种方法创新，还不仅是研究新问题。至于文小刚的书，作者是看过几遍的，由于仅仅在自旋为 2 这一点上与作者的思路吻合，我们认为没必要引用。因为文小刚的工作与我们的工作不属于紧密相关的，文小刚根本没有将电荷投以质量表示的目光，更没有给出时间算符应满足的微分方程的思路和结果。条条大道通罗马，各显神通。研究风格不同的作者之间相互不引用也是正常的现象。

有人对作者说：“麦克斯韦建立的方程组说明了光是电磁波，但电磁波是什么至今还是一个未知数(尽管人类对电磁波的现象已有很多了解和应用，但电磁波的本质至今仍不清楚，所以产生了光子的质量既为零又不为零的电磁场理论困境)”。有人根据自己所知，认为该问题其实根本不存在，光子静止质量为零，运动质量不为零，这里数学与物理背景清晰，根本不存在任何矛盾，并且查了作者所引用的Jackson所著《经典电动力学》的第十一章和第十二章，也没有看到该所谓“电磁理论困境”。

作者对上述评论的回答如下：首先，对于科学研究，质疑与被质疑都代表科学精神，对科学本身是有积极意义的。质量为零本身就是不可想象的，因为质量代表有某种物质，而质量为零代表什么也没有的物质，所以不可想象。因为广义相对论早已证明质量有正定性，既然质量不可能为负，那么质量为零在物理上就是不可能的，在数学上也是不可能的。工程上可以把小于多少的量近似为零，但电磁场理论作为一种物理理论，一种数学化的物理理论，是不可以把非零的质量置零的，所以Jackson的《经典电动力学》前言（而不是第十一章、第十二章）中就报道了光子质量小于多少的实验数据。除了质量为零不合法外，光子静止也是一个不合法的概念。无论光子还是光波都是以光速传播的，光子和光波是光作为本质显现出来的两种现象，光子一旦静止就不再是光子，光子总是以光速运动才是光子，光速不变原理中光包括光子和光波两种状态，这是光的波粒二象性的原始定义。光子静止作为一个“便于理解”的概念，对相对论的初学者也许有些帮助，但真正说来应该从物理概念中清除出去。另外，根据相对论，静止质量、静止能量、动质量和动能量四个变量中只有两个变量是独立的，光子已用了动质量和动能量，已经不允许再用静质量和静能量了，动质量 $E=mc^2$ 是相对论的要求，$E=hw$ 是量子力学的要求。光子与光波本是一个东西的两种表象，所以即使作者退一步宽容光子静止的合法性，也不能允许光子的静止质量为零。光子静止的概念相当于把死人与活人相混淆，人死了就是尸体，光子一旦不以光速运动就不再是光子。当然一般的研究人员没有想得这么深，特别是不明白对光子而言“绝对静止＝绝对运动”，这是本书第一版的表达，第二版修改为“人性目光下的绝对运动＝神性目光下的绝对静止”。

这一问题是爱因斯坦一辈子（从16岁起）没有想清楚的问题，本书旨在消除这一矛盾。这一矛盾是由于当前物理学家容忍相对论（$E=mc^2$，$m=0\Leftrightarrow E=0$）与量子力学（$E=hw$，光波作为高频电磁波，$h>0$，$w>0$，$E>0$，$E=0$ 与 $E>0$ 矛盾，$E=mc^2$，$E>0$ 与 $m>0$ 不矛盾）矛盾所造成的，但从经典电磁场理论来看这一矛盾是可以在本书理解和解释的电磁场理论中消除的。光子的绝对静止就是光子以光速作绝对运动。我们认为光波是电中性状态的，光子是不带电状态的，这两种状态都以光速传播。我们可以斩钉截铁地说，光子的动质量是不为零的。光子静止质量为零或者说光子动质量可以为零都是无物理依据的不合法概念，必须从物理学中清除出去。作者相当于到宇宙之外去看了一下宇宙，发现了宇宙这一神秘的一面。

其实《圣经：创世纪》第一段就讲了这一件事，这就是老子的道。但《圣经》没有说圣灵的速度是多少，通常理解是无限的速度。但《圣经》又用水来表征圣灵，这就给我们启示，这一光子流有可能是以有限速度传播的。质量与电荷是有关联的，因此找到了质量与电荷的数学关系，就不会再认为光子静止质量为零是合理的了。电荷为零作为一个含光子动质量的方程存在非零动质量解。当然作者宽容了不明白真相的评论人对作者工作的不恰当评论。既然专家都有困惑，这当然是目前电磁理论的困境，这一困境有多种表现形式和表现方式，这里仅是一个作者认为相对浅显的方式显现的问题。说浅显，在哲学上还是很深奥的，这涉及对波粒二象性的理解和解释，现行所有文献对光的波粒二象性的解释都没有完全到位。通常理解宇宙微波背景辐射是大爆炸的产物，天外还有天。作者理解，宇宙微波背景就是宇宙本体，天外已无天了。虽然天外无天，但作者运用想象力还是可以到天外去走一遭的。

(五)自否定的辩证法何以可能

作者对于辩证法的沉思是由邓晓芒的论著[36]引发的。邓晓芒说他正在建构自否定哲学体系，在他的论著中有好几篇讲辩证逻辑的文章。回顾哲学史，我们认为自否定哲学的开山鼻祖还是斯宾诺莎。斯宾诺莎有句名言“规定就是否定”，如果我们深入解析，回到斯宾诺莎一个实体两个属性的哲学体系，就可得到：实体=(规定，否定)。这是作者理解和阐释的完备一元论。用数学语言来刻画就是：某种意义上的完备一元论=(某种意义上的规定，这种意义上的否定)=(X,ϕ)。这里 X 是哲学一元论的规定，ϕ 是对这种规定的否定，也就是对这种规定的补充，ϕ 既可称为空集也可以称为余集，在本书中对这种空集和余集不加区分。在我们的哲学体系中，X 通常代表 2^N-1(N=正整数)个元素，(X,ϕ) 构成完备 N 元论(共 2^N 个元素)。按邓晓芒的说法，ϕ 称为自否定内核，它不是在哲学体系之外的，而就在哲学体系之中，与 X 具有平等的地位[37]。

从哲学史上来定位，自否定辩证法在共时态的情况下与阿多诺的否定辩证法[37]有很深的关联。简单点说，完备一元论并不是柏拉图以降的第一哲学一元论，基于同一性原理第一优先的形而上学，而是基于两个元素且并无先后的平等二元论。这涉及俞吾金提到的人本与物本的悖论的作者解答，人的否定是物，物的否定是人，真正的人本主义，完备的人本主义必然包括“人、物=不是人”两个元素，这两个元素是同样重要的，没有物(其实只要没有食物，如俞吾金举例说的饥饿时的食品)，人就不能活。同样，没有人、物本身，与人无关的物，尽管存在，但对人没有意义。所以成熟时期马克思哲学主要讨论了与人有关的物，也就是人对物的所有权、占有权、所用权等。同样对唯物主义一元论的理解“物、不是物=人”才是完备的。承认世界的统一性在于它的物质性的前提下，在游戏规则的意义上，当下既有人也有物，物和人就基本上是平等的。当然人类逻辑和语言都离不开同一性，没有同一性人就不能思维。只是在强调同一性的同时，不能忘掉隐而不显的差异性。语言是由同一和差异组成的，在“人、物”的写法中，尽管我们说人和物是平等的，但人可能还是稍微重要一点。同样，在“物、人”的写法中，我们认为物还是稍微重要一点。这是在平等这一同一性中落实差异性(不平等)的范例，是平等与不平等的对立统一，只是比通常意义上的对立统一更高了一个层次。以前苏联教科书体系搞得太简单化了一点，阿多诺和张一兵[37]有很多好的讲解，请读者去细读。同一性的最大危害是资本逻辑下的货币拜物教。一方面，在讲唯物主义的时候要坚持马克思主义把物质生产活动放在首位的立场和观点；另一方面，又要反对资产阶级意识形态，过分强调物对人的支配、奴役作用，坚持社会主义以人为本的核心价值观[37]。货币拜物教导致数字同一性、量化同一性，导致了人类生活的种种异化现象[37]，是作者深恶痛绝的。

最近出版的一本美学著作[38]，将主体、客体用时间性实现三位一体，缺失了完备二元论的第四个元素、与审美活动无关的整个自然、与审美活动无关的整个人类社会等。也就是说，缺失了 ϕ，只有 X，一阴(ϕ)一阳(X)之谓道，单独的 X，单独的 ϕ 都不能成为道。比如康德哲学体系是完备的：康德哲学=(X,ϕ)=(现象，物体自身=自在之物)。如果将现象分解为主体、客体，获得现象的活动三个元素就仍然是完备的。比如对叔本华哲学可以写成(应该说改铸成):叔本华哲学=(意志,表象)=(行意志的人,有意志的表象活动,表象对象,无意志、无表象的自然)。叔本华认为自然界也有意志,十分牵强。尼采认为自然界本身是无意志、无表象(能力)的。本书同意尼采的观点而反对叔本华将意志泛化的做法。人化自然也许可看出某些人的意志,但自在自然应该说没有人的意志,本书只讨论人的意志。

(六)我们与我它的辩证法

张世英夹叙夹议地转述了宗教家、哲学家马丁布伯的“被使用的世界”与“相遇的世界”[39]。作者去除了马丁布伯我你关系所指的我与上帝的关系,上帝本是人类的异化。所以本书中的我们就是现在特定时段活着的所有人,包括人与人之间的关系,简称我们关系。这是一个“相遇的世界”,是永远同时的现在进行式。另一个就是我它关系支配的“被使用的世界”,在被使用的世界中,我是每个人自己,它不仅包括物、事,也包括另外的人(我自己以外的人)。张世英断言[37]:“把一切都看成是使用对象的人只能生活在过眼云烟中”,“仅仅按照‘我它’公式把一切都看成是‘它’(物、对象)而生活的人,是只有过去而无真实现在的人”。综上所述,我们与我它是不同时的,作者对辩证法的贡献就是将我们与我它不同时强制同时。

从前文可见,我们与我它的非同一性既体现了斯宾诺莎一个实体两个属性的哲学精神,又体现了中国哲学一阴一阳之谓道的精神。只是这里的阴阳具有时间上的错位,本来我它和我们是相互生成的关系,我们中有我它,我它中有我们,环阴而抱阳的关系。这是本书第二版在辩证法上相较于第一版的重大突破,这已不是西方的布尔代数,而是中国的太极代数[16],和古希腊的“Physis=Logos+Aletheia”似乎也有某种关联,与中国的熊十力哲学的体用不二、既体既用也有可会通的地方。

(七)以语言为例说明不同时强制同时到底意味着什么

上节介绍了我们关系和我它关系,在我们关系中时间是同时的,这主要意味着人与人之间的双向互动关系,我能理解你,你也能理解我。相反在我它关系中,举例来说它=石头,也许我能理解石头,石头就不一定能理解我了。本书哲学的秘密是通过人与人之间的可理解性,通达你与万事万物之间的可理解性。这在语言中特别明显地显现出来,我在说话,你在听话,同时我也在听我自己说出的话,并能听见你说的话。这样一种主体之间的关系是多么的美妙啊。反之,我与石头之间的关系,就达不到这么容易沟通的地步。这里进一步以语言学为例说一说本书主旋律的完备二元论。作者认为在语言学中包括这样八个世界,在时段$[T_0, T_0+\Delta T]$内:

世界 1=每个说话的主体;

世界 2=每个人说话谈及的对象;

世界 3=每个人的言语活动;

世界 4=作为言语活动背景(Aletheia)的自然界,也就是自然界向言语活动的聚集,包括无语的自然本身;

世界 5=共在中的每个人,能说话也能听话的人;

世界 6=人类语言活动中的语词作为物;

世界 7＝人和物，包括语言的深层结构，语法、语义、语用等；

世界 8＝社会化历史性的语言场＝空集＝余集。

这一模型比本书第一版中的语言哲学模型要复杂一些，当时只从变化的个人言语活动场产生变化的人类语言场，变化的人类语言场又产生变化的每个人言语活动场的角度来讨论，有点语言的独立王国的意味。现在的模型更好地展现了作为工具的语言(我它关系)，体现为人类实践活动中的我它关系和作为存在的家的语言，体现我们关系，包括每个人，作为非同一性的个人，不可通约化的个人对语言场的感应(听)和响应(说)。在导论中提出这一问题对理解前三卷，甚至整个七卷都是有帮助的。同时，因为包括了作为背景的自然、社会、个人等现实性因素和社会化历史性的语言场作为超越性因素，语言已不再是独立王国。与现实、与人生、与社会生活有较强的关联。

八个世界元素不同时强制同时后构成世界化时间性的言语语言场，以完成第六节所阐述的我们与我它的辩证法。这一世界化时间性的场随着时间 T_0 的增长而与时俱进，而对每一时段 ΔT，这八个世界在时间上没有先后了。或者说在时段 ΔT 内，本来时间仍然是有先后的，但将其不同时强制同时后就没有先后了。世界化时间性的场与社会化历史性的场及其相互关系是下节重点阐述的内容。

(八)世界化时间性的场与社会化历史性的场

本书的重点在社会化历史性的场，而世界化时间性的场仅在第三卷第一章提及，且仅在比较狭窄的意义上使用。打个比方，如果世界化时间性的场对应于微观经济学的话，那么社会化历史性的场则对应于宏观经济学。这样一种意义当然也是对的，但最近作者对世界化时间性的场又做了深入研究，算是对本书前三卷相关论述不足的补充。

为了充分体现马克思的人是社会关系总和的思想，可以将哲学体系建立在如下四个世界的基础上，在时段$[T_0, T_0+\Delta T]$内：

世界 1＝人与自然的关系；

世界 2＝人与人的关系；

世界 3＝人与自然的关系和人与人的关系；

世界 4＝空集/余集＝人类社会化历史性的场＝一切社会关联的总和＋过去与未来的当下化；

世界＝世界 1＋世界 2＋世界 3＋世界 4。

世界就是世界化时间性的场，随着 T_0 的变化而变化。这里世界包括了人化自然、自然化人、人化自然与自然化人、与人无关的(在这一特定时段)无化着万事万物的自然。但在本书的哲学体系中，万事万物的意义和价值都是由人(每个人、所有人)来照亮的，避免了海德格尔哲学直接采用人在世界中存在的困难，因为当下时段活着的人只有有限多个，问题得到了极大的简化。虽然中国古人早就有天人合一、万物一体的宇宙情怀，但人与石头的双向互动多少有点牵强，人与人之间的双向互动则基本上说得过去。人类社会包括每个人的心思意念，一举一动，在现实性上都在自然之中(对这一时段而言)。这就是本书自然化人的精确界定，自然比人类大，自然(天)外无天了。另一方面，人是一种有思想、有意志、有目的、有超越现实能力的存在，人总能面对当下现实化的自然去存在(获得新的确定性和新的可能性)，这就是本书对人化自然的精确界定。人化自然与自然化人在实践中的统一就是世界 3 对人处事和待人接物的问题落实到人的生产和物的生产，或者说成人与成物。当然由于自然界在演化，人的追求也有无限性，因而与人无关的无化着的自然也始终存在着。我们是以存在者的存在和存在者的不存在的同时考察来澄明存在的意义的。所以世界化时间性的场有狭义和广义之分，世界总体是广义的世界化时间性的场，也可将世界化时间性的场按本书第三卷第一章狭义地理解为人与自然关系的世界 1。但现在作者倾向于只做广义的理解而不做狭义的理解，这样在人与自然、人与人、人与自然和人与人、空集中都有了世界化时间性的场的影响。尽管世界化时间性的场由世界 1、2、3、4 生成，生成之后又反过来影响(改变)世界 1、2、3、4。套用马克思的表达方式，世界化时间性的场既是世界 1、2、3、4 的前提又是世界 1、2、3、4 的结果。

人与自然的关系大致对应于意义世界和利益世界，人与人的关系可用经济基础和上层建筑来刻画，人与自然关系和人与人的关系对应于人的生产和物的生产领域。社会化历史性的场对应于超越性和每个人的不可用本模型穷尽的无限丰富性，落脚点在于现实的每个人与超现实(意识形态化)的人类社会。

采用阿多诺的非同一性哲学，每个人都是社会化历史性的场和世界化时间性的场中的一个星丛[37]，这是我们的哲学平等地看待每个人和人与人之间和平共处的特色。个体与人类社会之间是相互生成的关系，比如美是艺术在个体中的凝固，艺术是美在人类社会中的展开。同样文化是人类文明在个体中的凝固，文明是文化在人类社会和人类世界中的展开。这里的表述不仅体现了本书前三卷所说的文化以文化物、以句明意的意思，更增加了文化以文化人的特点。这里化也可以理解为教化，突出了文化的教育人的功能。

① 人与自然＝人和自然＝人和物＋事物。事物＝人化自然＋自然化人＋自然化人和人化自然＋在当下时段与人无关的自然＝自然之中与社会之外的人。

② 人与人＝存在论上的人类＝共在着的每个人＝当下时段活着的每个人＝承载着社会关联的每个人＝非对象性活动中的每个人。

③ 人与自然和人与人＝物质生产和人的生产＝对人处事和待人接物的每个人＝对象性活动中的每个人＝从事实性价值导致映射性价值的世界。

④ 社会化历史性的场＝一切关联的总和＝个人与人类社会的相互生成＝每个对象性活动的前提加上对象性活动的结果加上非对象性活动的解释加上非对象性活动的理解＝每个人的存在和本质＝整个人类社会的存在和本质 $T\in[T_0, T_0+\Delta T]$。

①＋②＋③＋④＝世界化时间性的场，在现实性上，自然最大，万事万物都在自然之中。在信息化生存的意义上，在人类精神的意义下，在客观不实在的意义上(自然也有演化，也有信息化)，当下最大的天(人在其中的自然)作为定在。由于人为意义的超越性和每个人的主观能动性，已现实化的自然也总由人类社会所超越，人类存在加上人类意识作为人类社会存在又总是发展的，而且是与时俱进发展的。但对每一发展完成的时段，又仍然在自然之中。人类社会的每个人与每个人之间具有双向的互动(不同时可强制同时)，个人与人类社会统一之后又是奔腾向前的，主要由人类社会的与时俱进的发展，次要由自然界的演化，导致整个自然的与时俱进的发展和演化。天外无天，天最大，在定在的意义上，天＝神＝自然＝主体；在信息化的意义上，每一时刻人的意识、人的意志、人的言行等一切存在活动的无限发展和自然的演化没有尽头，所以人化自然又总是发展着的，特别是与人无关的自然的演化自在的不可穷尽性、物质不灭性、人类社会的社会化历史性的场，

除了在三重意义上双向互动外（个人与个人、社会与社会、个人与社会），本身还是奔腾向前的，与时俱进的（T_0 是单调上升的）。因而世界化时间性的场类似于热力学第二定律总是奔腾向前的，时光是一去不复返的，社会化历史性的场在微观上（ΔT 固定以后）时间是永恒轮回的，时间是可以不同时强制同时的，而在宏观上，因 T_0 奔腾向前导致时间区间 $[T_0, T_0+\Delta T]$ 奔腾向前。关键点是世界世界着，一方面，世界在每一时段都大于人类社会；另一方面，每一时段之后，人类社会又发展了，自然也演化着，特别是无（与人无关的自然）也无着。所以随着 T_0 的与时俱进，人类社会（以社会化历史性的场为代表）和整个世界（自然）也在发展和演化。

人与言语、语言（人与人）、人与言语与语言、无言的自然作为背景（人和物、人化自然、自然化人、人化自然与自然化人、与人无关）的自然（语言的运动着的界限）。

以上给出了本节哲学体系的第一种排法，按照阿多诺非同一性哲学，既可以从世界 1 开始，也可以分别从世界 2、3、4 开始，形成下列矩阵：

$$\begin{bmatrix} \text{世界 }1 & \text{世界 }2 & \text{世界 }3 & \text{世界 }4 \\ \text{世界 }2 & \text{世界 }1 & \text{世界 }3 & \text{世界 }4 \\ \text{世界 }3 & \text{世界 }1 & \text{世界 }2 & \text{世界 }4 \\ \text{世界 }4 & \text{世界 }1 & \text{世界 }2 & \text{世界 }3 \end{bmatrix}$$

第一行前面解释过了，在这个矩阵中，第一列的元素是第一重要的，在并列的四个元素中，如果突出第一列的元素的话，我们可以得到另外三种解释，比如第二行人与人的关系摆在第一位，就可更好地理解历史唯物主义；第三行将人的生产和物的生产摆在第一位，又能更好地突出实践，与实践唯物主义的观点则更为接近；第四行将社会化历史性的场摆在首位，则有利于讨论哲学、艺术、美学、宗教等问题。第一行则是通常辩证唯物主义的排列方式，所以本节的哲学可以称为辩证的、历史的、实践的、人本的唯物主义。

（九）唯一的历史科学

沈湘平写道[40]34："马克思甚至还从学科、科学的角度把自然科学与人的科学看成是一门科学：历史本身是自然史的即自然界生成为人这一过程的一个现实部分。自然科学往后将包括关于人的科学，正像关于人的科学包括自然科学一样：这将是一门科学。人是自然科学的直接对象……自然界是关于人的科学的直接对象，自然界的社会的现实和人的自然科学或关于人的自然科学，是同一说法。"马克思的这段话为研究自然科学出身的人了解人的科学指明了方向，也为本书在自然科学著作中包括人的科学提供了依据。

在文献[40]的扉页上引用了马克思更重要的论断："我们仅知道一门唯一的科学，即历史科学，历史可以从两方面来考察，可以把它划分为自然史和人类史。但这两方面是不可分割的，只要有人存在，自然史和人类史就彼此相互制约。自然史，即所谓自然科学，我们这里不谈，我们需要深入研究的是人类史，因为几乎整个意识形态不是曲解人类史，就是完全撇开人类史。意识形态只不过是这一历史的一个方面。"从马克思这段话，我们知道自然科学与人的科学是不可分割、相互制约的。所以研究自然科学的人应该了解一点人类史。

沈湘平继续写道[40]166："在我们看来，与法国相比，中国缺少理论大师的现状更甚，其中一个不可避免的重要原因就在于中国知识分子大多没有足够的哲学修养，能够真正把握马克思思想体系的精髓并自觉地以之为基础研究的理论指导。这一作为科学的思想体系,研究其他学问的基础的科学理论就是马克思奠定的整体的,'一门唯一的'历史科学。"

这段话为作者写作本书以提升自然科学工作者的哲学修养提供了支持。同时现在确实有历史唯物主义而忘记历史的不良现象发生,作者认为强调马克思的"我们仅知道一门唯一的科学,即历史科学"是合适的。本书强调社会化历史性的场算是从历史科学到历史哲学的一种尝试。

参考文献

[1] 毛泽东选集(第二卷). 北京:人民出版社,1991.

[2] 思履,文若愚. 论语·中庸·大学详解. 北京:中国华侨出版社,2013.

[3] 任伟. 数学化的场论:球面世界的哲学. 北京:科学出版社,2013.

[4] 王正行. 近代物理学. 2 版. 北京:北京大学出版社,2010.

[5] 于学刚. 狭义相对论和量子理论一元化表述. 北京:科学出版社,2012.

[6] 赵峥,刘文彪. 广义相对论基础. 北京:清华大学出版社,2012.

[7] 何香涛. 观测宇宙学. 2 版. 北京:北京师范大学出版社,2007.

[8] 卢建新. 理论物理及其交叉学科前沿 I. 北京:北京大学出版社,2014.

[9] 郭树源. 时间与物理学. 北京:科学出版社,2011.

[10] 邵亮,邵丹,邵常贵. 空间时间的量子理论. 北京:科学出版社,2011.

[11] 梁九卿,韦联福. 量子物理新进展. 北京:科学出版社,2011.

[12] Thomas A G. Electricity and Magntetism for Mathematicians: A Guided Path from Maxwell's Equations to Yang-MiLls. Cambridge:Cambridge Univrersity Press,2015.

[13] Chan H M, Tsun T S. Some Elementary Gauge Theory Concepts. Singapore: World Scientific,1993.

[14] 际秉乾,舒幼生,胡望雨. 电磁学专题研究. 北京:高等教育出版社,2001.

[15] 曹昌祺. 辐射和光场的量子统计理论. 北京:科学出版社,2006.

[16] 王俊龙.《周易》经传数理研究. 北京:人民出版社,2015.

[17] 蔡圣善,朱耘,徐建军. 电动力学. 北京:高等教育出版社,2002.

[18] 陈蜀乔. 引力场及量子场的真空动力学图像. 北京:电子工业出版社,2010.

[19] 罗恩泽. 真空动力学:物理学的新架构. 上海:上海科学普及出版社,2003.

[20] Jackson J D. Classical Electrodynamics. New York:Wiley,1999.

[21] Chanyal B C. Split octonion reformulation of generalized linear gravitational field equations. Journal of Mathematical Physics,2015,56:051702.

[22] Filipa R Prudencia,et al. Exact image method for radiation problems in stratified Isorefractive Tellegen media. IEEE Transactions on Antennas and Propagation,2014,62(9):4637.

[23] Nikitin A G. Laplace-Runge-Lenz vector for arbitrary spin. Journal of Mathematical Physics,2013,54:123506.

[24] O L de Lange,Raas R E. Multipole theory and the Hehl-Obukhov decomposition of the electromagnetic constitutive tensor. Journal of Mathematical Physics,2015,56:053502.

[25] Ivan Ferrandey-Corbaton,et al. Electromagnetic duality symmetry and helicity conservation for the macroscopic Maxwell's equations. Physical Review Letters,2013,111:060401.

[26] Fedorov A V,Kalashnilou E G. Extended symmetrical classical electrodynamics. Physics Review E,

2008,77:036610.

[27] Dhiraj Sinha, Amaratunga Gehan A J. Electromagnetic radiation under explicit symmetry breaking. Physical Review Letters, 2015, 114:147701.

[28] Futton T, et al. Conformal invariance in physics. Review of Modem Physics, 1962, 34(3):442.

[29] Andrey Akhmeteli. One real function instead of the Dirac spinor function. Journal of Mathematical Physics, 2011, 52:082303.

[30] Wu T T, Yang C N. Concept of nonintegrable phase factors and global formulation of gauge fields. Physics Review: D, 1975, 12:3845.

[31] lWu T T, Yang C N. Dirac's monopole without strings: Classical lagrangian theory. Physics Review: D, 1976, 14:437.

[32] Chan H M, Tsou S T. Non-Abelian generalization of electric-magnetic duality: a brief review. International Journal of Modern Physics: A, 1999, 14:2139.

[33] Nelson D F. Generalizing the Poynting vector. Physical Review Letters, 1996, 76:4713.

[34] Lin Q, Fan S. Light guiding by effective gauge field for photons. Physics Review: X, 2014, 4:031031.

[35] Carlo Rizza, et al. One-dimensional chirality: Strong optical activity in epsilon-near-zero metamaterials. Physical Review Letters, 2015, 115:057401.

[36] 邓晓芒. 实践唯物论新解：开出现象学之维. 武汉：武汉大学出版社，2007.

[37] 张一兵. 无调式的辩证想象：阿多诺《否定的辩证法》的文本学解读. 2 版. 南京：江苏人民出版社，2016.

[38] 刘彦顺. 西方美学中的时间性问题：现象学美学之外的视野. 北京：北京大学出版社，2016.

[39] 张世英. 哲学导论. 北京：北京大学出版社，2002.

[40] 沈湘平. 唯一的历史科学：马克思哲学的自我规定. 北京：中国社会科学出版社，2016.

第一章 弹性波理论基础

本章主要取材于《固体中的声场和波》[1]。

1.1 质点位移和应变

声学是研究材料介质中随时间变化的形变或振动的学科。所有物质都由原子组成，我们可以迫使这些原子在其平衡位置附近振动。形变介质中质点位移可用图 1.1 来说明。黑点表示有规则排列的所选择质点的平衡位置，圈点表示这些质点位移后的位置。然后对每个质点从某一原点 O 指定一个平衡矢量 $\boldsymbol{L}$ 和一个位移矢量 $\boldsymbol{l}(\boldsymbol{L},t)$。位移矢量 $\boldsymbol{l}$ 是随时间变化的量，平衡矢量 $\boldsymbol{L}$ 仅用作识别质点的标记。$\boldsymbol{L}$ 和 $\boldsymbol{l}$ 都是连续变量，而不限于图 1.1 所示的离散值。

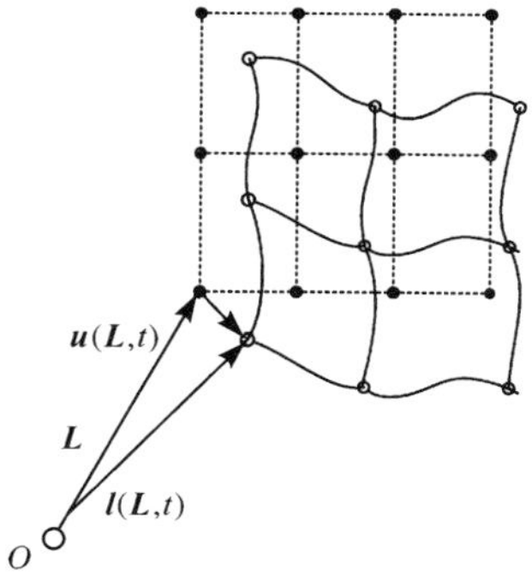

图 1.1 固体处于平衡状态和形变状态时的质点位置

平衡矢量为 $\boldsymbol{L}$ 的质点的位移由下式确定：

$$\boldsymbol{u}(\boldsymbol{L},t)=\boldsymbol{l}(\boldsymbol{L},t)-\boldsymbol{L} \tag{1.1}$$

这样，质点位移场 $\boldsymbol{u}$ 就是描述介质内全部质点振动的连续变量。显然，材料形变只适用于介质的质点彼此之间发生相对位移的情形。在刚性平动和刚性转动中，物体所有质点都保持其相对位置不变，所以没有形变。因为对所有这样的刚性运动，式(1.1)中的质点位移场 $\boldsymbol{u}$ 都不等于零，所以，质点位移 $\boldsymbol{u}$ 对于刚性运动不足以用来量度材料形变，于是，考虑相邻的两个质点，对上式取微分 $d\boldsymbol{u}(\boldsymbol{L},t)=\mathrm{d}\boldsymbol{l}(\boldsymbol{L},t)-\mathrm{d}\boldsymbol{L}$，因为 $\boldsymbol{u}$ 和 $\boldsymbol{l}$ 都是 $\boldsymbol{L}$ 的函数，该式可写成

$$\mathrm{d}\boldsymbol{u}(\boldsymbol{L},t)=\frac{\partial}{\partial L_1}\boldsymbol{u}\mathrm{d}L_1+\frac{\partial}{\partial L_2}\boldsymbol{u}\mathrm{d}L_2+\frac{\partial}{\partial L_3}\boldsymbol{u}\mathrm{d}L_3+\frac{\partial}{\partial t}\boldsymbol{u}\,\mathrm{d}t$$

恒定时间下，时间项等于零，于是

$$\mathrm{d}\boldsymbol{u}(\boldsymbol{L},t)=\frac{\partial}{\partial L_1}\boldsymbol{u}\mathrm{d}L_1+\frac{\partial}{\partial L_2}\boldsymbol{u}\mathrm{d}L_2+\frac{\partial}{\partial L_3}\boldsymbol{u}\mathrm{d}L_3 \tag{1.2}$$

在直角坐标系下，$\boldsymbol{u}$ 可以写成

$$\boldsymbol{u}(\boldsymbol{L},t)=\boldsymbol{e}_x u_x+\boldsymbol{e}_y u_y+\boldsymbol{e}_z u_z \tag{1.3}$$

将式(1.3)代入式(1.2)右边得

$$\mathrm{d}\boldsymbol{u}=\boldsymbol{e}_x\boldsymbol{A}u_x+\boldsymbol{e}_y\boldsymbol{A}u_y+\boldsymbol{e}_z\boldsymbol{A}u_z$$

式中，$\boldsymbol{A}=\frac{\partial}{\partial L_x}\mathrm{d}L_x+\frac{\partial}{\partial L_y}\mathrm{d}L_y+\frac{\partial}{\partial L_z}\mathrm{d}L_z$，写成矩阵形式为

$$\begin{bmatrix}\mathrm{d}u_x\\ \mathrm{d}u_y\\ \mathrm{d}u_z\end{bmatrix}=\begin{bmatrix}\frac{\partial u_x}{\partial L_x} & \frac{\partial u_x}{\partial L_y} & \frac{\partial u_x}{\partial L_z}\\ \frac{\partial u_y}{\partial L_x} & \frac{\partial u_y}{\partial L_y} & \frac{\partial u_y}{\partial L_z}\\ \frac{\partial u_z}{\partial L_x} & \frac{\partial u_z}{\partial L_y} & \frac{\partial u_z}{\partial L_z}\end{bmatrix}\begin{bmatrix}\mathrm{d}L_x\\ \mathrm{d}L_y\\ \mathrm{d}L_z\end{bmatrix} \tag{1.4}$$

矩阵

$$\begin{bmatrix}\frac{\partial u_x}{\partial L_x} & \frac{\partial u_x}{\partial L_y} & \frac{\partial u_x}{\partial L_z}\\ \frac{\partial u_y}{\partial L_x} & \frac{\partial u_y}{\partial L_y} & \frac{\partial u_y}{\partial L_z}\\ \frac{\partial u_z}{\partial L_x} & \frac{\partial u_z}{\partial L_y} & \frac{\partial u_z}{\partial L_z}\end{bmatrix}=[E(\boldsymbol{L},t)]$$

称为位移梯度矩阵，根据该矩阵和式(1.4)，对任何两个相邻质点间的微分位移 $\mathrm{d}\boldsymbol{u}$ 都可以算出。因此，位移梯度矩阵 $[E(\boldsymbol{L},t)]$ 是形变介质中质点微分位移的一种量度，然而，对于刚性转动 $[E(\boldsymbol{L},t)]\neq 0$，这是不足之处。

对于刚性转动以及刚性转动与刚性平动的全部组合都确实保持为零的一个量是标量 $\Delta=\mathrm{d}l(\boldsymbol{L},t)-\mathrm{d}\boldsymbol{L}$，对于刚性运动，$\Delta$ 总是零，而对于形变，它总不是零。所以 Δ 是形变的真实量度，但满足同样要求的一个更适合的量是

$$\boldsymbol{\Delta}'=\mathrm{d}l^2(\boldsymbol{L},t)-(\mathrm{d}\boldsymbol{L})^2 \tag{1.5}$$

通常定义为形变。

在笛卡儿直角坐标系中，由 $\mathrm{d}\boldsymbol{u}(\boldsymbol{L},t)=\mathrm{d}\boldsymbol{l}(\boldsymbol{L},t)-\mathrm{d}\boldsymbol{L}$ 知 $\mathrm{d}l_x=\mathrm{d}L_x-\mathrm{d}u_x$。为简单起见，首先考虑垂直于 z 轴的二维形变。在这种情况下

$$\begin{aligned}\boldsymbol{\Delta}'&=\mathrm{d}\boldsymbol{l}^2-\mathrm{d}\boldsymbol{L}^2=(\mathrm{d}l_x)^2+(\mathrm{d}l_y)^2-(\mathrm{d}L_x)^2-(\mathrm{d}L_y)^2\\ &=(\mathrm{d}l_x+\mathrm{d}u_x)^2+(\mathrm{d}l_y+\mathrm{d}u_y)^2-(\mathrm{d}L_x)^2-(\mathrm{d}L_y)^2\\ &=\mathrm{d}^2u_x+\mathrm{d}^2u_y+2\mathrm{d}l_x\mathrm{d}u_x+2\mathrm{d}l_y\mathrm{d}u_y\\ &=\left(\frac{\partial u_x}{\partial L_x}\mathrm{d}L_x+\frac{\partial u_x}{\partial L_y}\mathrm{d}L_y\right)^2+\left(\frac{\partial u_y}{\partial L_x}\mathrm{d}L_x+\frac{\partial u_y}{\partial L_y}\mathrm{d}L_y\right)^2+2\frac{\partial u_x}{\partial L_x}\mathrm{d}L_x^2\\ &\quad+2\frac{\partial u_y}{\partial L_y}\mathrm{d}L_y^2+\left(2\frac{\partial u_x}{\partial L_y}+2\frac{\partial u_y}{\partial L_x}\right)\mathrm{d}L_x\mathrm{d}L_y\\ &=\left[2\frac{\partial u_x}{\partial L_y}+\left(\frac{\partial u_x}{\partial L_x}\right)^2+\left(\frac{\partial u_y}{\partial L_x}\right)^2\right]\mathrm{d}L_x^2+\left[2\frac{\partial u_y}{\partial L_y}+\left(\frac{\partial u_x}{\partial L_y}\right)^2+\left(\frac{\partial u_y}{\partial L_y}\right)^2\right]\mathrm{d}L_y^2\\ &\quad+\left(2\frac{\partial u_x}{\partial L_y}+2\frac{\partial u_y}{\partial L_x}+2\frac{\partial u_x}{\partial L_x}\frac{\partial u_x}{\partial L_y}+2\frac{\partial u_y}{\partial L_x}\frac{\partial u_y}{\partial L_y}\right)\mathrm{d}L_x\mathrm{d}L_y\end{aligned}$$

该式更适合用矩阵表示为

$$\boldsymbol{\Delta}' = 2[\mathrm{d}L_x \quad \mathrm{d}L_y]\begin{bmatrix} S_{xx} & S_{xy} \\ S_{yx} & S_{yy} \end{bmatrix}\begin{bmatrix} \mathrm{d}L_x \\ \mathrm{d}L_y \end{bmatrix}$$

各矩阵元 S_{ij} 可由令上面两式各对应项相等而求得。因该式中只出现非对角矩阵元之和（$S_{xy}+S_{yx}$），故可将矩阵选成对称的（$S_{xy}=S_{yx}$）而不失去普遍性，即

$$S_{xx} = \frac{\partial u_x}{\partial L_x} + \frac{1}{2}\left(\frac{\partial u_x}{\partial L_x}\right)^2 + \frac{1}{2}\left(\frac{\partial u_y}{\partial L_x}\right)^2$$

$$S_{yy} = \frac{\partial u_y}{\partial L_y} + \frac{1}{2}\left(\frac{\partial u_x}{\partial L_y}\right)^2 + \frac{1}{2}\left(\frac{\partial u_y}{\partial L_y}\right)^2$$

$$S_{xy} = S_{yx} = \frac{1}{2}\left(\frac{\partial u_x}{\partial L_y} + \frac{\partial u_y}{\partial L_x} + \frac{\partial u_x}{\partial L_x}\frac{\partial u_x}{\partial L_y} + \frac{\partial u_y}{\partial L_x}\frac{\partial u_y}{\partial L_y}\right)$$

对于三维形变，把上述论证加以推广，可证明

$$\boldsymbol{\Delta}'(\boldsymbol{L},t) = 2S_{ij}(\boldsymbol{L},t)\mathrm{d}L_i\mathrm{d}L_j \tag{1.6}$$

式中

$$S_{ij} = \frac{1}{2}\left(\frac{\partial u_i}{\partial L_j} + \frac{\partial u_j}{\partial L_i} + \frac{\partial u_k}{\partial L_i}\frac{\partial u_k}{\partial L_j}\right), \quad i,j,k = x,y,z$$

矩阵元 $S_{ij}(\boldsymbol{L},t)$ 称为应变场张量，其物理意义不明显。

各种固体的形变率相差很大，在某系橡胶一类的材料中，位移梯度很容易大于 1。但对于较硬的材料，如果要求避免永久形变或断裂，位移梯度必须保持在 $10^{-4} \sim 10^{-3}$ 的范围以下。一般情况下位移梯度 $\frac{\mathrm{d}u}{\mathrm{d}L}$ 远小于 10^{-4}，式(1.6)的平方项可以忽略不计，因而才可采用线性化的应变-位移关系

$$S_{ij} = \frac{1}{2}\left(\frac{\partial u_i}{\partial L_j} + \frac{\partial u_j}{\partial L_i}\right), \quad i,j = x,y,z$$

因为 $\frac{\partial u_i}{\partial L_j} = \frac{\partial u_i}{\partial l_j}\left(1 - \frac{\partial u_j}{\partial l_j}\right)^{-1}$，$\frac{\partial u_i}{\partial L_j}$ 与 $\frac{\partial u_i}{\partial l_j}$ 的差别仅在于平方项和更高项。因此，对于线性化理论来说，不必区分形变后的位置矢量 $\boldsymbol{l}$ 的分量和平衡位置矢量 $\boldsymbol{L}$ 的分量。即在笛卡儿直角坐标系中

$$\boldsymbol{L} \approx \boldsymbol{l} = \boldsymbol{e}_x \cdot x + \boldsymbol{e}_y \cdot y + \boldsymbol{e}_z \cdot z = \boldsymbol{r}$$

因而线性化的应变-位移关系在直角坐标系中取

$$S_{ij}(\boldsymbol{r},t) = \frac{1}{2}\left(\frac{\partial u_i}{\partial \boldsymbol{r}_j} + \frac{\partial u_j}{\partial \boldsymbol{r}_i}\right), \quad i,j = x,y,z \tag{1.7}$$

相应位移梯度矩阵写成

$$E_{ij}(\boldsymbol{r},t) = \frac{\partial u_i}{\partial \boldsymbol{r}_j} \tag{1.8}$$

即

$$[E(\boldsymbol{r},t)] = \begin{bmatrix} \frac{\partial u_x}{\partial x} & \frac{\partial u_x}{\partial y} & \frac{\partial u_x}{\partial z} \\ \frac{\partial u_y}{\partial x} & \frac{\partial u_y}{\partial y} & \frac{\partial u_y}{\partial z} \\ \frac{\partial u_z}{\partial x} & \frac{\partial u_z}{\partial y} & \frac{\partial u_z}{\partial z} \end{bmatrix}$$

线性近似下，应变矩阵 $[S_{ij}]$ 与位移梯度矩阵 $[E_{ij}]$ 的关系为

$$[S]=\frac{1}{2}([E]+[\widetilde{E}]) \tag{1.9}$$

这是因为

$$[E]=\underbrace{\frac{1}{2}([E]+[\widetilde{E}])}_{\text{对称部分}}+\underbrace{\frac{1}{2}([E]-[\widetilde{E}])}_{\text{反对称部分}}$$

式中，$[\widetilde{E}]$ 是 $[E]$ 的转置矩阵。位移梯度矩阵的对称部分和应变矩阵完全相同，位移梯度矩阵的反对称部分也有一个简单的物理解释，它对应于一个转动。在振动问题的动力学中不讨论这些“局部”转动。所以在声场方程中，不出现位移梯度矩阵的反对称部分，但在其他物理现象如声光散射中，这些局部转动是重要的。

下面推导 S_{ij} 与 E_{ij} 在不同坐标系下的变换关系。

这里只讨论直角坐标系，并且只考虑右手坐标系。将旧坐标轴和新坐标轴分别取 x，y，z 和 x'，y'，z'，如图 1.2 所示。

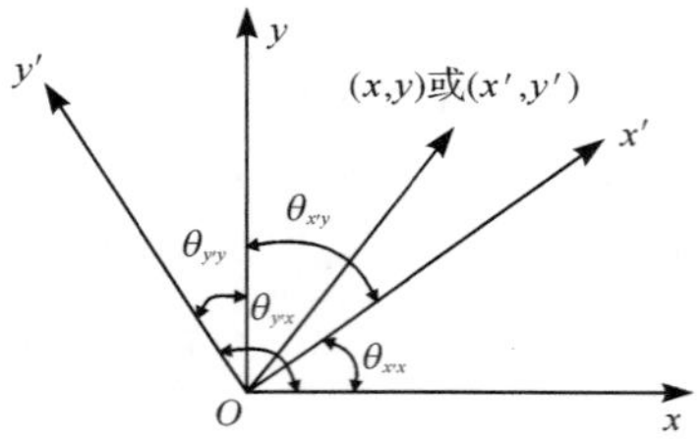

图 1.2　直角坐标系的旋转

二维 $\theta_{x'x}=\theta_{y'y}$ 中

$$x'=x\cos\theta_{x'x}+y\cos\theta_{x'y}$$
$$y'=x\cos\theta_{y'x}+y\cos\theta_{y'y}$$

方向余弦用 a_{ij} 来描述，即

$$a_{ij}=\cos\theta_{i'j}\ ,\quad i,j=x,y,z$$

于是

$$\begin{cases}x'=xa_{xx}+ya_{xy}\\ y'=xa_{yx}+ya_{yy}\end{cases},\quad [a]=\begin{bmatrix}a_{xx} & a_{xy}\\ a_{yx} & a_{yy}\end{bmatrix}$$

因而，普遍的变换法则是

$$v_i'=a_{ij}v_j\ ,\quad i,j=x,y,z$$

重复下标求和，系数 a_{ij} 确定出变换矩阵，矩阵表示为

$$[v']=[a][v] \tag{1.10}$$

因为矢量的大小适中保持不变

$$\boldsymbol{v}\cdot\boldsymbol{v}=\boldsymbol{v}'\cdot\boldsymbol{v}'$$

有

$$[\widetilde{v}][v]=[\widetilde{v}'][v']=\widetilde{([a][v])}[a][v]=[\widetilde{v}][\widetilde{a}][a][v]$$

所以 $[\widetilde{a}][a]=I$ 或 $[a]^{-1}=[\widetilde{a}]$ 即 $[a]$ 是正交矩阵。由式(1.4)知

$$[\mathrm{d}u]=[E][\mathrm{d}r]$$

因

$$[\mathrm{d}u']=[a][\mathrm{d}u]=[a][E][\mathrm{d}r],\quad [\mathrm{d}r']=[a][\mathrm{d}r]$$

则

$$[\mathrm{d}u']=[a][E][a]^{-1}[\mathrm{d}r']$$

该式表明,新坐标系中的位移梯度矩阵是

$$[E']=[a][E][a]^{-1}=[a][E][\tilde{a}] \tag{1.11}$$

又由式(1.9),应变矩阵$[S]$是位移梯度矩阵的对称部分,因此$[S]$必须按照同样方式变换,即

$$[S']=[a][S][\tilde{a}] \tag{1.12}$$

或以分量来表示为

$$S'_{ij}=a_{ik}S_{kl}(\tilde{a})_{lj}=a_{ik}S_{kl}a_{jl}=a_{ik}a_{jl}S_{kl}$$

按式(1.12)变换的物理量,诸如位移梯度$[E]$或应变$[S]$,称为二阶张量;按照式(1.10)变换的物理量,如质点位移$\boldsymbol{u}$,称为一阶张量,就是矢量。

将矢量和张量都用黑体字母来表示,如$\boldsymbol{E}$和$\boldsymbol{s}$,$\boldsymbol{u}$,而张量的阶数不必用符号体系明显标出,因为它已由物理量的本性所确定;$\boldsymbol{u}$是一阶张量,$\boldsymbol{E}$和$\boldsymbol{s}$是二阶张量等。

因此位移梯度的线性化定义式(1.8)可写成

$$\boldsymbol{E}=\nabla\boldsymbol{u} \tag{1.13}$$

按式(1.9),应变矩阵等于位移梯度的对称部分,这一对应关系表示为

$$\boldsymbol{S}=\frac{1}{2}(\boldsymbol{E}+\tilde{\boldsymbol{E}})=\frac{1}{2}(\nabla\boldsymbol{u}+\widetilde{\nabla\boldsymbol{u}})=\nabla_s\boldsymbol{u}$$

式中,$\nabla_s\boldsymbol{u}$表示取位移梯度的对称部分,即得应变-位移关系

$$\boldsymbol{S}=\nabla_s\boldsymbol{u} \tag{1.14}$$

由式(1.8)可知,应变张量$\boldsymbol{S}$是对称的,所以在直角坐标系中每一分量只需用一个下标来标明。

$$\boldsymbol{S}=\begin{bmatrix}S_{xx}&S_{xy}&S_{xz}\\S_{yx}&S_{yy}&S_{yz}\\S_{zx}&S_{zy}&S_{zz}\end{bmatrix}=\begin{bmatrix}S_1&\frac{1}{2}S_6&\frac{1}{2}S_5\\\frac{1}{2}S_6&S_2&\frac{1}{2}S_4\\\frac{1}{2}S_5&\frac{1}{2}S_4&S_3\end{bmatrix} \tag{1.15}$$

引入$\frac{1}{2}$是弹性理论中的标准惯例。在这种缩写下标表示中,可将应变写成六元直列矩阵,而不是九元方阵,即

$$\boldsymbol{S}=\begin{bmatrix}S_1\\S_2\\S_3\\S_4\\S_5\\S_6\end{bmatrix} \tag{1.16}$$

在式(1.15)中引进引子 $\frac{1}{2}$ 的一个直接好处是：以缩写下标表示的应变分量以一简单方式与质点位移分量相联系。

$$\begin{bmatrix} S_1 \\ S_2 \\ S_3 \\ S_4 \\ S_5 \\ S_6 \end{bmatrix} = \begin{bmatrix} \frac{\partial u_x}{\partial x} \\ \frac{\partial u_y}{\partial y} \\ \frac{\partial u_z}{\partial z} \\ \frac{\partial u_y}{\partial z} + \frac{\partial u_z}{\partial y} \\ \frac{\partial u_x}{\partial z} + \frac{\partial u_z}{\partial x} \\ \frac{\partial u_x}{\partial y} + \frac{\partial u_y}{\partial x} \end{bmatrix} = \begin{bmatrix} \frac{\partial}{\partial x} & 0 & 0 \\ 0 & \frac{\partial}{\partial y} & 0 \\ 0 & 0 & \frac{\partial}{\partial z} \\ 0 & \frac{\partial}{\partial y} & \frac{\partial}{\partial z} \\ \frac{\partial}{\partial z} & 0 & \frac{\partial}{\partial x} \\ \frac{\partial}{\partial y} & \frac{\partial}{\partial x} & 0 \end{bmatrix} \begin{bmatrix} u_x \\ u_y \\ u_z \end{bmatrix} \tag{1.17}$$

或

$$S_I = \nabla_{Ij} u_j, \quad \nabla_s = \nabla_{Ij}$$

1.2 应力和动力学方程

1.1节引入了两个声场变量：质点位移 $\boldsymbol{u}(\boldsymbol{r},t)$ 和应变 $\boldsymbol{S}(\boldsymbol{r},t)$，它们表征振动材料介质中的质点运动和形变。当一物体作声振动时，在相邻质点之间产生弹性恢复力(或应力)。在自由振动体内，这是唯一存在的力。如果物体的振动是由外力激发，则还须考虑两类激发力(彻体力和表面力，即牵引力)。为了分析振动问题，首先必须用一种定量方式来确定所有这些力，然后将它们和场变量 $\boldsymbol{u}(\boldsymbol{r},t)$ 和 $\boldsymbol{S}(\boldsymbol{r},t)$ 在数学上联系起来，这就是动力学问题。

1.2.1 牵引力和应力

振动介质内的应力可把质点取作某正交坐标系的体积元来确定，为了确定这些力，质点的每个面要求有三个力分量，如图1.3所示。

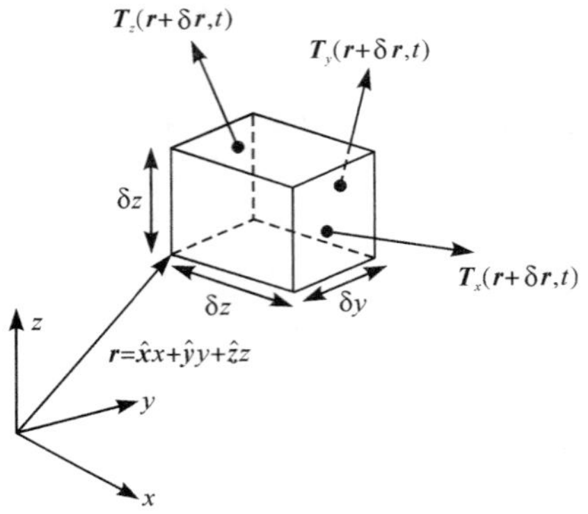

图1.3 作用在一质点上的牵引力

作用在面向 $+x$ 方向的面积上的牵引力或每单位面积上的力为

$$\boldsymbol{T}_x = \hat{\boldsymbol{x}}T_{xx} + \hat{\boldsymbol{y}}T_{yx} + \hat{\boldsymbol{z}}T_{zx} \tag{1.18}$$

同样,在面向 $+y$ 和 $+z$ 方向的面积上的牵引力为

$$\boldsymbol{T}_y = \hat{\boldsymbol{x}}T_{xy} + \hat{\boldsymbol{y}}T_{yy} + \hat{\boldsymbol{z}}T_{zy} \tag{1.19}$$

$$\boldsymbol{T}_z = \hat{\boldsymbol{x}}T_{xz} + \hat{\boldsymbol{y}}T_{yz} + \hat{\boldsymbol{z}}T_{zz} \tag{1.20}$$

式中,力密度分量 $T_{ij}(i,j=x,y,z)$ 称为应力分量。$T_{ij}(\boldsymbol{r},t)$ 是作用在位于 $\boldsymbol{r}$ 点的无限小体积元 $+j$ 面上的力密度的第 i 个分量。

如图 1.4 所示,作用在体积元 δV 上的力包括表面 δS_x,δS_y,δS_z 上的牵引力和彻体力 $\boldsymbol{F}\delta V$,这些力都必须处于平衡。牵引力在 x 轴上的投影给出

$$T_{xn}\delta S_n - T_{xx}\delta S_x - T_{xy}\delta S_y - T_{xz}\delta S_z + F_x\delta V = 0 \tag{1.21}$$

如果令 $V \to 0$,则彻体力消失,因为 δV 比各 δS 更快地趋于零。其中 $\delta S_x = n_x\delta S_n$,$\delta S_y = n_y\delta S_n$,$\delta S_z = n_z\delta S_n$,$\hat{\boldsymbol{n}}$ 是 δS_n 的法向单位矢量。式(1.21)可以改写成

$$T_{xn} = T_{xx}n_x + T_{xy}n_y + T_{xz}n_z$$
$$T_{yn} = T_{yx}n_x + T_{yy}n_y + T_{yz}n_z$$
$$T_{zn} = T_{zx}n_x + T_{zy}n_y + T_{zz}n_z$$

表示为矩阵形式为

$$\begin{bmatrix} T_{xn} \\ T_{yn} \\ T_{zn} \end{bmatrix} = \begin{bmatrix} T_{xx} & T_{xy} & T_{xz} \\ T_{yx} & T_{yy} & T_{yz} \\ T_{zx} & T_{zy} & T_{zz} \end{bmatrix} \begin{bmatrix} n_x \\ n_y \\ n_z \end{bmatrix} \tag{1.22}$$

即 $[T_n]=[T][n]$,$[T_n]$ 为牵引力矩阵,$[T]$ 为应力矩阵,$[n]$ 为法向单位矢量矩阵。

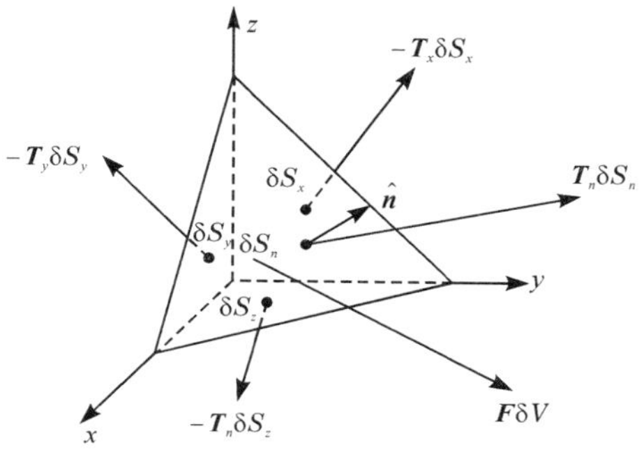

图 1.4 与 $\hat{\boldsymbol{n}}$ 垂直的表面上的牵引力的计算

应力矩阵同位移矩阵 $[E]$ 一样,变换遵循法则

$$[T']=[a][T][\tilde{a}] \text{或} T'_{ij} = a_{ik}a_{jl}a_{lkl} \tag{1.23}$$

其符号形式为

$$\boldsymbol{T}_n = \boldsymbol{T}\cdot\boldsymbol{n} \tag{1.24}$$

1.2.2 平动运动方程

考虑一任意形状的振动质点,其体积为 δV,表面积为 δS。与质点振动相联系的力为彻体力 $\boldsymbol{F}\delta V$ 和由相邻质点作用在质点表面上的牵引力 $\boldsymbol{T}\delta S$。作用在表面上的力可由

式(1.24)算得，该式对物体界面上的外牵引力和物体内部各质点之间的内牵引力都适用。因而作用在质点上的总表面力为 $\int_{\delta S} \boldsymbol{T} \cdot \boldsymbol{n} \mathrm{d}S$，总彻体力为 $\int_{\delta V} \boldsymbol{F} \mathrm{d}V$。于是由牛顿定律给出

$$\int_{\delta S} \boldsymbol{T} \cdot \boldsymbol{n} \mathrm{d}S + \int_{\delta V} \boldsymbol{F} \mathrm{d}V = \int_{\delta V} \rho \frac{\partial^2 \boldsymbol{u}}{\partial t^2} \mathrm{d}V \tag{1.25}$$

式中，ρ 是介质的平衡质量密度。如果质点的体积足够小，式中体积分的被积函数基本上是常数，因而

$$\frac{\int_{\delta S} \boldsymbol{T} \cdot \boldsymbol{n} \mathrm{d}S}{\delta V} = \rho \frac{\partial^2 \boldsymbol{u}}{\partial t^2} - \boldsymbol{F} \tag{1.26}$$

在 $\delta V \to 0$ 时，因为 $\nabla \cdot \boldsymbol{T} = \lim\limits_{\delta V \to \infty} \frac{\int_{\delta S} \boldsymbol{T} \cdot \boldsymbol{n} \mathrm{d}S}{\delta V}$，所以有

$$\nabla \cdot \boldsymbol{T} = \rho \frac{\partial^2 \boldsymbol{u}}{\partial t^2} - \boldsymbol{F} \tag{1.27}$$

这就是振动介质的平动运动方程。

平动运动方程(1.27)的符号形式与坐标无关，为了将其应用于具体问题，必须在某一适当的坐标系中计算应力的散度。为了完成这个计算，假设质点是该坐标系中的体积元，并应用基本定义式(1.26)。在直角坐标系中

$$\begin{aligned}\nabla \cdot \boldsymbol{T} = &\hat{\boldsymbol{x}}\left(\frac{\partial}{\partial x} T_{xx} + \frac{\partial}{\partial y} T_{xy} + \frac{\partial}{\partial z} T_{xz}\right) + \hat{\boldsymbol{y}}\left(\frac{\partial}{\partial x} T_{yx} + \frac{\partial}{\partial y} T_{yy} + \frac{\partial}{\partial z} T_{yz}\right) \\ &+ \hat{\boldsymbol{z}}\left(\frac{\partial}{\partial x} T_{zx} + \frac{\partial}{\partial y} T_{zy} + \frac{\partial}{\partial z} T_{zz}\right)\end{aligned} \tag{1.28}$$

此式可简洁地写成

$$(\nabla \cdot \boldsymbol{T})_i = \frac{\partial}{\partial r_j} T_{ij}, \quad i, j = x, y, z$$

因此，直角坐标系下的平动运动方程可改写为

$$\frac{\partial}{\partial r_j} T_{ij} = \rho \frac{\partial^2 u_i}{\partial t^2} - F_i, \quad i, j = x, y, z \tag{1.29}$$

当应力矩阵对称时，也可以用缩写下标来描述应力分量：

$$\boldsymbol{T} = \begin{bmatrix} T_{xx} & T_{xy} & T_{xz} \\ T_{yx} & T_{yy} & T_{yz} \\ T_{zx} & T_{zy} & T_{zz} \end{bmatrix} = \begin{bmatrix} T_1 & T_6 & T_5 \\ T_6 & T_2 & T_4 \\ T_5 & T_4 & T_3 \end{bmatrix} \tag{1.30}$$

在这种情况下，约定略去了类似于式(1.15)中的因子 $\frac{1}{2}$。现即可将应力写成六元直列矩阵

$$\boldsymbol{T} = \begin{bmatrix} T_1 \\ T_2 \\ T_3 \\ T_4 \\ T_5 \\ T_6 \end{bmatrix} \tag{1.31}$$

1.2.3 弹性劲度和顺度

由1.2.2节知：一，声学振动物体的形变由应力场 $\boldsymbol{S}(\boldsymbol{r},t)$ 来描述。应变场和质点位移场 $\boldsymbol{u}(\boldsymbol{r},t)$ 的联系是应力-位移方程 $\boldsymbol{S}(\boldsymbol{r},t)=\nabla_s\boldsymbol{u}(\boldsymbol{r},t)$；二，用应力场 $\boldsymbol{T}(\boldsymbol{r},t)$ 定义了弹性恢复力。在自由振动介质内部，每个质点既受到惯性力，又受到弹性恢复力的作用，而惯性力只影响质点运动的平动部分。因而，在自由介质中，惯性力和弹性恢复力是通过平动运动方程相联系的：$\nabla\cdot\boldsymbol{T}=\rho\dfrac{\partial^2\boldsymbol{u}}{\partial t^2}$。

现在有必要建立弹性恢复力 $\boldsymbol{T}$ 和材料形变 $\boldsymbol{S}$ 之间的联系。根据胡克定律，应力线性地正比于应变：

$$T_{ij}=c_{ijkl}S_{kl},\quad i,j,k,l=x,y,z \tag{1.32}$$

式中，微观弹性张量 c_{ijkl} 称为弹性劲度常数。该式也可写成

$$S_{ij}=s_{ijkl}T_{kl},\quad i,j,k,l=x,y,z \tag{1.33}$$

式中，s_{ijkl} 称为弹性顺度常数，式(1.32)和式(1.33)称为弹性本构关系。已知应力与应变的关系：

$$T'_{mn}=a_{mi}T_{ij}a_{nj} \tag{1.34}$$

$$S'_{op}=a_{ok}S_{kl}a_{pl} \tag{1.35}$$

将式(1.32)代入式(1.34)得

$$T'_{mn}=a_{mi}c_{ijkl}S_{kl}a_{nj}=a_{mi}a_{nj}c_{ijkl}S_{kl}$$

由式(1.35)知

$$S_{kl}=(a^{-1})_{ko}S'_{op}(a^{-1})_{lp}=a_{ok}S'_{op}a_{pl}$$

所以

$$T'_{mn}=a_{mi}a_{nj}c_{ijkl}a_{ok}S'_{op}a_{pl}=a_{mi}a_{nj}c_{ijkl}a_{ok}a_{pl}S'_{op}$$

又因 $T'_{mn}=c'_{mnop}S'_{op}$，得

$$c'_{mnop}=a_{mi}a_{nj}a_{ok}a_{pl}c_{ijkl} \tag{1.36}$$

同理可得

$$s'_{mnop}=a_{mi}a_{nj}a_{ok}a_{pl}s_{ijkl} \tag{1.37}$$

式(1.36)和式(1.37)就是弹性劲度常数和弹性顺度常数的变换特性，由此可见，劲度常数和顺度常数是四阶张量。式(1.32)和式(1.33)缩写下标为

$$\boldsymbol{T}=\boldsymbol{c}:\boldsymbol{S} \tag{1.38}$$

$$\boldsymbol{S}=\boldsymbol{s}:\boldsymbol{T} \tag{1.39}$$

当应力张量对称时（$T_{ij}=T_{ji}$），如 $T_{xy}=c_{xyxy}S_{xy}$ 与 $T_{yx}=c_{yxyx}S_{xy}$ 总是相等的，所以有

$$c_{ijkl}=c_{jikl} \tag{1.40}$$

又因为应力张量是对称的（$S_{ij}=S_{ji}$），在实验上无法区分 $c_{xyxy}S_{xy}$ 与 $c_{xyyx}S_{yx}$，所以有

$$c_{ijkl}=c_{ijlk} \tag{1.41}$$

同样的论证表明

$$s_{ijkl}=s_{jikl} \tag{1.42}$$

$$s_{ijkl}=s_{ijlk} \tag{1.43}$$

也就是说，前两个下标 i,j 调换秩序后劲度常数与顺度常数都无法区分，后两个下标 k,l

调换秩序后劲度常数与顺度常数也都无法区分。于是，可以把劲度常数和顺度常数的四个下标缩写为两个：

I 或 J	ij 或 kl
1	xx
2	yy
3	zz
4	yz, zy
5	xz, zx
6	xy, yx

所以普遍关系为

$$c_{IJ} = c_{ijkl} \tag{1.44}$$

这是因为

$$T_i = c_{i1}S_1 = c_{i2}S_2 = c_{i3}S_3 = c_{i4}S_4 = c_{i5}S_5 = c_{i6}S_6, \quad i = 1,2,3,4,5,6$$

$$S_1 = S_{xx}, \quad S_2 = S_{yy}, \quad S_3 = S_{zz}, \quad S_4 = S_{yz} + S_{zy}, \quad S_5 = S_{xz} + S_{zx}, \quad S_6 = S_{xy} + S_{yx}$$

用同样论证可求得

$$s_{IJ} = s_{ijkl} \times \begin{cases} 1, & I \text{ 和 } J = 1,2,3 \\ 2, & I \text{ 或 } J = 4,5,6 \\ 4, & I \text{ 和 } J = 4,5,6 \end{cases} \tag{1.45}$$

式(1.44)和式(1.45)之间的差别来源于 $\boldsymbol{S}$ 的缩写下标定义中引进了因子 $\frac{1}{2}$，如果采用别种定义，则可将顺度常数的因子 2 和 4 消去，但劲度常数中又会出现这些因子。但是惯例是采用现在这种形式。

1.3 声学与电磁学的类比

1.3.1 电磁与声的类比

固体中的声场理论现在已经有了基础。两个基本的声场方程就是应变-位移关系

$$\boldsymbol{S} = \nabla_s \boldsymbol{u} \tag{1.46}$$

和运动方程

$$\nabla \cdot \boldsymbol{T} = \rho \frac{\partial^2 \boldsymbol{u}}{\partial t^2} - \boldsymbol{F} \tag{1.47}$$

由于有三个场分量 $(\boldsymbol{u}, \boldsymbol{S}, \boldsymbol{T})$，而只有两个方程，所以需要一个附加条件，这个条件由弹性本构关系提供：

$$\boldsymbol{T} = \boldsymbol{c} : \boldsymbol{S} + \eta : \frac{\partial \boldsymbol{S}}{\partial t} \tag{1.48}$$

在某些情形，这一胡克定律关系不能充分描述固体对声应变的响应。某些材料在收到应变时成为电极化的这种所谓正压电效应，在实验上表现为应变介质表面出现束缚电荷。它是一线性现象，当应变反号时，极化也随之反号。压电性与固体的微观结构相关，虽说

这一理论比较复杂，但能用比较简单的原子模型来定性说明。简单地说，当材料形变时，固体的原子（以及原子内部的电子）发生位移。这种位移在介质内产生微观电偶极矩，而在某系晶体结构中，这些偶极矩组合成一个平均的宏观矩（即电极化）。

正压电效应总是伴随有逆压电效应，置于电场中的固体靠逆压电效应而受到应变。它与正压电效应一样的，并随外加电场的反向而反号。由于外电场产生的压电应变总会产生内应力，故在式(1.48)中必须加入一项线性正比于电场的应力项来计入逆压电效应。这种线性电感性应力只在微观结构适于压电性存在的材料中出现。然而还有另一种电感应应力在所有的材料中都出现的。这种应力称为电致伸缩应力，它是电场平方的函数，产生这种应力的微观机制与逆压电效应相同，即由作用在构成那个晶体晶格的离子上的电力产生，但它与压电应力相反，在所有的材料中都产生宏观效应。

因为电致伸缩是一个二级现象，所以在线性理论的小信号近似中，它的作用可以忽略。但是压电性则导致声场方程和电磁场 Maxwell 方程间的线性耦合。压电性用各种各样的方法提供了几乎是全部声场实际应用的物理基础。这是因为它们提供了电学上产生和检测声振动的一种有效方法。为了设计产生和检测声振动用的声-电转换器或换能器，必须建立一种数学体系，把互相耦合的电磁场和声场联系起来。现在来考虑哪些熟知的支配着非压电介质中未经耦合的电磁场的方程似乎毫无必要。但是这么做仍有益处。只要在符号上做一些很简单的改动，就可将声场方程转换成与电磁学 Maxwell 方程接近平行的类似形式。这个过程所给出的远不止一个满意的数学对称性。声学中最感兴趣的场方程和电磁学中，尤其是微波理论领域中，很受重视的问题（诸如均匀平面波的传播、倒置波、周期性波导、耦合模式、谐振器和滤波器等问题）具有相同的共性。把声场方程以类似于 Maxwell 方程的形式表现出来后，再将已经用于电磁学中同类问题的解析方法和技巧转移到声学中去，问题就简单多了。

1.3.2　电磁场方程和声场方程

Maxwell 方程为

$$-\nabla\times \boldsymbol{E} = \frac{\partial \boldsymbol{B}}{\partial t} \tag{1.49}$$

$$\nabla\times \boldsymbol{H} = \frac{\partial \boldsymbol{D}}{\partial t} + \boldsymbol{J}_c + \boldsymbol{J}_s \tag{1.50}$$

式中，$\boldsymbol{J}_c$ 为传导电流密度；$\boldsymbol{J}_s$ 为源电流密度。方程中包含四个基本量 $\boldsymbol{E},\boldsymbol{H},\boldsymbol{D},\boldsymbol{B}$，它们由介质的本构关系相联系。习惯上把 $\boldsymbol{E}$ 和 $\boldsymbol{H}$ 取作基本场量。于是既无压电效应，又无压磁效应的介质的电位移和磁通密度的线性本构关系为

$$\boldsymbol{D} = \boldsymbol{e}\cdot\boldsymbol{E} \tag{1.51}$$

$$\boldsymbol{B} = \boldsymbol{\mu}\cdot\boldsymbol{H} \tag{1.52}$$

而传导电流密度的线性本构关系为

$$\boldsymbol{J}_c = \boldsymbol{s}\cdot\boldsymbol{E} \tag{1.53}$$

其中的介电常数张量 $\boldsymbol{e}$，磁导率张量 $\boldsymbol{\mu}$ 和电导率张量 $\boldsymbol{s}$ 都是二阶张量。

Maxwell 方程通过本构关系表示为

$$-\nabla\times \boldsymbol{E} = \boldsymbol{\mu}\cdot\frac{\partial \boldsymbol{H}}{\partial t} \tag{1.54}$$

$$\nabla\times \boldsymbol{H} = \boldsymbol{e}\frac{\partial \boldsymbol{E}}{\partial t} + \boldsymbol{s}\cdot\boldsymbol{E} + \boldsymbol{J}_s \tag{1.55}$$

电磁场还必须满足电荷守恒方程

$$\nabla\cdot(\boldsymbol{s}\cdot\boldsymbol{E} + \boldsymbol{J}_s) = -\frac{\partial \rho_e}{\partial t} \tag{1.56}$$

式中，ρ_e 是电荷密度。此外，从式(1.49)～(1.51)能推出 $\boldsymbol{B}$ 和 $\boldsymbol{D}$ 的散度关系

$$\nabla\cdot\boldsymbol{B} = 0 \tag{1.57}$$

$$\nabla\cdot\boldsymbol{D} = \rho_e \tag{1.58}$$

然而基本的声场方程(1.46)和(1.47)与常用的 Maxwell 方程形式不同，它们包含对时间的二阶微商，为了便于与电磁学的 Maxwell 方程相类比，不用质点位移 $\boldsymbol{u}$，而用质点速度 $\boldsymbol{v} = \dfrac{\partial \boldsymbol{u}}{\partial t}$ 作为变量，引进对时间的一阶微商。于是运动方程(1.47)变成

$$\nabla\cdot\boldsymbol{T} = \rho\frac{\partial \boldsymbol{\rho}}{\partial t} - \boldsymbol{F} \tag{1.59}$$

式中

$$\boldsymbol{\rho} = \rho\boldsymbol{v} \tag{1.60}$$

定义为动量密度。而应变-位移关系变成

$$\nabla_s\boldsymbol{v} = \frac{\partial \boldsymbol{S}}{\partial t} \tag{1.61}$$

这样，方程(1.59)和(1.61)就与 Maxwell 方程(1.49)和(1.50)完全平行。现在有了四个由介质本构方程相互联系的声场基本量 $\boldsymbol{T},\boldsymbol{v},\boldsymbol{S},\boldsymbol{\rho}$。若取 $\boldsymbol{T}$ 等价于 $\boldsymbol{E}$ 及 $\boldsymbol{v}$ 等价于 $\boldsymbol{H}$，这样就得到声场方程和电磁场方程的最好类比。于是动量密度 $\boldsymbol{\rho}$ 对应于 $\boldsymbol{B}$，应变 $\boldsymbol{S}$ 对应于 $\boldsymbol{D}$。所要求的本构关系之一就是式(1.60)。要得到另一个本构关系，必须重新安排式(1.48)，使 $\boldsymbol{S}$ 以因变量出现。为此，将等式两边乘以顺度常数。用缩写下标表示为

$$s_{JI}T_I = S_J + \tau_{JK}\frac{\partial}{\partial t}S_K \tag{1.62}$$

式中

$$\tau_{JK} = s_{JI}\eta_{IK}$$

定义为弛豫矩阵，然后用式(1.61)从式(1.62)中把应变对时间的微商消去，弹性本构关系就变为

$$\boldsymbol{S} = \boldsymbol{s}:\boldsymbol{T} - \boldsymbol{\tau}:\nabla_s\boldsymbol{v} \tag{1.63}$$

利用本构关系，式(1.59)和式(1.62)可以全用应力场 $\boldsymbol{T}$ 和质点速度场 $\boldsymbol{v}$ 表示成

$$\nabla\cdot\boldsymbol{T} = \rho\frac{\partial \boldsymbol{v}}{\partial t} - \boldsymbol{F} \tag{1.64}$$

和

$$\left(1 + \boldsymbol{\tau}:\frac{\partial}{\partial t}\nabla_s\right)\boldsymbol{v} = \boldsymbol{s}:\frac{\partial \boldsymbol{T}}{\partial t} \tag{1.65}$$

式(1.64)和式(1.65)就是与电磁场的 Maxwell 方程(1.64)和(1.65)对应的声场方程。

参考文献

[1] 奥尔特 B A. 固体中的声场和波. 孙承平译. 北京：科学出版社，1982.

第二章　压电固体的时域有限差分法

本章由任伟与徐广成共同撰写，数值计算由徐广成独立完成[1]，任伟定稿。本章利用时域有限差分(finite difference time domain，FDTD)方法研究声表面波(surface acoustic wave，SAW)器件中的声电耦合场[1]。

声表面波是沿着弹性固体表面(或界面)传播的弹性波；声表面波技术是集声学、光学、电子学和半导体平面工艺为一体的一门新兴的边缘性科学[2]。声表面波器件是一种信号处理器件[3]，包括延迟线、编码线、带通滤波器、谐振器及卷积器、相关存储器等，它的优点是体积小、重量轻、功能强大和批量生产时价格低廉，所以广泛应用于雷达、通信及电子对抗、遥测遥控、传感器等领域。由于其优异的高频特性，声表面波器件越来越得到重视[4~6]。

声表面波器件通常使用压电材料制作[3]，有利于声表面波的激励和检测。在压电材料中同时存在声场和电磁场，两者之间还存在着耦合关系，统称为声电耦合场[7]。分析电磁场要结合实际环境参数求解 Maxwell 方程的初边值问题[8]；而分析声场问题要结合实际环境参数求解声场支配方程的边值问题。方法主要有解析法和数值方法，通常只有一些经典问题有解析解，由于具有复杂的边界条件，电磁波、声波的传播过程非常复杂，要想得到解析解是非常困难的。实际工程应用中通常使用数值解法。压电介质都是各向异性材料，很多频域方法都不适用，FDTD 方法[8,9]非常适合处理复杂结构和复杂介质目标的问题，并且易于并行运算，使用 FDTD 方法分析声电耦合场具有可行性。

按照现有的电磁场 FDTD 方法[9]或声场 FDTD 方法[10~12]，只能分析单纯的电磁场问题或声场问题。本章以电磁场、声场的离散方式为基础，结合声电耦合场的特点，提出一种新的离散方式，综合了电磁场 FDTD 方法和声场 FDTD 方法的相应内容，其余内容采用了两者的基本技巧，在应用上适合于声电耦合场，将声电耦合场支配方程离散为显式的差分步进方程，使 FDTD 方法应用于声电耦合场的仿真。本章着重讲述声电耦合场 FDTD 方法的基本原理，构筑通向编程的明确途径。进一步完善压电领域耦合波方程的 FDTD 方法，对于声表面波器件特别是含有非线性器件的系统仿真有着重要的意义。

FDTD 方法自 Yee 于 1966 年[13]提出以来发展迅速，获得广泛应用。FDTD 方法以 Yee 元胞为空间电磁场离散单元，将 Maxwell 旋度方程转化为差分方程，表达简明，容易理解，结合计算机技术能处理十分复杂的电磁问题；在时间轴上逐步推进地求解，有很好的稳定性和收敛性，因而在工程电磁学各个领域备受重视。1986 年 Vireux 运用声场方程的速度-应力离散方式，将 FDTD 方法应用于声场模拟，被广泛应用于地震波、弹性波的模拟研究。2002 年 Smith 和作者提出了适用于时域仿真的压电领域耦合波方程[14]，为利用 FDTD 方法分析声电耦合波传播建立了理论基础。

电磁场 FDTD 方法经过 30 多年的发展，已经日趋成熟。它的基本内容包括离散方式、离散方程、数值稳定性、边界吸收条件和激励源；为了分析辐射与散射，还要使用总场边界和近-远场变换等；为了减小计算误差和减少运行时间、内存使用量，一些新技术、新技巧陆续出现，主要有：关于边界吸收条件，从最初的插值吸收边界到 Mur 吸收边界[15]、PML 吸收边界[16,17]、各向异性材料 PML 吸收边界[18]、复坐标变量 PML 吸收边界[19]；关于网格划分技术有亚网格技术和共形网格技术。偏微分的差分离散方式有广义正交坐标系中的差分格式[20]、非正交变形网格技术和色散介质的差分格式。电磁场 FDTD 方法已经在电磁学的各个领域获得广泛的应用，目前使用 FDTD 技术较为流行的商业化软件有 XFDTD[21]、EMA3D[22]、Fullwave[23]、Empire、ZELAND Fidelity、QFDTD、EMC 等。

由于声场的支配方程具有与 Maxwell 方程相似的形式，只是在离散方式上与电磁场 FDTD 方法不同，其余内容基本相仿，许多电磁场 FDTD 方法的技术也同样适用。

电磁场 FDTD 方法的基本思路是对电磁场 $\boldsymbol{E}$,$\boldsymbol{H}$ 分量在空间和时间上采取交错抽样的离散格式，每一个分量周围有四个 $\boldsymbol{H}$(或 $\boldsymbol{E}$)场分量环绕[24]，应用这种离散方式将 Maxwell 旋度方程转化为一组差分方程，并在时间轴上逐步推进地求解空间电磁场。由电磁问题的初始值及边界条件就可以逐步推进地求得以后各时刻空间电磁场的分布。

由于计算机内存容量的限制，FDTD 计算只能在有限区域进行。为了能模拟开域的电磁问题，在计算区域的截断边界处必须给出吸收边界条件，起到在截断边界处吸收入射波的作用，模拟出无反射的情况。从最初的插值吸收边界到 Mur 吸收边界、PML 吸收边界、各向异性材料 PML 吸收边界、复坐标变量 PML 吸收边界，吸收的效果越来越好。

FDTD 方法所需的计算机内存和 CPU 时间与网格单元数成正比，整个过程计算只限于简单的加减乘除运算，不涉及复杂的数学推导，不需要矩阵求逆运算，思路明晰，优于传统的矩量法、有限元法。在计算过程中，目标的电磁参数已经反映在每个网格的电磁场计算中，因此 FDTD 方法能很容易地处理复杂结构和复杂介质目标的电磁问题。作为一种时域方法，电磁场 FDTD 方法使电磁波的时域特性直接反映出来，能够充分而形象地描述电磁波的传播过程。

本章的主要特点：一，摒弃了传统的频域分析和准静态近似下的时域有限元方法；二，完美地解决了光速与声速差别极大的矛盾；三，成功地引进完全匹配层来处理无界区域的耦合声场和电磁场。由此带来的革命性意义在于：可以生产出场论分析软件，主要用于含非线性集总元件的压电器件及其系统，如放大器、混频器和振荡器等。

我们克服了传统频域方法计算速度慢，选模困难，复平面上寻根难，频率一旦变化，又需要重新计算的诸多缺点。新方法不用准静态近似，而是严格求解压电固体中声场和电磁场的时域耦合波方程，克服了准静态近似下时域有限元法引进完全匹配层的理论困难，同时避开了病态矩阵的反演。

该方法只需一次时域计算便能得出精度一致的压电器件及其系统的频域响应，其计算速度远远高于传统方法，而计算复杂程度却远远低于传统方法。同时，作者还可以将这种方法与现有的压电器件简单分析模型，同时装入一个空间变化的优化模型进行寻优，从而为生产企业的最终设计找到优化参数。

2.1　材料的电磁学、声学支配方程

Maxwell 方程组是电磁学的经典理论基础，这组方程既可以写成微分形式，又可以

写成积分形式;牛顿运动定律是物体宏观运动的经典理论,固体中应变-位移关系是应变定义式;声场方程是牛顿运动定律和应变-位移关系的变化形式,构成了固体中的声场支配方程。本节先讨论一般介质中的电磁场和声场,再综合讨论压电介质中的声电耦合场。

2.1.1　电磁场方程

Maxwell 旋度方程[24]为

$$\begin{cases} -\nabla\times\boldsymbol{E}=\dfrac{\partial\boldsymbol{B}}{\partial \mathrm{t}}+\boldsymbol{J}_m \\ \nabla\times\boldsymbol{H}=\dfrac{\partial\boldsymbol{D}}{\partial t}+\boldsymbol{J} \end{cases} \tag{2.1}$$

各向同性线性介质的本构关系为

$$\boldsymbol{D}=\varepsilon\boldsymbol{E},\quad \boldsymbol{B}=\mu\boldsymbol{H},\quad \boldsymbol{J}=\sigma\boldsymbol{E},\quad \boldsymbol{J}_m=\sigma_m\boldsymbol{H} \tag{2.2}$$

结合本构关系,可以得到关于 $\boldsymbol{E}$ 和 $\boldsymbol{H}$ 的旋度方程

$$\begin{cases} -\nabla\times\boldsymbol{E}=\mu\dfrac{\partial\boldsymbol{H}}{\partial t}+\boldsymbol{J}_m \\ \nabla\times\boldsymbol{H}=\varepsilon\dfrac{\partial\boldsymbol{E}}{\partial t}+\boldsymbol{J} \end{cases} \tag{2.3}$$

Maxwell 旋度方程表明变化的磁场产生电场,变化的电场产生磁场。描述了电磁场量之间的耦合关系,是宏观电磁场的支配方程。

2.1.2　声场方程

为了分析物体内任一点的应力状态,即各个截面上应力的大小和方向,在这一点从物体内取出一个微小的平行六面体,它的棱边平行于坐标轴而长度为 Δx,Δy,Δz,如图2.1 所示[25]。

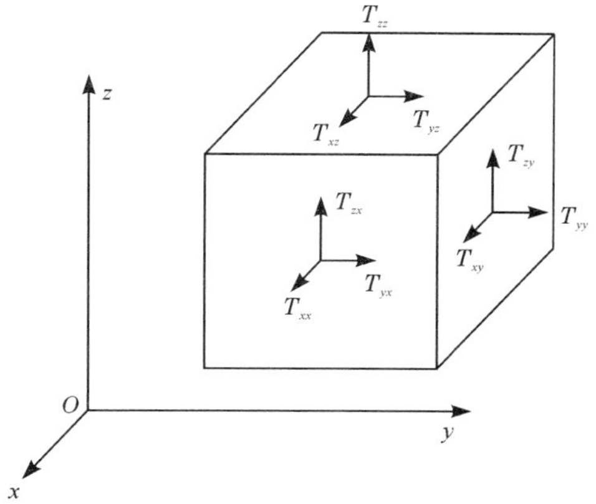

图 2.1　物体的应力分析

将每一个面上的应力分解为一个正应力和两个切应力,分别与三个坐标轴平行。正应力用 $T_{mn}(m=x,y,z)$表示,例如,T_{xx} 是作用在垂直于 x 轴的面上沿 x 轴方向的正应

力。切应力用 $T_{ij}(i,j=x,y,z$ 且 $i\neq j)$表示，例如，T_{ij}是作用在垂直于 j 轴的面上沿 i 轴方向的切应力。六个切应力之间具有一定的互等关系：作用在两个互相垂直的面上并且垂直于该两个面交线的切应力是互等的(大小相等，正负号也相同)，即 $T_{xy}=T_{yx}$，$T_{yz}=T_{zy}$，$T_{zx}=T_{xz}$，因此也可采用缩写下标表示应力[26]为

$$\boldsymbol{T}=\begin{bmatrix} T_{xx} & T_{xy} & T_{xz} \\ T_{yx} & T_{yy} & T_{yz} \\ T_{zx} & T_{zy} & T_{zz} \end{bmatrix}=\begin{bmatrix} T_1 & T_6 & T_5 \\ T_6 & T_2 & T_4 \\ T_5 & T_4 & T_3 \end{bmatrix} \tag{2.4}$$

这样，就可以将应力写成六元直列矩阵，即

$$\boldsymbol{T}=[T_1,T_2,T_3,T_4,T_5,T_6]^{\mathrm{T}} \tag{2.5}$$

总之，物体的每一点受到九个应力，最多只有六个是独立的。相应的有九个应变，也只有六个是独立的。详见第一章的内容。

一个任意形状的振动质点，其体积为 dV，表面积为 dS。与质点振动相关联的力为彻体力 $\boldsymbol{F}\mathrm{d}V$ 和由相邻质点作用在质点表面上的应力，由牛顿定律得到

$$\int_{\mathrm{d}S}\boldsymbol{T}\cdot\hat{\boldsymbol{n}}\mathrm{d}S+\int_{\mathrm{d}V}\boldsymbol{F}\mathrm{d}V=\int_{\mathrm{d}V}\rho\frac{\partial^2\boldsymbol{u}}{\partial t^2}\mathrm{d}V \tag{2.6}$$

如果质点的体积足够小($\mathrm{d}V\to 0$)，式(2.6)中体积分的被积函数基本上是常数，对表面的积分部分使用散度表示为

$$\nabla\cdot\boldsymbol{T}=\rho\frac{\partial^2\boldsymbol{u}}{\partial t^2}-\boldsymbol{F} \tag{2.7}$$

式中，$\boldsymbol{u}$ 是质点位移场，单位为米(m)；$\boldsymbol{T}$ 是应力场，单位为牛顿/平方米($\mathrm{N/m^2}$)；ρ 是介质的质量密度，单位为千克/立方米($\mathrm{kg/m^3}$)；$\boldsymbol{F}$ 是体力场，单位为牛顿/立方米($\mathrm{N/m^3}$)。应力使用缩写下标表示，在平面直角坐标系中用散度算子表示为

$$\nabla\cdot=\begin{bmatrix} \frac{\partial}{\partial x} & 0 & 0 & 0 & \frac{\partial}{\partial z} & \frac{\partial}{\partial y} \\ 0 & \frac{\partial}{\partial y} & 0 & \frac{\partial}{\partial z} & 0 & \frac{\partial}{\partial x} \\ 0 & 0 & \frac{\partial}{\partial z} & \frac{\partial}{\partial y} & \frac{\partial}{\partial x} & 0 \end{bmatrix} \tag{2.8}$$

这就是振动介质的平动运动方程。而体力矩在线性振动理论中是不重要的，在忽略体力矩的条件下，应力矩阵总是对称的，而质点转动在振动的动力学中不起作用。详见第一章的讨论。所以在声学理论中把式(2.7)称为运动方程。

在线性形变条件下，应变 $\boldsymbol{S}$ 是描述单位物体形变的物理量。矩阵元 $S_{ij}(L,t)$称为应变场的分量。在线性形变条件下，可近似表示为

$$S_{ij}(L,t)=\frac{1}{2}\left(\frac{\partial u_i}{\partial L_j}+\frac{\partial u_j}{\partial L_i}\right),\quad i,j,k=x,y,z \tag{2.9}$$

根据应变的定义式(2.9)，使用对称梯度符号表示

$$\boldsymbol{S}=\nabla_s\boldsymbol{u} \tag{2.10}$$

应变使用缩写下标，在平面直角坐标系中对称梯度算子为

$$\nabla_s=\begin{bmatrix}\frac{\partial}{\partial x} & 0 & 0\\ 0 & \frac{\partial}{\partial y} & 0\\ 0 & 0 & \frac{\partial}{\partial z}\\ 0 & \frac{\partial}{\partial z} & \frac{\partial}{\partial y}\\ \frac{\partial}{\partial z} & 0 & \frac{\partial}{\partial x}\\ \frac{\partial}{\partial y} & \frac{\partial}{\partial x} & 0\end{bmatrix} \tag{2.11}$$

如果不使用质点位移场 $\boldsymbol{u}$，而用质点速度场 $\boldsymbol{v}$ 来表示声场方程，根据速度-位移关系 $\boldsymbol{v}=\partial\boldsymbol{u}/\partial t$，可以将式(2.7)和式(2.10)改写得到无损耗声场方程的一阶微分形式

$$\begin{cases}\nabla\cdot\boldsymbol{T}=\rho\dfrac{\partial\boldsymbol{v}}{\partial t}-\boldsymbol{F}\\ \nabla_s\boldsymbol{v}=\dfrac{\partial\boldsymbol{S}}{\partial t}\end{cases} \tag{2.12}$$

可见声场方程是牛顿运动定律和应变定义的修正形式，表明了声场应力场和速度场之间的耦合关系，是声场的支配方程。方程两边是对时间变量和空间变量的一阶偏微分。这样使声场方程在形式上和电磁场旋度方程相同，使 FDTD 方法应用于声场成为可能。

物体的应变和应力之间存在一定的关系，这种关系由组成物体的材料性质决定，是材料的声学本构关系。在线性、无损耗条件下，应变、应力服从胡克定律：应变与应力呈线性比例，或者说应力线性地正比于应变，即

$$\boldsymbol{T}=\boldsymbol{c}:\boldsymbol{S},\boldsymbol{S}=\boldsymbol{s}:\boldsymbol{T} \tag{2.13}$$

式中，$\boldsymbol{c}$ 为劲度矩阵；$\boldsymbol{s}$ 为顺度矩阵 $\boldsymbol{c}$，$\boldsymbol{s}$ 都是四阶张量。

使用关于顺度矩阵的本构关系，得到关于速度-应力的声场方程

$$\begin{cases}\nabla\cdot\boldsymbol{T}=\rho\dfrac{\partial\boldsymbol{v}}{\partial t}-\boldsymbol{F}\\ \nabla_s\boldsymbol{v}=\boldsymbol{s}\dfrac{\partial\boldsymbol{T}}{\partial t}\end{cases} \tag{2.14}$$

同样可用劲度矩阵表示声场方程，因为劲度矩阵与顺度矩阵互逆，得到

$$\begin{cases}\rho\dfrac{\partial\boldsymbol{v}}{\partial t}=\nabla\cdot\boldsymbol{T}+\boldsymbol{F}\\ \dfrac{\partial\boldsymbol{T}}{\partial t}=\boldsymbol{c}\,\nabla_s\boldsymbol{v}\end{cases} \tag{2.15}$$

2.2　电磁场和声场方程的归一化

在 FDTD 方法仿真电磁场的编程中，如果全部的物理量都使用国际单位制，场量数值之间相差很大。比如真空中的平面电磁波，电场量和磁场量有关系为 $\boldsymbol{E}/\boldsymbol{H}=Z_0$，其中，$Z_0=120\pi\Omega$ 为自由空间的电磁波阻抗；一般材料声学参量的数量级为 $\rho\sim10^4\ \mathrm{kg/m^3}$ 和

$c_{ii}\sim10^{12}\,\text{N/m}^2$，平面声波解的特征声阻抗 $Z_a=(\rho c_{ii})^{1/2}=10^8\,(\omega/m^2)/(m/s)^2$，即速度和应力数值上相差$10^8$。为了使场量在计算中有相同的数量级，减小计算误差，需要对场量进行归一化。

2.2.1 电磁场方程归一化

令 $\boldsymbol{H}=\boldsymbol{H}_t/\sqrt{\mu}$，$\boldsymbol{E}=\boldsymbol{E}_t/\sqrt{\varepsilon}$，代入式(2.3)，得到

$$\begin{cases}-\nabla\times\boldsymbol{E}_t=\sqrt{\varepsilon\mu}\dfrac{\partial\boldsymbol{H}_t}{\partial t}+\sqrt{\varepsilon}\boldsymbol{J}_m\\ \nabla\times\boldsymbol{H}_t=\sqrt{\varepsilon\mu}\dfrac{\partial\boldsymbol{E}_t}{\partial t}+\sqrt{\mu}\boldsymbol{J}\end{cases}\tag{2.16}$$

式中，下标 t 表示归一化后的场量。

无耗介质中，$\sigma=0$，$\sigma_m=0$。式(2.16)右边最后一项都为 0。如果将系数定义 $z_e=1/\sqrt{\varepsilon\mu}$，无耗介质中的电磁场方程有如下简洁的归一化形式：

$$\begin{cases}\dfrac{\partial\boldsymbol{H}_t}{\partial t}=-z_e\,\nabla\times\boldsymbol{E}_t\\ \dfrac{\partial\boldsymbol{E}_t}{\partial t}=z_e\,\nabla\times\boldsymbol{H}_t\end{cases}\tag{2.17}$$

和归一化前相比，方程形式没有发生改变。归一化的思路很清晰，真空中，平面电磁波的波阻抗表达式 $Z_0=\boldsymbol{E}/\boldsymbol{H}=\sqrt{\mu_0/\varepsilon_0}$，归一化场量 $\boldsymbol{H}_t=\sqrt{\mu_0}\boldsymbol{H}$ 和 $\boldsymbol{E}_t=\boldsymbol{E}\sqrt{\varepsilon_0}$是相同数量级的。当然也可以使用 $\boldsymbol{H}_t=\boldsymbol{H}/\sqrt{\varepsilon_0}$和 $\boldsymbol{E}_t=\boldsymbol{E}/\sqrt{\mu_0}$；有些文献上使用 $\boldsymbol{H}_t=\boldsymbol{H}Z_0$ 和 $\boldsymbol{E}_t=\boldsymbol{E}$，$\boldsymbol{H}_t=\boldsymbol{H}$ 和 $\boldsymbol{E}_t=\boldsymbol{E}/Z_0$ 效果是一样的，仅仅是最后一项的系数不同。对于介质中的电磁场，归一化方法可以类推，其中式中的系数 $z_e=1/\sqrt{\varepsilon\mu}$具有电磁波波速的物理内涵，没使用 c 和 v 符号表示仅是为了和其他的物理量相区分。可以证明，归一化前后，电磁波的波速保持不变，而波阻抗将等于 1。因此经过归一化后，对于 FDTD 方法中时间、空间间隔的稳定性要求没变，电磁场量之间的数值差减小，因此可以减小计算误差。

2.2.2 声场方程归一化

归一化思路是类比电磁场而进行的。因为声场顺度 $\boldsymbol{s}$ 为矩阵，不能完全按照电磁场方程归一化方法，直接运用介质参数对支配方程归一化。令 $\boldsymbol{s}=s_o\boldsymbol{s}_r$，$s_o$ 是矩阵 $\boldsymbol{s}$ 元素的数量级，$\boldsymbol{s}_r$ 是 $\boldsymbol{s}$ 的相对值矩阵。$\boldsymbol{\rho}=\rho_o\boldsymbol{\rho}_r$，$\rho_o$ 是 $\boldsymbol{\rho}$ 的数量级，$\boldsymbol{\rho}_r$ 是 $\boldsymbol{\rho}$ 的相对值。因为平面声波解的特征阻抗 $\boldsymbol{Z}_a=\boldsymbol{T}/v_i=(\boldsymbol{\rho}/s_{ii})^{1/2}$，固体中的声波有纵波、横波，同样就有纵波特征阻抗和横波特征阻抗，为在一个方程中只用统一的归一化形式，因此选用介质参数的数量级 ρ_o 和 s_o 对支配方程归一化。令 $\boldsymbol{T}=\boldsymbol{T}_t/\sqrt{s_o}$，$\boldsymbol{v}=\boldsymbol{v}_t/\sqrt{\rho_o}$，代入式(2.14)，得到

$$\begin{cases}\nabla\cdot\boldsymbol{T}_t=\sqrt{\rho_o s_o}\boldsymbol{\rho}_r\,\dfrac{\partial\boldsymbol{v}_t}{\partial t}-\sqrt{s_o}\boldsymbol{F}\\ \nabla_s\boldsymbol{v}_t=\sqrt{\rho_o s_o}\boldsymbol{s}_r:\dfrac{\partial\boldsymbol{T}_t}{\partial t}\end{cases}\tag{2.18}$$

式中，下标 t 表示归一化后的场量，下标 r 表示相对量，下标 o 表示数量级。如果将系数定义 $z_a=1/\sqrt{\rho_o s_o}$，无源介质中的声场方程有如下简洁的归一化形式：

$$\begin{cases} \boldsymbol{\rho}_r \dfrac{\partial \boldsymbol{v}_t}{\partial t} = z_a \nabla \cdot \boldsymbol{T}_t \\ \boldsymbol{s}_r : \dfrac{\partial \boldsymbol{T}_t}{\partial t} = z_a \nabla_s \boldsymbol{v}_t \end{cases} \tag{2.19}$$

同样也可以有其他的归一化方法，比如令 $\boldsymbol{T}_t=\boldsymbol{T}/\sqrt{\rho_o}$ 和 $\boldsymbol{v}_t=\boldsymbol{v}/\sqrt{s_o}$，或者 $\boldsymbol{T}_t=\boldsymbol{T}$ 和 $\boldsymbol{v}_t=\boldsymbol{v}Z_a$ 等，归一化的效果是一样的，仅仅是归一化式的最后一项系数不同，对于讨论波的传播没有影响。系数 z_a 具有声波波速的物理内涵，没使用 c 和 v 符号表示仅是为了和其他的物理量相区分。与电磁场归一化一样可以证明，归一化前后，声波的各种波速保持不变，而声波阻抗的数量级将从 10^8 减少到 1，也就是声场场量之间数值差的数量级从 10^8 减少到 1。因此对于 FDTD 方法，可以减小计算误差，时间、空间间隔的稳定性要求也不变。

2.3　压电材料中的声电耦合场

当某些晶体在外力作用下发生形变时，在它的某些表面上会出现异号的极化电荷，这种没有电场的作用，只是由于应变或应力，在晶体内产生电极化的现象称为正压电效应或压电效应；当在某些晶体上加一电场时，晶体产生应变和应力，这种由电场产生应变或应力的现象称为逆压电效应。压电效应反映了晶体的弹性性能与介电性能之间的耦合，两者之间的关系可用压电方程(又称为压电本构关系)来描述。

2.3.1　压电材料中的本构关系

具有压电效应的晶体称为压电晶体。压电介质中同时存在声场和电磁场，两者之间还存在着耦合关系，统称为声电耦合场(或压电耦合场)。声电耦合场中，同时存在应力、速度、电场强度、磁场强度四个场量之间的耦合。

由于压电体内电场和声场之间的耦合，电特性的测量与介质所承受的机械约束有关，反之依然。在一些问题中使用应力作为独立变量，在另外一些问题中使用应变作为独立变量。因此描述压电效应的本构关系有：

压电应变方程

$$\boldsymbol{D}=\boldsymbol{\varepsilon}^T \cdot \boldsymbol{E}+\boldsymbol{d} : \boldsymbol{T}, \quad \boldsymbol{S}=\boldsymbol{d}' \cdot \boldsymbol{E}+\boldsymbol{s}^E : \boldsymbol{T} \tag{2.20}$$

式中，$\boldsymbol{\varepsilon}^T$ 和 $\boldsymbol{s}^E$ 的上标 T 和 E 表示这些常数分别描述在恒应力条件下测得的介电常数和在恒电场条件下测得的弹性特性；$\boldsymbol{d}'$ 上的上标表示转置。

压电应力方程

$$\boldsymbol{D}=\boldsymbol{\varepsilon}^S \cdot \boldsymbol{E}+\boldsymbol{e} : \boldsymbol{S}, \quad \boldsymbol{T}=\boldsymbol{e}' \cdot \boldsymbol{E}+\boldsymbol{c}^E : \boldsymbol{S} \tag{2.21}$$

式中，$\boldsymbol{\varepsilon}^S$ 和 $\boldsymbol{c}^E$ 的上标 S 和 E 表示这些常数分别描述在恒应变条件下测得的介电常数和在恒电场条件下测得的弹性特性；$\boldsymbol{e}'$ 上的上标表示转置。

电学的本构关系(非磁性介质)

$$\boldsymbol{B}=\mu_0 \boldsymbol{H}, \quad \boldsymbol{J}=\sigma \boldsymbol{E}, \quad \boldsymbol{J}_m=\sigma_m \boldsymbol{H} \tag{2.22}$$

对于无耗介质，有 $\sigma=0$，$\sigma_m=0$。

2.3.2　声电耦合场的支配方程

将压电材料中的本构关系代入电磁场旋度方程(2.1)和声场方程(2.12)，可得到压电介质的声电耦合场方程[13]

$$\begin{cases} -\nabla\times\boldsymbol{E}=\mu_0\dfrac{\partial\boldsymbol{H}}{\partial t}+\boldsymbol{J}_m \\ \nabla\times\boldsymbol{H}=\boldsymbol{\varepsilon}^T\cdot\dfrac{\partial\boldsymbol{E}}{\partial t}+\boldsymbol{d}:\dfrac{\partial\boldsymbol{T}}{\partial t}+\boldsymbol{J} \\ \nabla_s\boldsymbol{v}=\boldsymbol{d}'\cdot\dfrac{\partial\boldsymbol{E}}{\partial t}+\boldsymbol{s}^E:\dfrac{\partial\boldsymbol{T}}{\partial t} \\ \nabla\cdot\boldsymbol{T}=\rho\dfrac{\partial\boldsymbol{v}}{\partial t}-\boldsymbol{F} \end{cases}\tag{2.23}$$

式中，ρ 是密度；$\boldsymbol{s}^E$ 是顺度系数矩阵；$\boldsymbol{\varepsilon}^T$ 是介电常数；$\boldsymbol{d}$ 是压电应变常数矩阵；$\boldsymbol{d}'$是 $\boldsymbol{d}$ 的转置矩阵；μ 是磁导率；$\boldsymbol{T}$ 是应力；$\boldsymbol{v}$ 是速度；$\boldsymbol{E}$ 是电场强度；$\boldsymbol{H}$ 是磁场强度。声电耦合场方程反映出压电介质中声场、电磁场场量之间的相互作用关系，其中前两式是电磁场方程，后两式是声场方程，中间两式表明，压电介质中的声场和电磁场是相互耦合的。从方程的来源可以看出，声电耦合场方程是电磁场方程和声场方程的综合，因此它是压电固体中声电耦合场的支配方程。对于非压电介质，压电应变常数矩阵 $\boldsymbol{d}$ 为零，也就是说声场和电磁场之间没有耦合关系。

2.3.3　声电耦合场的归一化

由于压电材料都是各向异性材料，介质参数很多使用矩阵形式，把材料参数的数量级和相对值分开表示，使用材料参数的数量级对声电耦合场进行归一化，令

$$\boldsymbol{\mu}=\mu_o\boldsymbol{\mu}_r,\quad \boldsymbol{\varepsilon}^T=\varepsilon_o^T\boldsymbol{\varepsilon}_r^T,\quad \boldsymbol{d}=d_o\boldsymbol{d}_r,\quad \boldsymbol{\rho}=\rho_o\boldsymbol{\rho}_r,\quad \boldsymbol{d}'=d_o'\boldsymbol{d}_r',\quad \boldsymbol{s}^E=s_o^E\boldsymbol{s}_r^E\tag{2.24}$$

式中，使用下标 o 表示数量级，r 表示相对值。对于一般性的压电介质，采用国际单位制，$\mu_o=10^{-6}$，$\varepsilon_o^T=10^{-12}$，$s_o^E=10^{-12}$，$d_o'=d_o=10^{-12}$，$\rho_o=10^4$，将式(2.24)代入式(2.23)，得到无耗压电介质中的声电耦合场方程

$$\begin{cases} \mu_o\boldsymbol{\mu}_r\dfrac{\partial\boldsymbol{H}}{\partial t}=-\nabla\times\boldsymbol{E} \\ \varepsilon_o^T\boldsymbol{\varepsilon}_r^T\dfrac{\partial\boldsymbol{E}}{\partial t}+d_o\boldsymbol{d}_r:\dfrac{\partial\boldsymbol{T}}{\partial t}=\nabla\times\boldsymbol{H} \\ \rho_o\boldsymbol{\rho}_r\dfrac{\partial\boldsymbol{v}}{\partial t}=\nabla\cdot\boldsymbol{T}+\boldsymbol{F} \\ d_o'\boldsymbol{d}_r'\dfrac{\partial\boldsymbol{E}}{\partial t}+s_o^E\boldsymbol{s}_r^E:\dfrac{\partial\boldsymbol{T}}{\partial t}=\nabla_s\boldsymbol{v} \end{cases}\tag{2.25}$$

令

$$\begin{cases} \boldsymbol{H}=\boldsymbol{H}_t/\sqrt{\mu_o}=10^3\boldsymbol{H}_t \\ \boldsymbol{E}=\boldsymbol{E}_t/\sqrt{\varepsilon_o^T}=10^6\boldsymbol{E}_t \\ \boldsymbol{T}=\boldsymbol{T}_t/\sqrt{s_o^E}=10^6\boldsymbol{T}_t \\ \boldsymbol{v}=\boldsymbol{v}_t/\sqrt{\rho_o}=10^{-2}\boldsymbol{v}_t \\ \boldsymbol{F}_t=10^{-2}\boldsymbol{F} \end{cases}\tag{2.26}$$

将式(2.25)代入式(2.24)，整理得到无耗压电介质中的声电耦合场方程的归一化形式

$$\begin{cases}\boldsymbol{\mu}_r\dfrac{\partial \boldsymbol{H}_t}{\partial t}=-z_e\nabla\times\boldsymbol{E}_t\\ \boldsymbol{\varepsilon}_r^T\dfrac{\partial \boldsymbol{E}_t}{\partial t}+\boldsymbol{d}_r:\dfrac{\partial \boldsymbol{T}_t}{\partial t}=z_e\nabla\times\boldsymbol{H}_t\\ \boldsymbol{\rho}_r\dfrac{\partial \boldsymbol{v}_t}{\partial t}=z_a\nabla\cdot\boldsymbol{T}_t+\boldsymbol{F}_t\\ \boldsymbol{d}_r'\dfrac{\partial \boldsymbol{E}_t}{\partial t}+\boldsymbol{s}_r^E:\dfrac{\partial \boldsymbol{T}_t}{\partial t}=z_a\nabla_s\boldsymbol{v}_t\end{cases}\tag{2.27}$$

式中，新增系数 $z_e=10^9$ 具有电磁波速的物理内涵，$z_a=10^4$ 具有声速的物理内涵。也可以仿造电磁场、声场的其他归一化方案，但其他方案最终的归一化形式较为复杂，物理意义也不明确。上面方案也有不足之处，只实现了电磁场量 $\boldsymbol{E}$ 和 $\boldsymbol{H}$ 之间、声场量 $\boldsymbol{T}$ 和 $\boldsymbol{v}$ 之间的归一化，而没有实现四个量之间的归一化；归一化仅在数量级层次上，没有各向同性介质电磁场方程归一化彻底，这主要是因为各向异性介质中，涉及的介质参数很多是矩阵形式。

以后为讨论方便，在不产生混淆的情况下，场量和材料参数的归一化量所带下标省略。只要出现新增系数的情况，场量和材料参数使用的都是归一化量。

归一化方法对电磁波、声波的波速和波阻抗的影响，可以通过比较归一化前后的电磁场、声场参数。归一化前，按照式(2.24)中的声场方程，沿六角晶系 x 晶轴传播的不简并平面声波，声波的各种相速度为

$$\begin{aligned}v_{p(ii)}&=\frac{1}{(\rho_0\rho_r s_o s_{r(ii)})^{\frac{1}{2}}}=\frac{1}{(\rho_r\times10^4\times s_{r(ii)}\times10^{-12})^{\frac{1}{2}}}\\&=\frac{1}{(\rho_r\times s_{r(ii)})^{\frac{1}{2}}}\times10^4\end{aligned}\tag{2.28}$$

式中，$s_{r(ii)}$是指材料的顺度矩阵 s_r 的元素。

归一化后，按照式(2.26)中的声场方程，声波相速度为

$$v_{tp(ii)}=\left(\frac{1}{\dfrac{\rho_r}{z_a}\times\dfrac{s_{r(ii)}}{z_a}}\right)^{\frac{1}{2}}=\left(\frac{10^4\times10^4}{\rho_r s_{r(ii)}}\right)^{\frac{1}{2}}=\frac{1}{(\rho_r s_{r(ii)})^{\frac{1}{2}}}\times10^4\tag{2.29}$$

可见，归一化前后，声波的各个相速度相同。同样可以按照式(2.25)和式(2.27)中的电磁场方程，证明电磁波相速度也不变。

因为平面声波解的特征阻抗 $Z_a=(\rho c_{ii})^{1/2}$，根据式(2.25)中的声场方程，归一化前，声波的各个特征阻抗为

$$Z_a=(\rho_0\rho_r c_o c_{rii})^{1/2}=(\rho_r c_{rii}\times10^4\times10^{12})^{1/2}=(\rho_r c_{rii})^{1/2}\times10^8\tag{2.30}$$

经过归一化，可以按照式(2.27)中的声场方程得到声波各个特征阻抗

$$Z_{ta}=\left(\frac{\rho_r}{z_a}\times z_a\times c_{rii}\right)^{1/2}=(\rho_r c_{rii})^{1/2}\tag{2.31}$$

归一化前后，声波特征阻抗数量级由10^8归一化到1，这样运算中声场的数量级相同；同样可以证明电磁波阻抗数量级也归一化到1，电磁场场量的数量级也相同。介质参数在计算中使用相对值(介于0.01～10之间)，避免了悬殊很大的数相互计算情况的出现，可能减小计算误差，有可能得到更精确的计算结果。

2.4 声电耦合场的降维

2.4.1 声电耦合场方程三维展开形式

对于不同类型的压电介质，介质参数结构(是指参数矩阵非零元素的分布情况)不同，声电耦合场的展开式就不同，但讨论问题的方法基本是相同的。

在实际分析问题中，直角坐标轴不一定建立在晶体主轴上，而是与晶体主轴有一定的欧拉角，下面以任意非磁性均匀晶体在任意坐标轴取向的情况为例，讨论声电耦合场方程方程的离散。当坐标轴取向不在晶体主轴时，要使用欧拉公式对声电耦合场进行变换，其中的介质参数结构上会发生一定的变化，磁导率μ和密度ρ为标量，经过变化后仍然是标量，电导率$\boldsymbol{\varepsilon}^T$、压电应变常数$\boldsymbol{d}$、顺度常数矩阵$\boldsymbol{s}^E$经过变化后，原来的零元素位置可能会出现非零元素。均匀非磁性压电晶体材料的磁导率μ和密度ρ为标量，顺度常数矩阵$\boldsymbol{s}^E$、电导率$\boldsymbol{\varepsilon}^T$、压电应变常数$\boldsymbol{d}$认为是满矩阵，即

$$\begin{cases} \boldsymbol{s}^E = \begin{bmatrix} s_{11} & s_{12} & s_{13} & s_{14} & s_{15} & s_{16} \\ s_{21} & s_{22} & s_{23} & s_{24} & s_{25} & s_{26} \\ s_{31} & s_{32} & s_{33} & s_{34} & s_{35} & s_{36} \\ s_{41} & s_{42} & s_{43} & s_{44} & s_{45} & s_{46} \\ s_{51} & s_{52} & s_{53} & s_{54} & s_{55} & s_{56} \\ s_{61} & s_{62} & s_{63} & s_{64} & s_{65} & s_{66} \end{bmatrix} \\ \boldsymbol{\varepsilon}^T = \begin{bmatrix} \varepsilon_{11} & \varepsilon_{12} & \varepsilon_{13} \\ \varepsilon_{21} & \varepsilon_{22} & \varepsilon_{23} \\ \varepsilon_{31} & \varepsilon_{32} & \varepsilon_{33} \end{bmatrix} \\ \boldsymbol{d} = \begin{bmatrix} d_{11} & d_{12} & d_{13} & d_{14} & d_{15} & d_{16} \\ d_{21} & d_{22} & d_{23} & d_{24} & d_{25} & d_{26} \\ d_{31} & d_{32} & d_{33} & d_{34} & d_{35} & d_{36} \end{bmatrix} \end{cases} \tag{2.32}$$

式(2.27)写成矩阵形式(省去了归一化下标)

$$\begin{bmatrix} \rho & 0 & 0 & 0 \\ 0 & \mu & 0 & 0 \\ 0 & 0 & \boldsymbol{\varepsilon}^T & \boldsymbol{d} \\ 0 & 0 & \boldsymbol{d}' & \boldsymbol{s}^E \end{bmatrix} \frac{\partial}{\partial t} \begin{bmatrix} \boldsymbol{v} \\ \boldsymbol{H} \\ \boldsymbol{E} \\ \boldsymbol{T} \end{bmatrix} = \begin{bmatrix} 0 & 0 & 0 & z_a \nabla\cdot \\ 0 & 0 & -z_e \nabla\times & 0 \\ 0 & z_e \nabla\times & 0 & 0 \\ z_a \nabla_s & 0 & 0 & 0 \end{bmatrix} \begin{bmatrix} \boldsymbol{v} \\ \boldsymbol{H} \\ \boldsymbol{E} \\ \boldsymbol{T} \end{bmatrix} \tag{2.33}$$

方程左边的第一个矩阵是关于介质参数的矩阵，根据各种晶体的参数元素分布特点可知，该矩阵的主对角线上所有元素都不为零，其逆矩阵一定存在，方程两边左乘介质参数矩阵的逆，得到

$$\frac{\partial}{\partial t}\begin{bmatrix}\boldsymbol{v}\\\boldsymbol{H}\\\boldsymbol{E}\\\boldsymbol{T}\end{bmatrix}=\begin{bmatrix}\rho & 0 & 0 & 0\\0 & \mu & 0 & 0\\0 & 0 & \boldsymbol{\varepsilon}^T & \boldsymbol{d}\\0 & 0 & \boldsymbol{d}' & \boldsymbol{s}^E\end{bmatrix}^{-1}\begin{bmatrix}0 & 0 & 0 & z_a\ \nabla\cdot\\0 & 0 & -z_e\ \nabla\times & 0\\0 & z_e\ \nabla\times & 0 & 0\\z_a\ \nabla_s & 0 & 0 & 0\end{bmatrix}\begin{bmatrix}\boldsymbol{v}\\\boldsymbol{H}\\\boldsymbol{E}\\\boldsymbol{T}\end{bmatrix}\tag{2.34}$$

式(2.34)的左边展开形式为

$$\left[\frac{\partial v_x}{\partial t}\quad\frac{\partial v_y}{\partial t}\quad\frac{\partial v_z}{\partial t}\quad\frac{\partial H_x}{\partial t}\quad\frac{\partial H_y}{\partial t}\quad\frac{\partial H_z}{\partial t}\quad\frac{\partial E_x}{\partial t}\quad\frac{\partial E_y}{\partial t}\quad\frac{\partial E_z}{\partial t}\quad\frac{\partial T_1}{\partial t}\quad\frac{\partial T_2}{\partial t}\quad\frac{\partial T_3}{\partial t}\quad\frac{\partial T_4}{\partial t}\quad\frac{\partial T_5}{\partial t}\quad\frac{\partial T_6}{\partial t}\right]^{\mathrm{T}}\tag{2.35}$$

令

$$\boldsymbol{M}=\begin{bmatrix}\rho & 0 & 0 & 0\\0 & \mu & 0 & 0\\0 & 0 & \boldsymbol{\varepsilon}^T & \boldsymbol{d}\\0 & 0 & \boldsymbol{d}' & \boldsymbol{s}^E\end{bmatrix}^{-1}\tag{2.36}$$

有如下形式

$$\boldsymbol{M}=\begin{bmatrix}
m_{11} & 0 & 0 & 0 & 0 & 0 & 0 & 0 & 0 & 0 & 0 & 0 & 0 & 0 & 0\\
0 & m_{11} & 0 & 0 & 0 & 0 & 0 & 0 & 0 & 0 & 0 & 0 & 0 & 0 & 0\\
0 & 0 & m_{11} & 0 & 0 & 0 & 0 & 0 & 0 & 0 & 0 & 0 & 0 & 0 & 0\\
0 & 0 & 0 & m_{22} & 0 & 0 & 0 & 0 & 0 & 0 & 0 & 0 & 0 & 0 & 0\\
0 & 0 & 0 & 0 & m_{22} & 0 & 0 & 0 & 0 & 0 & 0 & 0 & 0 & 0 & 0\\
0 & 0 & 0 & 0 & 0 & m_{22} & 0 & 0 & 0 & 0 & 0 & 0 & 0 & 0 & 0\\
0 & 0 & 0 & 0 & 0 & 0 & m_{77} & m_{78} & m_{79} & m_{710} & m_{711} & m_{712} & m_{713} & m_{714} & m_{715}\\
0 & 0 & 0 & 0 & 0 & 0 & m_{87} & m_{88} & m_{89} & m_{810} & m_{811} & m_{812} & m_{813} & m_{814} & m_{815}\\
0 & 0 & 0 & 0 & 0 & 0 & m_{97} & m_{98} & m_{99} & m_{910} & m_{911} & m_{912} & m_{913} & m_{914} & m_{915}\\
0 & 0 & 0 & 0 & 0 & 0 & m_{107} & m_{108} & m_{109} & m_{1010} & m_{1011} & m_{1012} & m_{1013} & m_{1014} & m_{1015}\\
0 & 0 & 0 & 0 & 0 & 0 & m_{117} & m_{118} & m_{119} & m_{1110} & m_{1111} & m_{1112} & m_{1113} & m_{1114} & m_{1115}\\
0 & 0 & 0 & 0 & 0 & 0 & m_{127} & m_{128} & m_{129} & m_{1210} & m_{1211} & m_{1212} & m_{1213} & m_{1214} & m_{1215}\\
0 & 0 & 0 & 0 & 0 & 0 & m_{137} & m_{138} & m_{139} & m_{1310} & m_{1311} & m_{1312} & m_{1313} & m_{1314} & m_{1315}\\
0 & 0 & 0 & 0 & 0 & 0 & m_{147} & m_{148} & m_{149} & m_{1410} & m_{1411} & m_{1412} & m_{1413} & m_{1414} & m_{1415}\\
0 & 0 & 0 & 0 & 0 & 0 & m_{157} & m_{158} & m_{159} & m_{1510} & m_{1511} & m_{1512} & m_{1513} & m_{1514} & m_{1515}
\end{bmatrix}\tag{2.37}$$

式(2.34)的右边场量关于空间微分部分的展开式为

$$\begin{pmatrix} 0 & 0 & 0 & z_a\nabla\cdot \\ 0 & 0 & -z_e\nabla\times & 0 \\ 0 & z_e\nabla\times & 0 & 0 \\ z_a\nabla_s & 0 & 0 & 0 \end{pmatrix}\begin{pmatrix} \boldsymbol{v} \\ \boldsymbol{H} \\ \boldsymbol{E} \\ \boldsymbol{T} \end{pmatrix}=\begin{bmatrix} z_a\dfrac{\partial T_1}{\partial x}+z_a\dfrac{\partial T_5}{\partial z}+z_a\dfrac{\partial T_6}{\partial y} \\ z_a\dfrac{\partial T_2}{\partial y}+z_a\dfrac{\partial T_4}{\partial z}+z_a\dfrac{\partial T_6}{\partial x} \\ z_a\dfrac{\partial T_3}{\partial z}+z_a\dfrac{\partial T_4}{\partial y}+z_a\dfrac{\partial T_5}{\partial x} \\ z_e\dfrac{\partial E_y}{\partial z}-z_e\dfrac{\partial E_z}{\partial y} \\ z_e\dfrac{\partial E_z}{\partial x}-z_e\dfrac{\partial E_x}{\partial z} \\ z_e\dfrac{\partial E_x}{\partial y}-z_e\dfrac{\partial E_y}{\partial x} \\ z_e\dfrac{\partial H_z}{\partial y}-z_e\dfrac{\partial H_y}{\partial z} \\ z_e\dfrac{\partial H_x}{\partial z}-z_e\dfrac{\partial H_z}{\partial x} \\ z_e\dfrac{\partial H_y}{\partial x}-z_e\dfrac{\partial H_x}{\partial y} \\ z_a\dfrac{\partial v_x}{\partial x} \\ z_a\dfrac{\partial v_y}{\partial y} \\ z_a\dfrac{\partial v_z}{\partial z} \\ z_a\dfrac{\partial v_y}{\partial z}+z_a\dfrac{\partial v_z}{\partial y} \\ z_a\dfrac{\partial v_x}{\partial z}+z_a\dfrac{\partial v_z}{\partial x} \\ z_a\dfrac{\partial v_x}{\partial y}+z_a\dfrac{\partial v_y}{\partial x} \end{bmatrix} \tag{2.38}$$

得到的速度场量、磁场强度对时间微分展开式中不含声电耦合项，具体为

$$\frac{\partial v_x}{\partial t}=m_{11}z_a\frac{\partial T_1}{\partial x}+m_{11}z_a\frac{\partial T_5}{\partial z}+m_{11}z_a\frac{\partial T_6}{\partial y} \tag{2.39.a}$$

$$\frac{\partial v_y}{\partial t}=m_{11}z_a\frac{\partial T_2}{\partial y}+m_{11}z_a\frac{\partial T_4}{\partial z}+m_{11}z_a\frac{\partial T_6}{\partial x} \tag{2.39.b}$$

$$\frac{\partial v_z}{\partial t}=m_{11}z_a\frac{\partial T_3}{\partial z}+m_{11}z_a\frac{\partial T_4}{\partial y}+m_{11}z_a\frac{\partial T_5}{\partial x} \tag{2.39.c}$$

$$\frac{\partial H_x}{\partial t}=m_{22}z_e\frac{\partial E_y}{\partial z}-m_{22}z_e\frac{\partial E_z}{\partial y} \tag{2.39.d}$$

$$\frac{\partial H_y}{\partial t}=m_{22}z_e\frac{\partial E_z}{\partial x}-m_{22}z_e\frac{\partial E_x}{\partial z} \tag{2.39.e}$$

$$\frac{\partial H_z}{\partial t}=m_{22}z_e\frac{\partial E_x}{\partial y}-m_{22}z_e\frac{\partial E_y}{\partial x} \tag{2.39.f}$$

而电场强度、应力对时间微分的展开式含有声电耦合项，具体为

$$\begin{aligned}\frac{\partial E_x}{\partial t}=&m_{77}z_e\frac{\partial H_z}{\partial y}-m_{77}z_e\frac{\partial H_y}{\partial z}+m_{78}z_e\frac{\partial H_x}{\partial z}-m_{78}z_e\frac{\partial H_z}{\partial x}+m_{79}z_e\frac{\partial H_y}{\partial x}-m_{79}z_e\frac{\partial H_x}{\partial y}\\&+m_{710}z_a\frac{\partial v_x}{\partial x}+m_{711}z_a\frac{\partial v_y}{\partial y}+m_{712}z_a\frac{\partial v_z}{\partial z}+m_{713}z_a\frac{\partial v_y}{\partial z}+m_{713}z_a\frac{\partial v_z}{\partial y}+m_{714}z_a\frac{\partial v_x}{\partial z}\\&+m_{714}z_a\frac{\partial v_z}{\partial x}+m_{715}z_a\frac{\partial v_x}{\partial y}+m_{715}z_a\frac{\partial v_y}{\partial x}\end{aligned}\tag{2.39.g}$$

$$\begin{aligned}\frac{\partial E_y}{\partial t}=&m_{87}z_e\frac{\partial H_z}{\partial y}-m_{87}z_e\frac{\partial H_y}{\partial z}+m_{88}z_e\frac{\partial H_x}{\partial z}-m_{88}z_e\frac{\partial H_z}{\partial x}+m_{89}z_e\frac{\partial H_y}{\partial x}-m_{89}z_e\frac{\partial H_x}{\partial y}\\&+m_{810}z_a\frac{\partial v_x}{\partial x}+m_{811}z_a\frac{\partial v_y}{\partial y}+m_{812}z_a\frac{\partial v_z}{\partial z}+m_{813}z_a\frac{\partial v_y}{\partial z}+m_{813}z_a\frac{\partial v_z}{\partial y}+m_{814}z_a\frac{\partial v_x}{\partial z}\\&+m_{814}z_a\frac{\partial v_z}{\partial x}+m_{815}z_a\frac{\partial v_x}{\partial y}+m_{815}z_a\frac{\partial v_y}{\partial x}\end{aligned}\tag{2.39.h}$$

$$\begin{aligned}\frac{\partial E_z}{\partial t}=&m_{97}z_e\frac{\partial H_z}{\partial y}-m_{97}z_e\frac{\partial H_y}{\partial z}+m_{98}z_e\frac{\partial H_x}{\partial z}-m_{98}z_e\frac{\partial H_z}{\partial x}+m_{99}z_e\frac{\partial H_y}{\partial x}-m_{99}z_e\frac{\partial H_x}{\partial y}\\&+m_{910}z_a\frac{\partial v_x}{\partial x}+m_{911}z_a\frac{\partial v_y}{\partial y}+m_{912}z_a\frac{\partial v_z}{\partial z}+m_{913}z_a\frac{\partial v_y}{\partial z}+m_{913}z_a\frac{\partial v_z}{\partial y}+m_{914}z_a\frac{\partial v_x}{\partial z}\\&+m_{914}z_a\frac{\partial v_z}{\partial x}+m_{915}z_a\frac{\partial v_x}{\partial y}+m_{915}z_a\frac{\partial v_y}{\partial x}\end{aligned}\tag{2.39.i}$$

$$\begin{aligned}\frac{\partial T_1}{\partial t}=&m_{107}z_e\frac{\partial H_z}{\partial y}-m_{107}z_e\frac{\partial H_y}{\partial z}+m_{108}z_e\frac{\partial H_x}{\partial z}-m_{108}z_e\frac{\partial H_z}{\partial x}+m_{109}z_e\frac{\partial H_y}{\partial x}\\&-m_{109}z_e\frac{\partial H_x}{\partial y}+m_{1010}z_a\frac{\partial v_x}{\partial x}+m_{1011}z_a\frac{\partial v_y}{\partial y}+m_{1012}z_a\frac{\partial v_z}{\partial z}+m_{1013}z_a\frac{\partial v_y}{\partial z}\\&+m_{1013}z_a\frac{\partial v_z}{\partial y}+m_{1014}z_a\frac{\partial v_x}{\partial z}+m_{1014}z_a\frac{\partial v_z}{\partial x}+m_{1015}z_a\frac{\partial v_x}{\partial y}+m_{1015}z_a\frac{\partial v_y}{\partial x}\end{aligned}\tag{2.39.j}$$

$$\begin{aligned}\frac{\partial T_2}{\partial t}=&m_{117}z_e\frac{\partial H_z}{\partial y}-m_{117}z_e\frac{\partial H_y}{\partial z}+m_{118}z_e\frac{\partial H_x}{\partial z}-m_{118}z_e\frac{\partial H_z}{\partial x}+m_{119}z_e\frac{\partial H_y}{\partial x}-m_{119}z_e\frac{\partial H_x}{\partial y}\\&+m_{1110}z_a\frac{\partial v_x}{\partial x}+m_{1111}z_a\frac{\partial v_y}{\partial y}+m_{1112}z_a\frac{\partial v_z}{\partial z}+m_{1113}z_a\frac{\partial v_y}{\partial z}+m_{1113}z_a\frac{\partial v_z}{\partial y}\\&+m_{1114}z_a\frac{\partial v_x}{\partial z}+m_{1114}z_a\frac{\partial v_z}{\partial x}+m_{1115}z_a\frac{\partial v_x}{\partial y}+m_{1115}z_a\frac{\partial v_y}{\partial x}\end{aligned}\tag{2.39.k}$$

$$\begin{aligned}\frac{\partial T_3}{\partial t}=&m_{127}z_e\frac{\partial H_z}{\partial y}-m_{127}z_e\frac{\partial H_y}{\partial z}+m_{128}z_e\frac{\partial H_x}{\partial z}-m_{128}z_e\frac{\partial H_z}{\partial x}+m_{129}z_e\frac{\partial H_y}{\partial x}-m_{129}z_e\frac{\partial H_x}{\partial y}\\&+m_{1210}z_a\frac{\partial v_x}{\partial x}+m_{1211}z_a\frac{\partial v_y}{\partial y}+m_{1212}z_a\frac{\partial v_z}{\partial z}+m_{1213}z_a\frac{\partial v_y}{\partial z}+m_{1213}z_a\frac{\partial v_z}{\partial y}\\&+m_{1214}z_a\frac{\partial v_x}{\partial z}+m_{1214}z_a\frac{\partial v_z}{\partial x}+m_{1215}z_a\frac{\partial v_x}{\partial y}+m_{1215}z_a\frac{\partial v_y}{\partial x}\end{aligned}\tag{2.39.l}$$

$$\begin{aligned}\frac{\partial T_4}{\partial t}=&m_{137}z_e\frac{\partial H_z}{\partial y}-m_{137}z_e\frac{\partial H_y}{\partial z}+m_{138}z_e\frac{\partial H_x}{\partial z}-m_{138}z_e\frac{\partial H_z}{\partial x}+m_{139}z_e\frac{\partial H_y}{\partial x}-m_{139}z_e\frac{\partial H_x}{\partial y}\\&+m_{1310}z_a\frac{\partial v_x}{\partial x}+m_{1311}z_a\frac{\partial v_y}{\partial y}+m_{1312}z_a\frac{\partial v_z}{\partial z}+m_{1313}z_a\frac{\partial v_y}{\partial z}+m_{1313}z_a\frac{\partial v_z}{\partial y}\\&+m_{1314}z_a\frac{\partial v_x}{\partial z}+m_{1314}z_a\frac{\partial v_z}{\partial x}+m_{1315}z_a\frac{\partial v_x}{\partial y}+m_{1315}z_a\frac{\partial v_y}{\partial x}\end{aligned}\tag{2.39.m}$$

$$\frac{\partial T_5}{\partial t}=m_{147}z_e\frac{\partial H_z}{\partial y}-m_{147}z_e\frac{\partial H_y}{\partial z}+m_{148}z_e\frac{\partial H_x}{\partial z}-m_{148}z_e\frac{\partial H_z}{\partial x}+m_{149}z_e\frac{\partial H_y}{\partial x}-m_{149}z_e\frac{\partial H_x}{\partial y}$$
$$+m_{1410}z_a\frac{\partial v_x}{\partial x}+m_{1411}z_a\frac{\partial v_y}{\partial y}+m_{1412}z_a\frac{\partial v_z}{\partial z}+m_{1413}z_a\frac{\partial v_y}{\partial z}$$
$$+m_{1413}z_a\frac{\partial v_z}{\partial y}+m_{1414}z_a\frac{\partial v_x}{\partial z}+m_{1414}z_a\frac{\partial v_z}{\partial x}+m_{1415}z_a\frac{\partial v_x}{\partial y}+m_{1415}z_a\frac{\partial v_y}{\partial x}\tag{2.39.n}$$

$$\frac{\partial T_6}{\partial t}=m_{157}z_e\frac{\partial H_z}{\partial y}-m_{157}z_e\frac{\partial H_y}{\partial z}+m_{158}z_e\frac{\partial H_x}{\partial z}-m_{158}z_e\frac{\partial H_z}{\partial x}+m_{159}z_e\frac{\partial H_y}{\partial x}-m_{159}z_e\frac{\partial H_x}{\partial y}$$
$$+m_{1510}z_a\frac{\partial v_x}{\partial x}+m_{1511}z_a\frac{\partial v_y}{\partial y}+m_{1512}z_a\frac{\partial v_z}{\partial z}+m_{1513}z_a\frac{\partial v_y}{\partial z}+m_{1513}z_a\frac{\partial v_z}{\partial y}$$
$$+m_{1514}z_a\frac{\partial v_x}{\partial z}+m_{1514}z_a\frac{\partial v_z}{\partial x}+m_{1515}z_a\frac{\partial v_x}{\partial y}+m_{1515}z_a\frac{\partial v_y}{\partial x}\tag{2.39.o}$$

可以看出，对于不同的晶体结构，介质参数的结构有所不同，声电耦合场展开式两边的具体构成就有所不同，但总能得到类似式(2.39)的形式，仅仅是右边偏微分的个数不同，重要的是方程左边只有一个场量对时间的偏微分，右边是一个或几个场量对空间的偏微分。

下面以一个简单的例子说明如何使用 FDTD 方法仿真声电耦合场。当直角坐标系 x,y,z 与晶体主轴 X,Y,Z 重合时，正交晶系 222 晶类，四方晶系 $\bar{4}2m$ 晶类，立方晶系 23、$\bar{4}3m$ 晶类材料，介质参数有共同结构(是指参数矩阵非零元素的分布相同)，材料的磁导率 μ_0 和密度 ρ 为标量，电导率的结构为

$$\boldsymbol{\varepsilon}^T=\begin{bmatrix}\varepsilon_{11}&0&0\\0&\varepsilon_{22}&0\\0&0&\varepsilon_{33}\end{bmatrix}\tag{2.40}$$

压电应变常数的结构为

$$\boldsymbol{d}=\begin{bmatrix}0&0&0&d_{14}&0&0\\0&0&0&0&d_{25}&0\\0&0&0&0&0&d_{36}\end{bmatrix}\tag{2.41}$$

顺度常数矩阵的结构为

$$\boldsymbol{s}^E=\begin{bmatrix}s_{11}&s_{12}&s_{13}&0&0&0\\s_{12}&s_{22}&s_{23}&0&0&0\\s_{13}&s_{23}&s_{33}&0&0&0\\0&0&0&s_{44}&0&0\\0&0&0&0&s_{55}&0\\0&0&0&0&0&s_{66}\end{bmatrix}\tag{2.42}$$

劲度常数矩阵的结构为

$$c^E=\begin{bmatrix} c_{11} & c_{12} & c_{13} & 0 & 0 & 0 \\ c_{12} & c_{22} & c_{23} & 0 & 0 & 0 \\ c_{13} & c_{23} & c_{33} & 0 & 0 & 0 \\ 0 & 0 & 0 & c_{44} & 0 & 0 \\ 0 & 0 & 0 & 0 & c_{55} & 0 \\ 0 & 0 & 0 & 0 & 0 & c_{66} \end{bmatrix} \tag{2.43}$$

同一种介质的顺度常数矩阵 $\boldsymbol{s}^E$ 和劲度常数矩阵 $\boldsymbol{c}^E$ 互为逆矩阵，根据式(2.42)和式(2.43)可知

$$\begin{bmatrix} s_{11} & s_{12} & s_{13} \\ s_{12} & s_{22} & s_{23} \\ s_{13} & s_{23} & s_{33} \end{bmatrix}^{-1}=\begin{bmatrix} c_{11} & c_{12} & c_{13} \\ c_{12} & c_{22} & c_{23} \\ c_{13} & c_{23} & c_{33} \end{bmatrix}, \quad s_{44}^{-1}=c_{44}, \quad s_{55}^{-1}=c_{55}, \quad s_{66}^{-1}=c_{66} \tag{2.44}$$

声电耦合场方程的展开式为

$$\rho\frac{\partial v_x}{\partial t}=z_a\frac{\partial T_1}{\partial x}+z_a\frac{\partial T_5}{\partial z}+z_a\frac{\partial T_6}{\partial y}+F_x \tag{2.45.a}$$

$$\rho\frac{\partial v_y}{\partial t}=z_a\frac{\partial T_2}{\partial y}+z_a\frac{\partial T_4}{\partial z}+z_a\frac{\partial T_6}{\partial x}+F_y \tag{2.45.b}$$

$$\rho\frac{\partial v_z}{\partial t}=z_a\frac{\partial T_3}{\partial z}+z_a\frac{\partial T_4}{\partial y}+z_a\frac{\partial T_5}{\partial x}+F_z \tag{2.45.c}$$

$$\frac{\partial T_1}{\partial t}=z_ac_{11}\frac{\partial v_x}{\partial x}+z_ac_{12}\frac{\partial v_y}{\partial y}+z_ac_{13}\frac{\partial v_z}{\partial z} \tag{2.45.d}$$

$$\frac{\partial T_2}{\partial t}=z_ac_{12}\frac{\partial v_x}{\partial x}+z_ac_{22}\frac{\partial v_y}{\partial y}+z_ac_{23}\frac{\partial v_z}{\partial z} \tag{2.45.e}$$

$$\frac{\partial T_3}{\partial t}=z_ac_{13}\frac{\partial v_x}{\partial x}+z_ac_{23}\frac{\partial v_y}{\partial y}+z_ac_{33}\frac{\partial v_z}{\partial z} \tag{2.45.f}$$

$$\frac{\partial T_4}{\partial t}=\frac{1}{\varepsilon_{11}s_{44}-d_{14}d'_{41}}\left(z_a\varepsilon_{11}\frac{\partial v_y}{\partial z}+z_a\varepsilon_{11}\frac{\partial v_z}{\partial y}+z_ed'_{41}\frac{\partial H_y}{\partial z}-z_ed'_{41}\frac{\partial H_z}{\partial y}\right) \tag{2.45.g}$$

$$\frac{\partial T_5}{\partial t}=\frac{1}{\varepsilon_{22}s_{55}-d_{25}d'_{52}}\left(z_a\varepsilon_{22}\frac{\partial v_x}{\partial z}+z_a\varepsilon_{22}\frac{\partial v_z}{\partial x}-z_ed'_{52}\frac{\partial H_x}{\partial z}+z_ed'_{52}\frac{\partial H_z}{\partial x}\right) \tag{2.45.h}$$

$$\frac{\partial T_6}{\partial t}=\frac{1}{\varepsilon_{33}s_{66}-d_{36}d'_{63}}\left(z_a\varepsilon_{33}\frac{\partial v_y}{\partial x}+z_a\varepsilon_{33}\frac{\partial v_x}{\partial y}+z_ed'_{63}\frac{\partial H_x}{\partial y}-z_ed'_{63}\frac{\partial H_y}{\partial x}\right) \tag{2.45.i}$$

$$\frac{\partial E_x}{\partial t}=\frac{1}{\varepsilon_{11}s_{44}-d_{14}d'_{41}}\left(-z_es_{44}\frac{\partial H_y}{\partial z}+z_es_{44}\frac{\partial H_z}{\partial y}-z_ad_{14}\frac{\partial v_y}{\partial z}-z_ad_{14}\frac{\partial v_z}{\partial y}\right) \tag{2.45.j}$$

$$\frac{\partial E_y}{\partial t}=\frac{1}{\varepsilon_{22}s_{55}-d_{25}d'_{52}}\left(z_es_{55}\frac{\partial H_x}{\partial z}-z_es_{55}\frac{\partial H_z}{\partial x}-z_ad_{25}\frac{\partial v_x}{\partial z}-z_ad_{25}\frac{\partial v_z}{\partial x}\right) \tag{2.45.k}$$

$$\frac{\partial E_z}{\partial t}=\frac{1}{\varepsilon_{33}s_{66}-d_{36}d'_{63}}\left(-z_es_{66}\frac{\partial H_x}{\partial y}+z_es_{66}\frac{\partial H_y}{\partial x}-z_ad_{36}\frac{\partial v_x}{\partial y}-z_ad_{36}\frac{\partial v_y}{\partial x}\right) \tag{2.45.l}$$

$$\mu\frac{\partial H_x}{\partial t}=z_e\frac{\partial E_y}{\partial z}-z_e\frac{\partial E_z}{\partial y} \tag{2.45.m}$$

$$\mu \frac{\partial H_y}{\partial t} = -z_e \frac{\partial E_x}{\partial z} + z_e \frac{\partial E_z}{\partial x} \tag{2.45.n}$$

$$\mu \frac{\partial H_z}{\partial t} = z_e \frac{\partial E_x}{\partial y} - z_e \frac{\partial E_y}{\partial x} \tag{2.45.o}$$

式中所使用的场量都是经过归一化以后的场量，介质参数都是实际参数的相对值。使用相对值的表示是为了方便省略了归一化下标和相对值下标。可以看出式(2.45)的左边是场量对时间的一阶偏微分，方程的右边是场量对空间的一阶偏微分。

2.4.2　声电耦合场方程从三维到二维的降维

假设在空间某一方向(例如 y 方向)上，介质空间尺寸是无限大(或足够大)，对于垂直 y 方向的任一平面，介质的空间分布都是对称的，介质中的场分布不随 y 坐标的变化而变化。场量对于任意 y 坐标都是相等的，即 $\partial/\partial y=0$。三维空间问题可以简化为二维(x,z)问题，声电耦合场方程简化为

$$\rho \frac{\partial v_x}{\partial t} = z_a \frac{\partial T_1}{\partial x} + z_a \frac{\partial T_5}{\partial z} \tag{2.46.a}$$

$$\rho \frac{\partial v_y}{\partial t} = z_a \frac{\partial T_4}{\partial z} + z_a \frac{\partial T_6}{\partial x} \tag{2.46.b}$$

$$\rho \frac{\partial v_z}{\partial t} = z_a \frac{\partial T_3}{\partial z} + z_a \frac{\partial T_5}{\partial x} \tag{2.46.c}$$

$$\frac{\partial T_1}{\partial t} = z_a c_{11} \frac{\partial v_x}{\partial x} + z_a c_{13} \frac{\partial v_z}{\partial z} \tag{2.46.d}$$

$$\frac{\partial T_2}{\partial t} = z_a c_{12} \frac{\partial v_x}{\partial x} + z_a c_{23} \frac{\partial v_z}{\partial z} \tag{2.46.e}$$

$$\frac{\partial T_3}{\partial t} = z_a c_{13} \frac{\partial v_x}{\partial x} + z_a c_{33} \frac{\partial v_z}{\partial z} \tag{2.46.f}$$

$$\frac{\partial T_4}{\partial t} = \frac{1}{\varepsilon_{11} s_{44} - d_{14} d'_{41}} \left(z_a \varepsilon_{11} \frac{\partial v_y}{\partial z} + z_e d'_{41} \frac{\partial H_y}{\partial z} \right) \tag{2.46.g}$$

$$\frac{\partial T_5}{\partial t} = \frac{1}{\varepsilon_{22} s_{55} - d_{25} d'_{52}} \left(z_a \varepsilon_{22} \frac{\partial v_x}{\partial z} + z_a \varepsilon_{22} \frac{\partial v_z}{\partial x} - z_e d'_{52} \frac{\partial H_x}{\partial z} + z_e d'_{52} \frac{\partial H_z}{\partial x} \right) \tag{2.46.h}$$

$$\frac{\partial T_6}{\partial t} = \frac{1}{\varepsilon_{33} s_{66} - d_{36} d'_{63}} \left(z_a \varepsilon_{33} \frac{\partial v_y}{\partial x} - z_e d'_{63} \frac{\partial H_y}{\partial x} \right) \tag{2.46.i}$$

$$\frac{\partial E_x}{\partial t} = \frac{1}{\varepsilon_{11} s_{44} - d_{14} d'_{41}} \left(-z_e s_{44} \frac{\partial H_y}{\partial z} - z_a d_{14} \frac{\partial v_y}{\partial z} \right) \tag{2.46.j}$$

$$\frac{\partial E_y}{\partial t} = \frac{1}{\varepsilon_{22} s_{55} - d_{25} d'_{52}} \left(z_e s_{55} \frac{\partial H_x}{\partial z} - z_e s_{55} \frac{\partial H_z}{\partial x} - z_a d_{25} \frac{\partial v_x}{\partial z} - z_a d_{25} \frac{\partial v_z}{\partial x} \right) \tag{2.46.k}$$

$$\frac{\partial E_z}{\partial t} = \frac{1}{\varepsilon_{33} s_{66} - d_{36} d'_{63}} \left(z_e s_{66} \frac{\partial H_y}{\partial x} - z_a d_{36} \frac{\partial v_y}{\partial x} \right) \tag{2.46.l}$$

$$\mu \frac{\partial H_x}{\partial t} = z_e \frac{\partial E_y}{\partial z} \tag{2.46.m}$$

$$\mu \frac{\partial H_y}{\partial t} = -z_e \frac{\partial E_x}{\partial z} + z_e \frac{\partial E_z}{\partial x} \tag{2.46.n}$$

$$\mu \frac{\partial H_z}{\partial t} = -z_e \frac{\partial E_y}{\partial x} \tag{2.46.o}$$

图 2.2 使用箭头表示支配方程各个场量之间的关系，其中单向箭头表示从方程右边到左边，箭头旁边的字母表示对应于式(2.46)中的方程序号，箭头表示两场量相关。

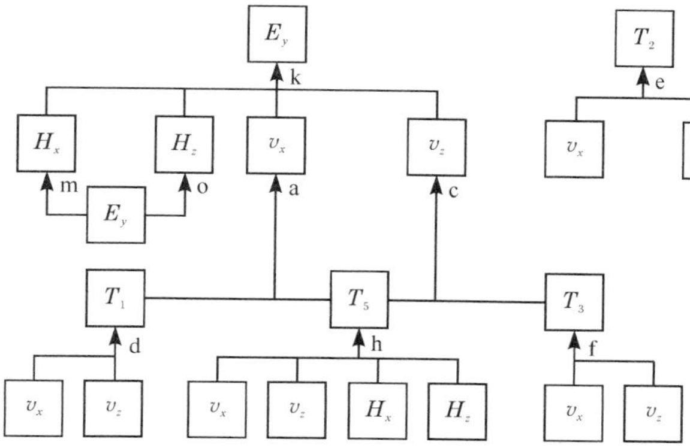

图 2.2　二维声电耦合场场量关系

从图 2.2 可以看出，场量 v_x，v_z，T_1，T_3，T_5，E_y，H_x，H_z 之间存在耦合关系，这八个场量之间的关系用图中所标八个方程来表示，它们是完全独立于其他场量的，描述了质点在平面 xOz 内的运动情况和 TM 波。场量 T_2 由 v_x，v_z 求出。从图 2.3 可以看出，场量 v_y，T_4，T_6，E_x，E_z，H_y 的，描述的是质点在垂直于平面 xOz 的直线上的运动情况和 TE 波，六个场量之间的关系用图中所标六个方程来表示。

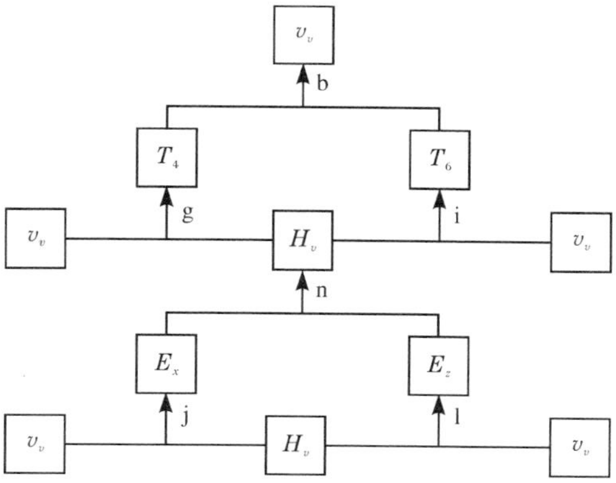

图 2.3　场量关系

因此在晶体中的声电耦合场，可以分为相对独立两个部分，其中一部分是关于电磁场的 TM 波和声场的声电耦合场

$$\rho \frac{\partial v_x}{\partial t} = z_a \frac{\partial T_1}{\partial x} + z_a \frac{\partial T_5}{\partial z} \tag{2.47.a}$$

$$\rho \frac{\partial v_z}{\partial t} = z_a \frac{\partial T_3}{\partial z} + z_a \frac{\partial T_5}{\partial x} \tag{2.47.b}$$

$$\frac{\partial T_1}{\partial t} = z_a c_{11} \frac{\partial v_x}{\partial x} + z_a c_{13} \frac{\partial v_z}{\partial z} \tag{2.47.c}$$

$$\frac{\partial T_3}{\partial t}=z_a c_{31}\frac{\partial v_x}{\partial x}+z_a c_{33}\frac{\partial v_z}{\partial z} \tag{2.47.d}$$

$$\frac{\partial T_5}{\partial t}=\frac{1}{\varepsilon_{22}s_{55}-d_{25}d'_{52}}\left(z_a\varepsilon_{22}\frac{\partial v_x}{\partial z}+z_a\varepsilon_{22}\frac{\partial v_z}{\partial x}-z_e d'_{52}\frac{\partial H_x}{\partial z}+z_e d'_{52}\frac{\partial H_z}{\partial x}\right) \tag{2.47.e}$$

$$\frac{\partial E_y}{\partial t}=\frac{1}{\varepsilon_{22}s_{55}-d_{25}d'_{52}}\left(z_e s_{55}\frac{\partial H_x}{\partial z}-z_e s_{55}\frac{\partial H_z}{\partial x}-z_a d_{25}\frac{\partial v_x}{\partial z}-z_a d_{25}\frac{\partial v_z}{\partial x}\right) \tag{2.47.f}$$

$$\mu\frac{\partial H_x}{\partial t}=z_e\frac{\partial E_y}{\partial z} \tag{2.47.g}$$

$$\mu\frac{\partial H_z}{\partial t}=-z_e\frac{\partial E_y}{\partial x} \tag{2.47.h}$$

这组方程描述质点在平面 xOz 内的运动包含沿传播方向振动的纵波，也包含一个垂直于传播方向振动的横波，纵波和横波之间有耦合关系；同时描述了在平面 xOz 内的磁场和垂直于传播方向电场之间的耦合关系。总之描述了质点在平面 xOz 内的运动情况和 TM 波。利用 FDTD 方法可以求出相应声电耦合场。

可以看出，对于不同的晶体结构，同一晶体不同的切面，介质参数的结构会有所不同，支配方程的具体展开形式不同，降维后场量之间的耦合关系也不尽相同，因此就有不同的电磁声场模式。这里仅仅给出是众多情况中的一种来说明本章方法，不代表相关问题的全部。

2.4.3　声电耦合场方程从三维到一维的降维

假设在 y 和 z 方向上，介质空间尺寸是无限大(或足够大)，在任意 yOz 平面上，介质的空间分布都是相同的，介质中的场分布不随 y 坐标和 z 坐标的变化而变化。场量对于任意 y 坐标和 z 坐标都是相等的，即 $\partial/\partial y=0,\partial/\partial z=0$。声电耦合场问题可以简化为一维($x$)问题，声电耦合场方程简化为

$$\rho\frac{\partial v_x}{\partial t}=z_a\frac{\partial T_1}{\partial x} \tag{2.48.a}$$

$$\rho\frac{\partial v_y}{\partial t}=z_a\frac{\partial T_6}{\partial x} \tag{2.48.b}$$

$$\rho\frac{\partial v_z}{\partial t}=z_a\frac{\partial T_5}{\partial x} \tag{2.48.c}$$

$$\frac{\partial T_1}{\partial t}=z_a c_{11}\frac{\partial v_x}{\partial x} \tag{2.48.d}$$

$$\frac{\partial T_2}{\partial t}=z_a c_{12}\frac{\partial v_x}{\partial x} \tag{2.48.e}$$

$$\frac{\partial T_3}{\partial t}=z_a c_{13}\frac{\partial v_x}{\partial x} \tag{2.48.f}$$

$$\frac{\partial T_4}{\partial t}=0 \tag{2.48.g}$$

$$\frac{\partial T_5}{\partial t}=\frac{1}{\varepsilon_{22}s_{55}-d_{25}d'_{52}}\left(z_a\varepsilon_{22}\frac{\partial v_z}{\partial x}+z_e d'_{52}\frac{\partial H_z}{\partial x}\right) \tag{2.48.h}$$

$$\frac{\partial T_6}{\partial t}=\frac{1}{\varepsilon_{33}s_{66}-d_{36}d'_{63}}\left(z_a\varepsilon_{33}\frac{\partial v_y}{\partial x}-z_e d'_{63}\frac{\partial H_y}{\partial x}\right) \tag{2.48.i}$$

$$\frac{\partial E_x}{\partial t}=0 \tag{2.48.j}$$

$$\frac{\partial E_y}{\partial t}=\frac{1}{\varepsilon_{22}s_{55}-d_{25}d'_{52}}\left(-z_e s_{55}\frac{\partial H_z}{\partial x}-z_a d_{25}\frac{\partial v_z}{\partial x}\right) \tag{2.48.k}$$

$$\frac{\partial E_z}{\partial t}=\frac{1}{\varepsilon_{33}s_{66}-d_{36}d'_{63}}\left(z_e s_{66}\frac{\partial H_y}{\partial x}-z_a d_{36}\frac{\partial v_y}{\partial x}\right) \tag{2.48.l}$$

$$\mu\frac{\partial H_x}{\partial t}=0 \tag{2.48.m}$$

$$\mu\frac{\partial H_y}{\partial t}=z_e\frac{\partial E_z}{\partial x} \tag{2.48.n}$$

$$\mu\frac{\partial H_z}{\partial t}=-z_e\frac{\partial E_y}{\partial x} \tag{2.48.o}$$

同样使用箭头表示场量之间的关系，如图 2.4 所示。

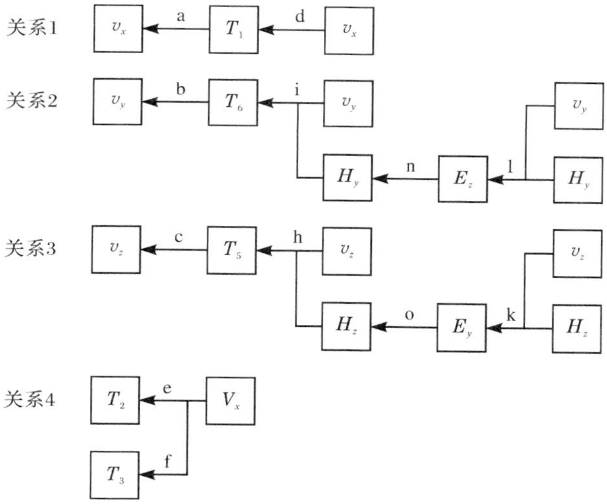

图 2.4　一维声电耦合场场量关系

从图 2.4 可以看出，在一维声电耦合场中，存在两种相互独立的声电耦合关系，一种是图中所示的关系 2，v_y，T_6，E_z，H_y 之间相互耦合，其中描述的声场是质点在 y 方向上振动，属 y 方向偏振的横波，电磁场是 TEM 波。另一种是图中所示的关系 3，v_z，T_5，E_y，H_z 之间相互耦合，描述的声场是质点在 z 方向上振动，属 z 方向偏振的横波，电磁场是 TEM 波。另外关系 1 表示了声场的纵波，它是独立于声电耦合场的。

1. y 方向偏振声电耦合场

根据图 2.4 所示一维声电耦合场场量关系 2，得到声电耦合场方程为

$$\rho\frac{\partial v_y}{\partial t}=z_a\frac{\partial T_6}{\partial x} \tag{2.49.a}$$

$$\frac{\partial T_6}{\partial t}=\frac{1}{\varepsilon_{33}s_{66}-d_{36}d'_{63}}\left(z_a\varepsilon_{33}\frac{\partial v_y}{\partial x}-z_e d'_{63}\frac{\partial H_y}{\partial x}\right) \tag{2.49.b}$$

$$\frac{\partial E_z}{\partial t}=\frac{1}{\varepsilon_{33}s_{66}-d_{36}d'_{63}}\left(z_e s_{66}\frac{\partial H_y}{\partial x}-z_a d_{36}\frac{\partial v_y}{\partial x}\right) \tag{2.49.c}$$

$$\mu\frac{\partial H_y}{\partial t}=z_e\frac{\partial E_z}{\partial x} \tag{2.49.d}$$

描述的是场量 v_y，T_6，E_z，H_y 之间的关系，其中对应的声场为沿 x 轴传播 y 轴线偏振的一维声场，电磁场为沿 x 轴传播的 TEM 波，称这类声电耦合场为 y 方向偏振声电耦合场。

2. z 方向偏振声电耦合场

根据图 2.4 所示一维声电耦合场场量关系 3，得到声电耦合场方程为

$$\rho\frac{\partial v_z}{\partial t}=z_a\frac{\partial T_5}{\partial x} \tag{2.50.a}$$

$$\frac{\partial T_5}{\partial t}=\frac{1}{\varepsilon_{22}s_{55}-d_{25}d'_{52}}\left(z_a\varepsilon_{22}\frac{\partial v_z}{\partial x}+z_e d'_{52}\frac{\partial H_z}{\partial x}\right) \tag{2.50.b}$$

$$\frac{\partial E_y}{\partial t}=\frac{1}{\varepsilon_{22}s_{55}-d_{25}d'_{52}}\left(-z_e s_{55}\frac{\partial H_z}{\partial x}-z_a d_{25}\frac{\partial v_z}{\partial x}\right) \tag{2.50.c}$$

$$\mu\frac{\partial H_z}{\partial t}=-z_e\frac{\partial E_y}{\partial x} \tag{2.50.d}$$

描述的是场量 v_z，T_5，E_y，H_z 之间的关系，其中对应的声场为沿 x 轴传播 z 轴线偏振的一维声场，电磁场为沿 x 轴传播的 TEM 波，称这类声电耦合场为 z 方向偏振声电耦合场。

2.5 声电耦合场中的边界条件

在声电耦合场问题中经常包含不同材料的边界，声电耦合场除了必须满足其支配方程，还必须满足不同介质分界面上的边界条件。边界条件是求解定解问题的关键条件。声电耦合场的边界条件包含电磁场边界条件和声场边界条件。

2.5.1 电磁场边界条件

电磁场边界条件[27]是指各个电磁场量在分界面上各自满足的关系。根据 Maxwell 方程的积分形式，可以得出：

1. 磁场强度的边界条件

如图 2.5 所示，在介质界面处，法向单位矢量 $\hat{\boldsymbol{n}}$ 指向介质 1，磁场强度满足矢量式

$$\hat{\boldsymbol{n}}\times(\boldsymbol{H}_1-\boldsymbol{H}_2)=\boldsymbol{J}_s \tag{2.51}$$

式中，$\boldsymbol{J}_s$ 是分界面的传导面电流。如果$\boldsymbol{J}_s=0$，有

$$\hat{\boldsymbol{n}}\times(\boldsymbol{H}_1-\boldsymbol{H}_2)=0 \tag{2.52}$$

物理意义是在分界面上任意一点，磁场强度矢量切向分量的差等于该点的传导电流面密度。如果分界面上不存在传导电流，则磁场强度矢量的切向分量连续。

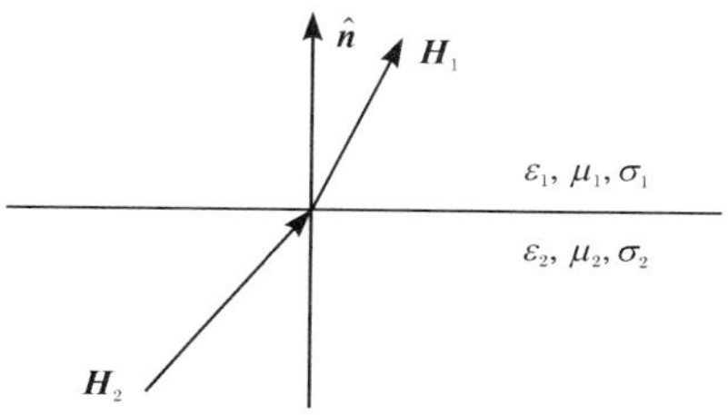

图 2.5　分界面处的 $\boldsymbol{H}$

2. 电场强度的边界条件

电场强度满足矢量式

$$\hat{\boldsymbol{n}} \times (\boldsymbol{E}_1 - \boldsymbol{E}_2) = 0 \tag{2.53}$$

物理意义是在分界面上任意一点,电场强度矢量的切向分量连续。

3. 磁感应强度的边界条件

磁感应强度满足矢量式

$$\hat{\boldsymbol{n}} \cdot (\boldsymbol{B}_1 - \boldsymbol{B}_2) = 0 \tag{2.54}$$

物理意义是在分界面上任意一点,电场强度矢量的法向分量连续。

4. 电位移矢量的边界条件

电位移矢量满足矢量式

$$\hat{\boldsymbol{n}} \cdot (\boldsymbol{D}_1 - \boldsymbol{D}_2) = \rho_s \tag{2.55}$$

物理意义是在分界面上任意一点,电位移矢量法向分量的差等于该点的自由面电荷密度。如果分界面上不存在自由面电荷,则电位移矢量的法向分量连续。

5. 两种电磁学边界条件特例

① 理想电介质之间的分界面,$\sigma_1 = \sigma_2 = 0$,因而$\boldsymbol{J}_s = 0$,$\rho_s = 0$,有

$$\begin{cases} \hat{\boldsymbol{n}} \times (\boldsymbol{H}_1 - \boldsymbol{H}_2) = 0 \\ \hat{\boldsymbol{n}} \times (\boldsymbol{E}_1 - \boldsymbol{E}_2) = 0 \\ \hat{\boldsymbol{n}} \cdot (\boldsymbol{B}_1 - \boldsymbol{B}_2) = 0 \\ \hat{\boldsymbol{n}} \cdot (\boldsymbol{D}_1 - \boldsymbol{D}_2) = 0 \end{cases} \tag{2.56}$$

② 理想电介质与理想电导体之间的分界面,$\sigma_1 = 0$,$\sigma_2 = \infty$,因而$\boldsymbol{H}_2 = 0$,$\boldsymbol{E}_2 = 0$,$\boldsymbol{B}_2 = 0$,$\boldsymbol{D}_2 = 0$,有

$$\begin{cases} \hat{\boldsymbol{n}} \times \boldsymbol{H}_1 = \boldsymbol{J}_s \\ \hat{\boldsymbol{n}} \times \boldsymbol{E}_1 = 0 \\ \hat{\boldsymbol{n}} \cdot \boldsymbol{B}_1 = 0 \\ \hat{\boldsymbol{n}} \cdot \boldsymbol{D}_1 = \rho_s \end{cases} \tag{2.57}$$

2.5.2　声场边界条件

声学边界条件[28]分为应力边界条件、位移边界条件。应力边界条件是物体所受的面力在边界上满足的关系。位移边界条件是物体的位移分量在全部边界上满足的关系。对于质点，已知位移函数，速度函数也同样已知，因此也可将位移边界条件转变为速度边界条件。分界面处的速度和应力关系如图 2.6 所示。

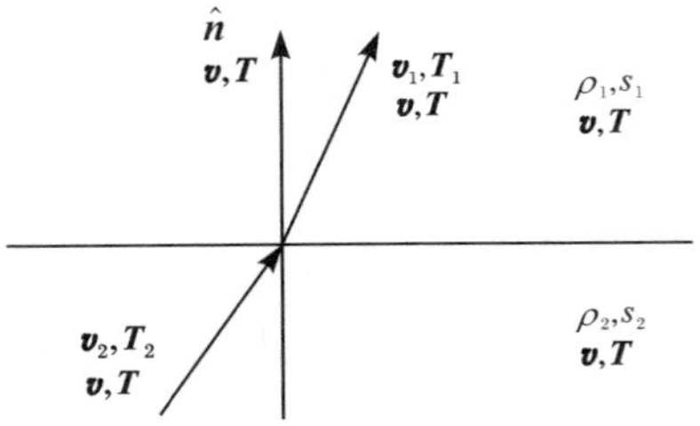

图 2.6　分界面处的速度和应力

1. 应力边界条件和速度边界条件

在边界面上，法向单位矢量 $\hat{\boldsymbol{n}}$ 指向介质 1，相应的边界条件是应力和质点位移(或质点速度)的法向分量和切向分量在通过交界面时必须是连续的，即

$$\boldsymbol{v}_1=\boldsymbol{v}_2 \tag{2.58}$$

$$\boldsymbol{T}_1\cdot\hat{\boldsymbol{n}}=\boldsymbol{T}_2\cdot\hat{\boldsymbol{n}} \tag{2.59}$$

下标表示不同介质中的场量，式(2.58)表示边界两边的速度连续关系，属速度边界条件，式(2.59)表示边界两边的应力连续关系，属应力边界条件。

2. 两种声学边界条件特例

实际问题中，经常遇到固体-固体紧密边界、空气-固体自由边界，边界条件分别是：

(1) 固体-固体紧密边界条件

例如，在 $x=0$ 边界处，边界的法向单位矢量为 $\hat{\boldsymbol{n}}=\hat{\boldsymbol{x}}$，有

$$\boldsymbol{T}\cdot\hat{\boldsymbol{n}}=\boldsymbol{T}\cdot\hat{\boldsymbol{x}}=\hat{\boldsymbol{x}}\boldsymbol{T}_{xx}+\hat{\boldsymbol{y}}\boldsymbol{T}_{yx}+\hat{\boldsymbol{z}}\boldsymbol{T}_{zx} \tag{2.60}$$

所以应力边界条件和速度边界条件为

$$\begin{cases} T_{1xx}(0)=T_{2xx}(0) \\ T_{1yx}(0)=T_{2yx}(0) \\ T_{1zx}(0)=T_{2zx}(0) \\ v_{1x}(0)=v_{2x}(0) \\ v_{1y}(0)=v_{2y}(0) \\ v_{1z}(0)=v_{2z}(0) \end{cases} \tag{2.61}$$

(2) 空气-固体自由边界条件

在固体和空气交界面处，若在边界上没有外加应力，则应力的法向分量必须为零。例如，在 $x=0$ 边界处，应力的法向分量为 T_{xx}，T_{yx}，T_{zx}。所以有

$$\begin{cases} T_{xx}=0 \\ T_{yx}=0 \\ T_{zx}=0 \\ v_x(0)=0 \\ v_y(0)=0 \\ v_z(0)=0 \end{cases} \tag{2.62}$$

电磁场、声场能量不会因为相互之间的耦合而变得在时间上不连续，因此声电耦合场中的边界条件可以看作是电磁场边界条件和声场边界条件的简单组合。

本节从电磁场、声场理论出发，分析声电耦合场的支配方程和边值条件，系统总结压电介质中声电耦合场的理论基础；给出适合声电耦合场的归一化方法，讨论从三维空间问题到二维、一维空间问题的转化和声电耦合波的分解。给出了声电耦合场问题中的边界条件。

2.6　声电耦合场场量的离散方式

正确的离散方式是 FDTD 方法解决问题的前提。电磁场旋度方程的离散方式由 Yee[13] 首次提出，创立了电磁场 FDTD 方法，几乎可用于电磁场及微波技术的所有领域。Vireux[10] 运用声场方程的速度-应力离散方式，将 FDTD 方法应用于声场模拟，被广泛应用于地震波、弹性波的模拟。采用离散化的目的是将电磁场、声场问题支配方程转变为差分步进方程。离散方式的建立依据是偏微分形式的支配方程。分析离散方式可从偏微分方程的特点出发，找到合适的场量空间上排布和时间上交错。本节首次将 FDTD 方法拓展到声电耦合场领域。

声电耦合场方程具有与电磁场、声场方程同样的特点。参考 Yee 离散方式、声场离散方式的特点：

① 两种差分格式都根据偏微分方程，方程的一边是时间偏微分，另一边是空间偏微分。

② 场量分量在离散方式中，空间上相差 0.5 个空间间隔，时间上相差 0.5 个时间间隔。

③ 电磁场 FDTD 离散方程中，任一网格上的电场(或磁场)强度分量只与其上一个时间步的值和周围环绕它的磁场(或电场)强度分量有关。对于声场 FDTD 来说，应力和速度之间的关系也是相同的。

④ 左边时间偏微分场量的空间分布在右边场量沿空间变量方向的直线上。

根据声电耦合场微分方程，可以总结出如图 2.7 所示的声电耦合场离散格式，在声电耦合场的四类场量中，H、v 和 T、E 在空间上相差 0.5 个空间间隔，在时间上相差 0.5 个时间间隔。每个正应力的周围有六个速度分量，每个切应力分量、电场分量由四个速度分量、磁场分量环绕。同样每个速度分量、磁场分量由四个切应力分量、电场分量和六个正应力环绕。这种声电耦合场分量的空间取样方式符合物体受力分析、运动定律、电磁场的安培定律和高斯定律，所以能够恰当描述声电耦合场的传播特性。

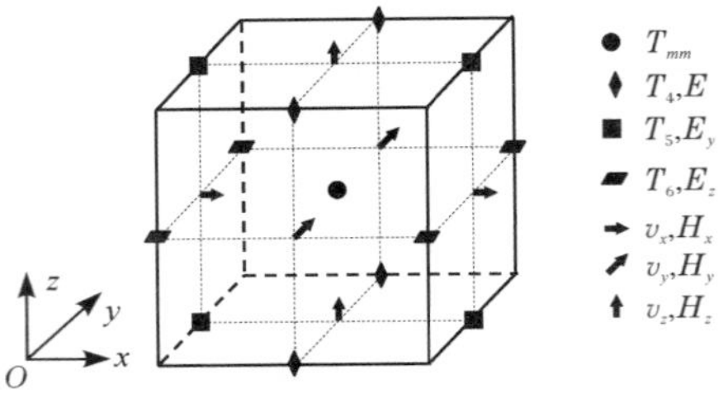

图 2.7　三维声电耦合场差分离散方式

可以看出，声电耦合场离散方式具有与电磁场、声场离散方式共同的特点，完全符合我们归纳的四点内容，充分显示了电磁场、声场与声电耦合场内在的自洽性。在组成关系上，声电耦合场比电磁场、声场离散方式更复杂，单独的电磁场中，仅有电场和磁场分量；单独的声场中，也仅有速度分量和应力分量；而声电耦合场中，包含电场分量、磁场分量、速度分量和应力分量，是电磁场和声场的有机结合，我们寻找到的离散方式也是电磁场、声场离散方式的巧妙结合。在此基础上，将声电耦合场方程离散，构成显式差分方程，从而可以在时间上迭代求解，使声电耦合场 FDTD 方法的实现称为可能。

根据图 2.7，声电耦合场离散格式中，电、磁、声场分量空间节点与时间步取值的约定如表 2.1 所示。

表 2.1　声电耦合场离散方式中各分量节点位置

电、磁、声场分量		分量空间分布			分量时间分布
		x 坐标	y 坐标	z 坐标	
$\boldsymbol{T}$、$\boldsymbol{E}$ 分量	T_{mm}	$i+0.5$	$j+0.5$	$k+0.5$	$n+0.5$
	E_x 和 T_4	$i+0.5$	j	k	
	E_y 和 T_5	i	$j+0.5$	k	
	E_z 和 T_6	i	j	$k+0.5$	
$\boldsymbol{v}$、$\boldsymbol{H}$ 分量	H_x 和 v_x	i	$j+0.5$	$k+0.5$	n
	H_y 和 v_y	$i+0.5$	j	$k+0.5$	
	H_z 和 v_z	$i+0.5$	$j+0.5$	k	

2.7　差分格式

有限差分法是以差分原理为基础的一种数值方法。根据差分格式，用差商来近似代替偏微分，将需求解的边值问题转化为一组相应的差分方程，选用不同的差分格式，可以给离散化工作带来更多的选择方案、更大的自由度，本节讨论中心差分格式和指数差分格式，它们分别适合不同的偏微分方程。

2.7.1　中心差分格式[29]

设函数 $f(x)$，其独立变量 x 有一个很小的增量 $\Delta x=h$，则该函数 $f(x)$ 的增量为

$$\Delta f=f(x+h)-f(x) \tag{2.63}$$

它称为函数 $f(x)$的一阶差分,而一阶差分 Δf 除以增量h 的商,即一阶差商

$$\frac{\Delta f}{\Delta x}=\frac{f(x+h)-f(x)}{h} \tag{2.64}$$

将接近于该函数的一阶导数。一阶差分仍是独立变量 x 的函数。显然,只要上述增量 h 很小,差分 Δf 与微分之间的差异将很小。

一阶导数

$$f'(x)=\frac{\mathrm{d}f}{\mathrm{d}x}=\lim_{\Delta x\to 0}\frac{\Delta f(x)}{\Delta x} \tag{2.65}$$

是无限小的微分 $\mathrm{d}f=\lim\limits_{\Delta x\to 0}\Delta f(x)$除以无限小微分 $\mathrm{d}x=\lim\limits_{\Delta x\to 0}\Delta x$ 的商,应用差分,它可近似地表示为

$$\frac{\mathrm{d}f}{\mathrm{d}x}\approx\frac{\Delta f(x)}{\Delta x}=\frac{f(x+h)-f(x)}{h}\ (\text{前向差分}) \tag{2.66}$$

即有限小的差分 $\Delta f(x)$除以有限小的差分 Δx 的商,被称为差商。同理,一阶导数还可近似地表示为

$$\frac{\mathrm{d}f}{\mathrm{d}x}\approx\frac{\Delta f(x)}{\Delta x}=\frac{f(x)-f(x-h)}{h}\ (\text{后向差分}) \tag{2.67}$$

或者

$$\frac{\mathrm{d}f}{\mathrm{d}x}\approx\frac{\Delta f(x)}{\Delta x}=\frac{f(x+h)-f(x-h)}{2h}\ (\text{中心差分}) \tag{2.68}$$

它们对于一阶导数的逼近度可通过泰勒公式的展开式得知。以上三种差商表达式以中心差分方法得到的差商截断误差最小,其误差将大致和 h 的二次方成正比。将增量缩小为一半,得

$$\frac{\mathrm{d}f}{\mathrm{d}x}\approx\frac{\Delta f(x)}{\Delta x}=\frac{f(x+0.5h)-f(x-0.5h)}{h}\ (\text{中心差分}) \tag{2.69}$$

因此,常微分方程$\frac{\mathrm{d}y}{\mathrm{d}t}=c$ 的差分格式可采用中心差分写成

$$y_{k+1}=y_k+ch \tag{2.70}$$

2.7.2　指数差分格式[30~32]

中心差分格式中,对自变量得微分 $\mathrm{d}x$ 取 $\mathrm{d}x\approx\Delta x=h$。而广义得差分格式中,可取

$$\mathrm{d}x=\phi(h,\lambda)\overset{h\to 0,\lambda\text{固定}}{=}h+O(h^2) \tag{2.71}$$

例如,可取指数函数 $\phi(h,\lambda)=(1-\mathrm{e}^{-\lambda h})/\lambda$,于是一阶导数 $\mathrm{d}f/\mathrm{d}x$ 可用指数差分格式来近似,以前向差分为例可得

$$\frac{\mathrm{d}f}{\mathrm{d}x}\approx\frac{f(x+h)-f(x)}{\phi(h,\lambda)}=\frac{f(x+h)-f(x)}{\frac{1-\mathrm{e}^{-\lambda h}}{\lambda}} \tag{2.72}$$

同样,也可按照中心差分得到相应得指数差分格式

$$\frac{\mathrm{d}f}{\mathrm{d}x}\approx\frac{f(x+0.5h)-f(x-0.5h)}{\phi(h,\lambda)}=\frac{f(x+0.5h)-f(x-0.5h)}{\frac{1-\mathrm{e}^{-\lambda h}}{\lambda}} \tag{2.73}$$

常微分方程 $\mathrm{d}y/\mathrm{d}t=-\lambda y+c$ 的差分格式可采用指数差分写成

$$y_{k+1}=\mathrm{e}^{-\lambda\Delta t}y_k+\frac{c}{\lambda}(1-\mathrm{e}^{-\lambda\Delta t}) \tag{2.74}$$

2.8　微分方程的离散化

根据离散方式和差分格式，用差商近似代替偏微分，可以将声电耦合场微分方程离散化，转化为迭代方程。以方程展开式中的两个为例，采用中心差分方法，说明微分方程的离散化方法。

2.8.1　微分方程的离散化方法

1. 速度场量对时间微分的展开式

$$\frac{\partial v_x}{\partial t}=m_{11}z_a\frac{\partial T_1}{\partial x}+m_{11}z_a\frac{\partial T_5}{\partial z}+m_{11}z_a\frac{\partial T_6}{\partial y} \tag{2.75}$$

根据声电耦合场离散方式，场量的空间、时间分布为 $v_x\,|_{i,j+0.5,k+0.5}^{n}$，$T_1\,|_{i+0.5,j+0.5,k+0.5}^{n+0.5}$，$T_5\,|_{i,j+0.5,k}^{n+0.5}$，$T_6\,|_{i,j,k+0.5}^{n+0.5}$，下标表示空间分布，上标表示时间分布。如果观察点$(x,y,z)$为 v_x 的节点，即空间坐标为$(i,j+0.5,k+0.5)$，时间坐标为 $n+0.5$。根据图 2.7 所示离散方式，有

$$\frac{\partial}{\partial t}v_x\,|_{i,j+0.5,k+0.5}^{n+0.5}\approx\frac{1}{\Delta t}(v_x\,|_{i,j+0.5,k+0.5}^{n+1}-v_x\,|_{i,j+0.5,k+0.5}^{n}) \tag{2.76}$$

$$T_{1x}^{vx}\rightarrow\frac{\partial}{\partial x}T_1\,|_{i,j+0.5,k+0.5}^{n+0.5}\approx\frac{1}{\Delta x}(T_1\,|_{i+0.5,j+0.5,k+0.5}^{n+0.5}-T_1\,|_{i-0.5,j+0.5,k+0.5}^{n+0.5}) \tag{2.77}$$

$$T_{5z}^{vx}\rightarrow\frac{\partial}{\partial z}T_5\,|_{i,j+0.5,k+0.5}^{n+0.5}\approx\frac{1}{\Delta z}(T_5\,|_{i,j+0.5,k+1}^{n+0.5}-T_5\,|_{i,j+0.5,k}^{n+0.5}) \tag{2.78}$$

$$T_{6y}^{vx}\rightarrow\frac{\partial}{\partial y}T_6\,|_{i,j+0.5,k+0.5}^{n+0.5}\approx\frac{1}{\Delta y}(T_6\,|_{i,j+1,k+0.5}^{n+0.5}-T_6\,|_{i,j,k+0.5}^{n+0.5}) \tag{2.79}$$

式中，T_{1x}^{vx}，T_{5z}^{vx}，T_{6y}^{vx}为表示偏微分和差分的缩写符号，符号主体和下标第一个数字（或字母）表示方程右边的场量，下标第二个字母表示偏微分自变量，上标表示偏微分方程右边的场量。

将式(2.76)～(2.79)代入式(2.75)即可得到 v_x 的迭代式。

$$v_x\,|_{i,j+0.5,k+0.5}^{n+1}=v_x\,|_{i,j+0.5,k+0.5}^{n}+\Delta t m_{11}z_aT_{1x}^{vx}+\Delta t m_{11}z_aT_{5z}^{vx}+\Delta t m_{11}z_aT_{6y}^{vx} \tag{2.80}$$

2. 电场强度对时间微分的展开式

$$\begin{aligned}\frac{\partial E_x}{\partial t}=&m_{77}z_e\frac{\partial H_z}{\partial y}-m_{77}z_e\frac{\partial H_y}{\partial z}+m_{78}z_e\frac{\partial H_x}{\partial z}-m_{78}z_e\frac{\partial H_z}{\partial x}+m_{79}z_e\frac{\partial H_y}{\partial x}-m_{79}z_e\frac{\partial H_x}{\partial y}\\&+m_{710}z_a\frac{\partial v_x}{\partial x}+m_{711}z_a\frac{\partial v_y}{\partial y}+m_{712}z_a\frac{\partial v_z}{\partial z}+m_{713}z_a\frac{\partial v_y}{\partial z}+m_{713}z_a\frac{\partial v_z}{\partial y}\\&+m_{714}z_a\frac{\partial v_x}{\partial z}+m_{714}z_a\frac{\partial v_z}{\partial x}+m_{715}z_a\frac{\partial v_x}{\partial y}+m_{715}z_a\frac{\partial v_y}{\partial x}\end{aligned} \tag{2.81}$$

根据图 2.7 所示离散方式，左边场量对时间的微分可由中心差分来近似

$$\frac{\partial}{\partial t}E_x\Big|_{i+0.5,j,k}^{n}\approx\frac{1}{\Delta t}\left(E_x\Big|_{i+0.5,j,k}^{n+0.5}-E_x\Big|_{i+0.5,j,k}^{n-0.5}\right) \tag{2.82}$$

右边场量对空间的微分用中心差分近似有三种类型：

第一类有 $\partial v_z/\partial y,\partial H_z/\partial y,\partial v_y/\partial z$ 和 $\partial H_y/\partial z$。在图 2.7 中，空间微分场量的位置处于时间微分场量沿其空间自变量坐标轴方向上，如 H_y 在 E_x 的 z 方向上，直接使用中心差分近似，如

$$H_{yz}^{ex}\rightarrow\frac{\partial}{\partial z}H_y\Big|_{i+0.5,j,k}^{n}\approx\frac{1}{\Delta z}\left(H_y\Big|_{i+0.5,j,k+0.5}^{n}-H_y\Big|_{i+0.5,j,k-0.5}^{n}\right) \tag{2.83}$$

第二类有 $\partial H_y/\partial x,\partial v_y/\partial x,\partial H_z/\partial x,\partial v_z/\partial x,\partial v_y/\partial y$ 和 $\partial v_z/\partial z$。在图 2.7 中，空间微分场量的位置不在时间微分场量沿其空间自变量坐标轴方向上，但在另外空间自变量坐标轴方向上，如 H_z 不在 E_x 的 x 方向上而在 y 方向上，需要使用中心差分和平均值近似，如

$$\begin{aligned}H_{yx}^{ex}\rightarrow\frac{\partial}{\partial x}H_y\Big|_{i+0.5,j,k}^{n}&\approx\frac{1}{\Delta x}\left(H_y\Big|_{i+1,j,k}^{n}-H_y\Big|_{i,j,k}^{n}\right)\\&\approx\frac{1}{4\Delta x}\Big(H_y\Big|_{i+1.5,j,k+0.5}^{n}+H_y\Big|_{i+1.5,j,k-0.5}^{n}\\&\quad-H_y\Big|_{i-0.5,j,k+0.5}^{n}-H_y\Big|_{i-0.5,j,k-0.5}^{n}\Big)\end{aligned} \tag{2.84}$$

注意在式(2.84)中除了使用中心差分外，还使用了平均值近似

$$\begin{cases}H_y\Big|_{i+1,j,k}^{n}\approx\frac{1}{4}\left(H_y\Big|_{i+1.5,j,k+0.5}^{n}+H_y\Big|_{i+1.5,j,k-0.5}^{n}+H_y\Big|_{i+0.5,j,k+0.5}^{n}+H_y\Big|_{i+0.5,j,k-0.5}^{n}\right)\\H_y\Big|_{i,j,k}^{n}\approx\frac{1}{4}\left(H_y\Big|_{i+0.5,j,k+0.5}^{n}+H_y\Big|_{i+0.5,j,k-0.5}^{n}+H_y\Big|_{i-0.5,j,k+0.5}^{n}+H_y\Big|_{i-0.5,j,k-0.5}^{n}\right)\end{cases} \tag{2.85}$$

第三类有 $\partial H_x/\partial y,\partial v_x/\partial y,\partial H_x/\partial z,\partial v_x/\partial x$ 和 $\partial v_x/\partial z$。在图 2.7 中，空间微分场量的位置不在时间场量沿任何坐标轴方向上，如 H_x 不在 E_x 的任意坐标轴方向上，使用中心差分和平均值近似，如

$$\begin{aligned}&H_{xz}^{ex}\rightarrow\frac{\partial}{\partial z}H_x\Big|_{i+0.5,j,k}^{n}\approx\frac{1}{\Delta z}\left(H_x\Big|_{i+0.5,j,k+0.5}^{n}-H_x\Big|_{i+0.5,j,k-0.5}^{n}\right)\\&\approx\frac{1}{\Delta z}\left[\begin{aligned}&\frac{1}{4}\left(H_x\Big|_{i+1,j+0.5,k+0.5}^{n}+H_x\Big|_{i+1,j-0.5,k+0.5}^{n}+H_x\Big|_{i,j+0.5,k+0.5}^{n}+H_x\Big|_{i,j-0.5,k+0.5}^{n}\right)\\&-\frac{1}{4}\left(H_x\Big|_{i+1,j+0.5,k-0.5}^{n}+H_x\Big|_{i+1,j-0.5,k-0.5}^{n}+H_x\Big|_{i,j+0.5,k-0.5}^{n}+H_x\Big|_{i,j-0.5,k-0.5}^{n}\right)\end{aligned}\right]\end{aligned} \tag{2.86}$$

第二、三类虽然都使用了平均值近似，但最后形式有些差异。将式(2.81)两边偏微分用差分代替，得到 E_x 的步进式

$$\begin{aligned}E_x\Big|_{i+0.5,j,k}^{n+0.5}=E_x\Big|_{i+0.5,j,k}^{n-0.5}&+\Delta tm_{77}z_eH_{zy}^{ex}-\Delta tm_{77}z_eH_{yz}^{ex}+\Delta tm_{78}z_eH_{xz}^{ex}-\Delta tm_{78}z_eH_{zx}^{ex}\\&+\Delta tm_{79}z_eH_{yx}^{ex}-\Delta tm_{79}z_eH_{xy}^{ex}+\Delta tm_{710}z_av_{xx}^{ex}+\Delta tm_{711}z_av_{yy}^{ex}\\&+\Delta tm_{712}z_av_{zz}^{ex}+\Delta tm_{713}z_av_{yz}^{ex}+\Delta tm_{713}z_av_{zy}^{ex}+\Delta tm_{714}z_av_{xz}^{ex}\\&+\Delta tm_{714}z_av_{zx}^{ex}+\Delta tm_{715}z_av_{xy}^{ex}+\Delta tm_{715}z_av_{yx}^{ex}\end{aligned} \tag{2.87}$$

按照同样思路，其他展开式可以逐个离散化。

2.8.2 声电耦合场方程离散式

按照上述的离散方法，得到声电耦合场方程的迭代式为[1]

$$v_x\big|_{i,j+0.5,k+0.5}^{n+1}=v_x\big|_{i,j+0.5,k+0.5}^{n}+\Delta tm_{11}z_aT_{1x}^{vx}+\Delta tm_{11}z_aT_{5z}^{vx}+\Delta tm_{11}z_aT_{6y}^{vx} \tag{2.88.a}$$

$$v_y\big|_{i+0.5,j,k+0.5}^{n+1}=v_y\big|_{i+0.5,j,k+0.5}^{n}+\Delta tm_{11}z_aT_{2y}^{vy}+\Delta tm_{11}z_aT_{4z}^{vy}+\Delta tm_{11}z_aT_{6x}^{vy} \tag{2.88.b}$$

$$v_z\big|_{i+0.5,j+0.5,k}^{n+1}=v_z\big|_{i+0.5,j+0.5,k}^{n}+\Delta tm_{11}z_aT_{3z}^{vz}+\Delta tm_{11}z_aT_{4y}^{vz}+\Delta tm_{11}z_aT_{5x}^{vz} \tag{2.88.c}$$

$$H_x\big|_{i,j+0.5,k+0.5}^{n+1}=H_x\big|_{i,j+0.5,k+0.5}^{n}+\Delta tm_{22}z_eE_{yz}^{hx}-\Delta tm_{22}z_eE_{zy}^{hx} \tag{2.88.d}$$

$$H_y\big|_{i+0.5,j,k+0.5}^{n+1}=H_y\big|_{i+0.5,j,k+0.5}^{n}+\Delta tm_{22}z_eE_{zx}^{hy}-\Delta tm_{22}z_eE_{xz}^{hy} \tag{2.88.e}$$

$$H_z\big|_{i+0.5,j+0.5,k}^{n+1}=H_z\big|_{i+0.5,j+0.5,k}^{n}+\Delta tm_{22}z_eE_{xy}^{hz}-\Delta tm_{22}z_eE_{yx}^{hz} \tag{2.88.f}$$

$$\begin{aligned}E_x\big|_{i+0.5,j,k}^{n+0.5}=&E_x\big|_{i+0.5,j,k}^{n-0.5}+\Delta tm_{77}z_eH_{zy}^{ex}-\Delta tm_{77}z_eH_{yz}^{ex}+\Delta tm_{78}z_eH_{xz}^{ex}-\Delta tm_{78}z_eH_{zx}^{ex}\\&+\Delta tm_{79}z_eH_{yx}^{ex}-\Delta tm_{79}z_eH_{xy}^{ex}+\Delta tm_{710}z_av_{xx}^{ex}+\Delta tm_{711}z_av_{yy}^{ex}+\Delta tm_{712}z_av_{zz}^{ex}\\&+\Delta tm_{713}z_av_{yz}^{ex}+\Delta tm_{713}z_av_{zy}^{ex}+\Delta tm_{714}z_av_{xz}^{ex}+\Delta tm_{714}z_av_{zx}^{ex}+\Delta tm_{715}z_av_{xy}^{ex}\\&+\Delta tm_{715}z_av_{yx}^{ex}\end{aligned} \tag{2.88.g}$$

$$\begin{aligned}E_y\big|_{i,j+0.5,k}^{n+0.5}=&E_y\big|_{i,j+0.5,k}^{n-0.5}+\Delta tm_{87}z_eH_{zy}^{ey}-\Delta tm_{87}z_eH_{yz}^{ey}+\Delta tm_{88}z_eH_{xz}^{ey}-\Delta tm_{88}z_eH_{zx}^{ey}\\&+\Delta tm_{89}z_eH_{yx}^{ey}-\Delta tm_{89}z_eH_{xy}^{ey}+\Delta tm_{810}z_av_{xx}^{ey}+\Delta tm_{811}z_av_{yy}^{ey}+\Delta tm_{812}z_av_{zz}^{ey}\\&+\Delta tm_{813}z_av_{yz}^{ey}+\Delta tm_{813}z_av_{zy}^{ey}+\Delta tm_{814}z_av_{xz}^{ey}+\Delta tm_{814}z_av_{zx}^{ey}+\Delta tm_{815}z_av_{xy}^{ey}\\&+\Delta tm_{815}z_av_{yx}^{ey}\end{aligned} \tag{2.88.h}$$

$$\begin{aligned}E_z\big|_{i,j,k+0.5}^{n+0.5}=&E_z\big|_{i,j,k+0.5}^{n-0.5}+\Delta tm_{97}z_eH_{zy}^{ez}-\Delta tm_{97}z_eH_{yz}^{ez}+\Delta tm_{98}z_eH_{xz}^{ez}-\Delta tm_{98}z_eH_{zx}^{ez}\\&+\Delta tm_{99}z_eH_{yx}^{ez}-\Delta tm_{99}z_eH_{xy}^{ez}+\Delta tm_{910}z_av_{xx}^{ez}+\Delta tm_{911}z_av_{yy}^{ez}+\Delta tm_{912}z_av_{zz}^{ez}\\&+\Delta tm_{913}z_av_{yz}^{ez}+\Delta tm_{913}z_av_{zy}^{ez}+\Delta tm_{914}z_av_{xz}^{ez}+\Delta tm_{914}z_av_{zx}^{ez}+\Delta tm_{915}z_av_{xy}^{ez}\\&+\Delta tm_{915}z_av_{yx}^{ez}\end{aligned} \tag{2.88.i}$$

$$\begin{aligned}T_1\big|_{i+0.5,j+0.5,k+0.5}^{n+0.5}=&T_1\big|_{i+0.5,j+0.5,k+0.5}^{n-0.5}+\Delta tm_{107}z_eH_{zy}^{t1}-\Delta tm_{107}z_eH_{yz}^{t1}+\Delta tm_{108}z_eH_{xz}^{t1}\\&-\Delta tm_{108}z_eH_{zx}^{t1}+\Delta tm_{109}z_eH_{yx}^{t1}-\Delta tm_{109}z_eH_{xy}^{t1}+\Delta tm_{1010}z_av_{xx}^{t1}\\&+\Delta tm_{1011}z_av_{yy}^{t1}+\Delta tm_{1012}z_av_{zz}^{t1}+\Delta tm_{1013}z_av_{yz}^{t1}+\Delta tm_{1013}z_av_{zy}^{t1}\\&+\Delta tm_{1014}z_av_{xz}^{t1}+\Delta tm_{1014}z_av_{zx}^{t1}+\Delta tm_{1015}z_av_{xy}^{t1}+\Delta tm_{1015}z_av_{yx}^{t1}\end{aligned} \tag{2.88.j}$$

$$\begin{aligned}T_2\big|_{i+0.5,j+0.5,k+0.5}^{n+0.5}=&T_2\big|_{i+0.5,j+0.5,k+0.5}^{n-0.5}+\Delta tm_{117}z_eH_{zy}^{t2}-\Delta tm_{117}z_eH_{yz}^{t2}+\Delta tm_{118}z_eH_{xz}^{t2}\\&-\Delta tm_{118}z_eH_{zx}^{t2}+\Delta tm_{119}z_eH_{yx}^{t2}-\Delta tm_{119}z_eH_{xy}^{t2}+\Delta tm_{1110}z_av_{xx}^{t2}\\&+\Delta tm_{1111}z_av_{yy}^{t2}+\Delta tm_{1112}z_av_{zz}^{t2}+\Delta tm_{1113}z_av_{yz}^{t2}+\Delta tm_{1113}z_av_{zy}^{t2}\\&+\Delta tm_{1114}z_av_{xz}^{t2}+\Delta tm_{1114}z_av_{zx}^{t2}+\Delta tm_{1115}z_av_{xy}^{t2}+\Delta tm_{1115}z_av_{yx}^{t2}\end{aligned} \tag{2.88.k}$$

$$\begin{aligned}T_3\big|_{i+0.5,j+0.5,k+0.5}^{n+0.5}=&T_3\big|_{i+0.5,j+0.5,k+0.5}^{n-0.5}+\Delta tm_{127}z_eH_{zy}^{t3}-\Delta tm_{127}z_eH_{yz}^{t3}+\Delta tm_{128}z_eH_{xz}^{t3}\\&-\Delta tm_{128}z_eH_{zx}^{t3}+\Delta tm_{129}z_eH_{yx}^{t3}-\Delta tm_{129}z_eH_{xy}^{t3}+\Delta tm_{1210}z_av_{xx}^{t3}\\&+\Delta tm_{1211}z_av_{yy}^{t3}+\Delta tm_{1212}z_av_{zz}^{t3}+\Delta tm_{1213}z_av_{yz}^{t3}+\Delta tm_{1213}z_av_{zy}^{t3}\\&+\Delta tm_{1214}z_av_{xz}^{t3}+\Delta tm_{1214}z_av_{zx}^{t3}+\Delta tm_{1215}z_av_{xy}^{t3}+\Delta tm_{1215}z_av_{yx}^{t3}\end{aligned} \tag{2.88.l}$$

$$T_4 \mid_{i+0.5,j,k}^{n+0.5} = T_4 \mid_{i+0.5,j,k}^{n-0.5} + \Delta tm_{137} z_e H_{zy}^{t4} - \Delta tm_{137} z_e H_{yz}^{t4} + \Delta tm_{138} z_e H_{xz}^{t4} - \Delta tm_{138} z_e H_{zx}^{t4}$$
$$+ \Delta tm_{139} z_e H_{yx}^{t4} - \Delta tm_{139} z_e H_{xy}^{t4} + \Delta tm_{1310} z_a v_{xx}^{t4} + \Delta tm_{1311} z_a v_{yy}^{t4} + \Delta tm_{1312} z_a v_{zz}^{t4}$$
$$+ \Delta tm_{1313} z_a v_{yz}^{t4} + \Delta tm_{1313} z_a v_{zy}^{t4} + \Delta tm_{1314} z_a v_{xz}^{t4} + \Delta tm_{1314} z_a v_{zx}^{t4}$$
$$+ \Delta tm_{1315} z_a v_{xy}^{t4} + \Delta tm_{1315} z_a v_{yx}^{t4} \tag{2.88.m}$$

$$T_5 \mid_{i,j+0.5,k}^{n+0.5} = T_5 \mid_{i,j+0.5,k}^{n-0.5} + \Delta tm_{147} z_e H_{zy}^{t5} - \Delta tm_{147} z_e H_{yz}^{t5} + \Delta tm_{148} z_e H_{xz}^{t5} - \Delta tm_{148} z_e H_{zx}^{t5}$$
$$+ \Delta tm_{149} z_e H_{yx}^{t5} - \Delta tm_{149} z_e H_{xy}^{t5} + \Delta tm_{1410} z_a v_{xx}^{t5} + \Delta tm_{1411} z_a v_{yy}^{t5} + \Delta tm_{1412} z_a v_{zz}^{t5}$$
$$+ \Delta tm_{1413} z_a v_{yz}^{t5} + \Delta tm_{1413} z_a v_{zy}^{t5} + \Delta tm_{1414} z_a v_{xz}^{t5} + \Delta tm_{1414} z_a v_{zx}^{t5} + \Delta tm_{1415} z_a v_{xy}^{t5}$$
$$+ \Delta tm_{1415} z_a v_{yx}^{t5} \tag{2.88.n}$$

$$T_6 \mid_{i,j,k+0.5}^{n+0.5} = T_6 \mid_{i,j,k+0.5}^{n-0.5} + \Delta tm_{157} z_e H_{zy}^{t6} - \Delta tm_{157} z_e H_{yz}^{t6} + \Delta tm_{158} z_e H_{xz}^{t6} - \Delta tm_{158} z_e H_{zx}^{t6}$$
$$+ \Delta tm_{159} z_e H_{yx}^{t6} - \Delta tm_{159} z_e H_{xy}^{t6} + \Delta tm_{1510} z_a v_{xx}^{t6} + \Delta tm_{1511} z_a v_{yy}^{t6} + \Delta tm_{1512} z_a v_{zz}^{t6}$$
$$+ \Delta tm_{1513} z_a v_{yz}^{t6} + \Delta tm_{1513} z_a v_{zy}^{t6} + \Delta tm_{1514} z_a v_{xz}^{t6} + \Delta tm_{1514} z_a v_{zx}^{t6} + \Delta tm_{1515} z_a v_{xy}^{t6}$$
$$+ \Delta tm_{1515} z_a v_{yx}^{t6} \tag{2.88.o}$$

式中

$$T_{1x}^{vx} = \frac{1}{\Delta x} (T_1 \mid_{i+0.5,j+0.5,k+0.5}^{n+0.5} - T_1 \mid_{i-0.5,j+0.5,k+0.5}^{n+0.5})$$

$$T_{5z}^{vx} = \frac{1}{\Delta z} (T_5 \mid_{i,j+0.5,k+1}^{n+0.5} - T_5 \mid_{i,j+0.5,k}^{n+0.5})$$

$$T_{6y}^{vx} = \frac{1}{\Delta y} (T_6 \mid_{i,j+1,k+0.5}^{n+0.5} - T_6 \mid_{i,j,k+0.5}^{n+0.5})$$

$$T_{2y}^{vy} = \frac{1}{\Delta y} (T_2 \mid_{i+0.5,j+0.5,k+0.5}^{n+0.5} - T_2 \mid_{i+0.5,j-0.5,k+0.5}^{n+0.5})$$

$$T_{4z}^{vy} = \frac{1}{\Delta z} (T_4 \mid_{i+0.5,j,k+1}^{n+0.5} - T_4 \mid_{i+0.5,j,k}^{n+0.5})$$

$$T_{6x}^{vy} = \frac{1}{\Delta x} (T_6 \mid_{i+1,j,k+0.5}^{n+0.5} - T_6 \mid_{i,j,k+0.5}^{n+0.5})$$

$$T_{3z}^{vz} = \frac{1}{\Delta z} (T_3 \mid_{i+0.5,j+0.5,k+0.5}^{n+0.5} - T_3 \mid_{i+0.5,j+0.5,k-0.5}^{n+0.5})$$

$$T_{4y}^{vz} = \frac{1}{\Delta y} (T_3 \mid_{i+0.5,j+1,k}^{n+0.5} - T_3 \mid_{i+0.5,j,k}^{n+0.5})$$

$$T_{5x}^{vz} = \frac{1}{\Delta x} (T_5 \mid_{i+1,j+0.5,k}^{n+0.5} - T_5 \mid_{i,j+0.5,k}^{n+0.5})$$

$$E_{yz}^{hx} = \frac{1}{\Delta z} (E_y \mid_{i,j+0.5,k+1}^{n+0.5} - E_y \mid_{i,j+0.5,k}^{n+0.5})$$

$$E_{zy}^{hx} = \frac{1}{\Delta y} (E_z \mid_{i,j+1,k+0.5}^{n+0.5} - E_z \mid_{i,j,k+0.5}^{n+0.5})$$

$$E_{zx}^{hy} = \frac{1}{\Delta x} (E_z \mid_{i+1,j,k+0.5}^{n+0.5} - E_z \mid_{i,j,k+0.5}^{n+0.5})$$

$$E_{xz}^{hy} = \frac{1}{\Delta z} (E_x \mid_{i+0.5,j,k+1}^{n+0.5} - E_x \mid_{i+0.5,j,k}^{n+0.5})$$

$$E_{xy}^{hz} = \frac{1}{\Delta y} (E_x \mid_{i+0.5,j+1,k}^{n+0.5} - E_x \mid_{i+0.5,j,k}^{n+0.5})$$

$$E_{yx}^{hz}=\frac{1}{\Delta x}\left(E_y\big|_{i+1,j+0.5,k}^{n+0.5}-E_y\big|_{i,j+0.5,k}^{n+0.5}\right)$$

$$H_{zy}^{ex}=\frac{1}{\Delta y}\left(H_z\big|_{i+0.5,j+0.5,k}^{n}-H_z\big|_{i+0.5,j-0.5,k}^{n}\right)$$

$$H_{yz}^{ex}=\frac{1}{\Delta z}\left(H_y\big|_{i+0.5,j,k+0.5}^{n}-H_y\big|_{i+0.5,j,k-0.5}^{n}\right)$$

$$H_{xz}^{ex}=\frac{1}{4\Delta z}\left[\begin{array}{l}\left(H_x\big|_{i+1,j+0.5,k+0.5}^{n}+H_x\big|_{i+1,j-0.5,k+0.5}^{n}+H_x\big|_{i,j+0.5,k+0.5}^{n}+H_x\big|_{i,j-0.5,k+0.5}^{n}\right)\\-\left(H_x\big|_{i+1,j+0.5,k-0.5}^{n}+H_x\big|_{i+1,j-0.5,k-0.5}^{n}+H_x\big|_{i,j+0.5,k-0.5}^{n}+H_x\big|_{i,j-0.5,k-0.5}^{n}\right)\end{array}\right]$$

$$H_{zx}^{ex}=\frac{1}{4\Delta x}\left[\left(H_z\big|_{i+1.5,j+0.5,k}^{n}+H_z\big|_{i+1.5,j-0.5,k}^{n}\right)-\left(H_z\big|_{i-0.5,j+0.5,k}^{n}+H_z\big|_{i-0.5,j-0.5,k}^{n}\right)\right]$$

$$H_{yx}^{ex}=\frac{1}{4\Delta x}\left[\left(H_y\big|_{i+1.5,j,k+0.5}^{n}+H_y\big|_{i+1.5,j,k-0.5}^{n}\right)-\left(H_y\big|_{i-0.5,j,k+0.5}^{n}+H_y\big|_{i-0.5,j,k-0.5}^{n}\right)\right]$$

$$H_{xy}^{ex}=\frac{1}{4\Delta y}\left[\begin{array}{l}\left(H_x\big|_{i+1,j+0.5,k+0.5}^{n}+H_x\big|_{i+1,j+0.5,k-0.5}^{n}+H_x\big|_{i,j+0.5,k+0.5}^{n}+H_x\big|_{i,j+0.5,k-0.5}^{n}\right)\\-\left(H_x\big|_{i+1,j-0.5,k+0.5}^{n}+H_x\big|_{i+1,j-0.5,k-0.5}^{n}+H_x\big|_{i,j-0.5,k+0.5}^{n}+H_x\big|_{i,j-0.5,k-0.5}^{n}\right)\end{array}\right]$$

$$v_{xx}^{ex}=\frac{1}{4\Delta x}\left[\begin{array}{l}\left(v_x\big|_{i+1,j+0.5,k+0.5}^{n}+v_x\big|_{i+1,j+0.5,k-0.5}^{n}+v_x\big|_{i+1,j-0.5,k+0.5}^{n}+v_x\big|_{i+1,j-0.5,k-0.5}^{n}\right)\\-\left(v_x\big|_{i,j+0.5,k+0.5}^{n}+v_x\big|_{i,j+0.5,k-0.5}^{n}+v_x\big|_{i,j-0.5,k+0.5}^{n}+v_x\big|_{i,j-0.5,k-0.5}^{n}\right)\end{array}\right]$$

$$v_{yy}^{ex}=\frac{1}{4\Delta y}\left[\left(v_y\big|_{i+0.5,j+1,k+0.5}^{n}+v_y\big|_{i+0.5,j+1,k-0.5}^{n}\right)-\left(v_y\big|_{i+0.5,j-1,k+0.5}^{n}+v_y\big|_{i+0.5,j-1,k-0.5}^{n}\right)\right]$$

$$v_{zz}^{ex}=\frac{1}{4\Delta z}\left[\left(v_z\big|_{i+0.5,j+0.5,k+1}^{n}+v_z\big|_{i+0.5,j-0.5,k+1}^{n}\right)-\left(v_z\big|_{i+0.5,j+0.5,k-1}^{n}+v_z\big|_{i+0.5,j-0.5,k-1}^{n}\right)\right]$$

$$v_{yz}^{ex}=\frac{1}{\Delta z}\left(v_y\big|_{i+0.5,j,k+0.5}^{n}-v_y\big|_{i+0.5,j,k-0.5}^{n}\right)$$

$$v_{zy}^{ex}=\frac{1}{\Delta y}\left(v_z\big|_{i+0.5,j+0.5,k}^{n}-v_z\big|_{i+0.5,j-0.5,k}^{n}\right)$$

$$v_{xz}^{ex}=\frac{1}{4\Delta z}\left[\begin{array}{l}\left(v_x\big|_{i+1,j+0.5,k+0.5}^{n}+v_x\big|_{i+1,j-0.5,k+0.5}^{n}+v_x\big|_{i,j+0.5,k+0.5}^{n}+v_x\big|_{i,j-0.5,k+0.5}^{n}\right)\\-\left(v_x\big|_{i+1,j+0.5,k-0.5}^{n}+v_x\big|_{i+1,j-0.5,k-0.5}^{n}+v_x\big|_{i,j+0.5,k+0.5}^{n}+v_x\big|_{i,j-0.5,k-0.5}^{n}\right)\end{array}\right]$$

$$v_{zx}^{ex}=\frac{1}{4\Delta x}\left[\left(v_z\big|_{i+1.5,j+0.5,k+1}^{n}+v_z\big|_{i+1.5,j-0.5,k}^{n}\right)-\left(v_z\big|_{i-0.5,j+0.5,k}^{n}+v_z\big|_{i-0.5,j-0.5,k}^{n}\right)\right]$$

$$v_{xy}^{ex}=\frac{1}{4\Delta y}\left[\begin{array}{l}\left(v_x\big|_{i+1,j+0.5,k+0.5}^{n}+v_x\big|_{i+1,j+0.5,k-0.5}^{n}+v_x\big|_{i,j+0.5,k+0.5}^{n}+v_x\big|_{i,j+0.5,k-0.5}^{n}\right)\\-\left(v_x\big|_{i+1,j-0.5,k+0.5}^{n}+v_x\big|_{i+1,j-0.5,k-0.5}^{n}+v_x\big|_{i,j-0.5,k+0.5}^{n}+v_x\big|_{i,j-0.5,k-0.5}^{n}\right)\end{array}\right]$$

$$v_{yx}^{ex}=\frac{1}{4\Delta x}\left[\left(v_y\big|_{i+1.5,j,k+0.5}^{n}+v_y\big|_{i+1.5,j,k-0.5}^{n}\right)-\left(v_y\big|_{i-0.5,j,k+0.5}^{n}+v_y\big|_{i-0.5,j,k-0.5}^{n}\right)\right]$$

$$H_{zy}^{ey}=\frac{1}{4\Delta y}\left[\left(H_z\big|_{i+0.5,j+1.5,k}^{n}+H_z\big|_{i-0.5,j+1.5,k}^{n}\right)-\left(H_z\big|_{i+0.5,j-0.5,k}^{n}+H_z\big|_{i-0.5,j-0.5,k}^{n}\right)\right]$$

$$H_{yz}^{ey}=\frac{1}{4\Delta z}\left[\begin{array}{l}\left(H_y\big|_{i+0.5,j+1,k+0.5}^{n}+H_y\big|_{i+0.5,j,k+0.5}^{n}+H_y\big|_{i-0.5,j+1,k+0.5}^{n}+H_y\big|_{i-0.5,j,k+0.5}^{n}\right)\\-\left(H_y\big|_{i+0.5,j+1,k-0.5}^{n}+H_y\big|_{i+0.5,j,k-0.5}^{n}+H_y\big|_{i-0.5,j+1,k-0.5}^{n}+H_y\big|_{i-0.5,j,k-0.5}^{n}\right)\end{array}\right]$$

$$H_{xz}^{ey}=\frac{1}{\Delta z}\left(H_x\big|_{i,j+0.5,k+0.5}^{n}-H_x\big|_{i,j+0.5,k-0.5}^{n}\right)$$

$$H_{zx}^{ey}=\frac{1}{\Delta x}\left(H_z\big|_{i+0.5,j+0.5,k}^{n}-H_z\big|_{i-0.5,j+0.5,k}^{n}\right)$$

$$H_{yx}^{ey}=\frac{1}{4\Delta z}\left[\begin{array}{l}(H_y|_{i+0.5,j+1,k+0.5}^{n}+H_y|_{i+0.5,j+1,k-0.5}^{n}+H_y|_{i+0.5,j,k+0.5}^{n}+H_y|_{i+0.5,j,k-0.5}^{n})\\-(H_y|_{i-0.5,j+1,k+0.5}^{n}+H_y|_{i-0.5,j+1,k-0.5}^{n}+H_y|_{i-0.5,j,k+0.5}^{n}+H_y|_{i-0.5,j,k-0.5}^{n})\end{array}\right]$$

$$H_{xy}^{ey}=\frac{1}{4\Delta y}[(H_x|_{i,j+1.5,k+0.5}^{n}+H_x|_{i,j+1.5,k-0.5}^{n})-(H_x|_{i,j-0.5,k+0.5}^{n}+H_x|_{i,j-0.5,k-0.5}^{n})]$$

$$v_{xx}^{ey}=\frac{1}{4\Delta x}[(v_x|_{i+1,j+0.5,k+0.5}^{n}+v_x|_{i+1,j+0.5,k-0.5}^{n})-(v_x|_{i-1,j+0.5,k+0.5}^{n}+v_x|_{i-1,j+0.5,k-0.5}^{n})]$$

$$v_{yy}^{ey}=\frac{1}{4\Delta y}\left[\begin{array}{l}(v_y|_{i+0.5,j+1,k+0.5}^{n}+v_y|_{i+0.5,j+1,k-0.5}^{n}+v_y|_{i-0.5,j+1,k+0.5}^{n}+v_y|_{i-0.5,j+1,k-0.5}^{n})\\-(v_y|_{i+0.5,j,k+0.5}^{n}+v_y|_{i+0.5,j,k-0.5}^{n}+v_y|_{i-0.5,j,k+0.5}^{n}+v_y|_{i-0.5,j,k-0.5}^{n})\end{array}\right]$$

$$v_{zz}^{ey}=\frac{1}{4\Delta z}[(v_z|_{i+0.5,j+0.5,k+1}^{n}+v_z|_{i-0.5,j+0.5,k+1}^{n})-(v_z|_{i+0.5,j+0.5,k-1}^{n}+v_z|_{i-0.5,j+0.5,k-1}^{n})]$$

$$v_{yz}^{ey}=\frac{1}{4\Delta z}\left[\begin{array}{l}(v_y|_{i+0.5,j+1,k+0.5}^{n}+v_y|_{i+0.5,j,k+0.5}^{n}+v_y|_{i-0.5,j+1,k+0.5}^{n}+v_y|_{i-0.5,j,k+0.5}^{n})\\-(v_y|_{i+0.5,j+1,k-0.5}^{n}+v_y|_{i+0.5,j,k-0.5}^{n}+v_y|_{i-0.5,j+1,k-0.5}^{n}+v_y|_{i-0.5,j,k-0.5}^{n})\end{array}\right]$$

$$v_{zy}^{ey}=\frac{1}{4\Delta y}[(v_z|_{i+0.5,j+0.5,k}^{n}+v_z|_{i-0.5,j+0.5,k}^{n})-(v_z|_{i+0.5,j-0.5,k}^{n}+v_z|_{i-0.5,j-0.5,k}^{n})]$$

$$v_{xz}^{ey}=\frac{1}{\Delta z}(v_x|_{i,j+0.5,k+0.5}^{n}-v_x|_{i,j+0.5,k-0.5}^{n})$$

$$v_{zx}^{ey}=\frac{1}{\Delta x}(v_z|_{i+0.5,j+0.5,k}^{n}-v_z|_{i-0.5,j+0.5,k}^{n})$$

$$v_{xy}^{ey}=\frac{1}{4\Delta y}[(v_x|_{i,j+1.5,k+0.5}^{n}+v_x|_{i,j+1.5,k-0.5}^{n})-(v_x|_{i,j-0.5,k+0.5}^{n}+v_x|_{i,j-0.5,k-0.5}^{n})]$$

$$v_{yx}^{ey}=\frac{1}{4\Delta x}\left[\begin{array}{l}(v_y|_{i+0.5,j+1,k+0.5}^{n}+v_y|_{i+0.5,j+1,k-0.5}^{n}+v_y|_{i+0.5,j,k+0.5}^{n}+v_y|_{i+0.5,j,k-0.5}^{n})\\-(v_y|_{i-0.5,j+1,k+0.5}^{n}+v_y|_{i-0.5,j+1,k-0.5}^{n}+v_y|_{i-0.5,j,k+0.5}^{n}+v_y|_{i-0.5,j,k-0.5}^{n})\end{array}\right]$$

$$H_{zy}^{ez}=\frac{1}{4\Delta y}\left[\begin{array}{l}(H_z|_{i+0.5,j+0.5,k+1}^{n}+H_z|_{i+0.5,j+0.5,k}^{n}+H_z|_{i-0.5,j+0.5,k+1}^{n}+H_z|_{i-0.5,j+0.5,k}^{n})\\-(H_z|_{i+0.5,j-0.5,k+1}^{n}+H_z|_{i+0.5,j-0.5,k}^{n}+H_z|_{i-0.5,j-0.5,k+1}^{n}+H_z|_{i-0.5,j-0.5,k}^{n})\end{array}\right]$$

$$H_{yz}^{ez}=\frac{1}{4\Delta z}[(H_y|_{i+0.5,j,k+1.5}^{n}+H_y|_{i-0.5,j,k+1.5}^{n})-(H_y|_{i+0.5,j,k-0.5}^{n}+H_y|_{i-0.5,j,k-0.5}^{n})]$$

$$H_{xz}^{ez}=\frac{1}{4\Delta z}[(H_x|_{i,j+0.5,k+1.5}^{n}+H_x|_{i,j-0.5,k+1.5}^{n})-(H_x|_{i,j+0.5,k-0.5}^{n}+H_x|_{i,j-0.5,k-0.5}^{n})]$$

$$H_{zx}^{ez}=\frac{1}{4\Delta x}\left[\begin{array}{l}(H_z|_{i+0.5,j+0.5,k+1}^{n}+H_z|_{i+0.5,j+0.5,k}^{n}+H_z|_{i+0.5,j-0.5,k+1}^{n}+H_z|_{i+0.5,j-0.5,k}^{n})\\-(H_z|_{i-0.5,j+0.5,k+1}^{n}+H_z|_{i-0.5,j+0.5,k}^{n}+H_z|_{i-0.5,j-0.5,k+1}^{n}+H_z|_{i-0.5,j-0.5,k}^{n})\end{array}\right]$$

$$H_{yx}^{ez}=\frac{1}{\Delta x}(H_y|_{i+0.5,j,k+0.5}^{n}+H_y|_{i-0.5,j,k+0.5}^{n})$$

$$H_{xy}^{ez}=\frac{1}{\Delta y}(H_x|_{i,j+0.5,k+0.5}^{n}-H_x|_{i,j-0.5,k-0.5}^{n})$$

$$v_{xx}^{ez}=\frac{1}{4\Delta x}[(v_x|_{i+1,j+0.5,k+0.5}^{n}+v_x|_{i+1,j-0.5,k+0.5}^{n})-(v_x|_{i-1,j+0.5,k+0.5}^{n}+v_x|_{i-1,j-0.5,k+0.5}^{n})]$$

$$v_{yy}^{ez}=\frac{1}{4\Delta y}[(v_y|_{i+0.5,j+1,k+0.5}^{n}+v_y|_{i-0.5,j+1,k+0.5}^{n})-(v_y|_{i+0.5,j-1,k+0.5}^{n}+v_y|_{i-0.5,j-1,k+0.5}^{n})]$$

$$v_{zz}^{ez}=\frac{1}{4\Delta z}\left[\begin{array}{l}(v_z|_{i+0.5,j+0.5,k+1}^{n}+v_z|_{i+0.5,j-0.5,k+1}^{n}+v_z|_{i-0.5,j+0.5,k+1}^{n}+v_z|_{i-0.5,j-0.5,k+1}^{n})\\-(v_z|_{i+0.5,j+0.5,k}^{n}+v_z|_{i+0.5,j-0.5,k}^{n}+v_z|_{i-0.5,j+0.5,k}^{n}+v_z|_{i-0.5,j-0.5,k}^{n})\end{array}\right]$$

$$v_{yz}^{ez}=\frac{1}{4\Delta z}[(v_y|_{i+0.5,j,k+1.5}^n+v_y|_{i-0.5,j,k+1.5}^n)-(v_y|_{i+0.5,j,k-0.5}^n+v_y|_{i-0.5,j,k-0.5}^n)]$$

$$v_{zy}^{ez}=\frac{1}{4\Delta y}\begin{bmatrix}(v_z|_{i+0.5,j+0.5,k+1}^n+v_z|_{i+0.5,j+0.5,k}^n+v_z|_{i-0.5,j+0.5,k+1}^n+v_z|_{i-0.5,j+0.5,k}^n)\\-(v_z|_{i+0.5,j-0.5,k+1}^n+v_z|_{i+0.5,j-0.5,k}^n+v_z|_{i-0.5,j-0.5,k+1}^n+v_z|_{i-0.5,j-0.5,k}^n)\end{bmatrix}$$

$$v_{xz}^{ez}=\frac{1}{4\Delta z}[(v_x|_{i,j+0.5,k+1.5}^n+v_x|_{i,j-0.5,k+1.5}^n)-(v_x|_{i,j+0.5,k-0.5}^n+v_x|_{i,j-0.5,k-0.5}^n)]$$

$$v_{zx}^{ez}=\frac{1}{4\Delta x}\begin{bmatrix}(v_z|_{i+0.5,j+0.5,k+1}^n+v_z|_{i+0.5,j+0.5,k}^n+v_z|_{i+0.5,j-0.5,k+1}^n+v_z|_{i+0.5,j-0.5,k}^n)\\-(v_z|_{i-0.5,j+0.5,k+1}^n+v_z|_{i-0.5,j+0.5,k}^n+v_z|_{i-0.5,j-0.5,k+1}^n+v_z|_{i-0.5,j-0.5,k}^n)\end{bmatrix}$$

$$v_{xy}^{ez}=\frac{1}{\Delta y}(v_x|_{i,j+0.5,k+0.5}^n-v_x|_{i,j-0.5,k+0.5}^n)$$

$$v_{yx}^{ez}=\frac{1}{\Delta x}(v_y|_{i+0.5,j+1,k+0.5}^n-v_y|_{i-0.5,j+1,k+0.5}^n)$$

$$H_{zy}^{t1}=\frac{1}{4\Delta y}[(H_z|_{i+0.5,j+1.5,k+1}^n+H_z|_{i+0.5,j+1.5,k}^n)-(H_z|_{i+0.5,j-0.5,k+1}^n+H_z|_{i+0.5,j-0.5,k}^n)]$$

$$H_{yz}^{t1}=\frac{1}{4\Delta z}[(H_y|_{i+0.5,j+1,k+1.5}^n+H_y|_{i+0.5,j,k+1.5}^n)-(H_y|_{i+0.5,j+1,k-0.5}^n+H_y|_{i+0.5,j,k-0.5}^n)]$$

$$H_{xz}^{t1}=\frac{1}{4\Delta z}[(H_x|_{i+1,j+0.5,k+1.5}^n+H_x|_{i,j+0.5,k+1.5}^n)-(H_x|_{i+1,j+0.5,k-0.5}^n+H_x|_{i,j+0.5,k-0.5}^n)]$$

$$H_{zx}^{t1}=\frac{1}{4\Delta x}[(H_z|_{i+1.5,j+0.5,k+1}^n+H_z|_{i+1.5,j+0.5,k}^n)-(H_z|_{i-0.5,j+0.5,k+1}^n+H_z|_{i-0.5,j+0.5,k}^n)]$$

$$H_{yx}^{t1}=\frac{1}{4\Delta x}[(H_y|_{i+1.5,j+1,k+0.5}^n+H_y|_{i+1.5,j,k+0.5}^n)-(H_y|_{i-0.5,j+1,k+0.5}^n+H_y|_{i-0.5,j,k+0.5}^n)]$$

$$H_{xy}^{t1}=\frac{1}{4\Delta y}[(H_x|_{i+1,j+1.5,k+0.5}^n+H_x|_{i,j+1.5,k+0.5}^n)-(H_x|_{i+1,j-0.5,k+0.5}^n+H_x|_{i,j-0.5,k+0.5}^n)]$$

$$v_{xx}^{t1}=\frac{1}{\Delta x}(v_x|_{i+1,j+0.5,k+0.5}^n-v_x|_{i,j+0.5,k+0.5}^n)$$

$$v_{yy}^{t1}=\frac{1}{\Delta y}(v_y|_{i+0.5,j+1,k+0.5}^n-v_y|_{i+0.5,j,k+0.5}^n)$$

$$v_{zz}^{t1}=\frac{1}{\Delta z}(v_z|_{i+0.5,j+0.5,k+1}^n-v_z|_{i+0.5,j+0.5,k}^n)$$

$$v_{yz}^{t1}=\frac{1}{4\Delta z}[(v_y|_{i+0.5,j+1,k+1.5}^n+v_y|_{i+0.5,j,k+1.5}^n)-(v_y|_{i+0.5,j+1,k+0.5}^n+v_y|_{i+0.5,j,k-0.5}^n)]$$

$$v_{zy}^{t1}=\frac{1}{4\Delta y}[(v_z|_{i+0.5,j+1.5,k+1}^n+v_z|_{i+0.5,j+1.5,k}^n)-(v_z|_{i+0.5,j-0.5,k+1}^n+v_z|_{i+0.5,j-0.5,k}^n)]$$

$$v_{xz}^{t1}=\frac{1}{4\Delta z}[(v_x|_{i+1,j+0.5,k+1.5}^n+v_x|_{i,j+0.5,k+1.5}^n)-(v_x|_{i,j+0.5,k-0.5}^n+v_x|_{i,j+0.5,k-0.5}^n)]$$

$$v_{zx}^{t1}=\frac{1}{4\Delta x}[(v_z|_{i+1.5,j+0.5,k+1}^n+v_z|_{i+1.5,j+0.5,k}^n)-(v_z|_{i-0.5,j+0.5,k+1}^n+v_z|_{i-0.5,j+0.5,k}^n)]$$

$$v_{xy}^{t1}=\frac{1}{4\Delta y}[(v_x|_{i+1,j+1.5,k+0.5}^n+v_x|_{i,j+1.5,k+0.5}^n)-(v_x|_{i+1,j-0.5,k+0.5}^n+v_x|_{i,j-0.5,k+0.5}^n)]$$

$$v_{yx}^{t1}=\frac{1}{4\Delta x}[(v_y|_{i+1.5,j+1,k+0.5}^n+v_y|_{i+1.5,j,k+0.5}^n)-(v_y|_{i-0.5,j+1,k+0.5}^n+v_y|_{i-0.5,j,k+0.5}^n)]$$

$H_{zy}^{t2}=H_{zy}^{t1}$，$H_{yz}^{t2}=H_{yz}^{t1}$，$H_{xz}^{t2}=H_{xz}^{t1}$，$H_{zx}^{t2}=H_{zx}^{t1}$，$H_{yx}^{t2}=H_{yx}^{t1}$，$H_{xy}^{t2}=H_{xy}^{t1}$，$v_{xx}^{t2}=v_{xx}^{t1}$，$v_{yy}^{t2}=v_{yy}^{t1}$，

$v_{zz}^{t2}=v_{zz}^{t1}, v_{yz}^{t2}=v_{yz}^{t1}, v_{zy}^{t2}=v_{zy}^{t1}, v_{xz}^{t2}=v_{xz}^{t1}, v_{zx}^{t2}=v_{zx}^{t1}, v_{xy}^{t2}=v_{xy}^{t1}, v_{yx}^{t2}=v_{yx}^{t1}, H_{zy}^{t3}=H_{zy}^{t1}, H_{yz}^{t3}=H_{yz}^{t1}, H_{xz}^{t3}=H_{xz}^{t1}, H_{zx}^{t3}=H_{zx}^{t1}, H_{yx}^{t3}=H_{yx}^{t1}, H_{xy}^{t3}=H_{xy}^{t1}, v_{xx}^{t3}=v_{xx}^{t1}, v_{yy}^{t3}=v_{yy}^{t1}, v_{zz}^{t3}=v_{zz}^{t1}, v_{yz}^{t3}=v_{yz}^{t1}, v_{zy}^{t3}=v_{zy}^{t1}, v_{xz}^{t3}=v_{xz}^{t1}, v_{zx}^{t3}=v_{zx}^{t1}, v_{xy}^{t3}=v_{xy}^{t1}, v_{yx}^{t3}=v_{yx}^{t1}, H_{zy}^{t4}=H_{zy}^{ex}, H_{yz}^{t4}=H_{yz}^{ex}, H_{xz}^{t4}=H_{xz}^{ex}, H_{zx}^{t4}=H_{zx}^{ex}, H_{yx}^{t4}=H_{yx}^{ex}, H_{xy}^{t4}=H_{xy}^{ex}, v_{xx}^{t4}=v_{xx}^{ex}, v_{yy}^{t4}=v_{yy}^{ex}, v_{zz}^{t4}=v_{zz}^{ex}, v_{yz}^{t4}=v_{yz}^{ex}, v_{zy}^{t4}=v_{zy}^{ex}, v_{xz}^{t4}=v_{xz}^{ex}, v_{zx}^{t4}=v_{zx}^{ex}, v_{xy}^{t4}=v_{xy}^{ex}, v_{yx}^{t4}=v_{yx}^{ex}, H_{zy}^{t5}=H_{zy}^{ey}, H_{yz}^{t5}=H_{yz}^{ey}, H_{xz}^{t5}=H_{xz}^{ey}, H_{zx}^{t5}=H_{zx}^{ey}, H_{yx}^{t5}=H_{yx}^{ey}, H_{xy}^{t5}=H_{xy}^{ey}, v_{xx}^{t5}=v_{xx}^{ey}, v_{yy}^{t5}=v_{yy}^{ey}, v_{zz}^{t5}=v_{zz}^{ey}, v_{yz}^{t5}=v_{yz}^{ey}, v_{zy}^{t5}=v_{zy}^{ey}, v_{xz}^{t5}=v_{xz}^{ey}, v_{zx}^{t5}=v_{zx}^{ey}, v_{xy}^{t5}=v_{xy}^{ey}, v_{yx}^{t5}=v_{yx}^{ey}, H_{zy}^{t6}=H_{zy}^{ez}, H_{yz}^{t6}=H_{yz}^{ez}, H_{xz}^{t6}=H_{xz}^{ez}, H_{zx}^{t6}=H_{zx}^{ez}, H_{yx}^{t6}=H_{yx}^{ez}, H_{xy}^{t6}=H_{xy}^{ez}, v_{xx}^{t6}=v_{xx}^{ez}, v_{yy}^{t6}=v_{yy}^{ez}, v_{zz}^{t6}=v_{zz}^{ez}, v_{yz}^{t6}=v_{yz}^{ez}, v_{zy}^{t6}=v_{zy}^{ez}, v_{xz}^{t6}=v_{xz}^{ez}, v_{zx}^{t6}=v_{zx}^{ez}, v_{xy}^{t6}=v_{xy}^{ez}, v_{yx}^{t6}=v_{yx}^{ez}$。

2.9　吸收边界条件[33～35]

由于计算机内存的限制，FDTD 计算只能在有限区域进行。为了能模拟无界区域的声电耦合场问题，在计算区域的截断边界处必须给出吸收边界条件，将无界问题转化为有界区域问题进行分析。主要的吸收边界有插值边界、Mur 吸收边界[15]、Berenger 完全匹配层[16,17]、各向异性介质完全匹配层[18]、复坐标变量完全匹配层[19]。

Berenger 完全匹配层(PML)是由 Berenger 于 1994 年提出的吸收边界，最初用于电磁波仿真，其吸收效果比插值边界和 Mur 吸收边界要好。其基本思路是在 FDTD 区域截断边界处设置一种特殊介质层，该层介质的波阻抗与相邻介质阻抗完全匹配，因而入射波将无反射地穿过分界面而进入 PML。而且进入 PML 层的透射波将迅速衰减。但是实现时要在计算域的周围不同区域设置不同的介质参数，如果计算域的介质参数发生变化，PML 层里各个区域的介质参数要重新设置。

1995 年 Chew 和 Liu 将 PML 用于弹性波研究，1997 年 Liu 将复坐标变量 PML 用于声波的传播。2003 年，任伟完成了复坐标变量 PML 用于压电固体声电耦合场传播的公式体系[3]。其基本思路是使用复坐标代替实坐标，将 PML 区域和计算区域看作是一个整体，使用同一套计算公式，使用相同的介质参数。计算域的介质参数发生变化，PML 层里的介质参数随之变化。如果研究的介质是无耗的，计算域中设置复坐标的虚部为零，这样计算域仍是无耗的，在 PML 区域中设置复坐标的虚部大于零，这样波在 PML 层中传播是有耗的，从计算区域与 PML 区域的边界到 PML 区域的外边界，复坐标的虚部从零变化到一定数量，波在 PML 层中迅速衰减，并且传播越深入衰减速度越快。

2.9.1　复坐标变量 PML[19]

以声电耦合场微分方程中的一个展开式为例，

$$\frac{\partial v_x}{\partial t}=m_{11}z_a\frac{\partial T_1}{\partial x}+m_{11}z_a\frac{\partial T_5}{\partial z}+m_{11}z_a\frac{\partial T_6}{\partial y} \tag{2.89}$$

将式中的实坐标用复数坐标来代替，即引入频域复坐标

$$\widetilde{p}=\int_0^p e(p)\mathrm{d}p,\quad p=x,y,z \tag{2.90}$$

式中

$$e_p=1+\mathrm{j}\frac{\omega_p(p)}{\omega} \tag{2.91}$$

根据式(2.90)可知

$$\frac{\partial}{\partial \tilde{p}}=\frac{1}{e_p}\frac{\partial}{\partial p} \tag{2.92}$$

将(2.92)代入式(2.89)，得到

$$\frac{\partial v_x}{\partial t}=\frac{m_{11}z_a}{e_x}\frac{\partial T_1}{\partial x}+\frac{m_{11}z_a}{e_z}\frac{\partial T_5}{\partial z}+\frac{m_{11}z_a}{e_y}\frac{\partial T_6}{\partial y} \tag{2.93}$$

如果 $e_x=e_y=e_z=e=1+\mathrm{j}\,\frac{\omega_0}{\omega}$，该式可写为

$$\frac{\partial v_x}{\partial t}+\omega_0 v_x=m_{11}z_a\,\frac{\partial T_1}{\partial x}+m_{11}z_a\,\frac{\partial T_5}{\partial z}+m_{11}z_a\,\frac{\partial T_6}{\partial y} \tag{2.94}$$

可以看出，式(2.94)和有耗介质场方程的形式相同，ω_0 称之为损耗因子。

如果 $e_x\neq e_y\neq e_z$，将场量根据微分的空间变量进行分裂，即 $v_x=v_x^x+v_x^y+v_x^z$，式(2.93)写成

$$\begin{aligned}\frac{\partial v_x^x}{\partial t}+\omega_x v_x^x&=m_{11}z_a\,\frac{\partial T_1}{\partial x}\\ \frac{\partial v_x^y}{\partial t}+\omega_y v_x^y&=m_{11}z_a\,\frac{\partial T_5}{\partial z}\\ \frac{\partial v_x^z}{\partial t}+\omega_z v_x^z&=m_{11}z_a\,\frac{\partial T_6}{\partial y}\end{aligned} \tag{2.95}$$

式中，ω_x，ω_z 是波沿 x，z 轴传播的损耗因子，在垂直 x 方向的两个边界内 PML 区域，ω_x 不为零，ω_z 为零，表示声波在该区域沿 x 方向传播是逐渐衰减的；同样在垂直 z 方向的两个边界内 PML 区域，ω_z 不为零，ω_x 为零；在中心计算区域，ω_x，ω_z 都为零，表示波在计算区域无损耗传播，式(2.94)退化到不用 PML 的形式，即式(2.89)，可见无损耗空间仅仅其中的一个特例。实现了计算区域和 PML 区域公式的统一，在编程仿真时不再分别处理。而且式(2.95)在形式上和 Berenger 提出的完全匹配层相同，在表达上和物理意义上更为明确，可以自然满足 Berenger 完全匹配层方法中的阻抗匹配条件。

2.9.2 PML 参数的设置[36,37]

二维 PML 参数设置的基本结构如图 2.8 所示。中心计算区域和 PML 区域使用同样的 FDTD 方法。在中心的计算区域，损耗因子 ω_x，ω_z 都为零，实现波的无损耗传播；在计算区域周围为 PML 层，损耗因子 ω_x，ω_z 不全为零，实现从计算区域向外传播的声波无反射穿过 PML 的内边界，并在 PML 层中被吸收，使波到达 PML 外边界时衰减到可以忽略不计的程度，在 PML 的外边界，就可以看作是无穷远处的声场，即可以认为声场量为零。

以图 2.8 所示，在编程实现过程中，可以对整个空间的 PML 参数进行统一设置。可以看出，对于沿 x 轴方向的任意一行，中间段的 $\omega_x=0$，两端 $\omega_x\neq 0$，如图 2.9 所示；对于沿 z 轴方向的任意一列，中间段的 $\omega_z=0$，两端 $\omega_z\neq 0$。在 PML 区域内，从计算区域与 PML 区域之间边界到 PML 的外边界，损耗因子的取值从零逐渐增大，在内边界处为零，在外边界处最大值。

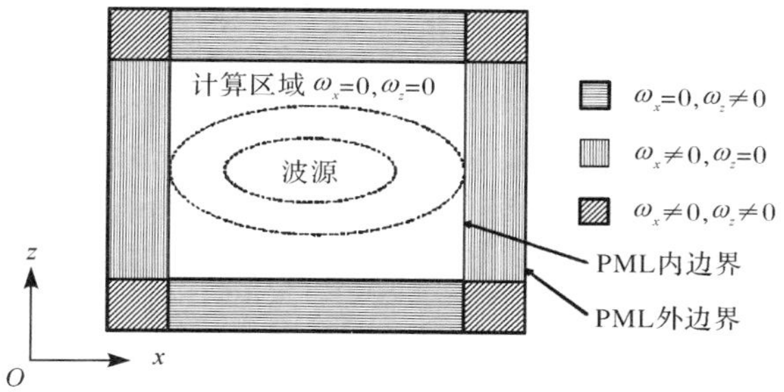

图 2.8　PML 参数设置

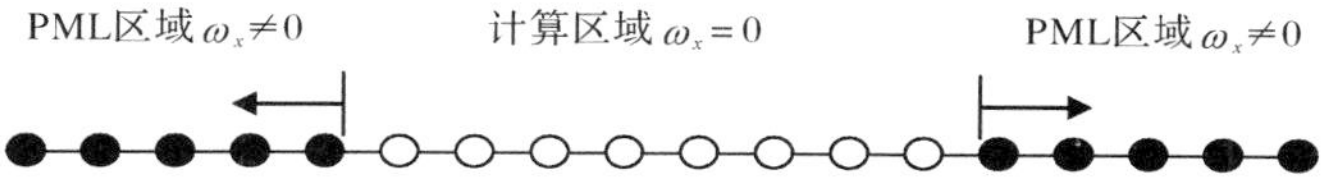

图 2.9　损耗因子设置

损耗因子的具体变化方式可以有多种，通常采用以下函数形式：

$$\omega=\omega_{\max}\left(\frac{p}{d}\right)^n,\quad n=1,2,\cdots \tag{2.96}$$

式中，d 为完全匹配层厚度；p 为各点距 PML 内边界的垂直距离。当 $n=1$ 时，损耗因子为线性变化；当 $n=2$ 时，损耗因子以抛物线方式变化。也可以使用上式的组合形式，如

$$\omega=\omega_{\max}\left[0.25\times\frac{p}{d}+0.75\times\left(\frac{p}{d}\right)^2\right] \tag{2.97}$$

无界介质中的声场问题通过 PML 截断为有界区域问题，要求计算过程中没有 PML 边界以外的场值参与，为此需要在 PML 外边界处设置一个截断边界。因为使用 PML 后，波在 PML 层中迅速衰减，可以在外边界处已衰减到很小的数值，最简单的方法是假设场量已衰减到零，对计算结果影响不大。

2.10　数值稳定性条件[38~41]

FDTD 方法是以一组有限差分方程来代替偏微分方程，也可以用差分方程的解来代替原偏微分方程组的解。只有离散后差分方程组的解是收敛和稳定的，这种代替才有意义。收敛性是指当离散间隔趋于零时，差分方程的解逼近原偏微分方程的解。稳定性是指寻求一种离散间隔所满足的条件，在此条件下差分方程的计算误差是可以控制的。在一定条件下，偏微分差分格式的收敛性与稳定性是等价的。

2.10.1　时间离散间隔的稳定性要求

根据偏微分方程理论，电磁场和声场关于离散对时间间隔 Δt 的相关概念和结论，对于声电耦合场是完全等效的，有

$$\frac{\omega\Delta t}{2}\leqslant1\ 或\quad \Delta t\leqslant\frac{T}{\pi} \tag{2.98}$$

式中，$\omega=2\pi/T$；T 为周期。时间离散间隔的取值与研究信号的周期有关。这里仅仅是时间离散对时间间隔的要求，在运算中还有其他方面更严格的要求。

2.10.2 空间和时间离散间隔关系

根据电磁场、声场 FDTD 理论，声电耦合场具有相同结构的微分方程，讨论空间和时间离散间隔关系，是从一阶微分方程出发，根据齐次波动方程，得到三维情况下，满足关系

$$c\Delta t\leqslant\frac{1}{\sqrt{\frac{1}{(\Delta x)^2}+\frac{1}{(\Delta y)^2}+\frac{1}{(\Delta z)^2}}}\tag{2.99}$$

二维情况下，满足

$$c\Delta t\leqslant\frac{1}{\sqrt{\frac{1}{(\Delta x)^2}+\frac{1}{(\Delta z)^2}}}\tag{2.100}$$

一维情况下，满足

$$c\Delta t\leqslant\Delta x\tag{2.101}$$

2.10.3 数值色散对空间间隔的要求

在电磁场、声场 FDTD 方法中，λ_x 为无色散介质中波沿 x 方向传播时的波长，则有

$$\Delta x\leqslant\frac{\lambda_x}{12}\tag{2.102}$$

因为在声电耦合场中，同时存在着声场和电磁场，两种场之间存在着耦合关系，这就意味着为了确保 FDTD 方法的稳定性和收敛性，对空间间隔的取值时要使用最小的波长，也就是声波中的横波；对时间间隔的取值要使用最高的波速，即电磁波速。

2.11 激 励 源[42,43]

用 FDTD 方法分析场问题时要涉及激励源的模拟，即选择合适的入射波形式以及用适当方法将入射波加入到 FDTD 的迭代中。合理进行激励源的建模十分重要。不同激励源下，分析得到的场特性也不同，因此，尽可能使源的特性与实际物理模型性质一致，对于激励源建模非常重要。本节讨论声电耦合场 FDTD 方法中激励源问题。

根据激励源的能量来源，可以将激励源分为外激励源和内激励源。如果源的能量在计算区域的外部，采用特定极化、给定方向的平面波形式作为激励源。对于内激励源，主要由电压源或电流源产生，这些内部源一般采用理想源模拟，如普遍采用电流密度 $\boldsymbol{J}$，它是 Maxwell 方程中产生电磁场的主要激励源。

FDTD 方法中，方程内包括电场分量，采用电压源简单、直观。一般采用下列两种方法之一进行电压源的建模：一，激励源叠加法，将源 $\boldsymbol{E}_s$ 加在所计算的电场 $\boldsymbol{E}$ 上；二，激励源替代法，每时间步用源 $\boldsymbol{E}_s$ 代替 Yee 网格所计算的电场 $\boldsymbol{E}$。

将电流源作为叠加激励源的做法是将其放置在 Yee 网格的边缘，并将其加到 Maxwell 方程的电流密度 $\boldsymbol{J}$ 上，这样 Maxwell 旋度方程中的安培定律可写为

$$\nabla \times \boldsymbol{H} = \frac{\partial \boldsymbol{D}}{\partial t} + \boldsymbol{J} \tag{2.103}$$

式中，$\boldsymbol{J}=\sigma\boldsymbol{E}+\boldsymbol{J}_s$，$\boldsymbol{J}_s$ 为电流源密度。

根据源随时间变化函数关系，激励源可分为时谐波源和脉冲波源。时谐源按正弦或余弦随时间变化，如

$$f(t)=\begin{cases}0 & ,t<0 \\ f_0\sin(\omega t) & ,t\geqslant 0\end{cases} \tag{2.104}$$

这是一个自 $t=0$ 开始的半无限正弦波。

脉冲波源[8]常用的有高斯脉冲、升余弦脉冲、微分高斯脉冲、调制高斯脉冲等。以高斯脉冲为例，高斯脉冲函数的时域形式为

$$f(t)=\exp\left[-\frac{4\pi(t-t_0)^2}{\tau^2}\right] \tag{2.105}$$

式中，τ 为常数，决定了高斯脉冲的宽度。脉冲峰值出现在 $t=t_0$ 时刻。式(2.105)的傅里叶变换为

$$F(f)=\frac{\tau}{2}\exp\left(-\mathrm{j}2\pi f t_0-\frac{\mathrm{p}f^2\tau^2}{4}\right) \tag{2.106}$$

通常可取 $f=2/\tau$ 为高斯脉冲的频宽，这时频谱为最大值的 2.3%；也就是可以粗略认为该高斯脉冲中波的最高频率为 $f=2/\tau$。

FDTD 方法中，方程内包括彻体应力，采用彻体应力源思路明晰。如声场方程中的牛顿运动方程

$$\nabla\cdot\boldsymbol{T}=\rho\frac{\partial^2\boldsymbol{u}}{\partial t^2}-\boldsymbol{F} \tag{2.107}$$

将激励源叠加在最后一项上，物理意义上是在该质点受到彻体应力。具体激励源的形式可以采取时谐形式或脉冲形式。

2.12　FDTD 方法分析声电耦合场实例[1]

为了证明本章方法可用于仿真声电耦合场的传播，以一维声电耦合场为例，考察使用 FDTD 方法模拟声电耦合波的传播；对于声场和电磁场之间的能量耦合，声场的场量选择速度来考察，电磁场的场量选择电场强度来考察。二维声电耦合场问题给出仿真所需的全部公式。运用解析法只能分析比较简单的情况，选择讨论无耗压电四方 $\bar{4}2m$ 介质中，沿晶轴 X 方向传播的声电耦合波。将 FDTD 仿真结果与解析解进行比较。

2.12.1　声电耦合场方程展开式和离散方式

对于无耗压电四方 $\bar{4}2m$ 介质，如果将直角坐标轴 x,y,z 和晶体主轴 X,Y,Z 重合，声电耦合场方程展开式的形式大为简化。如果讨论的问题能够简化为二维问题甚至一维问题，声电耦合场方程展开式的个数减小，问题的复杂程度降低很多。

1. 声电耦合场方程二维展开式和离散方式

运用 FDTD 方法对声电耦合场进行分析，首先将其支配方程展开，为简化问题的复

杂度。如果在空间某一方向上，介质空间尺寸是无限大(或足够大)，对于垂直该方向的任一平面，介质的空间分布都是对称的，介质中的场分布不随该方向坐标的变化而变化，可将三维问题转化为二维问题。声电耦合场可以分为相对独立两个部分，这里以其中一种为例。模拟质点在平面 xOz 内振动的声波和 TM 波之间的耦合。

(1) 声电耦合场方程二维展开形式

$$\rho\frac{\partial v_x}{\partial t}=z_a\frac{\partial T_1}{\partial x}+z_a\frac{\partial T_5}{\partial z} \tag{2.108.a}$$

$$\rho\frac{\partial v_z}{\partial t}=z_a\frac{\partial T_3}{\partial z}+z_a\frac{\partial T_5}{\partial x} \tag{2.108.b}$$

$$\frac{\partial T_1}{\partial t}=z_a c_{11}\frac{\partial v_x}{\partial x}+z_a c_{13}\frac{\partial v_z}{\partial z} \tag{2.108.c}$$

$$\frac{\partial T_3}{\partial t}=z_a c_{31}\frac{\partial v_x}{\partial x}+z_a c_{33}\frac{\partial v_z}{\partial z} \tag{2.108.d}$$

$$\frac{\partial T_5}{\partial t}=\frac{1}{\varepsilon_{22}s_{55}-d_{25}d'_{52}}\left(z_a\varepsilon_{22}\frac{\partial v_x}{\partial z}+z_a\varepsilon_{22}\frac{\partial v_z}{\partial x}-z_e d'_{52}\frac{\partial H_x}{\partial z}+z_e d'_{52}\frac{\partial H_z}{\partial x}\right) \tag{2.108.e}$$

$$\frac{\partial E_y}{\partial t}=\frac{1}{\varepsilon_{22}s_{55}-d_{25}d'_{52}}\left(z_e s_{55}\frac{\partial H_x}{\partial z}-z_e s_{55}\frac{\partial H_z}{\partial x}-z_a d_{25}\frac{\partial v_x}{\partial z}-z_a d_{25}\frac{\partial v_z}{\partial x}\right) \tag{2.108.f}$$

$$\mu\frac{\partial H_x}{\partial t}=z_e\frac{\partial E_y}{\partial z} \tag{2.108.g}$$

$$\mu\frac{\partial H_z}{\partial t}=-z_e\frac{\partial E_y}{\partial x} \tag{2.108.h}$$

(2) 二维空间离散方式

按照三维空间离散方式，结合二维声电耦合方程组(2.108)，可以得到二维空间(x,z)的声电耦合场取样方式(如图 2.10 所示)，可见每个正应力的周围有四个速度分量、磁场分量，每个切应力分量、电场分量由四个速度分量、磁场分量环绕。同样每个速度分量、磁场分量由二个切应力分量、电场分量和四个正应力环绕。

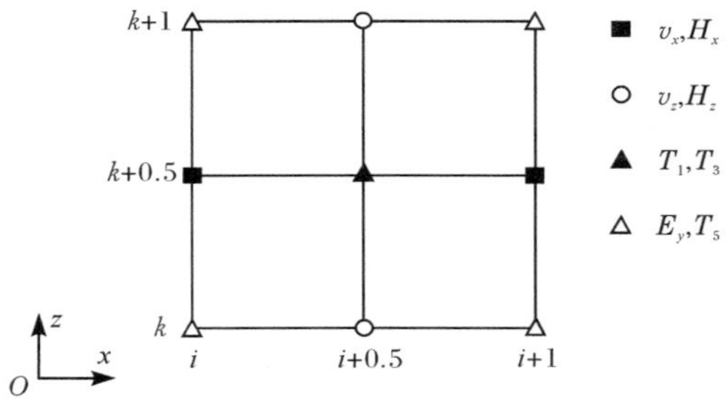

图 2.10 声电耦合场二维空间离散方式

根据图 2.10，声电耦合场二维离散格式中，电、磁、声场分量空间节点与时间步取值的约定如表 2.2 所示。

表 2.2　二维声电耦合场离散方式中各分量节点位置

电、磁、声场分量		分量空间分布		分量时间分布
		x 坐标	z 坐标	
T、E 分量	T_1 和 T_3	$i+0.5$	$k+0.5$	n
	E_y 和 T_5	i	k	
v、H 分量	H_x 和 v_x	i	$k+0.5$	$n+0.5$
	H_z 和 v_z	$i+0.5$	k	

同样可以验证，二维声电耦合场离散方式中，微分方程左边时间偏微分场量的空间分布在右边场量沿空间变量方向的直线上。

2. 一维声电耦合场方程和离散方式

(1) 沿 x 方向传播，y 方向偏振声电耦合场方程

$$\rho\frac{\partial v_y}{\partial t}=z_a\frac{\partial T_6}{\partial x} \tag{2.109.a}$$

$$\frac{\partial T_6}{\partial t}=\frac{1}{\varepsilon_{33}s_{66}-d_{36}d'_{63}}\left(z_a\varepsilon_{33}\frac{\partial v_y}{\partial x}-z_e d'_{63}\frac{\partial H_y}{\partial x}\right) \tag{2.109.b}$$

$$\frac{\partial E_z}{\partial t}=\frac{1}{\varepsilon_{33}s_{66}-d_{36}d'_{63}}\left(z_e s_{66}\frac{\partial H_y}{\partial x}-z_a d_{36}\frac{\partial v_y}{\partial x}\right) \tag{2.109.c}$$

$$\mu\frac{\partial H_y}{\partial t}=z_e\frac{\partial E_z}{\partial x} \tag{2.109.d}$$

方程组(2.109)描述的是场量 v_y，T_6，E_z，H_y 之间的关系，其中对应的声场为沿 x 轴传播 y 轴偏振的一维声场，电磁场为沿 x 轴传播的 TEM 波，称这类声电耦合场为 y 方向偏振声电耦合场。

按照三维空间取样方式，结合一维声电耦合方程组(2.109)，可以得到一维空间(x)的声电耦合场取样方式(如图 2.11 所示)，可见每个应力的两边有二个速度分量、二个磁场分量，同样每个速度分量、磁场分量有二个应力分量、二个电场分量。

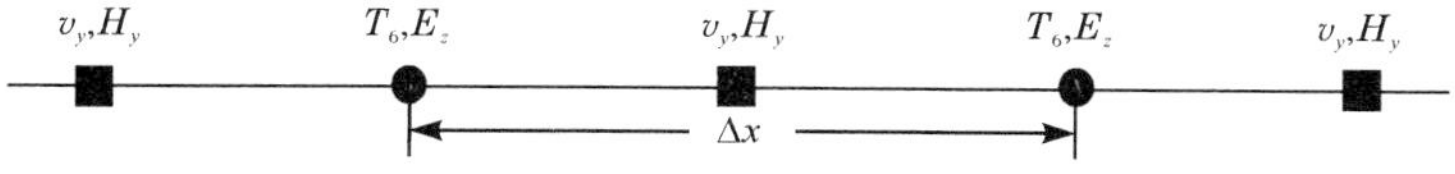

图 2.11　一维声电耦合场取样方式

根据图 2.11，一维声电耦合场离散格式中，电、磁、声场分量空间节点与时间步取值的约定如表 2.3 所示。

表 2.3　一维声电耦合场离散方式中各分量节点位置

电、磁、声场分量		分量空间分布(x 坐标)	分量时间分布
T、E 分量	E_z 和 T_6	i	n
v、H 分量	H_y 和 v_y	$i+0.5$	$n+0.5$

(2) 沿 x 方向传播 z 方向偏振声电耦合场方程

$$\rho\frac{\partial v_z}{\partial t}=z_a\frac{\partial T_5}{\partial x} \tag{2.110.a}$$

$$\frac{\partial T_5}{\partial t}=\frac{1}{\varepsilon_{22}s_{55}-d_{25}d'_{52}}\left(z_a\varepsilon_{22}\frac{\partial v_z}{\partial x}+z_e d'_{52}\frac{\partial H_z}{\partial x}\right) \tag{2.110.b}$$

$$\frac{\partial E_y}{\partial t}=\frac{1}{\varepsilon_{22}s_{55}-d_{25}d'_{52}}\left(-z_e s_{55}\frac{\partial H_z}{\partial x}-z_a d_{25}\frac{\partial v_z}{\partial x}\right) \tag{2.110.c}$$

$$\mu\frac{\partial H_z}{\partial t}=-z_e\frac{\partial E_y}{\partial x} \tag{2.110.d}$$

方程组(2.110)描述的是场量 v_z，T_5，E_y，H_z 之间的关系，其中对应的声场为沿 x 轴传播 z 轴线偏振的一维声场，电磁场为沿 x 轴传播的 TEM 波，称这类声电耦合场为 z 方向偏振声电耦合场。

按照三维空间取样方式，结合一维声电耦合方程组(2.110)，可以得到一维空间(x)的声电耦合场取样方式(如图 2.12 所示)，可见每个应力的两边有二个速度分量、二个磁场分量，同样每个速度分量、磁场分量有二个应力分量、二个电场分量。

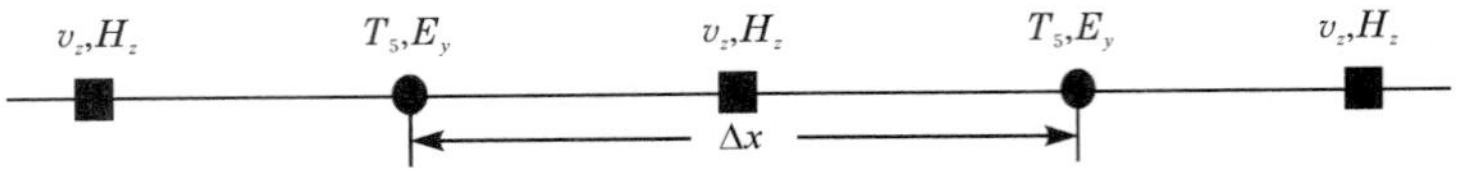

图 2.12　一维声电耦合场取样方式

根据图 2.12，一维声电耦合场离散格式中，电、磁、声场分量空间节点与时间步取值的约定如表 2.4 所示。

表 2.4　声电耦合场离散方式中各分量节点位置

电、磁、声场分量		分量空间分布(x 坐标)	分量时间分布
T,E 分量	E_y 和 T_5	i	n
v,H 分量	H_z 和 v_z	$i+0.5$	$n+0.5$

同样可以验证，一维声电耦合场离散方式中，微分方程左边时间偏微分场量的空间分布在右边场量沿空间变量方向的直线上。

2.12.2　运用复坐标变量 PML 的声电耦合场

为了使用 FDTD 方法模拟无界区域的声电耦合场问题，必须运用吸收边界条件，将无界问题转化为有界区域问题进行分析。我们采用复坐标变量 PML，对 PML 层中的声电耦合场进行讨论。

1. 二维复坐标变量 PML 分裂场方程

对于二维(x,z)声电耦合场方程(2.109)，将其中的场量 v_x，v_z，T_1，T_3，T_5，E_y 进行分裂，H_x，H_z 不需要分裂。采用使用复坐标变量 PML 的方法，得到声电耦合场二维(x,z)分裂场方程[1]为

$$\rho_r \frac{\partial v_x^x}{\partial t} + \rho_r \omega_x v_x^x = z_a \frac{\partial T_1}{\partial x} \tag{2.111.a}$$

$$\rho_r \frac{\partial v_z^x}{\partial t} + \rho_r \omega_x v_z^x = z_a \frac{\partial T_5}{\partial x} \tag{2.111.b}$$

$$\frac{\partial T_1^x}{\partial t} + \omega_x T_1^x = z_a c_{r11} \frac{\partial v_x}{\partial x} \tag{2.111.c}$$

$$\frac{\partial T_3^x}{\partial t} + \omega_x T_3^x = z_a c_{r31} \frac{\partial v_x}{\partial x} \tag{2.111.d}$$

$$\frac{\partial T_5^x}{\partial t} + \omega_x T_5^x = \frac{1}{\varepsilon_{r22} s_{r55} - d_{r25} d'_{r52}} \left(z_a \varepsilon_{r22} \frac{\partial v_z}{\partial x} + z_e d'_{r52} \frac{\partial H_z}{\partial x} \right) \tag{2.111.e}$$

$$\frac{\partial E_y^x}{\partial t} + \omega_x E_y^x = \frac{1}{\varepsilon_{r22} s_{r55} - d_{r25} d'_{r52}} \left(-z_e s_{r55} \frac{\partial H_z}{\partial x} - z_a d_{r25} \frac{\partial v_z}{\partial x} \right) \tag{2.111.f}$$

$$\mu_r \frac{\partial H_x}{\partial t} + \mu_r \omega_z H_x = z_e \frac{\partial E_y}{\partial z} \tag{2.111.g}$$

$$\mu_r \frac{\partial H_z}{\partial t} + \mu_r \omega_x H_z = -z_e \frac{\partial E_y}{\partial x} \tag{2.111.h}$$

$$\rho_r \frac{\partial v_x^z}{\partial t} + \rho_r \omega_z v_x^z = z_a \frac{\partial T_5}{\partial z} \tag{2.111.i}$$

$$\rho_r \frac{\partial v_z^z}{\partial t} + \rho_r \omega_z v_z^z = z_a \frac{\partial T_3}{\partial z} \tag{2.111.j}$$

$$\frac{\partial T_1^z}{\partial t} + \omega_z T_1^z = z_a c_{r13} \frac{\partial v_z}{\partial z} \tag{2.111.k}$$

$$\frac{\partial T_3^z}{\partial t} + \omega_z T_3^z = z_a c_{r33} \frac{\partial v_z}{\partial z} \tag{2.111.l}$$

$$\frac{\partial T_5^z}{\partial t} + \omega_z T_5^z = \frac{1}{\varepsilon_{r22} s_{r55} - d_{r25} d'_{r52}} \left(z_a \varepsilon_{r22} \frac{\partial v_x}{\partial z} - z_e d'_{r52} \frac{\partial H_x}{\partial z} \right) \tag{2.111.m}$$

$$\frac{\partial E_y^z}{\partial t} + \omega_z E_y^z = \frac{1}{\varepsilon_{r22} s_{r55} - d_{r25} d'_{r52}} \left(z_e s_{r55} \frac{\partial H_x}{\partial z} - z_a d_{r25} \frac{\partial v_x}{\partial z} \right) \tag{2.111.n}$$

式中，ω_x，ω_z 是波沿 x，z 轴传播的损耗因子。在垂直 x 方向的两个边界内 PML 区域，ω_x 不为零，ω_z 为零，表示电磁波、声波在该区域沿 x 方向传播是逐渐衰减的；同样在垂直 z 方向的两个边界内 PML 区域，ω_z 不为零，ω_x 为零；在中心计算区域，ω_x，ω_z 都为零，表示波在计算区域无损耗传播，退化到不用 PML 的形式，可见无损耗空间仅仅是其中的一个特例。实现了计算区域和 PML 区域声场公式的统一。

2. 一维复坐标变量 PML 分裂场方程

对于一维(x)声电耦合场方程(2.110)，这里场量 v_z，T_5，E_y，H_z 不需要分裂，采用使用复坐标变量 PML 的方法，得到场方程[1]

$$\rho_r \frac{\partial v_z}{\partial t} + \rho_r \omega_x v_z = z_a \frac{\partial T_5}{\partial x} \tag{2.112.a}$$

$$\frac{\partial T_5}{\partial t} + \omega_x T_5 = \frac{1}{\varepsilon_{r22} s_{r55} - d_{r25} d'_{r52}} \left(z_a \varepsilon_{r22} \frac{\partial v_z}{\partial x} + z_e d'_{r52} \frac{\partial H_z}{\partial x} \right) \tag{2.112.b}$$

$$\frac{\partial E_y}{\partial t} + \omega_x E_y = \frac{1}{\varepsilon_{r22} s_{r55} - d_{r25} d'_{r52}} \left(-z_e s_{r55} \frac{\partial H_z}{\partial x} - z_a d_{r25} \frac{\partial v_z}{\partial x} \right) \tag{2.112.c}$$

$$\mu_r \frac{\partial H_z}{\partial t}+\mu_r\omega_x H_z=-z_e \frac{\partial E_y}{\partial x} \tag{2.112.d}$$

3. PML 外边界处理

声电耦合场二维 PML 参数设置的基本结构如图 2.8 所示。无界介质中的声电耦合场问题通过 PML 截断为有界区域问题，要求计算过程中没有 PML 边界以外的场值参与，为此需要在 PML 外边界处设置一个截断边界。因为使用 PML 后，波在 PML 层中迅速衰减，可以在外边界处衰减到很小的数值，最简单的方法是假设场量已衰减到零，对计算结果影响不大。PML 的外边界就可以看作是无穷远处的声场和电磁场，即可以认为声场量和电磁场都为零。

对于式(2.111)描述的二维声电耦合场，在 $x=0$ 的左边界，设

$$v_x^x=0,\quad T_5^x=0,\quad E_y^x=0 \tag{2.113.a}$$

在 $z=0$ 的下边界，设

$$v_z^z=0,\quad T_5^z=0,\quad E_y^z=0 \tag{2.113.b}$$

在 $x=i_{\max}$的右边界，设

$$v_z^x=0,\quad T_1^x=0,\quad T_3^x=0,\quad H_z=0 \tag{2.113.c}$$

在 $z=k_{\max}$的上边界，设

$$v_x^z=0,\quad T_1^z=0,\quad T_3^z=0,\quad H_x=0 \tag{2.113.d}$$

对于式(2.112)描述的一维声电耦合场，在 $x=0$ 的左边界，设

$$T_5=0,\quad E_y=0 \tag{2.114.a}$$

在 $x=i_{\max}$的右边界，设

$$v_z=0, H_z=0 \tag{2.114.b}$$

当然，也可以在 PML 层外边界使用截断边界条件，如 Mur 吸收边界，效果会更好，但具体编程会较为复杂。

2.12.3 声电耦合场方程的离散化

运用 FDTD 方法对声电耦合场进行仿真，需要对支配方程进行离散化，用代数方程代替微分方程，建立迭代方程。离散化可以使用差分方法，将微分运算近似为代数运算。常用的差分方法有：中心差分方法、时间指数差分方法等。不同的微分方程形式，使用相应的差分方法，可以减小近似的误差。

对于不使用 PML 的声电耦合场方程，其微分方程形式为

$$\frac{\partial f}{\partial t}=\sum_{i=1}^{3} c_i \frac{\partial f}{\partial x_i} \tag{2.115}$$

对时间微分和空间微分都适合采用中心差分方法。对于使用 PML 的声电耦合场方程，其微分形式为

$$\frac{\partial f}{\partial t}+af=\sum_{i=1}^{3} c_i \frac{\partial f}{\partial x_i} \tag{2.116}$$

对时间微分适合采用时间指数差分方法，对空间微分适合采用中心差分方法，如果时间微分和空间微分都采用中心差分方法，近似误差会较大。

1. 不使用 PML 的声电耦合场方程

根据二维声电耦合场离散方式，利用中心差分方法，可以将二维声电耦合场方程离散化，得到迭代式[1]

$$v_x\big|_{i,k+.5}^{n+1}=v_x\big|_{i,k+.5}^{n}+\frac{z_a\Delta t}{\rho_r\Delta x}\left(T_1\big|_{i+.5,k+.5}^{n+.5}-T_1\big|_{i-.5,k+.5}^{n+.5}\right)+\frac{z_a\Delta t}{\rho_r\Delta z}\left(T_5\big|_{i,k+1}^{n+.5}-T_5\big|_{i,k}^{n+.5}\right) \tag{2.117.a}$$

$$v_z\big|_{i+.5,k}^{n+1}=v_z\big|_{i+.5,k}^{n}+\frac{z_a\Delta t}{\rho_r\Delta z}\left(T_3\big|_{i+.5,k+.5}^{n+.5}-T_3\big|_{i+.5,k-.5}^{n+.5}\right)+\frac{z_a\Delta t}{\rho_r\Delta x}\left(T_5\big|_{i+1,k}^{n+.5}-T_5\big|_{i,k}^{n+.5}\right) \tag{2.117.b}$$

$$\begin{aligned}T_1\big|_{i+.5,k+.5}^{n+.5}=&T_1\big|_{i+.5,k+.5}^{n-.5}+\frac{z_ac_{r11}\Delta t}{\Delta x}\left(v_x\big|_{i+1,k+.5}^{n}-v_x\big|_{i,k+.5}^{n}\right)\\&+\frac{z_ac_{r13}\Delta t}{\Delta z}\left(v_z\big|_{i+.5,k+1}^{n}-v_z\big|_{i+.5,k}^{n}\right)\end{aligned} \tag{2.117.c}$$

$$\begin{aligned}T_3\big|_{i+.5,k+.5}^{n+.5}=&T_3\big|_{i+.5,k+.5}^{n-.5}+\frac{z_ac_{r31}\Delta t}{\Delta x}\left(v_x\big|_{i+1,k+.5}^{n}-v_x\big|_{i,k+.5}^{n}\right)\\&+\frac{z_ac_{r33}\Delta t}{\Delta z}\left(v_z\big|_{i+.5,k+1}^{n}-v_z\big|_{i+.5,k}^{n}\right)\end{aligned} \tag{2.117.d}$$

$$\begin{aligned}T_5\big|_{i,k}^{n+.5}=&T_5\big|_{i,k}^{n-.5}+\frac{z_a\varepsilon_{r22}}{\varepsilon_{r22}s_{r55}-d_{r25}d'_{r52}}\frac{\Delta t}{\Delta z}\left(v_x\big|_{i,k+.5}^{n}-v_x\big|_{i,k-.5}^{n}\right)\\&+\frac{z_a\varepsilon_{r22}}{\varepsilon_{r22}s_{r55}-d_{r25}d'_{r52}}\frac{\Delta t}{\Delta x}\left(v_z\big|_{i+.5,k}^{n}-v_z\big|_{i-.5,k}^{n}\right)\\&-\frac{z_ed'_{r52}}{\varepsilon_{r22}s_{r55}-d_{r25}d'_{r52}}\frac{\Delta t}{\Delta z}\left(H_x\big|_{i,k+.5}^{n}-H_x\big|_{i,k-.5}^{n}\right)\\&+\frac{z_ed'_{r52}}{\varepsilon_{r22}s_{r55}-d_{r25}d'_{r52}}\frac{\Delta t}{\Delta x}\left(H_z\big|_{i+.5,k}^{n}-H_z\big|_{i-.5,k}^{n}\right)\end{aligned} \tag{2.117.e}$$

$$\begin{aligned}E_y\big|_{i,k}^{n+.5}=&E_y\big|_{i,k}^{n-.5}+\frac{z_es_{r55}}{\varepsilon_{r22}s_{r55}-d_{r25}d'_{r52}}\frac{\Delta t}{\Delta z}\left(H_x\big|_{i,k+.5}^{n}-H_x\big|_{i,k-.5}^{n}\right)\\&-\frac{z_es_{r55}}{\varepsilon_{r22}s_{r55}-d_{r25}d'_{r52}}\frac{\Delta t}{\Delta x}\left(H_z\big|_{i+.5,k}^{n}-H_z\big|_{i-.5,k}^{n}\right)\\&-\frac{z_ad_{r25}}{\varepsilon_{r22}s_{r55}-d_{r25}d'_{r52}}\frac{\Delta t}{\Delta z}\left(v_x\big|_{i,k+.5}^{n}-v_x\big|_{i,k-.5}^{n}\right)\\&-\frac{z_ad_{r25}}{\varepsilon_{r22}s_{r55}-d_{r25}d'_{r52}}\frac{\Delta t}{\Delta x}\left(v_z\big|_{i+.5,k}^{n}-v_z\big|_{i-.5,k}^{n}\right)\end{aligned} \tag{2.117.f}$$

$$H_x\big|_{i,k+.5}^{n+1}=H_x\big|_{i,k+.5}^{n}+\frac{z_e\Delta t}{\mu_r\Delta z}\left(E_y\big|_{i,k+1}^{n+.5}-E_y\big|_{i,k}^{n+.5}\right) \tag{2.117.g}$$

$$H_z\big|_{i+.5,k}^{n+1}=H_z\big|_{i+.5,k}^{n}-\frac{z_e\Delta t}{\mu_r\Delta x}\left(E_y\big|_{i+1,k}^{n+.5}-E_y\big|_{i,k}^{n+.5}\right) \tag{2.117.h}$$

根据一维声电耦合场离散方式，利用经典中心差分方法，可以将一维声电耦合场方程离散化，得到迭代式

$$v_z\big|_{i+.5,k}^{n+1}=v_z\big|_{i+.5,k}^{n}+\frac{z_a\Delta t}{\rho_r\Delta x}\left(T_5\big|_{i+1,k}^{n+.5}-T_5\big|_{i,k}^{n+.5}\right) \tag{2.118.a}$$

$$T_5\,|_{i,k}^{n+.5}=T_5\,|_{i,k}^{n-.5}+\frac{z_a\varepsilon_{r22}}{\varepsilon_{r22}s_{r55}-d_{r25}d'_{r52}}\frac{\Delta t}{\Delta x}(v_z\,|_{i+.5,k}^{n}-v_z\,|_{i-.5,k}^{n})$$

$$+\frac{z_e d'_{r52}}{\varepsilon_{r22}s_{r55}-d_{r25}d'_{r52}}\frac{\Delta t}{\Delta x}(H_z\,|_{i+.5,k}^{n}-H_z\,|_{i-.5,k}^{n})\tag{2.118.b}$$

$$E_y\,|_{i,k}^{n+.5}=E_y\,|_{i,k}^{n-.5}-\frac{z_e s_{r55}}{\varepsilon_{r22}s_{r55}-d_{r25}d'_{r52}}\frac{\Delta t}{\Delta x}(H_z\,|_{i+.5,k}^{n}-H_z\,|_{i-.5,k}^{n})$$

$$-\frac{z_a d_{r25}}{\varepsilon_{r22}s_{r55}-d_{r25}d'_{r52}}\frac{\Delta t}{\Delta x}(v_z\,|_{i+.5,k}^{n}-v_z\,|_{i-.5,k}^{n})\tag{2.118.c}$$

$$H_z\,|_{i+.5,k}^{n+1}=H_z\,|_{i+.5,k}^{n}-\frac{z_e\Delta t}{\mu_r\Delta x}(E_y\,|_{i+1,k}^{n+.5}-E_y\,|_{i,k}^{n+.5})\tag{2.118.d}$$

2. 使用 PML 的声电耦合场方程

① 根据式(2.108)，对时间微分和空间微分都采用中心差分方法，可以得到二维声电耦合场的迭代式[1]

$$v_x^x\,|_{i,k+.5}^{n+1}=C_{ax}v_x^x\,|_{i,k+.5}^{n}+C_{bx}\frac{z_a}{\rho_r\Delta x}(T_1\,|_{i+.5,k+.5}^{n+.5}-T_1\,|_{i-.5,k+.5}^{n+.5})\tag{2.119.a}$$

$$v_z^x\,|_{i+.5,k}^{n+1}=C_{ax}v_z^x\,|_{i+.5,k}^{n}+C_{bx}\frac{z_a}{\rho_r\Delta x}(T_5\,|_{i+1,k}^{n+.5}-T_5\,|_{i,k}^{n+.5})\tag{2.119.b}$$

$$T_1^x\,|_{i+.5,k+.5}^{n+.5}=C_{ax}T_1^x\,|_{i+.5,k+.5}^{n-.5}+C_{bx}\frac{z_a c_{r11}}{\Delta x}(v_x\,|_{i+1,k+.5}^{n}-v_x\,|_{i,k+.5}^{n})\tag{2.119.c}$$

$$T_3^x\,|_{i+.5,k+.5}^{n+.5}=C_{ax}T_3^x\,|_{i+.5,k+.5}^{n-.5}+C_{bx}\frac{z_a c_{r31}}{\Delta x}(v_x\,|_{i+1,k+.5}^{n}-v_x\,|_{i,k+.5}^{n})\tag{2.119.d}$$

$$T_5^x\,|_{i,k}^{n+.5}=C_{ax}T_5^x\,|_{i,k}^{n-.5}+C_{bx}\frac{z_a\varepsilon_{r22}}{\varepsilon_{r22}s_{r55}-d_{r25}d'_{r52}}\frac{1}{\Delta x}(v_z\,|_{i+.5,k}^{n}-v_z\,|_{i-.5,k}^{n})$$

$$+C_{bx}\frac{z_e d'_{r52}}{\varepsilon_{r22}s_{r55}-d_{r25}d'_{r52}}\frac{1}{\Delta x}(H_z\,|_{i+.5,k}^{n}-H_z\,|_{i-.5,k}^{n})\tag{2.119.e}$$

$$E_y^x\,|_{i,k}^{n+.5}=C_{ax}E_y^x\,|_{i,k}^{n-.5}-C_{bx}\frac{z_e s_{r55}}{\varepsilon_{r22}s_{r55}-d_{r25}d'_{r52}}\frac{1}{\Delta x}(H_z\,|_{i+.5,k}^{n}-H_z\,|_{i-.5,k}^{n})$$

$$-C_{bx}\frac{z_a d_{r25}}{\varepsilon_{r22}s_{r55}-d_{r25}d'_{r52}}\frac{1}{\Delta x}(v_z\,|_{i+.5,k}^{n}-v_z\,|_{i-.5,k}^{n})\tag{2.119.f}$$

$$H_x\,|_{i,k+.5}^{n+1}=C_{az}H_x\,|_{i,k+.5}^{n}+C_{bz}\frac{z_e}{\mu_r\Delta z}(E_y\,|_{i,k+1}^{n+.5}-E_y\,|_{i,k}^{n+.5})\tag{2.119.g}$$

$$H_z\,|_{i+.5,k}^{n+1}=C_{ax}H_z\,|_{i+.5,k}^{n}-C_{bx}\frac{z_e}{\mu_r\Delta x}(E_y\,|_{i+1,k}^{n+.5}-E_y\,|_{i,k}^{n+.5})\tag{2.119.h}$$

$$v_x^z\,|_{i,k+.5}^{n+1}=C_{az}v_x^z\,|_{i,k+.5}^{n}+C_{bz}\frac{z_a}{\rho_r\Delta z}(T_5\,|_{i,k+1}^{n+.5}-T_5\,|_{i,k}^{n+.5})\tag{2.119.i}$$

$$v_z^z\,|_{i+.5,k}^{n+1}=C_{az}v_z^z\,|_{i+.5,k}^{n}+C_{bz}\frac{z_a}{\rho_r\Delta z}(T_3\,|_{i+.5,k+.5}^{n+.5}-T_3\,|_{i+.5,k-.5}^{n+.5})\tag{2.119.j}$$

$$T_1^z\,|_{i+.5,k+.5}^{n+.5}=C_{az}T_1^z\,|_{i+.5,k+.5}^{n-.5}+C_{bz}\frac{z_a c_{r13}}{\Delta z}(v_z\,|_{i+.5,k+1}^{n}-v_z\,|_{i+.5,k}^{n})\tag{2.119.k}$$

$$T_3^z\,|_{i+.5,k+.5}^{n+.5}=C_{az}T_3^z\,|_{i+.5,k+.5}^{n-.5}+C_{bz}\frac{z_a c_{r33}}{\Delta z}(v_z\,|_{i+.5,k+1}^{n}-v_z\,|_{i+.5,k}^{n})\tag{2.119.l}$$

$$T_5^z\,|_{i,k}^{n+.5}=C_{az}T_5^z\,|_{i,k}^{n-.5}+C_{bz}\frac{z_a\varepsilon_{r22}}{\varepsilon_{r22}s_{r55}-d_{r25}d'_{r52}}\frac{1}{\Delta z}(v_x\,|_{i,k+.5}^{n}-v_x\,|_{i,k-.5}^{n})$$

$$-C_{bz}\frac{z_e d'_{r52}}{\varepsilon_{r22}s_{r55}-d_{r25}d'_{r52}}\frac{1}{\Delta z}\left(H_x\big|^n_{i,k+.5}-H_x\big|^n_{i,k-.5}\right) \tag{2.119.m}$$

$$E_y^z\big|^{n+.5}_{i,k}=C_{az}E_y^z\big|^{n-.5}_{i,k}+C_{bz}\frac{z_e s_{r55}}{\varepsilon_{r22}s_{r55}-d_{r25}d'_{r52}}\frac{1}{\Delta z}\left(H_x\big|^n_{i,k+.5}-H_x\big|^n_{i,k-.5}\right)$$
$$-C_{bz}\frac{z_a d_{r25}}{\varepsilon_{r22}s_{r55}-d_{r25}d'_{r52}}\frac{1}{\Delta z}\left(v_x\big|^n_{i,k+.5}-v_x\big|^n_{i,k-.5}\right) \tag{2.119.n}$$

式中

$$\begin{cases} C_{ax}=\dfrac{1-0.5\omega_x\Delta t}{1+0.5\omega_x\Delta t} \\ C_{bx}=\dfrac{\Delta t}{1+0.5\omega_x\Delta t} \\ C_{az}=\dfrac{1-0.5\omega_z\Delta t}{1+0.5\omega_z\Delta t} \\ C_{bz}=\dfrac{\Delta t}{1+0.5\omega_z\Delta t} \end{cases} \tag{2.120}$$

② 根据式(2.109)，对时间微分和空间微分都采用中心差分方法，可以得到一维声电耦合场的迭代式

$$v_z\big|^{n+1}_{i+.5,k}=C_{ax}v_z\big|^n_{i+.5,k}+C_{bx}\frac{z_a}{\rho_r\Delta x}\left(T_5\big|^{n+.5}_{i+1,k}-T_5\big|^{n+.5}_{i,k}\right) \tag{2.121.a}$$

$$T_5\big|^{n+.5}_{i,k}=C_{ax}T_5\big|^{n-.5}_{i,k}+C_{bx}\frac{z_a\varepsilon_{r22}}{\varepsilon_{r22}s_{r55}-d_{r25}d'_{r52}}\frac{1}{\Delta x}\left(v_z\big|^n_{i+.5,k}-v_z\big|^n_{i-.5,k}\right)$$
$$+C_{bx}\frac{z_e d'_{r52}}{\varepsilon_{r22}s_{r55}-d_{r25}d'_{r52}}\frac{1}{\Delta x}\left(H_z\big|^n_{i+.5,k}-H_z\big|^n_{i-.5,k}\right) \tag{2.121.b}$$

$$E_y\big|^{n+.5}_{i,k}=C_{ax}E_y\big|^{n-.5}_{i,k}-C_{bx}\frac{z_e s_{r55}}{\varepsilon_{r22}s_{r55}-d_{r25}d'_{r52}}\frac{1}{\Delta x}\left(H_z\big|^n_{i+.5,k}-H_z\big|^n_{i-.5,k}\right)$$
$$-C_{bx}\frac{z_a d_{r25}}{\varepsilon_{r22}s_{r55}-d_{r25}d'_{r52}}\frac{\Delta t}{\Delta x}\left(v_z\big|^n_{i+.5,k}-v_z\big|^n_{i-.5,k}\right) \tag{2.121.c}$$

$$H_z\big|^{n+1}_{i+.5,k}=C_{ax}H_z\big|^n_{i+.5,k}-C_{bx}\frac{z_e}{\mu_r\Delta x}\left(E_y\big|^{n+.5}_{i+1,k}-E_y\big|^{n+.5}_{i,k}\right) \tag{2.121.d}$$

式中

$$\begin{cases} C_{ax}=\dfrac{1-0.5\omega_x\Delta t}{1+0.5\omega_x\Delta t} \\ C_{bx}=\dfrac{\Delta t}{1+0.5\omega_x\Delta t} \end{cases} \tag{2.122}$$

③ 根据式(2.108)，对时间微分采用指数差分方法，对空间微分采用中心差分方法，得到的二维声电耦合场离散式形式上和式(2.119)相同，只是其中的系数不同：

$$\begin{cases} C_{ax}=\exp\left(-\omega_x\Delta t\right) \\ C_{bx}=\dfrac{1-\exp\left(-\omega_x\Delta t\right)}{\omega_x} \\ C_{az}=\exp\left(-\omega_z\Delta t\right) \\ C_{bz}=\dfrac{1-\exp\left(-\omega_z\Delta t\right)}{\omega_z} \end{cases} \tag{2.123}$$

当 ω_x,ω_z 为零时，系数需要进行处理：

$$\begin{cases}\lim\limits_{\omega_x\to 0}C_{bx}=\lim\limits_{\omega_x\to 0}\dfrac{1-\exp\ (-\omega_x\Delta t)}{\omega_x}=\Delta t\\ \lim\limits_{\omega_z\to 0}C_{bz}=\lim\limits_{\omega_z\to 0}\dfrac{1-\exp\ (-\omega_z\Delta t)}{\omega_z}=\Delta t\end{cases} \tag{2.124}$$

④ 根据式(2.110)，对时间微分采用指数差分方法和空间微分采用中心差分方法，可以得到一维声电耦合场离散式形式上和式(2.121)相同，只是其中的系数不同：

$$\begin{cases}C_{ax}=\exp\ (-\omega_x\Delta t)\\ C_{bx}=\dfrac{1-\exp\ (-\omega_x\Delta t)}{\omega_x}\end{cases} \tag{2.125}$$

使用时间指数差分方法比中心差分方法的误差更小。

2.12.4　数值仿真

根据迭代式(2.117)～(2.119)、式(2.121)，使用 FDTD 方法仿真声电耦合场的流程如图 2.13 所示[1]。在第一次迭代前，空间场量全都设为零，即在源激励之前，没有其他的电磁场、声场量的存在。

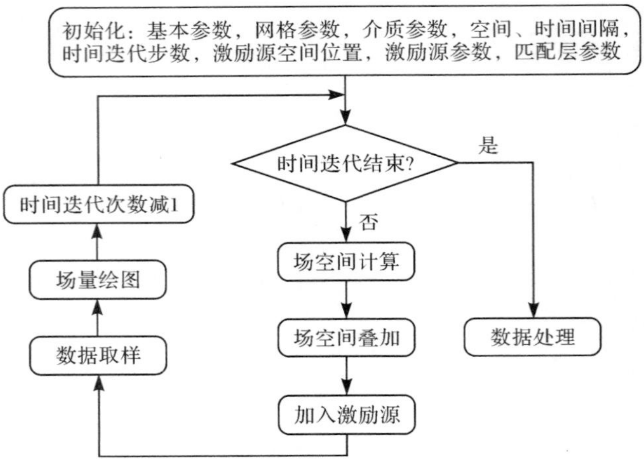

图 2.13　声电耦合场仿真流程图

声场和电磁场之间的能量耦合，其中声场的场量选择速度来考察，电磁场的场量选择电场强度来考察。介质选用磷酸二氢铵(ADP)[5]，时间微分、空间微分都采用中心差分近似。吸收边界条件采用复坐标变量 PML。激励源可以使用电磁激励，也可以使用声激励，这里选用声激励。

1. 验证算法的稳定性

一维空间下，沿 x 轴划分为 40 个点，左右两边各有 10 个点用作 PML 吸收边界，在网格第 20 点处加入频率信号源为 1GHz 正弦波彻体力源，时间间隔为 5.25×10^{-16} s，空间间隔为 1.05×10^{-7} m。取值点共有两个，分别设置在点 21、29 处设置取值点，程序共运行了 10^9 个时间步，共 525 个声波周期，每 10^4 步保留一次数据，记录两点的场量随时间的变化。得到点 21 处速度、电场强度在整个运算时间内的波形如图 2.14 和图 2.15 所示。[1]图中场量幅值进行了归一化,在整个运行期间,两个场量的波峰始终不变,可见迭代是稳定的,即本章所讨论的算法是稳定的。在这两个图中波形太密,根本无法看见具体的波形,图 2.16 和图 2.17 给出点 21 处的速度、电场强度在最后 5×10^6 个时间步内的波形,可以看出,电场强度和速度的波形基本相似,都是正弦波形,且频率和相位基本相同。

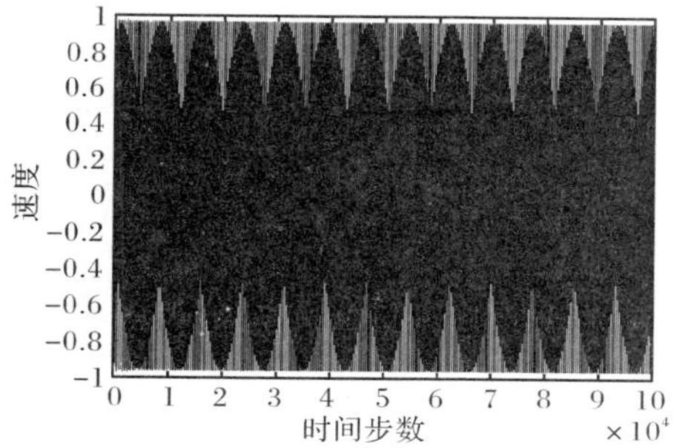

图 2.14 速度的变化曲线

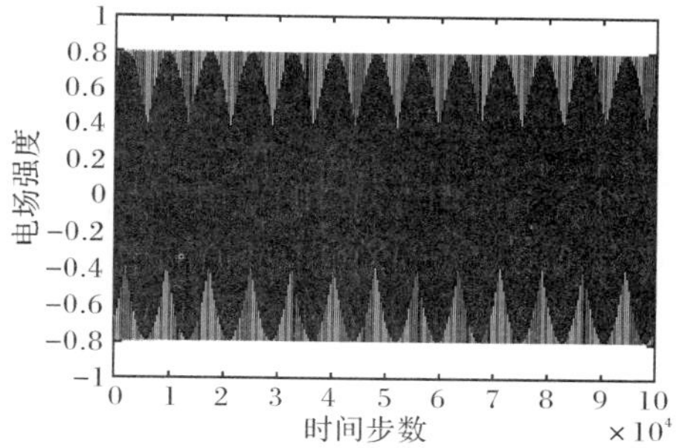

图 2.15 电场强度的变化曲线

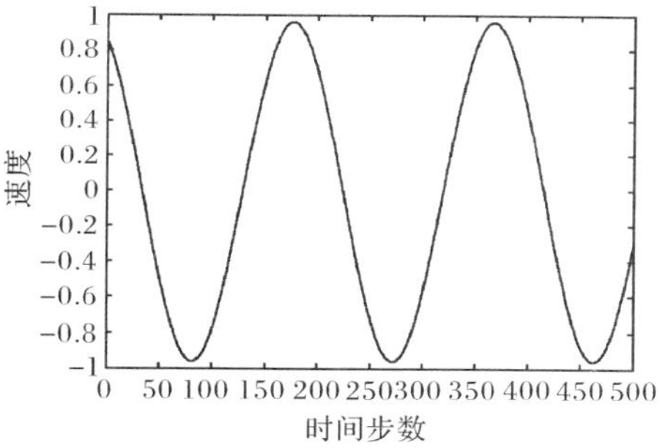

图 2.16 速度的变化曲线

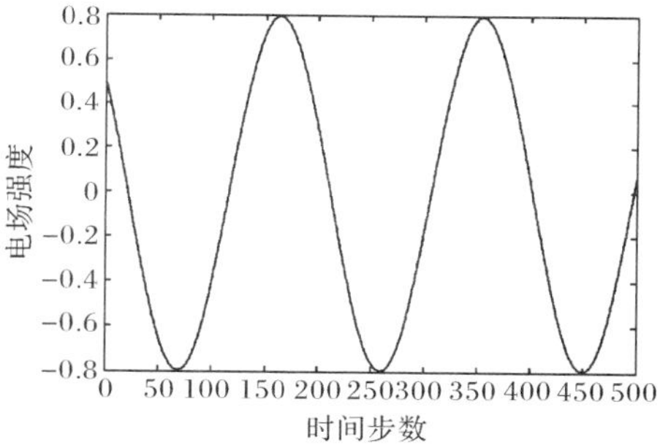

图 2.17 电场强度的变化曲线

2. 算法的正确性

运用解析法只能分析比较简单的情况,这里选择讨论无耗压电四方 $\bar{4}2m$ 介质中,沿晶轴 X 方向传播的声电耦合波。将 FDTD 仿真结果与解析结果进行比较,分析算法的正确性。

(1) 解析分析

使用解析方法分析无耗压电四方 $\bar{4}2m$ 介质中,沿晶轴 X 方向传播的声电耦合波。假设坐标轴 x,y,z 与晶体主轴 X,Y,Z 重合,压电介质中有 $-z$ 偏振 x 传播的质点位移波

$$\boldsymbol{u}=\hat{\boldsymbol{z}}\frac{k}{\rho\omega^2}\cos(\omega t-kx) \tag{2.126}$$

相应的质点速度为

$$\boldsymbol{v}=-\hat{\boldsymbol{z}}\frac{k}{\rho\omega}\sin(\omega t-kx) \tag{2.127}$$

即

$$v_z=-\frac{k}{\rho\omega}\sin\ (\omega t-kx) \tag{2.128}$$

由应变-位移关系与此位移场相联系的切变应变场为

$$S_5=\frac{\partial u_z}{\partial x}=\frac{k^2}{\rho\omega^2}\sin\ (\omega t-kx) \tag{2.129}$$

由压电应力方程给出对应变场的电响应和机械响应，即

$$D_i=\varepsilon_{ij}^S E_j+e_{iJ}S_J \tag{2.130}$$

$$T_I=-e_{Ij}E_j+c_{IJ}^E S_J \tag{2.131}$$

其中压电应变矩阵和压电应变矩阵形式相同

$$\boldsymbol{e}=\begin{bmatrix}0 & 0 & 0 & e_{14} & 0 & 0\\ 0 & 0 & 0 & 0 & e_{25} & 0\\ 0 & 0 & 0 & 0 & 0 & e_{36}\end{bmatrix} \tag{2.132}$$

电导率的结构为

$$\boldsymbol{\varepsilon}^{\mathrm{T}}=\begin{bmatrix}\varepsilon_{11} & 0 & 0\\ 0 & \varepsilon_{22} & 0\\ 0 & 0 & \varepsilon_{33}\end{bmatrix} \tag{2.133}$$

得到应变场和电场强度对电位移的影响

$$D_y=\varepsilon_{22}E_y+e_{25}S_5 \tag{2.134}$$

对沿 x 轴传播的均匀平面波，声电场中的 $\partial/\partial y=0$，$\partial/\partial z=0$。不存在传导电流或源电流时，电磁场方程取

$$-\nabla\times\boldsymbol{E}=\frac{\partial\boldsymbol{B}}{\partial t},\quad \nabla\times\boldsymbol{H}=\frac{\partial\boldsymbol{D}}{\partial t} \tag{2.135}$$

对于非磁性介质，展开式为

$$\begin{cases}0=\mu_0\dfrac{\partial H_x}{\partial t}\\ 0=\dfrac{\partial D_x}{\partial t}\\ \dfrac{\partial E_z}{\partial x}=\mu_0\dfrac{\partial H_y}{\partial t}\\ -\dfrac{\partial H_z}{\partial x}=\dfrac{\partial D_y}{\partial t}\\ -\dfrac{\partial E_y}{\partial x}=\mu_0\dfrac{\partial H_z}{\partial t}\\ \dfrac{\partial H_y}{\partial x}=\dfrac{\partial D_z}{\partial t}\end{cases} \tag{2.136}$$

其中有一对关系

$$-\frac{\partial E_y}{\partial x}=\mu_0\frac{\partial H_z}{\partial t} \tag{2.137}$$

$$-\frac{\partial H_z}{\partial x}=\frac{\partial D_y}{\partial t} \tag{2.138}$$

将式(2.134)代入式(2.138),得到

$$-\frac{\partial H_z}{\partial x}=\varepsilon_{22}\frac{\partial E_y}{\partial t}+e_{25}\frac{\partial S_5}{\partial t} \tag{2.139}$$

由式(2.137)和式(2.139)消去 H_z,得到一个关于电场强度和应变的方程

$$\frac{\partial^2 E_y}{\partial x^2}-\mu_0\varepsilon_{22}\frac{\partial^2 E_y}{\partial t^2}=\mu_0 e_{25}\frac{\partial^2 S_5}{\partial t^2} \tag{2.140}$$

根据式(2.129),得到

$$\mu_0 e_{25}\frac{\partial^2 S_5}{\partial t^2}=-\frac{\mu_0 e_{25}k^2}{\rho}\sin(\omega t-kx) \tag{2.141}$$

代入式(2.54)得到电场的解析解

$$E_y=-\frac{\mu_0 e_{25}k^2}{\rho(\mu_0\varepsilon_{22}\omega^2-k^2)}\sin(\omega t-kx)=-\frac{\mu_0 e_{25}\omega^2}{(\mu_0\varepsilon_{22}\omega^2-k^2)}S_5 \tag{2.142}$$

将式(2.142)代入式(2.141),得到应力场的解析解

$$T_5=-e_{25}E_y+c_{55}S_5=\left(c_{55}+\frac{\mu_0 e_{25}^2\omega^2}{\mu_0\varepsilon_{22}\omega^2-k^2}\right)S_5 \tag{2.143}$$

根据以上讨论可以看出,对于波沿介质立方棱方向传播的特殊情况,介质中的速度、应力、电场强度和应变有相同的波行为(频率 ω 和波数 k)。即同一质点处,速度场量 v_z 和电场强度 E_y 只在幅值上有区别,应力 T_5 和应变 S_5 也只在幅值上有差别。应变 S_5 为正弦函数时,场量都符合正弦函数,相位差为 π 或 0。

(2) 使用本章的 FDTD 方法分析同样的声电耦合波

假设坐标轴 x,y,z 与晶体主轴 X,Y,Z 重合,一维空间下,沿 x 轴划分为 400 个点,左右两边各有 20 个点用作 PML 吸收边界,在网格第 100 点加入频率信号源为 1GHz 正弦波彻体力源,时间间隔为 5.25×10^{-16}s,空间间隔为 1.05×10^{-7}m。取值点共有六个,分别在点 121、171、221、271、321、371 处设置取值点,记录各点场量随时间的变化。程序共运行了 3×10^7 个时间步,其中点 221 的场量随时间变化曲线如图 2.18~2.21 所示[1],图中场量使用国际单位制,是使用本章归一化方法后的量。

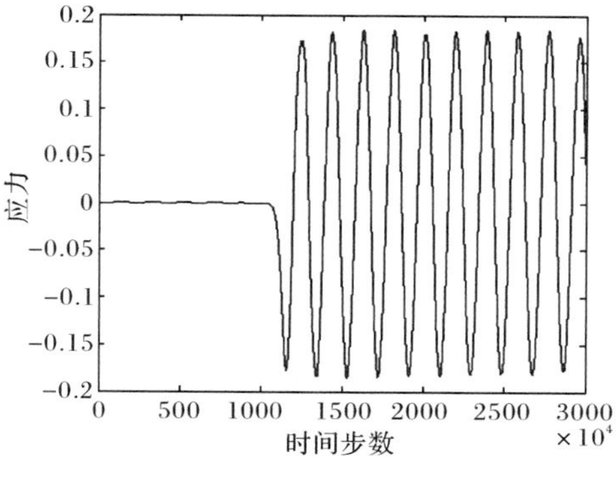

图 2.18　应力的变化曲线

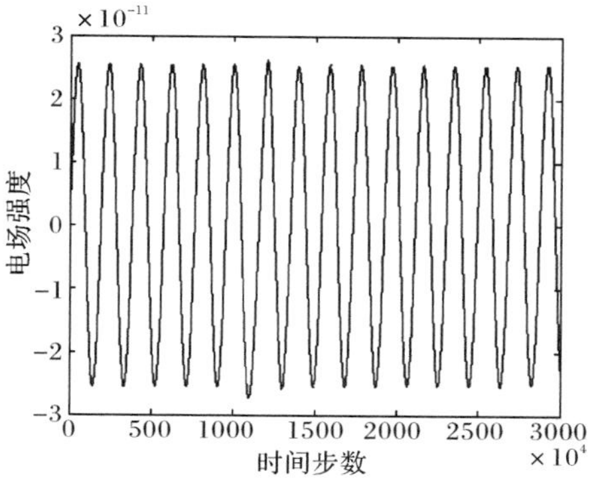

图 2.19　电场强度的变化曲线

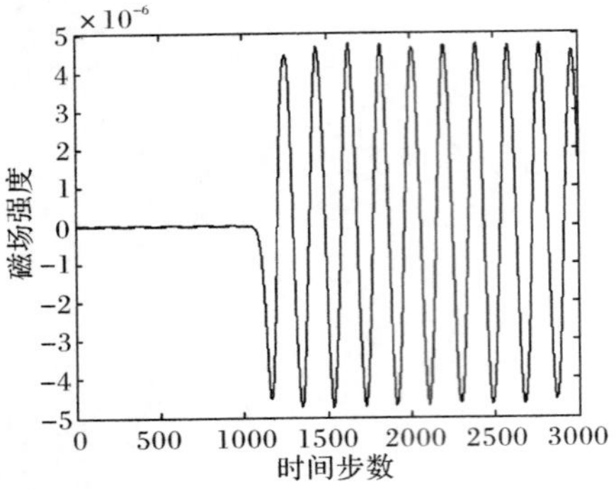

图 2.20　磁场强度的变化曲线

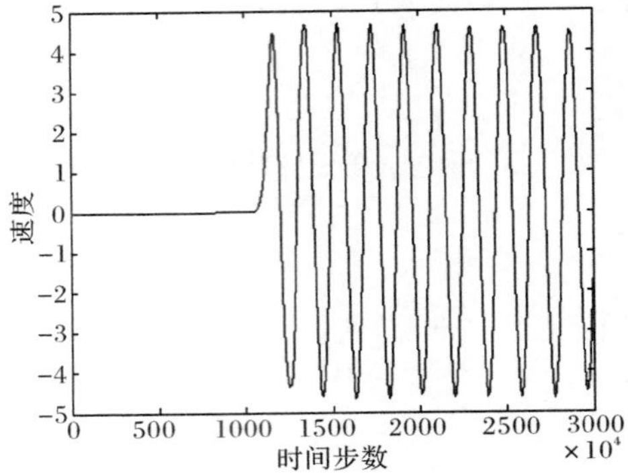

图 2.21　速度的变化曲线

从图 2.18～2.21 可以看出，四个场量在时谐波达到稳态以后，曲线具有相同的频率，都按照正弦曲线变化，和解析分析相符合，可见用本章的 FDTD 方法仿真声电耦合场是完全成功的。图中曲线开始一段应力、速度为零，因为计时的起点是正弦源刚开始向外传播时刻，需要一段时间才能到达取值点，因为电磁波传播速度远远大于声速，电磁波比声波提前传播到取值点。

3. 声速的计算

取值点共有六个，分别设置在点 121、171、221、271、321、371 处，首个波峰到达各个取值点的时间步分别是第 330 万、789 万、1248 万、1698 万、2158 万、2618 万个时间步，以应力为观察场量，如图 2.22 所示（为了显示的方便，每个取值点的波形只画了开始一个周期左右），时间间隔为5.25×10^{-16} s，空间间隔为 1.05×10^{-7} m，其中准声波的波速为

$$v=\frac{(371-121)\times\Delta x}{(2618-330)\times10^4\times\Delta t}=\frac{250\times1.05\times10^{-7}}{2288\times10^4\times5.25\times10^{-16}}=2.1853\times10^3\ \text{m/s} \tag{2.144}$$

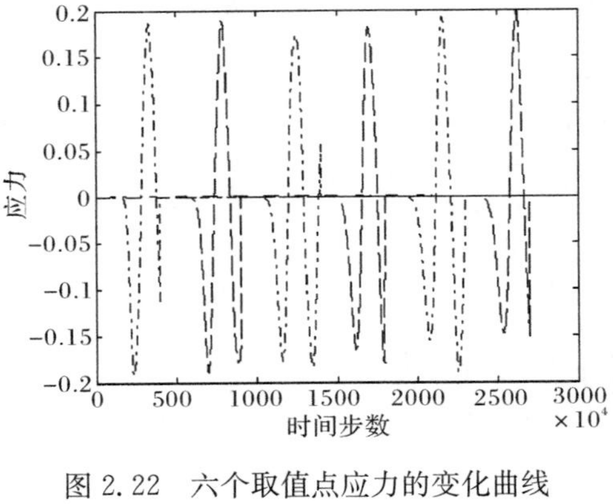

图 2.22　六个取值点应力的变化曲线

根据经典声学理论，纯声波的横波波速为 2.1929×10^3 m/s，使用 FDTD 方法得到的声电耦合场中的声波横波波速比经典理论计算值偏小，这完全符合解析解的理论。有压电耦合时，准声波相速度移到比声速低的值，两者的相对差为

$$\varepsilon=\frac{2.1929-2.1853}{2.1929}\times 100\%=0.35\% \tag{2.145}$$

4. 使用高斯源的无界问题仿真

在 FDTD 仿真中，为了获得器件在一个频带内的响应，使用高斯脉冲作为激励源，沿 x 轴划分为 201 个点，左右两边各有 20 个点用作 PML 吸收边界，在网格第 101 点处加入高斯彻体力源，设其中高斯脉冲宽度常数 $\tau=2\times10^{-9}$s，高斯脉冲峰值时间常数 $t_0=1.5\times10^{-9}$s，高斯脉冲幅值常数 $A=0.0001$，高斯脉冲函数的时域形式为

$$f_z(t)=A\exp\left[-\frac{4\pi\,(t-t_0)^2}{\tau^2}\right] \tag{2.146}$$

傅里叶变换为

$$f_z(f)=\frac{A\tau}{2}\exp\left(-\mathrm{j}2\pi f t_0-\frac{\pi f\tau^2}{4}\right) \tag{2.147}$$

时间间隔为 5.25×10^{-16}s，空间间隔为 1.05×10^{-7}m。在点 121、171 设置取值点，程序共运行了 2×10^7 个时间步。图 2.23～2.26 是 171 处速度、电场强度、应力、磁场强度的波形，可以看到，四个场量的波形都是高斯脉冲，而且相位基本相同，与解析理论的分析相吻合[1]。速度达到最大值的时间步数为 925 万，应力、磁场强度达到最小值的时间步数分别为 921 万和 925 万，电场强度达到最大值和最小的时间步数分别是 285 万和 921 万。在高斯脉冲的尾部有少许的变化，是由于 PML 没能完全吸收入射波(反射率为 0.3%)造成的。电场强度是两个高斯脉冲的组合。

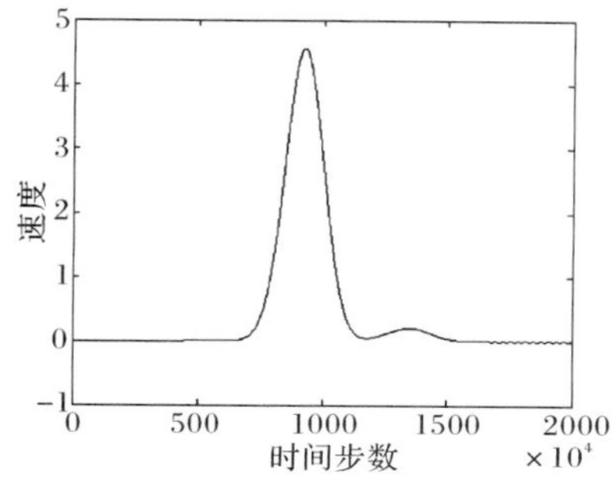

图 2.23　速度的变化曲线

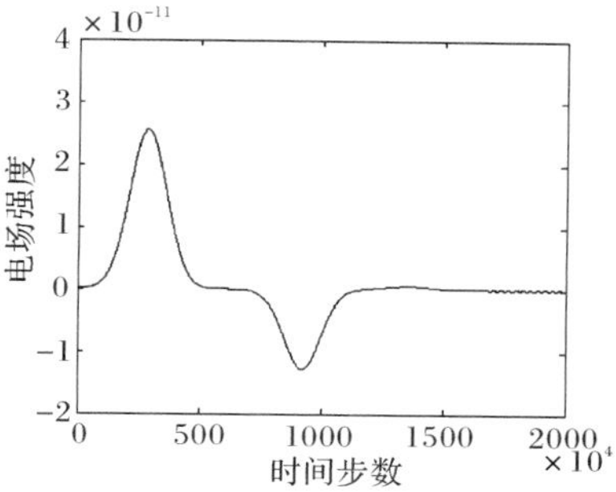

图 2.24　电场强度的变化曲线

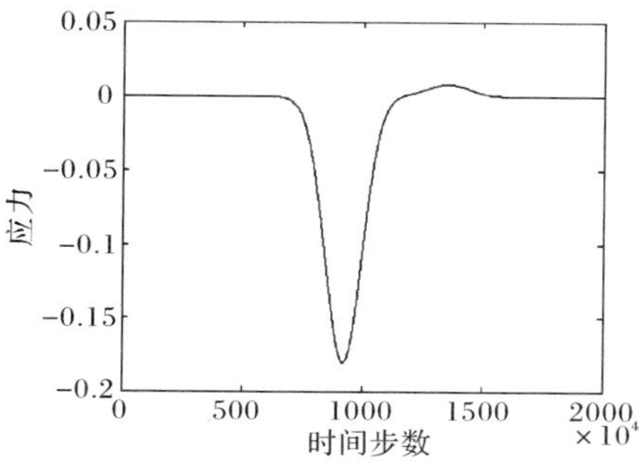

图 2.25　应力的变化曲线

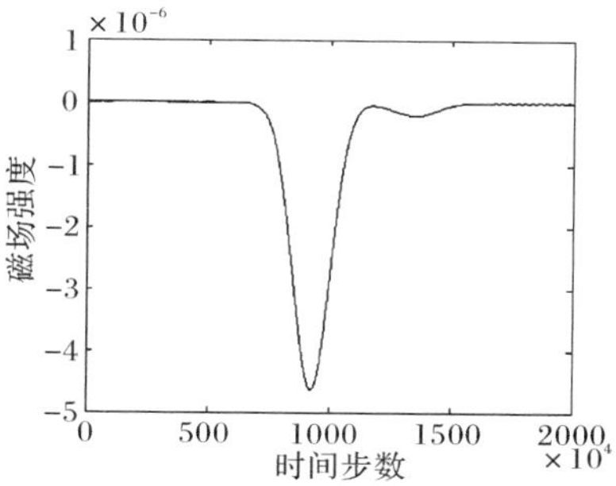

图 2.26　磁场强度的变化曲线

电场强度中前后两个高斯脉冲的波速差异可以通过不同点的波形图比较看出，图 2.27 是两个取值点(点 121 和点 171)的电场强度曲线，可以看出两者的第一个高斯脉冲相位差很小，即传播的速度较快，接近于电磁波速，第二个高斯脉冲相位差很大，即传播的速度较慢，接近于声波横波速。图 2.28 是两个取值点(点 121 和点 171)的速度曲线，两点处速度的峰值到达的时刻与图 2.27 中电场强度的后两个峰值到达时刻相同，即两者传播的速度相同，更加证明电场强度曲线中的第二个脉冲是因为声电耦合而产生的。

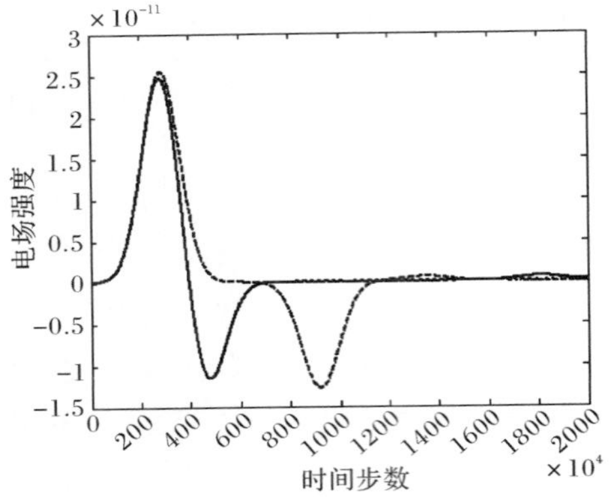

图 2.27　两点处电场强度曲线比较

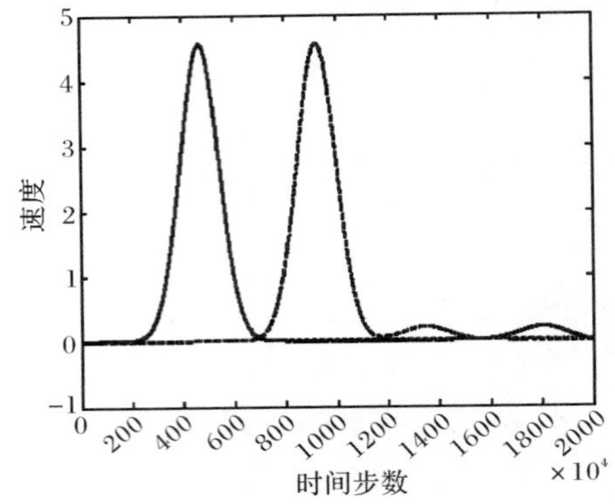

图 2.28　两点处速度曲线比较

将时域的高斯脉冲信号经过傅里叶变换就可以得到信号的频域响应[27]。因为程序的计算结果是取值点随时间变化的离散值，可以直接使用快速傅里叶变换[44]，得到相应的频域响应，图 2.29 和图 2.30 以速度场量为例，得到两个取值处的速度频谱。两个取值点的频域响应基本一致，和高斯脉冲的频谱相同。我们选用的介质本身就是均匀非色散介质，可见声电耦合场中，波在无界均匀介质没有发生色散。

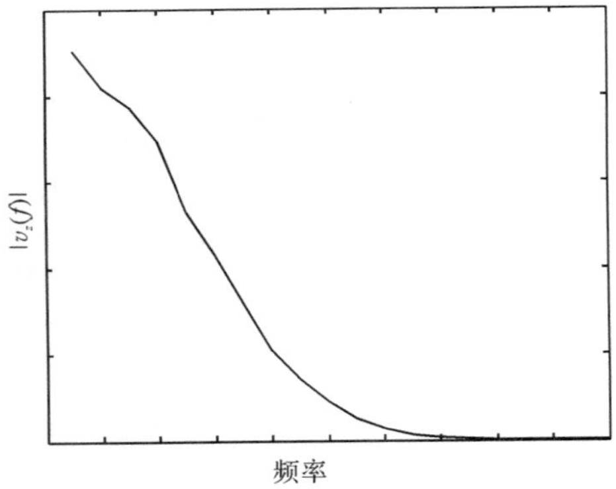

图 2.29　121 处的速度频谱

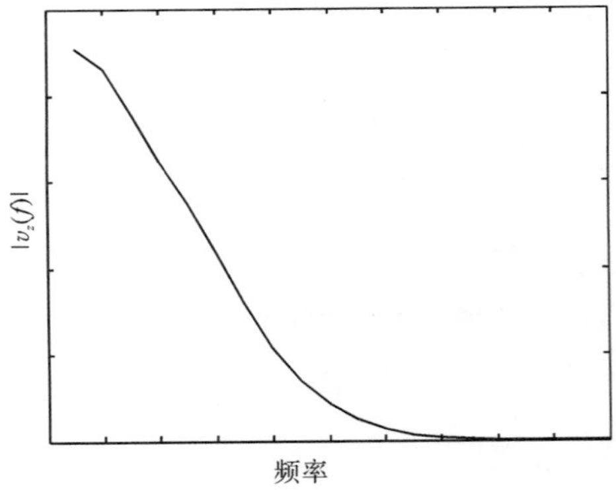

图 2.30　171 处的速度频谱

5. 使用高斯源的有界问题仿真

FDTD 仿真中，为了获得器件在一个频带内的响应，使用高斯脉冲作为激励源，沿 x 轴划分为 201 个点，边界采用声学固定边界[45](边界处速度为零)和电磁学的磁壁(边界处磁场为零)，即速度为零，磁场强度为零。在网格第 101 点处加入和上例同样的高斯彻体力源，在点 171 设置取值点，程序共运行了 2×10^7 个时间步。图 2.31～2.34 是 171 处速度、应力、磁场强度、电场强度的波形，声波和电磁波都因为边界条件发生了反射。图 2.31 的第一个高斯脉冲是入射波，第二个高斯脉冲是反射波，反射前后速度的方向发生了改变，这反映了固定端点边界条件下，声学反射波的周相跟反射波相反，也就是所谓的半波损失。与经典力学的解析理论[46]相符合。

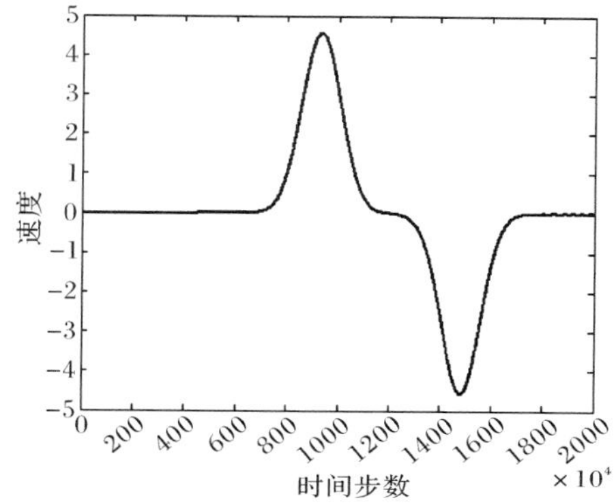

图 2.31　速度的变化曲线

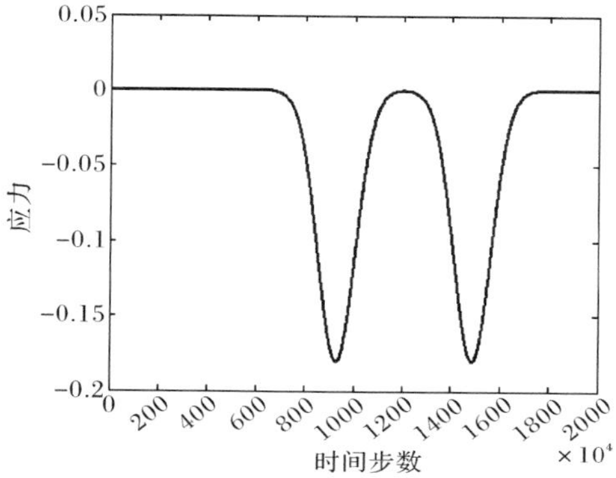

图 2.32　应力的变化曲线

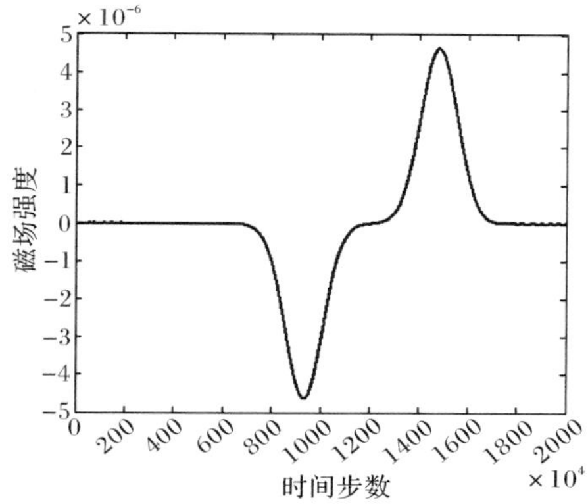

图 2.33　磁场强度的变化曲线

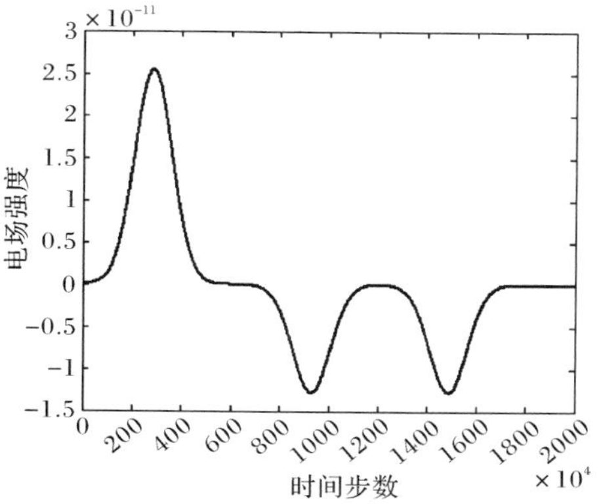

图 2.34　电场强度的变化曲线

本章使用 FDTD 方法求解声电耦合场问题，得到的结果与解析解的结论相吻合，说明方法是正确的，由于 FDTD 方法非常适合处理复杂介质目标的问题，所以本章研究对于声表面波器件的时域仿真具有非常重要的意义[1]。

本节讨论无耗压电四方 $\bar{4}2m$ 介质中，沿晶轴 X 方向传播的声电耦合波。对于二维声电耦合场问题给出仿真所需的全部公式；重点以一维声电耦合场为例，考察使用 FDTD 方法模拟声电耦合波的传播，运用解析法分析比较简单的情况，将 FDTD 仿真结果与解析解进行比较，证明本章方法可用于仿真声电耦合场。

参考文献

[1] 徐广成. 声电耦合场时域有限差分法. 杭州：杭州电子科技大学硕士学位论文，2005.
[2] Ken-ya Hashimoto，王景山，刘天飞，等. 声表面波器件模拟与仿真. 北京：国防工业出版社，2002.
[3] Kino G S. Acoustic Waves：Devices，Imaging and Analog Signal Processing. Englewood Cliffs：Prentice-Hall，1987.
[4] Ren W. Perfectly matched layer in piezoelectric solids（unpublished manuscript），2003.
[5] 吴法连. 声表面波器件及其应用. 北京：人民邮电出版社，1983.
[6] 蔡起善. 声表面波技术十年回顾与发展趋势，2003.
[7] 张福学. 现代压电学（上中下册）. 北京：科学出版社，2001.
[8] Taflove A，Hagness S C. Computational Electrodynamics：The Finite-Difference Time-Domain Method. Norwood：Artech House，2000.
[9] 葛德彪，闫玉波. 电磁波时域有限差分方法. 西安：西安电子科技大学出版社，2002.
[10] Vireux J. P-SV wave propagation in heterogeneous media：velocity-stress finite-difference method. Geophysics，1986，51（1）：889～1001.
[11] Zeng Y Q，Liu Q H. A staggered-grid finite-difference method with perfectly matched layers for poroelastic wave equations. Journal of the Acoustical Society of America，2001，109（6）：2571～2580.
[12] Wang T，Tang X M. Finite-difference modeling of elastic wave propagation：a nonsplitting perfectly matched layer approach. Geophysics，2003，68（5）：1749～1755.
[13] Yee K S. Numerical solution of initial boundary value problems involving Maxwell equations in isotropic media. IEEE Transactions on Antenna and Propagation，1966，14（1）：302～307.
[14] Smith P M，Ren W. Finite-difference time-domain techniques for SAW device analysis. //Proceedings of the 2002 IEEE Ultrasonics Symposium，Munich，Germany，2002：313～316.
[15] Mur G. Absorbing boundary condition for the finite-difference approximation of the time-domain electromagnetic field equation. IEEE Transactions on Electromagnetics Compatibility，1981，23（4）：377～382.
[16] Berenger J P. Aperfect matched layer for the absorption of electromagnetic waves. Journal of Computational Physics，1994，114（2）：185～200.
[17] Berenger J P. Three-dimensional perfect matched layer for the absorption of electromagnetic waves. Journal of Computational Physics，1996，127（2）：363～379.
[18] Sacks Z S，Kingsland D M，Lee D M，et al. A perfect matched anisotropic absorber for use as absorbing boundary condition. IEEE Transactions on Antenna Propagation，1995，43（12）：1460～1462.
[19] Liu Q H. Perfectly matched layers for elastic waves in cylindrical and spherical coordinates. Journal of the Acoustical Society of America，1999，105（4）：2075～2081.
[20] 王秉中. 计算电磁学. 北京：科学出版社，2002.
[21] XFDTD 软件广告. IEEE Transactions on Antenna Propagation，1996，38（6）：115.
[22] EMA3D 软件广告. IEEE Transactions on Antenna Propagation，1997，39（3）：71.
[23] Rsoft 公司软件广告. www. rsoftdesign. com，2005.
[24] 任伟，赵家升. 电磁场与微波技术. 北京：电子工业出版社，2005.
[25] 徐芝纶. 弹性力学. 北京：高等教育出版社，2002.
[26] Auld B A. Acoustic Waves and Field in Solids. 北京：科学出版社，1973.

[27] 傅君眉,冯恩信. 高等电磁理论. 西安:西安交通大学出版社,2000.
[28] 里斯蒂克 V M. 声学器件原理. 莫怀德,陈昌龄译. 北京:电子工业出版社,1988.
[29] 余德浩,汤华中. 微分方程数值解法. 北京:科学出版社,2003.
[30] 丁让箭,吴先良,张玉梅,等. 四阶指数差分及其在 FDTD 中的应用. 安徽大学学报,2003,27(2):64~27.
[31] Cox S M,Matthews P C. Exponential time differencing for stiff systems. Journal of Computational Physics,2002,176(1):430~455.
[32] Gregory Beylkin,James M,Keiser L V. A new class of time discretization schemes for the solution of nonlinear PDEs. Journal of Computational Physics,1998,147(1):362~387.
[33] Festa G,Nielsen S. PML absorbing boundaries. Bulletin of the Seismological Society of America,2003,93(2):891~902.
[34] Sachdeva N,Balakrishnan N,Rao S M. A new absorbing boundary condition for FDTD. Microwave Optical Technology Letters,2000,25(2):86~90.
[35] Chew W C,Jin J M. Perfectly matched layers in the discretized space:an analysis and optimization. Electromagnetics,1996,16(1):325~340.
[36] Teixeira F L,Chew W C. Ststematic derivation of anisotropic PML absorbing media in cylindrical and spherical coordinates. IEEE Microwave and Guided Wave Letters,1997,7(1):371~372.
[37] Robert A R,Joubert J. PML absorbing boundary condition for higher-order FDTD schemes. Electronics Letters,1997,33(1):32~312.
[38] 王长清,祝西里. 电磁场计算中的时域有限差分方法. 北京:北京大学出版社,1994.
[39] Goldberg M. Stability criteria for finite difference approximations to parabolic systems. Applied numerical Mathematics,2000,33(1):509~515.
[40] Martin T,Pettersson L. Dispersive compensation for Huygens sources and far-zone transformation in FDTD. IEEE Transactions on Antenna Propagation,2000,48(4):494~501.
[41] Juntunen J S,Tsiboukis T D. Reduction of numerical dispersion in FDTD method through artificial anisotropy. IEEE Transactions on Microwave Theory Technology,2000,48(4):582~588.
[42] 李蓉,张林昌. FDTD 法建模中激励源的选择与设置. 铁道学报,2003,23(4):44~65.
[43] Kong J A. Eletromagnetic Wave Theory. Norwood:Artech House,1986.
[44] 程佩青. 数字信号处理教程. 北京:清华大学出版社,2002.
[45] 廖振鹏. 工程波动理论导论. 北京:科学出版社,2002.
[46] 梁昆淼. 数学物理方法. 北京:高等教育出版社,1996.

第三章　矢量波函数及其变换

自从 1935 年 Hansen 提出矢量波函数以来，特别是 Waterman 建立声、电磁、弹性波散射的 $\boldsymbol{T}$ 矩阵理论以来，矢量波函数已成为处理波场与材料相互作用的一个有力工具。

本章强调波函数的数值计算和不同波函数的相互转换；重视矢量波函数的完备性和多体散射问题的公式列写（formulation）及数值实施（implementation）。这方面增加了一些新的文献，如李乐伟关于长旋转椭球波函数的计算及其物理应用，张善杰关于各种特殊函数的计算及其应用以及快速多极子法用于求解积分方程的最近工作在本章中都没能反映。本书中基本上反映的还是 20 年前的水平，但万变不离其宗，时过境迁，作者的兴趣已不在这些老问题。关于如何算准球面上积分的工作，在均匀各向异性介质的矢量球波函数理论，几何各向异性（非球导体，介质体）的 $\boldsymbol{T}$ 矩阵理论以及快速多极法等许多问题中均要涉及。

本章详尽地讨论了各种波函数的平面波展开式，并在此基础上创立了各向异性介质的矢量波函数理论。

3.1　正交曲线坐标系

关于坐标系的简洁讨论可见于 Stratton 的经典名著《Electromagnetic Theory》[1]，比较详细的讨论可参考 Moon 和 Spencer 所著的《Field Theory Handbook》[2]。这里仅对正交曲线坐标系的有关知识作一简短的回顾。

在直角坐标系中，空间的每一点都对应一组坐标 (x,y,z)。在广义坐标系中，空间的每一点则对应一组坐标 (u_1,u_2,u_3)。这两种坐标之间的变换关系可用函数表示为

$$x=\varphi_1(u_1,u_2,u_3),\quad y=\varphi_2(u_1,u_2,u_3),\quad z=\varphi_3(u_1,u_2,u_3) \tag{3.1}$$

或

$$u_1=f_1(x,y,z),\quad u_2=f_2(x,y,z),\quad u_3=f_3(x,y,z) \tag{3.2}$$

函数 u_1,u_2,u_3 被称为广义坐标或曲线坐标。在所论区域边界限定的范围内，过每一点有三个面

$$u_1=常数,\quad u_2=常数,\quad u_3=常数 \tag{3.3}$$

它们被称为坐标面。在每个坐标面上一个坐标为常数，另外两个为变量。两个面相交得到的曲线称为坐标线。在每一条坐标线上，两个坐标为常数，另一个为变量。坐标线用变化的那个坐标来标明。

设任意长度元 $\mathrm{d}\boldsymbol{l}$，当用直角坐标表示为

$$\mathrm{d}\boldsymbol{l}=\hat{\boldsymbol{x}}\mathrm{d}x+\hat{\boldsymbol{y}}\mathrm{d}y+\hat{\boldsymbol{z}}\mathrm{d}z \tag{3.4}$$

式中，$\hat{\boldsymbol{x}}$，$\hat{\boldsymbol{y}}$，$\hat{\boldsymbol{z}}$ 代表 $\boldsymbol{x}$，$\boldsymbol{y}$，$\boldsymbol{z}$ 方向的单位矢量。

在曲线坐标系中,式(3.4)可写成

$$\mathrm{d}\boldsymbol{l} = h_1 \mathrm{d}u_1 \hat{\boldsymbol{u}}_1 + h_2 \mathrm{d}u_2 \hat{\boldsymbol{u}}_2 + h_3 \mathrm{d}u_3 \hat{\boldsymbol{u}}_3 \tag{3.5}$$

$$h_i = \left[\left(\frac{\partial \varphi_i}{\partial u_1}\right)^2 + \left(\frac{\partial \varphi_i}{\partial u_2}\right)^2 + \left(\frac{\partial \varphi_i}{\partial u_3}\right)^2\right]^{\frac{1}{2}}, \quad i = 1,2,3 \tag{3.6}$$

式中,h_i 称为度量系数。有了 h_i 的表达式,就可以写出任意正交曲线坐标系中的梯度、散度、旋度,标量和矢量拉普拉斯算子的表达式为

$$\nabla\varphi = \sum_{j=1}^{3} \frac{1}{h_j} \frac{\partial \varphi}{\partial u_j} \hat{\boldsymbol{u}}_j \tag{3.7}$$

$$\nabla\cdot \boldsymbol{F} = \frac{1}{h_1 h_2 h_3}\left[\frac{\partial}{\partial u_1}(h_2 h_3 F_1) + \frac{\partial}{\partial u_2}(h_3 h_1 F_2) + \frac{\partial}{\partial u_3}(h_1 h_2 F_3)\right] \tag{3.8}$$

$$\nabla\times F = \frac{1}{h_1 h_2 h_3}\begin{vmatrix} h_1 \hat{\boldsymbol{u}}_1 & h_2 \hat{\boldsymbol{u}}_2 & h_3 \hat{\boldsymbol{u}}_3 \\ \dfrac{\partial}{\partial u_1} & \dfrac{\partial}{\partial u_2} & \dfrac{\partial}{\partial u_3} \\ h_1 F_1 & h_2 F_2 & h_3 F_3 \end{vmatrix} \tag{3.9}$$

$$\nabla^2\varphi = \frac{1}{h_1 h_2 h_3}\left[\frac{\partial}{\partial u_1}\left(\frac{h_2 h_3}{h_1}\frac{\partial \varphi}{\partial u_1}\right) + \frac{\partial}{\partial u_2}\left(\frac{h_3 h_1}{h_2}\frac{\partial \varphi}{\partial u_2}\right) + \frac{\partial}{\partial u_3}\left(\frac{h_1 h_2}{h_3}\frac{\partial \varphi}{\partial u_3}\right)\right] \tag{3.10}$$

$$\nabla^2 \boldsymbol{F} = \nabla\cdot \nabla \boldsymbol{F} = \nabla\nabla\cdot \boldsymbol{F} - \nabla\times\nabla\times \boldsymbol{F} \tag{3.11}$$

$\nabla\times\nabla\times \boldsymbol{F} =$

$$\begin{vmatrix} \dfrac{\hat{\boldsymbol{u}}_1}{h_2 h_3} & \dfrac{\hat{\boldsymbol{u}}_2}{h_3 h_1} & \dfrac{\hat{\boldsymbol{u}}_3}{h_1 h_2} \\ \dfrac{\partial}{\partial u_1} & \dfrac{\partial}{\partial u_2} & \dfrac{\partial}{\partial u_3} \\ \dfrac{h_1}{h_2 h_3}\left[\dfrac{\partial}{\partial u_2}(h_3 F_3) - \dfrac{\partial}{\partial u_3}(h_2 F_2)\right] & \dfrac{h_2}{h_3 h_1}\left[\dfrac{\partial}{\partial u_3}(h_1 F_1) - \dfrac{\partial}{\partial u_1}(h_3 F_3)\right] & \dfrac{h_3}{h_1 h_2}\left[\dfrac{\partial}{\partial u_1}(h_2 F_2) - \dfrac{\partial}{\partial u_2}(h_1 F_1)\right] \end{vmatrix} \tag{3.12}$$

式中,F_1, F_2, F_3 为矢量 $\boldsymbol{F}$ 在 $\hat{\boldsymbol{u}}_1, \hat{\boldsymbol{u}}_2, \hat{\boldsymbol{u}}_3$ 方向的分量,即

$$\boldsymbol{F} = F_1 \hat{\boldsymbol{u}}_1 + F_2 \hat{\boldsymbol{u}}_2 + F_3 \hat{\boldsymbol{u}}_3 \tag{3.13}$$

为了便于查阅,下面给出某些坐标系的度量系数,由式(3.7)～(3.13)可写出在各种坐标下的微分算符。

(1) 柱坐标

变量

$$u_1 = r, \quad u_2 = \theta, \quad u_3 = z \tag{3.14}$$

被称为圆柱坐标。将圆柱坐标与直角坐标联系起来的方程为

$$x = r\cos\theta, \quad y = r\sin\theta, \quad z = z \tag{3.15}$$

度量系数为

$$h_1 = 1, \quad h_2 = r, \quad h_3 = 1 \tag{3.16}$$

(2) 球坐标

变量

$$u_1 = r, \quad u_2 = \theta, \quad u_3 = \varphi \tag{3.17}$$

被称为球坐标。它们与直角坐标的变换关系为

$$x = r\sin\theta\cos\varphi, \quad y = r\sin\theta\sin\varphi, \quad z = r\cos\theta \tag{3.18}$$

度量系数为

$$h_1 = 1, \quad h_2 = r, \quad h_3 = r\sin\theta \tag{3.19}$$

(3) 椭圆柱坐标

变量

$$u_1 = \xi, \quad u_2 = \eta, \quad u_3 = z \tag{3.20}$$

被称为椭圆柱坐标。它们与直角坐标的变换关系为

$$x = c\xi\eta, \quad y = c\sqrt{(\xi^2-1)(1-\eta^2)}, \quad z = z \tag{3.21}$$

式中，c 为椭圆的半焦距；坐标 ξ，η 有明显的几何意义。ξ 等于常数的坐标面代表一族椭圆横截面的柱体，η 等于常数的坐标面代表一族共焦的双叶双曲柱面，这两个共焦系的方程为

$$\frac{x^2}{\xi^2} + \frac{y^2}{\xi^2-1} = c^2, \quad \frac{x^2}{\eta^2} - \frac{y^2}{1-\eta^2} = c^2 \tag{3.22}$$

$$\xi \geqslant 1, \quad -1 \leqslant \eta \leqslant 1 \tag{3.23}$$

显然椭圆 e 的半长轴和半短轴分别是

$$a = c\xi, \quad b = c\sqrt{\xi^2-1} \tag{3.24}$$

因而偏心率是

$$e = \frac{c}{a} = \frac{1}{\xi} \tag{3.25}$$

椭圆柱坐标系的度量系数为

$$h_1 = c\sqrt{\frac{\xi^2-\eta^2}{\xi^2}}, \quad h_2 = c\sqrt{\frac{\xi^2-\eta^2}{1-\eta^2}}, \quad h_3 = 1 \tag{3.26}$$

(4) 旋转椭球坐标系

共焦椭圆坐标系沿 z 轴移动得到椭圆柱坐标系。椭圆绕一对称轴旋转可得旋转椭球坐标系。绕长轴旋转得到长旋转椭球坐标系，绕短轴旋转得到扁旋转椭球坐标系。

变量

$$u_1 = \xi, \quad u_2 = \eta, \quad u_3 = \varphi \tag{3.27}$$

被称为长旋转椭球坐标。它们与 x，y，z 的变换关系为

$$\begin{cases} x = c\xi\eta \\ y = c\sqrt{(\xi^2-1)(1-\eta^2)}\cos\varphi \\ z = c\sqrt{(\xi^2-1)(1-\eta^2)}\sin\varphi \\ \xi \geqslant 1, -1 \leqslant \eta \leqslant 1, 0 \leqslant \varphi \leqslant 2\pi \end{cases} \tag{3.28}$$

度量系数为

$$h_1 = c\sqrt{\frac{\xi^2-\eta^2}{\xi^2-1}}, \quad h_2 = c\sqrt{\frac{\xi^2-\eta^2}{1-\eta^2}}, \quad h_3 = c\sqrt{(\xi^2-1)(1-\eta^2)} \tag{3.29}$$

式中，ξ，η 的定义同于式(3.22)，因而 c 自然也就代表椭圆的半焦距，φ 是 x 平面上自 y 轴测量的旋转角。

变量

$$u_1 = \xi, \quad u_2 = \eta, \quad u_3 = \varphi \tag{3.30}$$

被称为扁旋转椭球坐标系。这里 ξ,η 的定义仍同于式(3.22)，φ 是 y 平面上自 z 轴测量的旋转角，变换为直角坐标时

$$x = c\xi\eta\sin\varphi, \quad y = c\sqrt{(\xi^2-1)(1-\eta^2)}, \quad z = c\xi\eta\cos\varphi \tag{3.31}$$

度量系数为

$$h_1 = c\sqrt{\frac{\xi^2-\eta^2}{\xi^2-1}}, \quad h_2 = c\sqrt{\frac{\xi^2-\eta^2}{1-\eta^2}}, \quad h_3 = c\xi\eta \tag{3.32}$$

关于旋转椭球坐标的实用意义可以从以下事实看出：当偏心率趋于1时，长球体成为棒形，因而可以借助于长球坐标系下波动方程的解来研究一些天线问题；当偏心率趋于1时，扁球体退化成一个平的圆盘，可以借助于扁球坐标系下波动方程的解来研究圆盘和圆孔的衍射问题[3,4]。还可以利用长扁球物体的解析波函数解来逼近和推测一些旋转体的散射特性[5]。

导出扁、长旋转椭球坐标系下的吸收边界条件[6]是计算电磁学上一个很有实际意义的问题，读者不妨一试。

3.2　标量波函数

标量波函数不仅是矢量波函数的基础，而且本身也很重要。所以，本节准备用较长的篇幅介绍标量波函数的有关知识。这方面的著作有 Harrington 的《Time Harmonic Electromagnetic Fields》[7]和 Stratton 的《Electromagnetic Theory》[1]。专修电磁理论的读者应该读一读这两本书。

下面分别就3.1节介绍的几种坐标系讨论它们相应的波函数。至于标量波动方程在常见11种坐标系中的可分性问题，以及分离变量方程的一般形式等，读者可参阅文献[3]。

3.2.1　平面波函数

在直角坐标中，波动方程为

$$\frac{\partial^2\psi}{\partial x^2} + \frac{\partial^2\psi}{\partial y^2} + \frac{\partial^2\psi}{\partial z^2} + k^2\psi = 0 \tag{3.33}$$

令它的解为

$$\psi = X(x)Y(y)Z(z) \tag{3.34}$$

进行变量分离得

$$\frac{\mathrm{d}^2X}{\mathrm{d}x^2} + k_x^2X = 0, \quad \frac{\mathrm{d}^2Y}{\mathrm{d}y^2} + k_y^2Y = 0, \quad \frac{\mathrm{d}^2Z}{\mathrm{d}z^2} + k_z^2Z = 0 \tag{3.35}$$

式中，k_x, k_y, k_z 为分离常数，它们满足

$$k_x^2 + k_y^2 + k_z^2 = k^2 \tag{3.36}$$

式(3.35)的三个公式的形式都是一样的，称为调和方程式，它们的解称为调和函数，用 $h(k_x x), h(k_y y), h(k_z z)$ 来表示。常用的调和函数是

$$h(k_x x), \sin k_x x, \cos k_x x, \mathrm{e}^{\mathrm{j}k_x}x^x, \mathrm{e}^{-\mathrm{j}k_x}x^x \tag{3.37}$$

其中任何两个都是线性独立的，调和函数是线性的。

$$\psi = h(k_x x)h(k_y y)h(k_z z) \tag{3.38}$$

称为基本波函数。基本波函数的叠加仍是波动方程的解。如果处理的是有限边界内的问题，如矩形区域内的问题，则分离常数 k_x，k_y 等取离散的值，叠加体现为求和，即

$$\psi = \sum_{k_x}\sum_{k_y} B(k_x, k_y)h(k_y y)h(k_z z) \tag{3.39}$$

如果处理的是无限区域的问题，如半平面、分层介质等，则分离常数 k_x，k_y 等取连续的值，叠加体现为积分，即

$$\psi = \int k_x \int k_y f(k_x, k_y)h(k_x x)h(k_y y)h(k_z z)\,\mathrm{d}k_x\mathrm{d}k_y \tag{3.40}$$

由于平面波函数的表达式极其简单，读者也比较熟悉，所以详细地讨论一下其波动特性，以便将其他坐标系中的波函数与平面波函数进行对照。

当 k_x 为正实数时，$h(k_x x) = \mathrm{e}^{-\mathrm{j}k_x x}$ 代表不衰减的沿 $+x$ 方向的行波；当 k_x 为实部大于零的复数时，代表衰减的沿 $+x$ 方向的行波。

当 k_x 为正实数时，$h(k_x x) = \mathrm{e}^{\mathrm{j}k_x x}$ 代表不衰减的沿 $-x$ 方向的行波；当 k_x 为实部大于零的复数时，代表衰减的沿 $-x$ 方向的行波。

当 k_x 为纯虚数时，上述两波变成雕落场。

当 k_x 为实数时，$h(k_x x) = \cos k_x x$，$\sin k_x x$ 代表纯驻波；当 k_x 为复数时，代表局部驻波。

依据上述物理意义，k_x，k_y，k_z 分别被称为沿 x，y，z 方向的波数。按式(3.36)，我们可以用一矢量表示 $\boldsymbol{k}$，即

$$\boldsymbol{k} = k_x\hat{\boldsymbol{x}} + k_y\hat{\boldsymbol{y}} + k_z\hat{\boldsymbol{z}} \tag{3.41}$$

于是基本波函数

$$\psi = \mathrm{e}^{-\mathrm{j}k_x x}\mathrm{e}^{-\mathrm{j}k_y y}\mathrm{e}^{-\mathrm{j}k_z z} \tag{3.42}$$

可写成

$$\psi = \mathrm{e}^{-\mathrm{j}\boldsymbol{kr}} \tag{3.43}$$

由子电磁场矢量满足矢量波动方程，其直角分量则满足标量波动方程。既然标量波动方程的任意解可以由平面波对波数的叠加得到(见式(3.39)、式(3.40))，那么，任意电磁场也可以由矢量平面波对波数的叠加得到。这一思路不仅适用于平面波函数，也适用于其他坐标系中的波函数；不仅适用于各向同性介质，而且也适用于各向异性煤质。

3.2.2　圆柱波函数

在圆柱坐标中标量波动方程为

$$\frac{1}{r}\frac{\partial}{\partial r}\left(r\frac{\partial\psi}{\partial r}\right) + \frac{1}{r^2}\frac{\partial^2\psi}{\partial\theta^2} + \frac{\partial^2\psi}{\partial z^2} + k_2\psi = 0 \tag{3.44}$$

令上式的解为

$$\psi = f_1(r)f_2(\theta)f_3(z) \tag{3.45}$$

得分离变量方程

$$\begin{cases} r\dfrac{\mathrm{d}}{\mathrm{d}r}\left(r\dfrac{\mathrm{d}f_1}{\mathrm{d}r}\right)+[(k^2-h^2)r^2-p^2]f_1=0 \\ \dfrac{\mathrm{d}^2 f_2}{\mathrm{d}\theta^2}+p^2 f_2=0 \\ \dfrac{\mathrm{d}^2 f_3}{\mathrm{d}z^2}+h^2 f_3=0 \end{cases} \tag{3.46}$$

式中，h，p 是分离常数，它们的选择取决于物理上的要求。以 p 为例，如果要求场的单值性，即对 θ 来说，场必须是周期的，则 p 限于取整数；如果 θ 的取值范围为平面 $\theta=\theta_1$ 和 $\theta=\theta_2$ 所限扇形空间内，则 p 取一些非整数的离散值。

径向函数 $f_1(r)$ 满足贝塞尔方程，其解为贝塞尔函数，并记为 $f_1=Z_p(\sqrt{k^2-h^2}r)$，$Z_p(r)$ 称为宗量为 r 的 p 阶贝塞尔函数。常用的贝塞尔方程的解为

$$\begin{cases} J_n(r), Y_n(r) \\ H_n^{(1)}(r)=J_n(r)+\mathrm{j}Y_n(r) \\ H_n^{(2)}(r)=J_n(r)-\mathrm{j}Y_n(r) \end{cases} \tag{3.47}$$

它们分别被称为第一类贝塞尔函数和第二类贝塞尔函数。第一类汉克尔函数和第二类汉克尔函数

$$\psi=Z_n(\sqrt{k^2-h^2}r)\mathrm{e}^{\mathrm{j}hz}\mathrm{e}^{\mathrm{j}n\theta} \tag{3.48}$$

被称为基本波函数。可以像上一小节那样叠加得到任意波方程的解，不再复述。

将自变量写为 $\rho=\sqrt{k^2-h^2}r$，则 Z_p 满足

$$\frac{\mathrm{d}^2 Z_p}{\mathrm{d}\rho^2}+\frac{1}{\rho}\frac{\mathrm{d}Z_p}{\mathrm{d}\rho}+\left(1-\frac{p^2}{\rho^2}\right)Z_p=0 \tag{3.49}$$

这是一个具有正则奇点 $\rho=0$ 和非正则奇点 $\rho=\infty$ 的二阶常微分方程，它有在 $\rho=0$ 处有限的特解

$$J_p(\rho)=\sum_{m=0}^{\infty}\frac{(-1)^m}{m!\Gamma(p+m+1)}\left(\frac{\rho}{2}\right)^{p+2m} \tag{3.50}$$

因为在式(3.49)中用 $-p$ 代替 p，方程不变，所以当 ρ 不是整数时如将 p 换成 $-p$，便可以从式(3.8)得出二阶常微分方程的第二个线性无关解。但是，$p=n$ 为整数时，$J_n(\rho)$ 与 $J_{-n}(\rho)$ 线性相关：

$$J_{-n}(\rho)=(-1)^n J_n(\rho) \tag{3.51}$$

必须借助于其他方法寻找第二个解。

第二类贝塞尔函数 $Y_n(\rho)$ 由定义为

$$\begin{aligned} Y_n(\rho)&=\lim_{p\to n}\frac{J_p(\rho)\cos p\pi-J_{-p}(\rho)}{\sin p\pi} \\ &=\frac{2}{\pi}J_n(\rho)\ln\frac{\rho}{2}-\frac{1}{\pi}\sum_{k=0}^{n-1}\frac{(n-k-1)!}{k!}\left(\frac{\rho}{2}\right) \\ &\quad-\frac{1}{\pi}\sum_{k=0}^{\infty}\frac{(-1)^k}{k!(n+k)!}[\psi(n+k+1)+\psi(k+1)]\left(\frac{\rho}{2}\right)^{2k+n} \end{aligned} \tag{3.52}$$

式中，$\psi(z)=\Gamma'(z)/\Gamma(z)$，当 $n=0$ 时，去掉第二项有限和。

由式(3.52)可见 $\rho\to 0$ 时

$$\begin{cases} Y_0(\rho) = -\dfrac{2}{\pi}\ln\dfrac{2}{\gamma\rho} \\ Y_n(\rho) = \dfrac{-(n-1)!}{\pi}\left(\dfrac{2}{\rho}\right)^n, \quad n \geqslant 1 \\ \gamma = 1.78107 \end{cases} \tag{3.53}$$

因此，第二类零阶贝塞尔函数在原点有对数奇异性，而第二类 n 阶贝塞尔函数有一 n 阶奇异性。因此，在处理含 $\rho = 0$ 的区域内的边值问题时，$Y_n(\rho)$ 不能作为方程的一般解出现。

由式(3.50)和式(3.52)定义的 $J_n(\rho)$ 和 $Y_n(\rho)$ 对于小 ρ 有非常好的收敛特性。理论上，除 $\rho=0$ 和 $\rho=\infty$ 以外，在原点的展开式对所有有限 ρ 都是收敛的。事实上，经实际数值计算验证，仅当 $\rho<18$ 时，式(3.50)和式(3.52)才收敛到正确值。尽管实际数值计算不常用式(3.50)和式(3.52)，但由于它们在表达上的简洁和良好的解析性质，常用于一些边值问题的解析处理中[8,9]。

实际计算时，都是采用所谓逆递推公式进行的[10]。对于给定的 x，选定适当大的正整数

$$M(x) = \begin{cases} 2.5x + 13, & x \leqslant 10 \\ 1.4x + 25, & 10 < x < 45 \\ 1.1x + 40, & 45 \leqslant x < 250 \\ 1.03x + 65, & 250 \leqslant x \end{cases} \tag{3.54}$$

令 $j_{M+1} = 0, j_M = 10^{-12}$，以递推公式

$$j_{n-1} = \frac{2n}{x} j_n - j_{n+1}, \quad n = M, M-1, \cdots, 1, 0 \tag{3.55}$$

计算出 $j_{M-1}, j_{M-2}, \cdots, j_1, j_0$，由公式

$$BK = j_0 + 2\sum_{I=1}^{\left[\frac{M}{2}\right]} j_{2I} \tag{3.56}$$

则有

$$j_N(x) = j_N / BK \tag{3.57}$$

式(3.56)中 $\left[\dfrac{M}{2}\right]$ 表示 $\dfrac{M}{2}$ 的整数部分。

$$\begin{cases} y_0(x) = \dfrac{2}{\pi}\left\{J_0(x)\cdot\left(\gamma + \ln\dfrac{x}{2}\right) - 2\sum_{n=1}^{\left[\frac{M}{2}\right]} \dfrac{(-1)^n}{n} j_{2n}\right\} \\ Y_0(x) = y_0(x)/BK \end{cases} \tag{3.58}$$

式中，$\gamma = 0.5772156649$ 为欧拉常数，再由式

$$J_n(x)Y_{n-1}(x) - J_{n+1}(x)Y_n(x) = -\frac{2}{\pi}x \tag{3.59}$$

便可求出 $Y_n(x)$。

当 ρ 足够大时，贝塞尔函数有大自变量渐近展开式

$$
\begin{cases}
J_n(\rho)=\sqrt{\dfrac{2}{\pi\rho}}\cos\left(\rho-\dfrac{2n+1}{4}\pi\right) \\
Y_n(\rho)=\sqrt{\dfrac{2}{\pi\rho}}\sin\left(\rho-\dfrac{2n+1}{4}\pi\right) \\
H_n^{(1)}(\rho)=\sqrt{\dfrac{2}{\pi\rho}}\mathrm{e}^{-\mathrm{j}\left(\rho-\frac{2n+1}{4}\pi\right)} \\
H_n^{(2)}(\rho)=\sqrt{\dfrac{2}{\pi\rho}}\mathrm{e}^{\mathrm{j}\left(\rho-\frac{2n+1}{4}\pi\right)}, \quad \rho\gg n
\end{cases}
\tag{3.60}
$$

由式(3.60)可见，$J_n(kr)$ 和 $Y_n(kr)$ 当 k 为实数时类似正弦规律变化，因而可代表驻波；$H_n^{(1)}(kr)$ 和 $H_n^{(2)}(kr)$ 当 k 为实数时类似指数规律变化，因而可代表行波，$H_n^{(1)}(kr)$ 是向内行波，$H_n^{(2)}(kr)$ 是向外行波。

3.2.3 圆球波函数

在球坐标中，标量波动方程为

$$\frac{1}{r^2}\frac{\partial}{\partial r}\left(r^2\frac{\partial\psi}{\partial r}\right)+\frac{1}{r^2\sin\theta}\frac{\partial}{\partial\theta}\left(\sin\theta\frac{\partial\psi}{\partial\theta}\right)+\frac{1}{r^2\sin^2\theta}\frac{\partial^2\psi}{\partial\varphi^2}+k^2\psi=0 \tag{3.61}$$

采用分离变量法，令 $\psi=f_1(r)f_2(\theta)f_3(\varphi)$ 得到

$$r^2\frac{\mathrm{d}^2 f_1}{\mathrm{d}r^2}+2r\frac{\mathrm{d}f_1}{\mathrm{d}r}+(k^2r^2-p^2)f_1=0 \tag{3.62}$$

$$\frac{1}{\sin\theta}\frac{\mathrm{d}}{\mathrm{d}\theta}\left(\sin\theta\frac{\mathrm{d}f_2}{\mathrm{d}\theta}\right)+\left(p^2-\frac{q^2}{\sin^2\theta}\right)f_2=0 \tag{3.63}$$

$$\frac{\mathrm{d}^2 f_3}{\mathrm{d}\varphi^2}+q^2 f_3=0 \tag{3.64}$$

式中，p 和 q 为分离常数，它们的选择受到场在空间任意固定点必须为单值这一物理限制。若介质特性与赤道角 φ 无关，则 $f_3(\varphi)$ 是关于 φ 的周期函数，故 q 仅取整数值，$m=0,\pm1,\pm2,\cdots$，对任意的 p 值，式(3.63)的解很复杂，但是，若选择 $p^2=n(n+1)$，$n=0,1,2,\cdots$，则 $f_2(\theta)$ 就是以 2π 为周期的函数，且具有非常简单的形式，即伴随勒让得多项式

$$f_2(\theta)=P_n^m(\cos\theta) \tag{3.65}$$

与 $P_n^m(\cos\theta)$ 相应的另一独立解为 $Q_n^m(\cos\theta)$。限于篇幅不再详述，有兴趣的读者请参考 Smythe 所著《Static and Dynamic Electricity》[11]。

令 $f_1(r)=\sqrt{\dfrac{1}{kr}}v(r)$，不难证明 $v(r)$ 满足

$$r^2\frac{\mathrm{d}^2 v}{\mathrm{d}r^2}+r\frac{\mathrm{d}v}{\mathrm{d}r}+\left[k^2r^2-\left(n+\frac{1}{2}\right)^2\right]v=0 \tag{3.66}$$

这是一个半奇数阶的贝塞尔方程，其解为

$$f_1(r)=\frac{1}{\sqrt{kr}}Z_{n-\frac{1}{2}}(kr) \tag{3.67}$$

定义球贝塞尔函数为

$$\begin{cases} z_n(\rho) = \sqrt{\dfrac{\pi}{2\rho}} Z_{n+\frac{1}{2}}(\rho) \\ j_n(\rho) = \sqrt{\dfrac{\pi}{2\rho}} J_{n+\frac{1}{2}}(\rho) \\ y_n(\rho) = \sqrt{\dfrac{\pi}{2\rho}} Y_{n+\frac{1}{2}}(\rho) \\ h_n^{(1)}(\rho) = \sqrt{\dfrac{\pi}{2\rho}} H_{n+\frac{1}{2}}^{(1)}(\rho) \\ h_n^{(2)}(\rho) = \sqrt{\dfrac{\pi}{2\rho}} H_{n+\frac{1}{2}}^{(2)}(\rho) \end{cases} \tag{3.68}$$

函数 $P_n^m(\cos\theta)$ 在 $\theta=0,\pi$ 处取有限的值，而 $Q_n^m(\cos\theta)$ 在 $\theta=0,\pi$ 时成为无限大。在 $r=0$ 为有限值的球函数只有 $j_n(kr)$，因此对于球内的散射场，可取基本波函数为

$$\psi = j_n(kr) P_n^m(\cos\theta) e^{jm\varphi} \tag{3.69}$$

对于球外的场，可取基本波函数为

$$\psi = h_n^{(2)}(kr) P_n^m(\cos\theta) e^{jm\varphi} \tag{3.70}$$

照样，可以由基本波函数的叠加表示任意波场

$$\psi = \sum_m \sum_n C_{mn} z_m(kr) P_n^m(\cos\theta) e^{jm\varphi} \tag{3.71}$$

球贝塞尔函数的性质与圆柱贝塞尔函数的性质相似。当 k 为实数时，$j_n(kr)$，$y_n(kr)$ 可表示驻波场，$h_n^{(1)}(kr)$ 代表向内行波，应注意对应的时间因子是 $e^{j\omega t}$ 还是 $e^{-j\omega t}$ 。$h_n^{(2)}(kr)$ 表示向外行波。零阶的球贝塞尔函数有简单的表达式为

$$\begin{cases} j_0(x) = \dfrac{\sin x}{x}, \quad n_0(x) = -\dfrac{\cos x}{x} \\ h_0^{(1)}(x) = \dfrac{e^{jx}}{jx}, \quad h_0^{(2)}(x) = -\dfrac{e^{-jx}}{jx} \end{cases} \tag{3.72}$$

高阶球贝塞尔函数也有显明初等函数表达式。但是，除非阶数较低，球贝塞尔函数的计算仍然采用对 j_n 的逆递推算法和对 y_n 的顺递推算法进行。

3.2.4　椭圆柱波函数

在椭圆柱坐标下，波动方程为

$$\sqrt{\xi^2-1}\frac{\partial}{\partial\xi}\left(\sqrt{\xi^2-1}\frac{\partial\psi}{\partial\xi}\right) + \sqrt{1-\eta^2}\frac{\partial}{\partial\eta}\left(\sqrt{1-\eta^2}\frac{\partial\psi}{\partial\eta}\right) + \left(\frac{\partial^2}{\partial z^2}+k^2\right)c^2(\xi^2-\eta^2)\psi = 0 \tag{3.73}$$

用分离变量法，令

$$\psi = f_1(\xi) f_2(\eta) f_3(z)$$

得

$$(\xi^2-1)\frac{d^2 f_1}{d\xi^2} + \xi\frac{df_1}{d\xi} + [c^2(k^2-h^2)\xi^2 - b] f_1 = 0 \tag{3.74}$$

$$(1-\eta^2)\frac{d^2 f_2}{d\eta^2} - n\frac{df_2}{d\eta} + [b - c^2(k^2-h^2)\eta^2] f_2 = 0 \tag{3.75}$$

$$\frac{d^2 f_3}{dz^2} + h^2 f_3 = 0 \tag{3.76}$$

式中，b，h 为分离常数；c 为椭圆的半焦距。

通过自变量的变换，可以将式(3.75)和式(3.76)简化，令

$$\xi = \text{ch}u, \quad \eta = \cos v \tag{3.77}$$

我们有

$$\frac{d^2 f_1}{du^2} + (c^2\lambda^2 \text{ch}^2 u - b) f_1 = 0 \tag{3.78}$$

$$\frac{d^2 f_2}{dv^2} + (b - c^2\lambda^2 \cos^2 v) f_2 = 0 \tag{3.79}$$

这里 $\lambda = \sqrt{k^2 - h^2}$，进一步令

$$q = \frac{1}{4}(c\lambda)^2, \quad a = b - \frac{1}{2}(c\lambda)^2 \tag{3.80}$$

$$\frac{d^2 f_1}{du^2} - (a - 2q\text{ch}2u) f_1 = 0 \tag{3.81}$$

$$\frac{d^2 f_2}{dv^2} + (a - 2q\cos 2v) f_2 = 0 \tag{3.82}$$

式(3.82)称为普通马丢方程，式(3.81)称为修正马丢方程。在通常的应用中，q 为实正数，而 a 为与 q 有关的分离常数，如介质是均匀的，$f_2(v)$ 就必须是角 v 的周期函数，尽管上述方程虽然对任意常数 a 有解存在，但只有在 a 取得某些特征值(本征值)时，式(3.82)才有周期解。可以证明，存在可数无穷个周期为 π 或 2π 的周期解。我们用 $a = a_{2r}(q)$ 代表周期为 π 的偶解的特征值；用 $a = a_{2r+1}(q)$ 代表周期为 2π 的偶解的特征值；用 $a = b_{2r+2}(q)$ 代表周期为 π 的奇解的特征值；用 $a = b_{2r+1}(q)$ 代表周期为 2π 的奇解的特征值。如果 $q \geqslant 0$，所有这些特征值严格分离，且有

$$a_0 < b_1 < a_2 < b_2 < \cdots < a_{2r} < b_{2r} < a_{2r+1} < b_{2r+1} < b_{2r+2} < \cdots \tag{3.83}$$

对每一个特征值，式(3.82)的解有傅里叶级数表达式

$$\text{ce}_{2r}(v,q) = \sum_{m=0}^{\infty} A_{2m}^{(2r)} \cos 2mv, \quad a = a_{2r} \tag{3.84}$$

$$\text{ce}_{2r+1}(v,q) = \sum_{m=0}^{\infty} A_{2m+1}^{(2r+1)} \cos(2m+1)v, \quad a = a_{2r+1} \tag{3.85}$$

$$\text{se}_{2r+2}(v,q) = \sum_{m=0}^{\infty} B_{2m+2}^{(2r+2)} \sin(2m+2)v, \quad a = b_{2r+2} \tag{3.86}$$

$$\text{se}_{2r+1}(v,q) = \sum_{m=0}^{\infty} B_{2m+1}^{(2r+1)} \sin(2m+1)v, \quad a = b_{2r+1} \tag{3.87}$$

注意到式(3.81)和式(3.82)之间的相似性(在式(3.81)中以 jv 代 u 即得到式(3.82))，可以得到第一类变态马丢函数为

$$\text{ce}_{2r}(u,q) = \text{ce}_{2r}(\text{j}u,q) = \sum_{m=0}^{\infty} A_{2m}^{(2r)} \text{ch}2mu, \quad a = a_{2r} \tag{3.88}$$

$$\text{ce}_{2r+1}(u,q) = \text{ce}_{2r+1}(\text{j}u,q) = \sum_{m=0}^{\infty} A_{2m+1}^{(2r+1)} \text{ch}(2m+1)u, \quad a = a_{2r+1} \tag{3.89}$$

$$\mathrm{se}_{2r+1}(u,q)=\sum_{m=0}^{\infty}B_{2m+2}^{(2r+2)}\,\mathrm{sh}(2m+2)u,\quad a=b_{2r+2} \tag{3.90}$$

$$\mathrm{se}_{2r+2}(u,q)=\sum_{m=0}^{\infty}B_{2m+1}^{(2r+1)}\,\mathrm{sh}(2m+1)u,\quad a=b_{2r+1} \tag{3.91}$$

在确定这些傅里叶系数之前，先要根据 q 值来确定特征值。确定特征值的方法有两种，其中一种是将特征值满足的无穷连分式截断求根。日本人发表的计算前六阶马丢函数特征值的程序就是利用这一方法设计的[12]。他们的方法适用于 $q\leqslant 30$ 的情形，这是实用上常见的情形。知道了特征值后，其傅里叶系数可由递推关系确定，由归一化关系可以完全定出所有系数的值。确定特征值的更好的方法是从特征值所满足的无穷行列式入手。事实上，有时直接用连分式解方程会造成误差，甚至会出现分母为零的情形而溢出。

将式(3.84)～(3.87)代入式(3.82)，得到四组关于傅里叶系数的方程

$$\begin{bmatrix} a_{2r} & -q & & & 0 \\ -2q & a_{2r}-4 & -q & & \\ & -q & a_{2r}-16 & -q & \\ & \ddots & \ddots & \ddots & \\ & & & & -q \\ 0 & & -q & a_{2r}-(2m)^2 & \end{bmatrix}\begin{bmatrix} A_0^{(2r)} \\ A_2^{(2r)} \\ A_4^{(2r)} \\ \vdots \\ A_{2m}^{(2r)} \end{bmatrix}=0 \tag{3.92}$$

$$\begin{bmatrix} a_{2r+1}-1-q & -q & & & 0 \\ -q & a_{2r+1}-9 & -q & & \\ & -q & a_{2r+1}-25 & -q & \\ & \ddots & \ddots & \ddots & \\ & & & & -q \\ 0 & & -q & a_{2r+1}-(2m+2)^2 & \end{bmatrix}\begin{bmatrix} A_1^{(2r+1)} \\ A_3^{(2r+1)} \\ A_5^{(2r+1)} \\ \vdots \\ A_{(2m+1)}^{(2r+1)} \end{bmatrix}=0$$

(3.93)

$$\begin{bmatrix} b_{2r+2}-4 & -q & & & 0 \\ -q & b_{2r+2}-16 & -q & & \\ & -q & b_{2r+2}-36 & -q & \\ & \ddots & \ddots & \ddots & \\ & & & & -q \\ 0 & & -q & b_{2r+2}-(2m+2)^2 & \end{bmatrix}\begin{bmatrix} B_2^{(2r+2)} \\ B_4^{(2r+2)} \\ B_6^{(2r+2)} \\ \vdots \\ B_{2m+2}^{(2r+2)} \end{bmatrix}=0$$

(3.94)

$$\begin{bmatrix} b_{2r+1}-1+q & -q & & & 0 \\ -q & b_{2r+1}-9 & -q & & \\ & -q & b_{2r+1}-25 & -q & \\ & \ddots & \ddots & \ddots & \\ & & & & -q \\ 0 & & -q & b_{2r+1}-(2m+1)^2 & \end{bmatrix}\begin{bmatrix} B_1^{(2r+1)} \\ B_3^{(2r+1)} \\ B_5^{(2r+1)} \\ \vdots \\ B_{2m+1}^{(2r+1)} \end{bmatrix}=0$$

(3.95)

这是一组特殊的三对角矩阵,因而可将求特征值的问题转化为求对称三对角矩阵的特征值。1973 年就已发表了对这四个矩阵特征值求解的特殊算法[13]。采用该算法后,矩阵的阶数并不大,$q=1000$ 时仅需 57 阶矩阵就能得到有很高精度的结果。

知道了特征值 a_m 后,就可求出傅里叶系数。通常,特征值为 a_m 的马丢函数最大的系数为 m 项(m 项至少为次大系数项),所以在采用递推关系求系数时,应从零项向 m 项递推和从 ∞ 项向 m 项递推同时采用,以减小由于计算机字长引起的数值误差,确保算法的数值稳定性。

尽管第一类径向马丢函数式(3.88)~(3.91)在椭圆直波导理论上找到了新的应用[14],但从数值计算的角度来看,它们的收敛速度都过于缓慢,在变态马丢函数的几种级数表达式中,以下列表达式最适于作数值计算:

$$\begin{cases}M^{j}_{c_{2r}}(u,q)=\sum\limits_{k=0}^{\infty}(-1)^{k+r}A^{(2r)}_{2k}\left[J_{k-r}(u_1)Z^{(j)}_{k+r}(u_2)\right.\\ \qquad\left.+J_{k+r}(u_1)Z^{(j)}_{k-r}(u_2)/(\varepsilon_r A^{(2r)}_{2r})\right]\\ \varepsilon_0=2,\quad \varepsilon_r=1,\quad r=1,2,3,\cdots,\quad a=a_{2r}\end{cases}\tag{3.96}$$

$$\begin{cases}M^{(j)}_{c_{2r+1}}(u,q)=\sum\limits_{k=0}^{\infty}(-1)^{k+r}A^{(2r+1)}_{2k+1}\left[J_{k-r}(u_1)Z^{(j)}_{k+r-1}(u_2)\right.\\ \qquad\left.+J_{k+r+1}(u_1)Z^{(j)}_{k-r}(u_2)/A^{(2r+1)}_{2r+1}\right]\\ a=a_{2r+1}\end{cases}\tag{3.97}$$

$$\begin{cases}M^{(j)}_{s_{2r}}(u,q)=\sum\limits_{k=0}^{\infty}(-1)^{k+r}B^{(2r)}_{2k}\left[J_{k-r}(u_1)Z^{(j)}_{k+r}(u_2)\right.\\ \qquad\left.-J_{k-r}(u_1)Z^{(j)}_{k+r+1}(u_2)/B^{(2r)}_{2r}\right]\\ a=b_{2r}\end{cases}\tag{3.98}$$

$$\begin{cases}M^{(j)}_{s_{2r+1}}(u,q)=\sum\limits_{k=0}^{\infty}(-1)^{k+r}B^{(2r+1)}_{2k+1}\left[J_{k-r}(u_1)Z^{(j)}_{k+r+1}(u_2)\right.\\ \qquad\left.-J_{k+r+1}(u_1)Z^{(j)}_{k-r}(u_2)/B^{(2r+1)}_{2r+1}\right]\\ a=b_{2r+1}\end{cases}\tag{3.99}$$

式中,$Z^{(j)}_k(u)$ 代表柱函数,具体表示为

$$\begin{cases}Z^{(1)}_k(u)=J_k(u)\\ Z^{(2)}_k(u)=Y_k(u)\\ Z^{(3)}_k(u)=J_k(u)+\mathrm{j}Y_k(u)=H^{(1)}_k(u)\\ Z^{(4)}_k(u)=H^{(2)}_k(u)\\ u_1=\sqrt{q}\mathrm{e}^{-u}\\ u_2=\sqrt{q}\mathrm{e}^{u}\end{cases}\tag{3.100}$$

式中,上标 (j) 代表第 j 类径向马丢函数。文献上并存的记号还有,直接用贝塞尔函数的记号来代表第一、二、三、四类变态马丢函数,而用 e 代替 c(即用偶代替余弦),o 代替 s(即用奇代替正弦)。例如 $M^{(1)}_{c_{2r}}=J_{e_{2r}}$,$M^{(3)}_{s_{2r+1}}=H^{(1)}_{o_{r+1}}$ 等。在本书中,将两种记号并用。

从以上讨论可见,除了利用递推公式巧妙地计算傅里叶系数外,计算马丢函数的工作主要是由 q 定出特征值 a 。$q\leqslant 20$ 时前几阶马丢函数的特征值已列成详尽的数表[15],也可按前述的方法进行数值计算。

当 $q \leqslant 1$ 时，研究者已对马丢函数的如下幂级数展开式进行了验证[14]，表明其可用于 $q<1$ 时特征值的快速计算。阶数越高，精度越好。

$$a_0(q)=-\frac{1}{2}q^2+\frac{7}{128}q^4-\frac{29}{2304}q^6+\frac{68\,687}{18\,874\,368}q^8+\cdots$$

$$a_1(-q)=b_1(q)=1-q-\frac{q^2}{8}+\frac{q^3}{64}-\frac{q^4}{1536}-\frac{11q^5}{36\,864}+\frac{49q^6}{589\,824}-\frac{55q^7}{9\,437\,184}-\frac{83q^8}{35\,389\,440}$$

$$b_2(q)=4-\frac{q^2}{12}+\frac{5q^4}{13\,824}-\frac{289q^6}{79\,626\,240}+\frac{21\,391q^8}{458\,647\,142\,400}+\cdots$$

$$a_2(q)=4+\frac{5q^2}{12}-\frac{763q^4}{13\,824}+\frac{1002\,401q^6}{79\,626\,240}-\frac{1\,669\,068\,401q^8}{458\,647\,142\,400}+\cdots$$

$$a_3(-q)=b_3(q)=9+\frac{q^2}{16}-\frac{q^3}{64}+\frac{13q^4}{20\,480}+\frac{5q^5}{16\,384}-\frac{1961q^6}{23\,592\,960}+\frac{609q^7}{104\,857\,600}+\cdots$$

$$b_4(q)=16+\frac{q^2}{30}-\frac{317q^4}{864\,000}+\frac{10\,049q^6}{2\,721\,600\,000}+\cdots$$

$$a_4(q)=16+\frac{q^2}{30}+\frac{433q^4}{864\,000}-\frac{5701q^6}{2721\,600\,000}+\cdots$$

$$a_5(-q)=b_5(q)=25+\frac{q^2}{48}+\frac{11q^4}{774\,144}-\frac{q^5}{147\,456}+\frac{37q^6}{891\,813\,888}+\cdots$$

$$b_6(q)=36+\frac{q^2}{70}+\frac{187q^4}{43\,904\,000}-\frac{5\,861\,633q^6}{92\,935\,987\,200\,000}+\cdots$$

$$a_6(q)=36+\frac{q^2}{70}+\frac{187q^4}{43\,904\,000}+\frac{6\,743\,617q^6}{92\,935\,987\,200\,000}+\cdots$$

$r \geqslant 7$ 时

$$\left.\begin{matrix}a_r\\b_r\end{matrix}\right\}=r^2+\frac{q^2}{2(r^2-1)}+\frac{(5r^2+7)q^4}{32(r^2-1)^3(r^2-4)}+\frac{(9r^4+58r^2+29)q^6}{64(r^2-1)^5(r^2-4)(r^2-9)}+\cdots \tag{3.101}$$

当 q 很大时，有关于特征值的渐近公式[16]

$$\begin{aligned}\left.\begin{matrix}a_r\\b_{r+1}\end{matrix}\right\}=&-2h^2+2\omega h-(\omega^2+1)2^{-3}-\omega(\omega^2+3)2^{-7}h^{-1}\\&-(5\omega^4+34\omega^2+9)2^{-12}h^{-2}\\&-\omega(33\omega^4+410\omega^2+405)2^{-17}h^{-3}\\&-(63\omega^6+1260\omega^4+2943\omega^2+486)2^{-20}h^{-4}\\&-\omega(527\omega^6+15\,617\omega^4+69\,001\omega^2+41\,607)2^{-25}h^{-5}\\&-(9387\omega^8+388\,700\omega^6+2\,845\,898\omega^4+4\,021\,884\omega^2+506\,979)2^{-31}h^{-6}\\&-\omega(175\,045\omega^8+9\,702\,612\omega^6+107\,779\,416\omega^4+287\,224\,296\omega^2\\&+120\,298\,137)2^{-37}h^{-7}+h_{-8},\quad \omega=2r+1,\quad h=\sqrt{q}\end{aligned} \tag{3.102}$$

从式(3.102)不难看到，r 越小，渐近公式对同一 q 值的精度越高。事实上，上述公式用于计算 a_0 和 b_1，在 $q=10$ 和 $q=15$ 时，分别可以达到 10^{-5} 和 10^{-6} 精度(绝对误差)。

计算 a_1 和 b_2，在 $q=15$ 和 $q=20$ 时，也可以达到 10^{-4} 和 10^{-5} 精度。有了上述渐近值，至少可以预测精确值的大致范围，使得用数值方法求解的矩阵特征值问题的矩阵阶数控制在较小的阶数上。前已指出，$q=100$ 时，仅需 57 阶矩阵。

式(3.101)的主要用途有两点[14]。一是用于修正 21 世纪 60 年代建立的椭圆柱体低频散射的公式，这些公式在 1972 年进行了重新研究，发现有较大的误差(大于 5%)，迄今没有改进的简化公式问世。利用式(3.101)可以非常简便的计算出特征值，并利用 $q<1$ 时马丢函数级数展开系数快速收敛的特点，快速算出径向马丢函数。二是用于解决近来重新受到重视的小偏心率椭圆波导问题(椭圆微带天线的问题)。

了解了马丢函数(角向马丢函数)和变态马丢函数(径向马丢函数)，就能写出基本椭圆柱波函数。原点有限的波函数由第一类径向函数构成，在远离柱面轴线处，场沿径向向外传播，则基本波函数可由第四类径向函数构成：

$$\psi = S_m(v,q)M_m(u,q)\mathrm{e}^{\pm jhz} \tag{3.103}$$

式中，用一个字母 m 代表了马丢函数的阶数，省去的上标代表任意径向马丢函数，省去的下标 e 或 c 和 o 或 s 代表角向函数的下标与径向函数的下标相同。前已指出，本书将视其方便给出表达式，不对记号作统一，这样更便于读者阅读。

当 ξ 很大时，径向马丢方程蜕变成贝塞尔方程，因而第一、二、三、四类径向马丢函数有类似于第一、二、三、四类贝塞尔函数的渐近特性，这是前一段选择波函数的依据。

3.2.5　长(扁)旋转椭球波函数

为何将长、扁旋转椭球波函数放在一起处理，从以下的讨论可以看出其中的道理。

改记产生长旋转椭球的椭圆的焦距为 d (以前是以 $2c$ 来表示的)，并记

$$c = \frac{1}{2}kd \tag{3.104}$$

式中，k 为标量波动方程

$$\nabla^2\psi + k^2\psi = 0 \tag{3.105}$$

中的 k 。在长旋转桶球坐标中，标量波动方程为

$$\frac{\partial}{\partial\varepsilon}\left[(\varepsilon^2-1)\frac{\partial\psi}{\partial\varepsilon}\right]+\frac{\partial}{\partial\eta}\left[(1-\eta^2)\frac{\partial\psi}{\partial\eta}\right]+\frac{\varepsilon^2-\eta^2}{(\varepsilon^2-1)(1-\eta^2)}\frac{\partial^2\psi}{\partial\varphi^2}-c^2(\varepsilon^2-\eta^2)\psi=0 \tag{3.106}$$

用分离变量法，令

$$\psi = S_{mn}(c,\eta)R_{mn}(c,\xi)\begin{matrix}\cos\\ \cdot\\ \sin\end{matrix} m\varphi \tag{3.107}$$

得到分离变量方程

$$\frac{\mathrm{d}}{\mathrm{d}\eta}\left[(1-\eta^2)\frac{\mathrm{d}}{\mathrm{d}\eta}S_{mn}(c,\eta)\right]+\left[\lambda_{mn}(c)-c^2\eta^2-\frac{m^2}{1-\eta^2}\right]\cdot S_{mn}(c,\eta)=0 \tag{3.108}$$

$$\frac{\mathrm{d}}{\mathrm{d}\xi}\left[(\xi^2-1)\frac{\mathrm{d}}{\mathrm{d}\xi}R_{mn}(c,\xi)\right]-\left[\lambda_{mn}(c)-c^2\xi^2+\frac{m^2}{\xi^2-1}\right]\cdot R_{mn}(c,\xi)=0 \tag{3.109}$$

ψ 在每一空间固定点的单值性条件导致 ψ 关于 φ 的周期性条件，从而要求 m 仅取整数值。不失一般性，可要求 m 非负。同样 $\lambda_{mn}(c)$ 是在 $\boldsymbol{n}$ 方向上场的单值上确定的常数。

由于 $c=0$ 时，式(3.108)变成连带勒让得多项式的定义方程，这时有

$$\lambda_{mn}(c)=n(n+1),\quad n\geqslant m \tag{3.110}$$

所以选择下列级数形式作为第一类角向函数的解：

$$S_{mn}(c,\eta)=\sum_{r=0,1}^{\infty}{}' d_r^{mn}(c)P_{m+r}^m(\eta) \tag{3.111}$$

这里一撇代表 $n-m$ 为偶时求和仅对偶数求和，而 $n-m$ 为奇时，仅对奇数求和，将式(3.111)代入式(3.108)得到角向函数展开系数的下列递推关系：

$$A_r^m(c)d_{r+2}^{mn}(c)+[B_r^m(c)-\lambda_{mn}(c)]d_r^{mn}(c)+C_r^m(c)d_{r-2}^{mn}(c)=0 \tag{3.112}$$

$$A_r^m(c)=\frac{(2m+r+2)(2m+r+1)}{(2m+2r+3)(2m+2r+5)}c^2 \tag{3.113}$$

$$B_r^m(c)=\frac{2(m+r)(m+r+1)-2m^2-1}{(2m+2r-1)(2m+2r+3)}c^2+(m+r)(m+r+1) \tag{3.114}$$

$$C_r^m(c)=\frac{r(r-1)}{(2m+2r-3)(2m+2r-1)}c^2 \tag{3.115}$$

式中，$r\geqslant 0$。显然，系数 $A_r^m(c)$，$B_r^m(c)$，$C_r^m(c)$ 与 n 无关，递推关系与 n 的依赖性通过 λ_{mn} 来体现。类似于马丢函数的情形，特征值通过计算矩阵特征值来确定。

$$D_q=C_{2q+s},\quad E_q=B_{2q+s},\quad F_q=A_{2q+s}$$

令

$$a_q=d_{2q+s},s=\begin{cases}0, & n-m\text{ 为奇数}\\ 1, & n-m\text{ 为偶数}\end{cases} \tag{3.116}$$

这样递推关系式(3.112)变成

$$D_q a_{q-1}+(E_q-\lambda)a_q+F_q a_{q+1}=0,\quad q\geqslant 0 \tag{3.117}$$

作变量代换

$$a_q=(D_1D_2D_3\cdots D_q/F_0F_1F_2\cdots F_{q-1})^{\frac{1}{2}}b_q \tag{3.118}$$

并对变量代换后的方程遍乘 $(F_0F_1F_2\cdots F_{q-1}/D_1D_2D_3\cdots D_q)^{\frac{1}{2}}$ 得到递推关系

$$(D_qF_{q-1})^{\frac{1}{2}}b_{q-1}+(E_q-\lambda)b_q+(D_{q+1}F_q)^{\frac{1}{2}}b_{q+1}=0,\quad q\geqslant 0 \tag{3.119}$$

写成矩阵形式得

$$\begin{bmatrix} E_0-\lambda & (D_1F_0)^{\frac{1}{2}} & 0 & 0 & \cdots \\ (D_1F_0)^{\frac{1}{2}} & E_1-\lambda & (D_2F_1)^{\frac{1}{2}} & 0 & \cdots \\ 0 & (D_2F_1)^{\frac{1}{2}} & E_2-\lambda & (D_3F_2)^{\frac{1}{2}} & \cdots \\ 0 & 0 & (D_3F_2)^{\frac{1}{2}} & E_3-\lambda & \cdots \\ \vdots & \vdots & \vdots & \vdots & \end{bmatrix}\begin{bmatrix} b_0\\ b_1\\ b_2\\ b_3\\ \vdots\end{bmatrix}=0 \tag{3.120}$$

这样求 λ 的问题转化为确定实对称之对角矩阵的特征值。实际上，这一无穷阶矩阵总是截断成 $N\times N$ 矩阵，它的 N 个特征值按大小顺序记为 $\lambda_{mn}(c)$，$n=m,m+2,m+4,\cdots,m+2N-2$。关于 N 的大小需要由数值试验确定，但有一点可以肯定，在 c 不是非常大时，N 可以取比较小的值，例如 $c=4$ 时取 $N=5$ 就能达到七位有效数字的精度。关于 $N\times N$ 之对角矩阵特征值的确定可以在很多数值分析书中找到，可参考 Wilkinson 所著《代数特征值问题》，也可参考文献[17]的算法。

求出特征值后，可以由递推公式确定展开系数 $d_r^{mn}(c)$，对固定的 m,n 和 c，当 $r\approx$

$n-m$ 时，$d_r^{mn}(c)$ 取得极大值，因此类似于马丢函数的情形，应采用前项的顺递推公式和 r 项以后各项的逆递推公式。具体地，令首项系数为

$$h_s^{mn}(c)=gd_s^{mn}(c)=1 \tag{3.121}$$

式中，g 为待定常数。用递推公式

$$\begin{cases} h_{r+2}^{mn}(c)=-\dfrac{[B_r^m(c)-\lambda_{mn}(c)]h_r^{mn}(c)+C_r^m(c)h_{r-2}^{mn}(c)}{A_r^m(c)} \\ C_s^m(c)=0 \end{cases} \tag{3.122}$$

得到直到 $h_{n-m}^{mn}(c)$ 的值。现在取定一个充分大的 p 使得 $p>n-m$，并假设

$$\begin{cases} h'^{mn}_{p+2}(c)=g'd_{p+2}^{mn}(c)=0 \\ h'^{mn}_{p+2}(c)=g'd_p^{mn}(c)=t \end{cases} \tag{3.123}$$

式中，g' 代表另一待定常数，t 为任意小数，例如 10^{-12}，一撇代表不同于式(3.121)的归一化。用递推关系

$$h'^{mn}_{r-2}(c)=-\frac{A_r^m(c)h'^{mn}_{r+2}(c)+[B_r^m(c)-\lambda_{mn}(c)]h'^{mn}_r(c)}{C_r^m(c)} \tag{3.124}$$

可以得到直到 $h'^{mn}_{n-m}(c)$ 的值。

$r=n-m$ 时得到的两个值可以用于确定两个归一化系数的比，而 Flammer 的归一化可以确定另一个归一化系数 g 。

$$h_r^{mn}(c)=\frac{h_{n-m}^{mn}(c)}{h'^{mn}_{n-m}}h'^{mn}_r(c),\quad r>n-m \tag{3.125}$$

$$\sum_{r=s}^{\infty}{}' F_r^m d_r^{mn}(c)=F_{n-m}^m \tag{3.126}$$

$$F_r^m=\frac{(-1)^{r-s}(r+2m+s)!}{2^r\left[\frac{1}{2}(r-s)\right]!\left[\frac{1}{2}(r+2m+s)\right]!}$$

$$g=\frac{1}{F_{n-m}^m}\sum_{r=s}^{\infty}{}' F_r^m h_r^{mn}(c) \tag{3.127}$$

$$d_r^{mn}(c)=g^{-1}h_r^{mn}(c) \tag{3.128}$$

式(3.108)的一般解还应包括第二类的角向函数，由于用得较少，在此不予讨论。

从以上讨论可见，长球角向函数的确定，关键还是确定特征值 $\lambda_{mn}(c)$ 。类似于马丢函数的情形，分别有下列小 c 和大 c 展开式[15,16]：

$$\lambda_{mn}=\sum_{k=0}^{\infty}l_{2k}c^{2k} \tag{3.129}$$

式中

$$l_0=n(n+1)$$

$$l_2=\frac{1}{2}\left[1-\frac{(2m-1)(2m+1)}{(2n-1)(2n+3)}\right]$$

$$l_4=\frac{-(n-m+1)(n-m+2)(n+m+1)(n+m+2)}{2(2n+1)(2n+3)^3(2n+5)}+\frac{(n-m-1)(n-m)(n+m-1)(n+m)}{2(2n-3)(2n-1)^3(2n+1)}$$

$$l_6=(4m^2-1)\left[\frac{(n-m+1)(n-m+2)(n+m+1)(n+m+2)}{(2n-1)(2n+1)(2n+3)^5(2n+5)(2n+7)}-\frac{(n-m-1)(n-m)(n+m-1)(n+m)}{(2n-5)(2n-3)(2n-1)^5(2n+1)(2n+3)}\right]$$

$$l_8 = 2(4m^2-1)^2 A + \frac{1}{16}B + \frac{1}{8}C + \frac{1}{2}D$$

$$A = \frac{(n-m-1)(n-m)(n+m-1)(n+m)}{(2n-5)^2(2n-3)(2n-1)^7(2n+1)(2n+3)^2}$$
$$-\frac{(n-m+1)(n-m+2)(n+m+1)(n+m+2)}{(2n-1)^2(2n+1)(2n+3)^7(2n+5)(2n+7)^2}$$

$$B = \frac{(n-m-3)(n-m-2)(n-m-1)(n-m)}{(2n-7)(2n-5)^2(2n-3)^3}$$
$$\cdot\frac{(n+m-3)(n+m-2)(n+m-1)(n+m)}{(2n-1)^4(2n+1)}$$
$$-\frac{(n-m+1)(n-m+2)(n-m+3)(n-m+4)}{(2n+1)(2n+3)^4(2n+5)^3}$$
$$\cdot\frac{(n+m+1)(n+m+2)(n+m+3)(n+m+4)}{(2n+7)^2(2n+9)}$$

$$C = \frac{(n-m+1)^2(n-m+2)^2(n+m+1)^2(n+m+2)^2}{(2n+1)^2(2n+3)^7(2n+5)^2}$$
$$-\frac{(n-m-1)^2(n-m)^2(n+m-1)^2(n+m)^2}{(2n-3)^2(2n-1)^7(2n+1)^2}$$

$$D = \frac{(n-m-1)(n-m)(n-m+1)(n-m+2)}{(2n-3)(2n-1)^4(2n+1)^2}$$
$$\cdot\frac{(n+m-1)(n+m)(n+m+1)(n+m+2)}{(2n+3)^4(2n+5)}$$

$$\begin{aligned}
\lambda_{mn} = {} & qc-(q^2+5-8m^2)2^{-3}-q(q^2+11-32m^2)2^{-6}c^{-1} \\
& -[5(q^4+26q^2+21)-384m^2(q^2+1)]2^{-10}c^{-2} \\
& -q[(33q^4+1594q^2+5621)-128m^2(37q^2+167)+2048m^4]2^{-14}c^{-3} \\
& -[(63q^6+4940q^4+43\,327q^2+22\,470) \\
& -640m^2(23q^4+262q^2+147)+24\,576m^4(q^2+1)]2^{-16}c^{-4} \\
& -q[(527q^6+61\,529q^4+1\,043\,961q^2+2\,241\,599)-32m^2 \\
& \cdot(5739q^4+127\,550q^2+298\,951)+10\,240m^4(71q^2+301) \\
& -65\,536m^6]2^{-20}c^{-5} \\
& -[(9387q^8+1\,536\,556q^6+43\,711\,178q^4+230\,937\,084q^2+93\,110\,115) \\
& -1536m^2(2989q^6+112\,020q^4+648\,461q^2+270\,690) \\
& +196\,608m^4(175q^4+1814q^2+939)-12\,582\,912m^6(q^2+1)]2^{-25}c^{-6} \\
& -q[(175\,045q^8+38\,429\,780q^6+1\,671\,177\,494q^4+17\,095\,651\,460q^2 \\
& +27\,640\,944\,461) \\
& -512m^2(224\,431q^6+12\,911\,689q^4+145\,017\,593q^2+243\,493\,295) \\
& +96m^4(14\,883\,019q^4+295\,649\,190q^2+621\,580\,066) \\
& -183\,500\,800m^6(7q^2+29)+41\,943\,040m^8]2^{-30}c^{-7}+O(c^{-8})
\end{aligned} \tag{3.130}$$

这些表达式可用于低频散射和预估特征值 $\lambda_{mn}(c)$ 的大致范围。

第一、二、三、四类径向函数可以分别由球贝塞尔函数、球纽曼函数和球汉克尔函数表示为

$$R_{mn}^{(1),(2),(3),(4)}(c,\xi)=\frac{1}{2}\left(\frac{\xi^2-1}{\xi^2}\right)\sum_{r=0,1}^{\infty}i^{r+m-n}d_r^{mn}(c)\cdot\frac{(2m+r)!}{r!}z_{m+r}^{(1),(2),(3),(4)}(c,\xi) \tag{3.131}$$

$$\alpha=\sum_{r=0,1}^{\infty}{}'d_r^{mn}(c)\frac{(2m+r)!}{r!}$$

式中，$z_n^i(x)$，$i=1,2,3,4$ 分别是球贝塞尔函数、球纽曼函数和第一类球汉克尔函数、第二类球汉克尔函数。

第二类径向函数在 c 和 ξ 较小时，收敛较慢。富于技巧性的改进办法可在文献[18]中找到，不再详述。

径向函数有渐近公式

$$R_{mn}^{(1)}(c,\xi)\xrightarrow{\xi\to\infty}\frac{1}{c\xi}\cos\left[c\xi-\frac{1}{2}(n+1)\pi\right] \tag{3.132}$$

$$R_{mn}^{(2)}(c,\xi)\xrightarrow{\xi\to\infty}\frac{1}{c\xi}\sin\left[c\xi-\frac{1}{2}(n+1)\pi\right]$$

因而在长球坐标系中选择径向函数的准则同于在球坐标系中的情形，即第一类径向函数在原点有限，第二类径向函数在原点趋于无穷，第一、二类径向函数可用于代表驻波；第三、四类径向函数则分别代表向内和向外的行波。

在长旋转椭球坐标系中的基本波函数已由式(3.107)给出，类似于椭圆柱波函数的情形，不带上标可代表任意一类径向函数。

在扁旋转椭球坐标系中，由于波动方程可由长旋转椭球坐标系中的波动方程通过

$$\xi\to\pm\mathrm{j}\xi,\quad c\to\pm\mathrm{j}c \tag{3.133}$$

得到，因而其解为

$$\psi=S_{mn}(-\mathrm{j}c,\eta)R_{mn}(-\mathrm{j}c,\mathrm{j}\xi)\begin{matrix}\cos\\ \sin\end{matrix}m\varphi \tag{3.134}$$

第一类角向函数为

$$S_{mn}^{(1)}(-\mathrm{j}c,\eta)=\sum_{r=0,1}^{\infty}{}'d_r^{mn}(-\mathrm{j}c)P_{m+r}^m(\eta) \tag{3.135}$$

径向函数为

$$R_{mn}^{(i)}(-\mathrm{j}c,\mathrm{j}\xi)=\frac{(\xi^2+1)^{\frac{m}{2}}}{\xi^m\sum\limits_{r=0,1}^{\infty}{}'\dfrac{(2m+r)!}{r!}d_r^{mn}(-\mathrm{j}c)}\cdot\sum_{r=0,1}^{\infty}{}'(-1)^{r+m-n}\frac{(2m+r)!}{r!}d_r^{mn}z_{m+r}^{(i)}(c\xi) \tag{3.136}$$

$\lambda_{mn}(c)$ 的小 c 和大 c 表达式分别为[15,16]

$$\lambda_{mn}(c)=\sum_{k=0}^{\infty}(-1)^k l_{2k}c^{2k} \tag{3.137}$$

$$\begin{aligned}\lambda_{mn}=&-c^2+2qc-(q^2+1-m^2)2^{-1}\\&-q(q^2+1-m^2)2^{-3}c^{-1}\\&-[(5q^4+10q^2+1)-2m^2(3q^2+1)+m^4]2^{-6}c^{-2}\end{aligned}$$

$$
\begin{aligned}
&-q[(33q^4+114q^2+37)-2m^2(23q^2+25)+13m^4]2^{-9}c^{-3}\\
&-[(63q^6+340q^4+239q^2+14)-10m^2(10q^4+23q^2+3)\\
&+3m^4(13q^2+6)-2m^6]2^{-10}c^{-4}\\
&-q[(527q^6+4139q^4+5221q^2+1009)\\
&-m^2(939q^4+3750q^2+1591)+5m^4(93q^2+127)-53m^6]2^{-13}c^{-5}\\
&-[(9387q^8+101\,836q^6+205\,898q^4+86\,940q^2+3747)\\
&-12m^2(1547q^6+9575q^4+8657q^2+701)\\
&+6m^4(1855q^4+5078q^2+939)-12m^6(167q^2+85)+51m^8]2^{-17}c^{-6}\\
&-q[(175\,045q^8+2\,520\,820q^6+7\,568\,470q^4+5\,771\,940q^2+822\,221)\\
&-4m^2(95\,167q^6+847\,819q^4+1\,345\,421q^2+353\,449)\\
&+6m^4(44\,625q^4+205\,450q^2+114\,597)\\
&-220m^6(301q^2+455)+4093m^8]2^{-21}c^{-7}\\
&+O(c^{-8})
\end{aligned}
\tag{3.138}
$$

同样，这些表达式可直接用于 $c<2$ 和 c 很大时特征值的计算，也可用于中间区域 c 的估值。因而有了式(3.138)的高精度渐近公式，可以使得用矩阵计算特征值时的矩阵阶数比较小。

3.3 标量波函数的平面波展开与变换叠加定理

众所周知，平面波是波动方程的解，因而自然可以利用平面波的叠加来构造任意波动方程的解。3.2 节介绍的各种坐标系下的标量波函数都是波动方程的解，它们可以写成关于平面波波谱的积分表达式。利用这一表达式和平面波的波函数级数表达式，可以得到各类标量波函数的变换叠加定理。

在此，仅以圆柱波函数为例，说明波函数几个公式的推导过程。其他几类波函数的变换叠加定理的推导也是类似的，其中长旋转椭球波函数变换叠加公式的推导，具有典型性。在此也准备对其步骤加以介绍[19]，其精神实质在我们讨论劈形波函数时，可进一步领会。实际上，为了自动、快速、准确地获取更多的电磁信息，当前广泛地采用了微波扫描测量技术。在微波遥感、成像、多散射理论、回旋管理论、逆散射和天线近区场测量和近远场变换中，都广泛地采用波函数的变换叠加定理，即将 A 点的波函数用 B 点的波函数来展开。本书仅通过对多体散射的研究来展示这一数学物理方法。

3.3.1 圆柱和圆球波函数的积分表达与变换叠加定理

在任何柱坐标系 u_1, u_2, z 中，波动方程可由下列函数满足：

$$
\begin{cases}
\psi = f(u_1,u_2)\mathrm{e}^{-\mathrm{j}hz}\\
f(u_1,u_2)=\displaystyle\int_c g(\beta)\mathrm{e}^{-\mathrm{j}k\sin\gamma(x\cos\beta+y\sin\beta)}\mathrm{d}\beta\\
h=k\cos\gamma
\end{cases}
\tag{3.139}
$$

式中，γ 为 z 轴与柱轴的夹角；c 为特定的积分围道[1]。式(3.139)中的 $g(\beta)$ 在圆柱坐标

系中为 $\frac{\mathrm{j}^{-m}}{2\pi}\mathrm{e}^{\mathrm{j}m\beta}$，在椭圆柱坐标系中为 $\frac{\mathrm{j}^{-m}}{\sqrt{8\pi}}S_m(\beta)$。当波函数为第一类时，$\beta$ 为实数且积分区间为 $[0,2\pi]$。当波函数为第二、三、四类时，积分路径为特定的复平面上的围线，因而 β 自然也为复数。值得指出的是，为了逼近一个实的波函数，必须借助于波数为复数的平面波的叠加。这一点从物理上怎么解释？为什么第一类波函数可以由仅含实波数的平面波的叠加来表示？这些都是值得深入思索的问题。

对于上述问题，作者的解释是：众所周知，波数为复数代表能量的耗散，第一类波函数，由于它代表一些场在原点有限的内问题的解，系统的能量是守恒的，因而须且仅须用实波数解的叠加；第三、四类波函数，由于分别代表能量的吸收和辐射，因而必须用复波数的平面波才能代表其物理特性。

单位振幅平面波为

$$\psi = \mathrm{e}^{-\mathrm{j}k\sin\gamma(x\cos\beta+y\sin\beta)}\mathrm{e}^{-\mathrm{j}kz\cos\gamma} \tag{3.140}$$

式中，β 为圆柱坐标系的极角；γ 为 z 轴与柱轴的夹角(如前述)。记

$$f(x,y)=f(r,\theta)=\mathrm{e}^{-\mathrm{j}k\sin\gamma(x\cos\beta+y\sin\beta)}=\mathrm{e}^{-\mathrm{j}kr\sin\gamma\cos(\beta-\theta)}=\sum_{n=-\infty}^{+\infty}f_n(r)\mathrm{e}^{-\mathrm{j}n\theta} \tag{3.141}$$

则

$$f_n(r)=\frac{1}{2\pi}\int_0^{2\pi}\mathrm{e}^{-\mathrm{j}kr\sin\gamma\cos(\beta-\theta)+\mathrm{j}n\theta}\mathrm{d}\theta=\mathrm{e}^{-\mathrm{j}n\left(\frac{\pi}{2}-\beta\right)}J_n(kr\sin\gamma) \tag{3.142}$$

由此得到平面波的柱面波函数展开式

$$\mathrm{e}^{-\mathrm{j}k\sin\gamma(x\cos\beta+y\sin\beta)}=\mathrm{e}^{-\mathrm{j}kr\sin\gamma\cos(\beta-\theta)}=\sum_{n=-\infty}^{+\infty}(-\mathrm{j})^nJ_n(kr\sin\gamma)\mathrm{e}^{-\mathrm{j}n(\beta-\theta)} \tag{3.143}$$

根据 Stratton 详细讨论的贝塞尔函数的 Sommerfeld 积分表达式，有

$$\begin{aligned}H_m^{(2)}(\lambda\rho)&=\frac{1}{\pi}\int_{c_1}\exp\left[-\mathrm{j}\lambda\rho\cos\alpha-\mathrm{j}m\alpha+\mathrm{j}m\pi/2\right]\mathrm{d}\alpha\\&=\frac{1}{\pi\mathrm{j}^m}\int_{c_1}\exp\left[-\mathrm{j}\lambda\rho\cos(\alpha-\varphi)-\mathrm{j}m(\alpha-\varphi)\right]\mathrm{d}\alpha\end{aligned} \tag{3.144}$$

式中，c 为复 α 平面上围道 c_1 在实轴上平移 φ 得到的新围道。由式(3.144)，有

$$H_m^{(2)}(\lambda\rho)\mathrm{e}^{-\mathrm{j}m\varphi}=\frac{1}{\pi\mathrm{j}^m}\int_c\exp\left[-\mathrm{j}\lambda\rho\cos(\alpha-\varphi)-\mathrm{j}m\alpha\right]\mathrm{d}\alpha \tag{3.145}$$

$$H_m^{(2)}(\lambda\rho)\mathrm{e}^{\mathrm{j}m\varphi}=\frac{1}{\pi\mathrm{j}^m}\int_c\exp\left[-\mathrm{j}\lambda\rho\cos(\alpha-\varphi)+\mathrm{j}m\alpha\right]\mathrm{d}\alpha \tag{3.146}$$

有了上述波函数的积分表达式，下面转入讨论波函数的变换叠加定理，亦称加法定理。

如图 3.1 所示，两个坐标系的原点分别记为 O 和 O'。(ρ',φ')，(ρ,φ) 分别代表同一点在 $x'O'y'$ 和 xOy 坐标系中的坐标。

在上述坐标系中，利用式(3.143)和式(3.146)可得

$$\begin{aligned}H_m^{(2)}(k\rho'\sin\gamma)\mathrm{e}^{\mathrm{j}m\varphi'}&=\frac{1}{\pi(-\mathrm{j})^m}\int_c\exp\left(-\mathrm{j}k\rho'+\mathrm{j}m\alpha\right)\mathrm{d}\alpha\\&=\frac{1}{\pi(-\mathrm{j})^m}\int_c\exp\left[-\mathrm{j}k(\rho_0+\rho)+\mathrm{j}m\alpha\right]\mathrm{d}\alpha\\&=\frac{1}{\pi(-\mathrm{j})^m}\int_c\exp\left[-\mathrm{j}k\rho_0\sum_{n=-\infty}^{+\infty}(-\mathrm{j})^nJ_n(k\rho\sin\gamma)\right]\end{aligned}$$

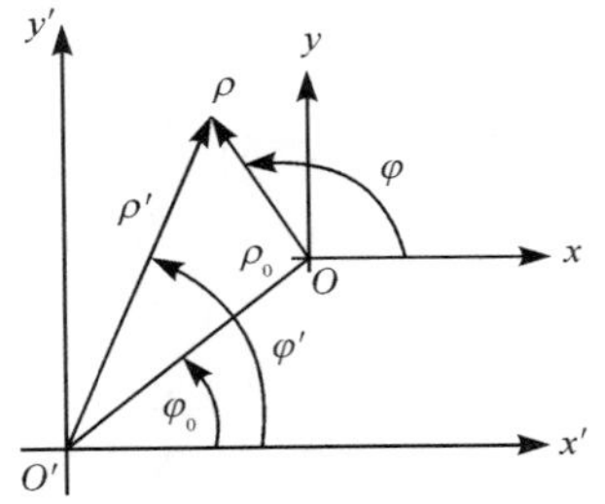

图 3.1 圆柱波加法定理坐标系统示意图

$$\cdot \exp[-\mathrm{j}(n-m)\alpha+\mathrm{j}n\varphi]\mathrm{d}\alpha \tag{3.147}$$

当 $\rho<\rho_0$ 时，式中的积分与求和的顺序是可以交换的，因此

$$\begin{aligned} H_m^{(2)}(k\rho'\sin\gamma)\mathrm{e}^{\mathrm{j}m\varphi'} &= \sum_{n=-\infty}^{+\infty} J_n(k\rho\sin\gamma)H_{m+n}^{(2)}(k\rho_0\sin\gamma) \\ &\quad \cdot \exp[-\mathrm{j}(n-m)\varphi_0]\exp(\mathrm{j}n\varphi) \\ &= \sum_{n=-\infty}^{+\infty}(-1)^n H_n^{(2)}(k\rho_0\sin\gamma)J_{n+m}(k\rho\sin\gamma) \\ &\quad \cdot \exp[\mathrm{j}(n+m)\varphi]\exp(-\mathrm{j}n\varphi_0) \\ &= \sum_{n=-\infty}^{+\infty}(-1)^n H_n^{(2)}(k\rho_0\sin\gamma)J_{n+m}(k\rho\sin\gamma) \\ &\quad \cdot \exp[-\mathrm{j}(n+m)\varphi]\exp(\mathrm{j}n\varphi_0) \end{aligned} \tag{3.148}$$

由该式可得

$$\begin{aligned} H_m^{(2)}(k\rho'\sin\gamma)\begin{matrix}\cos\\\sin\end{matrix}m\varphi' &= \frac{1}{2}\sum_{n=0}^{\infty}(2-\delta_{0n})(-1)^n H_n^{(2)}(k\rho_0\sin\gamma) \\ &\quad \cdot \Big\{J_{n+m}(k\rho\sin\gamma)\Big[\cos n\varphi_0\begin{matrix}\cos\\\sin\end{matrix}(n+m)\varphi\pm\sin n\varphi_0\begin{matrix}\sin\\\cos\end{matrix}(n+m)\varphi\Big] \\ &\quad +(-1)^n J_{n-m}(k\rho\sin\gamma)\Big[\pm\cos n\varphi_0\begin{matrix}\cos\\\sin\end{matrix}(n-m)\varphi \\ &\quad +\sin n\varphi_0\begin{matrix}\sin\\\cos\end{matrix}(n-m)\varphi\Big]\Big\} \end{aligned} \tag{3.149}$$

交换 ρ 和 ρ_0 的顺序，得到 $\rho>\rho_0$ 时的相应表达式为

$$\begin{aligned} H_m^{(2)}(k\rho'\sin\gamma)\begin{matrix}\cos\\\sin\end{matrix}m\varphi' &= \frac{1}{2}\sum_{n=0}^{\infty}(2-\delta_{0n})(-1)^n H_n^{(2)}(k\rho\sin\gamma) \\ &\quad \cdot \Big\{J_{n+m}(k\rho_0\sin\gamma)\Big[\cos n\varphi_0\begin{matrix}\cos\\\sin\end{matrix}(n+m)\varphi\pm\sin n\varphi_0\begin{matrix}\sin\\\cos\end{matrix}(n+m)\varphi\Big] \\ &\quad +(-1)^m J_{n-m}(k\rho_0\sin\gamma)\Big[\pm\cos n\varphi_0\begin{matrix}\cos\\\sin\end{matrix}(n-m)\varphi \\ &\quad +\sin n\varphi_0\begin{matrix}\sin\\\cos\end{matrix}(n-m)\varphi\Big]\Big\} \end{aligned} \tag{3.150}$$

实际上，利用第一类贝塞尔函数的积分表达式

$$J_n(\rho)=\frac{\mathrm{j}^n}{2\pi}\int_{-\pi}^{\pi}\mathrm{e}^{\mathrm{j}\rho\cos\varphi+\mathrm{j}n\varphi}\mathrm{d}\varphi$$

和式(3.143)的平面波展开式，可以类似地导出第一类波函数的加法公式

$$J_m(k\rho'\sin\gamma)\begin{matrix}\cos\\ \sin\end{matrix}m\varphi' = \left[\sum_{n=-\infty}^{+\infty} J_n(k\rho_0\sin\gamma)J_{n+m}(k\rho\sin\gamma)\right]\cdot\begin{cases}\cos[(n+m)\varphi - n\varphi_0]\\ \sin[(n+m)\varphi - n\varphi_0]\end{cases} \tag{3.151}$$

上面较为详细地讨论了柱面波函数的一些性质，同样可讨论球面波函数的情形。沿 $\theta=\alpha,\varphi=\beta$ 方向来的平面波可在球心为 O 的坐标系中展开为

$$e^{jkr\cos\gamma} = \sum_{n=0}^{\infty}\sum_{m=-n}^{n} j^n(2n+1)j_n(kr)\frac{(n-m)!}{(n+m)!}P_n^m(\cos\alpha)P_n^m(\cos\theta)e^{-jm(\beta-\varphi)} \tag{3.152}$$

$$\begin{aligned}&P_n^{-m}(\cos\alpha) = P_n^m(\cos\alpha)\\ &\cos\gamma = \cos\theta\cos\alpha + \sin\theta\sin\alpha\cos(\varphi-\beta)\end{aligned} \tag{3.153}$$

在式(3.152)两边同乘以 $P_n^m(\cos\alpha)e^{jm\beta}\sin\alpha$，对 α,β 积分，利用勒让得函数的正交特性，得到第一类球矢量波函数的积分表达式

$$j_n(kr)P_n^m(\cos\theta)e^{jm\varphi} = \frac{j^{-n}}{4\pi}\int_0^{2\pi}\int_0^{2\pi} e^{jkr\cos\gamma}P_n^m(\cos\theta)\exp(jm\beta)\sin\alpha d\alpha d\beta \tag{3.154}$$

引进新的坐标原点 O'，它关于原坐标系 O 具有坐标 (r_0,θ_0,φ_0)。在新坐标系下，空间任意一点的坐标为 $(\gamma',\theta',\varphi')$。由这两个坐标系的简单几何变换关系可得

$$r\cos\gamma = r'\cos\gamma + r_0\cos r_0 \tag{3.155}$$

这里 $\cos\gamma$ 为式(3.153)定义的函数。

由式(3.154)和式(3.155)交换求和与积分的次序得

$$\begin{aligned}j_n(kr)P_n^m(\cos\theta)e^{jn\varphi} = &\frac{j^{-n}}{4\pi}\sum_{v=0}^{\infty}\sum_{\mu=-v}^{v}\left[j^v(2v+1)\frac{(v-u)!}{(v+u)!}\right]\\ &\cdot j_v(kr')P_v^\mu(\cos\theta')e^{-jn\varphi'}\int_0^{2\pi}\int_0^{2\pi}\{\exp(jkr_0\cos v_0)\\ &\cdot P_n^m(\cos\alpha)P_v^\mu(\cos\alpha)\exp[j(m+u)\beta]\sin\alpha\}d\alpha d\beta\end{aligned} \tag{3.156}$$

由于 P_n^m 的性质有

$$P_n^m(\cos\alpha)P_v^\mu(\cos\alpha) = \sum_p a(|m|,|\mu|:p,n,v)P_v^{m+\mu}(\cos\alpha) \tag{3.157}$$

式中，$p=v+n,v+n-2,v+n-4,\cdots,|v+n|$。$a(|m|,|\mu|:p,n,v)$ 的定义将在讨论球矢量波函数时给出，这里仅需将其理解为一个可计算的值。

将式(3.157)代入式(3.156)积分得

$$\begin{aligned}j_n(kr)P_n^m(\cos\theta)e^{jm\varphi} = &\sum_{v=0}^{\infty}\sum_{\mu=-v}^{v}\sum_p j^{v+p-n}(2v+1)\exp[j(m+\mu)\varphi_0]\\ &\cdot[j_v(kr')P_v^\mu(\cos\theta')e^{-j\mu\varphi'}]\end{aligned} \tag{3.158}$$

上式清晰地展示了 O 点的任意第一类球矢量波函数可由 O' 点的第一类球矢量波函数的级数来表达，这是物理上采用波函数变换来解决问题的实质。实际上，由 Stratton 书中给出的第四类球波函数的积分表达式

$$\begin{aligned}H_n^{(2)}(kr)P_n^m(\cos\theta)\exp(jm\varphi) = &\frac{j^{-n}}{2\pi}\int_0^{2\pi}\int_0^{\frac{\pi}{2}-j\infty}\exp(jkr\cos\gamma)P_n^m(\cos\alpha)\\ &\cdot\exp(jm\beta)\sin\alpha d\alpha d\beta\end{aligned} \tag{3.159}$$

可以类似地得到第四类球波函数的变换叠加定理为

$$h_n^{(2)}(kr)P_n^m(\cos\theta)\exp(\mathrm{j}m\varphi)=\sum_{v=0}^{\infty}\sum_{\mu=-v}^{v}\sum_{p}[\mathrm{j}^{v+p-n}(2v+1)]\frac{(v-u)!}{(v+u)!}$$
$$\cdot a(|m|,|\mu|:p,n,v)j_v(kr_<)h_v^{(2)}(kr_>)$$
$$\cdot P_p^{\mu+m}(\cos\theta_0)P_v^{\mu}(\cos\theta')$$
$$\cdot \exp[\mathrm{j}(m+\mu)\varphi_0]\exp(-\mathrm{j}\mu\varphi') \tag{3.160}$$

式中

$$r_<=\min(r,r_0),\quad r_>=\max(r,r_0)$$

不难发现，第一、二、三、四类球波函数实际上可由一个公式表达。

3.3.2 格林函数与长球函数的变换叠加定理

点源的波函数展开式可以用求格林函数的方法来得到(读者可自行推导)：

$$\frac{\mathrm{e}^{-\mathrm{j}k|r-r'|}}{4\pi|r-r'|}=-\mathrm{j}k\sum_{l=0}^{\infty}j_l(kr_<)h_l^{(2)}(kr_>)\cdot\sum_{m=-l}^{l}Y_{lm}^{*}(\theta',\varphi')Y_{lm}(\theta,\varphi) \tag{3.161}$$

式中，$Y_{lm}(\theta,\varphi)=\sqrt{\frac{2l+1}{4\pi}\frac{(l-m)!}{(l+m)!}}P_l^m(\cos\theta)\mathrm{e}^{+\mathrm{j}m\varphi}$，$*$ 代表复共轭。

下面，以长旋转椭球坐标系为例，具体地从求格林函数开始展开讨论。

标量波方程的格林函数 $G(r,r')$ 的定义为：单位源位于 r' 时在 r 点的解，即

$$(\nabla^2+k^2)G(r,r')=-\delta(r-r') \tag{3.162}$$

式中，$\delta(r-r')$ 为三维的 Dirac delta 函数，在任意正交曲面坐标中，定义为

$$\delta(r-r')=h_1^{-1}h_2^{-1}h_3^{-1}\delta(u_1-u_1')\delta(u_2-u_2')\delta(u_3-u_3') \tag{3.163}$$

$$\int_{x'=x-\varepsilon}^{x'=x+\varepsilon}\delta(x_1-x_1')\mathrm{d}x=1 \tag{3.164}$$

首先考虑没有边界出现的情形。式(3.162)的满足外向传播条件的解为

$$G_0(r-r')=\frac{\mathrm{e}^{-\mathrm{j}k|r-r'|}}{4\pi|r-r'|} \tag{3.165}$$

现在采用正交函数展开法求格林函数。设

$$G=\sum_{m,n}A_{mn}S_{mn}(c,\eta)S_{mn}(c,\eta')\cos m(\varphi-\varphi')\cdot\begin{cases}R_{mn}^{(1)}(c,\xi)R_{mn}^{(4)}(c,\xi'), & \xi<\xi'\\ R_{mn}^{(1)}(c,\xi)R_{mn}^{(4)}(c,\xi'), & \xi>\xi'\end{cases} \tag{3.166}$$

这里，对于 $\xi<\xi'$，$\xi>\xi'$ 引用不同的表达式是为了满足在坐标系原点($\xi=1$)场有限和在无穷远点满足辐射条件。用同一个 A_{mn} 是因为在 $\xi=\xi'$ 处 G_0 是连续的。在长球坐标系下式(3.160)变成

$$(\nabla^2+k^2)G_0=\left(\frac{2}{d}\right)^2(\xi^2-\eta^2)^{-1}\delta(\xi-\xi')\delta(\eta-\eta')\delta(\varphi-\varphi') \tag{3.167}$$

将上式左边在长球坐标系中展开，乘 $\left(\frac{d}{2}\right)^2(\xi^2-\eta^2)$，再取 $\xi=\xi'-\varepsilon$ 到 $\xi'+\varepsilon$ 的积分，注意到 $\xi=\xi'$ 处连续的项，最后取极限并利用式(3.164)得到

$$(\xi^2-1)\frac{\partial}{\partial\xi}G\Big|_{\xi=\xi'-0}^{\xi=\xi'+0}=-\frac{2}{d}\delta(\eta-\eta')\delta(\varphi-\varphi') \tag{3.168}$$

将式(3.166)代入式(3.188)，利用长球径向函数的朗斯基行列式的值得到

$$\sum_{m,n} A_{mn} S_{mn}(c,\eta) S_{mn}(c,\eta') \cos m(\varphi-\varphi') = -\mathrm{j}k\delta(\eta-\eta')\delta(\varphi-\varphi') \tag{3.169}$$

方程两边遍乘 $S_{mn}(c,\eta)\cos m\varphi_0$，并对变量 η 和 φ 的变化范围积分得

$$A_{mn} = -\mathrm{j}k(2-\delta_{om})/(2\pi N_{mn}) \tag{3.170}$$

$$N_{mn} = 2\sum_{r=0,1} \frac{(r+2m)!(d_r^{mn})^2}{(2r+2m+1)!} \tag{3.171}$$

$$\int_{-1}^{+1} S_{mn}(c,\eta) S_{mn}(c,\eta') = \delta_{mn} N_{mn} \tag{3.172}$$

将 A_{mn} 的值代入式(3.166)得到自由空间格林函数的表达式。

当 $c \to 0$ 时，旋转椭球坐标变成球坐标，可以由式(3.166)得到式(3.161)[20]。

令 $\xi' \to \infty$，即令源点趋于无限远，这时可以得到平面波的展开式

$$\begin{aligned} G_0(r-r') &= \frac{\mathrm{e}^{-\mathrm{j}kr}\left(1-\dfrac{2\hat{r}\cdot\hat{r}'}{r^2}+\dfrac{r^2}{r'^2}\right)^{\frac{1}{2}}}{4\pi r'} \\ &\approx \frac{\mathrm{e}^{-\mathrm{j}kr}}{4\pi r'}\mathrm{e}^{-\mathrm{j}kr\cos\gamma} \end{aligned} \tag{3.173}$$

$$-\cos\gamma = \cos\theta\cos\theta' + \sin\theta\sin\theta'\cos(\varphi-\varphi') \tag{3.174}$$

现设 θ_0 及 φ_0 是球面坐标中的传播方向角，即令

$$\theta_0 = \pi-\theta', \quad \varphi_0 = \varphi'-\pi$$

则

$$\cos\gamma = \cos\theta\cos\theta_0 + \sin\theta\sin\theta_0\cos(\varphi-\varphi_0) \tag{3.175}$$

与(3.175)式比较，可见 γ 是位置矢量与传播矢量之间的夹角。由于 $\xi' \to \infty$ 时，有

$$c\xi' \to kr'$$

$$\begin{aligned} R_{mn}^{(4)}(c,\xi') &\to \frac{1}{c\xi'}\exp\left[-\mathrm{j}\left(c\xi'-\frac{1}{2}(n+1)\pi\right)\right] \\ &\to \frac{\mathrm{e}^{-\mathrm{j}kr}}{kr'}\mathrm{e}^{-\mathrm{j}\frac{1}{2}(n+1)\pi} \end{aligned} \tag{3.176}$$

将这一关系代入式(3.166)中条件为 $\xi<\xi'$ 的表达式，得到

$$\begin{aligned} \mathrm{e}^{-\mathrm{j}kr\cos\gamma} &= 2\sum_{mn}(-\mathrm{j})^n \frac{(2-\delta_{om})}{N_{mn}} S_{mn}(c,\cos\theta_0) \\ &\cdot S_{mn}(c,\eta) R_{mn}^{(1)}(c,\xi)\cos m(\varphi-\varphi_0) \end{aligned} \tag{3.177}$$

令 $c \to 0$，可以得到式(3.152)。

式(3.177)两边遍乘 $S_{mn}(c,\cos\theta_0)\begin{matrix}\cos\\ \sin\end{matrix} m\varphi_0$，并对 θ_0,φ_0 积分得到第一类长旋转椭球波函数的积分表达式

$$S_{mn}(c,\eta)R_{mn}^{(1)}(c,\xi)\begin{matrix}\cos\\ \sin\end{matrix} m\varphi = \frac{1}{4\pi(-\mathrm{j})^n}\int_0^{2\pi}\int_0^{2\pi}\mathrm{e}^{-\mathrm{j}kr\cos\gamma}S_{mn}(c,\cos\theta_0)\begin{matrix}\cos\\ \sin\end{matrix} m\varphi_0\sin\theta_0\,\mathrm{d}\theta_0\,\mathrm{d}\varphi_0 \tag{3.178}$$

将该式中关于 θ_0 的分路径改为从 0 到 $\frac{1}{2}\pi-\mathrm{j}\infty$ 的围道，乘以 2，用 $R_{mn}^{(4)}(c,\xi)$ 代替 $R_{mn}^{(1)}(c,\xi)$

得到第四类波函数的积分表达式

$$S_{mn}(c,\eta)R_{mn}^{(4)}(c,\xi)\begin{matrix}\cos\\ \sin\end{matrix}m\varphi=\frac{1}{2\pi(-\mathrm{j})^n}\int_0^{2\pi}\int_0^{2\pi\to\mathrm{j}\infty}\mathrm{e}^{-\mathrm{j}kr\cos\gamma}S_{mn}(c,\cos\theta_0)\begin{matrix}\cos\\ \sin\end{matrix}m\varphi_0\sin\theta_0\,\mathrm{d}\theta_0\,\mathrm{d}\varphi_0 \tag{3.179}$$

代入 $S_{mn}(c,\cos\theta_0)$ 的级数表达式

$$S_{mn}(c,\cos\theta_0)=\sum_{q=0,1}d_q^{mn}(c)P_{q+|m|}^m(\cos\theta_0) \tag{3.180}$$

并交换求和与求积分的次序，可得

$$\psi_{mn}^{(1)}=S_{mn}(c,\eta)R_{mn}^{(1)}(c,\xi)\begin{matrix}\cos\\ \sin\end{matrix}m\varphi=\sum_{q=0,1}{}'(-\mathrm{j})^{q+|m|-n}d_q^{mn}(c)P_{q+|m|}^m(\cos\theta)j_{q+|m|}(kr)\mathrm{e}^{\mathrm{j}m\varphi} \tag{3.181}$$

进一步，令 $s=q+|m|$，略去 φ 依赖性有

$$S_{mn}(c,\eta)R_{mn}^{(1)}(c,\xi)=\sum_{s=|m|,|m|+1}(-\mathrm{j})^{s-n}d_{s-|m|}^{mn}(c)P_s^m(\cos\theta)j_s(kr) \tag{3.182}$$

恢复 φ 的依赖性得

$$\psi_{ms}(r,\theta,\varphi)=j_s(kr)P_s^m(\cos\theta)\mathrm{e}^{\mathrm{j}m\varphi} \tag{3.183}$$

这样，我们将一个长球波函数表示成了一组圆球波函数的和。反之，也可以将圆球波函数表示成一组长球（具有任意 c'）波函数的和。借助于圆球波函数的加法定理，通过下列四次变换就能得到长球波函数的加法定理：一，在 r_q 坐标系内将长球波函数用球波函数来表示，该过程涉及一无限求和；二，将这些球波函数作旋转，使得与 r_r 坐标系的取向一致，该过程涉及一有限求和；三，用球波函数加法定理实现 r_q 到 r_r 的转换，该过程涉及一双重无限和与一有限和；四，再将 r_r 坐标系的球波函数变成长球波函数。

$$\psi_{mn}^{(1)}(c_q,r_q)=\sum_{v=0}^{\infty}\sum_{\mu=-2}^{v}{}^{(1)}Q_{mn;\mu v}^{qr}(\alpha_{qr'},\beta_{qr},\gamma_{qr},d_{qr})\cdot\psi_{mn}^{(1)}(c_q,r_r) \tag{3.184}$$

式中，$Q_{mn;\mu v}^{qr}$ 其有非常复杂的表达式。

对二、三、四类波函数也有类似于式(3.184)的表达式，详细公式、计算方法以及矩阵表达请查文献[21]，这种推导方法值得琢磨。

3.4 矢量波动方程的直接解与矢量波函数

3.4.1 电磁场矢量的分解

自由空间的亥姆霍兹定理指出：无限远处为零的任意连续可导的矢量函数一定可唯一地分解成一矢量函数的旋度加上一标量函数的梯度。宋文淼证明了这样分解出来的两个部分场是相互正交的，即旋量场和无旋场是原场空间的两个完备且不相交的子空间。这样，任意电磁场可以分解成两个问题分别求解，一个是旋量场问题，一个是由泊松方程刻画的库仑场问题，后者是一个静电学的问题。正如 Tai[22] 指出的，纯旋量场的问题在求解方面是有很多优点的，而静电学问题已有非常丰富的求解方法可供利用[11]。从电磁场理论的角度来看这相当于用库仑规范，即令矢势的散度为零。不同于某些文献的观点，我们认为，库仑规范是处理电磁场边值问题的一种深刻而简便的数学物理方法，而洛伦兹规

范也是处理某些电磁场问题的有用的数学方法。例如,在相对论电动力学中,可以用洛伦兹规范构造四维矢量。

宋文淼还就谐振腔和波导内的电磁场问题讨论了上述分解,并在直角、圆柱和球坐标系下得到了一些深入的结果。

实际上,Bladel 早在 1960 年就利用 20 世纪初大数学家 Weyl 得到的几个结果证明了在单有界和双有界单连通和双连通区域的任意电磁场的分解问题,并于 1962 年将其推广到具有厄米共扼特性介质填充的区域中。Bladel 的工作总结在他的名著《电磁场》一书中。

Bladel 考虑了电导体所围成的区域电磁场的分解问题,他将电磁场方程的本征函数分解为电型本征矢量与磁型本征矢量。电型本征矢量属于以下两类:

(1) 无旋本征矢量

$$\boldsymbol{f}_m = \nabla\varphi_m \tag{3.185}$$

$$\begin{cases}\mathrm{div}(\boldsymbol{e}\cdot\mathrm{grad}\varphi_m)+u_m^2\varphi_m=0\\ \varphi_m=0, \quad \text{在边界上}\end{cases} \tag{3.186}$$

本征函数 φ_m 在下列意义下正交

$$\int_v \varphi_m^*\varphi_n = \delta_{mn} \tag{3.187}$$

当区域为双有界时,同心球之间的区域为双有界区域,还应包括 $\boldsymbol{f}_0$ 即所谓静电模式。

(2) 有旋本征矢量 $\boldsymbol{e}_m$

$$\begin{cases}-\varepsilon^{-1}\cdot\mathrm{curl}[\mu^{-1}\cdot\mathrm{curl}\,\boldsymbol{e}_m]+v_m^2\boldsymbol{e}_m=0\\ \hat{\boldsymbol{n}}\times\boldsymbol{e}_m=0\end{cases} \tag{3.188}$$

本征函数 $\boldsymbol{e}_m$ 在下列意义下正交:

$$\int_v \boldsymbol{e}_m^*\cdot\varepsilon\cdot\boldsymbol{e}_n\mathrm{d}v=0, \quad m\neq n \tag{3.189}$$

可以证明,不仅 $\boldsymbol{e}_m$ 本身有在式(3.189)意义上的正交关系,而且 $\boldsymbol{e}_m$ 与 $\boldsymbol{f}_m$ 之间也是正交的,Bladel 是通过考虑算子

$$L\boldsymbol{f}=\mathrm{grad}\ \mathrm{div}(\boldsymbol{e}\cdot\boldsymbol{f})-\varepsilon^{-1}\cdot\mathrm{curl}(\mu^{-1}\cdot\mathrm{curl}\boldsymbol{f}) \tag{3.190}$$

在内积意义

$$\int\boldsymbol{u}^*\cdot\varepsilon\cdot\boldsymbol{v}\mathrm{d}v=\langle\boldsymbol{u},\boldsymbol{v}\rangle \tag{3.191}$$

下的自伴正定性,来建立本征函数的完备性的。至于任意电场本征函数必然属于上述两类模式的证明见 Bladel 于 1960 年发表的文章。

上述模式的划分已为最近几年有限元数值计算所证实。值得注意的是,对无旋本征函数解来说,无论解析上和数值上,本征矢量真正无疑是一个实质性的条件。如在电磁场矢量有限元的数值计算中,当电场散度为零的条件不满足时,数值计算出现很多质解(spurius modes),而当电场散度为零的条件加入以后,就不出现质解。同样的结论适用于磁本征矢量。

磁本征矢量

$$\mathrm{grad}\ \mathrm{div}(\boldsymbol{\mu}\cdot\boldsymbol{v}_m)-\mu^{-1}\cdot\mathrm{curl}(\varepsilon^{-1}\cdot\mathrm{curl}\,\boldsymbol{v}_m)+k_m^2\boldsymbol{v}_m=0 \tag{3.192}$$

在内积意义

$$\langle \boldsymbol{u}, \boldsymbol{v} \rangle = \int \boldsymbol{u}^* \cdot \mu \cdot \boldsymbol{v} \mathrm{d}\boldsymbol{v} \tag{3.193}$$

下形成正交完备集。它们也可分为两类：

(1) 无旋本征矢量

$$\boldsymbol{g}_m = \nabla \psi_m \tag{3.194}$$

$$\begin{cases} \mathrm{div}(\mu \cdot \mathrm{grad}\psi_m) + \lambda_m^2 \psi_m = 0 \\ \boldsymbol{n} \cdot \mu \cdot \mathrm{grad}\psi_m = 0, \quad 在边界上 \end{cases} \tag{3.195}$$

$\psi_m, \boldsymbol{g}_m$ 分别在式(3.191)和式(3.193)所定义的内积上形成正交完备集。

(2) 旋量本征矢量 $\boldsymbol{h}_m$

$$\begin{cases} -\mu^{-1} \cdot \mathrm{curl}[\varepsilon^{-1} \cdot \mathrm{curl}\, \boldsymbol{h}_m] + v_m^2 \boldsymbol{h}_m = 0 \\ \boldsymbol{n} \times (\varepsilon^{-1} \cdot \mathrm{curl}\, \boldsymbol{h}_m) = 0, \quad 在边界上 \end{cases} \tag{3.196}$$

这类函数除本身相互正交以外，还与 $\boldsymbol{g}_m$ 类函数正交。

可以证明式(3.196)和式(3.190)的本征值是相同的，而且本征矢量之间有关系

$$\boldsymbol{h}_m = \frac{1}{v_m} \mu^{-1} \cdot \mathrm{curl}\boldsymbol{e}_m \tag{3.197}$$

$$\boldsymbol{e}_m = \frac{1}{v_m} \varepsilon^{-1} \cdot \mathrm{curl}\boldsymbol{h}_m \tag{3.198}$$

3.4.2　自由空间电磁场的 $\boldsymbol{L}, \boldsymbol{M}, \boldsymbol{N}$ 展开

1935～1937 年，Hansen 在处理天线辐射问题时，首先引进 $\boldsymbol{L}, \boldsymbol{M}, \boldsymbol{N}$ 矢量求解电磁场所满足的矢量波动方程。后经很多研究工作者的努力，形成了今天这种比较严格的理论。

矢量波动方程

$$\nabla\nabla \cdot \boldsymbol{F} - \nabla \times \nabla \times \boldsymbol{F} + k^2 \boldsymbol{F} = 0 \tag{3.199}$$

当且仅当在直角坐标系下，才能获得三个直角分量互相独立的方程

$$\nabla^2 F_j + k^2 F_j = 0, \quad j = x, y, z \tag{3.200}$$

在一般曲线坐标系下，各分量之间相互耦合，表达式非常复杂，没有现成的数学工具可以利用。如果先写出直角分量在各种坐标系下的解，再用这些解去构造电磁场的解，由于各种坐标系之间单位矢量转换的复杂性，进行切向边界场的匹配是困难的。

应用前述矢量亥姆霍兹定理，将矢量 $\boldsymbol{F}$ 分解成旋量场和无旋场两部分。记

$$\boldsymbol{E} = \boldsymbol{E}_r + \boldsymbol{E}_l, \quad \boldsymbol{J} = \boldsymbol{J}_l + \boldsymbol{J}_r \tag{3.201}$$

由 Maxwell 方程组

$$\nabla \times \nabla \times \boldsymbol{E} - k^2 \boldsymbol{E} = -\mathrm{j}\omega\mu J \tag{3.202}$$

$$\nabla \cdot \boldsymbol{E} = \frac{\rho}{\varepsilon} \tag{3.203}$$

$$\nabla \cdot \boldsymbol{J} = -\mathrm{j}\omega\rho \tag{3.204}$$

式中，$\boldsymbol{E}$ 为电场强度；$\boldsymbol{J}$ 为电流密度；ρ 为电荷密度。注意到旋量场和无旋场的正交性，式(3.202)～(3.204)可分解为

$$\nabla \times \nabla \times \boldsymbol{E}_r - k^2 \boldsymbol{E}_r = -\mathrm{j}\omega\mu \boldsymbol{J}_r \tag{3.205}$$

$$\boldsymbol{E}_l = \frac{\omega\mu}{k^2} \boldsymbol{J}_l \tag{3.206}$$

$$\nabla \cdot \boldsymbol{E}_l = \frac{\rho}{\varepsilon} \tag{3.207}$$

$$\nabla \cdot \boldsymbol{J}_l = -\mathrm{j}\omega\rho \tag{3.208}$$

引进位函数

$$\boldsymbol{E}_l = -\nabla\varphi \tag{3.209}$$

得到

$$\nabla^2\varphi = -\frac{\rho}{\varepsilon} \tag{3.210}$$

又根据电磁场的位函数表达式

$$\boldsymbol{E} = -\nabla\varphi - \mathrm{j}\omega\boldsymbol{A} \tag{3.211}$$

$$\nabla\times\nabla\times\boldsymbol{A} - k^2\boldsymbol{A} + \mathrm{j}\omega\mu\varepsilon\nabla\varphi = \mu\boldsymbol{J} \tag{3.212}$$

$$\nabla^2\varphi + \mathrm{j}\omega\nabla\cdot\boldsymbol{A} = -\frac{\rho}{\varepsilon} \tag{3.213}$$

如果令 $\nabla\cdot\boldsymbol{A} = 0$，也就是取库仑规范，则式(3.212)变成式(3.205)，式(3.213)就变成式(3.210)。

由此可知，对任意电磁场矢量 $\boldsymbol{F}$，总可以将其唯一地分解为

$$\boldsymbol{F} = \boldsymbol{F}_l + \boldsymbol{F}_t \tag{3.214}$$

$$\boldsymbol{F}_l = \nabla\varphi, \quad \nabla\times\boldsymbol{F}_l = 0 \tag{3.215}$$

$$\boldsymbol{F}_t = \nabla\times\boldsymbol{A}, \quad \nabla\cdot\boldsymbol{F}_t = 0 \tag{3.216}$$

基于电磁场的上述可分解性和电磁场有三个分量这一特性，引进矢量波动方程的三个独立解

$$\boldsymbol{L} = \nabla\psi, \quad \boldsymbol{M} = \nabla\times\boldsymbol{a}\psi, \quad \boldsymbol{N} = \frac{1}{k}\nabla\times\boldsymbol{M} \tag{3.217}$$

$$\nabla^2\psi + k^2\psi = 0 \tag{3.218}$$

式中，$\boldsymbol{a}$ 称为领示矢量，它需要满足一定的判据才能使由它构造的 $\boldsymbol{M},\boldsymbol{N}$ 矢量满足波动方程(3.201)。由矢量恒等式

$$\begin{gathered}
\nabla\times\boldsymbol{r} = 0, \quad \nabla\cdot\boldsymbol{r} = 3, \quad (\nabla\psi\cdot\nabla)\boldsymbol{r} = \nabla\psi \\
\nabla\times(\boldsymbol{r}\psi) = \nabla\psi\times\boldsymbol{r}, \quad \nabla\times\nabla\times(\boldsymbol{r}\psi) = \nabla(\boldsymbol{r}\cdot\nabla\psi + \psi) - \boldsymbol{r}^2\psi \\
\nabla\times\nabla\times\nabla(\boldsymbol{r}\psi) = -\nabla\times(\boldsymbol{r}\nabla^2\psi) \\
\nabla\times\boldsymbol{u} = 0, \quad \nabla\cdot\boldsymbol{u} = 0, \quad (\nabla\psi\cdot\nabla)\boldsymbol{u} = 0 \\
\nabla\times(\boldsymbol{u}\psi) = \nabla\psi\times\boldsymbol{u}, \quad \nabla\times\nabla\times\nabla(\boldsymbol{u}\psi) = \nabla(\boldsymbol{u}\cdot\nabla\psi) - \boldsymbol{u}\nabla^2\psi \\
\nabla\times\nabla\times\nabla\times(\boldsymbol{u}\psi) = -\nabla\times(\boldsymbol{u}\nabla^2\psi)
\end{gathered} \tag{3.219}$$

$$\boldsymbol{u} = \hat{\boldsymbol{x}}, \hat{\boldsymbol{y}}, \hat{\boldsymbol{z}} \tag{3.220}$$

式(3.219)中 $\boldsymbol{r}$ 代表球坐标系中的径向矢量，即 $\boldsymbol{r} = r\hat{\boldsymbol{r}}$，可以验证，当领示矢量 $\boldsymbol{a}$ 取为 $\hat{\boldsymbol{x}}, \hat{\boldsymbol{y}}, \hat{\boldsymbol{z}}$ 时，$\boldsymbol{M},\boldsymbol{N}$ 矢量满足矢量波动方程(读者可自行推导)，显然 $\boldsymbol{M}$ 可以表示为

$$\boldsymbol{M} = \frac{1}{k}\nabla\times\boldsymbol{N} \tag{3.221}$$

由 $\boldsymbol{L},\boldsymbol{M},\boldsymbol{N}$ 的定义可得

$$\nabla\times\boldsymbol{L} = 0, \quad \nabla\cdot\boldsymbol{M} = \nabla\cdot\boldsymbol{N} = 0 \tag{3.222}$$

因此，当用 $\boldsymbol{L},\boldsymbol{M},\boldsymbol{N}$ 矢量对任意电磁场进行展开时，一般应包括三类矢量，因为电磁场有三个独立分量，而 $\boldsymbol{L},\boldsymbol{M},\boldsymbol{N}$ 矢量中的每一个都是由一个标量函数导出的。但当这一矢量的散度为零时，三个分量不再独立，而受到一个标量关系的约束，因而仅需用 $\boldsymbol{M},\boldsymbol{N}$ 矢量展开就行了。

下面有必要进一步探讨 $\boldsymbol{E}_l$ 和 $\boldsymbol{L}$ 矢量的关系，由 $\boldsymbol{L}$ 矢量的定义

$$\nabla\cdot \boldsymbol{L} = \nabla^2\psi = -k^2\,\nabla\psi \tag{3.223}$$

又由 $\boldsymbol{E}_l$ 的定义式(3.207)，可见

$$\boldsymbol{E}_l = k^{-2}\,\nabla\nabla\cdot \boldsymbol{L} \tag{3.224}$$

这里需要确认的是式(3.209)中的 φ 就是生成 $\boldsymbol{L}$ 类矢量波函数的 φ（读者可自行推导）。因而得到 $\boldsymbol{F}$ 的另一个分解

$$\boldsymbol{F} = \nabla\times\nabla\times\boldsymbol{W} - \nabla\nabla\cdot\boldsymbol{W} = \nabla^2\boldsymbol{W} = \boldsymbol{F}_r + \boldsymbol{F}_l \tag{3.225}$$

$$\boldsymbol{F}_r = \nabla\times\nabla\times\boldsymbol{W}$$

$$\boldsymbol{F}_l = \nabla\nabla\cdot\boldsymbol{W}$$

这样就完成了对拉普拉斯算子的无旋和旋量分解，与之相应的有两类本征值和本征函数，也就是前述的两类本征函数。以前，在用有限元计算电磁场时曾人为地将拉普拉斯算子分成 $\nabla\times\nabla\times$ 和 $\nabla\nabla\cdot$ 两个矢量算子，并用数值计算结果证实了这一猜测[23]。现在，我们发现这一分解是深刻的。$\boldsymbol{L}$ 矢量是算子 $\nabla\nabla\cdot$ 的本征解，$\boldsymbol{M},\boldsymbol{N}$ 矢量是 $\nabla\times\nabla\times$ 的本征函数解，因而 $\boldsymbol{L}$ 与 $\boldsymbol{M},\boldsymbol{N}$ 矢量在性质上有很大差别。从有限元的计算实践来看，$\boldsymbol{L}$ 为计算时出现的质解，$\boldsymbol{M},\boldsymbol{N}$ 则为系统的谐振模。以前，人们将质解看成是一种完全无用的东西，作者认为，质解可以用于研究电流源散度不为零的辐射问题和散射问题(等效电流源散度不为零)。当然，如何将质解算准确还需要做些工作。

3.4.3 有界区域电磁场的 $\boldsymbol{L},\boldsymbol{M},\boldsymbol{N}$ 分解

根据 Maxwell 方程，$\boldsymbol{E},\boldsymbol{H}$ 满足

$$\nabla\times\nabla\times\boldsymbol{E} - k^2\boldsymbol{E} = -\mathrm{j}\omega\mu\boldsymbol{J} - \nabla\times\boldsymbol{M}$$

$$\nabla\times\nabla\times\boldsymbol{H} - k^2\boldsymbol{H} = \nabla\times\boldsymbol{J} - \mathrm{j}\omega\varepsilon\boldsymbol{M}$$

式中，$\boldsymbol{J},\boldsymbol{M}$ 分别代表电流密度、磁流密度。电磁场可以写成

$$\boldsymbol{E} = \sum_v A_v^e\,\boldsymbol{e}_v + \sum_v B_v^e\,\boldsymbol{E}_v^{\mathrm{TE}} + \sum_v C_v^e\,\boldsymbol{E}_v^{\mathrm{TM}} \tag{3.226}$$

$$\boldsymbol{H} = \sum_v A_v^h\,\boldsymbol{h}_v + \sum_v B_v^h\,\boldsymbol{E}_v^{\mathrm{TE}} + \sum_v C_v^h\,\boldsymbol{E}_v^{\mathrm{TM}} \tag{3.227}$$

式中，A,B,C 为待定系数；$\boldsymbol{e}_v,\boldsymbol{h}_v$ 为无旋电磁本征矢量，其定义为

$$\begin{cases}\boldsymbol{e}_v = \nabla\varphi_v^e\\ \nabla^2\varphi_v^e + k_v^{2e}\varphi_v^e = 0\\ \varphi_v^e = 0 \text{ 或 } n\times e_v = 0, \quad \text{在边界上}\end{cases}$$

$$\begin{cases}\boldsymbol{h}_v = \nabla\varphi_v^h\\ \nabla^2\varphi_v^h + k_v^2\varphi_v^h = 0\\ \dfrac{\partial\varphi_v^h}{\partial n} = 0, \quad \text{在边界上}\end{cases}$$

$\boldsymbol{E}_v^{\mathrm{TE}}$ 和 $\boldsymbol{E}_v^{\mathrm{TM}}$ 是无散电场本征矢量，上角 TE 和 TM 表示 TE 模式和 TM 模式。

$$\begin{cases}\nabla\times\nabla\times\boldsymbol{E}_v-k_v^2\boldsymbol{E}_v=0\\ \boldsymbol{n}\times\boldsymbol{E}_v=0,\quad \text{在边界上}\end{cases}\tag{3.228}$$

容易证明

$$\boldsymbol{E}_v^{\mathrm{TE}}=\nabla\times(\psi_v^{\mathrm{TE}}\boldsymbol{a})\tag{3.229}$$

$$\boldsymbol{E}_v^{\mathrm{TM}}=\frac{1}{k_v^{\mathrm{TM}}}\nabla\times\nabla\times(\psi_v^{\mathrm{TM}}\boldsymbol{a})\tag{3.230}$$

式中，$\psi_v^{\mathrm{TE}},\psi_v^{\mathrm{TM}}$ 是标量波动方程

$$\nabla^2\psi_v+k_v^2\psi_v=0$$

的解，$\boldsymbol{a}=\boldsymbol{r},\hat{\boldsymbol{x}},\hat{\boldsymbol{y}},\hat{\boldsymbol{z}}$，$\psi_v$ 的边界条件可由式(3.228)边界平行于 $\boldsymbol{a}$ 和边界垂直于 $\boldsymbol{a}$ 两种情形给出。同样 $\boldsymbol{H}_v^{\mathrm{TE}}$ 和 $\boldsymbol{H}_v^{\mathrm{TM}}$ 是无散磁矢量本征函数：

$$\begin{cases}\nabla\times\nabla\times\boldsymbol{H}_v-k_v\boldsymbol{H}_v=0\\ \boldsymbol{n}\times\nabla\times\boldsymbol{H}_v=0,\quad \hat{\boldsymbol{n}}\cdot\boldsymbol{H}_v=0,\text{在边界上}\end{cases}\tag{3.231}$$

可以证明，其解可以由下式给出：

$$\boldsymbol{H}_v^{\mathrm{TE}}=\frac{1}{k_v^{\mathrm{TE}}}\nabla\times\nabla\times(\psi_v^{\mathrm{TE}}\boldsymbol{a})\tag{3.232}$$

$$\boldsymbol{H}_v^{\mathrm{TM}}=\nabla\times(\psi_v^{\mathrm{TM}}\boldsymbol{a})\tag{3.233}$$

显然，上面讨论的是导体边界条件，因而这些模式称为短路模。这些模之间存在下列正交关系：

$$\begin{cases}\displaystyle\int_v\begin{bmatrix}\boldsymbol{E}_u\\ \boldsymbol{H}_u\end{bmatrix}\cdot\begin{bmatrix}\boldsymbol{E}_v\\ \boldsymbol{H}_v\end{bmatrix}\mathrm{d}v=0,\quad u\neq v\\ \displaystyle\int_v\begin{bmatrix}\boldsymbol{e}_u\\ \boldsymbol{h}_u\end{bmatrix}\cdot\begin{bmatrix}\boldsymbol{e}_v\\ \boldsymbol{h}_v\end{bmatrix}\mathrm{d}v=0,\quad u\neq v\\ \displaystyle\int_v\begin{bmatrix}\boldsymbol{e}_u\\ \boldsymbol{h}_u\end{bmatrix}\cdot\begin{bmatrix}\boldsymbol{E}_v\\ \boldsymbol{H}_v\end{bmatrix}\mathrm{d}v=0,\quad \forall\, u,v\end{cases}\tag{3.234}$$

这些式子中 $\begin{bmatrix}\boldsymbol{E}\\ \boldsymbol{H}\end{bmatrix}$ 代表 $\begin{bmatrix}\boldsymbol{E}^{\mathrm{TE}}\\ \boldsymbol{H}^{\mathrm{TE}}\end{bmatrix}$ 或 $\begin{bmatrix}\boldsymbol{E}^{\mathrm{TM}}\\ \boldsymbol{H}^{\mathrm{TM}}\end{bmatrix}$，进一步有

$$\int_v\begin{bmatrix}\boldsymbol{E}_u^{\mathrm{TE}}\\ \boldsymbol{H}_u^{\mathrm{TE}}\end{bmatrix}\cdot\begin{bmatrix}\boldsymbol{E}_v^{\mathrm{TM}}\\ \boldsymbol{H}_v^{\mathrm{TM}}\end{bmatrix}\mathrm{d}v=0,\quad \forall\, u,v\tag{3.235}$$

$$\nabla\times\begin{bmatrix}\boldsymbol{E}_v^{\mathrm{TE}}\\ \boldsymbol{H}_v^{\mathrm{TE}}\end{bmatrix}=k_v^{\mathrm{TE}}\begin{pmatrix}\boldsymbol{H}_v^{\mathrm{TE}}\\ \boldsymbol{E}_v^{\mathrm{TE}}\end{pmatrix}$$

$$\nabla\times\begin{bmatrix}\boldsymbol{E}_v^{\mathrm{TM}}\\ \boldsymbol{H}_v^{\mathrm{TM}}\end{bmatrix}=k_v^{\mathrm{TM}}\begin{pmatrix}\boldsymbol{H}_v^{\mathrm{TM}}\\ \boldsymbol{E}_v^{\mathrm{TM}}\end{pmatrix}$$

从以上推导可以看出，任意有界区域的电磁场，都可以用 $\boldsymbol{L},\boldsymbol{M},\boldsymbol{N}$ 矢量展开。只是在有界区域的情形下，我们更清楚地看到了 $\boldsymbol{L},\boldsymbol{M},\boldsymbol{N}$ 的物理意义。比如，用 $\boldsymbol{L},\boldsymbol{M},\boldsymbol{N}$ 展开电场时，$\boldsymbol{L}$ 代表无旋电场，$\boldsymbol{M}$ 代表 $\boldsymbol{a}$ 方向的 TM 模式的电场矢量，$\boldsymbol{N}$ 代表 $\boldsymbol{a}$ 方向的 TE 模式的电场矢量，而用 $\boldsymbol{L},\boldsymbol{M},\boldsymbol{N}$ 展开磁场时 $\boldsymbol{L}$ 代表无旋磁场，$\boldsymbol{M}$ 代表 $\boldsymbol{a}$ 方向的 TM 模式的磁场，$\boldsymbol{N}$ 代表 $\boldsymbol{a}$ 方向的 TE 模式的磁场。换句话说，对于整个电磁场来说，可以分别用 $\boldsymbol{a}$ 方向的 TE 和 TM 场来代表传播着的场，无旋电场仅代表了一种非传播场，本质上是个标量

问题，仅当场的散度不为零时才出现。

至于无旋电场的两个典型特征：一是散度不为零，一是代表非传播场，哪一个更具有本质性呢？从上面的讨论，似乎散度不为零就是本质特征，但是，我们认为代表一种由泊松方程支配的局部场（非传播场）才是无旋电场的最本质特征。同样，旋量电场也有两个典型特征：一是散度为零，二是代表传播的场。我们认为后者才是刻画旋量电场的最本质特征。以 3.4.1 节讨论的电磁场本征函数的分类为例，旋量电场的散度就不一定为零。也就是说，在各向异性介质中，是以场是否属于传播场来对场进行分类的，而在各向同性介质的情形两个判据等价。

3.4.4 自由空间的矢量波函数及其正交性

根据前几个小节的理论，只要能写出标量波动方程的解，就能由领示矢量 $\boldsymbol{a}$ 导出矢量波函数，特别地，设

$$\psi = \mathrm{e}^{-\mathrm{j}\boldsymbol{k}\cdot\boldsymbol{r}} \tag{3.236}$$

则

$$\boldsymbol{L} = -\mathrm{j}\boldsymbol{k}\psi, \quad \boldsymbol{M} = -\mathrm{j}\psi\boldsymbol{k}\times\boldsymbol{a}, \quad \boldsymbol{N} = \frac{1}{k}\psi(\boldsymbol{k}\times\boldsymbol{a})\times\boldsymbol{k} \tag{3.237}$$

在这一特例中，$\boldsymbol{L}\cdot\boldsymbol{M} = \boldsymbol{M}\cdot\boldsymbol{N} = \boldsymbol{N}\cdot\boldsymbol{L} = 0$，三个矢量全都互相正交，且 $\boldsymbol{L}$ 为纯纵波。

由 3.2 节的讨论可知，任意波方程的解可以展开成关于波数的积分表达式，因而设 $\boldsymbol{k}$ 的极角为 α,β，则对适当的振幅因子 $g(\alpha,\beta)$，$\boldsymbol{L},\boldsymbol{M},\boldsymbol{N}$ 可写成

$$\boldsymbol{L} = -\mathrm{j}\int g(\alpha,\beta)\,\boldsymbol{k}(\alpha,\beta)\mathrm{e}^{-\mathrm{j}\boldsymbol{k}\cdot\boldsymbol{r}}\mathrm{d}\alpha\mathrm{d}\beta \tag{3.238}$$

$$\boldsymbol{M} = -\mathrm{j}\int g(\alpha,\beta)\,\boldsymbol{k}\times\boldsymbol{a}\mathrm{e}^{-\mathrm{j}\boldsymbol{k}\cdot\boldsymbol{r}}\mathrm{d}\alpha\mathrm{d}\beta \tag{3.239}$$

$$\boldsymbol{M} = \frac{1}{k}\int g(\alpha,\beta)(\boldsymbol{k}\times\boldsymbol{a})\times\boldsymbol{k}\mathrm{e}^{-\mathrm{j}\boldsymbol{k}\cdot\boldsymbol{r}}\mathrm{d}\alpha\mathrm{d}\beta \tag{3.240}$$

在圆柱坐标系中取领示矢量 $\boldsymbol{a} = \hat{\boldsymbol{z}}$ 得到 $\boldsymbol{L},\boldsymbol{M},\boldsymbol{N}$ 的表达式为

$$\boldsymbol{L}_{{}^{e}_{o}n\lambda} = \frac{\partial}{\partial r}Z_n(\lambda r)\begin{matrix}\cos\\ \sin\end{matrix}n\theta\hat{\boldsymbol{r}} \mp \frac{n}{r}Z_n(\lambda r)\begin{matrix}\sin\\ \cos\end{matrix}n\theta\hat{\boldsymbol{\theta}} - \mathrm{j}hZ_n(\lambda r)\begin{matrix}\cos\\ \sin\end{matrix}n\theta\hat{\boldsymbol{z}} \tag{3.241}$$

$$\boldsymbol{M}_{{}^{e}_{o}n\lambda} = \mp\frac{n}{r}Z_n(\lambda r)\begin{matrix}\sin\\ \cos\end{matrix}n\theta\hat{\boldsymbol{\theta}} - \frac{\partial}{\partial r}Z_n(\lambda r)\begin{matrix}\cos\\ \sin\end{matrix}n\theta\hat{\boldsymbol{\theta}} \tag{3.242}$$

$$\boldsymbol{N}_{{}^{e}_{o}n\lambda} = -\frac{\mathrm{j}h}{k}\frac{\partial}{\partial r}Z_n(\lambda r)\begin{matrix}\cos\\ \sin\end{matrix}n\theta\hat{\boldsymbol{r}} + \frac{\mathrm{j}hn}{k}Z_n(\lambda r)\begin{matrix}\sin\\ \cos\end{matrix}n\theta\hat{\boldsymbol{\theta}} + \frac{\lambda^2}{k^2}Z_n(\lambda r)\begin{matrix}\cos\\ \sin\end{matrix}n\theta\hat{\boldsymbol{z}} \tag{3.243}$$

式中，$Z_n(r)$ 为任一类柱函数；$\mathrm{e}^{-\mathrm{j}hz}$ 的因子被略去。

在球坐标系中，取领示矢量 $\boldsymbol{a} = \boldsymbol{r}$，得到 $\boldsymbol{L},\boldsymbol{M},\boldsymbol{N}$ 的表达式

$$\psi_{{}^{e}_{o}mn} = \begin{matrix}\cos\\ \sin\end{matrix}m\varphi P_n^m(\cos\theta)z_n(kr) \tag{3.244}$$

$$\begin{aligned}\boldsymbol{L}_{{}^{e}_{o}mn} = {} & \frac{\partial}{\partial r}z_n(kr)P_n^m(\cos\theta)\begin{matrix}\cos\\ \sin\end{matrix}m\varphi\hat{\boldsymbol{r}} + \frac{1}{r}z_n(kr) + \frac{\partial}{\partial\theta}P_n^m(\cos\theta)\begin{matrix}\cos\\ \sin\end{matrix}m\varphi\hat{\boldsymbol{\theta}} \\ & \mp\frac{m}{r\sin\theta}z_n(kr)P_n^m(\cos\theta)\begin{matrix}\cos\\ \sin\end{matrix}m\varphi\hat{\boldsymbol{\varphi}}\end{aligned} \tag{3.245}$$

$$\boldsymbol{M}_{\substack{e\\o}mn}=\mp\frac{m}{\sin\theta}z_n(kr)P_n^m(\cos\theta)\begin{matrix}\sin\\\cos\end{matrix}m\varphi\hat{\boldsymbol{\theta}}-z_n(kr)\frac{\partial}{\partial\theta}P_n^m(\cos\theta)\begin{matrix}\cos\\\sin\end{matrix}m\varphi\hat{\boldsymbol{\theta}} \tag{3.246}$$

$$\boldsymbol{N}_{\substack{e\\o}mn}=\frac{n(n+1)}{kr}z_n(kr)P_n^m(\cos\theta)\begin{matrix}\cos\\\sin\end{matrix}m\varphi\hat{\boldsymbol{r}}+\frac{1}{kr}\frac{\partial}{\partial r}[rz_n(kr)]\frac{\partial}{\partial\theta}P_n^m(\cos\theta)\begin{matrix}\cos\\\sin\end{matrix}m\varphi\hat{\boldsymbol{\theta}}$$

$$\mp\frac{m}{kr\sin\theta}\frac{\partial}{\partial r}[rz_n(kr)]P_n^m(\cos\theta)\begin{matrix}\cos\\\sin\end{matrix}m\varphi\hat{\boldsymbol{\varphi}} \tag{3.247}$$

无论在柱坐标系下，还是在球坐标系下，$\boldsymbol{M},\boldsymbol{N}$之间和$\boldsymbol{M},\boldsymbol{L}$之间都是关于空间域完全正交的，$\boldsymbol{M}$类与$\boldsymbol{N}$类矢量波函数以及$\boldsymbol{L}$类矢量波函数每类中不同波函数之间也是完全正交的，而$\boldsymbol{N}$与$\boldsymbol{L}$之间的完全正交性被破坏。归一化积分的计算可以在Stratton、Tai、Collie和宋文淼的著作及文章中找到讨论，本书仅在需要时具体给出。

再从另一个角度对与$\boldsymbol{L},\boldsymbol{M},\boldsymbol{N}$展开有关的问题进行讨论。正如前述，$\boldsymbol{L},\boldsymbol{M},\boldsymbol{N}$都是矢量波动方程的本征函数，用矢量$\boldsymbol{L},\boldsymbol{M},\boldsymbol{N}$进行展开，实际上是一种本征函数展开，因而与径向变量$\boldsymbol{r}$有关的k将因为在r方向的无限性而被视为一连续变量，也就是说，按本征函数展开理论，k的范围应是$[0,\infty]$，但由于洛伦兹规范并未将静态场和动态场严格分开，从而导致$\boldsymbol{L}$与$\boldsymbol{N}$之间的不完全正交性。而库仑规范已将动态场与静态场分开，考虑的是一种模式的分解，因而由静电位导出的无旋电场与旋量场之间在空间域是正交的，回到特征值域，$\boldsymbol{N}$类矢量波函数也不含$k=0$的谱。$\boldsymbol{M},\boldsymbol{N}$矢量中的$\boldsymbol{k}$代表波数为$k$的模式。

3.5　矢量波函数的旋转、平移变换叠加定理

3.5.1　柱面矢量波函数的变换叠加定理

由于梯度和矢积与坐标系无关，也由于领示矢量$\hat{z}$在坐标变换时不变，故可以直接由标量波函数的变换叠加定理写出柱矢最波函数的变换叠加定理(请读者自行查阅)。

3.5.2　长旋转椭球矢量波函数与球矢最波函数的变换[21]

令(x,y,z)，(r,θ,φ)，(η,ξ,φ)分别是具有相同坐标原点的直角坐标系、球坐标系、长球坐标系。设$\psi_{mn}^{(i)}(r,\theta,\varphi)$和$\psi_{mn}^{(i)}(h;\eta,\xi,\varphi)$是第$mn$阶球和长球标量波函数，$h$是椭圆的半焦距，$\psi^{(i)}(r,\theta,\varphi)$，$i=1,2,3,4$分别含有球贝塞尔函数、球纽曼函数和第一类球汉克尔函数、第二类球汉克尔函数，$\psi^{(i)}(h;\eta,\xi,\varphi)$对应于$\psi^{(i)}(r,\theta,\varphi)$。在标量波函数一节已经指出，长球波函数与球波函数可以相互转换：

$$\psi_{mn}^{(i)}(h;\eta,\xi,\varphi)=\sum_{s=|m|,|m|+1}^{\infty}{}'\Lambda_{ms}^{mn}(h)\cdot\psi_{ms}^{(i)}(r,\theta,\varphi) \tag{3.248}$$

$$\psi_{mn}^{(i)}(r,\theta,\varphi)=\sum_{l=|m|,|m|+1}^{\infty}{}'\Gamma_{ml}^{mn}(h)\cdot\psi_{ml}^{(i)}(h;\eta,\xi,\varphi) \tag{3.249}$$

$$\Lambda_{ms}^{mn}(h)=\mathrm{j}^{s-n}d_{s-|m|}^{mn}(h) \tag{3.250}$$

$$\Gamma_{ml}^{mn}(h)=\mathrm{j}^{l-n}\frac{N_{mn}}{N_{ml}(h)}d_{n-|m|}^{ml}(h) \tag{3.251}$$

这里，以前的符号$d_s^{mn}(c)$都改写为$d_s^{mn}(h)$。$d_s^{mn}(h)$代表第一类角向函数的展开系数，

N_{mn}，$N_{ml}(h)$ 分别代表球谐函数与长球谐和函数的归一化系数。撇(′)代表视 $n-|m|$ 的奇偶性而仅对奇偶项求和定义。

$$\boldsymbol{L}_{mn}^{(i)}=\nabla\psi_{mn}^{(i)} \tag{3.252}$$

$$\boldsymbol{M}_{mn}^{(i)a}=\nabla\times(\psi_{mn}^{(i)}\boldsymbol{a}),\quad \boldsymbol{a}=\boldsymbol{r},\hat{\boldsymbol{x}},\hat{\boldsymbol{y}},\hat{\boldsymbol{z}} \tag{3.253}$$

$$\boldsymbol{N}_{mn}^{(i)a}=\frac{1}{k}\nabla\times\boldsymbol{M}_{mn}^{(i)a},\quad \boldsymbol{a}=\boldsymbol{r},\hat{\boldsymbol{x}},\hat{\boldsymbol{y}},\hat{\boldsymbol{z}} \tag{3.254}$$

并用左上角带圆点的符号代表在球坐标系下的相应量(不带点代表长球坐标系下的量)。注意到梯度等矢量符号与坐标系无关，立即由式(3.248)和式(3.249)得到

$$\boldsymbol{M}_{mn}^{(i)a}(h;\eta,\xi,\varphi)=\sum_{s=|m|,|m|+1}^{\infty}{}'\Lambda_{ms}^{mn}(h)\cdot\boldsymbol{M}_{ms}^{(i)a}(r,\theta,\varphi) \tag{3.255}$$

$$\boldsymbol{M}_{mn}^{(i)a}(r,\theta,\varphi)=\sum_{l=|m|,|m|+1}^{\infty}{}'\Gamma_{ml}^{mn}(h)\cdot\boldsymbol{M}_{ml}^{(i)a}(h;\eta,\xi,\varphi) \tag{3.256}$$

$$\boldsymbol{N}_{mn}^{(i)a}(h;\eta,\xi,\varphi)=\sum_{s=|m|,|m|+1}^{\infty}{}'\Lambda_{ms}^{mn}(h)\cdot\boldsymbol{N}_{ms}^{(i)a}(r,\theta,\varphi) \tag{3.257}$$

$$\boldsymbol{N}_{mn}^{(i)a}(r,\theta,\varphi)=\sum_{l=|m|,|m|+1}^{\infty}{}'\Gamma_{ml}^{mn}(h)\cdot\boldsymbol{N}_{ml}^{(i)a}(h;\eta,\xi,\varphi) \tag{3.258}$$

$$\boldsymbol{L}_{mn}^{(i)}(h;\eta,\xi,\varphi)=\sum_{s=|m|,|m|+1}^{\infty}{}'\Lambda_{ms}^{mn}(h)\cdot\boldsymbol{L}_{ms}^{(i)}(r,\theta,\varphi) \tag{3.259}$$

$$\boldsymbol{L}_{mn}^{(i)}(r,\theta,\varphi)=\sum_{l=|m|,|m|+1}^{\infty}{}'\Gamma_{ml}^{mn}(h)\cdot\boldsymbol{L}_{ml}^{(i)}(h;\eta,\xi,\varphi) \tag{3.260}$$

3.5.3　长球矢量波函数的旋转加法定理[21]

如图 3.2 所示，两个直角坐标系的原点分别为 O 和 O'，相应的坐标为 (x,y,z) 和 (x',y',z')。在每个坐标系中，分别建立球坐标系和长球坐标系 (r,θ,φ)，(η,ξ,φ) 和 (r',θ',φ')，(η',ξ',φ')。不带撇的坐标系或者由带撇坐标系通过一个旋转（$O=O'$）欧拉角 (α,β,z) 得到，或者通过一个平移 $OO'=d$ 得到。在既有平移又有旋转的情形下，假设先将不带撇的系统旋转到一个 O'' 的系统，再将 O'' 的系统平移到 O' 的系统，O,O',O'' 系统的标量球和旋转椭球波函数分别记为 $\psi_{mn}^{(i)}$ 和 $\psi'^{(i)}_{mn}$，$'\psi_{mn}^{(i)}$ 和 $'\psi'^{(i)}_{mn}$，$'\psi''^{(i)}_{mn}$ 和 $\psi''^{(i)}_{mn}$。用类似的记号表示不同坐标系下的矢量波函数 $\boldsymbol{M}^a$，$\boldsymbol{N}^a$，$\boldsymbol{L}$。

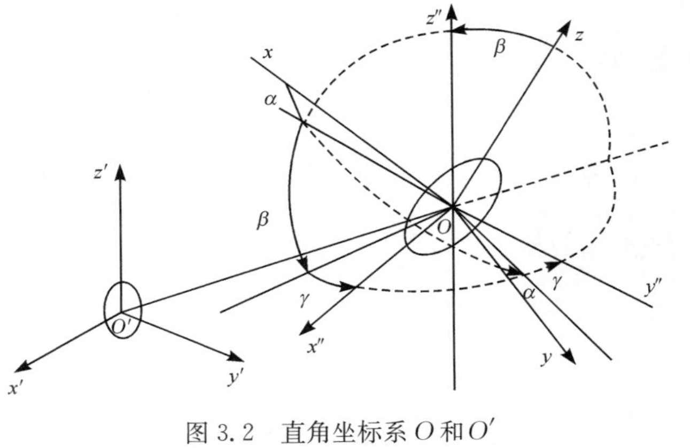

图 3.2　直角坐标系 O 和 O'

根据 Edmonds 的记号有

$$\psi_{mn}^{(i)}(r,\theta,\varphi)=\sum_{m'=-n}^{n}{}'R_{m'n'}^{mn}(\alpha,\beta,\gamma)'\varphi_{mn}^{(i)}(r',\theta',\varphi') \tag{3.261}$$

$$R_{m'n'}^{mn}(\alpha,\beta,\gamma)=(-1)^{m'-m}\sqrt{'N_{mn}/N_{m'n}}\,e^{jm'\gamma}d_{m'm}^{(l)}(\beta)e^{jm\alpha} \tag{3.262}$$

$$d_{m'm}^{(l)}(\beta)=\left[\frac{(l+m')!(l-m')!}{(l+m)!(l-m)!}\right]^{\frac{1}{2}}P_{l-m'}^{(m'-m,m'+m)}(\cos\beta)\left(\cos\frac{\beta}{2}\right)^{m'+m}\left(\sin\frac{\beta}{2}\right)^{m'-m} \tag{3.263}$$

式中，$P_n^{(a,b)}(\cos\beta)$ 为雅可比多项式，可以通过递推公式来计算。式(3.263)也可以直接写成有限和形式用计算机求值：

$$d_{m'm}^{(l)}(\beta)=\sum_{\sigma}\frac{[(l+m)!(l-m)!(l+m')!(l-m')!]^{\frac{1}{2}}}{\sigma!(m+m'+\sigma)!(l-m-\sigma)!(l-m'-\sigma)!}\cdot(-1)^{l-m'-\sigma}\left(\sin\frac{\beta}{2}\right)^{2l-2\sigma-m'-m}\left(\cos\frac{\beta}{2}\right)^{m'+m+2\sigma} \tag{3.264}$$

式中，σ 为使所有阶乘为非负的值。因此，σ 必须满足：$\sigma\geqslant0$，$\sigma\geqslant-(m+m')$，$\sigma\leqslant l-m$，$\sigma\leqslant l-m'$。对于给定的 l,m,m',σ 仅取有限个值。式(3.262)中 $'N_{mn}$ 为为球谐函数的归一化值：

$$'N_{mn}=\frac{2}{2n+1}\frac{(n+m)!}{(n-m)!} \tag{3.265}$$

由于 $r=r'$，容易从(3.261)式导出 $\boldsymbol{M}$ 的旋转加法定理：

$$'\boldsymbol{M}^{(i)r}(r,\theta,\varphi)=\sum_{m=-n}^{n}R_{m'n}^{mn}(\alpha,\beta,\gamma)\cdot{}'\boldsymbol{M}_{m'n}^{(i)r'}(r',\theta',\varphi') \tag{3.266}$$

由于旋度是坐标旋转的不变量，可得到

$$'\boldsymbol{N}^{(i)r}(r,\theta,\varphi)=\sum_{m=-n}^{n}R_{m'n}^{mn}(\alpha,\beta,\gamma)\cdot\boldsymbol{N}^{(i)r'm'n}(r',\theta',\varphi') \tag{3.267}$$

在(3.255)式中取 $a=r$，将式(3.266)代入得

$$\boldsymbol{M}_{mn}^{(i)r}(h;\eta,\xi,\varphi)=\sum_{s=|m|,|m|+1}^{\infty}\Lambda_{ms}^{mn}(h)\cdot\sum_{\mu=-n}^{s}R_{\mu s}^{ms}(\alpha,\beta,\gamma)\cdot\boldsymbol{M}_{\mu n}^{(i)r}(r',\theta',\varphi') \tag{3.268}$$

再由式(3.256)将球矢量波函数转换成长球矢量波函数，交换求和的次序和上、下限得

$$\boldsymbol{M}_{mn}^{(i)r}(h;\eta,\xi,\varphi)=\sum_{\mu=-\infty}^{\infty}\sum_{v=|\mu|}^{\infty}R_{\mu v}^{mn}(h,h';\alpha,\beta,\gamma)\,\boldsymbol{M}_{\mu v}^{(i)r'}(h';\eta',\xi',\varphi') \tag{3.269}$$

$$R_{\mu v}^{mn}(h,h';\alpha,\beta,\gamma)=\sum_{s=s_0,s_0+1}^{\infty}{}'\Lambda_{ms}^{mn}(h)R_{\mu v}^{mn}(\alpha,\beta,\gamma)\Gamma_{\mu v}^{\mu s}(h') \tag{3.270}$$

式中，$\Lambda_{ms}^{mn}(h)$ 和 $\Gamma_{\mu v}^{\mu s}(h')$ 中系数 $d_{s-|m|}^{mn}$ 和 $d_{l=|m|}^{\mu v}$ 以及 $R_{\mu s}^{mn}(\alpha,\beta,\gamma)$ 的出现限制了 s 取值范围。$s_0=\max(|m|,|\mu|)$，当且仅当 $n+v-s_0$ 为奇数时，s_0 改为 s_0+1。当且仅当 $|n-2|$ 为奇数时，$R_{\mu v}^{mn}=0$。

当 $a=x,y,z$ 时，用著名的欧拉角将不带撇的单位矢量用带撇的单位矢量表示如下

$$\begin{bmatrix}\hat{\boldsymbol{x}}\\\hat{\boldsymbol{y}}\\\hat{\boldsymbol{z}}\end{bmatrix}=\begin{bmatrix}\alpha_1&\beta_1&\gamma_1\\\alpha_2&\beta_2&\gamma_2\\\alpha_3&\beta_3&\gamma_3\end{bmatrix}\begin{bmatrix}\hat{\boldsymbol{x}}'\\\hat{\boldsymbol{y}}'\\\hat{\boldsymbol{z}}'\end{bmatrix} \tag{3.271}$$

式中

$$\alpha_1 = \cos\alpha\sin\beta\cos\gamma - \sin\alpha\sin\gamma$$
$$\alpha_2 = \sin\alpha\cos\beta\cos\gamma + \cos\alpha\sin\gamma$$
$$\alpha_3 = -\sin\beta\cos\gamma$$
$$\beta_1 = -\cos\alpha\cos\beta\sin\gamma - \sin\alpha\cos\gamma$$
$$\beta_2 - \sin\alpha\cos\beta\sin\gamma + \cos\alpha\cos\beta$$
$$\beta_3 = \sin\beta\sin\gamma$$
$$\gamma_1 = \cos\alpha\sin\beta$$
$$\gamma_2 = \sin\alpha\cos\beta$$
$$\gamma_3 = \cos\beta$$

既然梯度和矢积都是坐标变换的不变量，那么，$\boldsymbol{a} = \hat{\boldsymbol{x}} = \alpha_1\hat{\boldsymbol{x}}' + \beta_1\hat{\boldsymbol{y}}' + \gamma_1\hat{\boldsymbol{z}}'$，有

$$\boldsymbol{M}_{mn}^{(i)x}(r,\theta,\varphi) = \sum_{\mu=-n}^{n} R_{\mu n}^{mn}(\alpha,\beta,\gamma)\{\alpha_1\, {}'\boldsymbol{M}_{\mu n}^{(i)x'}(r',\theta',\varphi') + \beta_1\, {}'\boldsymbol{M}_{\mu n}^{(i)y'}(r',\theta',\varphi') + \gamma_1\, {}'\boldsymbol{M}_{\mu n}^{(i)z'}(r',\theta',\varphi')\} \tag{3.272}$$

${}'\boldsymbol{N}_{mn}^{(i)r}(r,\theta,\varphi)$ 的公式与之相似，仅须将 ${}'\boldsymbol{N}$ 代替 ${}'\boldsymbol{M}$ 。进一步，将式(3.272)中的 $(\alpha_1,\beta_1,\gamma_1)$ 换成 $(\alpha_2,\beta_2,\gamma_2)$ 和 $(\alpha_3,\beta_3,\gamma_3)$，得到 ${}'\boldsymbol{M}_{mn}^{(i)y}(r,\theta,\varphi)$ 和 ${}'\boldsymbol{M}_{mn}^{(i)z}(r,\theta,\varphi)$ 的旋转加法定理。${}'\boldsymbol{N}_{mn}^{(i)y}(r,\theta,\varphi)$ 和 ${}'\boldsymbol{N}_{mn}^{(i)z}(r,\theta,\varphi)$ 也有相似的表达式。

对长球矢量波函数，利用式(3.272)、式(3.255)、式(3.256)可得

$$\boldsymbol{M}_{mn}^{(i)x}(h;\eta,\xi,\varphi) = \sum_{\mu=-\infty}^{\infty}\sum_{v=|\mu|}^{\infty} R_{\mu v}^{mn}(h,h';\alpha,\beta,\gamma)\cdot\alpha_1\,\boldsymbol{M}_{\mu v}^{(i)x'}(h';\eta',\xi',\varphi') \tag{3.273}$$

式中，$R_{\mu v}^{mn}$ 由式(3.262)给出，同理可得 $\boldsymbol{M}_{mn}^{(i)y}$，$\boldsymbol{M}_{mn}^{(i)z}$，$\boldsymbol{N}_{mn}^{(i)x}$，$\boldsymbol{N}_{mn}^{(i)y}$ 的旋转加法定理。

由式(3.261)，得

$$\boldsymbol{L}_{mn}^{(i)}(r,\theta,\varphi) = \sum_{\mu=-n}^{n} R_{\mu n}^{mn}(\alpha,\beta,\gamma)\,\boldsymbol{L}'^{(i)}_{\mu n}(r,\theta,\varphi) \tag{3.274}$$

采用相似的方法得

$$\boldsymbol{L}_{mn}^{(i)}(h;\eta,\xi,\varphi) = \sum_{\mu=-\infty}^{\infty}\sum_{v=|\mu|}^{\infty} R_{\mu v}^{mn}(h,h';\alpha,\beta,\gamma)\,\boldsymbol{L}'^{(i)}_{\mu n}(h';\eta',\xi',\varphi') \tag{3.275}$$

3.5.4 球与长球矢量波函数的平移加法定理

这里先给出标量球波函数的平移叠加定理：

$$\varphi_{mn}^{(i)}(r,\theta,\varphi) = \sum_{\mu=-\infty}^{\infty}\sum_{v=|\mu|}^{\infty} {}^{(i)}a_{\mu v}^{mn}(\boldsymbol{d})'\psi'^{(i)}_{\mu v}(r',\theta',\varphi'),\quad r' < d \tag{3.276}$$

$$\varphi_{mn}^{(i)}(r,\theta,\varphi) = \sum_{\bar{\mu}=-\infty}^{\infty}\sum_{p=|\mu|}^{\infty} {}^{(1)}b_{\bar{\mu}p}^{mn}(\boldsymbol{d})'\psi'^{(i)}_{\bar{\mu}p}(r',\theta',\varphi'),\quad r' \geqslant d \tag{3.277}$$

$${}^{(1)}b_{\bar{\mu}p}^{mn} = \sum_{l=l_0,l_0+1}^{p+n} {}^{(1)}b_{m-\bar{\mu},l,p}^{mn}(\boldsymbol{d}) \tag{3.278}$$

$$\sum_{l=l_0,l_0+1}^{p+n} {}^{(1)}b_{m-\bar{\mu},l,p}^{mn}(\boldsymbol{d}) = (-1)^{m-\bar{\mu}}(\mathrm{j})^{l+p-n}(2l+1)a(m,n\mid\bar{\mu}-m,l\mid p)\cdot{}'\varphi_{(m-\bar{\mu})l}^{(1)}(\boldsymbol{d}) \tag{3.279}$$

$$^{(i)}a_{\mu v}^{mn} = \sum_{l=l_0,l_0+1}^{v+n} a_{m-\mu,l,v}^{(i)mn}(\boldsymbol{d}) \tag{3.280}$$

$$^{(i)}a_{m-\mu,l,v}^{mn} = (-1)^{m-\mu}(\mathrm{j})^{l+v+n}(2l+1)a(m,n \mid \mu-m,l \mid v) \cdot {}'\varphi_{(m-\mu)l}^{(1)}(\boldsymbol{d}) \tag{3.281}$$

在式(3.278)中 $l_0 = \max[|p-n|,|m-\bar{\mu}|]$，当 $p+n$ 为偶数时，若 l_0 为奇数，则取 l_0+1；若 l_0 为偶数，则取 $l=l_0'$。同样，当 $p+n$ 为奇数时，若 l_0 为奇数，则取 $l=l_0$。若 l_0 为偶数，则取 $l=l_0+1$。在式(3.280)中，$l_0 = \max[|v-n|,|m-\mu|]$，求和下限的取法同式(3.278)的规则。式(3.279)和式(3.281)中的 $a(m,n \mid \mu,l \mid p)$ 为一经常出现的符号，其值可计算。

由式(3.276)、式(3.277)立即可得(梯度算符具有平移不变性)

$$'\boldsymbol{L}_{mn}^{(i)}(r,\theta,\varphi) = \sum_{\mu=-\infty}^{\infty}\sum_{v=|\mu|}^{\infty} {}^{(i)}a_{\bar{\mu}p}^{mn}(\boldsymbol{d})\,'\boldsymbol{L}'^{(i)}_{\mu p}(r',\theta',\varphi'),\quad r'<d \tag{3.282}$$

$$'\boldsymbol{L}_{mn}^{(i)}(r,\theta,\varphi) = \sum_{\bar{\mu}=-\infty}^{\infty}\sum_{p=|\mu|}^{\infty} {}^{(1)}b_{\bar{\mu}p}^{mn}(\boldsymbol{d})\,'\boldsymbol{L}'^{(i)}_{\mu p}(r',\theta',\varphi'),\quad r'>d \tag{3.283}$$

$'\boldsymbol{M}^{(i)r}$ 的平移加法定理为

$$'\boldsymbol{M}_{mn}^{(i)r}(r,\theta,\varphi) = \sum_{\mu=-\infty}^{\infty}\sum_{v=|\mu|}^{\infty}\{{}^{(i)}A_{\mu v}^{mn}(\boldsymbol{d})\,'\boldsymbol{M}_{\mu v}^{(1)r}(r',\theta',\varphi') + {}^{(i)}B_{\mu v}^{mn}(\boldsymbol{d})\,'\boldsymbol{N}_{\mu v}^{(1)r}(r',\theta',\varphi')\},\quad r'>d \tag{3.284}$$

$$'\boldsymbol{M}_{mn}^{(i)r}(r,\theta,\varphi) = \sum_{\bar{\mu}=-\infty}^{\infty}\sum_{p=|\bar{\mu}|}^{\infty}\{{}^{(1)}C_{\bar{\mu}p}^{mn}(\boldsymbol{d})\,'\boldsymbol{M}_{\bar{\mu}p}^{(i)r'}(r',\theta',\varphi') + {}^{(1)}B_{\bar{\mu}p}^{mn}(\boldsymbol{d})\,'\boldsymbol{N}_{\bar{\mu}p}^{(i)r'}(r',\theta',\varphi')\},\quad r'\geqslant d \tag{3.285}$$

$$^{(i)}A_{\mu v}^{mn} = (-1)^{u}\sum_{p} a(m,n \mid -\mu,v \mid p)a(n,v,p)\,^{(i)}\psi_{m-\mu,p}(\boldsymbol{d}) \tag{3.286}$$

$$^{(i)}B_{\mu v}^{mn} = (-1)^{u+1}\sum_{p} a(m,n \mid -\mu,v \mid p,p-1)b(n,v,p)\,^{(i)}\psi_{m-\mu,p}(\boldsymbol{d}) \tag{3.287}$$

$$^{(1)}C_{\mu v}^{mn} = (-1)^{u}\sum_{p} a(m,n \mid -\bar{\mu},v \mid p)a(n,v,p)\,^{(1)}\psi_{m-\mu,p}(\boldsymbol{d}) \tag{3.288}$$

$$^{(1)}D_{\mu v}^{mn} = (-1)^{u+1}\sum_{p} a(m,n \mid -\bar{\mu},v \mid p,p-1)b(n,v,p)\,^{(1)}\psi_{m-\mu,p}(\boldsymbol{d}) \tag{3.289}$$

在式(3.286)～(3.289)中，$a(m,n \mid \mu,v \mid p)$，$a(m,n \mid \mu,v \mid p,q)$，$a(n,v,p)$，$b(n,v,p)$ 的定义分别为

$$a(m,n \mid \mu,v \mid p) = (-1)^{m+\mu}(2p+1)\left[\frac{(n+m)!(v+\mu)!(p-m-\mu)!}{(n-m)!(v-\mu)!(p+m+\mu)!}\right]^{\frac{1}{2}} \cdot \begin{bmatrix} n & v & p \\ m & \mu & -(m+\mu) \end{bmatrix}\begin{bmatrix} n & v & p \\ 0 & 0 & 0 \end{bmatrix} \tag{3.290}$$

$$a(m,n \mid \mu,v \mid p,q) = (-1)^{m+\mu}(2p+1)\left[\frac{(n+m)!(v+\mu)!(p-m-\mu)!}{(n-m)!(v-\mu)!(p+m+\mu)!}\right]^{\frac{1}{2}} \cdot \begin{bmatrix} n & v & p \\ m & \mu & -(m+\mu) \end{bmatrix}\begin{bmatrix} n & v & p \\ 0 & 0 & 0 \end{bmatrix} \tag{3.291}$$

$$a(n,v,p) = \frac{\mathrm{j}^{v-n+1}}{2v(v+1)}[2v(v+1)(2v+1)+(v+1)(n+v-p)(n+p-v+1) - v(n+v+p+2)(n+v+p+1)] \tag{3.292}$$

$$b(n,v,p)=-\frac{2v+1}{2v(v+1)}\mathrm{j}^{v-n+1}\left[(n+v+p+1)(p+v-n)(n+p-v)(n+v-p+1)\right]^{\frac{1}{2}}\tag{3.293}$$

式(3.290)、式(3.291)中的 $\begin{bmatrix} j_1 & j_2 & j_3 \\ m_1 & m_2 & m_3 \end{bmatrix}$ 是量子力学矩阵理论中所用的 3j 符号，可由计算机码计算出，其具体表达式为

$$\begin{aligned}\begin{bmatrix} j_1 & j_2 & j_3 \\ m_1 & m_2 & m_3 \end{bmatrix} &= (-1)^{j_1-j_2-m_3}(2j_3+1)^{-\frac{1}{2}}(j_1m_1j_2m_2 \mid j_1j_2j_3-m_3) \\ &= (-1)^{j_1-j_2-m_3}\delta(m_1+m_2,m_3) \\ &\quad \cdot \left[\frac{(j_1+j_2-j_3)!(j_1-j_2+j_3)!(-j_1+j_2+j_3)!}{(j_1+j_2+j_3+1)!}\right]^{\frac{1}{2}} \\ &\quad \cdot \left[(j_1+m_1)!(j_1-m_1)!(j_2+m_2)!(j_2-m_2)!(j_3+m_3)!(j_3-m_3)!\right]^{\frac{1}{2}} \\ &\quad \cdot \sum_z (-1)^z \frac{1}{z!(j_1+j_2-j_3-z)!(j_1-m_1-z)!(j_2+m_2-z)!} \\ &\quad \cdot \frac{1}{(j_3-j_2+m_1+z)!(j_3-j_1-m_2+z)!}\end{aligned}\tag{3.294}$$

由标量长球波函数与球波函数的关系，以及标量长球函数的加法定理，对 $\boldsymbol{a}=\hat{\boldsymbol{x}},\hat{\boldsymbol{y}},\hat{\boldsymbol{z}}$ 时的 $\boldsymbol{M},\boldsymbol{N}$ 矢量波函数的平移加法定理，是非常直截了当的。对于 $\boldsymbol{a}=\boldsymbol{r}$ 的情况，请读者思考，并可参见文献[24]。

3.5.5 球与长球矢量波函数的旋转平移加法定理

为了避免用太多的符号，参数上方的 ^ 代表球矢量波函数的系数，而以左下标 rt 代表旋转后平移，(α,β,λ) 代表旋转，而 $\boldsymbol{d}=(d,\theta_0,\varphi_0)$ 代表平移，h,h' 分别代表不带撇和带撇旋转椭球坐标系的焦距。

$r'<d$ 时

$$\begin{aligned}{}'\boldsymbol{M}_{mn}^{(i)r}(r,\theta,\varphi) = \sum_{\mu=-\infty}^{\infty}\sum_{v=|\mu|}^{\infty}\{&{}_{\mathrm{rt}}^{(i)}\hat{\boldsymbol{A}}_{\mu v}^{mn}(\alpha,\beta,\gamma;\boldsymbol{d})\,{}'\boldsymbol{M}_{\mu v}^{(1)r'}(r',\theta',\varphi') \\ &+{}_{\mathrm{rt}}^{(i)}\hat{\boldsymbol{B}}_{\mu v}^{mn}(\alpha,\beta,\gamma;\boldsymbol{d})\,{}'\boldsymbol{N}_{\mu v}^{(1)r'}(r',\theta',\varphi')\}\end{aligned}\tag{3.295}$$

$${}_{\mathrm{rt}}^{(i)}\hat{\boldsymbol{A}}_{\mu v}^{mn}(\alpha,\beta,\gamma;\boldsymbol{d}) = \sum_{\tilde{\mu}=-n}^{n} R_{\tilde{\mu}n}^{mn}(\alpha,\beta,\gamma)\,^{(i)}A_{\mu v}^{\tilde{\mu}n}(\boldsymbol{d})\tag{3.296}$$

$${}_{\mathrm{rt}}^{(i)}\hat{\boldsymbol{B}}_{\mu v}^{mn}(\alpha,\beta,\gamma;\boldsymbol{d}) = \sum_{\tilde{\mu}=-n}^{n} R_{\tilde{\mu}n}^{mn}(\alpha,\beta,\gamma)\,^{(i)}B_{\mu v}^{\tilde{\mu}n}(\boldsymbol{d})\tag{3.297}$$

$r'\geqslant d$ 时

$$\begin{aligned}{}'\boldsymbol{M}_{mn}^{(i)r}(r,\theta,\varphi) = \sum_{\tilde{\mu}=-\infty}^{\infty}\sum_{v=|\tilde{\mu}|}^{\infty}\{&{}_{\mathrm{rt}}^{(1)}\hat{\boldsymbol{C}}_{\tilde{\mu}p}^{mn}(\alpha,\beta,\gamma;\boldsymbol{d})\,{}'\boldsymbol{M}_{\tilde{\mu}p}^{(i)r'}(r',\theta',\varphi') \\ &+{}_{\mathrm{rt}}^{(1)}\hat{D}_{\tilde{\mu}p}^{mn}(\alpha,\beta,\gamma;\boldsymbol{d})\,{}'N_{\tilde{\mu}p}^{(i)r'}(r',\theta',\varphi')\}\end{aligned}\tag{3.298}$$

$${}_{\mathrm{rt}}^{(1)}\hat{\boldsymbol{C}}_{\tilde{\mu}p}^{mn}(\alpha,\beta,\gamma;\boldsymbol{d}) = \sum_{\tilde{\mu}=-n}^{n} R_{\tilde{\mu}n}^{mn}(\alpha,\beta,\gamma)\,^{(1)}C_{\tilde{\mu}p}^{\tilde{\mu}n}(\boldsymbol{d})\tag{3.299}$$

$${}_{\mathrm{rt}}^{(1)}\hat{\boldsymbol{D}}_{\tilde{\mu}p}^{mn}(\alpha,\beta,\gamma;\boldsymbol{d}) = \sum_{\tilde{\mu}=-n}^{n} R_{\tilde{\mu}n}^{mn}(\alpha,\beta,\gamma)\,^{(1)}D_{\tilde{\mu}p}^{\tilde{\mu}n}(\boldsymbol{d})\tag{3.300}$$

$'\boldsymbol{N}_{mn}^{(i)r}$ 的旋转平移加法定理只需在 $'\boldsymbol{M}_{mn}^{(i)r}$ 的表达式中将 $\boldsymbol{M}$ 换成 $\boldsymbol{N}$ 就行了。因为旋转和平移都不改变旋度算子。对 $'\boldsymbol{L}_{mn}^{(i)}$，有：

$r' < d$ 时

$$'\boldsymbol{L}_{mn}^{(i)}(r,\theta,\varphi) = \sum_{\mu=-\infty}^{\infty}\sum_{v=|\mu|}^{\infty} {}_{\mathrm{rt}}^{(i)}\hat{\boldsymbol{U}}_{\mu v}^{mn}(\alpha,\beta,\gamma;\boldsymbol{d})'\boldsymbol{L}'^{(1)}_{\mu v}(r',\theta',\varphi') \tag{3.301}$$

$r' \geqslant d$ 时

$$'\boldsymbol{L}_{mn}^{(i)}(r,\theta,\varphi) = \sum_{\tilde{\mu}=-\infty}^{\infty}\sum_{v=|\tilde{\mu}|}^{\infty} {}_{\mathrm{rt}}^{(1)}\hat{\boldsymbol{V}}_{\tilde{\mu}p}^{mn}(\alpha,\beta,\gamma;\boldsymbol{d})\ '\boldsymbol{L}'^{(1)}_{\tilde{\mu}p}(r',\theta',\varphi') \tag{3.302}$$

$${}_{\mathrm{rt}}^{(i)}\hat{\boldsymbol{U}}_{\mu v}^{mn}(\alpha,\beta,\gamma;\boldsymbol{d}) = \sum_{\tilde{\mu}=-n}^{n} R_{\tilde{\mu}n}^{mn}(\alpha,\beta,\gamma)^{(i)}a_{\mu v}^{\tilde{\mu}n}(\boldsymbol{d}) \tag{3.303}$$

$${}_{\mathrm{rt}}^{(1)}\hat{\boldsymbol{V}}_{\tilde{\mu}p}^{mn}(\alpha,\beta,\gamma;\boldsymbol{d}) = \sum_{\tilde{\mu}=-n}^{n} R_{\tilde{\mu}n}^{mn}(\alpha,\beta,\gamma)^{(1)}b_{\mu p}^{\tilde{\mu}n}(\boldsymbol{d}) \tag{3.304}$$

对长球矢量波函数,有:

$r' < d$ 时

$$\begin{aligned}\boldsymbol{M}_{mn}^{(i)r}(h;\eta,\xi,\varphi) = \sum_{\mu=-\infty}^{\infty}\sum_{l=|\mu|}^{\infty}\{&{}_{\mathrm{rt}}^{(i)}A_{\mu l}^{mn}(\alpha,\beta,\gamma;\boldsymbol{d};h,h')\boldsymbol{M}_{\mu l}^{(1)r'}(h';\eta',\xi',\varphi')\\ &+{}_{\mathrm{rt}}^{(i)}B_{\mu l}^{mn}(\alpha,\beta,\gamma;\boldsymbol{d};h,h')\boldsymbol{N}_{\mu l}^{(1)r'}(h';\eta',\xi',\varphi')\}\end{aligned} \tag{3.305}$$

$${}_{\mathrm{rt}}^{(i)}A_{\mu l}^{mn}(\alpha,\beta,\gamma;\boldsymbol{d};h,h') = \sum_{s=|m|,|m|+1}^{\infty}\sideset{}{'}\sum_{\tilde{\mu}=-s}^{s}\sum_{v=|\mu|,|\mu|+1}^{\infty}{}'\Lambda_{ms}^{mn}(h)\cdot R_{\tilde{\mu}s}^{mn}(\alpha,\beta,\gamma)^{(i)}A_{\mu v}^{\tilde{\mu}s}(\boldsymbol{d})\Gamma_{\mu l}^{\mu v}(h') \tag{3.306}$$

$${}_{\mathrm{rt}}^{(i)}B_{\mu l}^{mn}(\alpha,\beta,\gamma;\boldsymbol{d};h,h') = \sideset{}{'}\sum_{s=|m|,|m|+1}^{\infty}\sum_{\tilde{\mu}=-s}^{s}\sum_{v=|\mu|,|\mu|+1}^{\infty}{}'\Lambda_{ms}^{mn}(h)\cdot R_{\tilde{\mu}s}^{mn}(\alpha,\beta,\gamma)^{(i)}B_{\mu v}^{\tilde{\mu}s}(\boldsymbol{d})\Gamma_{\mu l}^{\mu v}(h') \tag{3.307}$$

在式(3.305)中将 $\boldsymbol{M}$ 换成 $\boldsymbol{N}$ 即可得到 $\boldsymbol{N}^{(i)r}$ 的表达式。

$r' \geqslant d$ 时

$$\begin{aligned}\boldsymbol{M}_{mn}^{(i)r}(h;\eta,\xi,\varphi) = \sum_{\tilde{\mu}=-\infty}^{\infty}\sum_{l=|\tilde{\mu}|}^{\infty}\{&{}_{\mathrm{rt}}^{(1)}C_{\tilde{\mu}l}^{mn}(\alpha,\beta,\gamma;\boldsymbol{d};h,h')\boldsymbol{M}_{\tilde{\mu}l}^{(i)r'}(h';\eta',\xi',\varphi')\\ &+{}_{\mathrm{rt}}^{(1)}D_{\tilde{\mu}l}^{mn}(\alpha,\beta,\gamma;\boldsymbol{d};h,h')\boldsymbol{N}_{\tilde{\mu}l}^{(i)r'}(h';\eta',\xi',\varphi')\}\end{aligned} \tag{3.308}$$

$${}_{\mathrm{rt}}^{(1)}C_{\tilde{\mu}l}^{mn}(\alpha,\beta,\gamma;\boldsymbol{d};h,h') = \sideset{}{'}\sum_{s=|m|,|m|+1}^{\infty}\sum_{\tilde{\mu}=-s}^{s}\sum_{p=|\tilde{\mu}|,|\tilde{\mu}|+1}^{\infty}{}'\Lambda_{ms}^{mn}(h)R_{\tilde{\mu}s}^{mn}(\alpha,\beta,\gamma)^{(1)}C_{\tilde{\mu}p}^{\tilde{\mu}s}(\boldsymbol{d})\Gamma_{\tilde{\mu}l}^{\tilde{\mu}p}(h') \tag{3.309}$$

$${}_{\mathrm{rt}}^{(1)}D_{\tilde{\mu}l}^{mn}(\alpha,\beta,\gamma;\boldsymbol{d};h,h') = \sideset{}{'}\sum_{s=|m|,|m|+1}^{\infty}\sum_{\tilde{\mu}=-s}^{s}\sum_{p=|\tilde{\mu}|,|\tilde{\mu}|+1}^{\infty}{}'\Lambda_{ms}^{mn}(h)R_{\tilde{\mu}s}^{mn}(\alpha,\beta,\gamma)^{(1)}D_{\tilde{\mu}p}^{\tilde{\mu}s}(\boldsymbol{d})\Gamma_{\tilde{\mu}l}^{\varphi}(h') \tag{3.310}$$

在式(3.308)中将 $\boldsymbol{M}$ 换成 $\boldsymbol{N}$ 即可得到 $\boldsymbol{N}^{(i)r}$ 的表达式。

当 $\boldsymbol{a}=\boldsymbol{x},\boldsymbol{y},\boldsymbol{z}$ 时,同样可得球与长球的旋转平移加法定理,这里仅提供长球情形的最终表达式为

$$\boldsymbol{M}_{mn}^{(i)x}(h;\eta,\xi,\varphi)=\sum_{\mu=-\infty}^{\infty}\sum_{l=|\mu|}^{\infty}{}_{\mathrm{rt}}^{(i)}A_{\mu l}^{mn}(\alpha,\beta,\gamma;\boldsymbol{d};h,h')\cdot\{\alpha_1\boldsymbol{M}_{\mu l}^{(1)x'}(h';\eta',\xi',\varphi')+\beta_1\boldsymbol{M}_{\mu l}^{(1)y'}(h';\eta',\xi',\varphi')+\gamma_1\boldsymbol{M}_{\mu l}^{(1)z'}(h';\eta',\xi',\varphi')\}\tag{3.311}$$

$r'<d$ 时

$$_{\mathrm{rt}}^{(i)}A_{\mu l}^{mn}(\alpha,\beta,\gamma;\boldsymbol{d};h,h')=\sum_{s=|m|,|m|+1}^{\infty}{}'\sum_{\widetilde{\mu}=-s}^{s}\sum_{v=|\mu|,|\mu|+1}^{\infty}{}'\Lambda_{ms}^{mn}(h)R_{\widetilde{\mu}s}^{mn}(\alpha,\beta,\gamma)^{(i)}\alpha_{\mu v}^{\widetilde{\mu}s}(\boldsymbol{d})\Gamma_{\mu l}^{\mu v}(h')\tag{3.312}$$

$$\boldsymbol{M}_{mn}^{(i)x}(h;\eta,\xi,\varphi)=\sum_{\mu=-\infty}^{\infty}\sum_{l=|\widetilde{\mu}|}^{\infty}{}_{\mathrm{rt}}^{(i)}B_{\widetilde{\mu}l}^{mn}(\alpha,\beta,\gamma;\boldsymbol{d};h,h')\cdot\{\alpha_1\boldsymbol{M}_{\widetilde{\mu}l}^{(1)x'}(h';\eta',\xi',\varphi')+\beta_1\boldsymbol{M}_{\widetilde{\mu}l}^{(1)y'}(h';\eta',\xi',\varphi')+\gamma_1\boldsymbol{M}_{\widetilde{\mu}l}^{(1)z'}(h';\eta',\xi',\varphi')\}\tag{3.313}$$

$r'\geqslant d$ 时

$$_{\mathrm{rt}}^{(1)}B_{\widetilde{\mu}l}^{mn}(\alpha,\beta,\gamma;\boldsymbol{d};h,h')=\sum_{s=|m|,|m|+1}^{\infty}{}'\sum_{\widetilde{\mu}=-s}^{s}\sum_{p=|\widetilde{\mu}|,|\widetilde{\mu}|+1}^{\infty}{}'\Lambda_{ms}^{mn}(h)\cdot R_{\widetilde{\mu}s}^{ms}(\alpha,\beta,\gamma)^{(i)}\alpha_{\widetilde{\mu}p}^{\widetilde{\mu}s}(\boldsymbol{d})\Gamma_{\widetilde{\mu}l}^{\widetilde{\mu}p}(h')\tag{3.314}$$

将式(3.311)、式(3.313)中的$(\alpha_1,\beta_1,\gamma_1)$换成$(\alpha_2,\beta_2,\gamma_2)$和$(\alpha_3,\beta_3,\gamma_3)$，即可得到$r'<d$和$r'\geqslant d$时的$\boldsymbol{M}^{(i)y}$和$\boldsymbol{M}^{(i)z}$。在$\boldsymbol{M}^{(i)x}$，$\boldsymbol{M}^{(i)y}$，$M^{(i)z}$的表达式中将$\boldsymbol{M}$换成$\boldsymbol{N}$即可得到$\boldsymbol{M}^{(i)x}$，$\boldsymbol{M}^{(i)y}$，$\boldsymbol{M}^{(i)z}$的表达式。

最后，为了完整起见，我们给出$\boldsymbol{L}$函数的旋转平移加法定理：

$r'<d$ 时

$$\boldsymbol{L}_{mn}^{(i)}(h;\eta,\xi,\varphi)=\sum_{\mu=-\infty}^{\infty}\sum_{l=|\widetilde{\mu}|}^{\infty}{}_{\mathrm{rt}}^{(i)}U_{\mu l}^{mn}(\alpha,\beta,\gamma;\boldsymbol{d};h,h')\boldsymbol{L}'^{1}_{\mu l}(h';\eta',\xi',\varphi)\tag{3.315}$$

$r'\geqslant d$ 时

$$\boldsymbol{L}_{mn}^{(i)}(h;\eta,\xi,\varphi)=\sum_{\widetilde{\mu}=-\infty}^{\infty}\sum_{l=|\widetilde{\mu}|}^{\infty}{}_{\mathrm{rt}}^{(1)}V_{\widetilde{\mu}l}^{mn}(\alpha,\beta,\gamma;\boldsymbol{d};h,h')\boldsymbol{L}'^{1}_{\widetilde{\mu}l}(h';\eta',\xi',\varphi')\tag{3.316}$$

$$_{\mathrm{rt}}^{(i)}U_{\mu l}^{mn}(\alpha,\beta,\gamma;\boldsymbol{d};h,h')=\sum_{s=|m|,|m|+1}^{\infty}{}'\sum_{\widetilde{\mu}=-s}^{s}\sum_{v=|\widetilde{\mu}|,|\widetilde{\mu}|+1}^{\infty}{}'\Lambda_{ms}^{mn}(h)\cdot R_{\widetilde{\mu}s}^{ms}(\alpha,\beta,\gamma)^{(i)}\alpha_{\mu v}^{\widetilde{\mu}s}(\boldsymbol{d})\Gamma_{\mu l}^{v\rho}(h')\tag{3.317}$$

$$_{\mathrm{rt}}^{(1)}V_{\widetilde{\mu}l}^{mn}(\alpha,\beta,\gamma;\boldsymbol{d};h,h')=\sum_{s=|m|,|m|+1}^{\infty}{}'\sum_{\widetilde{\mu}=-s}^{s}\sum_{p=|\widetilde{\mu}|,|\widetilde{\mu}|+1}^{\infty}{}'\Lambda_{ms}^{mn}(h)\cdot R_{\widetilde{\mu}s}^{ms}(\alpha,\beta,\gamma)^{(1)}b_{\mu p}^{\widetilde{\mu}s}(\boldsymbol{d})\Gamma_{\widetilde{\mu}l}^{\widetilde{\mu}p}(h')\tag{3.318}$$

在式(3.317)、式(3.318)中，$|s-n|$，$|v-l|$或$|v-p|$取偶数。

本节花了较长篇幅讨论了矢量波函数的加法定理，旨在加深读者对矢量波函数变换叠加定理的理解，也是为了使读者逐步适应现代电磁场理论的繁复推导和麻烦的数值计算。另外，本节的符号系统是最近几年推出的最便于数值处理的一种符号系统，读者可以与过去流行的符号系统进行比较。

3.6　标准与非标准矢量波函数的转换关系及其应用

3.6.1　标准和非标准矢量波函数

本节理论主要基于中国学者周学松的研究工作[25]。但作者采用的符号体系与他的略有不同，因而最终公式形式上不完全相同。由于本书的符号系统与 Mei 的相同，因而物理意义更加明确，并且这个系统也是处理椭球问题时采用的。因而应用上将更加方便。

讨论不同族坐标系之间本征函数之间的转换关系，已不是新的论题。20 世纪 60 年代，Smythe 就进行过系统的研究，并在他的名著《静电学与电动力学》第五章中进行了总结，他的主要兴趣在于静电学中柱和旋转椭球势函数的相互转换。柱矢量波函数与球矢量波函数之间的转换关系也已在 20 世纪 70 年代严格地导出。在研究平面分层介质中埋入体的电磁辐射和散射问题时，需要同时使用圆球坐标和直角坐标（三维埋入体）或圆柱坐标和直角坐标（两维埋入体）来描写边界条件，周学松严格地讨论了这类问题。

前已指出，在电磁场矢量的 $\boldsymbol{L},\boldsymbol{M},\boldsymbol{N}$ 展开中，领示矢量的选取不是任意的。事实上，可以作领示矢量的只有 $\boldsymbol{a}=\hat{\boldsymbol{x}},\hat{\boldsymbol{y}},\hat{\boldsymbol{z}},\boldsymbol{r}$ 四个矢量及其线性组合。另外，在不同的坐标系中，领示矢量和生成函数集还要满足一定的判据，否则，构造的矢量波函数将是不完备的。我们定义由一个领示矢量产生的完备矢量波函数集为标准矢量波函数，而由领示矢量产生的不完备矢量波函数集为非标准矢量波函数。在柱坐标中，由 $\hat{\boldsymbol{z}}$ 产生的矢量波函数是完备的，而由 $\hat{\boldsymbol{x}},\hat{\boldsymbol{y}},\boldsymbol{r}$ 产生的矢量波函数是不完备的，因而 $\boldsymbol{N}^{(i)z},\boldsymbol{M}^{(i)z}$ 称为标准圆柱矢量波函数，$\boldsymbol{M}^{(i)x}$ 等称为非标准圆柱矢量波函数。同样，在球坐标系中，$\boldsymbol{N}^{(i)r},\boldsymbol{M}^{(i)r}$ 称为标准圆球矢量波函数，而 $\boldsymbol{M}^{(i)x}$ 等称为非标准圆球矢量波函数，在旋转椭球坐标系中不存在标准矢量波函数，都是非标准矢量波函数。但是，可以用非标准矢量波函数的适当线性组合来构造完备正交函数集，展开任意电磁场。20 世纪 80 年代以前没有开展这方面的系统研究，80 年代后，经过国内外学者的努力，已经用于解决多种电磁散射问题，本节将详细讨论。

3.6.2　标准与非标准圆柱矢量波函数的转换关系及其应用

在圆柱坐标系中，构造矢量波函数的生成函数集是标量波动方程的解：

$$\begin{aligned}\psi_{n(\lambda,\mu)}(h) &= Z_n[(\lambda,\mu)r]\mathrm{e}^{\mathrm{j}n\varphi}\mathrm{e}^{-\mathrm{j}hz}\\ k^2 &= (\lambda^2,\mu^2)+h^2\end{aligned}\tag{3.319}$$

在研究圆柱波导内电磁波传输、导体或介质圆柱在自由空间的电磁散射以及平直地面等边值问题时，可以很方便地选择 $\hat{\boldsymbol{z}}$ 作领示矢量的标准圆柱矢量波函数来求得解答。但在研究平面分层介质中二维埋入体的电磁辐射和散射时，需要同时使用圆柱坐标和直角坐标来描写边界条件。而描写边界条件需要取领示矢量为 $\hat{\boldsymbol{x}}$ 或 $\hat{\boldsymbol{y}}$，因为边界为 x 或 y 的常数，而 $\hat{\boldsymbol{x}}$ 作领示矢量的 $\boldsymbol{M}$ 代表了 TE^x 的电场，具有明确的物理意义，所以需要研究以 $\hat{\boldsymbol{x}}$ 或 $\hat{\boldsymbol{y}}$ 为领示矢量的非标准圆柱矢量波函数与标准圆柱矢量波函数的关系。

直接写出圆柱坐标系的标准和非标准矢量波函数，比较可得

$$(\boldsymbol{M},\boldsymbol{N})^{x}_{n(\lambda,\mu)}(h)=\frac{1}{2}\left\{\frac{\mathrm{j}h}{(\lambda,\mu)}\left[(\boldsymbol{M},\boldsymbol{N})_{(n+1)(\lambda,\mu)}(h)-(\boldsymbol{M},\boldsymbol{N})_{(n-1)(\lambda,\mu)}(h)\right]\right.$$
$$\left.-\frac{\mathrm{j}k}{(\lambda,\mu)}\left[(\boldsymbol{N},\boldsymbol{M})_{(n+1)(\lambda,\mu)}(h)+(\boldsymbol{N},\boldsymbol{M})_{(n-1)(\lambda,\mu)}(h)\right]\right\} \tag{3.320}$$

$$(\boldsymbol{M},\boldsymbol{N})^{y}_{n(\lambda,\mu)}(h)=\frac{1}{2}\left\{\frac{h}{(\lambda,\mu)}\left[(\boldsymbol{M},\boldsymbol{N})_{(n+1)(\lambda,\mu)}(h)+(\boldsymbol{M},\boldsymbol{N})_{(n-1)(\lambda,\mu)}(h)\right]\right.$$
$$\left.-\frac{k}{(\lambda,\mu)}\left[(\boldsymbol{N},\boldsymbol{M})_{(n+1)(\lambda,\mu)}(h)-(\boldsymbol{N},\boldsymbol{M})_{(n-1)(\lambda,\mu)}(h)\right]\right\} \tag{3.321}$$

反之，也可以通过直接比较得到

$$(\boldsymbol{M},\boldsymbol{N})_{n(\lambda,\mu)}=\frac{-\mathrm{j}(\lambda,\mu)}{2h}\{[(\boldsymbol{M},\boldsymbol{N})^{x}_{(n-1)(\lambda,\mu)}-(\boldsymbol{M},\boldsymbol{N})^{x}_{(n+1)(\lambda,\mu)}]$$
$$+\mathrm{j}[(\boldsymbol{M},\boldsymbol{N})^{y}_{(n-1)(\lambda,\mu)}+(\boldsymbol{M},\boldsymbol{N})^{y}_{(n+1)(\lambda,\mu)}]\} \tag{3.322}$$

或

$$(\boldsymbol{M},\boldsymbol{N})_{n(\lambda,\mu)}=\frac{(\lambda,\mu)}{2k}\{[(\boldsymbol{N},\boldsymbol{M})^{y}_{(n+1)(\lambda,\mu)}-(\boldsymbol{N},\boldsymbol{M})^{y}_{(n-1)(\lambda,\mu)}]$$
$$+\mathrm{j}[(\boldsymbol{N},\boldsymbol{M})^{y}_{(n+1)(\lambda,\mu)}+(\boldsymbol{N},\boldsymbol{M})^{y}_{(n-1)(\lambda,\mu)}]\} \tag{3.323}$$

将式(3.322)改写成

$$(\boldsymbol{M},\boldsymbol{N})_{n(\lambda,\mu)}=\frac{-\mathrm{j}(\lambda,\mu)}{2h}\{[(\boldsymbol{M},\boldsymbol{N})^{x}_{(n-1)(\lambda,\mu)}+\mathrm{j}(\boldsymbol{M},\boldsymbol{N})^{y}_{(n-1)(\lambda,\mu)}]$$
$$-[(\boldsymbol{M},\boldsymbol{N})^{x}_{(n+1)(\lambda,\mu)}-\mathrm{j}(\boldsymbol{M},\boldsymbol{N})^{y}_{(n+1)(\lambda,\mu)}]\} \tag{3.324}$$

非标准矢量波函数 $(\boldsymbol{M},\boldsymbol{N})^{x}_{(n+1)(\lambda,\mu)}\pm\mathrm{j}(\boldsymbol{M},\boldsymbol{N})^{y}_{n(\lambda,\mu)}$ 是由领示矢量 $\boldsymbol{a}=\hat{\boldsymbol{x}}\pm\mathrm{j}\hat{\boldsymbol{y}}$ 导出的旋转多极子场。$\hat{\boldsymbol{x}}\pm\mathrm{j}\hat{\boldsymbol{y}}$ 分别是左、右旋单位矢量，因而由它导出的场称为左、右旋多极子场。用 R 代表旋转，用＋代表左旋，用－代表右旋，则，$\boldsymbol{M}^{\pm\mathrm{R}}$ 与左、右旋转横电模式的电场和横磁模式的磁场相对应，而 $\boldsymbol{N}^{\pm R}$ 与左、右旋转横电模式的磁场和横磁模式的电场相对应。由式(3.324)可见，可以由标准圆柱矢量波函数的正交完备性导出旋转圆柱矢量波函数的完备性。

由旋转圆柱矢量波函数的完备性，在处理平面分层介质中二维埋入体的电磁散射时，可以在单矩法的数学圆外用旋转电磁多极子场的级数形式来展开场。由领示矢量的物理意义，若取 $\boldsymbol{A}_e=\boldsymbol{a}\psi$，$\boldsymbol{A}_m=\boldsymbol{a}\psi$，则可由矢量磁位 $\boldsymbol{A}_m$ 和矢量电位 $\boldsymbol{A}_e$ 导出整个电磁场，因而整个电磁场可以由具有 $\psi(\hat{\boldsymbol{x}}\pm\mathrm{j}\hat{\boldsymbol{y}})$ 形式的矢量电位和矢量磁位表示出来，这就实现了矢位向直角坐标的转换。在直角坐标系下，易于写出矢位的边界条件（x，y 为常数时），而在圆柱坐标系下就难以写出矢位的边界条件。下一步是把 ψ 表示成直角坐标的形式。

根据极坐标与直角坐标的关系 $x=r\cos\varphi$ 和 $y=r\sin\varphi$，得到

$$\frac{\partial}{\partial(\lambda x)}\left[H^{(2)}_{n}(\lambda r)\mathrm{e}^{\mp\mathrm{j}n\varphi}\right]=\frac{1}{2}\left[H^{(2)}_{n-1}(\lambda r)\mathrm{e}^{\mp\mathrm{j}(n-1)\varphi}-H^{(2)}_{n+1}(\lambda r)\mathrm{e}^{\mp\mathrm{j}(n+1)\varphi}\right] \tag{3.325}$$

$$\frac{\partial}{\partial(\lambda y)}\left[H^{(2)}_{n+1}(\lambda r)\mathrm{e}^{\mp\mathrm{j}n\varphi}\right]=\mp\frac{\mathrm{j}}{2}\left[H^{(2)}_{n-1}(\lambda r)\mathrm{e}^{\mp\mathrm{j}(n-1)\varphi}+H^{(2)}_{n+1}(\lambda r)\mathrm{e}^{\mp\mathrm{j}(n+1)\varphi}\right] \tag{3.326}$$

由式(3.325)、式(3.326)得

$$H^{(2)}_{n-1}(\lambda r)\mathrm{e}^{\mp\mathrm{j}(n-1)\varphi}=\frac{\partial}{\partial(\lambda x)}\left[H^{(2)}_{n}(\lambda r)\mathrm{e}^{\mp\mathrm{j}n\varphi}\right]\pm\mathrm{j}\frac{\partial}{\partial(\lambda y)}\left[H^{(2)}_{n}(\lambda r)\mathrm{e}^{\mp\mathrm{j}n\varphi}\right] \tag{3.327}$$

$$H_{n+1}^{(2)}(\lambda r)\mathrm{e}^{\mp \mathrm{j}(n+1)\varphi} = -\frac{\partial}{\partial(\lambda x)}[H_n^{(2)}(\lambda r)\mathrm{e}^{\mp \mathrm{j}n\varphi}] \mp \mathrm{j}\frac{\partial}{\partial(\lambda y)}[H_n^{(2)}(\lambda r)\mathrm{e}^{\mp \mathrm{j}n\varphi}] \tag{3.328}$$

由于

$$H_0^{(2)}(\lambda r) = +\frac{\mathrm{j}}{\pi}\int_{-\infty}^{+\infty}\frac{1}{u}\mathrm{e}^{-\mathrm{j}k_y y - ux}\mathrm{d}k_y,\quad \lambda^2 = k_y^2 - u^2 \tag{3.329}$$

可设 $H_n^{(2)}(\lambda r)\mathrm{e}^{\mp \mathrm{j}n\varphi}$ 的傅里叶积分为

$$H_n^{(2)}(\lambda r)\mathrm{e}^{\mp \mathrm{j}n\varphi} = \int_{-\infty}^{+\infty} f_{\pm n}(k_y, u)\mathrm{e}^{-\mathrm{j}k_y y - ux}\mathrm{d}k_y \tag{3.330}$$

由式(3.327)、式(3.328)可得

$$f_{\pm(n+1)}(k_y, u) = \frac{1}{\lambda}(u \pm k_y) f_{\pm n}(k_y, u) \tag{3.331}$$

$$f_{\pm(n-1)}(k_y, u) = -\frac{1}{\lambda}(u \mp k_y) f_{\pm n}(k_y, u) \tag{3.332}$$

由式(3.331)、式(3.332)中的一个可得

$$f_{\pm n}(k_y, u) = \frac{1}{\lambda^n}(u + k_y)^n f_0(k_y, u) = \frac{\mathrm{j}}{\pi u \lambda^n}(u \pm k_y)^n \tag{3.333}$$

有了上述“入射场”的傅里叶积分表达式，可以分别对反射场和透射场用类似的待定振幅傅里叶积分表达式，利用边界条件定出系数，读者可自行推导。

3.6.3 标准与非标准圆球矢量波函数的转换关系及其应用

在圆球坐标系中，构造矢量波函数的生成函数是

$$\psi_{mn} = z_n(kr) P_n^m(\cos\theta)\mathrm{e}^{\mathrm{j}m\varphi} \tag{3.334}$$

只有当领示矢量取 $\boldsymbol{a} = \boldsymbol{r}$ 时，构造的一组 $\boldsymbol{L}^r, \boldsymbol{M}^r, \boldsymbol{N}^r$ 矢量才是完备的，这时的矢量波函数称为标准矢量波函数，而 $\boldsymbol{a} = \hat{\boldsymbol{x}}, \hat{\boldsymbol{y}}, \hat{\boldsymbol{z}}$ 之时，$\boldsymbol{L}^a, \boldsymbol{M}^a, \boldsymbol{N}^a$ 是非完备的，因而这样的矢量波函数称为非标准矢量波函数。在涉及球形边界的各类问题中，用标准球矢量波函数就能简洁地得到问题的解。但在那些既有球面边界，又有平面边界的电磁场边值问题中，需要同时使用圆球坐标系和直角坐标系来描写边界条件，只用标准圆球矢量波函数将会遇到困难，往往是根据描写边界条件的方便，构造出各种非标准矢量波函数。单独一组非标准矢量波函数并非正交归一完备系，任意矢量场不能按它展开。如果能找到标准与非标准矢量波函数之间的转换关系，因为标准矢量波函数是完备系，再从转换关系即可得到某些非标准矢量波函数的适当组合也可构造一组完备系。这样就可以按求解问题的方便，用标准矢量波函数或非标准矢量波函数的适当线性组合来展开矢量场。值得指出的是，由于 $\boldsymbol{L}$ 与领示矢量无关，因而标准与非标准矢量波函数的 $\boldsymbol{L}$ 矢量是相同的。

直接写出球坐标系下的 $\boldsymbol{M}, \boldsymbol{N}, \boldsymbol{M}^x, \boldsymbol{M}^y, \boldsymbol{M}^z, \boldsymbol{N}^x, \boldsymbol{N}^y, \boldsymbol{N}^z$，经过大量的代数运算[25]，可以得到

$$\begin{aligned}(\boldsymbol{M}, \boldsymbol{N})_{mn}^x = {} & \frac{\mathrm{j}}{2n(n+1)}[(\boldsymbol{N}, \boldsymbol{M})_{(m+1)n} + (n+m)(n-m+1)(\boldsymbol{N}, \boldsymbol{M})_{(m-1)n}] \\ & + \frac{1}{2(n+1)(2n+1)}[(\boldsymbol{M}, \boldsymbol{N})_{(m+1)(n+1)} - (n-m+1)(n-m+2) \\ & \cdot (\boldsymbol{M}, \boldsymbol{N})_{(m-1)(n-1)}] - \frac{1}{2n(2n+1)}[(\boldsymbol{M}, \boldsymbol{N})_{(m-1)(n-1)} - (n-m+1)\end{aligned}$$

$$\cdot (n-m)(\boldsymbol{M},\boldsymbol{N})_{(m-1)(n-1)}] \tag{3.335}$$

$$\begin{aligned}(\boldsymbol{M},\boldsymbol{N})^{y}_{mn} = &\frac{1}{2n(n+1)}[(\boldsymbol{N},\boldsymbol{M})_{(m+1)n} - (n+m)(n-m+1)(\boldsymbol{N},\boldsymbol{M})_{(m-1)n}]\\ &-\frac{\mathrm{j}}{2(n+1)(2n+1)}[(\boldsymbol{M},\boldsymbol{N})_{(m+1)(n+1)} + (n-m+1)(n-m+2)\\ &\cdot(\boldsymbol{M},\boldsymbol{N})_{(m+1)(n-1)}] + \frac{\mathrm{j}}{2n(2n+1)}[(\boldsymbol{M},\boldsymbol{N})_{(m+1)(n-1)}\\ &+(n+m-1)(n+m)(\boldsymbol{M},\boldsymbol{N})_{(m-1)(n-1)}]\end{aligned} \tag{3.336}$$

$$\begin{aligned}(\boldsymbol{M},\boldsymbol{N})^{z}_{mn} = &\frac{m\mathrm{j}}{n(n+1)}(N,M)_{mn} + \frac{1}{2n+1}\left[\frac{n-m+1}{n+1}(M,N)_{m(n+1)}\right.\\ &\left.+\frac{n+m}{n}(M,N)_{m(n-1)}\right]\end{aligned} \tag{3.337}$$

用领示矢量 $\boldsymbol{a}=\hat{\boldsymbol{x}}\pm\mathrm{j}\hat{\boldsymbol{y}}$ 构造的旋转多极子场是有用的量[26]，它们与标准矢量波函数的关系为[25]

$$\begin{aligned}(\boldsymbol{M},\boldsymbol{N})^{x}_{mn}\pm\mathrm{j}(\boldsymbol{M},\boldsymbol{N})^{y}_{mn} = &-\frac{\mathrm{j}(n+m)(n-m+1)}{n(n+1)}(\boldsymbol{N},\boldsymbol{M})_{(m-1)n}\\ &-\frac{(n-m+1)(n-m+2)}{(n+1)(2n+1)}(\boldsymbol{M},\boldsymbol{N})_{(m-1)(n+1)}\\ &+\frac{(n-m+1)(n-m)}{n(2n+1)}(\boldsymbol{M},\boldsymbol{N})_{(m-1)(n-1)}\end{aligned} \tag{3.338}$$

$$\begin{aligned}(\boldsymbol{M},\boldsymbol{N})_{mn}\mp\mathrm{j}(\boldsymbol{M},\boldsymbol{N})^{y}_{mn} = &-\frac{\mathrm{j}}{n(n+1)}(\boldsymbol{N},\boldsymbol{M})_{(m+1)n}\\ &+\frac{1}{(n+1)(2n+1)}(\boldsymbol{M},\boldsymbol{N})_{(m+1)(n+1)}\\ &-\frac{1}{n(2n+1)}(\boldsymbol{M},\boldsymbol{N})_{(m+1)(n-1)}\end{aligned} \tag{3.339}$$

利用式(3.335)～(3.339)，经过大量的代数运算可得[25]

$$\begin{aligned}(\boldsymbol{M},\boldsymbol{N})_{mn} = &\frac{1}{2}\{2(n-m+1)(\boldsymbol{M},\boldsymbol{N})^{z}_{m(n+1)} + (n-m+1)(m+n-2)\\ &\cdot[(\boldsymbol{M},\boldsymbol{N})^{x}_{(m-1)(n+1)} + \mathrm{j}(\boldsymbol{M},\boldsymbol{N})^{y}_{(m-1)(n+1)}]\\ &+[(\boldsymbol{M},\boldsymbol{N})^{x}_{(m+1)(n+1)} - \mathrm{j}(\boldsymbol{M},\boldsymbol{N})^{y}_{(m+1)(n+1)}]\}\end{aligned} \tag{3.340}$$

$$\begin{aligned}(\boldsymbol{M},\boldsymbol{N})_{mn} = &\frac{1}{2}\{2(n+m)(\boldsymbol{M},\boldsymbol{N})^{z}_{m(n-1)} + (n+m-1)(m+n)\\ &\cdot[(\boldsymbol{M},\boldsymbol{N})^{x}_{(m-1)(n-1)} + \mathrm{j}(\boldsymbol{M},\boldsymbol{N})^{y}_{(m-1)(n-1)}]\\ &-[(\boldsymbol{M},\boldsymbol{N})^{x}_{(m+1)(n-1)} - \mathrm{j}(\boldsymbol{M},\boldsymbol{N})^{y}_{(m+1)(n-1)}]\}\end{aligned} \tag{3.341}$$

从式(3.340)和式(3.341)可知，$\boldsymbol{M}$ 既可按 $\boldsymbol{M}^{x,y,z}$ 展开又可以按 $\boldsymbol{N}^{x,y,z}$ 展开；$\boldsymbol{N}$ 既可按 $\boldsymbol{N}^{x,y,z}$ 展开，又可以按 $\boldsymbol{M}^{x,y,z}$ 展开。($\boldsymbol{M},\boldsymbol{N}$)的三种展开式的不同之处在于下标的选取，式(3.340)是固定下标 $n+1$，式(3.341)是固定下标 $n-1$。因为 m,n 分别代表连带勒让得函数 P^m_n 的上、下标，因而有 $|m|\leqslant n$。到底选用哪组展开式要根据问题的需要来定。

从式(3.340)和式(3.341)可见，一个待定系数的标准球矢量波函数的级数可以转化成以 $\hat{z}$ 为领示矢量的非标准球矢量波函数的级数和以 $\boldsymbol{a}=\hat{\boldsymbol{x}}\pm\mathrm{j}\hat{\boldsymbol{y}}$ 为领示矢量的非标准矢量波函数的级数来表示。由标准球矢量波函数的完备性，可知非标准矢量波函数的完备性，即下式是完备的：

$$\begin{bmatrix}\boldsymbol{E}\\\boldsymbol{H}\end{bmatrix}=\sum_{n=-\infty}^{+\infty}\sum_{n=m}^{+\infty}a_{mn}\begin{bmatrix}\boldsymbol{e}_{mn}^{\mathrm{TE}(z)}\\\boldsymbol{h}_{mn}^{\mathrm{TE}(z)}\end{bmatrix}+b_{mn}\begin{bmatrix}\boldsymbol{e}_{mn}^{\mathrm{TM}(z)}\\\boldsymbol{h}_{mn}^{\mathrm{TM}(z)}\end{bmatrix}+c_{mn}\begin{bmatrix}\boldsymbol{e}_{mn}^{\mathrm{RTE}}\\\boldsymbol{h}_{mn}^{\mathrm{RTE}}\end{bmatrix}+d_{mn}\begin{bmatrix}\boldsymbol{e}_{mn}^{\mathrm{RTM}}\\\boldsymbol{h}_{mn}^{\mathrm{RTM}}\end{bmatrix}\tag{3.342}$$

式中，$\boldsymbol{e}_{mn}^{\mathrm{TE}(z)}$，$\boldsymbol{h}_{mn}^{\mathrm{TE}(z)}$ 是非标准矢量波函数 $\boldsymbol{M}^z$，$\boldsymbol{N}^z$ 相应的 TE 模式电磁场型函数，$\boldsymbol{e}_{mn}^{\mathrm{TM}(z)}$，$\boldsymbol{h}_{mn}^{\mathrm{TM}(z)}$ 是它相应的 TM 模式电磁场型函数；$\boldsymbol{e}_{mn}^{\mathrm{RTE}}$，$\boldsymbol{h}_{mn}^{\mathrm{RTE}}$ 是非标准圆球矢量波函数 $\boldsymbol{M}^{x\pm\mathrm{j}y}$，$\boldsymbol{N}^{x\pm\mathrm{j}y}$ 相应的 TE 模式的电磁场型函数，$\boldsymbol{e}_{mn}^{\mathrm{RTM}}$，$\boldsymbol{h}_{mn}^{\mathrm{RTM}}$ 是它相应的 TM 模式的电磁场型函数。式(3.342)的物理意义为：场由四部分组成：一，竖直磁多极子场 TE(z)；二，竖直电多极子场 TM(z)；三，水平旋转磁多极子场 RTE；四，水平旋转电多极子场 RTM。TE(z)，TM(z)，RTE 和 RTM 对应的矢位分别为 $\boldsymbol{A}_m=\hat{\boldsymbol{z}}\psi$，$\boldsymbol{A}_e=\hat{\boldsymbol{z}}\psi$，$\boldsymbol{A}_m=(\hat{\boldsymbol{x}}\pm\mathrm{j}\hat{\boldsymbol{y}})\psi$，$\boldsymbol{A}_e=(\hat{\boldsymbol{x}}\pm\mathrm{j}\hat{\boldsymbol{y}})\psi$，$\psi$ 代表标量波动方程的解，是在球坐标系下写出的。由

$$\boldsymbol{E}=\nabla\times\boldsymbol{A}_m+\frac{1}{\mathrm{j}\omega\epsilon}\nabla\times\nabla\times\boldsymbol{A}_e\tag{3.343}$$

$$\boldsymbol{H}=\nabla\times\boldsymbol{A}_e-\frac{1}{\mathrm{j}\omega\mu}\nabla\times\nabla\times\boldsymbol{A}_m\tag{3.344}$$

在柱坐标系下的展开式，易于写出 $\boldsymbol{A}_e$，$\boldsymbol{A}_m$ 在上述四种情形下的边界条件，这样就实现了边界条件向直角坐标的转化（$z=$ 常数）[25]。

现在需将 ψ 转化成柱坐标系下以 z 分区的表达式，即所谓广义索末菲积分的形式。既然从 $h_n^{(2)}(kr)P_n^m(\cos\theta)\mathrm{e}^{\pm\mathrm{j}m\varphi}$ 和 $J_n(\lambda\rho)\mathrm{e}^{-\sqrt{\lambda^2-k^2}|z|}\mathrm{e}^{\pm\mathrm{j}m\varphi}$ 都是波动方程的解，可以用完备柱本征函数的叠加代表球谐函数为

$$\begin{cases}h_n^{(2)}(kr)P_n^m(\cos\theta)\mathrm{e}^{\pm\mathrm{j}m\varphi}=[\mathrm{sgn}(z)]^{n-m}\displaystyle\int_0^\infty f_{mn}(\lambda)J_m(\lambda\rho)\mathrm{e}^{-u|z|}\mathrm{d}\lambda\\u=\sqrt{\lambda^2-k^2},\quad \mathrm{Re}(u)\geqslant 0\end{cases}\tag{3.345}$$

式中，sgn 为符号函数。由著名的 Sommerfeld 恒等式

$$h_0^{(2)}(kr)=\frac{\mathrm{j}\mathrm{e}^{-\mathrm{j}kr}}{kr}\int_0^\infty\mathrm{j}\frac{\lambda}{ku}J_0(\lambda\rho)\mathrm{e}^{-u|z|}\mathrm{d}\lambda\tag{3.346}$$

可得

$$f_{00}(\lambda)=\mathrm{j}\frac{\lambda}{ku}\tag{3.347}$$

由 f_{mn} 之间的三个递推公式[26]和式(3.347)给出的初值可得

$$f_{mn}=(\mathrm{j})^{(n-m+1)}\frac{\lambda}{ku}P_n^m\left(-\mathrm{j}\frac{u}{k}\right)\tag{3.348}$$

式(3.345)给出的球波函数的展开式是适合于列写 z 为常数时的边界条件的，这种基于矢位 $\boldsymbol{A}_e$，$\boldsymbol{A}_m$ 的处理可以在 Chang 和 Mei 于 1980 年发表的著名论文中找到，这种方法基本上是对标量波函数的处理，球矢量波函数的柱面矢量波函数展开也已由我国学者得到[25]。

由式(3.340)和式(3.341)给出的 $\boldsymbol{M}$，$\boldsymbol{N}$ 与 $\boldsymbol{M}^{x,y,z}$，$\boldsymbol{N}^{x,y,z}$ 之间的转换关系，还可以进一步简化电磁场的展开式，即只用 $\boldsymbol{M}^{x,y,z}$ 的适当线性组合来表示整个电磁场，事实上，设

$$\boldsymbol{E}=\sum_{m=-\infty}^{+\infty}\sum_{n=|m|}^{\infty}a_{mn}\boldsymbol{M}_{mn}+b_{mn}\boldsymbol{N}_{mn}\tag{3.349}$$

由式(3.340)和式(3.341)可得

$$\boldsymbol{E}=\sum_{m=-\infty}^{+\infty}\sum_{n=|m|}^{\infty}\left[a'_{mn}\boldsymbol{M}^{z}_{mn}+b'_{mn}\boldsymbol{M}^{x+\mathrm{j}y}_{mn}+c'_{mn}\boldsymbol{M}^{x-\mathrm{j}y}_{mn}\right] \tag{3.350}$$

在式(3.350)中，b'_{mn} 和 c'_{mn} 不是完全独立的，但由于它们之间的关系过于复杂，可以直接从式(3.350)展开讨论。当然，也可以求出 c'_{mn} 与 b'_{mn} 的关系以减少未知量，从而最终简化求解。

可以证明[26]，在球坐标系下电磁场的展开式还可以进一步简化为

$$\begin{bmatrix}\boldsymbol{E}\\ \boldsymbol{H}\end{bmatrix}=\sum_{m=-\infty}^{+\infty}\sum_{n=|m|}^{\infty}\left\{\alpha_{mn}\begin{bmatrix}\boldsymbol{e}^{\mathrm{TE}(z)}_{mn}\\ \boldsymbol{h}^{\mathrm{TE}(z)}_{mn}\end{bmatrix}+\beta_{mn}\begin{bmatrix}\boldsymbol{e}^{\mathrm{TM}(z)}_{mn}\\ \boldsymbol{h}^{\mathrm{TM}(z)}_{mn}\end{bmatrix}\right\}+\sum_{m=1}^{\infty}\left\{\gamma_{\pm m}\begin{bmatrix}\boldsymbol{e}^{\mathrm{RTE}}_{\pm m}\\ \boldsymbol{h}^{\mathrm{RTE}}_{\pm m}\end{bmatrix}+\delta_{\pm m}\begin{bmatrix}\boldsymbol{e}^{\mathrm{RTM}}_{\pm m}\\ \boldsymbol{h}^{\mathrm{RTM}}_{\pm m}\end{bmatrix}\right\} \tag{3.351}$$

由该式可知任意电磁场可以由四部分线性叠加求得：一，竖直磁多极子；二，竖直电多极子；三，水平旋转磁多极子主模；四，水平旋转电多极子主模。基于得到式(3.350)同样的理由，由式(3.351)可得电场简化表达式

$$\boldsymbol{E}=\sum_{m=-\infty}^{+\infty}\sum_{n=|m|}^{\infty}a'_{mn}\boldsymbol{M}^{z}_{mn}+\sum_{m=1}^{\infty}\left[b'_{m}\boldsymbol{M}^{x+\mathrm{j}y}_{mm}+c'_{mm}\boldsymbol{M}^{x-\mathrm{j}y}_{mm}\right] \tag{3.352}$$

值得指出的是，竖直多极子的 φ 方向变化为 $\mathrm{e}^{\mathrm{j}m\varphi}$，而 m 阶水平旋转多极子的 φ 方向变化为 $\mathrm{e}^{\mathrm{j}(m-1)\varphi}$。因而在式(3.352)中求和从 $m=1$ 起。

3.7 长球矢量波函数与多个长球体的电磁散射[27]

3.7.1 入射与散射场的长球矢量波函数展开

如图 3.3 所示，考虑两个长球 A 和 B 对电磁波的散射。长球 A 的主轴沿 $O_{x,y,z}$ 坐标系的 z 轴，长球 B 的主轴沿 $O'_{x',y',z'}$ 坐标系的 z' 轴，坐标系 $O_{x_{11},y_{11},z_{11}}$ 是由 $O_{x,y,z}$ 旋转欧拉角 α,β,γ 得到的，它平行于 $O'_{x',y',z'}$。长球 B 的中心 O' 相对于坐标系 $O_{x_{11},y_{11},z_{11}}$ 具有球坐标 r_0,θ_0,φ_0。一单位振幅的线极化单色平面波为入射场，它与 A 的主轴的夹角为 θ，入射面位于 x-z 平面 $\varphi_i=0$，入射电场与入射面法向的夹角为 γ_k。显然，对模电(TE)极化波 $\gamma_k=0$，对模磁(TM)极化波 $\gamma_k=\dfrac{\pi}{2}$。

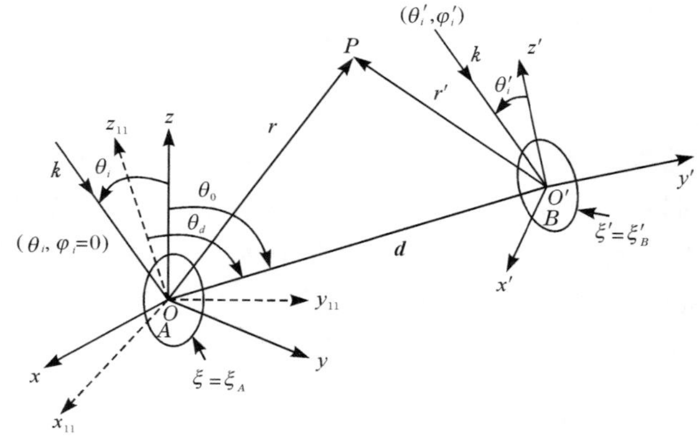

图 3.3 两个任意取向的长球

采用长球矢量波函数

$$\boldsymbol{M}_{mn}^{\pm(i)} = \frac{1}{2}[\boldsymbol{M}_{mn}^{x(i)} \pm \mathrm{j}\,\boldsymbol{M}_{mn}^{y(i)}] \tag{3.353}$$

$$\boldsymbol{M}_{mn}^{a(i)} = \nabla\varphi_{mn} \times \hat{\boldsymbol{a}}, \quad \hat{\boldsymbol{a}} = \hat{\boldsymbol{x}}, \hat{\boldsymbol{y}}, \hat{\boldsymbol{z}} \tag{3.354}$$

$$\psi_{mn} = R_{mn}^{(i)}(h,\xi) S_{mn}(h,\eta) \mathrm{e}^{\mathrm{j}m\varphi}, \quad i = 1,2,3,4 \tag{3.355}$$

式中,$R_{mn}^{(i)}(h,\xi)$ 和 $S_{mn}(h,\eta)$ 分别是第 i 类径向长球函数和长球角向函数;$\boldsymbol{M}_{mn}^{\pm(i)}$ 分别可以看成由领示矢量 $\boldsymbol{a} = \hat{\boldsymbol{x}} \pm \mathrm{j}\hat{\boldsymbol{y}}$ 导出的旋转多极子场。由于长球坐标系下不存在标准矢量波函数,因而,在这样的区域电场矢量具有和式(3.350)类似的展开式,因而有理由相信椭球 A 的散射场可以展开成

$$\boldsymbol{E}_{sA} = \sum_{m=-\infty}^{+\infty} \sum_{n=|m|}^{\infty} (\alpha_{mn}^{+} \boldsymbol{M}_{mn}^{+(4)} + \alpha_{mn}^{-} \boldsymbol{M}_{mn}^{-(4)} + \alpha_{mn}^{z} \boldsymbol{M}_{mn}^{z(4)}) \tag{3.356}$$

写成矩阵形式有

$$\boldsymbol{E}_{sA} = \boldsymbol{M}_{sA}^{(4)\mathrm{T}} \cdot \boldsymbol{\alpha} \tag{3.357}$$

$$\boldsymbol{M}_{sA}^{(4)\mathrm{T}} = \begin{bmatrix} \boldsymbol{M}_{s0} \\ \boldsymbol{M}_{s1} \\ \boldsymbol{M}_{s2} \\ \vdots \end{bmatrix}, \quad \boldsymbol{\alpha} = \begin{bmatrix} \alpha_0 \\ \alpha_1 \\ \alpha_2 \\ \vdots \end{bmatrix} \tag{3.358}$$

$$\boldsymbol{M}_{s0} = [\boldsymbol{M}_{-1}^{+(4)\mathrm{T}}, \boldsymbol{M}_{1}^{(-4)\mathrm{T}}, \boldsymbol{M}_{0}^{z(4)\mathrm{T}}] \tag{3.359}$$

$$\boldsymbol{M}_{s\sigma} = [\boldsymbol{M}_{\sigma-1}^{+(4)\mathrm{T}}, \boldsymbol{M}_{\sigma+1}^{(-4)\mathrm{T}}, \boldsymbol{M}_{\sigma}^{z(4)\mathrm{T}}, \boldsymbol{M}_{-\sigma}^{z(4)\mathrm{T}}, \boldsymbol{M}_{-(\sigma+1)}^{+(4)\mathrm{T}}, \boldsymbol{M}_{-(\sigma-1)}^{-(4)\mathrm{T}}, \boldsymbol{M}_{-\sigma}^{z(4)\mathrm{T}}], \quad \sigma \geqslant 1 \tag{3.360}$$

$$\boldsymbol{M}_{\tau}^{\pm 4\mathrm{T}} = [\boldsymbol{M}_{\tau,|\tau|}^{\pm(4)}, \boldsymbol{M}_{\tau,|\tau|+1}^{\pm(4)}, \boldsymbol{M}_{\tau,|\tau|+2}^{\pm(4)}, \cdots] \tag{3.361}$$

$$\boldsymbol{M}_{\tau}^{z(4)\mathrm{T}} = [\boldsymbol{M}_{\tau,|\tau|}^{z(4)}, \boldsymbol{M}_{\tau,|\tau|+1}^{z(4)}, \boldsymbol{M}_{\tau,|\tau|+2}^{z(4)}, \cdots] \tag{3.362}$$

$$\alpha_0^{\mathrm{T}} = [\alpha_{-1}^{+\mathrm{T}}, \alpha_1^{-\mathrm{T}}, \alpha_0^{z\mathrm{T}}] \tag{3.363}$$

$$\boldsymbol{\alpha}_{\sigma}^{\mathrm{T}} = [\alpha_{\sigma-1}^{+\mathrm{T}}, \alpha_{\sigma+1}^{-\mathrm{T}}, \alpha_{\sigma}^{z\mathrm{T}}, \alpha_{-(\sigma+1)}^{\mathrm{T}}, \alpha_{-(\sigma-1)}^{-\mathrm{T}}, \alpha_{-\sigma}^{z\mathrm{T}}], \quad \sigma \geqslant 1 \tag{3.364}$$

$$\boldsymbol{\alpha}_{\tau}^{\pm\mathrm{T}} = [\alpha_{\tau,|\tau|}^{\pm}, \alpha_{\tau,|\tau|+1}^{\pm}, \alpha_{\tau,|\tau|+2}^{\pm}, \cdots] \tag{3.365}$$

$$\boldsymbol{\alpha}_{\tau}^{\mathrm{T}} = [\alpha_{\tau,|\tau|}^{z}, \alpha_{\tau,|\tau|+1}^{z}, \alpha_{\tau,|\tau|+2}^{z}, \cdots] \tag{3.366}$$

类似地,可以将椭球 B 的散射场写成

$$\boldsymbol{E}_{sB} = \boldsymbol{M}_{sB}^{(4)\mathrm{T}} \cdot \boldsymbol{\beta} \tag{3.367}$$

记

$$\boldsymbol{M}_{sB}^{(4)} = \begin{bmatrix} \boldsymbol{M}'_{s0} \\ \boldsymbol{M}'_{s1} \\ \boldsymbol{M}'_{s2} \\ \vdots \end{bmatrix}, \quad \boldsymbol{\beta} = \begin{pmatrix} \beta_0 \\ \beta_1 \\ \beta_2 \\ \vdots \end{pmatrix} G \tag{3.368}$$

则 $\boldsymbol{M}'_{s\sigma}$ 和 $\beta_\sigma(\sigma = 0,1,2,\cdots)$ 与 $\boldsymbol{M}_{s\sigma}$ 和 α_σ 具有相同的形式。

自然,入射场也可以类似地展开为

$$\boldsymbol{E}_{iA} = \boldsymbol{M}_{iA}^{\mathrm{T}} \cdot I_A \tag{3.369}$$

$$\boldsymbol{E}_{iB} = \boldsymbol{M}_{iB}^{\mathrm{T}} \cdot I_B \tag{3.370}$$

式中，$\boldsymbol{M}_{iA}$ 与 $\boldsymbol{M}_{sA}$ 的形式相同，$\boldsymbol{M}_{iB}$ 与 $\boldsymbol{M}_{sB}$ 的形式相同。

$$I_{Amn}^{\pm}=\frac{2\mathrm{j}^{n-1}}{kN_{mn}(h)}S_{mn}(h,\cos\theta_i)\left(\frac{\cos\gamma_k}{\cos\theta_i}\mp\mathrm{j}\sin\gamma_k\right) \tag{3.371}$$

$$I_{Amn}^{z}=0 \tag{3.372}$$

$$\begin{aligned}I_{Bmn}^{\pm}=&\frac{2\mathrm{j}^{n-1}}{kN_{mn}(h')}S_{mn}(h',\cos\theta_i')\mathrm{e}^{-\mathrm{j}m\varphi_i'}[(C_{yx'}\mp C_{yy'})]\\&\cdot\sin\gamma_k+\begin{cases}(C_{xx'}\mp\mathrm{j}C_{xy'})\dfrac{\cos\gamma_k}{\cos\theta_i}, & \theta_i\neq\dfrac{\pi}{2}\\-(C_{zx'}\mp\mathrm{j}C_{zy'})\dfrac{\cos\gamma_k}{\sin\theta_i}, & \theta_i\neq0,\pi\end{cases}\end{aligned} \tag{3.373}$$

$$\begin{aligned}I_{Bmn}^{z}=&\frac{2\mathrm{j}^{n-1}}{kN_{mn}(h')}S_{mn}(h',\cos\theta_i')\mathrm{e}^{-\mathrm{j}m\varphi_i'}[C_{yz'}\sin\gamma_k]\\&+\begin{cases}C_{xz'}\dfrac{\cos\gamma_k}{\cos\theta_i}, & \theta_i\neq\dfrac{\pi}{2}\\-C_{zz'}\dfrac{\cos\gamma_k}{\sin\theta_i}, & \theta_i\neq0,\pi\end{cases}\end{aligned} \tag{3.374}$$

$$C_{xx'}=\cos\alpha\cos\beta\cos\gamma-\sin\alpha\sin\gamma \tag{3.375}$$

$$C_{xy'}=-(\cos\alpha\cos\beta\sin\gamma-\sin\alpha\cos\gamma) \tag{3.376}$$

$$C_{xz'}=\cos\alpha\sin\beta \tag{3.377}$$

$$C_{yx'}=\sin\alpha\cos\beta\cos\gamma+\cos\alpha\sin\gamma \tag{3.378}$$

$$C_{yy'}=\cos\alpha\cos\gamma-\sin\alpha\cos\beta\sin\gamma \tag{3.379}$$

$$C_{yz'}=\sin\alpha\sin\beta \tag{3.380}$$

$$C_{zx'}=-\sin\beta\cos\gamma \tag{3.381}$$

$$C_{zy'}=\sin\beta\sin\gamma \tag{3.382}$$

$$C_{zz'}=\cos\beta \tag{3.383}$$

长球 B 的散射场 $\boldsymbol{E}_{sB}$ 可以看成对长球 A 的入射场 $\boldsymbol{E}_{sBA}$，同样长球 A 的散射场 $\boldsymbol{E}_{sA}$ 可以看成对长球 B 的入射场 $\boldsymbol{E}_{sAB}$，利用两长球之间的变换叠加定理可得

$$\boldsymbol{E}_{sBA}=\boldsymbol{M}_{BA}^{(1)}[\Gamma]^{\mathrm{T}}\boldsymbol{\beta} \tag{3.384}$$

$$\boldsymbol{E}_{sAB}=\boldsymbol{M}_{AB}^{(1)}[\Gamma']^{\mathrm{T}}\boldsymbol{\alpha} \tag{3.385}$$

矩阵 $\boldsymbol{M}_{BA}^{(1)\mathrm{T}}$ 与 $\boldsymbol{M}_{sA}^{\mathrm{T}}$ 相似，只是，所有矢量波函数的上标均应改为(1)，而矩阵 $[\Gamma]$ 可以写成

$$[\Gamma]=\begin{bmatrix}[\Gamma]_{00} & [\Gamma]_{01} & [\Gamma]_{02} & \cdots\\ [\Gamma]_{10} & [\Gamma]_{11} & [\Gamma]_{12} & \cdots\\ [\Gamma]_{20} & [\Gamma]_{21} & [\Gamma]_{22} & \cdots\\ \vdots & \vdots & \vdots & \end{bmatrix} \tag{3.386}$$

所有矩阵元素的定义和值可见文献[27]。值得指出的是这些值只与两个长球的大小、相对位置和取向有关，$[\Gamma']$ 矩阵具有相似的性质，该矩阵的计算也可以在文献[27]中找到。

文献[27]中散射场的展开与这里的不同，根据我们的讨论在 $r\to\infty$ 时，文献[27]采用的表达式不能得到式(3.356)。这意味着展开式不一定是完备的，详查文献[27]的依据，也是基于场的 TE，TM 分解和 φ 方向变化的一致性，因而证明两种展开式是否等价是很有意义的事。

能否利用式(3.356)对场的展开作进一步的简化是值得进行数值和理论研究的问题，如能，则可减少散射场的若干待定系数，便于数值求解。

自然，$\boldsymbol{M}^r$，$\boldsymbol{N}^r$ 在 $r\rightarrow\infty$ 时也构成一完备系，而在 r 为有限值时，仍是长球坐标系下矢量波方程的解，若不完备，添上什么矢量波函数就能构成完备集？

旋转椭球矢量波函数的完备性问题可以在 3.7.3 节彻底解决，但对埋入体等问题，讨论非标准矢量波函数的完备性还是很有意义的。

3.7.2　散射场系数的确定与散射截面

作用在长球 A 上的场是外加入射场 $\boldsymbol{E}_{iA}$，长球 B 的散射场作用于长球 A 上的场是 $\boldsymbol{E}_{sBA}$，则长球 A 的散射场为[27]

$$\boldsymbol{E}_A=\boldsymbol{E}_{iA}+\boldsymbol{E}_{sBA}+\boldsymbol{E}_{sA} \tag{3.387}$$

同样，对于长球 B 有

$$\boldsymbol{E}_B=\boldsymbol{E}_{iB}+\boldsymbol{E}_{sAB}+\boldsymbol{E}_{sB} \tag{3.388}$$

在导体椭球 $\xi=\xi_A$ 和 $\xi'=\xi'_B$ 上，电场切向场分量即 η 和 φ 分量为 0，由此得

$$(\boldsymbol{M}_{iA}^{(1)}\cdot\boldsymbol{I}_A+\boldsymbol{M}_{BA}^{(1)\mathrm{T}}[\Gamma]^{\mathrm{T}}\boldsymbol{\beta}+\boldsymbol{M}_{sA}^{(4)\mathrm{T}}\boldsymbol{\alpha})\times\xi\,|_{\xi=\xi_A}=0 \tag{3.389}$$

$$(\boldsymbol{M}_{iB}^{(1)}\cdot\boldsymbol{I}_B+\boldsymbol{M}_{AB}^{(1)\mathrm{T}}[\Gamma']^{\mathrm{T}}\boldsymbol{\alpha}+\boldsymbol{M}_{sB}^{(4)\mathrm{T}}\boldsymbol{\beta})\times\xi'\,|_{\xi'=\xi'_B}=0 \tag{3.390}$$

由于长球矢量波函数之间本身并不存在正交性，因而，不同于其他应用矢量波函数的情形，这里不用矢量波函数集本身作权函数，而代之以较为简单的

$$\begin{bmatrix}\hat{\eta}\\ \hat{\varphi}\end{bmatrix}S_{m,m+N}(h,\eta)\mathrm{e}^{\pm\mathrm{j}(m\pm1)\varphi} \tag{3.391}$$

和

$$\begin{bmatrix}\eta'\\ \varphi'\end{bmatrix}S_{m,m+N}(h'_1,\eta'_1)\mathrm{e}^{\pm\mathrm{j}(m\pm1)\varphi'} \tag{3.392}$$

分别对式(3.389)、式(3.390)两边取内积(式中，$m=\cdots-2,-1,0,1,2,\cdots,N=0,1,2,\cdots$)，并对两个长球的表面积分得

$$[Q_A]\boldsymbol{\alpha}+[R_{BA}][\Gamma]^{\mathrm{T}}\boldsymbol{\beta}=-[R_A]\boldsymbol{I}_A \tag{3.393}$$

$$[R_{BA}][\Gamma']^{\mathrm{T}}\boldsymbol{\alpha}+[Q_B]\boldsymbol{\beta}=-[R_B]\boldsymbol{I}_B \tag{3.394}$$

矩阵元素 $[Q_A]$，$[Q_{BA}]$，$[Q_B]$，$[R_B]$ 和 $[R_{AB}]$ 都可以由分块对角矩阵构成，对角分块矩阵 $[Q_A]$，$[R_A]$ 和 $[R_{BA}]$ 可以写成[27]

$$[Q_A]_0=\begin{bmatrix}[\eta x_{-1}^{+(4)}] & [\eta x_0^{z(4)}]\\ [\varphi x_{-1}^{+(4)}] & [\varphi x_0^{z(4)}]\end{bmatrix} \tag{3.395}$$

$$[Q_A]_m=\begin{bmatrix}\begin{matrix}[\eta x_{m-1}^{+(4)}] & [\eta x_m^{z(4)}]\\ [\varphi x_{m-1}^{+(4)}] & [\varphi x_m^{z(4)}]\end{matrix} & 0\\ 0 & \begin{matrix}[\eta x_{-(m-1)}^{-(4)}] & [\eta x_{-m}^{z(4)}]\\ [\varphi x_{-(m-1)}^{-(4)}] & [\varphi x_{-m}^{z(4)}]\end{matrix}\end{bmatrix},\quad m\geqslant1 \tag{3.396}$$

$$[R_A]_0=\begin{bmatrix}[\eta x_{-1}^{+(1)}] & [\eta x_1^{-(1)}]\\ [\varphi x_{-1}^{+(1)}] & [\varphi x_1^{-(1)}]\end{bmatrix} \tag{3.397}$$

$$[R_A]_m=\begin{bmatrix}\begin{matrix}[\eta x_{m-1}^{+(1)}] & [\eta x_{m+1}^{-(1)}]\\ [\varphi x_{m-1}^{+(1)}] & [\varphi x_{m+1}^{-(1)}]\end{matrix} & 0\\ 0 & \begin{matrix}[\eta x_{-(m+1)}^{+(1)}] & [\eta x_{-(m-1)}^{-(1)}]\\ [\varphi x_{-(m+1)}^{+(1)}] & [\varphi x_{-(m-1)}^{-(1)}]\end{matrix}\end{bmatrix},\quad m\geqslant 1 \tag{3.398}$$

$$[R_{BA}]_0=\begin{bmatrix}[\eta x_{-1}^{+(1)}] & [\eta x_{1}^{-(1)}] & [\eta x_{0}^{z(1)}]\\ [\varphi x_{-1}^{+(1)}] & [\varphi x_{1}^{-(1)}] & [\varphi x_{0}^{z(1)}]\end{bmatrix} \tag{3.399}$$

$$[R_{BA}]_m=\begin{bmatrix}\begin{matrix}[\eta x_{m-1}^{+(1)}] & [\eta x_{m+1}^{-(1)}] & [\eta x_{m}^{z(1)}]\\ [\varphi x_{m-1}^{+(1)}] & [\varphi x_{m+1}^{-(1)}] & [\varphi x_{m}^{z(1)}]\end{matrix} & 0\\ 0 & \begin{matrix}[\eta x_{-(m+1)}^{+(1)}] & [\eta x_{-(m-1)}^{-(1)}] & [\eta x_{-m}^{z(1)}]\\ [\varphi x_{-(m+1)}^{+(1)}] & [\varphi x_{-(m-1)}^{-(1)}] & [\varphi x_{-m}^{z(1)}]\end{matrix}\end{bmatrix},\quad m\geqslant 1 \tag{3.400}$$

$$[x_m]=\begin{bmatrix}x_{m,0,|m|} & x_{m,0,|m|+1} & x_{m,0,|m|+2} & \cdots\\ x_{m,1,|m|} & x_{m,1,|m|+1} & x_{m,1,|m|+2} & \cdots\\ x_{m,2,|m|} & x_{m,2,|m|+1} & x_{m,2,|m|+2} & \cdots\\ \vdots & \vdots & \vdots & \end{bmatrix} \tag{3.401}$$

$$\begin{bmatrix}\eta\\ \varphi\end{bmatrix}^{x_{m,N,n}^{\pm(i)}}=\frac{1}{2\pi}\int_0^{2\pi}\int_{-1}^{+1}\begin{bmatrix}\eta\\ \varphi\end{bmatrix}\boldsymbol{M}_{mn}^{\pm(i)}S_{m,|m|+N}\mathrm{e}^{-\mathrm{j}(m\pm 1)\varphi}\mathrm{d}\eta\mathrm{d}\varphi \tag{3.402}$$

$$\begin{bmatrix}\eta\\ \varphi\end{bmatrix}^{x_{m+1,N,n}^{z(i)}}=\frac{1}{2\pi}\int_0^{2\pi}\int_{-1}^{+1}\begin{bmatrix}\eta\\ \varphi\end{bmatrix}\boldsymbol{M}_{m+1,n}^{z(i)}S_{m,|m|+N}\mathrm{e}^{-\mathrm{j}(m+1)\varphi}\mathrm{d}\eta\mathrm{d}\varphi \tag{3.403}$$

这些积分尽管看起来有点复杂，但利用长球角向函数的连带勒让得函数级数展开式，所有出现的积分都可以解析求积。子矩阵 $[Q_B]$，$[R_B]$ 和 $[R_{AB}]$ 的形式与 $[Q_A]$，$[R_A]$ 和 $[R_{BA}]$ 的相同，只是代之以在长球 B 所在带撇坐标系的相应量。

式(3.393)、式(3.394)可以进一步写成

$$\boldsymbol{S}=[G]\boldsymbol{I} \tag{3.404}$$

$$\boldsymbol{S}=\begin{bmatrix}\alpha\\ \beta\end{bmatrix},\quad \boldsymbol{I}=\begin{bmatrix}I_A\\ I_B\end{bmatrix} \tag{3.405}$$

$$G=-\begin{bmatrix}[Q_A] & [R_{BA}][\Gamma]^{\mathrm{T}}\\ [R_{AB}][\Gamma']^{\mathrm{T}} & [Q_B]\end{bmatrix}^{-1}\begin{bmatrix}[R_A] & 0\\ 0 & [R_B]\end{bmatrix} \tag{3.406}$$

由式(3.404)～(3.406)算出散射场系数 S 后就可以求出空间任意一点的场为

$$\boldsymbol{E}=\boldsymbol{E}_i+\boldsymbol{E}_{sA}+\boldsymbol{E}_{sB} \tag{3.407}$$

利用远场条件可得散射截面[27]。

从讨论可见，在现代电磁场的理论分析和数值计算中，矩阵符号用得非常普遍，而且往往采用无穷阶的矩阵以示普遍性。采用矩阵符号和运算有两大优点：一，有利于推导过程的清晰，几个矩阵的相乘比相加更容易看出变量之间的关系，易于实现程序的模块化；二，已有许多矩阵运算方面的程序可用，所以，一旦实现了问题的矩阵描写，编程和调试的工作就相对容易。在实际计算时，无穷阶的矩阵都要截断成有限阶，对长球问题，人们已总结出一定的经验，即对 $\boldsymbol{E}_{sA}$，$\boldsymbol{E}_{sB}$ 展开的项数有一定的规律可循。至于 $\boldsymbol{E}_{sAB}$ 和 $\boldsymbol{E}_{sBA}$ 的展

开项数问题可以从 3.8 节的规则中得到一些启示，当然，也可以根据数值实验决定取多少项合适。

3.7.3 长球坐标系下 Maxwell 方程的分离变量解

长期以来，学者认为矢量波动方程在长球坐标系下是不能分离变量的，仅在轴对称情况下可以分离变量。我国学者胡传水、任朗等多年来致力于该问题的研究，证明了通过变量代换，Maxwell 方程可以由两个标量波函数导出[28]。

在长球坐标系下(以 f 代表半焦距)，Maxwell 方程可写为[28]

$$\begin{aligned}&\frac{1}{h_\eta h_\varphi}\left[\frac{\partial}{\partial\eta}(h_\varphi H_\varphi)-\frac{\partial}{\partial\varphi}(h_\eta H_\eta)\right]\hat{\boldsymbol{\xi}}+\frac{1}{h_\varphi h_\xi}\left[\frac{\partial}{\partial\varphi}(h_\xi H_\xi)-\frac{\partial}{\partial\xi}(h_\varphi H_\varphi)\right]\hat{\boldsymbol{\eta}}\\&+\frac{1}{h_\xi h_\eta}\left[\frac{\partial}{\partial\xi}(h_\eta H_\eta)-\frac{\partial}{\partial\eta}(h_\xi H_\xi)\right]\hat{\boldsymbol{\varphi}}\\&=\mathrm{j}\omega\varepsilon(\hat{\boldsymbol{\xi}}E_\xi+\hat{\boldsymbol{\eta}}E_\eta+\hat{\boldsymbol{\varphi}}E_\varphi)\end{aligned}\tag{3.408}$$

$$\begin{aligned}&\frac{1}{h_\eta h_\varphi}\left[\frac{\partial}{\partial\eta}(h_\varphi E_\varphi)-\frac{\partial}{\partial\varphi}(h_\eta E_\eta)\right]\hat{\boldsymbol{\xi}}+\frac{1}{h_\varphi h_\xi}\left[\frac{\partial}{\partial\varphi}(h_\xi E_\xi)-\frac{\partial}{\partial\xi}(h_\varphi E_\varphi)\right]\hat{\boldsymbol{\eta}}\\&+\frac{1}{h_\xi h_\eta}\left[\frac{\partial}{\partial\xi}(h_\eta E_\eta)-\frac{\partial}{\partial\eta}(h_\xi E_\xi)\right]\hat{\boldsymbol{\varphi}}\\&=-\mathrm{j}\omega\mu(\hat{\boldsymbol{\xi}}H_\xi+\hat{\boldsymbol{\eta}}H_\eta+\hat{\boldsymbol{\varphi}}H_\varphi)\end{aligned}\tag{3.409}$$

式中

$$\begin{cases}h_\xi=f\left(\dfrac{\xi^2-\eta^2}{\xi^2-1}\right)^{\frac{1}{2}}\\h_\eta=f\left(\dfrac{\xi^2-\eta^2}{1-\eta^2}\right)^{\frac{1}{2}}\\h_\varphi=f[(\xi^2-1)(1-\eta^2)]^{\frac{1}{2}}\\1\leqslant\xi<\infty,\ -1\leqslant\eta\leqslant1,0\leqslant\varphi\leqslant2\pi\end{cases}\tag{3.410}$$

令

$$\begin{cases}\begin{bmatrix}E'_\xi\\H'_\xi\end{bmatrix}=h_\eta h_\varphi\begin{bmatrix}E_\xi\\H_\xi\end{bmatrix}\\\begin{bmatrix}E'_\eta\\H'_\eta\end{bmatrix}=h_\xi h_\varphi\begin{bmatrix}E_\eta\\H_\eta\end{bmatrix}\\\begin{bmatrix}E'_\varphi\\H'_\varphi\end{bmatrix}=h_\varphi\begin{bmatrix}E_\varphi\\H_\varphi\end{bmatrix}\end{cases}\tag{3.411}$$

式(3.408)、式(3.409)可写成

$$\frac{\partial}{\partial\eta}H'_\varphi-\frac{\partial}{\partial\varphi}\left(\frac{h_\eta}{h_\xi h_\varphi}H'_\eta\right)=\mathrm{j}\omega\varepsilon_0E'_\xi\tag{3.412}$$

$$\frac{\partial}{\partial\varphi}\left(\frac{h_\xi}{h_\eta h_\varphi}H'_\xi\right)-\frac{\partial}{\partial\xi}H'_\varphi=\mathrm{j}\omega\varepsilon_0E'_\eta\tag{3.413}$$

$$\frac{\partial}{\partial\xi}\left(\frac{h_\eta}{h_\xi h_\varphi}H'_\eta\right)-\frac{\partial}{\partial\eta}\left(\frac{h_\xi}{h_\eta h_\varphi}H'_\xi\right)=\mathrm{j}\omega\varepsilon_0\frac{h_\xi h_\eta}{h_\varphi}E'_\varphi\tag{3.414}$$

$$\frac{\partial}{\partial\eta}E'_\varphi-\frac{\partial}{\partial\varphi}\left(\frac{h_\eta}{h_\xi h_\varphi}E'_\eta\right)=-\mathrm{j}\omega\mu_0H'_\xi \tag{3.415}$$

$$\frac{\partial}{\partial\varphi}\left(\frac{h_\xi}{h_\eta h_\varphi}E'_\xi\right)-\frac{\partial}{\partial\xi}E'_\varphi=-\mathrm{j}\omega\mu_0H'_\eta \tag{3.416}$$

$$\frac{\partial}{\partial\xi}\left(\frac{h_\eta}{h_\xi h_\varphi}E'_\eta\right)-\frac{\partial}{\partial\eta}\left(\frac{h_\xi}{h_\eta h_\varphi}E'_\varphi\right)=-\mathrm{j}\omega\mu_0\frac{h_\xi h_\eta}{h_\varphi} \tag{3.417}$$

注意到

$$\frac{h_\eta}{h_\xi h_\varphi}=1/[f(1-\eta^2)]=M(\eta) \tag{3.418}$$

$$\frac{h_\xi}{h_\eta h_\varphi}=1/[f(\xi^2-1)]=N(\xi) \tag{3.419}$$

$$h_\xi^{-2}+h_\eta^{-2}=f^{-2} \tag{3.420}$$

$$\frac{\partial}{\partial\eta}(h_\eta^{-2})=-\frac{\partial}{\partial\eta}(h_\xi^{-2}) \tag{3.421}$$

从式(3.412)和式(3.413)可得

$$\frac{1}{h_\xi^2}\left(\frac{\partial^2F}{\partial\xi^2}\right)+\frac{1}{h_\eta^2}\left(\frac{\partial^2F}{\partial\eta^2}\right)+\frac{1}{h_\varphi^2}\left(\frac{\partial^2F}{\partial\varphi^2}\right)+k^2F+\left[\frac{\partial}{\partial\xi}\left(\frac{1}{h_\xi^2}\right)+\frac{\partial}{\partial\eta}\left(\frac{1}{h_\eta^2}\right)\right]\left[\frac{\partial F}{\partial\xi}+\frac{\partial F}{\partial\eta}\right] \tag{3.422}$$

$$\frac{1}{h_\xi^2}\left(\frac{\partial^2G}{\partial\xi^2}\right)+\frac{1}{h_\eta^2}\left(\frac{\partial^2G}{\partial\eta^2}\right)+\frac{1}{h_\varphi^2}\left(\frac{\partial^2G}{\partial\varphi^2}\right)+k^2G+\left[\frac{\partial}{\partial\xi}\left(\frac{1}{h_\xi^2}\right)-\frac{\partial}{\partial\eta}\left(\frac{1}{h_\eta^2}\right)\right]\left[\frac{\partial G}{\partial\xi}-\frac{\partial G}{\partial\eta}\right] \tag{3.423}$$

$$F=E'_\xi+E'_\eta,\quad G=E'_\xi-E'_\eta \tag{3.424}$$

进步作变换得

$$F=(\xi-\mu)K,\quad G=(\xi+\mu)L \tag{3.425}$$

发现 K 和 L 都满足长球坐标系下的标量波动方程

$$(\xi^2-1)\frac{\partial^2\psi}{\partial\xi^2}+(1-\eta^2)\frac{\partial^2\psi}{\partial\eta^2}+\frac{\xi^2-\eta^2}{(\xi^2-1)(1-\eta^2)}\frac{\partial^2\psi}{\partial\varphi^2}+2\xi\frac{\partial\psi}{\partial\xi}$$
$$-2\eta\frac{\partial\psi}{\partial\eta}+k_0^2f^2(\xi^2-\eta^2)\psi=0 \tag{3.426}$$

其通解为

$$K=\sum_{m=1,n=0}^{\infty}C_{mn}R_{mn}^{(4)}(k_0,f,\xi)S_{mn}(k_0,f,\eta)\begin{bmatrix}\cos m\varphi\\ \sin m\varphi\end{bmatrix} \tag{3.427}$$

$$L=\sum_{m=1,n=0}^{\infty}D_{mn}R_{mn}^{(4)}(k_0,f,\xi)S_{mn}(k_0,f,\eta)\begin{bmatrix}\cos m\varphi\\ \sin m\varphi\end{bmatrix} \tag{3.428}$$

由式(3.424)、式(3.425)可得 E'_ξ, E'_η，再代回原始变量得 $m\geqslant1$ 时[28]

$$E_\xi=\frac{1}{[(\xi^2-\eta^2)(\xi^2-1)]^{\frac{1}{2}}}\sum_{m=1,n=0}^{\infty}P_1\,{}_{\sin}^{\cos}m\varphi \tag{3.429}$$

$$E_\eta=\frac{1}{[(\xi^2-\eta^2)(1-\eta^2)]^{\frac{1}{2}}}\sum_{m=1,n=0}^{\infty}P_2\,{}_{\sin}^{\cos}m\varphi \tag{3.430}$$

$$E_\varphi=\frac{[(\xi^2-1)(1-\eta^2)]^{\frac{1}{2}}}{(\xi^2-\eta^2)}\sum_{m=1,n=0}^{\infty}(P_2+P_4)\,{}_{\sin}^{\cos}m\varphi \tag{3.431}$$

$$H_\xi = \frac{\mathrm{j}}{\omega\mu_0 f[(\xi^2-1)(1-\eta^2)]^{\frac{1}{2}}}\sum_{m=1,n=0}^{\infty}\Big[-\frac{2\eta(\xi^2-1)^2}{(\xi^2-\eta^2)^2}(P_3+P_4)$$

$$+\frac{(\xi^2-1)(1-\eta^2)}{\xi^2-\eta^2}P_5-\frac{1}{1-\eta^2}P_2\Big]\begin{matrix}+\cos\\-\sin\end{matrix}m\varphi \tag{3.432}$$

$$H_\eta = \frac{\mathrm{j}}{\omega\mu_0 f[(\xi^2-1)(1-\eta^2)]^{\frac{1}{2}}}\sum_{m=1,n=0}^{\infty}\Big[\frac{m}{\xi^2-1}P_1+\frac{2\xi(1-\eta^2)^2}{(\xi^2-\eta^2)^2}$$

$$\cdot(P_3+P_4)+\frac{(\xi^2-1)(1-\eta^2)}{\xi^2-\eta^2}P_6\Big]\begin{matrix}+\cos\\-\sin\end{matrix}m\varphi \tag{3.433}$$

$$H_\varphi = \frac{-\mathrm{j}}{\omega\mu_0 f[(\xi^2-\eta^2)][(\xi^2-1)(1-\eta^2)]^{\frac{1}{2}}}$$

$$\cdot\sum_{m=1,n=0}^{\infty}[(\xi^2-1)P_7+(1-\eta^2)P_8]\begin{matrix}\cos\\\sin\end{matrix}m\varphi \tag{3.434}$$

式中

$$P_1 = (A_{mn}\xi+B_{mn}\eta)R_{mn}^{(4)}(k_0,f,\xi)S_{mn}(k_0,f,\eta)$$

$$P_2 = (A_{mn}\eta+B_{mn}\xi)R_{mn}^{(4)}(k_0,f,\xi)S_{mn}(k_0,f,\eta)$$

$$P_3 = \frac{A_{mn}}{m}\Big[\eta R_{mn}^{(4)}(k_0,f,\xi)\frac{\mathrm{d}}{\mathrm{d}\eta}S_{mn}(k_0,f,\eta)-\xi S_{mn}(k_0,f,\eta)\frac{\mathrm{d}}{\mathrm{d}\xi}R_{mn}^{(4)}(k_0,f,\xi)\Big]$$

$$P_4 = \frac{B_{mn}}{m}\Big[\xi R_{mn}^{(4)}(k_0,f,\xi)\frac{\mathrm{d}}{\mathrm{d}\eta}S_{mn}(k_0,f,\eta)-\eta S_{mn}(k_0,f,\eta)\frac{\mathrm{d}}{\mathrm{d}\xi}R_{mn}^{(4)}(k_0,f,\xi)\Big]$$

$$P_5 = \frac{\partial}{\partial\eta}(P_3+P_4)$$

$$P_6 = \frac{\partial}{\partial\xi}(P_3+P_4)$$

$$P_7 = \frac{\partial}{\partial\xi}P_2$$

$$P_8 = \frac{\partial}{\partial\eta}P_1$$

$$A_{mn} = \frac{1}{2}(D_{mn}+C_{mn})$$

$$B_{mn} = \frac{1}{2}(D_{mn}-C_{mn}) \tag{3.435}$$

$m=0$ 时，电磁场的通解可以写成

$$E_\xi = \frac{1}{\mathrm{j}\omega\varepsilon_0 f(\xi^2-\eta^2)^{\frac{1}{2}}}\sum_{n=0}^{\infty}A_n R_{on}^{(4)}(k_0,f,\xi)\frac{\mathrm{d}}{\mathrm{d}\eta}[(1-\eta^2)^{\frac{1}{2}}S_{on}(k_0,f,\eta)] \tag{3.436}$$

$$E_\eta = \frac{1}{\mathrm{j}\omega\varepsilon_0 f(\xi^2-\eta^2)^{\frac{1}{2}}}\sum_{n=0}^{\infty}A_n S_{on}(k_0,f,\eta)\frac{\mathrm{d}}{\mathrm{d}\xi}[(\xi^2-1)R_{on}^{(4)}(k_0,f,\xi)] \tag{3.437}$$

$$E_\varphi = \sum_{n=0}^{\infty}B_n R_{on}^{(4)}(k_0,f,\xi)S_{on}(k_0,f,\eta) \tag{3.438}$$

$$H_\xi = \frac{1}{\mathrm{j}\omega\mu_0(\xi^2-\eta^2)^{\frac{1}{2}}}\cdot\sum_{n=0}^{\infty}B_n S_{on}(k_0,f,\eta)\frac{\mathrm{d}}{\mathrm{d}\xi}[(\xi^2-1)^{\frac{1}{2}}R_{on}^{(4)}(k_0,f,\xi)] \tag{3.439}$$

$$H_{\xi}=\frac{-1}{\mathrm{j}\omega\mu_0(\xi^2-\eta^2)^{\frac{1}{2}}}\sum_{n=0}^{\infty}B_nR_{on}^{(4)}(k_0,f,\xi)\frac{\mathrm{d}}{\mathrm{d}\eta}[(1-\eta^2)^{\frac{1}{2}}S_{on}(k_0,f,\eta)] \tag{3.440}$$

$$H_{\varphi}=\sum_{n=0}^{\infty}A_nR_{on}^{(4)}(k_0,f,\xi)S_{on}(k_0,f,\eta) \tag{3.441}$$

从以上理论可见，由两个标量位函数 $K,L(m\neq 0)$ 或 $E_{\varphi},H_{\varphi}(m=0)$，就可以求出整个的电磁场，这一理论可以用于求解本节讨论的两个导体长球的散射问题。用这一理论展开的完备性是有保证的，而所有运算都是标量的，注意到标量波函数的变换叠加定理比矢量波函数的变换叠加定理简单得多，因而在理论推导方面的优点是明显的。另外，详查得到的矩阵元素中的所有积分，不难发现全部解析可积。所以我们认为，对于处理导体长球的多散射问题，任朗等人的理论是最好的。

至于介质长球的多散射问题，由于按任朗等人的理论得到的矩量法方程组的矩阵元素中含的积分不能全部解析求积，因而不如矢量波函数的处理，这时积分全部可积。但正如 3.7.1 节指出的，目前矢量波函数展开的完备性受到怀疑，因而文献[29]的计算不见得具有权威性。

分离变量解的另一突出优点是可以导出金属长旋转椭球旁偶极天线的辐射场。由于这一问题除本身重要的实际意义外，理论上也很有独到之处。所以，我们将较为详细地加以讨论。将有源时的 Maxwell 方程

$$\nabla\times\boldsymbol{H}=\mathrm{j}\omega\varepsilon_0\boldsymbol{E}+\boldsymbol{J} \tag{3.442}$$

$$\nabla\times\boldsymbol{E}=-\mathrm{j}\omega\mu_0\boldsymbol{H} \tag{3.443}$$

在长旋转椭球坐标系下展开，得到[30]

$$L(K_i)=F_i(\xi,\eta,\varphi;\xi',\eta',\varphi'),\quad i=1,2,3,4 \tag{3.444}$$

$$K_1(\xi,\eta,\varphi)=\frac{1}{\xi-\eta}(H'_{\xi}+H'_{\eta}) \tag{3.445}$$

$$K_2(\xi,\eta,\varphi)=\frac{1}{\xi+\eta}(H'_{\xi}-H'_{\eta}) \tag{3.446}$$

$$K_3(\xi,\eta,\varphi)=\frac{1}{\xi-\eta}(E'_{\xi}+E'_{\eta}) \tag{3.447}$$

$$K_4(\xi,\eta,\varphi)=\frac{1}{\xi+\eta}(E'_{\xi}-E'_{\eta}) \tag{3.448}$$

式中，$(E'_{\xi},E'_{\eta},E'_{\varphi})$ 和 $(H'_{\xi},H'_{\eta},H'_{\varphi})$ 与 $(E_{\xi},E_{\eta},E_{\varphi})$ 和 $(H_{\xi},H_{\eta},H_{\varphi})$ 的关系由式(3.411)定义。算子 L 代表长球坐标系下的标量波动方程。

$$F_1=f^2(\xi+\eta)\left[-\frac{\partial}{\partial\eta}(h_{\varphi}J_3)+\frac{\partial}{\partial\xi}(h_{\varphi}J_3)+h_{\eta}\frac{\partial}{\partial\varphi}J_2+h_{\xi}\frac{\partial}{\partial\varphi}J_1\right] \tag{3.449}$$

$$F_2=-f^2(\xi-\eta)\left[-\frac{\partial}{\partial\eta}(h_{\varphi}J_3)+\frac{\partial}{\partial\xi}(h_{\varphi}J_3)-h_{\eta}\frac{\partial}{\partial\varphi}J_2+h_{\xi}\frac{\partial}{\partial\varphi}J_1\right] \tag{3.450}$$

$$F_3=-\frac{f^2}{\mathrm{j}\omega\varepsilon_0}\frac{\xi+\eta}{h_{\xi}^2}\left\{\frac{\partial^2}{\partial\xi^2}(h_{\eta}h_{\varphi}J_1)+\frac{\partial^2}{\partial\xi\partial\eta}(h_{\varphi}h_{\xi}J_2)+\frac{\partial^2}{\partial\varphi\partial\xi}(h_{\xi}h_{\eta}J_3)+h_{\xi}^2\left(\frac{\partial}{\partial\xi}\frac{1}{h_{\xi}^2}\right)\right.$$
$$\left.\cdot\left[\frac{\partial}{\partial\xi}(h_{\eta}h_{\varphi}J_1)+\frac{\partial}{\partial\eta}(h_{\varphi}h_{\xi}J_2)+\frac{\partial}{\partial\varphi}(h_{\xi}h_{\eta}J_3)\right]\right\}-\frac{f^2}{\mathrm{j}\omega\varepsilon_0}\frac{\xi+\eta}{h_{\eta}^2}\left\{\frac{\partial^2}{\partial\xi\partial\eta}(h_{\eta}h_{\varphi}J_1)\right.$$

$$+\frac{\partial^2}{\partial\eta^2}(h_\varphi h_\xi J_2)+\frac{\partial^2}{\partial\eta\partial\varphi}(h_\xi h_\eta J_3)+h_\eta^2\left(\frac{\partial}{\partial\eta}\frac{1}{h_\eta^2}\right)\left[\frac{\partial}{\partial\xi}(h_\eta h_\varphi J_1)+\frac{\partial}{\partial\eta}(h_\varphi h_\eta J_2)\right.$$

$$\left.+\frac{\partial}{\partial\varphi}(h_\xi h_\eta J_3)\right]\Bigg\}+f^2(\xi+\eta)\mathrm{j}\omega\mu_0(h_\varphi h_\xi J_2+h_\eta h_\varphi J_1) \tag{3.451}$$

$$F_4=-\frac{f^2}{\mathrm{j}\omega\varepsilon_0}\frac{\xi-\eta}{h_\xi^2}\Bigg\{\frac{\partial^2}{\partial\xi^2}(h_\eta h_\varphi J_1)+\frac{\partial^2}{\partial\xi\partial\eta}(h_\varphi h_\eta J_2)+\frac{\partial^2}{\partial\varphi\partial\xi}(h_\xi h_\eta J_3)+h_\xi^2\left(\frac{\partial}{\partial\xi}\frac{1}{h_\xi^2}\right)$$

$$\cdot\left[\frac{\partial}{\partial\xi}(h_\eta h_\varphi J_1)+\frac{\partial}{\partial\eta}(h_\varphi h_\eta J_2)+\frac{\partial}{\partial\varphi}(h_\xi h_\eta J_3)\right]\Bigg\}+\frac{f^2}{\mathrm{j}\omega\varepsilon_0}\frac{\xi-\eta}{h_\eta^2}\Bigg\{\frac{\partial^2}{\partial\xi\partial\eta}(h_\eta h_\varphi J_1)$$

$$+\frac{\partial^2}{\partial\eta^2}(h_\varphi h_\xi J_2)+\frac{\partial^2}{\partial\eta\partial\varphi}(h_\xi h_\eta J_3)+h_\eta^2\left(\frac{\partial}{\partial\eta}\frac{1}{h_\eta^2}\right)\left[\frac{\partial}{\partial\xi}(h_\eta h_\varphi J_1)+\frac{\partial}{\partial\eta}(h_\varphi h_\eta J_2)\right.$$

$$\left.+\frac{\partial}{\partial\varphi}(h_\xi h_\eta J_3)\right]\Bigg\}+\mathrm{j}\omega\mu_0 f^2(\xi+\eta)(h_\eta h_\varphi J_1-h_\varphi h_\xi J_2) \tag{3.452}$$

式中

$$J_1\hat{\boldsymbol{\xi}}+J_2\hat{\boldsymbol{\eta}}+J_3\hat{\boldsymbol{\varphi}}=\boldsymbol{J} \tag{3.453}$$

式(3.444)是一组非其次方程组,可设其一般解为

$$K_i(\xi,\eta,\varphi)=\sum_{m=0}^{\infty}\sum_{l=0}^{\infty}Y_{ml}^2(\xi)S_{ml}(\eta)\begin{bmatrix}\sin m\varphi\\ \cos m\varphi\end{bmatrix} \tag{3.454}$$

式中,Y_{ml}^2 是含径向波函数的项,将式(3.454)代入式(3.444),并利用 $S_{ml}(\eta)\begin{bmatrix}\sin m\varphi\\ \cos m\varphi\end{bmatrix}$的正交性,可得只含变量 ξ 的方程

$$L_1(Y_{ml}^i)=\sum_{j=1}^{3}f_{ij}(\xi)\delta^{(j-1)}(\xi-\xi') \tag{3.455}$$

$$L_1=\frac{\partial}{\partial\xi}\left[(\xi^2-1)\frac{\partial}{\partial\xi}\right]+\left(k^2f^2\xi^2-\frac{m^2}{\xi^2-1}-\lambda_{ml}\right)$$

式中,λ_{ml} 为算子 L 的特征值。算子 L_1 的基本解为

$$\begin{aligned}G_i(\xi)=&[R_{ml}^{(1)}(kf,\xi)-R_{ml}^{(1)}(kf,\xi_0)R_{ml}^{(4)}(kf,\xi)/R_{ml}^{(4)}(kf,\xi_0)]\\&\cdot R_{ml}^{(4)}(kf,\xi')u(\xi^2-\xi)+[R_{ml}^{(1)}(kf,\xi')-R_{ml}^{(1)}(kf,\xi_0)\\&\cdot R_{ml}^{(4)}(kf,\xi')/R_{ml}^{(4)}(kf,\xi_0)]R_{ml}^{(4)}(kf,\xi)u(\xi-\xi'),\quad i=1,2,3,4\end{aligned} \tag{3.456}$$

式中,ξ_0 代表金属椭球面的坐标。可以证明

$$Y_{ml}=G_i(\xi,\xi')\sum_{j=1}^{3}f_{ij}(\xi)\delta^{(j-1)}(\xi-\xi')$$

将 f_{ij} 的表达式代入并进行卷积运算可得 $Y_{ml}(\xi)$ 的具体表达式,由此可得出整个电磁场的显明表达式。

这是求解电磁场边值问题的一种方法,在我国是首先由陈敬熊和李桂生倡导的[31]。读者可参考前引文献和陈敬熊等人的书,以对这种直接方法有更深入的了解,并补出本节内容的细节。

3.8　矢量波函数应用举例——求解多体散射的递推集成 τ 矩阵方法

3.8.1　求解单散射问题的 T 矩阵理论

20 世纪 60 年代以来，由于计算机技术的发展，出现了四种处理电磁散射问题的主要方法。第一种方法是通过高频渐近解，用几何绕射理论处理电尺寸远远大于波长的物体的散射[4]，如果只计及高频渐近解的一阶项，一般要求物体的尺寸 a 与波数 k 的乘积 $ka \geqslant 20\pi$。同样，低频渐近解可处理 $ka \ll 1$ 的情形[4]。第二种方法是利用有限元或有限差分等有限法进行求解[6]，无限区域的困难可以通过单矩法、无限元和吸收边界条件来处理，实际求解区域仍为一有限区域。第三种方法是矩量法[31]，矩量法虽然理论上可以处理任意物体的散射问题，但由于计算机速度和容量的限制，这种方法也主要适用于处理 $ka = 2\pi$ 数量级的物体的散射问题。另外，用矩量法进行求解时，在某些谐振频率上，所得矩阵方程呈严重病态，需要采用特殊的方法，如混合场方程、混合元方程，或在波数上加一个小虚部外推等[32]。第四种方法是扩展边界条件法，或者说 **T** 矩阵理论。这种方法以波函数理论为基础，将扩展边界条件方程中的未知量和并矢格林函数都用矢量波函数展开，利用矢量波函数的正交性进行求解。该方法的实质是并矢格林函数具有关于场点和源点的分离变量的级数形式。该方法适用于处理 ka 在 $2\pi \sim 20\pi$ 之间的物体的散射。该方法有以下优点：避免了由谐振模式引起的困难，在导体、均匀介质体及分层均匀介质体散射情形，积分方程的形式都比较简单，积分核不含奇点，不需要进行主值积分，因而便于采用具有较好性态的全域基函数，有利于节省存储，容易根据散射体的形状，如对称性，反对称性，利用减元技术对积分方程进行预处理。由于方法基于波函数展开，因而便于利用波函数的旋转平移加法公式，进行多散射研究，这是其他方法难以做到的。**T** 矩阵理论，首先由 Waterman 提出，后经多人发展，在 20 世纪 80 年代初已形成比较系统的理论，广泛用于声、电磁和弹性波散射。文献[33]对其理论基础和计算技巧都有细致的讨论。郭英杰在这方面也做了一些工作[34]。

由于本书以矢量波函数为主线，因而将重点介绍以矢量波函数为基础的 **T** 矩阵理论[34]。

先研究用于理想导体散射的扩展边界条件法(EBCM)，设电磁波入射到一理想导体，其表面为 S，内部区域为 v，其电场积分方程为(利用导体表面电场为零的条件)

$$\int_S \boldsymbol{G}_e(\boldsymbol{r},\boldsymbol{r}') \cdot \boldsymbol{J}(\boldsymbol{r}')\mathrm{d}S = -\boldsymbol{E}^i(r), \quad r \in S \tag{3.457}$$

扩展边界条件是根据导体内部电场为零的条件，将导体表面的边界条件改用内部条件代替，也就是说将式(3.457)中的 $r \in S$ 改为 $r \in v$。事实上，利用场的解析性态，只要式(3.457)在 v 的任一子域 v_1 上成立，就可以保证式(3.457)在 v 的内部处处成立，这是理论上的结论，也是扩展边界条件法的最大优点，然而，从数值逼近的角度来看，正是由于可以解析开拓这一解析上的良好性态，导致该方法在数值上的不稳定性。正如用整域多项式逼近一个连续函数，理论上可以任意逼近，但由于多项式在解析上的无穷可微，导致数值逼近的极端不稳定性[35]。因而现代数值逼近多采用子域基函数。所以说可解析开拓也是扩展边界条件法的最大缺点。为了克服这一缺点，应该尽量使区域 v_1 接近于 v，由于延拓的区域较小，因而该方法的数值稳定性可以保证。事实上，日本学者已提出一种和 v 相似的区域 v_1 [36]，v_1 的体积比 v 小得不多，但由于采用球矢量波函数作基函数，建立最终方程时需要利用球矢量波函数在球面上的正交性，因而 v_1 只能由球形区域组成，对区域 v 与球形区域差别不大的情形用一个球就行了，对于具有大纵比（最大线度和最小线度之比）的物体，则需要用多个球形区域 v_j "展开"区域 v 以使区域 v_j 之并集尽可能逼近区域 v，从而保证式(3.457)在整个区域 v 内很好地成立。

根据散射体的具体形状，在导体内部选择若干个点 $r_j(j=1,2,\cdots,M)$，使扩展边界条件在以这些点为心的球域上同时满足（这些球都位于导体内部），即用 M 个扩展边界条件方程

$$\int_S \boldsymbol{G}_e^{(j)}(\boldsymbol{r}_j,\boldsymbol{r}_j')\cdot\boldsymbol{J}(\boldsymbol{r}')\mathrm{d}S=\boldsymbol{E}^j(\boldsymbol{r}_j),\quad r_j\in v_j, j=1,2,\cdots,M \tag{3.458}$$

代替单个的 EBC 方程(3.457)，将入射电场和并矢格林函数在以 $\boldsymbol{r}_j$ 为球心的球坐标系下展开，得到

$$\int_S \boldsymbol{g}_{n_j,j}^{(4)}(k_0\boldsymbol{r}_j')\cdot\boldsymbol{J}(\boldsymbol{r}')\mathrm{d}S=-b_{n_j,j} \tag{3.459}$$

式中，$\boldsymbol{g}_{n_j,j}^{(4)}$ 为按一定顺序重新编号的第四类球矢量波函数；n_j 与半径 r_j 有关（$n_j\approx kr_j+4$）；$b_{n_j,j}$ 为入射电场在 r_j 坐标系中的球矢量波函数展开系数；$\boldsymbol{J}(\boldsymbol{r}')$ 为整体坐标系中的表达式

$$\boldsymbol{J}(\boldsymbol{r}')=\sum_{n=1}^{N}x_n\psi_n(\boldsymbol{r}') \tag{3.460}$$

式中，$\psi_n(\boldsymbol{r}')$ 为下列三种展开函数集之一：

$$\{\boldsymbol{M}_{mn}^{(i)}\times\boldsymbol{n},\boldsymbol{N}_{mn}^{(i)}\times\boldsymbol{n}\},\quad i=1,2,3 \tag{3.461}$$

$N=\sum_{j=1}^{M}N_j$，最终得到线性方程组

$$\boldsymbol{Ax}=\boldsymbol{b} \tag{3.462}$$

式中，$\boldsymbol{x}=[x_1,x_2,\cdots,x_N]^{\mathrm{T}}$，$\boldsymbol{b}=[b_{11},b_{21},\cdots,b_{n_1 1},b_{12},b_{22},\cdots,b_{n_2 2},\cdots,b_{M_1},b_{M_2},\cdots,b_{M_m}]^{\mathrm{T}}$，$\boldsymbol{A}=[A_{ij}]_{N\times N}$。

$$a_{ij}=-\int_S \boldsymbol{g}_i^{(4)}(k_0\boldsymbol{r}')\cdot\psi_j(\boldsymbol{r}')\mathrm{d}S \tag{3.463}$$

$i=(1,1),(2,1),\cdots,(N_1,1),(1,2),(2,2),\cdots,(N_2,2),(M,1),(M,2),(M,N_M)$

由式(3.462)可得电流展开系数。式(3.463)中的积分通常在球坐标系下进行，对一给定曲面

$$r=r(\theta,\varphi) \tag{3.464}$$

有

$$\mathrm{d}Sn(\boldsymbol{r})=r^2\sin\theta\sigma(\boldsymbol{r})\mathrm{d}\theta\mathrm{d}\varphi \tag{3.465}$$

$$\sigma(\boldsymbol{r})=\hat{\boldsymbol{r}}-\frac{r_\theta}{r}\hat{\boldsymbol{\theta}}-\frac{r_\varphi}{r\sin\theta}\hat{\boldsymbol{\varphi}} \tag{3.466}$$

式中，r_θ，r_φ 分别代表式(3.464)中对 θ 和对 φ 求导，而 $\boldsymbol{n}$ 的提出是由混合积公式得到的。

$\boldsymbol{r}_j$ 坐标系的量通过直接坐标变换转换到 $\boldsymbol{r}$ 坐标系。

算出表面电流后，散射场

$$\boldsymbol{E}^S = \int \boldsymbol{J}(\boldsymbol{r}') \cdot \boldsymbol{G}(\boldsymbol{r},\boldsymbol{r}')\mathrm{d}S \tag{3.467}$$

在 $r > r_{\max}$ 处（$r_{\max}$ 为外切球半径），将式(3.467)写成

$$\boldsymbol{E}^S(\boldsymbol{r}) = \sum_{n=1}^{N} f_n \boldsymbol{g}_n^{(4)}(\boldsymbol{r}) \tag{3.468}$$

利用自由空间并矢格林函数的展开式，并注意到第一类矢量波函数为第四类矢量波函数取实部得到，有

$$\boldsymbol{f} = -\operatorname{Re}\boldsymbol{A} \cdot \boldsymbol{x} \tag{3.469}$$

这里 $\boldsymbol{f}$ 为与 $\boldsymbol{x}$ 相同维数的列矢量，联立式(3.469)、式(3.462)得

$$\boldsymbol{f} = -\operatorname{Re}\boldsymbol{A} \cdot \boldsymbol{A}^{-1} \cdot \boldsymbol{b} = \boldsymbol{T} \cdot \boldsymbol{b} \tag{3.470}$$

由式(3.470)可知，一旦 $\boldsymbol{T}$ 矩阵知道以后，任意散射场可以直接由入射场得到，也就是说 $\boldsymbol{T}$ 矩阵描述的是散射场的球矢量波函数展开系数与入射场的球矢量波函数系数之间的线性关系。

对于单个均匀介质体，有下列两个方程：

$$-\nabla\times\int_S G_0(r,r') \cdot \boldsymbol{M}_S\mathrm{d}S + \frac{L}{\mathrm{j}\omega\varepsilon_0}\nabla\times\nabla\times\int_S \boldsymbol{G}_0(\boldsymbol{r},\boldsymbol{r}') \cdot \boldsymbol{J}_S\mathrm{d}S = \begin{cases} -\boldsymbol{E}^r(r), & r \in v \\ \boldsymbol{E}^S(r), & r \notin v \end{cases} \tag{3.471}$$

$$-\nabla\times\int_S \boldsymbol{G}_1(\boldsymbol{r},\boldsymbol{r}') \cdot \boldsymbol{M}_S\mathrm{d}S + \frac{1}{\mathrm{j}\omega\varepsilon}\nabla\times\nabla\times\int_S \boldsymbol{G}(\boldsymbol{r},\boldsymbol{r}') \cdot \boldsymbol{J}_S\mathrm{d}S = \begin{cases} 0, & r \notin v \\ E(r), & r \in v \end{cases} \tag{3.472}$$

$$\boldsymbol{n} \times \boldsymbol{H}_S = \boldsymbol{J}_S, \quad \boldsymbol{E}_S \times \boldsymbol{n} = \boldsymbol{M}_S \tag{3.473}$$

式中，ε_0 为自由空间的介电常数；ε 为介质体的介电常数；v 为介质体占据的体积；S 为其表面；$\boldsymbol{J}_S$，$\boldsymbol{M}_S$ 为面电、磁流密度；$\boldsymbol{G}_0$，$\boldsymbol{G}_1$ 分别为介电常数为 ε_0，ε_1 的自由空间并矢格林函数。式(3.471)、式(3.472)的第一个方程为扩展边界条件方程，在光学上称为消光定理，有时也称为零场方程。式(3.471)、式(3.472)的第二个方程分别表示所在区域的惠更斯原理。考虑边界的性质还可以得到第三组在边界上的方程称为边界积分方程。

利用上述两个扩展边界条件方程，通过表面磁流 $\boldsymbol{M}_S$，$\boldsymbol{J}_S$ 作过渡，仍然可以得到式(3.470)，只是这时 $\boldsymbol{T}$ 矩阵的计算会变得稍微复杂一些[33,34]。

3.8.2　求解多散射问题的递推集成 τ 矩阵方法[37]

为了讨论问题的方便，需要将球矢量波函数的径向变化和横向变化分开，利用球谐函数的定义和正交关系

$$Y_n^m(\theta,\varphi) = P_n^m(\theta,\varphi)\mathrm{e}^{\mathrm{j}m\varphi} \tag{3.474}$$

$$\int_0^{\pi}\mathrm{d}\theta\int_0^{2\pi}\mathrm{d}\varphi Y_n^m(\theta,\varphi)Y_{n'}^{-m'}(\theta,\varphi) = (-1)^m \frac{4\pi}{2n+1}\delta_{mm'}\delta_{nn'} \tag{3.475}$$

可以定义三个矢量球谐函数

$$V_{mn}^{(1)}(\theta,\varphi) = P_{nm}(\theta,\varphi)\hat{\boldsymbol{r}}Y_n^m(\theta,\varphi), \quad n = 0,1,2,\cdots \tag{3.476}$$

$$V_{mn}^{(2)}(\theta,\varphi)=\boldsymbol{B}_{mn}(\theta,\varphi)=\boldsymbol{r}\nabla(Y_n^m(\theta,\varphi))$$
$$=\left[\hat{\boldsymbol{\theta}}\frac{\mathrm{d}P_n^m(\cos\theta)}{\mathrm{d}\theta}+\hat{\boldsymbol{\varphi}}\frac{\mathrm{j}m}{\sin\theta}P_n^m(\cos\theta)\right]\mathrm{e}^{\mathrm{j}m\varphi}$$
$$=\boldsymbol{r}\times C_{mn}(\theta,\varphi),\quad n=1,2,\cdots \tag{3.477}$$

$$V_{mn}^{(3)}(\theta,\varphi)=C_{mn}(\theta,\varphi)=\nabla\times(\hat{\boldsymbol{r}}Y_n^m(\theta,\varphi))$$
$$=\left[\hat{\boldsymbol{\theta}}\frac{\mathrm{j}m}{\sin\theta}P_n^m(\cos\theta)-\hat{\boldsymbol{\varphi}}\frac{\mathrm{d}P_n^m(\cos\theta)}{\mathrm{d}\theta}\right]\mathrm{e}^{\mathrm{j}m\varphi},\quad n=1,2,\cdots \tag{3.478}$$

矢量球谐函数的正交关系为

$$\int_0^{\pi}\mathrm{d}\theta\sin\theta\int_0^{2\pi}\mathrm{d}\varphi\,\boldsymbol{V}_{mn}^{(\alpha)}(\theta,\varphi)\,\boldsymbol{V}_{-m'n'}^{(\beta)}(\theta,\varphi)=\delta_{\alpha\beta}\delta_{mm'}y_{\alpha mn} \tag{3.479}$$

式中

$$y_{1mn}=(-1)^m\frac{4\pi}{2n+1} \tag{3.480}$$

$$y_{2mn}=y_{3mn}=(-1)^m\frac{4\pi(n+1)n}{2n+1} \tag{3.481}$$

球坐标系下的 $\boldsymbol{L},\boldsymbol{M},\boldsymbol{N}$ 矢量可以由 $\boldsymbol{P},\boldsymbol{B},\boldsymbol{C}$ 表示为

$$\boldsymbol{L}_{mn}=\gamma'_{mn}\left[z'_n(kr)\boldsymbol{P}_{mn}(\theta,\varphi)+\frac{z_n(kr)}{kr}\boldsymbol{B}_{mn}(\theta,\varphi)\right] \tag{3.482}$$

$$\boldsymbol{M}_{mn}=\gamma_{mn}z_n(kr)\boldsymbol{C}_{mn}(\theta,\varphi) \tag{3.483}$$

$$\boldsymbol{N}_{mn}=\gamma_{mn}\left\{\frac{n(n+1)z'_n(kr)}{kr}\boldsymbol{P}_{mn}(\theta,\varphi)+\frac{[krz_n(kr)]'}{kr}\boldsymbol{B}_{mn}(\theta,\varphi)\right\} \tag{3.484}$$

$$\gamma'_{mn}=\sqrt{\frac{(2n+1)(n-m)!}{4\pi(n+m)!}} \tag{3.485}$$

$$\gamma_{mn}=\sqrt{\frac{(2n+1)(n-m)!}{4\pi n(n+1)(n+m)!}} \tag{3.486}$$

矢量球面波函数可以由矢量球谐函数的积分给出为

$$\boldsymbol{L}_{mn}^{(1)}(r,\theta,\varphi)=\frac{(-\mathrm{j})^{n-1}}{4\pi}\gamma'_{mn}\int_0^{2\pi}\int_0^{\pi}\sin\theta'\mathrm{d}\theta'\mathrm{d}\varphi'\mathrm{e}^{\mathrm{j}k\hat{r}\cdot\hat{r}'}\cdot\boldsymbol{P}_{mn}(\theta',\varphi') \tag{3.487}$$

$$\boldsymbol{M}_{mn}^{(1)}(r,\theta,\varphi)=\frac{(-\mathrm{j})^{n}}{4\pi}\gamma_{mn}\int_0^{2\pi}\int_0^{\pi}\sin\theta'\mathrm{d}\theta'\mathrm{d}\varphi'\mathrm{e}^{-\mathrm{j}k\hat{r}\cdot\hat{r}'}\cdot\boldsymbol{C}_{mn}(\theta',\varphi') \tag{3.488}$$

$$\boldsymbol{N}_{mn}^{(1)}(r,\theta,\varphi)=\frac{(-\mathrm{j})^{n-1}}{4\pi}\gamma_{mn}\int_0^{2\pi}\int_0^{\pi}\sin\theta'\mathrm{d}\theta'\mathrm{d}\varphi'\mathrm{e}^{-\mathrm{j}k\hat{r}\cdot\hat{r}'}\cdot\boldsymbol{B}_{mn}(\theta',\varphi') \tag{3.489}$$

设波矢 $\boldsymbol{k}$ 与 $\hat{\boldsymbol{\theta}},\hat{\boldsymbol{\varphi}}$ 方向的夹角为 θ_0,φ_0，则

$$\boldsymbol{I}\mathrm{e}^{-\mathrm{j}\boldsymbol{k}\cdot\boldsymbol{r}}=\sum_{n,m}(-1)^m\frac{(2n+1)}{n(n+1)}\mathrm{j}^n\left\{-\mathrm{j}n(n+1)\frac{\boldsymbol{P}_{-mn}(\theta_0,\varphi_0)}{\gamma'_{mn}}L_{mn}^{(1)}(r,\theta,\varphi)+\frac{\boldsymbol{C}_{-mn}(\theta_0,\varphi_0)}{\gamma_{mn}}\right.$$
$$\left.\cdot\boldsymbol{M}_{mn}^{(1)}(r,\theta,\varphi)\frac{-\mathrm{j}\,\boldsymbol{B}_{-mn}(\theta_0,\varphi_0)}{\gamma'_{mn}}\boldsymbol{N}_{mn}^{(1)}(r,\theta,\varphi)\right\} \tag{3.490}$$

式中，$\boldsymbol{I}$ 为单位并矢。

有了以上球矢量波函数的径向变量与横向 (θ,φ) 变量的分离，对于一个介质体，用 $\boldsymbol{E}_{\mathrm{inc}},\boldsymbol{E}_{\mathrm{int}},\boldsymbol{E}_{\mathrm{sca}}$ 分别代表入射电场、介质体内电场和散射电场，它们可以分别展开为

$$\boldsymbol{E}_{\mathrm{inc}}=\sum_{m,n}e_{1mn}\boldsymbol{L}_{mn}^{(1)}+e_{2mn}\boldsymbol{M}_{mn}^{(1)}+e_{3mn}\boldsymbol{N}_{mn}^{(1)} \tag{3.491}$$

$$\boldsymbol{E}_{\text{int}} = \sum_{m,n} b_{1mn} \boldsymbol{L}_{mn}^{(1)} + b_{2mn} \boldsymbol{M}_{mn}^{(1)} + b_{3mn} \boldsymbol{N}_{mn}^{(1)} \tag{3.492}$$

$$\boldsymbol{E}_{\text{sca}} = \sum_{m,n} a_{1mn} \boldsymbol{L}_{mn}^{(4)} + a_{2mn} \boldsymbol{M}_{mn}^{(4)} + a_{3mn} \boldsymbol{N}_{mn}^{(4)} \tag{3.493}$$

由式(3.482)～(3.484)的 $\boldsymbol{L},\boldsymbol{M},\boldsymbol{N}$ 定义可见，无论对第一类和第四类矢量波函数，其横向变化都是一样的，式(3.491)～(3.493)可以写成更为紧凑的矩阵形式[37]

$$\boldsymbol{E}_{\text{inc}} = \boldsymbol{Y}(\Omega) \cdot \boldsymbol{j}(kr) \cdot \boldsymbol{e} \tag{3.494}$$

$$\boldsymbol{E}_{\text{int}} = \boldsymbol{Y}(\Omega) \cdot \boldsymbol{j}(k_1 r) \cdot \boldsymbol{b} \tag{3.495}$$

$$\boldsymbol{E}_{\text{sca}} = \boldsymbol{Y}(\Omega) \cdot \boldsymbol{h}(kr) \cdot \boldsymbol{a} \tag{3.496}$$

式中，$\boldsymbol{Y}(\Omega)$ 为一以矢量球谐函数为元素的列向量；$\boldsymbol{j}(kr)$，$\boldsymbol{h}(kr)$ 为含第一类和第四类矢量波函数径向变化的对角线矩阵；$\boldsymbol{e},\boldsymbol{a},\boldsymbol{b}$ 为含 e_{mn}, a_{mn}, b_{mn} 为元素的列矢量。矩阵表达的好处是以单重下标和矩阵相乘，代替多重下标和多个求和，容量更大（计算机时代的语言）。

由 3.8.1 节的 $\boldsymbol{T}$ 矩阵理论可知，散射系数矢量 $\boldsymbol{a}$ 与入射系数 $\boldsymbol{e}$ 的关系为

$$\boldsymbol{a} = \boldsymbol{T} \cdot \boldsymbol{e} \tag{3.497}$$

散射体外的场为

$$\boldsymbol{E}_{\text{ext}} = \boldsymbol{Y}(\Omega) \cdot \boldsymbol{j}(kr) \cdot \boldsymbol{e} + \boldsymbol{Y}(\Omega) \cdot \boldsymbol{h}(kr) \cdot \boldsymbol{T} \cdot \boldsymbol{e} \tag{3.498}$$

当出现两个散射体时，可以分别用两组待定系数 $\boldsymbol{a}_1, \boldsymbol{a}_2$（不再区分待定系数矢量和系数本身，因为这是同一问题的两种描述）代表散射体 1 和 2 的散射场，即

$$\boldsymbol{E}_{\text{ext}} = \boldsymbol{Y}(\Omega) \cdot \boldsymbol{j}(kr_0) \cdot \boldsymbol{e} + \boldsymbol{Y}(\Omega) \cdot \boldsymbol{h}(kr_1) \cdot \boldsymbol{a}_1 + \boldsymbol{Y}(\Omega) \cdot \boldsymbol{h}(kr_2) \cdot \boldsymbol{a}_2 \tag{3.499}$$

利用矢量波函数的变换叠加定理得到

$$\boldsymbol{Y}(\Omega_i) \cdot \boldsymbol{h}(kr_i) \cdot \boldsymbol{a}_i = \boldsymbol{Y}(\Omega_j) \cdot \boldsymbol{j}(kr_j) \cdot \alpha_{ji} \cdot \boldsymbol{a}_i \tag{3.500}$$

$$\boldsymbol{Y}(\Omega_i) \cdot \boldsymbol{j}(kr_i) \cdot \boldsymbol{a}_i = \boldsymbol{Y}(\Omega_j) \cdot \boldsymbol{h}(kr_j) \cdot \beta_{ji} \cdot \boldsymbol{a}_i \tag{3.501}$$

这样可将式(3.499)对散射体 1 写为

$$\boldsymbol{E}_{\text{ext}} = \boldsymbol{Y}(\Omega_1) \cdot \boldsymbol{j}(kr_1) \cdot \beta_{10} \cdot \boldsymbol{e} + \boldsymbol{Y}(\Omega_1) \cdot \boldsymbol{h}(kr_1) \cdot \boldsymbol{a}_1 + \boldsymbol{Y}(\Omega_1) \cdot \boldsymbol{j}(kr_1) \cdot \alpha_{12} \cdot \boldsymbol{a}_2 \tag{3.502}$$

将式(3.502)的第一、三项看成是关于散射体 1 的入射场，第二项看成是散射场，则

$$\boldsymbol{a}_1 = \boldsymbol{T}_{1(1)} \cdot [\beta_{10} \cdot \boldsymbol{e} + \alpha_{12} \cdot \boldsymbol{a}_2] \tag{3.503}$$

由对称性

$$\boldsymbol{a}_2 = \boldsymbol{T}_{2(1)} \cdot [\beta_{20} \cdot \boldsymbol{e} + \alpha_{21} \cdot \boldsymbol{a}_1] \tag{3.504}$$

式中，$\boldsymbol{T}_{i(1)}$ 为第 i 个散射体的单体 $\boldsymbol{T}$ 矩阵。从式(3.503)、式(3.504)可得

$$\boldsymbol{a}_1 = [\boldsymbol{I} - \boldsymbol{T}_{1(1)} \cdot \alpha_{12} \cdot \boldsymbol{T}_{2(1)} \cdot \alpha_{21}]^{-1} \cdot \boldsymbol{T}_{1(1)} \cdot [\beta_{10} + \alpha_{12} \cdot \boldsymbol{T}_{2(1)} \cdot \beta_{20}] \cdot \boldsymbol{e} \tag{3.505}$$

$$\boldsymbol{a}_2 = [\boldsymbol{I} - \boldsymbol{T}_{2(1)} \cdot \alpha_{21} \cdot \boldsymbol{T}_{1(1)} \cdot \alpha_{12}]^{-1} \cdot \boldsymbol{T}_{2(1)} \cdot [\beta_{20} + \alpha_{21} \cdot \boldsymbol{T}_{1(1)} \cdot \beta_{10}] \cdot \boldsymbol{e} \tag{3.506}$$

记 $\boldsymbol{T}_{i(2)}$ 为第 i 个散射体的二体 $\boldsymbol{T}$ 矩阵，则

$$\boldsymbol{a}_1 = \boldsymbol{T}_{1(2)} \cdot \beta_{10} \cdot \boldsymbol{e} \tag{3.507}$$

$$\boldsymbol{a}_2 = \boldsymbol{T}_{2(2)} \cdot \beta_{20} \cdot \boldsymbol{e} \tag{3.508}$$

式中，β_{i0} 的引入是为了将入射场变换到第 i 个散射体坐标系。$\boldsymbol{T}_{i(2)}$ 的具体表达式可以由式(3.505)、式(3.506)得到。

由数学归纳法可得

$$\boldsymbol{E}_{\text{ext}}=\boldsymbol{Y}(\Omega)\cdot\boldsymbol{j}(kr_0)\cdot\boldsymbol{e}+\sum_{j=1}^{N}\boldsymbol{Y}(\Omega)\cdot\boldsymbol{h}(kr_i)\cdot\boldsymbol{T}_{i(N)}\cdot\beta_{i0}\cdot\boldsymbol{e}\tag{3.509}$$

$n+1$ 体的 $\boldsymbol{T}$ 矩阵可由 n 体的 $\boldsymbol{T}$ 矩阵递推得出

$$\boldsymbol{T}_{n+1(n+1)}\cdot\beta_{n+1,0}=\left[\boldsymbol{I}-\boldsymbol{T}_{n+1(1)}\cdot\sum_{j=1}^{N}\alpha_{n+1,i}\cdot\boldsymbol{T}_{i(n)}\cdot\beta_{i0}\cdot\alpha_{0,n+1}\right]^{-1}$$

$$\cdot\boldsymbol{T}_{n+1(1)}\cdot\left[\beta_{n+1,0}+\sum_{i=1}^{N}\alpha_{n+1,i}\cdot\boldsymbol{T}_{i(n)}\cdot\beta_{i0}\right]\tag{3.510}$$

$$\boldsymbol{T}_{i(n+1)}\cdot\beta_{i0}=\boldsymbol{T}_{i(n)}\cdot\beta_{i0}+(\boldsymbol{T}_{i(n)}\cdot\beta_{i0}\cdot\alpha_{0,n+1})\cdot\boldsymbol{T}_{n+1(n+1)}\cdot\beta_{n+1,0}\tag{3.511}$$

这里，散射体以这样的方式标号：

$$|\boldsymbol{r}_{1(0)}|\leqslant|\boldsymbol{r}_{2(0)}|\leqslant\cdots\leqslant|\boldsymbol{r}_{N(0)}|$$

式中，$\boldsymbol{r}_{i(0)}$ 为第 i 个散射体的局部坐标的原点相对于整体坐标的距离。

进一步利用变换叠加公式中系数的关系[37]

$$\alpha_{n+1,i}=\alpha_{n+1,0}\cdot\beta_{0i}$$

式(3.510)可写成

$$\boldsymbol{T}_{n+1(n+1)}\cdot\beta_{n+1,0}=\left[\boldsymbol{I}-\boldsymbol{T}_{n+1(1)}\cdot\alpha_{n+1,0}\cdot\sum_{j=1}^{N}\beta_{0i}\cdot\boldsymbol{T}_{i(n)}\cdot\beta_{i0}\cdot\alpha_{0,n+1}\right]^{-1}$$

$$\cdot\boldsymbol{T}_{n+1(1)}\cdot\left[\beta_{n+1,0}+\alpha_{n+1,0}\cdot\sum_{i=1}^{N}\beta_{0i}\cdot\boldsymbol{T}_{i(n)}\cdot\beta_{i0}\right]$$

定义集成(aggregate)矩阵为

$$\boldsymbol{\tau}_{(n)}=\sum_{i=1}^{n}\beta_{0i}\cdot\boldsymbol{T}_{i(1)}\cdot\beta_{i0}$$

则式(3.510)可写成

$$\overbrace{\boldsymbol{T}_{n+1(n+1)}\cdot\beta_{n+1,0}}^{M\times P}=\Big[\overbrace{\boldsymbol{I}}^{M\times M}-\overbrace{\boldsymbol{T}_{n+1(1)}}^{M\times M}\cdot\overbrace{\alpha_{n+1,0}}^{M\times P}\cdot\overbrace{\boldsymbol{\tau}_{(n)}}^{P\times P}\cdot\overbrace{\alpha_{0,n+1}}^{P\times M}\Big]$$

$$\cdot\underbrace{\boldsymbol{T}_{n+1(1)}}_{M\times M}\cdot\Big[\underbrace{\beta_{n+1,0}}_{M\times P}+\underbrace{\alpha_{n+1,0}}_{M\times P}\cdot\underbrace{\boldsymbol{\tau}_{(n)}}_{P\times P}\Big]\tag{3.512}$$

对式(3.511)左乘 β_{0i} 并对 i 从 1 求和到 $n+1$，得到

$$\boldsymbol{\tau}_{(n+1)}=\boldsymbol{\tau}_{(n)}+\beta_{0,n+1}\cdot\boldsymbol{T}_{n+1(n+1)}\cdot\beta_{n+1,0}+\boldsymbol{\tau}_{(n)}\cdot\alpha_{n+1,0}\cdot\boldsymbol{T}_{n+1(n+1)}\cdot\beta_{n+1,0}\tag{3.513}$$

这样得到 $\boldsymbol{\tau}$ 矩阵的递推公式，用 $\boldsymbol{\tau}$ 矩阵有

$$\boldsymbol{E}_{\text{ext}}=\boldsymbol{Y}(\Omega)\cdot\boldsymbol{j}(kr_0)\cdot\boldsymbol{e}+\boldsymbol{Y}(\Omega)\cdot\boldsymbol{h}(kr_0)\cdot\boldsymbol{\tau}_{(n)}\cdot\boldsymbol{e}\tag{3.514}$$

式(3.512)中 M，P 分别代表孤立散射体的展开项数和变换叠加公式中的展开项数，通常要求 $M\approx ka+4$，$P\approx kd+4$，这里 a 为单个散射体的特征尺寸，d 为坐标之间的间距。计算复杂性分析表明[37]：用递推 $\boldsymbol{T}$ 矩阵算法求解 N 体问题的计算时间与 N^2 成正比，用集成 τ 矩阵算法求解 N 体问题的计算时间与 N 成正比，而普通矩量法求解的计算时间与 N^3 成正比。由此可见，本节介绍的集成下矩阵方法是求解多体散射问题的最有效的准解析数值方法。

式(3.514)只适用于包含所有散射体的大球之外的散射场，而对其他区域的散射场，则需要得到 $\boldsymbol{T}_{i(n)}$ 矩阵。利用式(3.510)～(3.512)可得

$$\boldsymbol{T}_{N-i(N)}\cdot\beta_{N-i,0}=\boldsymbol{T}_{N-i(N-i)}\cdot\beta_{N-i,0}\cdot[\boldsymbol{I}+\boldsymbol{T}_{i-1(N)}]\tag{3.515}$$

$$\boldsymbol{T}_{i(N)}=\sum_{j=1}^{i-1}\alpha_{0,N-j}\cdot\boldsymbol{T}_{N-j(N)}\cdot\beta_{N-j,0}\tag{3.516}$$

$$i = 1,2,\cdots,N-1$$

计算复杂性分析也表明[37]，这种计算近区场的方法的计算时间也是与 N 成正比的。

3.8.3 求解导体和均匀介质体散射的模拟集成 τ 矩阵方法

为了说明处理问题的思路，仅以二维情况为例，先看导体的情形。对理想导体柱用沿横截面周线的导体圆柱阵列进行模拟，是早就有的技术，并取得了极大的成功。但从数值逼近和数值分析的角度来看，用分段直线更容易逼近任意曲线，而在所谓线栅模拟的情况下，这些分段直线变成窄的条带，利用文献[38]的理论分析结合本书3.2节给出的马丢函数小 q 展开式，用3.8.2节给出的集成 τ 矩阵方法，可以得到与分段直线的段数(即条带数)N 成正比的算法，而用边界元法时，矩阵反演时间与 N^3 成正比。

对于介质的情形，设介质柱的周线为 C，与介质柱周线相似的外周线(处于介电常数为 ε_0 的介质中)为 C_0，与介质柱周线 C 相似的周线(处于介电常数为 ε_1 的介质中)为 C_1，不难写出其扩展边界条件为

$$\int_c \psi(r')\frac{\partial G_0(r,r')}{\partial n} - \frac{\partial\psi(r')}{\partial n}G_0(r,r')\mathrm{d}C' = \psi^i(r), \quad r\in C_1 \tag{3.517}$$

$$\int_c \psi(r')\frac{\partial G_1(r,r')}{\partial n} - \frac{\partial\psi(r')}{\partial n}G_1(r,r')\mathrm{d}C' = 0, \quad r\in C_0 \tag{3.518}$$

式中，$\psi(r)$ 代表 E_z 或 H_z，或者满足二维标量波动方程的任意场。根据文献[39]和[40]的启示，总是可以将待求量 $\psi(r')$，$\dfrac{\partial\psi(r')}{\partial n}$ 用一系列的条带电、磁流源来模拟式(3.517)、式(3.518)的边界条件，根据导体条带模拟的启示，又总可以用其在 C_1，C_0 上的若干条带上满足即可，只要这些条带占曲线的 C_1，C_0 的57%以上。这样得到的方程可以避免在谐振区产生质模的麻烦。这是作者建议的解法。如果像 Leviatan 那样基于更加物理化的方式建立方程也是可以的，只是这时用条带代替就显得有些过于牵强了，没有像式(3.517)、式(3.518)那样明确的数学依据和物理背景。

在三维空间，如果用带电、磁流的圆盘来模拟曲面，则可以完全像二维问题那样处理导体和均匀介质体的电磁散射。值得指出的是，尽管长球矢量波函数比较复杂，但这里所用的圆盘很小，可以用以前介绍的有关小 c 表达式，计算仍是相当简便的。目前处理均匀介质体的散射或是采用边界积分方积，其运算量与边界分块数 N 的三次方成正比，或是对整个介质体用小介质球逼近，然后采用集成 τ 矩阵法或偶极子近似等光学上的方法计算，这里采用的算法，既有边界元法将问题降为二维的优点，又有集成 τ 矩阵法等有效数值方法计算量很小的优点，我们认为这是值得深入进行理论研究和数值试验的方法，特此推荐给光学和电磁理论界的同仁。

本方法可以处理多体问题。由于随机离散散射体的电磁散射可由 Monte Carlo 方法进行随机模拟，因而研究可以处理多体散射的有效数值方法显得很有生命力。

总观本节不难发现，在 Chew 等创立的递推 $\boldsymbol{T}$ 矩阵理论和递推集成 τ 矩阵理论中，波函数的变换叠加定理和波函数的级数表达起着重要的作用，因此导出一些复杂问题的波函数表达式和变换叠加定理是很有理论和实际意义的，作者在这方面作了一些工作，拟在本章后半部分介绍。

3.9　劈形波函数的变换叠加定理及其在多边形导体柱散射上的应用

所谓导电劈是指由两个导体半平面组成的图形。如图 3.4 所示，其内角为 $\psi_0=(2-n)\pi(0<n\leqslant 2\pi)$。选择圆柱坐标系 (r,θ,z) 使劈的边缘与 z 轴重合，两个劈面分别与 $\theta=0,\theta=n\pi$ 两个坐标面重合。所谓劈形波函数是指在这种特定几何条件下波动方程的解。由于在柱坐标系下，加上特定的 z 方向的变化就能得到三维的波函数，因此这里仅就二维柱结构进行讨论，三维的简单推广请读者自行完成。

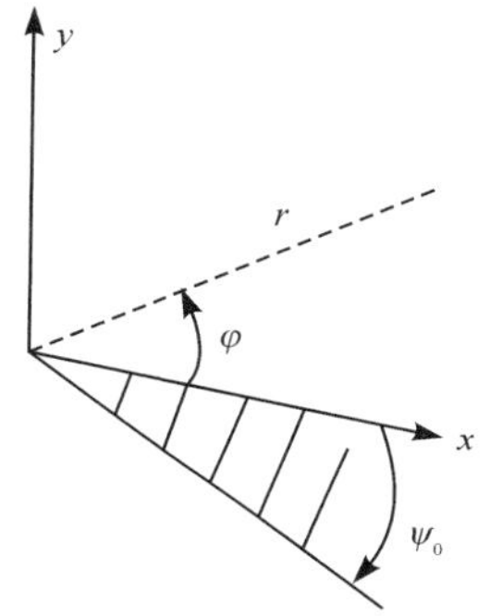

图 3.4　理想导电劈

在劈坐标系下，标量波动方程

$$(\nabla^2+k^2)\psi=0 \tag{3.519}$$

可以分离变量，由于 θ 方向的周期性条件，要求 ψ 依 θ 的变化为

$$e^{jv\theta},\quad v=\frac{m}{n} \tag{3.520}$$

从而 r 方向的变化自然为 $Z_v(kr)$ 的形式，因而在柱坐标系下波动方程的通解为

$$\psi=\sum_v Z_v(kr)e^{jv\theta} \tag{3.521}$$

现在我们关心的问题是将在 (r,θ,φ) 坐标系下的劈形波函数 $Z_v(kr)e^{jv\theta}$ 变换到 (r',θ',φ') 坐标系下的劈形波函数 $Z_{v'}(kr')$，这里 v' 一般不等于 v，也就是说，两个导电劈的内角一般不相等。回想一下 3.2 节导出各种标量波函数变换叠加定理的方法，即先是将平面波用相应的波函数展开，然后由波函数的积分表达式过渡，由于在新坐标系下也有类似的积分表达式，可以将一个坐标系下的标量波函数用另一个坐标系下的标量波函数的级数表达。将这种传统方法用到这里来，有两个困难：一，在现有文献上没有平面波的劈形波函数级数表达式，这个困难还不是实质性的；二，不同劈对应的劈形波函数的积分表达式中的积分围道互不相同，即使得到了劈形波函数展开平面波的公式，仍然难以由新坐标系的波函数表示级数中的每一个积分。

在导出标量长球函数的变换叠加定理的时候，采用了一步不行走两步的简单构思，即先将长球波函数换成同一坐标系下的球波函数，再用球波函数的变换叠加定理换成新坐标系下的球波函数，在新坐标系下，再将球波函数换成长球函数。这个思路是很有用的，可以先将劈形波函数转化成新坐标系下的圆柱波函数的级数，再将同一坐标系下的圆柱波函数转化成劈形波函数的级数。但是，由于理想导电劈是一个从原点出发的二维无限体，要实现后一步转换是不可能的。

总结起来，由于导电劈是一种特殊结构，它包含了原点和无穷远点，尽管其几何结构非常简单，但其波函数的解析性质却比较复杂，以至于迄今为止对其波函数的讨论很少，特别是对于多个劈的散射，波函数的讨论仅在近期出现[41]，而且都是近似理论。

最近几年来，扩展谱理论广泛用于劈形结构的研究，取得了一系列的成果，使得高频渐近解已能准确计算边长大于 $\dfrac{\lambda}{2}$ 的多边形的散射远场，并能用于两个多边形柱体的电磁散射[42]。但是，在高频渐近解中，如果计入三次以上的绕射射线，射线寻迹非常复杂，难以处理诸如几十根多边形导体柱散射这样的复杂问题。如果只计入一次或二次绕射项，则射线寻迹比较简单，而且也能达到一定的精度。至少可以用于谐振区高端即 $ka \geqslant 60$（a 为物体的特征尺寸）时散射场的计算。多个导体柱的电磁散射如采用普通矩量法求解积分方程的办法主要有两个困难：一，导体棱柱边缘的电磁场奇异性不便于准确模拟（要准确逼近将付出较大代价）；二，由于矩量法数值积分非常费机时，而且对高阶矩阵，求解逆矩阵的计算时间与矩阵阶数（即未知数个数）N 的三次方成正比。所以，多边形导体柱的多散射是一个没有很好解决的问题。

在高频渐近解中，有一个很好的思想就是将多边形看成多个劈形结构，高频渐近解能够准确计算远离边缘的场，不能准确计算边缘附近的场。现在对多个劈中的每一个劈也进行分区，划分出适宜于用高频渐近解的区域和适宜于用低频数值解的区域。也就是说，用一个尺寸 a，将劈划分成 $r < a$ 和 $r > a$ 两个区域，这样问题就得以解决。

设新坐标系的原点 O'，相对于老坐标系的原点 O 的极坐标为 (r_0, θ_0)，则由贝塞尔函数的加法定理[1]

$$J_{v'}(kr')\mathrm{e}^{\mathrm{j}v'\theta'} = \sum_{m=-\infty}^{+\infty} J_m(kr_0) J_{v'+m}(kr)\mathrm{e}^{\mathrm{j}v'\theta + \mathrm{j}m(\theta-\theta_0)} = f(r,\theta) \tag{3.522}$$

如果将式(3.522)右边看成 r 和 θ 的函数，而且该区数的定义域为 $r \leqslant a$ 和 $0 \leqslant \theta \leqslant n\pi$，由于该区域包含原点，故在这个区域内的标量波函数集为

$$\sum_v J_v(kr)\mathrm{e}^{\mathrm{j}v\theta} A_v \tag{3.523}$$

式中，A_v 为待定系数。因此

$$\sum_v J_v(kr)\mathrm{e}^{\mathrm{j}v\theta} A_v = \int_0^a f(r,\theta) J_v(kr)\mathrm{e}^{\mathrm{j}v\theta}\,\mathrm{d}\theta \Big/ \left[n\pi \int_0^a J_v^2(kr) r\mathrm{d}r\right] \tag{3.524}$$

在式(3.524)中有两个积分要计算：

$$I_1 = \int_0^a J_v^2(kr) r\mathrm{d}r \tag{3.525}$$

$$I_2 = \int_0^a J_{v'+m}(kr) J_v(kr) r\mathrm{d}r \tag{3.526}$$

积分的计算可用到贝塞尔函数乘积的级数形式逐项积分得到。这样，我们就将 $J_v(kr')\mathrm{e}^{\mathrm{j}v'\theta'}$ 转化成了 $J_v(kr)\mathrm{e}^{\mathrm{j}v\theta}$ 的级数形式，即将一种劈形的波函形转化成了另一种劈形的波函数的级数，级数在何处截断可以根据以往的经验来确定。例如，在 (r,θ) 坐标系中

波函数的项数可取 $ka+4$，而第一次转换的项数可取 kr_0+4 等。当然，也可根据数值计算试验来求取。

对于含有 N 个劈的导体柱散射，可设

$$E_z=\sum_{i=1}^{N}\sum_{v_i=1}^{M}A_{ij}J_{v_i}(kr_i)\sin v_i\theta_i \tag{3.527}$$

$$H_z=\sum_{i=1}^{N}\sum_{v_i=0}^{M}B_{ij}J_{v_i}(kr_i)\cos v_i\theta_i \tag{3.528}$$

式中

$$v_i=\frac{m}{n_i},\quad m=0,1,2,\cdots,M$$

利用本节导出的变换叠加公式，可以由集成 $\boldsymbol{\tau}$ 矩阵法算出 A_{ij}，计算量与 N 成正比。采用这种算法的优点是除计算 A_{ij} 这个量外，它严格地满足了电磁场的边缘条件和波动方程，误差仅在边界上，而这种误差可以通过增加 M 的值而单调地减小，这是别的数值方法难以做到的。

对于多边形阻抗柱体的电磁散射，其高频多散射研究已于近期作出，并有很好的精度。基于本节理论，既然多边形柱体外 E_z，H_z 仍然满足标量波动方程，故仍可设 E_z，H_z 的解为式(3.527)和式(3.528)。然后可以在每个劈的边缘取定若干匹配点进行直接点匹配。这种解法的优点是对电流等未知量有直接的显式。

3.10 各向异性介质的球矢量波函数

3.10.1 各向异性介质内的平面波传播

分析各向异性均匀介质内的平面波是所有涉及该介质的电磁问题的基础。一方面远离天线或散射体的波本身就能用平面波很好地表示；另一方面，利用傅里叶积分可以把复杂的波表示为平面波的叠加，我们将要重点讨论的是这种积分表述。事实上，本章一直在强调各种波函数的积分表达式，并且对这种解决问题的思路进行了多次介绍。实际上，对于各向同性介质，利用积分表达式来进行理论的展开，优点还不是很明显，以至于在有的电磁理论著作中对这种理论并没有给予相当的重视。但是，在 Stratton 的《Electromagnetic Theory》，Morse 和 Feshbach 的《理论物理方法》以及早期的 Whittaker 和 Watson 的《现代分析》等经典名著中，都对波函数的积分表述作了系统的研究，可见这个理论体系是大师们认为美丽的结构。杨振宁说过只有美丽的东西才会永存。我们理应在这种已有的系统上发掘出更加动人的东西。

分析均匀各向异性介质电磁波传播的方法有三种。早期的方法是所谓主坐标系方法。在主坐标系中，各向异性介质的本构关系取最为简单的形式，从而能给分析带来一些便利，但由于磁场矢量有三个不为零的分量，因而使得色散关系的推导和求解都比较复杂。由于涉及的矩阵为三阶，所以特征向量的确定也比较复杂。Kong 在他的博士和博士后工作期间，创立了一种分析各向异性介质的新方法，称为 kDB 系统，在 kDB 系统中，$\boldsymbol{D}$ 矢量仅有两个非零分量，因而色散方程为一个令二阶行列式为零得到的方程，特征矢量

为二阶矩阵的特征矢量，给解析推导带来了极大的方便。1983 年，Chen 在他的著作中[43]，对无坐标方法进行了系统的总结。无坐标方法首先是由苏联人提出的，该方法完全利用矢量和张量分析，不建立坐标系，结果以矢量和张量来表示，适用于任意坐标系。这种无坐标方法依赖于大量的矢量和张量运算，技巧性很强，较难掌握。当然，一旦问题的解能以无坐标形式给出，在物理上就更深刻。另外，无坐标形式还特别适用于处理电磁波在界面的反射、折射等问题。

下面以单轴介质为例，介绍上述三种分析均匀各向异性介质内平面波的方法。

当介质是均匀的时候可以寻找 Maxwell 方程的最简单的解 $e^{j\boldsymbol{k}\cdot\boldsymbol{r}}$，矢量 $\boldsymbol{k}$ 称为波矢、传播矢量或简称 $\boldsymbol{k}$ 矢量。对于平面波解，我们只要以 $j\boldsymbol{k}$ 代替 ∇就能写出相应的场方程。在主坐标系中

$$\boldsymbol{D}=\boldsymbol{\varepsilon}\cdot\boldsymbol{E} \tag{3.529}$$

$$\boldsymbol{\varepsilon}=\begin{bmatrix}\varepsilon & 0 & 0\\ 0 & \varepsilon & 0\\ 0 & 0 & \varepsilon_z\end{bmatrix}$$

如果 $\varepsilon_z>\varepsilon$，则介质是正单轴的，如果 $\varepsilon_z<\varepsilon$，则是负单轴的。将本构关系式(3.529)代入 Maxwell 旋度方程得（ $\nabla=j\boldsymbol{k}$，$\boldsymbol{k}\cdot\boldsymbol{E}=\left(1-\frac{\varepsilon_z}{\varepsilon}\right)k_zE_z$ ）

$$-k^2\cdot\boldsymbol{E}+k\left(1-\frac{\varepsilon_z}{\varepsilon}\right)k_zE_z=-\omega^2\mu\varepsilon\cdot\boldsymbol{E}$$

写成矩阵形式为

$$\begin{bmatrix}-k^2+\omega^2\mu\varepsilon & 0 & \left(1-\frac{\varepsilon_z}{\varepsilon}\right)k_xk_z\\ 0 & -k^2+\omega^2\mu\varepsilon & \left(1-\frac{\varepsilon_z}{\varepsilon}\right)k_yk_z\\ 0 & 0 & -k_x^2-k_y^2-\varepsilon_zk_z^2/\varepsilon+\omega^2\mu\varepsilon_z\end{bmatrix}\cdot\begin{bmatrix}E_x\\ E_y\\ E_z\end{bmatrix}=0 \tag{3.530}$$

由于 $\boldsymbol{E}$ 有非零解，令矩阵的行列式为零得出单轴介质的色散关系

$$k^2=\omega^2\mu\varepsilon \tag{3.531}$$

$$k_x^2+k_y^2+\frac{\varepsilon_z}{\varepsilon}k_z^2=\omega^2\mu\varepsilon_z \tag{3.532}$$

式(3.531)是寻常波的色散关系，式(3.532)是非常波的色散关系，之所以称为非常波是由于 $\boldsymbol{k}$ 矢量的模值是传播方向的函数。而通常各向同性介质中的单面波的模值与它的传播方向无关。式(3.531)的色散关系与各向同性介质内平面波的色散关系相同，因而称为寻常波。寻常波和非常波是单轴介质中两个允许传播的波，称为特征波。一介质内传播着两个不同速度的特征波的现象，称为双折射现象。

设 $\boldsymbol{k}=k\hat{\boldsymbol{k}}=\hat{\boldsymbol{x}}k\sin\theta\cos\varphi+\hat{\boldsymbol{y}}k\sin\theta\sin\varphi+\hat{\boldsymbol{z}}k\cos\theta$，则引入 kDB 系统的三个单位正交基

$$\begin{aligned}\hat{\boldsymbol{e}}_3&=\hat{\boldsymbol{k}}=\hat{\boldsymbol{x}}\sin\theta\cos\varphi+\hat{\boldsymbol{y}}\sin\theta\sin\varphi+\hat{\boldsymbol{z}}\cos\theta\\ \hat{\boldsymbol{e}}_1&=\hat{\boldsymbol{x}}\sin\theta-\hat{\boldsymbol{y}}\cos\varphi\\ \hat{\boldsymbol{e}}_2&=\hat{\boldsymbol{e}}_3\times\hat{\boldsymbol{e}}_1=\hat{\boldsymbol{x}}\cos\theta\cos\varphi+\hat{\boldsymbol{y}}\cos\theta\sin\varphi-\hat{\boldsymbol{z}}\sin\theta\end{aligned} \tag{3.533}$$

由此可见，矢量 $\boldsymbol{A}$ 从 xyz 系统变换到 kDB 系统时有

$$\begin{bmatrix} A_1 \\ A_2 \\ A_3 \end{bmatrix} = \begin{bmatrix} \sin\varphi & -\cos\varphi & 0 \\ \cos\theta\cos\varphi & \cos\theta\sin\varphi & -\sin\theta \\ \sin\theta\cos\varphi & \sin\theta\sin\varphi & \cos\theta \end{bmatrix} \begin{bmatrix} A_x \\ A_y \\ A_z \end{bmatrix}$$

写成矩阵形式

$$\boldsymbol{A}_k = \boldsymbol{T} \cdot \boldsymbol{A} \tag{3.534}$$

在 kDB 系统内，本构矢阵变为

$$\varepsilon_k = \boldsymbol{T} \cdot \varepsilon \cdot \boldsymbol{T}^{\mathrm{T}} \tag{3.535}$$

式(3.535)是依据 $\boldsymbol{T}$ 为正交矩阵的性质得到的。

这个坐标系之所以称为 kDB 系统，是基于 Maxwell 散度方程（$\nabla = \mathrm{j}\boldsymbol{k}$）

$$\boldsymbol{k} \cdot \boldsymbol{B} = 0, \quad \boldsymbol{k} \cdot \boldsymbol{D} = 0$$

$\boldsymbol{k}$ 垂直于 $\boldsymbol{D}$ 和 $\boldsymbol{B}$，而 $\hat{\boldsymbol{e}}_1$，$\hat{\boldsymbol{e}}_2$ 为 DB 面内的两个单位正交基。由此可见，在 kDB 系统中，$\boldsymbol{k}$，$\boldsymbol{D}$，$\boldsymbol{B}$ 矢量都取相当简单的形式，$\boldsymbol{k}$ 只有一个分量，$\boldsymbol{D}$，$\boldsymbol{B}$ 只有两个分量，代价是本构矩阵一般有九个非零元素。

在单轴介质中

$$\boldsymbol{E} = \boldsymbol{k} \cdot \boldsymbol{D}, \quad \boldsymbol{k} = (\boldsymbol{\varepsilon})^{-1}$$

$$\boldsymbol{H} = v\boldsymbol{B}, \quad v = \frac{1}{\mu}$$

$$\boldsymbol{k}_k = \boldsymbol{T} \cdot \boldsymbol{k} \cdot \boldsymbol{T}^{-1} = \begin{bmatrix} k & 0 & 0 \\ 0 & k\cos^2\theta + k_z\sin^2\theta & (k-k_z)\sin\theta\cos\theta \\ 0 & (k-k_z)\sin\theta\cos\theta & k\sin^2\theta + k_z\cos^2\theta \end{bmatrix} \tag{3.536}$$

由旋度方程

$$\boldsymbol{k} \times \boldsymbol{E}_k = \omega \boldsymbol{B}_k$$

$$\boldsymbol{H}_k = -\omega \boldsymbol{D}_k$$

得到

$$\begin{bmatrix} k_{11} & 0 \\ 0 & k_{22} \end{bmatrix} \begin{bmatrix} D_1 \\ D_2 \end{bmatrix} = \begin{bmatrix} 0 & u \\ -u & 0 \end{bmatrix} \begin{bmatrix} B_1 \\ B_2 \end{bmatrix} \tag{3.537}$$

$$v\begin{bmatrix} B_1 \\ B_2 \end{bmatrix} = \begin{bmatrix} 0 & -u \\ u & 0 \end{bmatrix} \begin{bmatrix} D_1 \\ D_2 \end{bmatrix} \tag{3.538}$$

式中，$k_{11} = K = 1/\varepsilon$；$k_{22} = K\cos^2\theta + K_z\sin^2\theta = \dfrac{1}{\varepsilon}\cos^2\theta + \dfrac{1}{\varepsilon_z}\sin^2\theta$；$u = \omega/k$。由以上两式消去 B_k 得到

$$\begin{bmatrix} u^2 - vk_{11} & 0 \\ 0 & u^2 - vk_{22} \end{bmatrix} \begin{bmatrix} D_1 \\ D_2 \end{bmatrix} = 0 \tag{3.539}$$

比较式(3.539)和式(3.531)、式(3.532)可见，由 kDB 系统得到的色散方程与用主坐标系方法得到的相同。

由式(3.539)显而易见，两个特征波的 $\boldsymbol{D}$ 矢量的方向分别为 $\hat{\boldsymbol{e}}_1$ 和 $\hat{\boldsymbol{e}}_2$。由这个简单例子，kDB 系统在运算上的简捷可见一斑。而且，各向异性介质的本构关系越复杂，kDB 系统相对于别的方法就越简捷。在处理双各向异性等复杂介质时，不用 kDB 系统很难得到解析结果。

为了用无坐标分析，将 $\boldsymbol{e}$ 写成

$$e = \varepsilon \boldsymbol{I} + (\varepsilon_z - \varepsilon)\hat{\boldsymbol{c}}\hat{\boldsymbol{c}} \tag{3.540}$$

式中，$\boldsymbol{c}$ 为光轴。由 Maxwell 方程可得

$$\boldsymbol{W}_u(\boldsymbol{k}) \cdot \boldsymbol{E}_0 = 0 \tag{3.541}$$

式中，$\boldsymbol{E}_0$ 为平面波 $\boldsymbol{E}_0 \mathrm{e}^{-j\boldsymbol{k}\cdot\boldsymbol{r}}$ 的振幅。

$$\boldsymbol{W}_u(\boldsymbol{k}) = (k_0^2\varepsilon - k^2)\boldsymbol{I} + \boldsymbol{kk} + k_0^2(\varepsilon_z - \varepsilon)\hat{\boldsymbol{c}}\hat{\boldsymbol{c}} \tag{3.542}$$

由 $\boldsymbol{E}_0$ 有非零解得到

$$\boldsymbol{W}_u(\boldsymbol{k}) = k_0^2(k^2 - k_0^2\varepsilon)[\boldsymbol{k} \cdot \varepsilon \cdot \boldsymbol{k} - k_0^2\varepsilon\varepsilon_z] = 0 \tag{3.543}$$

从而得到色散关系

$$k^2 = k_0^2 \tag{3.544}$$

$$\boldsymbol{k} \cdot \varepsilon \cdot \boldsymbol{k} = k_0^2\varepsilon\varepsilon_z \tag{3.545}$$

这与用主坐标方法和 kDB 系统得到的相同。由求特征向量的方法还可确定寻常波和非常波电场 $\boldsymbol{E}_0$ 的方向

$$\boldsymbol{e}_+ = \boldsymbol{k} \times \hat{\boldsymbol{c}} \tag{3.546}$$

$$\boldsymbol{e}_- = k_0^2\varepsilon\hat{\boldsymbol{c}} - (\boldsymbol{k} \cdot \hat{\boldsymbol{c}})\boldsymbol{k} \tag{3.547}$$

详细地讨论各种常见各向异性介质中电磁波的传播特性显然已超出本书范围。这里仅仅指出各向异性介质区别于各向同性介质的重要特征：波一进入各向异性介质，任意极化的波将被分裂为一些介质能维持的特征波的叠加。

现在再回过头来看一看 kDB 系统到底是怎样一种坐标系。事实上，由直角坐标和球坐标的关系

$$\begin{cases} x = r\cos\varphi\sin\theta \\ y = r\sin\varphi\sin\theta \\ z = r\cos\theta \end{cases} \tag{3.548}$$

对式(3.548)的两边求梯度得

$$\begin{cases} \hat{\boldsymbol{x}} = \hat{\boldsymbol{r}}\sin\theta\cos\varphi + \hat{\boldsymbol{\theta}}\cos\theta\cos\varphi - \hat{\boldsymbol{\varphi}}\sin\varphi \\ \hat{\boldsymbol{y}} = \hat{\boldsymbol{r}}\sin\theta\sin\varphi + \hat{\boldsymbol{\theta}}\cos\theta\sin\varphi + \hat{\boldsymbol{\varphi}}\cos\varphi \\ \hat{\boldsymbol{z}} = \hat{\boldsymbol{r}}\cos\theta - \hat{\boldsymbol{\theta}}\sin\theta \end{cases} \tag{3.549}$$

由式(3.549)解方程得

$$\begin{cases} \hat{\boldsymbol{r}} = \hat{\boldsymbol{x}}\sin\theta\cos\varphi + \hat{\boldsymbol{y}}\sin\theta\sin\varphi + \hat{\boldsymbol{z}}\cos\theta \\ \hat{\boldsymbol{\theta}} = \hat{\boldsymbol{x}}\cos\theta\cos\varphi + \hat{\boldsymbol{y}}\cos\theta\sin\varphi - \hat{\boldsymbol{z}}\sin\theta \\ \hat{\boldsymbol{\varphi}} = \hat{\boldsymbol{x}}\sin\varphi + \hat{\boldsymbol{y}}\cos\varphi \end{cases} \tag{3.550}$$

将式(3.550)同式(3.533)比较可见

$$\hat{\boldsymbol{e}}_3 = \hat{\boldsymbol{r}}, \quad \hat{\boldsymbol{\theta}} = \hat{\boldsymbol{e}}_2, \quad \hat{\boldsymbol{\varphi}} = -\hat{\boldsymbol{e}}_1 \tag{3.551}$$

事实上，由式(3.551)可见，kDB 系统基矢量的更合理取法为

$$\hat{\boldsymbol{e}}_3 = \hat{\boldsymbol{k}}, \quad \hat{\boldsymbol{e}}_1 = \hat{\boldsymbol{\theta}}, \quad \hat{\boldsymbol{e}}_2 = \hat{\boldsymbol{\varphi}} \tag{3.552}$$

也就是说，按通常球坐标系中基矢的取法。至此，我们对 kDB 系统的了解更加深入。对三维问题而言，kDB 系统实际上就是以 $\boldsymbol{k}$ 的方向为向径的球坐标系统。

在由式(3.552)修正的新的 kDB 系统中,坐标变换矩阵不用重新推导,就是大家熟悉的从直角坐标基矢到球坐标基矢的变换矩阵,$\boldsymbol{E}_k$,$\boldsymbol{D}_k$ 等 kDB 系统矢量也有了明确的含义,$\boldsymbol{E}_k$ 就代表由三个球坐标分量组成的矢量,而诸如 D_1,D_2 这样的量,甚至可以具体地用 D_{θ_k},D_{φ_k} 来表示。

利用 kDB 系统,电场 $\boldsymbol{E}$ 的本征矢可以用 kDB 系统作过渡。先在球坐标系下写出,再通过坐标变换和矩阵乘法转换到直角坐标系中。

$$\boldsymbol{E}_i = C_i(\boldsymbol{k})[E_{xi}(\theta_k,\varphi_k)\hat{\boldsymbol{x}} + E_{yi}(\theta_k,\varphi_k)\hat{\boldsymbol{y}} + E_{zi}(\theta_k,\varphi_k)\hat{\boldsymbol{z}}] \tag{3.553}$$

式(3.553)代表了在各向异性介质中存在的电场的两个特征波。E_{xi},E_{yi},E_{zi} 是由介质特征确定的量,$C_i(\boldsymbol{k})$ 代表 $\boldsymbol{k}$ 方向传播的特征波的振幅。

3.10.2　各向异性介质的球矢量波函数解

研究各向异性介质的球矢量波函数至少具有三方面的重要意义。第一,自从 20 世纪初 Mie 得到各向同性介质球的本征函数解以来,以此项工作为基础,已有上千篇论文发表,对多个领域的工作具有指导意义。而对各向异性介质球,它的本征函数解一直没有人导出。在本书的其余部分,作者系统地推导出各种各向异性典型几何的波函数解,仅仅涉及用 Matlab 解线性方程组,20 世纪 60 年代美国数学物理杂志上发表的文章甚至认为这是不可能的,所以,该问题是数学上和电磁理论上的典型难题,很有理论意义。第二,集成光学、微波、毫米波技术以及隐身技术、装甲技术上越来越广泛地采用各向异性材料,但现有理论只能近似求解缺乏严格的理论基础。如铁氧体球早已用作环行器和谐振器而现有方法仍然是用耦合波理论求近似解,所以工程上已迫切需要分析各向异性材料的严格方法。第三,现有处理各向异性单体散射的矩量法(三维)、有限元法等数值方法,不能推广用于处理 N 体散射问题,因为这些方法的计算时间与 N^3 成正比。而在微波遥感、复合材料等的研究中,又不得不利用多体散射模型。而且由于上述领域的飞速发展,解决这些问题变得越来越迫切。在 3.8 节已介绍了一种处理多体散射的与 N 成正比的有效数值方法,所以各向异性介质的球矢量波函数是非常需要和有用的(详见本书有关章节)。

现在将观察点限于一无耗各向异性球形区域内,电场强度 $\boldsymbol{E}$ 可以用三维傅里叶变换写成

$$\boldsymbol{E}(\boldsymbol{r}) = \int \mathrm{d}\boldsymbol{k}\boldsymbol{E}(\boldsymbol{k})\mathrm{e}^{\mathrm{j}\boldsymbol{k}\cdot\boldsymbol{r}} \tag{3.554}$$

将式(3.554)代入 Maxwell 方程

$$\nabla\times\boldsymbol{E} = -\mathrm{j}\omega(\mu\cdot\boldsymbol{H} + \zeta\cdot\boldsymbol{E}) \tag{3.555}$$

$$\nabla\times\boldsymbol{H} = \mathrm{j}\omega(\xi\cdot\boldsymbol{H} + \varepsilon\cdot\boldsymbol{E}) \tag{3.556}$$

得到

$$\boldsymbol{W}_\mu(\boldsymbol{k})\cdot\boldsymbol{E}(\boldsymbol{k}) = 0 \tag{3.557}$$

$$\boldsymbol{W}_\mu(\boldsymbol{k}) = (\boldsymbol{k} + \omega\xi)\cdot\mu^{-1}\cdot(\boldsymbol{k} - \omega\zeta) + \omega^2\varepsilon \tag{3.558}$$

由 3.10.1 节的分析可知,对各向异性介质($\xi = \zeta = 0$),$\boldsymbol{E}(\boldsymbol{k})$ 有两个本征矢,如式(3.553)所示。由于色散关系的约束,$\boldsymbol{k}$ 矢量的三个分量不是独立的,而只有两个特征波能在各向异性介质内存在,因而式(3.554)中的积分已无需对 k_r 积分,变成仅对单位球面的积分

$$\boldsymbol{E}(\boldsymbol{r})=\sum_{i=1}^{2}\int_0^{\pi}\int_0^{2\pi}k_i\sin\theta_k\mathrm{d}\theta_k\mathrm{d}\varphi_k C_i(\boldsymbol{k})\cdot[E_{xi}(\theta_k,\varphi_k)\hat{\boldsymbol{x}} + E_{yi}(\theta_k,\varphi_k)\hat{\boldsymbol{y}}+E_{zi}(\theta_k,\varphi_k)\hat{\boldsymbol{z}}]\cdot \mathrm{e}^{-\mathrm{j}k_i\hat{\boldsymbol{k}}\cdot\boldsymbol{r}} \tag{3.559}$$

式中，k_i 为第 i 个特征根，由色散方程求得，表现为 θ_k,φ_k 的函数。这里 θ_k,φ_k 均加了下标 k 以示为 k 空间的量，以便和后面将要出现的空间变量 θ,φ 区别开来。

下面将 $\hat{\boldsymbol{x}},\hat{\boldsymbol{y}}$ 与 $\hat{\boldsymbol{z}}$ 与平面波 $\mathrm{e}^{-\mathrm{j}k_i\hat{\boldsymbol{k}}\cdot\boldsymbol{r}}$ 的乘积用球矢量波函数展开，设

$$\hat{\boldsymbol{x}}\mathrm{e}^{-\mathrm{j}\boldsymbol{k}_i\cdot\boldsymbol{r}}=\sum_{l,m}\alpha_{lm}^{x}\boldsymbol{M}_{lm}+\beta_{lm}^{x}\boldsymbol{N}_{lm}+\gamma_{lm}^{x}\boldsymbol{L}_{lm} \tag{3.560}$$

$$\hat{\boldsymbol{y}}\mathrm{e}^{-\mathrm{j}\boldsymbol{k}_i\cdot\boldsymbol{r}}=\sum_{l=0}^{\infty}\sum_{m=-l}^{l}\alpha_{lm}^{y}\boldsymbol{M}_{lm}+\beta_{lm}^{y}\boldsymbol{N}_{lm}+\gamma_{lm}^{y}\boldsymbol{L}_{lm} \tag{3.561}$$

$$\hat{\boldsymbol{z}}\mathrm{e}^{-\mathrm{j}\boldsymbol{k}_i\cdot\boldsymbol{r}}=\sum_{l=0}^{\infty}\sum_{m=-l}^{l}\alpha_{lm}^{z}\boldsymbol{M}_{lm}+\beta_{lm}^{z}\boldsymbol{N}_{lm}+\gamma_{lm}^{z}\boldsymbol{L}_{lm} \tag{3.562}$$

利用

$$\begin{aligned}\mathrm{e}^{-\mathrm{j}\boldsymbol{k}_i\cdot\boldsymbol{r}}&=\sum_{l=0}^{\infty}\sum_{m=-l}^{l}[(-\mathrm{j})^{l}Y_{lm}(\theta_k,\varphi_k)]j_l(k_ir)Y_{lm}(\theta,\varphi)\\&=\sum_{l=0}^{\infty}\sum_{m=-l}^{l}A_{lm}(\theta_k,\varphi_k)j_l(k_ir)P_l^m(\cos\theta)\mathrm{e}^{\mathrm{j}m\varphi}\end{aligned} \tag{3.563}$$

对式(3.560)两边求旋度得

$$\sum_{l=0}^{\infty}\sum_{m=-l}^{l}A_{lm}\boldsymbol{M}_{lm}^{x}=\sum_{l=0}^{\infty}\sum_{m=-l}^{l}\alpha_{lm}^{x}k_i\boldsymbol{N}_{lm}+\beta_{lm}^{x}k_i\boldsymbol{M}_{lm} \tag{3.564}$$

由式(3.335)可得

$$\begin{aligned}&\sum_{l=0}^{\infty}\sum_{m=-l}^{l}\left\{\frac{1}{2l(2l+1)}[A_{l,m-1}+(l+m-1)(l-m+2)A_{l,m+1}]\right\}\\&+\sum_{l=0}^{\infty}\sum_{m=-l}^{l}\left[\frac{1}{2l(2l-1)}\boldsymbol{M}_{lm}A_{l-1,m-1}\right]\\&+\sum_{l=0}^{\infty}\sum_{m=-l}^{l}\left[\frac{(l-m+1)(l-m+2)}{2(l+2)(2l+3)}A_{l+1,m+1}-\frac{1}{2(l+2)(2l+3)}A_{l+1,m-1}\right.\\&\left.+\frac{(k+m-1)(k+m-2)}{2(l+2)(2l+3)}A_{l+1,m+1}\right]\boldsymbol{M}_{lm}\end{aligned} \tag{3.565}$$

比较式(3.564)、式(3.565)可得

$$\beta_{lm}^{x}=\left[\frac{1}{2l(2l+1)}A_{l,m-1}+(l+m-1)(l-m+2)A_{l,m+1}\right]/k_i \tag{3.566}$$

$$k_i\alpha_{0m}^{x}=\frac{1}{3}(1-m)(2-m)A_{1,m+1}-\frac{1}{6}A_{1m} \tag{3.567}$$

$$\begin{aligned}k_i\alpha_{lm}^{x}=&\frac{1}{2l(2l+1)}A_{l-1,m-1}+\frac{(l-m-1)(l-m+2)}{2(l+2)(2l+3)}A_{e+1,m+1}-\frac{1}{2(l+2)(2l+3)}\\&\cdot[A_{l+1,m-1}-(l+m-1)(l+m-2)A_{l+1,m+1}]\end{aligned} \tag{3.568}$$

对式(3.560)求散度再求梯度得

$$\gamma_{lm}^{x}=-\frac{\cos\varphi_k\sin\theta_k}{k_i}A_{lm} \tag{3.569}$$

同理可得

$$\gamma_{lm}^{y}=-\frac{\sin\varphi_k\sin\theta_k}{k_i}A_{lm},\quad \gamma_{lm}^{z}=-\frac{\cos\theta_k}{k_i}A_{lm} \tag{3.570}$$

$$k_i r_{lm}^{y}=-\frac{1}{2l(l+1)}[A_{l,m-1}-(l+m-1)(l-m+2)A_{l,m+1}] \tag{3.571}$$

$$k_i\beta_{lm}^{y}=-\frac{\mathrm{j}}{2l(l+1)(2l+3)}[(l-m+1)(l-m+2)A_{l+1,m+1}-A_{l+1,m-1}-(l+m+1)$$

$$\cdot(l+m+2)A_{l+1,m+1}]-\frac{\mathrm{j}}{2l(2l-1)}A_{l-1,m-1},\quad l\geqslant 1 \tag{3.572}$$

$$\begin{cases}\beta_{10}^{y}=\dfrac{1}{2}k_iA_{11}\\ k_i\alpha_{lm}^{z}=\dfrac{m\mathrm{j}}{l(l+1)}A_{lm}\\ k_i\beta_{lm}^{z}=\dfrac{1}{2l-1}\left(\dfrac{l-m}{l}A_{l-1,m}+\dfrac{l+1+m}{l+1}A_{l+1,m}\right)\\ k_i\beta_{0m}^{z}=0\end{cases} \tag{3.573}$$

将式(3.560)～(3.562)代入式(3.559)得

$$\boldsymbol{E}(\boldsymbol{r})=\sum_{i=1}^{2}\int_0^{\pi}\int_0^{2\pi}k_i\sin\theta_k\mathrm{d}\theta_k\mathrm{d}\varphi_kC_i(\boldsymbol{k})\sum_{l,m}\{[E_{xi}\alpha_{lm}^{x}+E_{yi}\alpha_{lm}^{y}+E_{zi}\alpha_{lm}^{z}]\boldsymbol{M}_{lm}$$

$$+[E_{xi}\beta_{lm}^{x}+E_{yi}\beta_{lm}^{y}+E_{zi}\beta_{lm}^{z}]\boldsymbol{N}_{lm}+[(E_{xi}+E_{yi}+E_{zi})\gamma_{lm}^{x}]\boldsymbol{L}_{lm}\} \tag{3.574}$$

式中，$C_i(\boldsymbol{k})$为定义在球面上的标量待定函数，其值可由数值方法进行确定[44]。然而由于球面谐和函数$Y_{lm}(\theta_k,\varphi_k)$就是在球面的正交完备函数集，故设

$$C_i(\boldsymbol{k})=\sum_{lm}b_{ilm}Y_{lm}(\theta_k,\varphi_k) \tag{3.575}$$

将此式代入式(3.574)得

$$\boldsymbol{E}(\boldsymbol{r})=\sum_{i=1}^{2}\sum_{lm}\boldsymbol{E}_{ilm}(\boldsymbol{r})b_{ilm} \tag{3.576}$$

$$\boldsymbol{E}_{ilm}(\boldsymbol{r})=\int_0^{\pi}\int_0^{2\pi}k_i\sin\theta_k\mathrm{d}\theta_k\mathrm{d}\varphi_kY_{lm}(\theta_k,\varphi_k)\sum_{lm}(\alpha_{lm}\boldsymbol{M}_{lm}+\beta_{lm}\boldsymbol{N}_{lm}+\gamma_{lm}\boldsymbol{L}_{lm}) \tag{3.577}$$

$$\alpha_{lm}=E_{xi}\alpha_{lm}^{x}+E_{yi}\alpha_{lm}^{y}+E_{zi}\alpha_{lm}^{z} \tag{3.578}$$

$$\beta_{lm}=E_{xi}\beta_{lm}^{x}+E_{yi}\beta_{lm}^{y}+E_{zi}\beta_{lm}^{z} \tag{3.579}$$

$$\gamma_{lm}=E_{xi}\gamma_{lm}^{x}+E_{yi}\gamma_{lm}^{y}+E_{zi}\gamma_{lm}^{z} \tag{3.580}$$

由于这里的k_i是θ_k和φ_k的函数，因而在$\boldsymbol{M}_{lm}$，$\boldsymbol{N}_{lm}$，$\boldsymbol{L}_{lm}$中的径向函数中含有θ_k，φ_k，为此将$\boldsymbol{L}$，$\boldsymbol{M}$，$\boldsymbol{N}$改为在3.8节引入的三个矢量波函数，由于这三个球矢量波函数将球面函数和径向的变化分开，且具有在球面上的正交性，故有

$$\begin{aligned}\boldsymbol{E}_{ilm}(\boldsymbol{r})&=\int_0^{\pi}\int_0^{2\pi}\mathrm{d}\theta_k\mathrm{d}\varphi_k\sum_{lm}\sum_{j=1}^{3}f_{jlm}\alpha_{lm}(r,\theta_k,\varphi_k)\boldsymbol{V}_{jlm}(\theta,\varphi)\\&=\sum_{lm}\sum_{j=1}^{3}\boldsymbol{V}_{jlm}(\theta,\varphi)\int_0^{\pi}\int_0^{2\pi}f_{jlm}(r,\theta_k,\varphi_k)\mathrm{d}\theta_k\mathrm{d}\varphi_k\\&=\sum_{lm}\sum_{j=1}^{3}\boldsymbol{V}_{jlm}(\theta,\varphi)Z_{jlm}(r)\end{aligned} \tag{3.581}$$

式(3.581)是更适合于求解边值问题的形式，因为这时 $r=a$ 为常数，而 $\boldsymbol{V}_{jlm}$ 在球面上又有正交性，可以利用这一特性来严格地建立矩量法方程。

注意到，在式(3.574)中，所有的 $\boldsymbol{L},\boldsymbol{M},\boldsymbol{N}$ 实际上都是第一类的，因此由式(3.574)或式(3.581)定义的矢量波函数实际上都是第一类的。换句话说，对于各向异性介质球的第一类矢量波函数，可以表示成积分号下的第一类球矢量波函数的无穷级数形式，也就是说，将这一形式代入 Maxwell 方程，Maxwell 方程精确成立。对于特定的 θ_k 和 φ_k，k_i 也就确定了，因而在式(3.574)中，被积函数的每一项实际上满足以 k_i 为波数的波动方程。由于将第一类径向函数换成其他几类径向函数时，同样满足波数为 k_i 的波动方程，因而式(3.574)和式(3.581)可以看成各向异性介质球矢量波函数的一般定义，波函数的类别以式(3.574)右边矢量波函数的类别来定。下标 i 则代表第一种和第二种矢量波函数，由于我们仅仅讨论无源问题，引入两种矢量波函数就够了。这一段论述是作者 1993 年在《物理学评论》中提出的最为重要的思想，作者当年在这里迷惑了好几年，在图书馆查资料至少半年以上，以上这几句话是精华，得来并不容易。

根据各向同性球矢量波函数的变换迭加定理，可以导出各向异性介质球矢量波函数的变换叠加定理。方法是在式(3.574)的积分号下进行变换，然后进行积分，只是这时所进行的变换没能直接用另一个球的矢量波函数表示出，但没有关系，因为不需要这样做。不同的各向异性球矢量波函数之间并不具有正交性，换成这种表达式没有必要。同样，由于级数形式的每一项仍然具有在球面上的正交性，因而，即使在这种情况下，还是能严格建立矩量法方程。

目前，作者正在开展这方面的研究工作，重点是多体散射的背景介质为各向同性介质情况，背景介质为各向异性的情况在计算上要复杂得多。

在式(3.574)中的二重积分，在常见的单轴和回旋介质球的情形，若入射场为平面波，可以通过恰当地选择坐标系而变成仅对 θ_k 的积分，这样积分化为单重积分，便于用数值方法进行计算。

作者提出的理论与 Papadakis 等的理论相比，矩量法最终方程组的系数仅为一个二重积分(且有时可化为一重积分)，而文献[44]中给出的系数为二重积分号下的二重级数，因此，前者计算时的优点是非常明显的。作者提出的理论由于完全以矢量波函数为基础，最终表达式也以矢量波函数给出，因而便于求出各向异性球的 $\boldsymbol{T}$ 矩阵，从而为多体散射研究奠定了基础。

3.10.3 各向异性弹性介质的本征函数解

由于光电子学的发展，不仅各向异性介质体的电磁波理论成为分析各向异性器件和某些非线性器件的基础，而且声(弹)各向异性器件也得到了广泛的采用。今天，从事光学和电磁理论研究的学者，已经不得不把弹性力学作为一种基础知识来学习了。作者这里给出的各向异性弹性球的矢量波函数解，不仅在电磁理论，而且在弹性波理论上也是新创的，详细地讨论弹性各向同性介质的矢量波函数理论显然已超出本书的范围，读者可在 Morse 和 Feshbach 的著作、Eringen 的《弹性动力学》以及 Varadan 和 Varadan 主编的书中找到这方面内容的叙述。

声波(弹性波)的方程有

$$S_{ij} = \frac{1}{2}\left(\frac{\partial u_i}{\partial x_j} + \frac{\partial u_j}{\partial x_i}\right) \tag{3.582}$$

$$\frac{\partial \sigma_{ij}}{\partial x_j}\rho \frac{\partial^2 u_i}{\partial t^2} \tag{3.583}$$

$$\sigma_{ij} = C_{ijkl} S_{kl} \tag{3.584}$$

式(3.582)为应变-位移方程，式(3.583)为运动方程，ρ 为介质密度，C_{ijkl} 为弹性模量，对于具体的固体，其值可以查出。引入两个声学算符

$$\nabla_{iv} = \left[\begin{array}{ccc|ccc} \frac{\partial}{\partial x_1} & 0 & 0 & 0 & \frac{\partial}{\partial x_3} & \frac{\partial}{\partial x_2} \\ 0 & \frac{\partial}{\partial x_2} & 0 & \frac{\partial}{\partial x_3} & 0 & \frac{\partial}{\partial x_1} \\ 0 & 0 & \frac{\partial}{\partial x_3} & \frac{\partial}{\partial x_2} & \frac{\partial}{\partial x_1} & 0 \end{array}\right] \tag{3.585}$$

$$\nabla_{\mu j} = \nabla_{iv}^{\mathrm{T}} \tag{3.586}$$

式(3.582)～(3.584)可写为

$$S_\mu = \nabla u_j u_j \tag{3.587}$$

$$\nabla_{iv}\sigma_v = \rho \frac{\partial^2 u_i}{\partial t^2} \tag{3.588}$$

$$\sigma_v = C_{v\mu} S_\mu \tag{3.589}$$

由这三式可得声波运动的基本方程

$$\nabla_{iv} C_{v\mu}\ \nabla u_j u_j = \rho \frac{\partial^2 u_i}{\partial t^2} \tag{3.590}$$

若取对应关系

$$\boldsymbol{E} \leftrightarrow \sigma, \quad \boldsymbol{H} \leftrightarrow \frac{\partial \boldsymbol{u}}{\partial t} = \boldsymbol{v}$$

$$\boldsymbol{B} \leftrightarrow \rho \frac{\partial \boldsymbol{u}}{\partial t} = \rho \boldsymbol{v} = \boldsymbol{p}, \boldsymbol{D} \leftrightarrow \boldsymbol{S}$$

可以发现，声场方程与电磁场方程非常相似，因此可仿照电磁场的分析方法来处理声场问题。设

$$\boldsymbol{u} = u_i \hat{\boldsymbol{x}}_i \mathrm{e}^{-\mathrm{j}[\omega_s t - \boldsymbol{k}\cdot\boldsymbol{r}]} \tag{3.591}$$

因此，在式(3.590)中

$$\frac{\partial}{\partial t} = -\mathrm{j}\omega_s, \quad \frac{\partial}{\partial x_i} = \mathrm{j}\boldsymbol{k}_{si}$$

$$\nabla_{iv} = \mathrm{j}\boldsymbol{k}_{siv}, \quad \nabla u_j = \mathrm{j}\boldsymbol{k}_{su_j} \tag{3.592}$$

式中，$\boldsymbol{k}_{siv}$，$\boldsymbol{k}_{su_j}$ 为在式(3.585)、式(3.586)中将 $\frac{\partial}{\partial x_i} = \mathrm{j}\boldsymbol{k}_{si}$ 代入得到，$\boldsymbol{k}_{si}$ 为 $\boldsymbol{k}_s$ 在 x_i 方向的分量，设 $\boldsymbol{k}_s$ 在球坐标中的方向为 (θ_k, φ_k)，则

$$\begin{cases} k_{s1} = k_s \cos\varphi_k \sin\theta_k \\ k_{s2} = k_s \sin\varphi_k \sin\theta_k \\ k_{s3} = k_s \cos\theta_k \end{cases} \tag{3.593}$$

将这些关系代入式(3.590)得到晶体声学的基本方程，称为 Christoffel 方程：

$$\boldsymbol{k}_{siv}\cdot C_{v\mu}\cdot\boldsymbol{k}_{su_j}u_j=\rho\omega_s^2u_i \tag{3.594}$$

由于 u_i 有非零解，故其系数行列式为零：

$$|\boldsymbol{T}_{ij}-\rho v_s^2\delta_{ij}|=0 \tag{3.595}$$

$$\boldsymbol{T}_{ij}=\boldsymbol{k}_{siv}\cdot\boldsymbol{C}_{v\mu}\cdot\boldsymbol{k}_{su_j}/k_s^2 \tag{3.596}$$

$$v_s=\omega_s/k_s \tag{3.597}$$

这是一个关于 v_s^2 的三次方程，有三个根，相应地有三个特征矢量，故

$$\boldsymbol{u}=\int_0^{\pi}\int_0^{2\pi}\sin\theta_k k_s\,\mathrm{d}\theta_k\,\mathrm{d}\varphi_k\sum_{i=1}^{3}\boldsymbol{u}_i\mathrm{e}^{-\mathrm{j}\boldsymbol{k}_{si}\cdot\boldsymbol{r}} \tag{3.598}$$

之所以能够得到式(3.598)是由于色散关系的约束，$\boldsymbol{k}_r$ 不是独立的。同样 $\boldsymbol{u}_i$ 可以写成

$$\boldsymbol{u}_i=u_{xi}(\theta_k,\varphi_k)\hat{\boldsymbol{x}}+u_{yi}(\theta_k,\varphi_k)\hat{\boldsymbol{y}}+u_{zi}(\theta_k,\varphi_k)\hat{\boldsymbol{z}} \tag{3.599}$$

以下的分析就完全同于电磁场的情况了，不同的是，对均匀各向异性介质而言，电磁场可以有两种特征波，而对各向异性弹性固体而言，声场有三种特征波。对于电磁场而言，借助于 kDB 系统，我们可以求出特征波波数及其方向关于 (θ_k,φ_k) 的显式关系，而对声场而言，除特殊情况外，不能求出显式，只是由于矩阵只有三阶，求特征值和特征矢量都存在简便的直接求解法[43]，而无需借助于求任意阶矩阵特征值和特征向量的程序。

由于固体力学比电动力学复杂得多，尤其是均匀各向异性有限体的情形，能将问题的解以这种简单的形式表述出来，是很不容易的，和各向同性介质球的情形类似。各向同性弹性球的矢量波函数解已广泛用于建立 $\boldsymbol{T}$ 矩阵理论体系。不难发现，作者给出的各向异性弹性介质的球矢量波函数解将具有非常广泛的应用前景，特别是用于复合材料的研究中。这些工作已在本书的其余章节系统地展开了。我们惊奇地发现，文献上的公式即使对各向同性弹性介质都还不是直接可用的。

最后值得指出的是，整个 3.10 节的理论可以用于各向异性旋转椭球的情况。

关于各向异性球矢量波函数的细致讨论以及整个理论体系正在逐步发展之中，读者可以在作者发表的论文中找到有关问题的解答。

3.11　单轴各向异性介质的球矢量波函数

前文用了较长的篇幅探讨任意各向异性均匀介质的矢量球波函数解，当然这种理论也适用于单轴介质。但是，由这一理论推导出的公式含有一个积分，这个积分在一般情况下不能解析求出，只能数值积分，尽管被积函数是个良态的函数，积分区间也为有限区间，但数值积分有没有总是不便于理论分析的特殊情形，使得各向异性介质的矢量球波函数不含数值积分呢？回答是肯定的，单轴介质就是一例。

认为单轴介质是一种最常见的各向异性介质似乎是不过分的，集成光学上的 $LiNbO_3$ 晶体是单轴介质，地球物理介质大多也是单轴的。所以，发展单轴介质这种最简单的各向异性介质的电磁波函数理论无疑在理论上有意义，在应用上很有前景，在可行性方面最有希望。基于这些考虑，作者用了很长的时间建立了这一理论。但作者早期的、现在看来很有启发意义的工作由于未能得到学术界的普遍承认而延缓了发表时间[45]。

在单轴介质中，无源 Maxwell 方程为

$$\nabla\times\boldsymbol{E}=-\mathrm{j}\omega\boldsymbol{\mu}\cdot\boldsymbol{H} \tag{3.600}$$

$$\nabla\times \boldsymbol{H} = \mathrm{j}\omega\boldsymbol{\varepsilon}\cdot\boldsymbol{E} \tag{3.601}$$

式中，$\boldsymbol{\varepsilon}$,$\boldsymbol{\mu}$ 分别为电容率张量和磁导率张量。如果要包括地球物理中常见的有耗单轴介质，可设 $\boldsymbol{\varepsilon}=\varepsilon'+\mathrm{j}\varepsilon''$，这时 ε' 为电介质的电容率张量，$\varepsilon''=\boldsymbol{\sigma}/\omega$ 与电导率张量 $\boldsymbol{\sigma}$ 有关。

$$\boldsymbol{\varepsilon}=\begin{bmatrix}\varepsilon_t & 0 & 0\\ 0 & \varepsilon_t & 0\\ 0 & 0 & \varepsilon_z\end{bmatrix},\quad \boldsymbol{\mu}=\begin{bmatrix}\mu_t & 0 & 0\\ 0 & \mu_t & 0\\ 0 & 0 & \mu_z\end{bmatrix} \tag{3.602}$$

无源条件要求 $\nabla\cdot\boldsymbol{D}=\nabla\cdot(\boldsymbol{\varepsilon}\cdot\boldsymbol{E})=0$，即

$$\frac{\partial E_x}{\partial x}+\frac{\partial E_y}{\partial y}+a\frac{\partial E_z}{\partial z}=0,\quad a=\varepsilon_z/\varepsilon_t \tag{3.603}$$

而 E_z 满足

$$\left[\left(\frac{\partial^2}{\partial x^2}+\frac{\partial^2}{\partial y^2}\right)+a\frac{\partial^2}{\partial z^2}+k^2a\right]E_z=0 \tag{3.604}$$

$$k=\omega\sqrt{\mu_t\varepsilon_t} \tag{3.605}$$

这个方程是波动方程的一种变形，其解没有现成结果，可以用 E_x,E_y 分别满足与 E_z 耦合的二阶方程。目前关于单轴介质的问题，探讨其波函数解，还仅限于柱形区域以 z 分区的情形，这时，由 E_z 和 H_z 可以导出整个电磁场。事实上

$$\left(\nabla_t^2+b\frac{\partial^2}{\partial z^2}+k^2b\right)H_z=0 \tag{3.606}$$

$$\nabla_t=\frac{\partial}{\partial x}\hat{\boldsymbol{x}}+\frac{\partial}{\partial y}\hat{\boldsymbol{y}} \tag{3.607}$$

$$\boldsymbol{E}_t=\frac{1}{(k_\rho^2/a)}\nabla_t\frac{\partial}{\partial z}E_z+\frac{-\mathrm{j}\omega\mu_t}{(k_\rho^2/b)}\nabla_t\times H_z\hat{\boldsymbol{z}} \tag{3.608}$$

$$\boldsymbol{H}_t=\frac{\mathrm{j}\omega\boldsymbol{\varepsilon}}{(k_\rho^2/a)}\nabla_t\times E_z\hat{\boldsymbol{z}}+\frac{1}{(k_\rho^2/b)}\nabla_t\frac{\partial}{\partial y}H_z \tag{3.609}$$

式中，k_ρ 为柱坐标系下的径向波数。色散关系分别为

$$k_z^e=\sqrt{k^2-k_\rho^2/a} \tag{3.610}$$

$$k_z^m=\sqrt{k^2-k_\rho^2/b} \tag{3.611}$$

式(3.604)、式(3.606)的解为

$$E_z^{\mathrm{TM}}=\int_{-\infty}^{+\infty}\mathrm{d}k_\rho H_n^{(2)}(k_\rho\rho)\mathrm{e}^{\mathrm{j}n\varphi}\,\mathrm{e}^{-\mathrm{j}k_z^e|z|} \tag{3.612}$$

$$H_z^{\mathrm{TE}}=\int_{-\infty}^{+\infty}\mathrm{d}k_\rho H_n^{(2)}(k_\rho\rho)\mathrm{e}^{\mathrm{j}n\varphi}\,\mathrm{e}^{-\mathrm{j}k_z^m|z|} \tag{3.613}$$

在球坐标系下，由于不是以 z 分区，因此由 a,b 引起的困难无法克服。这是一个不小的困难，但更为困难的是 E_x,E_y 与 E_z 之间的相互耦合，直接在球坐标系下进行求解，本构关系又变得非常复杂，损失了在直角坐标系下单轴介质本构关系极为简单的优点。

为了克服第一个困难，即由 a,b 引起的波方程的解的困难，引入坐标变换(仅以 E_z 为例)

$$z'=z/a,\quad x'=x,\quad y'=y \tag{3.614}$$

由式(3.614)可见

$$\frac{\partial}{\partial z'}=\sqrt{a}\frac{\partial}{\partial z},\quad \frac{\partial^2}{\partial z'^2}=a\frac{\partial^2}{\partial z^2} \tag{3.615}$$

从而式(3.604)变成(E_z 是标量,不变)

$$\left(\frac{\partial^2}{\partial x'^2}+\frac{\partial^2}{\partial y'^2}+\frac{\partial^2}{\partial z'^2}\right)E_z=0 \tag{3.616}$$

因而在仿射坐标变换下,变形波动方程变成了标准波动方程,这时球面方程

$$\frac{x^2}{R^2}+\frac{y^2}{R^2}+\frac{z^2}{R^2}=1$$

变成旋转椭球面方程

$$\frac{x'^2+y'^2}{R^2}+\frac{z'^2}{(R/a)^2}=1 \tag{3.617}$$

不妨设 $a<1$,从而为一长旋转椭球(熟悉长球函数理论的读者不难补出 $a>1$ 时的讨论)

$$E_z=\sum_{m,n}A_{mn}\varphi_{mn}(h;\eta,\xi,\varphi) \tag{3.618}$$

式中,η,ξ,φ 为由式(3.617)定义的长球建立的长球坐标系。值得注意,$h=k\sqrt{a}F$,F 为长球的半焦距,也就是说,在坐标变换下,球坐标系下变形波动方程(3.604)的解为一特定长球坐标系下新的波数 $k'=k\sqrt{a}$ 的标准波动方程的解。由于要分析的问题是球的问题,所以还需利用长球波函数与球波函数的转换关系将其转换到球坐标系下:

$$\psi_{mn}(h;\eta,\xi,\varphi)=\sum_{s=|m|,|m|+1}{}'j^{s-h}d^{mn}_{s-m}(h)\psi_{ms}(r,\theta,\varphi) \tag{3.619}$$

$$E_z=\sum_{ms}A'_{ms}\psi_{ms}(r,\theta,\varphi) \tag{3.620}$$

式中,A'_{ms} 为 A_{mn} 的线性组合。

上述分析仅仅涉及坐标变换,涉及的是个标量问题,基本上是数学的。但电磁场是矢量问题,坐标变换将改变空间,也就是要改变其物理性质,熟悉广义相对论的读者不难明白这一点。用坐标变换解决各向异性介质的标量问题是早已有的方法,我们的工作只不过是借助于比较成熟的长球函数理论处理球形区域的问题。然而,对于矢量电磁场,除了前面提到的柱状结构外,用坐标变换来处理三维场的问题则是作者所作的尝试,请读者批判指正。

由式(3.614)可见

$$\hat{\boldsymbol{z}}'=\frac{1}{\sqrt{a}}\hat{\boldsymbol{z}} \tag{3.621}$$

$$\boldsymbol{E}\cdot\hat{\boldsymbol{z}}'=\boldsymbol{E}'_z\frac{1}{\sqrt{a}}E_z \tag{3.622}$$

$$\begin{aligned}\nabla'&=\frac{\partial}{\partial x'}\hat{\boldsymbol{x}}'+\frac{\partial}{\partial y'}\hat{\boldsymbol{y}}'+\frac{\partial}{\partial z'}\hat{\boldsymbol{z}}\\&=\frac{\partial}{\partial x}\hat{\boldsymbol{x}}+\frac{\partial}{\partial y}\hat{\boldsymbol{y}}+\sqrt{a}\frac{\partial}{\partial z}\frac{1}{\sqrt{a}}\hat{\boldsymbol{z}}\\&=\frac{\partial}{\partial x}\hat{\boldsymbol{x}}+\frac{\partial}{\partial y}\hat{\boldsymbol{y}}+\frac{\partial}{\partial z}\hat{\boldsymbol{z}}=\nabla\end{aligned} \tag{3.623}$$

$$\begin{aligned}\nabla'\cdot\boldsymbol{E}&=\nabla'\cdot(E_x\hat{\boldsymbol{x}}+E_y\hat{\boldsymbol{y}}+E_z\hat{\boldsymbol{z}})\\&=\frac{\partial E_x}{\partial x}+\frac{\partial E_y}{\partial y}+\hat{\boldsymbol{z}}'\frac{\partial}{\partial z'}\cdot(E_z\hat{\boldsymbol{z}})\end{aligned}$$

$$= \frac{\partial E_x}{\partial x} + \frac{\partial E_y}{\partial y} + (\hat{z}' \cdot \hat{z}) \frac{\partial E_z}{\partial z'}$$

$$= \frac{\partial E_x}{\partial x} + \frac{\partial E_y}{\partial y} + (\hat{z}' \cdot \sqrt{a}\,\hat{z}') \sqrt{a} \frac{\partial E_z}{\partial z}$$

$$= \frac{\partial E_x}{\partial x} + \frac{\partial E_y}{\partial y} + a \frac{\partial E_z}{\partial z} = 0 \tag{3.624}$$

由以上关系可以由(设 $\mu_z = \mu_t$)

$$\nabla' \times \nabla' \times \boldsymbol{E} - k^2 \varepsilon \mu_t \cdot \boldsymbol{E} = 0 \tag{3.625}$$

得到

$$\frac{\partial^2 E_x}{\partial x'^2} + \frac{\partial^2 E_x}{\partial y'^2} + \frac{\partial^2 E_x}{\partial z'^2} + k^2 E_x = 0 \tag{3.626}$$

这样就克服了第二个困难,从而可以用长球式(3.618)坐标系的波数为 k 的波函数来展开 E_x 或 E_y,即

$$E_x = \sum_{m,n} B_{mn} \psi_{mn}(h';\eta,\xi,\varphi) = \sum_{m,s} B'_{ms} \psi_{ms}(r,\theta,\varphi) \tag{3.627}$$

$$E_y = \sum_{m,n} C_{mn} \psi_{mn}(h';\eta,\xi,\varphi) = \sum_{m,s} C'_{ms} \psi_{ms}(r,\theta,\varphi) \tag{3.628}$$

式中,B'_{ms},C'_{ms} 分别为 B_{mn},C_{mn} 的线性组合。注意到对球波函数,对 x,y,z 求偏导数后仍可以用球波函数表示出,将所得到的表达式代入式(3.603)可以求出 B'_{ms} 与 C'_{ms} 和 A'_{ms} 之间的关系,从而,在展开式(3.627)和式(3.628)的系数中 C_{mn} 不是独立的,它可以由 B_{mn} 和 A_{mn} 表示出。

这里关于球的讨论完全可以推广到旋转椭球的情形。这里的讨论有进一步深化和改进的必要。具体地,如何用矢量波函数对场进行展开,特别是对 E_x,E_y 的展开的问题就很有进一步研究的必要。也就是说,对长(扁)旋转椭球的矢量波函数展开问题还值得作更多的分析。

3.12　长(扁)旋转椭球谐合函数的变换叠加定理[46]

由于波函数,特别是长球波函数计算很复杂,旋转椭球本身不仅可以模拟很多形状的粒子,而且在微波遥感和复合材料的研究中,在很多情形下可以假设粒子的电尺寸很小,在这种情形下,如果再用矢量波函数,就显得不太经济。长期以来,人们开展了对于低频散射的广泛研究,取得大量的成果。低频散射的基本研究方法就是用静态场的解构造低频场的解,这种方法对很多复杂问题可以得到相当简明的结果。所以,我们用一节的篇幅介绍若干静电学上的成果。这方面的标准文献为 Smythe 及 Morse 和 Feshbach 的著作[47]。Smythe 的著作是林为干极为推崇的书,因为是他当学生时的教材。保角变换、反演和波函数(主要是静电学)变换都讲得极好,还有库仑规范。作者当学生的时候对这本书也十分熟悉,当然最熟悉的还是 Stratton 的电磁理论,当时能从头背到尾。作者完成了 Stratton 著作第五章、第六章和第七章的重写和改写。有了这样雄厚的基础,才创立了均匀各向异性介质波函数理论。

在长球坐标系 ξ,η,φ 中,拉普拉斯方程

$$\nabla^2 V = 0 \tag{3.629}$$

的解可以用分离变量法求得为

$$V = E(\xi)H(\eta)\Phi(\varphi) \tag{3.630}$$

$$E(\xi) = AP_n^m(\xi) + BQ_n^m(\xi) \tag{3.631}$$

$$H(\eta) = CP_n^m(\eta) \tag{3.632}$$

$$\Phi(\varphi) = De^{jm\varphi} + Ee^{-jm\varphi} \tag{3.633}$$

在扁球坐标系(ξ,η,φ)中，V仍具有分离变量形式

$$V = E(\xi)H(\eta)\Phi(\varphi) \tag{3.634}$$

$$E(\xi) = AP_n^m(j\xi) + BQ_n^m(j\xi) \tag{3.635}$$

长球、扁球谐合函数与球谐合函数的关系为[11]

$$P_n^m(j\xi)P_n^m(\eta) = \sum_{s=S}^{\frac{1}{2}n} j^n D_{mns}\left(\frac{r}{c}\right)^{2s} P_{2s}^m(\cos\theta) \tag{3.636}$$

$$P_n^m(\xi)P_n^m(\eta) = \sum_{s=S}^{\frac{1}{2}n} (-1)^{\frac{1}{2}-S} D_{mns}\left(\frac{r}{c}\right)^{2s} P_{2s}^m(\cos\theta) \tag{3.637}$$

$$D_{mns} = \frac{(4s+1)(2s-m)!(n+m)!}{(2s+m)!(n+2s+1)!(n-2s)!!} \tag{3.638}$$

$$\left(\frac{r}{c}\right)^{2s} P_{2s}^m(\cos\theta) = \sum_{s=S}^{\frac{1}{2}n} G_{mns} P_{2s}^m(j\xi)P_{2s}^m(\eta)$$

$$= \sum_{s=S}^{\frac{1}{2}n} (-1)^{\frac{1}{2}n-s} P_{2s}^m(\xi)P_{2s}^m(\eta) \tag{3.639}$$

$$G_{mns} = \frac{(4s+1)(2s-m)!(n+m)!}{(2s+m)!(n+2s+1)!!(n-2s)!!} \tag{3.640}$$

式中，$S = \frac{1}{2}m$ 或 $\frac{1}{2}m+1$，n 为偶数时，它为整数，当 n 为奇数时，它是整数加 $\frac{1}{2}$，求和时，每项增加 1。从这些公式可见，第一类长球、扁球谐合函数与第一类球谐函数之间可以相互线性表示（有限和）。同样有第二类旋转椭球谐合函数与第二类球谐合函数的关系（级数形式）

$$Q_n^m(j\xi)P_n^m(\eta) = \sum_{s=\frac{1}{2}n}^{\infty} (-1)^{m+s} j^{-1} B_{mns}\left(\frac{r}{c}\right)^{2s+1} P_{2s}^m(\cos\theta) \tag{3.641}$$

$$Q_n^m(\xi)P_n^m(\eta) = \sum_{s=\frac{1}{2}n}^{\infty} B_{mns}\left(\frac{r}{c}\right)^{2s+1} P_{2s}^m(\cos\theta) \tag{3.642}$$

$$B_{mns} = \frac{(-1)^n(2s-m)!(n+m)!}{(n+2s+1)!!(n-m)!(2s-n)!!} \tag{3.643}$$

$$\left(\frac{r}{c}\right)^{2s+1} P_{2s}^m(\cos\theta) = \sum_{s=\frac{1}{2}n}^{\infty} (-1)^{n+s} C_{mns} Q_{2s}^m(j\xi)P_{2s}^m(\eta)$$

$$= \sum_{s=\frac{1}{2}n}^{\infty} (-1)^n C_{mns} Q_{2s}^m(\xi)P_{2s}^m(\eta) \tag{3.644}$$

$$C_{mns} = \frac{(2s+1)(n+2s-1)!!(2s-m)!}{(n-m)!(2s-n)!!(2s+m)!} \tag{3.645}$$

在式(3.636)～(3.645)中，c 均代表长(扁)球的半焦距。

Smythe 还得到了焦距为 c_1 的长(扁)球谐合函数与共轴的焦距为 c_2 的长(扁)球谐合函数之间的转换关系

$$P_n^m(\mathrm{j}\xi_1)P_n^m(\eta_1)=\sum_{s=S}^{\frac{1}{2}n}\mathrm{j}^n(-1)^sF_{mnsp}\left(\frac{c_2}{c_1}\right)^{2s}P_{2p}^m(\mathrm{j}\xi_2)P_{2p}^m(\eta_2) \tag{3.646}$$

$$P_n^m(\xi_1)P_n^m(\eta_1)=\sum_{s=S}^{\frac{1}{2}n}(-1)^{\frac{1}{2}(n-p)}F_{mnsp}\left(\frac{c_2}{c_1}\right)^{2s}P_{2p}^m(\xi) \tag{3.647}$$

$$\begin{aligned}F_{mnsp}=&[(4p+1)(n+2s-1)!!(2p-m)!(n+m)!]/[(2s+2p+1)!!\\&\cdot(2p+m)!(n-m)!(n-2s)!!(2s-2p)!!]\end{aligned} \tag{3.648}$$

$$Q_n^m(\mathrm{j}\xi_1)Q_n^m(\eta_1)=\sum_{s=\frac{1}{2}n}^{\infty}\sum_{p=s}^{\infty}(-1)^{n+s+p}C_{mnsp}\left(\frac{c_1}{c_2}\right)^{2s+1}Q_{2p}^m(\mathrm{j}\xi_2)Q_{2p}^m(\eta_2) \tag{3.649}$$

$$Q_n^m(\xi_1)Q_n^m(\eta_1)=\sum_{s=\frac{1}{2}n}^{\infty}\sum_{p=s}^{\infty}C_{mnsp}\left(\frac{c_1}{c_2}\right)^{2s+1}Q_{2p}^m(\xi_2)Q_{2p}^m(\eta_2) \tag{3.650}$$

$$\begin{aligned}C_{mnsp}=&[(2p+1)(n+m)!(2s+2p-1)!!(2p-m)!]/[(n+2s+1)!!\\&\cdot(n+m)!(2s-n)!!(2p-2s)!!]\end{aligned} \tag{3.651}$$

$$P_n^m(\mathrm{j}\xi_1)P_n^m(\eta_1)=\sum_{s=S}^{\frac{1}{2}n}\sum_{p=P}^{s}\mathrm{j}^n(-1)^sF_{mnsp}\left(\frac{c_2}{c_1}\right)^{2s}P_{2p}^m(\xi)P_{2p}^m(\eta_2) \tag{3.652}$$

$$P_n^m(\xi_1)P_n^m(\eta_1)=\sum_{s=S}^{\frac{1}{2}n}\sum_{p=P}^{s}(-1)^{\frac{1}{2}n}F_{mnsp}\left(\frac{c_2}{c_1}\right)^{2s}P_{2p}^m(\mathrm{j}\xi_2)P_{2p}^m(\eta_2) \tag{3.653}$$

$$Q_n^m(\mathrm{j}\xi_1)Q_n^m(\eta_1)=\sum_{s=\frac{1}{2}n}^{\infty}\sum_{p=s}^{\infty}(-1)^{m+p+n}\mathrm{j}^{-1}C_{mnsp}\left(\frac{c_2}{c_1}\right)^{2s+1}Q_{2p}^m(\xi_2)Q_{2p}^m(\eta_2) \tag{3.654}$$

$$Q_n^m(\xi_1)Q_n^m(\eta_1)=\sum_{s=\frac{1}{2}n}^{\infty}(-1)^{m+p+n}\sum_{p=s}^{\infty}C_{mnsp}\left(\frac{c_1}{c_2}\right)^{2s+1}Q_{2p}^m(\mathrm{j}\xi_2)Q_{2p}^m(\eta_2) \tag{3.655}$$

在式(3.646)、式(3.647)、式(3.652)、式(3.653)中对 s 的求和规则与式(3.639)中的相同，P 的取法为：P 等于 $\frac{1}{2}m$ 或 $\frac{1}{2}(m+1+1)$，且 n 为偶数时它是整数；n 为奇数时它是整数加上 $\frac{1}{2}$。求和时 s 和 p 逐项增加 1。

在 Smythe 的著作中没有讨论坐标平移和旋转情形下的各类谐和函数的关系。1990 年，John、Lam 得到了第二类长球谐和函数的平移加法定理，这里补充第一类长球谐和函数的相应公式，并讨论坐标存在旋转和平移时的相应公式，扁球函数的公式可以相仿地得到。

由谐合函数的积分表达式[47]

$$Q_{n'}^{m'}(\xi_s)P_{n'}^{m'}(\eta_s)\cos m'\varphi_s=\frac{\mathrm{j}^{m'}(m'+n')!}{2\pi(n'-m')!}\int_0^{2\pi}Q_{n'}\left[\frac{1}{c}w(\boldsymbol{r}_s,u)\right]\cos m'u\,\mathrm{d}u \tag{3.656}$$

$$w(\boldsymbol{r}_s,u)=z+\mathrm{j}x\cos u+\mathrm{j}y\sin u \tag{3.657}$$

式中，$\boldsymbol{r}_s$ 为 (ξ_s,η_s,φ_s) 坐标系中的位移矢量，设 $\boldsymbol{r}_s$ 的坐标原点为 $\boldsymbol{R}_s$，c 为长球的半焦距。需要将坐标系 (ξ_s,η_s,φ_s) 的谐和函数转换到以原点为坐标原点，$\boldsymbol{r}$ 为向径的长球坐标系

(ξ,η,φ) 中去。显然

$$\boldsymbol{r} = \boldsymbol{r}_s + \boldsymbol{R}_s \tag{3.658}$$

令 $\alpha = \frac{1}{c}w(\boldsymbol{r},u)$，$\beta = \frac{1}{c}w(-\boldsymbol{R},u)$，并先考虑 $|\boldsymbol{R}_s| \geqslant |\boldsymbol{r}_s|$ 的情形，所以有

$$Q_{n'}\left[\frac{1}{c}w(\boldsymbol{r},n)\right] = Q_{n'}(\alpha+\beta_s) = \sum_{N=0}^{\infty}\frac{1}{N!}Q_n^{(\eta)}(\beta_1)\alpha^N \tag{3.659}$$

将 α^N 用勒让得多项式表示为

$$\alpha^N = \sum_{N'=0}^{N}\gamma_{NN'}P_{N'}(\alpha) \tag{3.660}$$

$$\gamma_{NN'} = \begin{cases} 0, & N-N' \text{ 为整数或负数} \\ \dfrac{(2N'+1)2N'N!\left(\frac{1}{2}N+\frac{1}{2}N'\right)!}{\left(\frac{1}{2}N-\frac{1}{2}N'\right)!(N+N'+1)}, & \text{其他} \end{cases} \tag{3.661}$$

将式(3.660)代入式(3.659)得

$$Q_{n'}(\alpha+\beta_s) = \sum_{N=0}^{\infty}T_{n'N}(\beta_s)P_n(\alpha) \tag{3.662}$$

$$T_{n'N}(\beta_s) = \sum_{N'\leqslant N}^{\infty}\frac{\gamma_{NN'}}{N!}Q_n^{(N')}(\beta_s) \tag{3.663}$$

又根据 $Q_{n'}(z)$ 的级数表达式可得

$$Q_{n'(z)}^{(N)} = \frac{(-1)^N}{2N'+1}\sum_{N=n'}^{\infty}\frac{(N+N')!}{N!}\gamma_{N'n}z^{-N-N'-1} \tag{3.664}$$

最后，得到

$$Q_n^{\eta'}(\alpha+\beta_s) = \sum_{N=n}^{\infty}\sum_{N=n'}^{\infty}(-1)^N\frac{(N+N')!}{N!N'!}\gamma_{Nn}\gamma_{N'n}c^{N+N'+1}\frac{1}{(2N'+1)}P_N(\alpha)\frac{1}{(-\beta_s)^{N+N'+1}} \tag{3.665}$$

现在设

$$Q_n^{\eta'}(\xi_s)P_n^{m'}(\eta_s)\cos m'\varphi_s = \sum_{n,m}P_n^m(\xi)P_n^m(\eta)\cos m\varphi D_{nm,n'm'}\pi\frac{2}{2n+1}\frac{(n+m)!}{(n-m)!}\delta_{om} \tag{3.666}$$

将式(3.665)代入式(3.656)并将式(3.656)左边换成式(3.666)的右边，同乘以 $P_n^m(\eta)\cos m\varphi$ 对 η 和 φ 积分，利用恒等式

$$\int_0^{2\pi}P_N(\alpha)\cos m\varphi\,\mathrm{d}\varphi = 2\pi\frac{(N-m)!}{(N+m)!}P_n^m(\xi)P_n^m(\eta)\cos m\pi \tag{3.667}$$

$$\int_{-1}^{+1}\mathrm{d}\eta P_n^m(\eta)P_N^m(\eta) = \frac{(n+m)!}{(n-m)!}\frac{2}{2n+1}\delta_{nN} \tag{3.668}$$

得到

$$D_{nm,n'm'} = \frac{\mathrm{j}^{m'}}{(2n+1)(2n'+1)}\frac{(n'+m')!}{(n'-m')!}\sum_{N=n}^{\infty}\sum_{N'=n'}^{\infty}(-1)^N\frac{N(N+N')!}{N!N'!}\gamma_{Nn}\gamma_{N'n}$$
$$\cdot C^{N+N'+1}\int_0^{2\pi}\frac{2\cos mu\cos m'u}{[w(R_s,u)]^{N'}}\mathrm{d}u \tag{3.669}$$

再次利用积分恒等式

$$\int_0^{2\pi}\frac{\cos mu\,\mathrm{d}u}{[w(r,n)]^{n+1}}=\frac{2\pi(n-m)!}{\mathrm{j}^m n!}\frac{1}{r^{n+1}}P_n^m(\cos\theta)\cos m\varphi \tag{3.670}$$

得到

$$\begin{aligned}D_{nm,n'm'}=&\frac{2\pi\mathrm{j}^{-m'}}{(2n+1)(2N+1)}\frac{(n'+m')!}{(n'-m')!}\sum_{N=n}^{\infty}\sum_{N'=n'}^{\infty}(-1)^N\frac{1}{N!N'!}\gamma_{Nn}\gamma_{N'n}\\&\cdot\left(\frac{c}{h}\right)^{N+N'+1}[(N+N'-m-m')!S_{N+N'}^{m+m'}+\mathrm{j}^{m+m'-|m-m'|}(N+N'\\&-|m-m'|)!S_{N+N'}^{|m-m'|}]\end{aligned} \tag{3.671}$$

$$S_n^m=\left(\frac{h}{R_s}\right)^{n+1}P_n^m(\cos\theta\theta_s)\cos m\varphi_s \tag{3.672}$$

式中，R_s,θ_s,φ_s 为 $\boldsymbol{R}_s$ 的球极坐标 $h=R_s\cos\theta_s$ 。

从以上推导过程不难看出，问题的关键是对 $Q_n(\alpha+\beta_s)$ 进行分离变量。因此对于第一类长球谐合函数可设

$$\begin{aligned}P_n^{m'}(\xi_s)P_n^{m'}(\eta_s)\cos m'\varphi_s=&\sum_{n,m}P_n^m(\xi)P_n^m(\eta)\cos m\varphi E_{nm,n'm'}\pi\delta_{om}\frac{2}{2n+1}\frac{(n+m)!}{(n-m)!}\delta_{om}\\=&\int_0^{2\pi}P_{n'}(\alpha+\beta_s)\cos m'\varphi u\,\mathrm{d}u\frac{(n'+m')!}{2\pi(n'-m')!}\end{aligned} \tag{3.673}$$

由于

$$P_{n'}(\alpha+\beta_s)=\sum_{i=0}^{n'}g_i(\beta_s)P_i(\alpha) \tag{3.674}$$

$$g_i(\beta_s)=\frac{1}{2i+1}\int_{-1}^{+1}P_{n'}(\alpha+\beta_s)P_i(\alpha) \tag{3.675}$$

利用积分恒等式

$$\int_0^{2\pi}w(\boldsymbol{r},u)\cos mn=\frac{2\pi\mathrm{j}^n n!}{(n+m)!}r^nP_n^m(\cos\theta)\cos m\varphi \tag{3.676}$$

可以定出 $E_{nm,n'm'}$（由读者自行推导）。同样可以导出 φ 的变化为 $\sin m\varphi$ 的谐合函数的平移加法定理。式(3.675)中 $g_i(\beta_s)$ 有显明表达式。

由于在坐标旋转时不改变向径，而且在每一个坐标系中都用 Smythe 的公式转化到球谐函数，利用球谐函数的旋转公式

$$P_s^m(\cos\theta)\mathrm{e}^{\mathrm{j}m\varphi}=\sum_{\mu=-s}^{s}R_{ns}^{ms}(\alpha,\beta,\gamma)P_s^{\mu}(\cos\theta')\mathrm{e}^{\mathrm{j}m\varphi'} \tag{3.677}$$

这里 $R_{ns}^{ms}(\alpha,\beta,\gamma)$ 为讨论标量波函数时引入过的符号。意义和计算方法请见 3.5 节。利用式(3.636)～(3.645)可以得到各类长(扁)球谐合函数的平移旋转加法定理。进一步还可以得到平移旋转加法定理。

本节公式除了用于研究低频随机多体散射外，还可以用于研究各向异性同轴多层均匀介质旋转椭球体的有关静电问题[48]，这些问题在地球物理和生物医学工程上有重要的意义。现有文献的处理方法是比较粗糙的，即假设在球体坐标系下的各向异性参数为常数，而从实验文献上看所有的测量都是在直角坐标系下进行的，这时介质参数为常数，当将其转换到球坐标系时介质参数已不再是常数，仍按常数处理显然是不合适的。作者的办法是，先在主坐标系下写出修正拉普拉斯方程

$$\sigma_x \frac{\partial^2 v}{\partial x^2} + \sigma_x \frac{\partial^2 v}{\partial y^2} + \sigma_z \frac{\partial^2 v}{\partial z^2} = 0 \tag{3.678}$$

然后写出在主坐标系下拉普拉斯方程的级数解再将主坐标系下的解转换到球体坐标系，利用边界条件得到场展开系数的耦合方程组。作者认为，专著的阅读总是应该借助文献，写下笔记，提出问题，思考着读和读着思考。所以读者不必埋怨本书中很多问题写得不详细，那是需要读者自己写出来的，不看文献是读不了专著的。

3.13　各向异性介质的圆柱本征函数解

对于本书主要关心的多粒子散射问题，各向异性均匀介质柱体的严格本征函数解仍然起着三维情形同样重要的作用，这一理论是由作者建立的。

3.13.1　各向异性均匀介质柱二维问题的本征函数

对于各向异性介质柱，有二维问题与三维问题之分，当场沿 z 方向(柱轴方向)没有变化时，问题是二维的，或者说是标量的，对应着垂直入射的情形，当场沿 z 方向有变化时，问题是三维的，或者说是矢量的，对应着斜入射的情形。

假设介质的介电常数和磁导率张量为

$$\boldsymbol{\varepsilon} = \begin{bmatrix} \varepsilon_{xx} & \varepsilon_{xy} & 0 \\ \varepsilon_{yx} & \varepsilon_{yy} & 0 \\ 0 & 0 & \varepsilon_{zz} \end{bmatrix}, \quad \boldsymbol{\mu} = \begin{bmatrix} \mu_{xx} & \mu_{xy} & 0 \\ \mu_{yx} & \mu_{yy} & 0 \\ 0 & 0 & \mu_{zz} \end{bmatrix} \tag{3.679}$$

由于这两个张量在形式上的相似性和电磁学上的二重性原理，仅需分析 $\boldsymbol{H}$ 极化($\boldsymbol{H} = H\hat{z}$)的情形，$\boldsymbol{E}$ 极化的情形可作下列代换得到

$$\boldsymbol{\varepsilon} \rightarrow \boldsymbol{\mu}, \quad k \rightarrow k, \quad \boldsymbol{H} \rightarrow -\boldsymbol{E} \tag{3.680}$$

$$\boldsymbol{\mu} \rightarrow \boldsymbol{\varepsilon}, \quad \eta \rightarrow 1/\eta, \quad \boldsymbol{E} \rightarrow \boldsymbol{H} \tag{3.681}$$

式中，k 和 η 分别为自由空间的波阻抗和波数。

根据 Maxwell 方程，可得 $\boldsymbol{H}$ 极化的微分方程

$$\begin{cases} \varepsilon_{xx} \dfrac{\partial^2 H}{\partial x^2} + \varepsilon_{yy} \dfrac{\partial^2 H}{\partial y^2} + (\varepsilon_{xy} + \varepsilon_{yx}) \dfrac{\partial^2 H}{\partial x \partial y} + \omega^2 \mu_{zz} \gamma_H = 0 \\ \gamma_H = \varepsilon_{xx}\varepsilon_{yy} - \varepsilon_{xy}\varepsilon_{yx} \end{cases} \tag{3.682}$$

按照我们的理论体系，方便的做法是令

$$H(x,y) = \int_{c_\alpha} \mathrm{d}\alpha f(\alpha, \beta(\alpha)) \mathrm{e}^{\mathrm{j}[\alpha x + \beta(\alpha) y]} \tag{3.683}$$

代入式(3.682)得

$$\varepsilon_{xx}\alpha^2 + \varepsilon_{yy}\beta^2 + (\varepsilon_{xy} + \varepsilon_{yx})\alpha\beta = \omega^2 \mu_{zz} \gamma_H \tag{3.684}$$

令

$$\alpha = v\cos\xi, \quad \beta = v\sin\xi, \quad x = \rho\cos\theta, \quad y = \rho\sin\theta$$

得

$$H(\rho,\theta) = \int_{c_\xi} \mathrm{d}\xi h(\xi) \mathrm{e}^{\mathrm{j}v(\xi)} \rho^{\cos(\theta-\xi)} \tag{3.685}$$

$$v(\xi) = [n_H^2/(\varepsilon_+ \varepsilon - \cos 2\xi + \sigma_+ \sin 2\xi)]^{\frac{1}{2}} \tag{3.686}$$

$$n_H = \omega \sqrt{\mu_{zz}\gamma_H}, \quad \varepsilon_{\pm} = \frac{1}{2}(\varepsilon_{xx} \pm \varepsilon_{yy}) \tag{3.687}$$

$$\sigma_{\pm} = \frac{1}{2}(\varepsilon_{xy} + \varepsilon_{yx}) \tag{3.688}$$

从式(3.686)可见 $v(\varepsilon \pm n\pi) \doteq v(\xi)$，从方程(3.685)可见 $H(\rho,\theta \pm 2n\pi) = H(\rho,\theta)$，由场在坐标原点的有限性，可以取 C_ξ 为实轴上长为 2π 的一段[49,50]：

$$H(\rho,\theta) = \int_0^{2\pi} \mathrm{d}\xi h(\xi) \mathrm{e}^{\mathrm{j}v(\xi)} \rho^{\cos(\theta-\xi)} \tag{3.689}$$

式(3.689)表明在各向异性介质圆柱内的场可由各向的平面波乘以适当振幅得到，由于介质是各向异性的，各方向平面波的波数将不再相同。将式(3.689)中的平面波展开为

$$\mathrm{e}^{\mathrm{j}v(\xi)\rho\cos(\theta-\varphi)} = \sum_{-\infty}^{+\infty} \mathrm{j}^m J_m(\rho v(\xi)) \mathrm{e}^{-\mathrm{j}m\xi} \mathrm{e}^{\mathrm{j}m\theta} \tag{3.690}$$

由于 $h(\xi)$ 为定义在 $[0,2\pi]$ 上的周期函数，故可用傅里叶级数对其进行逼近：

$$h(\xi) = \sum_{n=-\infty}^{+\infty} a_n \mathrm{e}^{\mathrm{j}n\xi} \tag{3.691}$$

将式(3.690)、式(3.691)代入式(3.689)得

$$H(\rho,\theta) = \sum_{n=-\infty}^{+\infty} a_n \sum_{m=-\infty}^{+\infty} \int_0^{2\pi} \mathrm{e}^{\mathrm{j}n\xi} \mathrm{j}^m J_m(\rho v(\xi)) \mathrm{e}^{-\mathrm{j}m\xi} \mathrm{e}^{\mathrm{j}m\theta} \quad \sum_{n=-\infty}^{+\infty} a_n H_n(\rho,\theta) \tag{3.692}$$

$$H(\rho,\theta) = \sum_{m=-\infty}^{+\infty} H_{nm}(\rho) \mathrm{e}^{\mathrm{j}m\theta} \tag{3.693}$$

$$H_{nm}(\rho) \int_0^{2\pi} \mathrm{j}^m \mathrm{e}^{\mathrm{j}(n-m)\xi} J_m[\rho v(\xi)] \mathrm{d}\xi \tag{3.694}$$

从式(3.692)可见，各向异性介质内的一般解可由一系列本征函数求和得到，从式(3.693)知道每一本征函数为一无穷级数表达式，这一表达式实现了 ρ 与 θ 的分离，而 $\mathrm{e}^{\mathrm{j}m\theta}$ 的系数由式(3.694)给出的积分表达。对于具体一点(通常为 a)，ρ 为定值，从而 $H_{nm}(\rho)$ 可由数值积分求出。

由于 $H_n(\rho,\theta)$ 为式(3.672)的解[50]，且由于第一类柱函数 $J_m[\rho v(\xi)]$ 与第二、三、四类柱函数满足相同的支配方程和递推关系，故各向异性的各类本征函数可以统一写成

$$H_n^{(i)}(\rho,\theta) = \sum_{m=-\infty}^{+\infty} H_{nm}^{(i)}(\rho) \mathrm{e}^{\mathrm{j}m\theta} \tag{3.695}$$

$$H_{nm}^{(i)}(\rho) = \int_0^{2\pi} \mathrm{j}^m \mathrm{e}^{\mathrm{j}(n-m)\xi} Z_{nm}^{(i)}[\rho v(\xi)] \mathrm{d}\xi \tag{3.696}$$

式中，$Z_{nm}^{(i)}(x)$ 为第 i 类圆柱函数。

由上述推导过程可见

$$H_n^{(1)}(\rho,\theta) = \int_0^{2\pi} \mathrm{e}^{\mathrm{j}n\xi} \mathrm{e}^{\mathrm{j}v(\xi)\rho\cos(\theta-\varphi)} \mathrm{d}\xi \tag{3.697}$$

这就是第一类波函数的积分表达式，对于给定的 ρ 和 θ，用式(3.697)计算将比用式(3.696)计算还方便。对于其他几类函数，将 i 类圆柱波函数的积分表达式代入式(3.695)中，交换积分次序得

$$H_n^{(i)}(\rho,\theta) = \int_{c_i} \mathrm{e}^{\mathrm{j}n\xi} \mathrm{e}^{\mathrm{j}v(\xi)\rho\cos(\theta-\varphi)} \mathrm{d}\xi \tag{3.698}$$

式中，c_i 为第 i 类圆柱函数的积分围道。这是第 i 类波函数的积分表达式[51]。

为了满足边界条件的需要，还需要求出 E_θ 和 E_ρ 的表达式，以 E_θ 为例

$$\omega\gamma HE_\theta = -\int_0^{2\pi}\mathrm{d}\xi h(\xi)v(\xi)\varepsilon_{\rho\rho}(\theta)\cos(\theta-\xi)-\varepsilon_{\theta\rho}(\theta)\sin(\theta-\xi)\cdot \mathrm{e}^{\mathrm{j}v(\xi)\rho\cos(\theta-\varphi)}$$

$$= -\left\{\varepsilon_{\rho\rho}(\theta)\frac{\partial H}{\partial\rho}+\varepsilon_{\theta\rho}(\theta)\frac{\partial H}{\partial\theta}\frac{1}{\rho}\right\} \tag{3.699}$$

$$E_\theta^{(i)}(\rho,\theta)=\sum a_n E_{n\theta}^{(i)}(\rho,\theta) \tag{3.700}$$

$$E_\theta^{(i)}=\sum_{m=-\infty}^{+\infty}E_{nm}^{(i)}(\rho)\mathrm{e}^{\mathrm{j}m\theta} \tag{3.701}$$

$$E_{nm}^{(i)}(\rho)=\int_0^{2\pi}\frac{\mathrm{j}v(\xi)}{k\gamma_0}\left\{-\mathrm{j}\varepsilon_{\rho\rho}(\xi)Z_m'^{(i)}[\rho v(\xi)]+\frac{m}{\rho v(\xi)}Z_m^{(i)}[\rho v(\xi)]\varepsilon_{\varepsilon\rho}\left(\xi+\frac{\pi}{2}\right)\right\}\mathrm{e}^{-\mathrm{j}m\xi}\cdot\mathrm{e}^{\mathrm{j}n\xi}\mathrm{d}\xi \tag{3.702}$$

值得指出的是，本节理论与意大利学者 Monzon 的理论是不同的。从表面上看，是在对 $h(\xi)$ 的逼近方法上，Monzon 取

$$h(\xi)=\sum_{-N}^{N}h_m\delta(\xi-\xi_m),\quad \xi_m=\frac{\pi m}{N+\dfrac{1}{2}} \tag{3.703}$$

如果 $h(\xi)$ 为一周期函数的傅里叶变换，则式(3.703)是非常合适的[52]，但 $h(\xi)$ 这里仅仅是一周期函数，因而式(3.703)只能看作是对一连续函数的 δ 函数逼近[53]。从Monzon的计算可见（$N=18$），$h(\xi)$ 的性态很好，故本章采用的傅里叶级数这种完备正交函数展开法是更合适的。实质上，本章揭示了各向异性柱的本征函数可由级数表达，且给出了各类波函数及其级数、积分表达式，这使得我们可以利用诸如模匹配法之类的简单方法处理任意形状多层介质柱的散射。更为重要的是，由给出的级数形式，按照在本章中处理椭球函数、劈形波函数的变换叠加定理的方法，可以导出各向异性介质柱各类波函数的变换叠加定理，为多散射的研究铺平道路。

3.13.2 各向异性介质柱三维问题的本征函数

与导体柱的情形不同，当电磁波斜入射到介质柱时，问题不再能化成两个标量问题[4]，而是一个电磁场六个分量相互耦合的矢量问题。对于这类问题，认真的研究在最近五年内才出现，但大多借助于数值方法，如有限元法、矩量法、边界元法等，Monzon 提出的平面波谱展开法比较深刻[54]。我们将在前人的工作的基础上再提高一步。

我们考虑的介质仍由式(3.679)给出，设电磁场的 z 方向变化为 $\mathrm{e}^{-\mathrm{j}k_z z}$（在平面波入射时等于 $\mathrm{e}^{-\mathrm{j}k_z^{\mathrm{inc}}z}$），则[53]

$$\boldsymbol{E}(\boldsymbol{r})=\boldsymbol{E}_t+\hat{z}E_z,\quad \boldsymbol{H}(\boldsymbol{r})=\boldsymbol{H}_t+\hat{z}H_z \tag{3.704}$$

式中，下标 t 代表在 xy 平面的横向分量。由式(3.679)可见，$\boldsymbol{\varepsilon},\boldsymbol{\mu}$ 可以写成

$$\boldsymbol{\mu}=\boldsymbol{\mu}_t+\mu_{zz}\hat{z}\hat{z},\quad \boldsymbol{e}=\boldsymbol{\varepsilon}_t+\varepsilon_{zz}\hat{z}\hat{z} \tag{3.705}$$

式中，$\boldsymbol{\mu}_t,\boldsymbol{\varepsilon}_t$ 为 2×2 张量。将式(3.704)、式(3.705)代入 Maxwell 方程得

$$\boldsymbol{p}\cdot\nabla_t E_z-\mathrm{j}\omega\boldsymbol{\mu}_t\cdot\boldsymbol{H}_t+\mathrm{j}k_z\boldsymbol{p}\cdot\boldsymbol{E}_t=0 \tag{3.706}$$

$$\boldsymbol{p}\cdot\nabla_t E_z+\mathrm{j}k_z\boldsymbol{p}\cdot\boldsymbol{H}_t+\mathrm{j}\omega\boldsymbol{\varepsilon}_t\cdot\boldsymbol{E}_t=0 \tag{3.707}$$

$$\hat{\boldsymbol{z}}\cdot\nabla\times\boldsymbol{E}_t=-\mathrm{j}\omega\mu_{zz}\boldsymbol{H}_z \tag{3.708}$$

$$\hat{z}\cdot\nabla\times\boldsymbol{H}_t = \mathrm{j}\omega\varepsilon_{zz}E_z \tag{3.709}$$

$$\boldsymbol{p} = \hat{z}\times\cdot \tag{3.710}$$

对式(3.706)乘以 $(k_z/\omega)\boldsymbol{p}\cdot(\boldsymbol{\mu}_t)^{-1}$ 加到式(3.707)得

$$\boldsymbol{E}_t = \frac{1}{\mathrm{j}\omega}(\boldsymbol{\varepsilon}')^{-1}\left[\frac{k_z}{\omega\det(\boldsymbol{\mu}_t)}\boldsymbol{\mu}_t^{\mathrm{T}}\nabla_t E_z - \boldsymbol{p}\nabla_t H_z\right] \tag{3.711}$$

同理可得

$$\boldsymbol{H}_t = \frac{1}{\mathrm{j}\omega}(\boldsymbol{\mu}')^{-1}\left[\frac{k_z}{\omega\det(\boldsymbol{\varepsilon}_t)}\boldsymbol{\varepsilon}_t^{\mathrm{T}}\nabla_t H_z + \boldsymbol{p}\nabla_t E_z\right] \tag{3.712}$$

式中，$\boldsymbol{\varepsilon}',\boldsymbol{\mu}'$ 定义为

$$\boldsymbol{\varepsilon}' = \boldsymbol{\varepsilon}_t - \left(\frac{k_z}{\omega}\right)^2\frac{\boldsymbol{\mu}_t^{\mathrm{T}}}{\omega\det(\boldsymbol{\mu}_t)},\quad \boldsymbol{\mu}' = \boldsymbol{\mu}_t - \left(\frac{k_z}{\omega}\right)^2\frac{\boldsymbol{\varepsilon}_t^{\mathrm{T}}}{\omega\det(\boldsymbol{\varepsilon}_t)} \tag{3.713}$$

从式(3.709)～(3.712)可以得到 E_z,H_z 满足的方程

$$D_1(\nabla_t)\cdot H_z + \nabla_t\cdot\boldsymbol{\alpha}\cdot\nabla_t\cdot E_z = 0 \tag{3.714}$$

$$D_2(\nabla_t)\cdot E_z - \nabla_t\cdot\boldsymbol{\beta}\cdot\nabla_t\cdot H_z = 0 \tag{3.715}$$

$$D_1(\nabla_t) = \nabla_t\cdot\boldsymbol{\varepsilon}'^{\mathrm{T}}\cdot\nabla_t + \gamma_1^2 \tag{3.716}$$

$$D_2(\nabla_t) = \nabla_t\cdot\boldsymbol{\mu}'^{\mathrm{T}}\cdot\nabla_t + \gamma_2^2 \tag{3.717}$$

$$\gamma_1 = \omega\sqrt{\mu_{zz}\det(\boldsymbol{\varepsilon}')},\quad \gamma_2 = \omega\sqrt{\varepsilon_{zz}\det(\boldsymbol{\mu}')} \tag{3.718}$$

$$\boldsymbol{\alpha} = \frac{k_z}{\omega\det(\boldsymbol{\mu}_t)}\boldsymbol{\varepsilon}'^{\mathrm{T}}\cdot\boldsymbol{p}\cdot\boldsymbol{\mu}_t^{\mathrm{T}} \tag{3.719}$$

$$\boldsymbol{\beta} = \frac{k_z}{\omega\det(\boldsymbol{\varepsilon}_t)}\boldsymbol{\mu}'^{\mathrm{T}}\cdot\boldsymbol{p}\cdot\boldsymbol{\varepsilon}_t^{\mathrm{T}} \tag{3.720}$$

为了求解耦合方程(3.714)、(3.715)，对场进行平面波展开

$$H_z = \int_0^{2\pi}\mathrm{d}\xi\left[h_1(\xi)\mathrm{e}^{\mathrm{j}\boldsymbol{v}_+(\xi)\cdot\rho} + h_2(z)\mathrm{e}^{\mathrm{j}\boldsymbol{v}_-(\xi)\cdot\rho}\right] \tag{3.721}$$

$$E_z = \int_0^{2\pi}\mathrm{d}\xi\left[e_1(\xi)\mathrm{e}^{\mathrm{j}\boldsymbol{v}_+(\xi)\cdot\rho} + e_2(z)\mathrm{e}^{\mathrm{j}\boldsymbol{v}_-(\xi)\cdot\rho}\right] \tag{3.722}$$

因为在各向异性介质中，任意的平面波解不存在，除非是该介质内可以存在的两个特征波，$\boldsymbol{v}_+,\boldsymbol{v}_-$ 为这两个特征波的波矢量：

$$\boldsymbol{v} = \boldsymbol{v}_\pm\hat{\boldsymbol{v}} = \boldsymbol{v}_\pm\cos\xi\hat{\boldsymbol{x}} + \boldsymbol{v}_\pm\sin\xi\hat{\boldsymbol{y}} \tag{3.723}$$

$$\boldsymbol{v}_\pm(\xi) = \frac{B\pm\sqrt{B^2-4\gamma_1^2\gamma_2^2(\hat{\boldsymbol{v}}\cdot\boldsymbol{\beta}\cdot\hat{\boldsymbol{v}})(\hat{\boldsymbol{v}}\cdot\boldsymbol{\alpha}\cdot\hat{\boldsymbol{v}})}}{2\{(\hat{\boldsymbol{v}}\cdot\boldsymbol{\beta}\cdot\hat{\boldsymbol{v}})(\hat{\boldsymbol{v}}\cdot\boldsymbol{\alpha}\cdot\hat{\boldsymbol{v}}) + (\hat{\boldsymbol{v}}\cdot\boldsymbol{\varepsilon}'\cdot\hat{\boldsymbol{v}})(\hat{\boldsymbol{v}}\cdot\boldsymbol{\mu}'\cdot\hat{\boldsymbol{v}})\}} \tag{3.724}$$

$$B_\pm = \gamma_1^2\,\hat{\boldsymbol{v}}\cdot\boldsymbol{\mu}'\cdot\hat{\boldsymbol{v}} \pm \gamma_2^2\,\hat{\boldsymbol{v}}\cdot\boldsymbol{\varepsilon}'\cdot\hat{\boldsymbol{v}} \tag{3.725}$$

式(3.724)中平方根的这样选取，使得 k_z 等于零时，即垂直入射时，V_+ 等于 H_z 的特征波数，V_- 等于 E_z 的特征波数。式(3.721)、式(3.722)中的四个未知数不是独立的，独立的只有两个，将其代入式(3.714)、式(3.715)就可以求出它们的相互关系：

$$-e_1/h_1 = T_E(\xi) = \frac{\boldsymbol{v}_+\cdot\boldsymbol{\beta}\cdot\boldsymbol{v}_\pm}{D_1(\mathrm{j}\boldsymbol{v}_+)} \tag{3.726}$$

$$h_2/e_2 = T_H(\xi) = \frac{\boldsymbol{v}_-\cdot\boldsymbol{\alpha}\cdot\boldsymbol{v}_-}{D_1(\mathrm{j}\boldsymbol{v}_-)} \tag{3.727}$$

式(3.721)、式(3.722)可以写成

$$H_z = \int_0^{2\pi} \mathrm{d}\boldsymbol{\xi}[h(\boldsymbol{\xi})\mathrm{e}^{\mathrm{j}\boldsymbol{v}_+(\boldsymbol{\xi})\cdot\boldsymbol{\rho}} + T_H(\boldsymbol{\xi})e(\boldsymbol{\xi})\mathrm{e}^{\mathrm{j}\boldsymbol{v}_-(\boldsymbol{\xi})\cdot\boldsymbol{\rho}}] \tag{3.728}$$

$$E_z = \int_0^{2\pi} \mathrm{d}\boldsymbol{\xi}[e(\boldsymbol{\xi})\mathrm{e}^{\mathrm{j}\boldsymbol{v}_-(\boldsymbol{\xi})\cdot\boldsymbol{\rho}} - T_E(\boldsymbol{\xi})h(\boldsymbol{\xi})\mathrm{e}^{\mathrm{j}\boldsymbol{v}_+(\boldsymbol{\xi})\cdot\boldsymbol{\rho}}] \tag{3.729}$$

仿照前文的做法，令

$$e(\boldsymbol{\xi}) = \sum a_n \mathrm{e}^{\mathrm{j}n\boldsymbol{\xi}} \tag{3.730}$$

$$h(\boldsymbol{\xi}) = \sum b_n \mathrm{e}^{\mathrm{j}n\boldsymbol{\xi}} \tag{3.731}$$

将平面波表达式 $\mathrm{e}^{\mathrm{j}\boldsymbol{v}_+(\boldsymbol{\xi})\cdot\boldsymbol{\rho}}, \mathrm{e}^{\mathrm{j}\boldsymbol{v}_-(\boldsymbol{\xi})\cdot\boldsymbol{\rho}}$ 展开得

$$\mathrm{e}^{\mathrm{j}\boldsymbol{v}_+(\boldsymbol{\xi})\cdot\boldsymbol{\rho}} = \sum_{-\infty}^{+\infty} \mathrm{j}^m J_m[\rho V_+(\boldsymbol{\xi})]\mathrm{e}^{-\mathrm{j}m\boldsymbol{\xi}}\mathrm{e}^{\mathrm{j}m\theta} \tag{3.732}$$

$$\mathrm{e}^{\mathrm{j}\boldsymbol{v}_-(\boldsymbol{\xi})\cdot\boldsymbol{\rho}} = \sum_{-\infty}^{+\infty} \mathrm{j}^m J_m[\rho V_-(\boldsymbol{\xi})]\mathrm{e}^{-\mathrm{j}m\boldsymbol{\xi}}\mathrm{e}^{\mathrm{j}m\theta} \tag{3.733}$$

得到

$$H_z(\rho,\theta) = \sum_{n=-\infty}^{+\infty} a_n H_{nm}^-(\rho,\theta) + b_n H_{nm}^+(\rho,\theta) \tag{3.734}$$

$$E_z(\rho,\theta) = \sum_{n=-\infty}^{+\infty} a_n E_{nm}^-(\rho,\theta) + b_n E_{nm}^+(\rho,\theta) \tag{3.735}$$

$$H_{nm}^+(\rho,\theta) = \sum_{m=-\infty}^{+\infty} H_{nm}^+(\rho)\mathrm{e}^{\mathrm{j}m\theta} \tag{3.736}$$

$$H_{nm}^-(\rho,\theta) = \sum_{m=-\infty}^{+\infty} H_{nm}^-(\rho)\mathrm{e}^{\mathrm{j}m\theta} \tag{3.737}$$

$$E_{nm}^+(\rho,\theta) = \sum_{m=-\infty}^{+\infty} E_{nm}^+(\rho)\mathrm{e}^{\mathrm{j}m\theta} \tag{3.738}$$

$$E_{nm}^-(\rho,\theta) = \sum_{m=-\infty}^{+\infty} E_{nm}^-(\rho)\mathrm{e}^{\mathrm{j}m\theta} \tag{3.739}$$

$$E_{nm}^+(\rho) = -\int_0^{2\pi} \mathrm{j}^m J_m[\rho V_+(\boldsymbol{\xi})]\mathrm{e}^{\mathrm{j}(n-m)\boldsymbol{\xi}} T_E(\boldsymbol{\xi})\mathrm{d}\boldsymbol{\xi} \tag{3.740}$$

$$E_{nm}^-(\rho) = -\int_0^{2\pi} \mathrm{j}^m J_m[\rho V_-(\boldsymbol{\xi})]\mathrm{e}^{\mathrm{j}(n-m)\boldsymbol{\xi}}\mathrm{d}\boldsymbol{\xi} \tag{3.741}$$

$$H_{nm}^+(\rho) = -\int_0^{2\pi} \mathrm{j}^m J_m[\rho V_+(\boldsymbol{\xi})]\mathrm{e}^{\mathrm{j}(n-m)\boldsymbol{\xi}}\mathrm{d}\boldsymbol{\xi} \tag{3.742}$$

$$H_{nm}^-(\rho) = -\int_0^{2\pi} \mathrm{j}^\mathrm{m} J_m[\rho V_-(\boldsymbol{\xi})]\mathrm{e}^{\mathrm{j}(n-m)\boldsymbol{\xi}} T_E(\boldsymbol{\xi})\mathrm{d}\boldsymbol{\xi} \tag{3.743}$$

至此已将各向异性介质内的场用本征函数的无穷级数表示出来。而每一本征函数又是一无穷级数，无穷级数的每一系数由一个积分来定义，可以数值积分。基于前文同样的推理，将式(3.740)～(3.743)中的第一类柱函数换成其他几类柱函数，就可以得到各类本征函数的级数形式和积分表达式。

根据 E_z, H_z 的表达式，可以由式(3.711)、式(3.712)在柱坐标下求出 $\boldsymbol{E}_t, \boldsymbol{H}_t$ 的表达式。为了研究矢量波函数，直接采用 $\boldsymbol{E}_t, \boldsymbol{H}_t$ 的积分表达式

$$\boldsymbol{E}_+ = \int \mathrm{d}\boldsymbol{\xi}[h(\boldsymbol{\xi})\Omega_1(\boldsymbol{\xi})\mathrm{e}^{\mathrm{j}\boldsymbol{v}_+\cdot\boldsymbol{\rho}} + e(\boldsymbol{\xi})\Omega_2(\boldsymbol{\xi})\mathrm{e}^{\mathrm{j}\boldsymbol{v}_-\cdot\boldsymbol{\rho}}] \tag{3.744}$$

$$\boldsymbol{H}_{+}=\int \mathrm{d}\boldsymbol{\xi}[-e(\boldsymbol{\xi})\Omega_4(\boldsymbol{\xi})\mathrm{e}^{\mathrm{j}\boldsymbol{v}_{-}\cdot\boldsymbol{\rho}}+h(\boldsymbol{\xi})\Omega_3(\boldsymbol{\xi})\mathrm{e}^{\mathrm{j}\boldsymbol{v}_{+}\cdot\boldsymbol{\rho}}] \tag{3.745}$$

式中，$\Omega_1,\Omega_2,\Omega_3,\Omega_4$ 为 $\boldsymbol{\xi}$ 的函数。将式(3.744)、式(3.745)在直角坐标下分解，得到 E_x，E_y,H_x,H_y 的圆柱函数级数表达式，利用标准与非标准矢量波函数的关系可求出 $\boldsymbol{E},\boldsymbol{H}$ 的矢量波函数展开式。

上面的讨论中，假设了 k_z 为定值，对应着平面波斜入射的情形，在点源激励的情形下 z 方向波数也可以是变数，这时，E_z 的表达式将变成[49]

$$\begin{aligned}E_z(\rho,\theta,z)&=\int_{-\infty}^{+\infty}\mathrm{e}^{\mathrm{j}k_z z}H_z(k_z,\rho,\theta)A(k_z)\mathrm{d}k_z\\&=\int_{-\infty}^{+\infty}[A(k_z)+B(k_z)]\mathrm{e}^{\mathrm{j}k_z z}\mathrm{d}k_z[\sum_{n=-\infty}^{+\infty}a_nH_{nm}^{+}(k_z,\rho,\theta)\\&\quad+b_nH_{nm}^{-}(k_z,\rho,\theta)]\end{aligned} \tag{3.746}$$

3.14 双各向异性均匀介质的矢量本征函数

有了前面的准备，下面进入双各向异性均匀介质的讨论，先讨论双各向同性介质即回旋(Chiral)介质的矢量波函数理论。

3.14.1 回旋介质的矢量波函数

某些分子，如 L 型和 D 型异构体呈现出光旋转和圆二色性的现象，已经发现了至少 100 年。顾名思义，这些效果在光波长 400～700nm 间比较明显。在这种介质中，分子可以有左手或右手构形，因而在可见光范围内可以区分左圆极化(ICP)和右圆极化(RCP)的电磁波。LCP 波和 RCP 波具有不同的相速和不同的衰减速度，导致传播平面波的偏振旋转(光旋转)而变成椭圆偏振(二色性)。

最近几年，回旋介质的电磁波理论成为电磁学上的一个热点问题。很多知名学者和年轻学者转入这一领域的研究。Lakhtakia 等在 1989 年出版了一本这方面的专著[55]。近期杂志上文章数目仍以指数速度增长。

回旋介质的组成(本构)关系为

$$\boldsymbol{D}=\varepsilon\boldsymbol{E}-\mathrm{j}\xi_c\boldsymbol{B} \tag{3.747}$$

$$\boldsymbol{H}=\frac{1}{\mu}\boldsymbol{B}-\mathrm{j}\xi_c\boldsymbol{E} \tag{3.748}$$

式中，μ 是磁导率；ε 是介电常数；ξ_c 是介质的回旋导抗。如果 μ，ε，ξ_c 是复数，则介质是有耗的。如果 $\xi_c=0$，则式(3.747)、式(3.748)变成非回旋介质的组成关系。引入有效介电常数

$$\varepsilon_c=\varepsilon+\mu\xi_c^2 \tag{3.749}$$

本构关系变成

$$\boldsymbol{D}=\varepsilon_c\boldsymbol{E}-\mathrm{j}\mu\xi_c\boldsymbol{H} \tag{3.750}$$

$$\boldsymbol{B}=\mu\boldsymbol{H}+\mathrm{j}\mu\xi_c\boldsymbol{E} \tag{3.751}$$

在无源情况下，Maxwell 方程为[55]

$$\nabla\times\begin{bmatrix}\boldsymbol{E}\\ \boldsymbol{H}\end{bmatrix}=\boldsymbol{K}\cdot\begin{bmatrix}\boldsymbol{E}\\ \boldsymbol{H}\end{bmatrix} \tag{3.752}$$

$$\nabla\cdot\begin{bmatrix}\boldsymbol{E}\\ \boldsymbol{H}\end{bmatrix}=0 \tag{3.753}$$

$$\boldsymbol{k}=\begin{bmatrix}\omega\mu\xi_c & -\mathrm{j}\omega\mu\\ \mathrm{j}\omega\varepsilon_c & \omega\mu\xi_c\end{bmatrix} \tag{3.754}$$

联立式(3.752)、式(3.753)得

$$\nabla^2\begin{bmatrix}\boldsymbol{E}\\ \boldsymbol{H}\end{bmatrix}+\boldsymbol{K}^2\begin{bmatrix}\boldsymbol{E}\\ \boldsymbol{H}\end{bmatrix}=0 \tag{3.755}$$

Bahren 提出用矩阵 $\boldsymbol{A}$ 将 $\boldsymbol{K}$ 对角线化

$$\boldsymbol{A}=\begin{bmatrix}1 & 1\\ \mathrm{j}/\eta_c & -\mathrm{j}/\eta_c\end{bmatrix},\quad \eta_c=\sqrt{\frac{u}{\varepsilon_c}} \tag{3.756}$$

$$\boldsymbol{A}^{-1}\boldsymbol{K}\boldsymbol{A}=\begin{bmatrix}k_R & 0\\ 0 & -k_L\end{bmatrix} \tag{3.757}$$

$$\left.\begin{matrix}k_R\\ k_L\end{matrix}\right\}=\omega\sqrt{\mu\varepsilon_c}\pm\omega\mu\xi_c \tag{3.758}$$

用下式定义 $\boldsymbol{E}_R$ 和 $\boldsymbol{E}_L$ ：

$$\begin{bmatrix}\boldsymbol{E}\\ \boldsymbol{H}\end{bmatrix}=\boldsymbol{A}\cdot\begin{bmatrix}\boldsymbol{E}_R\\ \boldsymbol{E}_L\end{bmatrix} \tag{3.759}$$

可以证明，$\boldsymbol{E}_R$ 和 $\boldsymbol{E}_L$ 分别是以传播常数 k_R 和 k_L 传播的右圆极化波和左圆极化波的电场。由式(3.759)代入式(3.752)、式(3.753)得到

$$\nabla\times\begin{bmatrix}\boldsymbol{E}_R\\ \boldsymbol{E}_L\end{bmatrix}=\begin{bmatrix}k_R & \boldsymbol{E}_R\\ -k_L & \boldsymbol{E}_L\end{bmatrix} \tag{3.760}$$

$$\nabla\cdot\begin{bmatrix}\boldsymbol{E}_R\\ \boldsymbol{E}_L\end{bmatrix}=0 \tag{3.761}$$

$$\nabla^2\begin{bmatrix}\boldsymbol{E}_R\\ \boldsymbol{E}_L\end{bmatrix}+\begin{bmatrix}k_R^2 & \boldsymbol{E}_R\\ k_L^2 & \boldsymbol{E}_L\end{bmatrix}=0 \tag{3.762}$$

由此可见，$\boldsymbol{E}_R$，$\boldsymbol{E}_L$ 可以由 $\boldsymbol{M}$，$\boldsymbol{N}$ 展开，事实上，适当组合矢量波函数 $\boldsymbol{M}_n$，$\boldsymbol{N}_n$ 可以形成右圆和左圆极化矢量波函数。

$$\boldsymbol{E}_{R,n}=\boldsymbol{M}_n(k_R)-\boldsymbol{N}_n(k_R) \tag{3.763}$$

$$\boldsymbol{E}_{L,n}=\boldsymbol{M}_n(k_L)+\boldsymbol{N}_n(k_L) \tag{3.764}$$

也就是说，回旋介质内的电磁场可以展开为

$$\boldsymbol{E}=\sum a_n[\boldsymbol{M}_n(k_R)-\boldsymbol{N}_n(k_R)]+b_n[\boldsymbol{M}_n(k_L)+\boldsymbol{N}_n(k_L)] \tag{3.765}$$

$$\boldsymbol{H}=\sum_n\frac{\mathrm{j}}{\eta_c}a_n[\boldsymbol{M}_n(k_R)-\boldsymbol{N}_n(k_R)]-\frac{\mathrm{j}}{\eta_c}b_n[\boldsymbol{M}_n(k_L)+\boldsymbol{N}_n(k_L)] \tag{3.766}$$

值得指出的是，对各向同性介质球，左旋极化波只激发出左旋极化波，而对回旋介质，左旋极化波既可以激发出左旋极化波，也可以激发出右旋极化波。也就是说，在回旋介质中，两种特征波将同时被激发，这和各向异性介质有些相似。

对于金属内填充回旋介质的波导，以上方法不再适用，需要重新考虑[56]。

3.14.2 双各向异性介质的色散关系

所谓双各向异性介质是指具有如下组成关系的介质：

$$\boldsymbol{D} = \varepsilon_0(\boldsymbol{\varepsilon}\boldsymbol{E} + \boldsymbol{\xi}\eta_0\boldsymbol{H}) \tag{3.767}$$

$$\boldsymbol{B} = \mu_0(\boldsymbol{\mu}\boldsymbol{H} + \boldsymbol{\eta}\eta_0^{-1}\boldsymbol{E}) \tag{3.768}$$

$$\eta_0 = \sqrt{\mu_0/\varepsilon_0} \tag{3.769}$$

无量纲组成张量 $\boldsymbol{\varepsilon},\boldsymbol{\mu},\boldsymbol{\xi},\boldsymbol{\eta}$ 为 3×3 阶矩阵。$\boldsymbol{\xi}$ 和 $\boldsymbol{\eta}$ 为零的介质称为各向异性介质。

Kong 创立 kDB 系统，极大地简化了色散关系的推导。在球坐标系下和电磁波垂直入射，即 $k_z=0$ 时的圆柱坐标系下，kDB 系统建立色散方程是最为方便的。这时 kDB 系统分别为球坐标系和圆柱坐标系，$\boldsymbol{k}$ 矢量分量为球坐标系下的 $k\hat{\boldsymbol{r}}$ 和柱坐标系下的 $k\hat{\boldsymbol{\rho}}$。这时，先将在主柱坐标系下为常数张量的 $\boldsymbol{\varepsilon},\boldsymbol{\mu},\boldsymbol{\xi},\boldsymbol{\eta}$ 转化到球坐标系和圆柱坐标系下的非常数张量，它们分别是 (θ_k,φ_k) 和 φ_k 的函数，利用二阶矩阵的求逆和相乘得到一关于 k 的四次方程，方程的系数分别是 (θ_k,φ_k) 和 φ_k 的函数，解此四次方程就可得到

$$k_i = k_i(\theta_k,\varphi_k),\quad i=1,2,3,4 \tag{3.770}$$

$$k_{\rho i} = k_{\rho i}(\varphi_k),\quad i=1,2,3,4 \tag{3.771}$$

当 $\boldsymbol{\xi}=\boldsymbol{\eta}=0$ 时，即介质为各向异性而非双各向异性介质时，k 的方程为双二次方程。因而特征波数只有两个。

kDB 系统也有缺点，在处理平面分层介质的电磁问题以及处理柱结构的斜入射问题时，直接采用自然的坐标系，即直角坐标和圆柱坐标系将更方便。1991 年，Graglia 等导出了双各向异性介质的色散关系，结果是[57]

$$\begin{aligned}
&k_x^4A_x + k_y^4A_y + k_z^4A_z + k_x^3k_yB_{xy} + k_z^3k_xB_{zx} + k_z^3k_yB_{zy} + k_y^3k_xB_{yx} + k_x^3k_zB_{yz}\\
&+k_x^3k_xB_{zx} + k_z^3k_yB_{zy} + k_y^3k_xB_{yx} + k_x^3k_zB_{xz} + k_x^2k_xk_zD_{xyz} + k_y^2k_zk_xD_{yzx}\\
&+k_z^2k_xk_yD_{zxy} + k_x^3E_{xyz} + k_y^3E_{yzx} + k_z^3E_{zxy} + k_x^2k_yF_{xyz} + k_y^2k_zF_{yzx} + k_z^2k_xF_{zxy}\\
&-k_z^2k_yF_{zyx} - k_y^2k_xF_{yxz} - k_x^2k_zF_{xzy} + k_xk_yk_zG_{xyz} + k_x^2H_{xyz} + k_y^2H_{yzx} + k_z^2H_{zxy}\\
&+k_xk_yI_{xyz} + k_yk_zI_{yzx} + k_zk_xI_{zxy} + k_xI_{xyz} + k_yI_{yzx} + k_zI_{zxy} + M_{xyz} = 0
\end{aligned} \tag{3.772}$$

所有系数都有显明的表达[57]。在式(3.772)中令

$$k_x = k\cos\theta_k\cos\varphi_k \tag{3.773}$$

$$k_y = k\cos\theta_k\sin\varphi_k \tag{3.774}$$

$$k_z = k\sin\theta_k \tag{3.775}$$

得到关于 k 的四次方程，系数为 θ_k,φ_k 的函数。因而色散方程的四个根也为 θ_k,φ_k 的函数。在式(3.772)中令

$$k_x = k_\rho\cos\varphi_k \tag{3.776}$$

$$k_y = k_\rho\sin\varphi_k \tag{3.777}$$

$$k_z = k_z \tag{3.778}$$

得到 k_ρ 的四次方程。这里 k_z 视为常数。在式(3.772)中令

$$k_x = k_{xi},\quad k_y = k_{yi} \tag{3.779}$$

式中，k_{xi}，k_{yi} 为入射彼的波数，得到 k_z 的四次方程，它有四个根。

对于上述三种情形，都可以由支配方程

$$[(\boldsymbol{k}\times\cdot+\boldsymbol{\xi})\boldsymbol{\mu}^{-1}(\boldsymbol{k}\times\cdot-\boldsymbol{\eta})+\boldsymbol{\varepsilon}]\boldsymbol{E}=0 \tag{3.780}$$

$$[(\boldsymbol{k}\times\cdot-\boldsymbol{\eta})\boldsymbol{\varepsilon}^{-1}(\boldsymbol{k}\times\cdot+\boldsymbol{\xi})+\boldsymbol{\mu}]\boldsymbol{H}=0 \tag{3.781}$$

得出其四个特征解

$$\boldsymbol{E}_i=(E_{xi}\hat{\boldsymbol{x}}+E_{yi}\hat{\boldsymbol{y}}+E_{zi}\hat{\boldsymbol{z}})\psi_i\mathrm{e}^{-\mathrm{j}\boldsymbol{k}\cdot\boldsymbol{r}} \tag{3.782}$$

式中，E_{xi}，E_{yi}，E_{zi} 是与波矢方向有关的量；ψ_i 必为待定振幅。

3.14.3 双各向异性介质的矢量波函数

先讨论球的情形。由前文可知

$$\boldsymbol{E}=\int_0^{2\pi}\int_0^{\pi}\sum_{i=1}^{4}(E_{xi}\hat{\boldsymbol{x}}+E_{yi}\hat{\boldsymbol{y}}+E_{zi}\hat{\boldsymbol{z}})\psi_i\mathrm{e}^{-\mathrm{j}\boldsymbol{k}\cdot\boldsymbol{r}}\mathrm{d}\theta_k\mathrm{d}\varphi_k \tag{3.783}$$

令

$$\psi_i=\sum_{m=-\infty}^{+\infty}\sum_{n=m}^{\infty}\alpha_{mn}^{i}P_n^m(\cos\theta_k)\mathrm{e}^{\mathrm{j}m\varphi_k} \tag{3.784}$$

仿照 3.9 节的理论就可以建立双各向异性介质的矢量波函数理论。

再讨论柱的情形（这时 $\boldsymbol{k}=k_\rho\hat{\boldsymbol{\rho}}+k_z\hat{\boldsymbol{z}}$）。

$$\begin{aligned}\boldsymbol{E}&=\int_0^{2\pi}\int_{-\infty}^{+\infty}\sum_{i=1}^{4}(E_{xi}\hat{\boldsymbol{x}}+E_{yi}\hat{\boldsymbol{y}}+E_{zi}\hat{\boldsymbol{z}})\mathrm{e}^{-\mathrm{j}k_{\rho i}\hat{\boldsymbol{\rho}}\cdot\boldsymbol{v}}\mathrm{e}^{-\mathrm{j}\boldsymbol{k}z}\psi_i\mathrm{d}\theta_k\mathrm{d}z\\&=\int_{-\infty}^{+\infty}\mathrm{e}^{-\mathrm{j}k_z}\mathrm{d}z\sum_{i=1}^{4}\int_0^{2\pi}(E_{xi}\hat{\boldsymbol{x}}+E_{yi}\hat{\boldsymbol{y}}+E_{zi}\hat{\boldsymbol{z}})\mathrm{e}^{-\mathrm{j}k_{\rho i}\hat{\boldsymbol{\rho}}\cdot\boldsymbol{r}}\psi_i(\theta_k,k_z)\mathrm{d}\theta_k\end{aligned} \tag{3.785}$$

令

$$\psi_i(\theta_k,k_z)=A(k_z)\psi_i'(\theta_k)=A(k_z)\sum_{m=-\infty}^{+\infty}\mathrm{e}^{\mathrm{j}m\theta_k}a_m \tag{3.786}$$

得

$$E=\int_{-\infty}^{+\infty}A(k_z)\mathrm{d}k_z\sum_{i=1}^{4}\int_0^{2\pi}(E_{xi}\hat{\boldsymbol{x}}+E_{yi}\hat{\boldsymbol{y}}+E_{zi}\hat{\boldsymbol{z}})\cdot\sum_{m=-\infty}^{+\infty}\mathrm{e}^{\mathrm{j}m\theta_k}a_m\mathrm{e}^{-\mathrm{j}k_{\rho i}\hat{\boldsymbol{\rho}}\cdot\boldsymbol{r}}\mathrm{e}^{-\mathrm{j}k_z z} \tag{3.787}$$

又由

$$\begin{aligned}(E_{xi}\hat{\boldsymbol{x}}+E_{yi}\hat{\boldsymbol{y}}+E_{zi}\hat{\boldsymbol{z}})\mathrm{e}^{-\mathrm{j}\boldsymbol{k}_{\rho i}\hat{\boldsymbol{\rho}}\cdot\boldsymbol{r}}\mathrm{e}^{-\mathrm{j}k_z z}&=(E_{xi}\hat{\boldsymbol{x}}+E_{yi}\hat{\boldsymbol{y}}+E_{zi}\hat{\boldsymbol{z}})\sum_{n=-\infty}^{+\infty}(-\mathrm{j})^nJ_n(k_{\rho i}\rho)\mathrm{e}^{-\mathrm{j}n\theta}\mathrm{e}^{\mathrm{j}n\theta_k}\\&=\sum\alpha_{ni}\boldsymbol{M}_n+\beta_{ni}\boldsymbol{N}_n+\gamma_{ni}\boldsymbol{L}_n\end{aligned} \tag{3.788}$$

分别对该式求散度和旋度得

$$\gamma_{ni}=(E_{xi}k_{\rho i}\cos\theta_i+E_{yi}k_{\rho i}\sin\theta_i+E_{zi}k_z)(-\mathrm{j})^n\mathrm{e}^{-\mathrm{j}n\theta_k} \tag{3.789}$$

$$\alpha_{ni}=\frac{1}{2}\frac{k}{k_\rho}[(A_{n-1}-A_{n+1})E_{xi}+(A_{n-1}+A_{n+1})E_{yi}]+E_{zi}A_n \tag{3.790}$$

$$\beta_{ni}=-\frac{1}{2}\frac{k}{k_\rho}[(A_{n-1}+A_{n+1})E_{xi}+(A_{n-1}-A_{n+1})E_{yi}] \tag{3.791}$$

$$A_n=(-\mathrm{j})^n\mathrm{e}^{-\mathrm{j}n\theta_k} \tag{3.792}$$

将式(3.788)代入式(3.787)得

$$\boldsymbol{E} = \int_{-\infty}^{+\infty} \sum_{m=-\infty}^{+\infty} a_m \boldsymbol{E}_m(\rho,\theta) A(k_z) \mathrm{d}k_z \tag{3.793}$$

$$\boldsymbol{E}_m(\rho,\theta) = \sum_{i=1}^{4} \int_0^{2\pi} \mathrm{e}^{\mathrm{j}\theta_k} \sum_{n=-\infty}^{+\infty} \alpha_{ni}(\theta_k) \boldsymbol{M}_n + \beta_{ni}(\theta_k) \boldsymbol{N}_n + \gamma_{ni}(\theta_k) \boldsymbol{L}_n \mathrm{d}\theta_k \tag{3.794}$$

参考文献

[1] Stratton J A. Electromagnetic Theory. New York:McGraw-Hill,1941.

[2] Moon P,Spencer D E. Field Theory Handbook. New York:Springer,1961.

[3] 任朗. 天线理论基础. 北京:人民邮电出版社,1980.

[4] Bowman J J,Senior T B A,Uslenghi P L E. Electromagnetic and Acoustic Scattering by Simple Shapes. New York:Wiley,1969.

[5] 林为干. 微波场论及其应用研究论文选集. 北京:电子工业出版社,1989.

[6] Morgan M A. Finite Element and Finite Difference Methods in Electromagnetics Scattering. New York:Elsevier,1989.

[7] Harrington R F. Time Harmonic Electromagnetic Fields. New York:McGraw-Hill,1961.

[8] Tsalamengas J L. Scattering of H-polarized waves from conducting strips in the presence of electrically uniaxial half space: a singular integrodifferential equation approch. IEEE Transactions on Antenna and Propagation,1990,38(5):598～607.

[9] 任伟. 马丢函数与保角变换在电磁场工程中的新应用. 成都:电子科技大学博士学位论文,1990:36～49.

[10] 刘德贵,费景高,于永红,等. Fortran 算法汇编. 北京:国防工业出版社,1983.

[11] Smythe W R. Static and Dynamic Electricity. New York:McGraw-Hill,1968.

[12] Toyama N,Shogen K. Computation of the value of the even and odd Mathieu. IEEE Transactions on Antenna and Propagation,1984,32(5):537～539.

[13] Dick E. On the computations of Mathieu functions. Journal of Engneering Mathematics,1973,7(13):39～61.

[14] 任伟. 马丢函数与保角变换在电磁场工程中的新应用. 成都:电子科技大学博士学位论文,1990.

[15] Abramowitz M,Stegun I A. Handbook of Mathematical Functions. National Bureau of Standard US,1966.

[16] Wang W. Higher order terms of asympotic expansions for spheroidal eigenvalues. Quartly Applied Mathematics,1990,XLVⅢ(3):539～543.

[17] Hodge D B. Eigenvalues and eigenfunction of spheroidal wave equation. Journal of Mathematical Physics,1970,11(8):2308～2312.

[18] Singh B P,MacPhie R H. On the computation of the prolate spherodial radial functions of the second-kind. Journal of Mathematical Physics,1975,(12):2378～2381.

[19] Cruzan O. Translational addition theorems for spherical vector wave functions. Quartly Applied Mathematics,1962,20(13):33～40.

[20] Flammer C. Spheroidal Wave Functions. Stanford:Stanford University Press,1957.

[21] MacPhie R H,Dalmas J,Deleuil R. Rotational-translational addition therems for scalar spheroidal wave functions. Quartly Applied Mathematical,1987,XLIV(4):737～749.

[22] Tai C T. Dyadic Green's Functions in Electromagnetic Theory. New York：International Text Book，1971.

[23] Webb J B. The finite element method for finding modes of dielectric loaded cavities. IEEE Transactions on Microwave Theory and Technology，1985，33(7)：635～639.

[24] Dalmas J，Deleuie R，MacPhie R H. Rotational-transeational addition theorems for spheroidal vector wave，functions. Quartly Applied Mathematics，1989，XLVI(2)：351～364.

[25] 周学松. 矢量波函数理论. //1987 年全国微波会议论文集，1987：132～165.

[26] Chang S K，Mei K K. Generalized sommerfeld integrals and field expansions in two medium half space. IEEE Transactions on Antenna and Propagation，1980，28(4)：504～512.

[27] Francis N，Cooray R，Ciric I R. Electromagnrtic wave scattering by a system of two spheroidal of arbitrary orientation. IEEE Transactions on Antenna and Propagation，1989，37(5)：608～618.

[28] Jen L，Hui C，Sheng K. Separation of helmoholtz equations in prolate spheroidal coordinates. Journal of Applied Physics，1984，56(5)：1532～1535.

[29] Cooray R，Ciric I R，Singh B P. Electromagnetic scattering by a system of two parallel dielectric prolate spheroids. Canadian Journal of Physics，1990，68：376～384.

[30] Wang W，Mao K H. The problem of the boundary value of the antema nearby a metallic prolate spheroid. //Proceedings of the Second International Symposium on Antennas and EM Theory，1989：654～655.

[31] 陈敬熊，李桂生. 电磁理论中的直接法与积分方程法. 北京：科学出版社，1987.

[32] Murphy W D. Solving electromagnetic scattering problem at resomance frequences. Journal of Applied Physics，1990，67(10)：6061～6065.

[33] Varadan V K，Varadan V V. Acoustic Electromagnetic and Elastic Wave Scattering-Focus on the T-Matrix Approach. New York：Pergamon Press，1980.

[34] 郭英杰. 谐振区电磁散射方法的理论及其应用. 西安：西安交通大学博士学位论文，1987.

[35] 孙家昶. 样条函数与计算几何. 北京：科学出版社，1982：32～33，41，121.

[36] Toyoda L，Matsuhara M，Kumamagai N. Extended integral exquation formulation for scattering problems from cylindrical scatterer. IEEE Transactions on Antenna and Propagation，1988，36(113)：1580～1586.

[37] Chew W C，Wang Y M. A fast algorithm for solution of scattering problem using a recurive aggregate τ matrix method. Microwave Optical Techniques Letters，1990，3 (5)：164～169.

[38] Ragheb H A，Hamid M. Simulation of cylindrical scattering surface by conducting strips. International Journal of Electronics，1988，64(4)：521～535.

[39] Leviatan Y. Generalized formulations for electromagnetic scattering from perfectly conducting and homogeneous material bodied：theory and numerical solutions. IEEE Transactions on Antenna and Propagation，1988，36(12)：1722～1734.

[40] Leviatan Y. Analytic continuation considerations when using generalized formulations for scattering problems. Ibid，1990，38(8)：1259～1263.

[41] Elsherbeni A Z，Hamid M. Diffraction by a wide double wedge with cylindrically cappde edges. Ibid，1986，37(7)：947～951.

[42] Syed H，LVolakis J. Multiple diffractions among polygonal impedance cylinders. Ibid，1989，37(5)：664～671.

[43] Chen H C. Theory of Electromagnetic Waves Coordinate Free Approach. New York：McGraw-Hill，1983.

[44] Papadakis S N, Uzunoglu N K, Christos N. Scattering of a plane wave by a general anisotropic dielectic ellipsoid. Journal of Optical Society of America, 1990, 7(6): 991～997.

[45] 任伟，等. 单轴和回旋介质柱电磁问题的矢量分析. 电子科技大学学报(接受发表).

[46] Lam J. Effective longitudinal dielecttric constant of a rectangular lattice of a paralldel conducting prolate spheroids. Journal of Applied Physics, 1990, 69(2): 392～403.

[47] Morse P, Feshbach H. Methods of Theoretical Physics. New York: McGrawe-Hill, 1953.

[48] de Munck J C. The potential distribution in layered anisotrobpic spheroidal volume conductor. Journal of Applied Physics, 1988, 64(2): 464～470.

[49] Uzunoglu N K, Cattis P G, Fikioris J G. Excitation of EM waves in a gyroelectric cylinder. IEEE Transactions on Antenna and Propagation, 1985, 33(13): 90～99.

[50] Monzon J C, Damaskos N J. Two dimensional scattering by a homogeneous anisotropic rod. Ibid, 1986, 34(10): 1243～1249.

[51] Morse P. Proceedings of the National Academy of Sciences, 1935, 21: 56.

[52] Uchida, Noda T, Matsunaga T. Electromagnetic wave scattering by an infinite plane metallic grating in case of oblique incidence and arbitrary polatization. IEEE Transactions on Antenna and Propagation, 1988, 36(3): 422～451.

[53] 张谨. 信号与系统. 北京：人民邮电出版社，1987：50.

[54] Monzon J C. Three dimensional scattering by an infinite homogeneous anisotropic circulai cylinder: a spectral approach. Ibid, 1987, 35(6): 670～682.

[55] Lakhtakia A, Varadan V K, Varadan V V. Time Harmonic Electromagnetic Field in Chiral Media, Lecture Notes in Physics. New York: Springer, 1989: 335.

[56] Pelet P, Engheta N. The theory of chirowaveguides. IEEE Transactions on Antenna and Propagation, 1990, 38(1): 90～98.

[57] Graglia R D, Uslenghi P L E, Zich R E. Dispersion relation for bianisotropic materials and its symmetry properties. Ibid, 1991, 39(1): 83～90.

第四章　并矢格林函数与高斯束

1971 年 Lax 和 Nelson 在《Physics Review B》上发表了题为“在弹性各向异性介质中的线性与非线性电动力学”的长篇大作，以一种统一的观点处理了各向异性介质内的声、电磁、弹性波的线性与弱非线性现象。他们的理论完全是一种无界空间的理论，对线性现象，采用无界空间的特征波叠加，对弱非线性现象，利用文献上提到的各向异性介质并矢格林函数的远区渐近式。实际上材料总是有界体，人们往往也并不只对远场感兴趣，特别是考虑介质体之间的相互作用时，近场起着更加重要的作用。第三章已建立了有界各向异性材料的波函数理论，解决了处理线性现象的工具问题。本章将建立并矢格林函数的近场计算方法，为有界各向异性介质的有源和弱非线性现象的分析奠定基础。

4.1　E 面扇形喇叭的并矢格林函数及其应用

本节利用库仑规范和本征函数展开法求出了 E 面扇形喇叭的并矢格林函数。这一结果可用于一类正交模耦合器的计算机辅助设计。

对于复杂波导不连续性的严格三维场理论，20 世纪 70 年代以前没有进行过认真的研究，70 年代末 80 年代初，国外开始出现这方面的报道，国内也开始了这方面的研究。

在作者的科研工作中，遇到这种复杂波导不连续性，先是由一个标准矩形波导宽边不变线性渐变到相应尺寸的标准方波导，然后在过渡段(斜面)上加一个宽边平行于系统轴向的相同矩形波导，通过斜面上开大孔实现耦合。解决这一问题的关键是求孔口处的磁流在过渡段内产生的场，即求 E 面扇形喇叭的并矢格林函数。

图 4.1 示出 E 面扇形喇叭的横截面，实际结构在 z 方向有一长度 a (波导宽边)，并由 $z=0$ 和 $z=a$ 处的导体板与 $\varphi=0,2\alpha$ 处的导体板连在一起形成喇叭。接波导的斜面 $\varphi=2\alpha$，不接波导的斜面 $\varphi=0$。为了求出 $\varphi=2\alpha$ 的面上的孔口处有一磁流 $\boldsymbol{M}$ 时在扇形喇叭内产生的电磁场，需要求出 $\boldsymbol{M}$ 的无散部分产生的并矢格林函数 $\boldsymbol{G}_1$，$\boldsymbol{G}_2$ 和 $\boldsymbol{M}$ 的无旋部分产生的标量格林函数 G_m[1,2]。它们的支配方程和边界条件为

$$(\nabla\times\nabla\times-k^2)\begin{matrix}\boldsymbol{G}_1\\ \boldsymbol{G}_2\end{matrix}=I\delta(\boldsymbol{r}-\boldsymbol{r}') \tag{4.1}$$

$$\hat{\boldsymbol{n}}\times\boldsymbol{G}_1=0\quad(\text{在导体边界上}) \tag{4.2}$$

$$\hat{\boldsymbol{n}}\times\nabla\times\boldsymbol{G}_2=0\quad(\text{在导体边界上}) \tag{4.3}$$

$$\nabla^2 G_m=-\delta(\boldsymbol{r}-\boldsymbol{r}') \tag{4.4}$$

$$\frac{\partial G_m}{\partial n}=0\quad(\text{在导体边界上}) \tag{4.5}$$

本来，$\boldsymbol{G}_1$，$\boldsymbol{G}_2$ 既有旋量部分又有无旋部分，也就是说在矢量波函数的展开中既要包括 $\boldsymbol{M}$，$\boldsymbol{N}$ 矢量，又要包括 $\boldsymbol{L}$ 矢量。但是，按照文献[2]给出的方法，将 $\boldsymbol{L}$ 矢量的作用用标量格林函数来体现，也就是采用库仑规范而不采用洛伦兹规范，这样就可以更好地借鉴文献

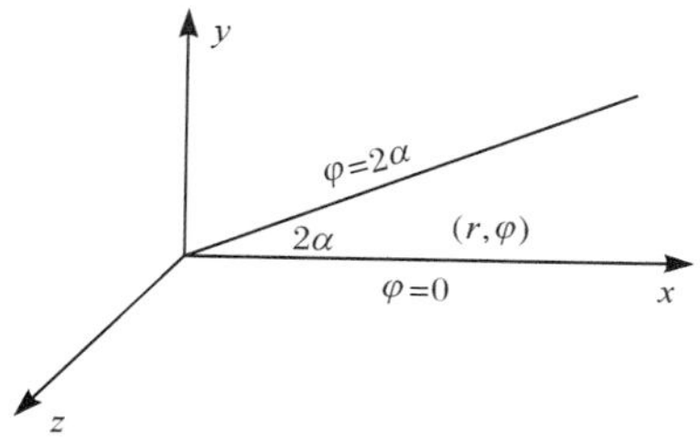

图 4.1　E 面扇形喇叭的横截面

[3]中介绍的方法。

先求第一类并矢格林函数 $\boldsymbol{G}_1$，为此，构造函数

$$\boldsymbol{M}_{\substack{e\\o}vm}=\nabla\times\left[J_v(\lambda r)\substack{\cos\\ \sin}v\varphi\ \substack{\sin\\ \cos}\frac{m\pi}{a}z\,\hat{\boldsymbol{z}}\right]$$

$$=\left[\mp\frac{v}{r}J_v(\lambda r)\substack{\sin\\ \cos}v\varphi\,\hat{\boldsymbol{r}}-\frac{\partial J_v(\lambda r)}{\partial r}\substack{\cos\\ \sin}v\varphi\,\hat{\boldsymbol{\varphi}}\right]\cdot\substack{\sin\\ \cos}\frac{m\pi}{a}z \tag{4.6}$$

$$\boldsymbol{N}_{\substack{e\\o}vm}=\frac{1}{k'}\nabla\times\nabla\times\left[J_v(\lambda r)\substack{\cos\\ \sin}v\varphi\ \substack{\sin\\ \cos}\frac{m\pi}{a}z\,\hat{\boldsymbol{z}}\right]$$

$$=\pm\frac{1}{k'}\left[\frac{\partial J_v(\lambda r)}{\partial r}\substack{\cos\\ \sin}v\varphi\,\hat{\boldsymbol{r}}\mp\frac{v}{r}J_v(\lambda r)\substack{\sin\\ \cos}v\varphi\hat{\boldsymbol{\varphi}}\right]\cdot\left(\frac{m\pi}{a}\right)\substack{\cos\\ \sin}\frac{m\pi}{a}z+\frac{\lambda^2}{k'}J_v(\lambda r)$$

$$\cdot\substack{\cos\\ \sin}v\varphi\ \substack{\sin\\ \cos}\frac{m\pi}{a}z \tag{4.7}$$

$$k'^2=\lambda^2+\left(\frac{m\pi}{a}\right)^2,\quad v=\frac{n\pi}{2\alpha} \tag{4.8}$$

容易验证，在 $\varphi=0,2\alpha$ 及 $z=0,a$ 处有

$$\hat{\boldsymbol{n}}\times\boldsymbol{M}_e=0,\quad \hat{\boldsymbol{n}}\times\boldsymbol{N}_o=0 \tag{4.9}$$

$$\hat{\boldsymbol{n}}\times\nabla\times\boldsymbol{M}_o=0,\quad \hat{\boldsymbol{n}}\times\nabla\times\boldsymbol{N}_e=0 \tag{4.10}$$

与文献[4]的结果对照可知上述表达式是正确的。既然 $\boldsymbol{M}_e,\boldsymbol{N}_o$ 满足导体边界的第一类齐次边界条件，所以用它展开并矢 δ 函数和第一类并矢格林函数是合适的，设

$$\boldsymbol{I}\delta(\boldsymbol{r}-\boldsymbol{r}')=\int_0^{\infty}\mathrm{d}\lambda\sum_{v,m}\boldsymbol{M}_{evm}\boldsymbol{A}_{evm}+\boldsymbol{N}_{ovm}\boldsymbol{B}_{ovm} \tag{4.11}$$

式中，$\boldsymbol{A}_{evm}$，$\boldsymbol{B}_{ovm}$ 为待定矢量，由 $\boldsymbol{M},\boldsymbol{N}$ 矢量的正交归一化关系

$$\iiint\boldsymbol{M}_{evm}\cdot\boldsymbol{M}_{ev'm'}\,\mathrm{d}V=\iiint\boldsymbol{N}_{ovm}\cdot\boldsymbol{N}_{ov'm'}\,\mathrm{d}V$$

$$=\begin{cases}0, & v\neq v'\ \text{或}\ m=m'\\ \dfrac{1+\delta_0}{2}2\pi\,\dfrac{a}{2}\lambda\delta(\lambda-\lambda'), & v\neq v'\ \text{和}\ m=m'\end{cases} \tag{4.12}$$

$$\delta_0=\begin{cases}1, & v=0\\ 0, & v\neq 0\end{cases} \tag{4.13}$$

对式(4.11)两边乘以 $\boldsymbol{M}_{ev'm'}$，$\boldsymbol{N}_{ov'm'}$，并对空间积分得

$$\boldsymbol{A}_{evm}=A_{evm}\boldsymbol{M}'_{evm}/\lambda \tag{4.14}$$

$$\boldsymbol{B}_{\sigma vm} = A_{evm} \boldsymbol{N}'_{\sigma vm}/\lambda \tag{4.15}$$

$$A_{evm} = \frac{2}{(1+\delta_0)2a} \tag{4.16}$$

知道了并矢 δ 函数的本征函数展开，可以按文献[3]的方法确定并矢格林函数。

$$\boldsymbol{G}_1 = \int_0^\infty \sum_{v=0}^\infty \sum_{m=1}^\infty A_{evm}\left[\boldsymbol{M}_{evm}\boldsymbol{M}'_{evm} + \boldsymbol{N}_{\sigma vm}\boldsymbol{N}'_{\sigma vm}\right]\frac{\mathrm{d}\lambda}{\lambda\left[\lambda^2 + \left(\frac{m\pi}{a}\right)^2 - k^2\right]}$$

$$= \sum_{v=0}^\infty \sum_{m=1}^\infty A_{evm}\frac{\pi \mathrm{j}}{2}\begin{cases}\boldsymbol{M}^{(1)}_{evm\eta}\boldsymbol{M}'_{evm\eta} + \boldsymbol{N}^{(1)}_{\sigma vm\eta}\boldsymbol{N}'_{\sigma vm\eta}, & r > r' \\ \boldsymbol{M}_{evm\eta}\boldsymbol{M}'^{(1)}_{evm\eta} + \boldsymbol{N}_{\sigma vm\eta}\boldsymbol{N}'^{(1)}_{\sigma vm\eta}, & r < r'\end{cases} \tag{4.17}$$

$$\eta^2 = k^2 - \left(\frac{m\pi}{a}\right)^2 \tag{4.18}$$

$$\boldsymbol{M}^{(1)}_{evm\eta} = \nabla\times\left[H_v^{(1)}(\eta r)\cos v\varphi \sin\frac{m\pi}{a}z\,\hat{\boldsymbol{z}}\right] \tag{4.19}$$

$$\boldsymbol{N}^{(1)}_{\sigma vm\eta} = \frac{1}{k'}\nabla\times\nabla\times\left[H_v^{(1)}(\eta r)\sin v\varphi \cos\frac{m\pi}{a}z\hat{\boldsymbol{z}}\right] \tag{4.20}$$

在式(4.14)、式(4.17)中，$\boldsymbol{M}'$ 的意思是将 $\boldsymbol{M}$ 的所有变量改成带撇的变量，例如

$$\boldsymbol{M}'_{evm} = \nabla\times\left[J_v(\lambda r')\cos v\varphi' \sin\frac{m\pi}{a}z'\hat{\boldsymbol{z}}\right] \tag{4.21}$$

其余类推。

由第一类并矢格林函数与第二类并矢格林函数的关系，并注意到可以取零这一事实，有

$$\boldsymbol{G}_2 = \sum_{v=0}^\infty \sum_{m=0}^\infty A_{evm}\frac{\pi \mathrm{j}}{2}(1+\delta_{m0})\cdot\begin{cases}\boldsymbol{M}^{(1)}_{\sigma vm\eta}\boldsymbol{M}'_{\sigma vm\eta} + \boldsymbol{N}^{(1)}_{evm\eta}\boldsymbol{N}'_{evm\eta}, & r > r' \\ \boldsymbol{M}_{\sigma vm\eta}\boldsymbol{M}'^{(1)}_{\sigma vm\eta} + \boldsymbol{N}_{evm\eta}\boldsymbol{N}'^{(1)}_{evm\eta}, & r < r'\end{cases} \tag{4.22}$$

$$\delta_{m0} = \begin{cases}0, & m = 0 \\ 1, & m \neq 0\end{cases} \tag{4.23}$$

式中，$\boldsymbol{M}_o$，$\boldsymbol{M}_o^{(1)}$，$\boldsymbol{N}_e$，$\boldsymbol{N}_e^{(1)}$ 及其带撇的量可以参照式(4.6)、式(4.7)、式(4.19)～(4.21)写出。

$\boldsymbol{G}_m(\boldsymbol{r},\boldsymbol{r}')$ 的表达式可修改文献[5]中的表达式得到：

$$\boldsymbol{G}_m(\boldsymbol{r},\boldsymbol{r}') = \frac{1}{a}\sum_{v=0}^\infty \sum_{m=0}^\infty \frac{2\alpha(1+\delta_0)(1+\delta_{m0})}{4\pi}\cos v\varphi\cos v\varphi'$$

$$\cdot\cos\frac{m\pi}{a}z\frac{m\pi}{a}z' I_m\left(\frac{m\pi}{a}\rho_<\right)K_m\left(\frac{m\pi}{a}\rho_>\right) \tag{4.24}$$

式中，当 $r<r'$ 时，$\rho_< = r$，$\rho_> = r'$；当 $r>r'$ 时，$\rho_< = r'$，$\rho_> = r$。

至此，由磁流 $\boldsymbol{M}$ 产生的电磁场为

$$\boldsymbol{H} = \frac{1}{4\pi}\int_S \nabla\cdot\boldsymbol{M}\,\nabla\cdot G_m\mathrm{d}S' - \mathrm{j}\omega\varepsilon_0\int_S \boldsymbol{M}\cdot\boldsymbol{G}_2\mathrm{d}S' \tag{4.25}$$

$$\boldsymbol{E} = -\int \boldsymbol{M}\cdot\nabla\times\boldsymbol{G}_1\mathrm{d}S' \tag{4.26}$$

本节理论可用于求 H 面扇形喇叭的相应问题。

4.2 单轴各向异性介质填充的矩形波导的并矢格林函数

各向同性介质填充的矩形波导的并矢格林函数已在最近讨论清楚。本节将这种理论推广用于单轴各向异性介质填充的矩形波导,即采用库仑规范解决问题,将静电场和波场区分开来,分别求解。这一方法已在 4.1 节通过扇形喇叭这一有意义的问题详细地展示了。对于介质的组成关系,设

$$\boldsymbol{\varepsilon}=\begin{bmatrix}\varepsilon & 0 & 0\\ 0 & \varepsilon & 0\\ 0 & 0 & \varepsilon_1\end{bmatrix},\quad \boldsymbol{\mu}=\begin{bmatrix}\mu & 0 & 0\\ 0 & \mu & 0\\ 0 & 0 & \mu_1\end{bmatrix} \tag{4.27}$$

对于光轴为 x 或 y 方向的矩形波导的情形,所有理论可以类似地展开。之所以取式(4.27)的组成关系,是由于本节理论可以毫无困难地推广到任意截面形状的直波导。

本节工作的意义有两点:一是解决了这个问题,有理论和实际意义;二是展示了本书 3.4 关于矢量波函数的划分的具体意义,同时给出矢量波函数带权正交的一个具体例子,这在其他文献上是较难找到的。

4.2.1 静电、静磁场的解

按照 3.4 节的理论,静电、磁场的定解问题为

$$\begin{cases}\dfrac{\partial^2\varphi}{\partial x^2}+\dfrac{\partial^2\varphi}{\partial y^2}+\dfrac{\varepsilon_1}{\varepsilon}\dfrac{\partial^2\varphi}{\partial z^2}=-\delta(x-x')\delta(y-y')\delta(z-z')\\ \varphi\,|_{x=0,a,y=0,b}=0,\quad -\infty<z<+\infty\end{cases} \tag{4.28}$$

$$\begin{cases}\dfrac{\partial^2\psi}{\partial x^2}+\dfrac{\partial^2\psi}{\partial y^2}+\dfrac{\varepsilon_1}{\varepsilon}\dfrac{\partial^2\psi}{\partial z^2}=-\delta(x-x')\delta(y-y')\delta(z-z')\\ \left.\dfrac{\partial\psi}{\partial n}\right|_{x=0,a,y=0,b}=0,\quad -\infty<z<+\infty\end{cases} \tag{4.29}$$

上述问题非常适于用 Ohm-Rayleigh 法求解[3]。

$$\varphi=\frac{2\mathrm{j}}{ab}\left(\frac{\varepsilon_1}{\varepsilon}\right)^2\sum_{m=1}^{\infty}\sum_{n=1}^{\infty}\frac{\exp\left[-\mathrm{j}\left(\frac{m\pi}{a}\right)^2+\left(\frac{n\pi}{b}\right)^2\right]|z-z'|}{-\left[\left(\frac{m\pi}{a}\right)^2+\left(\frac{n\pi}{b}\right)^2\right]}\cdot\sin\frac{m\pi}{a}x\sin\frac{m\pi}{a}x'\cdot\sin\frac{n\pi}{b}y\sin\frac{n\pi}{b}y' \tag{4.30}$$

$$\varphi=\frac{2\mathrm{j}}{ab}\left(\frac{u_1}{u}\right)^2\sum_{m=0}^{\infty}\sum_{n=0}^{\infty}\frac{\exp\left[-\mathrm{j}\left(\frac{m\pi}{a}\right)^2+\left(\frac{n\pi}{b}\right)^2\right]|z-z'|}{-\left[\left(\frac{m\pi}{a}\right)^2+\left(\frac{n\pi}{b}\right)^2\right]}\cdot(1+\delta_{m0})(1+\delta_{n0})\cos\frac{m\pi}{a}x\cos\frac{m\pi}{a}x'\cos\frac{n\pi}{b}y\cos\frac{n\pi}{b}y' \tag{4.31}$$

式中,δ_{m0},δ_{n0} 的定义见式(4.23),m,n 不同时为零。

4.2.2 并矢格林函数

由文献[6]可知,在式(4.27)所给的组成关系下,电磁场的纵向分量满足

$$\left(\nabla_t^2 + a_1 \frac{\partial^2}{\partial z^2} + k^2 a_1\right) E_z = 0 \tag{4.32}$$

$$\left(\nabla_t^2 + b_1 \frac{\partial^2}{\partial z^2} + k^2 b_1\right) E_z = 0 \tag{4.33}$$

$$a_1 = \frac{\varepsilon_1}{\varepsilon}, \quad b_1 = \frac{u_1}{u}, \quad k^2 = \omega^2 \mu\varepsilon \tag{4.34}$$

式中，∇_t^2 为横向拉普拉斯算子。横向场可以由纵向场导出：

$$\boldsymbol{E}_t = \frac{1}{(k_\rho^2/a_1)} \nabla_t \frac{\partial}{\partial z} E_z + \frac{\mathrm{j}\omega\mu}{(k_\rho^2/b_1)} \times H_z \hat{\boldsymbol{z}} \tag{4.35}$$

$$\boldsymbol{H}_t = \frac{-\mathrm{j}\omega\varepsilon}{(k_\rho^2/a_1)} \nabla_t \times E_z \hat{\boldsymbol{z}} + \frac{1}{(k_\rho^2/b_1)} \nabla_t \frac{\partial}{\partial z} H_z \tag{4.36}$$

式中，k_ρ^2 为横向波数。它与纵向波数的关系为

$$k_z^e = \sqrt{k^2 - k_\rho^2/a_1} \quad (\text{对 TM 波}) \tag{4.37}$$

$$k_z^m = \sqrt{k^2 - k_\rho^2/b_1} \quad (\text{对 TE 波}) \tag{4.38}$$

由以上各式结合边界条件，得到矩形波导内的场为：

TM 场

$$\boldsymbol{E}^{\mathrm{TM}}(k_z^e) = E_x \hat{\boldsymbol{x}} + E_y \hat{\boldsymbol{y}} + E_z \hat{\boldsymbol{z}} \tag{4.39}$$

$$\boldsymbol{H}^{\mathrm{TM}}(k_z^e) = H_x \hat{\boldsymbol{x}} + H_y \hat{\boldsymbol{y}} \tag{4.40}$$

$$E_z = \sin \frac{m\pi}{a} x \sin \frac{n\pi}{b} y \mathrm{e}^{\mathrm{j}k_z^e z} \tag{4.41}$$

TE 场

$$\boldsymbol{E}^{\mathrm{TE}}(k_z^m) = E_x \hat{\boldsymbol{x}} + E_y \hat{\boldsymbol{y}} \tag{4.42}$$

$$\boldsymbol{H}^{\mathrm{TE}}(k_z^m) = H_x \hat{\boldsymbol{x}} + H_y \hat{\boldsymbol{y}} + H_z \hat{\boldsymbol{z}} \tag{4.43}$$

$$H_z = \cos \frac{m\pi}{a} x \cos \frac{n\pi}{b} y \mathrm{e}^{\mathrm{j}k_z^m z} \tag{4.44}$$

各横向分量由纵向分量求出，且

$$k_\rho^2 = \left(\frac{m\pi}{a}\right)^2 + \left(\frac{n\pi}{b}\right)^2 \tag{4.45}$$

值得注意的是，介电常数的各向异性仅仅影响 TM 波，而磁导率的各向异性仅仅影响 TE 波，因而上述电磁场分别满足下列正交归一化关系：

$$\begin{aligned}&\int_0^a \int_0^b \int_{-\infty}^{+\infty} \boldsymbol{E}_{mn}^{\mathrm{TM}} \cdot \varepsilon \cdot \boldsymbol{E}_{m'n'}^{\mathrm{TM}^*} \,\mathrm{d}x\mathrm{d}y\mathrm{d}z \\ &= \begin{cases} 0, & m \neq m' \text{ 或 } n \neq n' \\ \dfrac{\varepsilon_1 k^2}{k^2 - (k_z^e)^2} \dfrac{\pi ab}{2}(1+\delta_0)\delta(k_z^e - k_z^{e'}), & m = m', n = n' \end{cases}\end{aligned} \tag{4.46}$$

$$\begin{aligned}&\int_0^a \int_0^b \int_{-\infty}^{+\infty} \boldsymbol{E}_{mn}^{\mathrm{TE}} \cdot \varepsilon \cdot \boldsymbol{E}_{m'n'}^{\mathrm{TE}^*} \,\mathrm{d}x\mathrm{d}y\mathrm{d}z \\ &= \begin{cases} 0, & m \neq m' \text{ 或 } n \neq n' \\ \dfrac{\omega^2 \mu^2 b_1^2}{k_\rho^e}(1+\delta_0) \dfrac{\pi ab}{2}\delta(k_z^m - k_z^{m'}), & m = m', n = n' \end{cases}\end{aligned} \tag{4.47}$$

$$\int_0^a\int_0^b\int_{-\infty}^{+\infty}\boldsymbol{H}_{mn}^{\mathrm{TM}}\cdot\varepsilon\cdot\boldsymbol{H}_{m'n'}^{\mathrm{TM}^*}\,\mathrm{d}x\mathrm{d}y\mathrm{d}z$$
$$=\begin{cases}0, & m\neq m' \text{ 或 } n\neq n'\\ \dfrac{\pi ab}{2}(1+\delta_0)\dfrac{\mu\omega^2\varepsilon a_1^2}{k_\rho^2}\delta(k_z^e-k_z^{e'}), & m=m', n=n'\end{cases}\tag{4.48}$$

$$\int_0^a\int_0^b\int_{-\infty}^{+\infty}\boldsymbol{H}_{mn}^{\mathrm{TE}}\cdot\varepsilon\cdot\boldsymbol{H}_{m'n'}^{\mathrm{TE}^*}\,\mathrm{d}x\mathrm{d}y\mathrm{d}z$$
$$=\begin{cases}0, & m\neq m' \text{ 或 } n\neq n'\\ \dfrac{\mu_1k^2}{k^2-(k_z^m)^2}\dfrac{\pi ab}{2}(1+\delta_0)\delta(k_z^m-k_z^{m'}), & m=m', n=n'\end{cases}\tag{4.49}$$

$$\delta_0=\begin{cases}1, & m=0 \text{ 或 } n=0\\ 0, & m,n\neq 0\end{cases}\tag{4.50}$$

值得指出的是，在波导内取内积时，Tai 采用沿 $-z$ 方向和 $+z$ 方向的波作内积，这一含义是不明确的，或者说是容易产生混乱的。实际上，这是由于复变函数的内积定义

$$\langle f,g\rangle=\int f^*g\mathrm{d}x\tag{4.51}$$

引起的。按这一定义，在一些情形下同于 Tai 的做法，本书采用式(4.51)的做法。

由 Bladel 的工作[7]，或者由并矢格林函数的矢量空间理论[8]，立即得到

$$\boldsymbol{G}_1=\sum_m\sum_n\frac{\pi\mathrm{j}\,\boldsymbol{E}_{mn}^{\mathrm{TE}}\,(\boldsymbol{E}'^{\mathrm{TE}}_{mn})^*}{k_z^m\iiint(\boldsymbol{E}_{mn}^{\mathrm{TE}})^*\cdot\varepsilon\cdot\boldsymbol{E}_{mn}^{\mathrm{TE}}\mathrm{d}x\mathrm{d}y\mathrm{d}z}+\sum_m\sum_n\frac{\pi\mathrm{j}\,\boldsymbol{E}_{mn}^{\mathrm{TM}}\,(\boldsymbol{E}'^{\mathrm{TM}}_{mn})^*}{k_z^e\iiint(\boldsymbol{E}_{mn}^{\mathrm{TM}})^*\cdot\varepsilon\cdot\boldsymbol{E}_{mn}^{\mathrm{TM}}\mathrm{d}x\mathrm{d}y\mathrm{d}z}\tag{4.52}$$

$$\boldsymbol{G}_2=\sum_m\sum_n\frac{\pi\mathrm{j}\,\boldsymbol{H}_{mn}^{\mathrm{TM}}\,(H'^{\mathrm{TM}}_{mn})^*}{k_z^e\iiint(\boldsymbol{H}_{mn}^{\mathrm{TM}})^*\cdot\mu\cdot\boldsymbol{H}_{mn}^{\mathrm{TM}}\mathrm{d}x\mathrm{d}y\mathrm{d}z}+\sum_m\sum_n\frac{\pi\mathrm{j}\,\boldsymbol{H}_{mn}^{\mathrm{TE}}\,(H'^{\mathrm{TE}}_{mn})^*}{k_z^m\iiint(\boldsymbol{H}_{mn}^{\mathrm{TE}})^*\cdot\mu\cdot\boldsymbol{H}_{mn}^{\mathrm{TE}}\mathrm{d}x\mathrm{d}y\mathrm{d}z}\tag{4.53}$$

4.3　单轴各向异性介质半空间的并矢格林函数

有了 4.2 节的准备，要求单轴介质半空间的并矢格林函数就变得非常容易了。由于对成层介质，通常以轴分区，同于在矩形波导的情形，所以需要改动的地方特别少。实际上，4.2 节正是采用了适用于柱坐标系下的文献[6]的符号系统。只要注意到，在半空间的情形下，静电、静磁场可以由镜像法求出[9]，而无需用分离变量法求解。由

$$E_z=J_n(k_\rho r)\mathrm{e}^{\mathrm{j}n\varphi}\mathrm{e}^{\mathrm{j}k_z^ez}\tag{4.54}$$

$$H_z=J_n(k_\rho r)\mathrm{e}^{\mathrm{j}n\varphi}\mathrm{e}^{\mathrm{j}k_z^mz}\tag{4.55}$$

k_ρ 与 k_z^m，k_z^e 的关系与 4.2 节相同。并注意到

$$\varepsilon_{\rho\rho}=\varepsilon_{\varphi\varphi}=\varepsilon,\quad \varepsilon_{zz}=\varepsilon_1\tag{4.56}$$

$$\mu_{\rho\rho}=\mu_{\varphi\varphi}=\mu,\quad \mu_{zz}=\mu_1\tag{4.57}$$

可以按照 4.2 的理论完成无界空间的并矢洛林函数推导。有了无界空间的并矢格林函数,可以照文献[6]的方法求出半空间,甚至成层单轴介质的并矢格林函数。

这一结果可用于地球物理和微波遥感的研究[10]。

4.4 弹性各向异性介质的并矢格林函数

1979 年 Nelson 在他所著《Electric Optic, and Acoustic Interactions, in Dielectric》一书中,系统地阐述了处理连续介质力学中线性与弱非线性现象的本征矢展开方法[11];基于这本书中的理论体系,从分析方法上看,各向异性弹性介质的理论将比电磁学更加简单,因为色散方程总可以看成一个实对称矩阵的特征值问题,从而特征向量有很好的正交特性,这些特性对于求并矢格林函数来说都是极其方便的[12],在此书中有很多应用各向异性无界空间并矢格林函数的例子。

考虑各向异性弹性体的平面声波

$$e^{jk(\boldsymbol{s}\cdot\boldsymbol{r}-\omega t)} \tag{4.58}$$

记位移本征矢为 $\boldsymbol{b}^{\alpha}(\alpha=1,2,3)$, 则本征矢方程变成(有关符号的意义见文献[11])

$$\frac{1}{\rho^0}c_{ijkl}s_j s_l b_k^{\alpha}=v_{\alpha}^2 b_i^{\alpha} \tag{4.59}$$

这里相速的平方变成本征值,色散关系为

$$\det\left(\frac{1}{\rho^0}c_{ijkl}s_j s_l-v_{\delta ik}^2\right)=0 \tag{4.60}$$

这是一个关于 v^2 的三次方程。不同于电磁学的情形,声学上各向异性晶体内存在着三个特征波,即三个传播模。实际上,电磁学上各向异性晶体内也存在三个特征波,只是只有两个传播模,一个为非传播模。由于 c_{ijkl} 的对称性,位移本征矢满足正交条件

$$\boldsymbol{b}^{\alpha}\cdot\boldsymbol{b}^{\beta}=\delta^{\alpha\beta} \tag{4.61}$$

此式说明,不管晶体的对称性和传播方向如何,三个本征模的位移矢量相互正交。在特殊情形下可以存在一个纯纵模两个纯横模。一般情形下三个传播模都含有横模分量和纵模分量。注意到

$$s_1=\cos\theta_k\cos\varphi_k \tag{4.62}$$

$$s_2=\cos\theta_k\sin\varphi_k \tag{4.63}$$

$$s_3=\sin\varphi_k \tag{4.64}$$

对于任意给定的 θ_k,φ_k,三个特征值为

$$v_{\alpha}^2=v_{\alpha}^2(\theta_k,\varphi_k),\quad \alpha=1,2,3 \tag{4.65}$$

由文献[12]可知,若令

$$\hat{\boldsymbol{e}}_1=[1,0,0]^{\mathrm{T}} \tag{4.66}$$

$$\hat{\boldsymbol{e}}_2=[0,1,0]^{\mathrm{T}} \tag{4.67}$$

$$\hat{\boldsymbol{e}}_3=[0,0,1]^{\mathrm{T}} \tag{4.68}$$

$$\gamma_3=\sqrt{\frac{v_3^2-v_2^2}{v_3^2-v_1^2}},\quad \gamma_2=\sqrt{\frac{v_2^2-v_1^2}{v_3^2-v_1^2}} \tag{4.69}$$

$$\hat{\boldsymbol{m}}=\gamma_3\hat{\boldsymbol{e}}_3+\gamma_2\hat{\boldsymbol{e}}_1 \tag{4.70}$$

$$\hat{\boldsymbol{n}} = \gamma_3 \hat{\boldsymbol{e}}_3 - \gamma_2 \hat{\boldsymbol{e}}_1 \tag{4.71}$$

则本征矢

$$\boldsymbol{b}_1 = \hat{\boldsymbol{m}} \times \hat{\boldsymbol{n}} \tag{4.72}$$

$$\boldsymbol{b}_2 = \hat{\boldsymbol{m}} + \hat{\boldsymbol{n}} \tag{4.73}$$

$$\boldsymbol{b}_3 = \hat{\boldsymbol{m}} - \hat{\boldsymbol{n}} \tag{4.74}$$

令 G_i 为激励声波的平面波振幅，则

$$\beta_{ik}\mu_k = G_i \tag{4.75}$$

$$\beta_{ik} = \frac{1}{\rho^0} c_{ijkl} s_j s_l \mu_k - v^2 \delta_{ik} \tag{4.76}$$

位移矢量的形式解为

$$u_j = (\beta^{-1})_{ji} G_i \tag{4.77}$$

张量 $\boldsymbol{\beta}^{-1}$ 可以由齐次方程的本征矢表示成[11]

$$\boldsymbol{\beta}^{-1} = \sum_\alpha \frac{\boldsymbol{b}^\alpha \boldsymbol{b}^\alpha}{v_\alpha^2 - v^2} \tag{4.78}$$

位移矢量的解为

$$\boldsymbol{u} = \sum_\alpha \frac{\boldsymbol{b}^\alpha (\boldsymbol{b}^\alpha \cdot \boldsymbol{G})}{v_\alpha - v^2} \tag{4.79}$$

这是用并矢格林函数解决问题的实用形式。

对于各向异性介质，并矢格林函数的定义为[13]

$$\partial_i (c_{ijkl} s_k G_{jm}) + \rho^2 w^2 G_{jm} = -\delta_{jm} \delta(\boldsymbol{r} - \boldsymbol{r}') \tag{4.80}$$

作三维傅里叶变换

$$\boldsymbol{G}(\boldsymbol{r}, \boldsymbol{r}') = \frac{1}{8\pi^3} \int_{-\infty}^{+\infty} \mathrm{d}^3 \boldsymbol{k} \boldsymbol{G}(\boldsymbol{k}, \boldsymbol{r}') \mathrm{e}^{-\mathrm{j}\boldsymbol{k}\cdot\boldsymbol{r}} \tag{4.81}$$

$$\boldsymbol{G}(\boldsymbol{k}, \boldsymbol{r}') = \int_{-\infty}^{+\infty} \mathrm{d}^3 \boldsymbol{r} \boldsymbol{G}(\boldsymbol{r}, \boldsymbol{r}') \mathrm{e}^{\mathrm{j}\boldsymbol{k}\cdot\boldsymbol{r}} \tag{4.82}$$

得

$$\beta \cdot \boldsymbol{G}(\boldsymbol{k}, \boldsymbol{r}') = -\boldsymbol{I} \mathrm{e}^{\mathrm{j}\boldsymbol{k}\cdot\boldsymbol{r}'} \tag{4.83}$$

$$\boldsymbol{G}(\boldsymbol{k}, \boldsymbol{r}') = -\boldsymbol{\beta}^{-1} \cdot \mathrm{e}^{\mathrm{j}\boldsymbol{k}\cdot\boldsymbol{r}'} = -\sum_\alpha \frac{\boldsymbol{b}^\alpha \boldsymbol{b}^\alpha}{v_\alpha^2 - v^2} \mathrm{e}^{\mathrm{j}\boldsymbol{k}\cdot\boldsymbol{r}'} \tag{4.84}$$

由式(4.81)得

$$\boldsymbol{G}(\boldsymbol{r}, \boldsymbol{r}') = \frac{1}{8\pi^3} \int_{-\infty}^{+\infty} \sum_\alpha \frac{\boldsymbol{b}^\alpha \boldsymbol{b}^\alpha}{v_\alpha^2 - v^2} \mathrm{e}^{-\mathrm{j}\boldsymbol{k}\cdot(\boldsymbol{r}-\boldsymbol{r}')} \mathrm{d}^3 \boldsymbol{k} \tag{4.85}$$

由式(4.62)～(4.74)可知，v_α^2，$\boldsymbol{b}^\alpha$ 均为 θ_k，φ_k 的函数。空间的球坐标系下对上式积分可得

$$\boldsymbol{G}(\boldsymbol{r}, \boldsymbol{r}') = \frac{1}{8\pi^3} \int_{-\infty}^{+\infty} \mathrm{d}^3 \boldsymbol{k}\, \boldsymbol{b}^\alpha \boldsymbol{b}^\alpha \frac{1}{\boldsymbol{k}^2 - k_\alpha^2} \mathrm{e}^{-\mathrm{j}\boldsymbol{k}\cdot(\boldsymbol{r}-\boldsymbol{r}')} \cdot k_\alpha^2 (\boldsymbol{k}^2/\omega^2) \tag{4.86}$$

由于并矢格林函数代表一种外向辐射的波，在无限远点应满足积分收敛的条件，因而在式(4.86)中的平面波应为非均匀平面波。故关于 θ_k 的积分应取复围道 C(见第三章)：

$$\boldsymbol{G}(\boldsymbol{r}, \boldsymbol{r}') = \frac{1}{8\pi^3} \int_0^{2\pi} \mathrm{d}\varphi_k \int_C \sum_\alpha \boldsymbol{b}^\alpha \boldsymbol{b}^\alpha \frac{\boldsymbol{k}^2}{v_\alpha^2} \mathrm{d}\theta_k \cdot \int_{-\infty}^{+\infty} \frac{\mathrm{e}^{-\mathrm{j}\boldsymbol{k}\cdot(\boldsymbol{r}-\boldsymbol{r}')}}{\boldsymbol{k}^2 - k_\alpha^2} \mathrm{d}\boldsymbol{k} \boldsymbol{k}^2 \sin\theta_k$$

$$= \sum_{\alpha} \frac{1}{8\pi^3} \int_0^{2\pi}\int_C \mathrm{d}\theta_k \mathrm{d}\varphi_k \boldsymbol{b}^\alpha \boldsymbol{b}^\alpha \sin\theta_k \cdot 2\pi \mathrm{j} \frac{1}{2k_\alpha} \mathrm{e}^{-\mathrm{j}k_\alpha \cdot (\boldsymbol{r}-\boldsymbol{r}')} k_\alpha^2 \tag{4.87}$$

将式(4.87)中的平面波因子展开得

$$\mathrm{e}^{-\mathrm{j}k_\alpha \cdot (\boldsymbol{r}-\boldsymbol{r}')} = \sum_{l=0}^{\infty}\sum_{m=-l}^{l} [(-\mathrm{j})^l Y_{lm}(\theta_k,\varphi_k)] j_l(k_\alpha |\boldsymbol{r}-\boldsymbol{r}'|) \cdot P_l^m(\cos\theta')\mathrm{e}^{-\mathrm{j}m\varphi'} \tag{4.88}$$

再将波函数展开成积分表达式

$$j_l(k_\alpha |\boldsymbol{r}-\boldsymbol{r}'|) \cdot P_l^m(\cos\theta')\mathrm{e}^{-\mathrm{j}m\varphi'} = \frac{(-\mathrm{j})^n}{4\pi}\int_0^{2\pi}\mathrm{d}v\int_0^{\pi}\mathrm{e}^{-\mathrm{j}k_\alpha \cdot (\boldsymbol{r}-\boldsymbol{r}')} P_l^m(\cos u)\mathrm{e}^{-\mathrm{j}mv}\sin u\mathrm{d}u \tag{4.89}$$

将式(4.88)、式(4.89)代入式(4.87)并交换积分次序得

$$\begin{aligned}\boldsymbol{G}(\boldsymbol{r},\boldsymbol{r}') = &\frac{\mathrm{j}}{8\pi^3}\sum_{\alpha}\sum_{l=0}^{\infty}\sum_{m=-l}^{l}\int_0^{2\pi}\int_0^{\pi}\sin\theta_k \mathrm{d}\theta_k \mathrm{d}\varphi_k \boldsymbol{b}^\alpha \boldsymbol{b}^\alpha \cdot (-\mathrm{j})^l Y_{lm}(\theta_k,\varphi_k) \\ &\cdot h_l^{(2)}(k_\alpha |\boldsymbol{r}-\boldsymbol{r}'|) P_l^m(\cos\theta')\mathrm{e}^{-\mathrm{j}m\varphi'} \cdot k_\alpha\end{aligned} \tag{4.90}$$

在式(4.88)～(4.90)中，θ',φ' 代表以 $\boldsymbol{r},\boldsymbol{r}'$ 为向径的球坐标系中的量。在得到式(4.90)时还利用了第四类球波函数的积分表达式。式(4.90)为并矢格林函数的一般表达式，特别是 $l=0,m=0$ 时，$\boldsymbol{G}(\boldsymbol{r},\boldsymbol{r}')$ 呈现出应有的奇异性。

值得指出的是，作者的推导思路与文献上的方法是不同的，文献上是用傅里叶积分，这里是用角谱积分，即第三章广泛采用的波函数的积分表达式，这两种积分是有联系的[14]，并且角谱积分方法在高频渐近解中已发展成系统的理论[15]。为了说明作者的方法的正确性，这里不妨重推自由空间的标量格林函数

$$(\nabla^2 + k_0^2)\boldsymbol{G}(\boldsymbol{r},\boldsymbol{r}') = \delta(\boldsymbol{r}-\boldsymbol{r}') \tag{4.91}$$

对此式作傅里叶变换或者说求格林函数的平面波谱解得

$$f(\boldsymbol{k}) = \int_{-\infty}^{+\infty} f(r)\mathrm{e}^{-\mathrm{j}\boldsymbol{k}\cdot\boldsymbol{r}}\mathrm{d}^3\boldsymbol{r} \tag{4.92}$$

$$f(\boldsymbol{r}) = \frac{1}{8\pi^3}\int_{-\infty}^{+\infty} f(\boldsymbol{k})\mathrm{e}^{\mathrm{j}\boldsymbol{k}\cdot\boldsymbol{r}}\mathrm{d}^3\boldsymbol{k} \tag{4.93}$$

$$(\boldsymbol{k}^2 - k_0^2)\boldsymbol{G}(\boldsymbol{k},\boldsymbol{r}') = \mathrm{e}^{\mathrm{j}\boldsymbol{k}\cdot\boldsymbol{r}'} \tag{4.94}$$

$$\boldsymbol{G}(\boldsymbol{r},\boldsymbol{r}') = \int_{-\infty}^{+\infty}\frac{\mathrm{e}^{-\mathrm{j}\boldsymbol{k}\cdot(\boldsymbol{r}-\boldsymbol{r}')}}{\boldsymbol{k}^2 - k_\alpha^2}\mathrm{d}^3\boldsymbol{k}\cdot\frac{1}{8\pi^3} \tag{4.95}$$

文献上多是直接计算上述傅里叶积分，作者按照本节思路求解。因格林函数代表外向辐射波，因而 θ_k 应为复数(见第三章)。

$$\begin{aligned}\boldsymbol{G}(\boldsymbol{r},\boldsymbol{r}') &= \int_0^{2\pi}\int_C\int_{-\infty}^{+\infty}\frac{\mathrm{e}^{-\mathrm{j}\boldsymbol{k}\cdot(\boldsymbol{r}-\boldsymbol{r}')}}{\boldsymbol{k}^2 - k_\alpha^2}\boldsymbol{k}^2\mathrm{d}\boldsymbol{k}\mathrm{d}\theta_k\mathrm{d}\varphi_k\cdot\frac{1}{8\pi^3} \\ &= \int_0^{2\pi}\int_C \mathrm{d}\theta_k\mathrm{d}\varphi_k\cdot\frac{1}{8\pi^3}\cdot 2\pi\mathrm{j}\frac{\mathrm{e}^{-\mathrm{j}k_0\cdot|\boldsymbol{r}-\boldsymbol{r}'|}}{2k_0}\cdot k_0^2\end{aligned} \tag{4.96}$$

将式(4.96)中的平面波因子展开，再将第一类波函数用积分表达式代入，交换积分次序，代入第三类波函数的积分表达式，积分并注意到连带勒让得多项式在球面上的正交性，也就是说，由于 k_0 不是 θ_k,φ_k 的函数，在类似于式(4.90)的表达式中，只有 $l=0,m=0$ 的项存在。

$$G(\boldsymbol{r},\boldsymbol{r}') = \frac{\mathrm{e}^{-\mathrm{j}k_0 \cdot |\boldsymbol{r}-\boldsymbol{r}'|}}{4\pi\,|\,\boldsymbol{r}-\boldsymbol{r}'\,|} \tag{4.97}$$

对于各向同性介质,这种方法显得很不直接,但由于它适用于各向异性介质。可以认为这是一种更深刻的方法。本书理论的发展见本书第十章。

4.5　无耗各向异性介质电磁场的并矢格林函数

对于无耗各向异性介质,由于电场的色散关系可以看成一厄米特矩阵的广义特征值问题[12],故本节理论可以认为是上节内容的直接推广。

对于电磁场来说,对于无耗介质,其特征波的波矢的确定已有多种方法,典型的有Chen 的无坐标系方法。在 Chen 的著作中给出了运动介质、单轴晶体、双晶轴晶体、磁化离子体、铁氧体、磁性晶体($\boldsymbol{\varepsilon},\boldsymbol{\mu}$ 均为张量)等多种介质的两个本征矢量的方向和色散关系的无坐标形式。Chen 引用的 Lindell 关于磁性晶体的本征值和本征矢的理论,我们发现可推广用于 $\boldsymbol{\varepsilon},\boldsymbol{\mu}$ 均为厄米特正定矩阵的情形。

Kong 的 kDB 系统特别便于求特征值和特征向量[16],因为二阶矩阵特别便于代数推导,在 Kong 的新作中,有很多双各向异性介质的特征值和特征波的结果,由介质运动产生的很多双各向异性介质,仍是无耗的,对应的数学问题为厄米特矩阵的广义特征值问题,其本征值与本征向量有下述性质。

设 $\boldsymbol{A}$ 和 $\boldsymbol{B}$ 均为 n 阶厄米特矩阵,其广义特征值问题为

$$\boldsymbol{A}\cdot\boldsymbol{a} = \lambda\boldsymbol{B}\cdot\boldsymbol{a} \tag{4.98}$$

令 $\boldsymbol{a}_1,\boldsymbol{a}_2,\cdots,\boldsymbol{a}_n$ 分别是对应于不同本征值 $\lambda_1,\lambda_2,\cdots,\lambda_n$ 的本征矢,则

① 当且仅当 $|\boldsymbol{A}|=0$ 时,$\lambda=0$ 是本征值。

② 若 $\boldsymbol{B}$ 有定(即 $\boldsymbol{a}^*\cdot\boldsymbol{B}\cdot\boldsymbol{a}\neq 0$),则本征值是实数。

③若 $\boldsymbol{A}$, $\boldsymbol{B}$ 两者均为正定(即对所有 $\boldsymbol{a}\neq 0$, $\boldsymbol{a}^*\cdot\boldsymbol{A}\cdot\boldsymbol{a}>0$, $\boldsymbol{a}^*\cdot\boldsymbol{B}\cdot\boldsymbol{a}>0$) 或两者均为负定,则本征值全为正。

④ 任意两个本征矢 $\boldsymbol{a}_i,\boldsymbol{a}_j$ 满足下列带权正交性:

$$\boldsymbol{a}_i^*\cdot\boldsymbol{B}\cdot\boldsymbol{a}_j = N_i^2\delta_{ij} \tag{4.99}$$

$$N_i^2 = \boldsymbol{a}_i^*\cdot\boldsymbol{B}\cdot\boldsymbol{a}_j \tag{4.100}$$

⑤ 完备性关系是

$$\boldsymbol{I} = \sum_{n=1}^{n}\frac{\boldsymbol{a}_i(\boldsymbol{a}_i^*\cdot\boldsymbol{B}^*)}{N_i^2} \tag{4.101}$$

⑥ 若 $\lambda\neq\lambda_i(i=1,2,\cdots,n)$ 则

$$(\boldsymbol{A}-\lambda\boldsymbol{B})^{-1} = \sum_{n=1}^{n}\frac{\boldsymbol{a}_i\,\boldsymbol{a}_i^*}{(\lambda_i-\lambda)N_i^2} \tag{4.102}$$

对于 $\boldsymbol{\varepsilon},\boldsymbol{\mu}$ 均为正定厄米特矩阵的各向异性介质,有两个本征波数 $k_i^2(i=1,2)$ 为正实数,特征波矢有显明表达式[12]。还有一个特征波数对应于波数 0,表示一种非传播的场[11],对于无耗双各向异性介质,有四个本征波数 $k_i(i=1,2,3,4)$,特征波矢的方向亦可确定,同样有两个特征波对应于波数 0,表示一种非传播场。非传播场的本征矢为

$$\boldsymbol{a}_3 = \frac{\boldsymbol{k}}{(\boldsymbol{k}\cdot\boldsymbol{\varepsilon}\cdot\boldsymbol{k})^{1/2}} \tag{4.103}$$

定义并矢格林函数为

$$(\boldsymbol{A}+k^2\boldsymbol{B})\boldsymbol{G}(\boldsymbol{r},\boldsymbol{r}')=-\boldsymbol{I}\delta(\boldsymbol{r}-\boldsymbol{r}') \tag{4.104}$$

对此式作傅里叶变换得

$$\begin{aligned}\boldsymbol{G}(\boldsymbol{k},\boldsymbol{r}')&=\int_{-\infty}^{+\infty}\boldsymbol{G}(\boldsymbol{r},\boldsymbol{r}')\mathrm{e}^{\mathrm{j}\boldsymbol{k}\cdot\boldsymbol{r}}=(\boldsymbol{A}+\boldsymbol{k}^2\boldsymbol{B})^{-1}(-\mathrm{e}^{\mathrm{j}\boldsymbol{k}\cdot\boldsymbol{r}'})\\&=\sum_{i=1}^{2}\frac{\mathrm{e}^{\mathrm{j}\boldsymbol{k}\cdot\boldsymbol{r}'}\boldsymbol{E}_n\boldsymbol{E}_n^*}{(\boldsymbol{k}^2-k_i^2)N_i^2}+\frac{\mathrm{e}^{\mathrm{j}\boldsymbol{k}\cdot\boldsymbol{r}'}}{\boldsymbol{k}^2}\end{aligned} \tag{4.105}$$

这里不讨论非传播矢的问题。考虑对并矢格林函数传播场的傅里叶反变换

$$\boldsymbol{G}(\boldsymbol{r},\boldsymbol{r}')=\frac{1}{8\pi^3}\int_{-\infty}^{+\infty}\mathrm{d}^3\boldsymbol{k}\sum_{i=1}^{2}\frac{\mathrm{e}^{-\mathrm{j}\boldsymbol{k}\cdot(\boldsymbol{r},\boldsymbol{r}')}}{(\boldsymbol{k}^2-k_i^2)N_i^2} \tag{4.106}$$

由于并矢格林函数代表一种向外辐射的波，因而对 θ_k 的积分应取复围道，但到底取什么复围道呢？由于第三章已讨论过球坐标系下的各向异性介质的电场本征函数，问题的解答变得明显。因为并矢格林函数可以由代表向外辐射的第四类波函数展开。实际上，由于将并矢格林函数点乘以电流以后就得到电场，而任何向外辐射的电场在各向异性介质内必可由向外辐射的本征函数集展开。由于本征函数的波谱表示式中的谱函数取正交完备集，故本征函数集是完备的。又由于所有第四类波函数积分复围道都相同，故式(4.106)中关于 θ_k 的积分路径与第四类波函数的积分复围道相同。

$$\begin{aligned}\boldsymbol{G}(\boldsymbol{r},\boldsymbol{r}')&=\frac{1}{8\pi^3}\int_0^{2\pi}\mathrm{d}\varphi_k\int_C\mathrm{d}\theta_k\int_{-\infty}^{+\infty}\boldsymbol{k}^2\sin\theta_k\mathrm{d}\boldsymbol{k}\sum_{i=1}^{2}\frac{\mathrm{e}^{-\mathrm{j}\boldsymbol{k}\cdot(\boldsymbol{r}-\boldsymbol{r}')}}{(\boldsymbol{k}^2-k_i^2)N_i^2}\cdot\boldsymbol{E}_n\boldsymbol{E}_n^*\\&=\frac{\mathrm{j}}{8\pi^3}\int_0^{2\pi}\int_C\sin\theta_k\mathrm{d}\varphi_k\mathrm{d}\theta_k\sum_{i=1}^{2}\frac{\mathrm{e}^{-\mathrm{j}\boldsymbol{k}\cdot(\boldsymbol{r}-\boldsymbol{r}')}}{N_i^2}\boldsymbol{E}_n\boldsymbol{E}_n^*k_i\end{aligned} \tag{4.107}$$

将式(4.88)、式(4.89)代入式(4.106)，并代入第四类球面波函数的积分表达式得

$$\begin{aligned}\boldsymbol{G}(\boldsymbol{r},\boldsymbol{r}')=&\frac{1}{8\pi^3}\sum_{i=1}^{2}\int_0^{2\pi}\mathrm{d}\varphi_k\int_0^{\pi}\mathrm{d}\theta_k\sum_{l=0}^{\infty}\sum_{m=-l}^{+l}(-\mathrm{j})^l k_i\sin\theta_k Y_{lm}(\theta_k,\varphi_k)\\&\cdot\frac{\boldsymbol{E}_n\boldsymbol{E}_n^*}{N_i^2}h_l^{(2)}(k_i\mid\boldsymbol{r}-\boldsymbol{r}'\mid)P_l^m(\cos\theta')\mathrm{e}^{-\mathrm{j}m\varphi'}\end{aligned} \tag{4.108}$$

式中，θ'，φ' 的意义与式(4.90)中的相同。

同理，对于双各向异性介质有

$$\begin{aligned}\boldsymbol{G}(\boldsymbol{r},\boldsymbol{r}')=&\frac{\mathrm{j}}{4\pi}\sum_{i=1}^{2}\int_0^{2\pi}\int_0^{\pi}\mathrm{d}\varphi_k\mathrm{d}\theta_k\sum_{l=0}^{\infty}\sum_{m=-l}^{+l}(-\mathrm{j})^l k_i\sin\theta_k Y_{lm}(\theta_k,\varphi_k)\\&\cdot\frac{\boldsymbol{E}_n\boldsymbol{E}_n^*}{N_i^2}h_l^{(2)}(k_i\mid\boldsymbol{r}-\boldsymbol{r}'\mid)P_l^m(\cos\theta')\mathrm{e}^{-\mathrm{j}m\varphi'}\end{aligned} \tag{4.109}$$

这是球坐标系下的并矢格林函数的一般形式，可用变换叠加定理变成 $\boldsymbol{r}$ 和 $\boldsymbol{r}'$ 的分离变量形式。这里理论的深化和结果的简化请读者参见本书第十章。四个根中选哪两个根除取决于时间因子外还有其他因素，需谨慎处理，尤其在介质有耗时。这一普遍结果为分析若干非线性现象奠定了基础。例如在各向异性球内的有源分子的非弹性散射（喇曼和荧光散射）[17]，各向异性球内含有非线性粒子的相干和非相干散射[18]等。

对于任意双各向异性介质，柱坐标系下当 k_z 的变化视为已知而沿径向分区时，其本征矢的确定比较麻烦，但是可以用 Chen 的无坐标系方法确定柱坐标系的本征矢，从而得到一些常见介质的本征矢。类似于球坐标系的情形，有

$$
\begin{aligned}
\boldsymbol{G}(\boldsymbol{r},\boldsymbol{r}') &= \frac{2\pi \mathrm{j}}{8\pi^3}\int_{-\infty}^{+\infty} \mathrm{e}^{-\mathrm{j}k_z\cdot(z-z')}\sum_{i=1}^{2}\frac{\mathrm{e}^{-\mathrm{j}\boldsymbol{k}_\rho\cdot(\overline{\rho}-\rho')}}{N_i^2\boldsymbol{k}_{\rho i}}\cdot \boldsymbol{E}_n\boldsymbol{E}_n^*\,\mathrm{d}\varphi_k\mathrm{d}\theta_k \\
&= \frac{\mathrm{j}}{4\pi^2}\int_{-\infty}^{+\infty} \mathrm{e}^{-\mathrm{j}k_z\cdot(z-z')}\sum_{i=1}^{2}\int_C^{2\pi}\mathrm{d}\varphi_k\,\boldsymbol{E}_n\boldsymbol{E}_n^* \\
&\quad \cdot\frac{1}{N_i^2}\sum_{m=-\infty}^{+\infty}\mathrm{j}^m\mathrm{e}^{-\mathrm{j}m\varphi_k}H_m(\boldsymbol{k}_{\rho i}\mid\rho-\rho_i\mid)\mathrm{e}^{\mathrm{j}m\varphi'}
\end{aligned}
\tag{4.110}
$$

式中，φ' 为以 $\rho\rho'$ 为向径的圆柱坐标系的极角。四个根选哪两个根也需谨慎处理。这一理论的依据仍然是我们第三章建立的各类波函数的积分表示式。

对于任意双各向异性介质沿 z 方向分区的问题，对应于平面分层介质的情形，这时特征波一般有四个，向上传播的两个，向下传播的两个，并矢格林函数的一般形式为

$$
\boldsymbol{G}(\boldsymbol{r},\boldsymbol{r}') = \frac{\mathrm{j}}{4\pi^2}\int_{-\infty}^{+\infty}\int_{-\infty}^{+\infty}\sum_{i=1}^{2}\mathrm{e}^{-\mathrm{j}\boldsymbol{k}_i\cdot(z-z')}/k_i\,\boldsymbol{E}_n\boldsymbol{E}_n^*\,\mathrm{d}\boldsymbol{k}_\rho \tag{4.111}
$$

式中，$\mathrm{d}\boldsymbol{k}_\rho$ 可在圆柱坐标系下展开，也可在直角坐标系下展开，甚至在椭圆柱坐标系下展开。对于 $z>z'$ 和 $z<z'$ 两种情形，应带不同的 $\boldsymbol{E}_i,\boldsymbol{k}_i(i=1,2)$。这一表达式比较有用，因为可以不用直接方法反演 $\boldsymbol{A}+\lambda\boldsymbol{B}$ [19]。

4.6　求解电磁场并矢格林函数的直接方法

求解各向异性介质的并矢格林函数有两种方法，一种是 4.5 节介绍的用本征值、本征矢展开，利用自共轭算子本征值的本征矢的正交特性，解析反演由色散方程定义的矩阵。但是，自然界大量的数学物理问题的支配算子并不是自共轭的。Chen 在这方面作了系统的研究[20]，并在继续发表新的成果。芬兰的 Lindel 也在从事这方面的工作。不满足自共轭的最简单的例子就是有耗各向异性介质。第二种方法就是按矩阵逆矩阵的定义直接求解[19,21]，这方面人们已作了长期的努力，效果不好。对于平面分层介质，由于可以借用一阶常系数微分方程的理论，所以取得了非常令人满意的结果[22]。

本节旨在建立圆柱状成层各向异性介质和圆球状成层各向异性介质并矢格林函数的普遍理论，这一理论也适用于平面分层各向异性介质。作者采用的基本方法得益于 Kong 创立 kDB 系统时的简明构思。Kong 的工作是用 kDB 系统研究均匀介质中的无源问题，对应于数学上的齐次方程的问题；作者的工作是用 kDB 系统研究有源问题，对应于数学上的非齐次方程。作者分析过齐次波方程，引入 kDB 系统可简化代数运算量。

4.6.1　平面分层双各向异性介质的并矢格林函数

各向异性分层介质的波传播理论在 Chew 的著作[23]中有极好的论述，这里要做的只是将并矢格林函数写成便于研究平面分层各向异性介质并矢格林函数的形式。

由 Maxwell 方程

$$\nabla\times\boldsymbol{E} = -\mathrm{j}\omega\boldsymbol{B} \tag{4.112}$$

$$\nabla\times\boldsymbol{H} = \mathrm{j}\omega\boldsymbol{D}+\boldsymbol{J}\delta(\boldsymbol{r}-\boldsymbol{r}') \tag{4.113}$$

$$\nabla\cdot\boldsymbol{B} = 0 \tag{4.114}$$

$$\nabla\cdot\boldsymbol{D} = \rho \tag{4.115}$$

本书只讨论传播场，故设 $\nabla\cdot \boldsymbol{J}=0$，即不讨论非传播场的贡献。组成关系为

$$\boldsymbol{E}=\boldsymbol{K}\cdot\boldsymbol{D}+\boldsymbol{X}\cdot\boldsymbol{B} \tag{4.116}$$

$$\boldsymbol{H}=\boldsymbol{v}\cdot\boldsymbol{D}+\boldsymbol{v}\cdot\boldsymbol{B} \tag{4.117}$$

令上述所有各量的傅里叶变换为

$$\boldsymbol{A}(\boldsymbol{k})=\int \boldsymbol{A}(\boldsymbol{r})\mathrm{e}^{-\mathrm{j}\boldsymbol{k}\cdot\boldsymbol{r}}\mathrm{d}^3\boldsymbol{r} \tag{4.118}$$

并设 $\boldsymbol{k}=\boldsymbol{k}_\rho+\hat{z}k_z$，代入式(4.112)～(4.117)得

$$-\mathrm{j}\boldsymbol{k}\times\boldsymbol{E}=-\mathrm{j}\omega\boldsymbol{B} \tag{4.119}$$

$$-\mathrm{j}\boldsymbol{k}\times\boldsymbol{H}=\mathrm{j}\omega\boldsymbol{D}+\boldsymbol{J}\mathrm{e}^{\mathrm{j}\boldsymbol{k}\cdot\boldsymbol{r}'} \tag{4.120}$$

$$-\mathrm{j}\boldsymbol{k}_\rho\cdot\boldsymbol{B}_\rho=-\mathrm{j}k_zB_z=0 \tag{4.121}$$

$$-\mathrm{j}\boldsymbol{k}_\rho\cdot\boldsymbol{D}_\rho=-\mathrm{j}k_zD_z=0 \tag{4.122}$$

这里对傅里叶变换量和量本身没加区分。将组成关系代入得

$$(\boldsymbol{k}\times\boldsymbol{I})\cdot\boldsymbol{k}\cdot\boldsymbol{D}+(\boldsymbol{k}\times\boldsymbol{I})\cdot\boldsymbol{X}\cdot\boldsymbol{B}=\omega\boldsymbol{B} \tag{4.123}$$

$$(\boldsymbol{k}\times\boldsymbol{I})\cdot\boldsymbol{v}\cdot\boldsymbol{D}+(\boldsymbol{k}\times\boldsymbol{I})\cdot\boldsymbol{v}\cdot\boldsymbol{B}=-\omega\boldsymbol{D}+\mathrm{j}\boldsymbol{J}\mathrm{e}^{\mathrm{j}\boldsymbol{k}\cdot\boldsymbol{r}'} \tag{4.124}$$

将组成参数与并矢 $\boldsymbol{k}\times\boldsymbol{I}$ 相乘后的量仍记为它本身，代入式(4.121)、式(4.122)，写出式(4.123)、式(4.124)的四个独立方程为

$$K'_{ij}D_j+X'_{ij}B_j=\omega B_i \tag{4.125}$$

$$\gamma'_{ij}D_j+v'_{ij}B_j=-\omega D_i+\mathrm{j}\,J_i\mathrm{e}^{\mathrm{j}\boldsymbol{k}\cdot\boldsymbol{r}'} \tag{4.126}$$

$$K'_{ij}D_j=k_{ij}+K_{i3}\frac{k_j}{k_z} \tag{4.127}$$

$$X'_{ij}=X_{ij}\left(1+X'_{i3}\frac{k_j}{k_z}\right) \tag{4.128}$$

$$\gamma'_{ij}=\gamma_{ij}\left(1+\gamma_{i3}\frac{k_j}{k_z}\right) \tag{4.129}$$

$$v'_{ij}=v_{ij}\left(1+v_{i3}\frac{k_j}{k_z}\right) \tag{4.130}$$

式中，$i=1,2$ 的分量分别代表 x,y 分量。这样将 3×3 矩阵的反演变成了 2×2 矩阵的反演，运算量减少了。写出 $\boldsymbol{B},\boldsymbol{D},\boldsymbol{J}$ 这些二维矢量的支配方程：

$$[\gamma'+\boldsymbol{I}\omega+v'\cdot\boldsymbol{k}'(\boldsymbol{I}\omega-\boldsymbol{X}')^{-1}]\boldsymbol{D}=\mathrm{j}\boldsymbol{J}\mathrm{e}^{\mathrm{j}\boldsymbol{k}\cdot\boldsymbol{r}'} \tag{4.131}$$

$$[(\gamma'+\boldsymbol{I}\omega)\cdot\boldsymbol{k}'^{-1}(\boldsymbol{I}\omega-\boldsymbol{X}')^{-1}+\boldsymbol{v}']\boldsymbol{B}=\mathrm{j}\boldsymbol{J}\mathrm{e}^{\mathrm{j}\boldsymbol{k}\cdot\boldsymbol{r}'} \tag{4.132}$$

直接利用矩阵相乘，求逆的运算，并注意到

$$\begin{bmatrix}a_{11} & a_{12}\\ a_{21} & a_{22}\end{bmatrix}^{-1}=\frac{1}{a_{11}a_{22}-a_{12}a_{21}}\begin{bmatrix}a_{22} & a_{12}\\ a_{21} & a_{11}\end{bmatrix} \tag{4.133}$$

记

$$(\boldsymbol{I}\omega-\boldsymbol{X}')^{-1}=X''' \tag{4.134}$$

$$(\boldsymbol{I}\omega-\boldsymbol{X})=X'' \tag{4.135}$$

$$\boldsymbol{k}'^{-1}=K'' \tag{4.136}$$

式(4.134)、式(4.136)的具体元素值容易由式(4.133)得到，式(4.134)、式(4.135)则为矩阵元素的直接相加。这样式(4.131)、式(4.132)左边变成三个矩阵相乘加上一个矩阵。我们要求其行列式的值和它的逆矩阵，即求矩阵

$$\begin{bmatrix} a_{11} & a_{12} \\ a_{21} & a_{22} \end{bmatrix}\begin{bmatrix} b_{11} & b_{12} \\ b_{21} & b_{22} \end{bmatrix}\begin{bmatrix} c_{11} & c_{12} \\ c_{21} & c_{22} \end{bmatrix}+\begin{bmatrix} d_{11} & d_{12} \\ d_{21} & d_{22} \end{bmatrix}$$

$$=[a_{ij}b_{jk}c_{kl}]_{2\times 2}+\begin{bmatrix} d_{11} & d_{12} \\ d_{21} & d_{22} \end{bmatrix}$$

$$=[e_{il}]_{2\times 2}+[d_{il}]_{2\times 2}=[e_{il}+d_{il}]_{2\times 2}=[f_{il}]_{2\times 2} \tag{4.137}$$

的逆矩阵。在式(4.137)中,重复指标代表从 1 到 2 的求和,由式(4.137)根据式(4.133)立即写出其逆矩阵。上述过程运算特别简单,便于上机计算。设已求得逆矩阵,并已利用文献[24]的一般色散关系或者本书给出的相同色散关系求得 $\frac{\mathrm{d}}{\mathrm{d}k_z}\det(f_{il})$ 的通式,则由式(4.131)、式(4.132)得

$$D=\frac{1}{8\pi^3}\int_{-\infty}^{+\infty}\mathrm{d}k_z\int_0^{2\pi}\mathrm{d}\varphi_k\int_0^{\infty}\boldsymbol{k}_\rho\mathrm{d}\boldsymbol{k}_\rho\,\frac{(f_{il})^{-1}\cdot \mathrm{j}\boldsymbol{J}}{\det\,(f_{il})}\mathrm{e}^{-\mathrm{j}\boldsymbol{k}\cdot(\boldsymbol{r}-\boldsymbol{r}')}$$

$$=\frac{-1}{4\pi^2}\sum_{n=1}^{2}\int_0^{2\pi}\mathrm{d}\varphi_k\int_0^{\infty}\boldsymbol{k}_\rho\mathrm{d}\boldsymbol{k}_\rho\,\frac{(f_{il})^{-1}_{k_z=k_{zn}}\cdot\boldsymbol{J}}{\det\,(f_{il})_{k_z=k_{zn}}}\mathrm{e}^{-\mathrm{j}\boldsymbol{k}\cdot(\boldsymbol{r}-\boldsymbol{r}')}$$

$$=\frac{-1}{4\pi^2}\sum_{n=1}^{2}\int_{-\infty}^{+\infty}\int_{-\infty}^{+\infty}\mathrm{d}k_x\mathrm{d}k_y\,\frac{(f_{il})^{-1}_{k_z=k_{zn}}\cdot\boldsymbol{J}}{\det\,(f_{il})_{k_z=k_{zn}}}\mathrm{e}^{-\mathrm{j}\boldsymbol{k}\cdot(\boldsymbol{r}-\boldsymbol{r}')} \tag{4.138}$$

式(4.138)中的因子 $\mathrm{e}^{-\mathrm{j}\boldsymbol{k}\cdot(\boldsymbol{r}-\boldsymbol{r}')}$ 还可以改写成

$$\boldsymbol{k}_n=k_{zn}\hat{\boldsymbol{z}}+\boldsymbol{k}_\rho \tag{4.139}$$

$$\boldsymbol{r}-\boldsymbol{r}'=(z-z')\hat{\boldsymbol{z}}+\rho-\rho' \tag{4.140}$$

$$\mathrm{e}^{-\mathrm{j}k_{zn}(z-z')}\mathrm{e}^{-\mathrm{j}\boldsymbol{k}_\rho\cdot(\rho-\rho')}=\mathrm{e}^{\mathrm{j}\boldsymbol{k}_n\cdot(\boldsymbol{r}-\boldsymbol{r}')} \tag{4.141}$$

这里仍然存在从四个根中选两个的问题。

4.6.2 圆柱分层双各向异性介质的并矢格林函数

式(4.137)以前的推导完全相同,注意从四个根中选取两个合适的根。

$$D=\frac{\mathrm{j}}{8\pi^3}\int_{-\infty}^{+\infty}\mathrm{d}k_z\int_B\mathrm{d}\varphi_k\int_{-\infty}^{\infty}\boldsymbol{k}_\rho\mathrm{d}\boldsymbol{k}_\rho\,\frac{(f_{il})^{-1}\cdot\boldsymbol{J}}{\det(f_{il})}\mathrm{e}^{-\mathrm{j}\boldsymbol{k}\cdot(\boldsymbol{r}-\boldsymbol{r}')}$$

$$-\frac{1}{4\pi^2}\int_{-\infty}^{+\infty}\int_B\mathrm{d}\varphi_k(f_{il})^{-1}\cdot\boldsymbol{J}\mathrm{e}^{-\mathrm{j}\boldsymbol{k}\cdot(\boldsymbol{r}-\boldsymbol{r}')}\mathrm{d}k_z$$

$$=-\frac{1}{4\pi^2}\sum_{n=1}^{2}\int_{-\infty}^{+\infty}\mathrm{d}k_z\mathrm{e}^{-\mathrm{j}k_z(z-z')}\cdot\int_B\mathrm{d}\varphi_k\,\frac{(f_{il})^{-1}_{\boldsymbol{k}_\rho=\boldsymbol{k}_{\rho n}}\cdot\boldsymbol{J}\cdot\mathrm{e}^{-\mathrm{j}\boldsymbol{k}_{\rho n}\cdot(\rho-\rho')}}{\det(f_{il})_{\boldsymbol{k}_\rho=\boldsymbol{k}_{\rho n}}}$$

$$=-\frac{1}{4\pi^2}\sum_{n=1}^{2}\int_{-\infty}^{+\infty}\mathrm{d}k_z\int_0^{2\pi}\mathrm{d}\varphi_k\mathrm{e}^{-\mathrm{j}k_{zn}(z-z')}\,\frac{(f_{il})^{-1}\cdot\boldsymbol{J}}{\det(f_{il})}$$

$$\cdot\sum_{m=-\infty}^{+\infty}(-\mathrm{j})^m\mathrm{e}^{-\mathrm{j}m\varphi_k}H_m[\boldsymbol{k}_{\rho n}\cdot(\rho-\rho')\mathrm{e}^{\mathrm{j}m\varphi'}] \tag{4.142}$$

式中,φ' 为以 ρ' 为坐标原点的坐标系中的量。

同样可得 $\boldsymbol{B},\boldsymbol{E},\boldsymbol{H}$ 的类似展开式。这些表达式可按 3.14 节的方法转化成便于在柱坐标系下进行边界匹配的形式。

4.6.3 圆球分层双各向异性介质的并矢格林函数

在以 $\boldsymbol{k}$ 为向径的球坐标系(kDB 系统)下由于 $\boldsymbol{D},\boldsymbol{B}$ 只有两个分量,故当将介质的组

成关系在这一球坐标系下写出后，立即得到式(4.125)、式(4.126)，而没有像式(4.127)～(4.130)的修正同样得到式(4.131)和式(4.132)，只是这时的二维矢量为 D_{θ_k}，D_{φ_k}，B_{θ_k}，B_{φ_k}，J_{θ_k}，J_{φ_k} 等，将这些表达式变换到直角坐标系得

$$\begin{aligned} D &= \frac{\mathrm{j}}{8\pi^3}\int_{-\infty}^{+\infty}\boldsymbol{k}^2\mathrm{d}k\int_B \mathrm{d}\theta_k\int_0^{2\pi}\frac{(f_{il})^{-1}\cdot\boldsymbol{J}\mathrm{e}^{-\mathrm{j}\boldsymbol{k}\cdot(\boldsymbol{r}-\boldsymbol{r}')}}{\det(f_{il})}\mathrm{d}\varphi_k \\ &= -\frac{1}{4\pi^2}\sum_{n=1}^{2}\int_0^{2\pi}\int_B k_n^2\frac{(f_{il})_{\boldsymbol{k}=\boldsymbol{k}_n}^{-1}\cdot\boldsymbol{J}\mathrm{e}^{-\mathrm{j}\boldsymbol{k}_n\cdot(\boldsymbol{r}-\boldsymbol{r}')}}{\det(f_{il})_{\boldsymbol{k}=\boldsymbol{k}_n}}\cdot\sum_{l=0}^{\infty}\sum_{m=-l}^{+\infty}(-j)^l Y_{lm}(\theta_k,\varphi_k) \\ &\quad\cdot h_l^{(2)}(\boldsymbol{k}_n\mid\boldsymbol{r}-\boldsymbol{r}'\mid)P_l^m(\cos\theta')\mathrm{e}^{-\mathrm{j}m\varphi'}\sin\theta_k\mathrm{d}\theta_k\mathrm{d}\varphi_k \end{aligned} \tag{4.143}$$

同样可得 $\boldsymbol{B}$，$\boldsymbol{E}$，$\boldsymbol{H}$ 的表达式。3.10 节的方法可将这些表达式变成容易处理的多层双各向异性球的边值问题的形式。这些推导主要是历史上的意义，就清楚明白而论还是主坐标系好，kDB 系统实际上没有多大用处，当年只是由于对 Kong 的崇拜才试图将 kDB 系统用于非齐次问题，在此重提只是为了避免好奇的读者重做这一工作，这一工作实际上用处不大。

4.7 均匀各向异性介质的并矢格林函数在弱非线性问题上的应用

本节展示并矢格林函数在非线性光学上的应用。

对于喇曼和荧光散射[17]，频率为 ω_0 的入射光束，在粒子内将激发出频率为 ω_1 的波，这些波的波源为一些偶极子，偶极子的强度与频率为 ω_0 的电场成正比，即

$$\boldsymbol{P} = -\mathrm{j}\omega_1\boldsymbol{E}_{\mathrm{in}}(\omega_0,r')\alpha \tag{4.144}$$

这样，对于频率为 ω_1 的电场有

$$\boldsymbol{E} = \int_V \boldsymbol{G}(\boldsymbol{r},\boldsymbol{r}')\cdot\boldsymbol{P}\mathrm{d}\boldsymbol{r}' \tag{4.145}$$

可以求出圆球和圆柱的各向异性介质的并矢格林函数的分离变量形式(用散射叠加法)，故式(4.145)中的积分可以解析求积，特别值得指出的是，致力于柱坐标系下径向分区并矢格林函数求解的意义主要也在用于解决弱非线性问题。例如式(4.145)中的积分就可以解析求积到一定程度。而柱结构的喇曼散射是最近感兴趣的问题。

喇曼和荧光散射尽管本质上是非线性的，但就处理方法和涉及的介质而言，还是线性的。下面讨论弱非线性非空间色散介质的电磁散射。

Hasan 和 Uslenghi[18]处理了非线性各向异性非空间色散等离子体柱的电磁散射。本书第三章和第四章的理论可以用于处理 Uslenghi 等想处理的任意非空间色散(均匀)非线性各向异性介质体的电磁散射。Uslenghi 已给出公式，我们的工作使得这些公式可以数值实施。

在无源区域，Maxwell 方程为

$$\nabla\times\boldsymbol{E}+\frac{\partial\boldsymbol{B}}{\partial t}=0 \tag{4.146}$$

$$\nabla\times\boldsymbol{H}-\frac{\partial\boldsymbol{D}}{\partial t}=0 \tag{4.147}$$

$$\nabla\cdot\boldsymbol{D}=0,\quad \nabla\cdot\boldsymbol{B}=0 \tag{4.148}$$

组成关系为非线性函数 $\boldsymbol{D}(\boldsymbol{E}),\boldsymbol{B}(\boldsymbol{H})$，假设非线性是弱的，则

$$\boldsymbol{D}=\boldsymbol{D}^1+\boldsymbol{D}^2+\cdots+\boldsymbol{D}^n+\cdots \tag{4.149}$$

$$\boldsymbol{D}_i^{(n)}(\boldsymbol{r},t)=\int \mathrm{d}\tau_1\cdots\int \mathrm{d}\tau_n[\varepsilon_{ij}\cdots v(\tau_1\cdots\tau_n)]\cdot \boldsymbol{E}_j(\boldsymbol{r},t-\tau_1)\cdots E_v(\boldsymbol{r},t-\tau_n) \tag{4.150}$$

式(4.150)称为伏尔特拉级数，它在很多方面与幕级数相似即前几项起主要作用。式中，$i,j,\cdots,r=1,2,3$ 代表卡氏分量，重复指标代表求和。

考虑一频率为 w，振幅为 a 的平面波入射到非线性各向异性介质体，将散射场表示成关于 $a=0$ 点的幂级数为

$$\boldsymbol{E}_j(\boldsymbol{r},t,a)=a\boldsymbol{E}_1+\frac{1}{2}a^2\boldsymbol{E}_2+\cdots \tag{4.151}$$

$$\boldsymbol{H}_j(\boldsymbol{r},t,a)=a\boldsymbol{H}_1+\frac{1}{2}a^2\boldsymbol{H}_2+\cdots \tag{4.152}$$

将式(4.151)、式(4.1.52)代入式(4.146)～(4.150)，比较一次幂的系数得

$$(\nabla\times\boldsymbol{E}_1)_i+\frac{\partial}{\partial t}\int\mu_{ij}(\tau)H_{ij}(\boldsymbol{r},t-\tau)\mathrm{d}\tau=0 \tag{4.153}$$

$$(\nabla\times\boldsymbol{H}_1)_i-\frac{\partial}{\partial t}\int\varepsilon_{ij}(\tau)E_{ij}(\boldsymbol{r},t-\tau)\mathrm{d}\tau=0 \tag{4.154}$$

这是一对线性方程，设

$$\boldsymbol{E}_1(\boldsymbol{r},t)=\frac{1}{2}[\boldsymbol{e}_1(\boldsymbol{r})\mathrm{e}^{\mathrm{j}\omega t}+\boldsymbol{e}_1^*(\boldsymbol{r})\mathrm{e}^{-\mathrm{j}\omega t}] \tag{4.155}$$

$$\boldsymbol{H}_1(\boldsymbol{r},t)=\frac{1}{2}[\boldsymbol{h}_1(\boldsymbol{r})\mathrm{e}^{\mathrm{j}\omega t}+\boldsymbol{h}_1^*(\boldsymbol{r})\mathrm{e}^{-\mathrm{j}\omega t}] \tag{4.156}$$

得

$$(\nabla\times\boldsymbol{e}_1)_i-\mathrm{j}\omega\mu_{ij}(\omega)h_{ij}=0 \tag{4.157}$$

$$(\nabla\times\boldsymbol{h}_1)_i-\mathrm{j}\omega\varepsilon_{ij}(\omega)e_{ij}=0 \tag{4.158}$$

式中，$\varepsilon_{ij}(\omega)$ 和 $\mu_{ij}(\omega)$ 定义为

$$[\varepsilon_{ij}(\omega),\mu_{ij}(\omega)]=\int[\varepsilon_{ij}(\tau),\mu_{ij}(\tau)]\mathrm{e}^{-\mathrm{j}\omega\tau}\mathrm{d}\tau \tag{4.159}$$

这样，对于非空间色散介质，只要指定了频率为 ω 时的 $\varepsilon_{ij},\mu_{ij}$ 的值，其内的电磁场就是普通的线性场，在第三章、第四章建立的波函数理论和并矢格林函数理论都可以应用，特别是对于圆柱和圆球等存在严格解的问题。

比较二次幂的系数得

$$(\nabla\times\boldsymbol{E}_2)_i+\frac{\partial}{\partial t}\left[\int\mu_{ij}(\tau)H_{2j}(\boldsymbol{r},t-\tau)\mathrm{d}\tau+2\iint\mu_{ijk}(\tau_1,\tau_2)H_{1j}H_{2k}\mathrm{d}\tau_1\mathrm{d}\tau_2\right]=0 \tag{4.160}$$

用 $\boldsymbol{H}$ 代替 $\boldsymbol{E}$，$\boldsymbol{E}$ 代替 $\boldsymbol{H}$，$-\varepsilon$ 代替 μ 得到第二个方程。由此可见，由于一阶波分量的相乘出现了一阶非线性相互作用，即将产生二次谐波，故式(4.160)的解可设为

$$\begin{cases}\boldsymbol{E}_2=\boldsymbol{e}_{21}\mathrm{e}^{\mathrm{j}\omega t}+\boldsymbol{e}_{22}\mathrm{e}^{2\mathrm{j}\omega t}\\ \boldsymbol{H}_2=\boldsymbol{h}_{21}\mathrm{e}^{\mathrm{j}\omega t}+\boldsymbol{h}_{22}\mathrm{e}^{2\mathrm{j}\omega t}\end{cases} \tag{4.161}$$

式中，复共轭已省略，或者说场为上式取实部，将式(4.161)代入式(4.160)，令相同指数因子的项相等，对基频，即频率为 ω 的场：

$$\begin{cases}(\nabla\times \boldsymbol{e}_{21})_i+\mathrm{j}\omega\mu_{ij}(2\omega)h_{21j}(\boldsymbol{r})=0\\(\nabla\times \boldsymbol{h}_{21})_i-\mathrm{j}\omega\varepsilon_{ij}(2\omega)e_{21j}(\boldsymbol{r})=0\end{cases}\tag{4.162}$$

对二次谐波，即频率为 2ω 的场：

$$\begin{cases}(\nabla\times \boldsymbol{e}_{22})_i+2\mathrm{j}\omega\mu_{ij}(2\omega)h_{22j}=-2\mathrm{j}\omega\mu_{ijk}(\omega,\omega)h_{1j}h_{2k}\\(\nabla\times \boldsymbol{h}_{22})_i-\mathrm{j}\omega\varepsilon_{ij}(2\omega)e_{22j}=2\mathrm{j}\omega\varepsilon_{ijk}(\omega,\omega)e_{1j}e_{2k}\end{cases}\tag{4.163}$$

这里用了下列关系：

$$[\varepsilon_{ijk}(w,w),\mu_{ijk}(\omega,\omega)]=\iint[\varepsilon_{ijk}(\tau,\tau),\mu_{ijk}(\tau,\tau)]\mathrm{e}^{-\mathrm{j}(\omega_1\tau_1+\omega_2\tau_2)}\mathrm{d}\tau_1\mathrm{d}\tau_2\tag{4.164}$$

可见，精确到 a^2，基频仍然是齐次方程，而二次谐波已是线性场的非齐次问题，需要用本章介绍的并矢格林函数处理。

比较三次幂的系数得

$$(\nabla\times \boldsymbol{E}_1)_3=-\frac{\partial}{\partial t}\int\mu_{ijk}(\tau)H_{ij}(\boldsymbol{r},t-\tau)\mathrm{d}\tau-3\frac{\partial}{\partial t}\int\mu_{ijk}(H_{1j}H_{2k}+H_{2j}H_{1k})\mathrm{d}\tau_1\mathrm{d}\tau_2$$
$$-6\frac{\partial}{\partial t}\int\mu_{ijkl}H_{1j}H_{1k}H_{1l}\mathrm{d}\tau_1\mathrm{d}\tau_2\mathrm{d}\tau_3\tag{4.165}$$

类似地可写出 $\boldsymbol{H}_3$ 的方程。用处理二次场相似的方法设

$$\boldsymbol{E}_3=\boldsymbol{e}_{31}\mathrm{e}^{\mathrm{j}\omega t}+\boldsymbol{e}_{32}\mathrm{e}^{2\mathrm{j}\omega t}+\boldsymbol{e}_{33}\mathrm{e}^{3\mathrm{j}\omega t}\tag{4.166}$$

类似地写出 $\boldsymbol{H}_3$ 的表达式，比较各次谐波的系数，得到三个方程：

$$(\nabla\times \boldsymbol{e}_{31})_i+\mathrm{j}\omega\mu_{ij}(\omega)h_{31j}=-\frac{3}{2}\mathrm{j}\omega[\mu_{ijk}(-\omega,\omega)h_{ij}h_{22k}+\mu_{ijk}(\omega,-\omega)h_{22j}h_{1k}]$$
$$-\frac{3}{2}\mathrm{j}\omega[\mu_{ijkl}(+\omega,\omega,-\omega)h_{1k}h_{1l}+\mu_{ijkl}(-\omega,\omega,\omega)h_{1j}h_{1k}h_{1l}$$
$$+\mu_{ijkl}(\omega,-\omega,\omega)h_{1j}h_{1k}h_{1l}]\tag{4.167}$$

$$(\nabla\times \boldsymbol{e}_{32})_i+2\mathrm{j}\omega\mu_{ij}(2\omega)h_{32j}=-3\mathrm{j}\omega\mu_{ijk}(\omega,\omega)h_{1j}h_{21k}-3\mathrm{j}\omega\mu_{ijk}(\omega,\omega)h_{21j}h_{lk}\tag{4.168}$$

$$(\nabla\times \boldsymbol{e}_{33})_i+3\mathrm{j}\omega\mu_{ij}(3\omega)h_{33j}=-\frac{9}{2}\mathrm{j}\omega[\mu_{ijk}(\omega,2\omega)h_{1j}h_{22k}+\mu_{ijk}(2\omega,\omega)h_{22j}h_{lk}]$$
$$-\frac{9}{2}\mathrm{j}\omega\mu_{ijkl}(\omega,\omega,\omega)h_{1j}h_{1k}h_{1l}\tag{4.169}$$

类似地可写出 $\boldsymbol{h}_{31},\boldsymbol{h}_{32}$ 的表达式。上述三个方程分别对应于基频、二次谐波、三次谐波。由此可见，准确到 a^3，所有方程均为非齐次线性常系数偏微分方程。可用偏微分方程理论上的解对其求解，也可用本书给出的各向异性介质的波函数和并矢格林函数进行分析。

4.8　均匀各向异性介质的 *T* 矩阵理论和积分方程法

对于均匀各向异性介质，也有类似的惠更斯原理和消光定理。

记散射体占据的区域为 v_2，外部为 v_1，则

$$\left.\begin{matrix}\boldsymbol{r}\in v_1,\boldsymbol{E}_1(\boldsymbol{r})\\\boldsymbol{r}\in v_2,0\end{matrix}\right\}=\boldsymbol{E}_{\mathrm{inc}}+\int_S\mathrm{d}s'\{-\mathrm{j}\omega\hat{\boldsymbol{n}}\times\boldsymbol{H}_1(\boldsymbol{r}')\boldsymbol{G}_1(\boldsymbol{r}',\boldsymbol{r})\mu_1^t+\hat{\boldsymbol{n}}\times\boldsymbol{E}(\boldsymbol{r})[\mu_1^t]^{-1}$$
$$\cdot\nabla'\times\boldsymbol{G}_1(\boldsymbol{r}',\boldsymbol{r})\mu_1^t\}\tag{4.170}$$

$$\left.\begin{array}{l}\boldsymbol{r}\in v_2,\boldsymbol{E}_2(\boldsymbol{r})\\ \boldsymbol{r}\in v_1,0\end{array}\right\}=-\int_S \mathrm{d}s'\{\mathrm{j}\omega\hat{\boldsymbol{n}}\times\boldsymbol{H}_z(\boldsymbol{r}')\boldsymbol{G}_2(\boldsymbol{r}',\boldsymbol{r})\mu_2^t+\hat{\boldsymbol{n}}\times\boldsymbol{E}_2(\boldsymbol{r})[\mu_2^t]^{-1}$$
$$\cdot\nabla'\times\boldsymbol{G}_2(\boldsymbol{r}',\boldsymbol{r})\mu_2^t\} \tag{4.171}$$

本书给出的波函数与并矢格林函数使所有场量和并矢格林函数可以在直角坐标系下写出，再由标准与非标准波函数的转换关系变成便于在圆柱或圆球坐标系下处理的形式，使得能够建立各向异性介质的 $\boldsymbol{T}$ 矩阵理论。

对于弹性各向异性介质，也有类似的消光定理和惠更斯原量[13]：

$$\left.\begin{array}{l}\boldsymbol{r}\in v_1,\boldsymbol{U}_m(\boldsymbol{r})\\ \boldsymbol{r}\in v_2,0\end{array}\right\}=\boldsymbol{U}_m^i(\boldsymbol{r})+\int_S \hat{\boldsymbol{n}}_j\Gamma'_{ijkl}[u_i(\boldsymbol{r}')\partial_k' G_{lm}(\boldsymbol{r}',\boldsymbol{r})-G_{im}(\boldsymbol{r}',\boldsymbol{r})\partial_k' u_l(\boldsymbol{r}')]\mathrm{d}s' \tag{4.172}$$

$$\left.\begin{array}{l}\boldsymbol{r}\in v_2,\boldsymbol{U}_m(\boldsymbol{r})\\ \boldsymbol{r}\in v_1,0\end{array}\right\}=\boldsymbol{U}_m^i(\boldsymbol{r})+\int_S \hat{\boldsymbol{n}}_j\Gamma'_{ijkl}[u_i\partial'(\boldsymbol{r}')_k G_{lm}-G_{lm}\partial_k' u_l]\mathrm{d}s' \tag{4.173}$$

实际上还可进一步 $\boldsymbol{G}(\boldsymbol{r}',\boldsymbol{r})$ 的表达式求 T_{ij} 的表达式。先将微分在并矢格林函数推导过程中的积分号下进行，再按求并矢格林函数的方法求出 T_{ij} 。由此可见，由于本书的波函数和并矢格林函数理论的基础性工作已完成，使得我们可以建立弹性各向异性介质的 $\boldsymbol{T}$ 矩阵理论。尽管这些表达式比较复杂，但目前人们已能处理比这类问题复杂得多的问题，故只要实际需要，这类问题的处理手法也可认为已经建立。$\boldsymbol{T}$ 矩阵理论的最大优点在于可以处理多体和多层结构。

在式(4.170)、式(4.172)中，利用第一个方程，并将场点移到边界上，则可以建立问题的积分方程法。对于电磁学的情况，沿边界积分的主值积分是易于得到的，也就是说，在式(4.170)、式(4.171)中将观察点转到边界 f 后，方程右边的量要乘以一张量。

4.9　高斯束及其矢量波函数展开

本节介绍拉盖尔与厄米特高斯束(实宗量的或复宗量的)及其矢量波函数展开。

4.9.1　复宗量拉盖尔高斯束与厄米特高斯束及其线性变换

一沿 z 方向传播的光束可以由数量近似写为

$$U(\boldsymbol{r},z)=\psi(\boldsymbol{r},z)\mathrm{e}^{-\mathrm{j}kz} \tag{4.174}$$

式中，$k=2\pi/\lambda$，是自由空间的波数；$\boldsymbol{r}=(x,y)$ 或 $\boldsymbol{r}=(r,\theta)$，代表横向的坐标。如果 $\varphi(\boldsymbol{r},z)$ 与波长相比是慢变的，则 $\psi(\boldsymbol{r},z)$ 满足近轴波方程

$$\left(\nabla_\perp^2-2\mathrm{j}k\frac{\partial}{\partial z}\right)\psi(\boldsymbol{r},z)=0 \tag{4.175}$$

式中，$\nabla_\perp^2$ 为横向拉氏算符，在直角坐标和圆柱坐标系下分别为

$$\nabla_\perp^2=\frac{\partial^2}{\partial x^2}+\frac{\partial^2}{\partial y^2}$$

$$\nabla_\perp^2=\frac{l}{r}\frac{\partial}{\partial r}\left(r\frac{\partial}{\partial r}\right)+\frac{1}{r^2}\frac{\partial^2}{r^2\partial\theta^2}$$

近轴波方程(4.175)在直角坐标系下的解为厄米特高斯束，在圆柱坐标系下的解为拉盖尔高斯束。令

$$\xi = \frac{2}{k}z, \quad \frac{\partial}{\partial \xi} = \frac{k_0}{2}\frac{\partial}{\partial z}$$

则式(4.175)变成

$$\left(\nabla_{\perp}^2 - \mathrm{j}\psi\frac{\partial}{\partial \xi}\right)\psi(\boldsymbol{r},\xi) = 0 \tag{4.176}$$

此式在直角坐标系下的解为[25]

$$\psi_{mn}(x,y,\xi) = A_0\frac{\gamma_1^{\frac{1}{2}}\gamma_2^{\frac{1}{2}}}{(\gamma_1 - \mathrm{j}\xi)^{(m+1)/2}(\gamma_2 - \mathrm{j}\xi)^{(n+1)/2}}\exp\left(-\frac{-x^2}{\gamma_1 - \mathrm{j}\xi} - \frac{y^2}{\gamma_2 - \mathrm{j}\xi}\right)$$
$$\cdot(-\mathrm{j})^m H_m\left[\frac{x^2}{(\gamma_1 - \mathrm{j}\xi)^{\frac{1}{2}}}\right]H_n\left[\frac{x^2}{(\gamma_2 - \mathrm{j}\xi)^{\frac{1}{2}}}\right] \tag{4.177}$$

式中，$\gamma_1 = w_1^2, \gamma_2 = w_2^2, w_1, w_2$ 为两个腰参数，而且 w_1, w_2 分别是 x, y 方向的最小腰；H_m, H_n 代 m, n 次厄米特多项式。式(4.177)还可以写成[25]

$$\psi_{mn}(x,y,\xi) = (\mathrm{j})^{m+n}\frac{\partial^{m+n}}{\partial x^m \partial y^n}\psi_{0,0}(x,y,\xi) \tag{4.178}$$

$$\psi_{0,0}(x,y,\xi) = A_0\frac{\gamma_1^{\frac{1}{2}}\gamma_2^{\frac{1}{2}}}{(\gamma_1 - \mathrm{j}\xi)^{1/2}(\gamma_2 - \mathrm{j}\xi)^{1/2}}\exp\left(-\frac{-x^2}{\gamma_1 - \mathrm{j}\xi} - \frac{y^2}{\gamma_2 - \mathrm{j}\xi}\right) \tag{4.179}$$

在圆柱坐标系下，令

$$z_{\pm} = x + \mathrm{j}y = \rho \mathrm{e}^{\pm \mathrm{j}\theta} \tag{4.180}$$

则式(4.175)的解可以写成

$$\psi_{m+n}^{n-m}(z_+, z_-, \xi) = A_0\frac{\gamma_0}{(\gamma_0 - \mathrm{j}\xi)^{n+1}}\exp\left(-\frac{z_+ z_-}{\gamma_0 - \mathrm{j}\xi}\right)\left(\frac{n!}{m!}\right)^{\frac{1}{2}}(\mathrm{j}z_-)^{m-n}L_n^{m-n}\left(\frac{z_+ z_-}{\gamma_0 - \mathrm{j}\xi}\right) \tag{4.181}$$

式中，$\gamma_0 = \gamma_1 = \gamma_2$，这是由圆柱对称性引起的；$L_n^{m-n}$ 为广义拉盖尔多项式。式(4.181)还可以写成

$$\psi_{m+n}^{n-m}(z_+, z_-, \xi) = \frac{(-\mathrm{j})^{m+n}\partial^{m+n}}{(m!n!)^{\frac{1}{2}}\partial z_+^m \partial z_-^n}\psi_0^{(0)}(z_+, z_-, \xi) \tag{4.182}$$

$$\psi_0^{(0)} = \psi_{0,0}(\boldsymbol{r},\xi) \tag{4.183}$$

$$\frac{\partial}{\partial z_{\pm}} = \frac{1}{2}\left(\frac{\partial}{\partial x} \mp \mathrm{j}\frac{\partial}{\partial y}\right) \tag{4.184}$$

由式(4.182)～(4.184)得

$$\frac{\partial^{m+n}}{\partial z_+^m \partial z_-^n} = \frac{1}{2^{m+n}}\left(\frac{\partial}{\partial x} - \mathrm{j}\frac{\partial}{\partial y}\right)^m\left(\frac{\partial}{\partial x} + \mathrm{j}\frac{\partial}{\partial y}\right)^n$$

由二项式定理，可得

$$\left(\frac{\partial}{\partial x} - \mathrm{j}\frac{\partial}{\partial y}\right)^m = \sum_{i=0}^{m} C_m^i \frac{\partial^i}{\partial x^i}\frac{\partial^{m-i}}{\partial y^{m-i}}(-\mathrm{j})^{m-i}$$

$$\left(\frac{\partial}{\partial x} + \mathrm{j}\frac{\partial}{\partial y}\right)^n = \sum_{i=0}^{n} C_n^i \frac{\partial^i}{\partial x^i}\frac{\partial^{n-i}}{\partial y^{n-i}}(\mathrm{j})^{n-i}$$

$$\left(\frac{\partial}{\partial x} - \mathrm{j}\frac{\partial}{\partial y}\right)^m\left(\frac{\partial}{\partial x} + \mathrm{j}\frac{\partial}{\partial y}\right)^n = \sum_{k=0}^{m+n}\sum_{l=0}^{k} C_n^l(-\mathrm{j})^{m-l}C_n^{k-l}(\mathrm{j})^{n-k-l}\frac{\partial^k}{\partial x^k}\frac{\partial^{m+n-k}}{\partial y^{m+n-k}}$$

$$= \sum_{k=0}^{m+n} \sum_{l=0}^{k} C_m^l C_n^{k-l} (\mathrm{j})^{n-m-k} \frac{\partial^k}{\partial x^k} \frac{\partial^{m+n-k}}{\partial y^{m+n-k}} \tag{4.185}$$

令 $\gamma_1 = \gamma_2 = \gamma_0$，由式(4.178)可得

$$\psi_{m+n}^{n-m}(z_+, z_-, \xi) = \sum_{k=0}^{m+n} \sum_{l=0}^{k} C_n^l C_n^{k-l} \mathrm{j}^{2n-k} \psi_{mn}(x, y, \xi) \tag{4.186}$$

这一关系表示了复宗量拉盖尔高斯束与复宗量厄米特高斯束之间存在线性变换，变换的系数由式(4.186)给出。

4.9.2　普通拉盖尔高斯束与厄米特高斯束及其线性变换

在 4.9.1 节讨论了复宗量的拉盖尔高斯束和复宗量的厄米特高斯束，它们是近轴波方程的解。下面引入的实宗量拉盖尔高斯束和厄米特高斯束照样是近轴波方程的解[26]：

$$\psi_{mn}(x, y, z) = H_m\left(\frac{\sqrt{2}x}{\omega}\right) H_n\left(\frac{\sqrt{2}y}{\omega}\right) \frac{\omega_0}{\omega} \exp\left(-\frac{\rho^2}{\omega^2}\right) \exp\left[-\mathrm{j}kz + \mathrm{j}(m+n+1)\Phi - \mathrm{j}\frac{k\rho^2}{2k}\right] \tag{4.187}$$

$$\psi_{lp}(\rho, \theta, z) = \left(\frac{\rho}{\omega}\right)^l L_p^l \left(\frac{2\rho^2}{\omega^2}\right) \begin{bmatrix} \cos l\theta \\ \sin l\theta \end{bmatrix} \frac{\omega_0}{\omega} \exp\left[-\mathrm{j}kz + \mathrm{j}(2p+l+1)\Phi - \mathrm{j}\frac{k\rho^2}{2R}\right] \tag{4.188}$$

式中

$$\omega_0 = 2z_0/k, \quad \omega(z)^2 = \omega_0^2(1 + z^2/z_0^2)$$
$$R(z) = z + z_0^2/z, \ \Phi(z) = \arctan z/z_0$$

在研究抛物型折射率分布光纤的场时

$$K^2(\rho) = K_0^2(1 - \alpha^2\rho^2) \tag{4.189}$$

人们也得到两类和式(4.187)相似的拉盖尔高斯模和厄米特高斯模(c 为光速)[27]：

$$\psi_{mn}(x, y, z) = N_{mn} H_n(x) H_m(y) \mathrm{e}^{-\frac{x^2+y^2}{2}} \mathrm{e}^{-\mathrm{j}\beta_{nm} z}$$
$$\beta_{nm} = \sqrt{(K_0^2\omega^2 \mid c) - 2\alpha K_0 (m+n+1)\omega \mid c}$$
$$N_{mn} = 1/(2^{n+m} n! m! \pi)^{\frac{1}{2}} \tag{4.190}$$

$$\psi_{vp}^{(i)}(\rho, \theta, z) = N_{vp}(\rho^2)\rho^v \begin{bmatrix} \cos v\theta \\ \sin v\theta \end{bmatrix} \mathrm{e}^{-\frac{x^2+y^2}{2}} \mathrm{e}^{-\mathrm{j}\beta_{vp} z}$$
$$\beta_{vp} = \sqrt{(K_0^2\omega^2 \mid c) - 2\alpha K_0 (2p+v+1)\omega \mid c}$$
$$N_{0p} = \frac{1}{p!}\sqrt{\pi}$$
$$N_{vp} = [2/p!(p+v)!\pi]^{\frac{1}{2}} \tag{4.191}$$

从这些表达式可见，当 $2p + l = m + n = e$ 时。两类模的纵向变化相同，因而其间存在线性变换(因是同一方程在不同坐标系下的解)。即设

$$\psi = (\psi_{0,e}, \psi_{1,e-1}, \psi_{2,e-2}, \cdots, \psi_{e,0})$$
$$\psi = (\psi_{e,0}^{(1)}, \psi_{e-2,1}^{(1)}, \psi_{e-4,2}^{(1)} \cdots, \psi_{e,0}^{(2)}, \psi_{e-2,1}^{(2)}, \psi_{e-4,2}^{(2)}, \cdots)$$

分别代表 $m + n = e$ 的 $e + 1$ 个厄米特高斯束和 $2p + v = e$ 的 $e + 1$ 个拉盖尔高斯束，并设

$$\psi_{vp}^{(i)}(\rho,\theta,z)=\psi_{vp}^{(i)}(x,y,z)=\sum_{n=0}^{2p+v=e} d_{pn}^{(i)}\psi_{n,2p+v-n}(x,y,z) \tag{4.192}$$

$$\psi_{mn}(x,y,z)=\sum_{2p+v=n+m}\sum_{i=1}^{2} a_{np}^{(i)}\varphi_{ip}^{(i)}(\rho,\theta,z) \tag{4.193}$$

采用矩阵记号

$$\boldsymbol{\varphi}=\boldsymbol{D}\boldsymbol{\psi},\quad \boldsymbol{\psi}=\boldsymbol{A}\boldsymbol{\varphi} \tag{4.194}$$

$$\boldsymbol{D}=\boldsymbol{A}^{-1}=(\boldsymbol{A})^{\mathrm{TA}} \tag{4.195}$$

式(4.195)的意义为

$$|\psi|^2=\sum_{n=0}^{e}|\psi_{n,e-n}|^2=\sum_{v+2p=e}\sum_{i=1}^{2}|\psi_{vp}^{(i)}|^2=|\varphi|^2 \tag{4.196}$$

代表电磁波的总功率不随坐标系的选取发生改变。

式(4.194)还可进一步化简。注意到 v 为偶数时，$L_{vp}^{(1)}(x,y)$ 是 x 的偶函数，$L_{vp}^{(2)}(x,y)$ 是 x 的奇函数，故式(4.194)可写成

$$\boldsymbol{\varphi}^{(1)}=\boldsymbol{D}_{1,\mathrm{ev}}\boldsymbol{\psi}_{ev},\quad \boldsymbol{\varphi}^{(2)}=\boldsymbol{D}_{2,\mathrm{od}}\boldsymbol{\psi}_{\mathrm{od}} \tag{4.197}$$

$$\boldsymbol{D}_{1,\mathrm{ev}}=\begin{bmatrix} d_{0,0}^{(1)} & d_{0,2}^{(1)} & \cdots & d_{0,e}^{(1)} \\ d_{1,0}^{(1)} & d_{1,2}^{(1)} & \cdots & d_{1,e}^{(1)} \\ \vdots & \vdots & & \vdots \\ d_{e/2,0}^{(1)} & d_{e/2,2}^{(1)} & \cdots & d_{e/2,e}^{(1)} \end{bmatrix} \tag{4.198}$$

$$\boldsymbol{D}_{2,\mathrm{od}}=\begin{bmatrix} d_{0,1}^{(2)} & d_{0,3}^{(2)} & \cdots & d_{0,e-1}^{(2)} \\ d_{1,1}^{(2)} & d_{1,3}^{(2)} & \cdots & d_{1,e-1}^{(2)} \\ \vdots & \vdots & & \vdots \\ d_{e/2-1,1}^{(2)} & d_{e/2-1,3}^{(2)} & \cdots & d_{e/2-1,e-1}^{(2)} \end{bmatrix} \tag{4.199}$$

当 $2p+v=e$ 为奇数时，也有

$$\begin{aligned}\boldsymbol{\varphi}^{(1)}&=\boldsymbol{D}_{1,\mathrm{od}}\boldsymbol{\varphi}_{\mathrm{od}}\\ \boldsymbol{\varphi}^{(2)}&=\boldsymbol{D}_{2,\mathrm{od}}\boldsymbol{\varphi}_{\mathrm{ev}}\end{aligned} \tag{4.200}$$

所有矩阵也为实对称矩阵。蔡丹宙研究了上述定性关系[27]，但他没能给出所有 **D** 矩阵的定量表达式，作者解决了这个问题[28]。

事实上，由众所周知的关系[29]

$$L_n(x^2+y^2)(-1)^n n!=\sum_{k=0}^{n}\begin{bmatrix} n \\ k \end{bmatrix} H_{2k}(x)H_{2n-2k}(y) \tag{4.201}$$

已将 $\mu=0$ 的拉盖尔高斯模用厄米特高斯模表示出来了。由文献[29]给出的公式

$$L_n^{\mu}(x^2+y^2)=\sum_{k=0}^{n}(-1)^k\begin{bmatrix} -1 \\ k \end{bmatrix} L_{n-k}^{\mu-1}(x^2+y^2) \tag{4.202}$$

得

$$L_n^{i}(x^2+y^2)=\sum_{k=0}^{n}(-1)^k\begin{bmatrix} -1 \\ k \end{bmatrix} L_{n-k}(x^2+y^2) \tag{4.203}$$

因而

$$L_n^{i}(x^2+y^2)\rho\cos\theta=\sum_{k=0}^{n}(-1)^k\begin{bmatrix} -1 \\ k \end{bmatrix} L_{n-k}(x^2+y^2)x$$

$$= \sum_{k=0}^{n} (-1)^k \begin{bmatrix} -1 \\ k \end{bmatrix} \sum_{l=0}^{n-k} \begin{bmatrix} n-k \\ l \end{bmatrix} H_{2l}(x) H_{2(n-k)-2l}(y) x$$

又由

$$xH_n(x) = nH_{n-1}(x) + \frac{1}{2} H_{n+1}(x) \tag{4.204}$$

得

$$L'_n(x^2+y^2)\rho\cos\theta = \sum_{k=0}^{n} (-1)^k \begin{bmatrix} -1 \\ k \end{bmatrix} \sum_{l=0}^{n-k} \begin{bmatrix} n-k \\ l \end{bmatrix} \cdot \left[2lH_{2l-1}(x) + \frac{1}{2} H_{n+1}(x)\right] H_{2(n-k)-2l}(y) \tag{4.205}$$

同理可得 $L'_n(x^2+y^2)\rho\sin\theta$ 的表达式，$L_n^m(x^2+y^2)\rho^m \begin{matrix} \cos m\theta \\ \sin m\theta \end{matrix}$ 的表达式可以递推得到，其中

$$\begin{cases} \cos m\theta = \cos\theta\cos(m-1)\theta - \sin\theta\sin(m-1)\theta \\ \sin m\theta = \sin\theta\cos(m-1)\theta + \cos\theta\sin(m-1)\theta \end{cases} \tag{4.206}$$

从上述推导过程可见文献[27]的理论只在展开的意义上成立，不能在相等的意义上成立，而本书可以求出相等的关系。由于近轴波方程或弱导近似本身是一种近似，本书理论中出现的一些附加项已不是近轴波方程的解，故舍去。从而在式(4.205)中只需保留 $k=0$ 一项，即

$$L_n^1(x^2+y^2)\rho\cos\theta = \sum_{k=0}^{n} \begin{bmatrix} n \\ l \end{bmatrix} \frac{1}{2} H_{2l+1}(x) H_{2n-2l}(y) \tag{4.207}$$

类似地可展开 $L_n^1(x^2+y^2)\rho\sin\theta$，以及 $L_n^m(x^2+y^2)\rho^m\cos n\theta$，$L_n^m(x^2+y^2)\rho^m\sin m\theta$，方法仍然是由 $m-1$ 阶的关系求 m 阶的。

4.9.3 实宗量与复宗量拉盖尔和厄米特高斯束的线性变换

比较式(4.177)、式(4.187)，注意到

$$\xi = \frac{2}{k}z, \quad \gamma_1 = \gamma_2 = \omega_0^2$$

$$\begin{aligned} \gamma_1 - \mathrm{j}\xi = \gamma_2 - \mathrm{j}\xi &= \omega_0^2 - \mathrm{j}\,\frac{2}{k}z \\ &= \frac{2}{k}(z_0 - \mathrm{j}z) = \frac{2}{k}z_0(1+\mathrm{j}z/z_0) \\ &= \omega_0^2[1+\mathrm{j}z^2/z_0^2]\mathrm{e}^{-\mathrm{j}\Phi(z)} \end{aligned}$$

$$\frac{1}{\gamma_1 - \mathrm{j}\xi} = \frac{1}{\gamma_2 - \mathrm{j}\xi} = \frac{1}{\omega^2} + \mathrm{j}\,\frac{k}{2R} \tag{4.208}$$

$$\gamma_1 - \mathrm{j}\xi = \gamma_2 - \mathrm{j}\xi = \omega^2(z)\mathrm{e}^{-\mathrm{j}\Phi(z)} \tag{4.209}$$

故所有其他因子均相同，除了厄米特多项式的宗量外，由

$$H_c(cx) = \sum_{p=0}^{(n/2)} \frac{n!}{p!(n-2p)!} c^{n-2p} (c^2-1)^p H_{n-2p}(x) \tag{4.210}$$

得到

$$\psi^c_{mmn}(x,y,\xi)=(-\mathrm{j})^m\sum_{p=0}^{(n/2)}\sum_{q=0}^{(m/2)}\frac{n!}{p!(n-2p)!}c^{n-2p}(c^2-1)^p\frac{m!}{q!(n-2q)!}$$
$$\cdot c^{m-2q}(c^2-1)^q\psi_{mmn}(x,y,\xi)\tag{4.211}$$

反之，当 c 改为 $\frac{1}{c}$ 时，得到用复宗量厄米特高斯束表示实宗量厄米特高斯束的式子：

$$\psi_{mmn}(x,y,\xi)=(-\mathrm{j})^m\sum_{p=0}^{(n/2)}\sum_{q=0}^{(m/2)}\frac{n!}{p!(n-2p)!}\frac{m!}{q!(n-2q)!}(1-c^2)^{p+q}\psi^c_{mmn}(x,y,\xi)\tag{4.212}$$

同样，对于拉盖尔高斯束，由

$$L^m_n(cx)=\sum_{p=0}^{n}\begin{bmatrix}m+n\\p\end{bmatrix}c^{n-2p}(1-c)^{n-p}L^m_{n-p}(x)\tag{4.213}$$

可得类似的表达式。

4.9.4 复(实)厄米特(拉盖尔)高斯束的矢量波函数展开

由文献[30]可知，任意 μ,v 阶复宗量厄米特高斯束可以由复点源展开(改用光学上 $\mathrm{e}^{-\mathrm{j}\omega t}$ 记号)：

$$A=x\frac{\partial^{\mu+v}}{\partial x^\mu\partial y^v}\psi_{00}\tag{4.214}$$

$$\psi_{00}=\frac{\mathrm{e}^{\mathrm{j}kR}}{\mathrm{j}kR},\quad R=[(x-x_0)^2(y-y_0)^2+(z-z_0-\mathrm{j}b)^2]^{\frac{1}{2}}\tag{4.215}$$

$$\psi_{00}=\begin{cases}\sum\limits_{l=0}^{\infty}\sum\limits_{m=-l}^{+l}H^{(1)}_{00}(l,m)f^{(0)}_{lm}, & |r|<|r_0\mathrm{e}^{\pm\mathrm{j}\Delta}|\\ \sum\limits_{l=0}^{\infty}\sum\limits_{m=-l}^{+l}H^{(1)}_{00}(l,m)f^{(1)}_{lm}, & v\leqslant\theta\leqslant\frac{\pi}{2},\ |r_0|<|r\mathrm{e}^{\pm\mathrm{j}\Delta}|\\ \sum\limits_{l=0}^{\infty}\sum\limits_{m=-l}^{+l}H^{(1)}_{00}(l,m)f^{(2)}_{lm}, & \frac{\pi}{2}<\theta\leqslant\pi,\ |r_0|<|r\mathrm{e}^{\pm\mathrm{j}\Delta}|\end{cases}$$

$$f^{(\sigma)}_{lm}=z^{(\sigma)}_l(kr)P^m_l(\cos\theta)\mathrm{e}^{\mathrm{j}m\varphi},\quad\sigma=0,1,2\tag{4.216}$$

$$\Delta=\arccos\frac{xx_0+yy_0+(z_0+\mathrm{j}b)z}{rr_0}$$

$$H^{(n)}_{00}(l,m)=(2l+1)\frac{(l-m)!}{(l+m)!}z^{(n)}_l(kr_0)P^m_l(\cos\theta_0)\mathrm{e}^{-\mathrm{j}m}\varphi_0$$

$$r_0=-[x_0^2+y_0^2+(z_0+\mathrm{j}b)^2]^{\frac{1}{2}}$$

$$\cos\theta_0=\frac{z_0+\mathrm{j}b}{r_0}$$

$$\varphi_0=\arctan\gamma\frac{y_0}{x_0}\tag{4.217}$$

设

$$\frac{\partial\mu+v}{\partial x^\mu\partial y^v}\psi_{00}=\sum_{l,m}H^{(h)}_{\mu v}(l,m)f^{(\sigma)}_{lm}\tag{4.218}$$

则

$$H_{\mu v}^{(h)}(l,m)=\frac{k}{2}\left\{\frac{1}{2l-1}[-H_{\mu v}(l-1,m-1)+(l-m-1)(l-m)H_{\mu v}(l-1,m+1)]\cdot\frac{1}{2l+3}[-H_{\mu v}(l+1,m-1)+(l+m+1)(l+m+2)H_{\mu v}(l+1,m+1)]\right\}\tag{4.219}$$

$$H_{\mu v+1}^{(h)}(l,m)=\frac{\mathrm{j}k}{2}\left\{\frac{1}{2l-1}[H_{\mu v}(l-1,m-1)+(l-m-1)(l-m)H_{\mu v}(l-1,m+1)]\cdot\frac{1}{2l+3}[H_{\mu v}(l+1,m-1)+(l+m+1)(l+m+2)H_{\mu v}(l+1,m+1)]\right\}\tag{4.220}$$

如果表达式以 $\dfrac{\partial(\mu+v)}{\partial x^{\mu}\partial y^{v}}$ 等形式出现,可类似地得到递推公式。

由上述方法得到矢位 $\boldsymbol{A}$ 的非标准球矢量波函数展开式,设

$$\boldsymbol{A}=(a\hat{\boldsymbol{x}}+b\hat{\boldsymbol{y}}+c\hat{\boldsymbol{z}})\frac{\partial\mu+v}{\partial x^{\mu}\partial y^{v}}\psi_{00}\tag{4.221}$$

由第三章给出的标准与非标准矢量波函数的转换关系及其求 $\boldsymbol{L},\boldsymbol{M},\boldsymbol{N}$ 展开的方法,立即可得

$$\boldsymbol{E}=\mathrm{j}k\sum_{lm}[\alpha^{(n)}(l,m)\boldsymbol{M}_{l,m}^{(\sigma)}+\beta^{(n)}(l,m)\boldsymbol{N}_{l,m}^{(\sigma)}]\tag{4.222}$$

$$\boldsymbol{H}=k\sum_{l,m}[\beta^{(n)}(l,m)\boldsymbol{N}_{l,m}^{(\sigma)}+\alpha^{(n)}(l,m)\boldsymbol{M}_{l,m}^{(\sigma)}]\tag{4.223}$$

$\alpha_{lm}^{(n)},\beta_{lm}^{(n)}$ 的表达式可由 $H_{\mu v}^{(n)}(l,m)$ 得到。

得到了复宗量厄米特高斯束的矢量波函数展开式,即可由 4.9.3 节给出的各种转换关系求其他各类高斯束的矢量波函数展开式。不太方便的是实宗量拉盖尔高斯束需要转换两次。但文献[26]指出,其电磁场可由

$$\begin{aligned}\boldsymbol{E}&=\nabla\nabla\cdot\Pi_{2p+l+1}+k^{2}\Pi_{2p+l+1}+\mathrm{j}\omega\mu\,\nabla\times\Pi_{2p+l+1}^{*}\\ \boldsymbol{H}&=\mathrm{j}\omega\varepsilon\,\nabla\times\Pi_{2p+l+1}+k^{2}\Pi_{2p+l+1}^{*}+\nabla\nabla\cdot\Pi_{2p+l+1}^{*}\end{aligned}\tag{4.224}$$

展开,但他们的工作似乎没有做完。我们猜测拉盖尔高斯束可由旋转多极子场展开,即由 $2p+l$ 阶的旋转多极子展开:

$$\boldsymbol{E}=\boldsymbol{M}_{2p,l}^{\hat{x}\pm\mathrm{j}\hat{y}}+\boldsymbol{N}_{2p,l}^{\hat{x}\pm\mathrm{j}\hat{y}}\tag{4.225}$$

特别地,对基模拉盖尔高斯束有[31,32]

$$\boldsymbol{E}=\nabla\times\psi_{00}\hat{\boldsymbol{y}}-\frac{\mathrm{j}}{k}\nabla\times\psi_{00}\hat{\boldsymbol{x}}\tag{4.226}$$

$$\boldsymbol{H}=\frac{1}{\sqrt{\delta}}\nabla\times\hat{\boldsymbol{x}}\psi_{00}+\frac{\mathrm{j}}{k}\nabla\times\nabla\times\hat{\boldsymbol{y}}\psi_{00}\tag{4.227}$$

这一结果在流行文献上并没有被普遍采用[30],这是不太合适的,因为,拉盖尔高斯束的零阶模在矢量的意义下并不等同于厄米特高斯束的零阶模,尽管在近轴近似下它们完全相同。

高斯束对介质球的散射是近年来光学上的热点问题[33,34]。Wang 也研究了双层介质球对高斯束的弹性与非弹性散射，得出了一些有意义的结果[35]。

4.10 电磁导弹后向散射的几何光学分析

汪学明研究了电磁导弹与高斯束的关系[36]。

电磁导弹的概念是 Wu 在 1985 年提出的[37]，它是指在源分布于有限区域和辐射能量有限的情况下，在离源很远的地方，沿某一最大辐射方向的电磁能量可以不按通常的距离平方反比律衰减，而是较慢，甚至任意慢地衰减的瞬态电磁波。电磁导弹的这种慢衰减特性可用来提高雷达的作用距离，改善雷达的性能指标[38]。利用电磁导弹持续时间短(皮秒至纳秒量级)，峰值功率高(1MW 至 1GW)等特性，可以增强雷达的反隐身能力和抗干扰能力，在通信中也具有极大的应用潜力。国内外对电磁导弹的理论和实验已取得了很多成果。一个很有意义的课题是研究各种目标对电磁导弹的散射特性。1990 年 Myers 和 Wu[38]研究了电磁导弹在平板上的后向散射，所用方法的实质是用矢量位构造几何光学解；1991 年文舸一等[39~41]用适用于中低频的本征函数解作为出发点，在推导过程中引入仅适用于高频的渐近公式研究了导体圆柱、椭圆柱和圆球的后向散射。这种基于本征函数展开的方法不够直接，也不便推广到任意二维和三维目标。研究表明电磁导弹的慢衰减特性是频率直至无穷的高频场分量起主要作用的结果[37,38]，因此，本书直接采用适用于高频场的几何光学方法研究电磁导弹被导体、介质及涂层导体目标的后向散射。结果表明任意三维目标和二维目标对电磁导弹的后向散射场能量的衰减速率分别正比于 $r^{-\varepsilon}R_z/[(R_1+2r)\cdot(R_2+2r)]$ 和 $r^{-\varepsilon}R/(R+2r)$。这里 R_1, R_2 是曲面在镜面反射点(specular point)的两个主曲率半径，R 为柱面在镜面反射点的曲率半径这一普遍结果包含了平板、圆柱、椭圆柱、圆球等几种特例的已有结果。表明三维和二维目标对电磁导弹后向散射的能量衰减规律比常规三维场和二维场的散射规律 r^{-4} 和 r^{-2} 要慢，因此用电磁导弹作雷达信号可以获得更强的雷达回波。

先研究三维问题，二维问题的解可以直接从三维情况简化得到。设有均匀分布的圆盘电流为

$$\boldsymbol{J}_w^{(i)}(r)=\begin{cases}\hat{\boldsymbol{x}}f(\omega)\delta(z-z_0), & r\in S_0=\{r\mid z=z_0, x^2+y^2\leqslant a^2\}\\ 0, & 其他\end{cases} \tag{4.228}$$

记上述电流源所产生的入射场为 $\boldsymbol{E}_\omega^{(i)}(r)$。为了逼近场的高频谱，可设 $f(\omega)=\omega^{-(1+\varepsilon)/2}$，则入射场能流密度的时间积分为

$$\begin{aligned}G^{(i)}(r)&=\int_0^\infty \frac{1}{\eta}\mid \boldsymbol{E}_\omega^{(i)}(r)\mid^2 \mathrm{d}\omega\\ &=\frac{1}{16\pi^2\eta z_0^2}\int_0^\infty \omega^2\mid f(r)\mid^2\iint_{s_0}\mid \mathrm{e}^{-\mathrm{j}k\frac{\rho'^2}{2z_0}}\mathrm{d}s'\mid^2\mathrm{d}\omega\propto Z_0^{-\varepsilon}\end{aligned} \tag{4.229}$$

式中

$$\boldsymbol{E}_\omega^{(i)}(r)\approx\hat{\boldsymbol{x}}\frac{-\mathrm{j}\omega\mu}{4\pi}f(\omega)\frac{\mathrm{e}^{-\mathrm{j}kz_0}}{z_0}\iint_{s_0}\mathrm{e}^{-\mathrm{j}k\frac{\rho'^2}{2z_0}}\mathrm{d}s'\mathrm{e}^{\mathrm{j}kr\cos\theta} \tag{4.230}$$

此式说明，在散射体坐标系中，电磁导弹可以看成一个平面波。Shen 也证明了电磁导弹

是一种准平面波[42]。由于作为电磁导弹源的脉冲的上升时间很短,因而在电磁导弹的研究中低频分量是不重要的[37],仅需计入高频场的贡献。因本书旨在探讨散射场的能量衰减速率,故只需考虑几何光学反射场(在照明区,当光源不在曲面上时,只需考虑反射场,无需计入绕射场[43]);又因我们只对后向散射感兴趣,因而只需考虑镜面的反射点的那根射线[43]。对这根射线来说,反射场的计算有多种简化,公式是

$$\boldsymbol{E}_{\omega}^{(r)}(r)=\boldsymbol{E}_{\omega}^{(i)}(r)\cdot\boldsymbol{R}\sqrt{\frac{R_1R_2}{(R_l+2r)(R_2+2r)}}\mathrm{e}^{-\mathrm{j}kr} \tag{4.231}$$

式中,$\boldsymbol{E}_{\omega}^{(i)}(r)$ 代表镜面反射点的入射场;R_1,R_2 为该点处曲面的两个主曲率半径;$\boldsymbol{R}$ 是并矢反射系数(为一有界量)。

对于导体目标,在射线基坐标系下(本文中下标 ⊥、∥ 分别代表垂直和平行)

$$\boldsymbol{R}=\begin{bmatrix}R_{\perp} & 0\\ 0 & R_{\parallel}\end{bmatrix}=\begin{bmatrix}-1 & 0\\ 0 & 1\end{bmatrix} \tag{4.232}$$

散射场能流密度的时间积分为

$$\begin{aligned}C^{(r)}(r)&=\frac{1}{\eta}\int_0^{\infty}\left|\boldsymbol{E}_{w}^{(r)}(r)\right|^2\mathrm{d}\omega\\&=\frac{1}{\eta}\frac{R_1R_2}{(R_1+2r)(R_2+2r)}\int_0^{\infty}\left|\boldsymbol{E}_{\omega}^{(i)}(r)\right|^2+\left|-(\boldsymbol{E}^{(i)})\omega_{\perp}(r)\right|^2\mathrm{d}\omega\\&=\frac{1}{\eta}\frac{R_1R_2}{(R_1+2r)(R_2+2r)}\int_0^{\infty}\left|\boldsymbol{E}_{\omega}^{(r)}(r)\right|^2\mathrm{d}\omega\propto r^{-\varepsilon}\frac{R_1R_2}{(R_1+2r)(R_2+2r)}\end{aligned} \tag{4.233}$$

据式(4.233)可得推论:

① R_1,R_2 为有限时,因为 R_1,$R_2\ll r$,故这类目标对电磁导弹后向散射的能量衰减率为 $r^{-(\varepsilon+2)}$。这与球的结果一致[40]。

② 对于平板 $R_1=R_2=+\infty$,故导体平板对电磁导弹后向散射的能量衰减率为 $r^{-\varepsilon}$,这与文献[38]一致。

对于二维导体目标,在散射坐标系下,电磁导弹仍有平面波展开式[38,39],一镜面反镜点(曲率半径为 R)的反射场为

$$\boldsymbol{E}_{\omega}^{(r)}(r)=\boldsymbol{E}_{\omega}^{(i)}(r)\cdot\boldsymbol{R}\sqrt{\frac{R}{R+2r}}\mathrm{e}^{-\mathrm{j}kr} \tag{4.234}$$

若入射电磁导弹的能量衰减率为 $r^{-\varepsilon}$,则类似于三维情况的推导可得

$$G^{(r)}(r)\propto r^{-\varepsilon}R/(R+2r) \tag{4.235}$$

由式(4.235)可得推论:

① R 为有限时,因 $R\ll r$ 故 $G^{(r)}(r)\propto r^{-(1+\varepsilon)}$,这与导体圆柱[39]和椭圆柱[40]的结果是一致的。

② 对于导体条带 $R=+\infty$,$G^{(r)}(r)\propto r^{-\varepsilon}$,这与文献[38]是一致的。

对于介质目标和涂层导体目标,其反射系数在射线基坐标系下为

$$\boldsymbol{R}=\begin{bmatrix}R_{\perp} & 0\\ 0 & R_{\parallel}\end{bmatrix}=\begin{bmatrix}-c & 0\\ 0 & c\end{bmatrix} \tag{4.236}$$

$$c=\begin{cases}\dfrac{\sqrt{\varepsilon_r}-\sqrt{\mu_r}}{\sqrt{\varepsilon_r}+\sqrt{\mu_r}} & (\text{介质体})\\[2ex] \dfrac{1-\eta_s}{1+\eta_s} & (\text{阻抗表面})\end{cases} \tag{4.237}$$

式中，ε_r，μ_r 为介质体的相对介电常数和相对磁导率；η_s 为涂层导体表面的表面阻抗。如果这些参数在高频时可以看成是常数，则后向散射能流密度为

$$\begin{aligned}C^{(r)}(r)&=\int_0^{\infty}\frac{1}{\eta}\mid \boldsymbol{E}_{\omega}^{(r)}(r)\mid^2 d\omega\\&=\frac{1}{\eta}\frac{c^2R_1R_2}{(R_1+2r)(R_2+2r)}\int_0^{\infty}\mid \boldsymbol{E}_{\omega}^{(i)}(r)\mid^2 d\omega\\&\propto\frac{r^{-\varepsilon}R_1R_2}{(R_1+2r)(R_2+2r)}\end{aligned}$$

可以看出，这一规律与导体情况下的规律相同。类似地可讨论二维介质和涂层导体目标对电磁导弹的后向散射。

参 考 文 献

[1] Smythe W R. Static and Dynamic Electricity. New York: McGraw-Hill, 1968.

[2] Michalski K A, Nevels R D. On the use of the coulomb gauge in solving soure excited boundary value problems of electromagnetics. IEEE Transactions on Microwave Theory and Technology, 1988, 36(9): 1328～1333.

[3] Tai C T. Dyadic Green's Functions in Electromagnetic Theory. Scrant: Intext Educationa, 1971.

[4] Hadidi A, Humid M. Electric and Magnetic Dyadic Green's Functions of Bounded Regions. Canadian Journal of Physics, 1988, 66(2): 249～257.

[5] Jackson J D. Classical Electrodynamics. New York: Wiley, 1975.

[6] Kwon Y S, Wang J J H. Computation of hertzian dipole radiation in stratified uniaxial anisotropic media. Radio Science, 1986, 21(6): 891～902.

[7] van Bladel J. Fields expansion in cavities containing gyrotropic media. IEEE Transactions on Microwave Theory and Technology, 1962, 10(1): 9～13.

[8] Lax M, Nelson D F. Linear and nolinear electrodynamics in elastic anisotropic dielectric. Physics Review, B, 1971, 4(10): 3694～3731.

[9] Kobayashi M, Terakado R. New view on an anisotropic medium and its application to transformation from anisotropic to isotropic problem. IEEE Transactions on Microwave Theory and Technology, 1979, 27(9): 769～775.

[10] Ren W, Wang Z L, Lin W. Dyadic Green's functions of unixial anisotropic half space. // Proceedings of PIERS Cambridge, Massachusetts USA , 1991: 679.

[11] Nelson D F. Electric Optic, and Acoustic Interactions, in Dielectric. New York: Wiley, 1979.

[12] Chen H C. Theory of Electromagnetic Waves: A Coordinate Free Approach. New York: McGraw-Hill, 1983.

[13] Pao Y H, Varatharajulu V. Huggens's principle, radiation. conditions and integral formulas for the scattering of elastic waves. Journal of the Acoustical Society of America, 1976, 59(6): 1363～1371.

[14] Stratton J A. Electromagnetic Theory. New York: McGraw-Hill, 1941.

[15] Volakis J L. TE diffraction by a pair of semi-infinite material sheets. Journal of Electromagnetic Wave and Applications, 1990, 4(5): 441～461.

[16] Kong J A. Theory of Electromagnetic Waves. New York: Wiley, 1986.

[17] Chew H, McNuldty P J, Kerker M. Model for raman and fluorescent scattering by molecules embedded in small partic1es. Physics Review A, 1976, 13(1): 396～404.

[18] Hasan M A, Uslenghi P L E. Electromagnetic scattering from nolinear anisotropic cylinder, part I: fundamental frequency. IEEE Transactions on Antenna Propagation, 1990, 38(4): 523～533.

[19] Lee J K, Kong J A. Dyadic Green's functions for layered anisotropic medium. Electromagnetic, 1983, 3: 111～130.

[20] Jeng S K, Wo R B, Chen C H. Wave obliquely incident upon a stratified anisotropic slab: a variational reaction approach. Radio Science, 1986, 21(4): 681～688.

[21] Chow Y, Wu T T. On calculatio of the tensorial Green's function for the general case of gyro-electric-magnetic media. IEEE Transactions on Antenna Propagation, 1964, 12(4): 514～515.

[22] Tsalamengas J L. Electromagnetic fields of elementary dipole antennas embedded in stratfied general gyrotropic media. IEEE Transactions on Antenna and Propagation, 1989, 37(3): 399～403.

[23] Chew W C. Waves and Fields in Inhomogeneous Media. New York: Nostrand Reinhold, 1990.

[24] Graglia R D, Uslenghi P L E, Zich R E. Dispersion relation for bianisotropic materials and it's symmetry properties. IEEE Transactions on Antenna Propagaton, 1991, 39(1): 83～90.

[25] Wunsche A. Generalized Gaussian beam solutions of paraxial optics and their connection to a hidden symmetry. Journal of Optical Society of America A, 1989, 6(9): 1320～1329.

[26] Luk K M, Yu P K, Complex source point theory of Gaussian beams and resonators. IEEE Proc Pt. J, 1985, 132(2): 105～113.

[27] 蔡丹宙. Hermite-Gauss 模和 Laguerre-Gauss 模之间的线性变换. 电子学报, 1981(4): 1～7.

[28] Ren W, Wang Z L, Lin W G. Relations between Hermite Gauss beams and Laguerre Gauss beams. //Proceedings of PIERS Cambrige, Massachusetts, 1991: 542.

[29] 王竹溪, 郭敦仁. 特殊函数概论. 北京: 科学出版社, 1979.

[30] Kin J S, Lee S S. Scattering of laser beams and the optical potential well for a homogeneous sphere. Journal of Optical Society of America A, 1983, 73(3): 303～312.

[31] Cullen A L, Yu P K. Complex source point theory of the electromagetic open resonater. Proceedings of the Royal Society A, 1979, 366: 155～171.

[32] BartonJ P, Alexander D R. Fifth order corrected electromagnetic field components for a fundamental Guassian beam. Journal of Applied Physics, 1989, 66(7): 2800～2802.

[33] Barton J P, Alexander D R, Schaub S A. Internal and near-surface electromagnetic fields for a spherical particle irradiated by focused laser beam. Journal of Applied Physics, 1988, 64(4): 1632～1639.

[34] Gouesbet G, Grehan G, Maheu B. Localized interpretation to compute all the coefficients g_n^m the generalized Lorenz-Mie theory. Jorunal of Optical Society of America A, 1990, 7(6): 998～1007.

[35] Wang Z L, Lin W G. Inelatic scattering of Gaussian beams active molecules embedded in a sphere. Microwave Optical Techniques Letters, 1988, 1(5): 179～183.

[36] 汪学明, 阮成礼. Slowly decay electromagnetic pulse beams. Journal of Applied Physics, 1990, 67 (12).

[37] Wu T T. Electromagnetic missiles. Journal of Applied Physics, 1985, 57(7): 2370～2373.

[38] Myers J M, Wu T T. Backscattering of electromagnetic missiles. SPIE, 1990, 12(26): 290～301.

[39] 文舸一，阮成礼，林为干. 无限长理想导体圆柱对电磁导弹的散射. 电子科技大学学报，1991，20(5)：456～460.

[40] Wen G, Ruan C, Lin W. Backscattering of all electromagnetic missile by a perfectly conducting elliptical cylinder. Journal of Applied Physics, 1991, 70(1): 1～3.

[41] Wen G, Ruan C, Lin W. Backscattering of an electromagnetic missile by a perfectly conducting sphere. Journal of Applied Physics, 1991, 70(7): 4053～4046.

[42] Shen H M, Wu T T. The Properties of the electromagnetic missile. Journal of Applied Physics, 1989, 66(9): 4025～4034.

[43] 汪茂光. 几何绕射理论. 西安：西北电讯工程学院出版社，1985：57～59.

第五章 压电固体的压电耦合场理论

本章由作者和王丹共同撰写,数值计算部分由王丹独立完成[1],作者定稿。

本章主要介绍 Chebyshev 矩阵多项式展开方法,并简述 Chebyshev 方法仿真压电耦合场的基本思路。

压电体是一个复杂的机电耦合系统。压电效应的发现和研究到现在已经有很长的历史了,最早发现压电效应是在 1880 年。最近几十年来,随着物理学和材料科学与技术的发展,压电学无论在理论上还是在应用上[2]都取得了重要的进展,并形成了一整套较为完整和系统的理论。

1917 年,Langevin 型石英晶体换能器诞生;1921 年,Gandy 把石英晶体应用于滤波器件,并且在同一段时期,晶体的介电、弹性及压电特性被成功地表达出来,推进了压电的理论研究;20 世纪 40 年代,开始了压电陶瓷的应用;20 世纪 50 年代,Mattias 开辟了压电材料在激光中的应用,同时晶格动力学理论取得了重要进展,为压电体的微观研究奠定了基础[3]。

在我国,压电产品自 20 世纪 50 年代起就开始了产业化发展道路,而加强压电材料的研究和开发更是我国在未来十年急需研究的一个技术难点,对压电固体中场的仿真正是这中间关键的一步。

物理和工程上的应用要求采用一定的方法求解压电耦合场方程。由于压电材料的各向性和压电耦合电磁场和声场的复杂性,因而很难对压电固体中的压电耦合场进行解析求解,为此通过数值计算的方法对压电耦合方程进行数值求解成为一种趋势。数值计算方法的迅速推出和改进,使压电耦合方程的数值求解成为可能。此外,压电耦合场与电磁场的可类比性使得适用于电磁场数值计算的方法可以类似地应用于压电耦合场。

2002 年,Smith 和作者提出了压电固体的时域有限差分法仿真[4],首次把时域有限差分(finite difference time domain,FDTD)方法[5]引入到对压电固体场的仿真中,开始了在时域中对压电固体耦合场进行仿真。Smith 在德国 IEEE 超声年会上所做的演讲引起了前所未有的轰动。带去的 30 几份文章一抢而空,英国的 Morgan 对我们的研究很关注,美国国防部和美国海军实验室嗅觉很灵,立刻盯上了这一课题。我问我的老师 Smith,我推导的方程到底有什么用,他说可用于美国空军的雷达系统,因为我们的公式体系具有处理含非线性器件的可能,这是目前已有的频域方法不能做的。Peter 那年刚好学术休假,拟开拓的方向本来是生物医学,后来改为压电固体中的时域仿真。而由于使用的时域有限差分法受到 Courant 稳定性条件[6]的限制,所能取的时间步长很小,所以文献[4]只对电场可以精确假设为零或者电位移非常接近于零时的压电耦合场进行了仿真,并且它不适用于波的传播。2003 年,作者完成了完全匹配层(perfectly matched layer,PML)用于压电固体差分格式的公式体系[7],这构成了本章的理论基础。2004 年,Chagla、Cabani 和 Smith 将完全匹配层[8]作为吸收边界条件引入到压电耦合场仿真的问题中,但它也仅仅只对电场可以精确假设为零或者电位移非常接近于零时的压电耦合场适用。2005 年,任伟和徐广成给出适合压电耦合场的离散方式，并在 FDTD 方法中加入 PML 成功仿真了电场不为零的压电耦合场[9]。但由于 Courant 稳定性条件的限制，所取时间步长很小，导致计算量过大，因此运行时间相当长。作者和杜铁军在此基础上[3]，引入精细积分法(precise integration method，PIM)[10,11]，该方法在非线性动力学系统的精细积分应用非常广泛[12]，它使得仿真过程中能取较大的时间步长，从而节约了仿真时间。但其局限性是此方法精度受 Taylor 展开的制约，只取展开式前两项才能便于精细积分法的计算，这就要求指数函数的指数很小，否则涉及的矩阵的计算量过大。

文献[4]、[8]对压电耦合场的仿真是十分粗糙的，其解决的仅仅是极端特殊情况下的压电耦合场，没有普遍意义。文献[9]存在运行时间过长的局限性。文献[3]存在计算量过大的问题。为了能对普遍意义下的压电耦合场进行仿真，本章在作者的公式体系的基础上进行研究，在杭州电子科技大学作者团队已有 FDTD 仿真压电耦合场的基础上，引入了 Chebyshev 法[13]，使得能够在仿真过程中取较大的时间步长，从而节约了仿真时间。同时由于 Chebyshev 多项式展开是函数的最佳逼近[14]，大大优于 Taylor 展开，因此保证了高精度的计算结果。

Chebyshev 法可用于一阶微分方程组的求解，已有 Chebyshev 一步法仿真电磁场[13]，并且该法具有高精度高速度的优点。Chebyshev 法的主要思想是通过差分方法离散电磁场方程中的空间偏导而保留时间偏导，从而构成一个一阶微分方程组。再用 Chebyshev 一步法求解该方程组。

由于压电耦合场与电磁场数学结构的类似性，Chebyshev 法也可类似地应用于压电耦合场的仿真中。引用 FDTD 方法中的中心差分方法离散压电耦合场方程中的空间偏导，同时保留其对时间的偏导，构建适用于 Chebyshev 法数值计算的压电耦合场的一阶微分方程组。再采用数值方法计算所得场为矩阵指数函数。利用 Chebyshev 多项式的最佳逼近性，将所得场用 Chebyshev 矩阵多项式展开。但是如果直接采用已有的 Chebyshev 一步法仿真压电耦合场，受计算机计算能力的限制只能求一定时间范围内的场。为此，在 FDTD 时间步依次步进思想的启发下，将 Chebyshev 一步法发展为 Chebyshev 多步法，从而使该方法可以求任何时刻的场。由于 Chebyshev 多步法中没有对时间进行离散，因此时间上不受稳定性约束，它的步长只受计算机计算能力的限制，而对精度没有影响，因此能取的步长远大于 FDTD 方法中的步长。

已有的 Chebyshev 一步法求解电磁场的另一缺陷是没有引入 PML，导致该法不能仿真无界空间中的场。本章中引用完全匹配层作为吸收边界条件使 Chebyshev 法能够仿真无限空间中波的传播问题。

5.1 压电效应和压电耦合场

本节从电磁场、声场理论出发，分析压电耦合场的支配方程和边值条件，并对压电耦合场方程进行归一化处理。本节内容与第二章有所重复，但为了保证系统性和可读性，现再次论述。这也是温故而知新的学习过程。

Maxwell 方程组是支配宏观电磁现象的一组基本方程。这组方程既可以写成微分形式，又可以写成积分形式；牛顿运动定律被认为是支配物体宏观运动的经典理论，固体中应变-位移关系是应变定义式，而声场方程是牛顿运动定律和应变-位移关系的变化形式，构成了固体中的支配方程。先分别讨论一般介质中的电磁场和声场，再在 5.2 节综合讨论压电介质中的压电耦合场。

5.1.1　电磁场方程

Maxwell 旋度方程[15]为

$$\begin{cases} -\nabla\times \boldsymbol{E}=\dfrac{\partial \boldsymbol{B}}{\partial t}+\boldsymbol{J}_m \\ \nabla\times \boldsymbol{H}=\dfrac{\partial \boldsymbol{D}}{\partial t}+\boldsymbol{J} \end{cases} \tag{5.1}$$

式中，$\boldsymbol{J}_m$ 为磁流密度，单位为 $\mathrm{V/m^2}$；$\boldsymbol{J}$ 为电流密度，单位为 $\mathrm{A/m^2}$；$\boldsymbol{E}$ 为电场强度，单位为 V/m；$\boldsymbol{D}$ 为电通量密度，单位为 $\mathrm{C/m^2}$；$\boldsymbol{H}$ 为磁场强度，单位为 A/m；$\boldsymbol{B}$ 为电通量密度，单位为 $\mathrm{Wb/m^2}$。算子 $\nabla\times$ 定义为

$$\nabla\times=\begin{bmatrix} 0 & -\dfrac{\partial}{\partial z} & \dfrac{\partial}{\partial y} \\ \dfrac{\partial}{\partial z} & 0 & -\dfrac{\partial}{\partial x} \\ -\dfrac{\partial}{\partial y} & \dfrac{\partial}{\partial x} & 0 \end{bmatrix}$$

式(5.1)为一般介质中的普适方程，若不同类型介质中的本构关系不同，则简化后的方程不同。例如，各向同性线性介质的本构关系为[16]

$$\boldsymbol{D}=\varepsilon\boldsymbol{E}\ ,\ \boldsymbol{B}=\mu\boldsymbol{H}\ ,\ \boldsymbol{J}=\sigma\boldsymbol{E}\ ,\ \boldsymbol{J}_m=\sigma_m\boldsymbol{H} \tag{5.2}$$

式中，σ 是介质的电导率，单位为 S/m；σ_m 是介质的磁损耗，单位为 Ω/m；ε 是介质的介电常数，单位为 F/m；μ 是介质的磁导率，单位为 H/m。无耗介质中，$\sigma=0$，$\sigma_m=0$，则式(5.1)右边最后一项都为 0。

将式(5.2)代入式(5.1)，得到简化方程，即关于 $\boldsymbol{E}$ 和 $\boldsymbol{H}$ 的旋度方程

$$\begin{cases} -\nabla\times \boldsymbol{E}=\mu\dfrac{\partial \boldsymbol{H}}{\partial t}+\boldsymbol{J}_m \\ \nabla\times \boldsymbol{H}=\varepsilon\dfrac{\partial \boldsymbol{E}}{\partial t}+\boldsymbol{J} \end{cases} \tag{5.3}$$

Maxwell 旋度方程是法拉第电磁感应定律和安培环路定律的一般形式，表明变化的磁场产生电场，变化的电场产生磁场。描述了电磁场量之间的耦合关系，是宏观电磁场的支配方程。

5.1.2　声场方程

为了分析物体内任一点的应力状态，即各个截面上应力的大小和方向，在这一点从物体内取出一个微小的微分平行六面体，它的棱边平行于坐标轴而长度为 Δx，Δy，Δz，如图 5.1 所示[17]。将每一个面上的应力分解为一个正应力和两个切应力，分别与三个坐标轴平行。正应力用 T_{mm}（$m=x,y,z$）表示，例如，T_{xx} 是作用在垂直于 x 轴的面上沿 x

轴方向的正应力。切应力用 T_{ij}（$i,j=x,y,z$ 且 $i\neq j$）表示，例如，T_{ij} 是作用在垂直于 j 轴的面上沿 i 轴方 向的切应力。

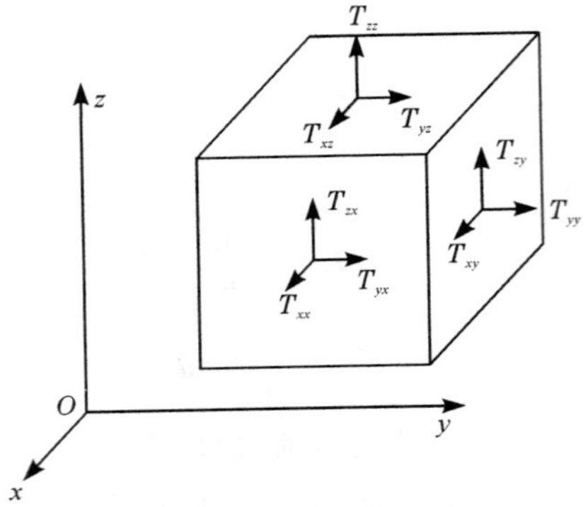

图 5.1　应力分析中的微分平行六面体

六个切应力之间具有一定的互等关系：作用在两个互相垂直的面上并且垂直于该两个面交线的切应力是互等的(大小相等，正负号也相同)即 $T_{xy}=T_{yx}$，$T_{yz}=T_{zy}$，$T_{zx}=T_{xz}$，因此也可采用缩写下标表示应力[18]。

$$\boldsymbol{T}=\begin{bmatrix}T_{xx} & T_{xy} & T_{xz}\\ T_{yx} & T_{yy} & T_{yz}\\ T_{zx} & T_{zy} & T_{zz}\end{bmatrix}=\begin{bmatrix}T_1 & T_6 & T_5\\ T_6 & T_2 & T_4\\ T_5 & T_4 & T_3\end{bmatrix} \tag{5.4}$$

这样，就可以将应力写成六元直列矩阵，即

$$\boldsymbol{T}=[T_1,T_2,T_3,T_4,T_5,T_6]^{\mathrm{T}} \tag{5.5}$$

总之，物体的每一点受到九个应力，最多只有六个是独立的。相应的有九个应变，也只有六个是独立的。

一个任意形状的振动质点，其体积为 dV，表面积为 dS 。与质点振动相关联的力为彻体力 $\boldsymbol{F}\mathrm{d}V$ 和相邻质点作用在质点表面上的应力，由牛顿第二定律得到[19]

$$\int_{\mathrm{d}S}\boldsymbol{T}\cdot\hat{\boldsymbol{n}}\mathrm{d}S+\int_{\mathrm{d}V}\boldsymbol{F}\mathrm{d}V=\int_{\mathrm{d}V}\rho\frac{\partial^2\boldsymbol{u}}{\partial t^2}\mathrm{d}V \tag{5.6}$$

式中，$\boldsymbol{T}$ 是应力场，单位为 $\mathrm{N/m^2}$；ρ 是介质的质量密度，单位为 $\mathrm{kg/m^3}$；$\boldsymbol{F}$ 是体力场，单位为 $\mathrm{N/m^3}$；$\boldsymbol{u}$ 是质点位移场，单位为 m。如果质点的体积足够小($\mathrm{d}V\to 0$)，式中体积分的被积函数基本上是常数，对表面的积分部分使用散度表示为

$$\nabla\cdot\boldsymbol{T}=\rho\frac{\partial^2\boldsymbol{u}}{\partial t^2}-\boldsymbol{F} \tag{5.7}$$

应力使用缩写下标表示，在平面直角坐标系中定义散度算子为

$$\nabla\cdot=\begin{bmatrix}\frac{\partial}{\partial x} & 0 & 0 & 0 & \frac{\partial}{\partial z} & \frac{\partial}{\partial y}\\ 0 & \frac{\partial}{\partial y} & 0 & \frac{\partial}{\partial z} & 0 & \frac{\partial}{\partial x}\\ 0 & 0 & \frac{\partial}{\partial z} & \frac{\partial}{\partial y} & \frac{\partial}{\partial x} & 0\end{bmatrix} \tag{5.8}$$

在声学理论中把式(5.7)称为运动方程。

应变 $\boldsymbol{S}$ 是描述单位物体形变的物理量。在线性形变条件下，可表示为位移的梯度[20]：

$$\boldsymbol{S}=\nabla_s \boldsymbol{u} \tag{5.9}$$

应变使用缩写下标，在平面直角坐标系中定义对称梯度算子为

$$\nabla_s=\begin{bmatrix} \frac{\partial}{\partial x} & 0 & 0 \\ 0 & \frac{\partial}{\partial y} & 0 \\ 0 & 0 & \frac{\partial}{\partial z} \\ 0 & \frac{\partial}{\partial z} & \frac{\partial}{\partial y} \\ \frac{\partial}{\partial z} & 0 & \frac{\partial}{\partial x} \\ \frac{\partial}{\partial y} & \frac{\partial}{\partial x} & 0 \end{bmatrix} \tag{5.10}$$

如果不使用质点位移场 $\boldsymbol{u}$，而用质点速度场 $\boldsymbol{v}$ 来表示声场方程，根据速度-位移关系 $\boldsymbol{v}=\partial \boldsymbol{u}/\partial t$，可以将式(5.7)和式(5.9)改写得到无损耗声场方程的一阶微分形式

$$\begin{cases} \nabla\cdot \boldsymbol{T}=\rho\dfrac{\partial \boldsymbol{v}}{\partial t}-\boldsymbol{F} \\ \nabla_s \boldsymbol{v}=\dfrac{\partial \boldsymbol{S}}{\partial t} \end{cases} \tag{5.11}$$

所以声场方程是牛顿第二定律和应变定义的一般形式，表明了声场应力场和速度场之间的耦合关系，是声场的支配方程。由于方程两边是对时间变量和空间变量的一阶偏微分。这样声场方程在形式上和电磁场旋度方程(5.1)相同。

物体的应变和应力之间存在一定的关系，这种关系由组成物体的材料性质决定，称为材料的声学本构关系。同理，式(5.11)为一般介质的普适支配方程，若介质的声学本构方程不同，则对应的具体支配方程不同。

例如，在线性、无损耗条件下，应变-应力服从虎克定律：应变与应力成线性比例，或者说应力线性地正比于应变。即

$$\boldsymbol{T}=\boldsymbol{c}:\boldsymbol{S},\quad \boldsymbol{S}=\boldsymbol{s}:\boldsymbol{T} \tag{5.12}$$

式中，$\boldsymbol{c}$ 为劲度矩阵；$\boldsymbol{s}$ 为顺度矩阵。$\boldsymbol{c}$，$\boldsymbol{s}$ 都是四阶张量。

使用关于顺度矩阵的本构关系，得到关于速度-应力的声场方程

$$\begin{cases} \nabla\cdot \boldsymbol{T}=\rho\dfrac{\partial \boldsymbol{v}}{\partial t}-\boldsymbol{F} \\ \nabla_s \boldsymbol{v}=\boldsymbol{s}\dfrac{\partial \boldsymbol{T}}{\partial t} \end{cases} \tag{5.13}$$

同样可用劲度矩阵表示声场方程，因为劲度矩阵与顺度矩阵互逆，得到

$$\begin{cases} \rho\dfrac{\partial \boldsymbol{v}}{\partial t}=\nabla\cdot \boldsymbol{T}+\boldsymbol{F} \\ \dfrac{\partial \boldsymbol{T}}{\partial t}=\boldsymbol{c}\,\nabla_s \boldsymbol{v} \end{cases} \tag{5.14}$$

5.2 压电材料中的压电耦合场

5.2.1 压电材料中的本构关系

当在压电晶体上施加一定电场时，晶体不仅要产生极化，还要产生应变和应力，这种由电场产生应变和应力的现象称为逆压电效应[20]。1880 年 J·居里和 P·居里发现了压电效应，无外加电场的情况下在一些晶体上施加一定压力并发生形变时，晶体的表面上会出现等量的正负电荷，这种由于机械力的作用而使晶体表面出现极化电荷的现象，称为正压电效应或者压电效应。具有压电效应的晶体称为压电晶体。实验证明，凡具有正压电效应的晶体，也一定具有逆压电效应。

从能量转化的角度看，逆压电效应是将电能转化为机械能；正压电效应是将机械能转化为电能。正压电效应的应用主要有振动传感器、超声波传感器、滤波器、振荡器和打火机的引燃装置等。逆压电效应的应用主要有超声波加湿气、超声波清洗机、喷墨打印机的喷头和压电蜂鸟器等。

压电效应反映了晶体的弹性性能与介电性能之间的耦合，两者之间的关系可用压电方程（又称为压电本构关系）来描述[20]：

$$\boldsymbol{D} = \boldsymbol{e}^T\boldsymbol{E} + \boldsymbol{d}\boldsymbol{T} \tag{5.15}$$

$$\boldsymbol{S} = \boldsymbol{d}'\boldsymbol{E} + \boldsymbol{s}^E\boldsymbol{T} \tag{5.16}$$

式中，$\boldsymbol{e}^T$ 表示在恒应力下测得的介电常数矩阵，单位为 F/m；$\boldsymbol{d}$ 表示压电应变矩阵，$\boldsymbol{d}'$ 表示压电应变矩阵 $\boldsymbol{d}$ 的转置，单位均为 C/N；$\boldsymbol{s}^E$ 表示在恒电场下测得的顺度系数矩阵，单位为 m^2/N。

假设介质是非磁性的，则压电晶体中还有电学的本构关系

$$\boldsymbol{B} = \mu_0 \boldsymbol{H},\quad \boldsymbol{J} = \sigma\boldsymbol{E},\quad \boldsymbol{J}_m = \sigma_m\boldsymbol{H} \tag{5.17}$$

对于无耗介质，有 $\sigma = 0$，$\sigma_m = 0$ 。

5.2.2 压电耦合场的支配方程

将压电材料中的本构关系式(5.15)、式(5.16)代入电磁场旋度方程式(5.1)和声场方程式(5.11)，可得到压电介质的压电耦合场方程[1]

$$\begin{cases} -\nabla\times\boldsymbol{E} = \mu_0\dfrac{\partial\boldsymbol{H}}{\partial t} + \boldsymbol{J}_m \\ \nabla\times\boldsymbol{H} = \boldsymbol{e}^T\dfrac{\partial\boldsymbol{E}}{\partial t} + \boldsymbol{d}\dfrac{\partial\boldsymbol{T}}{\partial t} + \boldsymbol{J} \\ \nabla_s\boldsymbol{v} = \boldsymbol{d}'\dfrac{\partial\boldsymbol{E}}{\partial t} + \boldsymbol{s}^E\dfrac{\partial\boldsymbol{T}}{\partial t} \\ \nabla\cdot\boldsymbol{T} = \rho\dfrac{\partial\boldsymbol{v}}{\partial t} - \boldsymbol{F} \end{cases} \tag{5.18}$$

压电耦合场方程反映了压电介质中声场、电磁场场量之间的相互作用关系，其中前两式是电磁场旋度方程，后两式是声场方程，中间两式表明，压电介质中的声场和电磁场是

相互耦合的。从方程的来源可以看出,压电耦合场方程是电磁场方程和声场方程的综合,因此它是压电固体中压电耦合场的支配方程。对于非压电介质,压电应变常数矩阵 $\boldsymbol{d}$ 为零,则声场和电磁场之间没有耦合关系。所以压电材料的发现和制造是实现强压电效应的关键。

5.2.3　压电耦合场的归一化

为减小由于计算机字长引起的累积误差,首先对压电耦合场进行归一化[8]。这是一种建立数值模型的工作,在编写程序前,将公式进行改写,改写成有利于在计算机上实现的形式,改写后的形式在数学上等价于原始数学公式体系。为了避免在归一化过程中的复杂单位转换,分别用含数量级的无量纲的标量参数和不含数量级的含量纲的矢量参数来表示各个参数为

$$\begin{cases}\boldsymbol{\mu} = \mu_s \boldsymbol{\mu}_v \\ \boldsymbol{e}^T = \varepsilon_s \boldsymbol{e}_v^T \\ \boldsymbol{d} = d_s \boldsymbol{d}_v \\ \boldsymbol{d}' = d_s' \boldsymbol{d}_v' \\ \boldsymbol{s}^E = s_s^E \boldsymbol{s}_v^E \\ \boldsymbol{\rho} = \rho_s \boldsymbol{\rho}_v \end{cases} \tag{5.19}$$

式中,矢量参数的量纲分别为:$\boldsymbol{\mu}_v$ 的单位为 H/m, $\boldsymbol{e}_v^T$ 的单位为 F/m, $\boldsymbol{d}_v$ 和 $\boldsymbol{d}_v'$ 的单位为C/N, $\boldsymbol{s}_v^E$ 的单位为 m^2/N, $\boldsymbol{\rho}_v$ 的单位为 $\mathrm{kg/m}^3$。标量参数不含量纲,其数值大小分别为

$$\begin{cases}\mu_s = 10^{-6} \\ \varepsilon_s = 10^{-12} \\ d_s = 10^{-12} \\ d_s' = 10^{-12} \\ s_s^E = 10^{-12} \\ \rho_s = 10^4 \end{cases} \tag{5.20}$$

因为压电材料都是各向异性材料,介质参数矩阵的值因材料及其晶体的切割方向不同而具有不同的值,这里采用加拿大 McMaster 大学微波声学实验室编写的软件来实现的材料数据输入,因此只针对无量纲的标量参数进行归一化处理。令

$$\begin{cases}\boldsymbol{H} = \boldsymbol{H}_t / \sqrt{\mu_s} = 10^3\ \boldsymbol{H}_t \\ \boldsymbol{E} = \boldsymbol{E}_t / \sqrt{\varepsilon_s^T} = 10^6\ \boldsymbol{E}_t \\ \boldsymbol{T} = \boldsymbol{T}_t / \sqrt{s_s^E} = 10^6\ \boldsymbol{T}_t \\ \boldsymbol{v} = \boldsymbol{v}_t / \sqrt{\rho_s} = 10^{-2}\ \boldsymbol{v}_t \\ \boldsymbol{F}_t = 10^{-2} \boldsymbol{F} \end{cases} \tag{5.21}$$

将式(5.21)代入式(5.18),整理得到无耗压电介质中的声电耦合场方程的归一化形式

$$\begin{cases} \boldsymbol{\mu}_v \dfrac{\partial \boldsymbol{H}_t}{\partial t} = - z_e \nabla \times \boldsymbol{E}_t \\ \boldsymbol{e}_v^T \dfrac{\partial \boldsymbol{E}_t}{\partial t} + \boldsymbol{d}_v \dfrac{\partial \boldsymbol{T}_t}{\partial t} = z_e \nabla \times \boldsymbol{H}_t \\ \boldsymbol{\rho}_v \dfrac{\partial \boldsymbol{v}_t}{\partial t} = z_a \nabla \cdot \boldsymbol{T}_t + \boldsymbol{F}_t \\ \boldsymbol{d}'_v \dfrac{\partial \boldsymbol{E}_t}{\partial t} + \boldsymbol{s}_v^E \dfrac{\partial \boldsymbol{T}_t}{\partial t} = z_a \nabla_s \boldsymbol{v}_t \end{cases} \tag{5.22}$$

式中，新增系数 $z_e = 10^9$ 具有电磁波速的物理内涵，$z_a = 10^4$ 具有声速的物理内涵。上面方案也有不足之处，只实现了电磁场量 $\boldsymbol{E}$ 和 $\boldsymbol{H}$ 之间、声场量 $\boldsymbol{T}$ 和 $\boldsymbol{v}$ 之间的归一化，而没有实现以上四个量之间的归一化。

由于在后面的各节中，都是对归一化后的压电耦合场进行讨论，所以为了表示方便，省略归一化下标，场量和材料参数使用的都是归一化量，即

$$\begin{cases} \boldsymbol{\mu} \dfrac{\partial \boldsymbol{H}}{\partial t} = - z_e \nabla \times \boldsymbol{E} \\ \boldsymbol{e}^T \dfrac{\partial \boldsymbol{E}}{\partial t} + \boldsymbol{d} \dfrac{\partial \boldsymbol{T}}{\partial t} = z_e \nabla \times \boldsymbol{H} \\ \boldsymbol{\rho} \dfrac{\partial \boldsymbol{v}}{\partial t} = z_a \nabla \cdot \boldsymbol{T} + \boldsymbol{F} \\ \boldsymbol{d}' \dfrac{\partial \boldsymbol{E}}{\partial t} + \boldsymbol{s}^E \dfrac{\partial \boldsymbol{T}}{\partial t} = z_a \nabla_s \boldsymbol{v} \end{cases} \tag{5.23}$$

因为平面声波解的特征阻抗 $Z_a = (\rho c_{ii})^{1/2}$，根据式(5.18)中的声场方程，归一化前，声波的各个特征阻抗为

$$Z_a = (\rho_s \rho_v c_s c_{vii})^{1/2} = (\rho_v c_{vii} \times 10^4 \times 10^{12})^{1/2} = (\rho_v c_{vii})^{1/2} \times 10^8 \tag{5.24}$$

经过归一化，可以按照式(5.18)中的声场方程得到声波各个特征阻抗

$$Z_{ta} = \left(\frac{\rho_v}{z_a} \times z_a \times c_{vii} \right)^{1/2} = (\rho_v c_{vii})^{1/2} \tag{5.25}$$

声波特征阻抗数量级由 10^8 归一化到 1，这样运算中声场的数量级相同；同样可以证明电磁波阻抗数量级也被归一化到 1，电磁场场量的数量级也相同。介质参数在计算中使用相对值（介于 0.01～10 之间），避免了悬殊很大的数相互计算情况的出现，可能减小计算误差，为得到较精确的计算结果打下了良好基础。

5.3 边界条件

在压电耦合场问题中经常包含不同材料的边界，压电耦合场必须满足其支配方程，还必须满足不同介质分界面上的边界条件。边界条件在求解定解问题中占有非常重要的地位。压电耦合场的边界条件包含电磁场边界条件和声场边界条件。

5.3.1 电磁场边界条件

电磁场边界条件是指各个电磁场量在分界面上各自满足的关系。根据 Maxwell 方程的积分形式，可以得出如下边界条件[21]。

1. 磁场强度的边界条件

如图 5.2 所示，在介质界面处，法向单位矢量 $\hat{\boldsymbol{n}}$ 指向介质 1，磁场强度满足矢量式

$$\hat{\boldsymbol{n}}\times(\boldsymbol{H}_1-\boldsymbol{H}_2)=\boldsymbol{J}_s \tag{5.26}$$

式中，$\boldsymbol{J}_s$ 是分界面的传导面电流。如果 $\boldsymbol{J}_s=0$，有

$$\hat{\boldsymbol{n}}\times(\boldsymbol{H}_1-\boldsymbol{H}_2)=0 \tag{5.27}$$

物理意义是在分界面上任意一点，磁场强度矢量切向分量的差等于该点的传导电流面密度。如果分界面上不存在传导电流，则磁场强度矢量的切向分量连续。

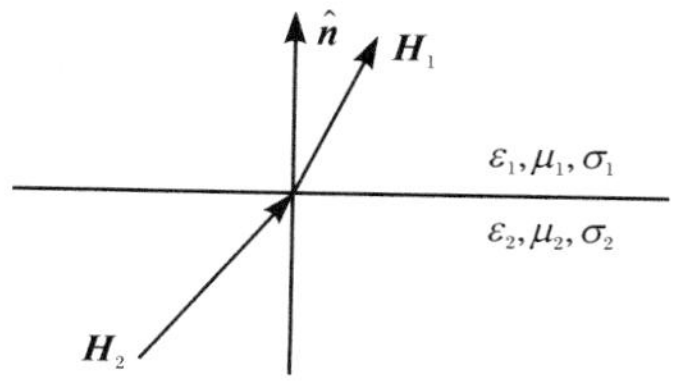

图 5.2　分界面处的 $\boldsymbol{H}$

2. 电场强度的边界条件

电场强度满足矢量式

$$\hat{\boldsymbol{n}}\times(\boldsymbol{E}_1-\boldsymbol{E}_2)=0 \tag{5.28}$$

物理意义是在分界面上任意一点，电场强度矢量的切向分量连续。

3. 磁感应强度的边界条件

磁感应强度满足矢量式

$$\hat{\boldsymbol{n}}\cdot(\boldsymbol{B}_1-\boldsymbol{B}_2)=0 \tag{5.29}$$

物理意义是在分界面上任意一点，电场强度矢量的法向分量连续。

4. 电位移矢量的边界条件

电位移矢量满足矢量式

$$\hat{\boldsymbol{n}}\cdot(\boldsymbol{D}_1-\boldsymbol{D}_2)=\rho_s \tag{5.30}$$

物理意义是在分界面上任意一点，电位移矢量法向分量的差等于该点的自由面电荷密度。如果分界面上不存在自由面电荷，则电位移矢量的法向分量连续。

5. 两种电磁学边界条件特例

在问题的分析计算中，常遇到理想电介质（$\sigma_1=\sigma_2=0$）之间的分界面、理想电介质（$\sigma_1=0$）与理想电导体（$\sigma_2=\infty$）之间的分界面，边界条件分别是：

① 理想电介质之间的分界面，$\sigma_1=\sigma_2=0$，因而 $\boldsymbol{J}_s=0$，$\rho_s=0$，有

$$\begin{cases}\hat{\boldsymbol{n}}\times(\boldsymbol{H}_1-\boldsymbol{H}_2)=0\\ \hat{\boldsymbol{n}}\times(\boldsymbol{E}_1-\boldsymbol{E}_2)=0\\ \hat{\boldsymbol{n}}\cdot(\boldsymbol{B}_1-\boldsymbol{B}_2)=0\\ \hat{\boldsymbol{n}}\cdot(\boldsymbol{D}_1-\boldsymbol{D}_2)=0\end{cases} \tag{5.31}$$

② 理想电介质与理想电导体之间的分界面，$\sigma_1=0$，$\sigma_2=\infty$，因而 $\boldsymbol{H}_2=0$，$\boldsymbol{E}_2=0$，$\boldsymbol{B}_2=0$，$\boldsymbol{D}_2=0$，有

$$\begin{cases} \hat{\boldsymbol{n}} \times \boldsymbol{H}_1 = \boldsymbol{J}_s \\ \hat{\boldsymbol{n}} \times \boldsymbol{E}_1 = 0 \\ \hat{\boldsymbol{n}} \cdot \boldsymbol{B}_1 = 0 \\ \hat{\boldsymbol{n}} \cdot \boldsymbol{D}_1 = \rho_s \end{cases} \tag{5.32}$$

5.3.2　声场边界条件

声学边界条件[18]分为应力边界条件和位移边界条件。应力边界条件是指物体所受的面力在边界上满足的关系。位移边界条件是指物体的位移分量在全部边界上满足的关系。对于质点，已知位移函数，速度函数也同样已知，因此也可将位移边界条件转变为速度边界条件。

1. 应力边界条件和速度边界条件

如图 5.3 所示，在边界面上，法向单位矢量 $\hat{\boldsymbol{n}}$ 指向介质 1，相应的质点位移(或质点速度)边界条件和应力边界条件为

$$\boldsymbol{v}_1 = \boldsymbol{v}_2 \tag{5.33}$$

$$\boldsymbol{T}_1 \cdot \hat{\boldsymbol{n}} = \boldsymbol{T}_2 \cdot \hat{\boldsymbol{n}} \tag{5.34}$$

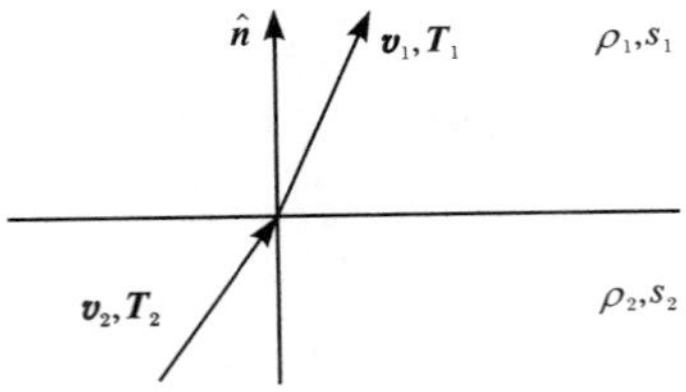

图 5.3　分界面处的速度和应力

下标表示不同介质中的场量，式(5.34)表示边界两边的应力连续关系，属应力边界条件，式(5.33)表示边界两边的速度连续关系，属速度边界条件。

2. 两种声学边界条件特例

实际问题中，经常遇到固体-固体紧密边界、空气-固体自由边界，边界条件分别是：

① 固体-固体紧密边界条件。例如，在 $x=0$ 边界处，边界的法向单位矢量为 $\hat{\boldsymbol{n}} = \hat{\boldsymbol{x}}$，有

$$\boldsymbol{T} \cdot \hat{\boldsymbol{n}} = \boldsymbol{T} \cdot \hat{\boldsymbol{x}} = \hat{\boldsymbol{x}} T_{xx} + \hat{\boldsymbol{y}} T_{yx} + \hat{\boldsymbol{z}} T_{zx} \tag{5.35}$$

所以应力边界条件和速度边界条件为

$$\begin{cases} T_{1xx}(0) = T_{2xx}(0), \quad v_{1x}(0) = v_{2x}(0) \\ T_{1yx}(0) = T_{2yx}(0), \quad v_{1y}(0) = v_{2y}(0) \\ T_{1zx}(0) = T_{2zx}(0), \quad v_{1z}(0) = v_{2z}(0) \end{cases} \tag{5.36}$$

② 空气-固体自由边界条件。在空气-固体交界面处，若在边界上没有外加应力，则应力的法向分量必须为零。

例如，在 $x=0$ 边界处，应力的法向分量为 T_{xx}, T_{yx}, T_{zx}，所以有

$$\begin{cases} T_{xx} = 0, \quad v_x(0) = 0 \\ T_{yx} = 0, \quad v_y(0) = 0 \\ T_{zx} = 0, \quad v_z(0) = 0 \end{cases} \tag{5.37}$$

电磁场、声场能量不会因为相互之间的耦合而变得在时间上不连续，因此声电耦合场中的边界条件可以看作是电磁场边界条件和声场边界条件的简单组合。

5.4　FDTD方法仿真压电耦合场

5.4.1　FDTD方法介绍

FDTD方法自Yee于1966年提出以来发展迅速[5]，获得广泛应用。FDTD方法以Yee元胞为空间电磁场离散单元，将Maxwell旋度方程转化为差分方程，结合计算机技术能处理十分复杂的电磁问题；FDTD方法在时间轴上逐步推进地求解，有很好的稳定性和收敛性，因而在工程电磁学各个领域备受重视。Vireux于1986年运用声场方程的速度-应力离散方式，将FDTD方法应用于声场模拟，被广泛应用于地震波、弹性波的模拟研究[22]。2002年Smith和作者提出的适用于时域仿真的压电领域耦合波方程[4]，为利用FDTD方法分析压电耦合波传播建立了理论基础。

电磁场FDTD方法经过30多年的发展，已经日趋成熟，解决了许多关键问题。它的基本内容包括离散方式、离散方程、数值稳定性、边界吸收条件和激励源。为了分析辐射与散射，还要使用总场边界和近-远场变换等；为了减小计算误差和减少运行时间、内存使用量，一些新技术、新技巧陆续出现，主要有：关于边界的截断、从最初的插值吸收边界到Mur吸收边界[23]、PML吸收边界[24,25]、各向异性材料PML吸收边界[26]、复坐标变量PML吸收边界[27]。偏微分的差分离散方式有广义正交坐标系中的差分格式[28]、非正交变形网格技术和色散介质的差分格式。电磁场FDTD方法已经在电磁学的各个领域获得广泛的应用，目前使用FDTD技术较为流行的商业化软件有XFDTD[29]、EMA3D[30]、Fullwave[31]、Empire、ZELANDFidelity、QFDTD、EMC等。

因为声场的支配方程具有与Maxwell方程相似的形式，所以声场FDTD方法只是在离散方式上与电磁场FDTD方法不同，其余内容基本相仿，许多电磁场FDTD技术也同样适用。

由于FDTD方法非常适合处理含有非线性元件的问题，因此可用FDTD方法求解压电耦合场中含有非线性元件的问题。另一方面因为压电耦合场中同时存在电磁场、声场，以及两者的耦合场，其复杂性使其空间离散方式与电磁场、声场均不同。已有的压电耦合场空间离散方式过于复杂，在分析过程中容易出错。本节提出一种新的空间离散格式，操作更简单方便，分析更容易。

5.4.2　压电耦合场空间离散方式

已有的压电耦合场空间离散方式主要在文献[3]和文献[9]中给出，具体如下。

文献[9]是通过总结电磁场FDTD方法和声场FDTD方法的共同点给出压电耦合场的FDTD离散方式。电磁场FDTD方法的基本思路是对电磁场$\boldsymbol{E}$,$\boldsymbol{H}$分量在空间和时间上采取交错抽样的离散格式，每一个分量周围有四个$\boldsymbol{H}$（或$\boldsymbol{E}$）场分量环绕，应用这种离散方式将Maxwell旋度方程转化为一组差分方程，并在时间轴上逐步推进地求解空间电磁场。由电磁问题的初始值及边界条件就可以逐步推进地求得以后各时刻空间电磁场的分布。声场的 FDTD 方法与之类似。每个正应力的周围有六个速度分量，每个切应力分量由四个速度分量环绕。同样每个速度分量由四个切应力分量和六个正应力环绕。文献[9]中总结两种离散方式的共同特点如下：

① 两种差分格式都根据偏微分方程，方程的一边是时间偏微分，另一边是空间偏微分。

② 场量分量在离散方式中，空间上相差 0.5 个空间间隔，时间上相差 0.5 个时间间隔。

③ 电磁场 FDTD 离散方程中，任一网格上的电场（或磁场）强度分量只与其上一个时间步的值和周围环绕它的磁场（或电场）强度分量有关。对于声场 FDTD 来说，应力和速度之间的关系也是相同的。

④ 都满足左边时间偏微分场量的空间分布在右边场量沿空间变量方向的直线上。

根据以上特点，文献[9]将压电耦合场微分方程式(5.23)按照图 5.4 所示的压电耦合场离散方式进行离散。在压电耦合场的四类场量中，$\boldsymbol{H}$，$\boldsymbol{v}$ 和 $\boldsymbol{T}$，$\boldsymbol{E}$ 在空间上相差 0.5 个空间间隔，在时间上相差 0.5 个时间间隔。从图 5.4 可以发现，每个正应力的周围有六个速度分量，每个切应力分量、电场分量由四个速度分量、磁场分量环绕。同样每个速度分量、磁场分量由四个切应力分量、电场分量和六个正应力环绕。这种声电耦合场分量的空间取样方式符合物体受力分析、运动定律、电磁场的安培定律和高斯定律，所以能够恰当描述声电耦合场的传播特性。

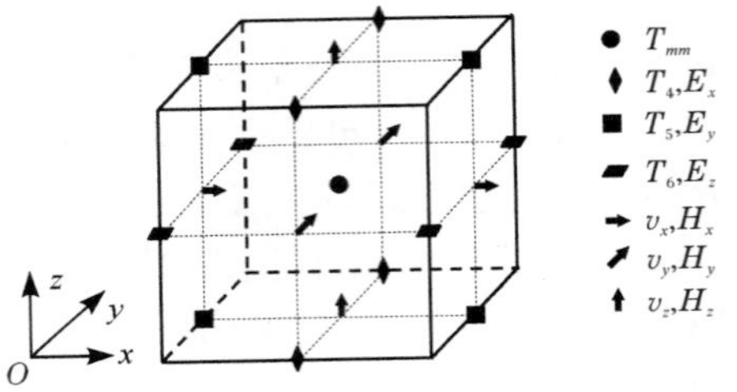

图 5.4　三维压电耦合场空间场点分布

根据图 5.4，声电耦合场离散格式中，电、磁、声场分量空间节点与时间步取值的约定如表 5.1 所示。

表 5.1　声电耦合场离散方式中各分量节点位置

电、磁、声场分量		分量空间分布			分量时间分布
		x 坐标	y 坐标	z 坐标	
T,**E** 分量	T_{mm}	$i+0.5$	$j+0.5$	$k+0.5$	n
	E_x 和 T_4	$i+0.5$	j	k	
	E_y 和 T_5	i	$j+0.5$	k	
	E_z 和 T_6	i	j	$k+0.5$	
v,**H**分量	H_x 和 v_x	i	$j+0.5$	$k+0.5$	$n+0.5$
	H_y 和 v_y	$i+0.5$	j	$k+0.5$	
	H_z 和 v_z	$i+0.5$	$j+0.5$	k	

文献[3]则将压电耦合场方程组和 Maxwell 方程组进行类比，得出其离散方式。

整合压电耦合场的方程组(5.23)为

$$\begin{cases}\dfrac{\partial}{\partial t}\begin{bmatrix}\boldsymbol{\mu} & \boldsymbol{0}\\ \boldsymbol{0} & \boldsymbol{\rho}\end{bmatrix}\begin{bmatrix}\boldsymbol{H}\\ \boldsymbol{v}\end{bmatrix}=\begin{bmatrix}-z_e\ \nabla\times & \boldsymbol{0}\\ \boldsymbol{0} & z_a\ \nabla\cdot\end{bmatrix}\begin{bmatrix}\boldsymbol{E}\\ \boldsymbol{T}\end{bmatrix}+\begin{bmatrix}\boldsymbol{0}\\ \boldsymbol{F}\end{bmatrix}\\ \dfrac{\partial}{\partial t}\begin{bmatrix}\boldsymbol{e}^T & \boldsymbol{d}\\ \boldsymbol{d}' & \boldsymbol{s}^E\end{bmatrix}\begin{bmatrix}\boldsymbol{E}\\ \boldsymbol{T}\end{bmatrix}=\begin{bmatrix}z_e\ \nabla\times & \boldsymbol{0}\\ \boldsymbol{0} & z_a\ \nabla_s\end{bmatrix}\begin{bmatrix}\boldsymbol{H}\\ \boldsymbol{v}\end{bmatrix}\end{cases} \tag{5.38}$$

而自由空间中电磁场中的 Maxwell 方程组为

$$\begin{cases}\varepsilon_0\ \dfrac{\partial \boldsymbol{E}}{\partial t}=\nabla\times\boldsymbol{H}\\ \mu_0\ \dfrac{\partial \boldsymbol{H}}{\partial t}=-\nabla\times\boldsymbol{E}\end{cases} \tag{5.39}$$

可以看到 Maxwell 方程组与压电耦合场方程组存在着对应关系，如表 5.2 所示[1]。如果用对应量做替换，压电耦合场方程组完全可以转化为 Maxwell 方程组，所以，成功仿真电磁场 FDTD 方法就可以很好地应用于压电耦合场的仿真。

表 5.2　Maxwell 方程组和压电耦合场方程组的可类比性

Maxwell 方程组	压电耦合场方程组
$\boldsymbol{E}$	$\begin{bmatrix}\boldsymbol{H}\\ \boldsymbol{v}\end{bmatrix}$
$\boldsymbol{H}$	$\begin{bmatrix}\boldsymbol{E}\\ \boldsymbol{T}\end{bmatrix}$
$\nabla\times$	$\begin{bmatrix}-z_e\ \nabla\times & \boldsymbol{0}\\ \boldsymbol{0} & z_a\ \nabla\cdot\end{bmatrix}$
$-\nabla\times$	$\begin{bmatrix}z_e\ \nabla\times & \boldsymbol{0}\\ \boldsymbol{0} & z_a\ \nabla_s\end{bmatrix}$
ε_0	$\begin{bmatrix}\boldsymbol{\mu} & \boldsymbol{0}\\ \boldsymbol{0} & \boldsymbol{\rho}\end{bmatrix}$
μ_0	$\begin{bmatrix}\boldsymbol{e}^T & \boldsymbol{d}\\ \boldsymbol{d}' & \boldsymbol{s}^E\end{bmatrix}$

因此文献[3]对压电耦合场进行 FDTD 方法仿真，取定空间步长后，压电耦合场在 x-z 平面的二维场点分布如图 5.5 所示，其中每个点均包含了压电耦合场中的四个变量 $\boldsymbol{v},\boldsymbol{H},\boldsymbol{E},\boldsymbol{T}$。

而时间上则利用其与 Maxwell 方程的相似性采用蛙跃步进的方法，将压电耦合场的四个场量分为两组：$\boldsymbol{H}$ 和 $\boldsymbol{v}$ 为一组，$\boldsymbol{E}$ 和 $\boldsymbol{T}$ 为一组，它们在时间顺序上呈交替蛙跃抽样(这里使用数字信号处理的语言)，即抽样的时间间隔彼此相差半个时间步，使压电耦合方程组离散后构成显式差分方程，在时间步上进行步进求解，因此给定压电耦合场问题的初始条件或源，就可以逐步地求出各个时刻的压电场分布。压电耦合场场量的空间节点和时间步取值在整数和半整数的约定如表 5.3 所示。

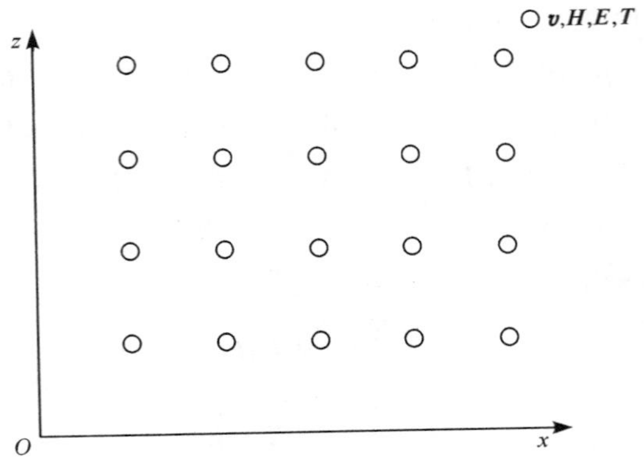

图 5.5　二维压电耦合场空间场点分布

表 5.3　压电耦合场的空间节点和时间步取值

压电耦合场场量	空间分量取样		时间抽样
	x 坐标	z 坐标	
$\boldsymbol{E},\boldsymbol{T}$	i	j	n
$\boldsymbol{H},\boldsymbol{v}$	i	j	$n+1/2$

总结压电耦合场的这两种离散方式。两方法在时间抽样上没有区别，主要区别在于空间取样。第一种方法严格按照已有 FDTD 方法的特点取场的空间点，优点是利用空间关系使场量空间取值最少，从而减少计算量。但其缺点是空间取点过烦，不同场取点不同，离散方程时容易出错，而且中心差分离散时涉及的场量可能未在对应空间点取到，需要采用平均值才能得到。这意味着方程离散工作量很大。第二种离散方式则克服了第一种方式的缺点，因为场量在空间每个点上均取值，所以可以保证方程中心差分离散过程中所涉及的场量在空间上均可以取到，而无需通过取平均值得到。但这种离散方式的缺点是场在每个点均取值，取点过多，则所需计算的场值数量远大于第一种场值空间取法，即该方法在减少计算复杂繁琐的同时，增大了计算量。

本章通过对以上两种离散方式的研究，结合其优点，给出一种新的空间离散格式，操作更简单方便，分析更容易。

引入第二种离散方式的思想，根据表(5.2)可知 Maxwell 方程与压电耦合场方程的相似性，分压电耦合场的四个场量为两组：$\boldsymbol{v}$ 和 $\boldsymbol{H}$ 为一组，$\boldsymbol{E}$ 和 $\boldsymbol{T}$ 为一组，与第二种方案不同的是，场量的空间取样不是在每个点都取到四个场量，而是按第一种离散方式中总结的 FDTD 方法空间离散特点，依次交错抽样取 $\boldsymbol{H}$, $\boldsymbol{v}$ 组或 $\boldsymbol{E}$, $\boldsymbol{T}$ 组。例如对于二维场，在取 $\boldsymbol{H}$, $\boldsymbol{v}$ 的点上，其周围四点每点取 $\boldsymbol{E}$, $\boldsymbol{T}$, 同理，每个取 $\boldsymbol{E}$, $\boldsymbol{T}$ 场的点周围，围绕着四个取 $\boldsymbol{H}$, $\boldsymbol{v}$ 的点。如图 5.6 所示。

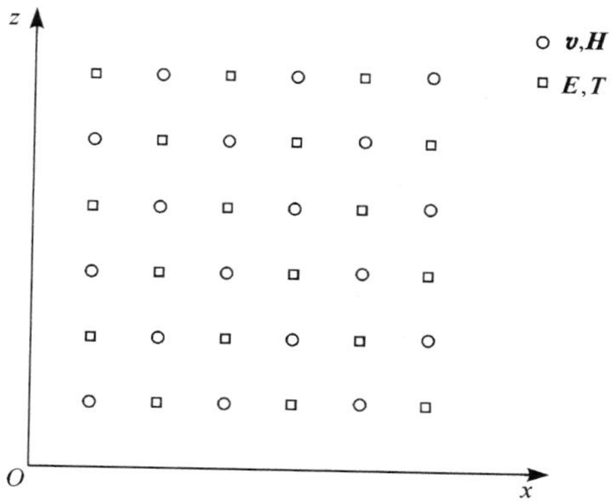

图 5.6　二维压电耦合场空间场点分布

根据图 5.6，压电耦合场场量的空间节点和时间步取值在整数和半整数的约定如表 5.4 所示。

表 5.4　二维场量空间时间取点

压电耦合场场量	空间分量取样	时间抽样
$\begin{bmatrix} \boldsymbol{H} \\ \boldsymbol{v} \end{bmatrix}$	$(2m+1,2k+1),(2m+2,2k+2)$, $m,k=0,1,2,\cdots$	$n+1/2$
$\begin{bmatrix} \boldsymbol{E} \\ \boldsymbol{T} \end{bmatrix}$	$(2m+1,2k+2),(2m+2,2k+1)$, $m,k=0,1,2,\cdots$	n

5.4.3　一维压电耦合场差分离散方程

本小节按照以上的空间差分离散格式思想，对一维压电耦合场进行离散差分，得差分步进离散式，为最后的编程仿真打下基础。

根据各算子定义，将式(5.38)中的各个算子写为直角坐标下的分量形式

$$\nabla\times=\begin{bmatrix} 0 & -\dfrac{\partial}{\partial z} & \dfrac{\partial}{\partial y} \\ \dfrac{\partial}{\partial z} & 0 & -\dfrac{\partial}{\partial x} \\ -\dfrac{\partial}{\partial y} & \dfrac{\partial}{\partial x} & 0 \end{bmatrix}$$

$$=\frac{\partial}{\partial x}\begin{bmatrix} 0 & 0 & 0 \\ 0 & 0 & -1 \\ 0 & 1 & 0 \end{bmatrix}+\frac{\partial}{\partial y}\begin{bmatrix} 0 & 0 & 1 \\ 0 & 0 & 0 \\ -1 & 0 & 0 \end{bmatrix}+\frac{\partial}{\partial z}\begin{bmatrix} 0 & -1 & 0 \\ 1 & 0 & 0 \\ 0 & 0 & 0 \end{bmatrix}$$

$$\nabla\cdot=\begin{bmatrix} \dfrac{\partial}{\partial x} & 0 & 0 & 0 & \dfrac{\partial}{\partial z} & \dfrac{\partial}{\partial y} \\ 0 & \dfrac{\partial}{\partial y} & 0 & \dfrac{\partial}{\partial z} & 0 & \dfrac{\partial}{\partial x} \\ 0 & 0 & \dfrac{\partial}{\partial z} & \dfrac{\partial}{\partial y} & \dfrac{\partial}{\partial x} & 0 \end{bmatrix}$$

$$
=\frac{\partial}{\partial x}\begin{bmatrix}1&0&0&0&0&0\\0&0&0&0&0&1\\0&0&0&0&1&0\end{bmatrix}+\frac{\partial}{\partial y}\begin{bmatrix}0&0&0&0&0&1\\0&0&1&0&0&0\\0&0&0&1&0&0\end{bmatrix}+\frac{\partial}{\partial z}\begin{bmatrix}0&0&0&0&1&0\\0&0&0&1&0&0\\0&0&1&0&0&0\end{bmatrix}
$$

$$
\nabla_s=(\nabla\cdot)^{\mathrm{T}}
$$

将以上算子代入 $\begin{bmatrix}-z_e\,\nabla\times & \mathbf{0}\\ \mathbf{0} & z_a\,\nabla\cdot\end{bmatrix}$，$\begin{bmatrix}z_e\,\nabla\times & \mathbf{0}\\ \mathbf{0} & z_a\,\nabla_s\end{bmatrix}$，得

$$
\begin{bmatrix}-z_e\,\nabla\times & \mathbf{0}\\ \mathbf{0} & z_a\,\nabla\cdot\end{bmatrix}=\frac{\partial}{\partial x}\boldsymbol{L}_{1x}+\frac{\partial}{\partial y}\boldsymbol{L}_{1y}+\frac{\partial}{\partial z}\boldsymbol{L}_{1z} \tag{5.40}
$$

$$
\begin{bmatrix}z_e\,\nabla\times & \mathbf{0}\\ \mathbf{0} & z_a\,\nabla_s\end{bmatrix}=\frac{\partial}{\partial x}\boldsymbol{L}_{2x}+\frac{\partial}{\partial y}\boldsymbol{L}_{2y}+\frac{\partial}{\partial z}\boldsymbol{L}_{2z} \tag{5.41}
$$

式中，$\boldsymbol{L}_{1x}$，$\boldsymbol{L}_{1y}$，$\boldsymbol{L}_{1z}$ 为 6×9 常矩阵，$\boldsymbol{L}_{2x}$，$\boldsymbol{L}_{2y}$，$\boldsymbol{L}_{2z}$ 为 9×6 常矩阵，即

$$
\boldsymbol{L}_{1x}=\begin{bmatrix}0&0&0&0&0&0&0&0&0\\0&0&Z_e&0&0&0&0&0&0\\0&-Z_e&0&0&0&0&0&0&0\\0&0&0&Z_a&0&0&0&0&0\\0&0&0&0&0&0&0&0&Z_a\\0&0&0&0&0&0&0&Z_a&0\end{bmatrix}
$$

$$
\boldsymbol{L}_{1y}=\begin{bmatrix}0&0&-Z_e&0&0&0&0&0&0\\0&0&0&0&0&0&0&0&0\\Z_e&0&0&0&0&0&0&0&0\\0&0&0&0&0&0&0&0&Z_a\\0&0&0&0&0&Z_a&0&0&0\\0&0&0&0&0&0&Z_a&0&0\end{bmatrix}
$$

$$
\boldsymbol{L}_{1z}=\begin{bmatrix}0&Z_e&0&0&0&0&0&0&0\\-Z_e&0&0&0&0&0&0&0&0\\0&0&0&0&0&0&0&0&0\\0&0&0&0&0&0&0&Z_a&0\\0&0&0&0&0&0&Z_a&0&0\\0&0&0&0&0&Z_a&0&0&0\end{bmatrix}
$$

$$
\boldsymbol{L}_{2x}=\begin{bmatrix}0&0&0&0&0&0\\0&0&-Z_e&0&0&0\\0&Z_e&0&0&0&0\\0&0&0&Z_a&0&0\\0&0&0&0&0&0\\0&0&0&0&0&0\\0&0&0&0&0&0\\0&0&0&0&0&Z_a\\0&0&0&0&Z_a&0\end{bmatrix}
$$

$$
\boldsymbol{L}_{2y}=\begin{bmatrix}
0 & 0 & Z_e & 0 & 0 & 0\\
0 & 0 & 0 & 0 & 0 & 0\\
-Z_e & 0 & 0 & 0 & 0 & 0\\
0 & 0 & 0 & 0 & 0 & 0\\
0 & 0 & 0 & 0 & 0 & 0\\
0 & 0 & 0 & 0 & Z_a & 0\\
0 & 0 & 0 & 0 & 0 & Z_a\\
0 & 0 & 0 & 0 & 0 & 0\\
0 & 0 & 0 & Z_a & 0 & 0
\end{bmatrix}
$$

$$
\boldsymbol{L}_{2z}=\begin{bmatrix}
0 & -Z_e & 0 & 0 & 0 & 0\\
Z_e & 0 & 0 & 0 & 0 & 0\\
0 & 0 & 0 & 0 & 0 & 0\\
0 & 0 & 0 & 0 & 0 & 0\\
0 & 0 & 0 & 0 & 0 & 0\\
0 & 0 & 0 & 0 & 0 & Z_a\\
0 & 0 & 0 & 0 & Z_a & 0\\
0 & 0 & 0 & Z_a & 0 & 0\\
0 & 0 & 0 & 0 & 0 & 0
\end{bmatrix}
$$

将式(5.40)、式(5.41)代入式(5.38)得

$$
\begin{cases}
\dfrac{\partial}{\partial t}\begin{bmatrix}\boldsymbol{\mu} & \boldsymbol{0}\\ \boldsymbol{0} & \boldsymbol{\rho}\end{bmatrix}\begin{bmatrix}\boldsymbol{H}\\ \boldsymbol{v}\end{bmatrix}=\left(\dfrac{\partial}{\partial x}\boldsymbol{L}_{1x}+\dfrac{\partial}{\partial y}\boldsymbol{L}_{1y}+\dfrac{\partial}{\partial z}\boldsymbol{L}_{1z}\right)\begin{bmatrix}\boldsymbol{E}\\ \boldsymbol{T}\end{bmatrix}+\begin{bmatrix}\boldsymbol{0}\\ \boldsymbol{F}\end{bmatrix}\\
\dfrac{\partial}{\partial t}\begin{bmatrix}\boldsymbol{e}^T & \boldsymbol{d}\\ \boldsymbol{d}' & \boldsymbol{s}^E\end{bmatrix}\begin{bmatrix}\boldsymbol{E}\\ \boldsymbol{T}\end{bmatrix}=\left(\dfrac{\partial}{\partial x}\boldsymbol{L}_{2x}+\dfrac{\partial}{\partial y}\boldsymbol{L}_{2y}+\dfrac{\partial}{\partial z}\boldsymbol{L}_{2z}\right)\begin{bmatrix}\boldsymbol{H}\\ \boldsymbol{v}\end{bmatrix}
\end{cases}
\tag{5.42}
$$

记系数矩阵 $\begin{bmatrix}\boldsymbol{e} & \boldsymbol{d}\\ \boldsymbol{d}^T & \boldsymbol{s}\end{bmatrix}^{-1}=\boldsymbol{M}$, 此时式(5.42)可写为

$$
\begin{cases}
\dfrac{\partial}{\partial t}\begin{bmatrix}\boldsymbol{H}\\ \boldsymbol{v}\end{bmatrix}=\begin{bmatrix}\boldsymbol{\mu}^{-1} & \boldsymbol{0}\\ \boldsymbol{0} & \boldsymbol{\rho}^{-1}\end{bmatrix}\left(\dfrac{\partial}{\partial x}\boldsymbol{L}_{1x}+\dfrac{\partial}{\partial y}\boldsymbol{L}_{1y}+\dfrac{\partial}{\partial z}\boldsymbol{L}_{1z}\right)\begin{bmatrix}\boldsymbol{E}\\ \boldsymbol{T}\end{bmatrix}+\begin{bmatrix}\boldsymbol{0}\\ \dfrac{1}{\rho}\boldsymbol{F}\end{bmatrix}\\
\dfrac{\partial}{\partial t}\begin{bmatrix}\boldsymbol{E}\\ \boldsymbol{T}\end{bmatrix}=\boldsymbol{M}\left(\dfrac{\partial}{\partial x}\boldsymbol{L}_{2x}+\dfrac{\partial}{\partial y}\boldsymbol{L}_{2y}+\dfrac{\partial}{\partial z}\boldsymbol{L}_{2z}\right)\begin{bmatrix}\boldsymbol{H}\\ \boldsymbol{v}\end{bmatrix}
\end{cases}
\tag{5.43}
$$

若 $\dfrac{\partial}{\partial x}=\dfrac{\partial}{\partial y}=0$,式(5.43)化为一维压电耦合场方程

$$
\begin{cases}
\dfrac{\partial}{\partial t}\begin{bmatrix}\boldsymbol{H}\\ \boldsymbol{v}\end{bmatrix}=\begin{bmatrix}\boldsymbol{\mu}^{-1} & \boldsymbol{0}\\ \boldsymbol{0} & \boldsymbol{\rho}^{-1}\end{bmatrix}\boldsymbol{L}_{1z}\dfrac{\partial}{\partial z}\begin{bmatrix}\boldsymbol{E}\\ \boldsymbol{T}\end{bmatrix}+\begin{bmatrix}\boldsymbol{0}\\ \dfrac{1}{\rho}\boldsymbol{F}\end{bmatrix}\\
\dfrac{\partial}{\partial t}\begin{bmatrix}\boldsymbol{E}\\ \boldsymbol{T}\end{bmatrix}=\boldsymbol{M}\boldsymbol{L}_{2z}\dfrac{\partial}{\partial z}\begin{bmatrix}\boldsymbol{H}\\ \boldsymbol{v}\end{bmatrix}
\end{cases}
\tag{5.44}
$$

根据式(5.44)特点,可在一维空间取奇数点的 $\begin{bmatrix}\boldsymbol{H}\\ \boldsymbol{v}\end{bmatrix}$,偶数点的 $\begin{bmatrix}\boldsymbol{E}\\ \boldsymbol{T}\end{bmatrix}$,共取了空间 L

个点（L 为奇数），并且记间距 $2\Delta z=\delta$，如图 5.7 所示。时间间隔上取半整数点的 $\begin{bmatrix}\boldsymbol{H}\\\boldsymbol{v}\end{bmatrix}$，整数点的 $\begin{bmatrix}\boldsymbol{E}\\\boldsymbol{T}\end{bmatrix}$。取边界条件为 $E(0)=E(L+1)=0, T(0)=T(L+1)=0$。

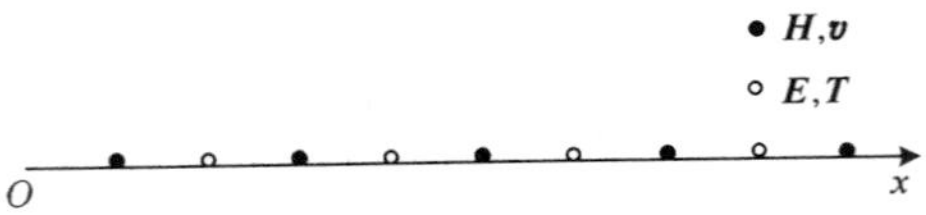

图 5.7　一维压电耦合场空间场点分布

对式(5.44)的时间微分和空间微分均采用中心差分得

$$\begin{cases}\dfrac{1}{\Delta t}\left(\begin{bmatrix}\boldsymbol{H}\\\boldsymbol{v}\end{bmatrix}_{(2k+1)}^{n+\frac{1}{2}}-\begin{bmatrix}\boldsymbol{H}\\\boldsymbol{v}\end{bmatrix}_{(2k+1)}^{n-\frac{1}{2}}\right)=\begin{bmatrix}\boldsymbol{\mu}^{-1}&\boldsymbol{0}\\\boldsymbol{0}&\boldsymbol{\rho}^{-1}\end{bmatrix}\left(\dfrac{\boldsymbol{L}_{1z}}{2\Delta z}\left(\begin{bmatrix}\boldsymbol{E}\\\boldsymbol{T}\end{bmatrix}_{(2k+2)}^{n}-\begin{bmatrix}\boldsymbol{E}\\\boldsymbol{T}\end{bmatrix}_{(2k)}^{n}\right)\right)+\begin{bmatrix}\boldsymbol{0}\\\dfrac{1}{\rho}\boldsymbol{F}\end{bmatrix}_{(2k+1)}\\\dfrac{1}{\Delta t}\left(\begin{bmatrix}\boldsymbol{E}\\\boldsymbol{T}\end{bmatrix}_{(2k+2)}^{n+1}-\begin{bmatrix}\boldsymbol{E}\\\boldsymbol{T}\end{bmatrix}_{(2k+2)}^{n}\right)=\boldsymbol{M}\left(\dfrac{\boldsymbol{L}_{2z}}{2\Delta z}\left(\begin{bmatrix}\boldsymbol{H}\\\boldsymbol{v}\end{bmatrix}_{(2k+3)}^{n+\frac{1}{2}}-\begin{bmatrix}\boldsymbol{H}\\\boldsymbol{v}\end{bmatrix}_{(2k+1)}^{n+\frac{1}{2}}\right)\right)\end{cases}\tag{5.45}$$

进一步将式(5.45)写为

$$\begin{cases}\begin{bmatrix}\boldsymbol{H}\\\boldsymbol{v}\end{bmatrix}_{(2k+1)}^{n+\frac{1}{2}}=\begin{bmatrix}\boldsymbol{H}\\\boldsymbol{v}\end{bmatrix}_{(2k+1)}^{n-\frac{1}{2}}+\begin{bmatrix}\boldsymbol{\mu}^{-1}&\boldsymbol{0}\\\boldsymbol{0}&\boldsymbol{\rho}^{-1}\end{bmatrix}\left(\dfrac{\boldsymbol{L}_{1z}\Delta t}{2\Delta z}\left(\begin{bmatrix}\boldsymbol{E}\\\boldsymbol{T}\end{bmatrix}_{(2k+2)}^{n}-\begin{bmatrix}\boldsymbol{E}\\\boldsymbol{T}\end{bmatrix}_{(2k)}^{n}\right)\right)+\begin{bmatrix}\boldsymbol{0}\\\dfrac{\Delta t}{\rho}\boldsymbol{F}\end{bmatrix}_{(2k+1)}\\\begin{bmatrix}\boldsymbol{E}\\\boldsymbol{T}\end{bmatrix}_{(2k+2)}^{n+1}=\begin{bmatrix}\boldsymbol{E}\\\boldsymbol{T}\end{bmatrix}_{(2k+2)}^{n}+\boldsymbol{M}\left(\dfrac{\boldsymbol{L}_{2z}\Delta t}{2\Delta z}\left(\begin{bmatrix}\boldsymbol{H}\\\boldsymbol{v}\end{bmatrix}_{(2k+3)}^{n+\frac{1}{2}}-\begin{bmatrix}\boldsymbol{H}\\\boldsymbol{v}\end{bmatrix}_{(2k+1)}^{n+\frac{1}{2}}\right)\right)\end{cases}\tag{5.46}$$

式(5.46)即为一维压电耦合场的差分步进方程，根据此式可编程仿真压电耦合场。

5.4.4　数值稳定性条件[32～35]

FDTD 方法是以一组有限差分方程来代替偏微分方程，即以差分方程的解来代替原偏微分方程组的解。只有离散后差分方程组的解是收敛和稳定的，这种代替才有意义。收敛性是指当离散间隔趋于零时，差分方程的解逼近原偏微分方程的解。稳定性是指寻求一种离散间隔所满足的条件，在此条件下差分方程的计算误差是可以控制的。在一定条件下，偏微分差分格式的收敛性与稳定性是等价的。本小节给出离散压电耦合场方程的稳定性和收敛性对时间间隔和空间间隔的限制。理解稳定性的关键是要理解数值计算的发散，任何理论的或数值的差错都可以导致数值计算的不稳（发散）。

在压电耦合场中，存在电磁波和声波，声波又有纵波和横波之分，用 c 表示压电耦合场中的最大电磁波速，v_t 表示声波横波波速，v_l 表示声波纵波波速。由压电固体的物理性质，三种波速之间存在特定关系

$$\begin{cases}c>v_l>v_t\\c\approx10^4v_l\approx10^4v_t\end{cases}\tag{5.47}$$

设压电固体中存在的波的频率为 f，则相应地存在三个波长

$$\lambda_t = \frac{v_t}{f}, \quad \lambda_l = \frac{v_l}{f}, \quad \lambda_c = \frac{c}{f} \tag{5.48}$$

则由式(5.47)可以知道

$$\begin{cases} \lambda_t < \lambda_l < \lambda_c \\ \lambda_c \approx 10^4 \lambda_t \approx 10^4 \lambda_l \end{cases} \tag{5.49}$$

从此式可知声速和光速四个数量级的差别,要使相差万倍的声和光同步无疑是困难的。这是导致压电固体中的 FDTD 方法一直未能像电磁场一样建立的根本原因。10^4 级的差别对数值稳定性是致命的。

按照 FDTD 方法对空间离散间隔的要求,为了充分提取波的信息,在取定空间步长时要求按照最小的波长来取,并且为了避免不稳定和空间色散,每个波长的空间抽样数要求大于或等于 12,即

$$\delta \leqslant \frac{\lambda_t}{12} \tag{5.50}$$

在仿真过程中,图 5.7 中的空间步长 δ 取定值为

$$\delta = \frac{\lambda_t}{12} \tag{5.51}$$

由于 Courant 稳定性条件的要求,在一维情况下,要求

$$\Delta t \leqslant \frac{\delta}{c} \tag{5.52}$$

在用 FDTD 方法仿真压电耦合场的过程中取定时间步长为

$$\Delta t = \frac{\delta}{c} \tag{5.53}$$

三维情况下,如果取 $\Delta x = \Delta y = \Delta z = \delta$,其中 δ 满足式(5.50)条件,则空间和时间离散间隔应满足

$$c\Delta t \leqslant \frac{\delta}{\sqrt{3}} \tag{5.54}$$

二维情况下,如果取 $\Delta x = \Delta z = \delta$,其中 δ 满足式(5.50)条件,则空间和时间离散间隔应满足

$$c\Delta t \leqslant \frac{\delta}{\sqrt{2}} \tag{5.55}$$

5.5　吸收边界条件[36~38]

由于受计算机内存的限制,FDTD 计算只能在有限区域进行。为了能仿真无界区域中场的传播,在计算区域的截断边界处需给出吸收边界条件,从而将无界问题转化为有界区域问题。

Berenger 完全匹配层是由 Berenger 于 1994 年提出的吸收边界,最初用于电磁波仿真,其吸收效果比插值边界和 Mur 吸收边界要好。其基本思路是在 FDTD 区域截断边界处设置一种特殊介质层,该层介质的波阻抗与相邻介质阻抗完全匹配,因而入射波将无反射地穿过分界面而进入 PML 层。而且进入 PML 层的透射波将迅速衰减。但是实现时

要在计算域的周围不同区域设置不同的介质参数，如果计算域的介质参数发生变化，PML 层里各个区域的介质参数要重新设置。

1995 年 Chew 和 Liu 将 PML 用于弹性波研究，1997 年 Liu 将复坐标变量 PML 用于声波的传播。2003 年，任伟完成了复坐标变量 PML 用于压电固体声电耦合场传播的公式体系[7]。其基本思路是使用复坐标代替实坐标，将 PML 区域和计算区域看作是一个整体，使用同一套计算公式，使用相同的介质参数。计算域的介质参数发生变化，PML 层里的介质参数随之变化，不需要专门考虑 PML 区域。这样做的优点是整个计算采用了统一的数据结构，避免了一些因接口可能产生的错误。如果研究的介质是无耗的，计算域中设置复坐标的虚部为零，这样计算域仍是无耗的，在 PML 区域中设置复坐标的虚部大于零，这样波在 PML 层中传播是有耗的，从计算区域与 PML 区域的边界到 PML 区域的外边界，复坐标的虚部从零变化到一定数量（逐渐增大），波在 PML 层中迅速衰减，并且传播越深入衰减速度越快。

5.5.1 复坐标变量 PML[27,39]

以电磁场微分方程(5.39)中的其中一式为例，理想介质中的 Maxwell 方程写为直角坐标下分量形式，其中有一式为

$$\frac{\partial E_x}{\partial t}=m\frac{\partial H_z}{\partial y}-m\frac{\partial H_y}{\partial z} \tag{5.56}$$

式中，m 代表常数 $\frac{1}{\varepsilon_0}$ 。将式(5.56)中的实坐标用复数坐标来代替，即引入频域复坐标

$$\tilde{p}=\int_0^p e_p\mathrm{d}p,\quad p=x,y,z \tag{5.57}$$

式中

$$e_p=1+\mathrm{j}\frac{\omega_p(p)}{\omega} \tag{5.58}$$

根据式(5.57)可知

$$\frac{\partial}{\partial\tilde{p}}=\frac{1}{e_p}\frac{\partial}{\partial p} \tag{5.59}$$

将式(5.59)代入式(5.56)，得

$$\frac{\partial E_x}{\partial t}=\frac{m}{e_y}\frac{\partial H_z}{\partial y}-\frac{m}{e_z}\frac{\partial H_y}{\partial z} \tag{5.60}$$

如果 $e_y=e_z=e=1+\mathrm{j}\frac{\omega_0}{\omega}$ ，该式可写为

$$\frac{\partial E_x}{\partial t}+\omega_0E_x=m\frac{\partial H_z}{\partial y}-m\frac{\partial H_y}{\partial z} \tag{5.61}$$

式(3.61)即为含复坐标变量 PML 的方程。可以看出，式(5.61)与式(5.56)的形式类似，只在左边多一项 ω_0E_x ，当 $\omega_0=0$ 时，含 PML 的式(5.61)即可退化为不含 PML 的式(5.56)。式(5.61)也与通常的含损耗介质的 Maxwell 方程形式相同，其中的 ω_0 可与 $\sigma\sqrt{\mu}/\varepsilon$ 相类比，当 μ 和 ε 不变时，ω_0 与损耗率 σ 成正比，故称之为损耗因子。

如果 $e_y\neq e_z$ ，将场量根据微分的空间变量进行分裂，即 $E_x=E_x^y+E_x^z$ ，式(5.60)写成

$$\begin{cases}\dfrac{\partial E_x^y}{\partial t}+\omega_x E_x^y=m\dfrac{\partial H_z}{\partial y}\\ \dfrac{\partial E_x^z}{\partial t}+\omega_z E_x^z=-m\dfrac{\partial H_y}{\partial z}\end{cases}\tag{5.62}$$

式中，ω_x，ω_z 是波沿 x，z 轴传播的损耗因子。在垂直 x 方向的两个边界内 PML 区域，ω_x 不为零，ω_z 为零，表示声波在该区域沿 x 方向传播是逐渐衰减的；同样在垂直 z 方向的两个边界内 PML 区域，ω_z 不为零，ω_x 为零；在中心计算区域，ω_x，ω_z 都为零，表示波在计算区域无损耗传播，式(5.62)退化到不用 PML 的形式，即式(5.56)，可见无损耗空间仅仅是其中的一个特例。该方法实现了计算区域和 PML 区域声场公式的统一，在编程仿真时不再分别处理。而且式(5.62)在形式上和 Berenger 提出的完全匹配层相同，在表达上和物理意义上更为明确，可以自然满足 Berenger 完全匹配层方法中的阻抗匹配条件。

5.5.2 复坐标变量 PML 中的压电耦合场方程

类似 5.5.1 节操作，对于压电耦合场方程式(5.43)，将式(5.43)中的各实坐标用复坐标代替，即将关系式(5.59)代入式(5.43)得

$$\begin{cases}\dfrac{\partial}{\partial t}\begin{bmatrix}\boldsymbol{H}\\ \boldsymbol{v}\end{bmatrix}=\begin{bmatrix}\boldsymbol{\mu}^{-1} & \boldsymbol{0}\\ \boldsymbol{0} & \boldsymbol{\rho}^{-1}\end{bmatrix}\left(\dfrac{1}{e_x}\dfrac{\partial}{\partial x}\boldsymbol{L}_{1x}+\dfrac{1}{e_y}\dfrac{\partial}{\partial y}\boldsymbol{L}_{1y}+\dfrac{1}{e_z}\dfrac{\partial}{\partial z}\boldsymbol{L}_{1z}\right)\begin{bmatrix}\boldsymbol{E}\\ \boldsymbol{T}\end{bmatrix}+\begin{bmatrix}\boldsymbol{0}\\ \dfrac{1}{\rho}\boldsymbol{F}\end{bmatrix}\\ \dfrac{\partial}{\partial t}\begin{bmatrix}\boldsymbol{E}\\ \boldsymbol{T}\end{bmatrix}=\boldsymbol{M}\left(\dfrac{1}{e_x}\dfrac{\partial}{\partial x}\boldsymbol{L}_{2x}+\dfrac{1}{e_y}\dfrac{\partial}{\partial y}\boldsymbol{L}_{2y}+\dfrac{1}{e_z}\dfrac{\partial}{\partial z}\boldsymbol{L}_{2z}\right)\begin{bmatrix}\boldsymbol{H}\\ \boldsymbol{v}\end{bmatrix}\end{cases}\tag{5.63}$$

令式中复坐标 $e_x=e_y=e_z=e=1+\mathrm{j}\dfrac{\omega_0}{\omega}$，式(5.63)两边同乘以 e，则式(5.63)可化为

$$\begin{cases}\dfrac{\partial}{\partial t}\begin{bmatrix}\boldsymbol{H}\\ \boldsymbol{v}\end{bmatrix}+\mathrm{j}\dfrac{\omega_0}{\omega}\dfrac{\partial}{\partial t}\begin{bmatrix}\boldsymbol{H}\\ \boldsymbol{v}\end{bmatrix}=\begin{bmatrix}\boldsymbol{\mu}^{-1} & \boldsymbol{0}\\ \boldsymbol{0} & \boldsymbol{\rho}^{-1}\end{bmatrix}\left(\dfrac{\partial}{\partial x}\boldsymbol{L}_{1x}+\dfrac{\partial}{\partial y}\boldsymbol{L}_{1y}+\dfrac{\partial}{\partial z}\boldsymbol{L}_{1z}\right)\begin{bmatrix}\boldsymbol{E}\\ \boldsymbol{T}\end{bmatrix}+\begin{bmatrix}\boldsymbol{0}\\ \dfrac{1}{\rho}\boldsymbol{F}\end{bmatrix}\\ \dfrac{\partial}{\partial t}\begin{bmatrix}\boldsymbol{E}\\ \boldsymbol{T}\end{bmatrix}+\mathrm{j}\dfrac{\omega_0}{\omega}\dfrac{\partial}{\partial t}\begin{bmatrix}\boldsymbol{E}\\ \boldsymbol{T}\end{bmatrix}=\boldsymbol{M}\left(\dfrac{\partial}{\partial x}\boldsymbol{L}_{2x}+\dfrac{\partial}{\partial y}\boldsymbol{L}_{2y}+\dfrac{\partial}{\partial z}\boldsymbol{L}_{2z}\right)\begin{bmatrix}\boldsymbol{H}\\ \boldsymbol{v}\end{bmatrix}\end{cases}\tag{5.64}$$

由于 $\dfrac{\partial}{\partial t}=-\mathrm{j}\omega$，故式(5.64)为

$$\begin{cases}\dfrac{\partial}{\partial t}\begin{bmatrix}\boldsymbol{H}\\ \boldsymbol{v}\end{bmatrix}+\omega_0\begin{bmatrix}\boldsymbol{H}\\ \boldsymbol{v}\end{bmatrix}=\begin{bmatrix}\boldsymbol{\mu}^{-1} & \boldsymbol{0}\\ \boldsymbol{0} & \boldsymbol{\rho}^{-1}\end{bmatrix}\left(\dfrac{\partial}{\partial x}\boldsymbol{L}_{1x}+\dfrac{\partial}{\partial y}\boldsymbol{L}_{1y}+\dfrac{\partial}{\partial z}\boldsymbol{L}_{1z}\right)\begin{bmatrix}\boldsymbol{E}\\ \boldsymbol{T}\end{bmatrix}+\begin{bmatrix}\boldsymbol{0}\\ \dfrac{1}{\rho}\boldsymbol{F}\end{bmatrix}\\ \dfrac{\partial}{\partial t}\begin{bmatrix}\boldsymbol{E}\\ \boldsymbol{T}\end{bmatrix}+\omega_0\begin{bmatrix}\boldsymbol{E}\\ \boldsymbol{T}\end{bmatrix}=\boldsymbol{M}\left(\dfrac{\partial}{\partial x}\boldsymbol{L}_{2x}+\dfrac{\partial}{\partial y}\boldsymbol{L}_{2y}+\dfrac{\partial}{\partial z}\boldsymbol{L}_{2z}\right)\begin{bmatrix}\boldsymbol{H}\\ \boldsymbol{v}\end{bmatrix}\end{cases}\tag{5.65}$$

式(5.65)即为含 PML 的压电耦合场方程，对比式(5.63)可见，式(5.65)只在其左边多了一项，当 $\omega_0=0$ 时，含 PML 的式(5.65)即可退化为不含 PML 的式(5.63)。

通常 e_x，e_y，e_z 取值不相等，如 $e_x=1+\mathrm{j}\dfrac{\omega_x}{\omega}$，$e_y=1+\mathrm{j}\dfrac{\omega_y}{\omega}$，$e_z=1+\mathrm{j}\dfrac{\omega_z}{\omega}$。此时将场量根据微分的空间进行分裂变量，即

$$\begin{bmatrix}\boldsymbol{H}\\\boldsymbol{v}\end{bmatrix}=\begin{bmatrix}\boldsymbol{H}\\\boldsymbol{v}\end{bmatrix}^x+\begin{bmatrix}\boldsymbol{H}\\\boldsymbol{v}\end{bmatrix}^y+\begin{bmatrix}\boldsymbol{H}\\\boldsymbol{v}\end{bmatrix}^z$$

$$\begin{bmatrix}\boldsymbol{E}\\\boldsymbol{T}\end{bmatrix}=\begin{bmatrix}\boldsymbol{E}\\\boldsymbol{T}\end{bmatrix}^x+\begin{bmatrix}\boldsymbol{E}\\\boldsymbol{T}\end{bmatrix}^y+\begin{bmatrix}\boldsymbol{E}\\\boldsymbol{T}\end{bmatrix}^z$$

式(5.65)可写为

$$\begin{cases}\dfrac{\partial}{\partial t}\begin{bmatrix}\boldsymbol{H}\\\boldsymbol{v}\end{bmatrix}^x+\omega_x\begin{bmatrix}\boldsymbol{H}\\\boldsymbol{v}\end{bmatrix}^x=\begin{bmatrix}\boldsymbol{\mu}^{-1}&\boldsymbol{0}\\\boldsymbol{0}&\boldsymbol{\rho}^{-1}\end{bmatrix}\dfrac{\partial}{\partial x}\boldsymbol{L}_{1x}\begin{bmatrix}\boldsymbol{E}\\\boldsymbol{T}\end{bmatrix}+\begin{bmatrix}\boldsymbol{0}\\\dfrac{1}{\rho}\boldsymbol{F}\end{bmatrix}\\ \dfrac{\partial}{\partial t}\begin{bmatrix}\boldsymbol{H}\\\boldsymbol{v}\end{bmatrix}^y+\omega_y\begin{bmatrix}\boldsymbol{H}\\\boldsymbol{v}\end{bmatrix}^y=\begin{bmatrix}\boldsymbol{\mu}^{-1}&\boldsymbol{0}\\\boldsymbol{0}&\boldsymbol{\rho}^{-1}\end{bmatrix}\dfrac{\partial}{\partial y}\boldsymbol{L}_{1y}\begin{bmatrix}\boldsymbol{E}\\\boldsymbol{T}\end{bmatrix}\\ \dfrac{\partial}{\partial t}\begin{bmatrix}\boldsymbol{H}\\\boldsymbol{v}\end{bmatrix}^z+\omega_z\begin{bmatrix}\boldsymbol{H}\\\boldsymbol{v}\end{bmatrix}^z=\begin{bmatrix}\boldsymbol{\mu}^{-1}&\boldsymbol{0}\\\boldsymbol{0}&\boldsymbol{\rho}^{-1}\end{bmatrix}\dfrac{\partial}{\partial z}\boldsymbol{L}_{1z}\begin{bmatrix}\boldsymbol{E}\\\boldsymbol{T}\end{bmatrix}\\ \dfrac{\partial}{\partial t}\begin{bmatrix}\boldsymbol{E}\\\boldsymbol{T}\end{bmatrix}^x+\omega_x\begin{bmatrix}\boldsymbol{E}\\\boldsymbol{T}\end{bmatrix}^x=\boldsymbol{M}\dfrac{\partial}{\partial x}\boldsymbol{L}_{2x}\begin{bmatrix}\boldsymbol{H}\\\boldsymbol{v}\end{bmatrix}\\ \dfrac{\partial}{\partial t}\begin{bmatrix}\boldsymbol{E}\\\boldsymbol{T}\end{bmatrix}^y+\omega_y\begin{bmatrix}\boldsymbol{E}\\\boldsymbol{T}\end{bmatrix}^y=\boldsymbol{M}\dfrac{\partial}{\partial y}\boldsymbol{L}_{2y}\begin{bmatrix}\boldsymbol{H}\\\boldsymbol{v}\end{bmatrix}\\ \dfrac{\partial}{\partial t}\begin{bmatrix}\boldsymbol{E}\\\boldsymbol{T}\end{bmatrix}^z+\omega_z\begin{bmatrix}\boldsymbol{E}\\\boldsymbol{T}\end{bmatrix}^z=\boldsymbol{M}\dfrac{\partial}{\partial z}\boldsymbol{L}_{2z}\begin{bmatrix}\boldsymbol{H}\\\boldsymbol{v}\end{bmatrix}\end{cases}\tag{5.66}$$

若 $\dfrac{\partial}{\partial y}=0$，则退化为二维压电耦合场方程，对应的含 PML 的压电耦合场方程为

$$\begin{cases}\dfrac{\partial}{\partial t}\begin{bmatrix}\boldsymbol{H}\\\boldsymbol{v}\end{bmatrix}^x+\omega_x\begin{bmatrix}\boldsymbol{H}\\\boldsymbol{v}\end{bmatrix}^x=\begin{bmatrix}\boldsymbol{\mu}^{-1}&\boldsymbol{0}\\\boldsymbol{0}&\boldsymbol{\rho}^{-1}\end{bmatrix}\dfrac{\partial}{\partial x}\boldsymbol{L}_{1x}\begin{bmatrix}\boldsymbol{E}\\\boldsymbol{T}\end{bmatrix}+\begin{bmatrix}\boldsymbol{0}\\\dfrac{1}{\rho}\boldsymbol{F}\end{bmatrix}\\ \dfrac{\partial}{\partial t}\begin{bmatrix}\boldsymbol{H}\\\boldsymbol{v}\end{bmatrix}^z+\omega_z\begin{bmatrix}\boldsymbol{H}\\\boldsymbol{v}\end{bmatrix}^z=\begin{bmatrix}\boldsymbol{\mu}^{-1}&\boldsymbol{0}\\\boldsymbol{0}&\boldsymbol{\rho}^{-1}\end{bmatrix}\dfrac{\partial}{\partial z}\boldsymbol{L}_{1z}\begin{bmatrix}\boldsymbol{E}\\\boldsymbol{T}\end{bmatrix}\\ \dfrac{\partial}{\partial t}\begin{bmatrix}\boldsymbol{E}\\\boldsymbol{T}\end{bmatrix}^x+\omega_x\begin{bmatrix}\boldsymbol{E}\\\boldsymbol{T}\end{bmatrix}^x=\boldsymbol{M}\dfrac{\partial}{\partial x}\boldsymbol{L}_{2x}\begin{bmatrix}\boldsymbol{H}\\\boldsymbol{v}\end{bmatrix}\\ \dfrac{\partial}{\partial t}\begin{bmatrix}\boldsymbol{E}\\\boldsymbol{T}\end{bmatrix}^z+\omega_z\begin{bmatrix}\boldsymbol{E}\\\boldsymbol{T}\end{bmatrix}^z=\boldsymbol{M}\dfrac{\partial}{\partial z}\boldsymbol{L}_{2z}\begin{bmatrix}\boldsymbol{H}\\\boldsymbol{v}\end{bmatrix}\end{cases}\tag{5.67}$$

若 $\dfrac{\partial}{\partial x}=\dfrac{\partial}{\partial y}=0$，则压电耦合场为一维方程式(5.44)，其对应的含 PML 的压电耦合场方程为

$$\begin{cases}\dfrac{\partial}{\partial t}\begin{bmatrix}\boldsymbol{H}\\\boldsymbol{v}\end{bmatrix}+\omega_z\begin{bmatrix}\boldsymbol{H}\\\boldsymbol{v}\end{bmatrix}=\begin{bmatrix}\boldsymbol{\mu}^{-1}&\boldsymbol{0}\\\boldsymbol{0}&\boldsymbol{\rho}^{-1}\end{bmatrix}\dfrac{\partial}{\partial z}\boldsymbol{L}_{1z}\begin{bmatrix}\boldsymbol{E}\\\boldsymbol{T}\end{bmatrix}+\begin{bmatrix}\boldsymbol{0}\\\dfrac{1}{\rho}\boldsymbol{F}\end{bmatrix}\\ \dfrac{\partial}{\partial t}\begin{bmatrix}\boldsymbol{E}\\\boldsymbol{T}\end{bmatrix}+\omega_z\begin{bmatrix}\boldsymbol{E}\\\boldsymbol{T}\end{bmatrix}=\boldsymbol{M}\dfrac{\partial}{\partial z}\boldsymbol{L}_{2z}\begin{bmatrix}\boldsymbol{H}\\\boldsymbol{v}\end{bmatrix}\end{cases}\tag{5.68}$$

根据图 5.7 取空间各场点，时间间隔上取半整数点的 $\begin{bmatrix}\boldsymbol{H}\\\boldsymbol{v}\end{bmatrix}$，整数点的 $\begin{bmatrix}\boldsymbol{E}\\\boldsymbol{T}\end{bmatrix}$。对式(5.68)的时间微分和空间微分均采用中心差分得

$$\begin{cases}\dfrac{1}{\Delta t}\left(\begin{bmatrix}\boldsymbol{H}\\ \boldsymbol{v}\end{bmatrix}_{(2k+1)}^{n+\frac{1}{2}}-\begin{bmatrix}\boldsymbol{H}\\ \boldsymbol{v}\end{bmatrix}_{(2k+1)}^{n-\frac{1}{2}}\right)+\omega_z\begin{bmatrix}\boldsymbol{H}\\ \boldsymbol{v}\end{bmatrix}_{(2k+1)}^{n}=\begin{bmatrix}\boldsymbol{\mu}^{-1} & \boldsymbol{0}\\ \boldsymbol{0} & \boldsymbol{\rho}^{-1}\end{bmatrix}\left(\dfrac{\boldsymbol{L}_{1z}}{2\Delta z}\left(\begin{bmatrix}\boldsymbol{E}\\ \boldsymbol{T}\end{bmatrix}_{(2k+2)}^{n}-\begin{bmatrix}\boldsymbol{E}\\ \boldsymbol{T}\end{bmatrix}_{(2k)}^{n}\right)\right)\\ \qquad\qquad+\begin{bmatrix}\boldsymbol{0}\\ \dfrac{1}{\rho}\boldsymbol{F}\end{bmatrix}_{(2k+1)}\\ \dfrac{1}{\Delta t}\left(\begin{bmatrix}\boldsymbol{E}\\ \boldsymbol{T}\end{bmatrix}_{(2k+2)}^{n+1}-\begin{bmatrix}\boldsymbol{E}\\ \boldsymbol{T}\end{bmatrix}_{(2k+2)}^{n}\right)+\omega_z\begin{bmatrix}\boldsymbol{E}\\ \boldsymbol{T}\end{bmatrix}_{(2k+2)}^{n+\frac{1}{2}}=\boldsymbol{M}\left(\dfrac{\boldsymbol{L}_{2z}}{2\Delta z}\left(\begin{bmatrix}\boldsymbol{H}\\ \boldsymbol{v}\end{bmatrix}_{(2k+3)}^{n+\frac{1}{2}}-\begin{bmatrix}\boldsymbol{H}\\ \boldsymbol{v}\end{bmatrix}_{(2k+1)}^{n+\frac{1}{2}}\right)\right)\end{cases}\tag{5.69}$$

将其中的 $\begin{bmatrix}\boldsymbol{H}\\ \boldsymbol{v}\end{bmatrix}_{(2k+1)}^{n}$，$\begin{bmatrix}\boldsymbol{E}\\ \boldsymbol{T}\end{bmatrix}_{(2k+2)}^{n+\frac{1}{2}}$ 取时间上的平均值

$$\begin{cases}\begin{bmatrix}\boldsymbol{H}\\ \boldsymbol{v}\end{bmatrix}_{(2k+1)}^{n}=\dfrac{1}{2}\left(\begin{bmatrix}\boldsymbol{H}\\ \boldsymbol{v}\end{bmatrix}_{(2k+1)}^{n+\frac{1}{2}}+\begin{bmatrix}\boldsymbol{H}\\ \boldsymbol{v}\end{bmatrix}_{(2k+1)}^{n-\frac{1}{2}}\right)\\ \begin{bmatrix}\boldsymbol{E}\\ \boldsymbol{T}\end{bmatrix}_{(2k+2)}^{n+\frac{1}{2}}=\dfrac{1}{2}\left(\begin{bmatrix}\boldsymbol{E}\\ \boldsymbol{T}\end{bmatrix}_{(2k+2)}^{n+1}+\begin{bmatrix}\boldsymbol{E}\\ \boldsymbol{T}\end{bmatrix}_{(2k+2)}^{n}\right)\end{cases}\tag{5.70}$$

将式(5.70)代入式(5.69)，写为

$$\begin{cases}\left(\dfrac{1}{\Delta t}+\dfrac{\omega_z}{2}\right)\begin{bmatrix}\boldsymbol{H}\\ \boldsymbol{v}\end{bmatrix}_{(2k+1)}^{n+\frac{1}{2}}-\left(\dfrac{1}{\Delta t}-\dfrac{\omega_z}{2}\right)\begin{bmatrix}\boldsymbol{H}\\ \boldsymbol{v}\end{bmatrix}_{(2k+1)}^{n-\frac{1}{2}}=\begin{bmatrix}\boldsymbol{\mu}^{-1} & \boldsymbol{0}\\ \boldsymbol{0} & \boldsymbol{\rho}^{-1}\end{bmatrix}\left(\dfrac{\boldsymbol{L}_{1z}}{2\Delta z}\left(\begin{bmatrix}\boldsymbol{E}\\ \boldsymbol{T}\end{bmatrix}_{(2k+2)}^{n}-\begin{bmatrix}\boldsymbol{E}\\ \boldsymbol{T}\end{bmatrix}_{(2k)}^{n}\right)\right)\\ \qquad\qquad+\begin{bmatrix}\boldsymbol{0}\\ \dfrac{1}{\rho}\boldsymbol{F}\end{bmatrix}_{(2k+1)}\\ \left(\dfrac{1}{\Delta t}+\dfrac{\omega_z}{2}\right)\begin{bmatrix}\boldsymbol{E}\\ \boldsymbol{T}\end{bmatrix}_{(2k+2)}^{n+1}-\left(\dfrac{1}{\Delta t}-\dfrac{\omega_z}{2}\right)\begin{bmatrix}\boldsymbol{E}\\ \boldsymbol{T}\end{bmatrix}_{(2k+2)}^{n}=\boldsymbol{M}\left(\dfrac{\boldsymbol{L}_{2z}}{2\Delta z}\left(\begin{bmatrix}\boldsymbol{H}\\ \boldsymbol{v}\end{bmatrix}_{(2k+3)}^{n+\frac{1}{2}}-\begin{bmatrix}\boldsymbol{H}\\ \boldsymbol{v}\end{bmatrix}_{(2k+1)}^{n+\frac{1}{2}}\right)\right)\end{cases}\tag{5.71}$$

进一步将式(5.71)转化为

$$\begin{cases}\begin{bmatrix}\boldsymbol{H}\\ \boldsymbol{v}\end{bmatrix}_{(2k+1)}^{n+\frac{1}{2}}=\dfrac{2-\omega_z\Delta t}{2+\omega_z\Delta t}\begin{bmatrix}\boldsymbol{H}\\ \boldsymbol{v}\end{bmatrix}_{(2k+1)}^{n-\frac{1}{2}}+\dfrac{2\Delta t}{2+\omega_z\Delta t}\left\{\begin{bmatrix}\boldsymbol{\mu}^{-1} & \boldsymbol{0}\\ \boldsymbol{0} & \boldsymbol{\rho}^{-1}\end{bmatrix}\left(\dfrac{\boldsymbol{L}_{1z}}{2\Delta z}\left(\begin{bmatrix}\boldsymbol{E}\\ \boldsymbol{T}\end{bmatrix}_{(2k+2)}^{n}-\begin{bmatrix}\boldsymbol{E}\\ \boldsymbol{T}\end{bmatrix}_{(2k)}^{n}\right)\right)\right.\\ \qquad\left.+\begin{bmatrix}0\\ \dfrac{1}{\rho}\boldsymbol{F}\end{bmatrix}_{(2k+1)}\right\}\\ \begin{bmatrix}\boldsymbol{E}\\ \boldsymbol{T}\end{bmatrix}_{(2k+2)}^{n+1}=\dfrac{2-\omega_z\Delta t}{2+\omega_z\Delta t}\begin{bmatrix}\boldsymbol{E}\\ \boldsymbol{T}\end{bmatrix}_{(2k+2)}^{n}+\dfrac{2\Delta t}{2+\omega_z\Delta t}\boldsymbol{M}\left(\dfrac{\boldsymbol{L}_{2z}}{2\Delta z}\left(\begin{bmatrix}\boldsymbol{H}\\ \boldsymbol{v}\end{bmatrix}_{(2k+3)}^{n+\frac{1}{2}}-\begin{bmatrix}\boldsymbol{H}\\ \boldsymbol{v}\end{bmatrix}_{(2k+1)}^{n+\frac{1}{2}}\right)\right)\end{cases}\tag{5.72}$$

式(5.72)即为含 PML 一维压电耦合场的差分步进式。与不含 PML 差分步进式(5.46)对比，易见当 $\omega_z=0$ 时，式(5.72)即可退化为不含 PML 的式(5.46)。

5.5.3 PML 参数的设置[40,41]

二维 PML 参数设置的基本结构如图 5.6 所示。中心计算区域和 PML 区域使用同

样的 FDTD 方法。在中心的计算区域，损耗因子 ω_x，ω_z 都为零，实现波的无损耗传播；在计算区域周围为 PML 层，损耗因子 ω_x，ω_z 不全为零，实现从计算区域向外传播的波无反射穿过 PML 的内边界，并在 PML 层中被吸收，使波到达 PML 外边界时衰减到可以忽略不计的程度，在 PML 的外边界，就可以看作是无穷远处的场，即可以认为场量为零。

如图 5.8 所示，在编程实现过程中，可以对整个空间的 PML 参数进行统一设置。可以看出，对于沿 x 轴方向的任意一行，中间段的 $\omega_x = 0$，两端 $\omega_x \neq 0$，如图 5.9 所示；对于沿 z 轴方向的任意一列，中间段的 $\omega_z = 0$，两端 $\omega_z \neq 0$。在 PML 区域内，从计算区域与 PML 区域之间边界到 PML 的外边界，损耗因子的取值从零逐渐增大，在内边界处为零，在外边界处最大值。

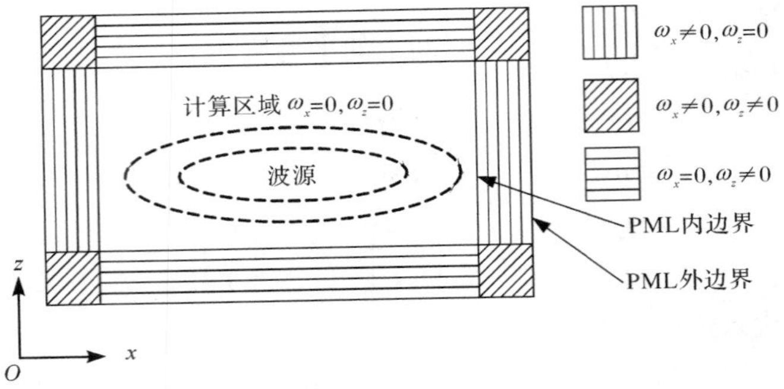

图 5.8　PML 参数设置

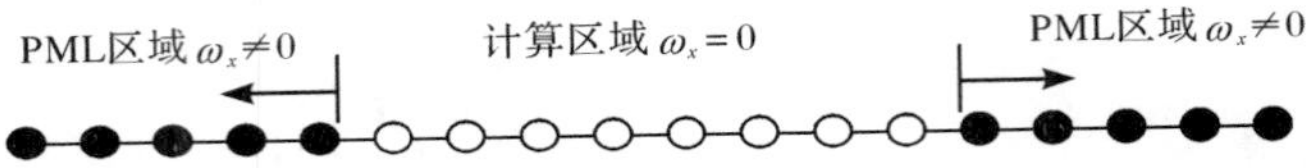

图 5.9　损耗因子设置

损耗因子的具体变化方式可以有多种，通常采用以下函数形式：

$$\omega = \omega_{\max}\left(\frac{p}{d}\right)^n, \quad n = 1, 2, \cdots \tag{5.73}$$

式中，d 为完全匹配层厚度；p 为各点距 PML 内边界的垂直距离。当 $n = 1$ 时，损耗因子为线性变化；当 $n = 2$ 时，损耗因子以抛物线方式变化。也可以使用上式的组合形式，如

$$\omega = \omega_{\max}\left[0.25 \times \frac{p}{d} + 0.75 \times \left(\frac{p}{d}\right)^2\right] \tag{5.74}$$

对比一维和二维的 PML 参数设置，可以发现二维中的每一行或每一列的损耗因子设置都符合一维 PML 参数设置的规律(如图 5.9 所示)，区别在于二维的四个角点损耗因子 ω_x，ω_z 均不为零，可视为 x 方向的一维和 z 方向的一维的简单叠加。

无界介质中的场问题通过 PML 截断为有界区域问题，要求计算过程中没有 PML 边界以外的场值参与，为此需要在 PML 外边界处设置一个截断边界。因为使用 PML 后，波在 PML 层中迅速衰减，可以在外边界处已衰减到很小的数值，最简单的方法是假设场量已衰减到零，对计算结果影响不大。

5.6 激 励 源

用 FDTD 方法分析场问题时要涉及激励源的模拟，即选择合适的入射波形式以及用适当方法将入射波加入到 FDTD 的步进迭代中。合理进行激励源的建模十分重要。不同激励源下，分析得到的场特性也不同，因此，尽可能将源的特性设计成与实际物理模型性质一致，对于激励源建模非常重要。本节讨论电磁场 FDTD 方法中的激励源和声场 FDTD 方法中的激励源，为压电耦合场 FDTD 方法中激励源设置问题提供基础。

5.6.1 电磁场 FDTD 方法中的激励源[42]

根据激励源的能量来源，可以将激励源分为外激励源和内激励源。如果源的能量在计算区域的外部，采用特定极化、给定方向的平面波形式作为激励源。对于内激励源，主要由电压源或电流源产生，这些内部源一般采用理想源模拟，如普遍采用电流密度 J，它是 Maxwell 方程中产生电磁场的主要激励源。

电磁场 FDTD 方法中，方程内包括电场分量，采用电压源简单、直观。一般采用下列两种方法之一进行电压源的建模：一，激励源替代法，每时间步用源 E_s 代替 Yee 网格所计算的电场 E；二，激励源叠加法，将源 E_s 加在所计算的电场 E 上。

将电流源作为叠加激励源的做法是将其放置在 Yee 网格的边缘，并将其加到 Maxwell 方程的电流密度 J 上，这样 Maxwell 旋度方程中的安培定律可写为

$$\nabla\times H=\frac{\partial D}{\partial t}+J \tag{5.75}$$

式中，$J=\sigma E+J_s$，J_s 为电流源密度。

根据源随时间变化函数关系，激励源可分为时谐波源和脉冲波源。时谐源按正弦或余弦随时间变化，如

$$f(t)=\begin{cases}0, & t<0\\ f_0\sin(\omega t), & t\geqslant 0\end{cases} \tag{5.76}$$

这是一个自 $t=0$ 开始的半无限正弦波。

脉冲波源[9]常用的有高斯脉冲、升余弦脉冲、微分高斯脉冲、调制高斯脉冲等。以高斯脉冲为例，高斯脉冲函数的时域形式为

$$f(t)=\exp\left[-\frac{4\pi\,(t-t_0)^2}{\tau^2}\right] \tag{5.77}$$

式中，τ 为常数，决定了高斯脉冲的宽度。脉冲峰值出现在 $t=t_0$ 时刻。式(5.77)的傅里叶变换为

$$F(f)=\frac{\tau}{2}\exp\left(-\mathrm{j}2\pi ft_0-\frac{\pi f^2\tau^2}{4}\right) \tag{5.78}$$

通常可取 $f=2/\tau$ 为高斯脉冲的频宽，这时频谱为最大值的 4.3%，也就是可以粗略认为该高斯脉冲中波的最高频率为 $f=2/\tau$。

5.6.2 声场 FDTD 方法中的激励源[43]

声场 FDTD 方法中，方程内包括彻体应力，采用彻体应力源思路明晰。如声场方程

中的牛顿运动方程

$$\nabla \cdot T = \rho \frac{\partial^2 u}{\partial t^2} - F \tag{5.79}$$

将激励源叠加在最后一项上，物理意义是在该质点受到彻体应力。具体激励源的形式可以采取时谐形式或脉冲形式。

压电耦合场的仿真中，既可以加入电场 FDTD 方法中的激励源，也可以加入声场 FDTD 方法中的激励源。两者均可激发压电耦合场的产生。

5.7 FDTD 方法仿真压电耦合场实例

采用磷酸二氢氨作为压电材料，仿真一个频率为 10^9 Hz 的正弦彻体力源在一维压电耦合场中传播的问题。则最小速度声速和最大速度电磁波速度分别为

$$v_t = 2.187 \times 10^3 \mathrm{m/s}, \quad c = 4.009 \times 10^7 \mathrm{m/s} \tag{5.80}$$

按照式(5.50)和式(5.53)，取定空间步长为 $\delta = 1.05 \times 10^{-7}$ m，取定时间步长为 $\Delta t = 2 \times 10^{-15}$ s。假设把将空间划分成 201 个点，将源加在中点的速度场 v 上。空间两端各有 40 个点作为 PML 层，PML 的损耗因子按照式(5.73)取值。根据式(5.72)作时域有限差分步进，对正弦源在一维压电耦合场中的传播进行仿真。第 200 万时间步时的场随空间分布如图 5.10 所示[1]。

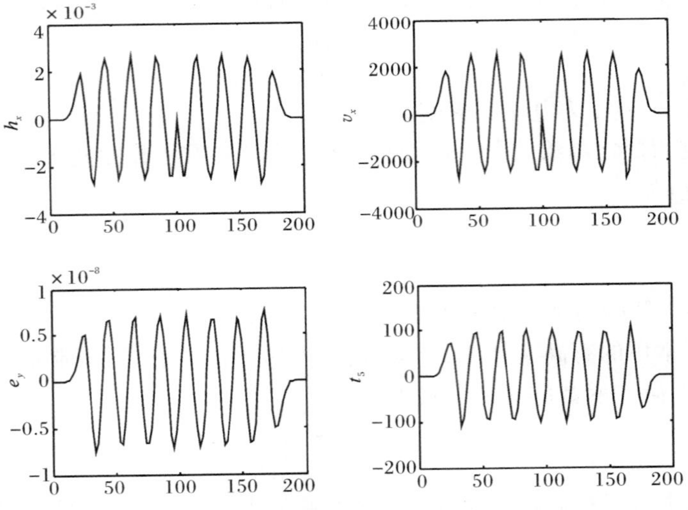

图 5.10 场随空间的分布图

从图 5.10 中可以发现，场传播相当稳定，基本保持正弦波的特性，并未因为边界的反射而受影响。这说明了 PML 的有效性和方法的稳定性。

进一步选取观察点，观察场随时间的变化规律。选取空间第 123、150 个点，每 2 万步记录一次观察点的场值，共记录 200 万(没有计算经验的读者也许不知道，200 万步的稳定计算在计算机上并不容易，很多算法只能算几千步，1 万步都很困难)时间步中的 100 个数值，得场随时间的变化图如图 5.11 所示。

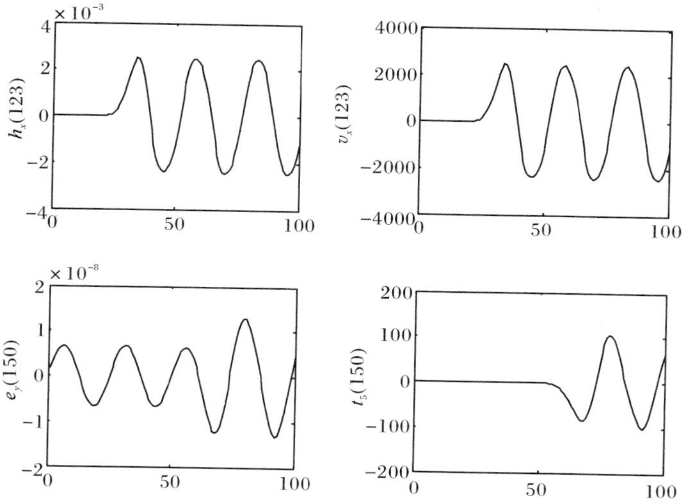

图 5.11 场随时间的分布图

从图 5.11 可以看到，场传播相当稳定，说明了方法的稳定性。声场并非一开始就存在的，传播一段时间后才出现，这是因为声场传播速度慢。而电场一开始就存在了，以正弦波稳定地传播，相应时间后正弦波的幅度有所增加，这是因为电场传播速度快，在很短的时间内就传到了观察点，而压电耦合场的传播速度传播慢，等之传到观察点与电场叠加，导致场幅度有所增加，之后一直平稳传播。

该算例充分说明了方法的可行性和稳定性以及 PML 的有效性。

若将以上实例的源改为高斯源，仍采用 FDTD 方法仿真压电耦合场。在中点加入高斯源，选择高斯源参数为 $\tau = t_0 = 10^{-9}$，对应时间间隔为 2×10^{-15}。图 5.12 给出了第 120 万时间步(有计算经验的读者也许知道，120 万步的 FDTD 实现绝对不是容易的)时场随空间的分布图。

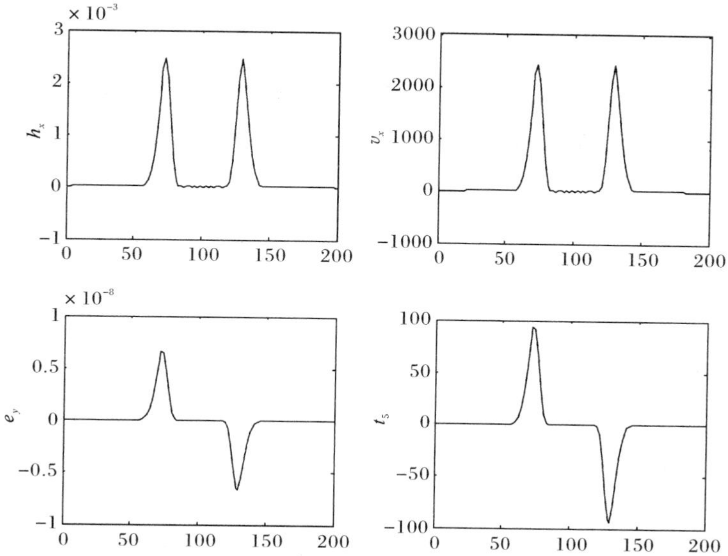

图 5.12 120 万时间步时场随空间的分布图

从图 5.12 可以看到加在中点的高斯脉冲源稳定地向两边传播。

为了研究场随时间的变化特性，同时研究 PML 的有效性，选择第 123、150 个点作为观察点，每 2 万步记录一次观察点的场值，图 5.13 给出了场随时间的分布图。

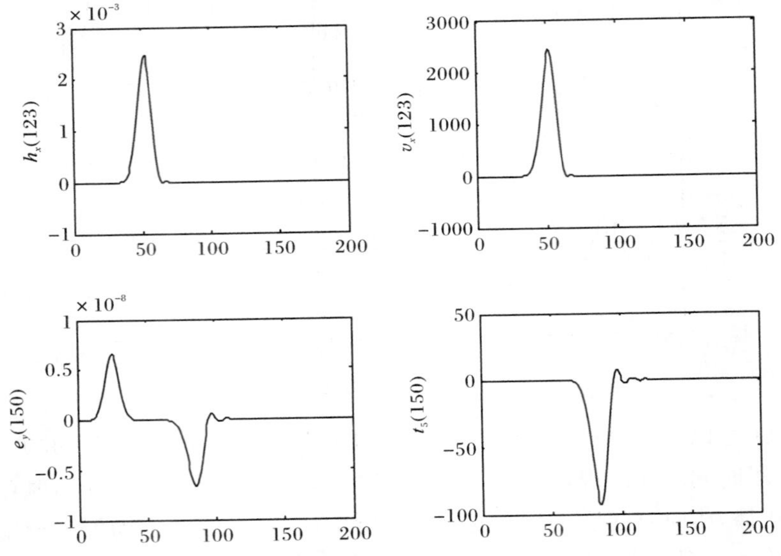

图 5.13　场随时间的分布图

从图 5.13 可以看出，PML 的吸收效果良好，几乎不存在反射[1]。

FDTD 方法求解压电耦合场具有稳定简单的优点，但是其缺陷是仿真时间长。这是因为声场与电磁场的速度相差 10^4 的数量级，而 FDTD 方法中的空间间隔按照式(5.50)取值时是用声场波长，按照式(5.53)取时间间隔时却是用电场波长，这就导致了时间间隔十分小。为了仿真一定时间内场的传播，所需要的时间步相当大，每一时间步均需迭代计算空间内每一点的场，因此所需计算的迭代数相当大，仿真时间相当大。

因此，需要改进 FDTD 方法。5.8 节的 Chebyshev 法就是在这种要求下提出来的。该方法的主要特点是仍保留关于时间的微分，求得场关于时间的函数。由于没有对其进行时间上微分的近似，因此对时间步取值没有要求，理论上可以一步求得任意时刻的场值。

5.8　Chebyshev 法仿真时域压电耦合场

5.8.1　Chebyshev 法介绍

Chebyshev 多项式展开法(简称 Chebyshev 法)[44]可应用于数值计算一阶常系数微分方程组，利用 Chebyshev 多项式的最佳一致逼近性，将所得解用 Chebyshev 多项式展开来近似。把 Chebyshev 法应用于具体问题，主要是通过化具体问题模型的方程为一阶常系数微分方程组，然后再用 Chebyshev 法进行数值计算。Raedt 等曾将其应用于电磁场的仿真中[45]，通过化 Maxwell 方程为关于时间的一阶常微分方程组，求解该方程组的解，然后将该解用 Chebyshev 多项式展开。由于该方法可以一步求得任意时间的场，因此称为“一步法”，具有高精度高速度的优点。在本章中，将 Chebyshev 法应用于时域压电耦合场的仿真既与电磁场仿真有类似之处，又有不同之处。通过用有限差分方法离散压电耦合场方程组中关于空间的偏导，而保留压电耦合场方程组中关于时间的偏导，构造一个关于时间的一阶微分方程组。应用 Chebyshev 法进行数值计算时，不是一步求得，而是根据仿真压电耦合场的需要采用较大的步长，多次采用 Chebyshev 法。因此，对应于“一步法”，该方法称为“Chebyshev 多步法”。

5.8.2　Chebyshev 多项式展开法

1. Chebyshev 法展开及其系数计算

对于 N 阶矩阵多项式 $f(\boldsymbol{X})$，若 $\boldsymbol{X}$ 特征值在区间 $[-1,1]$，则该多项式可由 Chebyshev 矩阵多项式展开为[46]

$$f(\boldsymbol{X}) = \frac{1}{2}c_0 T_0(\boldsymbol{X}) + \sum_{k=1}^{\infty} c_k T_k(\boldsymbol{X}) \tag{5.81}$$

式中，展开式系数为

$$c_k = \frac{2}{\pi}\int_0^{\pi} f(\cos\theta)\cos k\theta \mathrm{d}\theta \tag{5.82}$$

根据第一类 Chebyshev 多项式的定义[14,44]，$T_k(\boldsymbol{X})$ 可通过以下递推式获得：

$$\begin{cases} T_0(\boldsymbol{X}) = \boldsymbol{I}, \quad T_1(\boldsymbol{X}) = \boldsymbol{X} \\ T_k(\boldsymbol{X}) = 2T_1(\boldsymbol{X})T_{k-1}(\boldsymbol{X}) - T_{k-2}(\boldsymbol{X}), \quad k \geqslant 2 \end{cases} \tag{5.83}$$

现进一步研究任意形式的 $f(\boldsymbol{X})$ 的展开式系数求法，即式(5.82)在实际操作中的求法。可由快速傅里叶变化求得，具体论证如下。

由对称性可知

$$\int_0^{\pi} f(\cos\theta)\cos k\theta \mathrm{d}\theta = \int_{-\pi}^{0} f(\cos\theta)\cos k\theta \mathrm{d}\theta$$

则式(5.82)可化为

$$c_k = \frac{2}{\pi}\int_0^{\pi} f(\cos\theta)\cos k\theta \mathrm{d}\theta = \frac{1}{\pi}\int_{-\pi}^{\pi} f(\cos\theta)\cos k\theta \mathrm{d}\theta \tag{5.84}$$

将式(5.84)的积分按照定积分的定义[47]写为离散叠加的形式。即将 2π 的积分区域划分为 N 份叠加：

$$\begin{aligned} c_k &= \frac{1}{\pi}\int_{-\pi}^{\pi} f(\cos\theta)\cos k\theta \mathrm{d}\theta \\ &= \frac{1}{\pi}\sum_{n=0}^{N-1} \cos\left(k\frac{2\pi}{N}n\right) f\left(\cos\frac{2\pi}{N}n\right)\frac{2\pi}{N} \\ &= \frac{2}{N}\sum_{n=0}^{N-1} \cos\left(k\frac{2\pi}{N}n\right) f\left(\cos\frac{2\pi}{N}n\right) \end{aligned} \tag{5.85}$$

由于

$$\frac{2}{N}\sum_{n=0}^{N-1} \sin\left(k\frac{2\pi}{N}n\right) f\left(\cos\frac{2\pi}{N}n\right)$$

$$
\begin{aligned}
&= \frac{1}{\pi}\int_{-\pi}^{\pi} f(\cos\theta)\sin k\theta \mathrm{d}\theta \\
&= \frac{1}{\pi}\left[\int_{-\pi}^{0} f(\cos\theta)\sin k\theta \mathrm{d}\theta + \int_{0}^{\pi} f(\cos\theta)\sin k\theta \mathrm{d}\theta\right] \\
&= 0
\end{aligned} \tag{5.86}
$$

则可将式(5.85)写为复数形式

$$c_k = \frac{2}{N}\sum_{n=0}^{N-1} \mathrm{e}^{\mathrm{j}k\frac{2\pi}{N}n} f\left(\cos\frac{2\pi}{N}n\right) \tag{5.87}$$

其虚部即为式(5.86)，等于零。

根据傅里叶变换的定义[48,49]

$$
\begin{cases}
X(k) = \sum\limits_{n=0}^{N-1} x(n)\mathrm{e}^{-\mathrm{j}\frac{2\pi kn}{N}} & (\text{正变换}) \\
x(n) = \dfrac{1}{N}\sum\limits_{n=0}^{N-1} X(k)\mathrm{e}^{\mathrm{j}\frac{2\pi kn}{N}} & (\text{反变换})
\end{cases} \tag{5.88}
$$

对比式(5.87)与式(5.88)，可知式(5.87)可由傅里叶反变换求得。在 Matlab 中可直接采用快速傅里叶变换求得[50]。记 $S_k = \mathrm{j}^{-k}\frac{1}{N}\sum\limits_{n=0}^{N-1}\mathrm{e}^{\mathrm{j}k\frac{2\pi}{N}n} f\left(\cos\frac{2\pi}{N}n\right)$，则任意 $f(X)$ 的 Chebyshev 展开式为

$$f(\boldsymbol{X}) = S_k\boldsymbol{I} + 2\sum_{k=1}^{\infty} S_k \mathrm{j}^k T_k(\boldsymbol{X}) \tag{5.89}$$

2. 矩阵指数函数的 Chebyshev 法展开

矩阵指数函数是一类重要的矩阵函数，矩阵指数函数的计算与许多科学计算工作有关，如力学计算中的动力学问题、最优控制的计算问题等。同时矩阵指数计算也被公认为是计算数学中的一个较难的问题。文献[51]～[53]中所述的 PSSA(pade-scaling and squaring-approximation)方法在误差的分析方面，特别是舍入(计算机)对算法的影响仍是不明的问题，该方法还需要计算矩阵的逆，这是软件编程者所不愿意的。钟万勰提出矩阵指数运算的精细积分方法[10]，该算法通过 2^N 运算的思想达到对矩阵指数的求解。文献[3]成功应用精细积分方法求解压电耦合场，但是该方法基础是 Taylor 展开，Taylor 展开的项的选取与算法的效率与精度有直接关系。而 Taylor 展开与 Chebyshev 展开相比，精度较低，展开式所需项数远大于后者，两者具体的比较在后面给出。

本节中也涉及矩阵指数函数的计算，因此在此具体分析 Chebyshev 法展开求解矩阵指数的方法，既可进一步掌握 Chebyshev 法，又可以为之后压电耦合场的 Chebyshev 法仿真打下基础。

这里，将 $\mathrm{e}^{t\boldsymbol{H}}$ 用 Chebyshev 矩阵多项式展开，以此为例来说明问题。

令 $\boldsymbol{H} = \mathrm{j}\boldsymbol{B}\,\|\boldsymbol{H}\|_1$，$\|\boldsymbol{H}\|_1$ 为矩阵的 1 范数[54]。此时矩阵 $\boldsymbol{B}$ 的特征值模均在区间 $[-1,1]$，$\mathrm{e}^{t\boldsymbol{H}} = \mathrm{e}^{\mathrm{j}t\|\boldsymbol{H}\|_1\boldsymbol{B}}$。可将 $\mathrm{e}^{t\boldsymbol{H}}$ 用关于矩阵 $\boldsymbol{B}$ 的 Chebyshev 矩阵多项式展开。根据式(5.87)可求得展开式系数

$$c_k = \frac{2}{N}\sum_{n=0}^{N-1} \mathrm{e}^{\mathrm{j}k\frac{2\pi}{N}n}\mathrm{e}^{\mathrm{j}t\|\boldsymbol{H}\|_1\cos\frac{2\pi}{N}n} \tag{5.90}$$

由于 $e^{t\boldsymbol{H}}$ 是特例，其展开式系数也可以由其他方法求得。根据式(5.82)，知 $e^{jt\|\boldsymbol{H}\|_1\boldsymbol{B}}$ 展开式系数为

$$c_k = \frac{2}{\pi}\int_0^{\pi} e^{jt\|\boldsymbol{H}\|_1\cos\theta}\cos k\theta \mathrm{d}\theta \tag{5.91}$$

第一类贝塞尔函数定义为[44] $J_n(z) = j^{-n}\dfrac{1}{\pi}\int_0^{\pi}\cos n\theta\, e^{jz\cos\theta}\mathrm{d}\theta$，与式(5.91)对比可知式(5.91)可用 Basel 函数求得

$$c_k = \frac{2}{\pi}\int_0^{\pi} e^{jt\|\boldsymbol{H}\|_1\cos\theta}\cos k\theta \mathrm{d}\theta = 2j^k J_k(t\|\boldsymbol{H}\|_1) \tag{5.92}$$

将式(5.92)代入式(5.81)，可得 $e^{t\boldsymbol{H}}$ 的 Chebyshev 矩阵多项式展开式为

$$e^{t\boldsymbol{H}} = J_0(t\|\boldsymbol{H}\|_1)I + 2\sum_{n=1}^{\infty} J_n(t\|\boldsymbol{H}\|_1)j^n T_n(\boldsymbol{B}) \tag{5.93}$$

矩阵指数函数可由 Chebyshev 矩阵多项式展开，理论上分析也是可行的[1]。对于 e^{jkx}，其在全频域内都是解析的，在 $[-1,1]$ 范围内自然也是解析的。因此符合 Chebyshev 展开的条件适用于 Chebyshev 展开。进一步研究也可以发现，e^{jkx} 的导数也不影响它的性质，可以保持本身完好的性质。

对于任意矩阵 $\boldsymbol{A}$，其谱半径小于矩阵的任意范数，即有：特征值 λ_A 符合 $|\lambda_A| < \|\boldsymbol{A}\|_\infty$，其中 $\|\boldsymbol{A}\|_\infty$ 表示 $\boldsymbol{A}$ 的无穷范数。令矩阵 $\boldsymbol{B} = \dfrac{\boldsymbol{A}}{\|\boldsymbol{A}\|_\infty}$，则其所有特征值 $\lambda_B = \dfrac{\lambda_A}{\|\boldsymbol{A}\|_\infty}$，显然 $|\lambda_B| < 1$。

若 λ_B 为实数，显然可用 Chebyshev 多项式展开[54]。

若 λ_B 为复数，则可表示为 $\lambda_B = r(\cos\alpha + j\sin\alpha)$，其中 r 为其模，α 为幅角，且有 $|r| < 1$。因此 $\lim\limits_{n\to\infty}\lambda_B = \lim\limits_{n\to\infty} r^n(\cos n\alpha + j\sin n\alpha) = 0$，即极限收敛，且收敛为 0。

因此函数 $f(\lambda_B)$ 可用关于 λ_B 的 Chebyshev 多项式展开。对应矩阵函数 $f(\boldsymbol{B})$ 可用关于矩阵 $\boldsymbol{B}$ 的 Chebyshev 矩阵多项式展开[54]，即矩阵函数 $f(\boldsymbol{A})$ 可用关于矩阵 $\boldsymbol{B}$ 的 Chebyshev矩阵多项式展开。

3. Chebyshev 展开与 Taylor 展开的比较[1]

相对而言，我们更熟悉的是 Taylor 展开，所以读者或许认为用泰勒展开代替 Chebyshev 展开会更方便。但是在本节中选用 Chebyshev 展开，其优点有两个：一，Chebyshev 多项式展开的精确性高于 Taylor 展开；二，Chebyshev 多项式展开式所需项数远小于 Taylor 展开所需项数。以下将指数函数用两种方法展开说明 Chebyshev 展开的这两个优点。

对于指数函数 e^{jzx}，z 为常数，当 $x \in [-1,1]$ 时，Chebyshev 展开为

$$e^{jzx} = J_0(z) + 2\sum_{k=1}^{K} J_k(z) j^k T_k(x) \tag{5.94}$$

Taylor 展开为

$$e^{jzx} = \sum_{k=0}^{K}\frac{(jzx)^k}{k!} \tag{5.95}$$

当 $z=20$ 时，取展开式项数 $K=50$，根据式(5.94)、式(5.95)求得 e^{jzx} 的 Chebyshev 展开和 Taylor 展开，再取 $K=100$，根据式(5.95)求得 Taylor 的 100 级展开近似。按误差公式 $\lg\left|e^{jzx}-\left[J_0(z)+2\sum_{k=1}^{K}J_k(z)\widetilde{T}_k(x)\right]\right|$，$\lg\left|e^{jzx}-\sum_{k=0}^{K}\frac{(jzx)^k}{k!}\right|$ 求得各个近似展开式的误差。图 5.14 给出了三个展开式的误差。

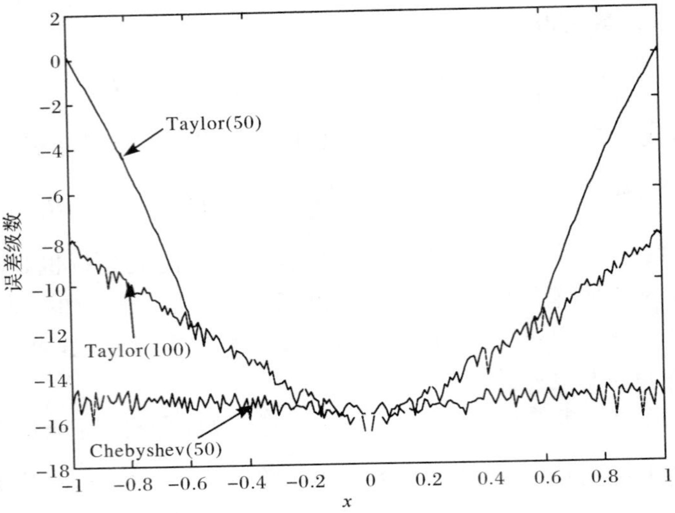

图 5.14　Chebyshev 展开与 Taylor 展开的误差

从图 5.14 可以看出，Chebyshev 的 50 级展开是 e^{jzx} 的最佳近似，其误差级数约为 $10^{-15}\sim10^{-16}$，达到了计算机的精度。而 Taylor 的 50 级展开在 $-0.25<x<0.25$ 时，误差较小，即对于 $x\in(-0.25,0.25)$ 的 e^{jzx} 能做很好的近似，但取其他 x 值时的 e^{jzx} 近似远不如 Chebyshev 展开精确。这说明了 Chebyshev 展开高精确度的第一个优点。

从图 5.14 中也可以看出，即使求得 100 级的 Taylor 展开近似，虽然与 50 级 Taylor 展开相比，减小了误差，但还是远不如 Chebyshev 展开的精确度。因此对于 $z=20$ 的情况，Chebyshev 展开式项数只需取 50 项即可达到很高的精度，而 Taylor 展开所需展开式项数远大于 50。这说明了 Chebyshev 展开的第二个优点。

值得注意的是，在展开式(5.93)中要求无穷多项叠加，而此处发现 Chebyshev 法中取 50 项叠加即可达到很高的精度，因此在实际操作中，可以截断其叠加数为 K 即可，要求 $K\geqslant t\|\boldsymbol{H}\|_1$。

这是因为对于 $K\geqslant t\|\boldsymbol{H}\|_1$ 之后的项，系数 $J_n(t\|\boldsymbol{H}\|_1)$ 迅速趋于零，Chebyshev 多项式符合 $|T_k(\boldsymbol{B})|<1$，因此 $K\geqslant t\|\boldsymbol{H}\|_1$ 之后的项可忽略。图 5.15 给出了 $z=t\|\boldsymbol{H}\|_1=400$ 时的 $J_n(z)$，可以发现 $n>400$ 后 $J_n(z)$ 迅速减小为 0。

5.8.3　Chebyshev 一步法[13,45]

1. Chebyshev 法在求解一阶常系数微分方程组中的应用

利用 Chebyshev 矩阵多项式的最佳逼近性，可以求解一阶常系数非齐次微分方程

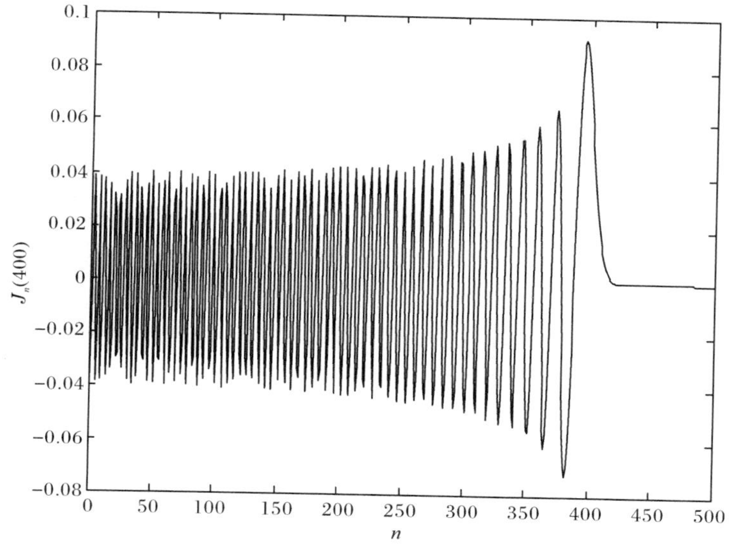

图 5.15　系数 $J_n(400)$ 随 n 变化图

组。具体步骤是：一，将一阶常系数微分方程组写为矩阵方程的形式；二，求得该矩阵方程的解；三，将解用 Chebyshev 矩阵多项式展开。

对于任意一阶常系数微分方程组，可写为矩阵形式

$$\frac{\partial}{\partial t}\boldsymbol{\psi} = \boldsymbol{H}\boldsymbol{\psi} + \boldsymbol{\varphi} \tag{5.96}$$

求得式(5.96)解为

$$\boldsymbol{\psi}(t) = \mathrm{e}^{t\boldsymbol{H}}\boldsymbol{\psi}(0) + \int_0^t \mathrm{e}^{(t-u)\boldsymbol{H}}\boldsymbol{\varphi}(u)\mathrm{d}u \tag{5.97}$$

式中，$\boldsymbol{\psi}(0)$ 为常向量。将式(5.97)用 Chebyshev 多项式展开。其中矩阵指数函数 $\mathrm{e}^{t\boldsymbol{H}}$ 的 Chebyshev 矩阵多项式展开可根据式(5.93)获得。对于后一部分 $\int_0^t \mathrm{e}^{(t-u)\boldsymbol{H}}\boldsymbol{\varphi}(u)\mathrm{d}u$，先求得该积分，积分 $\int_0^t \mathrm{e}^{(t-u)\boldsymbol{H}}\boldsymbol{\varphi}(u)\mathrm{d}u$ 取决于 $\boldsymbol{\varphi}(u)$ 的函数形式，再根据式(5.89)将其用 Chebyshev 矩阵多项式展开。

例如，当 $\boldsymbol{\varphi}(\boldsymbol{r},t) = \theta(T-t)s(\boldsymbol{r})\sin\Omega t$，其中 $\theta(T-t)$ 为阶跃函数，$s(\boldsymbol{r})$ 表示空间函数。此时积分为

$$\begin{aligned}&\int_0^t \mathrm{e}^{(t-u)\boldsymbol{H}}\boldsymbol{\varphi}(u)\mathrm{d}u \\ &= (\Omega^2 + H^2)^{-1}\mathrm{e}^{(t-T')\boldsymbol{H}} \times (\Omega\mathrm{e}^{T'\boldsymbol{H}} - \Omega\cos\Omega T' - H\sin\Omega T')\boldsymbol{\Xi} \\ &= f(H,t,T',\Omega)\boldsymbol{\Xi}\end{aligned} \tag{5.98}$$

式中，$T' = \min(t,T)$，$\boldsymbol{\Xi}$ 为关于空间的分布函数。

令式(5.98)中的 $\boldsymbol{H} = \mathrm{j}\boldsymbol{x}\ \|\boldsymbol{H}\|_1$，$t = z/\ \|\boldsymbol{H}\|_1$，$T' = Z'/\ \|\boldsymbol{H}\|_1$，$\Omega = \omega\ \|\boldsymbol{H}\|_1$，有

$$f(\boldsymbol{x},z,Z',\omega) = (\omega^2 - x^2)^{-1}\ \|\boldsymbol{H}\|_1 \mathrm{e}^{\mathrm{j}(z-Z')x} \times (\omega\mathrm{e}^{\mathrm{j}Z'x} - \omega\cos\omega Z' - \mathrm{j}x\sin\omega Z') \tag{5.99}$$

根据式(5.89)，可将式(5.99)用关于 $\boldsymbol{x}$ 的 Chebyshev 矩阵多项式展开

$$f = S_k(z)\boldsymbol{I} + 2\sum_{k=1}^{\infty} S_k(z)\mathrm{j}^k T_k(\boldsymbol{X}) \tag{5.100}$$

矩阵 $\boldsymbol{x}$ 与式(5.93)中的矩阵 $\boldsymbol{B}$ 相等，因此求得式(5.97)的 Chebyshev 展开为

$$\begin{aligned}\boldsymbol{\psi}(t) = &\left[J_0(t\,\|\boldsymbol{H}\|_1)\boldsymbol{I} + 2\sum_{k=1}^{K} J_k(t\,\|\boldsymbol{H}\|_1)\mathrm{j}^k T_k(\boldsymbol{B})\right]\boldsymbol{\psi}(0) \\ &+ \left[S_0(t\,\|\boldsymbol{H}\|_1)\boldsymbol{I} + 2\sum_{k=1}^{K'} S_k(t\,\|\boldsymbol{H}\|_1)\mathrm{j}^k T_k(\boldsymbol{B})\right]\boldsymbol{\Xi}\end{aligned} \tag{5.101}$$

2. Chebyshev 一步法求解电磁场[45]

先将 Maxwell 方程关于空间的偏导用中心差分进行离散，获得形如式(5.96)的一阶常系数微分方程，再根据 5.8.3 节中的方法求解该方程。

在均匀线性无耗介质中，假设只存在电流源 $\boldsymbol{J}(t)$，Maxwell 方程为

$$\begin{cases}\nabla\times\boldsymbol{E} = -\mu\dfrac{\partial\boldsymbol{H}}{\partial t} \\ \nabla\times\boldsymbol{H} = \varepsilon\dfrac{\partial\boldsymbol{E}}{\partial t} + \boldsymbol{J}(t)\end{cases} \tag{5.102}$$

设空间在 y,z 方向无限大，令 $\boldsymbol{X}(t) = \sqrt{\mu}\boldsymbol{H}(t)$，$\boldsymbol{Y}(t) = \sqrt{\varepsilon}\boldsymbol{E}(t)$，此时可得归一化的一维 Maxwell 方程

$$\begin{cases}\dfrac{\partial}{\partial t}X_y(x,t) = \dfrac{1}{\sqrt{\varepsilon\mu}}\dfrac{\partial}{\partial x}Y_z(x,t) \\ \dfrac{\partial}{\partial t}Y_z(x,t) = \dfrac{1}{\sqrt{\varepsilon\mu}}\dfrac{\partial}{\partial x}X_y(x,t) - \dfrac{1}{\sqrt{\varepsilon}}J_z(x,t)\end{cases} \tag{5.103}$$

取空间间隔 $\dfrac{\delta}{2}$，共取 L 个点，L 为奇数。取奇数点的 X_y 和偶数点的 Y_z。对式(5.103)右边在空间上采用中心差分进行离散，得方程

$$\begin{cases}\dfrac{\partial}{\partial t}X_y(2k+1,t) = \dfrac{1}{\sqrt{\varepsilon\mu}}\dfrac{Y_z(2k+2,t) - Y_z(2k,t)}{\delta} \\ \dfrac{\partial}{\partial t}Y_z(2k,t) = \dfrac{1}{\sqrt{\varepsilon\mu}}\dfrac{X_y(2k+1,t) - X_y(2k-1,t)}{\delta} - \dfrac{1}{\sqrt{\varepsilon}}J_z(2k,t)\end{cases} \tag{5.104}$$

令 L 维列向量 $\boldsymbol{\psi}(t) = [X(1,t), Y(2,t), X(3,t), \cdots, Y(L-1,t), X(L,t)]^{\mathrm{T}}$，$\boldsymbol{\varphi}(t) = -\dfrac{1}{\sqrt{\varepsilon}}[0, J_z(2,t), 0, J_z(4,t), \cdots, J_z(L-1,t), 0]^{\mathrm{T}}$。

边界条件为 $Y_z(0,t) = Y_z(L+1,t) = 0$，则式(5.104)可写为

$$\frac{\partial}{\partial t}\boldsymbol{\psi}(t) = \boldsymbol{H}\boldsymbol{\psi}(t) + \boldsymbol{\varphi}(t) \tag{5.105}$$

式中，$\boldsymbol{H}$ 为反对称矩阵

$$\boldsymbol{H} = \frac{1}{\delta\sqrt{\varepsilon\mu}}\sum_{i=1}^{L-1}(\boldsymbol{e}_i\,\boldsymbol{e}_{i+1} - \boldsymbol{e}_{i+1}\,\boldsymbol{e}_i) \tag{5.106}$$

式中，$\boldsymbol{e}_i$ 为第 i 个元素为 1 的 L 维单位列向量。

至此，我们所得的式(5.105)的形式与式(5.96)相同，按照 5.8.3 节求解该方程即可。若电流源为正弦源，则最终所得场关于时间的表达式为式(5.101)。

观察式(5.101)，任意 t 时刻的场均可由已知初始时刻的场 $\boldsymbol{\psi}(0)$ 一步求得，而无需像 FDTD 方法经过若干时间步的迭代运算，因此称该方法为 Chebyshev 一步法。由于 FDTD 方法对时间偏导采取中心差分离散的，因此要求时间步长足够小，否则会影响稳定性与精确度。而 Chebyshev 法没有对时间进行离散，因此不受此方面的影响，即稳定性更好。

3. Chebyshev 一步法应用算例[1]

Chebyshev 一步法算例以 5.8.3 节为理论基础，选取一维电磁场仿真实例。

设真空中光速为 c，距离以真空中波长 λ 为单位 1，时间以 $\frac{\lambda}{c}$ 为单位 1，频率以 $\frac{c}{\lambda}$ 为单位 1。在此条件下取 $\varepsilon=1,\mu=1$。空间长度为 250.1，划分为 5001 个点，相邻两点间隔为 $\frac{\delta}{2}=0.05$，即 $\delta=0.1$。其对应实际物理空间长度为 250.1。仿真此条件下的一维电磁场。

在第 2500 个点(对应实际空间物理位置为 $x=125$)加入源，其角频率 $\Omega=0.25$。取 $K=0$，即初始状态为零，$K'=3300$。场在 $t=100$ 时的空间分布如图 5.16 所示。图中场量幅度是经归一化后的值。

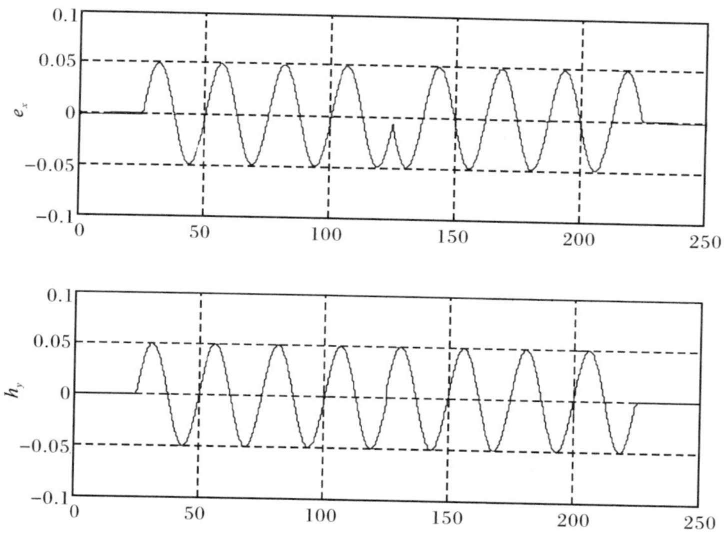

图 5.16　场在 $t=100$ 时刻的空间分布图

实际波长为

$$\lambda=vT=\frac{1}{\sqrt{\varepsilon\mu}}\frac{2\pi}{\Omega}=8\pi \tag{5.107}$$

观察图 5.16，可得波长约为 25，与实际波长相符。可见从 $t=0$ 到 $t=100$ 传播距离约为 100。理论求得传播距离为 $x = vt = \frac{1}{\sqrt{\varepsilon\mu}} \times 100 = 100$ 。

理论实际值均与仿真所得相同,可见该方法的正确性与可行性。

4. Chebyshev 一步法中 PML 的加入

(1) 理论分析

为了仿真无界空间的电磁场,需要在边界加入完全匹配层,此处仍加入复坐标变量完全匹配层。在 Chebyshev 法中加入复坐标变量 PML 只引起系数矩阵的变化,即式(5.105)形式不变,只是系数 $\boldsymbol{H}$ 变化:对角线数值由 0 变为相应点的损耗因子值。

同样以 5.8.3 节求解一维电磁场为例,引入频域复坐标 $\tilde{x} = \int_0^x e_x \mathrm{d}x$,其中 $e_x = 1 + \mathrm{j}\frac{\omega_x(x)}{\omega}$ 。将式(5.103)中的实坐标用复坐标来代替,得如下方程:

$$\begin{cases} \dfrac{\partial}{\partial t}X_y(x,t) + \omega_x(x)X_y(x,t) = \dfrac{1}{\sqrt{\varepsilon\mu}}\dfrac{\partial}{\partial x}Y_z(x,t) \\ \dfrac{\partial}{\partial t}Y_z(x,t) + \omega_x(x)Y_z(x,t) = \dfrac{1}{\sqrt{\varepsilon\mu}}\dfrac{\partial}{\partial x}X_y(x,t) - \dfrac{1}{\sqrt{\varepsilon}}J_z(x,t) \end{cases} \tag{5.108}$$

可以发现式(5.108)与式(5.103)的区别只是在方程左边加上损耗因子与对应场量的乘积: $\omega_x(x)X_y(x,t)$, $\omega_x(x)Y_z(x,t)$ 。将该乘积移到右边为

$$\begin{cases} \dfrac{\partial}{\partial t}X_y(x,t) = \dfrac{1}{\sqrt{\varepsilon\mu}}\dfrac{\partial}{\partial x}Y_z(x,t) - \omega_x(x)X_y(x,t) \\ \dfrac{\partial}{\partial t}Y_z(x,t) = \dfrac{1}{\sqrt{\varepsilon\mu}}\dfrac{\partial}{\partial x}X_y(x,t) - \omega_x(x)Y_z(x,t) - \dfrac{1}{\sqrt{\varepsilon}}J_z(x,t) \end{cases} \tag{5.109}$$

取空间间隔 $\frac{\delta}{2}$,共取 L 个点,L 为奇数。取奇数点的 X_y 和偶数点的 Y_z 。对式(5.109)右边在空间上采用中心差分进行离散,得

$$\begin{cases} \dfrac{\partial}{\partial t}X_y(2k+1,t) = \dfrac{1}{\sqrt{\varepsilon\mu}}\dfrac{Y_z(2k+2,t) - Y_z(2k,t)}{\delta} - \omega_x(x)X_y(2k+1,t) \\ \dfrac{\partial}{\partial t}Y_z(2k,t) = \dfrac{1}{\sqrt{\varepsilon\mu}}\dfrac{X_y(2k+1,t) - X_y(2k-1,t)}{\delta} - \omega_x(x)Y_z(2k,t) - \dfrac{1}{\sqrt{\varepsilon}}J_z(2k,t) \end{cases} \tag{5.110}$$

令 L 维列向量 $\boldsymbol{\psi}(t) = [X(1,t),Y(2,t),X(3,t),\cdots,Y(L-1,t),X(L,t)]^{\mathrm{T}}$, $\boldsymbol{\varphi}(t) = -\frac{1}{\sqrt{\varepsilon}}[0,J_z(2,t),0,J_z(4,t),\cdots,J_z(L-1,t),0]^{\mathrm{T}}$,同样可得与式(5.105)相同形式的矩阵方程 $\frac{\partial}{\partial t}\boldsymbol{\psi}(t) = \boldsymbol{H}\boldsymbol{\psi}(t) + \boldsymbol{\varphi}(t)$ 。只是其中系数矩阵变为

$$\boldsymbol{H} = \frac{1}{\delta\sqrt{\varepsilon\mu}}\sum_{i=1}^{L-1}(\boldsymbol{e}_i\boldsymbol{e}_{i+1} - \boldsymbol{e}_{i+1}\boldsymbol{e}_i - \delta\sqrt{\varepsilon\mu}\omega_x(i)\boldsymbol{e}_i\boldsymbol{e}_i) \tag{5.111}$$

由于矩阵方程形式不变,因此求解方法也不变。这是预先统一数据结构的优点。

(2) 算例

对于 5.8.3 中的算例,加入 PML 重新计算,以验证 PML 的有效性。

取 PML 层厚度为 20 层，损耗因子 $\omega_x = 8 \times \left(\frac{p}{20}\right)^4$，其中 p 是点距 PML 层内边界的距离。电场在时间 $t = 135$ 时的空间分布如图 5.17 所示。图中场量幅度是经归一化后的值。从图 5.17 可见传播的稳定性：各点场的幅度相等；边界没有明显的反射，因此没有影响波的稳定传播。

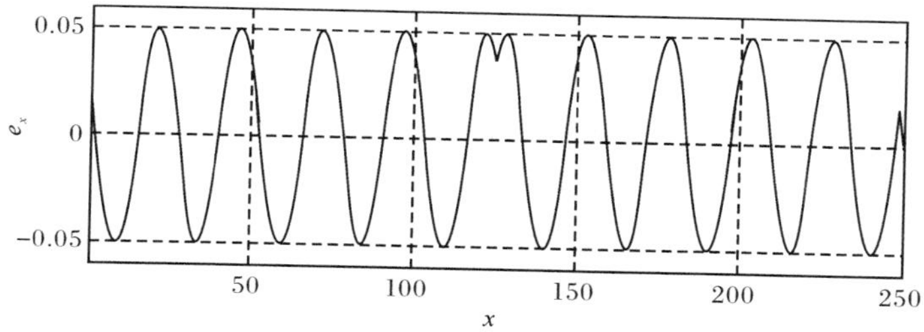

图 5.17　电场在 $t = 135$ 时刻的空间分布图

若源的角频率 $\Omega = 0.5$，作用时间为 $0 \sim 12.56$，即产生约一个周期的波。分别选取第150 点、第 16 点、第 2 点，对应空间位置为 $x = 7.5$，$x = 0.8$，$x = 0.1$。观察场在这几个点随时间变化的传播情况，如图 5.18 所示。

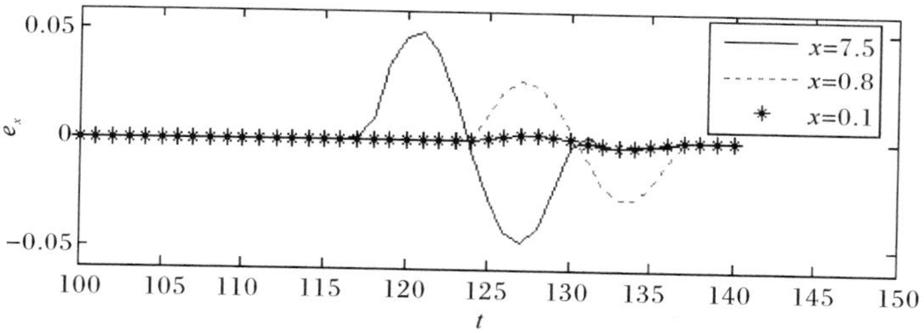

图 5.18　选取点电场随时间的分布图

$x = 0.8$，$x = 0.1$ 为 PML 层内的点，这两点上场的幅度与点 $x = 7.5$ 场的幅度相比，明显减小，与实际 PML 的吸收性相符，也说明 PML 层吸收性能良好。

5.8.4　Chebyshev 多步法[1]

理论上说，不考虑计算机的计算能力，压电耦合场也可通过类似电磁场的方法求得任何时刻的场空间分布图，也就是说，Chebyshev 一步法可以用于压电耦合场的仿真。但是，由于 Chebyshev 多项式迭代数 K 要求符合 $K \geqslant t\,\|\boldsymbol{H}\|_1$，声电耦合场中声速和电磁场速度的数量级差别直接导致该迭代数 K 过大，即计算量过大，导致 Chebyshev 一步法在仿真压电耦合场时超过计算机计算能力而不可用。这也是 Chebyshev 一步法的局限性。

例如，对于磷酸二氢氨，声场最小速度为 $2.187 \times 10^3 \text{m/s}$，电磁场速度为 $4.009 \times 10^7 \text{m/s}$。一维情况下，加入 1GHz 的正弦彻体力源。按照式(5.51)取定空间间隔 $\delta = 1 \times 10^{-7}$，则系数矩阵 1 范数为 $\|\boldsymbol{H}\|_1 = 1.5915 \times 10^{16}$（此处矩阵的 1 范数与空间间隔成反比）。声场场量大约需要时间 $t = 5 \times 10^{-11}\text{s}$ 才可以传播一个空间格 δ。要求迭代数

$K \geqslant t \| \boldsymbol{H} \|_1$，即 $K \geqslant 7.965 \times 10^5$ 。这意味着式中的迭代要近 80 万次，这也不过是传播了空间一小格，只能描述两个点的声场场值，还远远不能描述场的性质。其间需要计算相同次数的 Bessel 函数以及 Chebyshev 递推式，同时计算 Chebyshev 展开系数 $S_k(t \| \boldsymbol{H} \|_1)$ 时，需要求傅里叶反变换的次数为 $N > K'$ 。

若因声场传播距离过小而想通过减少空间间隔 δ 来解决此问题，还是无法解决。这是因为相关量有如图 5.19 所示的关系[1]。

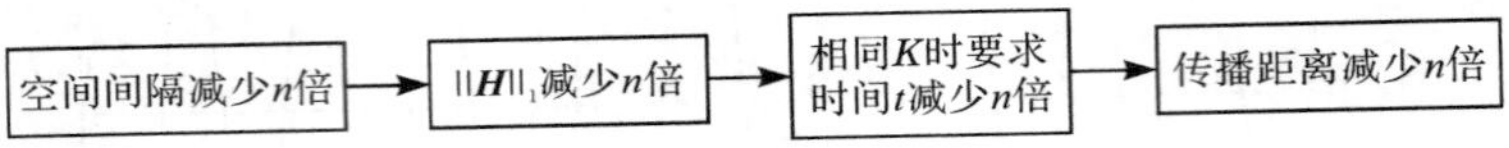

图 5.19　Chebyshev 法中相关参量关系

可见若原来 t 时间内传播一格，减少空间间隔将导致能仿真的最大时间减少，从而所能运行时间内传播的距离仍只有一格。

Chebyshev 一步法的不适用性要求进一步改进该方法，使之适用于压电耦合场的仿真。Chebyshev 多步法就是在此情况下改进产生的。

1. Chebyshev 多步法思路

现介绍 Chebyshev 多步法的思路。

观察式(5.97)，可知 $t+\tau$ 时刻的场值可由 t 时刻场值求得，两者有关系

$$\boldsymbol{\psi}(t+\tau) = \mathrm{e}^{\tau \boldsymbol{H}} \boldsymbol{\psi}(t) + \int_t^{t+\tau} \mathrm{e}^{(t+\tau-u)\boldsymbol{H}} \boldsymbol{\varphi}(u) \mathrm{d}u \tag{5.112}$$

从式(5.97)到(5.112)没有近似。

受条件 $K \geqslant t \| \boldsymbol{H} \|_1$ 的限制(一般 $1000 < K < 10\,000$ 时算法稳定精确[50])，假设由一步法最大可计算 $t_{\max}$ 时刻的场值 $\boldsymbol{\psi}(t_{\max})$ ，则接下去的 $t_{\max}+\tau$ 时刻场值可根据式(5.112)由已求得的 $\boldsymbol{\psi}(t_{\max})$ 获得，进一步 $t_{\max}+2\tau$ 时刻场值可根据式(5.112)由已求得的 $\boldsymbol{\psi}(t_{\max}+\tau)$ 获得，以此类推，如此经过 n 次递推计算可得 $t_{\max}+n\tau$ 时刻场值 $\boldsymbol{\psi}(t_{\max}+n\tau)$ 。

例如对于之前所述问题中，计算 $t = 5 \times 10^{-11}$ s 时的场，即传播一格时的场量值，这超过计算机的计算能力。先计算 $t = 5 \times 10^{-13}$ s 时的场值 $\boldsymbol{\psi}(t = 5 \times 10^{-13}\text{ s})$ ，此时 $t \| \boldsymbol{H} \|_1 = 7965$ ，故迭代数 K, K' 只要大于 7965 即可，在计算机计算能力范围内。取得一定的时间步 τ ，根据式(5.112)经历若干次计算可得 $t = 5 \times 10^{-5}$ s 时刻的场值。例如取 $\tau = 5 \times 10^{-13}$ s ，先由一步法得 $t = 5 \times 10^{-13}$ s 时刻的场值，再根据式(5.112)经过 99 次递推计算，最终得到 $t = 5 \times 10^{-11}$ s 时刻的场值 $\boldsymbol{\psi}(t = 5 \times 10^{-11}\text{ s})$ 。用图表示 FDTD 方法、Chebyshev 一步法、Chebyshev 多步法的时间处理上的区别如图 5.20 所示[1]。

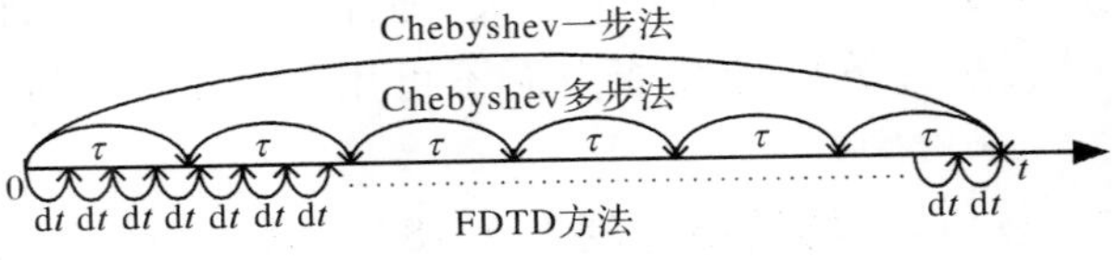

图 5.20　三种方法时间处理思想

由于 Chebyshev 多步法不是一步获得 t 时刻的场值，而是通过若干步的计算求得该时刻的场值，因此称其为多步法。若进一步想求得更长作用时间后的场量分布，可依次继续递推求得。

从图 5.20 可见，FDTD 方法将所求目标时间 t 根据式(5.53)分为若干部分，由于稳定性要求，其时间步 $\mathrm{d}t$ 是很小的；Chebyshev 一步法可根据初始场量值一步求得目标时刻 t 的场值 $\boldsymbol{\psi}(t)$；Chebyshev 多步法将时间 t 分割为若干部分，每一部分计算过程中采用 Chebyshev 展开法。Chebyshev 多步法的思想实质上是将 Chebyshev 一步法的计算量分割为若干部分分别计算。值得注意的是，Chebyshev 多步法的时间步概念与 FDTD 方法中时间步概念有所不同。从式(5.112)可以看出，前者时间步 τ 的可以取任何值，其对稳定性没有影响，只受计算机计算能力的约束，因此取值较大；后者要求时间步 $\mathrm{d}t$ 要求绝对符合稳定性条件，否则会导致方法的稳定性和精确性，因此在压电耦合场仿真中 FDTD 方法时间步很小。

通过 Chebyshev 多步法可求得任何时刻的场值，获得场空间分布图，同时也可通过依次记录 $t+k\tau$ 时刻的场值而获得某点场的时间分布图。

2. Chebyshev 多步法中激励源的处理

借鉴电路分析中零输入反应和零状态反应的概念[55]，可将式(5.112)分为两部分：$\mathrm{e}^{\tau\boldsymbol{H}}\boldsymbol{\psi}(t)$ 为零输入反应，因为其与源 $\boldsymbol{\varphi}(u)$ 的输入无关，只由前一时刻场变量引起；$\int_t^{t+\tau}\mathrm{e}^{(t+\tau-u)\boldsymbol{H}}\boldsymbol{\varphi}(u)\mathrm{d}u$ 为零状态反应，因为其与状态场量 $\boldsymbol{\psi}(t)$ 无关，只由输入的源 $\boldsymbol{\varphi}(u)$ 引起。若不存在激励源，只需考虑零输入反应 $\mathrm{e}^{\tau\boldsymbol{H}}\boldsymbol{\psi}(t)$，只要将定常矩阵 $\mathrm{e}^{\tau\boldsymbol{H}}$ 用 Chebyshev 多项式展开就可获得 $\mathrm{e}^{\tau\boldsymbol{H}}\boldsymbol{\psi}(t)$。前面已经具体分析了该指数矩阵函数的 Chebyshev 展开，展开式即为式(5.93)。若存在激励源，则还要考虑零状态反应 $\int_t^{t+\tau}\mathrm{e}^{(t+\tau-u)\boldsymbol{H}}\boldsymbol{\varphi}(u)\mathrm{d}u$，以下主要分析其求解的具体方法。经过具体分析研究，得到如下几种激励源的处理方案。

(1) 积分近似-Chebyshev 法

将积分 $\int_t^{t+\tau}\mathrm{e}^{(t+\tau-u)\boldsymbol{H}}\boldsymbol{\varphi}(u)\mathrm{d}u$ 按辛普森公式[56]（具有三次代数精度）取近似值

$$\int_t^{t+\tau}\mathrm{e}^{(t+\tau-u)\boldsymbol{H}}\boldsymbol{\varphi}(u)\mathrm{d}u=\frac{\tau}{6}\left[\mathrm{e}^{\tau\boldsymbol{H}}\boldsymbol{\varphi}(t)+4\mathrm{e}^{\frac{\tau\boldsymbol{H}}{2}}\boldsymbol{\varphi}\left(t+\frac{\tau}{2}\right)+\boldsymbol{\varphi}(t+\tau)\right] \tag{5.113}$$

式中，$\mathrm{e}^{\tau\boldsymbol{H}}$，$\mathrm{e}^{\frac{\tau\boldsymbol{H}}{2}}$ 可根据式(5.93)由 Chebyshev 矩阵多项式展开获得，$\boldsymbol{\varphi}(t)$，$\boldsymbol{\varphi}\left(t+\frac{\tau}{2}\right)$，$\boldsymbol{\varphi}(t+\tau)$ 是相应时刻源的值，直接将时间代入源函数即可。式(5.113)避免了积分的运算，从而简化了计算。

观察式(5.113)可知，只需要求 $\mathrm{e}^{\tau\boldsymbol{H}}$ 和 $\mathrm{e}^{\frac{\tau\boldsymbol{H}}{2}}$ 的 Chebyshev 展开，其可以按照 5.8.2 节方法展开，并记

$$\boldsymbol{M}=\mathrm{e}^{\tau\boldsymbol{H}}=J_0(\tau\|\boldsymbol{H}\|_1)\boldsymbol{I}+2\sum_{k=1}^{K}J_k(\tau\|\boldsymbol{H}\|_1)\widetilde{T}_k(\boldsymbol{B}) \tag{5.114}$$

$$\boldsymbol{N}=\mathrm{e}^{\frac{\tau\boldsymbol{H}}{2}}=J_0\left(\frac{\tau\|\boldsymbol{H}\|_1}{2}\right)\boldsymbol{I}+2\sum_{k=1}^{K}J_k\left(\frac{\tau\|\boldsymbol{H}\|_1}{2}\right)\widetilde{T}_k(\boldsymbol{B}) \tag{5.115}$$

式中，$\widetilde{T}_k(\boldsymbol{B})=\mathrm{j}^k T_k(\boldsymbol{B})$。对于一种固定的压电晶体，只需一次求得这两个定常矩阵 $\boldsymbol{M}$、$\boldsymbol{N}$，就可反复利用。

以 5.8.3 节中的电磁场为算例，源为正弦源，加在中点，采用式(5.113)处理源。图 5.21 显示了第 1700 时间步的场空间分布图，各点幅度均匀，显示了方法良好的稳定性。选取第 2000 个点(对应实际空间位置为 $x=100$)，观察该点场后 500 时间步中随时间变化的规律，如图 5.22 所示。场图仍保持了正弦源信息，说明了该方法的正确性与可行性。

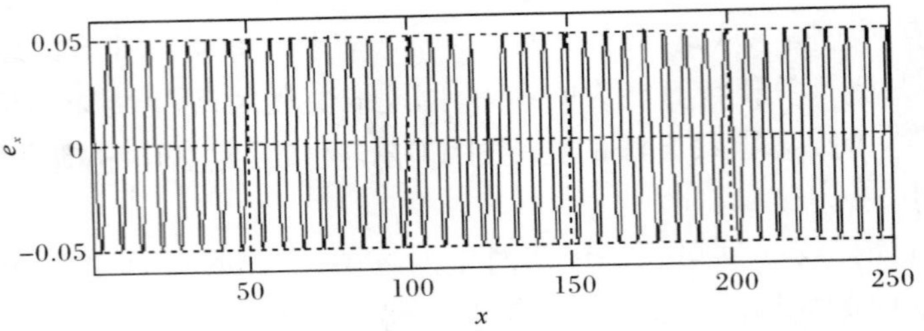

图 5.21　第 1700 时间步的场空间分布图

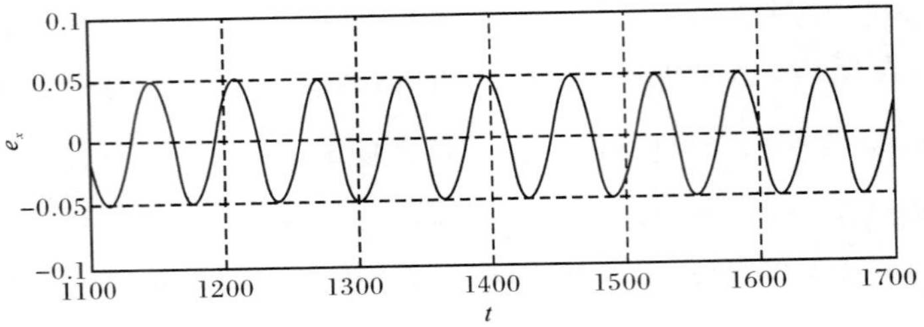

图 5.22　$x=100$ 处的场量时间分布图

因为在该方案中将定积分用数值积分近似表达，可以称为近似-Chebyshev 法。

(2) 积分-Chebyshev 法

类似 Chebyshev 一步法中对源的处理，记 $\boldsymbol{\varphi}(t)\boldsymbol{\Xi}=\int_t^{t+\tau}\mathrm{e}^{(t+\tau-u)\boldsymbol{H}}\boldsymbol{\varphi}(u)\mathrm{d}u$，其中 $\boldsymbol{\Xi}$ 为源关于空间的分布函数。当源为正弦源 $\boldsymbol{\varphi}(\boldsymbol{r},t)=s(\boldsymbol{r})\sin(\Omega t)$ 时，其中 $s(\boldsymbol{r})$ 表示空间函数。求得积分 $\int_t^{t+\tau}\mathrm{e}^{(t+\tau-u)\boldsymbol{H}}\boldsymbol{\varphi}(u)\mathrm{d}u$ 为

$$
\begin{aligned}
f(t)\boldsymbol{\Xi}&=\int_t^{t+\tau}\mathrm{e}^{(t+\tau-u)\boldsymbol{H}}\boldsymbol{\varphi}(u)\mathrm{d}u\\
&=(\Omega^2+\boldsymbol{H}^2)^{-1}[-\boldsymbol{H}\sin\Omega(t+\tau)-\Omega\cos\Omega(t+\tau)\\
&\quad+\mathrm{e}^{\tau\boldsymbol{H}}(H\sin\Omega t+\Omega\cos\Omega t)]\boldsymbol{\Xi}
\end{aligned}
\tag{5.116}
$$

令式(5.116)中的 $\boldsymbol{H}=\mathrm{j}\boldsymbol{x}\,\|\boldsymbol{H}\|_1$，$t=z/\|\boldsymbol{H}\|_1$，$T'=Z'/\|\boldsymbol{H}\|_1$，$\Omega=\omega\,\|\boldsymbol{H}\|_1$，有

$$
\begin{aligned}
f(t)\boldsymbol{\Xi}&=\frac{1}{(\omega^2-\boldsymbol{x}^2)\,\|\boldsymbol{H}\|_1}(-\mathrm{j}\boldsymbol{x}\sin\omega(z+\tau\,\|\boldsymbol{H}\|_1)-\omega\cos\omega(z+\tau\,\|\boldsymbol{H}\|_1)\\
&\quad+\mathrm{e}^{\mathrm{j}\boldsymbol{x}\tau\,\|\boldsymbol{H}\|_1}(\mathrm{j}\boldsymbol{x}\sin\omega z+\omega\cos\omega z))\boldsymbol{\Xi}
\end{aligned}
\tag{5.117}
$$

将该式用关于 $\boldsymbol{x}$ 的 Chebyshev 矩阵多项式展开，先根据式(5.87)求得展开式系数为

$$
\begin{aligned}
c_k(z)=\frac{2}{N}\sum_{n=0}^{N-1} & \frac{\mathrm{e}^{\mathrm{j}k\frac{2\pi}{N}n}}{\left[\omega^2-\left(\cos\dfrac{2\pi}{N}n\right)^2\right]\|\boldsymbol{H}\|_1} \\
& \cdot\begin{bmatrix}-\mathrm{j}\cos\left(\dfrac{2\pi}{N}n\right)\sin\omega(z+\tau\|\boldsymbol{H}\|_1)-\omega\cos\omega(z+\tau\|\boldsymbol{H}\|_1) \\ +\mathrm{e}^{\mathrm{j}\cos\left(\frac{2\pi}{N}n\right)\tau\|\boldsymbol{H}\|_1}\left[\mathrm{j}\cos\left(\dfrac{2\pi}{N}n\right)\sin\omega z+\omega\cos\omega z\right]\end{bmatrix}
\end{aligned}
\tag{5.118}
$$

式(5.118)在 Matlab 中可由傅里叶变换求得。记 $S_k(z)=\frac{1}{2}\mathrm{j}^{-k}c_k(z)$，最终得式(5.117)的 Chebyshev 矩阵多项式展开式为

$$
f(t)\boldsymbol{\Xi}=\left[S_k(z)\boldsymbol{I}+2\sum_{k=1}^{\infty}S_k(z)\mathrm{j}^kT_k(x)\right]\boldsymbol{\Xi} \tag{5.119}
$$

自此处理完零状态响应（即源引起的场）后，结合零输入响应，根据式(5.93)求得 $\boldsymbol{M}=\mathrm{e}^{\tau\boldsymbol{H}}=J_0(\tau\|\boldsymbol{H}\|_1)\boldsymbol{I}+2\sum_{k=1}^{K}J_k(\tau\|\boldsymbol{H}\|_1)\widetilde{T}_k(\boldsymbol{B})$，即式(5.114)再根据式(5.112)执行如下循环：

```
for k =1:nsteps
    ψ =Mψ + f(k);
end
```

该方案对源处理的优点是，在式(5.116)的积分中没有近似的成分，而且无需将源进行离散处理。缺点是源为时变变量，即式(5.117)为时变函数。这导致展开式系数式(5.118)为时间的函数，即循环中每一时间步均要重新求其 Chebyshev 展开和展开式系数，而不像近似-Chebyshev 法中一次计算定常矩阵 $\boldsymbol{M}=\mathrm{e}^{\tau\boldsymbol{H}}$，$\boldsymbol{N}=\mathrm{e}^{\frac{\tau\boldsymbol{H}}{2}}$ 的 Chebyshev 展开可反复利用。因此此方案计算量大。另一局限性是式(5.116)的积分求解并不容易，如对于高斯源的积分，因此导致该方案的适用范围较小。因此在压电耦合场仿真中不推荐积分-Chebyshev 法。不过对于一步法就能计算，源为正弦源的情况下，还是推荐采用此方法，因为一步内能解决的问题只要计算一次零状态反应和展开式系数即可。[1]

因为此方案是严格求出积分函数再用 Chebyshev 展开，因此称为积分 Chebyshev 法。

(3) FDTD-Chebyshev 法

在第二个方案积分-Chebyshev 法中提出，该方案对于其他源（例如高斯源）的积分工作未必容易，导致其适用范围小。现给出第三种方案，它避免了积分计算，适用于源加入时间为有限时间的问题。该方案的基本思想是将零输入响应和零状态响应分开，先由 FDTD 方法求得零状态响应，再根据此响应结果，利用 Chebyshev 法求零输入响应。

例如，当加入的源为高斯源，t_0 时刻可达到最大值，则源存在时间可视为有限时间 $2t_0$。先由 FDTD 方法求得 $2t_0$ 时刻的场 $\boldsymbol{\psi}(2t_0)$。之后视为源不存在的响应，根据迭代式 $\boldsymbol{\psi}(t+\tau)=\mathrm{e}^{\tau\boldsymbol{H}}\boldsymbol{\psi}(t)$，采用 Chebyshev 多步法仿真 $2t_0$ 时刻之后的场传播。

该方案计算过程示意图如图 5.23 所示。

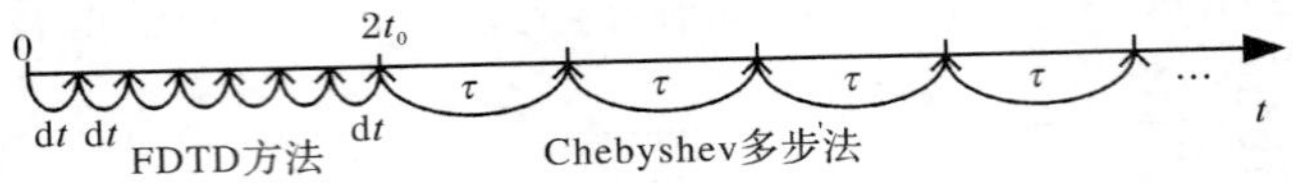

图 5.23　FDTD-Chebyshev 法示意图

由于 Chebyshev 多步法只需满足 $K \geqslant \tau \|\boldsymbol{H}\|_1$，可见 τ 的约束条件比 FDTD 方法中时间间隔的约束条件弱。例如，同样对于磷酸二氢氨，相同条件下(取相同的空间间隔)，在 FDTD 方法中时间间隔为 $\mathrm{d}t$，而 Chebyshev 法中取 $\tau = 250\mathrm{d}t$，此时每一时间步中 K，K' 可取 7800，若取 $\tau = 500\mathrm{d}t$，K, K' 可取 15 500。这样的迭代数均不大，在计算机的计算能力之内。可见 Chebyshev 法可以大大加大时间步，并且在每一时间步用矩阵乘向量的形式一步处理空间所有点的场，而无需像 FDTD 方法依次由前一点场求得下一点场，因此 Chebyshev 法仿真时间可大大减少。

因为此方案将 FDTD 方法和 Chebyshev 法结合，源由 FDTD 方法加入，因此称它为 FDTD-Chebyshev 法。

3. Chebyshev 多步法算法

本小节具体给出 Chebyshev 多步法在实际仿真中的算法与编程实现问题。

将场的计算分为零输入响应和零状态响应，即分别对应式(5.112)的前一部分 $\mathrm{e}^{\tau\boldsymbol{H}}\boldsymbol{\psi}(t)$ 和后一部分 $\int_t^{t+\tau} \mathrm{e}^{(t+\tau-u)\boldsymbol{H}}\boldsymbol{\varphi}(u)\,\mathrm{d}u$。在实际问题的仿真中，通常包括源存在时的场和源不存在时的场这两种情况，以下分别给出这两种情况下场的计算公式和程序实现方法。对于含源部分，再针对不同的源选择不同的源处理方法进行分析计算。

(1) 不含源时的场仿真

不存在激励源时，式(5.112)退化为

$$\boldsymbol{\psi}(t+\tau) = \mathrm{e}^{\tau\boldsymbol{H}}\boldsymbol{\psi}(t) \tag{5.120}$$

根据式(5.120)，将场方程写为矩阵向量形式为

$$\begin{bmatrix} \boldsymbol{\psi}(0) \\ \boldsymbol{\psi}(\tau) \\ \boldsymbol{\psi}(2\tau) \\ \boldsymbol{\psi}(3\tau) \\ \boldsymbol{\psi}(4\tau) \\ \boldsymbol{\psi}(5\tau) \\ \vdots \\ \boldsymbol{\psi}(\mathrm{nsteps}\times\tau) \end{bmatrix} = \begin{bmatrix} 1 & 0 & 0 & 0 & 0 & 0 & 0 & 0 \\ \boldsymbol{M} & 0 & 0 & 0 & 0 & 0 & 0 & 0 \\ 0 & \boldsymbol{M} & 0 & 0 & 0 & 0 & 0 & 0 \\ 0 & 0 & \boldsymbol{M} & 0 & 0 & 0 & 0 & 0 \\ 0 & 0 & 0 & \boldsymbol{M} & 0 & 0 & 0 & 0 \\ 0 & 0 & 0 & 0 & \boldsymbol{M} & 0 & 0 & 0 \\ \vdots & \vdots & \vdots & \vdots & \vdots & \vdots & \vdots & \vdots \\ 0 & 0 & 0 & 0 & 0 & 0 & \boldsymbol{M} & 0 \end{bmatrix} \begin{bmatrix} \boldsymbol{\psi}(0) \\ \boldsymbol{\psi}(\tau) \\ \boldsymbol{\psi}(2\tau) \\ \boldsymbol{\psi}(3\tau) \\ \boldsymbol{\psi}(4\tau) \\ \boldsymbol{\psi}(5\tau) \\ \vdots \\ \boldsymbol{\psi}(\mathrm{nsteps}\times\tau) \end{bmatrix} \tag{5.121}$$

式中，$\boldsymbol{\psi}(0)$ 是初始时刻的场；$\boldsymbol{M} = \mathrm{e}^{\tau\boldsymbol{H}}$，其由 Chebyshev 展开式获得，即为式(5.114)；τ 是 Chebyshev 多步法中的时间步长，其大小与计算机的性能有关，一般 512M 的微机可

选择 $\tau=250\mathrm{d}t$ 或者 $\tau=500\mathrm{d}t$，其中 $\mathrm{d}t$ 是 FDTD 方法中时间步长的大小，根据式(5.52)获得；时间步 nsteps 根据目标时间 t_{ob} 获得，即 $\mathrm{nsteps}=\dfrac{t_{\mathrm{ob}}}{\tau}$。

实际编程仿真中，由如下循环来实现[1]：

$\boldsymbol{\psi}=\boldsymbol{\psi}(0)$；

for $k=1$:nsteps

　$\boldsymbol{\psi}=\boldsymbol{M}\boldsymbol{\psi}$；

end

(2) 含源时的场仿真

当源存在时，所求场包括两个部分：一部分是由状态场量的继续传播产生的；另一部分是由源产生的。方程即为式(5.112)。根据 5.8.2 节的分析，针对正弦源和高斯源，采用不同的方法处理源，以下分别给出两种源的场仿真公式和算法实现。

① 正弦源的场仿真。当源为正弦源时，采用积分近似-Chebyshev 法处理源。将式(5.113)代入式(5.112)得

$$\boldsymbol{\psi}(t+\tau)=\mathrm{e}^{\tau\boldsymbol{H}}\boldsymbol{\psi}(t)+\frac{\tau}{6}\left[\mathrm{e}^{\tau\boldsymbol{H}}\boldsymbol{\varphi}(t)+4\mathrm{e}^{\frac{\tau\boldsymbol{H}}{2}}\boldsymbol{\varphi}\left(t+\frac{\tau}{2}\right)+\boldsymbol{\varphi}(t+\tau)\right]\tag{5.122}$$

即某时间步的场可由前一时间步的场、该时间步的源、前一时间步和前半时间步的源求得。由 Chebyshev 一步法计算式(5.122)中的 $\boldsymbol{\psi}(t)$，再根据式(5.122)多次循环叠加求得 $\boldsymbol{\psi}(t+\mathrm{nsteps}\times\tau)$。写为矩阵形式[1]

$$\begin{bmatrix}\boldsymbol{\psi}(t)\\ \boldsymbol{\psi}(t+\tau)\\ \boldsymbol{\psi}(t+2\tau)\\ \boldsymbol{\psi}(t+3\tau)\\ \boldsymbol{\psi}(t+4\tau)\\ \boldsymbol{\psi}(t+5\tau)\\ \vdots\\ \boldsymbol{\psi}(t+\mathrm{nsteps}\times\tau)\end{bmatrix}=\begin{bmatrix}1&0&0&0&0&0&0&0\\ \boldsymbol{M}&0&0&0&0&0&0&0\\ 0&\boldsymbol{M}&0&0&0&0&0&0\\ 0&0&\boldsymbol{M}&0&0&0&0&0\\ 0&0&0&\boldsymbol{M}&0&0&0&0\\ 0&0&0&0&\boldsymbol{M}&0&0&0\\ \vdots&\vdots&\vdots&\vdots&\vdots&\vdots&\vdots&\vdots\\ 0&0&0&0&0&0&\boldsymbol{M}&0\end{bmatrix}\begin{bmatrix}\boldsymbol{\psi}(t)\\ \boldsymbol{\psi}(t+\tau)\\ \boldsymbol{\psi}(t+2\tau)\\ \boldsymbol{\psi}(t+3\tau)\\ \boldsymbol{\psi}(t+4\tau)\\ \boldsymbol{\psi}(t+5\tau)\\ \vdots\\ \boldsymbol{\psi}(t+\mathrm{nsteps}\times\tau)\end{bmatrix}$$

$$+\frac{\tau}{6}\boldsymbol{M}\begin{bmatrix}0\\ \boldsymbol{\varphi}(t)\\ \boldsymbol{\varphi}(t+\tau)\\ \boldsymbol{\varphi}(t+2\tau)\\ \boldsymbol{\varphi}(t+3\tau)\\ \boldsymbol{\varphi}(t+4\tau)\\ \vdots\\ \boldsymbol{\varphi}[t+(\mathrm{nsteps}-1)\times\tau]\end{bmatrix}+\frac{2\tau}{3}N\begin{bmatrix}0\\ \boldsymbol{\varphi}(t+\tau/2)\\ \boldsymbol{\varphi}(t+3\tau/2)\\ \boldsymbol{\varphi}(t+5\tau/2)\\ \boldsymbol{\varphi}(t+7\tau/2)\\ \boldsymbol{\varphi}(t+9\tau/2)\\ \vdots\\ \boldsymbol{\varphi}[t+(\mathrm{nsteps}-1/2)\tau]\end{bmatrix}$$

$$+\frac{\tau}{6}\begin{bmatrix}0\\ \boldsymbol{\varphi}(t+\tau)\\ \boldsymbol{\varphi}(t+2\tau)\\ \boldsymbol{\varphi}(t+3\tau)\\ \boldsymbol{\varphi}(t+4\tau)\\ \boldsymbol{\varphi}(t+5\tau)\\ \vdots\\ \boldsymbol{\varphi}(t+\text{nsteps}\times\tau)\end{bmatrix} \tag{5.123}$$

最初的 $\boldsymbol{\psi}(t)$ 由 Chebyshev 一步法求得，时间步数根据目标时间 t_{ob} 求得：$\text{nsteps}=\frac{t_{\text{ob}}-t}{\tau}$。

实际仿真中，可避免 Chebyshev 一步法计算 $\boldsymbol{\psi}(t)$，而是直接根据式(5.122)求得 $\boldsymbol{\psi}(\tau)$：令式(5.122)中 $t=0$ 即可求得 $\boldsymbol{\psi}(\tau)$。再根据(5.123)求得 $\boldsymbol{\psi}(\text{nsteps}\times\tau)$，矩阵方程为[1]

$$\begin{bmatrix}\boldsymbol{\psi}(0)\\ \boldsymbol{\psi}(\tau)\\ \boldsymbol{\psi}(2\tau)\\ \boldsymbol{\psi}(3\tau)\\ \boldsymbol{\psi}(4\tau)\\ \boldsymbol{\psi}(5\tau)\\ \vdots\\ \boldsymbol{\psi}(\text{nsteps}\times\tau)\end{bmatrix}=\begin{bmatrix}1&0&0&0&0&0&0&0\\ \boldsymbol{M}&0&0&0&0&0&0&0\\ 0&\boldsymbol{M}&0&0&0&0&0&0\\ 0&0&\boldsymbol{M}&0&0&0&0&0\\ 0&0&0&\boldsymbol{M}&0&0&0&0\\ 0&0&0&0&\boldsymbol{M}&0&0&0\\ \vdots&\vdots&\vdots&\vdots&\vdots&\vdots&\vdots&\vdots\\ 0&0&0&0&0&0&\boldsymbol{M}&0\end{bmatrix}\begin{bmatrix}\boldsymbol{\psi}(0)\\ \boldsymbol{\psi}(\tau)\\ \boldsymbol{\psi}(2\tau)\\ \boldsymbol{\psi}(3\tau)\\ \boldsymbol{\psi}(4\tau)\\ \boldsymbol{\psi}(5\tau)\\ \vdots\\ \boldsymbol{\psi}(\text{nsteps}\times\tau)\end{bmatrix}$$

$$+\frac{\tau}{6}\boldsymbol{M}\begin{bmatrix}0\\ \boldsymbol{\varphi}(0)\\ \boldsymbol{\varphi}(\tau)\\ \boldsymbol{\varphi}(2\tau)\\ \boldsymbol{\varphi}(3\tau)\\ \boldsymbol{\varphi}(4\tau)\\ \vdots\\ \boldsymbol{\varphi}[(\text{nsteps}-1)\times\tau]\end{bmatrix}$$

$$+\frac{2\tau}{3}\boldsymbol{N}\begin{bmatrix}0\\ \boldsymbol{\varphi}(\tau/2)\\ \boldsymbol{\varphi}(3\tau/2)\\ \boldsymbol{\varphi}(5\tau/2)\\ \boldsymbol{\varphi}(7\tau/2)\\ \boldsymbol{\varphi}(9\tau/2)\\ \vdots\\ \boldsymbol{\varphi}[(\text{nsteps}-1/2)\times\tau]\end{bmatrix}$$

$$
+\frac{\tau}{6}\begin{bmatrix} 0 \\ \boldsymbol{\varphi}(\tau) \\ \boldsymbol{\varphi}(2\tau) \\ \boldsymbol{\varphi}(3\tau) \\ \boldsymbol{\varphi}(4\tau) \\ \boldsymbol{\varphi}(5\tau) \\ \vdots \\ \boldsymbol{\varphi}[\text{nsteps}\times\tau] \end{bmatrix} \tag{5.124}
$$

编程仿真中，由如下循环来实现[1]：

for $k=1$：nsteps

$$
\boldsymbol{\psi}=\boldsymbol{M}\boldsymbol{\psi}+\frac{\tau}{6}\left[\boldsymbol{M}\boldsymbol{\varphi}(k\tau)+4N\boldsymbol{\varphi}\left(k\tau+\frac{\tau}{2}\right)+\boldsymbol{\varphi}(k\tau+\tau)\right];
$$

end

其涉及的运算仅是矩阵乘向量的运算，例如 $\boldsymbol{M}\boldsymbol{\varphi}(k\tau)$，运算量都很小。

② 高斯源的场仿真。当源为高斯源时，采用 FDTD-Chebyshev 法处理源。该方法充分利用了 FDTD 方法和 Chebyshev 法的优点，因为 FDTD 方法中源的处理是采用简单的抽样离散，而 Chebyshev 法中源的处理需要复杂的积分运算，所以初始时刻采用 FDTD 方法仿真场。FDTD 方法的缺陷是仿真的稳定性要求的时间间隔取值过小，所以时间步数过多。不过高斯源存在的时间可视为有限的极短时间，该时间内采用 FDTD 方法时间步数有限，方法简单易行，之后时间可视为源不存在，因此采用 Chebyshev 法仿真之后的场。例如，若加入的高斯源 t_0 时刻达到最大值，则源存在时间可视为有限时间 $2t_0$（或取更成时间 $3t_0$，$4t_0$ 等）。先由 FDTD 方法求得 $2t_0$ 时刻的空间各点场量值，并根据此构造场向量 $\boldsymbol{\psi}(2t_0)$。自此完成零状态响应，之后可将其视为源不存在的零输入响应，根据迭代式 $\boldsymbol{\psi}(t+\tau)=\mathrm{e}^{\tau\boldsymbol{H}}\boldsymbol{\psi}(t)$ 由 Chebyshev 多步法依次求得 $\boldsymbol{\psi}(2t_0+\tau)$，$\boldsymbol{\psi}(2t_0+2\tau)$，…，$\boldsymbol{\psi}(2t_0+n\tau)$。表示为矩阵形式

$$
\begin{bmatrix} \boldsymbol{\psi}(2t_0) \\ \boldsymbol{\psi}(2t_0+\tau) \\ \boldsymbol{\psi}(2t_0+2\tau) \\ \boldsymbol{\psi}(2t_0+3\tau) \\ \boldsymbol{\psi}(2t_0+4\tau) \\ \boldsymbol{\psi}(2t_0+5\tau) \\ \vdots \\ \boldsymbol{\psi}(2t_0+\text{nsteps}\times\tau) \end{bmatrix}=\begin{bmatrix} 1 & 0 & 0 & 0 & 0 & 0 & 0 & 0 \\ \boldsymbol{M} & 0 & 0 & 0 & 0 & 0 & 0 & 0 \\ 0 & \boldsymbol{M} & 0 & 0 & 0 & 0 & 0 & 0 \\ 0 & 0 & \boldsymbol{M} & 0 & 0 & 0 & 0 & 0 \\ 0 & 0 & 0 & \boldsymbol{M} & 0 & 0 & 0 & 0 \\ 0 & 0 & 0 & 0 & \boldsymbol{M} & 0 & 0 & 0 \\ \vdots & \vdots & \vdots & \vdots & \vdots & \vdots & \vdots & \vdots \\ 0 & 0 & 0 & 0 & 0 & 0 & \boldsymbol{M} & 0 \end{bmatrix}\begin{bmatrix} \boldsymbol{\psi}(2t_0) \\ \boldsymbol{\psi}(2t_0+\tau) \\ \boldsymbol{\psi}(2t_0+2\tau) \\ \boldsymbol{\psi}(2t_0+3\tau) \\ \boldsymbol{\psi}(2t_0+4\tau) \\ \boldsymbol{\psi}(2t_0+5\tau) \\ \vdots \\ \boldsymbol{\psi}(2t_0+\text{nsteps}\times\tau) \end{bmatrix} \tag{5.125}
$$

式中，$\boldsymbol{\psi}(2t_0)$ 是由 FDTD 方法仿真得到的 $2t_0$ 时刻的场；$\boldsymbol{M}=\mathrm{e}^{\tau\boldsymbol{H}}$，由 Chebyshev 展开式获得，即为式(5.114)；τ 是 Chebyshev 多步法中的时间步长；时间步 nsteps 根据目标时间 t_{ob} 获得，$\text{nsteps}=\dfrac{t_{\mathrm{ob}}-2t_0}{\tau}$。即要得到 t_{ob} 时刻的场，先由 FDTD 方法得到 $2t_0$ 时刻的场，再采用 Chebyshev 多步法仿真之后的场。

实际编程仿真中，由如下循环来实现[1]：

```
ψ = ψ(2t₀);
for k=1:nsteps
    ψ =Mψ;
end
```

4. Chebyshev 多步法的误差分析[56]

Chebyshev 多步法的误差来源于 Chebyshev 展开式求和中的截断，若激励源处理采用近似-Chebyshev 法，则还存在辛普森公式近似所带来的误差。前者已在 5.8.2 节讨论，得出其精度达到计算机精度。现讨论后者所带来的误差。辛普森公式是二阶牛顿-柯特斯公式，具有三次代数精度。该积分近似公式为

$$\int_a^b f(x)\mathrm{d}x \doteq \frac{b-a}{6}[f(a)+4f(c)+f(b)]$$

现考察该求积公式的余项 $R_S = I - S$，其中 I 为精确值 $\int_a^b f(x)\mathrm{d}x$，S 为近似值 $\frac{b-a}{6}[f(a)+4f(c)+f(b)]$。构造次数不超过三的多项式 $H(x)$，使之满足

$$H(a)=f(a),\quad H(b)=f(b),\quad H(c)=f(c),\quad H'(c)=f'(c) \tag{5.126}$$

式中，$c=\frac{a+b}{2}$。由于辛普森公式具有三次代数精度，它对于这样构造出的三次式 $H(x)$ 是准确的，即

$$\int_a^b H(x)\mathrm{d}x = \frac{b-a}{6}[H(a)+4H(c)+H(b)] \tag{5.127}$$

利用式(5.126)可知，式(5.127)右端实际上等于 $f(x)$ 按辛普森公式求得的积分值 S，即

$$\frac{b-a}{6}[H(a)+4H(c)+H(b)]=\frac{b-a}{6}[f(a)+4f(c)+f(b)]=S$$

因此 $\int_a^b f(x)\mathrm{d}x \doteq \frac{b-a}{6}[f(a)+4f(c)+f(b)]$ 积分余项为

$$R_S = I-S = \int_a^b [f(x)-H(x)]\mathrm{d}x \tag{5.128}$$

根据埃尔米特插值余项表达式[52]以及式(5.126)可知

$$f(x)-H(x)=\frac{f^{(4)}(\xi)}{4!}(x-a)(x-c)^2(x-b) \tag{5.129}$$

将式(5.129)代入式(5.128)得

$$R_S = \int_a^b \frac{f^{(4)}(\xi)}{4!}(x-a)(x-c)^2(x-b)\mathrm{d}x \tag{5.130}$$

易知式子 $(x-a)(x-c)^2(x-b)$ 在 $x\in[a,b]$ 上保号(非正)。再用积分中值定理，在 $[a,b]$ 内存在一点 η，使得

$$R_S=\frac{f^{(4)}(\eta)}{4!}\int_a^b (x-a)(x-c)^2(x-b)\mathrm{d}x$$

$$=-\frac{b-a}{180}\left(\frac{b-a}{2}\right)^4 f^{(4)}(\eta) \tag{5.131}$$

式(5.131)中的 $b-a$ 即为 Chebyshev 多步法中的时间步 τ，其值非常小。例如对于磷酸二氢胺，源频率为 1GHz 时，FDTD 方法中时间步 $\mathrm{d}t$ 达到 10^{-15} 数量级，Chebyshev 多步法时间步应计算机计算能力的要求取值，在本章中取 $\tau=100\mathrm{d}t$ 或 $\tau=250\mathrm{d}t$ 等，因此 τ 的数量级为 10^{-12}，式(5.131)余项值很小。

5.8.5 Chebyshev 多步法仿真压电耦合场

1. 压电耦合场的一阶微分方程组的构建

为了能够把 Chebyshev 多步法应用于压电耦合场的仿真，需要构建一个压电耦合场的一阶定常微分方程组。构建思路如下：在时域场中，采用有限差分法离散压电耦合场中的空间偏导，而保留对时间的偏导，从而形成一个关于时间的一阶微分方程组。

空间间隔的取值要求与 FDTD 方法相同，按照式(5.50)取值。对于空间任意一点记为 (i,j,k)，该点上的各场值对应方程如式(5.43)所示，将其右边的空间微分用中心差分进行离散，如式

$$\begin{cases}\dfrac{\partial}{\partial t}\begin{bmatrix}\boldsymbol{H}\\ \boldsymbol{v}\end{bmatrix}_{(i,j,k)}=\begin{bmatrix}\boldsymbol{\mu}^{-1} & \boldsymbol{0}\\ \boldsymbol{0} & \boldsymbol{\rho}^{-1}\end{bmatrix} \\ \qquad\cdot\left[\begin{matrix}\dfrac{\boldsymbol{L}_{1x}}{2\Delta x}\left(\begin{bmatrix}\boldsymbol{E}\\ \boldsymbol{T}\end{bmatrix}_{(i+1,j,k)}-\begin{bmatrix}\boldsymbol{E}\\ \boldsymbol{T}\end{bmatrix}_{(i-1,j,k)}\right)+\dfrac{\boldsymbol{L}_{1y}}{2\Delta y}\left(\begin{bmatrix}\boldsymbol{E}\\ \boldsymbol{T}\end{bmatrix}_{(i,j+1,k)}-\begin{bmatrix}\boldsymbol{E}\\ \boldsymbol{T}\end{bmatrix}_{(i,j-1,k)}\right)\\ +\dfrac{\boldsymbol{L}_{1z}}{2\Delta z}\left(\begin{bmatrix}\boldsymbol{E}\\ \boldsymbol{T}\end{bmatrix}_{(i,j,k+1)}-\begin{bmatrix}\boldsymbol{E}\\ \boldsymbol{T}\end{bmatrix}_{(i,j,k-1)}\right)\end{matrix}\right] \\ \qquad+\begin{bmatrix}\boldsymbol{0}\\ \dfrac{1}{\rho}\boldsymbol{F}\end{bmatrix}_{(i,j,k)} \\ \dfrac{\partial}{\partial t}\begin{bmatrix}\boldsymbol{E}\\ \boldsymbol{T}\end{bmatrix}_{(i,j,k)}=\boldsymbol{M}\left[\begin{matrix}\dfrac{\boldsymbol{L}_{2x}}{2\Delta x}\left(\begin{bmatrix}\boldsymbol{H}\\ \boldsymbol{v}\end{bmatrix}_{(i+1,j,k)}-\begin{bmatrix}\boldsymbol{H}\\ \boldsymbol{v}\end{bmatrix}_{(i-1,j,k)}\right)\\ +\dfrac{\boldsymbol{L}_{2y}}{2\Delta y}\left(\begin{bmatrix}\boldsymbol{H}\\ \boldsymbol{v}\end{bmatrix}_{(i,j+1,k)}-\begin{bmatrix}\boldsymbol{H}\\ \boldsymbol{v}\end{bmatrix}_{(i,j-1,k)}\right)\\ +\dfrac{\boldsymbol{L}_{2z}}{2\Delta z}\left(\begin{bmatrix}\boldsymbol{H}\\ \boldsymbol{v}\end{bmatrix}_{(i,j,k+1)}-\begin{bmatrix}\boldsymbol{H}\\ \boldsymbol{v}\end{bmatrix}_{(i,j,k-1)}\right)\end{matrix}\right]\end{cases} \tag{5.132}$$

此式即为关于时间的一阶微分方程组。现分别针对一维和二维说明其矩阵方程的构造。

(1) 一维压电耦合场一阶微分矩阵方程的构造

若 $\dfrac{\partial}{\partial x}=\dfrac{\partial}{\partial y}=0$，一维压电耦合场方程即为式(5.44)。取一维坐标上任意一点，对式(5.44)右边关于空间的微分采用中心差分进行离散，即

$$\begin{cases}\dfrac{\partial}{\partial t}\begin{bmatrix}\boldsymbol{H}\\ \boldsymbol{v}\end{bmatrix}_{(k)}=\begin{bmatrix}\boldsymbol{\mu}^{-1} & \boldsymbol{0}\\ \boldsymbol{0} & \boldsymbol{\rho}^{-1}\end{bmatrix}\left(\dfrac{\boldsymbol{L}_{1z}}{2\Delta z}\left(\begin{bmatrix}\boldsymbol{E}\\ \boldsymbol{T}\end{bmatrix}_{(k+1)}-\begin{bmatrix}\boldsymbol{E}\\ \boldsymbol{T}\end{bmatrix}_{(k-1)}\right)\right)\\ \qquad\qquad +\begin{bmatrix}\boldsymbol{0}\\ \dfrac{1}{\rho}\boldsymbol{F}\end{bmatrix}_{(k)}\\ \dfrac{\partial}{\partial t}\begin{bmatrix}\boldsymbol{E}\\ \boldsymbol{T}\end{bmatrix}_{(k)}=\boldsymbol{M}\left(\dfrac{\boldsymbol{L}_{2z}}{2\Delta z}\left(\begin{bmatrix}\boldsymbol{H}\\ \boldsymbol{v}\end{bmatrix}_{(k+1)}-\begin{bmatrix}\boldsymbol{H}\\ \boldsymbol{v}\end{bmatrix}_{(k-1)}\right)\right)\end{cases} \tag{5.133}$$

根据式(5.133)的特点，类似之前FDTD方法中对空间的处理，按照图5.7可在一维空间取奇数点的$\begin{bmatrix}\boldsymbol{H}\\ \boldsymbol{v}\end{bmatrix}$，偶数点的$\begin{bmatrix}\boldsymbol{E}\\ \boldsymbol{T}\end{bmatrix}$，共取了空间$L$个点（$L$为奇数），并且记间距$2\Delta z=\delta$。且有边界条件$E(0)=E(L+1)=0, T(0)=T(L+1)=0$。则各点上的场方程按式(5.133)展开为

$$\begin{cases}\dfrac{\partial}{\partial t}\begin{bmatrix}\boldsymbol{H}\\ \boldsymbol{v}\end{bmatrix}_{(1)}=\begin{bmatrix}\boldsymbol{\mu}^{-1} & \boldsymbol{0}\\ \boldsymbol{0} & \boldsymbol{\rho}^{-1}\end{bmatrix}\dfrac{\boldsymbol{L}_{1z}}{\delta}\begin{bmatrix}\boldsymbol{E}\\ \boldsymbol{T}\end{bmatrix}_{(2)}+\begin{bmatrix}\boldsymbol{0}\\ \dfrac{1}{\rho}\boldsymbol{F}\end{bmatrix}_{(1)}\\ \dfrac{\partial}{\partial t}\begin{bmatrix}\boldsymbol{E}\\ \boldsymbol{T}\end{bmatrix}_{(2)}=\boldsymbol{M}\dfrac{\boldsymbol{L}_{2z}}{2\Delta z}\left(\begin{bmatrix}\boldsymbol{H}\\ \boldsymbol{v}\end{bmatrix}_{(3)}-\begin{bmatrix}\boldsymbol{H}\\ \boldsymbol{v}\end{bmatrix}_{(1)}\right)\\ \dfrac{\partial}{\partial t}\begin{bmatrix}\boldsymbol{H}\\ \boldsymbol{v}\end{bmatrix}_{(3)}=\begin{bmatrix}\boldsymbol{\mu}^{-1} & \boldsymbol{0}\\ \boldsymbol{0} & \boldsymbol{\rho}^{-1}\end{bmatrix}\dfrac{\boldsymbol{L}_{1z}}{\delta}\left(\begin{bmatrix}\boldsymbol{E}\\ \boldsymbol{T}\end{bmatrix}_{(4)}-\begin{bmatrix}\boldsymbol{E}\\ \boldsymbol{T}\end{bmatrix}_{(2)}\right)+\begin{bmatrix}\boldsymbol{0}\\ \dfrac{1}{\rho}\boldsymbol{F}\end{bmatrix}_{(3)}\\ \dfrac{\partial}{\partial t}\begin{bmatrix}\boldsymbol{E}\\ \boldsymbol{T}\end{bmatrix}_{(4)}=\boldsymbol{M}\dfrac{\boldsymbol{L}_{2z}}{2\Delta z}\left(\begin{bmatrix}\boldsymbol{H}\\ \boldsymbol{v}\end{bmatrix}_{(5)}-\begin{bmatrix}\boldsymbol{H}\\ \boldsymbol{v}\end{bmatrix}_{(3)}\right)\\ \cdots\\ \dfrac{\partial}{\partial t}\begin{bmatrix}\boldsymbol{H}\\ \boldsymbol{v}\end{bmatrix}_{(L)}=-\begin{bmatrix}\boldsymbol{\mu}^{-1} & \boldsymbol{0}\\ \boldsymbol{0} & \boldsymbol{\rho}^{-1}\end{bmatrix}\dfrac{\boldsymbol{L}_{1z}}{\delta}\begin{bmatrix}\boldsymbol{E}\\ \boldsymbol{T}\end{bmatrix}_{(L-1)}+\begin{bmatrix}\boldsymbol{0}\\ \dfrac{1}{\rho}\boldsymbol{F}\end{bmatrix}_{(L)}\end{cases} \tag{5.134}$$

记矩阵$\boldsymbol{A}=\begin{bmatrix}\boldsymbol{\mu}^{-1} & \boldsymbol{0}\\ \boldsymbol{0} & \boldsymbol{\rho}^{-1}\end{bmatrix}\dfrac{\boldsymbol{L}_{1z}}{\delta}$，$\boldsymbol{B}=\boldsymbol{M}\dfrac{\boldsymbol{L}_{2z}}{2\Delta z}$，式(5.134)可写为矩阵方程

$$\frac{\partial}{\partial t}\begin{bmatrix}\boldsymbol{H}(1)\\ \boldsymbol{v}(1)\\ \boldsymbol{E}(2)\\ \boldsymbol{T}(2)\\ \boldsymbol{H}(3)\\ \boldsymbol{v}(3)\\ \boldsymbol{E}(4)\\ \vdots\\ \boldsymbol{H}(L)\\ \boldsymbol{v}(L)\end{bmatrix}=\begin{bmatrix} & \boldsymbol{A} & & & \\ \boldsymbol{B} & & -\boldsymbol{B} & & \\ & -\boldsymbol{A} & & \boldsymbol{A} & \\ & & \boldsymbol{B} & & -\boldsymbol{B}\\ & \vdots & & \vdots & & \vdots\\ & & & & -\boldsymbol{A}\end{bmatrix}\begin{bmatrix}\boldsymbol{H}(1)\\ \boldsymbol{v}(1)\\ \boldsymbol{E}(2)\\ \boldsymbol{T}(2)\\ \boldsymbol{H}(3)\\ \boldsymbol{v}(3)\\ \boldsymbol{E}(4)\\ \vdots\\ \boldsymbol{H}(L)\\ \boldsymbol{v}(L)\end{bmatrix}+\begin{bmatrix}0\\ \boldsymbol{F}(1)\\ 0\\ 0\\ 0\\ \boldsymbol{F}(3)\\ 0\\ \vdots\\ 0\\ \boldsymbol{F}(L)\end{bmatrix} \tag{5.135}$$

记上式中的列向量

$$\boldsymbol{\psi} = [\boldsymbol{H}(1),\boldsymbol{v}(1),\boldsymbol{E}(2),\boldsymbol{T}(2),\boldsymbol{H}(3),\boldsymbol{v}(3),\boldsymbol{E}(4),\cdots,\boldsymbol{H}(L),\boldsymbol{v}(L)]^{\mathrm{T}}$$
$$\boldsymbol{\varphi} = [0,\boldsymbol{F}(1),0,0,0,\boldsymbol{F}(3),0,0,\cdots,\boldsymbol{F}(L)]^{\mathrm{T}}$$

系数矩阵记为

$$\boldsymbol{H} = \begin{bmatrix} & \boldsymbol{A} & & & & \\ \boldsymbol{B} & & -\boldsymbol{B} & & & \\ & -\boldsymbol{A} & & \boldsymbol{A} & & \\ & & \boldsymbol{B} & & -\boldsymbol{B} & \\ & & & \vdots & & \\ & & & & -\boldsymbol{A} & \end{bmatrix}$$

此时式(5.135)可写为

$$\frac{\partial}{\partial t}\boldsymbol{\psi} = H\boldsymbol{\psi} + \boldsymbol{\varphi} \tag{5.136}$$

矩阵方程式(5.136)即为一维压电耦合场一阶微分矩阵方程，其形式同之前讨论的式(5.96)相同，故可以按式(5.112)用 Chebyshev 多步法求解。

(2) 二维压电耦合场一阶微分矩阵方程的构造

若 $\frac{\partial}{\partial y} = 0$，则为二维情况。此时式(5.136)可写为

$$\begin{cases} \dfrac{\partial}{\partial t}\begin{bmatrix}\boldsymbol{H}\\ \boldsymbol{v}\end{bmatrix}_{(i,k)} = \begin{bmatrix}\boldsymbol{\mu}^{-1} & \boldsymbol{0}\\ \boldsymbol{0} & \boldsymbol{\rho}^{-1}\end{bmatrix}\left(\dfrac{\boldsymbol{L}_{1x}}{2\Delta x}\left(\begin{bmatrix}\boldsymbol{E}\\ \boldsymbol{T}\end{bmatrix}_{(i+1,k)} - \begin{bmatrix}\boldsymbol{E}\\ \boldsymbol{T}\end{bmatrix}_{(i-1,k)}\right)\right. \\ \qquad\qquad \left. + \dfrac{\boldsymbol{L}_{1z}}{2\Delta z}\left(\begin{bmatrix}\boldsymbol{E}\\ \boldsymbol{T}\end{bmatrix}_{(i,k+1)} - \begin{bmatrix}\boldsymbol{E}\\ \boldsymbol{T}\end{bmatrix}_{(i,k-1)}\right)\right) + \begin{bmatrix}\boldsymbol{0}\\ \dfrac{1}{\rho}\boldsymbol{F}\end{bmatrix}_{(i,k)} \\ \dfrac{\partial}{\partial t}\begin{bmatrix}\boldsymbol{E}\\ \boldsymbol{T}\end{bmatrix}_{(i,k)} = \boldsymbol{M}\left(\dfrac{\boldsymbol{L}_{2x}}{2\Delta x}\left(\begin{bmatrix}\boldsymbol{H}\\ \boldsymbol{v}\end{bmatrix}_{(i+1,k)} - \begin{bmatrix}\boldsymbol{H}\\ \boldsymbol{v}\end{bmatrix}_{(i-1,k)}\right) + \dfrac{\boldsymbol{L}_{2z}}{2\Delta z}\left(\begin{bmatrix}\boldsymbol{H}\\ \boldsymbol{v}\end{bmatrix}_{(i,k+1)} - \begin{bmatrix}\boldsymbol{H}\\ \boldsymbol{v}\end{bmatrix}_{(i,k-1)}\right)\right) \end{cases} \tag{5.137}$$

根据式(5.137)的特点，对二维空间按图 5.6 取点。此时在二维空间，$\begin{bmatrix}\boldsymbol{H}\\ \boldsymbol{v}\end{bmatrix}$，$\begin{bmatrix}\boldsymbol{E}\\ \boldsymbol{T}\end{bmatrix}$交替取点，即每个$\begin{bmatrix}\boldsymbol{H}\\ \boldsymbol{v}\end{bmatrix}$周围有四个$\begin{bmatrix}\boldsymbol{E}\\ \boldsymbol{T}\end{bmatrix}$包围，每个$\begin{bmatrix}\boldsymbol{E}\\ \boldsymbol{T}\end{bmatrix}$周围有四个$\begin{bmatrix}\boldsymbol{H}\\ \boldsymbol{v}\end{bmatrix}$包围。具体取点如表 5.5 所示。

表 5.5　二维场量空间取点

场量	空间坐标
$\begin{bmatrix}\boldsymbol{H}\\ \boldsymbol{v}\end{bmatrix}$	$(2m+1,2k+1)$，$(2m+2,2k+2)$，$m,k=0,1,2,\cdots$
$\begin{bmatrix}\boldsymbol{E}\\ \boldsymbol{T}\end{bmatrix}$	$(2m+1,2k+2)$，$(2m+2,2k+1)$，$m,k=0,1,2,\cdots$

共取 $L\times L$ 个点(L 为偶数)，空间点间距 $2\Delta x = 2\Delta Z = \delta$，四边界处$\begin{bmatrix}\boldsymbol{E}\\ \boldsymbol{T}\end{bmatrix}=0$，$\begin{bmatrix}\boldsymbol{E}\\ \boldsymbol{v}\end{bmatrix}=0$。根据式(3.137)，每个点上对应的一阶偏微分方程为

$$
\begin{cases}
\dfrac{\partial}{\partial t}\begin{bmatrix}\boldsymbol{H}\\ \boldsymbol{v}\end{bmatrix}_{(1,1)}=\begin{bmatrix}\boldsymbol{\mu}^{-1} & \boldsymbol{0}\\ \boldsymbol{0} & \boldsymbol{\rho}^{-1}\end{bmatrix}\left(\dfrac{\boldsymbol{L}_{1x}}{\delta}\begin{bmatrix}\boldsymbol{E}\\ \boldsymbol{T}\end{bmatrix}_{(2,1)}+\dfrac{\boldsymbol{L}_{1z}}{\delta}\begin{bmatrix}\boldsymbol{E}\\ \boldsymbol{T}\end{bmatrix}_{(1,2)}\right)+\begin{bmatrix}\boldsymbol{0}\\ \dfrac{1}{\rho}\boldsymbol{F}\end{bmatrix}_{(1,1)}\\
\dfrac{\partial}{\partial t}\begin{bmatrix}\boldsymbol{E}\\ \boldsymbol{T}\end{bmatrix}_{(2,1)}=\boldsymbol{M}\left(\dfrac{\boldsymbol{L}_{2x}}{\delta}\left(\begin{bmatrix}\boldsymbol{H}\\ \boldsymbol{v}\end{bmatrix}_{(3,1)}-\begin{bmatrix}\boldsymbol{H}\\ \boldsymbol{v}\end{bmatrix}_{(1,1)}\right)+\dfrac{\boldsymbol{L}_{2z}}{\delta}\begin{bmatrix}\boldsymbol{H}\\ \boldsymbol{v}\end{bmatrix}_{(2,3)}\right)\\
\dfrac{\partial}{\partial t}\begin{bmatrix}\boldsymbol{H}\\ \boldsymbol{v}\end{bmatrix}_{(3,1)}=\begin{bmatrix}\boldsymbol{\mu}^{-1} & \boldsymbol{0}\\ \boldsymbol{0} & \boldsymbol{\rho}^{-1}\end{bmatrix}\left(\dfrac{\boldsymbol{L}_{1x}}{\delta}\left(\begin{bmatrix}\boldsymbol{E}\\ \boldsymbol{T}\end{bmatrix}_{(4,1)}-\begin{bmatrix}\boldsymbol{E}\\ \boldsymbol{T}\end{bmatrix}_{(2,1)}\right)+\dfrac{\boldsymbol{L}_{1z}}{\delta}\begin{bmatrix}\boldsymbol{E}\\ \boldsymbol{T}\end{bmatrix}_{(3,2)}\right)+\begin{bmatrix}\boldsymbol{0}\\ \dfrac{1}{\rho}\boldsymbol{F}\end{bmatrix}_{(3,1)}\\
\cdots\\
\dfrac{\partial}{\partial t}\begin{bmatrix}\boldsymbol{E}\\ \boldsymbol{T}\end{bmatrix}_{(1,2)}=\boldsymbol{M}\left(\dfrac{\boldsymbol{L}_{2x}}{\delta}\begin{bmatrix}\boldsymbol{H}\\ \boldsymbol{v}\end{bmatrix}_{(2,2)}+\dfrac{\boldsymbol{L}_{2z}}{\delta}\left(\begin{bmatrix}\boldsymbol{H}\\ \boldsymbol{v}\end{bmatrix}_{(1,3)}-\begin{bmatrix}\boldsymbol{H}\\ \boldsymbol{v}\end{bmatrix}_{(1,1)}\right)\right)\\
\dfrac{\partial}{\partial t}\begin{bmatrix}\boldsymbol{H}\\ \boldsymbol{v}\end{bmatrix}_{(2,2)}=\begin{bmatrix}\boldsymbol{\mu}^{-1} & \boldsymbol{0}\\ \boldsymbol{0} & \rho^{-1}\end{bmatrix}\left(\dfrac{\boldsymbol{L}_{1x}}{\delta}\left(\begin{bmatrix}\boldsymbol{E}\\ \boldsymbol{T}\end{bmatrix}_{(3,2)}-\begin{bmatrix}\boldsymbol{E}\\ \boldsymbol{T}\end{bmatrix}_{(1,2)}\right)+\dfrac{\boldsymbol{L}_{1z}}{\delta}\left(\begin{bmatrix}\boldsymbol{E}\\ \boldsymbol{T}\end{bmatrix}_{(2,3)}-\begin{bmatrix}\boldsymbol{E}\\ \boldsymbol{T}\end{bmatrix}_{(2,1)}\right)\right)\\
\qquad\qquad+\begin{bmatrix}\boldsymbol{0}\\ \dfrac{1}{\rho}\boldsymbol{F}\end{bmatrix}_{(2,2)}\\
\dfrac{\partial}{\partial t}\begin{bmatrix}\boldsymbol{E}\\ \boldsymbol{T}\end{bmatrix}_{(3,2)}=\boldsymbol{M}\left(\dfrac{\boldsymbol{L}_{2x}}{\delta}\left(\begin{bmatrix}\boldsymbol{H}\\ \boldsymbol{v}\end{bmatrix}_{(4,2)}-\begin{bmatrix}\boldsymbol{H}\\ \boldsymbol{v}\end{bmatrix}_{(2,2)}\right)+\dfrac{\boldsymbol{L}_{2z}}{\delta}\left(\begin{bmatrix}\boldsymbol{H}\\ \boldsymbol{v}\end{bmatrix}_{(3,3)}-\begin{bmatrix}\boldsymbol{H}\\ \boldsymbol{v}\end{bmatrix}_{(3,1)}\right)\right)\\
\cdots\\
\dfrac{\partial}{\partial t}\begin{bmatrix}\boldsymbol{E}\\ \boldsymbol{T}\end{bmatrix}_{(1,L)}=\boldsymbol{M}\left(\dfrac{\boldsymbol{L}_{2x}}{\delta}\begin{bmatrix}\boldsymbol{H}\\ \boldsymbol{v}\end{bmatrix}_{(2,L)}-\dfrac{\boldsymbol{L}_{2z}}{\delta}\begin{bmatrix}\boldsymbol{H}\\ \boldsymbol{v}\end{bmatrix}_{(1,L-1)}\right)\\
\dfrac{\partial}{\partial t}\begin{bmatrix}\boldsymbol{H}\\ \boldsymbol{v}\end{bmatrix}_{(2,L)}=\begin{bmatrix}\boldsymbol{\mu}^{-1} & \boldsymbol{0}\\ \boldsymbol{0} & \boldsymbol{\rho}^{-1}\end{bmatrix}\left(\dfrac{\boldsymbol{L}_{1x}}{\delta}\left(\begin{bmatrix}\boldsymbol{E}\\ \boldsymbol{T}\end{bmatrix}_{(3,L)}-\begin{bmatrix}\boldsymbol{E}\\ \boldsymbol{T}\end{bmatrix}_{(1,L)}\right)-\dfrac{\boldsymbol{L}_{1z}}{\delta}\begin{bmatrix}\boldsymbol{E}\\ \boldsymbol{T}\end{bmatrix}_{(2,L-1)}\right)+\begin{bmatrix}\boldsymbol{0}\\ \dfrac{1}{\rho}\boldsymbol{F}\end{bmatrix}_{(2,L)}\\
\dfrac{\partial}{\partial t}\begin{bmatrix}\boldsymbol{E}\\ \boldsymbol{T}\end{bmatrix}_{(3,L)}=\boldsymbol{M}\left(\dfrac{\boldsymbol{L}_{2x}}{\delta}\left(\begin{bmatrix}\boldsymbol{H}\\ \boldsymbol{v}\end{bmatrix}_{(4,L)}-\begin{bmatrix}\boldsymbol{H}\\ \boldsymbol{v}\end{bmatrix}_{(2,L)}\right)-\dfrac{\boldsymbol{L}_{2z}}{\delta}\begin{bmatrix}\boldsymbol{H}\\ \boldsymbol{v}\end{bmatrix}_{(3,L-1)}\right)\\
\cdots\\
\dfrac{\partial}{\partial t}\begin{bmatrix}\boldsymbol{H}\\ \boldsymbol{v}\end{bmatrix}_{(L,L)}=\begin{bmatrix}\boldsymbol{\mu}^{-1} & \boldsymbol{0}\\ \boldsymbol{0} & \boldsymbol{\rho}^{-1}\end{bmatrix}\left(-\dfrac{\boldsymbol{L}_{1x}}{\delta}\begin{bmatrix}\boldsymbol{E}\\ \boldsymbol{T}\end{bmatrix}_{(L-1,L)}-\dfrac{\boldsymbol{L}_{1z}}{\delta}\begin{bmatrix}\boldsymbol{E}\\ \boldsymbol{T}\end{bmatrix}_{(L,L-1)}\right)+\begin{bmatrix}\boldsymbol{0}\\ \dfrac{1}{\rho}\boldsymbol{F}\end{bmatrix}_{(L,L)}
\end{cases}
\tag{5.138}
$$

定义向量

$$
\begin{aligned}
\boldsymbol{\psi}_1=\Bigg[&\begin{bmatrix}\boldsymbol{H}\\ \boldsymbol{v}\end{bmatrix}_{(1,1)}^{\mathrm{T}},\begin{bmatrix}\boldsymbol{H}\\ \boldsymbol{v}\end{bmatrix}_{(3,1)}^{\mathrm{T}},\begin{bmatrix}\boldsymbol{H}\\ \boldsymbol{v}\end{bmatrix}_{(5,1)}^{\mathrm{T}},\cdots,\begin{bmatrix}\boldsymbol{H}\\ \boldsymbol{v}\end{bmatrix}_{(L-1,1)}^{\mathrm{T}},\begin{bmatrix}\boldsymbol{H}\\ \boldsymbol{v}\end{bmatrix}_{(2,2)}^{\mathrm{T}},\\
&\begin{bmatrix}\boldsymbol{H}\\ \boldsymbol{v}\end{bmatrix}_{(4,2)}^{\mathrm{T}},\cdots,\begin{bmatrix}\boldsymbol{H}\\ \boldsymbol{v}\end{bmatrix}_{(L,2)}^{\mathrm{T}},\cdots,\begin{bmatrix}\boldsymbol{H}\\ \boldsymbol{v}\end{bmatrix}_{(L,L)}^{\mathrm{T}}\Bigg]^{\mathrm{T}}
\end{aligned}
$$

$$
\begin{aligned}
\boldsymbol{\psi}_2=\Bigg[&\begin{bmatrix}\boldsymbol{E}\\ \boldsymbol{T}\end{bmatrix}_{(2,1)}^{\mathrm{T}},\begin{bmatrix}\boldsymbol{E}\\ \boldsymbol{T}\end{bmatrix}_{(4,1)}^{\mathrm{T}},\begin{bmatrix}\boldsymbol{E}\\ \boldsymbol{T}\end{bmatrix}_{(6,1)}^{\mathrm{T}},\cdots,\begin{bmatrix}\boldsymbol{E}\\ \boldsymbol{T}\end{bmatrix}_{(L,1)}^{\mathrm{T}},\begin{bmatrix}\boldsymbol{E}\\ \boldsymbol{T}\end{bmatrix}_{(1,2)}^{\mathrm{T}},\\
&\begin{bmatrix}\boldsymbol{E}\\ \boldsymbol{T}\end{bmatrix}_{(3,2)}^{\mathrm{T}},\cdots,\begin{bmatrix}\boldsymbol{E}\\ \boldsymbol{T}\end{bmatrix}_{(L-1,2)}^{\mathrm{T}},\cdots,\begin{bmatrix}\boldsymbol{E}\\ \boldsymbol{T}\end{bmatrix}_{(L,L-1)}^{\mathrm{T}}\Bigg]^{\mathrm{T}}
\end{aligned}
$$

$\boldsymbol{\psi}=\begin{bmatrix}\boldsymbol{\psi}_1\\ \boldsymbol{\psi}_2\end{bmatrix}$，$\boldsymbol{\varphi}=[\boldsymbol{F}(1,1)^{\mathrm{T}},\boldsymbol{F}(3,1)^{\mathrm{T}},\boldsymbol{F}(5,1)^{\mathrm{T}},\cdots,\boldsymbol{F}(L,L)^{\mathrm{T}},0,0,0\cdots,0]^{\mathrm{T}}$ 代表源。则式(5.138)可写为矩阵方程[1]

$$\frac{\partial}{\partial t}\boldsymbol{\psi} = \boldsymbol{H}\boldsymbol{\psi} + \boldsymbol{\varphi} \tag{5.139}$$

根据 $\boldsymbol{\psi}$ 的定义方式可知式(5.139)中的系数矩阵 $\boldsymbol{H}$ 有形式 $\boldsymbol{H} = \begin{bmatrix} \boldsymbol{0} & \boldsymbol{A} \\ \boldsymbol{B} & \boldsymbol{0} \end{bmatrix}$，其中 $\boldsymbol{A}$ 是 $3L^2 \times \frac{9}{2}L^2$ 的常矩阵，$\boldsymbol{B}$ 是 $\frac{9}{2}L^2 \times 3L^2$ 的常矩阵。

记式(5.138)中的 6×9 常矩阵 $\boldsymbol{a}_1 = \begin{bmatrix} \boldsymbol{\mu}^{-1} & \boldsymbol{0} \\ \boldsymbol{0} & \boldsymbol{\rho}^{-1} \end{bmatrix} \frac{\boldsymbol{L}_{1x}}{\delta}$，$a_2 = \begin{bmatrix} \boldsymbol{\mu}^{-1} & \boldsymbol{0} \\ \boldsymbol{0} & \boldsymbol{\rho}^{-1} \end{bmatrix} \frac{\boldsymbol{L}_{1z}}{\delta}$，$9\times 6$ 常矩阵 $\boldsymbol{b}_1 = \boldsymbol{M}\frac{\boldsymbol{L}_{2x}}{\delta}$，$\boldsymbol{b}_2 = \boldsymbol{M}\frac{\boldsymbol{L}_{2z}}{\delta}$。构造 $3L \times \frac{9}{2}L$ 的矩阵 $\boldsymbol{A}_1$，$\boldsymbol{A}_2$，$\boldsymbol{A}_3$ 为

$$\boldsymbol{A}_1 = \begin{bmatrix} \boldsymbol{a}_1 & & & & & \\ -\boldsymbol{a}_1 & \boldsymbol{a}_1 & & & & \\ & -\boldsymbol{a}_1 & \boldsymbol{a}_1 & & & \\ & & -\boldsymbol{a}_1 & \boldsymbol{a}_1 & & \\ & & \vdots & & & \\ & & & & -\boldsymbol{a}_1 & \boldsymbol{a}_1 \end{bmatrix}$$

$$\boldsymbol{A}_2 = \begin{bmatrix} \boldsymbol{a}_2 & & & & \\ & \boldsymbol{a}_2 & & & \\ & & \boldsymbol{a}_2 & & \\ & & & \boldsymbol{a}_2 & \\ & & \vdots & & \\ & & & & \boldsymbol{a}_2 \end{bmatrix}$$

$$\boldsymbol{A}_3 = \begin{bmatrix} -\boldsymbol{a}_1 & \boldsymbol{a}_1 & & & & \\ & -\boldsymbol{a}_1 & \boldsymbol{a}_1 & & & \\ & & -\boldsymbol{a}_1 & \boldsymbol{a}_1 & & \\ & & & -\boldsymbol{a}_1 & \boldsymbol{a}_1 & \\ & & \vdots & & & \\ & & & & & -\boldsymbol{a}_1 \end{bmatrix}$$

其包含 $\frac{L}{2}\times\frac{L}{2}$ 个子矩阵，每个子矩阵为 6×9 的常矩阵。其中 $\boldsymbol{A}_1$ 主对角线上的子矩阵均为 $\boldsymbol{a}_1$，-1 对角线上的子矩阵均为 $-\boldsymbol{a}_1$；$\boldsymbol{A}_2$ 主对角线上的子矩阵均为 $\boldsymbol{a}_2$；$\boldsymbol{A}_3$ 主对角线上的子矩阵均为 $-\boldsymbol{a}_1$，1 对角线上的子矩阵均为 $\boldsymbol{a}_1$（主对角线称为 0 对角线，往下与之平行的对角线依次称为-1，-2，…对角线，往上与之平行的对角线依次称为 1，2，…对角线）。此时 $\boldsymbol{A}$ 矩阵可由 $\boldsymbol{A}_1$，$\boldsymbol{A}_2$，$\boldsymbol{A}_3$ 表示为

$$\boldsymbol{A} = \begin{bmatrix} \boldsymbol{A}_1 & \boldsymbol{A}_2 & & & & \\ -\boldsymbol{A}_2 & \boldsymbol{A}_3 & \boldsymbol{A}_2 & & & \\ & -\boldsymbol{A}_2 & \boldsymbol{A}_1 & \boldsymbol{A}_2 & & \\ & & -\boldsymbol{A}_2 & \boldsymbol{A}_3 & \boldsymbol{A}_2 & \\ & & & -\boldsymbol{A}_2 & \boldsymbol{A}_1 & \boldsymbol{A}_2 \\ & & \vdots & & & \end{bmatrix}$$

$\boldsymbol{A}$ 是 $3L^2\times\frac{9}{2}L^2$ 的常矩阵，由 $L\times L$ 个子矩阵组成，每个子矩阵为 $3L\times\frac{9}{2}L$ 的常矩阵。其中主对角线上是 $\boldsymbol{A}_1$ ，$\boldsymbol{A}_3$ 交替的子矩阵，−1 对角线子矩阵均为 $-A_2$ ，1 对角线子矩阵均为$\boldsymbol{A}_2$。

类似地构造 B 矩阵，它是 $\frac{9}{2}L^2\times 3L^2$ 的常矩阵。构造 $\frac{9}{2}L\times 3L$ 的矩阵 $\boldsymbol{B}_1$ ，$\boldsymbol{B}_2$ ，$\boldsymbol{B}_3$ 为

$$
\boldsymbol{B}_1=\begin{bmatrix}
\boldsymbol{b}_1 & & & & & \\
-\boldsymbol{b}_1 & \boldsymbol{b}_1 & & & & \\
 & -\boldsymbol{b}_1 & \boldsymbol{b}_1 & & & \\
 & & -\boldsymbol{b}_1 & \boldsymbol{b}_1 & & \\
 & & \vdots & & & \\
 & & & & -\boldsymbol{b}_1 & \boldsymbol{b}_1
\end{bmatrix}
$$

$$
\boldsymbol{B}_2=\begin{bmatrix}
\boldsymbol{b}_2 & & & & \\
 & \boldsymbol{b}_2 & & & \\
 & & \boldsymbol{b}_2 & & \\
 & & & \boldsymbol{b}_2 & \\
 & & \vdots & & \\
 & & & & \boldsymbol{b}_2
\end{bmatrix},
$$

$$
\boldsymbol{B}_3=\begin{bmatrix}
-\boldsymbol{b}_1 & \boldsymbol{b}_1 & & & & \\
 & -\boldsymbol{b}_1 & \boldsymbol{b}_1 & & & \\
 & & -\boldsymbol{b}_1 & \boldsymbol{b}_1 & & \\
 & & & -\boldsymbol{b}_1 & \boldsymbol{b}_1 & \\
 & & \vdots & & & \\
 & & & & -\boldsymbol{b}_1 & \boldsymbol{b}_1
\end{bmatrix}
$$

其包含$\frac{L}{2}\times\frac{L}{2}$个子矩阵，每个子矩阵均为 9×6 的常矩阵。其中，$\boldsymbol{B}_1$ 主对角线上的子矩阵均为$\boldsymbol{b}_1$，−1 对角线上的子矩阵均为$-\boldsymbol{b}_1$；$\boldsymbol{B}_2$ 主对角线上的子矩阵均为$\boldsymbol{b}_2$；$\boldsymbol{B}_3$ 主对角线上的子矩阵均为$-\boldsymbol{b}_1$，1 对角线上的子矩阵均为$\boldsymbol{b}_1$。此时 $\boldsymbol{B}$ 矩阵可由$\boldsymbol{B}_1$，$\boldsymbol{B}_2$，$\boldsymbol{B}_3$ 表示为

$$
\boldsymbol{B}=\begin{bmatrix}
\boldsymbol{B}_3 & \boldsymbol{B}_2 & & & & \\
-\boldsymbol{B}_2 & \boldsymbol{B}_1 & \boldsymbol{B}_2 & & & \\
 & -\boldsymbol{B}_2 & \boldsymbol{B}_3 & \boldsymbol{B}_2 & & \\
 & & -\boldsymbol{B}_2 & \boldsymbol{B}_1 & \boldsymbol{B}_2 & \\
 & & & -\boldsymbol{B}_2 & \boldsymbol{B}_3 & \boldsymbol{B}_2 \\
 & & & \vdots & &
\end{bmatrix}
$$

$\boldsymbol{B}$ 是$\frac{9}{2}L^2\times 3L^2$ 的常矩阵，由 $L\times L$ 个子矩阵组成，每个子矩阵为$\frac{9}{2}L\times 3L$ 的常矩阵。其中主对角线上是$\boldsymbol{B}_3$，$\boldsymbol{B}_1$ 交替的子矩阵，−1 对角线子矩阵均为$-\boldsymbol{B}_2$，1 对角线子矩阵均为$\boldsymbol{B}_2$。

2. 压电耦合场 Chebyshev 法中 PML 的加入

一维压电耦合场一阶微分矩阵方程式（5.136）和二维压电耦合场一阶微分方程式

(5.139)都为$\frac{\partial}{\partial t}\boldsymbol{\psi}=\boldsymbol{H}\boldsymbol{\psi}+\boldsymbol{f}$,形式相同,只是对应的系数矩阵和场向量不同,因此求解方法一致,解的形式也相同。根据 Chebyshev 多步法可知,方程的最终结果即为式(5.113)。

现进一步考虑在 Chebyshev 多步法求解压电耦合场中引入 PML,使之能仿真无界空间的场。

Chebyshev 多步法中加入 PML 的处理方法与 5.8.3 节 Chebyshev 一步法中加入 PML 的处理方法相同。此处仍加入复坐标变量完全匹配层,其优点是加入该 PML 只引起系数矩阵的变化,即式(5.136)和式(5.139)形式不变,只是系数矩阵 $\boldsymbol{H}$ 的变化:对角线数值由 0 变为相应点的损耗因子值。

对于一维压电耦合场方程(5.44)引入复坐标变量 PML,得含 PML 的一维压电耦合场方程,已由式(5.68)给出。进一步将式(5.68)左边与损耗因子相关的项移到右边得

$$\begin{cases}\frac{\partial}{\partial t}\begin{bmatrix}\boldsymbol{H}\\ \boldsymbol{v}\end{bmatrix}=\begin{bmatrix}\boldsymbol{\mu}^{-1} & \boldsymbol{0}\\ \boldsymbol{0} & \boldsymbol{\rho}^{-1}\end{bmatrix}\frac{\partial}{\partial z}\boldsymbol{L}_{1z}\begin{bmatrix}\boldsymbol{E}\\ \boldsymbol{T}\end{bmatrix}-\omega_z\begin{bmatrix}\boldsymbol{H}\\ \boldsymbol{v}\end{bmatrix}+\begin{bmatrix}\boldsymbol{0}\\ \frac{1}{\rho}\boldsymbol{F}\end{bmatrix}\\ \frac{\partial}{\partial t}\begin{bmatrix}\boldsymbol{E}\\ \boldsymbol{T}\end{bmatrix}=\boldsymbol{M}\frac{\partial}{\partial z}\boldsymbol{L}_{2z}\begin{bmatrix}\boldsymbol{H}\\ \boldsymbol{v}\end{bmatrix}-\omega_z\begin{bmatrix}\boldsymbol{E}\\ \boldsymbol{T}\end{bmatrix}\end{cases}\tag{5.140}$$

根据图 5.7 取空间各场点,对式(5.45)右边的空间微分采用中心差分得

$$\begin{cases}\frac{\partial}{\partial t}\begin{bmatrix}\boldsymbol{H}\\ \boldsymbol{v}\end{bmatrix}_{(2k+1)}=\begin{bmatrix}\boldsymbol{\mu}^{-1} & \\ \boldsymbol{0} & \boldsymbol{\rho}^{-1}\end{bmatrix}\left(\frac{\boldsymbol{L}_{1z}}{2\Delta z}\left(\begin{bmatrix}\boldsymbol{E}\\ \boldsymbol{T}\end{bmatrix}_{(2k+2)}-\begin{bmatrix}\boldsymbol{E}\\ \boldsymbol{T}\end{bmatrix}_{(2k)}\right)\right)-\omega_z\begin{bmatrix}\boldsymbol{H}\\ \boldsymbol{v}\end{bmatrix}_{(2k+1)}+\begin{bmatrix}\boldsymbol{0}\\ \frac{1}{\rho}\boldsymbol{F}\end{bmatrix}_{(2k+1)}\\ \frac{\partial}{\partial t}\begin{bmatrix}\boldsymbol{E}\\ \boldsymbol{T}\end{bmatrix}_{(2k+2)}=\boldsymbol{M}\left(\frac{\boldsymbol{L}_{2z}}{2\Delta z}\left(\begin{bmatrix}\boldsymbol{H}\\ \boldsymbol{v}\end{bmatrix}_{(2k+3)}-\begin{bmatrix}\boldsymbol{H}\\ \boldsymbol{v}\end{bmatrix}_{(2k+1)}\right)\right)-\omega_z\begin{bmatrix}\boldsymbol{E}\\ \boldsymbol{T}\end{bmatrix}_{(2k+2)}\end{cases}\tag{5.141}$$

取空间 L (L 为奇数)个点,间距为 $\delta=2\Delta z$ 。边界处有 $\begin{bmatrix}\boldsymbol{E}\\ \boldsymbol{T}\end{bmatrix}_{(0)}=\begin{bmatrix}\boldsymbol{E}\\ \boldsymbol{T}\end{bmatrix}_{(L+1)}=0$ 。在此条件下,将式(5.141)在每一点展开,得方程组

$$\begin{cases}\frac{\partial}{\partial t}\begin{bmatrix}\boldsymbol{H}\\ \boldsymbol{v}\end{bmatrix}_{(1)}=\begin{bmatrix}\boldsymbol{\mu}^{-1} & \boldsymbol{0}\\ \boldsymbol{0} & \boldsymbol{\rho}^{-1}\end{bmatrix}\frac{\boldsymbol{L}_{1z}}{\delta}\begin{bmatrix}\boldsymbol{E}\\ \boldsymbol{T}\end{bmatrix}_{(2)}-\omega_z\begin{bmatrix}\boldsymbol{H}\\ \boldsymbol{v}\end{bmatrix}_{(1)}+\begin{bmatrix}\boldsymbol{0}\\ \frac{1}{\rho}\boldsymbol{F}\end{bmatrix}_{(1)}\\ \frac{\partial}{\partial t}\begin{bmatrix}\boldsymbol{E}\\ \boldsymbol{T}\end{bmatrix}_{(2)}=\boldsymbol{M}\frac{\boldsymbol{L}_{2z}}{2\Delta z}\left(\begin{bmatrix}\boldsymbol{H}\\ \boldsymbol{v}\end{bmatrix}_{(3)}-\begin{bmatrix}\boldsymbol{H}\\ \boldsymbol{v}\end{bmatrix}_{(1)}\right)-\omega_z\begin{bmatrix}\boldsymbol{E}\\ \boldsymbol{T}\end{bmatrix}_{(2)}\\ \frac{\partial}{\partial t}\begin{bmatrix}\boldsymbol{H}\\ \boldsymbol{v}\end{bmatrix}_{(3)}=\begin{bmatrix}\boldsymbol{\mu}^{-1} & \boldsymbol{0}\\ \boldsymbol{0} & \boldsymbol{\rho}^{-1}\end{bmatrix}\frac{\boldsymbol{L}_{1z}}{\delta}\left(\begin{bmatrix}\boldsymbol{E}\\ \boldsymbol{T}\end{bmatrix}_{(4)}-\begin{bmatrix}\boldsymbol{E}\\ \boldsymbol{T}\end{bmatrix}_{(2)}\right)-\omega_z\begin{bmatrix}\boldsymbol{H}\\ \boldsymbol{v}\end{bmatrix}_{(3)}+\begin{bmatrix}\boldsymbol{0}\\ \frac{1}{\rho}\boldsymbol{F}\end{bmatrix}_{(3)}\\ \frac{\partial}{\partial t}\begin{bmatrix}\boldsymbol{E}\\ \boldsymbol{T}\end{bmatrix}_{(4)}=\boldsymbol{M}\frac{\boldsymbol{L}_{2z}}{2\Delta z}\left(\begin{bmatrix}\boldsymbol{H}\\ \boldsymbol{v}\end{bmatrix}_{(5)}-\begin{bmatrix}\boldsymbol{H}\\ \boldsymbol{v}\end{bmatrix}_{(3)}\right)-\omega_z\begin{bmatrix}\boldsymbol{E}\\ \boldsymbol{T}\end{bmatrix}_{(4)}\\ \cdots\\ \frac{\partial}{\partial t}\begin{bmatrix}\boldsymbol{H}\\ \boldsymbol{v}\end{bmatrix}_{(L)}=-\begin{bmatrix}\boldsymbol{\mu}^{-1} & \boldsymbol{0}\\ \boldsymbol{0} & \boldsymbol{\rho}^{-1}\end{bmatrix}\frac{\boldsymbol{L}_{1z}}{\delta}\begin{bmatrix}\boldsymbol{E}\\ \boldsymbol{T}\end{bmatrix}_{(L-1)}-\omega_z\begin{bmatrix}\boldsymbol{H}\\ \boldsymbol{v}\end{bmatrix}_{(L)}+\begin{bmatrix}\boldsymbol{0}\\ \frac{1}{\rho}\boldsymbol{F}\end{bmatrix}_{(L)}\end{cases}\tag{5.142}$$

将不含 PML 的一阶微分方程与式(5.142)对比，发现两者形式相似，只是式(5.142)右边多一项关于损耗因子的项。因此式(5.142)也可写成矩阵方程 $\frac{\partial}{\partial t}\boldsymbol{\psi}(t)=\boldsymbol{H}\boldsymbol{\psi}(t)+\boldsymbol{\varphi}(t)$，只是其中的系数矩阵对角线需添加增量 ω_z，即损耗因子，其 PML 参数设置中已详细给出，一般按式(5.73)取值。

同样处理二维压电耦合场方程。当 $\frac{\partial}{\partial y}=0$ 时，含 PML 的二维压电耦合场方程压电耦合场方程已由式(5.67)给出。现进一步按图 5.6 取空间场值点，将式(5.67)右边关于空间的微分离散，写为关于时间的一阶微分方程组

$$\left\{\begin{aligned}
\frac{\partial}{\partial t}\begin{bmatrix}\boldsymbol{H}\\\boldsymbol{v}\end{bmatrix}^x_{(2k+1,2m+1)} &= \begin{bmatrix}\boldsymbol{\mu}^{-1} & \boldsymbol{0}\\\boldsymbol{0} & \boldsymbol{\rho}^{-1}\end{bmatrix}\frac{\boldsymbol{L}_{1x}}{2\Delta x}\left(\begin{bmatrix}\boldsymbol{E}\\\boldsymbol{T}\end{bmatrix}_{(2k+2,2k+1)}-\begin{bmatrix}\boldsymbol{E}\\\boldsymbol{T}\end{bmatrix}_{(2k,2k+1)}\right)-\omega_x\begin{bmatrix}\boldsymbol{H}\\\boldsymbol{v}\end{bmatrix}^x_{(2k+1,2m+1)}\\
&\quad+\begin{bmatrix}\boldsymbol{0}\\\frac{1}{\rho}\boldsymbol{F}\end{bmatrix}\\
\frac{\partial}{\partial t}\begin{bmatrix}\boldsymbol{H}\\\boldsymbol{v}\end{bmatrix}^x_{(2k+2,2m+2)} &= \begin{bmatrix}\boldsymbol{\mu}^{-1} & \boldsymbol{0}\\\boldsymbol{0} & \boldsymbol{\rho}^{-1}\end{bmatrix}\frac{\boldsymbol{L}_{1x}}{2\Delta x}\left(\begin{bmatrix}\boldsymbol{E}\\\boldsymbol{T}\end{bmatrix}_{(2k+3,2k+2)}-\begin{bmatrix}\boldsymbol{E}\\\boldsymbol{T}\end{bmatrix}_{(2k+1,2k+2)}\right)-\omega_x\begin{bmatrix}\boldsymbol{H}\\\boldsymbol{v}\end{bmatrix}^x_{(2k+2,2m+2)}\\
&\quad+\begin{bmatrix}\boldsymbol{0}\\\frac{1}{\rho}\boldsymbol{F}\end{bmatrix}\\
\frac{\partial}{\partial t}\begin{bmatrix}\boldsymbol{H}\\\boldsymbol{v}\end{bmatrix}^z_{(2k+1,2m+1)} &= \begin{bmatrix}\boldsymbol{\mu}^{-1} & \boldsymbol{0}\\\boldsymbol{0} & \boldsymbol{\rho}^{-1}\end{bmatrix}\frac{\boldsymbol{L}_{1z}}{2\Delta z}\left(\begin{bmatrix}\boldsymbol{E}\\\boldsymbol{T}\end{bmatrix}_{(2k+1,2m+2)}-\begin{bmatrix}\boldsymbol{E}\\\boldsymbol{T}\end{bmatrix}_{(2k+1,2m)}\right)\\
&\quad-\omega_z\begin{bmatrix}\boldsymbol{H}\\\boldsymbol{v}\end{bmatrix}^z_{(2k+1,2m+1)}\\
\frac{\partial}{\partial t}\begin{bmatrix}\boldsymbol{H}\\\boldsymbol{v}\end{bmatrix}^z_{(2k+2,2m+2)} &= \begin{bmatrix}\boldsymbol{\mu}^{-1} & \boldsymbol{0}\\\boldsymbol{0} & \boldsymbol{\rho}^{-1}\end{bmatrix}\frac{\boldsymbol{L}_{1z}}{2\Delta z}\left(\begin{bmatrix}\boldsymbol{E}\\\boldsymbol{T}\end{bmatrix}_{(2k+2,2m+3)}-\begin{bmatrix}\boldsymbol{E}\\\boldsymbol{T}\end{bmatrix}_{(2k+2,2m+1)}\right)\\
&\quad-\omega_z\begin{bmatrix}\boldsymbol{H}\\\boldsymbol{v}\end{bmatrix}^z_{(2k+2,2m+2)}\\
\frac{\partial}{\partial t}\begin{bmatrix}\boldsymbol{E}\\\boldsymbol{T}\end{bmatrix}^x_{(2k+1,2m+2)} &= \boldsymbol{M}\frac{\boldsymbol{L}_{2x}}{2\Delta x}\left(\begin{bmatrix}\boldsymbol{H}\\\boldsymbol{v}\end{bmatrix}_{(2k+2,2m+2)}-\begin{bmatrix}\boldsymbol{H}\\\boldsymbol{v}\end{bmatrix}_{(2k,2m+2)}\right)-\omega_x\begin{bmatrix}\boldsymbol{E}\\\boldsymbol{T}\end{bmatrix}^x_{(2k+1,2m+2)}\\
\frac{\partial}{\partial t}\begin{bmatrix}\boldsymbol{E}\\\boldsymbol{T}\end{bmatrix}^x_{(2k+2,2m+1)} &= \boldsymbol{M}\frac{\boldsymbol{L}_{2x}}{2\Delta x}\left(\begin{bmatrix}\boldsymbol{H}\\\boldsymbol{v}\end{bmatrix}_{(2k+3,2m+1)}-\begin{bmatrix}\boldsymbol{H}\\\boldsymbol{v}\end{bmatrix}_{(2k+1,2m+1)}\right)-\omega_x\begin{bmatrix}\boldsymbol{E}\\\boldsymbol{T}\end{bmatrix}^x_{(2k+2,2m+1)}\\
\frac{\partial}{\partial t}\begin{bmatrix}\boldsymbol{E}\\\boldsymbol{T}\end{bmatrix}^z_{(2k+1,2m+2)} &= \boldsymbol{M}\frac{\boldsymbol{L}_{2z}}{2\Delta z}\left(\begin{bmatrix}\boldsymbol{H}\\\boldsymbol{v}\end{bmatrix}_{(2k+1,2m+3)}-\begin{bmatrix}\boldsymbol{H}\\\boldsymbol{v}\end{bmatrix}_{(2k+1,2m+1)}\right)-\omega_z\begin{bmatrix}\boldsymbol{E}\\\boldsymbol{T}\end{bmatrix}^z_{(2k+1,2m+2)}\\
\frac{\partial}{\partial t}\begin{bmatrix}\boldsymbol{E}\\\boldsymbol{T}\end{bmatrix}^z_{(2k+2,2m+1)} &= \boldsymbol{M}\frac{\boldsymbol{L}_{2z}}{2\Delta z}\left(\begin{bmatrix}\boldsymbol{H}\\\boldsymbol{v}\end{bmatrix}_{(2k+2,2m+2)}-\begin{bmatrix}\boldsymbol{H}\\\boldsymbol{v}\end{bmatrix}_{(2k+2,2m)}\right)-\omega_z\begin{bmatrix}\boldsymbol{E}\\\boldsymbol{T}\end{bmatrix}^z_{(2k+2,2m+1)}
\end{aligned}\right.\tag{5.143}$$

观察式(5.143)可知其同样可写为矩阵方程 $\frac{\partial}{\partial t}\boldsymbol{\psi}(t)=\boldsymbol{H}\boldsymbol{\psi}(t)+\boldsymbol{\varphi}(t)$。

总结以上一维、二维含 PML 的矩阵方程，均与不含 PML 的矩阵方程形式相同，只是系数矩阵稍有不同，因此对于相同形式的微分方程，求解方法相同，解的形式也相同。

3. 压电耦合场 Chebyshev 法中激励源的加入

根据源的不同类型和性质，源大致可以按以下情况进行分类[57]：

从空间的分布进行分类，可以把源分成点源、线源和面源等。

从频谱特性可以把波源分成两类：工作于一个频率上的周期变化的连续波源和占据较宽频谱的波源。

从波源的时变特点可以把波源分成两类：一类是随时间周期变化的时谐波，如正弦波、余弦波等；另一类是对时间呈冲击函数形式的波源，如高斯脉冲、上升余弦脉冲、微分高斯脉冲、截断三余弦脉冲等。

5.6 节中，在分析电磁场中的激励源和声场激励源的基础上，提出压电耦合场激励源可以采用两者中的任意一个。本章均采用声场激励源的彻体力源。分别选了正弦波源和高斯脉冲源。

5.8.4 节中，给出 Chebyshev 多步法中激励源的三种处理方法，根据实际情况采用不同的方法，本章实例一般采用第一种方法：积分近似-Chebyshev 法。

当引入 PML 时，一维情况下没有分裂场变量，因此激励源的处理方法没有改变。二维情况下，需要分裂场变量。为了仍可简单运用之前给出的方法处理压电耦合场，本章均在空间中心点加入激励源，此点不存在 PML，因此无需分裂变量，这样仍可利用 5.8.4 节所述方法处理激励源。

5.8.6　Chebyshev 法数值仿真[1]

1. 验证 Chebyshev 法的稳定性

采用磷酸二氢氨作为压电材料，仿真频率为10^9 Hz 的正弦彻体力源在一维压电耦合场中传播的问题。

取定空间步长为$\delta = 1.05\times10^{-7}$m 。把将空间划分成 201 个点，将源加在中心点(即加在第 101 点处)的速度场 v 上。取定时间步长为 $\tau = 5\times10^{-13}$s ，相当于 FDTD 方法中时间步长的 250 倍。

空间两端各有 40 个点作为 PML 层，根据式(5.119)作步进叠加运算，采用式(5.114)和式(5.115)对常矩阵做 Chebyshev 近似计算，对正弦源在一维压电耦合场中的传播进行仿真。运行 40 万个时间步(相当于 200 个周期)后的磁场和速度场的空间分布图如图 5.24 所示。若每 80 步记录一次第 123 点的场值，共记录 200 个周期中 5000 次的值，得到图 5.25 所示的场随时间的变化图。

从图 5.24 可以看出 40 万时间步的场空间分布图仍然是稳定的正弦波。由于图 5.25 描述了 200 个周期的正弦波，故比较密集，但可以看出幅度未曾改变，充分说明了压电耦合场传播的稳定性。

现进一步给出最后 4750～5000 个所记录场值(即最后 20 000 时间步，相当于 20 个周期)的场随时间分布图，如图 5.26 所示。

从图 5.26 可以看出，运行 200 个周期后，场的传播仍然相当稳定，保持了正弦场的特性，充分说明了方法的稳定性[1]。

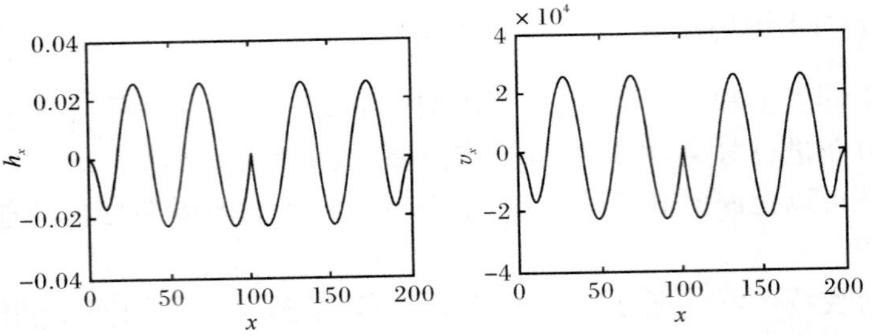

图 5.24　第 40 万时间步的场空间分布图

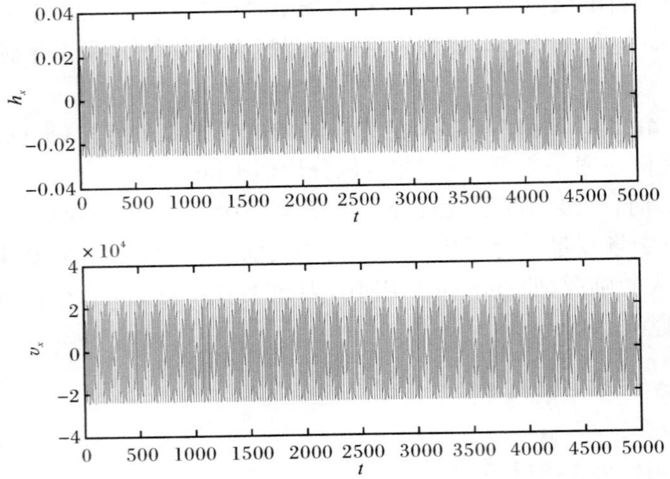

图 5.25　40 万时间步中场随时间的变化图

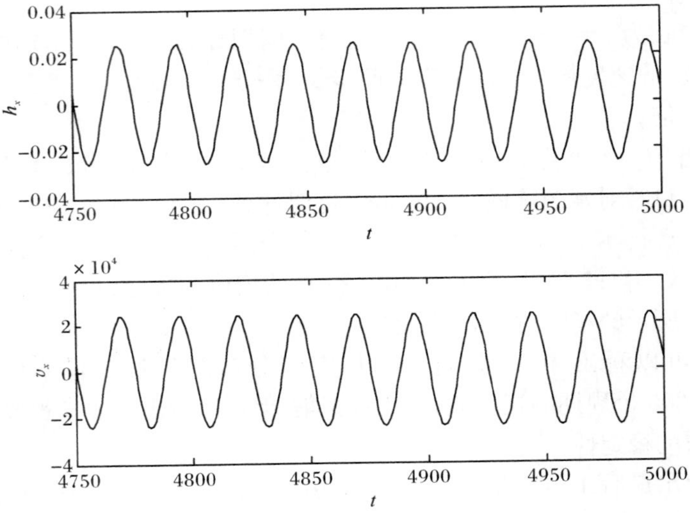

图 5.26　运行 200 个周期后最后 10 个周期的场随时间分布图

2. 验证 Chebyshev 法的正确性

用解析法讨论无耗压电四方 $\bar{4}2m$ 介质中沿 x 方向传播的压电耦合场。将 Chebyshev 法仿真的结果与解析结果进行比较，分析算法的正确性。

用解析方法分析无耗压电四方 $\bar{4}2m$ 介质中的压电耦合场。研究 x 方向传播的压电耦合场，其中有一关于质点位移的方程为

$$u = \hat{\boldsymbol{z}}\frac{k}{\rho\omega^2}\cos(\omega t - kx) \tag{5.144}$$

则相应的速度应为

$$v = \frac{\partial u}{\partial t} = -\hat{\boldsymbol{z}}\frac{k}{\rho\omega}\sin(\omega t - kx) \tag{5.145}$$

从式(5.144)、式(5.145)可以看出只存在 z 方向的位移和速度，因此该方程描述的是 z 偏振 x 传播的质点。

由应变位移关系 $\boldsymbol{S} = \nabla_s \boldsymbol{u}$，求得应变为

$$\boldsymbol{S} = \nabla_s \boldsymbol{u} = \begin{bmatrix} \frac{\partial}{\partial x} & 0 & 0 \\ 0 & \frac{\partial}{\partial y} & 0 \\ 0 & 0 & \frac{\partial}{\partial z} \\ 0 & \frac{\partial}{\partial z} & \frac{\partial}{\partial y} \\ \frac{\partial}{\partial z} & 0 & \frac{\partial}{\partial x} \\ \frac{\partial}{\partial y} & \frac{\partial}{\partial x} & 0 \end{bmatrix} \begin{bmatrix} 0 \\ 0 \\ u_z \end{bmatrix} = \begin{bmatrix} 0 \\ 0 \\ \frac{\partial u_z}{\partial z} \\ \frac{\partial u_z}{\partial y} \\ \frac{\partial u_z}{\partial x} \\ 0 \end{bmatrix} \tag{5.146}$$

沿 x 轴传播得场位移只是 x 的函数，从式(5.144)可看出这一点，因此式(5.146)中的应力只存在 S_5：

$$S_5 = \frac{\partial u_z}{\partial x} = \frac{\partial}{\partial x}\left[\frac{k}{\rho\omega^2}\cos(\omega t - kx)\right] = \frac{k^2}{\rho\omega^2}\sin(\omega t - kx) \tag{5.147}$$

在压电介质中，存在压电应力本构方程

$$\boldsymbol{D} = \boldsymbol{eE} + \boldsymbol{eS} \tag{5.148}$$

$$\boldsymbol{T} = \boldsymbol{e}'\boldsymbol{E} + \boldsymbol{cS} \tag{5.149}$$

其中压电应力矩阵为

$$\boldsymbol{e} = \begin{bmatrix} 0 & 0 & 0 & e_{14} & 0 & 0 \\ 0 & 0 & 0 & 0 & e_{25} & 0 \\ 0 & 0 & 0 & 0 & 0 & e_{36} \end{bmatrix} \tag{5.150}$$

电导率为

$$\boldsymbol{e}=\begin{bmatrix}\varepsilon_{11} & 0 & 0\\ 0 & \varepsilon_{22} & 0\\ 0 & 0 & \varepsilon_{33}\end{bmatrix} \tag{5.151}$$

将式(5.147)、式(5.150)以及式(5.151)代入式(5.148)得电位移为

$$\boldsymbol{D}=\boldsymbol{eE}+\boldsymbol{eS}=\begin{bmatrix}\varepsilon_{11}E_x\\ \varepsilon_{22}E_y+e_{25}S_5\\ \varepsilon_{33}E_z\end{bmatrix} \tag{5.152}$$

即其中的压电耦合场为

$$D_y=\varepsilon_{22}E_y+e_{25}S_5 \tag{5.153}$$

对于沿 x 轴传播的均匀平面波，若不存在传导电流或源电流，则有

$$\begin{cases}-\nabla\times\boldsymbol{E}=\dfrac{\partial\boldsymbol{B}}{\partial t}\\ \nabla\times\boldsymbol{H}=\dfrac{\partial\boldsymbol{D}}{\partial t}\end{cases} \tag{5.154}$$

在直角坐标下的展开式中，其中有一对关系：

$$-\frac{\partial E_y}{\partial x}=\mu_0\frac{\partial H_z}{\partial t} \tag{5.155}$$

$$-\frac{\partial H_z}{\partial x}=\frac{\partial D_y}{\partial t} \tag{5.156}$$

将式(5.153)代入式(5.156)得

$$-\frac{\partial H_z}{\partial x}=\varepsilon_{22}\frac{\partial E_y}{\partial t}+e_{25}\frac{\partial S_5}{\partial t} \tag{5.157}$$

将式(5.155)两边同时关于 x 求导得

$$-\frac{\partial^2 E_y}{\partial x^2}=\mu_0\frac{\partial^2 H_z}{\partial x\partial t} \tag{5.158}$$

将式(5.157)两边同时关于时间 t 求导，再乘以 μ_0 得

$$-\mu_0\frac{\partial^2 H_z}{\partial x\partial t}=\mu_0\varepsilon_{22}\frac{\partial^2 E_y}{\partial t^2}+\mu_0 e_{25}\frac{\partial^2 S_5}{\partial t^2} \tag{5.159}$$

则由式(5.158)、式(5.159)消去 H_z 可得

$$\mu_0\varepsilon_{22}\frac{\partial^2 E_y}{\partial t^2}+\mu_0 e_{25}\frac{\partial^2 S_5}{\partial t^2}=\frac{\partial^2 E_y}{\partial x^2} \tag{5.160}$$

将式(5.147)代入式(5.160)得

$$\mu_0\varepsilon_{22}\frac{\partial^2 E_y}{\partial t^2}-\frac{\partial^2 E_y}{\partial x^2}=\mu_0 e_{25}\frac{k^2}{\rho}\sin(\omega t-kx) \tag{5.161}$$

则可求得电场得解析解为

$$E_y=-\frac{\mu_0 e_{25}k^2}{\rho(\mu_0\varepsilon_{22}\omega^2-k^2)}=-\frac{\mu_0 e_{25}\omega^2}{\mu_0\varepsilon_{22}\omega^2-k^2}S_5 \tag{5.162}$$

将式(5.162)代入式(5.148)得

$$T_5=e_{25}E_y+c_{55}S_5=\left(c_{55}-\frac{\mu_0 e_{25}^2\omega^2}{\mu_0\varepsilon_{22}\omega^2-k^2}\right)S_5 \tag{5.163}$$

经过以上讨论可知，介质中的速度场、应力、电场强度和应变有相同的波行为(相同的

频率和相同的波数)。即同一质点处,各场量只在幅值上有区别。当加入的源为正弦函数时,各场量也均为正弦函数。

通过 Chebyshev 法求得的场图 5.26 与以上解析分析符合,说明了方法的正确性。

现进一步将 FDTD 方法仿真结果和 Chebyshev 法仿真结果进行比较,说明方法的正确性。为了说明频率特性,用高斯源仿真。采用 Chebyshev 法,选择 FDTD 方法所得的图 5.26 中相同的高斯源参数为 $\tau = t_0 = 10^{-9}$。图 5.27 给出观察点的场随时间的分布图。

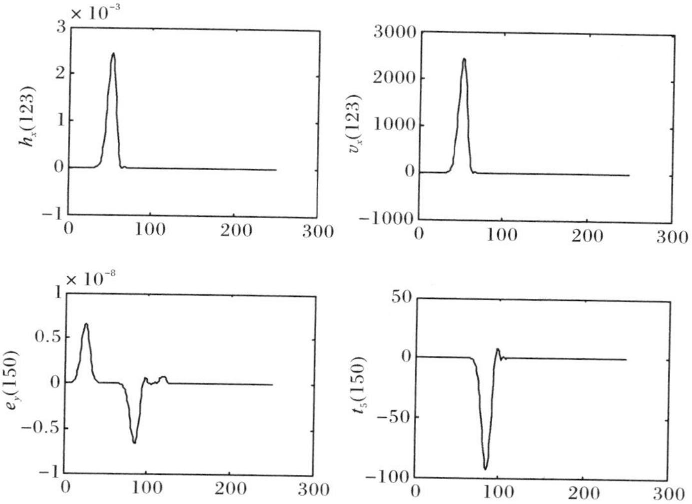

图 5.27　Chebyshev 法所得场随时间的分布图

图 5.27 与图 5.13 进行对比可以发现 FDTD 方法和 Chebyshev 法仿真结果相同,也说明了方法的正确性[1]。

3. 验证 Chebyshev 法的高效性

相同情况下,加入正弦彻体力源进行仿真。表 5.6 给出仿真一定时间内场的传播时,Chebyshev 法与 FDTD 方法所需仿真时间的比较。

表 5.6　Chebyshev 法与 FDTD 方法运行时间比较

	FDTD 方法运行时间/s	Chebyshev 法运行时间/s
5 个源周期	158.0313	204.3750
10 个源周期	309.1875	232.1094
20 个源周期	615.2969	233.5781
100 个源周期	3138.9	736.6406
200 个源周期	6757.5	1233.7

从表 5.6 可以看出,仿真短时间内场的传播问题时,Chebyshev 法所需运行时间略微大于 FDTD 方法仿真时间,但在仿真长时间内场的传播问题时,Chebyshev 法运行时间小于 FDTD 方法。例如仿真 200 个周期内场的传播,Chebyshev 法需要 1233.7s,即 20.56min。但是采用 FDTD 方法时,相同条件下仿真该问题需要 1×10^8 个时间步,程序运

行时间为 6757.5s，即近 2h！这充分说明了 Chebyshev 法的高效性[57]。

4. 二维压电耦合场的仿真

(1) 正弦源

采用磷酸二氢氨作为压电材料，仿真一个频率为 10^9 Hz 的正弦彻体力源在二维压电耦合场中传播的问题。

按照式(5.50)，取定空间步长为 $\delta = 1.8225 \times 10^{-7}\,\mathrm{m}$。假设把将空间划分成 30×30 个点，将源加在点(15，15)的速度场 v 上。

PML 层厚度为八层，PML 的损耗因子按照式(5.73)取值。根据式(5.119)做步进叠加运算，采用式(5.114)和式(5.115)对常矩阵做 Chebyshev 近似计算，对正弦源在二维压电耦合场中的传播进行仿真。记录了相关时间步场的空间分布，如图 5.28～5.30 所示[1]。

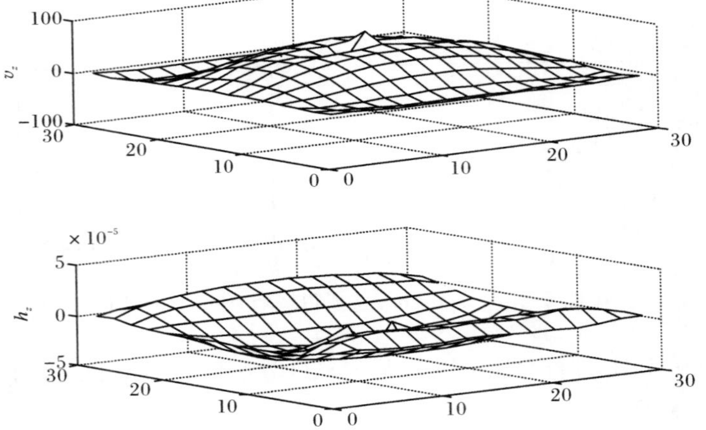

图 5.28　第 41650 时间步场随空间的分布图

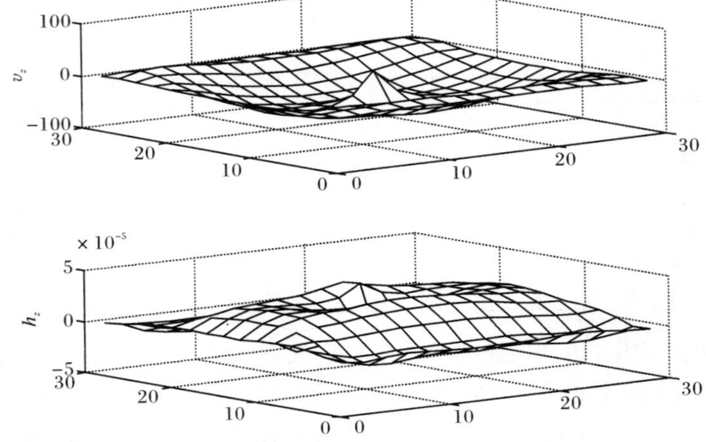

图 5.29　第 44300 时间步的场随空间的分布图

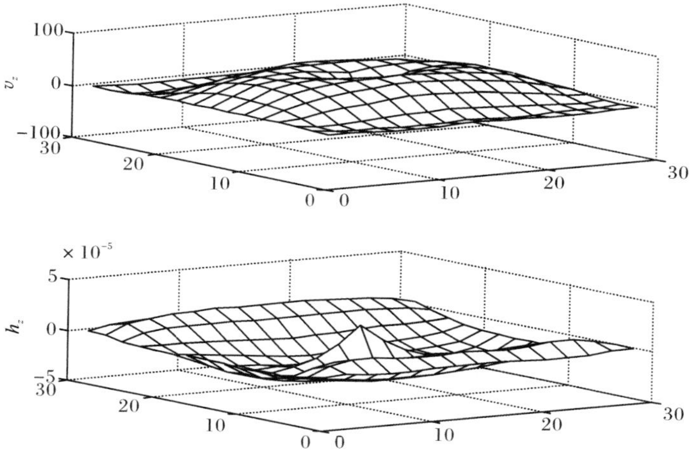

图 5.30　第 46800 时间步场随时间的分布图

从图 5.28～5.30 可以看出，场传播稳定，振幅基本不变，并未因为边界的反射而受影响。说明了 PML 的有效性。

为进一步观察场随时间的变化规律，选取观察点，每 200 步记录一次观察点的场值，观察场随时间的分布，如图 5.31 所示[1]。

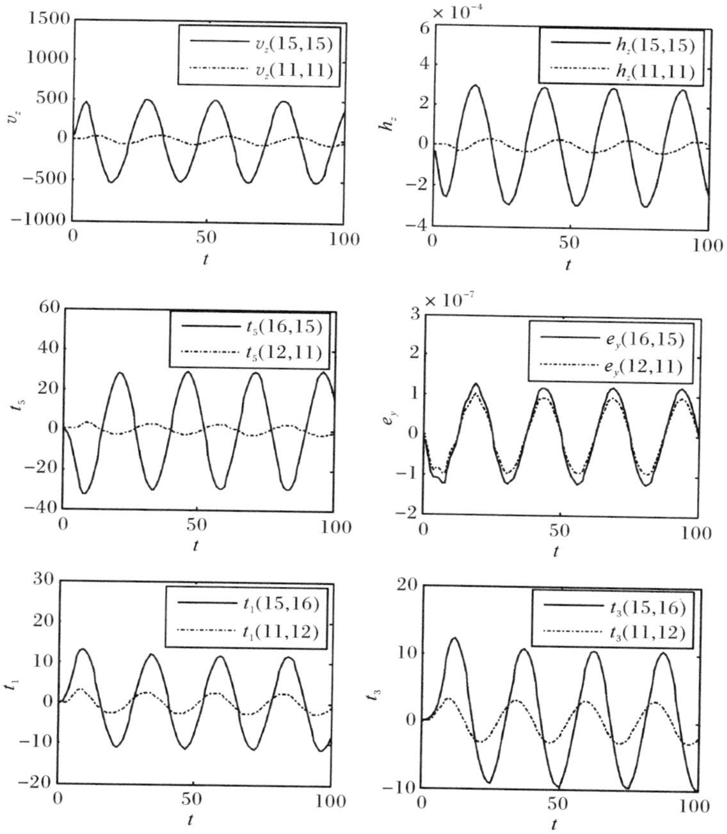

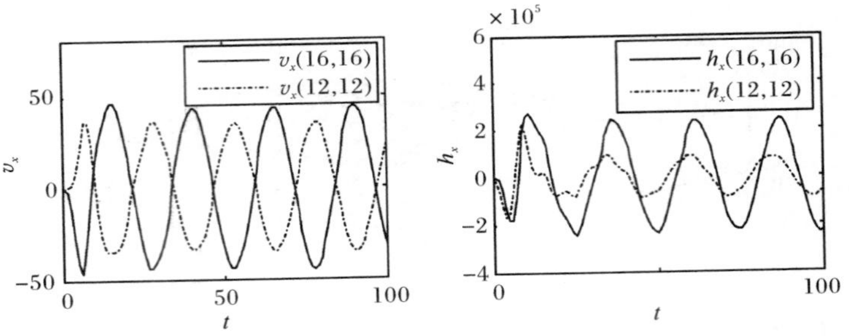

图 5.31　观察点的场随时间的分布图

从图 5.31 可以发现，场随时间的传播相当稳定，均保持正弦波的特性不变，说明了方法的正确性。相比不同的观察点，可以发现离源较远处的波的幅度比近处的小，这是因为实例中加入的是点源，随着波向二维空间的传播，波阵面扩大，因此幅度变小。进一步说明了仿真与实际传播特性相符，体现了方法的正确性。

(2) 高斯源

若将以上实例中的源改为高斯源，仍可采用 Chebyshev 法对其进行仿真。选择高斯源参数为 $\tau = t_0 = 10^{-9}$ 。图 5.32 给出第 7000 时间步速度场分量 v_z 和磁场分量 h_z 的空间分布特性。此时耦合波还未传到边界，但是电场早就传到边界，说明了电场传播速度远大于声场，与实际相符，说明了方法的正确性。图 5.33 给出了第 30000 时间步对应场分量空间分布图，此时描述的场是到达边界后经 PML 吸收后的反射场，与原始场图 5.32 对比，可以发现反射波的幅度可以忽略不计，比如图 5.32 中的速度场 v_z 幅值约为 20，而图 5.33 中反射波 v_z 的幅度只有 0.05 左右！说明了 PML 吸收效果相当好。

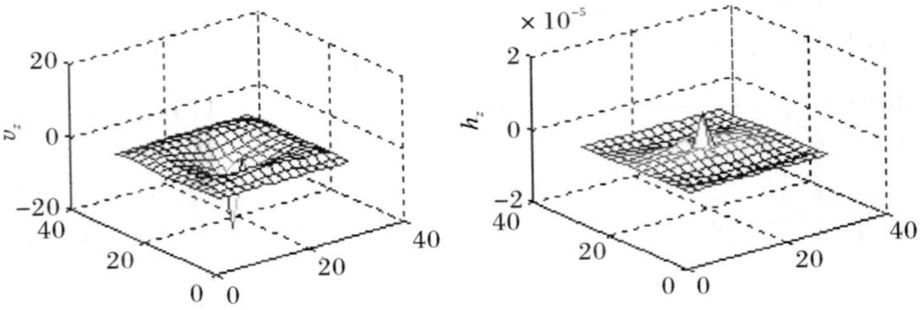

图 5.32　第 7000 时间步时的场空间分布图

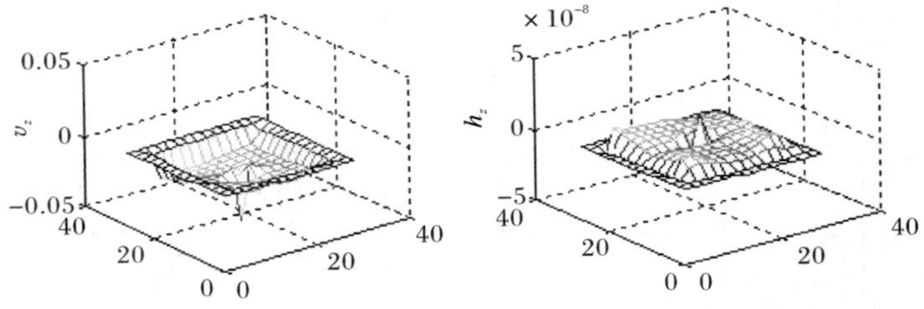

图 5.33　第 30 000 时间步时的场空间分布图

选择两个不同的观察点，共运行 50 000 个时间步，每 200 个时间步记录一次观察点的场值，得场随时间得分布，如图 5.34 所示[1]。

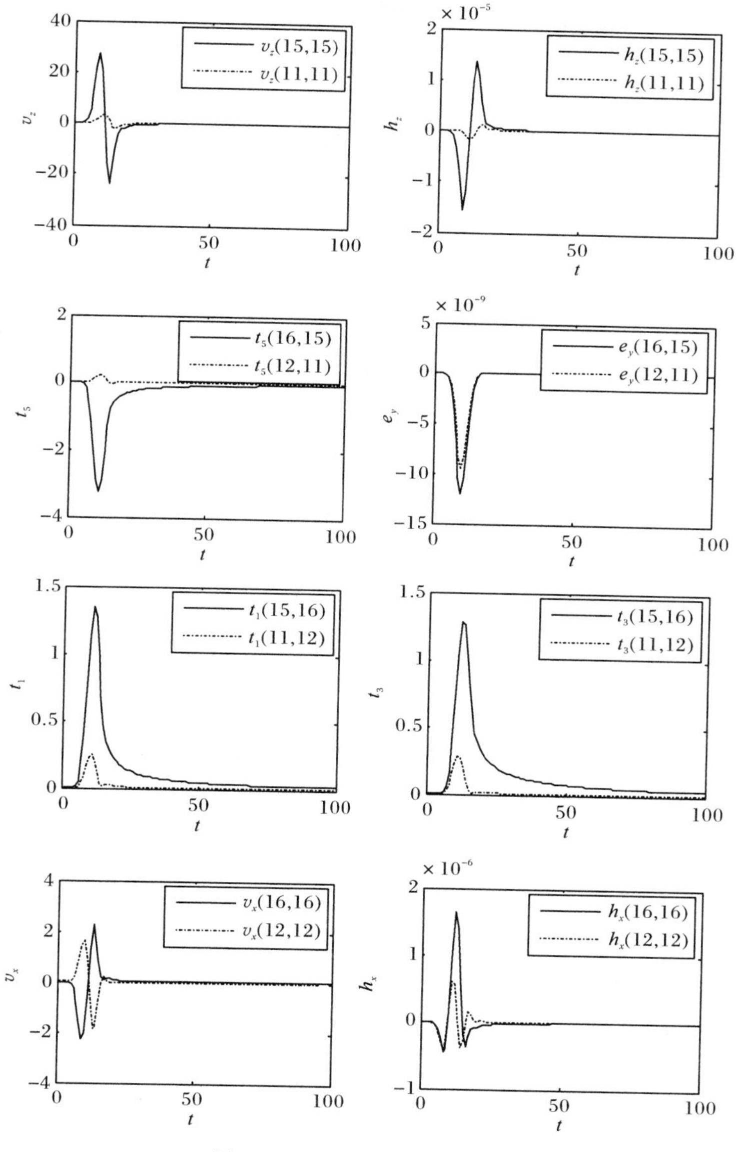

图 5.34　场随时间的变化图

从图 5.34 可以看出，场随时间传播相当稳定，PML 的吸收效果相当好，并没有出现反射波。

本节将已有的 Chebyshev 一步法发展为适用于压电耦合场仿真的 Chebyshev 多步法，并加入 PML，通过反复思考检验给出激励源的简单处理方案。在最后一节给出实例结果，充分说明了方法的稳定性、正确性，PML 的有效性，以及仿真速度快于 FDTD 方法的优越性。

由于压电耦合场的复杂性，已有的 FDTD 方法存在仿真时间过长的缺陷。本章对压电耦合场的数值计算方法进行深入研究，借鉴已有的 Chebyshev 一步法仿真电磁场的算法与思路，将其发展为适用于压电耦合场的 Chebyshev 多步法，有效地提高了仿真速度，取得了一定的进步。

任意可用 FDTD 方法仿真的情况，都可以尝试使用本章提出的 Chebyshev 多步法。这是一种新方法，需要在检验中得到进一步的完善与改进，以期发展为一种成熟的方法。另外，Chebyshev 多步法提高计算效率是以增加存储空间的负担为代价的（主要是系数矩阵所需要的存储空间），虽然已经利用构建稀疏矩阵的方法适当减少了内存的负担，但是相比 FDTD 方法等其他方法，所占内存还是较大的。因此需要读者共同探讨以进一步改进此方法。

本章虽然对压电耦合场的仿真作了一些探索，但还有一些问题有待进一步的研究，例如，对于更大型的问题，更大的空间场仿真，以及声表面波器件的实际性能仿真。如非线性器件的加入，尽管微波工程上没有成功应用的软件，但要开发出压电固体中的相应软件，还是需要大量人力物力的投入。我们只不过为这一工作打下很好的基础。

参考文献

[1] 王丹. 压电耦合场的 Chebyshev 方法研究. 杭州：杭州电子科技大学硕士学位论文，2006.
[2] 张福学，王丽坤. 现代压电学. 北京：科学出版社，2001.
[3] 杜铁军. 压电固体时域有限差分格式的数值研究. 杭州：杭州电子科技大学硕士学位论文，2005.
[4] Smith P M, Ren W. Finite-difference time-domain techniques for SAW device analysis. // Proceedings of the 2002 IEEE Ultrasonics Symposium, 2002, 8: 313～316.
[5] Yee K S. Numerical solution of initial boundary value problems involving Maxwell equations in isotropic media. IEEE Transactions on Antenna Propagation, 1966, 14(3): 302～307.
[6] 葛德彪，闫玉波. 电磁波时域有限差分方法. 西安：西安电子科技大学出版社，2002.
[7] Ren W. Perfectly matched layer in piezoelectric solids (unpublished manuscript), 2003.
[8] Chagla F, Cabani C, Smith P M. Perfectly matched layer for FDTD computation in piezoelectric crystals. // Proceedings of the IEEE Ultrasonics Symposium, 2004
[9] 徐广成. 声电耦合场时域有限差分方法. 杭州：杭州电子科技大学硕士学位论文，2005.
[10] 钟万勰. 结构动力方程的精细时程积分法. 大连理工大学学报，1994, 34(2): 131～136.
[11] 钟万勰. 应用力学对偶体系. 北京：科学出版社，2002.
[12] 张素英，邓子辰. 非线性动力学系统的几何积分理论及应用. 西安：西北工业大学出版社，2005.
[13] Hans D R, Michielsen K, Kole J S, et al. Solving the Maxwell equations by the Chebyshev method: a one-step finite-difference time-domain algorithm. IEEE Transactions on Antenna Propagation, 2003, 51(3): 3155～3160.
[14] 王竹溪，郭敦仁. 特殊函数概论. 北京：北京大学出版社，2000.
[15] 任伟，赵家升. 电磁场与微波技术. 北京：电子工业出版社，2005.
[16] 哈林登. 正弦电磁场. 上海：上海科学技术出版社，1964.
[17] 徐芝纶. 弹性力学. 北京：高等教育出版社，2002.
[18] 里斯蒂克 V M. 声学器件原理. 莫怀德，陈昌龄译. 北京：电子工业出版社，1988.
[19] Auld B A. Acoustic Waves and Field in Solids. New York: Wiley, 1973.
[20] 程昌钧，朱媛媛. 弹性力学. 上海：上海大学出版社，2005.
[21] 傅君眉，冯恩信. 高等电磁理论. 西安：西安交通大学出版社，2000.

[22] Vireux J. P-SV wave propagation in heterogeneous media: velocity-stress finite-difference method. Geophysics,1986,51:889～1001.

[23] Mur G. Absorbing boundary condition for the finite-difference approximation of the time-domain electromagnetic field equation. IEEE Transactions on Elecctromagnetics Compatibility,1981,23(4):377～382.

[24] Berenger J P. A perfect matched layer for the absorption of electromagnetic waves. Journal of Computational Physics,1994,114(2):185～200.

[25] Berenger J P. Three-dimensional perfect matched layer for the absorption of electromagnetic waves. Journal of Computational Physics,1996,127(2):363～379.

[26] Sacks Z S,Kingsland D M,Lee D M,Lee J F. A perfect matched anisotropic absorber for use as absorbing boundary condition. IEEE Transactions on Antenna Propagation, 1995, 43 (12): 1460～1463.

[27] Liu Q H. Perfectly matched layers for elastic waves in cylindrical and spherical coordinates. Journal of the Acoustical Society of America,1999,105 (4):2075～2084.

[28] 王秉中. 计算电磁学. 北京:科学出版社,2002.

[29] XFDTD 软件广告. IEEE Transactions on Antenna Propagation,1996,38(6):115.

[30] EMA3D 软件广告. IEEE Transactions on Antenna Propagation,1997,39(3):71.

[31] Rsoft 公司软件广告. www. rsoftdesign. com,2005.

[32] 王长清,祝西里. 电磁场计算中的时域有限差分方法. 北京:北京大学出版社,1994.

[33] Goldberg M. Stability criteria for finite difference approximations to parabolic systems. Applied Numerical Mathematics,2000,33:509～515.

[34] Martin T,Pettersson L. Dispersive compensation for Huygens sources and far-zone transformation in FDTD. IEEE Transactions on Antenna Propagation,2000,48(4):494～501.

[35] Juntunen J S,Tsiboukis T D. Reduction of numerical dispersion in FDTD method through artificial anisotropy. IEEE Transactions on Microwave Theory Technology,2000,48(4):582～588.

[36] Festa G S. Nielsen PML absorbing boundaries. Bulletin of the Seismological Society of America, 2003,93(2):891～903.

[37] Sachdeva N,Balakrishnan N,Rao S M. A new absorbing boundary condition for FDTD. Microwave Optical Techniques Letters,2000,25(2):86～90.

[38] Chew W C,Jin J M. Perfectly matched layers in the discretized space: an analysis and optimization. Electromagnetics,1996,16,325～340.

[39] Liu Q H,Tao J P. The perfectly matched layer for acoustic waves in absorptive media. Journal of the Acoustical Society of America,1997,102(4):2072～2082.

[40] Teixeira F L,Chew W C. Ststematic derivation of anisotropic PML absorbing media in cylindrical and spherical coordinates. IEEE Microwave and Guided Wave Letters,1997,7:371～373.

[41] Robert A R ,Joubert J. PML absorbing boundary condition for higher-order FDTD schemes. Electronics Letters,1997,33:32～34.

[42] Kong J A. Eletromagnetic Wave Theory. New York: Wiely,1986.

[43] 李蓉,张林昌. FDTD 法建模中激励源的选择与设置. 铁道学报,2001,23(4):44～65.

[44] Abramowitz M,Stegun I. Handbook of Mathematical Functions. New York: Dover,1964.

[45] de Raedt H,Michielsen K,Kole J S,et al. One-step finite-difference time-domain algorithm to solve the Maxwell equations. Physical Review E,2003:67.

[46] Liang W Z. Improved Fermi operator expansion methods for fast electronic structure calculations.

Journal of Chemical Physics,2003,119(8):4117～4125.

[47] 同济大学应用数学系. 高等数学. 北京:高等教育出版社,2002.

[48] 丁玉美,高西全. 数字信号处理. 西安:西安电子科技大学出版社,2002.

[49] 奥本海姆. 离散时间信号处理. 刘树棠,黄建国,译. 西安:西安交通大学出版社,2005.

[50] 王宏. MATLAB 6.5 及其在信号处理中的应用. 北京:清华大学出版社,2004.

[51] Moler C,Loan C V. Nineteen dubious ways to compute the exponential of a matrix. SIAM Review, 1979, 20(4):801～836.

[52] Golub G H , Loan C V. Matrix Computations. New York:Johns Hopkins University Press,1983.

[53] Ward R C. Numerical computation of the matrix exponential with accuracy estimate. SIAM Journal on Numerical Analysis,1997,14(4):600～610.

[54] 程云鹏. 矩阵论. 西安:西北工业大学出版社,2003.

[55] 刘健. 电路分析. 北京:电子工业出版社,2005.

[56] 李庆杨,王能超,易大义. 数值分析. 北京:清华大学出版社,2004.

[57] 高本庆. 时域有限差分法. 北京:国防工业出版社,1995.

第六章　精细积分法仿真时域压电耦合场

本章由作者和杜铁钧共同撰写[1]，由作者定稿。

6.1　精细积分法介绍

1994年，钟万勰提出了精细积分法(precise integration method，PIM)[2,3]，应用于数值计算一阶常微分方程组，可以在采用较大步长的情况下，取得接近机器精度的数值结果。把PIM法应用于具体问题，主要是通过化具体问题模型的方程为一阶常微分方程组，然后再用PIM法进行数值计算，并充分利用PIM法可以在取较大步长的同时保持很高精度的优点。至今为止，PIM法已在结构动力分析[4,5]、优化控制[5,6]、偏微分方程的精细求解[5,7]、非稳态随机动力学[5,8]、互连线仿真[9]等领域得到了广泛的应用。在本章中，将PIM法应用于时域压电耦合场的仿真也是类似的，通过用FDTD方法离散压电耦合场方程组中关于空间的偏导，而保留压电耦合场方程组中关于时间的偏导，构造一个一阶常微分方程组，然后采用PIM法进行数值计算，同时把FDTD方法的一些优点(如完全匹配层、时间步上的蛙跃步进思想等)引入进来，以使PIM法能够更好地仿真压电耦合场。下面介绍PIM法。

设有非齐次常微分方程组的矩阵-向量表达式为

$$\begin{aligned} &\frac{\partial}{\partial t}\boldsymbol{X}=\boldsymbol{A}\boldsymbol{X}+\boldsymbol{f}(t) \\ &\boldsymbol{X}(0)=\boldsymbol{X}_0 \end{aligned} \tag{6.1}$$

式中，$\boldsymbol{X}(t)$为待求的n维向量函数；$\boldsymbol{A}$为$n\times n$的定常矩阵；$\boldsymbol{f}(t)$为给定外力，为n维向量函数。

按照常微分方程组的求解理论，要求解式(6.1)应当先求解其对应的齐次微分方程组

$$\frac{\partial}{\partial t}\boldsymbol{X}=\boldsymbol{A}\boldsymbol{X} \tag{6.2}$$

由于$\boldsymbol{A}$为定常矩阵，则式(6.2)的通解为

$$\boldsymbol{X}=\exp(\boldsymbol{A}t)\cdot\boldsymbol{X}_0 \tag{6.3}$$

式中，矩阵的指数函数为

$$\exp(\boldsymbol{A}t)=\boldsymbol{I}_n+(\boldsymbol{A}t)+(\boldsymbol{A}t)^2/2+(\boldsymbol{A}t)^3/3!+(\boldsymbol{A}t)^4/4!+\cdots \tag{6.4}$$

式中，$\boldsymbol{I}_n$表示n维的单位矩阵。

现在为了进行数值计算，取定时间步长为η，于是一系列的等步长时刻为

$$t_0=0,\quad t_1=\eta,\quad t_2=2\eta,\quad \cdots,\quad t_k=k\eta,\quad \cdots \tag{6.5}$$

所以有

$$\boldsymbol{X}_1=\boldsymbol{X}(\eta)=\boldsymbol{T}_{\mathrm{PIM}}\boldsymbol{X}_0,\quad \boldsymbol{T}_{\mathrm{PIM}}=\exp(\boldsymbol{A}\eta) \tag{6.6}$$

而其他时间步的数值解可以通过一系列的矩阵-向量乘法得到：

$$\boldsymbol{X}_2=\boldsymbol{T}_{\mathrm{PIM}}\boldsymbol{X}_1,\quad \boldsymbol{X}_3=\boldsymbol{T}_{\mathrm{PIM}}\boldsymbol{X}_2,\quad \cdots,\quad \boldsymbol{X}_{k+1}=\boldsymbol{T}_{\mathrm{PIM}}\boldsymbol{X}_k,\quad \cdots \tag{6.7}$$

于是现在的问题归结为式(6.6)中的$\boldsymbol{T}_{\mathrm{PIM}}$的数值计算。根据 PIM 法数值计算的要求，在运用指数矩阵的精细算法时要求做到两点：运用指数函数的加法定理；将注意力放在增量上，而不是全量上。

根据指数矩阵函数的加法定理，可以得到

$$\exp(\boldsymbol{A}\eta)\equiv[\exp(\boldsymbol{A}\eta/m)]^m \tag{6.8}$$

式中，m 为任意正整数，在这里选定

$$m=2^{20}=1\ 048\ 576 \tag{6.9}$$

由于在选定时间步长 η 时，其值一般不会很大，所以令 $\tau=\eta/m$ 后，τ 将会是一个非常小的时间段了，因此，利用式(6.4)可以对 $\exp(\boldsymbol{A}\tau)$作近似

$$\exp(\boldsymbol{A}\tau)\approx\boldsymbol{I}_n+(\boldsymbol{A}\tau)+(\boldsymbol{A}\tau)^2/2+(\boldsymbol{A}\tau)^3/3!\ +(\boldsymbol{A}\tau)^4/4! \tag{6.10}$$

此时，由于 τ 很小，因此指数矩阵$\boldsymbol{T}_{\mathrm{PIM}}$的值与单位阵十分接近，所以拆离式(6.10)中的单位阵，可以得到

$$\begin{cases}\exp(\boldsymbol{A}\tau)\approx\boldsymbol{I}_n+\boldsymbol{T}_a\\ \boldsymbol{T}_a=(\boldsymbol{A}\tau)+(\boldsymbol{A}\tau)^2[\boldsymbol{I}_n+(\boldsymbol{A}\tau)/3+(\boldsymbol{A}\tau)^2/12]/2\end{cases} \tag{6.11}$$

式中，$\boldsymbol{T}_a$ 为一个小量矩阵。

按照 PIM 法的第二点要求，在计算过程中仅存储式(6.11)中的小量矩阵$\boldsymbol{T}_a$，因为计算机机器精度的限制，当直接做单位阵与$\boldsymbol{T}_a$ 相加时，会出现大数吃小数的问题而影响计算的精度。

分解式(6.8)，可以得到

$$\boldsymbol{T}_{\mathrm{PIM}}=(\boldsymbol{I}_n+\boldsymbol{T}_a)^{2^{20}}=(\boldsymbol{I}_n+\boldsymbol{T}_a)^{2^{19}}\times(\boldsymbol{I}_n+\boldsymbol{T}_a)^{2^{19}} \tag{6.12}$$

这种分解可以一直做下去，共 20 次，并且对于任意矩阵$\boldsymbol{T}_a$，有

$$(\boldsymbol{I}_n+\boldsymbol{T}_a)\times(\boldsymbol{I}_n+\boldsymbol{T}_a)\equiv\boldsymbol{I}_n+2\boldsymbol{T}_a+\boldsymbol{T}_a\times\boldsymbol{T}_a \tag{6.13}$$

把式(6.13)应用于式(6.12)，并且在计算过程中避免大量$\boldsymbol{I}_n$ 与小量$\boldsymbol{T}_a$ 的直接相加，则式(6.12)相当于下面的计算机迭代语句：

$$\mathrm{for(iter=0;iter<20;iter++)}\ \boldsymbol{T}_a=2\boldsymbol{T}_a+\boldsymbol{T}_a\times\boldsymbol{T}_a \tag{6.14}$$

然后再做

$$\boldsymbol{T}_{\mathrm{PIM}}=\boldsymbol{I}_n+\boldsymbol{T}_a \tag{6.15}$$

就可以得到较精确的$\boldsymbol{T}_{\mathrm{PIM}}$矩阵的值了，因为在做 20 次矩阵加、乘法后，$\boldsymbol{T}_a$ 矩阵已经相对较大，即式(6.15)已经没有严重的舍入误差了。再利用式(6.7)就可以得到一阶齐次微分方程组的各个时间步的数值解。

而对于非齐次微分方程组(6.1)，还需要考虑非齐次项 $\boldsymbol{f}$ 的作用，根据线性微分方程组的求解理论，其解为

$$\boldsymbol{X}_{k+1}=\boldsymbol{T}_{\mathrm{PIM}}\boldsymbol{X}_k+\int_0^\eta\exp[\boldsymbol{A}\cdot(\eta-\xi)]\boldsymbol{f}(t_k+\xi)\mathrm{d}\xi \tag{6.16}$$

若非齐次项在(t_k,t_{k+1})内可以线性地表示，即

$$\boldsymbol{f}(t_k+\xi)=\boldsymbol{r}_0+\boldsymbol{r}_1\cdot\xi \tag{6.17}$$

则由式(6.16)可以得到

$$\boldsymbol{X}_{k+1}=\boldsymbol{T}_{\mathrm{PIM}}\boldsymbol{X}_k+\boldsymbol{T}_{\mathrm{PIM}}[\boldsymbol{A}^{-1}(\boldsymbol{r}_0+\boldsymbol{A}^{-1}\boldsymbol{r}_1)]-\boldsymbol{A}^{-1}(\boldsymbol{r}_0+\boldsymbol{A}^{-1}\boldsymbol{r}_1+\eta\boldsymbol{r}_1) \tag{6.18}$$

由式(6.18)，通过迭代可以依次得到非齐次微分方程组在各个时间步的数值解。

6.2　增维 PIM 法

由式(6.18)可以发现在用 PIM 法进行数值计算时，对于非齐次微分方程组，会要求计算矩阵的逆，而矩阵求逆在数值计算的实际过程中是十分困难的，而且还有不少矩阵根本不存在逆，因此有必要在 PIM 法数值计算非齐次微分方程组的过程中避免矩阵求逆。

为此，顾元宪等提出了增维 PIM 法[10,11]。增维 PIM 法将非齐次项也看作状态变量，从而将非齐次微分方程组转化为齐次微分方程组，这样在 PIM 法求解的过程中，就只需要进行指数矩阵的求解，而避免了矩阵求逆的过程，有利于数值解的稳定。但是这种方法所得的齐次方程的维数是原来非齐次方程维数的两倍，计算量扩展较大，在本章中，采用张素英、邓子辰提出的一种增维法[12]，该方法通过增加一个状态变量 $x_{n+1}\equiv 1$ 及一个简单微分方程 $\partial x_{n+1}/\partial t=0$，化原来的非齐次微分方程组为齐次微分方程组，所得的系数矩阵仅仅比原来非齐次微分方程组的系数矩阵增加一维，并且为原来非齐次微分方程组的系数矩阵的增广矩阵。

考虑非齐次微分方程组如式(6.1)所示。引入新变量 $x_{n+1}\equiv 1$，则 $\partial x_{n+1}/\partial t=0$，可以得到新的微分方程组

$$\begin{cases}\dfrac{\partial}{\partial t}\boldsymbol{X}=\boldsymbol{A}\boldsymbol{X}+\boldsymbol{f}(t)\\[2mm]\dfrac{\partial}{\partial t}x_{n+1}=0\end{cases} \tag{6.19}$$

引入新的列向量 $\boldsymbol{Y}$ 作为状态变量：

$$\boldsymbol{Y}=\begin{bmatrix}\boldsymbol{X}\\x_{n+1}\end{bmatrix} \tag{6.20}$$

则由式(6.19)可以得到

$$\frac{\partial}{\partial t}\boldsymbol{Y}=\frac{\partial}{\partial t}\begin{bmatrix}\boldsymbol{X}\\x_{n+1}\end{bmatrix}=\begin{bmatrix}\boldsymbol{A}&\boldsymbol{f}(t)\\\boldsymbol{0}&0\end{bmatrix}\cdot\begin{bmatrix}\boldsymbol{X}\\x_{n+1}\end{bmatrix}=\boldsymbol{H}(t)\begin{bmatrix}\boldsymbol{X}\\x_{n+1}\end{bmatrix}=\boldsymbol{H}(t)\boldsymbol{Y} \tag{6.21}$$

式中

$$\boldsymbol{H}(t)=\begin{bmatrix}\boldsymbol{A}&\boldsymbol{f}(t)\\\boldsymbol{0}&0\end{bmatrix} \tag{6.22}$$

而现在的初始向量为

$$\boldsymbol{Y}_0=\boldsymbol{Y}(0)=\begin{bmatrix}\boldsymbol{X}(0)\\x_{n+1}(0)\end{bmatrix}=\begin{bmatrix}\boldsymbol{X}_0\\x_{n+1}\end{bmatrix}=\begin{bmatrix}\boldsymbol{X}_0\\1\end{bmatrix} \tag{6.23}$$

所以原来的非齐次微分方程组(6.1)被化为了齐次微分方程组(6.21)，其初始向量如式(6.23)所示。应当指出，由于非齐次项(或者讲由动力结构加入的源)$f(t)$一般是时变的，所以式(6.22)中的 $\boldsymbol{H}$ 矩阵一般是非定常的，但是当取定时间步长为 η 之后，一般 t_k 和 t_{k+1} 之间的时间间隔很小，所以 $\boldsymbol{f}(t)$ 在这个时间段的变化很小，从而矩阵 $\boldsymbol{H}$ 的变化很小，

可以视为定常矩阵，所以在区间$[t_k, t_{k+1}]$上，式(6.21)可以看作一阶齐次常微分方程组

$$\frac{\partial}{\partial t}\boldsymbol{Y}=\boldsymbol{H}_k\boldsymbol{Y}=\begin{bmatrix}\boldsymbol{A} & \boldsymbol{f}_k\\ \boldsymbol{0} & 0\end{bmatrix}\boldsymbol{Y} \tag{6.24}$$

式中，$\boldsymbol{H}_k=\boldsymbol{H}(k\eta)$；$\boldsymbol{f}_k=\boldsymbol{f}(k\eta)$。

可以看到，在第 k 个时间步上，对非齐次微分方程组(6.1)的求解，就可以化为对一阶齐次常微分方程组(6.24)的求解，而 PIM 法数值计算一阶齐次常微分方程组是不用进行矩阵求逆的计算的。即，增维法的引入使得在用 PIM 法数值计算非齐次微分方程组时，可以避免矩阵的求逆。

设第 k 个时间步的传递函数为

$$\boldsymbol{T}_{\mathrm{PIM},k}=\exp(\boldsymbol{H}_k\eta) \tag{6.25}$$

则，不同时间步的数值解可以通过一系列的矩阵-向量乘法得到：

$$\begin{cases}\boldsymbol{Y}_1=\boldsymbol{Y}(\eta)=\boldsymbol{T}_{\mathrm{PIM},1}\boldsymbol{Y}_0\\ \boldsymbol{Y}_2=\boldsymbol{Y}(2\eta)=\boldsymbol{T}_{\mathrm{PIM},2}\boldsymbol{Y}_1\\ \boldsymbol{Y}_3=\boldsymbol{Y}(3\eta)=\boldsymbol{T}_{\mathrm{PIM},3}\boldsymbol{Y}_2\\ \cdots\\ \boldsymbol{Y}_{k+1}=\boldsymbol{Y}((k+1)\eta)=\boldsymbol{T}_{\mathrm{PIM},k+1}\boldsymbol{Y}_k\\ \cdots\end{cases} \tag{6.26}$$

所以，同普通常微分方程组的 PIM 法求解一样，传递矩阵$\boldsymbol{T}_{\mathrm{PIM},k}$ $(k=1,2,\cdots)$的计算是十分重要。再令

$$\begin{aligned}&\exp(\boldsymbol{H}_k\tau)=\exp(\boldsymbol{H}_k\eta/1048576)\approx\boldsymbol{I}_{n+1}+\boldsymbol{T}_{ak}\\ &\boldsymbol{T}_{ak}=(\boldsymbol{H}_k\tau)+(\boldsymbol{H}_k\tau)^2[\boldsymbol{I}_{n+1}+(\boldsymbol{H}_k\tau)/3+(\boldsymbol{H}_k\tau)^2/12]/2\end{aligned} \tag{6.27}$$

式中，$\boldsymbol{I}_{n+1}$为 $n+1$ 维的单位矩阵；$\boldsymbol{T}_{ak}$是 PIM 法在第 k 个时间步的初始迭代矩阵。

由式(6.14)和式(6.15)可以看到通过迭代语句

$$\text{for(iter}=0;\text{iter}<20;\text{iter}++)\ \boldsymbol{T}_{ak}=2\,\boldsymbol{T}_{ak}+\boldsymbol{T}_{ak}\times\boldsymbol{T}_{ak} \tag{6.28}$$

然后再做

$$\boldsymbol{T}_{\mathrm{PIM},k}=\boldsymbol{I}_{n+1}+\boldsymbol{T}_{ak} \tag{6.29}$$

就可以得到第 k 个时间步的传递矩阵$T_{\mathrm{PIM},k}$，然后用式(6.26)就可以依次得到每个时间步的数值解了。

可以发现，由于能够把非齐次微分方程组化成齐次微分方程组，所以在用增维 PIM 数值求解非齐次微分方程组时，就可以避免矩阵求逆了。

6.3 分块增维 PIM 法

在用增维 PIM 法求解非齐次微分方程时，如果非齐次项 $\boldsymbol{f}$ 是非定常的(或者讲时变的)，就会使不同的时间步的$\boldsymbol{H}_k$ 的值不同，这样在用 PIM 法求解通过增维法构造的齐次微分方程组(6.24)时，由于每个时间步的$\boldsymbol{H}_k$ 值不同，在每个时间步的初始迭代矩阵$\boldsymbol{T}_{ak}$不同，这就要求每个时间步都通过式(6.28)和式(6.29)来得到每个时间步的$\boldsymbol{T}_{\mathrm{PIM},k}$，即要求每个时间步都做 20 次矩阵乘法和 20 次矩阵加法。这样一来，相对于 PIM 法求解齐次定

常微分方程组，增维 PIM 法求解非齐次微分方程组所需的计算量会大大增加。为了避免这种情况，本章采用分块增维 PIM 法来处理非齐次微分方程组。分解由增维 PIM 法构造的矩阵成为定常子矩阵和非定常子矩阵，使得每个不同的时间步所需求的传递矩阵 $\boldsymbol{T}_{\mathrm{PIM}}$ 通过一次矩阵-向量乘法得到，避免了每个时间步都做 20 次矩阵乘法和矩阵加法，大大缩小了每一个时间步所需要的计算时间，从而提高计算效率。

由式(6.24)可以发现，在由增维法构造的齐次一阶微分方程组中，系数矩阵 $\boldsymbol{H}_k$ 在不同的时间步虽然是不同的，但是变化的仅仅是其中的一个子矩阵 $\boldsymbol{f}_k$，而子矩阵 $\boldsymbol{A}$ 是不变化的，所以可以把矩阵 $\boldsymbol{H}_k$ 分成 $\boldsymbol{A}$，$\boldsymbol{f}_k$，$\boldsymbol{0}$ 和 0，并尽量利用 $\boldsymbol{A}$，$\boldsymbol{0}$ 为定常矩阵这个特点来减小增维 PIM 法处理非齐次微分方程组时的计算量。下面介绍一下整个思路。

由式(6.27)可以得到第 k 个时间步的初始迭代矩阵 $\boldsymbol{T}_{ak}$ 为

$$\begin{aligned}\boldsymbol{T}_{ak} &= (\boldsymbol{H}_k\tau)+(\boldsymbol{H}_k\tau)^2/2+(\boldsymbol{H}_k\tau)^3/3!+(\boldsymbol{H}_k\tau)^4/4!\\ &=\left(\begin{bmatrix}\boldsymbol{A} & \boldsymbol{f}_k\\ \boldsymbol{0} & 0\end{bmatrix}\tau\right)+\left(\begin{bmatrix}\boldsymbol{A} & \boldsymbol{f}_k\\ \boldsymbol{0} & 0\end{bmatrix}\tau\right)^2/2+\left(\begin{bmatrix}\boldsymbol{A} & \boldsymbol{f}_k\\ \boldsymbol{0} & 0\end{bmatrix}\tau\right)^3/3!+\left(\begin{bmatrix}\boldsymbol{A} & \boldsymbol{f}_k\\ \boldsymbol{0} & 0\end{bmatrix}\tau\right)^4/4!\\ &=\begin{bmatrix}\boldsymbol{A}_a & \boldsymbol{B}\boldsymbol{f}_k\tau\\ \boldsymbol{0} & 0\end{bmatrix}\end{aligned} \tag{6.30}$$

式中

$$\begin{cases}\boldsymbol{A}_a=(\boldsymbol{A}\tau)+(\boldsymbol{A}\tau)^2/2+(\boldsymbol{A}\tau)^3/6+(\boldsymbol{A}\tau)^4/24\\ \boldsymbol{B}=\boldsymbol{I}_n+(\boldsymbol{A}\tau)/2+(\boldsymbol{A}\tau)^2/6+(\boldsymbol{A}\tau)^3/24\end{cases} \tag{6.31}$$

由迭代矩阵(6.30)，即通过 20 次的迭代可以得到传递矩阵 $\boldsymbol{T}_{\mathrm{PIM},k}$，先来看第一次迭代后的结果：

$$\begin{aligned}\boldsymbol{T}_{ak} &= 2\boldsymbol{T}_{ak}+\boldsymbol{T}_{ak}\times\boldsymbol{T}_{ak}\\ &=2\begin{bmatrix}\boldsymbol{A}_a & \boldsymbol{B}\boldsymbol{f}_k\tau\\ \boldsymbol{0} & 0\end{bmatrix}+\begin{bmatrix}\boldsymbol{A}_a & \boldsymbol{B}\boldsymbol{f}_k\tau\\ \boldsymbol{0} & 0\end{bmatrix}\times\begin{bmatrix}\boldsymbol{A}_a & \boldsymbol{B}\boldsymbol{f}_k\tau\\ \boldsymbol{0} & 0\end{bmatrix}\\ &=\begin{bmatrix}2\boldsymbol{A}_a+\boldsymbol{A}_a\times\boldsymbol{A}_a & (2\boldsymbol{I}_n+\boldsymbol{A}_a)\boldsymbol{B}\boldsymbol{f}_k\tau\\ \boldsymbol{0} & 0\end{bmatrix}\end{aligned} \tag{6.32}$$

令

$$\begin{cases}\boldsymbol{A}_1=2\boldsymbol{A}_a+\boldsymbol{A}_a\times\boldsymbol{A}_a\\ \boldsymbol{A}_2=2\boldsymbol{A}_1+\boldsymbol{A}_1\times\boldsymbol{A}_1\\ \boldsymbol{A}_3=2\boldsymbol{A}_2+\boldsymbol{A}_2\times\boldsymbol{A}_2\\ \cdots\\ \boldsymbol{A}_{k+1}=2\boldsymbol{A}_k+\boldsymbol{A}_k\times\boldsymbol{A}_k\\ \cdots\\ \boldsymbol{A}_{20}=2\boldsymbol{A}_{19}+\boldsymbol{A}_{19}\times\boldsymbol{A}_{19}\end{cases} \tag{6.33}$$

则式(6.32)可以化为

$$\boldsymbol{T}_{ak}=\begin{bmatrix}\boldsymbol{A}_1 & (2\boldsymbol{I}_n+\boldsymbol{A}_a)\boldsymbol{B}\boldsymbol{f}_k\tau\\ \boldsymbol{0} & 0\end{bmatrix} \tag{6.34}$$

在式(6.34)的基础上进行第二次迭代就可以得到[1]

$$
\begin{aligned}
\boldsymbol{T}_{ak} &= 2\boldsymbol{T}_{ak} + \boldsymbol{T}_{ak} \times \boldsymbol{T}_{ak} \\
&= 2\begin{bmatrix} \boldsymbol{A}_1 & (2\boldsymbol{I}_n + \boldsymbol{A}_a)\boldsymbol{B}\boldsymbol{f}_k\tau \\ \boldsymbol{0} & 0 \end{bmatrix} + \begin{bmatrix} \boldsymbol{A}_1 & (2\boldsymbol{I}_n + \boldsymbol{A}_a)\boldsymbol{B}\boldsymbol{f}_k\tau \\ \boldsymbol{0} & 0 \end{bmatrix} \times \begin{bmatrix} \boldsymbol{A}_1 & (2\boldsymbol{I}_n + \boldsymbol{A}_a)\boldsymbol{B}\boldsymbol{f}_k\tau \\ \boldsymbol{0} & 0 \end{bmatrix} \\
&= \begin{bmatrix} 2\boldsymbol{A}_1 + \boldsymbol{A}_1 \times \boldsymbol{A}_1 & (2\boldsymbol{I}_n + \boldsymbol{A}_1)(2\boldsymbol{I}_n + \boldsymbol{A}_a)\boldsymbol{B}\boldsymbol{f}_k\tau \\ \boldsymbol{0} & 0 \end{bmatrix} \\
&= \begin{bmatrix} 2\boldsymbol{A}_2 & (2\boldsymbol{I}_n + \boldsymbol{A}_1)(2\boldsymbol{I}_n + \boldsymbol{A}_a)\boldsymbol{B}\boldsymbol{f}_k\tau \\ \boldsymbol{0} & 0 \end{bmatrix}
\end{aligned}
$$

依次进行下去就可以得到 20 次迭代之后的结果为[1]

$$
\boldsymbol{T}_{ak} = \begin{bmatrix} \boldsymbol{A}_{20} & (2\boldsymbol{I}_n+\boldsymbol{A}_{19})(2\boldsymbol{I}_n+\boldsymbol{A}_{18})\cdots(2\boldsymbol{I}_n+\boldsymbol{A}_1)(2\boldsymbol{I}_n+\boldsymbol{A}_a)\boldsymbol{B}\boldsymbol{f}_k\tau \\ \boldsymbol{0} & 0 \end{bmatrix} \tag{6.35}
$$

然后再进行

$$
\boldsymbol{T}_{\text{PIM},k} = \boldsymbol{I}_{n+1} + \boldsymbol{T}_{ak} \tag{6.36}
$$

就可以得到第 k 个时间步的传递矩阵$\boldsymbol{T}_{\text{PIM},k}$了。

由于$\boldsymbol{A}$是定常的，τ是固定的，由式(6.31)求得的$\boldsymbol{A}_a$和$\boldsymbol{B}$也是固定的，从而由式(6.33)求出的$\boldsymbol{A}_1$，$\boldsymbol{A}_2$，…，$\boldsymbol{A}_{20}$也是固定的，进而可以看到式(6.35)中的$(2\boldsymbol{I}_n+\boldsymbol{A}_{19})(2\boldsymbol{I}_n+\boldsymbol{A}_{18})\cdots(2\boldsymbol{I}_n+\boldsymbol{A}_1)(2\boldsymbol{I}_n+\boldsymbol{A}_a)\boldsymbol{B}$也是固定的，所以在一次性计算出$\boldsymbol{A}_{20}$和$(2\boldsymbol{I}_n+\boldsymbol{A}_{19})(2\boldsymbol{I}_n+\boldsymbol{A}_{18})\cdots(2\boldsymbol{I}_n+\boldsymbol{A}_1)(2\boldsymbol{I}_n+\boldsymbol{A}_a)\boldsymbol{B}$后，对于每个不同时间步的$\boldsymbol{T}_{ak}$，它们的值都是定常不变的。

所以，在每个不同的时间步，所需要做的仅仅只是一次矩阵$(2\boldsymbol{I}_n+\boldsymbol{A}_{19})(2\boldsymbol{I}_n+\boldsymbol{A}_{18})\cdots(2\boldsymbol{I}_n+\boldsymbol{A}_1)(2\boldsymbol{I}_n+\boldsymbol{A}_a)\boldsymbol{B}$与向量$\boldsymbol{f}_k\tau$的矩阵-向量乘法，就可以得到$\boldsymbol{T}_{ak}$，然后由式(6.36)再把$\boldsymbol{T}_{ak}$与单位阵相加就可以得到传递矩阵$\boldsymbol{T}_{\text{PIM},k}$，从而避免了每个时间步都做 20 次矩阵加法和矩阵乘法来得到传递矩阵$\boldsymbol{T}_{\text{PIM},k}$，会大大提高用增维 PIM 法计算非齐次定常微分方程组的计算效率。

当然也必须看到分块增维 PIM 法的限制：$\boldsymbol{A}$矩阵必须为定常矩阵。而十分幸运的是，在下文中将看到，由压电耦合场构建的一阶微分方程组为非齐次定常结构的一阶微分方程组。

6.4　PIM 法的精度分析[3,5,13]

PIM 法的最主要的一步是指数矩阵$\boldsymbol{T}_{\text{PIM}}=\exp(\boldsymbol{A}\eta)$的精确求解，PIM 法首先采用指数矩阵的加法定理(式(6.8))，将矩阵$\boldsymbol{A}\eta$缩小m倍，使得$\boldsymbol{A}\eta/m$矩阵与单位矩阵相比为一小量，从而保证 Taylor 级数展开式(6.10)的有效性，然后再进行m次幂运算，得到$\boldsymbol{T}_{\text{PIM}}$的近似值。

在 PIM 法的数值计算过程中，除了计算机执行矩阵乘法一般有一些算术舍入误差外，误差只能来自 Taylor 级数的截断误差。在 PIM 法的 20 次迭代过程中，其主要项为$\boldsymbol{A}\tau$，所以 Taylor 级数展开式(6.10)的截断相对误差可估计为

$$
R_5 = \frac{(\boldsymbol{A}\tau)^5/120}{\boldsymbol{A}\tau} = (\boldsymbol{A}\tau)^4/120 \tag{6.37}
$$

设矩阵 $\boldsymbol{A}$ 的特征值的绝对值的最大值为 $\lambda_{\max}$，则式(6.10)的截断相对误差可以近似为

$$r_5=(\lambda_{\max}\tau)^4/120 \tag{6.38}$$

设计算机的精度为10^{-16}，则当

$$(\lambda_{\max}\tau)^4/120<10^{-16} \tag{6.39}$$

时，可以使 PIM 法数值计算的精度达到计算机精度。由于 $\tau=\eta/1\ 048\ 576$，所以对于时间步长，要求满足

$$\lambda_{\max}\eta<300 \tag{6.40}$$

由上面的分析可以发现，忽略程序中矩阵乘法带来的误差，PIM 法的数值结果实际上就是计算机上的精确解。

6.5　压电耦合场的一阶微分方程组的构建

为了能够把 PIM 法应用于压电耦合场，需要构建一个压电耦合场的一阶定常微分方程组。构建思路如下：在时域场中，采用有限差分法离散压电耦合场中的空间偏导，而保留对时间的偏导，从而形成一个对时间的一阶微分方程组。

在取定空间步长后，假设划分空间为 M 个点，则在 x 方向的一维压电耦合场的空间分布请参考第五章相关论述。在对压电耦合场的空间偏导的离散上，仿照 FDTD 方法，同样也划分压电耦合场的四个场量为两组：$\boldsymbol{v}$ 和 $\boldsymbol{H}$ 为一组，$\boldsymbol{E}$ 和 $\boldsymbol{T}$ 为一组。用$\boldsymbol{X}_i$ 表示量值 $\boldsymbol{X}$ 在第 i 个空间步的离散值，对 $\boldsymbol{v}$ 和 $\boldsymbol{H}$，$\boldsymbol{E}$ 和 $\boldsymbol{T}$ 的空间偏导分别采用向后差分和向前差分的形式进行离散，则有

$$\frac{\partial}{\partial x}\boldsymbol{X}_i=\frac{1}{\Delta x}(\boldsymbol{X}_i-\boldsymbol{X}_{i-1}),\quad \boldsymbol{X}=\boldsymbol{v},\boldsymbol{H},\quad 2\leqslant i\leqslant M \tag{6.41}$$

$$\frac{\partial}{\partial x}\boldsymbol{X}_i=\frac{1}{\Delta x}(\boldsymbol{X}_{i+1}-\boldsymbol{X}_i),\quad \boldsymbol{X}=\boldsymbol{E},\boldsymbol{T},\quad 1\leqslant i\leqslant M-1 \tag{6.42}$$

由第五章相关论述，x 方向的一维压电耦合场方程组为[14]

$$\begin{cases}\dfrac{\partial}{\partial t}\begin{bmatrix}\boldsymbol{\rho} & \boldsymbol{0}\\ \boldsymbol{0} & \boldsymbol{\mu}\end{bmatrix}\begin{bmatrix}\boldsymbol{v}\\ \boldsymbol{H}\end{bmatrix}=\dfrac{\partial}{\partial x}L_{1x}\begin{bmatrix}\boldsymbol{E}\\ \boldsymbol{T}\end{bmatrix}+\begin{bmatrix}\boldsymbol{F}\\ \boldsymbol{0}\end{bmatrix}\\[2ex] \dfrac{\partial}{\partial t}\begin{bmatrix}\boldsymbol{e}^T & \boldsymbol{d}\\ \boldsymbol{d}' & \boldsymbol{s}^E\end{bmatrix}\begin{bmatrix}\boldsymbol{E}\\ \boldsymbol{T}\end{bmatrix}=\dfrac{\partial}{\partial x}L_{2x}\begin{bmatrix}\boldsymbol{v}\\ \boldsymbol{H}\end{bmatrix}\end{cases} \tag{6.43}$$

合并(6.43)中的两个方程组，并在方程组的左边仅仅保留对场量的时间的偏导，可以得到[14]

$$\frac{\partial}{\partial t}\begin{bmatrix}\boldsymbol{v}\\ \boldsymbol{H}\\ \boldsymbol{E}\\ \boldsymbol{T}\end{bmatrix}=\begin{bmatrix}\boldsymbol{\rho} & \boldsymbol{0} & \boldsymbol{0} & \boldsymbol{0}\\ \boldsymbol{0} & \boldsymbol{\mu} & \boldsymbol{0} & \boldsymbol{0}\\ \boldsymbol{0} & \boldsymbol{0} & \boldsymbol{e}^T & \boldsymbol{d}\\ \boldsymbol{0} & \boldsymbol{0} & \boldsymbol{d}' & \boldsymbol{s}^E\end{bmatrix}^{-1}\frac{\partial}{\partial x}\begin{bmatrix}\boldsymbol{0} & L_{1x}\\ L_{2x} & \boldsymbol{0}\end{bmatrix}\begin{bmatrix}\boldsymbol{v}\\ \boldsymbol{H}\\ \boldsymbol{E}\\ \boldsymbol{T}\end{bmatrix}+\begin{bmatrix}\boldsymbol{F}/\rho\\ \boldsymbol{0}\\ \boldsymbol{0}\\ \boldsymbol{0}\end{bmatrix} \tag{6.44}$$

把式(6.41)和式(6.42)代入到式(6.44)中，则场中的具体某一点的压电耦合方程组形式是

$$\frac{\partial}{\partial t}\begin{bmatrix}\boldsymbol{v}_k\\ \boldsymbol{H}_k\\ \boldsymbol{E}_k\\ \boldsymbol{T}_k\end{bmatrix}=\begin{bmatrix}\boldsymbol{\rho}&\boldsymbol{0}&\boldsymbol{0}&\boldsymbol{0}\\ \boldsymbol{0}&\boldsymbol{\mu}&\boldsymbol{0}&\boldsymbol{0}\\ \boldsymbol{0}&\boldsymbol{0}&\boldsymbol{\varepsilon}^T&\boldsymbol{d}\\ \boldsymbol{0}&\boldsymbol{0}&\boldsymbol{d}'&\boldsymbol{s}^E\end{bmatrix}^{-1}\frac{1}{\Delta x}\begin{bmatrix}\boldsymbol{0}&L_{1x}\\ L_{2x}&\boldsymbol{0}\end{bmatrix}\left(\begin{bmatrix}\boldsymbol{v}_k\\ \boldsymbol{H}_k\\ \boldsymbol{E}_{k+1}\\ \boldsymbol{T}_{k+1}\end{bmatrix}-\begin{bmatrix}\boldsymbol{v}_{k-1}\\ \boldsymbol{H}_{k-1}\\ \boldsymbol{E}_k\\ \boldsymbol{T}_k\end{bmatrix}\right)+\begin{bmatrix}\boldsymbol{F}_k/\rho\\ \boldsymbol{0}\\ \boldsymbol{0}\\ \boldsymbol{0}\end{bmatrix},\quad k=2,3,\cdots,M-1 \tag{6.45}$$

令

$$\boldsymbol{r}_{ij}=\begin{bmatrix}\boldsymbol{\rho}&\boldsymbol{0}&\boldsymbol{0}&\boldsymbol{0}\\ \boldsymbol{0}&\boldsymbol{\mu}&\boldsymbol{0}&\boldsymbol{0}\\ \boldsymbol{0}&\boldsymbol{0}&\boldsymbol{\varepsilon}^T&\boldsymbol{d}\\ \boldsymbol{0}&\boldsymbol{0}&\boldsymbol{d}'&\boldsymbol{s}^E\end{bmatrix}^{-1}$$

又由于

$$\begin{bmatrix}\boldsymbol{0}&L_{1x}\\ L_{2x}&\boldsymbol{0}\end{bmatrix}\left(\begin{bmatrix}\boldsymbol{v}_k\\ \boldsymbol{H}_k\\ \boldsymbol{E}_{k+1}\\ \boldsymbol{T}_{k+1}\end{bmatrix}-\begin{bmatrix}\boldsymbol{v}_{k-1}\\ \boldsymbol{H}_{k-1}\\ \boldsymbol{E}_k\\ \boldsymbol{T}_k\end{bmatrix}\right)=\begin{bmatrix}\boldsymbol{0}&L_{1x}\\ \boldsymbol{0}&\boldsymbol{0}\end{bmatrix}\left(\begin{bmatrix}\boldsymbol{v}_{k+1}\\ \boldsymbol{H}_{k+1}\\ \boldsymbol{E}_{k+1}\\ \boldsymbol{T}_{k+1}\end{bmatrix}-\begin{bmatrix}\boldsymbol{v}_k\\ \boldsymbol{H}_k\\ \boldsymbol{E}_k\\ \boldsymbol{T}_k\end{bmatrix}\right)+\begin{bmatrix}0&0\\ L_{2x}&0\end{bmatrix}\left(\begin{bmatrix}\boldsymbol{v}_k\\ \boldsymbol{H}_k\\ \boldsymbol{E}_k\\ \boldsymbol{T}_k\end{bmatrix}-\begin{bmatrix}\boldsymbol{v}_{k-1}\\ \boldsymbol{H}_{k-1}\\ \boldsymbol{E}_{k-1}\\ \boldsymbol{T}_{k-1}\end{bmatrix}\right)$$

所以式(6.45)相当于

$$\frac{\partial}{\partial t}\begin{bmatrix}\boldsymbol{v}_k\\ \boldsymbol{H}_k\\ \boldsymbol{E}_k\\ \boldsymbol{T}_k\end{bmatrix}=\boldsymbol{r}_{ij}\frac{1}{\Delta x}\begin{bmatrix}\boldsymbol{0}&L_{1x}\\ \boldsymbol{0}&\boldsymbol{0}\end{bmatrix}\left(\begin{bmatrix}\boldsymbol{v}_{k+1}\\ \boldsymbol{H}_{k+1}\\ \boldsymbol{E}_{k+1}\\ \boldsymbol{T}_{k+1}\end{bmatrix}-\begin{bmatrix}\boldsymbol{v}_k\\ \boldsymbol{H}_k\\ \boldsymbol{E}_k\\ \boldsymbol{T}_k\end{bmatrix}\right)+r_{ij}\frac{1}{\Delta x}\begin{bmatrix}\boldsymbol{0}&\boldsymbol{0}\\ L_{2x}&\boldsymbol{0}\end{bmatrix}\left(\begin{bmatrix}\boldsymbol{v}_k\\ \boldsymbol{H}_k\\ \boldsymbol{E}_k\\ \boldsymbol{T}_k\end{bmatrix}-\begin{bmatrix}\boldsymbol{v}_{k-1}\\ \boldsymbol{H}_{k-1}\\ \boldsymbol{E}_{k-1}\\ \boldsymbol{T}_{k-1}\end{bmatrix}\right)+\begin{bmatrix}\boldsymbol{F}_k/\rho\\ \boldsymbol{0}\\ \boldsymbol{0}\\ \boldsymbol{0}\end{bmatrix},\quad k=2,3,\cdots,M-1 \tag{6.46}$$

令

$$\boldsymbol{G}=[\boldsymbol{G}_1^{\mathrm{T}},\boldsymbol{G}_2^{\mathrm{T}},\cdots,\boldsymbol{G}_k^{\mathrm{T}},\cdots,\boldsymbol{G}_{M-1}^{\mathrm{T}},\boldsymbol{G}_M^{\mathrm{T}}]^{\mathrm{T}} \tag{6.47}$$

式中，$\boldsymbol{G}_k$ ($k=1,2,\cdots,M$)为一个 15×1 的列向量，包含了空间第 k 个点的关于$\boldsymbol{v}_k$，$\boldsymbol{H}_k$，$\boldsymbol{E}_k$，$\boldsymbol{T}_k$ 的所有信息，即有

$$\boldsymbol{G}_k=[\boldsymbol{v}_k^{\mathrm{T}},\boldsymbol{H}_k^{\mathrm{T}},\boldsymbol{E}_k^{\mathrm{T}},\boldsymbol{T}_k^{\mathrm{T}}]^{\mathrm{T}} \tag{6.48}$$

所以，式(6.47)中的 $\boldsymbol{G}$ 向量包含了场上所有点的所有场值的信息。

则由式(6.46)可以构建包含整个压电耦合场信息的一阶微分方程组

$$\frac{\partial}{\partial t}\boldsymbol{G}=\boldsymbol{A}\boldsymbol{G}+\boldsymbol{F}_a \tag{6.49}$$

式中，$\boldsymbol{F}_a=[\boldsymbol{F}_1^{\mathrm{T}}/\rho,\boldsymbol{0}_{1\times 12},\boldsymbol{F}_2^{\mathrm{T}}/\rho,\boldsymbol{0}_{1\times 12},\cdots,\boldsymbol{F}_M^{\mathrm{T}}/\rho,\boldsymbol{0}_{1\times 12}]^{\mathrm{T}}$，是一个 15$M$×1 的列向量。$\boldsymbol{F}_a$ 表达式中的 $\boldsymbol{0}_{1\times 12}$表示 1×12 的零向量。

而如果仅仅在场的中心点加入源，即在点$(M+1)/2$处加上源，则有$\boldsymbol{F}_a=[\boldsymbol{0}_{1\times3},\boldsymbol{0}_{1\times12},\boldsymbol{0}_{1\times3},\boldsymbol{0}_{1\times12},\cdots,\boldsymbol{F}^{\mathrm{T}}_{(M+1)/2}/\rho,\boldsymbol{0}_{1\times12},\cdots,\boldsymbol{0}_{1\times3},\boldsymbol{0}_{1\times12}]^{\mathrm{T}}$。

而矩阵$\boldsymbol{A}$为一个$15M\times15M$的矩阵，下面详细介绍矩阵$\boldsymbol{A}$的构建过程。

对比式(6.46)和式(6.49)，可以看到其实式(6.46)对应于式(6.49)中第$15(k-1)+1$行到第$15k$行，所以式(6.46)对矩阵$\boldsymbol{A}$的贡献相当于下面四个与$\boldsymbol{A}$维数相等的矩阵的累加。

第一个矩阵其余值均为0，仅有行为$15(k-1)+1$到$15k$，列为$15k+1$到$15(k+1)$的子矩阵是

$$\boldsymbol{r}_{ij}\frac{1}{\Delta x}\begin{bmatrix}\boldsymbol{0} & L_{1x}\\ \boldsymbol{0} & \boldsymbol{0}\end{bmatrix}\tag{6.50}$$

第二个矩阵其余值均为0，仅有行为$15(k-1)+1$到$15k$，列为$15(k-1)+1$到$15k$的子矩阵是

$$-\boldsymbol{r}_{ij}\frac{1}{\Delta x}\begin{bmatrix}\boldsymbol{0} & L_{1x}\\ \boldsymbol{0} & \boldsymbol{0}\end{bmatrix}\tag{6.51}$$

第三个矩阵其余值均为0，仅有行为$15(k-1)+1$到$15k$，列为$15(k-1)+1$到$15k$的子矩阵是

$$\boldsymbol{r}_{ij}\frac{1}{\Delta x}\begin{bmatrix}\boldsymbol{0} & \boldsymbol{0}\\ L_{2x} & \boldsymbol{0}\end{bmatrix}\tag{6.52}$$

第四个矩阵其余值均为0，仅有行为$15(k-1)+1$到$15k$，列为$15(k-2)+1$到$15(k-1)$的子矩阵是

$$-\boldsymbol{r}_{ij}\frac{1}{\Delta x}\begin{bmatrix}\boldsymbol{0} & \boldsymbol{0}\\ L_{2x} & \boldsymbol{0}\end{bmatrix}\tag{6.53}$$

设矩阵$\boldsymbol{A}_{L1x}$是一个$15M\times15M$的矩阵，其中包含了M^2个15×15的子矩阵，每个子矩阵的值是

$$\boldsymbol{r}_{ij}\frac{1}{\Delta x}\begin{bmatrix}\boldsymbol{0} & L_{1x}\\ \boldsymbol{0} & \boldsymbol{0}\end{bmatrix}=\boldsymbol{r}_{ij}\begin{bmatrix}\boldsymbol{0} & \dfrac{L_{1x}}{\Delta x}\\ \boldsymbol{0} & \boldsymbol{0}\end{bmatrix}\tag{6.54}$$

即

$$\boldsymbol{A}_{L1x}=\begin{bmatrix}\boldsymbol{r}_{ij}\begin{bmatrix}\boldsymbol{0} & \dfrac{L_{1x}}{\Delta x}\\ \boldsymbol{0} & \boldsymbol{0}\end{bmatrix} & \boldsymbol{r}_{ij}\begin{bmatrix}\boldsymbol{0} & \dfrac{L_{1x}}{\Delta x}\\ \boldsymbol{0} & \boldsymbol{0}\end{bmatrix} & \cdots & & \boldsymbol{r}_{ij}\begin{bmatrix}\boldsymbol{0} & \dfrac{L_{1x}}{\Delta x}\\ \boldsymbol{0} & \boldsymbol{0}\end{bmatrix}\\ \boldsymbol{r}_{ij}\begin{bmatrix}\boldsymbol{0} & \dfrac{L_{1x}}{\Delta x}\\ \boldsymbol{0} & \boldsymbol{0}\end{bmatrix} & & \cdots & & \\ \vdots & & \vdots & & \vdots\\ & & \cdots & & \boldsymbol{r}_{ij}\begin{bmatrix}\boldsymbol{0} & \dfrac{L_{1x}}{\Delta x}\\ \boldsymbol{0} & \boldsymbol{0}\end{bmatrix}\\ \boldsymbol{r}_{ij}\begin{bmatrix}\boldsymbol{0} & \dfrac{L_{1x}}{\Delta x}\\ \boldsymbol{0} & \boldsymbol{0}\end{bmatrix} & & \cdots & \boldsymbol{r}_{ij}\begin{bmatrix}\boldsymbol{0} & \dfrac{L_{1x}}{\Delta x}\\ \boldsymbol{0} & \boldsymbol{0}\end{bmatrix} & \boldsymbol{r}_{ij}\begin{bmatrix}\boldsymbol{0} & \dfrac{L_{1x}}{\Delta x}\\ \boldsymbol{0} & \boldsymbol{0}\end{bmatrix}\end{bmatrix}\tag{6.55}$$

类似地，再设矩阵 $\boldsymbol{A}_{L2x}$ 是一个 $15M\times15M$ 的矩阵，其中包含了 M^2 个 15×15 的子矩阵，每个子矩阵的值是

$$\boldsymbol{r}_{ij}\frac{1}{\Delta x}\begin{bmatrix}\boldsymbol{0} & \boldsymbol{0}\\ L_{2x} & \boldsymbol{0}\end{bmatrix}=\boldsymbol{r}_{ij}\begin{bmatrix}\boldsymbol{0} & \boldsymbol{0}\\ \dfrac{L_{2x}}{\Delta x} & \boldsymbol{0}\end{bmatrix} \tag{6.56}$$

即

$$\boldsymbol{A}_{L2x}=\begin{bmatrix}\boldsymbol{r}_{ij}\begin{bmatrix}\boldsymbol{0} & \boldsymbol{0}\\ \dfrac{L_{2x}}{\Delta x} & \boldsymbol{0}\end{bmatrix} & \boldsymbol{r}_{ij}\begin{bmatrix}\boldsymbol{0} & \boldsymbol{0}\\ \dfrac{L_{2x}}{\Delta x} & \boldsymbol{0}\end{bmatrix} & \cdots & & \boldsymbol{r}_{ij}\begin{bmatrix}\boldsymbol{0} & \boldsymbol{0}\\ \dfrac{L_{2x}}{\Delta x} & \boldsymbol{0}\end{bmatrix}\\ \boldsymbol{r}_{ij}\begin{bmatrix}\boldsymbol{0} & \boldsymbol{0}\\ \dfrac{L_{2x}}{\Delta x} & \boldsymbol{0}\end{bmatrix} & & \cdots & & \\ \vdots & & \vdots & & \vdots\\ & & \cdots & & \boldsymbol{r}_{ij}\begin{bmatrix}\boldsymbol{0} & \boldsymbol{0}\\ \dfrac{L_{2x}}{\Delta x} & \boldsymbol{0}\end{bmatrix}\\ \boldsymbol{r}_{ij}\begin{bmatrix}\boldsymbol{0} & \boldsymbol{0}\\ \dfrac{L_{2x}}{\Delta x} & \boldsymbol{0}\end{bmatrix} & & \cdots & \boldsymbol{r}_{ij}\begin{bmatrix}\boldsymbol{0} & \boldsymbol{0}\\ \dfrac{L_{2x}}{\Delta x} & \boldsymbol{0}\end{bmatrix} & \boldsymbol{r}_{ij}\begin{bmatrix}\boldsymbol{0} & \boldsymbol{0}\\ \dfrac{L_{2x}}{\Delta x} & \boldsymbol{0}\end{bmatrix}\end{bmatrix} \tag{6.57}$$

则矩阵 $\boldsymbol{A}$ 可以表示为

$$\boldsymbol{A}=\sum_{k=2}^{M-1}\left[\boldsymbol{A}_{L1x}(\boldsymbol{I}_{15M,k,k+1}-\boldsymbol{I}_{15M,k,k})+\boldsymbol{A}_{L2x}(\boldsymbol{I}_{15M,k,k}-\boldsymbol{I}_{15M,k,k-1})\right] \tag{6.58}$$

式中，$\boldsymbol{I}_{l,m,n}$ 为一个 $l\times l$ 的矩阵，且它仅有一个行从 $15(m-1)+1$ 到 $15m$、列从 $15(n-1)+1$ 到 $15n$ 的子矩阵为单位阵，其余元素均为零，即可以表示为

$$\boldsymbol{I}_{l,m,n}=\sum_{k=1}^{15}\boldsymbol{e}_{15M,15(m-1)+k}\boldsymbol{e}_{15M,15(n-1)+k}^{\mathrm{T}} \tag{6.59}$$

式中，$\boldsymbol{e}_{m,n}=[0,0,\cdots,1,\cdots,0,0]^{\mathrm{T}}$ 表示 m 维的基本列向量，即其中的第 n 个元素为 1，其余元素均为零。

那么压电耦合场中仅含有初始值，而没有加入源，由压电耦合场构建的一阶微分方程组式(6.49)中的 $\boldsymbol{F}=\boldsymbol{0}$，即压电耦合场的一阶微分方程组为

$$\frac{\partial}{\partial t}\boldsymbol{G}=\boldsymbol{AG} \tag{6.60}$$

由于式(6.60)为一阶齐次常微分方程组，所以可以直接对式(6.60)采用 PIM 法进行仿真。而如果压电耦合场中有源的加入，就需要采用增维 PIM 法，将增维 PIM 法应用于式(6.49)就可以对加源的时域压电耦合场进行 PIM 法仿真了。

6.6　PIM 法的时间步蛙跃步进计算

在 FDTD 方法的计算过程中，利用时间步上的蛙跃步进计算，有效地提高了计算精度，而如果直接采用 PIM 法对式(6.49)进行数值计算，则在取定时间步长并计算得到传

递矩阵$\boldsymbol{T}_{\mathrm{PIM}}$后，在整个时间步的步进过程中，都是由上个时间步 $\boldsymbol{v},\boldsymbol{H}$ 来求下个时间步的 $\boldsymbol{E},\boldsymbol{T}$，以及由上个时间步 $\boldsymbol{E},\boldsymbol{T}$ 来求下个时间步的 $\boldsymbol{v},\boldsymbol{H}$。为此，有必要把 FDTD 方法的蛙跃步进思想引入到压电耦合场的 PIM 法仿真中，使得可以实现由上个时间步的 $\boldsymbol{v},\boldsymbol{H}$ 来求下个时间步的 $\boldsymbol{E},\boldsymbol{T}$，再由现在所得的 $\boldsymbol{E},\boldsymbol{T}$ 来求这个时间步的 $\boldsymbol{v},\boldsymbol{H}$。

设压电耦合场进行仿真的时间步长为 η，则压电耦合场的一阶微分方程组(6.60)的传递矩阵为

$$\boldsymbol{T}_{\mathrm{PIM}} = \exp(\boldsymbol{A}\eta) \tag{6.61}$$

而压电耦合场的不同时间步的场值可以由下面式子依次得到：

$$\boldsymbol{G}[(k+1)\eta] = \boldsymbol{T}_{\mathrm{PIM}}\boldsymbol{G}(k\eta), \quad k = 0,1,2,\cdots \tag{6.62}$$

由于 $\boldsymbol{G}(k\eta)$包含的是第 k 个时间步的 $\boldsymbol{v},\boldsymbol{H},\boldsymbol{E},\boldsymbol{T}$ 的值，而 $\boldsymbol{G}((k+1)\eta)$包含的是第 $k+1$个时间步的 $\boldsymbol{v},\boldsymbol{H},\boldsymbol{E},\boldsymbol{T}$ 的值，所以从式(6.62)可以十分直观地看到 $\boldsymbol{G}$ 中的当前时间步的$\boldsymbol{v},\boldsymbol{H},\boldsymbol{E},\boldsymbol{T}$ 都是由上一个时间步的 $\boldsymbol{v},\boldsymbol{H},\boldsymbol{E},\boldsymbol{T}$ 的值来求得的。而没有能够做到像 FDTD 方法的时间步蛙跃步进那样，先由上个时间步的 $\boldsymbol{v},\boldsymbol{H}$ 值来得到这个时间步的 $\boldsymbol{E},\boldsymbol{T}$ 值，再由现在所得的 $\boldsymbol{E},\boldsymbol{T}$ 值来求这个时间步的$\boldsymbol{v},\boldsymbol{H}$ 值。

为了能够把 FDTD 方法中的蛙跃步进的思想应用于 PIM 法，令

$$\begin{cases}\boldsymbol{A}_{L1} = \displaystyle\sum_{k=2}^{M-1}\boldsymbol{A}_{L1x}(\boldsymbol{I}_{15M,k,k+1} - \boldsymbol{I}_{15M,k,k}) \\ \boldsymbol{A}_{L2} = \displaystyle\sum_{k=2}^{M}\boldsymbol{A}_{L2x}(\boldsymbol{I}_{15M,k,k} - \boldsymbol{I}_{15M,k,k-1})\end{cases} \tag{6.63}$$

则压电耦合场构造的一阶微分方程组中的 $\boldsymbol{A}$ 矩阵，即式(6.58)可以表示为

$$\boldsymbol{A} = \boldsymbol{A}_{L1} + \boldsymbol{A}_{L2} \tag{6.64}$$

而且可以看到，其实式(6.63)中的矩阵 $\boldsymbol{A}_{L1}$ 相当于方程组(6.46)的前半部分扩展成整个空间点时的情况，每个点都是由 $\boldsymbol{E},\boldsymbol{T}$ 求 $\boldsymbol{v},\boldsymbol{H}$，即

$$\frac{\partial}{\partial t}\begin{bmatrix}\boldsymbol{v}_k\\\boldsymbol{H}_k\\\boldsymbol{E}_k\\\boldsymbol{T}_k\end{bmatrix} = \boldsymbol{r}_{ij}\frac{1}{\Delta x}\begin{bmatrix}\boldsymbol{0} & L_{1x}\\\boldsymbol{0} & \boldsymbol{0}\end{bmatrix}\left(\begin{bmatrix}\boldsymbol{v}_{k+1}\\\boldsymbol{H}_{k+1}\\\boldsymbol{E}_{k+1}\\\boldsymbol{T}_{k+1}\end{bmatrix} - \begin{bmatrix}\boldsymbol{v}_k\\\boldsymbol{H}_k\\\boldsymbol{E}_k\\\boldsymbol{T}_k\end{bmatrix}\right), \quad k = 1,2,\cdots,M-1 \tag{6.65}$$

同样的，其实式(6.63)中的矩阵 $\boldsymbol{A}_{L2}$ 相当于方程组(6.46)的后半部分扩展成整个空间点时的情况，每个点都是由 $\boldsymbol{v},\boldsymbol{H}$ 求 $\boldsymbol{E},\boldsymbol{T}$，即

$$\frac{\partial}{\partial t}\begin{bmatrix}\boldsymbol{v}_k\\\boldsymbol{H}_k\\\boldsymbol{E}_k\\\boldsymbol{T}_k\end{bmatrix} = \boldsymbol{r}_{ij}\frac{1}{\Delta x}\begin{bmatrix}\boldsymbol{0} & \boldsymbol{0}\\L_{2x} & \boldsymbol{0}\end{bmatrix}\left(\begin{bmatrix}\boldsymbol{v}_k\\\boldsymbol{H}_k\\\boldsymbol{E}_k\\\boldsymbol{T}_k\end{bmatrix} - \begin{bmatrix}\boldsymbol{v}_{k-1}\\\boldsymbol{H}_{k-1}\\\boldsymbol{E}_{k-1}\\\boldsymbol{T}_{k-1}\end{bmatrix}\right), \quad k = 2,3,\cdots,M \tag{6.66}$$

则令初始迭代矩阵 $\boldsymbol{T}_a$ 为

$$\boldsymbol{T}_a = \boldsymbol{T}_{a1} + \boldsymbol{T}_{a2} + \boldsymbol{T}_{a1}\cdot\boldsymbol{T}_{a2} \tag{6.67}$$

式中

$$\begin{cases}\boldsymbol{T}_{a1} = (\boldsymbol{A}_{L1}\tau) + (\boldsymbol{A}_{L1}\tau)^2/2 + (\boldsymbol{A}_{L1}\tau)^3/6 + (\boldsymbol{A}_{L1}\tau)^4/24 \approx \exp(\boldsymbol{A}_{L1}\tau)\\ \boldsymbol{T}_{a2} = (\boldsymbol{A}_{L2}\tau) + (\boldsymbol{A}_{L2}\tau)^2/2 + (\boldsymbol{A}_{L2}\tau)^3/6 + (\boldsymbol{A}_{L2}\tau)^4/24 \approx \exp(\boldsymbol{A}_{L2}\tau)\end{cases} \tag{6.68}$$

所以有

$$\boldsymbol{I}_{15M}+\boldsymbol{T}_a=(\boldsymbol{I}_{15M}+\boldsymbol{T}_{a1})\cdot(\boldsymbol{I}_{15M}+\boldsymbol{T}_{a2}) \tag{6.69}$$

在精细时间步长下，不同时间步的值可以通过下式依次计算得到：

$$\begin{aligned}\boldsymbol{G}[(k+1)\tau]&=(\boldsymbol{I}_{15M}+\boldsymbol{T}_{a1}+\boldsymbol{T}_{a2}+\boldsymbol{T}_{a1}\times\boldsymbol{T}_{a2})\boldsymbol{G}(k\tau)\\&=(\boldsymbol{I}_{15M}+\boldsymbol{T}_{a1})\cdot(\boldsymbol{I}_{15M}+\boldsymbol{T}_{a2})\boldsymbol{G}(k\tau)\\&\approx\exp(\boldsymbol{A}_{L1}\tau)\cdot\exp(\boldsymbol{A}_{L2}\tau)\boldsymbol{G}(k\tau),\quad k=0,1,2,\cdots\end{aligned} \tag{6.70}$$

可以看到在式(6.70)中，$\exp(\boldsymbol{A}_{L2}\tau)\boldsymbol{G}(k\tau)$为由上个精细时间步的$\boldsymbol{v}$,$\boldsymbol{H}$求这个精细时间步的$\boldsymbol{E}$,$\boldsymbol{T}$，而$\exp(\boldsymbol{A}_{L2}\tau)\boldsymbol{G}(k\tau)$所得结果再左乘矩阵$\exp(\boldsymbol{A}_{L1}\tau)$，就相当于由这个精细时间步的计算所得的$\boldsymbol{E}$,$\boldsymbol{T}$求这个精细时间步的$\boldsymbol{v}$,$\boldsymbol{H}$，从而达到了半时间步蛙跃步进前进的目的。

上述过程在精细时间步长的基础上进行，再利用式(6.14)和式(6.15)，就可以由式(6.67)中的初始迭代矩阵$\boldsymbol{T}_a$来求得时间步长η上的传递矩阵$\boldsymbol{T}_{\mathrm{PIM}}$，然后通过时间步步进后就可以依次得到不同时间步的数值解了，并且在步进过程中运用了 FDTD 方法的蛙跃步进的思想。

6.7 PIM 法中完全匹配层的设置

由于受到计算机计算条件的限制，对于一些开域问题，必须把它们截断在有限域内进行计算，所以 PIM 法在仿真压电耦合场的过程中，也有必要采用吸收边界条件来截断开域使计算空间成为有限空间。同样，在 PIM 法仿真压电耦合场的过程中，如同前面的 FDTD 方法仿真压电耦合场一样，也采用完全匹配层作为吸收边界条件，使得能够在较小空间仿真开域问题。

这一节旨在把完全匹配层的思想引入到 PIM 法的压电耦合场仿真中，同时保持利用 FDTD 方法时间步上蛙跃步进的思想。

一维压电耦合场的完全匹配层划分参见第五章内容。划分空间为M个点，两边各有M_{PML}层完全匹配层，或者说：1 到M_{PML}点和$M-M_{\mathrm{PML}}+1$到M点为完全匹配层，其他部分为主域。

一维压电耦合场在完全匹配层中的方程组为

$$\frac{\partial}{\partial t}\begin{bmatrix}\boldsymbol{\rho}&\boldsymbol{0}\\\boldsymbol{0}&\boldsymbol{\mu}\end{bmatrix}\begin{bmatrix}\boldsymbol{v}\\\boldsymbol{H}\end{bmatrix}=\frac{1}{a_x}\frac{\partial}{\partial x}L_{1x}\begin{bmatrix}\boldsymbol{E}\\\boldsymbol{T}\end{bmatrix}-\frac{\omega_x}{a_x}\begin{bmatrix}\boldsymbol{v}\\\boldsymbol{H}\end{bmatrix} \tag{6.71}$$

$$\frac{\partial}{\partial t}\begin{bmatrix}\boldsymbol{e}^T&\boldsymbol{d}\\\boldsymbol{d}'&\boldsymbol{s}^E\end{bmatrix}\begin{bmatrix}\boldsymbol{E}\\\boldsymbol{T}\end{bmatrix}=\frac{1}{a_x}\frac{\partial}{\partial x}L_{2x}\begin{bmatrix}\boldsymbol{v}\\\boldsymbol{H}\end{bmatrix}-\frac{\omega_x}{a_x}\begin{bmatrix}\boldsymbol{E}\\\boldsymbol{T}\end{bmatrix} \tag{6.72}$$

保留式(6.71)中对时间的偏导，而用有限差分法离散对空间的偏导，可以得到空间一点的一个一阶微分方程组

$$\frac{\partial}{\partial t}\begin{bmatrix}\boldsymbol{v}_k\\\boldsymbol{H}_k\\\boldsymbol{E}_k\\\boldsymbol{T}_k\end{bmatrix}=\frac{1}{a_x\Delta x}\boldsymbol{r}_{ij}\begin{bmatrix}\boldsymbol{0}&L_{1x}\\\boldsymbol{0}&\boldsymbol{0}\end{bmatrix}\left(\begin{bmatrix}\boldsymbol{v}_{k+1}\\\boldsymbol{H}_{k+1}\\\boldsymbol{E}_{k+1}\\\boldsymbol{T}_{k+1}\end{bmatrix}-\begin{bmatrix}\boldsymbol{v}_k\\\boldsymbol{H}_k\\\boldsymbol{E}_k\\\boldsymbol{T}_k\end{bmatrix}\right)-\frac{\omega_x}{a_x}\begin{bmatrix}\boldsymbol{v}_k\\\boldsymbol{H}_k\\\boldsymbol{0}\\\boldsymbol{0}\end{bmatrix} \tag{6.73}$$

$$k=1,2,\cdots,M_{\mathrm{PML}},(M-M_{\mathrm{PML}}+1),(M-M_{\mathrm{PML}}+2),\cdots,M-1$$

同样,保留式(6.72)中对时间的偏导,而离散对空间的偏导,可以得到空间一点的一个一阶微分方程组

$$\frac{\partial}{\partial t}\begin{bmatrix}\boldsymbol{v}_k\\\boldsymbol{H}_k\\\boldsymbol{E}_k\\\boldsymbol{T}_k\end{bmatrix}=\frac{1}{a_x\Delta x}\boldsymbol{r}_{ij}\begin{bmatrix}\boldsymbol{0}&\boldsymbol{0}\\L_{2x}&\boldsymbol{0}\end{bmatrix}\left(\begin{bmatrix}\boldsymbol{v}_k\\\boldsymbol{H}_k\\\boldsymbol{E}_k\\\boldsymbol{T}_k\end{bmatrix}-\begin{bmatrix}\boldsymbol{v}_{k-1}\\\boldsymbol{H}_{k-1}\\\boldsymbol{E}_{k-1}\\\boldsymbol{T}_{k-1}\end{bmatrix}\right)-\frac{\omega_x}{a_x}\begin{bmatrix}\boldsymbol{0}\\\boldsymbol{0}\\\boldsymbol{E}_k\\\boldsymbol{T}_k\end{bmatrix}\tag{6.74}$$

$$k=2,\cdots,M_{\mathrm{PML}},(M-M_{\mathrm{PML}}+1),(M-M_{\mathrm{PML}}+2),\cdots,M$$

从式(6.47)中对 $\boldsymbol{G}$ 的定义可以看到,完全匹配层中的场值的信息包含在这个列向量的第 1 行到 $15M_{\mathrm{PML}}$ 行和第 $15(M-M_{\mathrm{PML}})+1$ 行到 $15M$ 行。

为了把完全匹配层引入到 PIM 法的压电耦合场仿真中,就需要修改式(6.63)中的矩阵 $\boldsymbol{A}_{L1}$ 和 $\boldsymbol{A}_{L2}$ 的定义。对于主域中的场点,仍然采用式(6.46)来得到 $\boldsymbol{A}_{L1}$ 和 $\boldsymbol{A}_{L2}$ 中对应于主域场点的部分;而对于完全匹配层中的场点,就要采用式(6.73)和式(6.74)来得到 $\boldsymbol{A}_{L1}$ 和 $\boldsymbol{A}_{L2}$ 中相应的部分。即,修改式(6.73)中对 $\boldsymbol{A}_{L1}$ 和 $\boldsymbol{A}_{L2}$ 的定义为

$$\begin{aligned}\boldsymbol{A}_{L1}=\boldsymbol{A}_{L1x}\cdot\Bigg[&\sum_{k=1}^{M_{\mathrm{PML}}}\left(\frac{1}{a_x}\boldsymbol{I}_{15M,k,k+1}-\frac{1}{a_x}\boldsymbol{I}_{15M,k,k}-\frac{\omega_x}{a_x}\boldsymbol{I}'_{15M,k,k}\right)\\&+\sum_{k=M_{\mathrm{PML}+1}}^{M-M_{\mathrm{PML}}}(\boldsymbol{I}_{15M,k,k+1}-\boldsymbol{I}_{15M,k,k})\\&+\sum_{k=M-M_{\mathrm{PML}}+1}^{M-1}\left(\frac{1}{a_x}\boldsymbol{I}_{15M,k,k+1}-\frac{1}{a_x}\boldsymbol{I}_{15M,k,k}-\frac{\omega_x}{a_x}\boldsymbol{I}'_{15M,k,k}\right)\Bigg]\end{aligned}\tag{6.75}$$

$$\begin{aligned}\boldsymbol{A}_{L2}=\boldsymbol{A}_{L2x}\cdot\Bigg[&\sum_{k=2}^{M_{\mathrm{PML}}}\left(\frac{1}{a_x}\boldsymbol{I}_{15M,k,k}-\frac{1}{a_x}\boldsymbol{I}_{15M,k,k-1}-\frac{\omega_x}{a_x}\boldsymbol{I}''_{15M,k,k}\right)\\&+\sum_{k=M_{\mathrm{PML}}+1}^{M-M_{\mathrm{PML}}}(\boldsymbol{I}_{15M,k,k}-\boldsymbol{I}_{15M,k,k-1})\\&+\sum_{k=M-M_{\mathrm{PML}}+1}^{M}\left(\frac{1}{a_x}\boldsymbol{I}_{15M,k,k}-\frac{1}{a_x}\boldsymbol{I}_{15M,k,k-1}-\frac{\omega_x}{a_x}\boldsymbol{I}''_{15M,k,k}\right)\Bigg]\end{aligned}\tag{6.76}$$

式中,$\boldsymbol{I}'_{l,m,n}$ 表示一个 $l\times l$ 的矩阵,且它仅有一个行从 $15(m-1)+1$ 到 $15(m-1)+6$、列从 $15(n-1)+1$ 到 $15(n-1)+6$ 的子矩阵为单位阵,其余元素均为零,即可以表示为

$$\boldsymbol{I}'_{l,m,n}=\sum_{k=1}^{6}\boldsymbol{e}_{15M,15(m-1)+k}\boldsymbol{e}^{\mathrm{T}}_{15M,15(n-1)+k}\tag{6.77}$$

而 $\boldsymbol{I}''_{l,m,n}$ 表示一个 $l\times l$ 的矩阵,且它仅有一个行从 $15(m-1)+7$ 到 $15(m-1)+15$、列从 $15(n-1)+7$ 到 $15(n-1)+15$ 的子矩阵为单位阵,其余元素均为零,即可以表示为

$$\boldsymbol{I}''_{l,m,n}=\sum_{k=7}^{15}\boldsymbol{e}_{15M,15(m-1)+k}\boldsymbol{e}^{\mathrm{T}}_{15M,15(n-1)+k}\tag{6.78}$$

把式(6.75)和式(6.76)代入到式(6.78),然后进行 PIM 法的计算就可以在 PIM 法仿真压电耦合场的过程中引入完全匹配层了。

6.8 PIM 法仿真压电耦合场

为了对压电耦合场(6.43)进行仿真，同时为了将时间步蛙跃步进应用到 PIM 法中，在单个时间步内，先应用式(6.66)，通过上个时间步的 $\boldsymbol{v}$，$\boldsymbol{H}$ 求这个时间步的 $\boldsymbol{E}$，$\boldsymbol{T}$，再在这个时间步应用式(6.65)，通过这个时间步计算所得的 $\boldsymbol{E}$，$\boldsymbol{T}$ 来求这个时间步的 $\boldsymbol{v}$，$\boldsymbol{H}$，由于压电耦合场(6.43)中在粒子速度场 $\boldsymbol{v}$ 上加入了源，所以还需要修改式(6.65)成为加源的形式

$$\frac{\partial}{\partial t}\begin{bmatrix}\boldsymbol{v}_k\\ \boldsymbol{H}_k\\ \boldsymbol{E}_k\\ \boldsymbol{T}_k\end{bmatrix}=\boldsymbol{r}_{ij}\frac{1}{\Delta x}\begin{bmatrix}\boldsymbol{0} & L_{1x}\\ \boldsymbol{0} & \boldsymbol{0}\end{bmatrix}\left(\begin{bmatrix}\boldsymbol{v}_{k+1}\\ \boldsymbol{H}_{k+1}\\ \boldsymbol{E}_{k+1}\\ \boldsymbol{T}_{k+1}\end{bmatrix}-\begin{bmatrix}\boldsymbol{v}_k\\ \boldsymbol{H}_k\\ \boldsymbol{E}_k\\ \boldsymbol{T}_k\end{bmatrix}\right)+\begin{bmatrix}\boldsymbol{F}_k/\rho\\ \boldsymbol{0}\\ \boldsymbol{0}\\ \boldsymbol{0}\end{bmatrix},\quad k=1,2,\cdots,M-1 \tag{6.79}$$

设空间步长为 Δx，把空间划分成 M 个网格空间，扩展式(6.79)和式(6.66)可以得到状态变量为整个空间所有场值的一阶微分方程组[1]

$$\frac{\partial}{\partial t}\boldsymbol{G}=\boldsymbol{A}_{L1}G+\boldsymbol{F}_a \tag{6.80}$$

$$\frac{\partial}{\partial t}\boldsymbol{G}=\boldsymbol{A}_{L2}\boldsymbol{G} \tag{6.81}$$

式中，$\boldsymbol{F}_a$ 同式(6.49)中的 $\boldsymbol{F}_a$，而 $\boldsymbol{A}_{L1}$ 和 $\boldsymbol{A}_{L2}$ 如式(6.63)所示。

为了能够在应用 PIM 法求解的同时避免矩阵求逆，需要化解非齐次微分方程组(6.80)为齐次微分方程组，即需要应用增维 PIM 法。引入变量 $x_{15M+1}\equiv 1$ 和方程 $\dot{x}_{15M+1}=0$，则有式(6.80)可以得到

$$\frac{\partial}{\partial t}\boldsymbol{Y}=\frac{\partial}{\partial t}\begin{bmatrix}\boldsymbol{G}\\ x_{15M+1}\end{bmatrix}=\frac{\partial}{\partial t}\begin{bmatrix}\boldsymbol{G}\\ 1\end{bmatrix}=\begin{bmatrix}\boldsymbol{A}_{L1} & \boldsymbol{F}_a\\ \boldsymbol{0} & 0\end{bmatrix}\begin{bmatrix}\boldsymbol{G}\\ x_{15M+1}\end{bmatrix}=\boldsymbol{H}_1\boldsymbol{Y} \tag{6.82}$$

式中，$\boldsymbol{Y}$ 是一个 $15M+1$ 维的列向量，而 $\boldsymbol{H}_1$ 是一个 $(15M+1)\times(15M+1)$ 的矩阵，它们的值分别为

$$\boldsymbol{Y}=\begin{bmatrix}\boldsymbol{G}\\ x_{15M+1}\end{bmatrix}=\begin{bmatrix}\boldsymbol{G}\\ 1\end{bmatrix} \tag{6.83}$$

$$\boldsymbol{H}_1=\begin{bmatrix}\boldsymbol{A}_{L1} & \boldsymbol{F}_a\\ \boldsymbol{0} & 0\end{bmatrix} \tag{6.84}$$

为了使由式(6.81)扩展成的关于整个空间所有场值的一阶微分方程的状态变量，可以和式(6.82)的状态变量相匹配，也需要化式(6.81)的状态变量为 $\boldsymbol{Y}$，则由式(6.81)可以得到

$$\frac{\partial}{\partial t}\boldsymbol{Y}=\begin{bmatrix}\boldsymbol{A}_{L2} & \boldsymbol{0}\\ \boldsymbol{0} & 0\end{bmatrix}\begin{bmatrix}\boldsymbol{G}\\ x_{15M+1}\end{bmatrix}=\boldsymbol{H}_2\boldsymbol{Y} \tag{6.85}$$

式中，$\boldsymbol{H}_2$ 是一个 $(15M+1)\times(15M+1)$ 的矩阵

$$\boldsymbol{H}_2=\begin{bmatrix}\boldsymbol{A}_{L2} & \boldsymbol{0}\\ \boldsymbol{0} & 0\end{bmatrix} \tag{6.86}$$

取定时间步长为 η，则精细时间步长为 $\tau=\eta/1\ 048\ 576$，则由式(6.67)可以得到在压电耦合场的 PIM 法求解过程中引入蛙跃步进思想的初始迭代矩阵为

$$\begin{cases}\boldsymbol{T}_a=\boldsymbol{T}_{a1}+\boldsymbol{T}_{a2}+\boldsymbol{T}_{a1}\times\boldsymbol{T}_{a2}\\ \boldsymbol{T}_{a1}=(\boldsymbol{H}_1\tau)+(\boldsymbol{H}_1\tau)^2/2+(\boldsymbol{H}_1\tau)^3/6+(\boldsymbol{H}_1\tau)^4/24\\ \boldsymbol{T}_{a2}=(\boldsymbol{H}_2\tau)+(\boldsymbol{H}_2\tau)^2/2+(\boldsymbol{H}_2\tau)^3/6+(\boldsymbol{H}_2\tau)^4/24\end{cases}\tag{6.87}$$

把式(6.84)代入到式(6.87)中关于 $\boldsymbol{T}_{a1}$ 的定义中，整理后可以得到

$$\boldsymbol{T}_{a1}=\begin{bmatrix}(\boldsymbol{A}_{L1}\tau)+(\boldsymbol{A}_{L1}\tau)^2/2+(\boldsymbol{A}_{L1}\tau)^3/6 & (\boldsymbol{I}_{15M}+(\boldsymbol{A}_{L1}\tau)/2+(\boldsymbol{A}_{L1}\tau)^2/6\\ +(\boldsymbol{A}_{L1}\tau)^4/24 & +(\boldsymbol{A}_{L1}\tau)^3/24)\boldsymbol{F}_a\\ \boldsymbol{0} & 0\end{bmatrix}\tag{6.88}$$

把式(6.86)代入到式(6.87)中关于 $\boldsymbol{T}_{a2}$ 的定义中，整理后可以得到

$$\boldsymbol{T}_{a2}=\begin{bmatrix}(\boldsymbol{A}_{L2}\tau)+(\boldsymbol{A}_{L2}\tau)^2/2+(\boldsymbol{A}_{L2}\tau)^3/6+(\boldsymbol{A}_{L2}\tau)^4/24 & \boldsymbol{0}\\ \boldsymbol{0} & 0\end{bmatrix}\tag{6.89}$$

则由式(6.87)～(6.89)可以得到

$$\begin{aligned}\boldsymbol{T}_a&=\boldsymbol{T}_{a1}+\boldsymbol{T}_{a2}+\boldsymbol{T}_{a1}\times\boldsymbol{T}_{a2}\\ &=\begin{bmatrix}(\boldsymbol{A}_{L1}\tau)+(\boldsymbol{A}_{L1}\tau)^2/2+(\boldsymbol{A}_{L1}\tau)^3/6+(\boldsymbol{A}_{L1}\tau)^4/24 & \\ +(\boldsymbol{A}_{L2}\tau)+(\boldsymbol{A}_{L2}\tau)^2/2+(\boldsymbol{A}_{L2}\tau)^3/6+(\boldsymbol{A}_{L2}\tau)^4/24 & (\boldsymbol{I}_{15M}+(\boldsymbol{A}_{L1}\tau)/2+(\boldsymbol{A}_{L1}\tau)^2/6\\ +((\boldsymbol{A}_{L1}\tau)+(\boldsymbol{A}_{L1}\tau)^2/2+(\boldsymbol{A}_{L1}\tau)^3/6+(\boldsymbol{A}_{L1}\tau)^4/24) & +(\boldsymbol{A}_{L1}\tau)^3/24)\boldsymbol{F}_a\tau\\ \times((\boldsymbol{A}_{L2}\tau)+(\boldsymbol{A}_{L2}\tau)^2/2+(\boldsymbol{A}_{L2}\tau)^3/6+(\boldsymbol{A}_{L2}\tau)^4/24) & \\ \boldsymbol{0} & 0\end{bmatrix}\end{aligned}\tag{6.90}$$

令

$$\begin{aligned}\boldsymbol{A}_0=&(\boldsymbol{A}_{L1}\tau)+(\boldsymbol{A}_{L1}\tau)^2/2+(\boldsymbol{A}_{L1}\tau)^3/6+(\boldsymbol{A}_{L1}\tau)^4/24\\ &+(\boldsymbol{A}_{L2}\tau)+(\boldsymbol{A}_{L2}\tau)^2/2+(\boldsymbol{A}_{L2}\tau)^3/6+(\boldsymbol{A}_{L2}\tau)^4/24\\ &+((\boldsymbol{A}_{L1}\tau)+(\boldsymbol{A}_{L1}\tau)^2/2+(\boldsymbol{A}_{L1}\tau)^3/6+(\boldsymbol{A}_{L1}\tau)^4/24)\\ &\times((\boldsymbol{A}_{L2}\tau)+(\boldsymbol{A}_{L2}\tau)^2/2+(\boldsymbol{A}_{L2}\tau)^3/6+(\boldsymbol{A}_{L2}\tau)^4/24)\end{aligned}\tag{6.91}$$

$$\boldsymbol{B}=\boldsymbol{I}_{15M}+(\boldsymbol{A}_{L1}\tau)/2+(\boldsymbol{A}_{L1}\tau)^2/6+(\boldsymbol{A}_{L1}\tau)^3/24\tag{6.92}$$

$$\boldsymbol{F}_{ak}=\boldsymbol{F}_a(k\eta)\tag{6.93}$$

则可以得到第 k 个时间步的初始迭代矩阵为

$$\boldsymbol{T}_{ak}=\begin{bmatrix}\boldsymbol{A}_0 & \boldsymbol{B}\boldsymbol{F}_{ak}\tau\\ \boldsymbol{0} & 0\end{bmatrix}\tag{6.94}$$

式中，$\boldsymbol{T}_{ak}$ 的下标中的 k 表示第 k 个时间步。

可以看到，当确定时间步长和空间步长后，式(6.84)中的 $\boldsymbol{A}_0$，$\boldsymbol{B}$，τ 是定常的，但是不同时间步的源 $\boldsymbol{F}_{ak}$ 是变化的，所以源的加入，使不同的时间步的 PIM 法的初始迭代矩阵不同，这样在 PIM 法的求解过程中，就会要求每个时间步都做 20 次的矩阵加法和矩阵乘法，从而使求解的时间大大增加，所以有必要在仿真过程中引入分块增维 PIM 法，使得在用 PIM 法仿真加源的压电耦合场组时每个时间步仅仅需要做一次矩阵-向量乘法，从而提高效率。参照 6.3 节，令[1]

$$\begin{cases} \boldsymbol{A}_1 = 2\boldsymbol{A}_0 + \boldsymbol{A}_0 \times \boldsymbol{A}_0 \\ \boldsymbol{A}_2 = 2\boldsymbol{A}_1 + \boldsymbol{A}_1 \times \boldsymbol{A}_1 \\ \boldsymbol{A}_3 = 2\boldsymbol{A}_2 + \boldsymbol{A}_2 \times \boldsymbol{A}_2 \\ \cdots \\ \boldsymbol{A}_{k+1} = 2\boldsymbol{A}_k + \boldsymbol{A}_k \times \boldsymbol{A}_k \\ \cdots \\ \boldsymbol{A}_{20} = 2\boldsymbol{A}_{19} + \boldsymbol{A}_{19} \times \boldsymbol{A}_{19} \end{cases} \tag{6.95}$$

由式(6.35)可以得到 20 次迭代后的矩阵为

$$\boldsymbol{T}_a k = \begin{bmatrix} \boldsymbol{A}_{20} & (2\boldsymbol{I}_n + \boldsymbol{A}_{19})(2\boldsymbol{I}_n + \boldsymbol{A}_{18})\cdots(2\boldsymbol{I}_n + \boldsymbol{A}_1)(2\boldsymbol{I}_n + \boldsymbol{A}_a)\boldsymbol{B}\boldsymbol{f}_k\tau \\ \boldsymbol{0} & 0 \end{bmatrix} \tag{6.96}$$

然后再做

$$\boldsymbol{T}_{\mathrm{PIM},k} = \boldsymbol{I}_{15M+1} + \boldsymbol{T}_{ak} \tag{6.97}$$

就可以得到第 k 个时间步的传递矩阵 $\boldsymbol{T}_{\mathrm{PIM},k}$ 了，并且每个时间步仅仅只需要求一次矩阵 $(2\boldsymbol{I}_n+\boldsymbol{A}_{19})(2\boldsymbol{I}_n+\boldsymbol{A}_{18})\cdots(2\boldsymbol{I}_n+\boldsymbol{A}_1)(2\boldsymbol{I}_n+\boldsymbol{A}_a)\boldsymbol{B}\tau$ 与向量 $\boldsymbol{f}_k$ 的乘法就可以了。在求得不同时间步的传递矩阵 $\boldsymbol{T}_{\mathrm{PIM},k}$ 后，就可以依次得到不同时间步的场值了。

$$\boldsymbol{Y}_1 = \boldsymbol{T}_{\mathrm{PIM},1}\boldsymbol{Y}_0,\quad \boldsymbol{Y}_2 = \boldsymbol{T}_{\mathrm{PIM},2}\boldsymbol{Y}_1,\quad \boldsymbol{Y}_3 = \boldsymbol{T}_{\mathrm{PIM},3}\boldsymbol{Y}_2,\quad \cdots,\quad \boldsymbol{Y}_{K+1} = \boldsymbol{T}_{\mathrm{PIM},k+1}\boldsymbol{Y}_k,\quad \cdots \tag{6.98}$$

上面的分析过程中，没有加入完全匹配层，下面介绍压电耦合场的 PIM 法仿真的过程中完全匹配层的加入。完全匹配层划分可参见第五章的相关论述，假设取定空间步长后，一维压电耦合场被划分成 M 个点，而一维场的两端各有 M_{PML} 个完全匹配层。则只要在本节前面部分求解传递矩阵 $\boldsymbol{T}_{\mathrm{PIM},k}$ 的过程中，设置矩阵 $\boldsymbol{A}_{L1}$，$\boldsymbol{A}_{L2}$ 如式(6.75)和式(6.76)所示，就可以在 PIM 法的计算过程中加入完全匹配层了。

取一维的压电耦合场的数值模型进行 PIM 法数值计算，并与 FDTD 方法的数值计算结果进行比较。

取压电材料为铌酸锂，取定空间步长为 0.03m，按照是(6.40)可以取定时间步长为

$$\eta = 512\Delta t \tag{6.99}$$

式中，Δt 为 FDTD 方法中按照 Courant 稳定性条件取定的时间步长，即现在 PIM 法运算一步，FDTD 方法要运算 512 步。仿真一高斯脉冲在 x 方向的一维场中的传播的问题，取定高斯源的参数为

$$\begin{cases} t_0 = 80\Delta t \\ \tau = 20\Delta t \end{cases} \tag{6.100}$$

取定空间网格数为 99，将高斯源加在 x 方向的中心点的粒子速度场 v_1 上，比较 FDTD 方法和 PIM 法的仿真结果[1]。

图 6.1 所示的是在不同时间步时空间中粒子速度场 v_1 的分布，其中 PIM 法采用的时间步长为 FDTD 方法的时间步长的 512 倍，即在图 6.1(a)中，FDTD 方法计算了 256 000个时间步，而 PIM 法计算了 500 个时间步，在(b)中，FDTD 方法计算了 409 600 个时间步，而 PIM 法计算了 800 个时间步。可以看到仿真相同的时间后，PIM 法的仿真结果与 FDTD 方法的仿真结果是十分接近的，但 PIM 法所需计算的时间步大大减少。

为了更直观地表现 PIM 法的精度，取场中一点，比较 FDTD 方法与 PIM 法不同时间步在该点的仿真值。图 6.2 所示的是离中心点 15 个空间步长处的点上的粒子速度场 v_1 在不同时间步的抽样值，分别用 PIM 法和 FDTD 方法仿真，总的仿真时间为 512 000Δt，

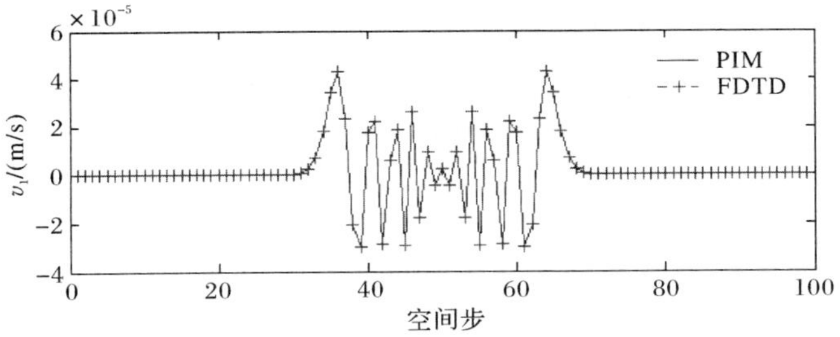

(a) 256 000Δt 时的 $\boldsymbol{v}_1$ 的场值分布

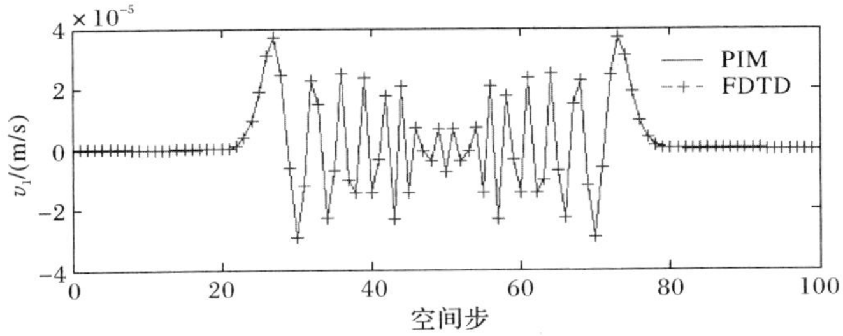

(b) 409 600Δt 时的 $\boldsymbol{v}_1$ 场值分布

图 6.1　PIM 和 FDTD 的仿真结果比较

即 FDTD 方法仿真 512 000 个时间步，而 PIM 法仿真 1000 个时间步，图 6.2(a)所示的是 PIM 法的仿真结果，(b)所示的是 FDTD 方法的仿真结果，通过比较，可以看到 PIM 法仿真具有 FDTD 方法的精度[1]。

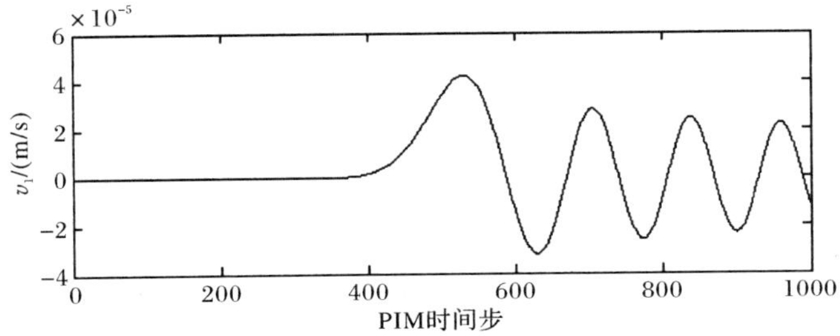

(a) PIM 法在不同时间步的仿真结果

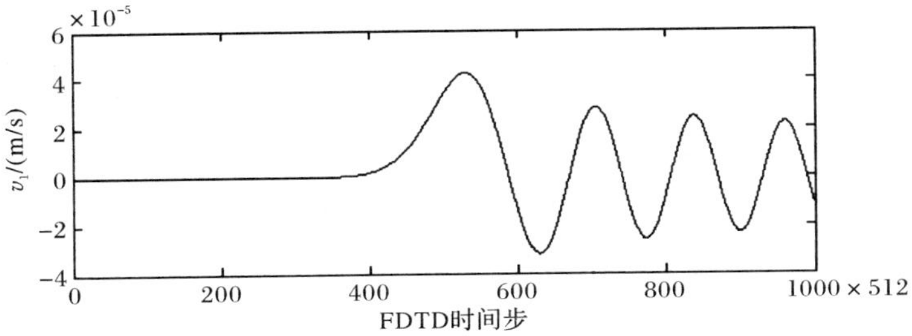

(b) FDTD 方法在不同时间步的仿真结果

图 6.2　场值 v_1 在不同时间步的仿真结果比较

由于 PIM 法采用的时间步长比较大，是 FDTD 方法的 512 倍，而且由于 PIM 法只需要一次性计算出 $\boldsymbol{T}_{\mathrm{PIM}}$ 矩阵就可以反复利用而达到步进的目的了，即使在加源情况下，每个时间步也只需要计算一次矩阵-向量乘法就可以了，而无需像 FDTD 方法那样在每个时间步都要对所有的空间点做反复的迭代，因此仿真相同的时间间隔，PIM 法所需要的仿真时间相比于 FDTD 方法将大大减少，当然由于 PIM 法一开始就涉及 20 次矩阵加法和矩阵乘法，因此当做较小时间间隔的仿真时，所需仿真时间会比 FDTD 方法多，但是当仿真的时间间隔增大时，PIM 法的优越性就体现出来了。如表 6.1 所示(在 P4，2.4G，操作系统为 Windows Xp，Matlab 6.0 上的仿真结果)[1]。

表 6.1　FDTD 与 PIM 法的仿真时效比较

空间步数	时间间隔	FDTD 方法仿真时间/s	PIM 法仿真时间/s
79	$10\times512\Delta t$	35.2650	145.3130
	$100\times512\Delta t$	2916.4380	146.8280
	$1000\times512\Delta t$	16.2304×10^3	156.7820
	$2000\times512\Delta t$	6.5742×10^3	166.8730
99	$10\times512\Delta t$	36.0620	287.6710
	$100\times512\Delta t$	361.6090	288.4840
	$1000\times512\Delta t$	16.6111×10^3	308.0160
	$2000\times512\Delta t$	7.2973×10^3	319.1480
119	$10\times512\Delta t$	416.5160	495.5790
	$100\times512\Delta t$	427.3750	498.7650
	$1000\times512\Delta t$	16.2813×10^3	526.1880
	$2000\times512\Delta t$	8.5142×10^3	5516.3420

为了展示完全匹配层在 PIM 法中的有效性，取一个 79 点的 x 方向一维网格空间，并且在两边各有 20 个完全匹配层，在中心点的粒子速度场 v_1 上加入高斯源，高斯源的参数如式(6.49)所示，而取 PIM 法的时间步长为 FDTD 方法的 512 倍(式(6.99))。在每个时间步抽样离中心点为 5 个空间步和离中心点为 10 个空间步处的粒子速度场 v_1 值，同时如 FDTD 方法一样，取一个较大的空间用 FDTD 方法精细仿真，当在截断边界处反射的波值没有影响到抽样点的值的时候，可以认为抽样点的值为开域的值。

图 6.3 所示的是在离中心点为 10 个空间步长处 v_1 的抽样结果的比较，其中(a)所示的是使用 PML 的 PIM 法的仿真结果，而(b)所示的是较大空间时使用 FDTD 方法仿真的结果，由于 PIM 法的时间步长为 FDTD 方法的 512 倍，为了进行等时间的比较，PIM 法仿真了 3000 个 PIM 法的时间步，而 FDTD 方法仿真了 1 536 000 个 FDTD 方法的时间步。同样，图 6.4 所示的是在离中心点为 5 个空间步长处 v_1 的时间抽样结果比较。可以看到使用 PML 层的 PIM 法，在小空间仿真时，具有开域的效果，即完全匹配层在 PIM 法上也可以得到较好的应用[1]。

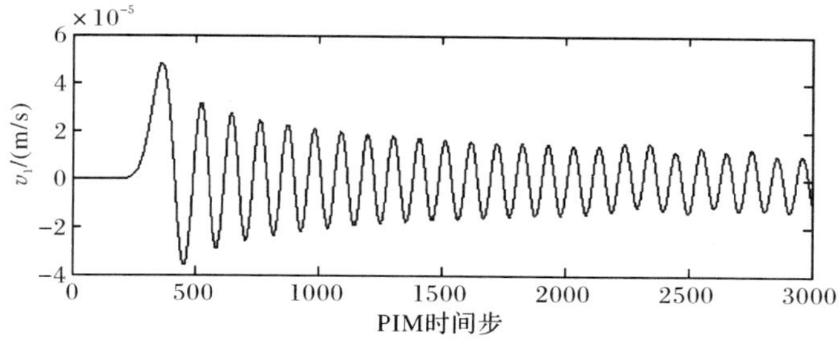

(a) 使用 PML 的 PIM 法仿真时间抽样

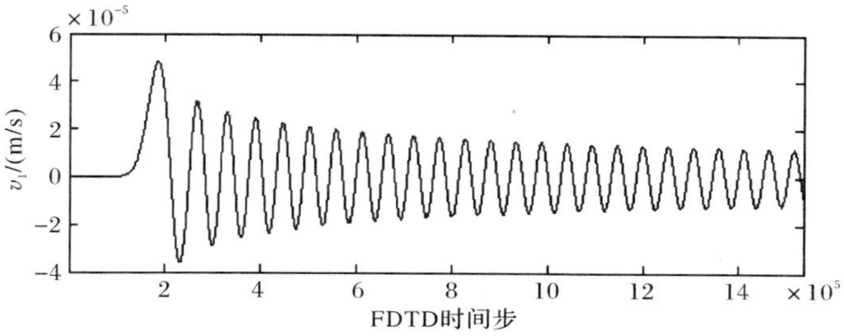

(b) 开域的 FDTD 方法仿真时间抽样

图 6.3 离中心源点为 10 个空步长处 v_1 的时间抽样结果比较

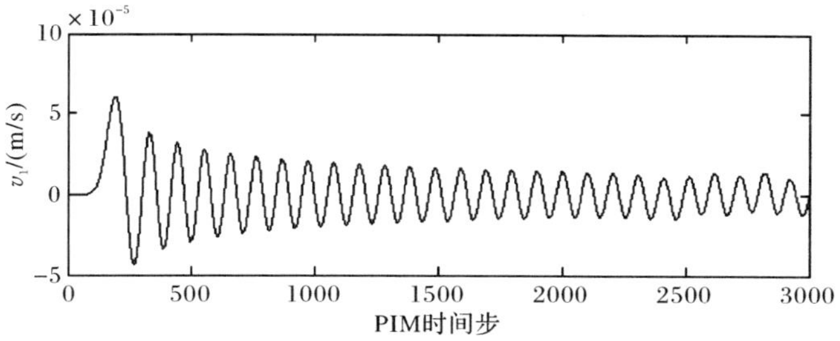

(a) 使用 PML 的 PIM 法仿真时间抽样

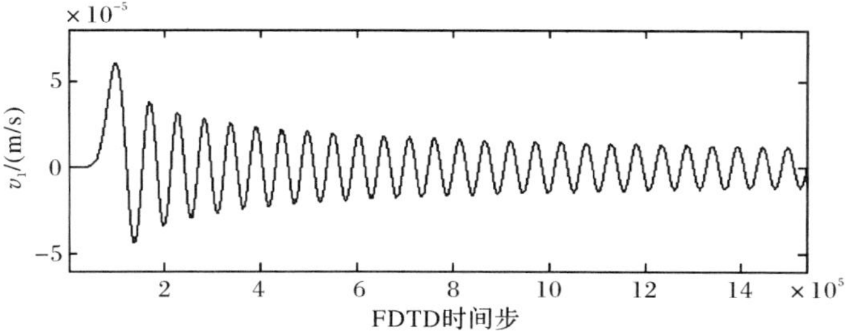

(b) FDTD 方法仿真时间抽样

图 6.4 离中心源点为 5 个空步长处 v_1 的时间抽样结果的比较

参考文献

[1] 杜铁钧. 压电固体时域有限差分格式的数值分析. 杭州：杭州的电子科技大学硕士学位论文，2005.
[2] 钟万勰. 结构动力方程的精细时程积分法. 大连理工大学学报，1994，34(2)：131～136.
[3] 钟万勰. 应用力学对偶体系. 北京：科学出版社，2002.
[4] 钟万勰. 暂态历程的精细计算方法. 计算结构力学及其应用，1995，12(1)：1～6.
[5] 向宇，黄玉盈，曾革委. 精细时程积分法的误差分析与精度设计. 计算力学学报，2002，19(3)：276～280.
[6] 钟万勰. 矩阵黎卡提方程的精细积分法. 计算结构力学及其应用，1994，11(2)：113～119.
[7] 钟万勰. 子域精细积分及偏微分方程数值解. 计算结构力学及其应用，1995，12(3)：253～260.
[8] 林家浩，钟万勰，张文首. 结构非平稳随机响应方差矩阵的直接精细积分计算. 振动工程学报，1999，12(1)：1～8.
[9] 唐旻，马西奎. 一种用于分析高速 VLSI 中频变互连线瞬态响应的精细积分法. 电子学报，2004，32(5)：788～790.
[10] 顾元宪，陈飚松，张洪武. 结构动力方程的增维精细积分法. 力学学报，2000，32(4)：447～456.
[11] Gu Y X，Chen B S，Zhang H W，et al. Precise time-integration method with dimensional expanding for structural dynamic equations. American Institute of Aeronautics and Astronautics，2001，39(12)：2394～2399.
[12] 张素英，邓子辰. 非线性动力方程的增维精细积分法. 计算力学学报，2003，20(4)：423～426.
[13] 赵丽滨，张建宇，王寿梅. 精细积分方法的稳定性和精度分析. 北京航空航天大学学报，2000，26(5)：569～573.
[14] Ren W. Perfectly matched layer in piezoelectric solids (unpublished manuscript)，2003.

第七章　生 活 随 笔

本章将我在生活中经历、感受、感悟的点点滴滴如实记录下来，感兴趣的读者可通过这些文字了解我生活中真实的一面，以便更深入地理解我的哲学思想的来源。因为哲学来源于生活，更得益于生活。本书第一卷第八章展现了国外中学生相关的生活世界，本章将向读者展示国内中学生的学习、生活、家庭等。哲学就是去生活。

7.1　女人与哲学

（一）

对于普通人而言，哲学是深奥、空洞、教条、无趣的。记得学生时代，哲学等同于政治，应付政治考试，全凭死记硬背。成人后偶尔看到哲学方面的书，尤其是西方哲学，翻译过来的文字好像绕口令，咬文嚼字、不通俗、难理解，也就没有继续读下去的兴趣。在普通人眼中，哲学是讲大道理，唱高调，与现实的生活相隔较远。近期在朋友的引荐下开始阅读一些通俗化、浅显易懂的哲学导论，逐渐体悟到一些乐趣和真谛。其实，哲学原理看似在书本里，实际无时无刻不存在于我们的生活中。生活就是哲学，但我们喜爱“诗意”的哲学！

2015 年 3 月 1 日

（二）

女人眼里的哲学，高深、神秘、枯燥。而女人天生感性、平凡、情感丰沛。因此，于女人看来，哲学无味、无情趣，甚至无用。当男人满世界煞费苦心探究哲学思想时，女人早已在生活中践行哲学真理。当哲学还在启示和讴歌爱的真谛时，女人已在恋爱、怀孕、生产、抚养孩子的过程中得到答案。如果说生活中充满了哲学，而女人已经在哲学中生活了。

女人不会在书桌前臆想哲学，而是在母子关系、夫妻关系、朋友关系、上下级关系、同事关系等一切生活角色所涉及的关系中，书写着哲学、充盈着哲学、发展着哲学、改变着哲学。女人虽躬身于生活，但女人的灵魂始终在直立行走。

绝大多数女人对哲学理论不感兴趣，而大多数哲学故事却与女人有关。女人对哲学原理知之甚少，但却关注着哲学家的故事。当头头是道的哲学理论，有时也让生活中的哲学家在现实问题上难以解惑、束手无策时，女人不免丝丝畅快。撩开“世人皆醉我独醒”的面纱，哲学家也有以己之矛不敌己盾的哑然。在许多故事里，终于看到一个个真实可爱却并不万能的哲学家，终究是人而不是神。

没有女人的哲学是无灵魂的，也正如没有些许哲学灵感的女人是不鲜活的一样。女人用眼耳口鼻甚至于指尖感触和感悟哲学，用心去聆听哲学，用行动去实践哲学，因而生活中的哲学更真实更实用。哲学关切着女人，女人回馈着哲学、分享着哲学、滋养着哲学。哲学与女人既独立又互存其中。因此，这既不损害哲学，更不损害女人。相辅相成，永恒不变！

2015 年 3 月 8 日

（三）

以下是我对黑格尔、周国平关于女人与哲学的回应。

周国平语录：

(1)学哲学是女人的不幸，更是哲学的不幸。

(2)女人啊，学了哲学，灵魂愈加深刻、绝望，也就是更痛苦了。（如果学哲学的终极就是更加绝望和痛苦，那么哲学还有积极的意义吗？我的观点）

(3)看到一个可爱的女子登上形而上学的悬崖，对着深渊落泪，我不禁心疼。

(4)我反对女人搞哲学，实出于一种怜香惜玉之心。（虽然多数女人对哲学不感兴趣，但并不是哲学就应排除女人。我的观点）

(5)坏的哲学使人枯燥，好的哲学使人痛苦，两者都损害女性之美。（显然是价值绑架，因为不同的人对所谓哲学的好坏评判不同。何谓损害？我的观点）

黑格尔说：

(1)女人可接受教育，但是她们无法企及一些更加高深的领域，比如哲学、先进科学和美学。

(2)女性天生的生理不适宜参加政治，女性只适合家庭角色。

我对周国平语录的回应：

(1)学哲学既不是女人的不幸，也不是哲学的不幸。

(2)哲学有各种各样的哲学，灵魂更加深刻是一定的，绝望或痛苦则未必。

(3)也可能一个可爱的女子登上形而上学的悬崖去思考，也会露出会心的微笑，因为她正在与一个又一个伟大的心灵对话。

(4)我不反对女人搞哲学，是因为女人有许多不同于男人的地方。而真正的哲学家只与世界有一个接触点，女人完全可以写出好的哲学著作，男人可以期待女人的哲学著作问世。

(5)坏的哲学催人奋进，好的哲学令人愉悦，两者都增强女性的美。

我对黑格尔两点评论的回应：

(1)可能黑格尔的话对大多数女性是对的，但这一论点同样适合于大多数男性，少数女性和少数男性都可企及高深的领域。

(2)在中国社会现实生活中，很少女性参加政治，我想这是由社会化历史性的政治制度造成的，女性参与政治的比例还不够高。但纵观历史，既下得了厨房又上得了厅堂的女性比比皆是。

两位哲学家对女人与哲学的见解，可以看出他们多多少少对女人搞哲学的歧视。如果将女人与哲学简单反转成哲学与女人，显然哲学包括女人作为哲学的一部分，而且通常情况下女人比男人更了解女人，所以至少在女性相关的哲学问题上，女人是更适合搞哲学的。当然值得一提的是，女人对男性哲学家也存在着歧视，泰勒斯家的女仆就曾质疑泰勒斯连家里的事都搞不明白，怎么可能搞得懂天上的事。客观地说，多数哲学家还是有一技之长的，比如泰勒斯就通过期货发了财，这说明哲学家也能处理好家里的事（哲学家想搞经济问题也搞得了）。因此，哲学与女人有着千丝万缕的联系，相融互生。

2016 年 11 月 26 日

7.2 感 怀

(一)苍山洱海说——游大理有感

连绵雄伟的苍山，矗立在浩瀚的洱海边。苍山洱海宛如一对恋人，奇遇情缘，永世相守。伟岸的苍山肩膻蓝天，遮风避雨；多情的洱海浅唱低吟，海纳百川。苍山坚实的臂膀环拥着洱海，洱海四季如春的润泽使苍山树木葱郁，山脊挺拔。醉人的更有那晨雾和夜幕之下，隐藏在山川之间低头的温柔。苍山和洱海的守候，胜过那丽江的邂逅，长久于蝴蝶泉边爱情的传说，更超越万千誓言。天地之远，彩云之南。苍山洱海，汇成千古绝唱，令人心生向往！

2015 年 10 月 3 日

远眺苍山，近观洱海，波光粼粼，柳枝飘拂。人在景中，景在画中，海天一色，如梦如歌。

2015 年 10 月 3 日

(二)中秋月——2015 年中秋感怀

中秋夜一轮预期的明月未至，不免些许的伤怀。聆听一句“心与月共明”，茅塞顿开。可见心胸和情怀，决定着喜怒哀乐。

浩瀚宇宙中，月球借助太阳光热的反射带来恒久的光亮，对每一个生物，它都是公平慷慨的。由于气象的变幻，中秋月时而见时而不能见，但它都在。无论见与不见，都不应该成为感伤的理由。眼中的月亮只是表征，而心中的月亮才是永恒。今夕何夕，天上人间。人们将一切美好托付传说，才有中秋之感怀！

月有阴晴圆缺，人有悲欢离合，此事古难全。月圆是喜，月缺勿悲。圆是缺的归宿，缺是圆的起始。世间万物如此，人生更如此。某些事看似圆满，未必能善终。某些事看似缺失，却有另一番圆满。人生因缺失才有追求的方向，过程中的执著、努力、坚持，方可成就更高意义的圆满！

2015 年 9 月 28 日

(三)坝美——世外桃源

云南坝美，四面青山包围，遍地小溪流淌。一方天地，世代生息。安居乐业，悠然自得。竟靠一叶扁舟和山间马车与外面的世界相连。流连其中，倾听着昨日与今时的对话，感受着现实与理想的交织。纯净与欲念，苟且与诗意。诚然理想的世外桃源只存在于文人墨客的诗赋之中，但现实中的我们仍心向往之！

2016 年 4 月 26 日

7.3 澳大利亚小记

(一)

墨尔本的早晨，下着小雨，丝丝凉意。站在酒店餐厅窗前，看着窗外的风景和形形色色的路人。怀着不同于匆匆赶行程的旅游团的散漫心境，细细地观察和感受着眼前的景物。窗边急急走过的年轻姑娘，或许上学，或许上班？健康性感，美胸在凉爽的衣衫下跳动，青春洋溢。挎着肩包的先生，大腹便便行色匆匆。偶尔也有“绅士”对窗内的我微笑点头示意（当然没有“小鲜肉”）。街对面一个旅游团停车拍照，镜头对着我们住的酒店。真所谓人在窗边看风景，偶然中你也成了别人眼中的亮色。

（二）

圣诞节的脚步越来越近。记忆中的圣诞节是大雪纷飞，圣诞老人穿着长袍，戴着帽子，一盆红火的烤炭……可澳大利亚正值盛夏，阳光当头，薄纱短裤。难不成圣诞爷爷在澳大利亚也要着夏装？真想一睹真容。可侄儿说圣诞老人一年只上一天班，现在当然看不见了。转念一想，圣诞爷爷给小朋友的礼物总是藏在袜子里，袜子又藏在长袍中，他一定还是过去的模样吧？或许在澳大利亚盛夏中的圣诞节里，卖火柴的小女孩再见到天堂中的祖母时也会温暖许多吧?！一笑，释然！不一样的圣诞，同样的感受！提前祝圣诞节快乐！

（三）

昆士兰大学毕业典礼庄严、喜悦。有机会参加侄儿大学毕业典礼，第一次亲身感受国外大学典礼的氛围，荣幸且激动。提前一个小时，观礼的嘉宾和家长先进入礼堂，在指定区域入座。随后穿着毕业礼服的学生们排队进入，静候典礼。在现场乐队欢快的伴奏声中，全场起立，鼓掌欢迎学校领导，老师们登上礼台。主持人首先请全体学生起立，面对家长亲友鼓掌致谢。随后，按博士、研究生、本科生的顺序给每一个学生颁发毕业证书。看见侄儿昂首阔步走上礼台，从老师手中接过毕业证书，我们都非常激动，能现场见证侄儿人生中一次重要的仪式我感到很自豪。一晃二十四年已经过去，经过父母的养育、老师的培养、自身的努力，站在我们面前的是一个学业有成的大小伙儿了。人生又到了一个新的阶段，祝愿侄儿认真工作，并喜爱自己所做的工作，成家立业，平安幸福。

（四）

在澳大利亚这几天，常常听到旅居澳大利亚的朋友们将“西人和国人”进行比较。固有的观念中似乎觉得西人有教养、有礼貌、热情、守秩序，国人则不及。比如一个团队中有西人、国人、日本人、印度人……往往问题多的总是国人。我总会争辩，泱泱十三亿多中国人，只十分之一就是一亿多人，零头都超过澳大利亚总人口数了，中国人作为一个绝对数占优势的人群，难免会有素质参差不齐。放眼望去，世界各地任何旅游景点中国人最多。虽给当地带来旅游收入，也难免带来不尽如人意之事，真所谓又爱又恨。朋友说，日本人口密度并不低，但在日本旅游，让人处处感到有秩序、讲规矩、宾至如归。因此，我们既不盲目自大，也不以偏概全。其实，守秩序、有礼貌、爱卫生、尊老爱幼、互助互爱……这些都是中国几千年传统文化颂扬的美德，当代中国人有责任传承并发扬光大。

（五）

来到澳大利亚第一天，在墨尔本逛街看风景，侄儿提议我们坐坐市内小火车，相似于国内的地铁，但澳大利亚的小火车较之国内高端大气的地铁简直简陋、陈旧多了，心里不免自豪。因事前侄儿告诉我们只坐一站，我也就有些随意。上车时他父子俩从前门进，我则就近从后门进。很快到了下车时间，我习惯性地从后门下，但车门并未自动打开。我只好赶紧去前门，可是还未走到，前门已关上。后来才知道，在澳大利亚小火车到站不会自动开门，如需要下车，要自己按钮开门。看看，是不是"落后"多啦！顿时，我同侄儿父子俩分别在车上和车下，火车随即启动，我只好呆呆地看着他们。但我并不慌张，心想多坐一站再下车，原路返回就行。可是，墨尔本的小火车并不完全等同国内的地铁。国内地铁是双向对开，来回单程。而墨尔本的市内火车都是环线，若反向乘车并不是刚才经过的那一站。侄儿发微信告诉我返回的站名，我下车后按惯例去对面站台换车，可是就没有找到我要返回的站名。语言不通，人生地不熟，此刻开始紧张。我拿着手机，请站台上的一个老外帮忙，他一阵叽里呱啦，我一头雾水。还好此时侄儿电话过来，我赶紧让老外接听。几分钟后，老外似乎明白了，又叽里呱啦一阵。幸好我听懂两个单词——Stay here。我原地不动等待，十分钟后父子俩坐小火车来接我。开了个小小的洋荤，一场虚惊。

2016 年 12 月 10 日

7.4　亲　　友

（一）父母

天下之大爱无疑是父母之爱。父母给儿女生命，辛苦养育，倾心培育。竭尽所能，将最好的给予儿女，全心付出，不图回报。儿女平安、有出息、事业顺利、家庭和谐就是父母最大的幸福和期待。无论儿女身在何处，年龄有多大，都是父母的牵挂。儿女小时，父母操心他们的吃喝拉撒；儿女长大了，父母又牵挂他们的身体、工作、家庭……带大了儿女再接着带孙辈，任劳任怨。天底下，中国式父母的爱最无私！

（二）兄弟姐妹

兄弟姐妹是世间除了父母之外的有着血缘关系且最亲近的人，生命中相互陪伴时间最长的就是兄弟姐妹。因为，父母先子女来到世间，也必将先子女而离开人世（自然规律讲）。唯有兄弟姐妹前后相差数年结伴而来，成为彼此的亲人，直至终老。因此，兄弟姐妹彼此陪伴共同的童年，一同成长。即便成人后各有境遇，但血缘和亲情永远无法割离，相互关心、帮助、支撑、理解、包容、祝福……这就是血浓于水的亲情。

（三）夫妻

夫妻是半生缘分，终身依靠。恋爱、结婚、生子，组成完整的家庭。沿袭中国的传统，世世代代履行做父母的职责，养育孩子直到成年。夫妻之间没有血缘而靠爱情维系，共同的孩子就是爱情的结晶，这成为大多数夫妻感情的纽带（砝码）。来自不同家庭环境，不同教育背景等诸多不同的两个人结合在一起，互相适应、习惯、磨合、沟通、扶持、关心、体贴、宽容……爱情到亲情，相濡以沫、不离不弃、白头偕老。孩子长大独立成家后，夫妻彼此陪伴和守护则是人世间最长的情感表达。

(四)朋友

每个人除了家人外，更重要的人际关系就是朋友。某些情绪需要表达，或某些事情不便对家人倾诉时(怕家人担心或不理解)，朋友则是心灵的伴侣。可相互倾诉、相互关怀、相互理解、相互帮助。好朋友能给予温暖、引导、依赖、寄托、支持……彼此觉得不孤单、不畏惧，分享喜怒哀乐，陪伴世俗人生。

(五)同学

同学情是有别于血缘关系的另一种情谊。

无论是多年不见，还是时常相见。只要重新见面又回到年少时光，在孩子们的眼中我们已经老了，只有在同学面前才能彼此忽略岁月的流逝和容颜的改变。毕竟我们一起从青涩的少年，朝气的青年，成熟的中年直至以后的暮年，共同任时光浸染，一路慢慢变老。互不嫌弃，唯有珍惜。当同学相聚共同举杯时，仿佛三十多年的时光距离，骤然缩短至大家围坐的酒桌直径。满满的情谊斟满杯中。你一言我一语，永远聊不完的是过去的趣事、轶事，模糊的过往在一次次的重叙中越来越清晰和美好。那一刻，我们暂时忘记了年龄，抽离出现实生活中的角色，真正享受属于我们共有的过去和此刻。血缘亲情偏重于情义，而同学之情更偏重于情谊。因情义和情谊的含义不同，责任也不同。同学的本意是一同学习，所以同学关系是永远一起学习的关系。因此，同学之情更纯粹而久远。不管是有众星捧月的"公主病"，还是个性热情开朗、心直口快、木讷缄言；或者需要关注、需要呵护、需要理解、需要认同……同学面前均可恣意任性。因为此时此刻，我们之间不是爸爸妈妈、老公老婆、儿子女儿等社会关系，而只是同学。

大学毕业三十年，同学相聚，酒过三巡，气氛融和，往事一一呈现。一位男同学对他同座女生说："那时的你十五六岁，青春自然，红扑扑的脸蛋，一对小酒窝。印象最深的是你走路时头上两个羊角小马扎一颠一颠的，欢快地跳跃，我才知道，原来女生这么好看。第一次清楚地明白男生和女生是不同的。所以，你是我少年时的性启蒙对象。"多么纯真和美好。相信在几十年的人生岁月中，这个画面都会在许多男生脑海中无数次的闪现，甚至溜进梦中。

来到校园，大家都急切寻找当年的足迹。老教室还在，校医院还在，图书馆还在……从前的男女生宿舍没有了，平房变成了一幢高楼；当年我们劳动平整过的操场，如今不再是坑坑洼洼的泥地，而铺上了塑胶跑道；当年全校集会的大礼堂不见了，变成了教学楼……如今新增了游泳池、体育馆、校史馆、学生食堂……一位男生对一位女生说："这就是当年晚自习后，我在这里等你的转角，其实根本不敢跟你打招呼，更谈不上表白。只要能看见你走过来，然后又消失在女生宿舍那排平房中，也就心满意足了，心里就有了约会过的甜蜜。"这样的细节、情景，三十年后还栩栩如生的保存在记忆中，想必也是幸福的。

一位同学说，他单位的一位老领导年近七十，有一天悄悄对他说，不久他们毕业四十多年的大学同学将聚会。这位老领导想唱一支歌献给他当年喜欢的一位女同学，因此反复学唱《同桌的你》。当那位心仪的女同学听到专门为她演唱的情歌时，骄傲而幸福。此时音准和演绎技巧已不重要，重要的是随着熟悉的旋律，心里装满的只有同学深情和感动。据说，那天老人兴趣很高，心情很好，达成了几十年的心愿，也感动了在场的所有同学。这是多么可爱的一对老同学。其实，当年的同学绝大多数后来都未成爱侣，尤其是那些有过懵懂爱恋故事，由于种种缘由而最终未成眷属的同学，多少会有些遗憾。但是，这并不影响这份纯真情谊的存在和延续。反而经过许多年的发酵和珍藏而更加美好和珍惜。其实同学关系比夫妻关系更永久，夫妻关系可以通过法律解除，但同学关系则是一辈子的，这种关系没有任何法律能够解除。因为同学关系早已被历史所记载和证明，同学情已经紧密地将大家联系在一起，美好而永恒。我为同学情谊而歌唱。

7.5　感　　悟

(一)梅雪随想——读《梅与雪的重逢》有感

往年随着季令而盛开的梅花，飞舞的风雪，在我眼里只不过是美丽的景物。而眼前的“梅雪重逢”，似乎道破了心机。既是重逢，想必相识。而今天“不曾想过的”，“就这样的一次相遇”，才真正使梅“成了梅”，这个“成”，实则“成全”之意。没有雪的严寒，怎呼应梅的凛然。

君心似雪，纯净、广阔、冷傲、无畏，然而冰雪中包裹着一颗炙热而执著的心。娇艳的梅与洁白的雪紧紧交织，相互辉映。共御寒天冰冻的凛冽，同享冬日暖阳的照耀。在空寂的飞雪中，相依相偎，地老天荒。

虽然，春天的脚步不会放慢，冰雪的融化终将到来。而重逢“终成了永久”，这个“成”，实义为“铸成”。最美的相遇和重逢铸成了永恒！

此诗、此景、此情、此意，不知是人咏景，还是景托人思，情景交融，人在景中，情在心中。先哲说：“诗人就是听到事物之本然的人。”我不是诗人，但带着诗意的心去感受，从而懂得，也是极其美妙的。

2016 年 1 月 10 日

(二)游子——听“为你读诗”有感

一只小小的蟋蟀，带着浓浓的乡音，浸着淡淡的乡愁。渐行渐远的是游子的脚步，魂牵梦绕的是故乡的模样。思乡情切，游子归根。

2016 年 4 月 5 日

(三)爱自己——读“爱之后的爱”有感

往往爱别人易，而爱自己难。似乎我们习惯于接受和感受他人的爱，而忽略了自己爱自己。来自于外在的爱更形式化一些，更易满足自己的需要(或者称为虚荣心)。通常认为自己肯定会爱自己，而天经地义的事往往被忽略，从而没有真正的在内心关注自己的真实需要。极少数有自知之明的人会审视镜中的自己，偶尔也会不喜欢自己的某些习惯、言行，进而修正。敢于直面自己的内心，才是明智之人。知人者智，自知者明。因此爱自己而不盲目，爱他人先要爱自己。只有更好的自己才会有更好的爱传递他人。此谓“爱之后的爱”，这亦是哲学的爱。

2015 年 7 月 1 日

7.6 乡下母亲

听你说得最多的就是你母亲，一提起母亲，平日沉默寡言的你也会滔滔不绝起来。

母亲是标准的农村妇女，身上具备所有中国农村母亲的优秀品质。在六七十年代的农村，母亲带着五个孩子，吃饭要钱，穿衣要钱，上学要钱，如果赶上孩子生病那就更难。那时生活的艰辛不堪回首。

记忆中，母亲至少有十多年几乎没有休息过一天。白天生产队劳动从未耽搁，收工后还要做饭、喂猪、替生产队养牛。尤其是结婚不久就分家，孩子年幼，经济压力更大。母亲心里更是憋足了劲，不愿意让外人，尤其是兄弟妯娌看笑话。随着土地承包到户，孩子们陆续长大上学，家里的劳动力就更少了，经济负担更大了，母亲肩上的担子也就更重了。身体再不适，也只有强忍着。聊天时常听母亲说："那时好像连生病的时间都没有。"尤其过年，为了让每个孩子能穿上新衣服，油灯下的母亲彻夜缝制。母亲说："平常的日子我们没法同别人家比，但是过年过节，我一定要让孩子们穿上新衣、新鞋，高高兴兴地过年！"现在的孩子经常穿新衣新鞋，甚至还要求名牌。那时的我们只要能穿上妈妈亲手缝制的衣裳，也就欢天喜地了。因此，如今过年的节日感，早已没有了儿时的期盼和快乐。

父母都是新中国成立前出生的人，没上过学，几乎不识字。母亲聊家常时常常说，由于自己没有文化，就一直盼着自己的孩子能念书，有出息。那是唯一改变孩子命运的道路。但作为父母，给不了孩子太多的东西，只有凭自己一身的力气，拼命干活，供养孩子念书。五个孩子先后都考上学校，离开农村。相比邻里家，他们孩子多，夫妻二人身体又不太好，干起活来很吃力，生活更艰辛，自己家还算幸运了。虽然辛苦，但凭父母勤劳肯干还能支撑起全家。因此，忆起当年能凭力气和辛劳供养孩子上学，父母现在也感到自豪和骄傲。多年后，孩子们陆续成家立业，父母又承担起看护孙辈的责任，继续演绎着传统中国父母的角色，辛苦一辈子。有人说这是中国父母对孩子的情感依赖，总是放不开。其实这是"养儿防老"的传统观念在大多数中国父母身上的体现，因为一代又一代人都是这样过来的。

母亲是个善良、坚忍的乡下女人。时至今日，还能从七十多岁的母亲身上感受到年轻时的利索和能干。当年的农村家庭，基本上是女人当家，父母也不例外。父亲干活，当生产队长(这是父亲现今都还骄傲的一件事)。母亲里里外外一把手，除了干农活，还操持家务，拉扯孩子。当然也掌握着家里的经济大权(虽然当时也没多少钱)。因此，由于几十年来在生活中自然而然形成的分工和角色，母亲似乎越来越"强势"，而父亲的话语权显得越来越小了。其实，正是几十年来母亲为家庭的付出和担当(当然父亲也很辛苦)，形成了在生活中母亲的感情分配会偏向孩子更多。其实，当女人像母鸡一样把自己的孩子庇护在翅膀下的时候，多么希望自己抬头时，头顶上还有更为强健的翅膀能遮风挡雨。也许，一辈子生活的磨砺，母亲的坚强、勤劳、忍辱负重，表现为对子女严厉、对父亲唠叨。其实内心却充满了温情和爱。这些年父亲身体越来越不好，每次生病住院，母亲都忧心如焚，甚至在医院亲自陪护。几十年的相濡以沫，已经将浓浓的爱意演化成了亲情和恩情，这是中国千百万家庭的真实写照。

虽然，父母如今已离开农村多年，但一直保留着乡下人纯朴、节俭的本色。随着年龄越来越大，身体越来越衰弱，子女们又都不在身边，现在经济条件也有所好转，儿女都希望为父母请一个保姆，能照顾日常生活，减少母亲的劳累。一开始父母坚决不同意，老人家除心疼钱外，根本的还是觉得在城里生活已经比乡下轻闲多了，自己都是劳动人民怎可以“剥削”他人。后来因父亲常常生病住院，母亲身体健康状况也大不如从前，实在不得已才同意请钟点工帮忙做中午饭和搞卫生。但没过多久，钟点工又没请了，还是心疼钱啊。父母节俭一辈子，但热情好客。一旦有朋友去看望他们，父母都非常开心。他们认为城里的朋友不嫌弃农村人，看得起他们，因此一定热情款待。其实绝大多数中国人，倒数三代不都是农村人吗？母亲厨艺极好，每次有客人或子女回家，她都里里外外忙乎，亲自做出一桌子饭菜款待大家。吃着可口的饭菜，更能真实地感受到母亲满满的爱。

这就是一位普通的中国母亲，一位为子女和家庭默默奉献了大半辈子的慈爱的母亲。这更是一位值得尊重和爱戴的乡下母亲！

2015 年 2 月 6 日

7.7　相遇小女孩

2011 年 6 月，我因公出差去川南某县一个小乡村。临近中午，我们乘坐的小车不慎滑入乡村小道旁的水沟里。在等待施救的过程中，我去不远处的一所乡村小学上洗手间。当时，孩子们正中午放学，一排教室前不算大的活动场地上站满了孩子，人人都在吃午饭。乡村孩子的午饭都是自己从家里带去学校，由学校加热。偶然我看见一个瘦小的小女孩，在人群中望着同学们吃饭，而她手里却是空空的。我走近她，好奇地问：“小妹妹，你为什么不吃饭呢？”她羞涩地望着我，不说话。旁边的孩子们七嘴八舌地嚷嚷：“她没有带饭来学校，她每天都没有饭吃。”我说：“你不吃饭不饿吗？”小女孩茫然地摇摇头。刚好我手里提着刚洗过的水果，我给了小女孩一些，她随即叫来她的弟弟，一个四五岁模样的小男孩，在上学前班。我又给了些水果给她弟弟，但我看见她弟弟手里是端着饭碗的。心里觉得诧异，我就把小女孩带离人群，来到学校门外的围墙边，询问她家里的情况。小女孩告诉我，她有爸爸、妈妈、爷爷、奶奶、一个姐姐、一个妹妹、两个弟弟。爷爷、奶奶年迈，爸爸身体不好（后来从老师口中才得知，父亲是个好逸恶劳的人），妈妈有间隙性精神病。家里穷，没有午饭给她带，所以中午她都没有饭吃。小女孩每天早上六点半就带着弟弟从家里步行到学校上学，下午五六点才能回到家。谈话中，我递给她一瓶矿泉水，她咕噜咕噜一口气就喝完。因为离得近，我清楚地看见她头发上的虱子，心里一紧，说：“你头上有虱子知道吗？”她说知道，妈妈、妹妹头上都有，因为她们睡在一张床上。我感到心痛，因为小女孩同我女儿一样都上小学四年级，她年龄比我女儿还大一岁，但个子却矮小很多。我悄悄地拿出 200 元钱给她，让她周末带着妈妈、妹妹去乡镇上把头发剪短，买些灭虱子的药。并嘱咐她要爱卫生，衣服旧没关系，但是一定要洗干净，好好读书，才能改变自己的命运。像她这样连饭都吃不饱，回家还要干活和带弟弟、妹妹的情况，我知道好好读书都是奢望，但我又能说什么呢？只是留下电话号码给她，告诉她有事可以找我。

我们离开乡下回到县城不久，小女孩的老师发现她拿着钱在小卖部买东西吃，还将另一百元钱埋在学校门外一块庄稼地里藏着，经询问后给我打电话求证。电话中老师除了谢谢我外，告诉我小女孩的妈妈精神病时好时坏；十四岁的大姐早早辍学去广东打工，接济家里；父亲是个不负责的人，有点钱就喝酒、赌博，不顾家，还偷偷卖过一个一岁多的小儿子。家里农活主要靠爷爷、奶奶干，艰难度日。我为小女孩的命运感到悲哀。虽然人生的选择有很多，但是亲生父母却由不得自己选择。电话中我决定尽我微薄之力帮助小女孩解决午饭问题。老师说，马上要放假了，由于她们村小学没有五年级，下学期小女孩就要去乡中心小学上学了，建议我同她的新老师联系。

九月开学后几天，我们再次出差去当地，我恳请接待我们的同志带我到乡中心小学，经打听找到了小女孩五年级的班主任。说明来意，那位微胖的、有着和善面孔的女老师，非常热情地带我去学校食堂办理了小女孩及她三年级的妹妹俩人的午餐交费手续。乡中心小学的条件好多了，学校有专门为孩子们做午饭的食堂，每人每顿三元钱左右，另外还有国家给孩子的定额午餐补贴，这样孩子就能吃上热饭热菜了。下课后，我再次见到小女孩和她可爱的妹妹，两姐妹都剪短了头发，比我几个月前看到的模样好多了。就这样，我们一直断断续续地联系着，虽然后来我再也没见过小女孩。通过老师我坚持每学期给两姐妹支付午餐费，每学期几百元钱对我来说也不是大问题，能帮这对小姐妹，我心里非常高兴。虽然我没有能力和精力去关注和解决小女孩家庭的困难，但是对小姐妹做些力所能及的帮助，也是很欣慰的。

转眼四五年过去了，今年小女孩上初中三年级了。巧的是她初中的老师正是她小学老师的丈夫，看多有缘分啊。因此，我一直同二位老师有着联系。可是开学时，当我再次联系小女孩的老师时，老师告诉我，小女孩的父亲年前出车祸去世了。我非常震惊，虽然我一直对孩子的父亲没有好感(我也从未见过)，但是他毕竟是孩子的父亲。即便他在世对孩子未尽到责任(这样议论逝者，此刻我也于心不忍)，但对于年幼的孩子们来说，母亲无法依靠，父亲就是她们全部的精神支柱，是她们的天。现在天也垮了，孩子怎么办，这个家怎么办?

命运总是捉弄那些弱势群体，屋漏偏逢连夜雨。通过与老师的交流得知，在这样的家庭环境中，孩子的学习效果可想而知，加上长期因贫穷养成的不好的卫生习惯，在学校往往遭同学们嫌弃，心理健康也受到影响。自卑、自弃更让她们今后的前途蒙上阴影。而仅存的自尊心又使得孩子变得倔强，缺失的家庭教育更使得孩子们在礼貌、与人交往、沟通等方面出现问题。种种残酷的现实，不得不令人为孩子的命运担忧。为此，我教育女儿，一定要知恩感恩，珍惜眼下拥有的良好学习条件，努力学习。女儿知道后说(她给小女孩写过信，寄过自己穿短了的衣裤，但从未见过面)："妈妈，你可以把那个小姐姐接到我们家来!"我为女儿的善心所感动，但我告诉她，这个世界上像小姐姐这样可怜的人还很多，妈妈现在还没有这个能力顾及。但你有这个心很好，现在好好学习就是你储备能量的时机，等你以后长大了，有能力了，你就可以帮助那些需要帮助的人了，这就是你学习的动力。

真心希望一个人小小的善举，能成为一粒火种。毕竟个人的力量微不足道，但能齐聚社会上众多好心人的力量，引来公众和政府关注，扶贫帮困、助老爱幼之势必将成为风尚。近来，党中央高度重视扶贫工作，要求确保2020年所有贫困地区和贫困人口一道迈入全面小康社会。相信有了制度作保障，贫困地区、贫困家庭的孩子能健康成长。这是人心所向，希望所在!

又记：本书稿交付之前，经我一位朋友牵线，他的朋友们了解到小女孩情况后，也通过老师对小女孩进行了进一步资助。同时还资助了当地另一位高中男孩(孤儿)，将直到完成学业。谢谢朋友们的爱心，相信温暖和爱会让孩子们受益终生。

2016年2月27日

7.8 诗二首

(一)如果

如果我是诗人，
我将寻遍名山大川，
在世界的每个角落，
去感受，去捕捉，去展现，
大自然的美，生活的真。

如果我不是诗人，
我可以不吟诵春花秋叶夏雨冬雪。
而只是自由地，带着诗意的心，
爱慕着春花，欣赏着秋叶，
淋着夏雨，捧着冬雪。
不用像诗人般敏感、多虑、伤怀，
因而诗意地活着。
这更好！
如果我是哲学家，
我将带着使命：
追问人生意义，
关注人类命运，
反思现实社会，
构建理想乐园。
那将注定此生负重前行，
我知道那是多么曲折而漫长。

如果我不是哲学家，
而只是拥有现在的心智和感悟，
我将不用追问事物本质，
不用反思现实，
更不用赋予生活另外的意义。
而是简单、透彻、快乐地去迎接生活的给予。
无论是幸福或苦难，
只要是真实的，我将接受。
那该多好！

2016年3月30日

(二)思念

思念如花，百媚千姿
思念如树，盘根错节
思念如雨，丝丝淅沥
思念如雾，若影若现
思念如歌，流淌心间

思念似泉水清澈
似磐石坚硬
似尖刀锋利
似大海汹涌
似太空遥远

思念是迎面的风
是天上的星
是脚下的路
是枕边的书

思念是一张笑脸
是一个眼神
是一杯茶
是一句话

思念是情绪
是眼泪
是牵挂
是祝福

思念是爱人的拥吻
是朋友的问候
是师长的教诲
是妈妈的饭菜
是爸爸的臂弯

思念是绵绵的
思念是暖暖的
思念是涩涩的
思念是遥遥的

思念是无止境的

唯有戛然而止的生命能带走思念……

2016年8月2日

7.9　山谷中的野花

朋友问我："山谷中的野花，当人们未看见它们时，它们存在吗？"我毫不犹豫地回答："存在啊。"我认为，无论人们看没看见，山谷中的野花始终会随着四季的变换，生根发芽开花结果消亡，循环往复。花是植物中的一大类，它有颜色、形状、姿态、大小的不同，香或不香……它们都真实的存在于大自然中，也存在于人们的意识里。那么接下来就会说，山谷中不为人知的野花存在有意义吗？对花而言，它存在的意义就是怒放生命，延续物种，这不因人们是否看见它而改变。对人而言，花会带给人喜悦感动，这也是花存在的附加意义。对于没有看见花的人，山谷中的野花好像没有意义，但这仅是对人本身的感官而言。而花的存在，无论是在无人知晓的山谷，还是在城市中的花园，其本身蕴含的意义不变。这正如歌中唱到：别忘了寂寞的山谷的角落里，野百合也有春天！

我每天早晚散步的湿地公园的路边有许多的花草，平时没有格外注意它们、观赏它们，或许是因为它们太普通太没有存在感（因为每个公园都有大同小异的花草），因而忽略了它们的存在；或许是它们只是映入我眼帘，而不是根植于我心里，所以我才会视而不见，或习以为常。这只能说明我错失了花给我的意义，而一点也不影响它们存在的实质意义。

再如，生活中有很多这种"存在的无和虚无的有"的例子。

关于情感。暗恋就是关于"有"和"无"最直接的诠释。一个人喜欢另一个人，几十年中从未表达。只是默默地关注，把那份纯真美好不可及的感情隐藏于心。生活中不断地完善强大自己，努力将自己成长得更独特而"配得上"意中人。甚至几十年从未联系，没有见面，没有音讯。对于他而言，这份感情就是虚无中的有。对于她而言，这份感情就是存在着的无。她不知道还有这样的一个人在心中想念着她，喜欢着她。为此，似乎是没有意义的，因为没有感知就没有感动。但那份爱却真实地存在着。

关于道德。父母遗弃儿女、儿女不赡养父母的案例屡屡见诸报端。对于被遗弃的孩子而言，父母是存在着的无。儿女不尽赡养义务，对于年老多病的父母而言，子女也是存在着的无。中国传统文化的意义在于弘扬母慈子孝的道德观。知恩感恩报恩，天经地义之事。

关于信仰。鬼怪精灵、童话世界都是虚无中的有，为什么还有这么多人笃信？应该是将现实社会中无法实现的美好寄托于虚幻中吧？因为想象比现实更丰富更美好更让人满足。对信徒而言，这样的虚无也是有现实意义的。

成语"子虚乌有"，历史典故"莫须有"，都佐证了虚无中的有——"无中生有"具有的现实意义。数学中的"1"和"0"，更是有和无的辩证统一。

因此，无论我们感知到还是没有感知到，美好与丑陋、简单与复杂、真实与虚假……一切都是存在的，无时无刻不在发生着。我们只要怀着希望，像山谷中的野花一样肆意生长怒放，存在的意义也就蕴含其中了。

2015年6月9日

7.10　入世和出世

对这一命题从西方哲学观点看，唯心论认为，野花的存在与否，由人的意识而感知，人无感知，野花即不存在。这源于的哲学观点是意识（感知）第一，物质（存在）第二。唯物论则认为，野花的存在与否不依赖于人的意识感知与否。这源于的哲学观点是物质（存在）第一，意识（感知）第二。就我的哲学观点而言，我属于马克思主义哲学的信徒，当然认同物质决定意识。

但这一命题，就此止步，就没有多大意思了。当不把它看成简单的哲学命题来认识，而把"野花"人格化，从生活哲学命题去思辨或许更有意思些。我试着从孔子的儒家和庄子的道家的哲学思想去谈点看法。中国人的传统思想行为受益于或受制于儒家和道家的思想文化。人的一生应该从建立和完善生命人格和社会人格去追逐精神的圆满。

一方面，人是群居的。一个人只有在群体中才能生存与发展。独居的个体人几乎无法生存终老。小群体为团体，大群体即社会。一个人要建立和完善他的社会人格，就要有孔子儒家的入世态度，在群体或社会中，遵循其德行价值标准，如修身齐家治国平天下，并在其中为个体生命之外努力作为，以此回馈，感恩于群体，从而寻找到自己的社会地位。从这个角度讲，一个人活在别人（团体、社会）的评价中，别人感知中没有，就真的没有你。正如臧克家纪念鲁迅诗歌《有的人》所言："有的人活着/他已经死了/有的人死了/他还活着"。是啊，一个人死了，不留在活人心中，就永远地死了。因此，一个人在一生中应该在乎别人的评价，也就是说"野花（一个人）存在于'人'（团体、社会）的感知中"。

另一方面，人是生命体。一个人的生命对群体生命而言，再重要都是沧海一粟。所以，一个人在生命旅途中，不能太在意群体对个体的认知与肯定。渺小的个体生命自身能成全、锻造、羽化为一颗珍珠、一件珍宝、一只天堂鸟，这就需要在乎于个体生命的自身完善、完美、完整。在过程中，不论结果如何，去结束自然的生命，舍利成就一生。这就是说，一个人应具有道家的出世的生命态度，寻求自我精神的自由飞翔。"野花（一个人）不活在'人'（群体，社会）的感知中，而活在自身生命的体验中"。（可读陈梦家的诗《一朵野花》）

因此，"一朵野花"，即一个人的生命价值应该从入世的儒家追求和出世的道家追求两个方面去考量，即名垂青史，这是寻求个体生命在群体生命中的张扬，其实就是寻求一种群体对个体的肯定。即由外对内的认可，其评价个体生命价值的主体与客体是不一致的。这就是儒家入世的评价生命价值的观照。反之，看重个体生命内心的完善、安顿与道德的成全，则是寻求个体生命自身的人生肯定。其评价个体生命价值的主体与客体是统一的。即个体生命价值不由群体评价，而由个体生命自己认可。这就是道家出世的评价生命价值的观照。

总之，不论是儒家的入世价值观，还是道家的出世价值观，都是对一个人生命价值的追求方向。在我看来，二者不同却可互补。一个人一生应该既在乎别人的评价，又不在乎别人的评价。前半生，应更多具有儒家的入世生命态度，后半生则应更多的具有道家的出世生命态度。这样或许自己这朵"野花"会开得更好些。

2015 年 6 月 9 日

7.11　收养弃婴的故事

岚是我的闺蜜，小学到高中都是同学，后来又恰巧在一个地方工作。几十年亲密往来，形同姐妹。

(一)天上掉下个"林妹妹"

2002年3月8日清晨，由于单位组织三八节活动，岚早早地出门去单位。途经小区内一幢单元楼前，发现一群人正在一楼的楼梯转角处围观。一个裹着棉被的小婴儿躺在地上，人们你一言我一语的议论着。岚脑海里立即呈现出电视中见过的情景，心想，孩子身上也许有她的身份证明。果然，小心拉开孩子身上的棉外套，胸前放着一个折叠好的纸条。纸条上写着："此女生于2002年2月16日(正月初五)早上9点8分，她一直生病，病根就是不解大便。算命的说这孩子的八字与父母不合，做父母的哪个不希望女儿好呢，所以我们想给她换个生活环境，能尽快好起来，希望好心人能收养她，我们全家人会一辈子不忘你的大恩大德。好人一生平安。"至此，围观者都明白了这是个被遗弃的孩子，孩子的命运，一下子抓住了岚的心，征求她丈夫的同意后，夫妇俩决定收养这个苦命的孩子。

(二)收养

抱上孩子，岚夫妇立即将她带到市人民医院检查。经过医生初步诊断为：孩子患有先天性巨结肠。医学上解释，先天性巨结肠又称希尔施普龙病。由于结肠缺乏神经节细胞导致肠管持续痉挛，粪便淤滞近端结肠，近端结肠肥厚、扩张，是小儿常见先天性肠道疾病之一。治疗采用根治手术，切除整个受累部位并且将正常肠管吻合在近肛门水平。第二天，岚再次带孩子去华西医院复查，结论相同，医生建议等孩子八个月左右再进行手术为妥。

接下来就是办理复杂的收养手续，颇费了一番周折。岚当时有一个14岁的儿子，是否符合法律规定收养孩子，岚还专门学习了《中华人民共和国收养法》，其中第二章第八条规定："收养孤儿、残疾儿童或者社会福利机构抚养的查找不到生父母的育婴和儿童，可以不受收养人有无子女和收养一名的限制。"有了国家政策支持，岚着手备齐单位证明以及当时捡到孩子时现场证明人的所有证明材料，在派出所顺利办理了户口登记。可是，岚收养孩子的消息传到了市计生委个别领导耳中，没过几天，市计生委的工作人员告知岚，市里将成立联合调查组，对孩子的来历进行调查，主要目的是调查证明孩子与岚夫妇是否有血缘关系。可悲的是，调查的目的，不是帮助孩子找到亲生父母，而是为了对岚夫妇所谓的违反计划生育政策罚款。并且通知，孩子必须送到当地福利院收养，且口头宣布孩子已经登记的户口无效。(真是可笑！户口登记是公安机关还是计生委办理?)不得已，岚夫妇请了一个保姆带着孩子住进了福利院。岚白天上班，晚上就到福利院陪伴孩子，等候调查组处理结果。可想而知，善意被曲解，喜悦之情被冲淡，岚夫妇的心情有多么沮丧。幼小的孩子被病痛折磨，可福利院简陋的条件，哪比得上家中的温暖。那些天，岚面对调查组一次又一次陈述了从遇见孩子到收养孩子的经过。并主动要求调查组做亲子鉴定，并承诺承担由此产生的经济和法律责任。如果此孩子同自家有一丁点血缘关系，愿意接受法律、法规的惩处。当时一位科长模样的人，立即就算好了一笔数目不菲的罚款。但是，如果调查结果证明此孩子与岚夫妇无任何血缘关系，强烈要求调查组给一个公道、公正的说法，以挽回计生委介入此事对岚所在单位及本人的不良影响（当年如违反计划生育政策，不仅个人公职不保，还影响单位年终工作业绩考评等）。半个月过去了，调查毫无结果，后来得知，调查组实在找不到任何证据对岚罚款。但是有关单位并没按办事程序通知岚夫妇处理结果，而不了了之。最后，岚夫妇通过福利院办理了收养手续，并到公安机关重新办理了孩子户口登记。

（三）来自亲生父亲的一封信

收养孩子的好心人，你们全家好：

提笔似有千言万语，又不知该从何说起，我是孩子的父亲，其实我不配做孩子的父亲，我不该把孩子遗弃，无论你们怪不怪我，这也是个不争的事实。

我和我爱人于 2001 年初结婚，我们相亲相爱算得上是对恩爱夫妻，婚后不久，我们有了爱情的结晶，我等啊、盼啊，就盼着正月初十预产期的到来。谁知正月初五，孩子提前五天出世了，我陶醉在做父亲的喜悦中，一连几天都乐呵呵的，做什么事都特别有劲。我们给孩子取名叫霏月（谐音飞跃），就是说希望她像飞跃一样，快点长大好做一番事业。

天有不测风云，孩子第三天就发高烧，医生给她打针、输液，输液要扎头部，因为人太小了，手上找不到血管。看着孩子难受的样子，我们心里别提有多难过，我母亲眼泪都不知掉过多少回。直到第五天，我为孩子换衣服，才发现孩子肚子胀得特别厉害。去找医生，医生问我们孩子解过大便没有，我们怎么知道呢？因为在医院里是由护工给孩子洗澡、换尿不湿。问护工，护工说解过大便，我们猜想护工在推卸责任，孩子可能是接生时剪脐带时受了感染。在医院里又待了两天，孩子的病还是没有好转，我们就想干脆出院，找其他的医生瞧瞧孩子。找了好几个医生，药吃了不少，效果不明显，只有一种叫开塞露的药水挤到肛门里，孩子才会解一点大便。我们给孩子算命，算命的说这孩子的八字与父母不合，这孩子特别聪明，长大了不得了，但是不好带，是不是我女儿还是个问号，我们听了心都凉了一大半。

找了几个“观音”看了孩子，也没啥效果。我们想，既然八字与我们不合，我们不如给孩子一个新环境。但又舍不得，特别是我爱人，霏月可是我们的亲生骨肉，是她身上掉下的肉。十月怀胎，辛辛苦苦把孩子生下来，怎么舍得送人呢？经过几天几夜痛苦的选择，我们想长痛不如短痛，与其痛苦地看着孩子死去，不如给孩子一个机会，也让我们心中存着一种希望：我女儿还活着，而且过得很好。

首先我想到了新区，新区里住的人家非富即贵，我女儿到了那里，生活一定不错。也不知是你们运气好，还是运气差，我们在没有经过挑选的情况下选择了你们家，这也许是这辈子有这么一段永远也解释不清的缘分吧！总之，自霏月到了你们家，给你们增添了许多麻烦，但我还是希望你们能好好待她。

在这四天时间里，我是无时无刻不想念孩子，我总觉得四天的时间对我来说就像漫长的四年一样，脑子里总想着孩子现在好了吗，还那么爱哭吗，脑子里全是孩子的影子，每晚做噩梦。好了，说了这么多，大概你们也听烦了我这个抛弃女儿的臭父亲说的话，你们想骂就骂吧。

最后，我有个请求，希望你们能满足我给女儿取名霏月的愿望，你们就叫她霏月好吗？还有无论霏月发生什么事，你们都要尽快告诉我，我求你们了，电话号码：xxx，我没有电话，这是我妹妹的电话，她会尽快告诉我的。也请你们留个电话，我好直接与你们联系，我一辈子谢谢你们！

祝全家一生平安，霏月早日康复！

霏月：爸爸对不起你！

2002 年 3 月 11 日

（四）岚的日记

2002 年 3 月 8 日

今天是个好日子，春天的阳光照得大地暖融融的。早上差几分八点我出门去上班，因为三八节单位组织妇女活动，我特意提早了时间去上班。刚下楼走到南面的楼道外小路上，同事叫住了我，说一楼过道上有一个婴儿。我快步过去，一看到地上躺着的孩子，脑海里就浮现出一些电视作品中才看见的场面，也许是弃婴？我立即打开孩子身上的棉睡袋，孩子的胸前放着一个折叠成方形的字条，打开一看，字条上写着孩子的出生日期、时辰；并说孩子一直生病，不解大便；还说孩子同亲生父母八字不合，希望有好心人收养孩子……我们三人一阵心痛后便离开了孩子去上班。不知怎么的，这个孩子总是一直揪着我的心。情急之下我给丈夫打了个电话，告之情况后，我丈夫立即说把孩子抱回来。我说要考虑清楚，今后户口怎么办，我们是否有条件收养她？我丈夫说其他什么都不要管，先把孩子抱回来再说。于是，我们夫妇和几个同事立即开车往回赶。车开到小区半路，看见两位保安已经抱着孩子走来，我丈夫立即停下车问，要把孩子抱到哪里去？保安说抱去派出所，我丈夫立即说："给我"。于是我丈夫从保安手中接过孩子交到我手里，我们立即将孩子带到市妇幼保健站和县医院进行体检，孩子身长 55.5 厘米，体重 4.8 公斤（连棉被）。打开棉被发现孩子的肚子肿得很大，肚皮又硬又亮，让当时在场的我们惊诧不已。医生立即要求我们给孩子做 B 超和 X 光检查。检查结果在 11 点过出来了，孩子患有先天性巨结肠，需要手术。儿科张主任诊断后讲，由于孩子太小，不具备手术条件，目前只能保守治疗，让孩子每天能解一两次大便，待孩子八个月到一岁以后再进行手术。

这样，这个不幸的孩子就来到了我家，并且有了一个小名"馨心"！

2002 年 3 月 9 日

昨天下午 6:00 左右我们带着孩子回到老家，奶奶、外婆、我儿子早就在家中等候馨心的到来。大家都非常非常爱她，尤其是我丈夫高兴得合不拢嘴，不停地说，我终于有女儿了。由于此前我和丈夫两家姊妹全部都生男孩，因此我们全家都非常希望有个女孩，这是老天爷送给我们全家的珍贵礼物，我相信孩子从此以后将沐浴在爱的阳光中幸福地成长。

她是个乖孩子。最让我们担心的是孩子晚上吵夜。晚上当然是由我来照顾孩子，结果孩子真的非常乖，晚上 12 点吃完奶后就睡到早上 4:20，又吃了奶就睡到天明，一点也不麻烦大人。好像孩子天生就懂得自己被父母遗弃了，不能再给我们添麻烦似的，真是一个懂事的孩子。馨心的模样和神情都显得比同龄人老练，老是表情严肃、愁眉苦脸的样子（因为肚子不舒服），这更让我们怜爱和疼惜。我想，现在孩子跟着我们生活，一定不会再让孩子受委屈，有我们吃的就有孩子吃的，苦难都让我们替她担着，只愿她一生平安幸福！

2002 年 3 月 10 日

昨天，陆陆续续一些亲朋好友都来探望馨心，这两天她成了我们谈话的中心，我一遍又一遍地向人讲述孩子来到我们家的经过。有好心的朋友提醒我，不要对外讲孩子是捡来的，否则她的亲生父母会来找她。对此我很坦然，在决定抱孩子回家的时候，我就思考过此事，她被遗弃，并且我们开着车大张旗鼓地将她抱走，此事肯定是瞒不住的。遗弃孩子的人也许就在附近远远地看着，他们的初衷是希望孩子有好心人收养，我想他们的愿望已经实现了。不管以后怎样，现在我们要将孩子的病治好，好好地待她。孩子长大以后自己会判断是非曲直。我们看重的是养育孩子的这个过程，以及带给我们全家的快乐。看着孩子一天天长大，会笑、会说、会走、会跑，会叫爸爸、妈妈、哥哥、爷爷、奶奶，这就是幸福。现在的父母不大指望自己儿女能回报什么，做父母的只有奉献，这就是世间真正的爱。我不奢求我们的馨心将来能回报我们什么，我们享受的只是哺养她成长的过程，这是真正的爱心，也是我们收养她的本意。希望我们和孩子的将来是美好的，结局是美满的，因为好人会一生幸福。

2002 年 3 月 16 日

昨天晚上孩子开始发烧，我们赶紧去妇幼保健站。打完退烧针，温度降了一些，我们才回家，谁知下半夜又开始烧，于是今天一早又来到医院，立即住院治疗。医生说孩子身体太弱，发烧容易引起肺炎。只可怜孩子太瘦，输液时在头部扎了三次。孩子很勇敢，没有怎么大哭，这让我心里要好受一些。

2002 年 3 月 20 日

孩子到我们家已经 12 天了，她是身体太弱，不断感冒、发烧，我们全家都小心翼翼地精心照顾她。今天孩子出院，在医院这几天认识了不少患儿的父母或爷爷奶奶辈，趁机向他们讨教育儿知识。这么多年没有带小婴儿，很多细节都忘了。本来我就喜欢孩子，现在一看见小婴儿，总是急切的向家长询问、讨教。脑海里想象着馨心长到他们那般大时会是什么样子，心里只是盼着她快快长大，每长大一天，身体就会好一些，也少生一些病。

（五）手术

时间一天天过去，孩子的排便问题仍然是全家人的心头之痛，暂时解决排便问题的唯一良药就是开塞露。孩子三四个月大以前，由于喝奶量相对较少，平均两天用一次开塞露。逐渐长大，食量增加，几乎一天用一次开塞露，每一次排便，都是孩子的“战争”，即使用上开塞露，也只能起到润滑肠道的辅助作用。每次排便，小小年纪的她用尽吃奶的力气，小脸憋得通红，小拳头攥得紧紧的，全神贯注，从不哭闹(也许是不愿意让哭闹分散了精力)，与她幼小生命中的“敌人”战斗。有时大便太干结了，即使孩子用尽全身力气也无济于事，肛门因用力已经外翻，粪便还是卡住排不出来，岚只好用手指轻轻地往外掏。给孩子用过开塞露的父母都知道，用完开塞露后，粪便是带着压力喷射出来的。时常刚掏完干结的粪便，来不及躲避就被喷一手一身粪便。每次排完大便小肚子软软的，孩子那个舒服的表情简直令人陶醉，全家人也跟着孩子放松一阵子。待孩子小小身体积蓄好力量，又进行下一场“战争”。如此每天的循环往复，终于等到了预约手术的时间。2002 年 10 月 8

日，过完国庆节假期，岚夫妇带着孩子来到华西医院儿外科住院，等待手术。除例行的各种检查，术前准备需要提前 7 到 14 天进行回流性洗肠，包括虹吸法等渗盐水洗肠、扩肛、通便等。没经历过洗肠的人不会知道场面的“惨烈”，尤其是对一个刚八个月大的小婴儿。儿外科也许是人最多、最热闹的病房，通常一个孩子住院，往往是两三个大人陪护。一个七八间床位的房间，常常是十几二十人挤在里面，不热闹才怪。同病房的孩子多是先天性心脏病需要手术的，年龄也偏小，馨心是病房中最小的孩子，她的术前准备也是时间最长、最痛苦的。病房里的孩子走了一拨又一拨，馨心还在做着术前准备，每天护士一来给馨心洗肠，全病房的小朋友、叔叔阿姨、爷爷奶奶都争着拿玩具逗她、哄她不要哭。但当用来洗肠的仪器往馨心肛门里灌药水的时候，馨心的哭声、大家哄逗声、玩具的响声，响彻整个病房和楼道。每天两次十几二十分钟的“战斗”，让馨心筋疲力尽，大汗淋漓。馨心太小不能亲口说出她的痛苦，但作为母亲的岚，真正是感同身受，心痛万分，却又替代不了她。刚开始洗肠时，医生还允许馨心吃点流食，手术前几天就什么东西都不能吃了，仍然坚持每天洗肠。这是为了确保肠道中的污物完全排干净，以避免手术中和手术后的感染。终于煎熬到手术那天，10 月 23 日早上八点，孩子被推进了手术室。下午三点半手术结束，漫长的六七个小时，全家人都守候在手术室外，祈盼着手术成功。老天眷顾，孩子的手术非常成功(更要感谢当时的儿外科主任，亲自操刀)。术后孩子被送到特护病房，接下来进入到更为艰辛的术后七十二小时护理。当时孩子身上插满了输液管、输血管、尿管、胃液管(管子从孩子鼻孔中插入，进入胃部不停地往外抽胃液)等各种管子，套着吸氧机，肛门里塞着纱布……麻药过后，孩子就开始哭闹，嘴里叫着妈妈，岚耐心地哄着。医生说没有更好的办法，这么小的孩子只能哭累了睡，睡醒了又哭，这是恢复的必经过程。岚和家人轮流守护，只要孩子醒着，岚就一直唱着孩子最喜欢听的《世上只有妈妈好》，分散孩子的注意力，让孩子感知到妈妈就在身边。这样，除了上卫生间，岚寸步未离，熬过了术后感染的七十二小时危险期。转入普通病房，输液、换药，每天换掉肛门中的纱布，又重新给堵上。在医护人员的精心治疗下，孩子一天一天好起来。入院 22 天后的 2002 年 10 月 30 日，孩子终于出院了，出院时医生一再叮嘱，婴儿术后控制排便的能力差(易出现稀便或结肠炎、肠粘连等后遗症)，必须坚持扩肛，锻炼和修复肛门收缩能力。因肛门和直肠连接，要恢复收缩功能有一定的过程，从做完手术直到快两岁，孩子都处在大便直排的状态中，一直穿着尿不湿。保姆阿姨戏称孩子成了“鸡屁股”，有点拉点。

(六)幼儿园生活

馨心一直由保姆阿姨和岚亲自带，从小就认生，拒斥陌生人。一般孩子半岁左右开始认生，而馨心四个月就非常认生了。有天晚饭后，岚去理发店洗头，馨心睡着了。可是不一会儿，岚的儿子就气喘吁吁地跑来叫妈妈回去，说馨心在家哭闹，没一个人能哄好。岚赶紧往家赶，才走到单元楼下就听见六楼上馨心的哭叫声，岚边走边大声地喊“馨心，馨心”。馨心一听见妈妈的声音，立即停止了哭声，睁大眼睛望着门外。岚一进门，抱过馨心。待在妈妈怀里，馨心乖乖地不出声了。岚常想，馨心似乎很敏感(这点在以后馨心长大的过程中有了验证)、粘人(当然小婴儿都粘人，但馨心更甚)、恐惧、没安全感。难道这么小的孩子就天生有被遗弃而孤单的感觉吗？她所经历的不幸会印在她小小的脑海里吗？照理说，一个刚出生 20 天的婴儿(馨心是出生后 20 天被遗弃的)是不可能有深刻记忆的。也许正因为她的特殊经历，天生就有某种直觉。因此，她想尽可能抓住她可以依赖的人，才有安全感。冥冥中命运之神也在教化她吧?!

两岁半，馨心正式上幼儿园小小班。第一天上学，岚送她去，在幼儿园门口馨心就一直紧紧拉着妈妈不肯放手。老师接过馨心，馨心就开始号啕大哭，上幼儿园又成为馨心生活中又一道难关。岚认为小孩刚开始去幼儿园，离开熟悉的家人，到一个陌生的环境，不适应是正常的。老师也说，过几天就会慢慢地好起来。但是，馨心的抗拒是超乎寻常的，每天早上从起床开始，就试图用撒娇、耍赖、拖延等战术，逃避上学。出了家门往幼儿园方向走就开始哭，到了幼儿园门口将她交到老师手里就好像是生离死别，哭得伤心欲绝。岚硬着心肠离开，放学时岚去接馨心，嗓子都哭哑了，说话都没什么声音了。老师说，馨心全天在教室里都是趴在窗子边，一边哭一边看着外面，不和小朋友玩，不和老师说话，不睡午觉，吃饭很少。想象得到，馨心心中有多么委屈，多么恐惧。她不知为什么妈妈会把她送到幼儿园，整天见不到妈妈……岚听了伤心极了，只好向给老师请假几天，让馨心哭哑的嗓子恢复一下。没上学的那几天，馨心几乎寸步不离妈妈，生怕妈妈一瞬眼又离开，和妈妈难舍难分。岚的儿子心疼馨心，就说："妹妹不想上就不上嘛，不相信她长到五岁还怕上幼儿园，就让妹妹在家。"全家人都赞同(按教育家的观念，这样做对孩子是不好的)。这样馨心又留在家里一个月。但是，岚也知道，小孩子应该通过集体生活，接受基础的教育，才能培养较好的行为习惯、生活自理能力。通过与幼儿园老师沟通，岚又试着让馨心早上稍晚点去幼儿园，不在幼儿园吃午饭、睡觉，中午就接回家，以后每天逐渐增长在幼儿园的时间。就这样逐渐适应，在上学和哭泣中，馨心坚持完了一个学期后，才渐渐地习惯了幼儿园的生活，与其他小朋友一样，正式上学了。高兴的是，这段经历似乎并未给她留下阴影，长大了的馨心是一个开朗、活泼的女孩子。

(七)青少年期

馨心一天天长大，性格开朗，心地善良，身体健康，个子比同龄小朋友都高。平时很少生病，偶尔有点小感冒，一点普通的药吃上两次就好了。吃饭从不挑食，蔬菜(甚至苦瓜)、牛奶、鸡蛋等，馨心都喜欢。当然小朋友喜欢吃的所有零食(巧克力、冰淇淋等)都是她的最爱。好像没有她不吃的东西(哦，只有一样，葱不吃)，食欲强，食量大，最爱的是牛奶、酸奶等奶制品。几乎从小到大，没有一天离开过奶制品，一直当水喝。个子一个劲地往上蹿，鞋子一码一码地飞涨。如今 14 岁，鞋子穿 42 码，身高 1.82m。人们都说，每个人一生中，幸福和不幸都是等量的，有的人是先苦后甜，有的是先甜后苦。希望馨心就是先苦后甜的快乐女孩。从小她就天性善良，看见路上讨钱的人，都要求妈妈给他们钱，说他们好可怜啊。长大后，看见小区里年纪大点的爷爷、奶奶做清洁工扫地，就会问："妈妈，他们这么大年纪为什么要扫地，怎么不回家去休息!"全家人出门时，她总会提醒年迈的外婆和外公走路小心，哪里有坡坎，哪里有水坑。直到现在，很多心里话都悄悄告诉奶奶。每天放学回家，第一句话就问："妈妈呢? 爸爸呢?"看见妈妈第一句话就问："妈妈你今天高兴不?"回答说："高兴!"她会说："那就好!"真是贴心小棉袄。有时岚会逗她说："妈妈不高兴。"她就会很紧张，焦急地问："是不是真的? 为什么不高兴呢?"知道是妈妈开玩笑，她会如释重负，心满意足地笑起来。

望着一米八多的大高个，岚满心欢喜，好朋友见面，话题总是在馨心的身世问题上。

多数朋友说:“永远不要告诉她!”但岚一直打定主意,待女儿年满18岁后,就会找合适的机会亲自告诉她的身世。因为岚认为,身世问题不能终身保密,也没有必要保密,真相终有大白的一天。但是由妈妈亲口告诉女儿,比从外人口中得知真相,会更容易接受一些。因为妈妈的信任和坦诚会让孩子心安,至于孩子如何选择和处理,18岁已是成年人了,她自己有权决定自己的人生。哪怕有一天找到亲生父母(这也是岚的心愿),就像多了一家亲戚,女儿有双倍的爱岂不更好。一直以来,岚夫妇在乎的是给予女儿第二次生命并抚养她长大的过程。至于结果自有天命,相信善良、孝顺的女儿是岚一家永远的爱。

(八)故事点滴

1. 关于我拾到一名弃婴的情况说明

×××:

2002年3月8日是一个阳光明媚的日子。为了参加单位组织的三八节活动,我于早上八点前几分钟去局里集合。刚下楼,途经南21幢外的小路时,同事×××和×××在南21幢外招呼我说:“王姐,快来看,这里有一个娃娃。”我们三人立即走过去看,在南21幢一单元一楼左侧的门外过道上躺着一个婴儿。我脑海里立即出现了在电影电视中看到过的情形,心想,也许这孩子身上有她的身份证明。果然,我拉开孩子身上的棉外套,发现胸前放着一个折叠好的纸条。纸条上写明了该女婴的出生年月及遗弃的原因(附该纸条复印件)。于是,我们大家才明白这孩子是个弃婴。正在我们几人议论、感慨之时,一楼的两户人家都打开了门,并说:“这怎么办?”我说:“打电话到物管中心去报告。”然后,我们三人就离开现场去上班。在路上我心里一直放不下这个孩子。于是就给我丈夫打电话,说明情形后,我丈夫立即说:“把她抱回来我们养。”最后,我和丈夫及单位同事×××、×××等六人一起开车回去抱孩子。车刚开到新区小学大门外,就看见两位保安已经抱着孩子走来。我们停下车,从保安手中接过孩子后,一行六人立即带孩子去了妇幼保健站和人民医院,替孩子体检。体检结果表明:该孩子患有先天性巨结肠。需要在半岁至一岁期间做手术(附有医院检查证明)。于是,我们将孩子抱回了家。

这就是我拾到这名被遗弃女婴的全部经过。

我们家所有兄弟姊妹生的全是男孩,我们的儿子已经14岁。我们全家包括爷爷、奶奶、外公、外婆、舅舅等都非常喜爱这个孩子。她虽然有病,被亲生父母遗弃,但是我们全家决定全力治好她的病,全心呵护她成长。让她从此远离厄运,幸福生活。再加上我们夫妇双方都是行政事业单位的职工,每月有固定的生活来源。因此,我们相信,孩子的未来是光明的。愿人世间少一份冷漠,多一份爱心。愿我们的孩子幸福成长!

以上所述全部是事实。恳请单位调查并给予证明。

说明人:×××

证明人:×××,×××

2002年3月20日

2. 媒体报道

虽然还不会喊妈妈,可是8个月的馨心一见到39岁的王女士,就笑得露出4颗牙齿。

因为先天性疾病，馨心出生后 20 多天就被遗弃，多亏了好心的王女士收养了她并将她送到四川大学华西医院做了手术。下周，馨心就可以健健康康地出院了。昨日，记者在医院见到了这对幸福的母女。

天上掉下来个乖妹妹

今年 3 月 8 日早晨，在城南某小区居住的王女士下楼时，发现小区门口有一个被棉被裹着的小婴儿，棉被里有一张字条，上面写着孩子的出生年月，“孩子的八字与父母不合，无法解大便，希望换个环境，有好心人能够收养他。”早春的成都乍暖还寒，躺在地上的小不点眼睛一眨不眨地盯着王女士，刹那间，王女士被感动了，“我有一种直觉，和这个小东西有缘。”于是她赶紧打电话跟丈夫商量。丈夫一听，“那还不抱回来，有病我们可以给她医治嘛。”

当天孩子被送到医院检查，孩子的肚子肿得发亮，医生诊断是先天性巨结肠，这种病由于肠道发生病变，粪便无法排出而淤积在肠子里，手术至少要等到半岁以后。在医院给小宝宝灌肠以后，王女士就把这个新成员带回了家。

请个保姆陪住福利院

小宝宝一到家就得到全家人的喜爱，大家给她取一个小名“馨心”。王女士的儿子对比他小 14 岁的妹妹更是疼爱有加。有关部门通知王女士要把馨心送到福利院。

馨心走的那个晚上，全家人都睡不着觉。儿子更是哭着闹着要馨心回来，老人们也对这个孙女十分挂念。对馨心牵肠挂肚的王女士专门请了一个保姆到福利院照顾她。那段时间，王女士一下班就往福利院跑。在新妈妈怀里，馨心睡得很安稳。单位的同事更是大包小包地给馨心带去各种礼物。一个多月后，馨心的领养手续终于办好了，回到了自己的家。

有妈的孩子像个宝

半年多的时间里，王女士在家里定期给馨心灌肠，帮助她排便。10 月 8 日，王女士带着馨心住进了华西医院小儿外科。为了更方便照顾馨心，王女士单位领导给她特批了 20 天的休假。本周二上午，馨心被推进了手术室，王女士一家都守在手术室门外。王女士正在读高一的儿子更是每隔几分钟就打一个电话，让妈妈“报告”妹妹的情况。小儿外科刘文英主任采用一种新的手术方法给馨心做了巨结肠根治手术，一个多小时后，手术取得成功。

在众人爱心包围中，目前馨心恢复情况很好。已经把馨心当做自己亲生女儿的王女士打算将来等女儿长大成人以后，再告诉她自己的身世。

（转摘自 2002 年 10 月 27 日《成都商报》文章《生母当根草，扔了！养母当个宝，好了！天上掉下个病妹妹》）

3. 岚和女儿的书信往来

馨心：

妈妈不在家的日子，你在上下学时注意安全，不要抢红灯。在学校没有搞懂的知识一定要问老师和同学。家庭作业先要独立思考，不要依赖爸爸给出答案，要弄懂解题方法，下次再遇到相同问题就能举一反三。每课知识点都要背，不只是看看就行了。必须要记得牢，关上书也要明白才行，争取本学期第一阶段考试取得好成绩。

妈妈买的鲜花饼留了一半给你，妈妈带走一半去上海。我会注意安全，平安回来，你也要听爸爸话，自己的衣服、袜子每天洗，每天洗澡，按时睡觉、起床，希望妈妈回来时，爸爸会表扬你。

有事给妈妈发微信。

妈妈

2015 年 4 月 1 日

馨心：

转眼间你已渐渐长成大姑娘了，妈妈认为有必要同你谈一件重要的事情。

青春期的到来，对一个女孩子而言，是尤为重要的人生时期，我们一定要认真对待并重视。首先我们应该从理论上搞清楚女孩子青春期生理上的变化和发育过程，这些内容你们的生理卫生课本上已讲清楚了，妈妈希望你认真学习。对你的整个一生，也许这些知识比现阶段的语文、数学知识更为重要。书上讲得很明白了，妈妈就不再重复。

妈妈只是提出几点要求，希望你做到：

第一，女孩子到了你这个年龄段，青春期生长发育都是符合人体生理特点的，你不要紧张、羞怯，更不要恐惧。有妈妈在你身边，你不必担心。

第二，从这个时期开始，一直到今后的一生，与异性（无论是同学、同伴、长辈、家人）一定要保持合理的距离，这个距离指心理上的距离和身体上的距离。记住，身体上的距离更为重要。记得你给妈妈讲过，老师告诉你们，女孩子背心、短裤遮盖着的地方，都不允许异性触摸碰及，这非常正确。女孩子的身体是纯洁、珍贵的，只有等待长大成人后（我国法律规定 18 岁才算成人），当你有了自己爱的对象（这个对象独指自己的丈夫），结婚组成家庭后，才能有亲密的接触，然后生儿育女，幸福美满。这点千万谨记，一定按妈妈的要求去做。

第三，一旦遭到异性的侵犯（妈妈不愿意有此事发生，只是提醒你万一发生时），一定要首先告诉妈妈，不能隐瞒，妈妈会随时同你一起面对、处理。防范的最好办法就是不能同异性单独相处。

第四，这个时期开始，交友一定要慎重。妈妈不反对你跟你的同学、好朋友一起玩耍，但要彼此熟悉、了解，性格、兴趣相投，千万不能同陌生人，尤其是网上不认识的人交往。要与诚实、善良、成熟、周全、机智的人做朋友，但最重要的一点是安全。像你以前一样，离开小区或同朋友外出玩耍，都必须报告妈妈，同谁在一起、去哪里、干什么、什么时候回家。外出时一定带上手机，方便妈妈随时联系上你。

第五，遇上任何事情，都要沉着冷静、机智勇敢，保护好自己。当然，首先是告诉妈妈你遇到什么困难，妈妈愿意替你出谋划策，一辈子都帮助你。但你终究是会长大的，就像天下所有的妈妈一样，你将来也会做你孩子的妈妈。因此，你要学会独立生活的能力，先照顾好自己，才能顾及全家。

当然，你现阶段最主要的任务是在学校念书，学习知识，这是每一个人成长的必经之路，是为你将来人生打下良好基础的重要时期。因此，除了牢记妈妈上述有关问题外，现在主要精力应集中在学习上。学习知识没有捷径可走，优秀的学霸都是靠勤奋得来的，因为没有人生来就会。因此，你一定要抓住主要的知识点和知识规律，强化记忆，尤其是综合科，只能死记硬背，它没有灵活性，这是唯一的方法。

明天就是六一儿童节，你现在已是少年，需要做好自己每一个阶段的事情，美好的人生都是一步一步努力奋斗来的，妈妈祝你愉快、平安、健康！

妈妈

2015年5月31日

亲爱的妈妈：

您好！

其实早就想写这封信给您了！从小到大，就是您对我最关心了。您无时无刻的为我着想，而我那时只是一个小孩，不懂事，让您为我操心。现在我长大了，不再像个小孩，也懂事了。所以，爸爸妈妈你们可以少操一点心了。妈妈，您在我伤心难过的时候安慰我，在学习上鼓励我，在我生病时照顾我。回忆起您对我做的一切，女儿的真的很感谢您……

感谢您给我了生命，让我感受幸福的味道。感谢您抚育我成长，教我如何生活。

没有雨水就没有生命，没有父母就没有自己。这些道理没有人不明白。而今天，我会表示最真诚的决心，今后，您在劳累的时候，我要扶您到床边休息，给您端茶倒水，与您聊天，这才是我该做的。

想想这十年，我要感激的还是您。您做的所有都是为了我，如果没有您就没有今天的我。我现在不能为您做什么，我只能真诚的对您说一声"谢谢！"。

祝您身体健康！

您的女儿

2013年3月10日

女儿：

妈妈今天看到一则短文，转录给你。"毛竹用了四年的时间，仅仅长了三厘米，但从第五年开始，以每天三十厘米的速度疯狂地生长。在前面的四年，毛竹将根在土壤里延伸了数百平方米"。做人做事亦是如此，不要担心付出得不到回报，因为这些付出都是为了扎根，等到时机成熟，你会登上别人遥不可及的巅峰。

与女儿共勉！

妈妈

2016年3月5日

4. 家校本摘要

2016年2月23日

新的学期又开始了，这个寒假丰富多彩，除了完成作业，还有春节、旅行……希望从今天开始收拾心情，专注学习。初二下学期是个关键学期，一定要全力以赴，不断进步。

2016年2月25日

女儿说本学期幸运地与学霸同学同桌。身边有标杆，心中就有榜样。这两天做作业的效率提高不少，回家复习和预习的时间增多了，向优秀的同学学习，争取更大的进步。

（老师评语：继续努力！）

2016年2月28日

这几年同我们一直有联系的广安市陵水县一名初二的小女孩，年前父亲车祸去世，母亲患有间隙性精神病，生活不能自理。14岁的孩子将承担起家庭的重担。我对女儿说：

“一定要知恩、感恩、珍惜你拥有的良好学习条件。”女儿说：“妈妈，你把蒋玉接到我们家吧。”简单的一句话，让我看到女儿的同情心和善意，我说：“你有关爱他人的心很好，但是现阶段努力学习，长大了你才有能力关心更多需要帮助的人，将美好的心愿化为学习动力吧！妈妈为你感动！”

（老师评语：有爱的一家子！）

2016 年 2 月 29 日

第一周周记小结得较全面，有了打算，有了目标，就朝着这个方向努力。找出问题，就能有效地改进。希望女儿将写在本子上的文字，落实到每一天的行动中，言行一致，努力就一定会有收获！

2016 年 3 月 1 日

每天所学的知识，当天消化，不懂的一定多向老师和同学请教，不然问题会越积越多。学习方法更重要，勤问多练。加油！

2016 年 3 月 3 日

注意纠正写字时的姿势，这是上小学一年级开始老师就一再教导，妈妈也常常督促。遗憾啊，现在都初二了，还在说这老生常谈之事。头是偏的，眼睛离书本也太近，一定要注意保护视力，以后用眼的时间还长，千万记住！

2016 年 3 月 4 日

这一周过得好快啊，明天又是周末了，以前我的老师常说：“与时间赛跑，一寸光阴一寸金。”时间对每个人都是公平的，珍惜时间，有效利用时间，这也是学习方法之一。努力！

2016 年 3 月 6 日

女儿又拿着卷尺，一遍又一遍地量身高，多次质疑后不得不沮丧地说：“我已经 1.81 米了，唉，又长了一公分”。女儿说她们班有人想吃药长高点，女儿说：“不要去吃药，长高有什么好？何况还要花钱”。我说，这就好像胖的想瘦，瘦的想胖，高的想矮，矮的想高，人生不如意之事十有八九。珍惜你拥有的，各自人生，各有千秋，一切顺其自然吧，谨记！

2016 年 3 月 8 日

这学期开始，每天早上由爸爸给女儿做早餐，看似简单的事，但要天天坚持，也很不容易。除了要早起，还要想方法换着口味做。辛苦爸爸啦！今天是三八节，除了祝我们家的妇女快乐外，也祝爸爸天天快乐、健康！

2016 年 3 月 9 日

开学这段时间以来，馨心每天完成作业后，都抽时间背历史、地理、政治等文综知识点。学习更加努力了，坚持！

2016 年 3 月 11 日

今天放学回家，女儿问我：“妈妈，严老师给你打电话没有？”我说：“没有啊。”女儿说：“那就好，我好紧张哦。严老师最近要给部分家长电话沟通，因为有些孩子表现不好。”我说：“你自己认为是表现好还是表现不好的呢？”女儿说：“我认为我表现还可以。”我说“那就不用担心啊！其实自己的表现自己最清楚。相信自己，继续加油！”女儿终于放心了。

2016 年 3 月 14 日

女儿告诉我，今天的主题班会讲“如何正确对待男女生的关系”，这是每个青春期的男女生将共同面对的问题，需要认真思考和引导。也不必谈虎色变，这是成长过程中必须经历的。正如老师所说，正常交往，互相鼓励，共同进步。

2016 年 3 月 16 日

女儿说："严老师有一双能看透人心灵的眼睛。"我说："为什么呢？"女儿说："严老师站在讲台上，目光像机关枪一样扫射一遍同学，就准确地知道谁没有完成作业，次次中招。"我听了哈哈大笑："因此，任何时候，任何事情都瞒不过，也不该瞒老师啊，在老师智慧的目光下，不要抱任何侥幸心理！"最终，一切都成为自觉行动，才是老师和家长的目的。

（老师评语：赞同）

2016 年 3 月 18 日

作业已完成。今天又是周末，是女儿最盼望的，因为晚上可以看电视了！

2016 年 3 月 20 日

周末结束，明天又开始新的一周，希望女儿珍惜时间，不断努力！

2016 年 3 月 21 日（女儿周记）

本周是开学第四周，本周感觉时间过得太慢，考了英语、数学。数学有一定进步，但仍离目标有一定距离，还是有些东西没有弄懂。英语单词背得不太熟，还要多加强。本周数学的知识点非常多，很容易搞混。物理学压强不太懂，压强压力比较模糊。在周末补课之后，还看了些课外书，复习了历史的本周学习内容。

2016 年 3 月 22 日

今天家庭作业用时较短，九点半完成。在校自习课完成了一些作业。多看了一会儿课外书，历史、地理、政治等内容需要多背了，加油！

2016 年 3 月 23 日

今天作业较多，十点半才完成，数学的函数的图像表示还未完全掌握，练习题有不会的，明天老师评讲时一定认真听，不懂就问老师。

2016 年 3 月 24 日

今天物理学习《液体的压强》，女儿感到较难懂，新的知识点，概念性的叙述，是比较抽象。物理现象在实验中表现更为具体些，好理解些。妈妈小时候物理也学得不够好，希望女儿培养出兴趣，爱物理，背概念，多观察，逐渐会好的，加油！

2016 年 3 月 27 日（女儿周记）

本周是开学的第五周，我对本周作如下总结：本周学习的物理的压力与压强、数学的一次函数都没有太懂，知识越来越复杂。知识点越学越多，脑子有点乱，有点弄混，题型也太多了。本周的定律还比较好懂，但每次历史课后做作业的时间还安静不下来。上数学时又太安静了，没有与老师互动，不主动举手，死气沉沉，要改正。

2016 年 3 月 28 日

近期所学的物理、数学知识点较多，新内容互相交叉，女儿有些迷糊。需要整理和熟记新的知识点，条理清楚才便于理解。加油！

2016 年 3 月 30 日

眼看就要阶段考试了，该抽点时间静下心来认真复习、消化所学知识了。尤其是还未彻底弄懂的知识一定要多向老师请教，向同学请教。上课精力高度集中，放学回家抓紧时间熟记、熟背知识点，尤其是历史、地理、政治、生物等科目。

2016年3月31日

今天数学学习反比例函数，女儿感到吃力，我让她爸爸给她再讲讲。女儿坚决反对，坚持认为自己看书效果比爸爸讲更好，有点“嫌弃”老爸的意思哟。明天去学校再一次请教老师和同学。新的知识是需要多下点工夫的。加油！

2016年3月31日(女儿周记)

经过翻阅资料，终于弄清楚了，但还未完全明白，多复习。主要是靠公式带值再算，与正比例函数差不多嘛，清楚后，还是很简单的。

2016年4月5日(女儿周记)

本周感觉过得特别慢，不知道为什么，这周分别考了英语、语文、物理。语文考得还不错；英语单词越来越复杂，越来越难背了；物理学习了更深层次的。学习的知识越多，要背的东西就更多，所以要多复习，要归纳，才不容易混。本周放假三天，回了老家，给爷爷上坟烧香。离第一次阶段考试越来越近，现在不能只完成作业，还要按要求背历史、地理、政治、生物。加油！

2016年4月5日

很快就要进行本学期第一次阶段考试了。这段时间各科所学的新知识点较多，老知识点需要复习巩固，一定要抓紧时间，这个周末三天小长假已过，希望女儿全力以赴，认真学习。尤其是地理、英语要多背，没有捷径可走。加油！

2016年4月6日

作业已完成，提高效率，晚上不要睡得太迟。

2016年4月7日

今天作业有三张卷子，做完已没有时间复习文综了。争取明天抓紧时间，合理安排。

2016年4月8日

这学期来，女儿基本上是独立完成作业了，她总是说不用爸妈管，好些时候我睡了她还没做完作业。也不知道这“独立”的背后效果怎样？虽有些担心，但也帮不了她多少。加油！

2016年4月10日

本周就要进行第一次阶段考试了，这是验证这段时间学习效果的有效方式，希望女儿抓紧复习，认真对待。加油！

2016年4月11日(女儿周记)

这一周过得很快，只有四天，下周将进行第一次阶段考试，感觉有些紧张，最近总认为状态不太好。上课时反比例函数没有弄太清楚，综合科按时复习了。最近复习数学，发现之前学习的好多东西都遗忘了，要补回来，今晚看看练习册。

2016年4月12日

认真仔细对待每一道考题，先易后难，合理安排时间，不要慌张，沉着应对，预祝考出自己真实水平。加油！

2016年4月13日

考试结束，了解到自己哪些方面的知识还未完全掌握，就抓紧把它弄懂，记熟。这就是考试的目的，希望女儿认真总结，达到学习和掌握知识的目的。

2016 年 4 月 18 日

女儿预判这次阶段考试可能会退步，我问："为什么呢?"她说："总体考题难度加大了"。我说："如果只是你认为难度加大了，而其他同学不认为，即说明你所学知识未掌握。如大家都说难度加大了，那也不会影响你的个人排名。正所谓水涨船高嘛!"学习效果决定于本人学习态度和方法，其他都不应成为借口。

2016 年 4 月 18 日(女儿周记)

第一次阶段考试后可以总结出许多存在的问题，看出了还有许多知识我没有弄明白。数学学了这么久，知识太多，依然有些模糊，要学会分类复习；英语的语法还不太过关，多抄多背；物理的计算压强不太会。过不了多久便会是第二次阶段考试，在这段时间内要多复习，学会总结不足。

2016 年 4 月 19 日

学习就是逆水行舟，不进则退。认真反思这段时间的学习态度，是否努力自己最清楚。心思一定要放在学习上，稍有松懈就会前功尽弃。记住付出多少，回报就多少。再不努力，进入初三困难就更多了。专心!

2016 年 4 月 20 日

考试成绩仅代表这一阶段对所学知识的掌握情况，以及学习态度等方面。并不代表你下一阶段的学习成绩。因此，放下包袱，订准目标，从现在开始重新努力。关键是上课要认真听讲，放学后再复习、巩固。不懂不要装懂，一个一个的难题认真解决。英语单词要背，句型要记；历史、地理、政治、生物更是要靠背；数学、物理的定理、公式必须熟背并理解，才能运用；语文的诗词、古文都要背。大量的知识都需要背，才能把书本上的知识变成你自己脑子里的知识。别人背三遍能记住的，自己可以背十遍，熟能生巧，总能背住。因此，时间很宝贵，抓紧时间很重要，所谓"学霸"是把别人聊天上网、看电视的时间用来看书、做题、背书。没有捷径可走，女儿一定要明白这个道理。任何回报都是勤奋换来的。

(老师评语：强大的后盾，孩子珍惜啊!)

2016 年 4 月 21 日

女儿这两天学习状态良好。经历失败，从中总结原因，找准问题所在，有针对性地补习和复习。只要坚持下去，一定会有收获。学习不是一天两天的事情，人的一生都在不断学习。尤其是中学阶段，学习基础知识更需要持之以恒，不断努力。加油!

2016 年 4 月 25 日

周末合理安排时间，作业认真完成。

2016 年 4 月 25 日(女儿周记)

本周是开学的第九周，我对本周学习作如下总结：

本周周四，我们进行了诗词朗读比赛，没有练多少次，成绩还不错呢。这周各科都学习了新知识点，没完全掌握，需要多复习。现在物理的浮力知识越来越难，就觉得上课都听懂了，课下做题就不会了。这周成绩也发下来了，退步严重，该努力了，改变我的学习方法。争取第二次阶段考试取得进步。加油!

2016 年 5 月 3 日(女儿周记)

五一假期过得快，这个五一假期我们哪儿都没去，除了补课和做作业，其余时间我都做复习资料的卷子，看课外书，晚上看会儿电视，总的来讲很充实。这周数学家庭作业的证明题中有些辅助线我找不到，有部分题觉得有难度。物理学习“功”，可能是才学一节吧，感觉比较简单。英语单词太多，按时背。

2016 年 5 月 5 日

女儿在妈妈自驾游的十天时间里，在家听爸爸的话，认真学习，完成各项任务。五一节期间做了一些教辅资料上的题，有一定收获。生活上也能自理，看来没有妈妈的督促和帮助，父女俩也能自如的生活了，有进步！

2016 年 5 月 6 日

昨天的历史课自习时间，教室内放着动感的音乐，而多数同学在做作业，在那样嘈杂的氛围中怎么能安心学习。严老师的批评非常对，学习时应认真学习，休息时彻底放松，一定要养成良好的学习习惯。何况上课时间大声放音乐还会影响其他班的同学上课和老师工作。

2016 年 5 月 8 日

周末，同女儿一起看了场电影，母亲节有女儿陪伴，心里美滋滋的。当年我像女儿这般大时，还没有母亲节这个节日，更没有给我的妈妈说过母亲节快乐。多年以后，当我的女儿也成为母亲时，她一定也会得到她的儿女的问候和祝福。这就是社会进步，文明的体现。祝福天下所有的母亲健康、快乐！谢谢女儿！

2016 年 5 月 10 日

认真完成家庭作业。希望 10:30 前能上床睡觉，保证睡眠时间，才有充足的精力投入学习。

2016 年 5 月 11 日

认真完成家庭作业，并对所学内容复习，同爸爸讨论、分析一些不懂的数学、物理题。希望综合科目也要重视，只看还不行，必须要背。加油！

2016 年 5 月 12 日

学习就像拉弹簧，只要一松劲就会弹回去。近期学习态度很好，希望坚持，一定会有收获。

2016 年 5 月 13 日

今天又是周五了。这个周末一定要用大量时间背历史、地理、政治、英语、生物等知识，平时作业多，时间有限，一定要利用好周末时间。第二次阶段考试眼看就要到了。加油！

2016 年 5 月 16 日

女儿又“成功”地将辅助牙套弄丢了，上次是弄坏了（用的时间长，用坏还说得过去），可这次是刚刚才配不久啊。从生活中的小事就能反映出一个人的管理能力和专注度。生活上马马虎虎，学习上也就不会刻苦、严谨、扎实。因此，生活态度会决定一个人的生活质量。希望女儿谨记。

2016 年 5 月 17 日

上周五下午快六点了，女儿班的一位同学家长给我打电话，寻找他的女儿。家长的焦急，我能感同身受。从小我们就教育女儿，放学一定按时回家，有事外出一定要事先征得家长同意。原则上我们从未允许女儿同其他伙伴单独外出（至今为止），因此，这方面女儿很听话，让我们省心不少。值得肯定，希望女儿继续保持此优点。

2016 年 5 月 18 日

认真完成家庭作业，尽量提高速度，抽时间复习综合科，合理优化时间。

2016 年 5 月 19 日

今天女儿郑重地对我说，她每天负责收全班同学家校本并送到老师办公室。因为有两位同学未交，女儿告诉了严老师，严老师在班上点名批评了这两位同学，同学有些不高兴。我告诉女儿，在为大家服务的工作中，你为了坚持原则，难免有时会得罪个别同学，认为你是给老师"打小报告"。今后遇到类似情况，你应该首先善意地提醒未交本子的同学，请他们立即补交，这既起到了你督促他们的目的，自己又完成了老师布置的工作，同时同学还会感谢你。如果你催交过，同学仍不完成，这就是他们不对了。因此，在工作中只要坚持公正、无私、帮助他人的原则，日子长了，大家都会理解和支持你的。继续努力工作。

（老师评语：有原则，同学会理解你的。）

2016 年 5 月 23 日

女儿说："严老师就像我的妈妈。"我听了很高兴，问："严老师同意吗？"女儿说："不是严老师同意不同意，而是她女儿同意不同意的问题。"我笑着说："馨心多了一个爱她的大姐姐，她也会高兴的。就像爸爸、妈妈有了你、哥哥也很高兴一样。"女儿认同我的说法。看似是母女间拉家常，但让我更了解和明白女儿，因为信任才有交流！老师的爱如同父母的爱，相信女儿会终身受益的。谢谢严老师。

（老师评语：太让我感动，若我有这么个高个听话的女儿，那我太幸福了。）

2016 年 5 月 24 日

转眼本学期第二次阶段考试又来临了，希望女儿认真准备，薄弱的科目更要多用时间，不能放弃。加油！

2016 年 5 月 25 日

今天进行第二次阶段考试，仔细、冷静、认真对待，争取考出好成绩。加油！

2016 年 5 月 26 日

认真学习，积极应考。

2016 年 5 月 29 日

本周末放假一天，去乐山看望了殷爸爸、徐妈妈。有些时间没见了，他们惊叹女儿长这么高了，非常高兴。他们夫妇一直很喜爱女儿，关切女儿的成长。

2016 年 5 月 29 日(女儿周记)

我总感觉，我妈现在写这个，有点不合时宜呢。刚刚考完，好好总结，第二次阶段考试考下来，总体就是觉得智商直线下滑了，比之前的考试难度都大，本来还想着数学考好点，拉点分，现在想都别想了。但也发现了有的章节之前的函数、反比例函数本身没掌握，经过一段时间，都有许多遗忘，一定要补回来。英语应该还好，不算太难，这次每科(除物理)时间都是不充足的，刚刚放笔就收卷，应该分配好时间。第二次阶段考试发现了自己的不足，补回来就好，定下期末的目标，向目标努力。其实我还希望早点公布成绩，毕竟是"早死早超生"嘛。

（老师评语：能分析，努力做到！）

2016 年 5 月 30 日

总结一次就要提高一次，将教训转化为经验，才能提高。出现过的问题，下次再遇上就不能重犯了，否则再总结还是老问题，发现一个问题并解决它，就是进步。

2016年6月1日

成绩已知，找出差距，分析原因。文综科目还应下大工夫，没有捷径，就是要死记硬背。好好利用下周放假时间，抓住重点。我总感觉女儿时间花得不少，但效果不好，不知是方法不对还是没抓住重点。需要背的知识这么多，不可能整本书都背。一定要概括知识点，一定要请教学习成绩好的同学。学习和借鉴好的方法，才能事半功倍，否则不会有好的效果，虚心请教（无论是老师和同学）也是一种学习能力。必须要加油啦！

2016年6月20日

最近去俄罗斯旅行了十天，女儿还算基本自觉。马上就期末考试了，希望妈妈缺席的十天不会太影响女儿。不过，有爸爸陪伴一定效果更好吧？总之，还是需要自身努力。加油吧！

5.女儿作文：母亲的爱

母亲的爱是我的安身立命之本。我们每个人都是母亲身上掉下来的肉。母亲是我生命的源泉，母亲的爱与我相伴终生！

我母亲对我的爱，情深似海，刻骨铭心。相对于正常的儿童而言，我的母亲奉献的爱比正常儿童的父母多很多很多倍。因为我患有先天性巨结肠，不能自主排便，所以我婴幼儿时期生活比同龄婴儿痛苦得多，尤其是每天排大便的时候，都必须借助药物（一种叫开塞露的灌肠药）和人工辅助，才能非常艰难的排便。妈妈说我小时候是很坚强的孩子，每次排便都憋红了小脸，用尽弱小身体的全部力量，从不哭闹，好像知道只有经过自己的努力，越过这个痛苦的时刻身体才会舒服很多。遇上大便结块，妈妈就只能用手掏。就这样日复一日，妈妈和我坚持着。医生告诉妈妈，婴儿手术全麻是有很大风险的，至少要等到孩子八个月以后，风险降低时才能手术。妈妈只能耐心地等待着我一天天长大。一般情况，患上这种疾病，很多家庭都选择放弃治疗，因为手术需要巨额费用，而手术是有风险的。全身麻醉对一个弱小婴儿来说，除了有生命危险还有可能导致记忆力不好等很多智力上的障碍，那样就可能成为父母终生的负担和拖累。不得已，很多人都会选择放弃小生命，再生一个各方面都健全的孩子。是我伟大的父母亲让我的生命得已拯救。如果没有母亲的爱，我早已不在这个世界了，母亲是我的救命恩人，我对母亲无论怎么好都难以报答她对我的救命之恩。母亲祈求上苍让我健康地活下去，从未放弃过拯救我生命的意志，带着我到处求医。为了理解并配合好医生对我的医治，妈妈还亲自查阅了好多医学书籍。

终于等到我八个月大时，妈妈带我到成都市的华西医科大学附属医院做手术。妈妈后来告诉我，我在医院住了二十多天，每天除了手术前的各项准备外，最痛苦的就是冲洗大肠。我的手术主要是将病变的一段大肠去除，这段大肠壁上缺乏帮助肠蠕动的酶，因此大便聚结在这里无法通过，然后重新将余下的正常大肠与肛门缝合，恢复自主排便功能。因此，在手术前一周就不能进食，每天靠输液维持身体正常需要。通过清洗大肠，保证整个肠道的清洁，减少手术中和手术后的感染。每天两次的冲洗大肠，是最揪心的时刻。刚开始几次，我痛苦地哭叫时，妈妈也泪流满面。但为了配合医生，总是妈妈抱着我，医生护士们把生理盐水装进管子，从肛门灌进大肠。等不了多久，大便就喷了妈妈和医生护士们一身，而他们并不因此而感到恶心，都希望我能够快快好起来。我们病房有七八个生病的孩子，有心脏出毛病的，有肠道出问题的。每个孩子都有两三个家长陪同，可想而知，那得是一个多么拥挤的大病房呀！可是就在这里，充满着爱，尤其是母亲的爱。母亲怀着期盼和深爱，向同病房的叔叔阿姨爷爷奶奶讲述了我的病情，得到了他们的同情。他们见我每天十分勇敢地忍受着洗肠的痛苦，在医生冲洗大肠时都纷纷拿出玩具分散我的注意力以减轻我的痛苦。两星期后，终于等到做手术了，我的母亲带着焦虑和祈祷，一直在手术室外守候了八小时(包括手术时间和重症监护室观察时间)。母亲身体的每一个细胞都散发出母性的爱的光辉，驱散手术室内外痛苦的氛围。在母爱的阳光照耀下，病痛离我而去，手术非常成功。手术后我被立即转入ICU病房监护，在ICU病房的两天，我全身都插满了输液管、输血管、氧气管、尿管等。两天后，我终于脱离了生命危险，转入普通病房治疗。我因麻醉药效过去了，十分疼痛。不停地哭闹，亲爱的妈妈知道我身体的疼痛，感同身受，眼睛一刻也没合上过，伴我度过那痛苦的时光。我哭累了就睡，睡醒了又再哭，忍受着痛苦的煎熬。妈妈为减轻我痛苦，为我反复唱我最喜欢听的《世上只有妈妈好》，病房内充满了妈妈慈爱的歌声。除了上卫生间，妈妈没有离开我一步。我时而认真地听，时而又因痛苦而抽泣。在医生和妈妈的精心呵护下，在周阿姨无微不至的照顾下，我的身体才一天一天好起来。出了医院，又经过两年的治疗和护理，我逐渐成为一个身体健康的儿童，母亲的爱是我身体健康的保障。

母亲的爱还是我心理健康的依赖。因为病魔在我身上停留的时间太久了，在我心里留下抹不去的伤痕。上幼儿园时我不愿意一个人去学校，一直以来我需要妈妈在我身边才会有安全感。每当妈妈一离开幼儿园，我就立刻号啕大哭起来，一个人趴在窗边，眼里包着泪水，看着妈妈离开的背影，眼里尽是舍不得，也不听老师的话。只是呆呆的地坐着，心里思念着妈妈。别的小朋友哭一星期也就习惯了幼儿园新生活，而我却哭闹了一学期还不停止，仍是舍不得离不开妈妈，可见妈妈对我有多爱才使我有如此强烈的感受。在幼儿园头几天哭得嗓子都沙哑了，说话都没有声音。母亲每天亲自接送我，还多方面与老师沟通，慢慢地消除了我的心理障碍，渐渐地使我融入幼儿园的生活中。在妈妈爱的怀抱中，我逐渐成为一个心理、身体健康的孩子。

母亲的爱使我心肠好。我小学读的是第一外国语小学，这所小学在传授知识的同时，突出素质教育，教学生如何做人。妈妈积极配合学校老师培养我的道德品质。在我很小的时候，妈妈就教我要节约粮食，节约用水；要性格开朗，善于抓住机会展示自己；要有礼貌，尊重长辈，见到熟人要招呼，待人热情；要遵守交通规则，注意安全；等等。在我成长的每一步都凝聚着母亲的爱。小学期间得到了老师和学校的认可，我获得了许多奖状，包括“礼仪模范”“社会好公民”“节约标兵”“孝心天使”等。妈妈常常鼓励我多为班集体做好事，多帮助同学，所以小学六年，我年年都是语文课代表和图书管理员。成为语文课代表是一件光荣而辛苦的工作，每天帮助老师收发作业本，还能与老师谈心。图书管理员主要是为同学服务，定时开关书柜，一本一本认真登记，不能出差错。而且对借书的同学笑脸相迎，有问必答。妈妈通过让我参与学校的义务劳动培养我的交际能力和管理才能。最为重要的是，妈妈一贯教育我要有一颗善良的心，要热心帮助需要帮助的人。一次，我在小区里看见一位从事环卫工作的老婆婆，正在吃力地推着垃圾桶。老婆婆已经六七十岁了，弯着腰，使着劲。我想老婆婆真不容易啊，就毫不犹豫地上前去帮助老婆婆。老婆婆谢谢我，我心里也很高兴。

上初中后，母亲为我学习成绩的提高操了很多心。因为小学文化知识的基础没打好，所以初中一年级第一学期成绩只是中等。为了让我的成绩有所提升，妈妈与她的同学任伟教授多次研究如何使我明确学习目的，端正学习态度，改进学习方法，争取好的学习效果。经过几十次通信，妈妈终于说服在加拿大的任教授，不远万里来到我家，为我进行了将近四十天全方位训练。任教授用心教我，把我当成他自己的女儿来教，传授的都是他读书治学四十多年的看家本领、独门绝技。任教授非常认真地备课，手把手地教我写作文，强调要认真学习和领会语文课本的写作技巧。任教授给我上的第一次非正式的数学课，就使我对数学的学习开了窍，不再害怕数学的逻辑推理，真真切切地感受到了数学的美和学习数学的乐趣。任教授来之前，我对数学一直有恐惧，不知道怎样学，按任教授的话说，就是在学习上还没有做个明白人。比如初中一年级第一学期英语期末考试，我稀里糊涂地把两张答卷的答题卡搞混，大多数同学都清楚的事，我却没有搞明白。妈妈这次请任教授来教我，就是要请他教会我做一个明白人。任教授所授课程中的三堂课的内容摘要如下：

第一堂课：孝敬你的父母。主要包含两重意思，一是要看得起自己的父母，不要因为自己父母没别人父母有钱，自己父母的官没别人父母的官大，就看不起自己的父母，父母有父母的辛苦和不容易。不要认为父母为自己的子女做事都是应该的，要体谅父母的难处，不要向父母提脱离家庭实际的过分要求，要与父母同呼吸共命运。二是要为父母争光，要努力把自己的事情做好，做一个有出息的人。任教授还讲了他小时候的故事："最重要的一堂语文课"，那是任教授的爸爸给他上的唯一一堂语文课。任教授的爸爸没有文化，但希望任教授有文化，尤其是要把语文学好。一天任教授的爸爸开会回来，觉得开会时别人念的报纸上的两句话特别好，就叫任教授写下那两个句子。但由于任教授的爸爸没有文化，花了半个小时以上才让任教授在语文课本的封面上写下那两个句子(任教授说当时他家穷得连写字的白纸都没有)。但是那两个句子经任教授当时的语文老师评判，还是写错了，有明显的语法错误。当时任教授才七岁，非常难堪，流下了羞愧的泪水。但任教授并不因此瞧不起自己的父亲，反而更激发了学习的热情，发奋学习，决心一定要学好语文。任教授将他父亲的意志转化为自己的意志，认识到当时学习的机会来之不易，因此十分珍惜学习机会。任教授将一定要实现他父亲希望他学好语文的期盼转化为了自己发奋读书的动力。任教授讲完后，妈妈又用我更容易懂的语言把这堂课的核心内容作了复述：孩子要将父母的意志转化为自己的意志，要将父母的期盼转化为学习的动力，不要埋怨父母；父母有个别地方做得不对，也要知道父母的好心、苦心和爱心，不要挑父母毛病，要认真倾听，不要与父母顶嘴；父母作为普通人都有优点和缺点，孩子要学习和吸收父母的优点，避免父母的缺点，父母对孩子不管是宽松还是严格都是爱。妈妈进一步讲到，几年前出差见到的一个与我同年级的农村女孩子因家里贫穷艰难求学的情况，告诉我不要以为只有在任教授小时候才有穷人，就是现在也有农村的孩子，中午连饭都吃不饱，还要干农活。而我的生活条件比农村的孩子要好很多，妈妈为我请来这么好的老师给我讲课，我要倍加珍惜来之不易的学习机会，以回报父母对我的爱.

第二堂课：母爱无限。通过这堂课我明白母亲的爱是我的安身立命之本。要与母亲心连心，知道母亲的辛苦和辛酸。这堂课的学习直接导致了本文的写作。以下是妈妈为我示范的文本：

母亲的爱，
是我呱呱坠地时的喜悦，
是我咿咿学语时的呢喃，
是我蹒跚学步时的搀扶，
是我童年上学时的叮咛，
是我考上大学时的期许，
是我踏入社会时的教诲。
是我做母亲时的榜样，
是我人到中年时的牵挂，
是我来世再续母女缘的祈祷。

母亲的爱，
是对我幼时生病时的焦虑，
是对我青少年求学时的鼓励，
是对我青春期的陪伴，
是对我失落时的安慰，
是对我彷徨时的指引，
是对我困难时的扶助，
是对我得意时的提醒，
是对我疲惫时靠近的肩膀，
是对我回家时张开的怀抱。

曾经，母亲的爱，
是香喷喷的饭菜，
是温暖干净的衣裳，
是清晨头上的小辫，
是出门求学的不舍。
是相伴终身的依托，
是举家团聚的欢笑。

如今，母亲的爱，
是那满头的白发，
是那长满皱纹的脸，
是那日渐浑浊的目光，
是那微微颤抖的双手，
是那越来越难行的步伐，
是那倚窗眺望儿女回家的身影。

母亲的爱……

母亲的爱，
是我安身之道，
立命之本！

第三堂课：作文之难。任教授以他儿子灵灵哥哥学习写作文的艰难历程，讲述作文之难。他说灵灵哥哥一辈子只挨过一次打，就是因为不好好写作文。任教授在这堂课还不厌其烦地讲述了怎样抓住小学三至六年级课本上的字、词、句、开头、结尾、结构，认真学习和模仿；怎样把书上好的东西变成自己的东西；怎样进行欣赏、模仿、替换、改写和应用。妈妈特别授权任教授，对我严格要求，如果我不听话，任教授也可以打我。任教授为了训练我专心读书，大年三十、初一都不休息，妈妈也一直陪着我学习。记得大年初二那天，我被外面的诱惑所动，应付任教授和妈妈，仅仅写了一页纸就将母亲的爱这篇作文交给任教授了，主题句居然是“妈妈的爱是唠叨”。任教授看了以后非常生气，把我训斥了半个小时，我曾试图顶嘴，遭到任教授更严厉的批评。任教授是在执行妈妈的意志，传递的仍然是母亲的爱，当天晚上，我认识到自己的错，认真写了检讨。

母亲的爱是我一生的安身立命之本。我一生都不会忘记这个根本。从今天以后我要明明白白做人，踏踏实实做事。母亲的爱是鼓励我前进的动力，我一定在爱的呵护下奋勇前进。

第八章　艺术哲学:本体论与认识论的统一

本章提出艺术哲学大纲,主要工作是首先用意向的二重性较好地理解美学的对象。审美活动何以可能?进一步区分了审美活动作为每个人生命活动的意义为主、价值为辅的审美活动的美感与艺术作品的人类社会化的美感。因此艺术性不仅敞开了意义世界更为人们敞开了价值世界。在本书体系中,艺术活动就艺术性和社会价值性而言高于审美活动。审美活动作为群众性的普及活动,作为艺术活动的背景来谈论。这与邓晓芒[1-5]的观点是有差异的。我国有新实践美学[1-5]、实践美学[6]、后实践美学[7]等流派。也有我国古代传下来的天人合一的美在意象的流派[8]。艺术哲学方面也是既有以实践为主干,讨论艺术的创作、鉴赏、批评、理论、历史的大部头[9],也有以认识论为主,涉及本体论的艺术哲学读本[10]。现象学、美学方面有泛泛而谈,一网打尽的导论性著作[11],兼顾到现象学与辩证法的难以兼容性。也有以胡塞尔的现象学为主说事的较为深入细致的现象学、美学阐释书籍[12]。但是海德格尔的美学(非对象性活动的万物一体的美学)与胡塞尔的美学(对象性活动的美学)没有统一起来。这一评论照样适用于天人合一与天人合一前提下天人二分的[1-7]美学。文献[12]—[15]有些思想萌芽,但并没有清晰的大纲。

本书认为在美与艺术的讨论中,区分天人合一的万物一体与人类的主体间性情感的相互作用是个没有解决好的难题,也是本章的重中之重。在美与艺术的细节方面少有建树,但在体系结构方面确实做出了与众不同的构思。

8.1　美学导论

这一节主要介绍叶朗的美在意象的观点[8],顺带引入有关基础性概念。

美学作为人类现实生活(一部分)的学说和问题,与人从动物变为人共始终。人们追求生活的意义和价值就是美学的主要议题。但学术圈的美学将以文字形式,特别是哲学或者说形而上学方式表达的理论形态的学说和问题才称为美学。西方一般以柏拉图开始,东方以老子、庄子开始。美学作为一个学科,则是德国哲学家鲍姆加通在1750年首先命名的。

美学作为一门科学,可以由它的研究对象来定义。根据文献[8]美学的研究活动是审美活动,正如马克思主义哲学的研究对象是人类活动一样。审美活动作为一种活动,除作为审美对象的意象世界外,就是作为主体的人的一种体验活动。这种体验活动在万物一体的意义上是非对象性的情景交融,物我两忘。也就是说,意象世界的生成或者说敞开直接来源于人类本体或者说人生在世的每一个人,与世界上万事万物情景交融在一体的一种共在状态,不存在你我它,通通是我们。

这种体验(带着全部的身家性命的体验)是一种精神活动,超越了物质生产活动的有用性,也超越每个个人生命和视野的有限性。当然这种超越仍然是在自然界中和在人类社会中的超越,根本上是超越不了时空的,也超越不了文化环境。本质上是一种有条件的超越,也就是社会化历史性前提下的超越。总的说来是在特定时段审美风尚和时代风貌前提(背景下)的有限度超越[8]。叶朗的书55万字之巨(作为教材),仍然很谦卑地说:“美学是发展中的学科,从国际范围来看,至今还找不到一个成熟的现代形态的美学体系。”

柏拉图认为美本身是美的理念,一切美的事物包括美的人都是因为分有美的理念才是美的。到黑格尔就发展成美是理念的感性显现,这些都是西方认识传统意义上的美学观。文献[8]的美学观是中国传统美学天人合一的美学观,既不存在实体化的与人无关的美,也不存在一种实体化的纯粹主观的美。前者说的是一切美的事物的美,都有待每个人心源(心作为美的源泉)的照亮,从而取消美的事物的实体性,同时心也没有实体性,而是最空灵的。美的事物与空灵的心在存在论上的合一,就构建出一个物理世界之外情景交融的意象世界,这是一个感性的世界。意象世界显现一个真实的世界,即人与万物一体的生活世界。意象世界既不是物理世界,也不是理念的世界,而是一个充满意蕴,充满情趣的感性世界[8]。叶朗写道[8]57:“在中国传统美学看来,意象是美的本体,意象也是艺术的本体。中国传统美学给予‘意象’最一般的规定,是情景交融。中国传统美学认为,‘情’与‘景’的统一乃是审美意象的基本结构。但是这里说‘情’与‘景’,不能理解为互相外在的两个实体化的东西,而是‘情’与‘景’的欣合和畅,一气流通。”

审美意象给人一种审美的愉悦,使人产生美感。叶朗写道[8]75:“乐是人与自然界的本能状态”。本书第一版中所述的人生是欢乐的涌泉表达的也是类似的意思,这是一种乐的境界。

中国哲学的意象学说确实较难理解,说意象是艺术的本体比较好懂,因为艺术品所显现的情感具有在人类社会中的直接可沟通性[1-7]。而意象是美的本体,则似乎比较困难。因为每个人的审美活动产生的审美意象不一定外显出来,别人不知道,只是自己乐一乐。可以构成自己生活的一部分,甚至生命的一部分。但审美意象怎样会引起别人的共鸣则确实十分神秘。说人与人之间情感相通,比较容易,说人与花草情感相通就难一些了。说人与石头、木头、山川、河流情感相通就很困难了。所以本书的哲学体系,包括美学体系,都限于人类之间说事,非人的万事万物通过人来照亮其意义。

但限于文献[8]的体系,可以将意象理解为一个充满于天地间,穿透万事万物,穿透人的身心的一个场,这就是一个美感和美的场。平时虚位以待,但一旦审美的人进行审美活动,人与这个场之间就产生情与景的交融,也就是情与景的互动。如果能持存一个时间区间,就产生美感,也就是美与时间乘积的作用量。而美随时间的变化率则体现出美感的强度。这可以认为是一元论的情场的哲学。因此每个人都可以感应并响应这个情场,每个人变化的情场(=意象世界中的意象场)产生变化的世界化时间性的情场,变化的世界化时间性的情场又产生每个人变化的情场。

要理解意象场确实需要很好的宇宙情怀,禅的“悟”,可能对此种情怀的奠定大有帮助。这种对宇宙本体的体验和领悟完全是形而上学的,很有哲学味道。也就是本书第一版[15]中“绝对静止=绝对运动”的境界,需要人性目光和神性目光的切换。既在世界之中,又在世界之外。这种诗性地栖居在大地上就是中国美学的“空灵”。

宇宙微波背景辐射就是“绝对静止=绝对运动”的典型形态。就美学而论,叶朗有很好的总结[8]433:“‘空灵’的美感就是使人们在‘万古长空’的氛围中欣赏,体验眼前‘一朝风月’之美。永恒就在当下。这时人们的心境不再是焦灼,也不再忧伤,而是平静、恬淡,有一种解脱感和自由感，‘行到水穷处，坐看云起时’，了悟生命的意义，获得一种形而上的愉悦”。两句诗选自王维的《终南别业》：

中岁颇好道，晚家南山陲。
兴来每独往，胜事空自知。
行到水穷处，坐看云起时。
偶然值林叟，谈笑无还期。

大家熟悉的空灵诗句可能是以下四句：

千山鸟飞绝，万径人踪灭。
孤舟蓑笠翁，独钓寒江雪。

8.2 美学现象学

为了引出问题，本节首先引用叶朗的一段论述[8]267：

“艺术的本体是审美意象，因此，艺术创造始终是意象生成的问题。郑板桥有一段话最能说明这一点：

江馆清秋，晨起看竹，烟光，日影，露气，皆浮动于疏枝密叶之间，胸中勃勃，遂有画意。其实胸中之竹并不是眼中之竹也。因而磨墨展纸，落笔倏作变相，手中之竹又不是胸中之竹也。总之，意在笔先者，定则也；趣在法外者，化机也。独画方乎哉！[16]154

郑板桥这段话概括了艺术创造的完整过程。这个过程包括了两个飞跃：一个是从‘眼中之竹’到‘胸中之竹’的飞跃，从‘眼中之竹’到‘胸中之竹’这是审美意象的生成过程，是一个创造过程。从‘胸中之竹’到‘手中之竹’，画家进入操作阶段，也就是运用技巧、工具和材料制成一个物理的存在，这仍然是审美意象的生成，仍然是一个充满活力的创造过程。所以郑板桥说：‘落笔倏作变相，手中之竹又不是胸中之竹也。’因为这里增加了手及手对媒质材料的操作这一新的因素。手操作工具和材料时微妙的神经感觉（即体感）、媒介的‘活力内涵’以及画家的技巧都会影响‘手中之竹’的生成。‘手中之竹’便是‘胸中之竹’的物化，但是‘胸中之竹’并没有完全实现为‘手中之竹’，而‘手中之竹’又比‘胸中之竹’多出一些东西。

这就是说，艺术创造的过程尽管会涉及操作、技巧、工具、物质、媒介等因素，再扩大一点，它还会涉及政治、经济、科学技术等因素，但它的核心始终是一个意象生成的问题。”

接下来解释手中之竹比胸中之竹多出了一些什么东西。手中之竹已经是可以向另外一个人传达和交流的社会化（人类化）了的艺术品，而胸中之竹一旦没有外化和物化，仅仅是个人审美生活的一部分。只要人还活着，都能成为人生的一部分，但没有变成主体间性的东西，也就是说没有变成人与人之间情感的传达和交流，没有充分社会化。每个人作为人类社会中的一员，当然胸中之竹也有初级的社会化的成分。叶朗注意到了两个飞跃，但对这两个飞跃有什么区别没有给出令人信服的说明。其实，本书已经注意到，手中之竹比胸中之竹更容易与别人传达和交流情感，或者说为与别人传达和交流情感创造了条件，还可以说为从这个人(郑板桥本人)的胸中之竹变成另一个人(任何一个欣赏者)的胸中之竹创造了条件,或者说搭起了桥梁。既然这两个过程都称为飞跃,就可以把从眼中之竹到胸中之竹的飞跃称为美感的产生,美感具有很强的个体化特点、内在化特点、主体本身特点。也就是柳宗元所言“美不自美,因人而彰”[8]。而把从胸中之竹到手中之竹的飞跃称为艺术感的产生,因为这一飞跃的本质是可实现两个主体之间情感上的共鸣。当然,共鸣的程度因主体的各方面条件不同而有差异。艺术感具有很强的外化、物化、社会化、人类化特点,具有超出主体自身,达及主体之间的特点。也就是说从个体之意变成了人类社会化的心。遵照海德格尔,既然艺术作品(手中之竹)和艺术家(郑板桥、艺术创作者、艺术欣赏者)互为本源,那么打通这两者的就是具有艺术性[1-7]的艺术感。

另外,叶朗对郑板桥原文的解释[8]明显忽视了“江馆清秋,晨起看竹,烟光,日影,露气,皆浮动于疏枝密叶之间”这句话的含义,本书认为正是这句话大有深意。从字面上看,至少看出后来所言的眼中之竹、胸中之竹、手中之竹,其根本来源还是晨起看竹,也就是说竹林中的竹。因为皆浮动于疏枝密叶之间,既然存在着之间,就不是一根竹子,必然存在着竹林。另外,这句话也说明郑板桥与竹林之竹是天人合一的,竹林之竹是郑板桥生活的一部分,反映了艺术来源于生活,而又高于生活的特点。

所以说郑板桥这段话实际上涉及四种状态的竹,也就是竹林(自然界中的)之竹、眼中之竹、胸中之竹、手中之竹。竹林之竹对应于自然界中的天人合一的竹。眼中之竹已是知识上的竹,主客二分的了。胸中之竹既有直觉性的审美意象,也不排除知识性的眼中之竹参与审美意象的构成,因为人做事总是全身心投入的。有可能直觉为主,有可能理智为主,有可能意志为主,有可能知觉为主,有可能想象为主,有可能洞察为主,有可能体感为主等,也有可能各种能力交替使用,也有可能各种能力联合使用。不要小看眼中之竹,它已经理念化了,因为它并不特指某一根竹子,而是把每根竹子都划归到竹这个抽象名词,从而突现了理念化。而手中之竹正是黑格尔所谓理念的感性显现,理念化就实现了人类化和社会化,可以实现人与人之间的情感、意义、价值(事实性价值)、主体间价值[14](映射性价值)、理念、理智、意志等全部人类性的传达和交流。因为欣赏者也有眼睛,也带着全部的人类社会历史性,而不只是带了双眼睛来欣赏[1-5]。因为每个人的眼睛都已是人类社会的眼睛,带着可传达、可交流的社会化的理念、意识、意义、价值、情感等人类性特征。另外,从胸中之竹到手中之竹,也不是任何一个审美主体都能具有的能力,只有具有相当修养的艺术家如郑板桥,才能实现这第二次飞跃,使作品具有艺术性和艺术感,而能够在人类社会中交换,具有交换价值。这一交换价值明显不同于竹林之竹的价值,也不同于眼中之竹的价值,与胸中之竹的价值也有很大差异。当今时代的艺术品市场繁荣,需求和供给为艺术创作提供了前景,艺术价值和经济价值共生共荣。

以上举出四个世界中的竹子,目的是要论及 20 世纪 50 年代我国美学界关于美的本质的讨论[8]35-43。这场讨论的中心问题是美是主观的还是客观的,美在物还是在心?无独有偶,在伦理学上也有类似的争论。伦理学上的争论被王海明称为四大元伦理学理论:客观论、实在论、主观论、关系论[17]254-262。而美学上也主要分成四派:蔡仪等认为美是客观的;吕荧、高尔泰等认为美是主观的;李泽厚认为美是客观性和社会性的统一;朱光潜认为美是主客观的统一。而叶郎认为[8]四种观点中,朱光潜的观点最具真理性,而李泽厚的观点却在相当长的时期内影响着中国的美学研究。叶郎索性不与这种主客二分的认识论模式沾边[8]，回到中国文化之中的天人合一观点，并引用了海德格尔的人一世界模型和张世英对海德格尔哲学的阐释。

对上述各家各派的基本观点进行转述和批评不是本节的目的，也超出了本节的篇幅许可。这里直接提出本书在美学上的观点，当然本书的观点也不是天上掉下来的，是在认真学习和反复领会各种思想后，直接面向事情本身得出的结论。本书的观点可以命名为关系的虚实结合论，或者说是一种辩证唯物主义和历史唯物主义的观点。

首先，请允许在此对文献[8]在天人合一和人一世界关系模式下做出的美在意象的理论建构，做出本书的改写和解释。总的说来，就是要先改写海德格尔的人一世界模式，将其修改为历史唯物主义的有审美意义的意象世界，在这个世界中只有人类存在，人类以外的万事万物，由于与人类的审美活动的相对性，构成意象世界的余集。这一余集，除了作为意象世界的来源以外，还要作为美学理论模型没有包括，因而不能穷尽的无限丰富性。比如生产劳动的功利性、战争的残酷性、认识的客观性、意志的道德性、宗教的虚幻性等。在意象世界中，是我们关系，在特定的时间段[T_0，$T_0+\Delta T$]内，所有当下活着的人都在其中。这种意象世界，虽然对每一意象，不同的人有不同，但人类之间对同一个意象，进而对每一意象，都有人类相通性和人类可理解性、可交流性、可解释性。将这种具有人类相通性的意象世界称为人类社会化历史性的意象场，它存在于每个人的身心之内，也存在于每个人的身心之外。也就是说，每个人都能对意向场做出感应和响应。既然美在意象，那么美在哪里？对这个问题的回答得分两种情况：当某个人没有进行审美活动的时候，意象场也存在，但意象场对这个人没有发生作用。相当于本来每个人都有一个手机，如果打开手机的话，世界上所有人就共同建构了这个场，但如果某个人没有开机的话，客观存在的电磁场和打电话产生的意义场对这个人就没有作用。但没有开机和没有手机还是不一样的，没有开机意味着本来可以开机而暂时没有开机而已，表现为有进入电磁场和意义场的能力。没有手机意味着没有进入电磁场和意义场的能力。因此，美在意象，在意象世界，在没有进行审美活动的时候，表现为每个人都有具有审美能力的可能性，也就是说具有创造某一个特定的审美意象的可能性，也有与另外的人传达或交流审美意象的可能性。总之，每个人如果全身心投入的话，是有审美能力的。美在哪里，美就在每一个人的潜在审美能力中。另一方面，在每个人在其中的，作为审美意象世界余集的，无限丰富的自然界中，人与万事万物是万物一体的。世界上发生的任何事物，都有成为某个人创造审美意象的可能性。至少可以说，人们创造的审美意象不是天上掉下来的，也不是神创造的。任何审美意象都来自人，以万物一体的方式或者说天人合一的方式，在其中的某一物质实体如自然界，或人工物，或精神实在。如某一个人正在想、正在做、正在说的事，也就是说来自于某一事物(物质的或精神的)有满足某一审美活动需要的性质。因此审美活动没有发生的时候，美仍然在。在余集中，就在于某些事物具有满足人类审美需要的属性。所以美是客观的，每个人的潜在审美能力，和人类现实存在的审美直觉能力、审美知识、审美情趣、审美情调、审美风格都是客观存在的。人在其中以万物一体方式存在的某些事物也是客观的。这里仍以胸中之竹和手中之竹为例，胸中之竹指的是来自竹林之竹(自然界的竹子)具有满足郑板桥审美需要的性质。而手中之竹指竹林之竹经过眼中之竹、胸中之竹呈现为手中之竹，已具有满足郑板桥与别人传达并交流审美感受(感情)的需要的性质。这时手中之竹已在作为意象世界余集的世界之中，而不仅在郑板桥的意象世界之中。而胸中之竹则只在郑板桥的意象世界之中,根本上说来仅仅属于意象世界。所以第二次飞跃,同第一次飞跃有很不相同的特点:第二次飞跃实现了意象世界与余集的联系,第一次飞跃只实现了意象世界的创造和关系。所以即使审美活动没有发生,美还是以虚位以待的方式存在于万物一体的、现实的、真实的生活世界和云霄中的审美意象世界中。并以情景交融或物我两忘的方式,作为有待充实的关系虚位以待。美作为一种能指存在,还没有变成所指。

当审美活动发生之后,意味着 $\Delta T \neq 0$,美在哪里?美已不在余集之中了,余集只完成审美活动的启动,并逐渐变成审美活动的背景。按邓晓芒举的例子,余集成了看电影的白色幕布,观众的注意力已不在幕布了。观众只注意电影的内容,电影就成为审美意象。由于审美意象已成为审美主体体验的对象,胸中之竹已不是林中之竹了,审美关系的充实变成审美主体与胸中之竹作为对象的充实关系。而手中之竹也不再是林中之竹,而是欣赏者欣赏的手中之竹产生的第二次飞跃后的审美意象。审美关系变成欣赏者作为主体,手中之竹的审美意象作为审美对象,审美关系成为这两个审美主体之间的关系,审美活动可以看成一个实践活动。这次的眼中之竹已不再是竹林之竹,而是手中之竹的外在形式了。所以说,在中国 20 世纪 50 年代关于美学的大讨论中,一旦审美活动发生以后,四种说法都有正确性,而又都不完全正确。按照完备二元论[15],任何一个主客二分的活动,实际上有四个元素、主体、客体、主客体关系、背景或对象的物质载体、物质的载体的特殊属性。至此,胸中之竹作为审美活动,是由于竹林中的竹子有满足郑板桥审美需要的属性,作为审美活动的背景或美的来源而存在。审美主体是郑板桥,审美对象是胸中之竹的审美意象,审美活动是郑板桥与审美意象之间情景交融和物我两忘的相互作用,审美意象已是一种美感。审美活动是郑板桥对美感的美感,是主体的美感与客体的美感的相互激荡,相互生成,是不断生成着的美感。变化的审美意象(已是充实着的美感)作为郑板桥的客我,产生变化的美感作为郑板桥的主我。变化的主我的美感又产生变化的审美意象。这两种美感在空间上错位,在时间上不同步,有如 DNA 双螺旋与时俱进着。也可以电磁场时域有限差分法求解的电磁场来帮助理解,电磁场可以只用电场来刻画,也可以只用磁场来刻画,也可以用电场和磁场两者来刻画。所以弗洛伊德才有自我、本我、超我。到了情景交融,物我两忘的审美境界,哪个是本我,哪个是自我,哪个是超我已经分不清了。眼中之竹、林中之竹、胸中之竹已经分不清了。唯一知道的是审美的愉悦。同样,在对手中之竹的鉴赏的艺术活动中,背景已是手中之竹的外在形式,对象已是手中之竹的审美意象,手段是欣赏者的眼中之竹,也就是对手中之竹的观赏。

艺术主体已是欣赏者,艺术活动是欣赏主体与欣赏对象(手中之竹的审美意象)。这一艺术活动,当然表面上仍然是审美意象的美感与欣赏者审美意象作为美感的相互激荡,这两种美感空间上错位,时间上不同步。但这里发生了重要的区别:艺术活动与审美活动的重大区别。因为这时的客我,已是郑板桥本人,郑板桥已到欣赏者心中来做客,从欣赏者与手中之竹的人与物的关系的现象,应该看出郑板桥与欣赏者之间,人与人的情感关系。所以艺术活动完全是主体间性的人与人的关系的充实。这是郑板桥假借手中之竹来实现的情感传达和交流的活动。所以杜夫海纳和梅洛庞蒂之类的艺术家将艺术品称为准主体[11,12],按邓晓芒的理解,准主体是还没有到位的,本书认为也没有到位。本书认为仅仅停留在马克思 1844 年经济哲学手稿的视野上看待美学问题是不够的,即使加上中国古代美学从人与人之间的关系看待美学问题也不够[1-5]，必须上升到马克思资本论的高度来看待美学问题。人与人之间借助物与人的关系，特别是物与物的交换关系所呈现的利益关系，也就是从交换价值和使用价值的利益关系，通俗一点就是从有用的物和有价值的钱产生出的人与人之间的从物与物的交换价值（价格＝钱）产生出的人与人之间的利益关系。这样很直白的显示出以生命换取生命，以有用性换取有用性的双重交换[14]，生命换取生命就是生命的作用量，就是钱乘以时间。而当劳动力作为商品，也就是每天多少钱，仅仅以钱的数字来座架钱，就会使钱停留在抽象之中。每天多少钱在社会意义上也就是钱的流量，简称流动性[14]。使用价值的上述理解当然也适用于其他商品，比如一台电视机 1000 元，用 10 年，就是每年 100 元的使用价值。生命换取生命也就是钱乘以时间[14]。这些问题在本书第三卷有相当详细的论述。套用资本论的术语，艺术品也是用于交换的劳动产品，因为艺术活动是人类生活的一部分，是每个人生命的一部分，只有用每个人的生命来交换。所以艺术品是能满足人们之间用生命换取生命需要的社会化的劳动产品，含有丰富的价值内涵。艺术活动也就是意义活动与价值活动的结合。相反，审美活动往往不具有与别人交换情感的性质。比如我在书店看一个小时书，一本也没有买。看了过后，也没有向任何人讲我看了什么书，这一审美活动就没有社会化。没有向别人传达，也没有向别人交流，就不是艺术活动（也没有花一分钱）。很多艺术哲学著作和美学著作没有区分得这么深入。审美意象是具有满足主体需要的第三性质[17]254－262，艺术意象则是具有满足主体与别的主体进行情感传达与交流的需要的第四性质。顺便指出，历史上，英国哲学家洛克对客体不依赖于主体的性质称为客体的第一性质，而把如红色这种客体依赖于主体而存在的关系属性，而不是客体的固有属性称为客体的第二性质。王海明进一步定义了客体的第三性质[17]257："红色是客体不依赖主体需要而具有的属性，因而是客体的事实属性，是客体的事实关系属性，是客体的第二性质，反之，道德善则是客体的不能离开主体需要而具有的属性，是客体的事实属性对主体的需要、欲望、目的、效用，是客体的价值关系属性，是客观的第三性质"。本书按照这一规则梳理一下，竹林中的竹子的物质结构是客体的第一性质，独立于主体，是纯粹客观的东西。眼中之竹已是有竹子的第二性质介入了，因为人只要不是色盲就会看出竹子的绿色。胸中之竹中竹子的第三性质又介入了，因为胸中之竹具有满足人类审美需要的效用，利用了竹（经过人类改造和创造）的第三性质。如果对胸中之竹再进行创造，就变成手中之竹。这样就利用了竹的第四性质，也就是竹的能满足人与人之间进行情感交流的性质。这是本书首次提出的客体第四性质。从而在物质层面对于审美活动和艺术活动做出区分。打个比方，审美活动相当于一个农民生产粮食，主要自已吃，并不拿去卖，至少主要不是为了卖而生产。而艺术活动则相当于一个农民同样生产粮食，但主要目的不是自已吃，而是拿去卖了换成钱。艺术活动有点资本主义生产方式萌芽，而审美活动有点自给自足小农经济生产方式的意味。所以两者是大不相同的，艺术人生与审美人生也大不一样。审美活动本质上是我它关系，只有艺术活动才是真正的我们关系。而我它关系只是其现象，不是其本质，这一点在鲁品越的著作中有最清楚的论述[14]。按照本书前三卷体系，人类社会由物质基础、利益基础、经济基础、上层建筑构成。而艺术活动属于上层建筑，按对角线占优原则（参见本书第三卷），艺术活动最为直接地受到上层建造的影响，上层建筑中人与人的关系直接座架了上层建筑领域艺术作品的生产。尽管艺术活动领域的艺术作品生产表现为我它关系，但本质上它是受政治上层建筑左右,并受思想上层建筑直接影响的。以按统治阶级意志,改善人与人之间的情感联系并影响每个人的情调和整个社会的风尚为根本目的。当然在归根结底的意义上,也要受到生产力、利益基础、生产关系等的影响。

不知不觉地已分别构造出美学与艺术哲学的完备二元论架构,这里不妨将其列出如下。美学的完备二元论是在某一时段$[T_0, T_0+\Delta T]$:

(1)审美主体:每一个人的整个身心[11,12]。

(2)审美客体:某一个审美意象。

(3)审美活动:美感的产生和审美意象的产生并在这一过程中美感与美的意象达到合一,也就是产生出美的体验和美的范畴的感性显现,美感与美的意象空间上错位,时间上不同步,彼此互相激荡,最后达到共鸣和同一,成为美本身。

(4)余集:不能被上述三项穷尽的人在其中的自然界,具有无限丰富的自然界。其中某一事物使当前这一审美主体产生了审美意象,完全是这个人与这个事物之间的一个缘分,完全没有充足理由这一审美意象必然会发生;但客观地看待,等审美活动结束之后还是会发现该事物具有满足该审美主体的特定审美需要的性质。这里第四个要素在美学意义上可以看作康德哲学的美学上的物体本身,或者这次审美活动的自在之物。而既可以按康德哲学加以理解为统一的审美现象[8],也可以按胡塞尔现象学加以理解为主客二分范式下的一个现象世界的三个部分[11,12]。所以在这个意义上现象学与二元论的辩证法是兼容的[11],并不存在对立或矛盾。当然胡塞尔现象学包括在美学上的应用,还有一个二元公式,已在本书第一版[15]做出分析的 1+3=2+2,很明显,既然美学的对象是审美活动[8],审美活动又还有对象(也就是审美意象),利用意向的二重性和所意向的二重性,在通晓被知觉性的含义后,意象二重性=(1)+(4),所意向的二重性=(2)+(3)。还有一种可能就是修改文献[8]关于美学的定义,由审美意象作为美学的研究对象,再由审美意向牵扯出(4)作为对象的对象,那么审美活动的所意向变成(2)+(4),意向变成(1)+(3)更加合理一些。则美学是关于审美意象的学说的问题,则与美在意象的标题扣得更紧。

艺术的完备二元论则是在某一时段$[T_0, T_0+\Delta T]$:

(1)艺术主体:每一个人的整个身心[11,12]。

(2)艺术客体:某一艺术品。

(3)艺术活动:艺术感的产生和艺术意象的产生并在这一过程中艺术感与艺术意象达到合一,也就是产生出艺术的体验和艺术范畴的感性显现。艺术感与艺术意象在空间上错位,在时间上不同步,彼此相互激荡,最后达到共鸣和同一,成为艺术。

(4)社会化历史性的人类艺术场以及过去和将来的当下化等上述模型没有包括在内的一切这里隐含在艺术品中的另一个或另一些主体与隐性方式,也可以以显性方式包括在(1)中,因为(1)其实也可以在社会意义上包括这一时段的每一个人和所有人。在 1+3=4 的模式中,人类艺术场成为艺术活动的自在之物,而在 1+3=2+2=4 的模式中,(1)+(3)=意向的二重性,(2)+(4)=所意向的二重性。

最后提及本节中提出的客体的第四性质到底有什么意义?苏宏斌写道[11]16:“不过,真正在形而上学的基础原则的基础上,把美的现象与美的理念或本体区分开来的仍是柏拉图。柏拉图认为,美本身是先于和独立于个体可感的美的事物的,具体的美是通过摩仿美的理念而产生和存在的,而艺术则是一种‘摩仿的摩仿’,因为艺术家在创作的时候甚至不能直接摩仿理念，而必须摩仿他人摩仿理念所制出来的产品，这样，艺术就与真理‘隔着三层’，其真理性品格自然也就十分可疑了。”

学自然科学的人都知道，隔着三层就需要四个楼板，以前一直差那么一层，现在自然界的艺术品作为客体具有第一性质、第二性质、第三性质和第四性质，因而与海德格尔的真理(作为第一性质)确实是隔着三层了。从而这个人的眼中之竹(作为理念)，到这个人的胸中之竹，到这个人手中之竹，再到另外一个的眼中之竹也是隔着三层。从美的角度来看从这个人胸中之竹，到这个人手中之竹，到另外一个眼中之竹和胸中之竹也确实是隔着三层。再从艺术品的生产过程来看，从竹林之竹，到眼中之竹，到胸中之竹，再到手中之竹也确实隔着三层。所以柏拉图的话是没有随便乱说的，而文献[8]丢掉竹林中的竹子，隔着三层就说不通，所以是不可随便丢掉的。有人说，竹林中的竹子与审美活动已没有关系，是存在着的无，本书认为这个说法是不能成立的。本书前三卷费了很大力气多次反复论证在马克思的历史唯物主义中，存在着的无有重要意义，其构成有与无的辩证法，是万万不可以丢掉的。不管有千万条理由将无扔掉，总是不对的。因为无无着，是一个非零变量，怎么也丢不掉的。

社会化历史性的人类艺术场尽管是在本书第一版提出的[15]，在本节将其具体化，但文本学依据还是有的。比如有的哲学家称为社会心理或民心所向，有类似的意思，但不如场的概念好。文献[8]就列举了弗洛伊德的追随者，瑞士精神病理学家荣格的集体无意识，在此引用[8]130：“真正的无意识概念是史前的产物……集体无意识并不是由个人所获得，而是由遗传保存下来的一种普遍性精神。……荣格认为，艺术作品的创造的源泉，不在个人的无意识，而在集体无意识和原始意象，艺术家是受集体无意识的驱动。艺术作品不是艺术家个人心灵的回声，而是人类心灵的回声。”所以，社会化历史性的人类艺术场也是带着整个人类作为一个物种的全部集体无意识的。它看不见、听不见、摸不着。但确实客观地存在着并会继续存在下去，以非常神秘的方式与某一个或某一些艺术主体发生着相互作用。叶朗进一步写道[8]131：“人的精神活动可以分为意识和无意识两大领域，但这两个领域并不是截然分开的。人的无意识是人的意识所获得的某些信息的积淀潜藏和储存。因而它和人的从小到大的全部经历，和社会生活的各个方面有着极其广泛的复杂的联系。在人的无意识中，可以看到人的社会历史文化环境对他的深刻影响。在人的无意识中，积淀着人的家庭出身、文化教育、社会经历、人生遭遇，积淀着人的成功和失败、欢乐和痛苦。绝不能把无意识仅仅归结为性的本能和欲望。拿梦来说，梦离不开人的全部人生经历，离不开人的社会生活。”因为集体无意识总还得落实到每一个人的无意识，当然集体无意识可能并不等于每个人无意识的简单相加，集体无意识对每个人的无意识有结构和选择，每个人对集体无意识也有结构与选择(感应与响应)。见本书第一卷第九章。

叶朗写道[8]193：“按照我们的观点，美是人与世界的沟通和契合，是由情景相融，物我同一而产生的意象世界，而这个意象世界又是人的生活世界的真实的显现。就这一点来说，自然美和艺术美是相同的，这是朱光潜在50年代美学讨论中的再强调。正因为它们相同，所以它们都称作‘美’。用郑板桥的说法，自然美是‘胸中之竹’，艺术美就是‘手中之竹’。它们都有赖于人的意识的发现、照亮和创造。就它们都是意象世界，都离不开人的创造，都显现真实这一点来说，它们并没有谁高谁低之分。黑格尔说艺术美高于自然美的理由在于艺术美是由心灵产生的，其实自然美也是由心灵产生的，我们前面引过宗白华的话：‘一切美的光是来自心灵的源泉；没有心灵的映照，是无所谓美的。’正因为自然美同样离不开心灵的映射，所以自然美的意蕴也并不一定比艺术美的意蕴显得薄弱。”

从上面这段引文不难看出本节的分析是很有意义的，可以对叶朗觉得无区分的地方找出了本质重要的区分，为艺术美为什么高于自然美找出了有说服力的论证。某种意义上，文献[8]是用美包含艺术，下节将是用艺术包含美。

8.3　美与艺术的定义

上节末尾给出了文献[8]对美和艺术的统一定义，邓晓芒 1976 年给美下的一个定义[5]182：“美就是人把自己的情感寄托在一个对象上，再从这个对象上所感到的情感，或者说美就是对情感的情感。艺术呢？艺术就是把自己的情感寄托于对象，用它来打动别人的情感活动嘛！美感呢？美感就是对于寄托于对象上的情感的共鸣呀！我很得意，用这些定义来解释我所体会到的各种审美现象和文学艺术现象，我发现无往而不通，于是动笔写了一篇三万来字的文章《美学简论》，在同好中传闻。可是，当时我还没有看过任何一本关于美学方面的书，完全是凭自己的哲学思维和艺术感受，从现实生活中总结出来的一些规律。”

邓晓芒的这段文字十分清楚明白，涉及三个概念：美、艺术、美感。三个概念分别用清楚明白的话来定义，十分好懂。但三个概念的对象可能存在区分，可能邓晓芒心中十分清楚每个概念的对象分别指什么，但从字面上却没有做出区分和指定，这是这个定义的缺点。这个定义的最大优点，是把美严格地限定于自己与自己，也就是一个人身心之内，艺术清楚地表明是不同的人之间情感交流，而美感似乎是两者（美和艺术）均可，也就是说既可能是自己的两种情感的共鸣，也可能是两个人之间的情感共鸣。

1987 年，邓晓芒又给出“把美的本质归结为这样三个互相辩证关联着的定义”[4,5]：

定义 1：审美活动是人借助于人化对象与别人交流情感的活动，它在其现实性上就是美感。

定义 2：人的情感的对象化就是艺术。

定义 3：对象化了的情感就是美。

在 2007 年 11 月 11 日邓晓芒写道[5]185：

“显然这套定义一方面借用了马克思的人的本质力量的对象化和对象的人化的表达方式 ；另一方面，它的整个立论是以胡塞尔现象学的‘意向性’结构理论为基础的，‘唯物’和‘唯心’的问题在其中已经被置于‘括号’之内存而不论了……

但总的来看，这套定义系统应该说是比较完备的，它比现行的任何一种其他的美学理论都能够解释更多的美学现象；尤其是公认为美学中的‘难题’的那些问题，在这套美学原理面前都迎刃而解。

这就是我在 20 世纪 80 年代所做的美学思考和研究工作。进入 90 年代以后，我没有再写过专门的美学研究文章，对于我来说，美学问题基本上已经解决了，因为我至今没看到有谁能够驳倒这个体系，因此也就没有需要大加修改的地方。当然，世界上没有绝对真理，我们的这个体系迟早也要被人扬弃，但至少不是在目前。”

最后两句话总算留有余地，把美与艺术的定义问题开放出来再讨论。邓晓芒教授写道[4]378："由于审美活动本质上是人借助于人化对象而与别人交流情感的活动，所以，作为过程情感的对象化就是艺术，亦即美的创造作为结果，对象化了的情感就是美，亦即艺术品。这样看来，艺术与美，美的创造与艺术品就没有本质上的区别，它们不过是对同一审美活动的不同环节的表述"。

很容易对上述表述作替换："由于艺术活动本质上是人借助于人化的对象而与别人交流情感的活动，所以，作为过程，情感的对象化就是艺术创作。亦即艺术的创造，作为结果，对象化了的情感就是艺术，亦即艺术品……"

其实邓晓芒只定义了艺术，而没有定义美。这一点更明显地表现在两句话中[4]384：美是凝固了的艺术，艺术是展开着的美；可改写成艺术是凝固了的艺术创作，艺术创作是展开着的艺术。

所以本书认为通过对现象学方法的应用，美的定义中实际上只定义了艺术，并没有定义美。现象学的迷雾遮蔽了读者的理解，也遮蔽了邓晓芒对美和艺术的理解。美的定义彻底落空了，还有待人们进一步做出对美和艺术的定义。

同时注意到，尽管美和审美活动由于现象学的迷雾，从三重定义中溜了出去。但如果逻辑起点就是艺术，而且又是艺术品，如杜夫海纳从艺术品出发(现象学美学家很多这样做)，那上述三个定义倒是一个不错的途径，很有现象学意味。但即便如此，本书将提供在本节基础上关于纯粹艺术活动和艺术哲学的 $2^3=8$ 项内容的更好定义，既符合辩证唯物主义和历史唯物主义又可以现象学化。这是下节的内容，这里先作一点铺垫。

在继续往下写之前，我不得不停下笔，把文献[4]和[5]的后记再看两遍，虽然我过去曾有过十遍以上的阅读。总的说来，顺着文献[4]和[5]的逻辑我是看不出什么问题的，而且觉得写得很好。充分体现了邓晓芒年轻时的自信，这种自信当然是以博学和好学作为基础的。但是我认为自己与自己的情感的相互激荡还是要比自己的情感与他人的情感的相互共鸣要容易一些。这是萨特说他人便是地狱的原因。文献[8]比较了自然美(自己与自己的情感的相互激荡，按本书体系和文献[4]和[5]的观点)和艺术美，这一命题既然成为美学研究中的一个命题，自然就有它的合理性。从不同方面去看，会得出不同的结果。我认为不应该用不同人的自然美和艺术美相比较，也就是说，不应该用这个人的自然美与那个人的艺术美进行比较。这样比较的话，由于各个人水平参差不齐，高水平的自然美和高水平的艺术美当然难分高下，低水平的自然美和低水平的艺术美也难分高下。应该用每一个人的自然美和艺术美来比较，也就是说用同一个人的目光来看待自然美和艺术美，由于自己与自己的高度自明性，是容易得多的。反之艺术需要理解、解释、感受、体验他人的情感并与他人情感达到共鸣，这对每一个人都是更难的事，无论对普通老百姓，还是对美学家和艺术家。也许对高水平的艺术家相对容易一些，这两者的差异要小一些。但对老百姓，客观地实事求是地说，确实存在重大的差异。因而我认为在美学研究上，尤其像本书这种面向大众的美学讨论上，区分这两个有本质重要差异的情况，还是有必要的。既然文献[5]认为可以用三个互相辩证关联着的定义来定义美感、艺术和美，那么按照理工科学术规范，这是一种公理化体系。现在就写下对美和艺术的公理化体系定义如下：

公理 1：每个人的情感与每个人在其中融为一体的世界中的情景欣合流畅，一气流通，产生出审美意象[8]。

公理 2：审美活动是每个人借助于审美意象与每个人自己交流情感(体验为美感)的

活动，其非零时段$[T_0, T_0+\Delta T]$，$\Delta T\neq 0$ 的持存就是美感。审美意象与美感在空间上错位，在时间上不同步，相互生成着对方，也就生成着自己。审美意象与美感的同一就是美。美在意象，美在心中[8]。

公理 3：如果审美活动的结果具有可与别人交流和传达情感的潜在可能，这一劳动产品就是艺术品，其所蕴含的审美意象因具有向他人的可传达和可交流性而改称为艺术意象。以体现文献[8]所谓从“胸中成竹”到“手中之竹”的第二次飞跃。

公理 4：艺术活动是人借助于艺术品与别人交流情感的活动，其非零时段的持存就是艺术感。

公理 5：人们情感的对象化就是艺术意象。

公理 6：对象化了的情感就是艺术感，艺术是艺术感与艺术意象的统一。艺术感与艺术意象在空间上错位，在时间上不同步，相互生成着对方，也就生成着自己。

公理 7：人类社会每个人之间存在着社会化历史性的艺术意象场。

公理 8：审美意象和美感受社会化历史性的艺术意象场的影响。每个人对这个场的感应构架出审美意向，而每个人对这个场的响应构造出艺术意象。所有人所贡献的艺术意象的社会化选择与结构产生了每个人之间的艺术意象场。

1987 年至今已快 30 年了，正如邓晓芒所写的[4]37：“作为一门严密科学的美学（美的哲学），它首先必须有自己的‘第一原理’，即关于美的本质的定义。它必须从这一原理出发，来逻辑地顺次推演出一切艺术和审美活动的本质规律，而不能有任何一个规律从另外的原则引入进来，外加进来的。这当然有很大的难度。人们宁愿放弃这样一种‘从抽象上升到具体’的方法，而采用一种经验分析的方法：首先针对个别个体问题进行一些琐碎的研究，然后归纳出一些在某些条件下适用的‘规律’。他们以为，经过长期的，甚至‘几代人’的努力和积累，这些规律最终会越来越精确，越来越接近美的本质。其实这只不过是美学取消主义的自我安慰和自欺欺人，它反映了哲学上的无能和对人类理性的失去信心。当代美学不能让这种虚妄的幻觉束缚了自己的理性超越能力。时代的钟声，在召唤我们以新的体系去冲破旧的框框，在要求创造性的质变和飞跃。即使我们的体系有一天终究会被扬弃，但我们总可以引为自豪，因为我们毕竟没有放弃人类精神给我们提供的自由创造的权利。”

邓晓芒关于美感、艺术、美的定义 1、定义 2、定义 3 以公理 4、公理 5、公理 6，成为本书 8 个公理组成的 postulates（公理体系）。因为 $2^3=8$，按照本书前三卷哲学体系美感、艺术、美是三个有联系的视野，其自然的形式化扩展必须涉及 8 个公理。本书的公理化体系现在已进入美和艺术世界之中，相信它既会永远存在于历史之中，同时也会在不久的将来被新的体系所扬弃。这是做哲学的人的命运和天命。

这里再一次研究了邓晓芒的理论[4]372－385，终于发现邓晓芒的定义的优点和启示，也进一步找出了提升和改进这一个定义的方法。在此有必要将他的美的本质概括为三个定义[4]373：

定义 1：审美活动是人借助于人化对象而与别人交流情感的活动，它在其现实性上就是美感。

定义 2：人的情感的对象化就是艺术。

定义 3：对象化了的情感就是美。

从上面三个定义及其紧随其后的解释，可发现一个问题。定义 1 是用动词性的活动，而美感可理解为动词，也可以理解为名词，这里面有小的不自恰。应该把定义 1、定义 2、定义 3 完全改成名词以后再按完备三元论的要求扩展到 8 个公理体系，这意味着美学研究在共时态上的 8 个世界或分支，再将这 8 个分支动词化就得到另外 8 个以活动描述的世界。所以美与艺术的定义应该包括 16 个公理，其中 8 个公理表示审美与艺术活动尚未发生时的虚位以待的能指世界，这是共时态的美与艺术。另外 8 个公理表示审美与艺术活动正在进行时的实体性关系，也就是虚位以待的能指变成所指后的关系现实化。从而与上节的研究才能高度契合。另外，能够更深刻地认识到邓晓芒的定义里有主体间性特征，并已到了马克思《资本论》的高度，只是没有指出客体的第四性质，实际上他较反对从客体的性质出发。根据文献[8]美在意象的启示和前面的归纳，现在有以下关于共时态的美与艺术的 8 个公理：

公理 1：每个人周围和所有人之间存在社会化历史性的审美艺术意象场。

公理 2：审美意象的世界是人的生活世界的真实显现，美是人与世界的沟通与契合，是由情景交融、物我同一而产生的审美意象的世界。

公理 3：艺术意象的世界是人的理念世界的感性显现。艺术是人与审美意象世界的反思性沟通与契合，是由我你交融，物我两忘而产生的艺术意象的世界。

公理 4：审美艺术意象场与审美意象的互融产生美感。

公理 5：审美艺术意象场与艺术意象的互融产生艺术感。

公理 6：审美意象与艺术意象的结合产生艺术。

公理 7：美与艺术是研究美与艺术的理论学科，是哲学的一个分支，属于人类理念世界的一部分，包括审美意象、艺术意象和审美艺术意象场。

公理 8：以上 7 个公理的来源和背景都是人在其中的无美、无艺术、无美与艺术理念的大自然，它含有以上 7 个公理没有也不可能穷尽的无限丰富性，包括人类的非美、非艺术化、非美感的其他各类活动。

紧接着将上述 8 个公理动词化。以下 8 个公理都针对某一时段$[T_0, T_0+\Delta T]$。

公理 9：每个人周围和所有人之间都存在社会化历史性的审美艺术意象场。这里所谓社会是指由这一时段活着的人组成的人类社会，历史性包括两层含义，一是过去与将来以当下化的方式包括在时段 ΔT 内，二是 T_0 以与时俱进的方式呈现着时间的奔腾向前。变化的个人审美艺术意象场产生变化的人类社会审美艺术意象场，变化的人类社会审美艺术意象场又产生变化的个人审美艺术意象场。个人和社会都以自己的方式对社会化历史性的审美艺术意向场有选择与结构，分别体现为决策活动和建构活动。决策活动的结果称为选择，建构活动的结果称为结构。这在本书第一卷第九章中有详细讨论，在此不再赘述。

公理 10：人的生活世界具有无限丰富性，其中包括了人在其中的审美生活，审美生活是每个人追求情趣，追求人生意义和价值的活动。审美生活是每个人与大自然万物一体的宇宙情怀下可与天地之间某一事物(称为情景)彼此相互生成的过程。每个人心中的情感不断地由情景所充实和生成，情景也由每个人心中的情怀不断地创造和丰富，情怀与情景空间上错位，时间上不同步，彼此相互生成，最后两者也自己生成。情景与情怀的统一就是美，这是一种大美，高于对象化行为中的美。

公理 11：艺术意象的生成是由人的理念世界的感性显现活动完成的。艺术活动是在审美活动的基础上反思性的再一次审美活动,主要是借助于艺术品实现自己与他人之间的情感交流活动。艺术活动中生成的艺术意象是由我你交融、物我两忘的艺术感受活动产生的。

公理12:美感是一种生成活动,是美感的个体性与美感的社会性的互动。美感总是从身体外进入身体内的过程。

公理13:艺术感是个体外化的审美活动的结果,既可以呈现于创造艺术品的过程,也可以体现为对社会化历史性的审美艺术场的反应,以精神的形式呈现。艺术感总是从身体内向身体外发射的过程。

公理14:艺术活动主要表现为艺术创作活动、艺术欣赏活动、艺术批评活动和艺术理论研究和艺术历史研究活动。但任何艺术活动都是审美意象与艺术意象的结合,艺术家和艺术品统一于艺术性、社会性。

公理15:美与艺术的研究现在都表现为一个过程,无论是艺术家的创作活动还是美学家的研究活动,无疑都需要持存一个时段,现在学术的工业化生产已逐步取代每个人的个体化活动,这更涉及方方面面,周期更长。

公理16:从公理9至公理15共7个公理的来源和背景,都是人在其中的人类社会生活,社会生活当然含有以上7个公理没有穷尽也不可能穷尽的其他人类活动。换句话说,人类的现实生活既是公理9至公理15的源泉,又是公理9至公理15的背景,美与艺术来源于生活而高于生活。

以上完成了对文献[8]中美在意象的公理化改造。

为了充分尊重邓晓芒的原创性,根据他的定义1、定义2、定义3,一字不变的完成16个公理的公理化改造。

公理1:审美活动是人借助于人化对象而与别人交流情感的活动,它在其现实性上就是美感。(注:美感这里理解为名词,理解为审美活动的结果。审美活动指人类社会交往中的审美。)

公理2:人的情感的对象化就是艺术。

公理3:对象化了的情感就是美。

公理4:美感与艺术的结合就是艺术意象。

公理5:美感与美的结合就是美的意象。

公理6:艺术与美的结合是艺术哲学与美学,是哲学的一个分支,属于人类理念的一部分,包术美、艺术、美感。

公理7:艺术与美与美感的结合就是社会化历史性的审美艺术场。

公理8:以上7个公理的来源和背景都是与艺术、美、美感无关的大自然,它含有以上7个公理没有也不可能穷尽的无限丰富性。

公理9:审美活动是人借助于人化对象而与别人交流情感的活动,自我美感借助于人化对象的审美意象产生对象化的美感,自我美感与对象化的美感在空间上错位,在时间上不同步,在彼此相互生成中生成自身。自我美感与对象化美感的同一称为美感。

公理10:艺术活动就是将人的情感对象化在一个物上或对象化在一个精神上。

公理11:自我生活中的审美活动就是将自己的情感对象化在事物上并与内心的情感引起共鸣活动。

公理 12：艺术意象的生成是艺术品与人相互激荡的一个过程。

公理 13：美的意象的生成是个人情感与社会化的情感相互确证的一个过程。

公理 14：艺术、美感、美的研究也是由活动组成的。

公理 15：艺术与美和美感的结合，是社会化历史性的审美艺术美感场，变化的个人审美艺术美感场产生变化的人类社会审美艺术美感场，变化的人类社会审美艺术美感场产生变化的个人审美艺术美感场。

公理 16：公理 9 至公理 15 的来源和背景都是每个人在其中的人类社会生活，人类社会生活当然含有以上 7 个公理（公理 9 至公理 15）没有也不可能穷尽的无限丰富性。美与艺术、美感都来源于生活而高于生活。

这一公理化体系的好处是：文献[4]的整个第五章基本上稍加修改就说得通。主要是为了辩证唯物主义的需要包括了自然界，为了历史唯物主义的需要包括了人类社会，为了形而上学（美学作为哲学的分支，当然应有形而上学性）的需要包括了社会化历史性的场。

关于社会化历史性的场值得再多说两句，本书哲学的秘密和诞生地其实就在美学研究中。现象学家胡塞尔、海德格尔、萨特、舍勒、梅洛－庞蒂、茵加登、杜夫海纳等一大帮人，都试图解决主题间性难题，但都只是取得了少许的进展。一个根本的困难，就是很难让石头和木头说话，即使他们费了九牛二虎之力能让艺术品变成准主体[18]，但在他们的体系中没有办法把石头、木头之类的与人有关的但没有审美意义、没有艺术价值的纯粹自然物，包括在他们的哲学体系中。就连一般人类生活世界中的人们的平凡生活，没有审美性、没有艺术性、没有美感的生活与美学的关系也一直是晦暗不明的。没有办法进入他们构建的哲学体系之中去，甚而至于美学与艺术哲学研究本身在他们的哲学体系中怎样自恰地包括在内，也是一个头痛的事情。一切的困难，难乎其难之处就在于没有普照的光。恰当地采用对事物的肯定理解中包括对事情的否定理解的辩证法，外加时域辩证法（下节讨论），使得一切都那么合情合理，当然扩大容量是根本手段。但以什么方式扩容，以直观的方法扩大，还是以数学的方式扩大就很有讲究。类似于语言学研究，共时态的研究称为语言，历时态的研究称为言语活动。

8＋8＝16 的公理化体系很容易用语言学和现象学的方法做出推广。语言学上，活动与音响形象有关，语言本身则与意义有关。语言学研究音响形象与意义。现象学上，所意向的对象往往是活动，意向则指向共时性的东西。所以本节最终提出的 16 个公理组成的体系可以用所意向的 8 重性和意向的 8 重性来概括。所意向指向 8 个活动世界中的事件，意向指向 8 个名词性的世界，名词与动词之间一一对应。

8.4 完备二元论的艺术哲学

任何一个美学体系向艺术哲学并轨都是一个捷径。因为艺术肯定离不开审美，而审美却可以审物，自己与自己的情感共鸣。艺术虽然表现为用物传情，但是要通过对艺术品的审美而审人[4,5]，也就是要传达人与人之间的情感，建立人与人之间的情感关系和联系。所以美学的人文科学色彩浓一点，每个人可以通过审美自得其乐。而艺术哲学的社会科学色彩要浓一点，至少是有关人类社会的，尽管最终要落实到人，每一个人当然也可能是一些人，比如一个乐队、一个剧组、一场电影的全部参拍制作人员、电影院的观众，乃至看中国女排在 2016 年巴西奥运会上拿金牌的电视机前的观众等。审美的结果可以闷在每个人心里，也可以与人传达和交流。但就人世间大多数人而言，审美活动的结果多数成为个人的“胸中之竹”渐渐进入个人的无意识。因为并不是每个人都有能力使“胸中之竹”变成物化、外化和社会化的“手中之竹”的。就算有能力的人，也还受着时间、精力、金钱的限制，就好像现在拍一部电影要很多钱，并不是什么人都可以拍电影的。

完备二元论艺术哲学体系首先要与完备二元论哲学体系接轨，应该是完备二元论哲学在艺术领域的应用。特别声明本节与上节具有相对独立性。上节用的是完备三元论，这节的完备二元论有两个优点，一是较清晰的人与自然关系的完备二元论和人与人关系的完备二元论，这与生产力和生产关系有较好的对应；二是（因此）显示出清楚的我它关系和我们关系。人与自然的关系比较适合讨论对审美意象（已不是上节的天人合一下的审美意象，而是主客二分下的审美意象）的再一次审美而变成艺术品，艺术品当然内含对第一次审美意象的再加工和改造。从“胸中之竹”到“手中之竹”是存在着第二次飞跃的，第一次飞跃是眼中之竹到胸中之竹。总之，较清楚地展示了艺术作品“手中之竹”的生产过程，也就是艺术创作过程。理论体系是认识论的或者说是实践论的，艺术创作是一个实践过程。而我们关系中，则比较适合讨论人与人之间借助于艺术品的传情作用实现人与人之间的情感交流，通过审物的媒质达到审人的作用[1−5]。

为了突出艺术哲学的社会科学成分，并在艺术哲学领域完全落实辩证唯物主义与历史唯物主义，先将完备二元论列写如下，在时段$[T_0, T_0+\Delta T]$内：

世界 1＝人类社会活动的实践主体（人）；

世界 2＝人类社会活动的实践客体（事）；

世界 3＝人类社会实践活动（人和事）；

世界 4＝人类实践活动源泉和背景的人在其中的自然界；

世界 5＝现实的活着的每一个人＝人类共在主体＝人；

世界 6＝当下的人类意义世界＝事实性价值世界＝物；

世界 7＝当下的人类精神世界＝映射性价值世界[14]＝人和物＝从人与物到人与人；

世界 8＝人类的社会化历史性的场＝空集＝余集＝人类社会一切关联的总和。

历史在这里具有双重含义，一是过去与将来（相对于$[T_0, T_0+\Delta T]$时段的）当下化后进入该时段；另一方面 T_0 又以流俗时间的方式奔腾向前，这是对历史唯物主义中历史的理解。将上述完备二元论的哲学体系应用到艺术哲学领域得到：

艺术世界 1＝进行艺术创作和艺术表演的人；

艺术世界 2＝为艺术创作和艺术表演奠基的审美意象（胸中之竹）；

艺术世界 3＝艺术创作活动和艺术表演活动，活动的结果体现为艺术品和艺术产品，还在生产和流通领域，在艺术品和艺术产品中包含着创作人和表演人的再创作（手中之竹）生成的艺术意象；

艺术世界 4＝以上三个世界没有穷尽的人在其中的自然界，它作为以上三个世界的源泉和背景而存在＝无艺术性的世界；

艺术世界 5＝现实的活着的每一个能理解和解释艺术的人＝人类共在主体＝具有艺术性的人；

艺术世界 6＝当下的人类艺术意义和利益世界＝事实性价值相关的世界＝艺术品与

艺术产品，但是作为交换，评价、研究、消费、分配的物，牵扯到人与这些物的关系，也就是说这些物是社会化的；

艺术世界 7＝当下的人类艺术世界＝映射性价值世界＝在人以群分、物以类聚的意义下，人与物的权力关系、权利关系、生产关系设定和充实，涉及艺术欣赏、艺术批评，艺术理论等领域；

艺术世界 8＝人类的社会化历史性的艺术场＝人类社会中人与人之间一切艺术性关联的总和＝照亮艺术世界 1 至艺术世界 7 的源泉，同时也是艺术世界 5 至艺术世界 7 的背景。同样历史在这里有双重含义，既相对于时段，该时段$[T_0, T_0+\triangle T]$将过去与将来当下化，又经海德格尔的时间性方式，使时间在时段$\triangle T$内不同时强制同时。因为这里涉及个人艺术场的变化产生人类艺术场的变化，人类艺术场的变化又产生个人艺术场的变化的互动过程，涉及艺术史领域。

从艺术的眼光来看，艺术世界 5 与艺术世界 6、艺术世界 7 还是从已有的艺术意象到鉴赏者、批评者和研究者的审美意象的一个过程。这是一个借人与物的关系来沟通人与人之间关系的过程，是实现人类情感上相互同化的过程[4,5]。文献[4]和[5]的很多讨论可以移植到这里来，请读者自行查阅。艺术史的研究包括艺术情调的研究[4]，则放入艺术世界 8。前面已经指出，艺术世界 8 的作用很大，它以辩证法和历史唯物主义的方式将无艺术性的世界 4 的意义照亮在世界 4 中。有些事物可以作为客体具有第二性质、第三性质和第四性质，有些事物则完全没有任何艺术性。同时，它使艺术哲学具有形而上学的性质，一个哲学体系中没有一个形而上学元素就失去了哲学作为形而上学的本性，严格意义上已不能再称为哲学。同时世界 8 与前 7 个世界就虚实结合而言，构成世界观意义上的辩证法。一阴一阳之谓道，前 7 个艺术世界为阳，艺术世界 8 为阴。艺术世界 4 与艺术世界 1—3，艺术世界 5—7 构成历史观意义上的辩证法的有无辩证法。所以本书的艺术哲学体系与辩证唯物主义与历史唯物主义十分接轨，从现象学的目光来看，已经构成了意向的四重性与所意向的四重性。

参考文献

[1] 邓晓芒. 人论三题. 重庆：重庆大学出版社，2008.
[2] 邓晓芒. 文学与文化三论. 武汉：湖北人民出版社，2005.
[3] 邓晓芒. 实践唯物论新解：开出现象学之维. 武汉：武汉大学出版社，2007.
[4] 邓晓芒，易中天. 黄与蓝的交响：中西美学比较论. 武汉：武汉大学出版社，2007.
[5] 邓晓芒. 西方美学史纲. 武汉：武汉大学出版社，2008.
[6] 张玉能，等. 新实践美学论. 北京：人民出版社，2007.
[7] 杨春时. 走向后实践美学. 合肥：安徽教育出版社，2008.
[8] 叶郎. 美在意象. 北京：北京大学出版社，2010.
[9] 杨景祥. 艺术哲学(上下册). 石家庄：河北人民出版社，2011.
[10] 杜书瀛. 艺术哲学读本. 北京：中国社会科学出版社，2008.
[11] 苏宏斌. 现象学美学导论. 北京：商务印书馆. 2005.
[12] 张云鹏，胡艺珊. 审美对象存在论：杜夫海纳审美对象现象学之现象学阐释. 北京：中国社会科学出版社，2011.

[13] 俞吾金. 实践与自由. 武汉:武汉大学出版社,2010.
[14] 鲁品越. 走向深层的思想:从生成论哲学到资本逻辑与精神现象. 北京:人民出版社,2014.
[15] 任伟. 数学化的场论:球面世界的哲学. 北京:科学出版社,2013.
[16] 郑板桥集:题画. 上海:上海古籍出版社,1979.
[17] 王海明. 新伦理学. 北京:商务印书馆,2008.
[18] 王伟光. 利益论. 北京:中国社会科学出版社,2010.

第九章　数学化的场论

9.1 引　　论

为了完整性，本节取材于国内标准教科书，对有关问题作了简要回顾。如果有相应基础，读者可以跳过这一节。

9.1.1 常见坐标系[1]

为了定量研究某物理量的空间分布和变化规律，选用适当的坐标系往往可以使问题得到简化。在电磁理论中，应用最为广泛的是直角坐标系、圆柱坐标系和球坐标系。这三种坐标系的坐标轴之间相互正交，故称为正交坐标系。

1. 直角坐标系

直角坐标系由相互正交的三条有向直线和这三条直线的交点构成，三条直线分别称为 x、y 和 z 轴，交点称为坐标原点，如图 9.1 所示。空间一点 P（可变）的坐标由变量 x，y，z 确定，点 P 即是 $x=$常数，$y=$常数，$z=$常数的三个坐标面的交点。在直角坐标系中 x，y，z 方向坐标的单位都是一样的，给定了一个点的坐标，也就唯一确定了从坐标原点到该点的向径。相反，给定了从坐标原点到一个点的向径，也就唯一确定了该点的坐标。在直角坐标系中，x，y，z 轴方向的单位矢量分别为 $\boldsymbol{e}_x$，$\boldsymbol{e}_y$，$\boldsymbol{e}_z$，它们相互垂直正交，且符合 $\boldsymbol{e}_x\times\boldsymbol{e}_y=\boldsymbol{e}_z$ 的右手螺旋关系。其特征是 $\boldsymbol{e}_x$，$\boldsymbol{e}_y$，$\boldsymbol{e}_z$ 都是常矢量，方向不随点 P 的位置改变而改变。给定了单位矢量之后，任意矢量可以由这些单位矢量表示成分量形式，如图 9.2 所示。两个矢量相等当且仅当其大小相等、方向相同即可，并不要求它们有相同的起点和终点。

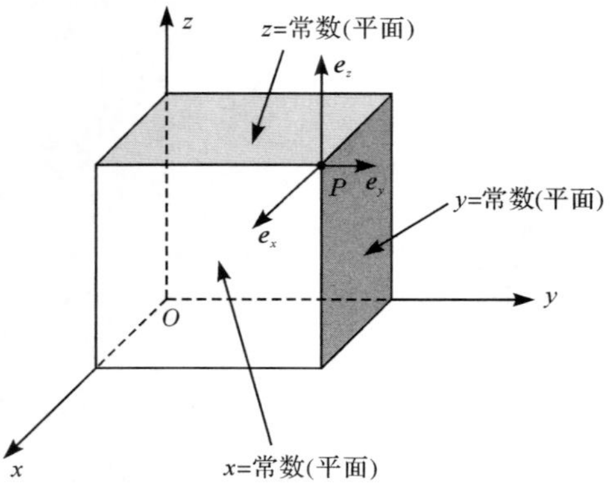

图 9.1　直角坐标系

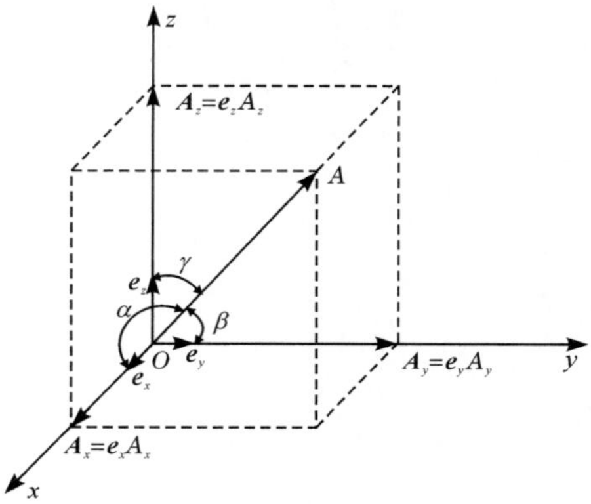

图 9.2　$\mathbf{A}=\boldsymbol{e}_xA_x+\boldsymbol{e}_yA_y+\boldsymbol{e}_zA_z$ 的图示

由点 $P(x,y,z)$分别沿各坐标轴方向取微分长度元 $\mathrm{d}x,\mathrm{d}y,\mathrm{d}z$，则得直角坐标系中的矢量微分长度元为

$$\mathrm{d}\boldsymbol{l}=\boldsymbol{e}_x\mathrm{d}x+\boldsymbol{e}_y\mathrm{d}y+\boldsymbol{e}_z\mathrm{d}z \tag{9.1}$$

微分面积元为

$$\begin{cases}\mathrm{d}\boldsymbol{S}_x=\boldsymbol{e}_x\mathrm{d}y\mathrm{d}z & (\text{与 } \boldsymbol{e}_x \text{ 垂直的平面})\\ \mathrm{d}\boldsymbol{S}_y=\boldsymbol{e}_y\mathrm{d}x\mathrm{d}z & (\text{与 } \boldsymbol{e}_y \text{ 垂直的平面})\\ \mathrm{d}\boldsymbol{S}_z=\boldsymbol{e}_z\mathrm{d}x\mathrm{d}y & (\text{与 } \boldsymbol{e}_z \text{ 垂直的平面})\end{cases} \tag{9.2}$$

微分体积元为

$$\mathrm{d}V=\mathrm{d}x\mathrm{d}y\mathrm{d}z \tag{9.3}$$

2. 圆柱坐标系

圆柱坐标系的三个坐标变量是 ρ,ϕ,z，如图 9.3 所示。三条坐标轴的交点为坐标原点。ρ 是位置矢量 $\boldsymbol{OP}$ 在 xy 平面上的投影，ϕ 是通过 P 点、以 z 轴为界的半平面与 xz 平面之间的夹角，z 与直角坐标系中的 z 一致。圆柱坐标系的三个坐标面分别是：

ρ＝常数，以 z 轴为轴线、半径为 ρ 的圆柱面；

ϕ＝常数，以 z 轴为界的半平面；

z＝常数，与 z 轴垂直的平面。

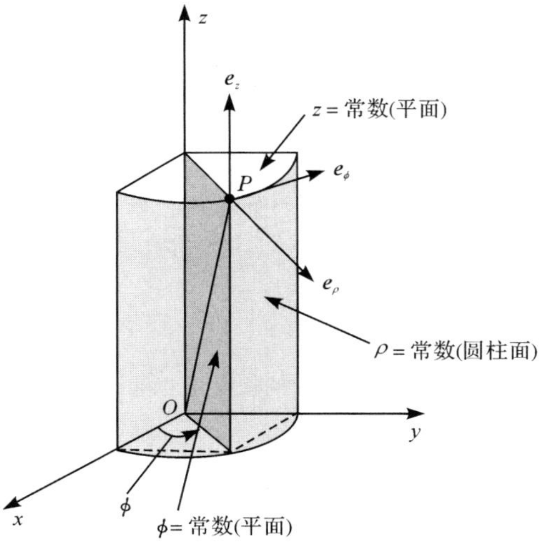

图 9.3　圆柱坐标系

空间一点 $P(\rho,\phi,z)$就是这三个坐标面的交点。圆柱坐标系中沿坐标轴 ρ,ϕ,z 正方向的单位矢量分别是 $\boldsymbol{e}_\rho,\boldsymbol{e}_\phi,\boldsymbol{e}_z$。$\boldsymbol{e}_\rho$ 是沿圆柱面半径增加方向，$\boldsymbol{e}_\phi$ 是在 xy 平面内与圆柱面相切并沿 ϕ 角增加方向，$\boldsymbol{e}_z$ 是 z 轴的正方向。这三个单位矢量相互正交，并符合 $\boldsymbol{e}_\rho\times\boldsymbol{e}_\phi=\boldsymbol{e}_z,\boldsymbol{e}_\phi\times\boldsymbol{e}_z=\boldsymbol{e}_\rho,\boldsymbol{e}_z\times\boldsymbol{e}_\rho=\boldsymbol{e}_\phi$ 的右手螺旋关系。其重要特征是除 $\boldsymbol{e}_z$ 是常矢量外，$\boldsymbol{e}_\rho$ 和 $\boldsymbol{e}_\phi$ 都是变矢量，方向均随点 P 的位置改变(更确切地，随 P 的坐标 ϕ 的变化)而改变。但三者之

间仍保持正交且符合右手螺旋关系。而且在圆柱坐标系中，任意矢量 $\boldsymbol{A}$ 均可用这三个单位矢量写成分量形式 $\boldsymbol{A}=A_\rho\boldsymbol{e}_\rho+A_\phi\boldsymbol{e}_\phi+A_z\boldsymbol{e}_z$。换句话说，柱坐标系下，变化的单位矢量 $(\boldsymbol{e}_\rho,\boldsymbol{e}_\phi,\boldsymbol{e}_z)$ 亦只有一套。并不是每点一个坐标系。

圆柱坐标系中，单位矢量的点积和叉积分别为

$$\begin{cases}\boldsymbol{e}_\rho\cdot\boldsymbol{e}_\rho=\boldsymbol{e}_\phi\cdot\boldsymbol{e}_\phi=\boldsymbol{e}_z\cdot\boldsymbol{e}_z=1\\ \boldsymbol{e}_\rho\cdot\boldsymbol{e}_\phi=\boldsymbol{e}_\phi\cdot\boldsymbol{e}_z=\boldsymbol{e}_z\cdot\boldsymbol{e}_\rho=0\end{cases}\tag{9.4}$$

$$\begin{cases}\boldsymbol{e}_\rho\times\boldsymbol{e}_\rho=\boldsymbol{e}_\phi\times\boldsymbol{e}_\phi=\boldsymbol{e}_z\times\boldsymbol{e}_z=0\\ \boldsymbol{e}_\rho\times\boldsymbol{e}_\phi=\boldsymbol{e}_z,\boldsymbol{e}_\phi\times\boldsymbol{e}_z=\boldsymbol{e}_\rho,\boldsymbol{e}_z\times\boldsymbol{e}_\rho=\boldsymbol{e}_\phi\end{cases}\tag{9.5}$$

与直角坐标系相似，在点 $P(\rho,\phi,z)$ 处分别沿 $\boldsymbol{e}_\rho,\boldsymbol{e}_\phi,\boldsymbol{e}_z$ 方向取长度微元 $\mathrm{d}\boldsymbol{l}$，$\mathrm{d}l_\rho=\mathrm{d}\rho$，$\mathrm{d}l_\phi=\rho\mathrm{d}\phi$，$\mathrm{d}l_z=\mathrm{d}z$，如图 9.4 所示。则得圆柱坐标系中的矢量微分长度元为

$$\mathrm{d}\boldsymbol{l}=\boldsymbol{e}_\rho\mathrm{d}\rho+\boldsymbol{e}_\phi\rho\mathrm{d}\phi+\boldsymbol{e}_z\mathrm{d}z\tag{9.6}$$

微分面积元为

$$\begin{cases}\mathrm{d}\boldsymbol{S}_\rho=\boldsymbol{e}_\rho\rho\mathrm{d}\phi\mathrm{d}z & (与\ \boldsymbol{e}_\rho\ 垂直的圆柱面)\\ \mathrm{d}\boldsymbol{S}_\phi=\boldsymbol{e}_\phi\mathrm{d}\rho\mathrm{d}z & (与\ \boldsymbol{e}_\phi\ 垂直的平面)\\ \mathrm{d}\boldsymbol{S}_z=\boldsymbol{e}_z\rho\mathrm{d}\phi\mathrm{d}\rho & (与\ \boldsymbol{e}_z\ 垂直的平面)\end{cases}\tag{9.7}$$

微分体积元为

$$\mathrm{d}V=\mathrm{d}l_\rho\mathrm{d}l_\phi\mathrm{d}l_z=\rho\mathrm{d}\rho\mathrm{d}\phi\mathrm{d}z\tag{9.8}$$

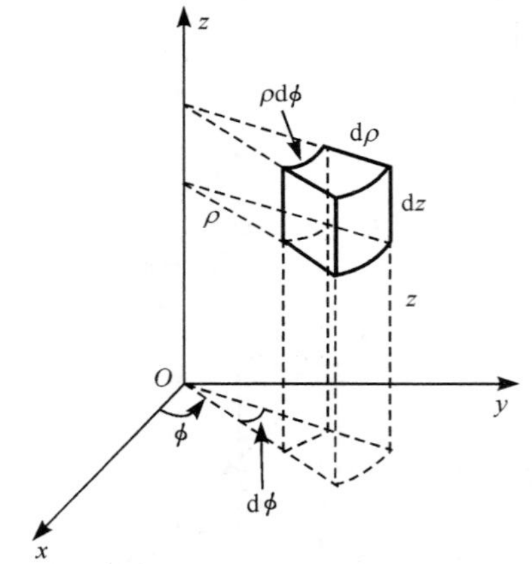

图 9.4　圆柱坐标系中的长度元、面积元和体积元

3. 球坐标系

球坐标系的三个坐标变量是 r,θ,ϕ，如图 9.5 所示，坐标原点一并画在图中。r 是位置矢量 $\boldsymbol{OP}$ 的大小；θ 是 $\boldsymbol{OP}$ 与 z 轴的夹角，称为极角；ϕ 是通过 P 点、以 z 轴为界的半平面与 xz 平面之间的夹角，称为方位角。球坐标系的三个坐标面分别是：

$r=$常数，以原点为中心、r 为半径的球面；

$\theta=$常数，以原点为顶点、以 z 轴为轴线、张角为 θ 的圆锥面；

$\phi=$常数，以 z 轴为界的半平面。

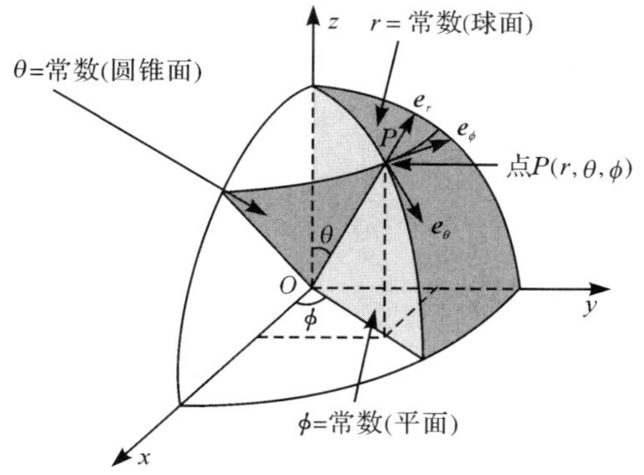

图 9.5　球坐标系

空间一点 $P(r,\theta,\phi)$就是这三个坐标面的交点。圆球坐标系中沿坐标轴 r,θ,ϕ 正方向的单位矢量分别是 $\boldsymbol{e}_r,\boldsymbol{e}_\theta,\boldsymbol{e}_\phi$。$\boldsymbol{e}_r$ 沿球面半径增加的方向，$\boldsymbol{e}_\theta$ 在子午面内与球面相切并沿 θ 增加的方向，$\boldsymbol{e}_\phi$ 在与赤道平行的平面内与球面相切并沿增加 ϕ 的方向。这三个单位矢量相互正交，并符合 $\boldsymbol{e}_r\times\boldsymbol{e}_\theta=\boldsymbol{e}_\phi,\boldsymbol{e}_\theta\times\boldsymbol{e}_\phi=\boldsymbol{e}_r,\boldsymbol{e}_\phi\times\boldsymbol{e}_r=\boldsymbol{e}_\theta$ 的右手螺旋关系。其重要特征是三个单位矢量都是变矢量，方向均随点 P 的位置改变(具体地随 P 点的坐标 θ,ϕ 的变化)而改变。但三者之间仍保持正交且符合右手螺旋关系。而且在球坐标系下变化的单位矢量$(\boldsymbol{e}_r,\boldsymbol{e}_\theta,\boldsymbol{e}_\phi)$也只有一套，并不是每一点 P 有一套不同的$(\boldsymbol{e}_r,\boldsymbol{e}_\theta,\boldsymbol{e}_\phi)$。因此任意矢量 $\mathbf{A}$ 可在球坐标系下写成$\mathbf{A}=A_r\boldsymbol{e}_r+A_\theta\boldsymbol{e}_\theta+A_\phi\boldsymbol{e}_\phi$。球坐标系中，单位矢量的点积和叉积分别为

$$\begin{cases}\boldsymbol{e}_r\cdot\boldsymbol{e}_r=\boldsymbol{e}_\theta\cdot\boldsymbol{e}_\theta=\boldsymbol{e}_\phi\cdot\boldsymbol{e}_\phi=1\\ \boldsymbol{e}_r\cdot\boldsymbol{e}_\theta=\boldsymbol{e}_\theta\cdot\boldsymbol{e}_\phi=\boldsymbol{e}_\phi\cdot\boldsymbol{e}_r=0\end{cases}\tag{9.9}$$

$$\begin{cases}\boldsymbol{e}_r\times\boldsymbol{e}_r=\boldsymbol{e}_\theta\times\boldsymbol{e}_\theta=\boldsymbol{e}_\phi\times\boldsymbol{e}_\phi=0\\ \boldsymbol{e}_r\times\boldsymbol{e}_\theta=\boldsymbol{e}_\phi,\boldsymbol{e}_\theta\times\boldsymbol{e}_\phi=\boldsymbol{e}_r,\boldsymbol{e}_\phi\times\boldsymbol{e}_r=\boldsymbol{e}_\theta\end{cases}\tag{9.10}$$

在点 $P(\rho,\phi,z)$处分别沿 $\boldsymbol{e}_r,\boldsymbol{e}_\theta,\boldsymbol{e}_\phi$ 方向取长度微元 $\mathrm{d}\boldsymbol{l}$，分量 $\mathrm{d}l_r=\mathrm{d}r,\mathrm{d}l_\theta=r\mathrm{d}\theta,\mathrm{d}l_\phi=r\sin\theta\mathrm{d}\phi$，如图 9.6 所示。则得球坐标系中的矢量微分长度元 $\mathrm{d}\boldsymbol{l}$ 为

$$\mathrm{d}\boldsymbol{l}=\boldsymbol{e}_r\mathrm{d}r+\boldsymbol{e}_\theta r\mathrm{d}\theta+\boldsymbol{e}_\phi r\sin\theta\mathrm{d}\phi\tag{9.11}$$

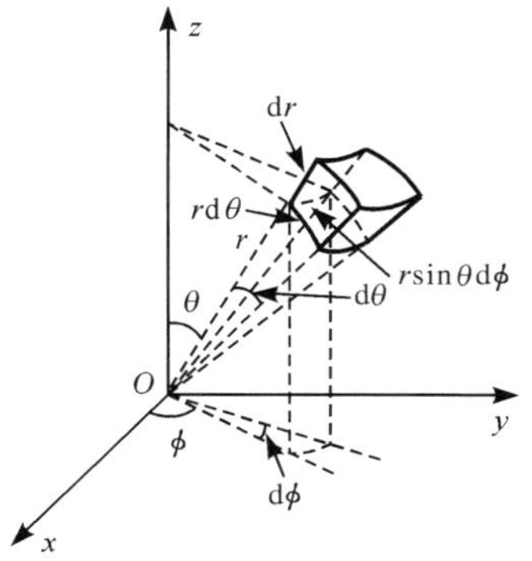

图 9.6　球坐标系中的长度元、面积元和体积元

微分面积元为

$$\begin{cases} \mathrm{d}\boldsymbol{S}_r = \boldsymbol{e}_r \mathrm{d}l_\theta \mathrm{d}l_\phi = \boldsymbol{e}_r r^2 \sin\theta \mathrm{d}\theta \mathrm{d}\phi & (\text{与 } \boldsymbol{e}_r \text{ 垂直的球面}) \\ \mathrm{d}\boldsymbol{S}_\theta = \boldsymbol{e}_\theta \mathrm{d}l_r \mathrm{d}l_\phi = \boldsymbol{e}_\theta r \sin\theta \mathrm{d}r \mathrm{d}\phi & (\text{与 } \boldsymbol{e}_\theta \text{ 垂直的圆锥面}) \\ \mathrm{d}\boldsymbol{S}_\phi = \boldsymbol{e}_\phi \mathrm{d}l_r \mathrm{d}l_\theta = \boldsymbol{e}_\phi r \mathrm{d}r \mathrm{d}\theta & (\text{与 } \boldsymbol{e}_\phi \text{ 垂直的平面}) \end{cases} \tag{9.12}$$

微分体积元为

$$\mathrm{d}V = \mathrm{d}l_r \mathrm{d}l_\theta \mathrm{d}l_\phi = r^2 \sin\theta \mathrm{d}r \mathrm{d}\theta \mathrm{d}\phi \tag{9.13}$$

4. 坐标变换[2]

这一节讨论不同坐标之间的变换。不考虑坐标平移，而只讨论坐标原点不动的变换，其中包括转动、镜面反射和反演。

下面先考虑基矢的变换，然后再讨论矢量的变换。

(1) 基矢的变换

设原来坐标系的基矢为 $\boldsymbol{e}_1, \boldsymbol{e}_2, \boldsymbol{e}_3$，转动后的坐标基矢为 $\boldsymbol{e}_{1'}, \boldsymbol{e}_{2'}, \boldsymbol{e}_{3'}$，则转动后的基矢在原坐标系中表示为

$$\begin{cases} \boldsymbol{e}_{1'} = A_{1'1}\boldsymbol{e}_1 + A_{1'2}\boldsymbol{e}_2 + A_{1'3}\boldsymbol{e}_3 \\ \boldsymbol{e}_{2'} = A_{2'1}\boldsymbol{e}_1 + A_{2'2}\boldsymbol{e}_2 + A_{2'3}\boldsymbol{e}_3 \\ \boldsymbol{e}_{3'} = A_{3'1}\boldsymbol{e}_1 + A_{3'2}\boldsymbol{e}_2 + A_{3'3}\boldsymbol{e}_3 \end{cases}$$

这就是新旧坐标基矢之间的变换公式，它可以统一写成

$$\boldsymbol{e}_{i'} = \sum_{i=1}^{3} A_{i'i}\boldsymbol{e}_i, \quad i' = 1,2,3 \tag{9.14}$$

把式(9.14)中的下标 i' 改为 l，再用 $\boldsymbol{e}_i$ 点乘左右两边，考虑到正交坐标系中有 $\boldsymbol{e}_i \cdot \boldsymbol{e}_j = \delta_{ij}$，可得

$$A_{i'i} = \boldsymbol{e}_i \cdot \boldsymbol{e}_{i'} \tag{9.15}$$

由于 $\boldsymbol{e}_i, \boldsymbol{e}_{i'}$ 都是单位矢量，所以他们的点积就是新旧坐标轴夹角的余弦。因此，$A_{i'i}$ 等于新旧坐标轴夹角的余弦。

(2) 矢量分量的变换规律

一个矢量 $\boldsymbol{a}$ 用坐标基矢 $\boldsymbol{e}_i$ 展开为

$$\boldsymbol{a} = \sum_{i=1}^{3} a_i \boldsymbol{e}_i$$

写出 $\boldsymbol{a}$ 在新坐标基矢 $\boldsymbol{e}_{i'}$ 的展开式

$$\boldsymbol{a} = \sum_{i'=1}^{3} a_{i'} \boldsymbol{e}_{i'}$$

将等式左边的下标改写为 l'，并用 $\boldsymbol{e}_{i'}$ 点乘左、右两边，再利用上式和坐标基矢的正交性，得

$$a_{i'} = \sum_{i'=1}^{3} A_{i'i} a_i \tag{9.16}$$

与式(9.14)比较可知，矢量分量和坐标基矢有相同的变换规律。以下推导分析直角坐标系旋转变换下坐标变换公式。如图 9.7 所示，xOy 坐标系为原坐标系，$x'Oy'$ 为新坐标系，矢量 $\boldsymbol{a}$ 在原坐标中表示为 (x, y)，在新坐标中表示为 (x', y')。α 是坐标轴 x' 与 x 的

夹角，β，γ，θ 分别为坐标轴 x' 与 y，y' 与 x，y' 与 y 的夹角，根据简单的几何知识可以得到矢量 $\boldsymbol{a}$ 在新旧坐标系下的分量变换关系

$$\begin{cases} x' = x\cos\alpha + y\cos\beta \\ y' = x\cos\gamma + y\cos\theta \end{cases} \tag{9.17}$$

即

$$\begin{bmatrix} x' \\ y' \end{bmatrix} = \begin{bmatrix} \cos\alpha & \cos\beta \\ \cos\gamma & \cos\theta \end{bmatrix} \cdot \begin{bmatrix} x \\ y \end{bmatrix}$$

与式(9.16)比较可见

$$A_{i'i} = \begin{bmatrix} \cos\alpha & \cos\beta \\ \cos\gamma & \cos\theta \end{bmatrix}$$

这正是前面所说 $A_{i'i}$ 是新旧坐标轴夹角的余弦。

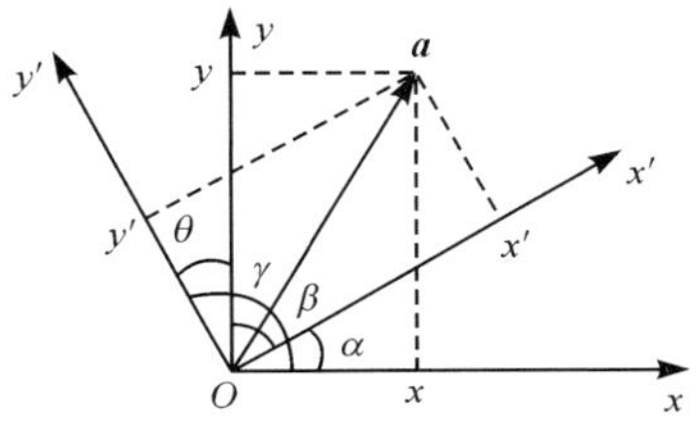

图 9.7　xOy 和 $x'Oy'$ 坐标系之间的关系

然而可以简化图 9.7 的表述，因为 $\beta = 90° - \alpha$，$\gamma = 90° + \alpha$，$\theta = \alpha$，于是式(9.17)改写为

$$\begin{cases} x' = x\cos\alpha + y\sin\alpha \\ y' = -x\sin\alpha + y\cos\alpha \end{cases}$$

这个式子是更常用的。

如果所考虑的问题是三维直角坐标，不仅仅是坐标轴的转动，还有坐标原点的平动，问题就变得复杂多了，推导过程在这里不再进行，根据式(9.16)可知系数必须是新旧坐标轴之间的夹角正弦函数，也是可以写出变换公式的。

设旧(原)坐标系 xyz，变换后的新坐标系为 $x'y'z'$，其坐标原点在原坐标中表示为 (x_0, y_0, z_0)，则

$$\begin{cases} x' = (x - x_0)\cos\alpha_1 + (y - y_0)\cos\beta_1 + (z - z_0)\cos\gamma_1 \\ y' = (x - x_0)\cos\alpha_2 + (y - y_0)\cos\beta_2 + (z - z_0)\cos\gamma_2 \\ z' = (x - x_0)\cos\alpha_3 + (y - y_0)\cos\beta_3 + (z - z_0)\cos\gamma_3 \end{cases}$$

式中，$\alpha_1, \alpha_2, \cdots, \gamma_3$ 由表 9.1 定义，表示新旧坐标轴的夹角。

表 9.1　$\alpha_1, \alpha_2, \cdots, \gamma_3$ 的定义

	x	y	z
x'	α_1	β_1	γ_1
y'	α_2	β_2	γ_2
z'	α_3	β_3	γ_3

(3) 三种坐标变量和坐标矢量之间的转换

从图 9.3 可得出直角坐标系与圆柱坐标系的坐标变量之间的关系为

$$\begin{cases} x=\rho\cos\phi \\ y=\rho\sin\phi \\ z=z \end{cases} \tag{9.18}$$

$$\begin{cases} \rho=\sqrt{x^2+y^2} \\ \phi=\arctan\left(\dfrac{y}{x}\right) \\ z=z \end{cases} \tag{9.19}$$

从图 9.5 可得出直角坐标系与球坐标系的坐标变量之间的关系为

$$\begin{cases} x=r\sin\theta\cos\phi \\ y=r\sin\theta\sin\phi \\ z=r\cos\theta \end{cases} \tag{9.20}$$

$$\begin{cases} r=\sqrt{x^2+y^2+z^2} \\ \theta=\arccos\left(\dfrac{z}{\sqrt{x^2+y^2+z^2}}\right) \\ \phi=\arctan\left(\dfrac{y}{x}\right) \end{cases} \tag{9.21}$$

圆柱坐标系与球坐标系的坐标变量之间的关系为

$$\begin{cases} \rho=r\sin\theta \\ \phi=\phi \\ z=r\cos\theta \end{cases} \tag{9.22}$$

$$\begin{cases} r=\sqrt{\rho^2+z^2} \\ \theta=\arctan\left(\dfrac{\rho}{z}\right) \\ \phi=\phi \end{cases} \tag{9.23}$$

三种坐标系的单位矢量间的关系，可根据其中两对坐标系间共同的单位矢量关系导出。直角坐标系与圆柱坐标系均有单位矢量 $\boldsymbol{e}_z$，利用图 9.8 所示的单位矢量关系，可得到

$$\begin{cases} \boldsymbol{e}_\rho=\boldsymbol{e}_x\cos\phi+\boldsymbol{e}_y\sin\phi \\ \boldsymbol{e}_\phi=-\boldsymbol{e}_x\sin\phi+\boldsymbol{e}_y\cos\phi \\ \boldsymbol{e}_z=\boldsymbol{e}_z \end{cases} \tag{9.24}$$

$$\begin{cases} \boldsymbol{e}_x=\boldsymbol{e}_\rho\cos\phi-\boldsymbol{e}_\phi\sin\phi \\ \boldsymbol{e}_y=\boldsymbol{e}_\rho\sin\phi+\boldsymbol{e}_\phi\cos\phi \\ \boldsymbol{e}_z=\boldsymbol{e}_z \end{cases} \tag{9.25}$$

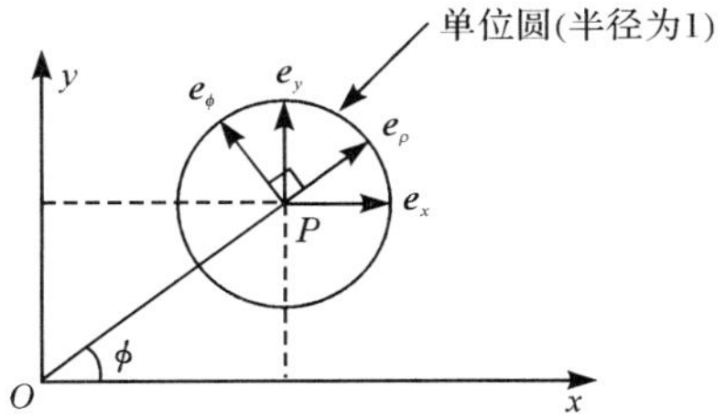

图 9.8　$\boldsymbol{e}_x,\boldsymbol{e}_y$ 与 $\boldsymbol{e}_\rho,\boldsymbol{e}_\phi$ 之间的关系

圆柱坐标系和球坐标系均有单位矢量 $\boldsymbol{e}_\phi$，利用图 9.9 所示的单位矢量关系，可得到

$$\begin{cases}\boldsymbol{e}_r=\boldsymbol{e}_\rho\sin\theta+\boldsymbol{e}_z\cos\theta\\ \boldsymbol{e}_\theta=\boldsymbol{e}_\rho\cos\theta-\boldsymbol{e}_z\sin\theta\\ \boldsymbol{e}_\phi=\boldsymbol{e}_\phi\end{cases}\tag{9.26}$$

$$\begin{cases}\boldsymbol{e}_\rho=\boldsymbol{e}_r\sin\theta+\boldsymbol{e}_\phi\cos\theta\\ \boldsymbol{e}_\phi=\boldsymbol{e}_\phi\\ \boldsymbol{e}_z=\boldsymbol{e}_r\cos\theta-\sin\theta\end{cases}\tag{9.27}$$

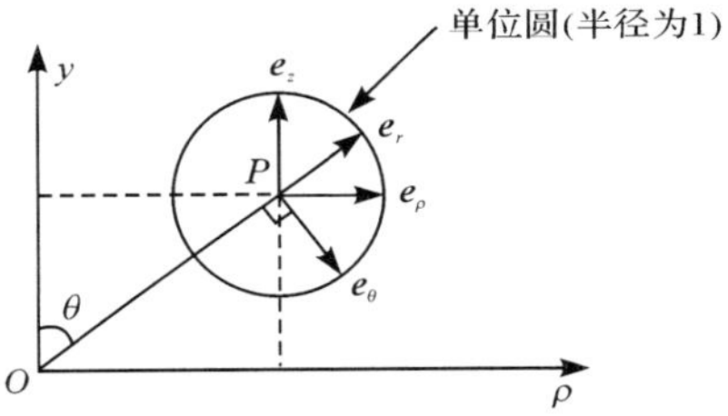

图 9.9　$\boldsymbol{e}_\rho,\boldsymbol{e}_z$ 与 $\boldsymbol{e}_r,\boldsymbol{e}_\theta$ 之间的关系

直角坐标系与球坐标系的矢量之间的关系，可根据式(9.24)～(9.27)的关系转换得

$$\begin{cases}\boldsymbol{e}_x=\boldsymbol{e}_r\sin\theta\cos\phi+\boldsymbol{e}_\theta\cos\theta\cos\phi-\boldsymbol{e}_\phi\sin\phi\\ \boldsymbol{e}_y=\boldsymbol{e}_r\sin\theta\sin\phi+\boldsymbol{e}_\theta\cos\theta\sin\phi+\boldsymbol{e}_\phi\cos\phi\\ \boldsymbol{e}_z=\boldsymbol{e}_r\cos\theta-\boldsymbol{e}_\theta\sin\theta\end{cases}\tag{9.28}$$

$$\begin{cases}\boldsymbol{e}_r=\boldsymbol{e}_x\sin\theta\cos\phi+\boldsymbol{e}_y\sin\theta\sin\phi+\boldsymbol{e}_z\cos\theta\\ \boldsymbol{e}_\theta=\boldsymbol{e}_x\cos\theta\cos\phi+\boldsymbol{e}_y\cos\theta\sin\phi-\boldsymbol{e}_z\sin\theta\\ \boldsymbol{e}_\phi=-\boldsymbol{e}_x\sin\phi+\boldsymbol{e}_y\cos\phi\end{cases}\tag{9.29}$$

以上讨论再次向读者展示，圆柱和圆球坐标系的单位矢量($\boldsymbol{e}_\rho,\boldsymbol{e}_\phi,\boldsymbol{e}_z$)和($\boldsymbol{e}_r,\boldsymbol{e}_\theta,\boldsymbol{e}_\phi$)只有一套，尽管它们是随点而变的。如果不同的点有不同的一套单位矢量三元组，则不同坐标系之间的单位矢量(因而矢量)的转换关系就变得复杂化。因为只有一套单位矢量三元组，使得不同坐标系之间矢量可以相互表出，便于计算。为了方便查阅，将三种常用的坐标系的关系式以及坐标系之间的转换关系列于表 9.2 中。

表 9.2　三种坐标系中的关系式以及坐标系之间的转换关系

坐标系	直角坐标(x,y,z)	圆柱坐标系(ρ,ϕ,z)	球坐标系(r,θ,ϕ)
单位矢量	$\boldsymbol{e}_x,\boldsymbol{e}_y,\boldsymbol{e}_z$	$\boldsymbol{e}_\rho,\boldsymbol{e}_\phi,\boldsymbol{e}_z$	$\boldsymbol{e}_r,\boldsymbol{e}_\theta,\boldsymbol{e}_\phi$

续表

坐标系	直角坐标(x,y,z)	圆柱坐标系(ρ,ϕ,z)	球坐标系(r,θ,ϕ)
长度元	$\mathrm{d}\boldsymbol{l}=\boldsymbol{e}_x\mathrm{d}x+\boldsymbol{e}_y\mathrm{d}y+\boldsymbol{e}_z\mathrm{d}z$	$\mathrm{d}\boldsymbol{l}=\boldsymbol{e}_\rho\mathrm{d}\rho+\boldsymbol{e}_\phi\rho\mathrm{d}\phi+\boldsymbol{e}_z\mathrm{d}z$	$\mathrm{d}\boldsymbol{l}=\boldsymbol{e}_r\mathrm{d}r+\boldsymbol{e}_\theta r\mathrm{d}\theta+\boldsymbol{e}_\phi r\sin\theta\mathrm{d}\phi$
面积元	$\mathrm{d}\boldsymbol{S}=\boldsymbol{e}_x\mathrm{d}y\mathrm{d}z+\boldsymbol{e}_y\mathrm{d}x\mathrm{d}z+\boldsymbol{e}_z\mathrm{d}x\mathrm{d}y$	$\mathrm{d}\boldsymbol{S}=\boldsymbol{e}_\rho\rho\mathrm{d}\phi\mathrm{d}z+\boldsymbol{e}_\phi\mathrm{d}\rho\mathrm{d}z+\boldsymbol{e}_z\rho\mathrm{d}\phi\mathrm{d}\rho$	$\mathrm{d}\boldsymbol{S}=\boldsymbol{e}_r r^2\sin\theta\mathrm{d}\theta\mathrm{d}\phi+\boldsymbol{e}_\theta r\sin\theta\mathrm{d}r\mathrm{d}\phi$ $+\boldsymbol{e}_\phi r\mathrm{d}r\mathrm{d}\theta$
体积元	$\mathrm{d}V=\mathrm{d}x\mathrm{d}y\mathrm{d}z$	$\mathrm{d}V=\rho\mathrm{d}\rho\mathrm{d}\phi\mathrm{d}z$	$\mathrm{d}V=r^2\sin\theta\mathrm{d}r\mathrm{d}\theta\mathrm{d}\phi$
与其他坐标系的转换关系	$\rho=\sqrt{x^2+y^2}$ $\phi=\arctan\left(\dfrac{y}{x}\right)$ $z=z$	$x=\rho\cos\phi$ $y=\rho\sin\phi$ $z=z$	$x=r\sin\theta\cos\phi$ $y=r\sin\theta\sin\phi$ $z=r\cos\theta$
	$r=\sqrt{x^2+y^2+z^2}$ $\theta=\arccos\left(\dfrac{z}{\sqrt{x^2+y^2+z^2}}\right)$ $\phi=\arctan\left(\dfrac{y}{x}\right)$	$r=\sqrt{\rho^2+z^2}$ $\theta=\arctan\left(\dfrac{\rho}{z}\right)$ $\phi=\phi$	$\rho=r\sin\theta$ $\phi=\phi$ $z=r\cos\theta$
与其他坐标系的单位矢量转换关系	$\boldsymbol{e}_\rho=\boldsymbol{e}_x\cos\phi+\boldsymbol{e}_y\sin\phi$ $\boldsymbol{e}_\phi=-\boldsymbol{e}_x\sin\phi+\boldsymbol{e}_y\cos\phi$ $\boldsymbol{e}_z=\boldsymbol{e}_z$	$\boldsymbol{e}_x=\boldsymbol{e}_\rho\cos\phi-\boldsymbol{e}_\phi\sin\phi$ $\boldsymbol{e}_y=\boldsymbol{e}_\rho\sin\phi+\boldsymbol{e}_\phi\cos\phi$ $\boldsymbol{e}_z=\boldsymbol{e}_z$	$\boldsymbol{e}_x=\boldsymbol{e}_r\sin\theta\cos\phi+\boldsymbol{e}_\theta\cos\theta\cos\phi$ $-\boldsymbol{e}_\phi\sin\phi$ $\boldsymbol{e}_y=\boldsymbol{e}_r\sin\theta\sin\phi+\boldsymbol{e}_\theta\cos\theta\sin\phi$ $+\boldsymbol{e}_\phi\cos\phi$ $\boldsymbol{e}_z=\boldsymbol{e}_r\cos\theta-\boldsymbol{e}_\theta\sin\theta$
	$\boldsymbol{e}_r=\boldsymbol{e}_x\sin\theta\cos\phi+\boldsymbol{e}_y\sin\theta\sin\phi$ $+\boldsymbol{e}_z\cos\theta$ $\boldsymbol{e}_\theta=\boldsymbol{e}_x\cos\theta\cos\phi+\boldsymbol{e}_y\cos\theta\sin\phi$ $-\boldsymbol{e}_z\sin\theta$ $\boldsymbol{e}_\phi=-\boldsymbol{e}_x\sin\phi+\boldsymbol{e}_y\cos\phi$	$\boldsymbol{e}_r=\boldsymbol{e}_\rho\sin\theta+\boldsymbol{e}_z\cos\theta$ $\boldsymbol{e}_\theta=\boldsymbol{e}_\rho\cos\theta-\boldsymbol{e}_z\sin\theta$ $\boldsymbol{e}_\phi=\boldsymbol{e}_\phi$	$\boldsymbol{e}_\rho=\boldsymbol{e}_r\sin\theta+\boldsymbol{e}_\theta\cos\theta$ $\boldsymbol{e}_\phi=\boldsymbol{e}_\phi$ $\boldsymbol{e}_z=\boldsymbol{e}_r\cos\theta-\sin\theta$

9.1.2　惯性系与非惯性系

1. 惯性系[3]

从亚里士多德到伽利略时代，人们认为要改变一个静止物体的位置，必须推它、提它或拉它。人们直觉地认为，运动是与推、提、拉等动作相联系的。经验使人们深信，要使一个物体运动得更快，必须用更大的力推它。当推动物体的力不再作用时，原来运动的物体便静止下来。这也就是亚里士多德学派所说的，静止是水平地面上物体的“自然状态”。显而易见，太阳不停地东升西落、高处的物体自然地下落……为了给出解释，亚里士多德提出：物体像人一样，都有一个家，地面上的物体的家在地上，太阳的家在天上。继而，烟雾升天的现象又困扰着这个伟大的哲学家，亚里士多德不得不沿用传统的理论：物质系统结构，他认为所有的物质都是由土、水、木、气和火构成，土的家在地上，水的家在土上，木的家在水上，气的家在水上，火的家在其上。

1000 多年后，伽利略领悟到，遮蔽人类智慧的是摩擦力或空气、水等介质的阻力，这是人们在日常观察物体运动时难以完全避免的。为了得到正确的线索，除了实验和观察外，还需要抽象的思维。伽利略注意到，当一个球沿斜面向下滚时，其速度增大，向上滚时速度减小。由此他推论，当球沿水平面滚动时，其速度应不增不减。实际上这球会越滚越慢，最后停下来。伽利略认为，这并非是它的“自然本性”，而是由于摩擦力的缘故。伽利略观察到，表面越光滑，球便会滚得越远。于是他推论，若没有摩擦力，球将永远滚下去。伽利略为使物理学的数学化做出了很大贡献，可能只有笛卡儿才能与他相比，但是物理学的数学化也有它的缺点。久而久之，人们只知道数学，反而不知道物理了，但物理还是应以物理思想为主。

伽利略成功地设计了上述理想实验。伽利略的正确结论由牛顿总结成动力学的一条最基本的定律：任何物体，只要没有外力改变它的状态，便会永远保持静止或匀速直线运动的状态。这便是通常所说的牛顿第一定律。物体保持静止或匀速直线运动状态的这种特性，叫做惯性，牛顿第一定律又称惯性定律。

然而不存在不受外力的物体，所以说，惯性定律是不能直接用实验严格地验证的，它是理性化抽象思维的产物。目前流行滥用数学于物理，忽略物理与数学的对应。我们提倡：数学始终是工具，当将数学应用于物理问题时，一定要审查数学与物理之间的对应，如果意义发生了变化，这种数学处理合不合法，有没有致命的毛病？

上文提到，惯性定律是不能直接用实验严格验证的，其特点是用数学描述自然。设想有一位追求严格的科学家，他相信惯性定律是可以用实验来证明或推翻的。他在水平的桌面上推动一个小球，并设法尽量消除摩擦(现代可以用气桌相当好地来实现这一点)，他观察到，小球确实相当精确地做匀速直线运动。正当他要宣布验证惯性定律成功时，忽然发现一切变得反常了。原来沿直线运动的小球偏到了一边，向实验室的墙壁滚去。他自己也感到有一种奇怪的力把他推向墙去。究竟发生了什么事？原来有人和他开玩笑。这位科学家的实验室没有窗户，与外界完全隔绝。开玩笑的人安装了一种机械，可以使整个实验室的房子旋转起来。旋转一开始，就出现上述各种反常现象，于是惯性定律被推翻了。人们谈论相对运动时，是离不开参考系的。上述故事表明，惯性定律在有的参考系(譬如那间旋转着的房子)中是不成立的。但是实验表明，在一个参考系中，只要某个物体符合惯性定律，则其他物体都服从惯性定律。因此我们定义：对某一特定物体惯性定律成立的参考系，为惯性参考系，简称惯性系。从这里我们初步看到，惯性不是个别物体的性质，而是参考系，或者说，时空的性质。上面那间房子相对于地面参考系是旋转的，地球也在旋转，地面能否被看做是惯性系？实验证明，地球不是一个精确的惯性系。但由于它旋转得较慢，只要我们所讨论的问题不是像大气或海洋环流那类牵涉空间范围较大、时间间隔较长的过程，固定在地面上的参考系可看做近似程度相当好的惯性系。

由上面的讨论可发现，在定义惯性参考系时我们遭遇到一个逻辑上的循环：牛顿惯性定律只有在惯性系中才成立。

牛顿惯性系又是根据牛顿惯性定律能否成立来定义的。要走出这个逻辑上的循环，牛顿理论必须假定存在绝对空间。牛顿在其著名的《自然哲学的数学原理》(1687 年)一书中，他首次提出：“绝对的、真实的和数学的时间，由其特性决定，自身均匀地流逝，与一切外在事物无关……绝对空间：其自身特性与一切外在事物无关，处处均匀，永不移动”(请读者注意均匀与均匀地流逝的区别)。

相对于这个绝对空间，所有以匀速运动的或是静止的参考系就是惯性系。牛顿经典力学之所以能够成立的最终基础必须祈求于绝对空间的存在，而这一点，是在牛顿力学理论被确认以后不言而喻地被人们承认下来的。因此我们定义相对于绝对空间，所有以匀速运动或是静止的参考系，为惯性参考系。

因此，对时间和空间的理解成为理解相对运动的关键。

2. 经典理论的空间和时间[4]

时间表征物质运动的持续性，时间是一维的[4]（作者认为，时间是多少维应该说是个未知数，依赖于所考虑的逻辑主体的运动，在某种意义上时间并不一定是个标量，是个说不清楚的谜）；空间反映物质运动的广延性，空间是三维的。经典物理认为时间维和空间维是相互独立的，即绝对时空观，绝对时空观认为运动符合伽利略相对性，相对运动满足伽利略变换。

伽利略相对性原理指出：在所有参考系中力学定律都是一样的。如图 9.10 所示，有两个惯性参考 S 和 S' 系，它们的坐标轴分别是 (x,y,z) 和 (x',y',z')，两个参考系的相对直线运动速度是 v。

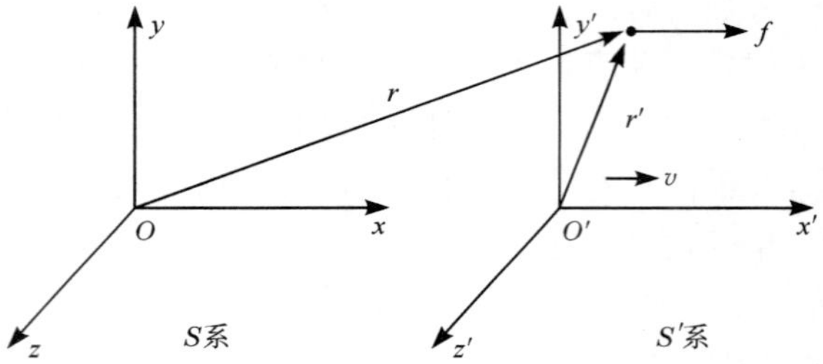

图 9.10　两个惯性参考系沿 xx' 轴的方向以匀速 v 作相对平平动

假定一个粒子的质量是 m，沿 x 方向施加一个作用力 f，在 S 参考系中的观察者运用牛顿定律描述这个粒子的运动如下。

在 S 系中：

$$f=m\frac{\mathrm{d}^2r}{\mathrm{d}t^2} \tag{9.30}$$

根据伽利略相对应原理可得在 S' 系中：

$$f'=m'\frac{\mathrm{d}^2r'}{\mathrm{d}t'^2} \tag{9.31}$$

如果下列条件成立：

$$\begin{cases}f=f'\\ m=m'\\ t=t'\end{cases} \tag{9.32}$$

那就会有

$$\frac{\mathrm{d}^2r}{\mathrm{d}t^2}=\frac{\mathrm{d}^2r'}{\mathrm{d}t'^2} \tag{9.33}$$

两边积分得

$$\frac{\mathrm{d}r}{\mathrm{d}t}=\frac{\mathrm{d}r'}{\mathrm{d}t'}+v\quad\text{（伽利略速度变换式）} \tag{9.34}$$

再积分得

$$r=r'+vt \quad \text{(伽利略位移变换式)} \tag{9.35}$$

两边取微分

$$\mathrm{d}r=\mathrm{d}(r'+vt)=\mathrm{d}r'+v\mathrm{d}t \tag{9.36}$$

我们发现只有在 $\mathrm{d}t=0$ 的前提下长度单位才一样，也就是说，在不同参考系中对同一个物体的长度测量必须是同时进行的，这就带来了同时性的概念问题。

在经典物理中默认了 $\mathrm{d}t=0$，因此有 $\mathrm{d}r=\mathrm{d}r'$，在不同的惯性参考系中时间是绝对同步的，空间尺度是绝对一致的，这就是所谓绝对时空观。

绝对的时间和空间是否存在，这个问题至关重要，因为绝对时间和空间的存在直接影响测量的结果。测量一个物体的长度，在地面上和在飞机上是否一样？经典理论的回答是肯定的，因为它认为在地面上和在飞机上可以用同样的量尺和时钟。但是如果不承认有普适的量尺和时钟，在地面上和飞机上测量到的同一物体的长度是不一样的。然而，这种普适的时钟和量尺又是用什么样的物理过程才能够实现的呢？如果没有这种我们人类感知的过程，科学则可以抛弃对时钟和量尺的认可；相对论概念的建立，就在于坚持认为：如果不知道什么是绝对的空间和时间，原则上我们可以不承认这种观念。

作者认为，绝对的东西是抛弃不了的，即使是在相对论中也有绝对的刚尺和原时。如果没有绝对，何谈相对，只是人类在没搞清楚绝对和相对的关系之前打的一个“马虎眼”，类似于“皇帝的新衣”。绝对与相对的关系不管多么困难我们还是应该设法搞清楚。

3. 狭义相对论中的空间和时间[4]

在爱因斯坦所处的时代，伽利略相对性原理对电磁学规律已经不适用，如果要求相对性原理对所有物理规律都成立，则伽利略变换需要改造。伽利略变换是以欧几里得几何为基础的，现在的问题很清楚，爱因斯坦一言以蔽之[5]：“假如我们不能将欧几里得几何学和物理学结合成一个简单一致的图景，那么我们就必须放弃关于我们的空间是欧几里得空间的观念，并且要将我们的空间的几何性质作更普遍的假设，以便寻求更确切的实在图景”。

爱因斯坦慧眼独具看重了相对性原理。他有这样一种信念，对自然现象而言，所有的惯性参考系都应该是等价的。他的出发点既简单又明确：一切自然规律都应当遵从相对性原理。从这一基本点出发，如果某一理论需要修改，那就修改它。爱因斯坦提出了相对论的第一个公设(协变性原理)：一切自然规律在所有惯性参考系里都是一样的。

什么是相对论中的惯性系？我们都知道，对一切有质量的物体来说，万有引力定律是普适的。只要在引力场中，不管何种质量的物质都会有加速度，所以原则上宇宙中纯粹的惯性参考系是不存在的。尽管如此，在远离一切恒星和星系以及各种形式的星云的遥远空间，可以存在惯性系。我们可以设想在某个遥远的地方，这个惯性系真的存在，而一切相对于它以常速运动的参考系都是惯性系。所以说惯性系只能近似地存在。爱因斯坦的第二条公设与光的速度有关，迈克尔逊干涉实验表明：光速与光源的运动状态无关。只要接受这一原则，所有实验结果都可以简单解释清楚。于是，爱因斯坦提出他的第二个公设(光速不变原理)：光速在所有惯性系中是一样的。并且光速与参照系的相对运动无关。

在采用爱因斯坦的狭义相对论两个基本公设的条件下，时间和空间的概念就必须改变。

从上面讨论的两个公设出发，可以得到不同惯性系间的新的变换。

设两个惯性参考 S 和 S' 系，它们的坐标轴分别是 (x,y,z,t) 和 (x',y',z',t')，两个参考系的相对直线运动速度是 v，为了简化问题，假定 x 轴、y 轴、z 轴分别与 x' 轴、y' 轴、z' 轴平行，且 S' 沿 x 轴正方向匀速运动，则有 $y'=y$ 和 $z'=z$。所以只需看 (x,t) 和 (x',t') 之间的关系，参照图 9.10。

用下面两式描述这两组坐标的关系：

$$x'=\alpha x+\beta t \tag{9.37}$$

$$t'=mx+nt \tag{9.38}$$

式中，α,β,m,n 是四个待定系数，因两坐标系以相对速度 v 运动，故：在 S 系中，对 $x'=0$ 的点有 $x=vt$；在 S' 系中，对 $x=0$ 的点有 $x'=-vt'$。

于是有

$$\alpha x+\beta t=0\xrightarrow{x=vt}\beta=-\alpha v$$

$$t'=nt\xrightarrow{\begin{cases}x'=-vt'\\x'=0+\beta t\end{cases}}n=\alpha$$

导出

$$\begin{cases}x'=\alpha(x-vt)\\t'=mx+\alpha t\end{cases} \tag{9.39}$$

现在，可以引用爱因斯坦的两个公设来确定这两个常数 α 和 m。考虑一个物理事件，对它可以应用爱因斯坦的两个公设。假设在 $t=t'=0$ 时，这两坐标系的原点重合。此时，在原点处有一光脉冲发出。按照光学原理，在 S 参考系中的波前为

$$x^2+y^2+z^2=c^2t^2 \tag{9.40}$$

又根据协变性原理，在所有惯性系中，光学定律都是一样的，那么在 S' 参考系中，这一波前也应为

$$x'^2+y'^2+z'^2=c'^2t'^2 \tag{9.41}$$

又根据爱因斯坦的第二条公设，所有惯性系中光速都是相等的，即 $c=c'$，所以

$$\begin{cases}x^2+y^2+z^2=c^2t^2\\x'^2+y'^2+z'^2=c^2t'^2\end{cases} \tag{9.42}$$

因为 O' 沿 x 轴运动，有 $y=y'$，$z=z'$，相减得到

$$x'^2-x^2=c^2(t'^2-t^2) \tag{9.43}$$

联立式(9.40)和式(9.43)得

$$\alpha^2\ (x-vt)^2-x^2=c^2[(mx+\alpha t)^2-t^2] \tag{9.44}$$

$$[(\alpha x-\alpha vt+x)(\alpha x-\alpha vt-x)]=c^2[(mx+\alpha t+t)(mx+\alpha t-t)] \tag{9.45}$$

$$[(1+\alpha)x-\alpha vt][(\alpha-1)x-\alpha vt]=c^2[mx+(\alpha+1)t][mx+(\alpha-1)t] \tag{9.46}$$

$$(\alpha^2-1)x^2-2\alpha^2vxt+\alpha^2v^2t^2=c^2m^2x^2+2c^2m\alpha xt+c^2(\alpha^2-1)t^2 \tag{9.47}$$

$$[c^2m^2-(\alpha^2-1)]x^2+2\alpha(\alpha v+c^2m)xt+[c^2(\alpha^2-1)-\alpha^2v^2]t^2=0 \tag{9.48}$$

因为式(9.44)～(9.48)中 x^2、xt 和 t^2 均大于 0，要使上式成立，必有

$$\begin{cases} c^2m^2-(\alpha^2-1)=0 \\ 2\alpha(\alpha v+c^2m)=0 \\ c^2(\alpha^2-1)-\alpha^2v^2=0 \end{cases} \tag{9.49}$$

于是

$$\begin{cases} \alpha=\dfrac{1}{\sqrt{1-v^2/c^2}} \\ \beta=-\dfrac{v}{\sqrt{1-v^2/c^2}} \\ m=-\dfrac{v/c^2}{\sqrt{1-v^2/c^2}} \\ n=\dfrac{1}{\sqrt{1-v^2/c^2}} \end{cases} \tag{9.50}$$

代入式(9.40)有

$$\begin{cases} x'=\dfrac{x-vt}{\sqrt{1-v^2/c^2}} \\ y'=y \\ z'=z \\ t'=\dfrac{x-\dfrac{v}{c^2}t}{\sqrt{1-v^2/c^2}} \end{cases} \tag{9.51}$$

变换可得

$$\begin{cases} x=\dfrac{x'+vt'}{\sqrt{1-v^2/c^2}} \\ y=y' \\ z=z' \\ t=\dfrac{t'+\dfrac{v}{c^2}x'}{\sqrt{1-v^2/c^2}} \end{cases} \tag{9.52}$$

这就是著名的洛伦兹变换公式，式(9.51)是洛伦兹反变换式。

9.1.3　惯性质量

1. 惯性质量[3]

质量(mass)一词是 17 世纪初流行起来的，它的意思是“物质之量”，用密度和体积来衡量。从原子论的观点看，衡量物质之量的多寡，自然是原子的数目。牛顿把“质量”和“物质之量”当作同义语使用，这在当时似乎也别无选择，但这只是一种循环定义。直到 19 世纪下半叶，才有一些具有深刻思想的物理学家，开始用批判的眼光审查整个牛顿力学的基础。奥地利物理学家马赫于 1867 年发表了著名的文章《关于质量的定义》，用两个相互作用着的物体加速度的负比值，给了质量(惯性质量)一个操作定义，延续至今，一直为绝大多数物理教科书所采用。至于“物质之量”的概念，现代科学已由“摩尔(mole)”来表征，1971 年经第十四届国际计量大会通过，成为国际单位制(SI)七个基本单位之一。

目前，物理学对质量概念的认识如下：在万有引力定律中，质量是物体产生和接受引力的能力强弱的量度，称为引力质量。在牛顿第二定律中，质量是受到外力作用时，物体改变其运动状态的难易程度，即惯性大小的量度，称为惯性质量。

2. 惯性质量与引力质量

根据牛顿引力定律，如果有两个物体，其引力质量分别用 m_g 和 M_g 来表示，两物体间的距离为 r，那么相应的引力为

$$\boldsymbol{F}=G\frac{m_g M_g}{r^3}\boldsymbol{r} \tag{9.53}$$

式中，G 是引力常数。这就是由牛顿发现的著名万有引力定律。在此，再应用牛顿运动定律，这样的力将引起质量为 m 的物体作加速运动。相应的加速度是

$$m_i\boldsymbol{a}=G\frac{m_g M_g}{r^3}\boldsymbol{r} \tag{9.54}$$

式中，m_i 代表质量为 m 的物体的惯性质量。惯性质量总表现为物体抗拒运动改变的能力。

原则上，式(9.54)中的两个量 m_i 和 m_g 应该是完全不同的：前者是抵抗运动变化的能力，后者是对别的物体施加吸引力的能力。在电磁学中，如果两个电荷 q 和 Q 相距 r，它们的库仑作用力$\boldsymbol{F}_e=\frac{1}{4\pi\varepsilon}\frac{qQ}{r^3}\boldsymbol{r}$，在这一库仑力的作用下，电荷 q 将获得加速度。

$$m\boldsymbol{a}=\frac{1}{4\pi\varepsilon}\frac{qQ}{r^3}\boldsymbol{r} \tag{9.55}$$

式中，m 是电荷 q 的惯性质量。如果一个质量为 m 的物体带有不同于 q 的电荷，它在电场中得到的加速度也不同。所以从逻辑上看，这也是清楚的，m 和 q 是完全独立的两种物理量。

但是，在引力场中，到现在为止还没有发现有哪一种物质它的惯性质量和引力质量之比会不一样。找不到有哪一种物质在引力场会有不同的加速度，这完全是一个经验的事实。这是传统的观点，其实也仅是大多数情况适合，在现代物理中已有引力质量不等于惯性质量的例子，杨振宁在中国科学技术大学专门讲过此事。

3. 惯性质量和引力质量等效的实验

伽利略是第一个注意到惯性质量和引力质量完全相同这一事实的。一开始，他还不相信真会这样。传说，为此他在家乡的一座高塔顶上作了实验，这座塔有一个与众不同的特点，就是在建造时，由于某种原因，塔身倾斜了一个角度。这一建筑上的缺陷，使伽利略的实验大为简化，使他能够很容易将一个物体从塔顶垂直地投向地面。因为这个实验，这个塔变得很出名，称为世界上最著名的旅游景点之一，它就是意大利的比萨斜塔。

伽利略在实验中采用了各种不同重量的物体，也就是不同引力质量的物体，从塔顶将它们逐个放下去。伽利略原来设想重的物体可能会比轻一点的着地更早，因为前者承受着更大的引力。但结果出乎人的想象：所有的物体，不论轻重，都同时落地。这说明：这些物体向地心落下的加速度是相同的。这就是历史上著名的伽利略自由落体实验。

有趣的是,伽利略得出所有物体都同时落到地面的结论不仅仅是通过直接的实验,他还补充了逻辑的证明。论证是这样的:如果较重的物体下落得比较快的话,那么将一块轻的和一块重的物体捆在一起让它们一起下落,这样的捆绑物下落得应该比那块重的慢;但是,从另一个角度看,捆绑在一起的物体重量比原来重的那块更重,所以应该下落得比重的更快。这两个逻辑推论完全矛盾,解决这一佯谬唯一的办法是:所有的物体,不管轻重,都应得到同样的加速度,都应同时落地。

伽利略对这一现象是这样解释的:对于比较重的物体,虽然地球对它的吸引力大,但它抗拒运动变化的能力也大;比较轻的物体,地球对它的吸引力虽然较小,但它抵抗运动改变的能力也较小。这表明,地球对物体的吸引能力和物体抗拒运动改变的能力是一回事。

伽利略自由落体实验的结果,用牛顿力学的语言来说,就是物体的引力质量和惯性质量是相等的。

9.1.4　基本相互作用[6]

关于什么是夸克、胶子、中子、光子、轻子、强子、引力子是粒子物理的内容,这里不加说明地引用,请读者查阅相关书籍。

按照其相对强度由强到弱的次序分为以下四种:

强相互作用,指夸克之间的相互作用,是通过交换胶子来进行的。其特征是强度大、力程短(约10^{-15}m)。强力将夸克束缚在一起组成质子和中子,并将质子和中子束缚在一起组成原子核。

电磁相互作用,指带电粒子之间的相互作用,是通过交换光子来进行的。其特征是力程长,在宏观和微观范围都起作用。相对强度为强力的10^{-2}。是四种相互作用中被认识得相对最清楚的一种,但仍有很多未知的领域有待深化。

弱相互作用,指广泛存在于轻子与轻子、轻子与强子、强子与强子之间的一种相互作用,是通过交换中间波色子($W^{\pm}$,Z^0)来进行的。其特征是力程短(10^{-17}m),相对强度是强力的10^{-13}。弱力制约着放射性现象,在β衰变等过程中起重要作用。

引力相互作用,是物质之间普遍存在的一种相互作用,即万有引力。目前认识它是通过交换引力子来进行的,但是引力子的存在尚未得到实验证实。其特征是力程长,强度小,其相对强度只有强力的10^{-39}。引力作用效果在微观领域可以忽略,但在宏观领域举足轻重。

1. 万有引力

出生于丹麦的天文学家第谷(Tycho)20 年如一日,仔细地观察了行星在天球上的位置,绘制了上千颗恒星非常精确的星图。他测量和记录下了 20 年来的行星位置,误差不超过 1/15 度。由于第谷数据的精确度比验证哥白尼学说所需要的高得多,人们发现哥白尼的行星圆轨道模型只是粗略的近似。

开普勒(Keplker)是第谷的助手和事业的继承人。他与第谷不同,倾向于从理论上思考问题。第谷死后,他把自己的全副精力投在整理第谷的观测数据上,企图求得行星运行轨道的最简单描述。他相信哥白尼基本上是对的。最初,他也按托勒玫体系所用圆上加圆(本轮)的办法来修正哥白尼的轨道。他对火星轨道的研究非常详尽，把太阳放在不同的位置，经过70余次圆上加圆的尝试，开普勒终于找到一条与观测数值拟合得相当好的火星轨道。然而令他沮丧的是，如果超出数值的范围继续外推，拟合的火星轨道与观测数据有8角度偏离。是第谷测错了吗？开普勒对第谷测量方法的精确性是深信不疑的，他决定放弃自己构造出来的火星轨道曲线，从头做起。含辛茹苦16余年，开普勒终于从几千个数据中归纳出几条间接的规律。

现在我们把开普勒三定律归纳如下[3]：

行星沿椭圆轨道绕太阳运行，太阳位于椭圆的一个焦点上；

对任一个行星说，它的径矢在相等的时间内扫过相等的面积；

行星绕太阳运动轨道半长轴 a 的立方与周期 T 的平方成正比，即

$$\frac{a^3}{T^2}=\text{常量 } K \tag{9.56}$$

这里常量与行星的任何性质无关，是太阳系的常量。从这里可以看出时间并不一定就是一维的，如果以时间量子化(一年)的观点出发的话。这里有很多大自然的秘密。

牛顿是经典力学理论的集大成者。他系统的总结了伽利略、开普勒和惠更斯等人的工作，得到了著名的万有引力定律和牛顿运动三大定律。

牛顿在其著作《自然哲学的数学原理》一书中，从力学的基本概念(质量、动量、惯性、力)和基本定律(运动三定律)出发，运用他所发明的微积分这一锐利的数学工具，不但从数学上论证了万有引力定律，而且把经典力学确立为完整而严密的体系，把天体力学和地面上的物体力学统一起来，实现了物理学史上第一次大的综合。

万有引力定律指出，任何两物体间都存在相互作用的引力，力的方向沿两物体的连线，力的大小 f 与物体的质量(注意，是引力质量) m_1 和 m_2 的乘积成正比，与两者之间的距离 r_{12} 的平方成反比，即

$$f=\frac{Gm_1m_2}{r_{12}^2} \tag{9.57}$$

万有引力常量 G 是个与物质无关的普适常量，其数值要由实验来确定，矢量形式见式(9.53)。

2. 近距作用和超距作用[3]

我们推桌子时，通过手和桌子的直接接触，把力作用到桌子上。这叫做接触作用，或近距作用。有时人们(例如过去的纤夫)不得不通过长长的绳索去拖曳物体(船只)，这时施力者与被作用的物体虽未直接接触，但力是通过中间介质(绳索)的弹性形变一段一段地传递过去的。故这也属于近距作用之列。按照万有引力定律，两质点之间的引力与它们之间距离的平方成反比。

这里两个相互作用着的物体隔着一定的距离，其间可以有介质(如空气)，也可以是“真空”，日月星辰之间的引力作用就属于后者。这种力是怎样传递的呢？围绕此问题，历史上有过长期的争论。整个18世纪和19世纪的大半，下述观点在物理学界占统治地位，即认为相隔一定距离的两个物体之间存在着直接的、瞬时的相互作用，不需要任何介质来传递。这就是超距作用的观点。

超距作用观点不可避免地会带来一些神秘色彩，它违背人们的理智。请看下面一段引自 19 世纪数学兼物理学家诺埃曼(Neuman)的话：

我们设想，有位北极探险家向我们讲述他曾到过的那个神秘莫测的海洋。一幅绝妙的景象展现在他面前。他看到海上漂浮着两座冰山，一大一小，彼此离开相当远。忽听到发自大冰山深处命令式口吻的话音："向这里靠拢 10 尺(1 尺约等于 33.33 cm)!"小冰山立即执行了命令，向大冰山靠近了 10 尺。大冰山又指挥道："再靠近 6 尺!"另一冰山毫不怠慢地再次完成了任务。就这样，一个口令接一个口令，小冰山都努力地以不断的移动迅速而准确地完成了每一道命令。无疑，我们会把这种新闻当作无稽之谈。但且勿嘲笑！这里使我们感到奇怪的那个概念，正是自然科学中最现代部分的基础。一位最伟大的科学家因之使自己的名字获得了荣誉。其实，在宇宙空间里不断回荡着这类命令，它们发自各种天体——太阳、行星、月亮、彗星。每个天体倾听着其他天体的呼唤，尽一切力量恭顺地执行着命令。如果不是每时每刻受到太阳发出口令的指点(其中可能还杂以其他天体不清晰的口令)，我们的地球就会在宇宙空间里径直行进。

当然，这些命令是无声的，而且也被无声地执行着。牛顿用另外的名字来称呼这种相互发出和执行命令的游戏，他简单地说，物体有相互作用力。但这里问题的实质没变，上述的相互作用就是一物体发号施令，另一物体服从。

这位作者似乎在宣扬超距作用观点，但我们读了这段话之后有怎样的感想呢？恐怕会越发觉得超距作用荒唐了。这位作者所说的最伟大的科学家，显然是指牛顿，其实这是误会。表面看起来，牛顿的万有引力定律似乎支持超距作用观点，但他本人并不赞成超距作用的解释。牛顿曾写道："很难想象没有别种无形的媒介，无生命无感觉的物质可以无须相互接触而对其他物质起作用和产生影响……没有其他东西为媒介，一物体可超越距离通过真空对另一物体作用，并凭借它和通过它，作用力可从一个物体传递到另一物体，在我看来，这种思想荒唐之极，我相信从来没有一个在哲学问题上具有充分思考能力的人会沉迷其中。"实际上持超距作用观点的不是牛顿本人，而是牛顿的追随者，他们把万有引力定律说成是超距作用的典范。可是牛顿未能从理论上解决这个问题。

虽然牛顿的万有引力公式暗含了超距作用，但牛顿本人对此种解释曾有过相当大的不安。用他的话来说：

无生命的物质应当不借助于某种非物质的介质，而对跟它没有相互接触的其他物质产生作用和影响，这是不可思议的……说引力是物质的一种先天的、内禀的、本质的性质，从而一个物体可以通过真空对远处另一物体直接作用，可以不需要通过任何其他介质，把它们的作用和力从一个物体传播到另一物体——这种说法对我来说是如此之荒谬，我相信凡是对哲学问题有一定思考能力的人，都不会陷入这种荒谬……(牛顿，引自科恩，1985)。

然而牛顿的后继者，特别是拉普拉斯和他的同时代人，认为牛顿的引力是超距作用。由于这一理论的巨大成功，整个 18 世纪和大半个 19 世纪，流行的看法是所用的力都是超距作用。这一趋势被法拉第和麦克斯韦在电磁学方面的工作扭转了过来。法拉第的力线图像有着不可抗拒的呼唤力，同时由于麦克斯韦的电动力学场方程的数学公式，用场和接触作用来解释力才得到普遍承认。然后，人们试图把引力描述为一种场，它具有有限的传播速度。爱因斯坦的理论可以说是这些尝试中最为成功的。

现在所有的基本相互作用都被归结为局域场。两个分开很远的粒子的相互作用被认为是一个粒子与场的接触作用继之以场对第二个粒子的第二次接触作用。为什么我们宁愿要场，也不愿要超距作用？答案很简单：我们需要场来维持能量和动量的守恒定律。

3. 电磁场和引力场

物体之间的引力相互作用是通过什么方式进行的，这个问题提出得最早，认识得最浅，究其原因，在于引力相互作用很弱，在微观领域可以忽略，只是在宏观领域才需考虑其作用，在我们生活中，引力与其他诸如压力、弹力、电磁力相比微乎其微。

电磁力(电磁相互作用)是带点粒子之间的相互作用，施力者与受力者不需要直接接触。理论上，库仑公式与万有引力公式形式上一致，该力都与空间距离呈平方反比例关系。于是从电磁力的认识推演到引力的认识是一条可行的路径。

描述电磁场的基本物理量是电场强度 $\boldsymbol{E}$ 和磁感应强度 $\boldsymbol{B}$，它们都是根据基本实验定律引入定义的。

(1) 库仑定律，电场强度

库仑定律是关于两个点电荷 q_1, q_2 之间作用力 $\boldsymbol{F}_{12}$ 的定量描述，是实验结果，如图9.11所示，其数学表示为

$$\boldsymbol{F}_{12}=\boldsymbol{e}_R\frac{q_1q_2}{4\pi\varepsilon_0R^2}=\frac{q_1q_2}{4\pi\varepsilon_0R^3}\boldsymbol{R} \tag{9.58}$$

式中，$\varepsilon_0=8.85\times10^{-12}\approx\frac{1}{36\pi}\times10^{-9}\,\mathrm{F/m}$(法拉/米)，称为真空(或自由空间)的介电常数。

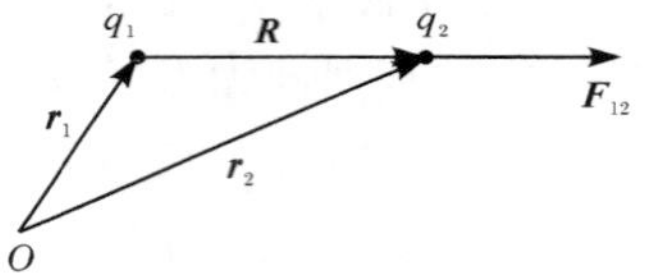

图 9.11　两个点电荷之间的作用力

实验表明，任何电荷都在自己周围空间产生电场，电荷之间的相互作用力是通过电场传递的。用试验电荷 q_0 在电场中所受的力来定义电场强度，表示为

$$\boldsymbol{E}_0=\lim_{q_0\to0}\frac{\boldsymbol{F}}{q_0} \tag{9.59}$$

式中，q_0 为试验电荷，$q_0\to0$ 表示它足够的小，以使其引入不会影响原电场。

对于图 9.12 所示的情况，产生电场的源是点电荷 q，其位置矢量为 $\boldsymbol{r}'$；试验电荷 q_0，其位置矢量为 $\boldsymbol{r}$；$\boldsymbol{R}=\boldsymbol{r}-\boldsymbol{r}'$，方向从源点指向场点。

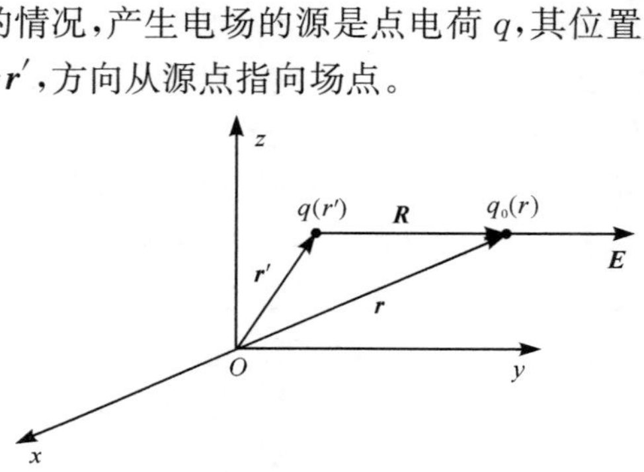

图 9.12　点电荷 q 的电场

点电荷 q 的电场强度为

$$\boldsymbol{E}(\boldsymbol{r})=\frac{\boldsymbol{F}}{q_0}=\frac{q}{4\pi\varepsilon_0 R^3}\boldsymbol{R}=\frac{q}{4\pi\varepsilon_0}\frac{\boldsymbol{r}-\boldsymbol{r}'}{|\boldsymbol{r}-\boldsymbol{r}'|^3}=f(q) \tag{9.60}$$

电场强度 $\boldsymbol{E}$ 的单位是 N/C(牛顿/库仑)或 V/m(伏/米)。

从点电荷的电场强度计算公式(9.59)看出，电场强度与产生电场的电荷量成正比。场与场源之间的线性关系说明可以利用叠加原理来计算其他带电体产生的电场。

(2) 安培力定律，磁感应强度

实验结果表明，在真空中通有恒定电流 I_1 的回路 C_1 对通有恒定电流 I_2 的回路 C_2 的作用力可表示为

$$\boldsymbol{F}_{12}=\frac{\mu_0}{4\pi}\oint_{C_2}\oint_{C_1}\frac{I_2\mathrm{d}\boldsymbol{l}_2\times(I_1\mathrm{d}\boldsymbol{l}_1\times\boldsymbol{R})}{R^3} \tag{9.61}$$

式中，$\mu_0=4\pi\times10^{-7}$ H/m(亨/米)称为真空的磁导率；电流元 $I_1\mathrm{d}\boldsymbol{l}_1$ 的位置矢量为 $\boldsymbol{r}_1$，电流元 $I_2\mathrm{d}\boldsymbol{l}_2$ 的位置矢量为 $\boldsymbol{r}_2$；两电流元之间的距离为 $\boldsymbol{R}$，表示为矢量为

$$\boldsymbol{R}=\boldsymbol{r}_2-\boldsymbol{r}_1=\boldsymbol{e}_R|\boldsymbol{r}_2-\boldsymbol{r}_1|=\boldsymbol{e}_R R$$

如图 9.13 所示。

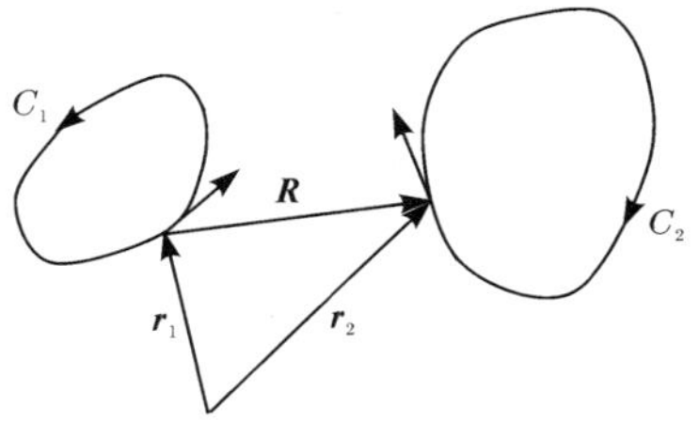

图 9.13　两电流回路间的相互作用力

式(9.61)可改写为

$$\boldsymbol{F}_{12}=\oint_{C_2}I_2\mathrm{d}\boldsymbol{l}_2\times\frac{\mu_0}{4\pi}\oint_{C_1}\frac{I_1\mathrm{d}\boldsymbol{l}_1\times(\boldsymbol{r}_2-\boldsymbol{r}_1)}{|\boldsymbol{r}_2-\boldsymbol{r}_1|^3} \tag{9.62}$$

这就是安培力定律。

应用场的观点，两电流回路之间的相互作用力是通过磁场传递的。回路 C_1 中的电流 I_1 在电流元 $I_2\mathrm{d}\boldsymbol{l}_2$ 所在点产生的磁场称为磁感应强度，记为

$$\boldsymbol{B}(\boldsymbol{r}_2)=\frac{\mu_0}{4\pi}\oint_{C_1}\frac{I_1\mathrm{d}\boldsymbol{l}_1\times(\boldsymbol{r}_2-\boldsymbol{r}_1)}{|\boldsymbol{r}_2-\boldsymbol{r}_1|^3} \tag{9.63}$$

将此定义应用到任意电流回路 C，采用场点坐标 r 原点坐标 $\boldsymbol{r}'$，则式(9.63)改写为

$$\boldsymbol{B}(\boldsymbol{r})=\frac{\mu_0}{4\pi}\oint_{C}\frac{I\mathrm{d}\boldsymbol{l}\times(\boldsymbol{r}-\boldsymbol{r}')}{|\boldsymbol{r}-\boldsymbol{r}'|^3} \tag{9.64}$$

不管是库仑定律还是万有引力定律，都是实验总结出来的。比较定律的表达式，可以用一个式子来表达：

$$\boldsymbol{F}=k\frac{Q_1Q_2}{r^3}\boldsymbol{r} \tag{9.65}$$

式中，$\boldsymbol{F}$ 为作用力；k 为系数；Q_1，Q_2 分别表示相互作用体的某种物理属性；$\boldsymbol{r}$ 是相互作用

体之间的距离。当 $k=\frac{1}{4\pi\varepsilon_0}$，$Q_1=q_1$，$Q_2=q_2$ 表示电荷时，式(9.65)为库仑定律表达式；当 $k=G$，$Q_1=m_1$，$Q_2=m_2$ 表示质量时，式(9.65)为万有引力定律表达式。对于引力相互作用，作用载体称之为引力场。

9.2　作者对自旋之谜的解答

9.2.1　引言

对自旋的解释是近百年来困扰无数物理学家的难题，虽然物理上已经给出了自旋的解释，但是只是定量的解释，定性地认为自旋是纯量子力学和相对论的概念，这是不令本书作者满意的物理解释。考虑到自旋在非相对论量子力学中是通过一些事实，如施特恩-盖拉赫实验、碱金属光谱的双线结构、反常塞曼效应等了解自旋的实际存在并引入自旋的，可以肯定的是自旋是一种可观察量，但是正如爱因斯坦所言“量子力学是令人印象深刻的。但是一个来自内部的声音告诉我，它还不是事物的真谛所在。该真理虽然富于成果，但是却几乎没有在接近古老的神秘方面使我们往前迈进一步。无论如何，我坚信：上帝不玩骰子”[7]，我们希望在经典解释方面做出一点贡献。本节从哥白尼对物理世界运动的三重性定义说起，对倾角运动做出了深层次的挖掘，发现量子和相对论的自旋有类似于倾角运动的经典解释，然后根据这个思路，给出粒子世界三个代表粒子(引力子、电子和光子)自旋的经典解释。

自旋的问题是一个很好的训练题材，有利于读者理解什么是辩证法，什么是形而上学，什么是牛顿力学，什么是相对论；为什么 1933 年诺贝尔物理学奖同时授予薛定谔和狄拉克；同时和不同时都是对的，世界之中和世界之外等许多关键的概念。

关于自旋的问题我们先给出定性的说明。

如果人作为观察者站在太阳的位置观察地球的运动，这是一个世界之中时间有先有后的问题。由于地球是个刚体，我们按照哥白尼理论仅仅需要观察一条经线与地球球心组成的锥体在公转一周时，自转和四季变化的联合作用下，这一锥体的运动物理事实是这个锥在从太阳出发的目光下旋转半圈后反了向，当然变化是连续的，这是辩证唯物主义和历史唯物主义的物理学目光。另一方面，我们作为观察者可以站在地球和太阳组成的系统之外，将地球绕太阳的运动按照前面所说的方式一张张定格，通俗地说就是拍下很多张(例如 365 张或 365×24×60 张，每秒拍一张)三维全息照片，也就是说，按辩证唯物主义和历史唯物主义的观点，地球并无轨道，轨道是人画的，地球每一秒都在一个确定的位置上，地球轨道上千真万确的只有一个地球。现在我们按照现象学的方法，进行目光转换，将一年中的不同时强制同时，也就是说，现在地球轨道上有无穷多个地球同时存在，在地球轨道上无穷难以想象，不妨以 365×24×60 个为代表，其实哥白尼原著中的四个也就好了。这就是量子力学相对论波动方程狄拉克方程的本质，是一种形而上学的思辨方法。这一方法的开山鼻祖是爱因斯坦，所以狄拉克说爱因斯坦的狭义相对论比广义相对论更伟大。杨振宁认同，作者也认同，因为狭义相对论体现了对称性决定相互作用支配方程的思想原创。这也就是杨本洛老师批判爱因斯坦的恣意妄为，其实不只是爱因斯坦才恣意妄为，从算积分的黎曼和到现代数字信号处理都是这种恣意妄为，我们处于数字化时代，从数码相机到数字电视，无一不是恣意妄为。正确性是不容置疑的，只是时间量子化不一样，也就是说时间尺度不一样。有人说怎么把一年当一个时刻来代表呢？但如果与137亿年相比，1年不是很短吗？又有什么不可以的呢？关键是我们现在讨论地球运动的时间量子化。目前量子力学就精确到将地球运动的一年当一刻来处理的水平，这就是狄拉克临死前多次说量子力学将来要重新改写的原因。言归正传，既然现在有无穷多个地球，自然就同时存在世界之外的无穷多个观察者，他们在观察地球绕太阳运转的全局拓扑效应。再次说明，时间周期为一年，那么这同一个观察者到底看到了什么呢？他发现了地球的自旋为2，也就是哥白尼原著中的A点和C点在世界之外的观察者看来处于完全一样的物理学状态。以地球的自旋量子数为2作为自旋的"刚尺"，则容易验证光子的自旋为1，电子的自旋为$\frac{1}{2}$。任意绕闭合轨道的运动的粒子的自旋为x的一般公式是$\frac{2\pi}{x}$，如果粒子绕圆周角$\frac{2\pi}{x}$就回到原来的状态。作者任伟这一推广当然还不是科学的物理学真理，但在不知道电子、光子是怎么样的形状、怎样运动的情况下是一个假设。随时准备着被将来的物理学实验所证伪并发表出新的理论。以前人们认为自旋是纯量子效应，现在我们已较清楚对经典粒子定义自旋，反而量子力学的自旋被放进了括号(现象学关键概念)存而不论或者说悬而未决了。因为量子的自旋尚有待实验和科学的进一步发展才有定论。它仍然是基于观察的，不是感性直观而是理性直观(现象学关键词)。

9.2.2　倾角运动

关于地球的运动，地球围绕太阳的运动，以及相关的天文地理常识，将作为背景知识介绍。

1. 地球的经线和纬线

经线和纬线是人们为了在地球上确定位置和方向，在地球仪和地图上画出来的，大地上并没有真正画有经纬线。连接南北两极的线，叫做经线。和经线相垂直的线，叫做纬线。纬线是一条条长度不等的圆圈。最长的纬线，就是赤道。赤道将地球分为南北半球。因为经线指示南北方向，所以，经线又叫子午线。国际上规定，把通过英国格林尼治天文台原址的那条经线，叫做0°经线，也叫本初子午线。在地球上经线指示南北方向，纬线指示东西方向。

2. 地球的赤道和赤道面

赤道是地球表面的点随地球自转产生的轨迹中周长最长的圆周线，赤道半径6378.137km，两极半径6359.752km，平均半径6371.012km，赤道周长40075.7km。如果把地球看着一个绝对的球体的话，赤道距离南北两极相等，是一个大圆。它把地球分为南北两半球，其以北是北半球，以南是南半球，是划分纬度的基线，赤道的纬度为0°。赤道是地球上重力最小的地方。赤道是南北纬度的起点(即零度纬线)，也是地球上最长的纬线。赤道平面是赤道所在的平面。

3. 地球的黄道和黄道面

黄道面(ecliptic plane)是指地球绕太阳公转的轨道平面，与地球赤道平面交角为23°5′。由于月球和其他行星等天体的引力影响地球的公转运动，黄道面在空间的位置总是在不规则地连续变化。但在变动中，任一时间这个平面总是通过太阳中心。黄道面和地球相交的大圆称为黄道。

4. 地球运动

地球自转轴与地球的公转轨道面的夹角在地球绕太阳公转的过程中始终不变，使得太阳直射地球表面的区域出现周期性变化。所以在地球绕太阳转动过程中，每年的某些时间，北极偏离太阳，太阳直射在赤道和南回归线之间；另一些时间北极又偏向太阳，太阳直射在赤道和北回归线之间。这样就产生了春、夏、秋、冬四季的更替。赤道附近地区受这种影响较小，所以具有较稳定的气候，而南北半球的四季变化正好相反。

(1) 地球自转运动

地球自转是指地球绕地轴旋转，每约 24h 自转一周，即一天。太阳每天东升西落是地球自转的表现。从北极上空观察，地球呈逆时针方向转动，而从南极观察，地球又呈顺时针方向转动，但习惯上称地球自西向东旋转。

(2) 地球自转效应

昼夜交替是最为人们察觉的地球自转效应，它引起地面上光、热及大气温度的周日性变化，从而制约着生物的生命过程。例如，植物的光合作用及动物的昼伏夜出或夜伏昼出等不同的生活习性都与地球的周日变化有关。地球自转还造成另一种不易为人们所觉察但很重要的效应，即地球上运动的物体，如风、流水、海流等都会在运动方向上发生偏离，这是由于地球自转时处在不同纬度的不同线速度引起的。如纬度 30°处旋转线速度为 403m/s，纬度 60°处则为 233m/s。地球自转还导致不同地理经度带的地方时不一致，此现象称为时差。因为地球自转自西向东转，东边的地方看到日出的时间总比西边的早。两地地理经度每隔 15°，其时间相差为 1h；两地地理经度如相差 180°，其时间相差 12h，当一地红日高照时，另一地则为黑夜笼罩。也就是说，当东半球是白天时，西半球处于夜晚，反之，东半球是夜晚时，西半球是白天。在高速通信和高速旅行的时代，时差对人们的活动会产生一定的影响。

(3) 地球公转

地球绕太阳作周期性运动称为公转，从北半球看公转为逆时针方向，即自西向东。地球公转轨道实际上为一椭圆，其半长径约为 1.52×10^8km，半短径约为 1.47×10^8km。太阳位于此椭圆的一个焦点上。公转速度随日地距离改变而变化。地轴与公转轨道面即黄道面之间的夹角(地轴倾角)约为 66°34′，地球的指向固定向北，如图 9.14 所示。也就是说，无论地球到达公转轨道的哪一点，地轴北端总是指向北天极。

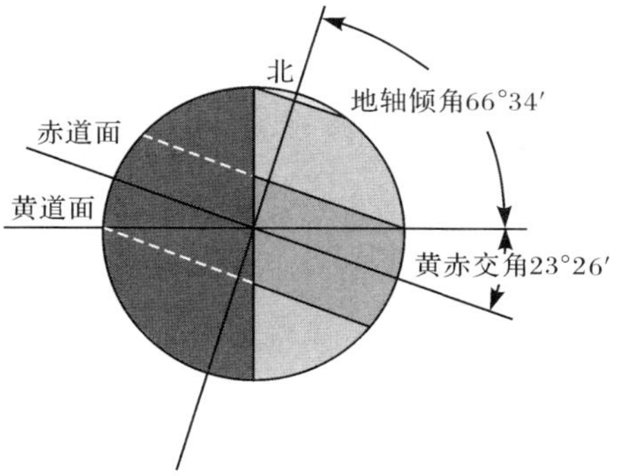

图 9.14　地球的地轴倾角

(4) 地球公转效应

地球不断公转,地轴与公转轨道始终保持 66°34′交角,这一特点决定了地球相对于太阳的空间关系随着地球的公转呈规律性改变,从而引起地球接受太阳热量发生规律性变化,造成了四季的更替和昼夜长短的变化。

太阳高度是指太阳光线对于地面的夹角(即太阳在当地的仰角)。直射点最大,为90°,晨昏线上为 0°。由于存在黄赤交角,在地球绕日公转中太阳直射点在南北回归线之间移动,从而会引起各地正午太阳高度的变化。

太阳高度周期性的变化,造成周期性的直射和斜射。太阳高度为什么会有周期性的变化呢? 由于地轴的倾斜,当地球处在轨道上不同位置时,地球表面不同地点的太阳高度是不同的。太阳高度大的时候,太阳直射,热量集中,就好像正对着火炉一样;而且太阳在空中经过的路径长,日照时间长,昼长夜短,必然气温高,这就是夏季。

反之,太阳高度小时,阳光斜射地面,热量分散,相当于斜对着火炉;而且太阳在空中所经路径短,日照时间短,昼短夜长,气温则低,这就是冬季;由冬季到夏季,太阳高度由低变高。同样道理,太阳高度的变化影响着昼夜的长短和温度的高低,分别形成了秋季和春季。由于地球永不停歇地侧着身子,围绕太阳这个大火炉运转,这种冷暖便不停地交替着,从而形成了寒来暑往的四季。

地球上的四季首先表现为一种天文现象,不仅是温度的周期性变化,而且是昼夜长短和太阳高度的周期性变化。当然昼夜长短和正午太阳高度的改变,决定了温度的变化。四季的递变全球不是统一的,北半球是夏季,南半球是冬季;北半球由暖变冷,南半球由冷变热。

四季的形成是因为地球绕太阳公转的结果。地球一直不断自西向东自转,与此同时又绕太阳公转。而地球公转的轨道又是一个椭圆的形状,太阳始终位于一个焦点上。地球在不断公转的过程中,地轴与公转轨道始终会保持 66°34′的交角,地球倾斜身子绕太阳公转,使得同一地方不同时间获得太阳热量不同,从而产生了季节变化。

到了每年 6 月 22 日前后,地球就是位于远日点。太阳会直射北回归线,这一天就是北半球的夏至日。与此同时北半球得到的热量最高,白昼最长,而且气候也炎热,属于北半球的夏季,但南半球正处于寒冷的冬季。

此后因为继续在公转轨道上不停运行,太阳的直射点便会南移。到了 9 月 23 日左右，太阳就会直射赤道，这一天就是北半球的秋分日。现在南半球以及北半球得到的太阳热量都相等，昼夜平分，北半球是秋季，南半球是春季。

地球继续不断运转，到 12 月 22 日左右，地球开始位于近日点，太阳便直射南回归线。这一天就是北半球的冬至日。而此时北半球得到的热量为最少，且白昼时间最短，气候也相当寒冷，是北半球的冬季。南半球刚好是夏季。

太阳直射点北返以后，在 3 月 21 日左右，太阳再次直接射向赤道，这一天就是北半球的春分日。这个时候，是北半球的春季，而南半球却是秋季。地球像这样以一年为周期绕太阳不停运转，从而产生了四季的更替。

5. 四季的划分

四季是根据昼夜长短和太阳高度的变化来划分的。在四季的划分中，以太阳在黄道上的视位置为依据，以二分日、二至日或以四立日为界限。但是，东西方各国在划分四季时所采用的界限点是不完全相同的。我国传统的四季划分方法强调四季的天文意义，是以二十四节气中的四立作为四季的始点，以二分和二至作为中点的。如春季立春为始点，太阳黄经为 315°，春分为中点，立夏为终点，太阳黄经变为 45°，太阳在黄道上运行了 90°。

西方四季划分更强调四季的气候意义，是以二分二至日作为四季的起始点的，如春季以春分为起始点，以夏至为终止点。这种四季比我国划分的四季分别迟了一个半月。

从天文意义上讲，我国的以四立为划分四季界限更为科学。

春、秋二分日，全球各地昼夜长短和太阳高度都等于全年的平均值，具有从极大值(或极小值)向极小值(或极大值)过渡的典型特征。因此，把春分作为春季的中点，和把秋分作为秋季的中点是非常合理的；夏季里，昼最长，夜最短，太阳高度最大的是夏至那一天，该日地表获得太阳能量是最多的。所以，夏至作为夏季的中点是很合理的；同理，冬至作为冬季的中点也是很科学的。我国的四季划分如图 9.15 所示。

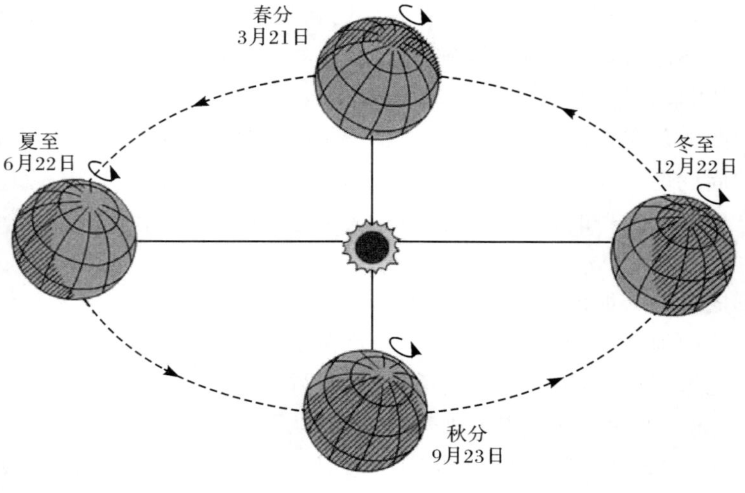

图 9.15　我国的四季划分

但是，从实际气候上讲，夏至并不是最热的时候，冬至也不是最冷的时候，气温高低的极值都要分别推迟1～2个月。我国有"热在三伏，冷在三九"的说法。因此，把夏至和冬至分别安排为夏季和冬季的开始日期，与实际气候能更好地对应。所以，西方四季划分更能体现实际的气候意义。

无论是我国的具有天文意义的四季划分，还是西方具有气候意义的四季划分，都是天文上的划分方法。这是因为，二分、二至和四立在天文上都有确切的含义，都是把全年分成大体相等的四个季节，每个季节三个月，太阳在黄道上运行90°。它们都不能反映各地气候的实际情况。通过这种方法划分的季节，就是天文四季。天文四季是半球统一的。在半球的范围内，每个季节有统一的开始和结束的时刻，并且在半球范围内，每一地点均存在着这四个季节，每个季节都是等长的。

为了准确地反映各地的实际气候情况，划分四季常采用气候上的方法，例如，采用候平均气温划分四季。并且规定：候平均气温大于或等于22℃的时期为夏季，小于或等于10℃的时期为冬季，介于10～22℃之间的为春季或秋季。按此标准划分四季，中纬地区季节与气候相一致，低纬地区和极地附近春、夏、秋、冬的温度变化很不明显。同时，在中纬地区，各季的长度也不一样。这就是气候四季。例如，北京春季有55天，夏季103天，秋季50天，冬季157天。

天文四季具有理论意义，气候四季具有实用价值。天文四季是气候四季划分的基础。天文四季是半球统一的。北半球是夏季，南半球是冬季；气候四季则是局部区域（中纬地区）统一的。天文四季的划分取决于天文现象的变化，气候四季的划分取决于气温的变化。无论哪个半球的哪个地点，都有等长的天文四季；而气候四季则在同一地点也不一定等长。这是天文四季和气候四季的主要不同之处。

表9.3～9.5概括了四季的划分和二十四节气。

表9.3 天文四季的划分

日期	太阳直射点	正午太阳高度（北回归线以北）	昼夜情况（北半球）	节气
6月22日	北回归线	全年最高	昼长夜短	夏至日
9月23日	赤 道	居 中	昼夜平分	秋分日
12月22日	南回归线	全年最低	昼短夜长	冬至日
3月21日	赤 道	居 中	昼夜平分	春分日

表9.4 气候四季的划分

季节	时间	北半球获热量情况
夏季	6、7、8月	最多
秋季	9、10、11月	居中
冬季	12、1、2月	最少
春季	3、4、5月	居中

表 9.5　二十四节气

春季	立春 2 月 3～5 日	雨水 2 月 18～20 日	惊蛰 3 月 5～7 日
	春分 3 月 20～22 日	清明 4 月 4～6 日	谷雨 4 月 19～21 日
夏季	立夏 5 月 5～7 日	小满 5 月 20～22 日	芒种 6 月 5～7 日
	夏至 6 月 21～22 日	小暑 7 月 6～8 日	大暑 7 月 22 日～24 日
秋季	立秋 8 月 7～9 日	处暑 8 月 22～24 日	白露 9 月 7～9 日
	秋分 9 月 22～24 日	寒露 10 月 8～9 日	霜降 10 月 23～24 日
冬季	立冬 11 月 7～8 日	小雪 11 月 22～23 日	大雪 12 月 6～8 日
	冬至 12 月 21～23	小寒 1 月 5～7 日	大寒 1 月 20～21 日

6. 地球的倾角运动

地球的运动形式有自转和公转。自转形成了黑夜和白昼，自转和公转共同造就了一年四季的更替。500 多年前波兰伟大的天文学家哥白尼提出了地球的第三重运动——倾角运动[8]。如图 9.16 是地球围绕太阳运动的模型。

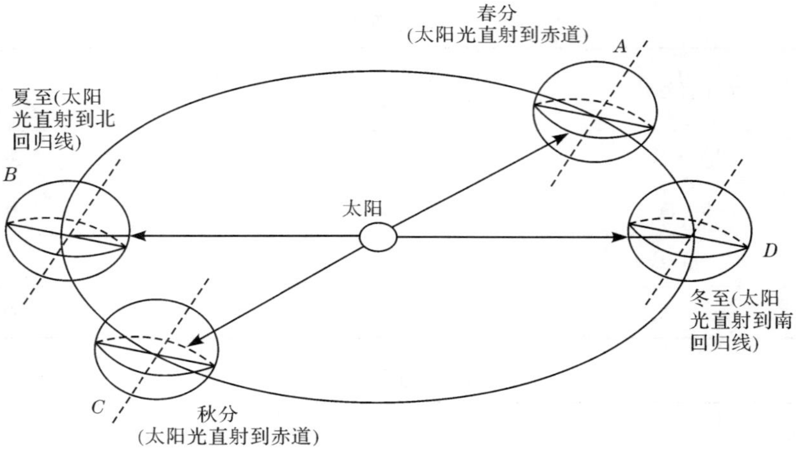

图 9.16　地球公转模型图

地轴的空间指向始终不变，也就是说，地轴与黄道面(地球围绕太阳的轨道平面)的夹角恒定为 66°34′，黄道面与赤道面的夹角始终为 23°26′，显然哥白尼所说的倾角运动中的倾角不是这两个角，他所指的是地轴与太阳垂直入射到地球上的光线之间的夹角，设为角 θ。

在地球公转的一个周期的过程中，夹角 θ 从 66°34′变到 90°到 113°26′到 90°再回到 66°34′，如图 9.17 所示，为了方便我们逆转图 9.16 的模型。

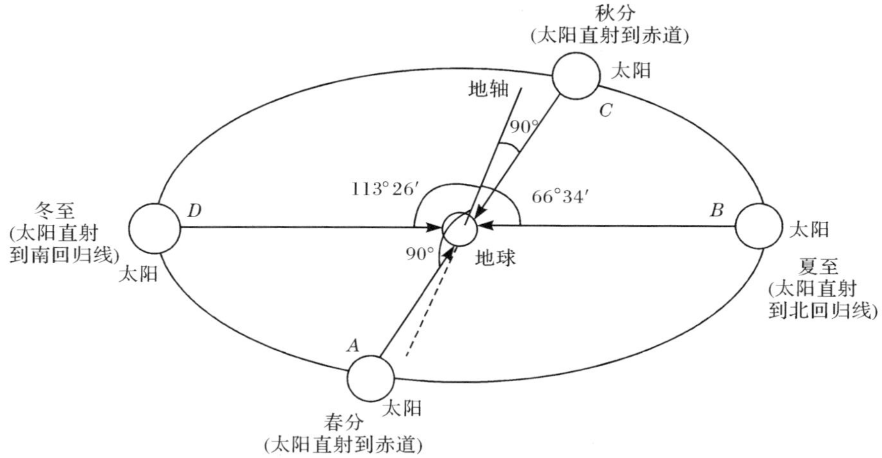

图 9.17 地球公转模型中 θ 角的运动变化

为了简化简化问题，将地球公转轨道视为圆，则地球公转角速度

$$\begin{aligned}\omega_1 &= 360°/(365\times12\times30\times24\times3600)=360°/(1.135296\times10^{10})\\ &=3.17\times10^{-8}(°)/\mathrm{s}\end{aligned}$$

地球公转$\frac{1}{4}$个周期，倾角 θ 改变了 23°26′，所以倾角运动的平均速度为

$$\omega_2=23°26'/(\frac{1}{4}\times1.135296\times10^{10})=8.28\times10^{-9}(°)/\mathrm{s}$$

在此视倾角为太阳垂直入射到地球上的光线与赤道面的夹角，如图 9.18 所示。

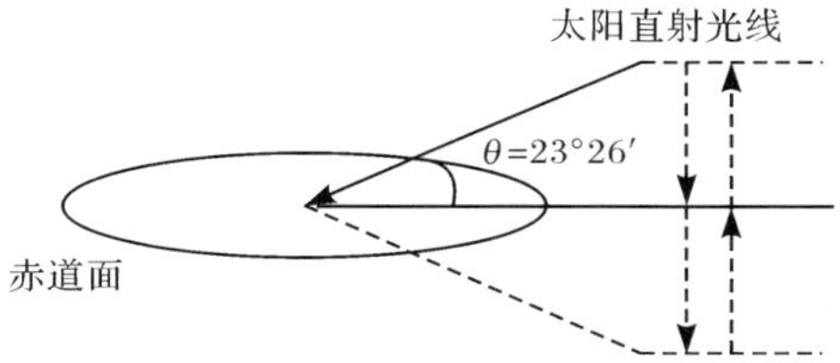

图 9.18 简化图

以下对倾角运动进行分析：

① 产生倾角运动的最直接的原因是地轴与黄道面有倾角，如果地轴垂直于黄道面就不会有倾角运动，或者说倾角运动的速度为 0。公转和自转保证倾角运动具有周期性，不重合保证了倾角运动的存在性。

② 除了公转、自转，地球没有发生任何倾角变化，何来倾角运动？本质上我们说的倾角运动是一种目光(太阳直射光)的运动，它是观念上的运动。

③ 这里的倾角运动的线速度是没有办法计算的，因为倾角运动是目光的运动。

7. 系统之外的倾角运动

既然倾角运动并不是地球的真实运动，而是一种目光的运动，因此必须要明确观察者的位置以及观察者相对地球的运动情况。在以上所讨论的情形中，可以理解为观察者站在太阳上，观察者的目光始终指向地球，我们称之为观察者在系统之内的倾角运动。

下面讨论观察者站在日地系统之外时倾角的运动规律，由于观察者的运动是随意的，我们只研究一种情况：观察者处于系统之外不动，观察者的目光指向地球。

仍然沿用图 9.16 的模型图，初始时观察者位于地球公转轨道平面上的 M 点，M、D 和太阳位于一条直线上，如图 9.19 所示。

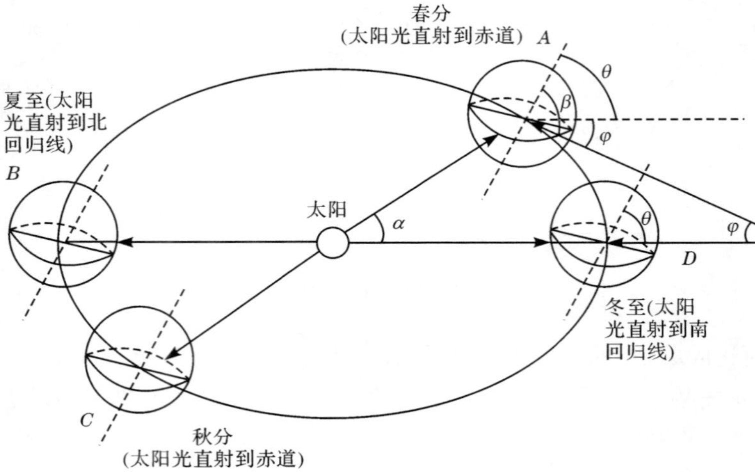

图 9.19　地球公转模型中各夹角示意图

M 点假定为观察者所在的位置，而且观察者固定不动，图 9.19 中带有箭头的射线是观察者的目光。β 角是观察者的目光与地轴的夹角，就是所要研究的倾角，显然在地球的运动过程中，β 角不断变化，那么 β 角有着怎样的变化规律呢？给出图 9.19 的简图如图 9.20 所示。

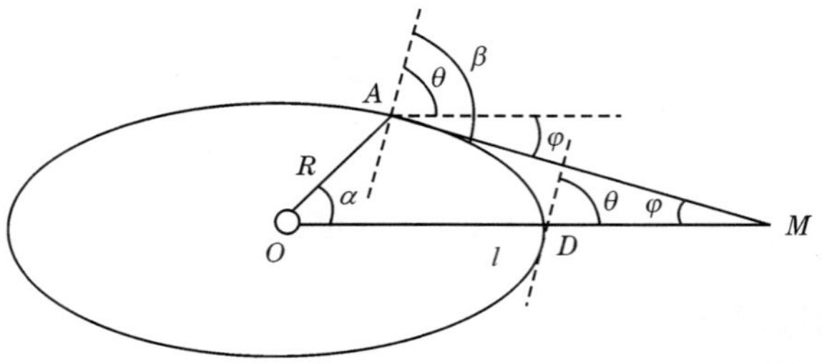

图 9.20　简化图

由几何知识知

$$\cos\beta=\cos\varphi\cdot\cos\theta\quad（其中\ \theta=66°34'）$$

下面来求解 φ 与 α 之间的关系。令 $\overline{OA}=R$，$\overline{OM}=l$ 为不变量，在 $\triangle OAM$ 里，由正弦定理得

$$\frac{R}{\sin\varphi}=\frac{l}{\sin(\pi-\alpha-\varphi)}=\frac{l}{\sin(\alpha+\varphi)}$$

展开后得

$$\sin\alpha\cos\varphi+\cos\alpha\sin\varphi=\frac{l}{R}\sin\varphi$$

$$\left(\frac{l}{R}-\cos\alpha\right)\sin\varphi=\sin\alpha\cos\varphi$$

由图 9.21 的几何关系得

$$\tan\varphi=\frac{\sin\alpha}{\frac{l}{R}-\cos\alpha}$$

$$\cos\varphi=\frac{\frac{l}{R}-\cos\alpha}{\sqrt{\sin^2\alpha+\left(\frac{l}{R}-\cos\alpha\right)^2}}=\frac{\frac{l}{R}-\cos\alpha}{\sqrt{1+\frac{l^2}{R^2}-\frac{2l}{R}\cos\alpha}}$$

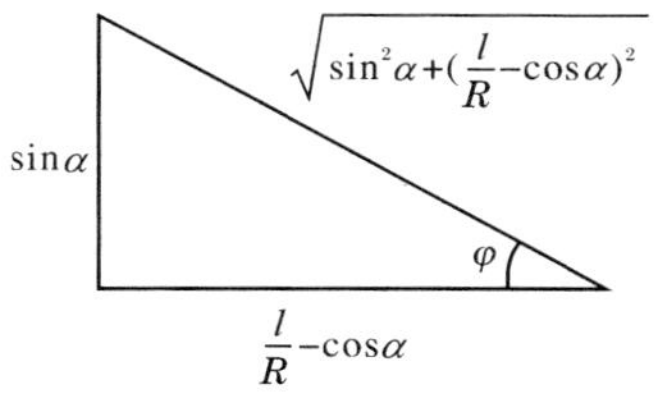

图 9.21 φ 的几何关系

综上可得

$$\cos\beta=\cos\theta\cdot\frac{\frac{l}{R}-\cos\alpha}{\sqrt{1+\frac{l^2}{R^2}-\frac{2l}{R}\cos\alpha}} \tag{9.66}$$

将两端变量 β 同时对时间求一阶导数得

$$-\sin\beta\cdot\dot{\beta}=\cos\theta\cdot\frac{\sin\alpha\sqrt{1+\frac{l^2}{R^2}-\frac{2l}{R}\cos\alpha}-\left(\frac{l}{R}-\cos\alpha\right)\frac{1}{2}\cdot\frac{\frac{2l}{R}\sin\alpha}{\sqrt{1+\frac{l^2}{R^2}-\frac{2l}{R}\cos\alpha}}}{1+\frac{l^2}{R^2}-\frac{2l}{R}\cos\alpha}\cdot\dot{\alpha}$$

令 $\sqrt{1+\frac{l^2}{R^2}-\frac{2l}{R}\cos\alpha}=A$，化为

$$-\sin\beta\cdot\dot{\beta}=\cos\theta\cdot\frac{A\sin\alpha-\frac{l}{R}\sin\alpha\left(\frac{l}{R}-\cos\alpha\right)/A}{A^2}\cdot\dot{\alpha}$$

$$\Rightarrow\dot{\beta}=-\cos\theta\cdot\frac{A\sin\alpha-\frac{l}{R}\sin\alpha\left(\frac{l}{R}-\cos\alpha\right)/A}{A^2\sin\beta}\cdot\dot{\alpha}$$

$$\Rightarrow\dot{\beta}=-\cos\theta\cdot\frac{A\sin\alpha-\frac{l}{R}\sin\alpha\left(\frac{l}{R}-\cos\alpha\right)/A}{A^2\cdot\sqrt{1-\sin^2\theta\frac{\left(\frac{l}{R}-\cos\alpha\right)^2}{A^2}}}\cdot\dot{\alpha}$$

$$\Rightarrow \dot{\beta} = -\cos\theta \cdot \frac{A\sin\alpha - \frac{l}{R}\sin\alpha\left(\frac{l}{R} - \cos\alpha\right)/A}{\sqrt{A^2 - \sin^2\theta\left(\frac{l}{R} - \cos\alpha\right)^2}} \cdot \dot{\alpha} \tag{9.67}$$

令 $\dot{\beta}=0$ 得 $A^2\sin\alpha=\frac{l}{R}\sin\alpha\left(\frac{l}{R}-\cos\alpha\right)$，化简得 $\frac{l}{R}\cos\alpha=1$，即 $\cos\alpha=\frac{R}{l}$。显然，当 $\cos\alpha=\frac{R}{l}$ 时，倾角 β 取得极值；当 $\frac{l}{R}\cos\alpha>1$ 时，$\dot{\beta}>0$，倾角 β 递增；当 $\frac{l}{R}\cos\alpha<1$ 时，$\dot{\beta}<0$，倾角 β 递减。

令 $\cos\alpha_0=\frac{R}{l}$，由式(9.66)知，在 $\alpha=0$ 和 $\alpha=p$ 处，β 的值相等，即图 9.22 的 D、D' 处，β 角相等，地球按照逆时针方向的运动过程中，根据 $\frac{l}{R}\cos\alpha$ 与 1 的大小关系可得知：

$D \to A$，倾角 β 递增；
$A \to D'$，倾角 β 递减；
$D' \to A'$，倾角 β 递增；
$A' \to D$，倾角 β 递减。

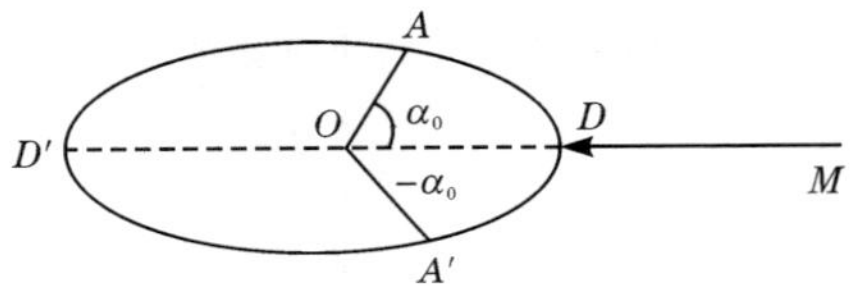

图 9.22

显然倾角运动半圈后回到初始值。下面分析一下倾角运动的原因：

① 产生倾角运动的最直接原因是地轴与黄道面有倾角(地球的自转轨道平面与公转轨道平面不重合)，如果地轴垂直于黄道面就不会有倾角运动，或者说倾角运动的速度为0。也就是说公转和自转保证倾角运动具有周期性，不重合保证了倾角运动的存在性。

② 除了公转、自转，地球没有发生任何倾角变化，何来倾角运动？本质上说的倾角运动是一种目光(太阳直射光)的运动，它是观念上的运动。

③ 这里的倾角运动的线速度是无法计算的，因为倾角运动是目光的运动。

④ 如果人是运动的，可以做到目光始终与地球自转轨道平面保持一定不变的角度，那么就没有倾角运动。

9.2.3　引力子的自旋

到目前为止，引力子概念的提出也只是一个猜想，实验中并没有发现这种粒子。引力作用的存在是普遍的，根据经典的牛顿万有引力定律，引力是与质量相联系的，那么引力子必然要与质量对应起来。考虑到电磁相互作用与电荷相对应，我们把质量改称为质量荷，那么引力相互作用就与质量荷对应。在宏观天体质量尺度下完全有理由将地球视为一个特殊的引力子，这样对引力子的研究就有了实物依据。根据 9.2.2 节的研究，引力子的自旋就是引力子的倾角运动。作为视线与自转轴夹角的运动，显然由上面的结论可知，引力子转半周时回到原来的状态。标准的自旋解释有如霍金的扑克牌理论所说[9]，那么结论就是引力子的自旋为 2。同样可知，电子自旋为 1/2。

电子围绕原子核的运动右旋量和左旋量各占一半，自旋有两个值。电子围绕原子核两圈后运动回到起点。光子是没有质量没有电荷的基本粒子，我们认为光子是总电荷为零的偶极子。偶极子旋转一圈后，运动回到起点。没有闭合轨道运动就没有自旋，自旋向上与自旋向下分别对应于左旋与右旋。在球坐标系下将轨道理解为“赤道”，则自旋向上和自旋向下十分明显。按分析哲学的语言，自旋向上和自旋向下都是有意义的，但这种意义是否得到充实，则取决于观察，也就是说，一个轨道上有一个电子，或者两个电子，或者没有电子都是有意义的，取决于观察，这也给理解泡利不相容原理提供了方便。作者认识到：

① 光是射线，光的自旋为 1。

② 由牛顿万有引力定律结合霍金对自旋的标准解释，不是像哥白尼从 φ 方向考虑，而是从球坐标系下的 θ 方向考虑，得到引力子自旋为 2；这是基于同时性的相对性的有条件成立的真理，有的地方可强制同时，有的地方不能强制同时，在绝对时空中，时间就绝对不同时。

③ 根据库仑定律与万有引力定律的区别，电荷可正可负，传统解释（实质上是电荷或者为正或者为负，一字之差差别很大），可以得出电子的自旋为 1/2。

9.3　万有引力定律的波动化和太阳系的五个方程

9.3.1　引力波

因为光速是唯一洛伦兹不变的速度，故有引力作用以波的形式并以光速传播的信念。

作为一个具体的例子，考虑树上结的一个苹果。在某个时刻苹果枝折断，苹果落到地面，这意味着地球的质量分布有了一个突然的变化。于是，地球周围的引力场必须使自己适应这一新的质量分布。场的变化不会在整个宇宙中同时发生——在任何给定的空间点，场的变化要延迟一段时间，它等于光信号从地球传播到该点所需的时间。因为场的扰动以光速向外传播。这样传播的扰动称之为引力波。

引力波的存在是狭义相对论的一个直接结果；并且在某种程度上，引力波的实验发现只不过是证实了一个显而易见的结论。但是，虽然普遍的论证确认了引力波的存在，但是波的强度和类型却决定于引力理论的细节，因而对波的性质的实验研究将作为对理论的一个检验。

如果地球对于空间某处物体的引力是通过地球发射的引力波来传递的。那么，地球自转形成弹性纵波，波速为

$$V_P = \sqrt{\frac{\lambda + 2\mu}{\rho}} \tag{9.68}$$

式中，λ、μ 为拉梅系数；ρ 为介质密度。阻抗为

$$Z = \rho V_P = \rho\sqrt{\frac{\lambda + 2\mu}{\rho}} \tag{9.69}$$

我们假定该纵波与真空中的电磁波具有相似的特征，则

$$V_P = \frac{1}{\sqrt{\mu_0 \varepsilon_0}} \tag{9.70}$$

$$Z = \sqrt{\frac{\mu_0}{\varepsilon_0}} \tag{9.71}$$

于是有

$$\rho = \mu_0, \quad \lambda + 2\mu = \frac{1}{\varepsilon_0} \tag{9.72}$$

纵波方程$\frac{\partial^2 \varphi}{\partial t^2}=\frac{\lambda+2\mu}{\rho}\left(\frac{\partial^2}{\partial x^2}+\frac{\partial^2}{\partial y^2}+\frac{\partial^2}{\partial z^2}\right)\varphi$的解为

$$\varphi = C_1 \frac{\mathrm{e}^{\mathrm{j}(\omega t - kr)}}{r} \tag{9.73}$$

式中，C_1 为待定系数。该纵波是由万有引力作用产生的，那么用势函数表示力 $F_n=\varphi\varphi^*$，得到 $F_n=\frac{C_1^2}{r^2}$。因为 $F_n=G\frac{Mm}{r^2}$，就有 $C_1^2=GMm$，其中 G 为引力常数，M 为地球质量，m 为引力子质量。相关数据为：地球自转角速度 $\omega=15\mathrm{r/h}=7.27\times10^{-5}\,\mathrm{r/s}$；波速 $v=3\times10^8\,\mathrm{m/s}$；波数 $k=\frac{\omega}{v}\approx2.42\times10^{-13}\,\mathrm{rad/m}$；波长 $\lambda=\frac{2\pi}{k}\approx2.6\times10^{13}\,\mathrm{m}$；频率 $f=\frac{\omega}{2\pi}=1.16\times10^{-5}\,\mathrm{Hz}$；地球半径 $r\approx6.37\times10^6\,\mathrm{m}$；地球绕日公转半径 $R\approx1.5\times10^{11}\,\mathrm{m}$；地球质量 $M\approx6.0\times10^{24}\,\mathrm{kg}$；引力常数 $G=6.67\times10^{-11}\,\mathrm{N\cdot m^2/kg^2}$。

下面计算$-\nabla\varphi$。

$$-\nabla\varphi = -C_1 \nabla \frac{\mathrm{e}^{\mathrm{j}(\omega t - kr)}}{r}, \quad r = \sqrt{x^2+y^2+z^2}$$

$$\begin{cases} \dfrac{\partial}{\partial x}\dfrac{\mathrm{e}^{\mathrm{j}(\omega t-kr)}}{r} = \dfrac{-\mathrm{j}kx\,\mathrm{e}^{\mathrm{j}(\omega t-kr)} - \dfrac{x\mathrm{e}^{\mathrm{j}(\omega t-kr)}}{r}}{r^2} \\ \dfrac{\partial}{\partial y}\dfrac{\mathrm{e}^{\mathrm{j}(\omega t-kr)}}{r} = \dfrac{-\mathrm{j}ky\,\mathrm{e}^{\mathrm{j}(\omega t-kr)} - \dfrac{y\mathrm{e}^{\mathrm{j}(\omega t-kr)}}{r}}{r^2} \\ \dfrac{\partial}{\partial z}\dfrac{\mathrm{e}^{\mathrm{j}(\omega t-kr)}}{r} = \dfrac{-\mathrm{j}kz\,\mathrm{e}^{\mathrm{j}(\omega t-kr)} - \dfrac{z\mathrm{e}^{\mathrm{j}(\omega t-kr)}}{r}}{r^2} \end{cases} \tag{9.74}$$

故

$$\begin{aligned} -\nabla\varphi &= \frac{C_1}{r^2}\left[\mathrm{j}kx\,\mathrm{e}^{\mathrm{j}(\omega t-kr)} + \frac{x\mathrm{e}^{\mathrm{j}(\omega t-kr)}}{r}\right]\boldsymbol{e}_x + \frac{C_1}{r^2}\left[\mathrm{j}ky\,\mathrm{e}^{\mathrm{j}(\omega t-kr)} + \frac{y\mathrm{e}^{\mathrm{j}(\omega t-kr)}}{r}\right]\boldsymbol{e}_y \\ &\quad + \frac{C_1}{r^2}\left[\mathrm{j}kz\,\mathrm{e}^{\mathrm{j}(\omega t-kr)} + \frac{z\mathrm{e}^{\mathrm{j}(\omega t-kr)}}{r}\right]\boldsymbol{e}_z \\ &= \frac{C_1}{r^2}\mathrm{j}k\mathrm{e}^{\mathrm{j}(\omega t-kr)}(x\boldsymbol{e}_x + y\boldsymbol{e}_y + z\boldsymbol{e}_z) + \frac{C_1}{r^2}\frac{\mathrm{e}^{\mathrm{j}(\omega t-kr)}}{r}(x\boldsymbol{e}_x + y\boldsymbol{e}_y + z\boldsymbol{e}_z) \\ &= \frac{C_1}{r}\mathrm{j}k\mathrm{e}^{\mathrm{j}(\omega t-kr)}\boldsymbol{r} + \frac{C_1\mathrm{e}^{\mathrm{j}(\omega t-kr)}}{r^2}\boldsymbol{r} \end{aligned} \tag{9.75}$$

比较前后两项的大小，若$\frac{k}{r}\sim\frac{1}{r^2}$，则 $r\sim\frac{1}{k}\approx4\times10^{12}\,\mathrm{m}$。该距离相当于 4 光年(1 光

年$=9.46\times10^8$ km$\approx1\times10^{12}$ m)，所以在经典物理学所考虑的范围内该虚部可以忽略不计。

讨论两种特例：第一，r 取地球半径，即 $r\approx6.37\times10^6$ m，$kr\approx2.42\times10^{-13}$ rad/m$\times$ 6.37×10^6 m$=1.54\times10^{-6}$ rad；第二，r 取地球绕日公转半径，即 $r=R\approx1.5\times10^{11}$ m，则 $kr=kR\approx2.42\times10^{-13}$ rad/m$\times1.5\times10^{11}$ m$=3.63\times10^{-2}$ rad。

一般情况下，$-\nabla\varphi$ 大小为$\frac{C_1}{r^2}\mathrm{e}^{\mathrm{j}(\omega t-kr)}$，在不考虑波动性时形式上有 $F_n=-\nabla\varphi$，实际上所考虑的波动性很小。

我们假定地球引力波波速等于光速。光速 $V_c=\sqrt{\frac{\mu}{\rho}}$，其中 $\mu=\frac{1}{\varepsilon_0}$，$\rho=\mu_0$。对应库仑力$F_{库}=\frac{q_1q_2}{4\pi\varepsilon_0r^2}$，地球引力波波速 $V_p=\sqrt{\frac{\lambda+2\mu}{\rho}}$，对应引力 $F_{引}=\frac{m_1m_2}{kr^2}$，这里 k 为待定系数。假定 $V_c=V_p$，则

$$\lambda+2\mu=\frac{1}{\varepsilon_0} \tag{9.76}$$

于是 $\lambda=-\frac{1}{\varepsilon_0}$，有 $k=4\pi\varepsilon_0$，$F_{引}=\frac{m_1m_2}{4\pi\varepsilon_0r^2}$。显然$\frac{1}{4\pi\varepsilon_0}\neq G$，这与牛顿万有引力公式相矛盾，这有没有开启新的道路。

肯定牛顿万有引力定理的前提下

$$F_{引}=G\frac{m_1m_2}{r^2}=\frac{m_1m_2}{4\pi\frac{1}{4\pi G}r^2}$$

于是有 $\lambda+2\mu=4\pi G$，则

$$\lambda=4\pi G-2\mu=4\times3.14\times6.67\times10^{-11}-2\times\frac{1}{\frac{1}{36\pi}\times10^{-9}}=8.38\times10^{-10}-2.26\times10^{11}$$

根据 λ 的值计算引力波波速

$$V_p=\sqrt{\frac{\lambda+2\mu}{\rho}}=\sqrt{\frac{\lambda+2\frac{1}{\varepsilon_0}}{\rho}}=\sqrt{\frac{8.38\times10^{-10}}{\rho}}$$

$$V_c=\sqrt{\frac{\mu}{\rho}}=\sqrt{\frac{1}{\varepsilon_0\rho}}=\sqrt{\frac{1.13\times10^{11}}{\rho}}$$

因此，$\frac{V_p}{V_c}=\sqrt{\frac{83.8}{1.13}}\times10^{-11}\approx8.61\times10^{-11}$，$V_p\approx8.61\times10^{-11}$，$V_c=2.583\times10^{-2}$ m/s。

下面讨论量子化的引力波。作为一种假设，将地球公转周期(一年)作为一个量子时间单位。

根据相关文献可知[10]，地球绕太阳一周的能量平均值E_k 是一个常数。如果已知地球的角频率 ω(每天一转或每年一转)，则

$$h_{地球}=\frac{E_k}{\omega} \tag{9.77}$$

$$E_k=h_{地球}\omega \tag{9.78}$$

式中，$h_{地球}$ 为地球作为一个量子的普朗克常数，如果进一步令

$$\boldsymbol{p} = h_{地球}\boldsymbol{k} \tag{9.79}$$

式中，$\boldsymbol{k}$ 为波矢。则可以用地球在运动中每一点的动量和能量来展示地球的波粒二象性。

$$\psi = c\,\frac{\mathrm{e}^{jh_{地球}[E(t)-\boldsymbol{P}(\boldsymbol{r}-\boldsymbol{r}')]}}{R} \tag{9.80}$$

式中，$R=|\boldsymbol{r}-\boldsymbol{r}'|$，$\boldsymbol{P}=mv(\boldsymbol{r},\boldsymbol{r}',t)$，$E(t)$＝地球动能＋地球势能。

总之，式(9.77)是第三种量子力学解释，也就是说由于 ω 可正可负(左旋、右旋)导致 $h_{地球}$的可正可负；式(9.78)是仿照量子力学普朗克公式 $E=h\omega$ 代表能量量子化；式(9.70)和式(9.80)类似于德布罗意的工作展示微观粒子的波粒二象性。按照目前的处理可以类似重新审查量子力学。电磁相互作用要用两个标量代表而引力场为纯标量，两者之间有差异，但无论如何本项研究开启了量子力学研究的新思路，特别是波粒二象性的思想精华已在这里闪光，必将照亮人类认识波粒二象性的道路：运动着的粒子辐射着波。其实带电粒子辐射波在相对论电动力学中就已有了，这是经典与量子的交叉领域。

伽利略开启自然科学数学化的道路，但数学不是物理，物理与数学的对应是需要格外谨慎的。从本小节讨论可以看出，简单的球坐标系就不能实现完善的描写物理，或者说对物理现象构成歪曲的反映。后面还要讨论这一问题。牛顿万有引力定律当然在直角坐标系下重写时意义才能彰显。球坐标系下的库仑定律和万有引力定律对人类智慧进行了长期的、深远的遮蔽，必须对这一不正确的出发点进行总清算。前提批判是科学发展的经常道路，但科学研究的路径依赖往往会变成阻碍科学发展的保守势力。通常人们认为球坐标系怎么会有问题呢，恰恰在这里就有问题，工程上例如算单位球面的积分，不经谨慎的预处理，直接从公式进行计算，根本就得不出正确的结果，因为数学没有正确地反映物理。但就球面上积分而言，我们已找出了正确的积分方法。

自旋是什么？作者认为自旋是一种观念上的全局观察效应，本身并不代表真实的物理运动，是对真实物理运动的数学描写，是可以超光速的。自旋并不是纯量子效应，经典物理中也有自旋。

9.3.2　太阳系的五个方程

前面已经阐明地球绕太阳运转是一种自旋为 2 的运动，如果我们的时间离散单位为地球绕太阳一周的时间，就是 1 年。

根据数学家们已建立的偏微分方程理论，要描写自旋为 2 的运动，需要五个微分方程，也就是自旋分别为 0，1，2，－1，－2 的方程。

这个问题是由石果教授提出的，据他说，他从大学时代就一直在思考这个问题。他的意思是用量子力学的方式建立本征值问题，求解本征值问题来与现有数据对照，如果吻合就说明方程是对的，并认为一旦做到了这一点，就对人类做出了较大贡献。认为求解这一问题的根本目的是要为将来量子力学的深化提供指南。毕竟人类对太阳系中地球的运动比较熟悉了。目前量子力学的研究深度才达到研究公转一周累计效应的层次。下 100 年人类有可能深入到每一分每一秒地球的研究(打个比方而已)，这也就是几个数量级的跨越，这里把电子比作地球，意思是电子运动状态的更深层次描写。此外与目前流行的研究方法不同，我们是把地球看成一个量子，一个引力子，并通过地球、太阳这样的量子讨论宇观世界的问题，也就是说将量子力学宇观化，而目前流行的学说是将引力子看成一个电子、光子大小，甚至更小的量子来处理。一句话，作者的思路与薛定谔的思路不一样，不求解什么本征值问题，而是提出波动方程的一般形式，用太阳系中行星的数据带进去定方程的待定量，这样就自动保证了与测量的吻合，这不是一个循环论证，而是正确地进入了循环，采用的是现代哲学诠释学的思路。有如坐上上山的索道，只要正确地进入循环就能到达目的地。

后面四个方程的建立相对容易，自旋为 0 的方程最难。作者研究了很久才得出结论，自旋为 0 的方程原来可以表示为代数方程，找到了结果之后再写成微分方程。如果有分析力学的功底，就不再困难了。

9.4　什么是相对论

最近七八年，作者的主要研究课题是哲学，兼顾物理和数学，电磁场工程基本上不做了。简单点说，是在做纯思想。由于篇幅所限，本章的很多公式省略了，有的是尚未公开发表，不宜在这里透露，有的是才完成 90%，在没有做到 100%之前还是不在这里写出来为好。因为科学做到最前沿，似乎是个艺术和哲学问题，也有美学问题在里面，99%已经好的东西也可能推翻了重来。作者写下本章的根本原因是费尔马大定理曾让无数后人殚精竭虑 300 年。

作者的哲学还是一种体系哲学，类似于笛卡儿、康德、费希特、谢林和黑格尔的体系，一句话是类似于黑格尔的办法，从数学上找到一个突破点，将其用于认识论、本体论、价值论、美学、伦理学等。这个突破点就是泛函分析上拓扑空间的完备性。换句话说二进制是当今时代的时代精神。数学家、物理学家、哲学家笛卡儿提出的二元论将在作者手上数学严格地完成。作者还将二元论数学推广到多元论。这是从共时性方面看，从历时性方面看，作者将二维数字信号处理的语言引入哲学，完成了辩证法的现代定型。以前讲发展中的统一和统一中的发展，是模糊的，在此说明：认识活动是发展中的统一，价值活动是统一中的发展，总体又统一与于实践活动中，是一个双重循环。或者说是时间作为区间的三次细分。有学者说，要重估一切价值，这句话对我很有启发，我将这句话数学化，可以用数学公式表示为

$$\frac{x_1+x_2}{2}=\frac{x_1+y+x_2-y}{2}, \quad y\neq 0$$

最近作者正致力于建立与经济学（马克思的价值论）不矛盾，与物理学相吻合的价值论。

老子说，一生二，二生三，三生万物，但老子没说清楚一怎么生二，二怎么生三，三又怎么生万物。一生二的问题，从笛卡儿开始，一直在做，从康德到海尔格尔，无数英雄竞折腰。海德格尔在其名著《形而上学导论》中接近 50 次追问道，为什么在者在而虚无却不在？老子的哲学就有虚无，佛教也有虚无的问题。作者自己钻研透了这个问题，解决了海德格尔提出的难题。复旦大学一个哲学博士在他出版的著作中曾断言，如果要回答海德格尔的问题，也许逻辑都要修改，可见从逻辑方面找路子似有此路不通的可能性。作者在透彻理解海德格尔《存在于时间》的基础上以物理学家的目光，数学家的手段，解决这一哲学问题，完成了笛卡儿提出的二元论，而且这一方法便于推广到 N 元，N 为任意正整数，

实现了二进制时代的哲学创造。浙江师范大学一个老先生也研究过类似的问题20年，只是以不同的方式。以上问题可用一个公式表达：

$$3+1=2+2$$

一生二至关重要，二生三相对容易，三生万物就更容易。不同时这个一生出同时与不同时这个二，同时与不同时生出光，也就是空间，光与同时和不同时生出万物。万物是什么？万物是虚无，虚无产生空间，这与爱因斯坦广义相对论是一致的，与黑格尔哲学很相似，黑格尔哲学用存在与时间的目光是1、2、3、1、2、3的永恒往复，只是黑格尔是正反合，作者认为是0、1、2、3、0、1、2、3的无限循环往复：

$$3+1=2+2=2\times 2=2^2$$

在一生二问题上有许多巧合。国内也有一分三的书，引来许多争议，缺点在于只是一些纯思辨。还不及古罗马菩罗提诺的水平。而作者基于数学推导，一旦从1到2完成，从2到3，以至任意正整数都是技术性推广了。幸运的是，由于最近《统一无穷理论》的论证$2^{\infty}=\infty$，也就是说作者的哲学是可以直接通达∞的体系。相当于从二元函数到多元函数。一生二的问题之所以重要，因为哲学上很多称为范畴的东西也是成对的。现在我们可以重审一切范畴，二元的、三元的、四元的都可以展开。相对与绝对就是一个二元范畴，如果没有正确的二元论哲学思想，是搞不清楚的，尽管无数哲学家都思索过这一问题，但无一是真正完备的。作者的结论是，完备的二元论必然包含四个元素。那么一元论是可以的，四元论也是可以的，八元论也行。笛卡儿用一条公理建立其哲学体系是可以的：我思故我在。一条公理，$2^0=1$，$2^1=2$，$2^2=4$，$2^3=8$，$2^4=16$。康德、费希特、谢林、黑格尔的哲学体系都不完备。因此，海德格尔才有为什么在者在虚无却不在的质疑，$2^2=4$。国内中国科学技术大学一位搞热力学的物理学家也向全世界提出了严重的问题，为什么同时与不同时的物理定律并存。比如时间之矢奔腾向前，而牛顿第二定律的时间却是可逆的，波动方程的时间也是可逆的。热力学第二定律的真理性难以挑战，那么同时与不同时就是至今挑战人类智慧的真正难题。

爱因斯坦用两条公理建立相对论：

公理1：物理定律在惯性系中有洛伦兹协变性；

公理2：光速不变，既不随光源速度而变也不随观察者的相对运动而变。

按照作者的思想，或者说完备二元论，两条公理是不行的，当且仅当第二条是对第一条的否定时似乎可以（有待讨论），那么，公理1：一切运动都是相对的；公理2：光速是绝对的。

前面讲了或者一条或者四条公理才行，所以应该再补充两条：

公理3：光具有波粒二象性；

公理4：光的载体是什么？（真空？以太？）。

按照作者的理论公理4可以写成：

公理4：不是光的又是什么？（暗能量？）

公理3其实是爱因斯坦一辈子思想而没有想通的问题。据说爱因斯坦一辈子都在想而没有想明白，如果一个人跟着光子走，那么世界的图景是什么？这个问题也就是波粒二象性之谜，也就是

绝对静止＝绝对运动

作者坚信上述公式具有斯宾诺莎"规定就是否定"一样的哲学价值。这似乎第一次定义了什么是绝对静止,这也就是爱因斯坦思考的问题(如果一个人跟着光子走,那么世界图景是怎样的?)的科学答案。这一思想来源于中国人民解放军军乐队在天安门广场上的齐步走。一天作者偶然地听中央电视台音乐频道,中国人民解放军军乐团团长正在讲述他伟大母亲对他的爱,作者马上停下所有思绪,专注地把节目听完,引发了内心强烈的共鸣,达到一种非常平安的心境,颇为神秘地写下了"绝对静止=绝对运动"的方程。作者平时并不看什么电视,刚好在恰当的时间看到了恰当的节目,引发了恰当的思想。作者曾经好几次给一个小朋友讲过母爱无限的课程,看来母爱就等于无限。$2^{\infty}=\infty$也可以作物理学的理解,用矢量性质的∞去测量最大的子集 2^{∞},其值为 1,对应于物理学上的光速不变。光速不变的本质是爱从四面八方将我们包围(宇宙微波背景辐射),来自于我们在之中的本体(∞)。

物质(或能量)、暗物质(或暗能量)、光、暗四元论才是相对论。一元论的相对论也是可能的。作者的一元论的相对论如下:

只要有物质在时空中的真实运动,物理学定律都有洛伦兹协变性。用数学语言叙述就是不同时的局部三维欧式空间与同时的闵可夫斯基空间是不可区分的。

这一公理是基于作者用微分几何证明的一个定理:

只要有三维空间的前提存在,三维空间的一切真实发生的运动都具有洛伦兹协变性,而与支配这一运动的受力无关。

爱因斯坦用两条公理建立体系的最小变动可能是:

一切运动都是相对的,特别是速度是相对的;

时间的均匀流逝是绝对的,光速是绝对地等价于刚尺和原时是绝对的。

所以 $2^{1}=2$ 的体系不是好体系。爱因斯坦自己觉得似乎矛盾。矛盾着的范畴是用两个公理构造体系的内在逻辑要求,是一种必然。不矛盾反而是非法的。杨本洛则用了最猛烈的炮火进行摧毁,但 $2^{1}=2$ 不可否认,相互矛盾的体系也有合法性。

9.5 什么是广义相对论

爱因斯坦基于实验事实"惯性质量=引力质量"建立了广义相对论,而前文已证明关键是空间的前提存在和运动的真实发生。对于爱因斯坦的广义相对论问题,如果物体只受到引力作用,那么广义相对论的假设"引力质量=惯性质量"就不是一个假设而是一个真理。因为受力无关,有运动的真实发生必然有空间的前提存在。如果前面没有空间的前提存在,想向前是不可能的。敏锐的读者可能已经注意到这一循环论证,任何学说都避不开循环论证。按照海德格尔的话说是解释学循环,不是要如何规避这一循环,而是要正确地进入解释学循环。因此,惯性系之谜永远都是一个谜,只是这是一个统一中发展的谜,是承认对什么是惯性系尚难定论的情况下正确地用一些相对真理进入这一解释学循环,也就是伽达默尔的用合理偏见取代绝对真理,我们承认是偏见,但目前这一偏见可用,有局限,有待完善。作者分别提出用偏微分方程定义惯性系的做法和用代数方程定义惯性系的做法,这一偏微分方程是时空的第四种对称性,已知的三种是能量守恒、动量守恒和角动量守恒,基于哲学二元论做指导,必然存在第四守恒定律。作者很快地得到了这一定律，其数学形式为一偏微分方程。基于这一偏微分方程，作者用匀转速运动取代匀速直线运动，作为物理学新的出发点。从而建立了空间狭义相对论和时空狭义相对论。在爱因斯坦正确的时候我们的方程与爱因斯坦狭义相对论完全一致，得到了一些新的成果，完成了从牛顿绝对时空到爱因斯坦相对时空的否定之否定，这一物理定律发现的根在于万有引力定律和库仑定律的本质，是射影几何而不是欧氏几何，只要画一下点电荷的电力线就一清二楚了。从现代工程和物理学的目光来看，牛顿的绝对时空观并没有什么问题，时间的均匀流逝有问题吗？完全没有，现在时间的标准已精确到10^{-16} s甚至更高。所以牛顿的绝对时间是没有问题的，绝对空间也没有问题。因为光速不变，空间的标准米，不也是由时间标准结合光速来定义的吗？绝对空间也没有问题。所以，狭义相对论的本质是时间的尺度不变性，也就是规范不变性。换句话说，狭义相对论何以可能？那是由于时间的尺度不变性，广义相对论也就可以总结为一条公理：时间有尺度不变性(规范不变原理)。

基于前节定理，只要有空间的前提存在和时空中运动的真实发生，物理学定律都具有洛伦兹协变性，这是最为基本的物理学思想，这也是为什么引力场与广义相对论的一些思想可以用于一些不同的力，如强相互作用和弱相互作用的一些力。可以理解为时间尺度不变性的非线效应为时空弯曲效应。线性效应(洛伦兹协变性)为非线性效应奠基，没有线性何谈非线性，没有绝对时空哪有相对时空。至于人们常常转述爱因斯坦相对论时说，爱因斯坦认为一切运动都是相对的，我想这一论述是不够正确的，不知爱因斯坦是否真有这样的说法，因为如果真的一切运动都是相对的，没有绝对运动，或者说没有绝对静止，那么从哲学上讲，那相对论又相对于什么而论呢？相对论总是相对于绝对才能立论，但人类思想史上几千年来，人们一直无法定义绝对静止，才导致这一权宜之计。作者的答案是：绝对静止＝绝对运动。

在讲述相对论的书中，特别是教科书中确实有很多不正确的讲法。因为相对论比较难懂，怎么讲可能都不一定能让大家都懂，但作者坚信，狭义相对论本身并没有大的问题，很多问题只是转述中出的问题，但爱因斯坦的相对论只是一个相对真理。作者的相对中的绝对论就对爱因斯坦的相对论和牛顿的绝对时空观做出了发展和完善。任何科学家都有时代的局限性，比如王正行写的几本教科书，是相当好的，但在相对论的讲解上也有不够正确的地方，国内也有学者指出其毛病，只是从否定的方面去说的，破了还要立，作者主要做的就是立的工作。

杨振宁曾十分精道地指出，相对论的核心是同时性的相对性。什么是同时性的相对性？作者认为，同时就是静止，是绝对；什么是相对性？相对性就是运动，在这个意义上，一切运动都是相对的，运动是什么呢？运动是不同时，这样就完成了一生二，怎么才能由不变与变生出三来，三是度，也就是变化的度量或者说变化的测量，那就是光，说光速不变性原理是相对论的两个假设之一，只是一种简化，这样就完成了二生三。三包括两个方面，从绝对的意义上，三就是牛顿的绝对时间，同时也就是绝对时空，中间的桥梁正是光速不变性。从相对和运动变化的意义上，也就是洛伦兹协变性，这样三就生出四，四是什么？四是空间？是虚无，是存在着的无，这样就完成了老子的三生万物。关键在于同时与不同时同时存在，关键是要从时间上去领悟存在，要有对时间性的前理解和前解释，而不是通常哲学著作上讲的事实在先和逻辑在先。到底是鸡生蛋还是蛋生鸡，不是一个逻辑问题，是一个相对论的问题，是同时与不同时的存在论生存论形而上学的问题。逻辑在先是因果关系，存在论是同时意义上的根据关系，依据谢林和海德格尔，应该说同时是不同时的依据，不同时也是同时的依据(而不是原因)，因为同时与不同时同时存在。

我曾为上海交通大学杨本洛的书写过一个序言，出版时变成了附录，这里特别申明，目前我们学术方面联系很少了，原因在学术之外价值观念的差异。在杨老师的书出版之前，我就交过三页纸的否定性评论给他，指出了他对黎曼几何的误解。从工程和本科水平的数学去理解，一个三维空间的曲面，其上每一点的切线当然是个二维空间，曲面上该点的法线不属于这个二维空间，直观上没有什么错。天才的数学家黎曼与常人的想法是不一样的，他定义的切空间是三维的，已包括这条法线，杨本洛自己没弄懂却宣布黎曼几何是错误的是轻率的。同样的道理适用于杨本洛对联络和曲率的误解。因为有一个多余的自由度被数学家捕捉到，那他们当然会生出许多花样出来以展示数学之美。作者之所以向读者推荐是为了避免类似的错误的想法。林为干也曾对我硕士期间的一篇错误论文给予鼓励：知道什么是不对的也是一种知识和收获。当然，杨本洛的一些理念、一些直觉还是闪耀着思想的光芒的。他对一些问题的执著也体现出一定的科学精神。比如他把爱因斯坦相对论巧妙应用于一些情况以显示相对论值得进一步研究的地方就很有意义，一切运动都是相对的既有正确性也有不正确性。对闵可夫斯基空间的讽刺和批判也有一定的真理性，但闵可夫斯基空间也有部分美妙的地方，有待完善不假，我想如果他多活几年，一定能完善的，现在已由作者完善。而对科学家本人闵可夫斯基和爱因斯坦的贬低是作者不同意的。

黑格尔在《精神现象学》导言中批评谢林的同一哲学，称之为黑夜中观牛，一切皆黑。现在宇宙中暗物质和暗能量的发现，谢林哲学又重新显示出活力，一切皆黑是可以做到的，但一切皆明亮却难以做到。黑夜为光明奠基。黑夜给了我黑色的眼睛，我却用它寻找光明，黑夜是光明的根据。莱布尼兹首先阐述充足理由律，叔本华以充足理由律的四重根做博士论文并出书。根据论在科学界尚未引起足够重视，是一种不同于因果定律的学说，比如浙江师范大学姜井水就是实际上处理了这两类不同的问题，却没有明确说出它们的相同与不同。这实际上是同时与不同时的问题。姜井水似乎是把同时的本体论问题转化成不同时的认识论问题，当然他自己也没有这么说，是我这么说的。同时的问题是根据论，不同时的问题是因果律，例如左是右的根据，(但不宜说左是右的原因)或右是左的依据。根据论的厘清给出了作者和杨本洛在他的母校学术报告上的一场辩论的答案。问题是闭合电路中的电势差产生均匀电流和均匀电场，杨本洛说电流没有产生电场，是 Maxwell 方程的一大问题，在他已出版的好几本书中多次提及。我说欧姆定律(其真理性不可否认)的微分形式 $\boldsymbol{J}=\sigma\boldsymbol{E}$，$\boldsymbol{J}$ 和 $\boldsymbol{E}$ 用等号连接，是相互产生的关系。$\boldsymbol{J}$ 是 $\boldsymbol{E}$ 的根据，$\boldsymbol{E}$ 也是 $\boldsymbol{J}$ 的根据，外加电势差是 $\boldsymbol{J}$ 和 $\boldsymbol{E}$ 的原因。因为杨本洛对谢林哲学不了解，误认为作者在故意为难他。因果关系不同时，根据是同时下的关系。$\boldsymbol{J}=\sigma\boldsymbol{E}$ 意味着 $\boldsymbol{J}(t)=\sigma\boldsymbol{E}(t)$，这里方程两边的 t 代表同时的时间。

9.6　纠缠态之谜与薛定谔猫：爱因斯坦与波尔之争

前文中阐述了什么是辩证法。按照马克思的话说，就是对事物的肯定理解的同时包括对事物的否定理解，甚至必然灭亡的理解。辩证法的本质是批判的、革命的。以作者建立的二元论的哲学体系，我们对事物的理解和把握要有强烈的时间意识，要区分同时与不同时，要区分依据和原因。对事物的同时理解上，以二元论的观点，第一要义是哪二元，第二要义是二元之间的关系，第三要义是对以上的否定。总共四个要素和方面，可以理解第一和第二是让我们处于所讨论事物的世界之中看问题，是在场的哲学。第三点是让我们处于所讨论事物的世界之外看问题，是不在场的哲学，是要求我们要把不在场的事物包括在内。因为它们以不在场的方式而在场。对事物的不同理解上，也就是恩格斯所说的要有强烈的历史感，在费希特、谢林、黑格尔建立的正反合的基础上加上对合的否定理解，正反合变成二元论的正反合分，符合中国哲学合久必分、分久必合的逻辑。所以作者重新定型的辩证法完全符合斯宾罗莎的自因说，也就是事物自己否定自己，发展变化的根本原因来自自身。但是现在的自己其实已包括自己以外的事物（存在着的无），从否定的结果来看，既有遗传又有变异，有可能变成新事物。总结起来辩证法可以变成如下四条规律。

（1）对立统一规律

可基本按照传统哲学解释，只是统一中包含着否定的因素，世界之外的元素（从空间上看），从时间上看也可以包含目前以外的时间，比如过去和将来。很多时候我们做事情总是面向未来的，如果没有未来，没有前途，没有希望，我们很难做好目前的事情，同时做一切事情总是基于已有条件，也就是历史性赋予我们的现实可能性，也就是邓小平讲的实事求是，一切从实际出发，既要大胆地闯，又不能搞大跃进，凭主观意志办事，脱离实际。按照数学的语言，时域的问题总是有个初始条件，是个初值问题。从空间上看，也总是有个有限论域，不能把局部找到的规律无限推广到其他事情，更不能说任何事情，具体问题具体分析。任何数学定理都有个适用条件。

（2）新陈代谢规律

二元论的四元素也可以合并在一起成为一元论，四个元素成为这一问题的四个方面。对立统一规律是从同时的角度阐述问题，是绝对的观点，根据任何运动都是相对的观点，二元也好，一元也好，由于时间之矢的勇往直前。事情的变化发展是不完全以人的意志为转移的客观规律，所以，本条规律也可以称为否定中必然发展的规律。通俗一点，天垮不下来。

（3）量变与否定之否定规律

这一规律主要是遗传性规律，包括个体性遗传，团体/群体性遗传，乃至世界和社会性遗传，符合负反馈原理。

（4）质变与肯定之否定规律

这一规律主要是变异性规律，主要指一事物向其他事物的转化，符合正反馈原理，比如光子通过自组织成为激光。

爱因斯坦的相对论，说到底就是把不同时的事件强制性同时，按照杨本洛的说法是一种恣意妄为。我认为爱因斯坦是数字信号处理的开山鼻祖。数字信号处理不就是把不同时强制到同时吗？其实积分概念、微分概念都是把不同时强制同时，只是微积分适用于任意变量，不只是时间。所以爱因斯坦和波尔之争，爱因斯坦是从同时性出发，是一种绝对的观点，因此才有“无论如何我相信上帝不会掷骰子”的定论。作者认为爱因斯坦是对的，上帝确实是不掷骰子的，因为上帝按定义无所不知，他决定事情还要先掷骰子那就不是上帝了。波尔作为非常善于从实验结论总结出规律的物理学家。是从相对性出发，或者说从时间总有先后出发说事情的。我们人只知道人看得见、摸得着、测量得到的事，至于有没有上帝，上帝怎么决定事情，我们人(包括爱因斯坦也只是人，而不是神，波尔曾嘲笑爱因斯坦不要把自己比作神)又怎么知道呢?

理解了波尔和爱因斯坦出发点的差异，作者在2004年左右就提出了一种能够协调爱因斯坦和波尔的解释。上帝是不掷骰子的，但人是可以掷骰子的。解决问题的关键不仅从时间序列的统计规律出发(这是波尔为首的哥本哈根学派的观点)，而且从空间的观察角度的本质随机性出发来阐明这一问题。因为作者研究离散散射体多年，而且师从Varadan，她自称这方面她是第一，其他人都追随她(I was the first, everybody follows me)。我们必须找到量子力学随机性的根源，才能解决爱因斯坦和波尔之争，也就是钻进爱因斯坦的逻辑深处，从内部才能瓦解他的学说。一个长期被人们忽视的问题是，对量子世界的观察结果，人总是在量子世界之外的，因为量子很小，电子什么样？光子什么样？人们至今不知道，而通常当做一个小东西看待，很多时候当做一个点来看待，而对这个小东西的观察角度，在目前物理学的水平是一个尚不具备能力确定的事，这才是量子力学随机性的本质。也就是说，虽然爱因斯坦不是神，不是绝对，不是同时，但他研究物理的方法还是对的，如果同时或者说绝对的意义上没有随机性，那么不同时或者说相对就不会有随机性。吴大猷正确地理解了爱因斯坦与波尔之争的本质是哲学态度的问题。爱因斯坦追求的是本质的规律。从源头(起源)来追问，波尔追求的是游戏规则，是从实际出发的。打个比方，马克思的剩余价值学说是本质规律，是从剩余价值的起源上说的，至于起源之后，变化又有多种形式，比如股票市场千姿百态，似乎看不出马克思剩余价值学说的踪迹了。炒股自然只能用炒股的游戏规则，办厂又有办厂的游戏规则，批发市场有批发市场的规律，零售有零售的方法，那是不是马克思的剩余价值学说就没有什么用，没什么意义呢?答案显然是否定的。目前似乎国内很多人随波逐流，认为贝尔不等式的提出证明了爱因斯坦的失败。作者认为爱因斯坦并没有完全失败，爱因斯坦的某些崇高追求值得我们努力去实现。

写到这里，自然不能回避海森堡不确定度原理或者说测不准关系式。海森堡的原理也好，关系也罢，与量子力学的本质随机性无关。测不准关系只是一个尺度效应，与随机性无关。因为现代信号理论已经证明，即使对完全确定的信号，也存在海森堡的测不准关系。我儿子上高中的时候曾在费曼的书上，海森堡关系式的旁边打上了问号。我花了半年的时间终于搞清楚了量子力学随机性的起源。一句话说完，哥本哈根学派的概率论解释是歪打正着，概率论解释是一个可以抛弃的学说。抛弃概率论解释的突破点只能沿着爱因斯坦开辟的道路从观察角度的随机性同时性地完成。

经过几年的研究，量子力学的本质概率论解释可以从高斯定理出发，引入观察角度的随机性数学严格地得出，与时间性无关，也就是说，照一张照片也是有随机性的。是一种不可列或不可数的积分性的连续的空间性的随机性，而不是一种可列式可数的求和性的离散的时间性的随机性。

这样量子力学的本质规律就既是确定的又是随机的，在同时和绝对(也就是神的)意义上，量子力学是确定的，是把人放在量子世界之中的说法，如果把人放在量子世界之外，对于如此小的粒子，我们相对于如此小的粒子的方位，在目前科学研究水平上，只能随机地处理。因而带来不确定性或随机性，至于时间序列上的统计规律，虽然经典粒子与量子粒子服从不同的规律，就随机性这一点而论却是相同的。

作者的工作，是在追问量子随机性的源头和本质，具有开创价值。一个量子也有随机性，很多量子在较长时间区间服从量子统计力学。前者是连续的空间性的概率论随机性。后者是离散的几率性的时间性的统计规律，或者按海森堡的说法是对实验数据的整理。

2011 年暑假，我儿子又问我杨氏双缝实验是怎么回事，为什么一个电子经过双缝只能知道其概率。因为有前面工作的奠基，那么就很好解释了。我说一个电子在传播过程中产生向外辐射的场，这个场产生通量，场和通量都以一定概率经过双缝实验中的每一个缝，这是有随机性的，至于电子作为粒子，当然是经过双缝中的一个才达到后面的显示屏上的。尽管目前实验的手段和精度也许还不能捕捉到某个电子到底在哪个时刻经过了双缝中的哪个缝，但这并不意味人类永远做不到这一点。

薛定谔猫讲的是一个屋子关着一只猫，并放有毒药瓶。如果一个电子进屋毒药瓶就会被打翻，猫就会被毒死。薛定谔问，猫到底是死是活。根据哥本哈根的概率论解释，我们只能通过观察才知道猫是死是活的概率，而薛定谔偏偏假定概率各是 1/2，也就是猫将是半死半活的，根据常识，哪怕做一次实验，猫总是或者死(毒药瓶被打翻)或者活(毒药瓶没有被打翻)，并不存在猫半死半活的状态，而量子力学却稀奇古怪地定义猫的状态正是这样的死的状态和活的状态的叠加。薛定谔猫击中了哥本哈根派的要害，很难说得清楚。2011 年暑假，我无意之中解决了这一难题。破解薛定谔猫之谜的关键是，问题的答案有四个而不是通常人们认为的两个。如果答案只有两个，别人总能反驳，关键是要做好前提批判。薛定谔是爱因斯坦一派的，试图展示哥本哈根学派的概率论解释是多么荒谬！当然双方的前提不一样，结论必然不同，从同时的观点、绝对的观点，人走进屋子里处于猫与毒药瓶的世界之中，猫的死活当然是确定的，或者死或者活，但是对于电子，人的观察仍然存在随机性，什么角度进去打翻毒药瓶仍存在不确定性，这是量子随机性的根源，因而猫的死活又是不确定的。因为人并不能走进量子和猫的屋子里，因而，哥本哈根学派的学说并没有受到根本的挑战。只有通过观察才能确定猫是死是活，观察到是死就是死是活就是活，根源在于目前的科学水平没有办法确定以什么角度打进去的电子打翻毒药瓶而只知道打翻毒药瓶的机会均等(各一半)。换成三维空间的语言，就是对各种方位等权求和的一种连续随机性。至于走进电子和猫的世界，无人能做到，人一进去就带有人的目光(包括人的测量办法)。绝对中的死活目前是不可知的，尽管答案有两个，只有通过确定性的有先有后的观察才能做到，事先要确定猫是死是活是做不到的，能做得到的是长时间多次实验的时间序列数据的统计规律。但不确定性的本质仍然在于对一次观察也有不确定性而不在多次观察。我们的说法与别的书不一样。

量子纠缠态讲的是(仅举例说明)两个自旋分别向上和向下的电子，人为地将其分开很远，改变一个电子的态，另一个电子的态也会跟着变，十分神秘。一句话量子力学是非定域的，而爱因斯坦认为量子力学应该是定域的。目前无数科学家做了大量的理论推导和实验验证，证明量子力学不是定域的。作者的学说与众不同，认为定域与非定域是个科学概念而不是常识概念。什么是远，什么是近，只能根据科学问题来定，不能说三万里就一定远，一毫米就一定近。我们电学上讲电尺寸，尺寸是以波长来衡量的。原来分子物理的问题，本质上是电磁相互作用，服从库仑定律，库仑定律的作用距离理论上是无限远，任何有限距离都是无限小。更为重要的是，作者发现空间相对论，对于某些物理量，它本身是个物理实在，与人们测量它的尺度无关，尺度变了，另一个量会跟着变。举个例子，如果规定圆内的各点小于 1，圆外各点大于 1，对于平面上任意一点，总可以让它处于某个圆内，同样也总可以让它处于某个圆外，那么，这一点到底应该大于 1 还是小于 1，显然我们讨论的问题必然要给出一个规范，以确定这一点到底是小于 1 还是大于 1。

所以作者认为量子纠缠态的问题至少可以将来从这方面深入。关于空间相对论本章后面再深入讨论。

9.7　普朗克公式的第三种解释与狄拉克方程的作者诠释

普朗克作为量子力学之父，诺贝尔奖获得者，首先提出一个简单的公式

$$E=h\omega$$

式中，E 为能量；h 为普朗克常数；ω 为量子的角频率。根据能量量子化假设，普朗克得到正确的黑体辐射公式，对上式作简单变形为

$$\omega=E/h$$

德布罗意因提出波粒二象性而获得诺贝尔奖。作者现在理性自觉地对普朗克公式进行第三种可能变形

$$h=E/\omega$$

如果定义左旋的 ω 为正，那么右旋的 ω 就必然为负。以前物理学家在使用这一公式时不管左旋、右旋，因此 h 也就自动为正的常数。受制于这一传统，天才的数学家狄拉克，只能提出能量为负的假设以解释狄拉克方程的解。作者与狄拉克不同(作者在 2009 年在加拿大熟读狄拉克全集)，保留能量为正以便于大家理解，这样 h 必然可正可负，正负号的规定具有相对性，这是人类尚未发现的一种对称性，是牛顿第三定律的体现。这里还应进一步区分客观的能量可能既可以为正又可以为负的。每种情况 $E>0$ 又对应两种情况(h 和 $-h$)，$E<0$ 对应两种情况(h 和 $-h$)。一共存在不同的四种情况，狄拉克负能海如果理解为客观的，也有对的可能。

h 被称为作用量，所谓作用必然是有两个东西(自己给自己作用也是被看成两个自己的)，根据牛顿第三定律，作用力与反作用力大小相等、方向相反，关键是要引入真空作为接受作用的载体并给量子以反作用。狄拉克方程的洛伦兹协变性必然要求 h 和 $-h$ 的同时存在。所以虽然狄拉克正确地提出了狄拉克方程，但对其解的解释仍然不能超越他所处的时代，特别是他的工科背景，物理学常数那当然是不可动的，普朗克常数动不得，宛如洛伦兹正确地提出了洛伦兹变换却不能建立相对论。任伟突破建立了不依赖负能量假设的新学说，完成了对狄拉克的伟大超越。客观存在的正能态(如果有)对应两种人为的 h，$-h$，客观存在的负能态如果有，也对应两种人为的 h，$-h$，而人为的 E，$-E$ 并不能合法存在，必须作为垃圾消除，其真理性奠基于任何一本高等教科书上都有的内容，狄拉克方程可以由作用量为零的拉格朗日函数导出：

$$h+(-h)=0$$

大自然就这么简单。

这里除了能量的区分以外，作者初步认定真空的几何是椭圆的，而粒子运动的几何是双曲的，所以这里针对不同逻辑主体还有很多工作要做，有待大家去完成。狄拉克的负能

量的假设尽管解决了很多问题，但不能自圆其说的地方其实不少，只是他是狄拉克，其他科学家又提不出更好的解答，所以教科书只能"凑合"着用。大家知道，1933 年的诺贝尔奖同时授予薛定谔和狄拉克，这说明对量子力学的描写从同时与不同时的角度去看都很重要，都是正确的。通过研究我们发现薛定谔方程已经是正确的统一场方程，正确地反映了引力相互作用和电磁相互作用。狄拉克方程也正确地反映了质量和电荷及其相互作用，无需修改就已经是正确的统一场方程了。唯一留给我们的硬骨头是宏观和宇观领域的引力场方程，或者说怎样正确处理引力场中的电磁场问题。这一方向我们也找出了不错的道路。通过长期沉思，特别是太阳系五个方程的建立，作者坚信狄拉克将自旋为 0 的能量人为地可正可负是非法的，而作者将作用量人为地可正可负却是合法的。

9.8 空间相对论

"空间相对论"是作者杜撰的词汇，说的是某些物理量，如电偶极子，经典电动力学的定义为 $M=ql$ 是不正确的，说是 $l\to 0$，$q\to\infty$，而 ql 为定值就为偶极子，但电荷不仅是守恒量而且是不变量(具有洛伦兹协变性)，电荷 $q\to\infty$ 是荒谬的，这是作者对电磁场理论的一个小小的贡献，作为电磁场与微波技术专业的博士算是尽到了一点责任。在偶极子的定义中，实际上包含了这么一个概念，有的物理量是与空间尺度无关的，如电偶极矩。无线电技术，特别是天线技术已经做出了很多可以实用的产品，偶极矩的定义怎么尚有问题呢？确实偶极矩的定义遮蔽了空间尺度不变性近百年，作者改变了偶极矩的含义。

从 Jackson 的《经典电动力学》第三版第 61 页起的三页内容，再加上林为干、金航用这一方法解决了很多问题，作者本人也在 20 年前了解到有十多个问题可解，所以对这一论题很有基础，反复读这三页的内容，作者就建立了空间相对论。空间相对论是关于某些物理量具有空间尺度不变性的学说，是个哲学和数学的问题。由于光速不变，空间相对论也可以等价于时间尺度不变性。到了最前沿，物理学并没有专业之分，只有一个物理专业。空间相对论除了为下文的时空相对论奠基之外，可以用于解释两个物体之间准确地说是真空中的两个物体为什么会有万有引力，也就是万有引力定律的起源问题，特别是如何自洽地建立万有引力定律。空间相对论与量子纠缠态有关，既然与距离的尺度无关，那当然两个电子要一起改变状态了。牛顿和库仑的贡献在于给出了两个物理量相除时的规律。任伟的贡献在于给出了两个物理量相乘时的规律。在任伟解决爱因斯坦刚尺和原时不孪性时用了类似的思想原则。

9.9 时空相对论

仿照集成电路的做法，先定义 1 后定义 0。回忆小学的学习过程，也确实是先学加法后学减法。1 确实比 0 更基本，而通常相对论确实从 0 开始，这没有反映数字时代的哲学。

为什么必须从 1 开始，由 0 来规范大小，可以更基本地从库仑定律和万有引力定律看出来，电力线遵循的几何是射影几何，有意义的是比值，而不是绝对值。这就是为什么相对论要用光速来座架的根本原因，而迈克尔-莫雷实验的零结果，却让全世界物理学家的目光被遮蔽了 100 年。这是任伟的时空相对论的第一个原创。第二个原创是时空第四守恒定律(第四种对称性的发现),将匀转速运动而不是匀速直线运动作为物理学的新的出发点,突显了观念上的革命。以前一直认为加速运动就不是惯性系,现在通过改变惯性系的定义,匀转速运动也可以是惯性系。爱因斯坦在他的数学老师闵可夫斯基的帮助下也认识到时间和空间的耦合特征,但由于传统观念根深蒂固,爱因斯坦对时间和空间的测量还是分开进行的。作者创造性地用旋转的车轮测量时间和空间,将相对论的耦合时空观进行到底。这样时空必然天生地耦合在一起,一个轮子转一圈既转出了空间(长度)又转出了时间,巧妙得很。另一方面四维时空相对论不能作图,而作者创立的左右旋轮子的相对论都可以作图。可以用三维空间表现四维时空,大学三年级学生就能弄明白了。光速为非零常数,相减为零正意味着这两个数的相除为 1,简单得不得了。我通过改变迈克尔-莫雷实验的理解和解释建立了时空相对论。爱因斯坦在发表狭义相对论的时候,没有提及迈克尔-莫雷实验,后来偶尔提及也没有深入反思。尽管迈克尔很后悔由于他的实验导致了相对论这一"怪物",但爱因斯坦的相对论其实与他的实验关系挺小。后世牵强地将两者扯在一起,是一种不懂相对论的表现(这一指控打击了大多数)。按作者的理解,迈克尔-莫雷实验的解释,示零结果中的零的意义是晦暗不明的,是又一个"皇帝的新衣"。零到底是什么意思,最简单地说,到底是标量零还是矢量零,怎么回答都是错的。说是标量,光速明明是速度的一种,当然是矢量,怎么能恣意妄为地浑水摸鱼将其说成是标量?如果说是矢量,两个垂直方向上的非零矢量相减能为零,这是明显的数学错误。示零,是利用了人类灵魂深处对无限小的模糊认识打马虎眼,浑水摸鱼。破了还要立。爱因斯坦的光根本就不是光,特别不是矢量的光,有箭头的光。他的魔术在于向左与向右的光同时存在,从而光的方向规定了等于没规定(由于左和右的不可区分,按李政道的话来说,李政道的说法更加物理,但不够哲学)。把矢量问题、射线问题转化成标量问题,本质上是引力场的四面八方的标量的光,而根本不是电磁学中的或者迈克尔-莫雷实验中的可测光、可见光。用数学语言对 x 轴的原点的两边都规定方向就等于没有规定方向了,规定了等于没规定,按斯宾诺莎的哲学,规定就是否定,两次否定啥也没做。这才是斯宾诺莎哲学的正确诠释,是作者经过沉思实现的。从而相对论中的光是个标量(或者说是无方向性的张量)。示零所示的是标量零或者单位张量乘以 0。这才是鲁迅先生倡导的敢于直面惨淡的人生,敢于正视淋漓的鲜血的做法。爱因斯坦信奉斯宾诺莎,作者猜想爱因斯坦最初就有这种思想的萌芽。爱因斯坦相当于一个魔术师,有两种光,一种是说给大家听的,表演给大家看的,另一种是他心里想的,两者是不一样的。杨本洛每每在理解爱因斯坦时有种很不舒服的受挫感。我想爱因斯坦这样做并不是故意的,我在理解爱因斯坦的时候是充满喜乐的。当然,有的地方至今仍不理解爱因斯坦,但作者认为还有待学习,有待思索。条条大路通罗马,作者反对一些人规定科学研究应该怎么搞的做法。没什么应当不应当,符合逻辑只是任何学说应该满足的必要条件,不能将必要条件上升为充分条件,思想关键是要自由。创造是一种艺术,灵感是重要的,直觉和顿悟也是重要的,洞察力更无比重要。打个比方,怎么才能怀上小孩就是一个没有规则的问题,就算有规则、有经验,康德还说,对规则的恰当应用就没有规则。生小孩是一种创造,原创性研究也是一种创造,爱因斯坦的创造是美妙的,不能求全责备说爱因斯坦的东西逻辑性不强,也许爱因斯坦就没学过逻辑。中国学生头脑里为考试框框本来就太多,作者不主张在研究工作中推行应试教育中的这规则那规则，应鼓励思想的自由、冒险的精神。在理论思维方面才能屹立于世界民族之林。这也是作者为杨本洛的著作欣然作序的原因。我想杨本洛的探索只要不妨害别人思想的自由是可以鼓励的，因为这是杨本洛思想的自由。

爱因斯坦的狭义相对论多少包括了一切运动都是相对的意味。用轮子的语言，也就是车轮可以不用铺路就开，特别地可以在天上开。作者认为，轮子还得先有路才能转动起来，轮子不能向天上开(杨本洛否定狭义相对论就从这里突破的，但相对论是可改正的，不会灭亡)，飞机上天是靠翅膀而不是靠轮子。螺旋桨的路是空气，也是基础，也是有空间基础的。作者的工作是对爱因斯坦工作的完善。为突出作者的工作与爱因斯坦工作的区别，先用前文为本节奠基，奠基也就是铺路，换句话说，狭义相对论可由空间相对论或者由与空间相对论等价的时间相对论推导出来，如果用比值而不是绝对值的话。

9.10 量子力学与相对论的共同点

量子力学与相对论有共同点：乘积不变性。从普朗克公式 $E=h\omega$ 可以看出 $h=E/\omega$。这是能量与时间的乘积不变性，将库仑定律或万有引力定律改写，可以看出类似的乘积不变性 $U=\frac{c}{r}$。这里用了更基本的势，而不是通常的场或者力。

前面说过，如何定义惯性系的问题是一个循环论证，不是如何避免循环论证，而是正确地进入循环论证，只要自洽就行，这是公理化体系的本质。乘积不变性就是两个量成反比，反比关系是一种纯粹的关系，这两个量代表什么都行。

9.11 时间量子化与规范场的关系

洛伦兹协变性的本质是时间的尺度不变，从问题的拉格朗日函数的积分泛函出发，可以以时间量子化的方式分段积分，也可以采用费曼路径积分的方式，这就是为什么路径积分处理非线性问题更为强有力的原因，因为量子化的本质在于时间量子化，而路径积分是处理这类问题的自然而强有力的工具。

这一节的功能在于把在场论方面的结果推广到更多问题，一旦拉格朗日函数写出，就变成一个时间量子化的问题，不同领域的工作可以相互借鉴。

9.12 统一场论的核心：散度为零和平方根的正负号(左旋与右旋)

对于电磁场的有源问题，大致可以分为两类问题进行：一类是有闭合回路的问题，这类问题的本质是源的散度为零；另一类问题是带点粒子问题，要处理电磁场与引力场两个泊松方程，幸运的是，利用简单的线性组合，可以将泊松方程化为拉氏方程，实现统一场的散度为零。

统一场的另一关键在于 $a_1^2+a_2^2+a_3^2+a_4^2=0$。怎么选择开根后的正负号，波的左右旋分解为我们找到的正确的方法。Maxwell 认为光是电磁波，不能简单地说电磁波是光就了事，那是真正的循环论证了，没有意义。作者认为统一场(也就是电磁场与引力场的统一场)是光,并由 $a_1^2+a_2^2+a_3^2+a_4^2=0$ 定义光,其中 a_1,a_2,a_3,a_4 为势函数,这样就简单地完成了爱因斯坦和大数学家韦尔终身努力而没有完成的事情。想一想地球表面所有的电磁学实验都在地球引力场中做出,我们对加了限制的统一场论感到满意。以上只是思考的第一步,第二步更为重要,这里略去细节。

顺带指出绝大多数量子力学教科书都说按照经典物理,电子会掉到原子核里去,也就是说按照经典物理,电子没有定态,只能用量子力学,按照任伟对高斯定理的新理解,按照经典物理,电子也是有定态的,这为量子力学和经典电动力学打开一条通道。

参考文献

[1] 任伟,赵家升. 电磁场与微波技术. 北京:电子工业出版社,2005.

[2] 刘连寿,郑小平. 物理学中的张量分析. 北京:科学出版社,2008.

[3] 赵凯华,罗蔚茵. 新概念物理教程——力学. 北京:高等教育出版社,2004.

[4] 陈应天. 相对论时空. 庆承瑞译. 上海:上海科技教育出版社,2008.

[5] 费保俊. 相对论与非欧几何. 北京:科学出版社,2005.

[6] 张晓. 大学物理教与学参考. 成都:西南交通大学出版社,2006.

[7] 罗杰·彭罗斯. 皇帝新脑. 许明贤,吴忠超译. 长沙:湖南科学技术出版社,2007:374.

[8] 哥白尼. 天体运行论. 叶式辉译. 北京:北京大学出版社,2006.

[9] 史蒂芬·霍金. 果壳中的宇宙. 吴忠超译. 长沙:湖南科学技术出版社,2002:48.

[10] 赵凯华,罗蔚茵. 力学. 2 版. 北京:高等教育出版社,2004.

第十章　球面世界的哲学

本章标题与马克思、海德格尔一样凸显了人类生活的大地的极端重要性，人类其实生活在三维空间的二维球面上，进一步根据已证明是正确的庞加莱猜想，宇宙的形状正是四维空间中的三维球面，作者在电磁学的研究中所创立的均匀各向异性介质的波函数理论与并矢格林函数理论往往与球面有多种联系。所以本章秉承几千年来哲学关乎宇宙学的传统，拥抱万事万物，球面世界的哲学最有概括性和特色，本章的标题本身就很神秘。

本章由作者的国家自然科学基金结题报告扩展而成，该结题报告项目编号分别是60471011和60872091，标题分别是"任意激励下各向异性成层球的电磁波和弹性波散射"[1~9]和"无界均匀各向异性介质的时谐并矢格林函数"[1~9]。

1980年Willis用三维狄拉克δ函数的平面波表达式[10~12]得到无界均匀各向异性介质的时谐并矢格林函数的通用表达式。这一通用表达式的寻求分别由希腊科学家[10]用传统的傅里叶变换和美国科学家用Radon变换实现[12]。可惜的是，上述三种表达式都是不正确的，因为这些方法所得结果都不满足应当满足的辐射条件。用作者1993～1994年建立的角谱展开法重审，上述国外的研究人员都没有进行数学论证就忽略了复数角谱。我们证明了并矢格林函数可由数量格林函数构造，也就是说，在各向异性介质中的数量格林函数可表示成在各向同性介质中不同波数的数量格林函数的叠加，这里叠加意味着本征函数的谱域积分。这些本征函数包括空间所有方向而在每一方向上满足标准波动方程和辐射条件。作者得到的均匀各向异性介质的标量格林函数清楚表明无界均匀各向异性介质的点源辐射可由所有方向上无界均匀各向同性介质的点源辐射叠加得到。根据何华灿和何智涛所著的《统一无穷理论》[13]，完成了上述推导的数学上严格的证明，单位球面的积分公式被推导出来以反映场量的物理特性，高斯定理被规范不变性的目光深度重审，对问题有了新的洞察。高斯定理的30年沉思为球面世界的哲学画龙点睛，反映作者在电磁学研究方面的物理洞察力。本章还包含好几节数学味道很浓的内容，反映出作者研究风格上的数学味道或品味。

本项目无界均匀各向异性介质的时谐并矢格林函数基本上是按申请书执行的，但有一点小的改动。申请书上说准备安排数值计算，当时没有明说，其实是要用数值结果显示正确结果与文献上已发表的结果是不同的，以向世人展示以前的工作应该重新鉴定。但通过深入的理论研究，前人的结果不对是明显的，我们的结果与前人的结果不同也是一目了然的。之所以数值计算没有进行，理由有二，从证伪的立场上看，没有理由认为两个不同的表达式在所有情况下能得到相同的数值结果，所以计算并无必要。从证实我们自己结果的意义上来说[7~10]，数值结果只能说明我们的结果是正确的而不能证明其正确性，根本的证明还在数学上，加之课题组关键成员离开杭州电子科技大学去读博士，我们的结果理论上还在推敲之中。数值计算没有安排，但计算的关键困难（怎样算准球面上的积分）已经提出并已找到克服困难的办法。将来等我们的结果得到世界公认后，计算是直截了当的。

本章 10.1 节从反面论证 Willis[11]、Achenbach[12]、Norris 以及一般 Fourier 变换[10]在求解无界均匀各向异性介质的时谐并矢格林函数上存在的问题及其改正办法[14~25]。10.2 节正面给出对源的分解及其在求解无界均匀各向异性介质时谐函数上的应用。10.3节是对前面两部分的工作的可能应用(怎样算准球面积分)和深入研究(怎样正确建立有源问题的数学模型)作出进一步的研究。解决这一项目问题的根本思想是 1993～1995 年期间在美国物理学评论、数学物理杂志和美国声学学会等杂志上建立起来的物理数学方法:角谱展开方法[1~9]。对称性的应用及何华灿和何智涛所著的《统一无穷理论》[13]是强有力的分析工具,读者亦可先读 10.7 节再读 10.1～10.2 节,这是从学术上来看的,从趣味上看,目前顺序亦可。

10.1 求解无界均匀各向异性介质时谐并矢格林函数的传统方法的证伪及其克服

对并矢格林函数不甚了解(或想进一步了解)的读者可以参考本书第四章。求解无界均匀各向异性介质的并矢格林函数主要有以下几种方法:

① δ 函数的平面波展开[11],参见例如 Willis 1980 年,Norris 1995 年在英国皇家学会杂志上发表的相应论文。

② Radon 变换方法,代表人物是美国著名科学家 Achebach[12]。

③ 传统 Fourier 变换方法[10]。我们的指控不包括由 Lighthill 建立,Lax 与 Nelson 等许多人采用的关于远场渐近的计算。远场渐近解在渐近解的意义上是没有问题的,求解方法也是对的。

点源辐射问题,由于其基本重要性,引起了英国剑桥大学连续三届卢卡斯教授 Dirac、Lighthill、霍金长期的研究兴趣,其中 Dirac 的工作在 δ 函数和量子力学方面,Lighthill 的工作是关于远场渐近解的,霍金的工作是在宇宙学方面。

1993 年 Willis 作为英国剑桥大学教授(后来似乎又回 Bath 大学数学学院,现在可能退休了)曾经给作者来过一封信,建议找出作者的工作和他的工作的可能联系,花了几个月时间作者写了一篇 30 几页打印稿的文章寄到美国物理学评论,审稿人看出问题的微妙性,建议作者改写一篇 50 版面页左右的长文,彻底地把有关事情说清楚再第二次投稿。后来因出国忙于生计,问题虽然一直在思考,但始终没有整块的时间坐下来沉思。

感谢国家自然科学基金的资助,为解决这一问题打下了好的基础。我们拟在《Physics Review E》或者在《Review of Modern Physics》发表这一研究。

简单地说,前面提到的三种方法都用到了无界均匀各向异性介质中的平面波及其色散方程。大家知道,所谓均匀各向异性介质,也就是波数 $k_n(\theta_k,\varphi_k)$, $n=1,2,3,4$ 是方向角 (θ_k,φ_k) 的函数。

$$\boldsymbol{k} = k_x\hat{\boldsymbol{x}} + k_y\hat{\boldsymbol{y}} + k_z\hat{\boldsymbol{z}} \tag{10.1}$$

式中

$$k_x = \cos\theta_k\cos\varphi_k k_n(\theta_k,\varphi_k)$$
$$k_y = \cos\theta_k\sin\varphi_k k_n(\theta_k,\varphi_k)$$
$$k_z = \cos\theta_k k_n(\theta_k,\varphi_k)$$

而以上提到的三种方法都将积分区间不加论证地限制在 $\theta_k \in [0,\pi]$，$\varphi_k \in [0,2\pi]$ 的有界范围内，这是不合法的直观。如果如此求得的解仅仅代表三维空间 $r < a$（一个小球内）的解，也许是不错的。但如果坚持格林函数代表外向行波，特别是如 Willis 在 1980 年著名论文中提到还应满足 $r \to \infty$ 时无穷远处的渐近条件。上述三种方法及其所得结果都是不对的。更正的方法是首先从概念上来说，θ_k 必须取复围道才能体现外向行波的本性从而也才有正确的远场渐近行为；其次是从数学上进行实现。可是恰恰这一实现并不容易，涉及若干概念的第一次定义。文献上都没有的东西，要自圆其说地论证清楚，并得到全世界的承认。最近我们终于知道，这一问题实际上与实数理论，特别是潜无穷与实无穷的区别相关。我们在研究上很容易用数学分析的 ε-δ 语言完成论证，但直觉上觉得这种论证仍然是不够的，也许骗得了别人（可发表，没人怀疑 ε-δ 语言的正确性），但骗不了自己，也就是说整个分析数学的基础出了问题，在我们的研究中这一点表现得十分尖锐。一方面明明知道结果是对的，另一方面根据以前对整数和区间 $[0,1]$ 的数的基数的区分，似乎解答还漏掉了一些东西。幸运的是，在该项目即将结束之际，《统一无穷理论》出版了，好像该书的每一句话都是对我而写的，特别是该书的结论

$$2^{\infty} = \infty \Rightarrow \frac{1}{2^{\infty}} = \frac{1}{\infty} \tag{10.2}$$

正是我所需要的。按照这一理论，所有整数与 $[0,1]$ 区间的点一样多，已经拥抱了单位球面上所有的点。ε-δ 语言只是通达潜无穷的手段，真正通达实无穷 ∞，唯一无穷的手段目前数学上还有待建立，但我想数学家完成这一工作的日子已不远了。所以本书先用这一结论。实际上用式(10.2)中的第二个方程，并将无穷小理解为单位球面上的微分面元，我们的理论就可以发表了，不用等数学家建立系统理论。以前没有发表是因为球面是高度对称（简单）的一个数学对象，没有 $2^{\infty} = \infty$ 的过渡，其极限过程是不可想象的，比如以通常的序列或收敛概念，对单位球面 n（n 为任意正整数）等分到对单位球面的 $n+1$ 等分何以可能就是一个不可想象的问题。对任意正整数 n，球面何以可能分成全同的 n 等分就是个难题，如何分成全同的 $n+1$ 等分又是一个难题，如何保证从 n 等分的结果推导出 $n+1$ 等分的结果则是难乎其难的问题。相反，对球面的 2^n 等分和 2^{n+1} 等分都是可构造和可实现的，从 2^n 等分的结果推出 2^{n+1} 等分的结果也是可保证的，这样就通达了实无限。

言归正传，对传统方法的克服是对每一 $k_n(\theta_k,\varphi_k)$，只代表波数面上一个点，但我们作一个包含该点的辅助球面，在谱域证明这一点的贡献正好是整个波数球面贡献的 $\frac{1}{4\pi}$，从而将各向异性的问题转换成各向同性的问题。直观上讲，波数球面上每一点都是极点，留数定理中各个极点前的权重是一样的，而球面上各点在物理上和数学上都是不可区分的，所以应该等权求和。但数学上严格的证明要用到 $2^{\infty} = \infty$ 这一关键等式。好奇的读者可能会问 ∞ 到底是什么。先于中国学者，霍金，已编《God Created the Integers》，这本书中国可能还没翻译，1160 页之巨，被提到的数学家有欧几里得、阿基米德、丢番图、笛卡儿、牛顿、拉普拉斯、傅里叶、高斯、柯西、布尔、黎曼、魏尔斯特拉斯、戴德金、康托尔、勒贝格、哥德尔和图灵等。∞ 到底是什么应该说是一个永远的谜。作者在这里给出一个 ∞ 的物理学猜想（由形而上学产生的）：

∞ =由于引力的负热容引起的物质运动的永恒变化

这一问题与前几年已证明的庞加莱猜想有关。这些问题在作者受国家自然科学基金资助在加拿大维多利亚大学数学系访问期间与马君岭(美国普林斯顿大学数学系博士)做过多次讨论,详见本书的第九章。类似于何华灿、何智涛所著的《统一无穷理论》,看来霍金也有通过整数通达 ∞ 的理念,而且最后几个人康托尔、哥德尔和图灵正是何华灿、何智涛所著的《统一无穷理论》的起点。作者认为,霍金的奇点(黑洞)是与 ∞ 沾点边的,如果按照《统一无穷理论》来理解,时间起点为 $\frac{1}{\infty}$ 是唯一的,时间终点是 ∞ ,是按爱因斯坦广义相对论来架构的宇宙学模型。作者的宇宙学模型与霍金的不一样,是从万有引力定律的负热容本性导致的万事万物的永恒变化来把握无限的,因此关于黑洞的理解,霍金是基于广义相对论来看的,作者是从时间的绝对均匀流逝来看,当然这二者都还只是 ∞ 的表象,其本质(∞ 等于什么?)隐藏在彭加勒猜想的物理对应之中。狄拉克提出电荷量子化与磁单极的关系,作者发现由于电荷是洛伦兹协变量,在左手系和右手系中必然(必须)均分(用反证法,由左右不可区分,设左 $>$ 右必导致矛盾),因而导致真空中无磁单极。作者的这一发现的中间结果对我们的数学证明大有帮助。我们的证明是一种不依赖于坐标系的物理数学(戴振铎教授语,起源于索末菲)证明,要先扔掉坐标系,到计算时再用坐标系。

总之,英国剑桥大学教授 Lighthill 首先开启的无界均匀各向异性介质的并矢格林函数研究,其近似解至今仍是对的。英国剑桥大学教授 Dirac 提出的物理问题是我们解答本项研究的关键数学证明。英国剑桥大学教授霍金关于无限整数的专著引起我们对无限的关注和谨慎,而我国学者何华灿、何智涛的《统一无穷理论》完成对实无限的通达。英国剑桥大学教授 Willis 的来信导致了我们对包括他的方法在内的三种数学方法的否定。

10.2　无界均匀各向异性介质中并矢格林函数的正确解

各向异性介质在弹性波、压电、饱和多孔介质、电磁场与微波技术、光电子学和声学器件等众多领域都有重要的应用。解析法和数值方法都曾用于上述问题的研究,无界均匀各向异性介质的并矢格林函数对应于研究非齐次波动方程的解,数学上称为基本解,其重要性和基础科学价值不容怀疑,在作者 20 世纪 90 年代初发表的一系列论文中,已给出了并矢格林函数的正确解。我们的优势在于既求解了非齐次方程还求解了齐次方程[1~9],从而比别的作者对这个问题有更好的领悟,英语称为理解。一个至关重要的问题是我们知道任何无界均匀各向异性介质中的外向行波必然可以写成无界均匀介质中外向行波波函数(严格解)的叠加。格林函数当然也不能例外[1~9],然而 Willis、Achenbach、Norris,还有许多学者基于傅里叶变换的工作却不满足这一条件,例如潘威炎和李凯的工作,国外希腊学者的工作[10]。也就是说他们的解不满足无穷远处的正确渐近形式。通过我们 20 世纪 90 年代建立的系统理论,每一方向上的问题(本征波数空间)都可以转化成标准波动方程,因为标量平面波因子满足标量波动方程,这是对均匀各向异性介质中波动方程的解的数学结构的最本质揭示。本书将这一独到见解(从大量深入研究中提取出来的)推广用于非齐次标量波动方程,极大地简化了问题,问题变成怎样求取在给定 (θ_k, φ_k) 后球面上一点 $k = k_n(\theta_k, \varphi_k)$ (为定值)的留数,这并不是一个简单套用留数定理的问题。过去数学家和物理学家几乎没有讨论(有是有的,错误的直接用而已)[10~12],要靠我们自己来建立自己的学说。办法是做一个辅助球面,相当于中学做几何题添加辅助线,然后证明这一点的贡献为整个球面贡献的 $\frac{1}{4\pi}$。直观上很显然,每点无区别(在不建立坐标系的情况下,所谓区别都是由建立坐标系引起的),既然单位立体角的贡献恒同且整个球面立体角为 4π,结果的正确性是不用怀疑的。但黑格尔说熟知并非真知,要证明就很困难,我们在这几年经常感到证明的绝望。好在狄拉克为我们开辟了道路。无穷小总是可以用 $\frac{1}{2^N}$ $(N\to\infty)$ 去接近的,这里无穷小代表单位球面上的微分面元,但按传统数学分析,这是用可列集去逼近不可列集,也就是说球面上还有一些点没有包括在内,总让人有不放心的感觉。再说球面 $\frac{1}{2^N}$ 份,单纯从作图不知道怎样作(并不是一目了然),如果不是 $\frac{1}{2^N}$ 应该说是不可想象怎么作图的,比如把一个球面分解成全同的 P 份(P 为任意整数)和 $P+1$ 份,所以用有限去逼近也不好办,好在在结题报告前,何华灿和何智德证明了

$$2^{\infty}=\infty \tag{10.3}$$

而且所有整数的势与 $[0,1]$ 区间的势相等,所有无穷集的势都相等,带来观念性的革命,从而球面上的任何点都已包括在内,无一遗漏,这才是应该有的结论(我想大自然应该是这样的)。为了清楚起见,本报告有两点假设:

① 时间因子为 $e^{-j\omega t}$,各向异性介质参数在三维空间直角坐标系下为常数,无界均匀各向异性介质中的平面波的本征波数和本征波矢假设已知,这已是本科水平教科书的内容,这里略去不提。

② 本书可能涉及的哲学、物理和数学问题已在本书第一卷第八章、第二卷第九章论述。本书适合于已出现的数十个波动方程的基本解,是数学问题,不再针对具体问题,仅以电磁学为例说明。有很多大科学家的学说都是科学家本人死后才发表,完全没有功利性,这也是做学问的好的方法之一。

言归正传,无源与有源均匀各向异性介质中的有源和无源问题可一般地写成(以电磁场为例,可推广用于数十种问题)

$$\boldsymbol{W}(\nabla)\cdot\boldsymbol{E}=\mathrm{j}\omega\mu_0\boldsymbol{J} \tag{10.4}$$

$$\boldsymbol{W}(\nabla)\cdot\boldsymbol{E}=0 \tag{10.5}$$

式中,μ_0 是磁导率;$\boldsymbol{E}$ 是电场强度矢量;$\boldsymbol{J}$ 是电流密度矢量。引入并矢格林函数有

$$\boldsymbol{E}(\boldsymbol{r})=\mathrm{j}\omega\mu_0\int\boldsymbol{G}(\boldsymbol{r},\boldsymbol{r}')\cdot\boldsymbol{J}(\boldsymbol{r})\mathrm{d}\boldsymbol{r}' \tag{10.6}$$

$$\boldsymbol{W}(\nabla)\cdot\boldsymbol{G}(\boldsymbol{r},\boldsymbol{r}')=\boldsymbol{I}\delta(\boldsymbol{r}-\boldsymbol{r}') \tag{10.7}$$

从物理学的观点看,波矢为 $\boldsymbol{k}$ 的平面波是无界均匀各向异性介质中齐次方程的许可解 $\exp[\mathrm{j}(\boldsymbol{k}\cdot\boldsymbol{r}-\omega t)]$,这里

$$\boldsymbol{k}=k_x\hat{\boldsymbol{x}}+k_y\hat{\boldsymbol{y}}+k_z\hat{\boldsymbol{z}} \tag{10.8}$$

式中

$$k_x=k\cos\phi_k\sin\theta_k$$

$$k_y=k\sin\phi_k\sin\theta_k$$

$$k_z=k\cos\theta_k$$

$$k \in [0,\infty],\quad \theta_k \in [0,\pi],\quad \phi \in [0,2\pi] \tag{10.9}$$

$$k_x \in (-\infty,\infty),\quad k_y \in (-\infty,\infty),\quad k_z \in (-\infty,\infty) \tag{10.10}$$

从数学的观点看相当于对式(10.2)作傅里叶变换

$$\boldsymbol{E}(\boldsymbol{r}) = \int_{-\infty}^{\infty} \mathrm{d}^3 \boldsymbol{k} \exp \mathrm{j}(\boldsymbol{k}\cdot\boldsymbol{r})\boldsymbol{E}(\boldsymbol{k}) \tag{10.11}$$

将式(10.8)代入式(10.2),有

$$\boldsymbol{W}(\mathrm{j}\boldsymbol{k})\cdot\boldsymbol{E}(\boldsymbol{k}) = 0 \tag{10.12}$$

该式有非零解的条件是其系数行列式为零。

$$\det\boldsymbol{W}(\mathrm{j}\boldsymbol{k}) = 0 \tag{10.13}$$

通常称式(10.13)为色散方程,det 代表行列式。由于式(10.13)的标量性约束,电场独立分量由三个变成两个,计算上先给定 θ_k,φ_k,可解出 $k_n(\theta_k,\varphi_k)$,$n=1,2$,而 $\det\boldsymbol{W}(\mathrm{j}\boldsymbol{k})$ 可写成

$$\det\boldsymbol{W}(\mathrm{j}\boldsymbol{k}) = W_f(\theta_k,\phi_k)\prod_n[\boldsymbol{k}^2 - k_n^2(\theta_k,\phi_k)] \tag{10.14}$$

式中,$W_f(\theta_k,\phi_k)$ 为依赖于问题的已知函数。对应本征波矢可由解如下齐次方程得到:

$$\boldsymbol{W}[\mathrm{j}k_n(\theta_k,\phi_k)]\cdot\boldsymbol{E}_n(\theta_k,\phi_k) = 0 \tag{10.15}$$

$$\boldsymbol{E}_n(\theta_k,\phi_k) = E_{nx}(\theta_k,\phi_k)\hat{\boldsymbol{x}} + E_{ny}(\theta_k,\phi_k)\hat{\boldsymbol{y}} + E_{nz}(\theta_k,\phi_k)\hat{\boldsymbol{z}} \tag{10.16}$$

不失一般性,可令 $\boldsymbol{r}'=0$(下同),利用恒等式

$$\delta(\boldsymbol{r}) = \frac{1}{8\pi^3}\int_{-\infty}^{\infty}\mathrm{d}^3\boldsymbol{p}\exp\mathrm{j}(\boldsymbol{p}\cdot\boldsymbol{r}) \tag{10.17}$$

并矢格林函数的并矢格林函数表示为

$$\boldsymbol{G}(\boldsymbol{p}) = \frac{1}{8\pi^3}\int_{-\infty}^{\infty}\mathrm{d}^3\boldsymbol{r}\boldsymbol{G}(\boldsymbol{r})\exp(-\mathrm{j}\boldsymbol{p}\cdot\boldsymbol{r}) = \boldsymbol{W}^{-1}(\mathrm{j}\boldsymbol{p}) = \frac{\mathrm{adj}\boldsymbol{W}(-\mathrm{j}\boldsymbol{p})}{\det\boldsymbol{W}(-\mathrm{j}\boldsymbol{p})} \tag{10.18}$$

式中,adj 代表共轭,是高等代数的内容,由代数余子式确定。傅里叶反变换可写成

$$\boldsymbol{G}(\boldsymbol{r}) = \frac{1}{8\pi^3}\int_{-\infty}^{\infty}\mathrm{d}^3\boldsymbol{p}\exp(\mathrm{j}\boldsymbol{p}\cdot\boldsymbol{r})\frac{\mathrm{adj}\boldsymbol{W}(-\mathrm{j}\boldsymbol{p})}{\det\boldsymbol{W}(-\mathrm{j}\boldsymbol{p})} = \mathrm{adj}\boldsymbol{W}(\nabla)G(\boldsymbol{r}) \tag{10.19}$$

$$G(\boldsymbol{r}) = \frac{1}{8\pi^3}\int_{-\infty}^{\infty}\mathrm{d}^3\boldsymbol{p}\exp(\mathrm{j}\boldsymbol{p}\cdot\boldsymbol{r})\frac{1}{\det\boldsymbol{W}(-\mathrm{j}\boldsymbol{p})} \tag{10.20}$$

这一分解最早见于作者读研究生时的教科书[21],这是作者如饥似渴地认真读过的一本好书,是 Kong 刚博士毕业不久写出的一本好书,后来因为忙,书越写越厚,但早年的文风已不再可能重现。作者很能理解 Kong 的无奈,电磁波理论第一版,篇幅适中,是 Kong 在美国麻省理工学院挣终身教授写出的作品,一气呵成,原创性好。作者现在写书,大部分精力花在写书之外,写出来的东西连自己都不满意,只能勉强交卷。老师有老师的无奈。读 Kong 的书就应读早年(1975 年)的版本。不过 Kong 没有接着往下做,这是明智的,再往下就容易出错了。像很多后来的人所做的那样,其实 Kong 把一个极其困难的问题留给了读者,只是很多读者不一定知道,这一问题的严格数学证明涉及有限半径球面的无穷剖分。用对称性实现 $\frac{1}{2^N}$ 通达单位微分面元,其理解的难度系数高于下面介绍的对单位 δ 点源的分解,略去数学,结果是

$$G(\boldsymbol{r})=\frac{1}{8\pi^3}\int_{-\infty}^{\infty}\int_0^{2\pi}\int_0^{\frac{\pi}{2}-\mathrm{i}\infty}\frac{1}{W_f(u,v)\prod\limits_n[\boldsymbol{p}^2-k_n^2(u,v)]}\exp(\mathrm{j}\boldsymbol{p}\cdot\boldsymbol{r})\boldsymbol{p}^2\mathrm{d}\boldsymbol{p}\mathrm{d}v\sin u\mathrm{d}u$$

$$=\int_0^{2\pi}\int_0^{\pi}\mathrm{d}\phi_k\sin\theta_k\mathrm{d}\theta_k\cdot\frac{1}{4\pi}\sum_n\frac{1}{W_f(\theta_k,\phi_k)\prod\limits_{n(n\neq n')}[k_{n'}^2(\theta_k,\phi_k)-k_n^2(\theta_k,\phi_k)]}\cdot\frac{\exp[\mathrm{j}k_n(\theta_k,\phi_k)\boldsymbol{r}]}{4\pi\boldsymbol{r}} \tag{10.21}$$

这是沿着文献上傅里叶变换的路径得到的正确结果，而已有文献无一能得到如此正确的结果。我们 20 世纪 90 年代的工作虽然是正确的[1~4]，但是本书结果少了两重无穷级数，优点十分明显[1~4]。

为了便于数学修养不够，仅对电磁场感兴趣的读者理解，这里有个简化解法，办法是重解自由空间的标量格林函数。

$$(\nabla^2+k_0^2)G_0(\boldsymbol{r})=-\delta(\boldsymbol{r}) \tag{10.22}$$

$$\lim_{r\to\infty}\left[\frac{\partial G_0(\boldsymbol{r})}{\partial\boldsymbol{r}}-\mathrm{j}k_0G_0(\boldsymbol{r})\right]=0 \tag{10.23}$$

解答为

$$G(\boldsymbol{r})=\int_0^{2\pi}\int_0^{\pi}\mathrm{d}\phi_k\sin\theta_k\mathrm{d}\theta_k\left[\frac{1}{8\pi^3}\int_{-\infty}^{\infty}\int_0^{2\pi}\int_0^{\frac{\pi}{2}-\mathrm{j}\infty}\frac{1}{\boldsymbol{p}^2-k_0^2}\exp(\mathrm{j}\boldsymbol{p}\cdot\boldsymbol{r})\boldsymbol{p}^2\mathrm{d}\boldsymbol{p}\mathrm{d}v\sin u\mathrm{d}u\right]$$

$$=\int_0^{2\pi}\int_0^{\pi}\mathrm{d}\phi_k\sin\theta_k\mathrm{d}\theta_k\frac{1}{4\pi}\frac{\exp(\mathrm{j}k_0\boldsymbol{r})}{4\pi\boldsymbol{r}}=\frac{\exp(\mathrm{j}k_0\boldsymbol{r})}{4\pi\boldsymbol{r}} \tag{10.24}$$

也就是说将单位 δ 函数先做单位立体角分解为无穷多个锥，也就是用有限半径小球（a 可趋于0）a 代替 δ 函数。每一个锥其实都与小球是拓扑同胚的，因而在无限小的意义上无区别，因而 $\frac{1}{4\pi}$ 的权重是当然的。再次重复，每一锥并无区别，根本原因在于各向同性介质和 δ 函数都是各向同性的。这一证明比较简洁。基于 Radon 变换和以下四点，也可证明，请读者自行补出证明细节：一，物理化的小球模型，将小球内的源用平面波的单位球面叠加表示出来，也就是用各个方向的平面波表示出来，只是这些平面波仅在小球内非零；二，每一平面波可以被理解为平面波乘以狄拉克 δ 函数。这样平面波就成为全空间的平面波了，从而可以用傅里叶变换的方法求得其格林函数的待定振幅；三，对于这一各向同性问题求 Radon 反变换就得到空域表达式；四，将这一思路用于各向异性介质。

关于 δ 函数的小球模型，作者的工作与 Norris 的工作有类似的地方[26]，只是 Norris 考虑的是复源点而我们考虑的是实源点。Norris 指出，在位置 $\boldsymbol{x}=(x,y,z)$ 由在位置 $\boldsymbol{x}_0=(x_0,y_0,z_0)$ 的点源产生的场是

$$u^G(\boldsymbol{x},\boldsymbol{x}_0)=\frac{\mathrm{e}^{\mathrm{j}kR}}{4\pi R} \tag{10.25}$$

式中，$k=\frac{\omega}{c}$ 是波数；R 是 $\boldsymbol{x}$ 与 $\boldsymbol{x}_0$ 之间的距离；u^G 是如下波动方程的基本解或格林函数：

$$\nabla^2u^G+k^2u^G=-\delta(\boldsymbol{x}-\boldsymbol{x}_0) \tag{10.26}$$

在式(10.25)和式(10.26)中令 $\boldsymbol{x}_0$ 为复数，也就是说三个分量中的每一个都可以为复数，就可以定义复点源，这样距离 R 成为复数。

$$R(\boldsymbol{x},\boldsymbol{x}_0)=[(x-x_0)^2+(y-y_0)^2+(z-z_0)^2]^{\frac{1}{2}} \tag{10.27}$$

这里根号的正负号由 R 的实部大于等于 0 来规定，例如，如果 $\boldsymbol{x}_0=(\mathrm{j}b,0,0),b>0$，$|R$ 虚部$|<b$，那么 R 和 u 在除圆盘 $x=0$，$y^2+z^2\leqslant b^2$ 的所有点连续，在 $b\to 0$ 的根据中，复点源退化为在原点的复点源。令 (r,θ,φ) 为相对于原点的球坐标系，而 $\boldsymbol{e}_r$ 是径向方向的单位矢量。那么对任何实数 $a>0$，对 $r>a$ 来说，有

$$\frac{1}{4\pi j_0(ka)}\int_0^{2\pi}\mathrm{d}\phi\int_0^{\pi}\sin\theta\mathrm{d}\theta u^G(\boldsymbol{x},a\,\boldsymbol{e}_r)=u^G(\boldsymbol{x},0) \tag{10.28}$$

式中，$j_0(x)=\dfrac{\sin x}{x}$ 是零阶球 Bessel 函数。式(10.28)成立的理由有二：一是对称性；二是方程两边都是 $r>a$ 时的外向辐射解。

作者的情况是 Norris 工作的特殊情况。可以在 a（等于小球半径）可趋于 0 的情况来理解和应用 Norris 的公式。这样，由于 $x\to 0$，$\dfrac{\sin x}{x}\to 1$，式(10.28)可改写成

$$\begin{aligned}\frac{1}{4\pi}\int_0^{2\pi}\mathrm{d}\phi\int_0^{\pi}\sin\theta\mathrm{d}\theta u^G(\boldsymbol{x},a\,\boldsymbol{e}_r)&=u^G(\boldsymbol{x},0)\\&=\int_0^{2\pi}\int_0^{\pi}\sin\theta\mathrm{d}\theta\mathrm{d}\phi\,\frac{1}{4\pi}u^G(\boldsymbol{x},a\,\boldsymbol{e}_r)\\&=\int_0^{2\pi}\int_0^{\pi}\sin\theta\mathrm{d}\theta\mathrm{d}\phi\widetilde{u}^G(\boldsymbol{x},a\,\boldsymbol{e}_r),\quad r>a\end{aligned} \tag{10.29}$$

对式(10.29)可以理解为对 u^G 的单位源（用半径为 a 的密度为 1 的小球代表）被无限多个同样半径为 a 但密度为 $\dfrac{1}{4\pi}$ 的小球替换，每一个小球代表特定方向高斯束的源。换到我们的情况，根据我们 20 世纪 90 年代的系列研究和自然科学基金的研究，对每一波矢方向的标量平面波因子可以对应密度为 $\dfrac{1}{4\pi}$ 的单位点源（用小球 $r<a$ 来表象），这就是我们工作的实质，也是项目申请时提到的做法。这是一种工程上常用的直观方法。历史上，作者在 1994 年去美国之前，已有文章投《Physical Review》，对 Norris 的工作并不深入了解。我是看了他 1994 年英国《皇家学会学报》上的文章才开始研究他的工作的。后来，我成为 Norris 的博士后，曾就有关证明请教过他，他的证明也不是数学上严格的，尽管他是数学博士，而且师出名门 Achenbach。这一直观模型的论证难度要稍微低一点，本质上是一个潜无穷的问题。一旦通过傅里叶变换，或者 Radon 变换，或 δ 函数的平面波展开到了谱域，就必须处理非零且有限半径球面的分解与合成，是一个回避不了的实无穷的问题。而 Norris 的模型，小球半径 a 可趋于 0 则使问题简化不少，是一种工程中的数学方法，不够严格。总之，本项研究的水平超越了申请书上提出的目标，胜利地通达了实无限。

不熟悉拓扑学没有关系，这里给出一个常规的（证明过程先是通达无穷小，后是还原到原子问题）的高等数学证明。对数学严格性感兴趣的读者可以参见例如何华灿和何智涛所著的《统一无穷理论》[13]第 5 页关于递归算法的论证。再次申明，先抛弃坐标系的概念，根据左右对称的原则对标量源一分为二。这次分解的源得到对全空间的格林函数一半的贡献。再次分割的一半再分一半，以至无穷，每次复原，可知，比如 $\dfrac{1}{4}$ 为四等分的权系数（到底格林函数是多少可以存而不论，只证明等权即可），严格地说是 $\dfrac{1}{4}$ 乘以常数，但

最终要取极限（常数乘以无限小还是无限小）。最后，$\frac{1}{2^{\infty}}=\frac{1}{\infty}=$ 微分面元，都是等权求和。因此必然的权重是 $\frac{1}{4\pi}$，这里涉及左右对称，对标量只能等分（在应用左右对称性于狄拉克真空中磁单极不存在时用到这一思想），还有就是是否球面上还有点不能用这一方法去通达。用 ε-δ 语言很简单，任意给定的 $\varepsilon>0$（代表球面面积），存在 N_0，当 $n>N_0$ 时，使 $\frac{1}{2^n}<\varepsilon$。似乎天衣无缝，但作者认为这一证明是有误的，$\varepsilon$-$\delta$ 语言并不严格，真正严格的是 $2^{\infty}=\infty$，可得 $\frac{1}{2^{\infty}}=\frac{1}{\infty}=\mathrm{d}S$，$\mathrm{d}S$ 为单位球面上的微分面元。这样所有的点才包括完了，这是个实无限的问题，而不是潜无限的问题，是一个必须通达的无限。难就难在这里，这也就是本项目至今还没有发表论文的根本原因。

10.3　单位球面积分的数值计算

从式(10.23)可知，我们的最后结果涉及一个对波数面参数 θ_k，φ_k 的单位球面积分。文献上数值积分公式很多，但没有一个可用，原因是数学与物理脱钩。我们要积分的并不是任意函数，而是物理量，物理量的特性必须保持。冯康和钟万勰十分强调这一点。我们也有计算的经验，仅就 φ_k 而论，仅有梯形公式是重现了物理量应有特性的正确公式，以下工作是为了实现 θ_k 方向物理量的周期性（也就是说这一点的物理量并不能因坐标系的选择不同而改变规律，一般数值积分公式都做不到这一点）。

在研究某些电磁散射问题时，在球面坐标系下，必须处理一个含有关于 $\cos\theta$，$\sin\theta$，φ 的二重积分，即 $\int_0^{2\pi}\int_0^{\pi} f(\cos\theta,\sin\theta,\phi)\sin\theta\mathrm{d}\theta\mathrm{d}\phi$。对上述积分的求解方法有很多种，但没有一种已实现数学与物理的对应。

作者认为，采用梯形公式对函数近似计算，尤其是对于具有周期性的函数（起点与终点重合），梯形公式与指定周期函数的起点（也就是终点）无关，而仅与将积分区间分成多少等份有关。理论上说只有这样才实现了物理和数学的自洽。另外，将梯形公式应用于周期函数相对于一般函数其精度会更高[27]。这也是我们研究的主要思想。作者与吴信宝在 20 世纪 90 年代初的大量数值计算经验完全支持这一论断。

利用梯形公式对一个含有关于 $\cos\theta$，$\sin\theta$，φ 的二重积分进行化简求解。因为在球面坐标系下 φ 是以 2π 为周期的，所以关于 φ 的积分可以直接通过梯形公式实施。对于含有 $\cos\theta$，$\sin\theta$ 复合函数的积分 $\int_0^{\pi} g(\cos\theta,\sin\theta)\mathrm{d}\theta$ 也是利用梯形公式应用于周期函数以实现数学与物理的契合，因为 $\cos\theta$，$\sin\theta$ 是以 2π 为周期的函数，而 $\int_0^{\pi} g(\cos\theta,\sin\theta)\mathrm{d}\theta$ 的积分区间为 $[0,\pi]$，因此怎样将积分区间划为 $[-\pi,\pi]$ 或 $[0,2\pi]$，即积分区域为 2π，将是努力方向，也是方法的核心。

而关于 $\int_0^{\pi} g(\cos\theta,\sin\theta)\mathrm{d}\theta$ 的积分表达式在 0 和 π 会出现分母为 0 的点（分母中含有 $\sin\theta$），为了避开零点则将积分区间改为 $[\delta,\pi+\delta]$，δ 是一个很小的数。同样，经过一系

列变换将积分区间划为 $[-\pi,\pi]$ 或 $[0,2\pi]$ 后，为了避开零点，则将积分区间改为 $[-\pi+\delta,\pi+\delta]$ 或 $[\delta,2\pi+\delta]$。

10.3.1　梯形公式

计算定积分 $\int_a^b f(x)\mathrm{d}x$，其中 $f(x)$ 是某一给定在区间 $[a,b]$ 上的连续函数，有过许多计算这一种积分的例题，或是借助于原函数（如果积分可表示成有限闭合形式），或是（不经过原函数）借助于各种各样的，大多是用技巧性的方法来计算。但是必须指出，用这些方法只能解决有些积分，大量的积分只能通常采用各种近似计算的方法，在这种方法中，积分的近似计算乃是按照一列（常是等距的）自变量的值计算出来的一列被积函数的值构成的。

关于积分近似计算公式，把定积分 $\int_a^b f(x)\mathrm{d}x$ 解释为被曲线 $y=f(x)$ 界定的图形的面积。对于给定曲线 $y=f(x)$ 用一串（$n+1$ 个）等分点（也可以不是等分点，但其方法原则上一样）

$$a=x_0<x_1<x_2<\cdots<x_{n-1}<x_n=b$$

将区间 $[a,b]$ 分割成 n 个小区间

$$[x_0,x_1],[x_1,x_2],\cdots,[x_{n-1},x_n]$$

于是曲边图形就被由一列梯形组成的图形代替，如图 10.1 所示。

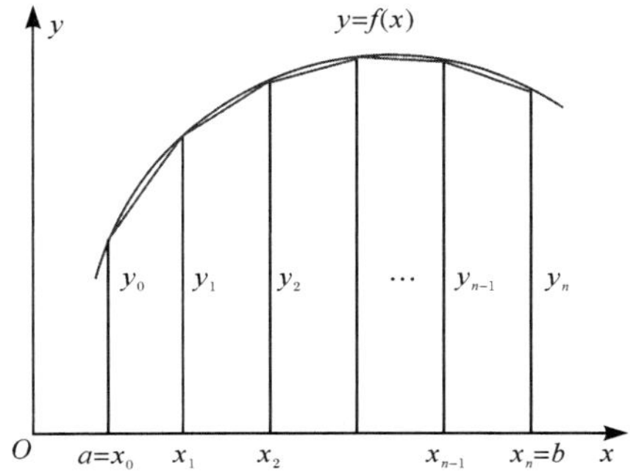

图 10.1

如预先认定，区间 $[a,b]$ 中含有 $n+1$ 个等分点，将其分成相等的 n 部分，则这些梯形的面积分别可表示为

$$\frac{b-a}{n}\cdot\frac{y_0+y_1}{2},\quad \frac{b-a}{n}\cdot\frac{y_1+y_2}{2},\quad \cdots,\quad \frac{b-a}{n}\cdot\frac{y_{n-1}+y_n}{2}$$

把它们加起来，得到近似公式

$$\int_a^b f(x)\mathrm{d}x\approx\frac{b-a}{n}\left(\frac{y_0+y_n}{2}+y_1+y_2+\cdots+y_{n-1}\right)\tag{10.30}$$

这就是梯形公式。

对于周期函数 $y_0=y_n$ 有

$$\int_a^b f(x)\mathrm{d}x\approx\frac{b-a}{n}(y_0+y_1+y_2+\cdots+y_{n-1})=\frac{b-a}{n}\sum_{n=0}^{N-1}y_n\tag{10.31}$$

因此，梯形公式与指定周期函数的起点（也就是终点）无关，而仅与将积分区间分成多少等份有关。理论上说只有这样才实现了物理和数学的自洽。

另外，将梯形公式应用于周期函数，不仅具有这种合理性和简单性，而且精度效果也格外好。

10.3.2 关于 $\int_0^{2\pi}\int_0^{\pi} f(\cos\theta,\sin\theta,\phi)\sin\theta \mathrm{d}\theta \mathrm{d}\phi$ 理论公式的计算

令 $I=\int_0^{2\pi}\int_0^{\pi} f(\cos\theta,\sin\theta,\phi)\sin\theta \mathrm{d}\theta \mathrm{d}\phi$ 。因为 φ 是以 2π 为周期，所以对 φ 应用梯形公式，将区间 $[0,2\pi]$ 用 n 个等分点分成相等的 N 部分，则

$$I\approx\frac{2\pi}{N}\sum_{n=0}^{N-1}\int_0^{\pi} f(\cos\theta,\sin\theta,\phi_n)\sin\theta \mathrm{d}\theta$$

式中，$\varphi_n=\frac{n\cdot 2\pi}{N}$ ，$N=P_{\varphi}$ 。

对于含有 $\cos\theta$ ，$\sin\theta$ 复合函数的积分 $I\approx\frac{2\pi}{N}\sum_{n=0}^{N-1}\int_0^{\pi} f(\cos\theta,\sin\theta,\phi_n)\sin\theta \mathrm{d}\theta$ ，利用将梯形公式应用于周期函数的思想求解。因为 $\cos\theta$ ，$\sin\theta$ 是以 2π 为周期的函数，而 $I\approx\frac{2\pi}{N}\sum_{n=0}^{N-1}\int_0^{\pi} f(\cos\theta,\sin\theta,\phi_n)\sin\theta \mathrm{d}\theta$ 的积分区间为 $[0,\pi]$ ，因此将积分区间划为 $[-\pi,\pi]$ 或 $[0,2\pi]$ ，即积分区域为 2π 。故令

$$\begin{aligned} g_n(\cos\theta,\sin\theta,\phi_n) &= f(\cos\theta,\sin\theta,\phi_n)\sin\theta \\ &= \frac{g_n(\cos\theta,\sin\theta,\phi_n)+g_n(\cos(-\theta),\sin(-\theta),\phi_n)}{2} \\ &\quad +\frac{g_n(\cos\theta,\sin\theta,\phi_n)-g_n(\cos(-\theta),\sin(-\theta),\phi_n)}{2} \end{aligned} \tag{10.32}$$

式中，$\frac{g_n(\cos\theta,\sin\theta,\varphi_n)+g_n(\cos(-\theta),\sin(-\theta),\varphi_n)}{2}$ 为偶函数；

$\frac{g_n(\cos\theta,\sin\theta,\varphi_n)-g_n(\cos(-\theta),\sin(-\theta),\varphi_n)}{2}$ 为奇函数。

偶函数的定义：设函数 $y=f(x)$ 的定义域为 D，如果对 D 内的任意一个 x ，都有 $-x\in D$ ，且 $f(-x)=f(x)$ ，则这个函数叫做偶函数。

奇函数的定义：设函数 $y=f(x)$ 的定义域为 D，如果对 D 内的任意一个 x ，都有 $-x\in D$ ，且 $f(-x)=-f(x)$ ，则这个函数叫做奇函数。

① 试证：$\frac{g_n(\cos\theta,\sin\theta,\varphi_n)+g_n(\cos(-\theta),\sin(-\theta),\varphi_n)}{2}$ 为偶函数。

证明：令 $f(\theta)=\frac{g_n(\cos\theta,\sin\theta,\varphi_n)+g_n(\cos(-\theta),\sin(-\theta),\varphi_n)}{2}$ ，因为 $\theta\in\mathbf{R}$ ，所以函数令 $f(\theta)$ 的定义域关于原点对称，则有

$$f(-\theta)=\frac{g_n(\cos(-\theta),\sin(-\theta),\varphi_n)+g_n(\cos\theta,\sin\theta,\varphi_n)}{2}=f(\theta)$$

故 $\frac{g_n(\cos\theta,\sin\theta,\varphi_n)+g_n(\cos(-\theta),\sin(-\theta),\varphi_n)}{2}$ 为偶函数，得证。

② 试证：$\dfrac{g_n(\cos\theta,\sin\theta,\varphi_n)-g_n(\cos(-\theta),\sin(-\theta),\varphi_n)}{2}$ 为奇函数。

证明：令 $f(\theta)=\dfrac{g_n(\cos\theta,\sin\theta,\varphi_n)-g_n(\cos(-\theta),\sin(-\theta),\varphi_n)}{2}$，因为 $\theta\in\mathbf{R}$，所以函数令 $f(\theta)$ 的定义域关于原点对称，则有

$$f(-\theta)=\frac{g_n(\cos(-\theta),\sin(-\theta),\varphi_n)-g_n(\cos\theta,\sin\theta,\varphi_n)}{2}=-f(\theta)$$

故 $\dfrac{g_n(\cos\theta,\sin\theta,\varphi_n)-g_n(\cos(-\theta),\sin(-\theta),\varphi_n)}{2}$ 为奇函数，得证。

设奇函数 $\dfrac{g_n(\cos\theta,\sin\theta,\varphi_n)-g_n(\cos(-\theta),\sin(-\theta),\varphi_n)}{2}=h_n(\theta,\varphi_n)$，对 $h_n(\theta,\varphi_n)$ 作偶延拓，令

$$F_n(\theta,\phi_n)=\begin{cases}h_n(\theta,\phi_n)\\ h_n(-\theta,\phi_n)\end{cases}$$
$$=\begin{cases}\dfrac{g_n(\cos\theta,\sin\theta,\phi_n)-g_n(\cos(-\theta),\sin(-\theta),\phi_n)}{2}, & 0\leqslant\theta\leqslant\pi\\[2ex] \dfrac{g_n(\cos(-\theta),\sin(-\theta),\phi_n)-g_n(\cos\theta,\sin\theta,\phi_n)}{2}, & -\pi\leqslant\theta\leqslant 0\end{cases}$$

$F_n(\theta,\varphi_n)$ 为周期偶函数，则有

$$\begin{aligned}I&\approx\frac{2\pi}{N}\sum_{n=0}^{N-1}\int_0^{\pi}f(\cos\theta,\sin\theta,\phi_n)\sin\theta\mathrm{d}\theta\\
&=\frac{2\pi}{N}\sum_{n=0}^{N-1}\int_0^{\pi}\frac{g_n(\cos\theta,\sin\theta,\phi_n)+g_n(\cos(-\theta),\sin(-\theta),\phi_n)}{2}\mathrm{d}\theta\\
&\quad+\frac{2\pi}{N}\sum_{n=0}^{N-1}\int_0^{\pi}\frac{g_n(\cos\theta,\sin\theta,\phi_n)-g_n(\cos(-\theta),\sin(-\theta),\phi_n)}{2}\mathrm{d}\theta\\
&=\frac{2\pi}{N}\sum_{n=0}^{N-1}\frac{1}{2}\int_{-\pi}^{\pi}\frac{g_n(\cos\theta,\sin\theta,\phi_n)+g_n(\cos(-\theta),\sin(-\theta),\phi_n)}{2}\mathrm{d}\theta\\
&\quad+\frac{2\pi}{N}\sum_{n=0}^{N-1}\frac{1}{2}\int_{-\pi}^{\pi}F_n(\theta,\phi_n)\mathrm{d}\theta\\
&=\frac{2\pi}{N}\sum_{n=0}^{N-1}\frac{1}{2}\int_0^{2\pi}\frac{g_n(\cos\theta,\sin\theta,\phi_n)+g_n(\cos(-\theta),\sin(-\theta),\phi_n)}{2}\mathrm{d}\theta\\
&\quad+\frac{2\pi}{N}\sum_{n=0}^{N-1}\frac{1}{2}\int_0^{2\pi}F_n(\theta,\phi_n)\mathrm{d}\theta\end{aligned}$$

令

$$I_1=\frac{2\pi}{N}\sum_{n=0}^{N-1}\frac{1}{2}\int_0^{2\pi}\frac{g_n(\cos\theta,\sin\theta,\phi_n)+g_n(\cos(-\theta),\sin(-\theta),\phi_n)}{2}\mathrm{d}\theta$$
$$I_2=\frac{2\pi}{N}\sum_{n=0}^{N-1}\frac{1}{2}\int_0^{2\pi}F_n(\theta,\phi_n)\mathrm{d}\theta$$

则有 $I\approx I_1+I_2$。在 I_1 中，因为自变量 $\cos\theta$，$\sin\theta$ 是以 2π 为周期的函数，I_1 的积分区间为 $[0,2\pi]$，即积分区域为 2π，对 θ 应用梯形公式，将区间 $[0,2\pi]$ 用 a 个等分点分成相

等的 A 部分，则有

$$\begin{aligned}
I_1 &= \frac{2\pi}{N}\sum_{n=0}^{N-1}\frac{1}{2}\int_0^{2\pi}\frac{g_n(\cos\theta,\sin\theta,\phi_n)+g_n(\cos(-\theta),\sin(-\theta),\phi_n)}{2}\mathrm{d}\theta \\
&= \frac{\pi}{N}\sum_{n=0}^{N-1}\int_0^{2\pi}\frac{g_n(\cos\theta,\sin\theta,\phi_n)+g_n(\cos(-\theta),\sin(-\theta),\phi_n)}{2}\mathrm{d}\theta \\
&= \frac{\pi}{N}\sum_{n=0}^{N-1}\frac{2\pi}{A}\sum_{a=0}^{A-1}\frac{g_{n,a}(\cos\theta_a,\sin\theta_a,\phi_n)+g_{n,a}(\cos(-\theta_a),\sin(-\theta_a),\phi_n)}{2} \\
&= \frac{\pi\cdot\pi}{N\cdot A}\sum_{n=0}^{N-1}\sum_{a=0}^{A-1}[g_{n,a}(\cos\theta_a,\sin\theta_a,\phi_n)+g_{n,a}(\cos(-\theta_a),\sin(-\theta_a),\phi_n)]
\end{aligned} \tag{10.33}$$

式中，$\theta_a=\dfrac{a\cdot 2\pi}{A}$，$A=P_\theta$ 。

在 I_2 中，因为自变量 $\cos\theta$，$\sin\theta$，$\cos(-\theta)$，$\sin(-\theta)$ 是以 2π 为周期的函数，I_2 的积分区间为 $[0,2\pi]$，即积分区域为 2π，对 θ 应用梯形公式，将区间 $[0,2\pi]$ 用 b 个等分点分成相等的 B 部分，则有

$$\begin{aligned}
I_2 &= \frac{2\pi}{N}\sum_{n=0}^{N-1}\frac{1}{2}\int_0^{2\pi}F_n(\theta,\phi_n)\mathrm{d}\theta \\
&= \frac{\pi}{N}\sum_{n=0}^{N-1}\int_0^{2\pi}F_n(\theta,\phi_n)\mathrm{d}\theta \\
&= \frac{\pi}{N}\sum_{n=0}^{N-1}\frac{2\pi}{B}\sum_{b=0}^{B-1}F_{n,b}(\theta_b,\phi_n) \\
&= \frac{2\pi\cdot\pi}{N\cdot B}\sum_{n=0}^{N-1}\sum_{b=0}^{B-1}F_{n,b}(\theta_b,\phi_n)
\end{aligned} \tag{10.34}$$

式中，$\theta_b=\dfrac{b\cdot 2\pi}{B}$，$B=P_\theta$。

所以

$$\begin{aligned}
I &= I_1+I_2 \\
&= \frac{\pi\cdot\pi}{N\cdot A}\sum_{n=0}^{N-1}\sum_{a=0}^{A-1}[g_{n,a}(\cos\theta_a,\sin\theta_a,\phi_n)+g_{n,a}(\cos(-\theta_a),\sin(-\theta_a),\phi_n)] \\
&\quad+\frac{2\pi\cdot\pi}{N\cdot B}\sum_{n=0}^{N-1}\sum_{b=0}^{B-1}F_{n,b}(\theta_b,\phi_n)
\end{aligned} \tag{10.35}$$

式中

$$\phi_n=\frac{n\cdot 2\pi}{N},\quad N=P_\varphi$$

$$\theta_a=\frac{a\cdot 2\pi}{A},\quad A=P_\theta$$

$$\theta_b=\frac{b\cdot 2\pi}{B},\quad B=P_\theta$$

$$g_n(\cos\theta,\sin\theta,\phi_n)=f(\cos\theta,\phi_n)\sin\theta,\quad \theta\in[0,\pi]$$

$$F_n(\theta,\phi_n)=\begin{cases}h_n(\theta,\phi_n)\\ h_n(-\theta,\phi_n)\end{cases}$$

$$=\begin{cases}\dfrac{g_n(\cos\theta,\sin\theta,\phi_n)-g_n(\cos(-\theta),\sin(-\theta),\phi_n)}{2}, & 0\leqslant\theta\leqslant\pi\\ \dfrac{g_n(\cos(-\theta),\sin(-\theta),\phi_n)-g_n(\cos\theta,\sin\theta,\phi_n)}{2}, & -\pi\leqslant\theta\leqslant 0\end{cases}$$

10.3.3 关于 $\int_0^{2\pi}\int_0^{\pi}f(\cos\theta,\sin\theta,\phi)\sin\theta\mathrm{d}\theta\mathrm{d}\phi$ 的数值计算

前文建立了数学与物理契合的数学模型。本小节要实现数学与计算机契合的数值计算模型的建立,简单地说就是写出直接可在计算机上运行的公式。

令 $I=\int_0^{2\pi}\int_0^{\pi}f(\cos\theta,\sin\theta,\phi)\sin\theta\mathrm{d}\theta\mathrm{d}\phi$ 。在 $[0,2\pi]$ 会出现分母为 0 的点(分母中含有 $\sin\varphi$),为了避开零点则将积分区间改为 $[\delta,2\pi+\delta]$,δ 是一个很小的数,在这里令 $\delta=\frac{1}{P_1}$,P_1 为素数。则有

$$\begin{aligned}I&=\int_0^{2\pi}\int_0^{\pi}f(\cos\theta,\sin\theta,\phi)\sin\theta\mathrm{d}\theta\mathrm{d}\phi\\&=\int_{\frac{1}{P_1}}^{2\pi+\frac{1}{P_1}}\int_0^{\pi}f(\cos\theta,\sin\theta,\phi+\frac{1}{P_1})\sin\theta\mathrm{d}\theta\mathrm{d}\left(\phi+\frac{1}{P_1}\right)\\&=\int_{\frac{1}{P_1}}^{2\pi+\frac{1}{P_1}}\int_0^{\pi}f(\cos\theta,\sin\theta,\phi')\sin\theta\mathrm{d}\theta\mathrm{d}\phi\end{aligned}\tag{10.36}$$

式中,$\varphi'=\varphi+\frac{1}{P_1}$。

又因为 φ 是以 2π 为周期,所以对 φ 应用梯形公式,将区间 $\left[\frac{1}{P_1},2\pi+\frac{1}{P_1}\right]$ 用 $n+1$ 个等分点分成相等的 N 部分,则有

$$I\approx\frac{2\pi}{N}\sum_{n=0}^{N-1}\int_0^{\pi}f(\cos\theta,\sin\theta,\phi_n')\sin\theta\mathrm{d}\theta\tag{10.37}$$

式中,$\phi_n'=\frac{n\cdot 2\pi}{N}+\frac{1}{P_1}$,$N=P_{\varphi}$。

对于含有 $\cos\theta$,$\sin\theta$ 复合函数的积分 $I\approx\frac{2\pi}{N}\sum_{n=0}^{N-1}\int_0^{\pi}f(\cos\theta,\sin\theta,\varphi_n)\sin\theta\mathrm{d}\theta$,利用将梯形公式应用于周期函数的思想化简求解。因为 $\cos\theta$,$\sin\theta$ 是以 2π 为周期的函数,而 $I\approx\frac{2\pi}{N}\sum_{n=0}^{N-1}\int_0^{\pi}f(\cos\theta,\sin\theta,\varphi_n)\sin\theta\mathrm{d}\theta$ 的积分区间为 $[0,\pi]$,因此将积分区间划为 $[-\pi,\pi]$ 或 $[0,2\pi]$,即积分区域为 2π 。由前文所述的理论公式可知

$$\begin{aligned}I&\approx\frac{2\pi}{N}\sum_{n=0}^{N-1}\int_0^{\pi}f(\cos\theta,\sin\theta,\phi_n)\sin\theta\mathrm{d}\theta\\&=\frac{2\pi}{N}\sum_{n=0}^{N-1}\int_0^{\pi}\frac{g_n(\cos\theta,\sin\theta,\phi_n)+g_n(\cos(-\theta),\sin(-\theta),\phi_n)}{2}\mathrm{d}\theta\\&\quad+\frac{2\pi}{N}\sum_{n=0}^{N-1}\int_0^{\pi}\frac{g_n(\cos\theta,\sin\theta,\phi_n)-g_n(\cos(-\theta),\sin(-\theta),\phi_n)}{2}\mathrm{d}\theta\\&=\frac{2\pi}{N}\sum_{n=0}^{N-1}\frac{1}{2}\int_{-\pi}^{\pi}\frac{g_n(\cos\theta,\sin\theta,\phi_n)+g_n(\cos(-\theta),\sin(-\theta),\phi_n)}{2}\mathrm{d}\theta\end{aligned}$$

$$+\frac{2\pi}{N}\sum_{n=0}^{N-1}\frac{1}{2}\int_{-\pi}^{\pi}F_n(\theta,\phi_n)\mathrm{d}\theta$$

$$=\frac{2\pi}{N}\sum_{n=0}^{N-1}\frac{1}{2}\int_{0}^{2\pi}\frac{g_n(\cos\theta,\sin\theta,\phi_n)+g_n(\cos(-\theta),\sin(-\theta),\phi_n)}{2}\mathrm{d}\theta$$

$$+\frac{2\pi}{N}\sum_{n=0}^{N-1}\frac{1}{2}\int_{0}^{2\pi}F_n(\theta,\phi_n)\mathrm{d}\theta \tag{10.38}$$

在$[0,2\pi]$会出现分母为 0 的点(分母中含有 $\sin\theta$),为了避开零点则将积分区间改为$[\delta,2\pi+\delta]$，δ是一个很小的数,在这里令 $\delta=\frac{1}{P_2}$ 。所以有

$$I\approx\frac{2\pi}{N}\sum_{n=0}^{N-1}\int_{0}^{\pi}f(\cos\theta,\phi_n')\sin\theta\mathrm{d}\theta$$

$$=\frac{2\pi}{N}\sum_{n=0}^{N-1}\frac{1}{2}\int_{0}^{2\pi}\frac{g_n(\cos\theta,\sin\theta,\phi_n')+g_n(\cos(-\theta),\sin(-\theta),\phi_n')}{2}\mathrm{d}\theta$$

$$+\frac{2\pi}{N}\sum_{n=0}^{N-1}\frac{1}{2}\int_{0}^{2\pi}F_n(\theta,\phi_n')\mathrm{d}\theta$$

$$=\frac{2\pi}{N}\sum_{n=0}^{N-1}\frac{1}{2}\int_{\frac{1}{P_2}}^{2\pi+\frac{1}{P_2}}\left[\frac{g_n\left(\cos\left(\theta+\frac{1}{P_2}\right),\sin\left(\theta+\frac{1}{P_2}\right),\phi_n'\right)}{2}\right.$$

$$\left.+\frac{g_n\left(\cos\left(-\theta-\frac{1}{P_2}\right),\sin\left(-\theta-\frac{1}{P_2}\right),\phi_n'\right)}{2}\right]\mathrm{d}\theta$$

$$+\frac{2\pi}{N}\sum_{n=0}^{N-1}\frac{1}{2}\int_{\frac{1}{P_2}}^{2\pi+\frac{1}{P_2}}F_n\left(\theta+\frac{1}{P_2},\phi_n'\right)\mathrm{d}\theta \tag{10.39}$$

令

$$I_1=\frac{2\pi}{N}\sum_{n=0}^{N-1}\frac{1}{2}\int_{\frac{1}{P_2}}^{2\pi+\frac{1}{P_2}}\left[\frac{g_n\left(\cos\left(\theta+\frac{1}{P_2}\right),\sin\left(\theta+\frac{1}{P_2}\right),\phi_n'\right)}{2}\right.$$

$$\left.+\frac{g_n\left(\cos\left(-\theta-\frac{1}{P_2}\right),\sin\left(-\theta-\frac{1}{P_2}\right),\phi_n'\right)}{2}\right]\mathrm{d}\theta$$

$$=\frac{2\pi}{N}\sum_{n=0}^{N-1}\frac{1}{2}\int_{\frac{1}{P_2}}^{2\pi+\frac{1}{P_2}}\frac{g_n(\cos\theta',\sin\theta',\phi_n)+g_n(\cos(-\theta'),\sin(-\theta'),\phi_n')}{2}\mathrm{d}\theta \tag{10.40}$$

式中

$$\theta'=\theta+\frac{1}{P_2}$$

$$I_2=\frac{2\pi}{N}\sum_{n=0}^{N-1}\frac{1}{2}\int_{\frac{1}{P_2}}^{2\pi+\frac{1}{P_2}}F_n\left(\theta+\frac{1}{P_2},\phi_n'\right)\mathrm{d}\theta$$

$$=\frac{2\pi}{N}\sum_{n=0}^{N-1}\frac{1}{2}\int_{\frac{1}{P_2}}^{2\pi+\frac{1}{P_2}}F_n(\theta',\phi_n')\mathrm{d}\theta \tag{10.41}$$

则有 $I=I_1+I_2$ 。在 I_1 中,因为自变量 $\cos\theta$ ，$\sin\theta$ 是以 2π 为周期的函数，I_1 的积分

区间为 $[0,2\pi]$，即积分区域为 2π，对 θ 应用梯形公式，将区间 $[0,2\pi]$ 用 $a+1$ 个等分点分成相等的 A 部分，则有

$$\begin{aligned} I_1 &= \frac{2\pi}{N}\sum_{n=0}^{N-1}\frac{1}{2}\int_{\frac{1}{P_2}}^{2\pi+\frac{1}{P_2}}\frac{g_n(\cos\theta',\sin\theta',\phi_n)+g_n(\cos(-\theta'),\sin(-\theta'),\phi'_n)}{2}\mathrm{d}\theta \\ &= \frac{\pi}{N}\sum_{n=0}^{N-1}\int_{\frac{1}{P_2}}^{2\pi+\frac{1}{P_2}}\frac{g_n(\cos\theta',\sin\theta',\phi'_n)+g_n(\cos(-\theta'),\sin(-\theta'),\phi'_n)}{2}\mathrm{d}\theta \\ &\approx \frac{\pi}{N}\sum_{n=0}^{N-1}\frac{2\pi}{A}\sum_{a=0}^{A-1}\frac{g_{n,a}(\cos\theta'_a,\sin\theta'_a,\phi'_n)+g_{n,a}(\cos(-\theta'_a),\sin(-\theta'_a),\phi'_n)}{2} \\ &= \frac{\pi\cdot\pi}{N\cdot A}\sum_{n=0}^{N-1}\sum_{a=0}^{A-1}[g_{n,a}(\cos\theta'_a,\sin\theta'_a,\phi'_n)+g_{n,a}(\cos(-\theta'_a),\sin(-\theta'_a),\phi'_n)] \end{aligned} \tag{10.42}$$

式中，$\theta'_a=\frac{a\cdot 2\pi}{A}+\frac{1}{P_2}$，$A=P_\theta$。

在 I_2 中，因为自变量 $\cos\theta$，$\sin\theta$，$\cos(-\theta)$，$\sin(-\theta)$ 是以 2π 为周期的函数，I_2 的积分区间为 $[0,2\pi]$，即积分区域为 2π，对 θ 应用梯形公式，将区间 $[0,2\pi]$ 用 $b+1$ 个等分点分成相等的 B 部分，则有

$$\begin{aligned} I_2 &= \frac{2\pi}{N}\sum_{n=0}^{N-1}\frac{1}{2}\int_{\frac{1}{P_2}}^{2\pi+\frac{1}{P_2}}F_n(\theta',\phi'_n)\mathrm{d}\theta \\ &= \frac{\pi}{N}\sum_{n=0}^{N-1}\int_{\frac{1}{P_2}}^{2\pi+\frac{1}{P_2}}F_n(\theta',\phi'_n)\mathrm{d}\theta \\ &\approx \frac{\pi}{N}\sum_{n=0}^{N-1}\frac{2\pi}{B}\sum_{b=0}^{B-1}F_{n,b}(\theta'_b,\phi'_n) \\ &= \frac{2\pi\cdot\pi}{N\cdot B}\sum_{n=0}^{N-1}\sum_{b=0}^{B-1}F_{n,b}(\theta'_b,\phi'_n) \end{aligned} \tag{10.43}$$

式中，$\theta'_b=\frac{b\cdot 2\pi}{B}+\frac{1}{P_2}$，$B=P_\theta$。

所以

$$\begin{aligned} I &= I_1+I_2 \\ &= \frac{\pi\cdot\pi}{N\cdot A}\sum_{n=0}^{N-1}\sum_{a=0}^{A-1}[g_{n,a}(\cos\theta_a,\sin\theta_a,\phi_n)+g_{n,a}(\cos(-\theta_a),\sin(-\theta_a),\phi_n)] \\ &\quad+\frac{2\pi\cdot\pi}{N\cdot B}\sum_{n=0}^{N-1}\sum_{b=0}^{B-1}F_{n,b}(\theta_b,\phi_n) \end{aligned} \tag{10.44}$$

式中

$$\phi'_n=\frac{n\cdot 2\pi}{N}+\frac{1}{P_1},\quad N=P_\varphi$$

$$\theta'_a=\frac{a\cdot 2\pi}{A}+\frac{1}{P_2},\quad A=P_\theta$$

$$\theta'_b=\frac{b\cdot 2\pi}{B}+\frac{1}{P_2},\quad B=P_\theta$$

$$g_n(\cos\theta,\sin\theta,\phi_n)=f(\cos\theta,\phi_n)\sin\theta,\quad \theta\in[0,\pi]$$

$$F_n(\theta,\phi_n)=\begin{cases}h_n(\theta,\phi_n)\\h_n(-\theta,\phi_n)\end{cases}$$
$$=\begin{cases}\dfrac{g_n(\cos\theta,\sin\theta,\phi_n)-g_n(\cos(-\theta),\sin(-\theta),\phi_n)}{2}, & 0\leqslant\theta\leqslant\pi\\ \dfrac{g_n(\cos(-\theta),\sin(-\theta),\phi_n)-g_n(\cos\theta,\sin\theta,\phi_n)}{2}, & -\pi\leqslant\theta\leqslant 0\end{cases}$$

10.3.4 具体数值举例

(1) 把 $\phi\in[0,2\pi]$ 用 $n=111$ 个等分点分成相等的 $N=111$ 部分

把 $\dfrac{g_n(\cos\theta,\sin\theta,\varphi_n)+g_n(\cos(-\theta),\sin(-\theta),\varphi_n)}{2}$ 中 $\theta\in[0,2\pi]$ 用 $a=97$ 个等分点分成相等的 $A=97$ 部分，把

$$F_n(\theta,\phi_n)=\begin{cases}h_n(\theta,\phi_n)\\h_n(-\theta,\phi_n)\end{cases}$$
$$=\begin{cases}\dfrac{g_n(\cos\theta,\sin\theta,\phi_n)-g_n(\cos(-\theta),\sin(-\theta),\phi_n)}{2}, & 0\leqslant\theta\leqslant\pi\\ \dfrac{g_n(\cos(-\theta),\sin(-\theta),\phi_n)-g_n(\cos\theta,\sin\theta,\phi_n)}{2}, & -\pi\leqslant\theta\leqslant 0\end{cases}$$

中 $\theta\in[0,2\pi]$ 用 $b=199$ 个等分点分成相等的 $B=199$ 部分，$F_n(\theta,\varphi_n)$ 为周期偶函数，令 $\dfrac{1}{P_1}=1000$，$\dfrac{1}{P_2}=10000$，则有

$$\begin{aligned}I&=I_1+I_2\\&=\frac{\pi\cdot\pi}{111\cdot 97}\sum_{n=0}^{110}\sum_{a=0}^{96}[g_{n,a}(\cos\theta'_a,\sin\theta'_a,\phi'_n)+g_{n,a}(\cos(-\theta'_a),\sin(-\theta'_a),\phi'_n)]\\&\quad+\frac{2\pi\cdot\pi}{111\cdot 199}\sum_{n=0}^{110}\sum_{b=0}^{198}F_{n,b}(\theta'_b,\phi'_n)\end{aligned}\tag{10.45}$$

式中

$$\phi'_n=\frac{n\cdot 2\pi}{111}+\frac{1}{1000}$$
$$\theta'_a=\frac{a\cdot 2\pi}{97}+\frac{1}{10000}$$
$$\theta'_b=\frac{b\cdot 2\pi}{199}+\frac{1}{10000}$$

(2) 把 $\phi\in[0,2\pi]$ 用 $n=113$ 个等分点分成相等的 $N=113$ 部分

把 $\dfrac{g_n(\cos\theta,\sin\theta,\varphi_n)+g_n(\cos(-\theta),\sin(-\theta),\varphi_n)}{2}$ 中 $\theta\in[0,2\pi]$ 用 $a=139$ 个等分点分成相等的 $A=139$ 部分，把

$$F_n(\theta,\phi_n)=\begin{cases}h_n(\theta,\phi_n)\\h_n(-\theta,\phi_n)\end{cases}$$

$$= \begin{cases} \dfrac{g_n(\cos\theta, \sin\theta, \phi_n) - g_n(\cos(-\theta), \sin(-\theta), \phi_n)}{2}, & 0 \leqslant \theta \leqslant \pi \\ \dfrac{g_n(\cos(-\theta), \sin(-\theta), \phi_n) - g_n(\cos\theta, \sin\theta, \phi_n)}{2}, & -\pi \leqslant \theta \leqslant 0 \end{cases}$$

中 $\theta \in [0, 2\pi]$ 用 $b=173$ 个等分点分成相等的 $B=173$ 部分，$F_n(\theta, \varphi_n)$ 为周期偶函数，令 $\dfrac{1}{P_1}=2000$，$\dfrac{1}{P_2}=20\,000$，则有

$$\begin{aligned} I &= I_1 + I_2 \\ &= \frac{\pi \cdot \pi}{113 \cdot 139} \sum_{n=0}^{112} \sum_{a=0}^{138} [g_{n,a}(\cos\theta'_a, \sin\theta'_a, \phi'_n) + g_{n,a}(\cos(-\theta'_a), \sin(-\theta'_a), \phi'_n)] \\ &\quad + \frac{2\pi \cdot \pi}{113 \cdot 173} \sum_{n=0}^{112} \sum_{b=0}^{172} F_{n,b}(\theta'_b, \phi'_n) \end{aligned} \tag{10.46}$$

式中

$$\phi'_n = \frac{n \cdot 2\pi}{113} + \frac{1}{2000}$$

$$\theta'_a = \frac{a \cdot 2\pi}{139} + \frac{1}{20\,000}$$

$$\theta'_b = \frac{b \cdot 2\pi}{173} + \frac{1}{20\,000}$$

10.4　电磁场与规范场的深度研究

非齐次方程的问题对应于物理上的有源问题，其求解与所取规范有关。近来，电磁场数学模型的恰当构造已被上海交通大学的杨本洛提出，然而，文献[25]、[28]中两个核心方程的自洽性有待进一步论证。本节从电磁势函数与 Maxwell 约束方程开始，试图对电磁场理论动力学方程进行再研究。本节不作展开，而是对 Maxwell 方程组的一个注记。作为杨本洛专著的批判性继承，我们拟对文献[25]、[28]最关键方程的逻辑自洽性给出分析，并给出逻辑自洽的回答。从某种意义上讲，Maxwell 方程组可作小的修改。

10.4.1　经典约束方程

在经典电磁场理论体系中，用以构造电磁波方程组最初的形式是 Maxwell 方程组

$$\begin{cases} \nabla \cdot \boldsymbol{E} = \dfrac{\rho}{\varepsilon_0} \\ \nabla \times \boldsymbol{E} = -\dfrac{\partial \boldsymbol{B}}{\partial t} \\ \nabla \cdot \boldsymbol{B} = 0 \\ \nabla \times \boldsymbol{B} = \mu_0 \boldsymbol{J} + \mu_0 \varepsilon_0 \dfrac{\partial \boldsymbol{E}}{\partial t} \end{cases} \tag{10.47}$$

由于磁场恒无散，因而引入了矢量势 $\boldsymbol{A}$，则

$$\boldsymbol{B}(\boldsymbol{r}, t) = \nabla \times \boldsymbol{A} \tag{10.48}$$

再形式地引入标量势 φ，相应满足式(10.48)关系：

$$\boldsymbol{E}(\boldsymbol{r},t)=-\nabla\varphi-\frac{\partial \boldsymbol{A}}{\partial t} \tag{10.49}$$

进而，将式(10.47)表示的 Maxwell 方程组转化为

$$\begin{cases}-\nabla^2\varphi=\dfrac{\rho}{\varepsilon_0}-\dfrac{\partial}{\partial t}\nabla\cdot\boldsymbol{A}\\ \nabla\times\nabla\times\boldsymbol{A}=\dfrac{1}{c^2}\left(\dfrac{1}{\varepsilon_0}\boldsymbol{J}+\dfrac{\partial}{\partial t}\nabla\varphi-\dfrac{\partial^2}{\partial t^2}\boldsymbol{A}\right)\end{cases} \tag{10.50}$$

经典电磁场理论体系中，通常使用两种不同的人为约定。第一种称为 Coulomb 规范，相应的基本方程(泛定方程)为

$$\begin{cases}-\nabla^2\boldsymbol{A}=\dfrac{\rho}{\varepsilon_0}\\ -\nabla^2\boldsymbol{A}+\dfrac{1}{c^2}\dfrac{\partial^2}{\partial t^2}\boldsymbol{A}=\dfrac{1}{c^2}\left(\dfrac{1}{\varepsilon_0}\boldsymbol{J}-\dfrac{\partial}{\partial t}\nabla\varphi\right)\\ \nabla\cdot\boldsymbol{A}=0\end{cases} \tag{10.51}$$

式(10.51)中，两个泛定方程直接处于耦合之中，两种势函数同样显式地处于耦合之中。另一种人为约定称为 Lorenz 规范，相应的支配方程存在为

$$\begin{cases}-\nabla^2\varphi+\dfrac{1}{c^2}\dfrac{\partial^2}{\partial t^2}\varphi=\dfrac{\rho}{\varepsilon_0}\\ -\nabla^2\boldsymbol{A}+\dfrac{1}{c^2}\dfrac{\partial^2}{\partial t^2}\boldsymbol{A}=\mu_0\boldsymbol{J}\\ \nabla\cdot\boldsymbol{A}+\dfrac{1}{c^2}\dfrac{\partial^2}{\partial t^2}\varphi=0\end{cases} \tag{10.52}$$

在这种情况下，式(10.51)和式(10.52)两个泛定方程已经不再耦合。因此，经典理论往往是更多地使用 Lorenz 规范。

文献[25]、[28]对下式(10.53)进行了合理推导，并就动态电磁场重新构造恰当的数学物理模型进行了若干思考。通过逻辑验证进而指出，如果能够将式(10.53)所示的波动方程称为一个“合理”的数学表达，那么只是逻辑地意味着该数学表述可以与某些特定的边界条件共同构造一个恰当的定解问题。此外，文献[25]还就其可解性提供了一个具有“独立”意义的双旋度波动方程以及其相关能够满足“可解性”要求的完整数学模型：

$$\begin{cases}\nabla\times\nabla\times\boldsymbol{\Psi}+\dfrac{\partial^2}{\partial t^2}\boldsymbol{\Psi}=\mu_0\boldsymbol{J}\\ \nabla\cdot\boldsymbol{\Psi}=\dfrac{\mu_0}{4\pi}\displaystyle\int_V\dfrac{1}{R}\nabla\cdot\boldsymbol{J}\mathrm{d}v\\ \boldsymbol{n}\times\nabla\times\boldsymbol{\Psi}=\mu_0\boldsymbol{J},\quad x\in\partial V\\ \boldsymbol{\Psi}=\boldsymbol{\Psi}_0,\boldsymbol{\Psi}'=\boldsymbol{\Psi}_0',\quad t=0\end{cases} \tag{10.53}$$

式中

$$\boldsymbol{\Psi}(\boldsymbol{r},t):\begin{cases}\boldsymbol{E}=\dfrac{\partial\boldsymbol{\Psi}}{\partial t}\\ \boldsymbol{B}=\nabla\times\boldsymbol{\Psi}\end{cases} \tag{10.54}$$

10.4.2 对经典电磁场理论体系电磁波方程的重新构造

首先，令 $\varphi_1(\boldsymbol{r},t)=\nabla\cdot\boldsymbol{A}(\boldsymbol{r},t)=\nabla\cdot\boldsymbol{\Psi}(\boldsymbol{r},t)$，式(10.53)中的第二式可写成

$$\varphi_1(\boldsymbol{r},t)=\nabla\cdot\boldsymbol{A}(\boldsymbol{r},t)=\frac{\mu_0}{4\pi}\int_V\frac{1}{R}\nabla\cdot\boldsymbol{J}\mathrm{d}v \tag{10.55}$$

式中，$R=|\boldsymbol{r}-\boldsymbol{r}'|=\sqrt{(x-x')^2+(y-y')^2+(z-z')^2}$，于是

$$\nabla^2\varphi_1(\boldsymbol{r},t)=\frac{\mu_0}{4\pi}\int_V\nabla^2\frac{1}{R}\nabla\cdot\boldsymbol{J}(\boldsymbol{r}',t)\mathrm{d}v \tag{10.56}$$

而 $\nabla^2\frac{1}{R}=-4\pi\delta(R)$，其中，$\boldsymbol{R}=\boldsymbol{r}-\boldsymbol{r}'$。

$$\nabla^2\varphi_1(\boldsymbol{r},t)=-\mu_0\int_V\delta(\boldsymbol{R})\nabla\cdot\boldsymbol{J}(\boldsymbol{r}',t)\mathrm{d}v'=-\mu_0\nabla\cdot\boldsymbol{J}=\mu_0\frac{\partial\rho}{\partial t} \tag{10.57}$$

这是作者完成的论证，杨本洛对他自己提出的人为假设到底意味着什么是不清楚的，至少是不知道它满足式(10.57)的微分方程的。杨本洛的人为假设就是逻辑不自洽的，至少某种意义上是的，当然并不排除在新的意义上将人为假设又自洽起来。作者认为，杨本洛能提出假设，就是了不起的，因为电磁场专业的很多人连问题都提不出。

由式(10.51)中 Coulomb 规范

$$\nabla^2\varphi=-\frac{\rho}{\varepsilon_0} \tag{10.58}$$

显然式(10.57)同式(10.58)都是求解过程中的人为假设。式(10.57)与 Maxwell 方程组的自洽性有待进一步论证。按杨本洛的立场，没有依据的人为假设就应该抛弃，更不应该提出。从这里可看出杨本洛的某些主张的不合理性，将他的主张用于他本人即可。作者认为，在科学研究的早期，做些不完全正确的假设是难免的，对前人的工作既肯定也要否定，这是通向真理的环节。

此处尝试提供一种新的计算方法，即联立双旋度波动方程与散度约束方程求解泛定方程。若令

$$\boldsymbol{E}=-\frac{\partial\boldsymbol{A}}{\partial t} \tag{10.59}$$

由式(10.48)、式(10.59)共同定义的矢量势 $\boldsymbol{A}$ 满足式(10.47)的第一和第二式。若矢量势 $\boldsymbol{A}$ 代入式(10.47)第四式，可得双旋度波动方程

$$\nabla\times\nabla\times\boldsymbol{A}+\frac{1}{c^2}\frac{\partial^2}{\partial t^2}\boldsymbol{A}=\mu_0\boldsymbol{J} \tag{10.60}$$

首先，对双旋度波动方程两边取散度

$$\nabla\cdot(\nabla\times\nabla\times\boldsymbol{A})+\frac{1}{c^2}\frac{\partial^2}{\partial t^2}\nabla\cdot\boldsymbol{A}=\mu_0\nabla\cdot\boldsymbol{J} \tag{10.61}$$

在式(10.61)中代入式(10.48)，并由矢量恒等式 $\nabla\cdot(\nabla\times\boldsymbol{B})\equiv 0$，得散度旋度方程

$$\frac{1}{c^2}\frac{\partial^2}{\partial t^2}\nabla\cdot\boldsymbol{A}=\mu_0\nabla\cdot\boldsymbol{J} \tag{10.62}$$

此外，若将式(10.59)代入 Maxwell 方程组(10.47)第一式，即 $-\frac{\partial}{\partial t}\nabla\cdot\boldsymbol{A}=\frac{\rho}{\varepsilon_0}$，两边同时

求时间导数

$$-\frac{\partial^2}{\partial t^2}\nabla\cdot \boldsymbol{A}=\frac{1}{\varepsilon_0}\cdot\frac{\partial\rho}{\partial t} \tag{10.63}$$

由电流连续性方程知

$$\frac{\partial\rho}{\partial t}=-\nabla\cdot \boldsymbol{J} \tag{10.64}$$

代入式(10.63)有

$$\frac{\partial^2}{\partial t^2}\nabla\cdot \boldsymbol{A}=\frac{1}{\varepsilon_0}\nabla\cdot \boldsymbol{J} \tag{10.65}$$

由于

$$c^2=\frac{1}{\mu_0\varepsilon_0} \tag{10.66}$$

式(10.66)代入式(10.62)，得

$$c^2\frac{\partial^2}{\partial t^2}\nabla\cdot \boldsymbol{A}=\mu_0\nabla\cdot \boldsymbol{J}\Leftrightarrow\frac{\partial^2}{\partial t^2}\nabla\cdot \boldsymbol{A}=\frac{1}{\varepsilon_0}\nabla\cdot \boldsymbol{J} \tag{10.67}$$

可见散度约束方程与双旋度波动方程自洽，且与 Maxwell 方程组也自洽。因而，此处提出将来的计算可采用以式(10.60)和式(10.62)代替式(10.63)联立求解建立数值模型。原因是式(10.62)与时间有关，式(10.53)与时间无关，式(10.62)是由微分表达式的局部关联，式(10.53)是由积分表达式的全局关联。局部关联易于构造差分格式，全局关联设计矩阵反演，不实用。

10.5　高斯定理的 30 年沉思：球面世界的哲学的画龙点睛

10.4 节论述了杨本洛对于 Maxwell 方程的“理性重建”的愿望，有其可贵的精神和勇气。但是他的重建基于流体力学的经验和类比(一种他比较反对的方法)，他所提出的约束条件正是一种他自己所反对的“人为假设”，在假设 Maxwell 体系无大错的前提下。当然在与 Maxwell 位移电流假设相对的意义上，也可以理解为基于杨本洛假设的不是 Maxwell 方程的新方程，这就构成对 Maxwell 方程的全盘否定。作者看来，这一努力是不成功的，因为杨本洛并没有得到新的方程(如果得到新的方程，新方程所预言的结果与已有实验结果的吻合将构成对杨本洛新方程的最大挑战，可惜的是挑战总比什么新东西都没得到好，杨本洛没有得到新的方程，实际上还是在 Maxwell 方程约束中的新的人为假设，可能有用，但与杨本洛反对人为假设的口号相悖)。双旋度方程虽然有待进一步研究，但 Maxwell 方程本身就是双旋度方程。Maxwell 方程的突破在于作者对高斯定理的沉思，新的物理被发现。Maxwell 本人只写出无源时的方程。有源情况下的方程由洛伦兹补充，有修改重写的余地。

众所周知，Maxwell 方程组(10.47)第一式是从静电场高斯定律由归纳推理得来。无疑，这种推导方式在动电学情况是可疑的。这对熟悉英国哲学家培根的归纳法的杨本洛来说应该是清楚明白的。此处采用动电学中的假设演绎得到此方程特殊的形式，即静电场情况下应满足的方程。

在式(10.63)为推导散射约束方程中，采用两边对时间取微分。这提供了一种思路，利用时间的微分对 Maxwell 方程中散度方程进行小的修改。不妨设 Maxwell 方程组中散度方程可改写为时间的微分形式

$$\begin{cases}\nabla\cdot\dfrac{\partial \boldsymbol{E}}{\partial t}=\dfrac{1}{\varepsilon_0}\cdot\dfrac{\partial\rho}{\partial t}=-\dfrac{1}{\varepsilon_0}\nabla\cdot\boldsymbol{J}\\ \nabla\cdot\dfrac{\partial \boldsymbol{B}}{\partial t}=\dfrac{\partial}{\partial t}\nabla\cdot\boldsymbol{B}=0\end{cases}\tag{10.68}$$

由第一式可知

$$\nabla\cdot\boldsymbol{J}=\nabla\cdot\left(-\varepsilon_0\cdot\frac{\partial \boldsymbol{E}}{\partial t}\right)=\nabla\cdot\left(-\frac{\partial \boldsymbol{D}}{\partial t}\right)\tag{10.69}$$

显然，该假设与 Maxwell 最初引入位移电流的定义是一致的。

从哲学的角度讲，归纳和演绎是人类思维从个别到一般，又从一般到个别的最常见的推理形式。文献[29]中散度方程是基于静电场实验定律总结得到，属归纳过程。而本书的散度方程与旋度方程严格自洽，并可退化到任意时谐电磁场，包括静态电场和静态磁场，属于演绎的过程。归纳的过程虽然能概括出同类事物的共性，但不能区分本质属性和非本质属性，也不能摒弃片面性和表面性，所得结论还不是充分可靠的，因此，归纳可以靠演绎来补充和修正。

式(10.68)中，本书提出并假设 Maxwell 方程组中散度方程在动电学中应当改写为更一般的微分形式，且可在静电场中演绎得到。下面对此动电学到静电学的演绎进行数学论证。即证明过程

$$\nabla\cdot\frac{\partial \boldsymbol{E}}{\partial t}=\frac{1}{\varepsilon_0}\cdot\frac{\partial\rho}{\partial t}\xrightarrow{\text{演绎}}\nabla\cdot\boldsymbol{E}=\frac{\rho}{\varepsilon_0}\tag{10.70}$$

Stratton 从式(10.68)出发，进行了一种演绎论证，如下：

$$\nabla\cdot\frac{\partial \boldsymbol{B}}{\partial t}=\frac{\partial}{\partial t}\nabla\cdot\boldsymbol{B}=0\tag{10.71}$$

显然，梯度算子和对时间的偏导数是可求的。不妨设在磁场中任意点的 $\boldsymbol{B}$ 及 $\dfrac{\partial \boldsymbol{B}}{\partial t}$ 都是连续的。故由式(10.71)可得磁场中任意点的 $\nabla\cdot\boldsymbol{B}$ 必为常量(理解可以为空间的任意函数)。若合理地进行假设最初形式的场的时刻不是无穷远，而此场在过去的某个时刻已经消失，那么此常量只能为零。由此可得结论 $\nabla\cdot\boldsymbol{B}=0$[29]。

然而，对上述推理中假定的常量，只能得知其为与时间无关的变量，至于这一任意空间的函数为何一定为零，Stratton 事实上并没有论述。

同理，对于

$$\frac{\partial}{\partial t}(\nabla\cdot\boldsymbol{D}-\rho)=0\tag{10.72}$$

如果认定在过去或者将来的某个时刻场有可能消失，那么必能得到 $\nabla\cdot\boldsymbol{D}=0$[29]。

显然，这一散度方程的推导过程也不是十分令人信服。可见，文献[25]、[29]提倡的逻辑审查工作在电磁场的一些问题中确实很有必要。

下面引入频域变换的方法对动力学中微分形式的散度方程到静电场时的散度方程的演绎，即对式(10.72)进行数学证明。

若令

$$\nabla\cdot \boldsymbol{D}(\boldsymbol{r},t)=\int_{-\infty}^{+\infty}\nabla\cdot \boldsymbol{D}(\boldsymbol{r},\omega)\mathrm{e}^{\mathrm{j}\omega t}\mathrm{d}\omega \tag{10.73}$$

$$\rho(\boldsymbol{r},t)=\int_{-\infty}^{+\infty}\rho(\boldsymbol{r},\omega)\mathrm{e}^{\mathrm{j}\omega t}\mathrm{d}\omega \tag{10.74}$$

则有

$$\frac{\partial}{\partial t}\nabla\cdot \boldsymbol{D}(\boldsymbol{r},t)\xleftrightarrow{\text{傅里叶变换}}\mathrm{j}\omega\cdot[\nabla\cdot \boldsymbol{D}(\boldsymbol{r},\omega)]$$

$$\frac{\partial}{\partial t}\rho(\boldsymbol{r},t)\xleftrightarrow{\text{傅里叶变换}}\mathrm{j}\omega\cdot[\rho(\boldsymbol{r},\omega)]$$

式(10.72)即

$$\int_{-\infty}^{+\infty}\{\mathrm{j}\omega[\nabla\cdot \boldsymbol{D}(\boldsymbol{r},\omega)-\rho(\boldsymbol{r},\omega)]\}\mathrm{e}^{\mathrm{j}\omega t}\mathrm{d}\omega=\int_{-\infty}^{+\infty}0\cdot \mathrm{e}^{\mathrm{j}\omega t}\mathrm{d}\omega \tag{10.75}$$

式(10.72)等号两边傅里叶变换相等，故

$$\mathrm{j}\omega\cdot[\nabla\cdot \boldsymbol{D}(\boldsymbol{r},\omega)-\rho(\boldsymbol{r},\omega)]=0 \tag{10.76}$$

当 $\omega\neq 0$，即 $\forall\omega\in(-\infty,-0^-)\cup(0^+,+\infty)$，其中 0^- 和 0^+ 均为大于零的任意正数，有

$$\nabla\cdot \boldsymbol{D}(\boldsymbol{r},\omega)-\rho(\boldsymbol{r},\omega)=0 \tag{10.77}$$

所以

$$\begin{aligned}
&\int_{-\infty}^{+\infty}\{\mathrm{j}\omega\cdot[\nabla\cdot \boldsymbol{D}(\boldsymbol{r},\omega)-\rho(\boldsymbol{r},\omega)]\}\mathrm{e}^{\mathrm{j}\omega t}\mathrm{d}\omega\\
=&\int_{-0^-}^{0^+}\{\mathrm{j}\omega[\nabla\cdot \boldsymbol{D}(\boldsymbol{r},\omega)-\rho(\boldsymbol{r},\omega)]\}\mathrm{e}^{\mathrm{j}\omega t}\mathrm{d}\omega\\
=&\frac{\mathrm{j}}{2}\int_{-0^-}^{0^+}[\nabla\cdot \boldsymbol{D}(\boldsymbol{r},\omega)-\rho(\boldsymbol{r},\omega)]\mathrm{e}^{\mathrm{j}\omega t}\mathrm{d}\omega^2\\
=&\frac{\mathrm{j}}{2}\int_{-0^-}^{0}[\nabla\cdot \boldsymbol{D}(\boldsymbol{r},\omega)-\rho(\boldsymbol{r},\omega)]\mathrm{e}^{\mathrm{j}\omega t}\mathrm{d}\omega^2\\
&+\frac{\mathrm{j}}{2}\int_{0}^{0^+}[\nabla\cdot \boldsymbol{D}(\boldsymbol{r},\omega)-\rho(\boldsymbol{r},\omega)]\mathrm{e}^{\mathrm{j}\omega t}\mathrm{d}\omega^2\\
\xrightarrow{\omega'=\omega^2}&\frac{\mathrm{j}}{2}\int_{0^{-2}}^{0^{+2}}[\nabla\cdot \boldsymbol{D}(\boldsymbol{r},\sqrt{\omega'})-\rho(\boldsymbol{r},\sqrt{\omega'})]\mathrm{e}^{\mathrm{j}\sqrt{\omega'}t}\mathrm{d}\omega'=0
\end{aligned}$$

由式(10.77)知 $\forall\omega'\in(0^+,\infty)$ 时，$\nabla\cdot \boldsymbol{D}(\boldsymbol{r},\omega')-\rho(\boldsymbol{r},\omega')=0$。故 $\forall\sqrt{\omega'}\in(0^+,\infty)$，即 $\forall\sqrt{\omega'}\in(0^-,0^+)$ 时可得

$$\nabla\cdot \boldsymbol{D}(\boldsymbol{r},\sqrt{\omega'})-\rho(\boldsymbol{r},\sqrt{\omega'})=0 \tag{10.78}$$

注意到 0^-，0^+ 的任意性和 $\omega'\to 0$ 时可推出 $\omega^2\to 0$ 的事实，$\forall\omega\in(0^-,0^+)$ 时，仍可得

$$\nabla\cdot \boldsymbol{D}(\boldsymbol{r},\omega)-\rho(\boldsymbol{r},\omega)=0 \tag{10.79}$$

综上所述，式(10.72)可演绎得出式(10.79)，而式(10.68)可看成一种与 Maxwell 方程本身自洽的一种建构式假设，如果 Maxwell 旋度方程被看成一种建构式假设的话。其中，$\omega=0$ 的条件正好对应时域中的静电场的情况。显然，静电场中式(10.79)是适用的。

关于高斯定理所含物理的无限丰富性，特别是与相对论的联系，与量子力学的联系，与规范场的联系已由作者全面揭示，并将陆续出现在美国的权威杂志上，这里只是一个摘要的先行发表。感谢本书前言提及的 Vasu 老师对作者的深刻影响。Vasu 曾对作者说“Maxwell 方程不要了，我们另搞一套”，说明 Vasu 对有源 Maxwell 方程可以修改的直觉

是对的，在承认无源 Maxwell 方程正确性（杨本洛试图否认这一点）的前提下，有源 Maxwell方程确实隐藏在高斯定理中的全局对称性或者说规范不变性已被作者挖掘出来了，可以认为本节工作是自有 Maxwell 方程以来，理论上电磁学研究的最重要的进展。以前看电磁场的书，从来就认为 Maxwell 方程本身已无改进余地。本节内容只有融入广义相对论的元素才可以完成。

10.6　基于规范势的广义变分原理与统一场论

文献[25]、[28]的一点小的不足已被作者给出解释并改正。伴随这一改正，Maxwell 方程的形式可作小的改动。文献[30]～[32]已展开了用矢量势求解电磁场问题的先驱性工作，根据本书作者与文献[30]～[32]的作者在加拿大期间面对面的交流，目前直接用矢量势求解电磁场问题在计算上是有些优势的。而本书提供了新的可计算的方程，所以，本书工作除了纯学术价值，在计算电磁学上也可以找到相应的应用，这些有待今后进一步展开。其实高斯定理中隐藏着相对论、量子力学和规范场论的秘密。问题出在当人们把高斯定理的积分形式转化成高斯定理的微分形式时，丢掉了很多的物理，或者说数学的恒等变形没有真实地反映物理实在的无限丰富性，是一种不可取的片面性。

将此研究再深入一步，还得到了正确列写的有限元变分泛函，这一成果已由作者和郭飞在加拿大开办公司准备解决实际问题，因涉及郭飞的商业秘密，这里就不细说了。

作者的结论是引力场是电磁场的规范场，因而统一场论中引力势的添加不影响电磁场的可观测量，所以作者的统一场论实为引力场中的电磁场。

通俗地说，电磁场演出的舞台是引力场，引力场为电磁场奠基。大数学家 Weyl 和爱因斯坦之所以不能完成引力场和电磁场的统一，是由于他们认为电磁场和引力场是平行的在场的层面的耦合。作者认为是在势的层面的耦合，而且引力场更为基本，没有空间的前提存在就没有电磁场。当然作者是站在新时代的地平线上，特别是熟知 AB 效应和杨振宁、吴大峻的工作，而在 Weyl 和爱因斯坦的时代这些工作都还没有。他们比作者更聪明，但也不能超越他们所处的时代。

10.7　统一无穷理论

10.7、10.8 和 10.9 节来源于文献上的一些碎片，但碎片在后现代哲学中被标榜为反体系，对体系偏好的读者还得读原著。目的是让读者在最短的时间内了解原著，特别是原著中与我们论题相关的内容的功能。读原著之先和之后看看本书评论也许对读者是有帮助的，这也是在有限篇幅内介绍原著的一种简便方法。

本节内容直接来源于何华灿、何智涛所著《统一无穷理论》[13]摘录而成，加上作者的改写和诠释。倪梁康说与其创造渺小，不如理解伟大。对于何华灿、何智涛的杰出作品，我们只能顶礼膜拜。

从前面几节的研究可以看出，物理学上确实存在潜无穷和实无穷的两类不同性质的问题。限于篇幅不可能详细论述，只摘录关键点并写下少量评论，目的有二：一是作为 10.1 节和 10.2 节的补充；二是支持并鼓励相关深入研究。

何华灿、何智涛写道："本来是大而无外的无穷大怎么能无限地升级？本来是小而无内的无穷小为什么仍然在无限地变小？整个信息科学已经被这种畸形的无穷理论压缩到了一个狭小的零级无穷空间内无法伸展，让人感觉窒息和无助。"

在10.1和10.2节的研究中本书作者也发现了已有无限理论的困境。

"无穷大的无限分层已被现代数学视为绝对真理，而无穷大只有一个的主张却成了异端邪说，无人敢恭维，甚至成了思想瘟疫，唯恐避之而不及。作者不得不去追溯数学发展史，看看今天的数学到底怎么啦？为什么会如此是非颠倒！"。

"惠施说：'至大无外，谓之大一；至小无内，谓之小一。'这表明他已经有了无穷大和无穷小的概念。庄子说；'一尺之锤，日取其半，万世不竭。'墨家则提出非半概念进行反驳，认为在无限分割的过程中，必将出现不可再分的非半来终止这个过程。这表明庄子已认识到无穷大和潜无穷过程的存在，墨家已认识到实无穷过程和无穷小的存在"。为什么会形成这样的奇特局面？作者的理解是：一方面数学的发展不可避免要一步一步地从有穷深入到无穷，从潜无穷深入到实无穷；另一方面，无穷的概念十分抽象，其性质十分复杂，很难一下子认识清楚，常常会挂一漏万，越具体深入问题越多。所以数学家们不得不谨慎行事，尽可能地把危险的实无穷拉回到相对安全的潜无穷，把陌生的潜无穷拉回到熟悉的有穷。

在10.1和10.2节本书作者发现有的物理问题是回避不了的实无穷。

"如公元前5世纪发生的第一次数学危机是因为发现了不可公度量$\sqrt{2}$。可是当时没有人能够说清楚无穷大和无穷小到底是什么，也没有人去大胆地研究无穷大和无穷小，而是不惜付出将数和量分离的巨大代价，通过建立比例论来允许几何中出现不可公度量，禁止在数中出现无理数的方法回避这个悖论，通过转换概念从形式上挽救了古希腊数学。"

"17世纪微积分出现后，由贝克莱悖论引发了第二次数学危机。这一事件再次提醒人们去研究无穷大和无穷小，但当时并没有人出来这么做，而是由柯西和魏尔斯特拉斯等人用体现潜无穷思想的ε-δ语言从形式上避免了无穷小量的直接出现，再次通过转换概念的方法回避了贝克莱悖论。"

20世纪初出现的第三次数学危机是由罗素悖论引起的，危机的真正根源是康托尔层次无穷理论允许无穷大不断升级，他用一个超穷基数组成的潜无穷序列$\aleph_i$，$i=0,1,2,\cdots$来代替无穷大∞的真实存在，实际上是在以实无穷之名，行潜无穷之实。罗素和策墨罗等人回避了这个本质问题，仅仅在形式上进行各种修补，这是第三次用转换概念的方法回避实质问题。

"本书提出了一个观察无穷问题的三维视角：数的数值维，数的编码高度维和无穷可达性维。通过这个三维视角，在承认潜无穷过程和实无穷过程都同时存在的大前提下，作者发现了完整的自然数数谱，以及将其翻译成单位区间实数谱、正实数谱等各种无穷集合的方法。在此基础上作者建立了科学的无穷概念，正面定义了无穷大和无穷小，提出了数的理想模型和规范模的概念，使许多捉摸不定的概念如无理数和超越数有了清晰完整的外在形象。"

"数学只能有一个无穷大，认为存在无穷多个越来越大的无穷大，这本身就是对无穷大概念的否定，在逻辑上是不成立的；无穷小(infinitesimal)和无穷大密切相关，是同一个无穷概念的两个不同侧面；层次无穷理论在引入'实无穷'概念的同时，已经造成了数学灵

魂的迷失，应该引起大家的注意。”(引自文献[13]第1页)

“凡是图灵机可计算的函数都是递归函数，凡是递归函数都是图灵机可计算的函数。能够采用递归算法描述的问题必须具有以下特征：

① 求解规模为 n 的问题 $P(n)$，可以分解成求解规模较小的问题。

② 可以从较小问题的解综合出较大问题的解。

③ 必须有能够终止递归过程的原子问题 $P(n_0)$ 存在。

递归算法的执行过程分为两个不同阶段，开始是递推阶段，负责把待解的问题 $P(n)$ 逐级分解为规模较小的问题。直到能直接得出解的原子问题 $P(n_0)$ 时，递推阶段结束，回归阶段开始。在回归阶段，将获得的原子问题 $P(n_0)$ 的解，代入综合公式逐级返回，依次综合得到较大问题的解，直到得出 $P(n)$ 的解为止。”(引自文献[13]第6页)

“当然，在 $2^{\aleph_0}=\aleph_0$ 得到数学界的公认后，肯定会有人出来建立基于 $2^{\aleph_0}=\aleph_0$ 的新自然数、新无穷集合、新集合论和公理化理论。到那时，一定会有数学家愿意出来把本书的观念、概念和理论进一步抽象化和公理化，形成严格的符合现代数学规范的统一无穷理论。”

“作者开始是为了搞清楚逻辑中的基本数学问题而对无穷理论产生了兴趣，发现了无穷概念与信息科学的密切关系。而后是根据计算机科学的基本原理和方法设计了各种无穷位计数器，发现了无穷编码的不变性(ICI 原理)。根据 ICI 原理，作者不仅明确了 $2^{\aleph_0}=\aleph_0$ 应该是无穷大的基本性质，而且发现了康托尔当年犯错误的根本原因。在 ICI 原理的基础上作者发现了完整的新数谱，提出了数的理想模型和统一无穷理论。到目前为止，已经利用它解决了实数可数性的证明，发现了无理数、有理数及超越数飞分布规律等重大数学问题。”(引自文献[13]第17页)

“如第一次数学危机的本质矛盾是因为发现了无理数 $\sqrt{2}$，它不能像有理数那样通过两个有穷整数的比值来精确地表示，而需要用精确到小数点后面无穷位的实数来表示，这与当时万物都是有穷整数及其比值的信念发生了不可调和的冲突。然而，所谓成功地解决了这次数学危机的办法不是直接承认有穷观的局限性，正面回到无穷大和无穷小到底是什么，而是把问题局限在几何量之内，用所谓的比例论含糊其辞地回避了无穷问题的出现，把矛盾化为无形。尽管当时的数学水平只能这样处理，用现代的眼光来反观历史，总结教训，那简直就是通过转换概念来回避实质问题的错误行为，其历史代价是造成了代数中的‘数’和几何中的‘量’被长期地分离，作为数学王国中的一对双胞胎，‘无理数’的生日比‘物理量’的生日竟然晚了2000多年！在第二次数学危机中，我们又一次看到了类似的错误出现。本来，第二次数学危机的本质矛盾是潜无穷观已经无法满足变量数学的发展需求，人们发现了非常有用的实无穷小量分析工具微积分，只是由于说不清楚为什么实无穷小量它既不是0，有时又必须是0，与形式逻辑发生了不可调和的矛盾。然而，所谓成功解决了第二次数学危机的方法不是直接承认潜无穷观的局限性，正面回答实无穷小量到底是什么，而是用体现潜无穷思想的 ε-δ 语言回避了实无穷小量的直接出现。为什么人们辛辛苦苦通过实无穷概念建立了微积分和数学分析，然后又必须在基础严格化的名义退回到潜无穷，这又是一次通过转换概念来回避实质问题的错误行为，为此数学将付出什么样的历史代价？作者在研究统一无穷理论时认真地思考了这个问题，得出的结论是：柯西一魏尔斯特拉斯用一个体现潜无穷思想的 ε-δ 语言来代替实无穷概念的直接出现，虽然暂时避免了贝克莱悖论，从形式上解决了第二次数学危机。但它同时也树立了一个通过潜无穷过程直接得出实无穷结果的错误先例，混淆了潜无穷和实无穷的界限(皮亚诺提出的五条自然数公理是制造这种混淆的思想基础)，为层次无穷概念和理论的出现开辟了道路，推迟了人们对科学无穷概念的认识进程，其历史代价同样十分昂贵。”(引自文献[13]第 48 页)

“1931 年哥德尔在‘论《数学原理》及其关系中的形式不可判定命题’一文中证明：任何一个足以包含自然数算术的形式系统，如果它是相容的，则必定存在一个不可判定的命题，即存在某一命题 S，使 S 和 S 的否定在这个系统中都不可证。也就是说，这个形式系统一定不完备。后来称这一结论为哥德尔第一不完全性定理。这个定理表明，虽然在一个形式系统中可证的命题一定是真命题，但是真命题却不一定在这个形式系统中可证。任何一个形式系统都不能包含全部的数学真理。后来哥德尔又提出了第二不完全性定理：如果一个足以包含自然数算术的公理系统是无矛盾的，那么这种无矛盾性在该系统内是不可证明的。这意味着，希尔伯特希望证明的自然数系统的无矛盾性，答案是完全否定的：即便初等算术系统是无矛盾的，这种无矛盾性在系统内也无法证明。希尔伯特纲领走到了尽头。这两个定理合称为哥德尔不完全性定理，揭示了形式化方案不可避免的局限性，即相容的系统不一定完备，完备的系统不一定相容。哥德尔不完备性定理粉碎了希尔伯特纲领，在哲学上也有大的用途，与现代哲学大有关联。”(引自文献[13]第 68 页)

“作者走过的无穷探索之路其实很平凡、也很直观，那就是从自然数和数学产生的源头进位制计数器开始，研究‘什么是 1,2,3’、‘为什么 1+2=3’。关键是你要在计数器上勇敢地从有穷走向无穷、耐心地从潜无穷走到实无穷。一旦你真正到达了计数器的无穷境界，一切就真相大白了：原来，从潜无穷到实无穷并非一步之遥，它们中间存在漫长的过渡过程。在自然数的十进制表示中，同样一个整数的自然数集在形式上有两个完全不同的势 ∞ 和 10^{∞}，由此可见，康托尔的 $10^{\aleph_0} > \aleph_0$ 和超穷基数理论完全是一种误解。他利用这两个形式上不同，而实质上相同的无穷大制造了一个数学魔术。当然，他不是在有意地骗人，但确实产生了魔术般的虚幻效果，逃过了许多造诣很深的数学大师的慧眼。其实，$10^{\omega} > \omega$ 是自然数在趋近无穷过程中一直都具有的性质，但它不是 ∞ 本身的性质，因为 ω 只是过渡过程中的趋近无穷自然数，根本不是真正的无穷大。当然，这需要特别借助于计数器这个古老的数学工具和现代图灵机给作者的耐心、勇气和想象力。只有这样，你才有可能看到无穷大的各种奇妙景观。”(引自文献[13]第 95 页)。面向事情本身的治学方法有其优越性。

“作者的研究路线是首先利用自然数的排序性把实无穷大概念准确地建立起来，并认为在讨论所有Ⅱ类问题时，进入的是一个实无穷过程，在这个过程中实无穷大是一个可达的极限目标。而在讨论所有Ⅰ类问题时，实无穷大只能是一个可以无限地接近，永远不可到达的极限目标。这就是说，被趋近的极限目标只能是一个，而趋近极限目标的方式却有两种，即可达、不可达。这个思想为全面认识自然数及其增长极限 ∞ 打开了一扇新的窗口，发现了自然数的第三个维度可达性(见文献[33]第 109 页图 4-13)。在扩大了的三维视野中，自然数不仅有数值的不同，编码长度的不同，还有可达性不同。”

“统一无穷观的核心思想是：只允许有唯一一个 ∞ 存在，并承认有两种趋近于无穷大 ∞ 的方式 $n \to \infty$ 和 $n = \infty$，它们可以同时存在，和平共处。”(引自文献[13]第 109 页)

“现在通过实无穷位理想计数器得到了完整的自然数谱

$$[0,[1,\text{有穷自然数}],[\text{趋近无穷自然数}],\infty]$$

这个完整的自然数谱反映了人类认识自然数的全过程：从 0 到 1 是从无到有的飞跃，它标志着认识有穷自然数的开始，1 是最基本的有穷自然数，叫生成元。在 1 的基础上不断 $+1$，所有的有穷自然数都可以产生出来，无穷无尽。这是认识自然数概念过程中的第一次质变，于是形成了在有穷视野下的有穷自然数观和潜无穷观，它们都认为人类的认识极限只能达到有穷自然数增长的内极限 $\tilde{\omega}$，也就是十进制编码中连续 $\tilde{\omega}$ 位的 9，即 $\tilde{\omega}=[\underline{9\cdots9}]$，至于 $\tilde{\omega}$ 的后继 ω 或者无穷大 ∞，那些都是人类认识极限以外的虚幻概念，不能真实地出现在自然数谱之内。这是人类认识自然数的现实主义阶段。人类认识自然数的第二阶段是由变量数学开启的超现实主义阶段，它突破了 $\tilde{\omega}$ 不可超越的认识局限性，大胆地进入到超穷自然数的领地。正是由于承认了无穷大 ∞ 的可达性，把它应用到 ∞ 位理想计数器上，让 ∞ 位参与计数过程，人们才看到了自然数突破有穷自然数内极限 $\tilde{\omega}=[\underline{9\cdots9}]$ 后的情景：首先是 $\tilde{\omega}$ 的后继 $\omega=[\underline{9\cdots9}]^{+}=(\underline{0\cdots0}1[\underline{0\cdots0}])$ 出现了，它是第一个超穷自然数（趋近无穷自然数）的编码。通过继续不断地 $+1$ 操作，可以形成无穷多个越来越大的超穷自然数（趋近无穷自然数），其中最大的趋近无穷自然数是 $\propto=(\underline{9\cdots9})$；在 $\propto=(\underline{9\cdots9})$ 基础上继续 $+1$，自然数编码的极限状态 $\infty=(\underline{9\cdots9})^{+}$ 终于出现了，它是最大的超穷自然数无穷大。从 $\tilde{\omega}$ 到 ω 是潜无穷过程的飞跃，是跨越有穷自然数范畴认识超穷自然数的开始，从最小的超穷自然数 ω 到最大的超穷自然数 ∞ 标志着对自然数认识过程的最后完成。这是认识自然数概念过程中的第二次质变，于是统一无穷概念和完整的自然数谱就这样配套成龙地形成了。这些都是有穷数观和潜无穷观根本看不到也不敢相信的事实，它们确确实实在实无穷位理想计数器中出现了。历史上所有对科学无穷概念认识的局限性，一个一个都发生在从 $\tilde{\omega}$ 经过 ω 和 $\propto$ 到 ∞ 的区间内，没有完整的自然数谱概念，就无法认清和纠正这些局限性。”（引自文献[13]第 131 页）

作者主张按照实无穷位计数器的编码原理将 $2^{\infty}=\infty$ 规定为无穷大的第五个基本运算性质，其好处是能够消除这个形式上的差别，把这个形式矛盾封闭在无穷大概念的内部，使其不能在数学中任意扩散，引起各种逻辑矛盾；否则，就会引出无限多个超穷基数和无限多个负超穷基数。为了上述目的，引入如下的无穷编码公理。

“无穷编码公理　∞ 位二进制计数器生成全部编码形式上有 2^{∞} 个，其实 2^{∞} 就是对第 ∞ 个输入脉冲的编号，$2^{\infty}=\infty$ 是无穷大的基本运算性质。以后特称无穷编码公理为无穷编码的不变性（infinite coding invariance，ICI）原理。”（引自文献[13]第 145 页）

“有了康托尔大量奠基性的研究成果作基础，要论证无穷大的唯一性就比较容易了，只需要继续证明实数可数，$\dfrac{2^{\aleph_0}}{\aleph_0}=1$ 成立即可，用矢量性质的 $\aleph_0$ 去测量最大的子集 $2^{\aleph_0}$，其值为 1，对应于物理学上的光速不变原理。”（引自文献[13]第 157 页）

“康托尔是第一个在数学中系统建立现代无穷理论的大无畏的探索者和奠基人，他仍然是并且永远是作者崇拜的偶像，作者只是在他的基础上前进了一小步，继续证明了 $2^{\infty}=\infty$ 的成立，因而可以完全确定实无穷大是一个唯一存在的数。数学本来就是发展中的学问，任何人的思想都存在时代的局限性，后人不断地超越前人是理所当然的正常现象。”（引自文献[13]第 158 页）

从幂集看更好，∞ 个元素的最大子集等于 2^{∞} 个元素，两者都是最大，应该相等。因为有一一对应，所以势相等（详见文献[13]第 165～167 页），在文献[13]上还有好几种证明，在作者的会议文集中有一较短证明。

“传统观念认为，自然数是按照＋1 方式线性增多的，而单位区间实数是按照几何级数非线性增多的，它们有本质的不同。本模型打破了这个偏见，可帮助读者深入理解 $2^{\infty}=\infty$ 的原因。一方面，从观察者 A 的视角所看到的自然数集的生成过程，确实是一个线性增长过程，后继操作主宰了这个线性增长过程，但计数器中同时存在的另一个操作被人们忽视了，那就是进位操作。计数器最高位每上升一位，它能够生成的自然数数目就会倍增，这是一个几何级数式的增长过程。另一方面，从观察者 B 的视角看到的单位区间实数集生成过程，确实是一个几何级数式增长的对分过程，计数器的进位操作主宰了这个过程，但计数器中同时存在的后继操作也被人们忽略了，对分操作是一个粗分操作，数的细致区别是有 2 后继操作完成的。可见，传统观念的片面性是只强调了自然数线性增加一面和单位区间实数的几何级数增加的一面，并且把两者完全对立起来。这是一个历史性的错误，影响十分深远，必须彻底纠正过了。”（引自文献[13]第 171 页）

利用进位制编码形式表示的完整的单位区间实数集 $\mathbf{R}_1$（见文献[13]第 183 页式(6-1)），可以详细地了解完整的单位区间实数谱 $\mathbf{SR}_1$ 的结构（见文献[13]第 184 页图 6-16），即

$$\mathbf{SR}_1:[0,\delta,[\text{趋近无穷小数}],[\text{有穷小数}],1]$$

有了完整的单位区间实数谱，对正实数的小数部分就有了完整的认识。完整的自然数谱代表了正实数的整数部分的详细情况，所以直接将完整的单位区间实数谱和完整的自然数谱合并，就可以得到完整的正实数谱，详见文献[13]第 185 页。

① 完整的自然数集都需要一个实 ∞ 位计数器来进行编码，编出的不同符号串代表不同的自然数。

② 完整的自然数集包括开始状态 0、生成元 1、有穷自然数和超穷自然数四部分，它们都是无穷位的编码符号串。如果允许把有穷数中的无效位省略，则它们都是有穷位编码，存在于现实世界中，而超穷自然数全部是超穷位编码，存在于超现实世界中。

③“所有”有穷自然数组成的数列其实是一个开放的潜无穷序列，不是无穷集合，只有可以最后完成的实无穷过程才能生成无穷集合。

④ 在超穷自然数中去掉无穷大 ∞，余下的部分叫趋近无穷自然数。

⑤ 用点集形式表示自然数时，它的增长极限是 ∞；用二进制编码形式表示自然数时，它的增长极限是 2^{∞}，这是同一个无穷大的两种不同表现形式，其实对第 ∞ 个计数脉冲的编号就是 2^{∞}。

尽管在完整自然数谱中有六个极限数 $0, 1, \tilde{\omega}, \omega, \propto, \infty$，但是允许在不产生二义性的场合下省略极限数 $\tilde{\omega}, \omega, \propto$，而简写出 $\mathbf{N}=\{0,1,\cdots,n,n+1,\cdots,\infty\}$ 的形式。（引自文献[13]第 195 页）

10.8 庞加莱猜想的数学证明

庞加莱猜想的数学证明挑战人类智慧 100 多年，最后由苏联数学家、奥林匹克数学竞

赛第一名，经过 10 多年的努力，特别是得到偏微分方程女数学大师指导以后才最终完成证明。

庞加莱猜想是关于宇宙形状的，是从三维空间二维球面上每一点对应于复平面上一点联想而提出的，我们的介绍基于文献[33]和[34]。从文献[34]摘录的几个段落如下：

“二维流形，或曲面的拓扑早在 19 世纪就已经清楚了。事实上，可用一个简单的表列出所有可能的光滑紧可定向曲面。对任何一个这种曲面可以定义一个亏格 $g \geqslant 0$ 。取值于非负整数，直观上亏格可理解为洞的个数(图 10.2)，两个这种曲面之间可以光滑的方式建立 1-1 对应的主要条件使它们的亏格相同。

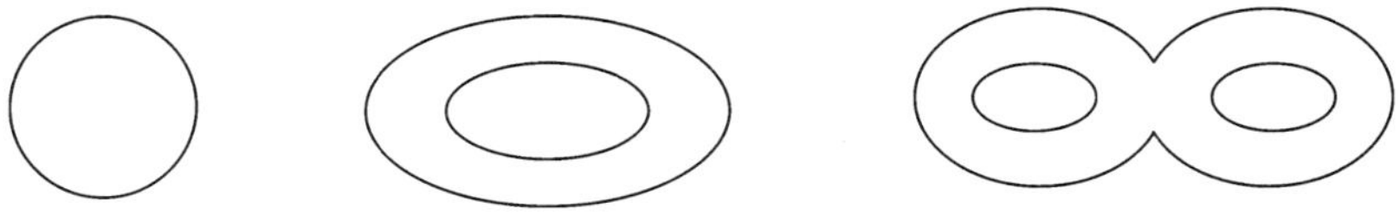

图 10.2　亏格为 0,1,2 的曲面的简图

高维的相应问题要困难得多。庞加莱可能是第一个试图对三维流形作类似研究的人。这种流形的最基本的例子是三维单位球面，即四维欧式空间中离原点距离恰为 1 的所有点的集合：

$$x^2 + y^2 + z^2 + w^2 = 1$$

他注意到二维球面区别于其他曲面之处在于球面上的每条简单闭曲线都可以在球面上连续地形变收缩到一个点。1904 年，他提出了三维情形的相应问题。用更现代的语言，可表述如下：

若一个光滑紧三维流形 M^3 具有如下性质：这个流形中的每个简单闭曲线可以连续地收缩到一个点，M^3 同胚于 S^3 吗？

他以很高的预见性评论道：‘但是，离我们解决这个问题还相当遥远’。自此以后，每个单连通闭三维流形同胚于三维球面这个假定便以庞加莱猜想而知名，它一直激励着拓扑学家们，试图证明这个猜想的许多努力也使我们得以对流形的拓扑有更多的了解。”(引自文献[34]第 113 页)

“在二维流形，每个光滑紧曲面具有一个漂亮的几何结构，这个几何结构在亏格为 0 时是正常曲率的球面，在亏格为 1 时是曲率恒为平坦环面，而当亏格大于等于 2 时，是曲率为负常数的曲面。William Thurston 1983 年的一个影响广泛的猜想断言，类似的事情在三维也是对的。他的猜想断言，每个可定向的三维紧流形可以沿二维球面的环面切开，从而分解为一些本质上唯一的面。它们中的每一块都具有一个简单的几何结构。在 Thurston 的纲领中，有八个可能的三维几何。其中六个现已充分了解了，而且在负常曲率几何方面也取得很大的进展。但是，对应于正常曲率的第八种几何却还少有研究。对于这种几何，我们有下述庞加莱猜想的推广：

Thurston 椭圆化猜想　每个具有有限基本群的闭三维流形有一正常曲率的度量，因而它同胚于商空间 S^3/Γ，其中 $\Gamma \subset SO(4)$ 为一个自由作用在 S^3 上的有限旋转群。

庞加莱猜想对应于特殊情形($\Gamma \approx \pi_1(M_3)$ 为平凡的情形)。SO(4) 的所有子群 Γ 在很久以前已由 Hopf 分类，但是这个猜想却远未解决。”(引自文献[34]第 116 页)

“任何二维空间(即任意曲面)可以被按摩成在各处均具有相同类型的曲率：或都为负，或都为正，或是平坦。这种‘几何化’的曲面具有的曲率越负则它具有的洞越多。一个推论是，一个无空洞的曲面必是正向弯曲的，因此拓扑等价于一个球面。

Thurston 寻求把黎曼的定理带到三维空间，即他的‘几何化猜想’，因为三维空间远比二维空间复杂，数学家们不能按黎曼那样把它们熨烫成常曲率。在 20 世纪 70 年代后期，Thurston(那时他在 Princeton 大学)转而提出他们可以做成几乎一样好的事。他猜想，在适当的地方进行切割，他们可以把任何三维空间分成若干片，它们可以转换成八种非常标准的几何之一，这些几何涉及的范围从双曲的(负向弯曲)到球面的(正向弯曲)。上述猜想如果为真，则几何化猜想就会给数学家们某种‘周期表’，用来对三维空间分类。它也会立即解决了庞加莱猜想。因为七种非球面的几何中每一个都将留下泄露其真面目的拓扑指纹，于是那个没有识别记号的空间就会是球面。证毕。但是如何证明此猜想呢?”(引自文献[34]第 122 页)

换言之，平面上的每个简单闭曲面(即同胚于圆周的曲线)分平面为两部分(内部与外部)。这就是著名的约当(Jordan)定理。(引自文献[34]第 306 页)这是数学上最为典型的显然而难以证明的问题，要经过较深入学习代数拓扑学后才能证明。

“庞加莱猜想 高维拓扑学可以说是从庞加莱的问题开始：一个闭的三维空间，若其上的每条闭曲线都可以连续收缩到一个点，那么从拓扑上来看，这个空间是否就是球面？这个问题不仅是一个著名的难题，而且是三维拓扑理论的中心问题。”(引自文献[34]第 820 页)

“三维空间的结构 几何化猜想(Thurston)：三维空间的结构是由如下的基本空间所合成：一，(庞加莱猜想)如果三维空间上每条闭环路都可以收缩到一个点，那么这个空间就是三维球面。二，(空间形式问题)将三维球面上的点等同起来得到的空间。这由线性等距的一个有限群所支配，类似于晶体的对称。三，Seifert 空间极其类似于二，用有限群得出的空间。四，(Thurston 猜想：双曲空间)边界由环面构成的三维空间，空间中的每个二维球面都是某个球的边界，每个不可压缩的环面可以用适当的方式形变到边界；这种空间被猜想为带有常负曲率的空间，并且可以通过双曲球的一个离散对称群得到。”(引自文献[34]第 824 页)

文献[33]谈论一个单独的问题，也就是庞加莱猜想的提出和数学证明，它由天才的法国数学家庞加莱在 1904 年提出。文献[33]是为具有高中几何知识和有求知欲的人所写。正如该书作者在中文版序中所言：

“近百年来，没有人能指出这个猜想是对还是错。数百位数学家在试图证明或推翻该猜想的道路上无功而返，数学文献中也包含了许多有错误的解答。庞加莱猜想中蕴含的数学和发生的故事证明了数学思想的能量和普适性。它们是我们共有的人类遗产并将属于每一个人。”(引自文献[33]中文版序)

本章的标题——球面世界的哲学，当然源于对于地球表面形状的哲学研究，毕达克拉斯第一次告诉自己的学生地球是球体，人类自然也就生活在地球的表面，之前先哲泰勒斯和阿纳克西曼德也思索过地球的形状。

亚里士多德认为地球是球形，太阳和月亮都绕着地球转动。到了哥伦布的时代，几乎所有人都相信地球是球形，因为当船只从远处驶入视线时，首先看到的是桅杆，然后才是船只的其余部分。

17 世纪最贵的多卷本《大地图册》(Atlas Major)将地球表面用很多张地图(平面图形)来表示，这是现代微分几何中流形的原型，最关键的思想是二维流形或曲面。我们说一个二维流形或曲面是这样的一个数学研究的对象，如果其上的每个区域都可以在一张纸上用某种地图表示出来：

“这样一系列能够覆盖曲面，并且使得曲面上每一点至少落在其中一张纸上的地图集合就被称为地图册(atlas)。因此一个二维流形或曲面就是一个能够用地图册表示的物体。

首先，二维流形是用来将物理实在理想化的数学对象。我们说地球是球形的时候，我们实际上是说球面这个数学对象是地球表面的一个很好的模型。注意此处的球面(sphere)指的是球体的外表面或外部曲面，我们并不涉及球面内部的东西。因此当我们说地球是球面时，排除了地表之下的石层及熔岩等物质。与之类似，一个环面指的是任何类似于面包圈表面的二维流形，它也不包含内部。我们从谨慎定义中得到的更高的精确度带来了存在某些奇怪对象的可能性，我们必须注意不要将物理上的描述和数学上的描述混淆起来。对我们而言，一个二维流形是具有如下属性的点的集合，其中的点附近的所有点都可以表示在一张地图上，仅此而已。尽管并不是所有的二维流形都是某个固体的表面，数学家仍然用曲面(surface)一词作为二维流形的同义词；并且在流形上并不是总能够定义左或右。不管怎样，我们最终证明任何可以一直地定义左和右的二维流形均可以表示为某个固体的表面，反之亦然。这样的二维流形称为可定向的(orientable)。”(引自文献[33]第 26 页)

“维数指的是在物体上用来表示给定点附近所有点所需要的独立方向的个数。我们称一个二维流形是有限的(或列紧的)，如果仅仅需要有限张地图就可以覆盖它。”(引自文献[33]第 27 页)

“如果流形上的每个圈都能收缩成一点，我们称这样的流形为单连通的(simply connected)。由于有了二维流形的分类定理，我们知道球面是唯一的单连通二维流形。三维流形是用来为宇宙建模的数学对象。有一类特别好的三维流行被称为三维球面(three-dimensional sphere)，它是有限的、没有边界的，并且其上的每个圈都能收缩为一点。庞加莱猜想断言它是唯一的、单连通的三维流形。这究竟意味着什么？三维球面到底是什么？”(引自文献[33]第 36 页)

“和我们处理地球的方法是一样，宇宙的地图册也是一系列地图的集合。但是宇宙某个区域的地图将不再是一片长方形的纸，它可能更像是一个装满纯净液晶的固体玻璃盒(想想水族馆或者透明鞋盒)，其中发亮的液晶元对应着行星和恒星。

一本宇宙的地图册将会是一些这样的透明鞋盒地图的集合，宇宙的每个区域至少被含于一幅地图。”(引自文献[33]第 37 页)

“更为麻烦的是，我们根本无法跳出宇宙之外，这是地球和宇宙的重要差别。即使我们能够走出宇宙，由于宇宙是三维的，我们也至少应在四维空间中才能够看到它并想象宇宙的整体形状。”(引自文献[33]第 38 页)

“用来描述宇宙形状的数学对象是三维流形。它是这样一个集合，其中属于某一区域的每个点都能被映到一个透明水族箱或鞋盒中的点。换句话说，包含任何点的区域看上去都是空间而不是平面。和以前一样，我们用地图册表示一组完整的地图集合，即属于某个区域的每个点都能够被一幅地图所覆盖。因此一个三维流形就是一个能被地图册中的所有地图覆盖的物体。”(引自文献[33]第 41 页)

庞加莱猜想是如下的断言：其上任意闭路径均能收缩为一点的紧三维流形在拓扑意义下等同于(也就是同胚于)三维球面。(引自文献[33]第 52 页)

“一旦我们定义了距离，我们就有直线。它们是测地线：连接两点间最短距离的线。欧式几何并不是天赐的。”(引自文献[33]第 102 页)

“黎曼演讲的主要观点：

① 必须将数学本体从物理本体中区别出来。黎曼设定讨论的仅仅是数学对象。

② 对不同数学空间的探讨会为宇宙可能有的形状提供可能的模型，并防止我们被过度保存的先入之见所阻碍。

③ 连续空间可以有任意维度，也可以是无穷维的。

④ 必须区分空间的概念与具有几何结构的空间概念。同样的空间可能有不同的几何结构。几何是附加在空间上的结构。今天，我们必须学会区分拓扑结构与几何结构。

⑤ 流形包括了一类特别好的空间——它们是可以被绘出地图的空间，也就是说在每个点的附近，其上的点可以和数的 n 元组构成一一对应。它们是可以在其中进行微积分计算的空间。

⑥ 确定流形上几何结构的一种有效方法是找到某种方法去测量物体沿着曲线运动时的速度。不同点处的速度会不一样。黎曼建立了能够进行测量以及后续计算的微积分工具。特别地，我们可以定义直线并测量角度。曲率度量了三角形内角和偏离 180 度的程度。

⑦ 一类好的流形以及它上面的几何结构是那些具有常曲率的流形。这是仅有的容许刚体变换(物体的长度和角度都不会改变)的空间，也是所有空间中最对称的空间。”(引自文献[33]第 115 页)

“黎曼的优秀在于他正确地区分了物理实在和数学实在，这一点常常被人们所忽视。我们再也不必小心提防或者担心这样或那样的曲面是否能够真正明确地构造出并嵌入到三维空间，这一点是极大的解放。”(引自文献[33]第 118 页)

“在爱因斯坦的广义相对论中，由加速度产生的力与引力产生的力并无区别，因此是等价的。如果某人将自身看做相对于某固定参照点作加速运动，那么他会将感受到的力表示为来自于加速度的力。如果某人将自己看做相对于某固定参照点静止，那么他会将这个力表示为引力。加速度总是相对于某个其他事物而言的，由加速度带来的力和引力是等价的。爱因斯坦将引力表示为时空的弯曲(按照黎曼的理论，曲率是用来表示在任何可能的、相对于观测者的定向下测地线三角形内角和偏离 180°的张量)。爱因斯坦方程描述了在含有物质的情况下曲率张量会发生什么样的变化。物质令时空弯曲。”(引自文献[33]第 178 页)

“但是广义相对论的方程是微分方程且适用于小范围的时空。拓扑学则适用于大范围空间(以及时空)结构。谁也没有想到庞加莱猜想和广义相对论之间或许存在着联系。”(引自文献[33]第 179 页)

“四维球面的庞加莱猜想在 20 年后的 1982 年，被当时加州大学圣地亚哥分校、曾任职于微软公司的迈克尔·弗里德曼(Michael Freedman)用完全不同的方法证明。弗里德曼在此问题上进行了八年的研究，他将所有紧的四维单连通流形进行了分类。在四维欧氏空间中存在着无穷多种不等价的微分结构！换句话说，在四维欧式空间中存在着无穷多种不可比较的进行微积分计算的方法。这和其他维数形成了鲜明的对比：对于除了四之外的维数，那些维数的欧氏空间上仅有一种微分结构（也就是，在 n 元实数组构成的空间中，n 为除了 4 之外的任意正整数）。

宇宙是一个三维流行，我们生存在其中。如果其中的每个闭圈都能收缩成一点，那么它是球面吗？很难想象有比这更简单的关于宇宙的问题了。"（引自文献[33]第 193 页）

"瑟斯顿问自己，人们所谓的特别美妙的几何结构到底意味着什么？对于二维情形，它指的是许多不同定义之间的相容。常曲率意味着在所有点、所有方向上测量长度和角度遵循相同的原则。在三维情形，存在着数种可能的定义，它们之间互不相容，并证明了相对于二维世界中的三种几何结构，三维世界中存在着八种，且仅仅只有八种不同的几何结构。除了球面、平直和双曲几何结构之外，某些混合型几何结构存在于非常特殊的空间中。"（引自文献[33]第 197 页）

"然而，瑟斯顿猜想任何三维流形都可以以某种本质上唯一和自然的方式沿着二维球面和环面被切成小片，所得到的每一片都具有八种几何结构中的一种。他自己可以证明对很大一类三维流形该猜想成立。瑟斯顿所称的几何化猜想（geometrization conjecture）蕴含着庞加莱猜想。"（引自文献[33]第 198 页）

"时间并不是参数，尺度才是——我们的空间不是用具有度量的流形来描述，而是通过由里奇流方程所联系的同一层次的流形与度量来描述。这种基本观念上的改变再现了黎曼的就职演讲。这种数学才是属于新世纪和新千年的数学，但是度量层次的概念却很合黎曼的心意。

佩雷尔曼写道：'这里我们碰到了一个矛盾：这些在大的距离尺度下看上去相距很远的区域会在小一点的距离尺度之下变得靠近，如果我们进一步允许里奇流通过奇点，那么那些在大的距离尺度下存在于不同连通分支的区域也许会变得相邻……'这听起来好像就是科幻小说。然后，回归现实，他写道：'总之，这个存在于里奇流与重整化群（renormalization group，RG）流之间的联系表明里奇流一定是类梯度（gradient-like）；现在的工作证实了这一点'，很好，基本上已经回归了现实，相对而言，梯度流更容易被理解，但是说里奇流可以被看做是梯度流则表明了另一个深刻的见解。佩雷尔曼大致地描述了论文的结构，并说明前面十节可应用于任意维度，并且关于曲率没有任何假设，最后三节则与哈密尔顿研究几何化猜想的想法有关。'最后，在第 13 节我们给出几何化猜想的一个简略的描述。'他承诺不久给出第二篇有着更详尽细节的论文。

实际上，佩雷尔曼说得足够多，'我已经证明了理查德·哈密尔顿关于里奇流的几乎所有猜想。哦，顺便说一下，这就是说我已经证明了几何化猜想，因而也证明了庞加莱猜想。但是真正有意思的是，我证明了里奇流具有某些在所有维度都成立的性质，这是以前从没有人注意过的，并且它们有着令人惊讶的推论。'"（引自文献[33]第 212 页）

"最后一点，佩雷尔曼隶属于圣彼得堡科学院斯捷克洛夫研究所数学物理小组。这是一个具有历史传奇的小组，它为我们理解偏微分方程做出了决定性也是奠基性的贡献。该小组的领袖人物一直是奥尔加·拉德任斯卡亚（Olga Ladyzhenskaya），直到她 2004 年去世。这位集美丽与天才于一身的数学家将自己的一生奉献给了数学，而她的父亲在斯大林统治时期未经审判被处决。几乎很难见到像这样聚集一群学者：他们关注于理解含里奇流在内的非线性抛物型方程解的行为的细微之处；更不可能有一位这样有才能、有激情以及全身心奉献的领导者。"(引自文献[33]第 216 页)

黎曼首先区别了空间和几何。几何是空间上的附加结构，几何学是流形上附加的结构，它定义了流形上任意两个点之间的距离，几何通常用于描写物理问题，空间奠基于经典数学。

10.9 庞加莱猜想的物理对应：猜想的宇宙学或自然哲学模型

庞加莱猜想已被数学家严格证明，然而庞加莱猜想中的四个变量一定就是时间和空间吗？作者的回答是否定的。

作者认为庞加莱猜想是基于绝对时空的宇宙模型，根本上不同于爱因斯坦的基于相对论时空的宇宙模型(包括霍金的大爆炸理论都是基于广义相对论)。在第九章已经澄明，绝对时空中时间是有先后的，相对时空是将不同时强制同时(因而才可以研究 137 亿年前的宇宙)。基于这样的哲学态度，作者提出基于实无限的宇宙模型。

首先，四个庞加莱的猜想的变量应该是 P_x, P_y, P_z, E 或者 $a_x, a_y, a_z, \frac{\partial E}{\partial t}$，这取决于物理学的不同的体系，就庞加莱所关切的宇宙(其实不是宇宙了，而是有限质量物质运动的状态，只能扩充中文宇宙的含义)的形状而言，似乎用四维动量更好。但若要计及为什么匀加速运动可以被时空(物质及其运动状态)兼容/表达而论，似乎用 $a_x, a_y, a_z, \frac{\partial E}{\partial t}$ 更好。有趣的是真空(以太宇宙)具有椭圆几何，而质点具有双曲几何，因为质点在真空中。最后一锤定音，惯性系的起源(原因)或本质根据是已由作者修改了的宇宙(一词含义)的形状所千真万确地确定的第一原理。根据在于宇宙的有限质量假设。换句话说，假设宇宙包含有限质量，则这些质量的运动的形状必然是四维空间中的三维球面，因而具有作者的代数方程所定义的惯性系 $\boldsymbol{a} \cdot \boldsymbol{v} = 0$，而作者发现的第四种对称则称为第四守恒定律。

所谓猜想其实是一个定理，一个可以证明的定理，宇宙在作者重新扩展的汉语意义上在任何时刻都是一个大而无外的实无穷 ∞ 。时空，特别是相对论性的时空，只不过是一个潜无穷，物理上的无穷。基于不同时的强制同时，实无穷的 ∞ 也可以作强制同时的理解，一句话，新的宇宙(在作者扩展了的汉语语词意义上)在任何意义上都是一个封闭体系。根据张长太所著的《后相对论：光速是常量的第 4 次解释》[35]，不难证明作者猜想的正确性。

$$P_x^2 + P_y^2 + P_z^2 + E^2 = (m_0 c^2)^2 \Rightarrow \boldsymbol{a} \cdot \boldsymbol{v} = 0$$

式中，m_0 为宇宙中有限的静止质量。

顺带指出，物理的时空通常有两种，一种是基于拉格朗日力学体系的四维时空，其数学结构有无穷多个变种。另一种是基于 Hamilton 力学体系和惯性系(作为一个标量约束条件)的七维时空，其数学结构相对于四维时空而言相对简单，比如七维空间的连续变化有两个不动点，这与几何化猜想的旋转群有很好的关联。量子力学是七维空间的几何学，而经典力学通常在四维空间描写。根据作者时空相对论的轮子理论，又可以分为白天和黑夜的两个三维空间来刻画。

关于爱因斯坦的刚尺和原时在所有惯性系中的不变性，杨本洛曾在最近和以前的专著中提出否定性的大批判，作者查了几本书上爱因斯坦本人的说法，确实是一个尚未解决的难题。

作者在2012年春节解决了这一难题，用的是证明第四守恒定律的策略：

① 洛伦兹协变性保证了刚尺和原时的乘积不变性。

② 光速不变性保证了刚尺和原时相除的不变性。

③ 由①和②推导出刚尺和原时的不变性。

这里有较多的哲学味道(估计费尔马大定理也可能可以用两句话完成，而不是现在的几百页的繁复证明)。作者也许用小学四年级以前的知识就能解决爱因斯坦终身、全世界物理学家100年解决不了的大问题。

最后，关于张长太悬赏115万元人民币的问题，作者提出解答如下：

① 张长太的工作已被作者正面推进，并已在这一节说清楚了，解决了天大的问题：天有多大的问题，答案是：天在任何时候都是实无穷 ∞ 。

② 张长太正式悬赏的问题被作者否定，毛病在于张长太的学说中时间有先后，而爱因斯坦的狭义相对论中时间并无先后，两者的前提不一样，结论不一样很自然。$E=mc^2$ 这一结论可以从不同的方法(视角)得到，爱因斯坦是第一人，张长太是追随者，贡献较大的追随者，但科学只承认世界第一，陈竺在人民大会堂如是说。

$$4=2+2=2\times 2$$

张长太试图否定爱因斯坦是从逻辑上不成功的尝试，张长太不懂相对论的全部实质，特别是将不同时强制同时这一本质，虽然在某些方面有好的理解。

参考文献

[1] Ren W. Physics Review,1993,E47:664.

[2] Ren W. Physics Review,1993,E47:4439.

[3] Ren W. Journal of Mathematical Physics,1993,34:5376.

[4] Ren W. Journal of the Acoustical Society of America,1994,95:1941.

[5] Ren W,Wu X B,Zhang Y,et al. Physical Review,1995,E51:671.

[6] Wu X B. International of Journal of Infrared and Millimeter Waves,1994,15:1745.

[7] Wu X B,Ren W. IEEE Proceedings,1994,H141:527.

[8] Ren W,Wu X B. Journal of Physics D:Applied Physics,1995,28:2361.

[9] Wang Z L,Ren W. Theory of Electromagnetic Scattering. Chengdu:Sichuan Science &Technology Press,1994.

[10] Kaklamani D I,Uzunoglu N K. Electromagnetics,1992,12:231.

[11] Willis J R. Journal of the Mechanics and Physics of Solids,1980,28:287.

[12] Wang C Y,Achenbach J D. Proceedings of R Soc Lond,1995,A449:441.

[13] 何华灿，何智涛. 统一无穷理论. 北京：科学出版社，2011.

[14] Monzon J C,Damaskos N J. IEEE Transactions on Antenna Propagation,1986,34:1243.

[15] Monzon J C. IEEE Transactions on Antenna Propagation,1987,35:670.

[16] Monzon J C. IEEE Transactions on Antenna Propagation,1988,36:1401.

[17] Monzon J C. IEEE Transactions on Microwave Theory Technology,1993,41:1895.
[18] Engheta N. IEEE Transactions on Antenna Propagation,1992,40:634.
[19] Chew W C,Lu C C,Wang Y M. Journal of Optical Society of America,1994:1528.
[20] Felsen L B,Marcuwitz N. Radiation and Scattering of Waves. Englewood Cliffs:Prentice-Hall,1973.
[21] Kong J A. Theory of Electromagnetic Waves. New York:Wiley,1975.
[22] Kazi-Aoual M N,Bonnet G,Jouanna P. Journal of the Acoustical Society of America,1989,90:1068.
[23] Lindell I V. IEEE Transactions on Antenna Propagation,1996,34(1):123～137.
[24] Olyslager F. IEEE Transactions on Antenna Propagation,1995,43:430.
[25] Glimm J,Jaffe A. Quantum Physics: A functional Integral Point of View. 2nd ed. New York: Springer,1987.
[26] Norris A N. Complex point-source representation of real pont-sources and the Gaussian beam summation method. Journal Optical Society of Americal,1986,13(12):2005～2010.
[27] 冯康. 数值计算方法. 北京:国防工业出版社,1978.
[28] 杨本洛. 电磁场理论形式逻辑分析. 上海:上海交通大学出版社,2009.
[29] 杨本洛. 量子力学形式逻辑与物质基础探析. 上海:上海交通大学出版社,2006.
[30] Julius A S. Electromagnetic Theory. New York:McGraw-Hill,1941.
[31] Rickard Yotka, Huang W P. A perfectly matched layer for the 3-D wave equation in the time domain. IEEE Microwave and Wireless Components Letters,2002,12(5):181～183.
[32] Rickard Yotka,Huang W P. Application and optimization of PML ABC for the 3-D wave equation in the time domain. IEEE Transactions on Antenna and Propagation,2003,51(2):286～295.
[33] 多纳尔 · 欧谢. 庞加莱猜想. 孙维坤译. 长沙:湖南科学技术出版社,2010.
[34] 刘培杰. 从庞加莱到佩雷尔曼. 哈尔滨:哈尔滨工业大学出版社,2011.
[35] 张长太. 后相对论:光速是常量的第 4 次解释. 北京:中国水利水电出版社,2011.

第一版后记

经过众多人员三年多的辛勤工作，本书终于出版了。作者在感到由衷喜悦的同时，谨向所有帮助过作者的人们表示最真挚的感谢！特别感谢任维君同志，他为本书的出版做了大量工作。

鉴于许多情况有所变化，特此撰写这一后记，其目的是想就如下问题作说明。

一，书中大部分内容是根据作者的研究札记和讲课提纲整理而成的，限于作者的水平，现在看来尚有一些不足之处。但考虑到不足在探索和前进过程中是在所难免的，而且它们也比较真实地反映了作者在前一阶段的工作，因此没有再作大的修改。希望读者能够全面地看待这些不足，并热忱希望多提改进意见，以便作者在本书可能再版时加以考虑，作者期盼着学界更多的呵护和鼓励。

二，希望借此机会向那些被本书直接或间接引用了其文献的作者表示衷心感谢。如果由于作者的疏漏而没有提及某些作者，或者你们进行了比本书有关论述更深刻更广泛的工作，或者对你们的工作作了不恰当的评论，也恳切希望得到你们的谅解。对杨本洛教授的先驱性工作，作者的评论有的地方在基本情调上有失敬意和仰慕，在此公开道歉并请求杨老师的谅解。这不是可用“吾爱吾师吾更爱真理”可以开脱的。杨老师的工作切中了问题并值得作者学习。

三，历史和现在，根据诠释学，自我和他者构成了一个无限发展的统一整体。每位读者都带有读者的诠释学“境域”和理解“视域”，视域融合不仅是历史的，而且是历史性的。理解属于被理解东西的存在，本书的写作时间断断续续近 30 年，现在本书已进入科学和哲学著作的世界，它的命运将由逻各斯去决定了。在对他人成就的常见的回应中，一种是羡慕、嫉妒、恨的流俗方式；但在本书中转述的黑格尔提倡的方式是：我们应当提到歌德的一句美好的箴言，那就是对别人的巨大优点除了表示爱慕之外就再没有任何其他的补救方法，这是评判别人做出的真正的和扎实的成就的办法。当然黑格尔也提到读者也完全可以把空洞的和毫无根据的东西加以拒绝。所以作者认为对本书有不同的看法是不奇怪的，人上一百，形形色色。走自己的路让别人去说吧！从最近研究《普通语言学教程》来看，唯有思想才能积淀下来。爱因斯坦有言：政治是为当前，唯有方程永恒。人类几千年来第一次写下的等式：

绝对静止＝绝对运动

是永恒中的永恒！

本书中作者与杨本洛教授的“皮毛之争”值得在后记中特别提及。作者注意到飞机先加速才能起飞，后速度，再曲线路径，所以共有加速度向径、速度向径和路径向径三个方面。牛顿力学是以现成路径依次求导创建的，爱因斯坦力学是以速度为“皮”建构的，借助于黎曼几何。任伟力学是以加速度为“皮”统一建构的，借助于黎曼几何和爱因斯坦的天才工作，而与牛顿的物理概念和结论相一致。这是作者的思想原创。一切成就都源于大自然并归于大自然。人只是绝对精神的工具。若以能量 E 来考虑，则五个量是重要的，作用量、能量作为时间的函数及其第一、第二、第三、第四阶对时间的导数都是重要的。以牛顿万有引力定律和库仑定律为例，如以路径向径为“皮”均为常加速度运动，如以速度为“皮”则为无加速运动，若以加速度为“皮”则为静止或匀（加）速运动。它们的共同逻辑主体都是质点，或有质量的或没质量的特定对象。飞机的轨道是生成着的，开车有道路现成的痕迹，但也有先加速后速度再路径的思想萌芽。任伟几何的加速度是“皮”，加速度是“皮”，则速度是“毛”，路径是“毛上之毛”。或者速度是“皮”，路径是“毛”（黎曼几何）。可见作者的几何学和物理学是对黎曼几何和爱因斯坦相对论的发展，广义相对论可以用加速度为“皮”重写，重写后新的物理将自动呈现，这是现象学方法的真正应用。库仑定律和万有引力定律何以可能？因为它们代表以加速度为“皮”的静止或匀速运动，这才是广义相对论的物理本质，时空弯曲其实是走了弯路（至少在人们生活的太阳系是这样）。这段话是成果的提前报到！物理学就是几句话。自笛卡儿以来，特别是伽利略、牛顿使自然科学数学化以来，科学的哲学基础都是以笛卡儿开创的主客二分模式来构造的。作者自称以海德格尔哲学起家，没有真道是没资格这么说的。其实，作者的哲学是将科学研究的对象，如飞机，看成与观察者一样的存在论上的主体，这就是海德格尔哲学思想的光辉。而且飞机首先是主体，然后才是主客二分的客体，科学研究应与哲学一致，也就是说飞机是世界之中的主体，然后才是世界之中前提下超越（人为强制的超越）到世界之外的主客二分。作者不仅超越而且飞越，考虑加速度。如果以飞机为主体，以生成性建构飞机的生存，作者的研究路径则是十分自然的。同样，人作为人，有时是好人，有时是坏人，如果把量子看成主体，有时是波，有时是粒子，有什么奇怪呢？好人坏人是因人因事而异，量子为什么不可以因人因事而有不同的表现呢？时过境迁，一切都在变。逻辑实证主义是不可能的，主客二分已不可实证，包含了无限，人为强制就是不管无限，其实是无限中的有限。实证的有限其实是做不到的。相对论以现成性为基础，没有现成周期运动的周期，就没有自旋和一切量子化。什么是不同时强制同时，隐含的前提是对一个时间区间的不同时强制同时，这是一个涉及无限的问题。什么是无限，无限就是将时间奔腾向前与永恒轮回画上等号。在无穷小和无穷大的层面都已由作者完成证明，根还在自然数 1，2，3，…的第三种特性，$2^{\infty}=\infty$，数量特性和序特性是两种已知特性，第三种特性本书称为速度特性，$\frac{2^{\infty}}{\infty}=1$，也就是光速不变原理。有没有第四种特性，数的加速度为多少？一个依赖于数量大小的量。

什么是时间的永恒，永恒就是时间的不可区分。四维空间中三维球面上的每一点都是不可区分的。二维空间的一维球面（圆周）上的每一点都是不可区分的，三维空间上的二维球面上的每一点也是不可区分的。所以球面世界的哲学，如果从时间上把握则是永恒的哲学。一个数学的单位圆周，将其数学地剪断成为线段，两种长度当然是一样（光速不变，本书第十六章中精细积分法的秘密就在这里），圆周上的点不可区分，区间上的点则有序。这就是时间奔腾向前与永恒轮回的关系，这就是为什么 1933 年狄拉克和薛定谔都能获得诺贝尔奖的原因。为什么必须以加速度为“皮”，因为$(j\omega)^4=\omega^4$，$\omega\neq 0$ 直接以路径为“皮”，与空间相对的不是时间而是能量作用量，时空何以可能？当且仅当$\frac{\partial}{\partial t}$这一算符与其本身有一比例系数时$\frac{\partial}{\partial t}$才与 t 可以在某种意义上划得了等号，也就是时间的均匀流逝和时间奔腾向前与永恒轮回才能打通。所以时间的本质是数量，有正负，牛顿力学直接是不行的，因为改变符号$(\mathrm{j}\omega)^2=-\omega^2$，速度为“皮”也不行，$(\mathrm{j}\omega)^3=-\mathrm{j}\omega^3$，只有$(\mathrm{j}\omega)^4=\omega^4$只差一个比例常数(可归一化地取为 1)，不改变正负。原来为正的依然为正，原来为负的仍然为负，所以时间的本质涉及对空间的四阶时间导数。这就是特别提及“皮”与“毛”的关系的原因。“皮”既然是“皮”，也就更能反映本质才能是“皮”，以前黎曼、牛顿、爱因斯坦用的“皮”都具有历史意义，将来可能以加速度为“皮”才能解释时空何以可能！感谢杨本洛教授将问题尖锐化和明确化。我的一个好朋友，在英国《Nature》上发表过论文，最近准备再在此刊发表论文，一看见我写的前言，立即觉得我可能是自夸，有点黑格尔所说自命不凡的味道，表示对我成就的拒绝。我想这是他思想的自由，完全可以理解。但行与不行，不是凭主观，凭感觉，任何人不从哲学和科学层面先搞懂作者的思想，仅凭主观和感觉是无法否认作者思想正确性的。正如当年爱因斯坦的朋友告诉他有 100 个教授签名反对相对论，爱因斯坦说，只要有一个人反对就能反对了，何需 100 个教授。我想 10 000 个教授的签名也是否定不了的。作者的说法是以实力和真实研究为基础的，有预言性质，但绝不是空穴来风。让我们再次记起歌德的佳言，面对他人伟大的成就，我们唯有敬佩。只有在人格上相互尊重，在学术上相互欣赏才有助于学术的长进，孙正聿老师多次说。

我的一个好学生有一次类似于爱因斯坦的朋友对爱因斯坦的关切，好意地对我说，有人在背地里议论我。我想议论是可以的，只要是本着学术正义的善意的批评指正，有利于学术本身的发展，作者都是理解和愿意接受的，应表示感激；但对一些不怀好意的挑剔和歪曲，作者也会像斯宾诺莎和康德一样泰然处之。条条大道通罗马，科学研究做到后来完全是艺术性的，没有既定目标，也没有固定的方法，是技术理性，不能也无能座架的。创造性劳动并无规则可循。任何一个哲学家在建立自己的哲学体系时，都必须付出艰辛的努力，而且有前无古人后无来者的自信和豪迈。比如康德就认为在他之后哲学只是在他基础之上的修修补补而已(典型的后无来者)，海尔格尔也担心他老师胡塞尔有没有一分钟是哲学家(别人当然就更不是了，我想。典型的前无古人)。希望读者多少能习惯于这种夸张的笔调。据说在现实生活中，尼采都并不狂妄，但他的文字有时却是挺狂妄的。如果这种诗性哲学的叙事方式令读者难受，作者特别在此道歉。按海德格尔的说法，不是此在说话而是大道让此在说。以前我也不理解尼采“我为什么这么智慧”的语言，现在发现行文至此只能这么说，体现了哲学家的真诚。海德格尔哲学有无限的丰富性，但也可以作简化理解。例如矩量法，可直接解也可用特征模理论求解，这样做的优点是可用奇异值分解，丢掉一些不重要的特征模。比如人，有好几十亿，在强调大家共在的前提下，也可以按存在方式，也就是按阶级、阶层来划分为不同的类(各种常人)，这样来研究存在者的存在，就比较容易。对每一类人，又可按其一生分成不同的时段。不是用自然的日历表上的时间，而是用生存方式上的不同时间段来研究人。不仅是研究存在的状态，更突出存在的方式，也就是说线性方程组的不同特征值对应不同的时间因子，具有不同时域的存在方式。

从本后记的“皮”的理论来重审本书的工作与狄拉克的工作，从黎曼几何的以速度为“皮”来审查，出发点(“皮”)也就是能量(作为时间的函数)E，作用量(能量对时间的积分，乘积求和)和加速度对应的是$\frac{\partial E}{\partial t}$，积分算符和微分算符在将时间奔腾向前与永恒轮回统一之后对消，如从作者的“皮”(加速度)出发，就是能量变化率$\frac{\partial E}{\partial t}$($\frac{\partial E}{\partial t}=0$ 对应于定态，$\frac{\partial E}{\partial t}$

$\neq 0$ 对应于跃迁)，两重积分算符与两次微分算符在将时间奔腾向前与永恒轮回以作者的方式统一以后也是对消的。也就是说从三种“皮”出发，能量都是自旋为零的标量，但从 $E=mc^2$ 导出 $\frac{\partial E}{\partial t}=\frac{\partial m}{\partial t}c^2$ 来看，只有作者的“皮”是洛伦兹协变的，最合理，而且具有前述可描述定态与跃迁的物理意义。从上述讨论可见，能量的可正可负，或者 $\frac{\partial E}{\partial t}$ 的可正可负是客观存在，并不能通过不同时强制同时(狭义相对论)来人为改变。因此狄拉克在这个问题上虽有革命性贡献，但仅就理论描述物理实在而论是有问题的，但作用量是可以通过左旋右旋的(定义了等于没定义的)对称性来实现人为可正可负的。我们认为反粒子应该用反粒子的理论。因为正反粒子对应不同的逻辑主体，应该有不同的物理理论。作者的学说对正反粒子的不同理论作出了不同的区分，狄拉克的学说有的时候能歪打正着，但本质上是混乱的。这是作者自己比较满意的工作，这就是前面提到的物理学是几句话的含义。比如我 1993 年在美国《物理学评论》上发表的文章，13 页，浩浩荡荡的公式体系，五点结论性特色，但真正重要的是前言中的几句话，那是任何书上和文章中没有的，是作者思想的高度提炼，花了好几年的时间才写出来。所以看文章，我一般只看几句话，什么公式、数据、实验结果、曲线都是可看可不看的。依此类推，这本书虽然篇幅巨大，其实读者可以选择性阅读，唯有前言和后记中的几句话是最重要的，诸如物理学就是几句话，绝对静止=绝对运动之类，希望读者不至于忘记。还有对他人的成就唯有敬佩等。

作者的物理学思想来源于哲学而归于哲学。作者最近哲学上的工作就是用四维空间中的列向量(也就是四个分量)来统一描写自然、世界、历史、社会。大致的对应关系是，人类活动对应于 $\boldsymbol{E}(t)$ 这一列向量，四个分量自然、世界、历史、社会分别对应于速度、加速度、以加速度为“皮”的速度、以加速度为“皮”的加速度，即 $\int_{t_1}^{t_2}\boldsymbol{E}(t)\,\mathrm{d}t$、$\frac{\partial \boldsymbol{E}(t)}{\partial t}$、$\frac{\partial^2 \boldsymbol{E}(t)}{\partial t^2}$、$\frac{\partial^2 \boldsymbol{E}(t)}{\partial t^3}$，这是对本书第八章工作的深化。这些将是作者另一本书的论题。这里必须向读者暗示由于后记的性质不允许论题过度展开，四个分量的说法只是过渡性的，真正的理论还得回到 Hamilton-Jacobi 体系中去，这样与空间对应的就是作用量，与空间的四阶时间导数对应的就是作用量对时间的四阶导数，如只看后记中的论述，则有一阶导数的错位，这在作者写太阳系的五个方程一节中有所暗示，这是一个困难的问题，后记中采用了便于理解的方式而牺牲了一些严格性。这一问题与海德格尔哲学，特别是海德格尔后期思想有很大关联。海德格尔终其一生的努力，终于没有完成他的体系，这是与他的时代、知识结构所决定的工具局限性相关的。海德格尔知道一些控制论，但似乎并不懂得信息论。作者则不一样，1983 年研究生的第一年就学信息论且是必修课，并以 90 分的好成绩名列全班第二。

其实海德格尔的哲学关键是要用信息论的目光来审视。人生是定在与信息的并存(同时存在)。什么是信息的哲学定义？作者的答案是仍应回归数学家香农的定义，不确定性的排除，只是在解释上或者说理解上要从主体方面去理解。人的存在，包括每天的存在，都是在消除存在的不确定性，这是从生存论上讲的，不是存在者作决定的知识论立场。昨天已经定在，今天有各种可能性。今天的定在(实在)遮蔽着今天的信息化(不确定性，有待消除的不确定性)存在(不实在)，而此在今天的所作所为(实在的与不实在的，显现)

和遮蔽着的存在都以昨天整个人类的定在为依据。而整个人类的所作所为只有明天才能成为定在，而这种定在是以定在和信息化的定在(消除了的不确定性)二重性(对偶变量，两个变量)来刻画的。这种不确定性是由不同时强制同时引起的，本质的不可消除的不确定性，时间区间无论如何缩短都消除不了，体现为海森堡的不确定性原理。用电磁学的语言，电场可以描写电磁场，磁场也可以描写电磁场，也可以用电场和磁场两个变量来描写电磁场，电场是磁场的依据，磁场是电场的依据，电场遮蔽着磁场，磁场也遮蔽着电场，电场敞开磁场，磁场也敞开电场，作者认为这就是世界的显隐运作。物理学家 Bohm 有不同的显隐运作哲学。

从电磁场方程的 FDTD 方法最能看清这一点。电场和磁场在时间上本不同步，在空间上也是错位的。海德格尔哲学从黑格尔哲学而来，黑格尔将不同时强制同时(圆圈实现永恒轮回，不同时强制同时，每一时刻不可区分)，海德格尔却要让时间奔腾向前，源于生命的洪流(止不住的意欲之流)重新显现而不让对象化止住生命的洪流。也就是马克思说的认识世界与改变世界的区别。从亚里士多德的质料、形式、目的、动力四因学说来看，改变世界是要从动力也就是从加速度的目光来座架目的。飞机总是要先耗油才能产生速度，目的是有待消除的不确定性，是信息化的，而动力(耗油$\frac{\partial E}{\partial t}\neq 0$)是千真万确的定在，也就是用实在寻找不实在。从认识世界的角度，总是从生产实践出发，以目的(目标)为依归(定在)决定怎样利用动力(少耗油)，动力却是信息化的，有待消除的不确定性。倪梁康教授有本《自识与反思》的书，综述了历史上 30 来个哲学家的观点，但是自识与反思的区别仍然晦暗不明。其实自识是以世界与我们(此在)来照面座架的，核心在加速度，也就是海德格尔说的在世界中存在，而认识论却是把本来在世界中存在的此在强制地变成主体，同时把本来在世界中存在的事物和他人变成客体和他者，忽略世界的无穷阶联系和关系，形成一个主客二分的简化模型，所以实践论也不可能不是形而上学的，因为无限变成有限是一种形而上学哲学的抽象和简化。实践是以目的座架的，信息化的是最小能耗。所谓目标管理，是以目标为依归，降低成本。反思是从个人走向世界，自识是从世界走向此在。作者的双螺旋哲学是本体论与认识论的统一，解决的是《自识与反思》中的“与”字，统一的基础是价值，或者通俗一点:利益。马克思说，人们奋斗所争取的一切都与他们的利益有关。同时用多重散射理论简化个人此在与人类此在的与时俱进(随时间变化，存在方式)，这一点已在本书中通过语言和言语的时变规律澄明。社会意志也就是在世存在的根本，恩格斯将其归结为所有个人，此在的力的平行四边形法则构造出人类此在的合力，力当然是与加速度有关的量，所以作者的加速度座架世界暗合恩格斯的社会意志合力论。从时间上来考虑昨天($n-1$)、今天(n)、明天($n+1$)，个人意志要得到社会承认，今天的个人此在意志要在明天才能被社会承认，而基础都是昨天的社会意志(海德格尔的被抛入世)，每天个人此在都在被人类此在抛向世界，因而才产生出加速度。跨越两个时间区间，当然就是加速度。从昨天到今天产生速度，从今天到明天也产生速度，从昨天到明天就是加速度。回到马克思的经济学，社会意义上的加速度是明显的，比如作者上大学时(1979 年)看电影只要 5 分钱，现在要 50 元，当然有加速度。通货膨胀产生速度，但资本的逻辑是在通货膨胀的速度基础上加速，也就是相对于通货膨胀而增值。通常讲资本增值，有的人以为只是速度。从时间上看，资本增值是一个过程，对一个过程总可以言及加速度。扩大再生产是生产剩余价值的主要手段。从社会总资本来看。如果只是速度，就没有工人阶级的相对贫困。加速度就是作者的意志论两头在外的意思。

作者的哲学对海德格尔哲学的改造主要是区分个人此在与人类此在，将物理解为非人，借用马克思的话是对人而言的存在着的无，放在空集里边，这样作者的世界总是人类世界，物变成了人的无机身体，因而个人此在与人类世界此在的关系仅仅是1与有限多(当前世界总人数)的关系，可以暗含过去的人，但过去的人还是非人，而仅仅是当下化的非当下，因而具有最简单的数学结构。在作了这样简化之后，论述就极大简单和便捷，很多事情就说得清楚了。国内邬焜教授的《信息哲学》一书主要阐述一种知识论立场，把信息理解为客观不实在。作者在这里简要阐述的信息哲学则是从主体方面来理解，信息论关注有待人来消除的不确定性，是对信息论现成性的解构和对信息论生成性的建构，将信息指向人的生存本质，更有哲学味道。这是作者作为电子信息学院教授特有的目光。信息作为一种存在，在时间性中敞开和遮蔽的本性得以澄明。在买股票的时候并不知道他人是怎么决定的，只有明天才知道今天他人的情况，而根据的又是昨天的定在，这是人的根本存在方式和社会(指所有个人、人类此在、人类世界)的根本游戏规则。叔本华的《作为意志和表象的世界》应这样理解，作为意志的世界重在世界(人类此在)的信息化生存，以加速度座架，而作为表象的世界重世界(个人作为人类的一员)的确定性生存。意志与表象都由利益来座架，基础是非人的物质世界，表现为空集，但空集中不空(非空)。所以作者区分个人此在与人类此在比较必要。意志和表象的完备论述也是四个世界，$2^2=4$。信息的本质就是遮蔽与敞开的运作。已经知道就不是信息，而是知识了，不可知道也不是信息，其实是一种能够排除的不确定性才是信息。只是现在计算机太快，计算机本身就在做不确定性的排除的工作，只是大家对此存在有所遗忘而已。信息也总是对人而言的，没有人，信息也就是存在着的无。信息是人排除不确定性的活动，活动的目的是要知道信息，活动的结果是排除了的不确定性。

第八章谈到周培源教授所说文献稍微看看就行了的语境是很多学生只知道查文献却不独立思考。从本书(特别是后记)可见作者看的东西也并不少，但挂一漏万也是在所难免的，因为毕竟是知识爆炸的时代，而且到处都藏龙卧虎。成天查文献本身就说明还没有厘清问题之所在，更不要说进入前沿。学问做到最前沿是没有文献可查的，只能自己拿话来说。本书与其说是著作，还不如说是道路的开启，按海德格尔的哲学。

说本书是道路的开启，是因为很多工作都还有待完成，本书只是开了个头。人的存在本来就是一种未完成状态，每个人都有未完成的使命。有的东西写在书里具有备忘录性质。现在就没有打算由本人去完成，只是看看对别人有没有启发作用。作者对毛泽东的实践论是做过用反思的方式重写的尝试的，至今没有公开发表。

李白的诗中形容胡子之长可以长到7000尺，这完全是实证主义者难以理解的，作者承认本书中包含少许类似的形容词。不是说不想当将军的士兵不是好士兵吗？有远大理想无可厚非，正如士兵只要是好兵就行，真能当将军与否并不重要。本书突出每个个人的非普遍性，有时用了夸张的手法。目的在于开启人类更多的创造能力。

作品是作者的“孩子”。家里老人都像爱护孙子一样关注着本书的出版，母亲突然问我本书标题中的“数学化的场论”到底是相对什么而言的。我三周以后才找到答案，原来数学化的场论是针对物理化和技术化的场论而言的，是对技术理性的一种客观上相悖和主观上反动。最具代表性的是本书第十章对宇宙形状的论述。目前的宇宙学是基于地球表面附近人的观察，而这样的物理化和技术化的场论是无能论述宇宙的形状的。如果地球上每个人的活动半径只有一米，而所有人之间又不能沟通和理解，如何知道地球的形状呢?

作者最近 10 年没有在英文期刊发表论文，原因是多方面的：

一、在作者与杭州电子科技大学的工作合同中有争取中国科学院院士的条文。根据杭州电子科技大学前党委书记方华的意见，不要为外面的诱惑所动，潜心从事原创性研究，文章一篇没有也没关系。

二、在美国的科研工作与美国军方有关，成果不能发表。在日本的工作与预期结果相反，不宜发表。在加拿大的工作因基础软件有误，不可发表。

三、回国后在时域压电学方面的工作等待着民间或国家的大笔经费资助，例如千人计划。欲开发有自主知识产权的应用软件，故选择暂不发表论文。

四、均匀各向异性介质波函数的工作，在一些细节和程序调试上还有待提高，考虑到将来报国家自然科学奖而严格把关，再做一点工作后可发表。

五、在无界均匀各向异性介质时谐并矢格林函数的工作中，如果承认数学分析的无限概念(潜无限)的正确性，可发表六篇以上论文。但留意到实无限与潜无限的区分，认真地追问到底，能否发表论文则说不清楚(因涉及整个数学基础的重建，新的东西往往不一定马上被承认和接受)。

六、对电大尺寸典则几何的散射问题与浙江大学的合作走了弯路，现在虽然找出了解决方案，但数值实施和参数研究还没进行，有待将来发表。

七、对随机离散散射体的相干位位置表象的理论和计算，一直还没来得及对程序进行逐行逐行核实并亲自运行，将来可发表论文。

八、第四守恒定律已于 2008 年发现，该论文一旦发表就有到达当时科学顶峰的可能，但至今没有发表也有好处，有利于相关成果被作者“独霸”，如 2012 年春节证明的刚尺和原时的不变性，并最终找到了惯性系的根在哪里。这就是作者所说不为外面的诱惑所动的真实含义。想做大事和想做文章在方法上是不一样的。

九、作者的空间相对论和时空相对论暂时没有在美国发表，因为还有两个后续的重要问题有待研究，彻底打通牛顿的绝对时空和爱因斯坦的相对时空是作者坚定不移的目标。

十、没有发表期刊论文并不等于作者的工作没有发表，本专著本身就有版权，就是发表。代表哥白尼革命的《天体运行论》等哥白尼死后才发表，完全没有功利性。作者也不为外面的诱惑所动，为科学而科学，力争为人类作出更大的贡献。

人生是欢乐的涌泉，偶尔也有深沉的悲痛。这段时间作者不断自勉。好在林为干院士早就使我不致忘记:如此恩典，让我敬畏。后记只有提及在患难之际伸出援手的浦东新区区委副书记吴信宝博士(包括他的秘书瞿磊、马学杰和王晓科博士)的再次帮助才能结束。杭州电子科技大学的方华书记和金海学弟也是不可不感激的。

作者有幸得到祖国和人民多年的哺育，特别是杭州电子科技大学 10 年的培养。研究做得还很不够，阶段性地将其写下来，也许可以有少许作为备忘录或者将来研究者的参考资料。感谢任维君同志协助作者撰写本书，没有他的大量付出，本书是不可能完成的。特别感谢吴信宝博士，2002 年作者回国，吴博士亲自到机场迎接，给我爱的温暖，此外还亲自修改我的简历，亲自引荐作者来到杭州电子科技大学任教。李晓梅和吴菲也关注着我们全家的命运。最为重要的是，吴博士替我做出的在杭州电子科技大学工作的决断幸运地促成了我学术生涯的哲学转向，并最终成就了我在物理学上超出意料的发展。十分感谢孙玲玲老师对作者的关照和宽容。感谢李凯博士多年的合作，我们一起度过了许多快乐的时光。十分感谢林为干和金亚秋院士对作者多年的鼓励和指导。感谢我的恩师成孝予、赵家升教授以及方华书记，是他们带我进入数学、物理和哲学殿堂。感谢徐建华、徐建芬、杨义先、谢良国、任玲慧、徐国连、沈菊香、潘威炎、代水华、吴君茹、钱梦禄、朱建华、水永安、吴学英、向伯先、刘淑芳、熊世雪、刘翠华、王正权、任金涛、黎帮华，杨本洛、李志刚、肖德一、刘远华、张志勇、杨庆轩、马兴启、樊荣茂、向中贵、文舸一、郭飞、郭旗、祝宁华、刘元安、万长华、肖开奇、袁本涛、潘锦、王清源、李陟、平本林华、平本林美，龚光、章毅、王晓军、石果、何忆红、任晓庆、唐颂，立居场光生、Norris、Smith、王庆明、Strom、Fishman、马君岭、张业荣、刘志旺和王志良等的帮助，他们在我人生有困难的时候，向我提供了极大的帮助，作者终生不忘。特别感谢郭林松校长助理，给予我经常性的指导和无微不至的关怀。记得 2011 年在科研上取得重大突破之时，我已身心疲惫，许多人鼓励我趁热打铁，尽快发表论文，只有郭助理建议，任何突破都来之不易，重大突破更是难上加难，应该注意身体，好好调养一段时间后再考虑发表论文，这体现了党对知识分子的关怀。感谢杭州电子科技大学科技处的秦燕娟和汪海燕老师，他们对本书的出版给予了多方面的支持。感谢我的学生徐广成、杜铁钧、焦志伟、张永刚、潘伟良、王丹、董志龙、姚军烈、朱合、郑洲官、刘宁、肖刘琴、刘松柏、曲恒、高洪涛、顾婷婷、张丽艳、张书俊等，他们都为本书的完成贡献了自己的力量。感谢父母（任志钦和刘淑霞）的养育之恩以及妻子（张敏）和儿子（任韫灵）的爱。感谢居安多娜老师在英语语音校正和西方文化方面对我的特别指导，奇异恩典，何等甘甜，永远感激不尽。感谢庄佳妮爱上我的儿子任韫灵，使我有了即将当爷爷的喜乐，更有助于本书的完成。